Zur Bedeutung der Evolutionstheorie für das Verständnis vom Menschen

Europäische Hochschulschriften
Publications Universitaires Européennes
European University Studies

Reihe XX
Philosophie

Série XX Series XX
Philosophie
Philosophy

Bd./Vol. 653

PETER LANG
Frankfurt am Main · Berlin · Bern · Bruxelles · New York · Oxford · Wien

Wolfgang Senz

Zur Bedeutung der Evolutionstheorie für das Verständnis vom Menschen

PETER LANG
Europäischer Verlag der Wissenschaften

Bibliographic Information published by Die Deutsche Bibliothek
Die Deutsche Bibliothek lists this publication in the Deutsche Nationalbibliografie; detailed bibliographic data is available in the internet at <http://dnb.ddb.de>.

Gedruckt mit Förderung des Bundesministeriums für Bildung, Wissenschaft und Kultur in Wien.

ISSN 0721-3417
ISBN 3-631-50330-X

www.peterlang.de

Inhaltsverzeichnis

1 Einleitung

1.1 Allgemeines

Die thematisch-methodisch unreduzierte diskursive Vergegenwärtigung des eigenen Ich bzw. Person-sein ist keine Selbstverständlichkeit. Die hierbei auftretenden Probleme sind solche eines grundsätzlich pragmatisch-reduktionistischen Denkens, wovon zu sprechen ist, da "Ich" nicht irgendein Subjekt ist, sondern das Subjekt jener Aussage - "Ich bin" -, aus der alle anderen Aussagen derart ableitbar sind, daß der mit "Ich bin" gewählte Anfang des Bedenkens jeglicher Hinterfragung enthebt, ohne ein ungerechtfertigt herbeiargumentierter Anfang zu sein. Zugleich ist zu beachten, daß nicht jegliche Ableitung, die bei "Ich" ihren Anfang nimmt, notwendig thematisch-methodisch unreduziert ist[1]. An anderem Ort - vgl. unten - hat der Autor zu zeigen versucht, daß der Beginn einer Ableitung jeglichen Bedenkens mit der Thematisierung von "Ich" nur bei zugrundegelegter noetisch-dialektischer Denkweise, wie sie von Platon begründet worden ist[2], thematisch-methodisch unreduziert ist.

Wiewohl Platons Position als Fundament sämtlicher Überlegungen des Autors, und daher auch jener in dem vorliegenden Buch, zu gelten hat, ist gemäß den Anschauungen des Autors zu beachten, daß Platon nicht ausschließlich im Sinne der von ihm grundgelegten noetischen Dialektik argumentiert, so daß auch seine Position, wie er sie in seinen Schriften niedergelegt hat, einer Modifikation - im Sinne der Entdeckung Platons! - bedarf. Soweit es den Ich-Begriff betrifft, ist dies in *Platons Lehre vom Ich* (vgl. *Zitierte Literatur des Autors*) diskutiert worden. Dieses Buch ist aber das erste von drei Büchern, die sich mit dem Ich-Begriff beschäftigen sollen, wobei das zweite dieser Bücher - *Christliche Philosophie und Theologie im Lichte der Platonischen Dialektik und Lehre vom Ich* - die (christliche) Theologie auf mögliche Konstruktionen für ein Überkommen-könnender der Aussagen Platons wider seine Entdeckung hin untersucht. Das vorliegende Buch führt diese Untersuchung weiter, die Evolutionstheorie darauf hin untersuchend, inwieweit sie Beiträge zur Bewältigung besagter Aufgabenstellung liefert. Hierin liegt daß das vorliegende Buch nur eingeschränkt eigenständig ist; um willen der Vermeidung von Wiederholungen gegenüber den beiden genannten Büchern werden in diesen gebrachte Argumentationsgänge hier nicht wiederholt. Um das vorliegende Buch trotzdem "möglichst" eigenständig gestalten zu können, sind in 6.1 dementsprechende Begrifferklärungen angeführt.

Zum Aufbau des vorliegenden Buches sei festgehalten: Es beginnt mit einer Analyse der Position Darwins, nicht deshalb, da mit Darwin das evolutionsbiologische bzw. evolutionstheoretische Denken grundsätzlich beginnt, sondern da Darwin den ersten Entwurf einer Evolutionsbiologie gegeben hat, der von grundsätzlicher wirkungsgeschichtlicher Tragweite ist, unabhängig davon, inwieweit diese Wirkungsgeschichte tatsächlich das Anliegen Darwins zum Inhalt hat. Auf der Analyse der Darwinschen Position aufbauend wird zunächst die zeitgeschichtlich unmittelbare wissenschaftliche Reaktion auf Darwins Lehre betrachtet, sodann die gegenwärtige Evolutionsbiologie in Zusammenhang mit dem Menschen. Beide zeitgeschichtlichen Horizonte werden jeweils anhand einer Position dargestellt, die auf der Dialektik aufbaut, sowie anhand einer solchen, die hiervon absieht bzw. sich explizit gegen

---

[1] Dies gilt zum Beispiel für Descartes' "cogito ergo sum"; vgl. *Zur Theoriendynamik innerhalb der Philosophia perennis* (siehe: *Zitierte Literatur des Autors*) für eine Analyse hiervon.

[2] Die noetische Dialektik wird daher vom Autor auch als "Entdeckung" Platons bezeichnet.

die Dialektik wendet. Abschließend wird anhand der gewonnenen Ergebnisse ein grundsätzliches Bild der Bedeutung der Evolutionstheorie für den Menschen gezeichznet.

Schon aus dieser Skizze des Aufbaues des Buches ergibt sich, daß keinesfalls ein wissenschaftsgeschichtlicher Anspruch erhoben wird. Nicht hierum soll es also in den folgenden Seiten gehen, sondern alleine um eine Darstellung davon, inwiefern evolutionstheoretisches Denken zu einer thematisch-methodisch unreduzierten Betrachtung des Ich beitragen kann, oder aber etwas ist, das hiervon abhält, das Ich alleine pragmatisch verzerrt bedenken lassend.

1.2 Eine grundsätzliche Vorbemerkung zum Verhältnis der Philosophie Platons zur Evolutionstheorie

Zunächst mag der Versuch, Platonisches und evolutionstheoretisches Denken miteinander in Beziehung zu setzen, von vornherein als wenig ergiebiges Unterfangen erscheinen. Dies legt zumindest die Ansicht der meisten Evolutionstheoretiker nahe, in Platon jenen Denker sehen zu müssen, der sich grundsätzlich dem Evolutionsgedanken gegenüber verschließt. Insbesondere ist es hierbei Platons "Ideenlehre" - bzw. dasjenige, das von evolutionstheoretischer Seite über diese zu sagen "gewußt" wird -, das als Hemmnis für jegliche Öffnung Platonischen Denkens gegenüber dem Evolutionsgedanken verstanden wird.

Insbesondere in *Zur Begründung der Evolutionstheorie durch Platon* und *Transzendentalphilosophische Überlegungen zu pragmatischen Charakter der biologischen Evolutionstheorie*[3] hat der Autor zu zeigen versucht, daß sich Platon nicht nur nicht einem evolutionstheoretischen Denken gegenüber verschließt, sondern vielmehr dessen Begründer ist, freilich eines solchen evolutionstheoretischen Denkens, das sich von einer naturalistisch-naiven Perspektive zu distanzieren versteht. Das ist: Zunächst ist es entscheidend zu erkennen, daß im Zentrum des Denkens Platons die noetische Dialektik steht - als Fundament jeglichen thematisch-methodisch unreduzierten Denkens -, nicht aber die Ideenlehre. Genauerhin gilt: Die Ideenlehre Platons ist Ausdruck davon, daß Platon nicht ausschließlich gemäß der von ihm grundgelegten noetischen Dialektik argumentiert. Platons noetische Dialektik eröffnet, zu jener Aussage vordringen zu können, deren Vergegenwärtigung thematisch-methodisch unreduzierter Beginn jeglichen Bedenkens ist, die also Letztbegründung jeglich möglicher anderen Aussage ist, selbst aber keiner weiteren Hinterfragung bedarf. Wie - unter anderem - in *Platons Lehre vom Ich im Rahmen der Vergegenwärtigung der dialektischen Differenz* dargelegt, handelt es sich bei besagter Aussage um Platons Eines-Formel, wie sie in *Parmenides* ihre prägnanteste Dar-stellung im Werke Platons erfährt.

Die Eines-Formel ermöglicht es Platon, die werdeweltliche Veränderlichkeit nicht nur als eine Notwendigkeit zu verstehen, sondern - darüber hinaus - das sich werdeweltlich Verändernde derart ursächlich aufeinander zu beziehen, daß nicht jegliche werdeweltliche Aktualität - also jegliche werdeweltliche Gestaltung eines Etwas im Hier und Jetzt - gleichsam nominalistisch durch Bezug auf das Gründende erklärt werden braucht. Die hieraus erwachsende Eigenständigkeit der Werdewelt ist aber keine an sich, da, wie die Eines-Formel zeigt, Veränderlichkeit zwar notwendig ist, jedoch als "nicht an sich Selbstand Repräsentierendes": Veränderlichkeit ist Ausdruck davon, daß das Gründende, indem es ist, nicht nur es an sich ist, sondern in dialektischer Differenz zu sich ist, bzw. als zu sich Anderes ein Verändrliches.

---

[3] Siehe 1.5

Es ist hier nicht von Interesse, inwiefern Platons Eines-Formel gemäß Platons Intention zu modifizieren ist - vgl. unten -, inwiefern sie also nicht alleine gemäß der von Platon grundgelegten (bzw. entdeckten) noetischen Dialektik konzipiert ist. Das Interesse hat hier einzig und allein dem Umstand zu gelten, daß Platon die Notwendigkeit von Veränderlichkeit nachweist, dahingehend, daß diese grundsätzlich jeglichen Aspekt der Eines der Werdewelt betrifft, wie auch im Lichte davon, daß der werdeweltlichen Veränderlichkeit Eigenständigkeit, wiewohl nicht an sich, zukommt. Diesen Aussagen hat das Interesse zu gelten, da es grundsätzlich evolutionstheoretisches Denken impliziert. Das ist: Die werdeweltliche Aktualität im Hier und Jetzt wird auf die Veränderlichkeit der Werdewelt bzw. die damit ausgesagten werdeweltlichen Regelmäßigkeiten rückgeführt, wobei also das dieserart gegebene werdeweltliche Gerüst als ein Eines im Sinne der dialektischen Differenz auf das Eines bzw. das Gründende letztbezogen werden; nicht also werden einzelne Eines der der Werdewelt für sich auf das Gründende bezogen, die werdeweltliche Gesetzlichkeit - inklusive gemäß der Veränderlichkeit in der Zeit (ein Werdewelt-Konstitutivum) - lediglich defizitär begreifen lassend.

Entscheidend ist hieran, daß Platon über der Thematisierung der Veränderlichkeit nicht die Thematisierung von jenem vergißt, das also an sich Selbstand repräsentiert und insofern Veränderlichkeit grundgelegt, als es selbst nicht wieder Veränderliches ist, sondern in dialektischer Differenz zu Veränderlichkeit steht. Gelingt dies Platon also auch gemäß seiner Eines-Formel, so nicht uneingeschränkt gemäß seiner noetischen Dialektik. Hieraus erwächst, daß Platon zur Verknüpfung der Werdewelt - Bereich der Kontingenz - mit dem Gründenden - Bereich der Notwendigkeit - Konstruktionen aufbieten muß, die nicht dialektisch-analytisch aus jener Aussage abgeleitet werden, die alle anderen Aussagen letztbegründet, unter anderem Platons "Ideen"-Lehre ergebend. Insofern nutzt Platon seine Ermöglichung der Vergegenwärtigung des Evolutionsdenkens nicht hinreichend. Hiervon ist aber konsequent zu unterscheiden, daß Platon das thematisch-methodisch unreduzierte Fundament hierfür grundlegt, so daß jegliches Bemühen, besagtes Defizit in Platons Position zu beseitigen, nur auf dem dieserart gegebenen Fundament aufbauen kann.

Wie in *Zur Begründung der Evolutionstheorie durch Platon* dargelegt, ist die biologische Evolutionstheorie aber gerade der Versuch, dieses Fundament ausblenden zu können. Dieser Intention wird also vom Autor, in kritischer Konzentration auf Platons Denken, entgegengetreten, nicht aber der Bedachtnahme auf evolutionistisches Denken, da dies, wie skizziert, wider Platons Denken wäre.

1.3 Das zentrale Problem der Evolutionstheorie: Inversion der Betrachtungsrichtung

Wie in 1.2 ausgeführt, spricht Platon, zumindest insofern er die noetische Dialektik grundlegt, im Gewand seiner Eines-Formel davon, daß in der Werdewelt bzw. im Bereich des Begrenzten keine, dieser immanente Finalität vorliegt, entsprechend dem fehlenden Selbstand des Begrenzten. Im Lichte hiervon ist daher auch davon zu reden, daß in der Werdewelt bzw. dem Bereich des Begrenzten geordnete Zustände - entsprechend der auszusagenden Veränderlichkeit - auftreten.

Hieran ist explizit zu beachten, daß gemäß der Eines-Formel zwar notwendig von Veränderlichkeit zu sprechen ist, diese aber nicht Notwendigkeit an sich bezeichnet, da sie das

Sein von das Eines in seiner dialektischen Differenz zu sich bezeichnet, so daß besagtes Sprechen von Notwendigkeit nur dann thematisch-methodisch unreduziert gestaltet sein kann, wenn dasjenige propositional vergegenwärtigt ist, das das Eines in dialektischer Differenz zu sich bezeichnen läßt. Das ist: Wie an anderem Ort dargelegt - vgl. unten - verfügt das Ich mit der Aussage "Ich bin" dahingehend über eine Daß-Aussage, daß es an dieser Aussage nicht nur nicht begründet zweifeln kann, sondern aus dieser Aussage alle anderen vernünftigen Aussagen analytisch ableiten kann. Wiewohl nämlich das Ich, als Gegründetes, das So-Sein des Sein bzw. das Sein des Gründenden nicht an sich vergegenwärtigen kann, es also insofern Verzicht üben muß, ist dieses Verzicht-üben-müssen ein differentielles, also kein uneingeschränktes, was sich eben darin zeigt, daß es über die Aussage "Ich bin" verfügt. Aus dieser "Ich bin"-Aussage gelangt das Ich bedenkend zu das Eines, derart, daß es sich in "Ich bin" als ein Eines vergegenwärtigt, hieraus, da es sich zugleich als ein Gegründetes bedenken muß, auf das Eines schließend, wobei "ein Eines" und "das Eines" als ein Eines in dialektischer Differenz zu sich zu verstehen sind - entsprechend der Eines-Formel -. Aus diesem Anfang gemäß das Eines, der anfänglichen Daß-Aussage "Ich bin", Ich als ein Eines und Ich als Gegründetes kann nun der gesamte Bereich der Notwendigkeit dialektisch-analytisch entfaltet werden, wovon zu sprechen ist, insofern mit "Bereich der Notwendigkeit" jenes Eines bezeichnet ist, daß in dialektischer Differenz zu dem Bereich der Kontingenz zu verstehen ist, aus dessen Entgrenzung auf "Ich bin" getroffen worden ist. Das ist: Auf "Ich bin" ist getroffen worden, da es jene Aussage ist, die als erste entgegentritt, wenn von all jenem abgesehen wird, das in der Wahrnehmung entgegentritt und lediglich von kontingenter Gültigkeit ist, da es an ein Hier und Jetzt gebunden ist, dahingehend daß es somit auch anders sein könnte. Der Bereich der Notwendigkeit ist somit jenes, das auszusagen ist, da der Bereich der Kontingenz kein Alles sein kann: Seine Eines sind Begrenztes, die in keinster Weise letzt-begründenden Charakter besitzen, da sie fortgesetzt lediglich auf anderes Begrenztes verweisen. Daß dies keine Bedeutungslosigkeit des Bereichs der Kontingenz impliziert, ergibt sich daraus, daß dieser Bereich gemäß der Eines-Formel in dialektischer Differenz zu das Eines bzw. dem Bereich der Notwendigkeit steht, insofern dieser notwendig nicht nur in "an sich" seiender Form ist.

Daß also die Eines des Bereichs der Kontingenz immer nur auf andere Begrenzte verwiesen - "Werdewelt als ein Eines" (vgl. 1.2) -, nicht aber auf etwas, das an sich Selbstand repräsentiert, bedeutet also nicht, daß besagte Verweise abseits der Letztbegründbarkeit stehen; der Autor hat dies als das Anfang- nicht aber Daß-haben der Werdewelt bezeichnet. Genauerhin ist hierzu zu beachten, daß "Begrenztes" analytisch zu Entfaltendes ist: Gemäß der Eines-Formel ist das Ich ein Begrenztes, und bedenkt als solches Begrenztes auch Daß-Aussagen, wie sie Begrenztheit transzendieren. Als Begrenztes kann das Ich aber nichts bedenken, das Begrenztheit an sich transzendiert, da das Ich in keinem seiner Aspekte sein Gegründetes-sein bzw. Begrenztes-sein transzendieren kann. Diesem Umstand kann Rechnung getragen werden, wenn das Ich als ein ontologisches Begrenztes bezeichnet wird, dem es als einem solchen zukommt, da es somit in dialektischer Differenz nicht aber faktischer Getrenntheit zu das Eines steht, den Bereich der Notwendigkeit entsprechend dem oben angeführten differentiellen Verzicht-üben-müssen zu vergegenwärtigen, wobei es epistemologisch Begrenztes bedenkt, zu deren Letztrechtfertigung also die besagten Daß-Aussagen dienen, wie sie in dialektischer Differenz zu dem Gesamt aller möglichen Eines - den epistemologisch Begrenzten - stehen. Dieses Gesamt sei als Werdewelt bezeichnet und umfaßt also all jene Eines, die zu entgrenzen waren, um zu "Ich bin" vordringen zu können.

Explizit ist hieran zu beachten, daß der Bereich der epistemologisch Eines und jener der Daß-Aussagen somit einheitlich begriffliche Eines umfassen, aber lediglich der Bereich der Daß-Aussagen Aussage-Subjekte umfaßt. Lediglich dieser Bereich umfaßt also Eines, die

Substantiales bezeichnen, da der Bereich des epistemologisch Begrenzten in keinem seiner Aspekte der Transzendierung enthebt, nichts also aufweist, das an sich Notwendigkeit repräsentiert. Hiervon ist somit zu sprechen, da gemäß der Eines-Formel das Gründende ganzheitlich, und nicht in einem seiner Aspekte in dialektischer Differenz zu sich modal Verschiedenes ist. Zugleich gilt daher, daß die Analyse des Daß-Aussage-Bereichs zwar die Subjekte des Bedenkens ergibt, diese aber nicht vernünftig thematisiert sind, wenn sie ohne epistemologisch Begrenztes bedacht werden: Das epistemologisch Begrenzte ist eben nicht Weiteres oder Anderes gegenüber den Eines der Daß-Aussagen, sondern Ausdruck jener Ganzheitlichkeit, von der gemäß der Eines-Formel zu sprechen ist, dahingehend also, daß das Eines notwendig nicht nur es an sich ist.

Für die Evolutionstheorie (sensu Platon!), also die Beachtung davon, daß der Werdewelt keine ihr immanente Finalität zukommt, ergeben sich hieraus folgende zu beachtende Umstände bzw. folgende "trügerische" Situation: "Veränderlichkeit" bezeichnet ein Werdewelt-Konstitutivum, ist also ein notwendig auszusagendes Eines, ohne an sich propositionale Vergegenwärtigung des Bereichs der Notwendigkeit zu sein; nur wenn "Veränderlichkeit" analytisch aus dem Subjekt der Eines-Formel abgeleitet werden kann, ist es tatsächlich hinreichend verstanden, da nur dieserart Werdewelt bzw. Begrenztes propositional bedacht ist. Insofern aber ein Ich nicht notwendig thematisch-methodisch unreduziert bedenkt - insofern dies also konstitutiv für das Ich-sein ist -, kann gerade die mit der Thematisierung von Veränderlichkeit gegebene Bezugnahme auf Notwendigkeit dazu verleiten, die Konzentration auf die Eines-Formel defizitär zu gestalten, es also (mehr oder weniger) bei der Vergegenwärtigung des Bereichs der Notwendigkeit im Rahmen der Beachtung von Veränderlichkeit belassend, wobei zugleich zu beachten ist: Sowohl der Daß-Aussage-Bereich, wie auch der Bereich des epistemologisch Begrenzten setzen sich aus Eines zusammen, die zwar zwei klar voneinander unterscheidbare Gruppen bedeuten - vgl. oben bezüglich Subjekt-sein der Eines des Bereichs der Daß-Aussagen -, doch wird diese Unterschiedlichkeit genau dann nicht adäquat bedacht, wenn keine dementsprechend adäquate Konzentration auf das Vergegenwärtigen-müssen der Eines-Formel auftritt. In dieser Situation tritt ein, daß das Nicht-Subjekt-sein der Eines des epistemologisch Begrenzten nicht hinreichend Beachtung findet, in dem Maße nämlich, wie die Konzentration auf "Veränderlichkeit" abseits der Vergegenwärtigung der anfänglichen Daß-Aussage für eine hinreichend propositionale Vergegenwärtigung des Bereichs der Notwendigkeit gehalten wird. Das ist: Werdeweltliche Veränderlichkeit wird mit dem Nicht-nur-es-an-sich-sein von das Eines verwechselt, das Sich-Verändernde also nicht gemäß der Beachtung der dialektischen Differenz auf Subjekt seiende Eines bezogen, dieserart darum bemüht seiend, durch die Verflechtung besagter werdeweltlicher Eines bzw. epistemisch Begrenzten mit der, Notwendigkeit thematisierenden "Veränderlichkeit"-Aussage jene Vervollständigung der, Kontingenz besagenden veränderlichen Eines zu erreichen, die also gemäß der Eines-Formel zu bedenken ist.

Verhängnisvoll ist hieran, daß die Werdewelt eine Gesamtheit darstellt, in dem Sinne, wie gemäß der Eines-Formel das Eines in dialektischer Differenz zu sich nicht ein Teil von sich ist, oder sonst dergleichen, sondern eben es - das Eines - als Gesamtheit, so daß gelten muß: Unternimmt man es, die Werdewelt auf die dargestellte Weise defizitär zu bedenken, so bedenkt man dieserart eine Gesamtheit. Dies bedeutet vor allem, daß auch das Ich, wie es somit ebenfalls in der Werdewelt repräsentiert sein muß, ebenso im Rahmen des defizitären Bezuges auf Veränderlichkeit erreicht werden können muß, wie sonst etwas der Werdewelt. Der Genese-Gedanke hat also scheinbar keine Grenze, dahingehend, daß er ein Eines der Werdewelt nicht erreichen kann, bzw. derart ist, daß die Werdewelt als etwas verstanden werden müßte, das kein Gesamt ist. Es scheint daher alleine die Frage zu sein, ob Theorien zur genesetheoretischen Erklärung von Eines der Werdewelt durchdacht genug sind - zum

Beispiel formalen Ansprüchen genügen -, um ein zu erklärendes veränderliches Eines tatsächlich erklären zu können. Gerade die Entwicklungen auf dem Computer-Sektor - aber auch anderer technischer Innovationen - in den letzten Jahren (Jahrzehnten) scheinen hierbei Garant dafür zu sein, die Basis für die entsprechenden Modelle als gegeben annehmen zu dürfen. Tatsächlich kann hiervon natürlich keine Rede sein, denn wie "durchdacht", "komplex", "raffiniert" oder sonst dergleichen diese Modelle auch sein mögen, sie können kein Ersatz für die Vergegenwärtigung der Eines-Formel bzw. Platons Entdeckung, also der noetischen Dialektik, sein, da diese, insofern sie die Thematisierung der anfänglichen Daß-Aussage - "Ich bin" - und d e r Daß-Aussage - "Ich als ein Eines (Gegründetes) in dialektischer Differenz zu d a s Eines" - bedeutet, jenes thematisiert, das nicht substituierbar ist, wohl aber thematisch-methodisch reduktionistisch bzw. verzerrt bedacht werden kann.

Hier ist auch davon die Rede, daß besagte "durchdachte", "komplexe" und so fort Theorien insbesondere auch solche von einem Eines sein können - aufgrund des mißverstehbaren Bezugs der Veränderlichkeit auf Notwendigkeit und der Gesamtheit des Veränderlichen! -, das als ein solches erdacht wird, das aufgrund seiner Organisation und der Gegebenheiten seiner Umwelt, Vorteile für sein Am-Werke-sein daraus erzielt, daß es die Handlungen, die es erprobt nicht sogleich in der Realität erprobt, sondern zunächst in einem sogesehen virtuellen Raum - "selbstreflexives Beußtsein" -. Selbstverständlich stellt es keine Probleme dar, derartiges mathematisch zu simulieren, in ganz einfachen Ausführungen können sie auch schon gebaut werden. Was scheint daher näher zu liegen, als mit der "Erschaffung" derartiger erdachter Eines die Intention zu verbinden, die geschichtliche Entwicklungsleiter zur Ausbildung des Selbstbewußtsein beim Menschen nachbauen zu können. Man wird freilich nicht meinen, besagte Entwicklung wiederholt zu haben, immerhin aber scheint es machbar zu sein, das den Menschen Auszeichnende - Selbstbewußtsein, Moral und so fort - zumindest grundsätzlich dahingehend genesetheoretisch verstehen zu können, daß man einer transzendentalphilosophischen bzw. noetisch dialektischen Perspektive nicht bedarf. Nichts hiervon trifft freilich zu, da dasjenige, das berechnet und gebaut wird, uneingeschränkt in begrifflichen Termini bedacht wird, die sich auf die Werdewelt beziehen, ohne daß dieser Umstand hinreichend bedacht ist, wie auch nicht bedacht wird, daß damit lediglich das Werdewelt-Ich, also das Ich in seiner werdeweltlichen Repräsentation - das als solches nicht adäquat verstanden wird! -, simuliert wird, also gar nicht dasjenige, das man eigentlich verstehen möchte, nämlich das Ich, wie es all dies bedenkt. Wiederum gilt also: wie "raffiniert" und so fort diese Theorien auch immer sein mögen, s i e h a b e n n i c h t s m i t d e r L ö s u n g d e s a u f g e g r i f f e n e n P r o b l e m s z u t u n.

Das ist: Die dargestellte Weise der Thematisierung der Veränderlichkeit ist trügerisch, da sie auf einem völlig verzerrten Verständnis davon basiert, was es mit der Verflechtung von Veränderlichkeit und Notwendigkeit auf sich hat. Die Suche nach immer "raffinierten" (und so weiter) Theorien im Sinne dieses Verständnisses von Veränderlichkeit bedeutet in dem hiermit gegebenen Sinn also eine S a c k g a s s e, dahingehend daß sie k e i n e N ä h e r u n g an das tatsächlich notwendig Auszusagende bedeutet.

Soweit es nun die Evolutionstheorie im Speziellen betrifft, lädt zum Betreten dieser Sackgasse folgendes "trügerische" Element ein: Akzeptiert man den Gedanken, daß der Planet Erde, so wie jeder Teil des Universums, ein historisch entstandenes Eines ist, die Verhältnisse auf der Erde Veränderungen unterliegen und letztlich auch davon zu sprechen ist, daß das Leben, wie es zumindest von der Erde bekannt ist, in der Zeitachse einen Anfang hat und in seiner Ausgestaltung veränderlich ist - in Zusammenhang mit den Veränderungen auf der Erde -, akzeptiert man dies also, so etwas, das in der Zeitachse zum Menschen bzw. das dies alles Bedenkende Ich führt. In anderen Worten: Das Auftreten des Menschen, seine Organisation und so fort werden, ist besagte Veränderung in der Zeitachse wesentlich für das Verstehen von Ausformungen in der Aktualität, aus vorangegangenen Aktualitäten zu erklären sein, auf keinen Fall aber wird man darauf abzielen, das Auftreten des - so und so gestalteten - Menschen in irgendeiner Weise als dem Auftreten des Menschen vorangehende Aktualitäten erklären könnend zu verstehen. Nichts scheint verfehlter, als aus der Organisation des Menschen - zum Beispiel - jene der Basis der Primaten ursächlich ableiten zu wollen - welchen Begriff von Ursache man auch immer akzeptieren mag -. Alleine der umgekehrte Weg scheint vernünftig zu sein. Genauerhin scheint diese Vernünftigkeit auch gar nicht anzweifelbar, insofern zumindest als bereits die paläoanthropologischen Befunde, kombiniert man sie mit dem Umstand, daß beim Menschen und anderen Primaten selbige geschlechtliche Generationenabfolge auftritt, hinreichend signalisieren, daß es so etwas wie einen Übergang von bestimmten Primaten - allg. Tieren - zu den Menschen gegeben hat.

Die hierin liegende Sicherheit ist aber trügerisch, wobei die Einsicht in diesen Umstand gerade die Umkehr jener Betrachtungsrichtung voraussetzt - nämlich von den Tieren bzw. Primaten zu den Menschen -, von der gerade noch ausgesagt worden ist, daß sie wohl gar nicht vernünftig bezweifelt werden kann. Das ist: Die Transzendentalphilosophie bzw. die noetische Dialektik fordert ein, auf der Suche nach der anfänglichen Daß-Aussage die Werdewelt - also die Welt, wie sie naturalistisch wahrgenommen wird - dahingehend konsequent zu entgrenzen, daß das Ich als Subjekt der a n f ä n g l i c h e n Daß-Aussage - "Ich bin" – entgegen-tritt. Dies kann nun bei einem Betrachter den Eindruck erwecken, als wäre mit diesem Bezug auf das Ich das Ich gemeint, wie es Teil der Werdewelt ist, so daß sogleich im Raum zu stehen scheint, die noetische Dialektik fordert dazu auf, aus diesem Ich jene analytische Ableitung vorzunehmen, wie sie das Sein insgesamt thematisiert, womit also die zuvor noch scheinbar unbezweifelbare Betrachtungs- bzw. Erklärungsrichtung geradewegs umgekehrt wäre. Tatsächlich fordert die noetische Dialektik dies aber nicht ein, insofern nämlich, als sie nicht im Werdewelt-Ich ihren Anfang nimmt, sondern dieses als ein epistemologisch Begrenztes auffaßt, wie jedes andere derartige Eines auch. Trotzdem berichtet sie von einer Sonderstellung des Ich, wiewohl nicht aufgrund irgendeines möglichen Prädikates des Werdewelt-Ich, son-dern gemäß dem Ich, wie es gemäß dem "dies Alles Bedenkendes"-sein des Ich auszusagen ist. Das Anfang-nehmen bei dem Ich ergibt sich also aus dem differentiellen Verzicht-üben-müssen des Ich als einem ontologischen Eines bzw. Gegründeten, somit also daraus, daß das Ich als ein solches Zugang zum Bereich der Notwendigkeit alleine gemäß der dialektischen Differenz von "ein Eines (Ich) - d a s Eines (Gründendes)" hat, nicht aber derart, daß es abseits der Vergegenwärtigung hiervon im Horizont des Begrenzten eine letztbegründbare Aussage antreffen kann, also abseits der Vergegenwärtigung von "Ich bin" als anfänglicher Daß-Aussage.

Ist somit auch nicht das Werdewelt-Ich Anfang der Ableitung der Analyse von Sein – soweit es dem Ich als Gegründetem möglich ist -, so bleibt trotzdem jene Inversion der Betrachtungsrichtung gegenüber einer genesetheoretischen Perspektive, die zunächst noch als Unmöglichkeit erschienen ist. Das eigentlich "trügerische" Element hieran ist, daß diese Inversion gar keine grundsätzliche Auflösung der genesetheoretischen Betrachtungsrichtung bedeutet: In der von "Ich" ausgehenden Betrachtung wird nämlich zu den Subjekten der Analyse des Bereichs der Notwendigkeit gefunden und insofern auch zu dem Begriff "Lebewesen", wie er in Erweiterung - gemäß dialektisch-analytische Entfaltung - des Eines "genealogische Ich-Kette" nicht nur auf Eines der Werdewelt zu beziehen ist, die als "Menschen" anzusprechen sind. Zugleich gilt aber, daß die Werdewelt-Analyse, wie sie in dialektischer Differenz zur Analyse des Daß-Aussage-Bereichs steht, hieraus nicht als Vorgabe erhält, gemäß dem sie konstituierenden Eines "Zeitlichkeit" diese Betrachtungsrichtung beibehalten zu müssen. Daß Auf dem Niveau der Analyse der Daß-Aussagen von dem "Ich" aus erklärt wird, bedeutet nicht, daß auf jenem Niveau, für das (unter anderem) die Zeitachse konstitutiv ist, dies ebenfalls Gültigkeit hat. Dies kann nicht sein, da Zeitlichkeit - als Werdewelt-Konstitutivum zwar analytisch aus "Ich bin" bzw. der Eines-Formel abzuleiten ist, womit aber gerade gilt, daß Zeitlichkeit als Werdewelt-, nicht aber als Daß-Bereich-Konstitutivum entgegentritt. Aus der Analyse des Bereichs der Notwendigkeit ergeben sich also jene Subjekt seienden Eines, gemäß denen jener Bereich zu bedenken ist, der als Gesamt des epistemologisch Begrenzten im Lichte von Zeitlichkeit zu verstehen ist, und indem also Zeitlichkeit in modaler bzw. dialektischer Differenz zu dem Bereich der Daß-Aussagen steht, ist es für den Bereich der Werdewelt-Analyse dahingehend konstitutiv, daß es besagte Inversion der Betrachtungsrichtung mit sich bringt.

In anderen Worten: Das Bedenken mit der Aussage "Ich bin" beginnen müssen führt also dazu, "Ich" als Subjekt der anfänglichen Daß-Aussage verstehen zu lernen, wie auch als Werdewelt-Ich, wobei dieses zu jenem in dialektischer Differenz steht, als Ergebnis der analytischen Entfaltung der dialektischen Differenz von "ein Eines (Ich) - das Eines (Gründendes)" gemäß Platons Eines-Formel. Hat also das Bedenken anfänglich von "Ich" auszugehen, so schließt diese Betrachtungsebene ihr eigene Inversion gemäß der dialektischen Differenz in sich ein, da auf dem Niveau der Werdewelt-Analyse, insofern auf diesem die Genesetheorie zu veranschlagen ist, die Betrachtungs- bzw. Erklärungsrichtung zu dem Ich hinzeigen muß.

Aus der Perspektive eines Denkens, das sich der Bedeutung der noetischen Dialektik bzw. der hiervon geprägten ersten Schicht des philosophischen Horizonts gegenüber nicht oder nicht hinreichend öffnen kann, muß diese Inversion aber als unnotwendige Verkomplizierung aussehen, bzw. der Verweis auf "Ich" gemäß "Ich bin" als unangebrachte Aussage im Sinne einer unterschobenen "Sonderstellung des Ich". Das zentrale Problem für ein evolutionstheoretisches Denken ist also, sich gegenüber einer Inversion öffnen zu müssen, für die es anscheinend keinen Platz in einer vernünftigen Diskussion geben kann. Zu demonstrieren, daß dem nicht so ist, ist mit eine der Zielsetzungen dieses Buches.

1.4 Zum Charakter der in den Kapiteln 2 bis 4 gebrachten Kritiken

In den Kapiteln 2 bis 4 wird Kritik an evolutionstheoretischen Positionen und solchen, die sich der Evolutionsbiologie bedienen, geübt werden. Die Kritik ist teilweise essentiell, wiewohl zumindest zumeist nicht derart, daß die betrachtete Position in toto zurückgewiesen wird. Nicht derartiges wird vorgetragen werden, sondern eine essentielle Kritik im Sinne von Platons "Freundschaft"-Konstruktion - dargelegt zum Beispiel in *Charmides* -, wie sie auch schon den Arbeiten zu Aristoteles - vgl. *Vergleich*[4] - und der christlichen Philosophie und Theologie - vgl. *Theologie*[5] - zugrundeliegt.

Damit soll ausgesagt sein, daß die nachfolgende Kritik auf eine Vergegenwärtigung der in den analysierten Positionen auftretenden Abweichungen von der noetischen Dialektik abzielt, um willen davon, dasjenige in diesen Positionen freilegen zu können, das bedenkenswert ist, dem es daher gleichsam "freundschaftlich" gegenüberzutreten gilt.

Lediglich solchen Positionen bzw. Konstruktionen einer Position gegenüber, die auch im Lichte des *Theages*-Problems keinen Umgang mit dem Person-sein bedeuten, der dem Person-sein grundsätzlich entsprechen läßt, bzw. eine derartige Entsprechung implizit in sich

---

[4] Siehe 1.5
[5] Siehe 1.5

trägt, kann die Kritik nicht im Sinne des Platonischen "Freundschaft"-Konstruktion verstanden werden; ein Beispiel hierfür ist Haeckels "Kontraselektion"-Konstruktion.

1.5 Zitierte Literatur des Autors[6]

Privatheit: Privatheit des Ich - Entwurf einer transformiert naturalistischen Erkenntnistheorie. - Frankfurt a.M. 1997.

Grundlegung: Zur Begründung der Evolutionstheorie durch Platon. - Frankfurt a.M. 1999.

Überlegungen: Transzendentalphilosophische Überlegungen zum pragmatischen Charakter der biologischen Evolutionstheorie - eine Skizze. - Wiener Jahrbuch für Philosophie 2002 (im Druck).

Überlegungen II: Überlegungen zur Domäne der Philosophie. - Wiener Jahrbuch für Philosophie, XXXI (1999): 127-168.

Theoriendynamik: Zur Theoriendynamik innerhalb der Philosophia perennis. - Frankfurt a.M. 2000.

Vergleich: Über die Platonische Dialektik und Aristotelische Logik: Ein Vergleich - Zur Notwendigkeit der Konzentration auf das Platonische Denken. - Frankfurt a.M. 2000.

Nicht-Metaphysikalisierbarkeit: Platons Dialektik im Lichte der "Nicht-Metaphysikalisierbarkeit" der Mathematik. - In: W. Senz: Die Grundlage jeglichen Bedenkens im Lichte der noetischen Dialektik; Frankfurt a.M. 2002.

Untersuchungen: Untersuchungen zu den theoriengeschichtlichen Wurzeln und der zentralen Aussage der noetischen Dialektik - Frankfurt a.M. 2001.

Theologie: Christliche Philosophie und Theologie im Lichte der Platonischen Dialektik und Lehre vom Ich - Frankfurt a.M. 2002.

Lehre: Platons Lehre vom Ich im Rahmen der Vergegenwärtigung der dialektischen Differenz - Frankfurt a.M. 2002.

Phylogenese: Über die Organisation und Stammesgeschichte der Nemertinen - nebst theoretischen Anmerkungen zur Stammesgeschichtsforschung. - Sitzungsberichte der Akademie der Wissenschaften, Wien, Naturwissenschaftlich-Mathematische Klasse, 204: 3-38 (1997).

[6] Mittels der kursiv gedruckten Begriffe am Beginn jeder Angabe wird die jeweilige Arbeit im weiteren Text zitiert.

2 Darwins Theorie

Die Theorie Darwins wird anhand zweier Hauptwerke Darwins - *Die Entstehung der Arten durch natürliche Zuchtwahl* und *Ursprung des Menschen* - diskutiert, wobei zuerst jenes Werk betrachtet wird, das sich allgemein mit der biologischen Evolution beschäftigt. Obgleich die allgemeine biologische Evolutionstheorie nicht Thema des vorliegenden Buches ist, muß auf sie geblickt werden - nicht nur bezüglich Darwins Theorie -. Das ist: Insofern es keine vernünftige Handhabe dafür gibt, die Tiere, Pflanzen, Bakterien und so fort genesetheoretisch aus dem Menschen abzuleiten, scheint die Denkrichtung, zunächst eine allgemeine Evolutionstheorie zu entwickeln, vernünftig zu sein. Es wird von größter Wichtigkeit sein aufzuzeigen, daß die evolutionsbiologische Position das damit provozierte begründungstheoretische Problem letztlich nicht lösen kann, bzw. die evolutionsbiologischen Theorien hier in einer Falle festsitzen, da sich die Vernünftigkeit ihrer Aussagen zum Menschen lediglich aus der vermeintlichen Vernünftigkeit ihrer allgemein evolutionsbiologischen Aussagen ergibt.

Um Mißverständnisse zu vermeiden sei nochmals angemerkt - siehe zudem *Einleitung* -, daß sich der vorliegende Text nicht gegen die Evolutionstheorie an sich wendet - bzw. keine fundamentale Kritik an der biologischen Evolutionstheorie übt -, sondern gegen den Versuch, die mit "Evolution" thematisierte Form von Veränderlichkeit abseits der noetischen Dialektik verstehen zu wollen. (Im Sinne hiervon ist in *Grundlegung* und *Überlegungen* zu zeigen versucht worden, daß die Evolutionstheorie nicht zurückzuweisen ist, sondern im Lichte der von Platon grundgelegten noetischen Dialektik zu konzipieren ist.)

Angesichts hiervon seien nun also zunächst Darwins allgemeine Feststellungen zur Evolution betrachtet, und hernach speziell auf Darwins Ausführungen zu "Evolution und Mensch" geblickt.

2.1 *Die Entstehung der Arten durch natürliche Zuchtwahl*[7]

2.1.1 Kapitel 1 - 5: Grundsätzliche Darlegung der Theorie

In den Kapiteln 1 bis 5 legt Darwin das Fundament seiner Theorie dar, was auch daran zu erkennen ist, daß an Kapitel 5 zwei Kapitel anschließen, die sich mit Problemen der Theorie und Kritiken an der Theorie beschäftigen, was eine grundsätzliche Darstellung der Position voraussetzt.

Kapitel 1 kann in gewisser Hinsicht den weiteren vier Kapiteln gegenübergestellt werden. Das ist: Das erste Kapitel berichtet nicht von den Vorgängen in der Natur, sondern vor allem von der künstlichen Zuchtwahl, also von Veränderungen des Baus und Verhaltens von Tieren (und Pflanzen) »in der Hand des Menschen«.

Entscheidend an der Argumentation im ersten Kapitel ist, daß sie, ausgehend von der »künstlichen« Zuchtwahl, über die Betrachtung der »unbewußten« Zuchtwahl zur »natürlichen« Zuchtwahl voranschreitet - ohne letztere bereits explizit zu analysieren -. Entscheidend

[7] Zitiert nach: *Die Entstehung der Arten durch natürliche Zuchtwahl* - Übersetzung der 6. Auflage von CW Neumann; Stuttgart (1980). Im weiteren Text zitiert mit: *Entstehung.*

ist dies, insofern entlang dieser Reihe die positive Vergegenwärtigung eines Ordners bzw. ordnenden Geistes - wie er zunächst für die künstliche Zuchtwahl in Form des Menschen gegeben ist! - sukzessive in den Hintergrund tritt: Im Horizont von »natürliche Zuchtwahl« wird kein Eines ausgesagt - zumindest nicht propositional -, das "Mensch" - »Züchter« - im Horizont von »künstliche Zuchtwahl« entspricht.

Zur genaueren Darlegung hiervon sei zunächst aus Kapitel 1 zitiert:

> "Eine der merkwürdigsten Eigentümlichkeiten bei unseren domestizierten Rassen ist ihre Anpassung, nicht zugunsten ihres eigenen Vorteils, sondern zugunsten des Menschen und der Liebhaberei. Einige ihm nützliche Variationen sind wahrscheinlich plötzlich entstanden. ... Daß das amerikanische Anconschaf auf diese Weise entstand, ist bekannt. Vergleichen wir aber den Karrengaul mit dem Rennpferd, das Dromedar mit dem Kamel, die verschiedenen für Kulturland oder Bergweide passenden Schafe, deren Wollarten sich für ganz verschiedene Zwecke eignen; ... so müssen wir, wie ich glaube, an mehr denken als an bloße Veränderlichkeit. ... Der Schlüssel zu allem diesem ist das Vermögen des Menschen, immer wieder Individuen zur Zuchtwahl auszuwählen, kurz: s e i n a k k u m u l a t i v e s W a h l v e r m ö g e n. Die Natur schafft allmähliche Veränderungen, und der Mensch gibt ihnen die für ihn nützliche Richtung. In diesem Sinne kann er von sich sagen, er schaffe sich selbst seine nützlichen Rassen" (S.58-59).

> "Die große Macht dieses Prinzips der Zuchtwahl ist nicht hypothetisch. ... Die Züchter sprechen von der Organisation eines Tieres als etwas Biegsamem, das sie fast nach Belieben umformen können. Lord Sommerville sagt, indem er von den Leistungen der Züchter von Schafrassen spricht: »Es scheint, als ob sie erst eine Gestalt an die Wand gezeichnet und dieser dann Leben eingehaucht hätten«" (S.60-61).

Hieran ist die Unterscheidung von Veränderlichkeit und Richtung-geben zu beachten, insofern hiermit für die Lebewesen ein nicht in ihnen liegendes Apriori ausgesagt wird - »eine Gestalt an die Wand gezeichnet und dieser dann Leben eingehaucht« -, das als "Richtung-Gebendes", wiewohl nicht die Veränderlichkeit Begründendes, die Lebewesen in der Abfolge der Generationen zu jenen Eines werden läßt, als die sie wahrgenommen werden können. Darwin ist hierbei wichtig, in Zusammenhang mit Richtung-geben ein »akkumulatives Wahlvermögen« aussagen zu können, »bloße [= ungeordnete, richtunglose] Veränderlichkeit« übersteigend.

Darwin trifft hierauf unter anderem in Auseinandersetzung mit der an sich falschen Überzeugung fast aller Züchter von Haustieren und Kulturpflanzen, die einzelnen Rassen aus j e - w e i l s a n d e r e n Arten gewonnen zu haben:

> "Die Erklärung dafür [für besagten Irrtum] ist ganz einfach: durch langjähriges Studium haben diese Leute für die Unterschiede der verschiedenen Rassen einen besonders scharfen Blick bekommen, und obgleich sie wissen, daß jede Rasse etwas variiert (...), so lassen sie doch die allgemeinen Beweise außer acht und rechnen nicht den ganzen Betrag zusammen, der sich durch die Anhäufung kleiner Unterschiede im Verlauf der Generationen ergibt" (S.57).

Darwin ist hier um die Darstellung davon bemüht, daß "Veränderlichkeit" nicht alleine als i n n e r h a l b einer Art Gegebenes zu verstehen ist, bzw. als ein Vorgang i n n e r h a l b eines Eines - "Art" -, und das Gesamt der Lebewesen als aus dieserart diskreten Eines zusammengesetzt bedacht werden kann. Darwin ist es also wichtig, von der Aufspaltung einer Ausgangsform - einem "Eines" - in verschiedene "Formen" - verschiedene "Eines" - sprechen zu können, wobei er zugleich geringen Wert darauf legt, das damit Ausgesagte "verschiedene Formen" propositional als ein Eines - bzw. "Form" als Eines - aussagen zu können. Worauf Darwin nämlich letztlich abzielt, ist das Verständnis von "Art" als einem Eines, dem "Veränderlichkeit" zuordenbar ist, wiewohl dasjenige an sich, dem zugeordnet wird, keine propositionale Vergegenwärtigung im Bedenken erfährt. Die Aussage der Zuordernbarkeit soll dies erübrigen lassen. Damit ist das Problem gegeben, daß bei Darwin die Kombination von "Thematisierung der Veränderlichkeit" und "Richtung-gebender Faktor Züchter" Ausdruck einer defizitären Thematisierung des Subjektes der Veränderlichkeit ist.

Anhand folgender Aussagen Darwins kann dies verdeutlicht werden, wobei zugleich Darwins Schritt von der »künstlichen« zur »unbewußten Zuchtwahl« angeführt ist:

> "Youatt gibt ein treffliches Beispiel für die Wirkung einer fortdauernden Zuchtwahl an, die insofern als unbewußt gelten kann, als die Züchter das erzielte Resultat weder erwartet noch gewünscht haben können, nämlich die Erzeugung zweier verschiedener Stämme. Die beiden Herden von Leicesterschafen, die Buckley und Burgeß züchteten, sind nach Youatt »seit fünfzig Jahren rein aus dem Urstamm Bakewells gezüchtet worden«. Niemand, der mit der Sache vertraut ist, hegt im geringsten Verdacht, daß die Besitzer der beiden Herden dem reinen Blut der Bakewellschen Rasse eine fremde Beimischung gegeben hätten. Und doch ist der Unterschied zwischen beiden so groß, daß sie das Aussehen ganz verschiedener Varietäten haben" (S.65).

> "Gäbe es völlig kulturlose Wilde, die keine Ahnung von der Erblichkeit der Merkmale ihrer Haustiere hätten, so würden sie doch diejenigen Tiere, die für besondere Zwecke besonders wertvoll sind, während einer Hungersnot oder anderer Unglückszeiten zu erhalten suchen. Und so ausgewählte Tiere würden gewöhnlich mehr Nachkommen hinterlassen als weniger wertvolle, so daß also in diesem Falle eine Art unbewußter Zuchtwahl erfolgt" (S.65).

Darwin spricht hier davon, die Leistung des Züchters als eine mögliche Realisierung dessen verstehen zu können, das geordnete Veränderung ergibt. Genauerhin liegt hier vor, daß Darwin, indem er mit "künstliche Zuchtwahl" beginnt, jene "mögliche Realisierung" an den Anfang seiner Darstellung stellt, die von "ideenhafter Apriorizität" in Zusammenhang mit "akkumulativem Wahlvermögen" sprechen läßt, wie sie somit als mit dem Gesamt aller möglichen Realisierungen verknüpfbar dargelegt ist, auch wenn sie nicht propositional für dieses Gesamt dargelegt ist. Das ist: Die Bedeutung von »Hungersnot« etc. für den Wandel in der Ausformung der Lebewesen in der Generationsabfolge kann mit der züchterischen Leistung analogisiert werden, im Sinne des "eine mögliche Realisierung sein" dieser Leistung, ohne daß somit die natürliche Betrachtung, wie es jene von - zum Beispiel - »Hungersnot« ist, deshalb als Zurückweisung eines apriorische lenkenden Geistes verstanden werden bräuchte: Die natürliche Betrachtung bezeichnet eine weitere mögliche Realisierung dessen, das grundsätzlich mit diesem "Geist" verknüpfbar ist. Darwin läßt es hiermit also bewenden, abseits einer propositionalen Vergegenwärtigung des damit Thematisierten. Diese Zurückhaltung ist aber jene, die bereits bezüglich dem Subjekt von Veränderung aufgetreten ist. Im Sinne hiervon ist also davon zu sprechen, daß Darwin, indem er von dem "planenden Geist" »Züchter« auf »Hungersnot« etc. übergeht, etwas naturalistisch Aussagbares als Substitut für die unmittelbare Bedeutung von "planender Geist" anführt, ohne die Ermöglichung des Überganges ebenfalls im Sinne dieser Zurückweisung verstehen zu müssen. Auf diesem Niveau liegt nicht Zurückweisung vor sondern nicht-propositionale Vergegenwärtigung.

In der folgenden Aussage verdeutlicht Darwin, daß die Grenzen zwischen »künstlicher« und »unbewußter Zuchtwahl« durchaus fließend sind, daß also auch die Apriori im Bereich der »künstlichen Zuchtwahl« nicht schlechthin solche sein müssen:

"Aber ihre [Gärtner des Altertums] Kunst war sehr einfach; zumeist gelangten sie unabsichtlich zu ihren Erfolgen. Die ganze Kunst bestand darin, daß immer wieder der Same der besten Varietät ausgesät wurde; sobald sich später zufällig eine noch bessere Variätet zeigte, wurde dann diese wieder auserlesen usw. Allein die Gärtner des Altertums, die die beste ihnen zugängliche Birne kultivierten, haben nicht im entferntesten geahnt, welche prachtvolle Frucht wir einst essen würden" (S.66).

Die hierin liegende Verflechtung von »künstliche« und »unbewußte Zuchtwahl« wird von Darwin dahingehend ausgeweitet, daß der in »unbewußt« liegende Gehalt an "von der Absicht des Menschen unabhängig" positiv bedacht als »natürlich« bzw. »natürliche Zuchtwahl« entgegentritt:

"In bezug auf die Haustiere der unzivilisierten Völker darf nicht vergessen werden, daß sie fast immer, mindestens aber in gewissen Jahreszeiten um ihre Nahrung zu kämpfen haben. In zwei verschieden beschaffenen Gegenden kommen von Individuen derselben Art, die nur sehr wenig im Körperbau und in der Konstitution abweichen, die einen oft hier und die anderen dort besser fort, und hier können dann durch natürliche Zuchtwahl zwei Unterrassen entstehen. Das erklärt zum Teil, was einige Sachkenner von den Tierrassen der Wilden behaupten: daß sie mehr als die in zivilisierten Ländern gehaltenen Rassen den Charakter besonderer Arten haben" (S.67).

Hier wird also ganz explizit der Vergleich zwischen Haustierrassen und "natürlichen" Arten hergestellt!

Im Lichte hiervon wird von Darwin derart auf "Zuchtwahl" reflektiert, daß hierüber das Aussagen-können von Eines - zum Beispiel "Art" - in der Werdewelt nicht im Lichte davon gesehen wird, daß diese Eines auf etwas letztbezogen werden müssen, das transzendental zur Werdewelt ist:

"Er [der Züchter] kann bei der Zuchtwahl nur jene Variationen berücksichtigen, die ihm die Natur selbst, wenn auch zu Anfang nur in geringem Grade, vor Augen führt. Kein Mensch würde je eine Pfautaube zu züchten versuchen, wenn er nicht schon eine Taube mit abweichend entwickeltem Schwanz, oder eine Kropftaube, ehe er nicht eine solche mit ungewöhnlich großem Kropf gesehen hätte" (S.68).

Nicht nur transzendiert diese Argumentation die Werdewelt nicht, die zitierte Aussage reflektiert in einer Weise auf die Anfangsproblematik, daß sie wesentlich in Konflikt gerät mit der vorangegangenen Feststellung von den "an die Wand gemalten" Zielvorstellungen. Indem nämlich Darwin seine Aussage zur natürlichen Zuchtwahl aus jenen zur künstlichen Zuchtwahl ableitet, wobei ihm "akkumulatives Wahlvermögen" wesentlich ist, worin aber derart der begründungstheoretische Horizont enthalten ist, daß notwendig das positive Beachten-müssen des zum kontingent Gültigen - bezüglich "Auswahl" - Transzendentalen auftritt, indem dies also so ist, müßte gemäß der Analogisierung von künstliche und natürliche Zuchtwahl diese Thematisierung des Transzendentalen auch bzw. insbesondere im Rahmen der Darstellung der natürlichen Zuchtwahl aufgegriffen werden, doch nicht dies tritt auf, sondern eine Unterwanderung der gebrachten "Apriorizität"-Konstruktion bezüglich künstlichen Zuchtwahl. Diese Unterwanderung bedeutet zugleich, daß Darwin mit der Nennung der künstlichen Zuchtwahl gleichsam einen notwendig gültig scheinenden Anfang wählt - an der künstlichen Zuchtwahl läßt sich nicht zweifeln -, darüber aber jegliche Thematisierung von Notwendigkeit vermissen läßt, insbesondere bezüglich der Anfangsproblematik bezüglich "akkumulative Auswahl" und bezüglich Subjekt der Veränderung.

Angesichts hiervon sei nun gelesen:

> "Man kann indessen von einer Rasse so wenig wie von einem Dialekt sagen, sie hätten einen bestimmten Ursprung gehabt. Jemand erhält und verwendet ein Individuum mit einigen geringen Abweichungen im Körperbau zur Nachzucht, oder er verwendet ungewöhnliche Sorgfalt auf die Paarung seiner besten Tiere, wodurch er seine Zucht veredelt, und diese veredelten Tiere verbreiten sich allmählich in der nächsten Umgebung" (S.69).

Zuvor ist also die Bedeutung des Züchters als "Ordner" in den Hintergrund gedrängt worden, insofern sich seine Leistung nicht positiv mit "Anfang-nehmen" in Beziehung setzen lassen sollen. Nun, in Zusammenhang mit »Ursprung einer Rasse« bzw. »eines Dialekts«, verzichtet Darwin explizit auf eine Vergegenwärtigung von Anfang. Indem Darwin dies bezüglich "Anfang" von Werdeweltlichem unternimmt, läßt sich zunächst daran denken, Darwin reflektiert hier auf die differentielle Unendlichkeit der Werdewelt, wie sie die dialektische Differenz zu dem Selbstand Repräsentierenden bezeichnet - vgl. z.B. *Theologie* -. Hiervon kann aber schon deshalb nicht die Rede sein, da Darwins defizitär-nichtpropositionaler Umgang mit dem Transzendentalen unvereinbar mit der Annahme einer Darwinschen Vergegenwärtigung der dialektischen Differenz und der differentiellen Unendlichkeit der Werdewelt bzw. des Warum-Aussage-Bereichs ist.

Das ist: Darwin ist natürlich zuzustimmen, daß dasjenige, das nicht wieder werdeweltliche Veränderung sein soll, zugleich aber jenes, das diese nicht Alles sein läßt, da in diesem Falle Kontingenz Alles wäre, nicht als etwas bedacht werden darf, das die werdeweltliche Veränderlichkeit nicht als solche bedenken läßt, also die Vergegenwärtigung des Nicht-an-sich-Selbstand-Repräsentierenden ad absurdum führt. Darwin bedenkt dies aber derart, daß er – gemäß seiner nicht-propositionalen Thematisierung der Subjekte der Veränderlichkeit - die Thematisierung des An-sich-Selbstand-Repräsentierenden ad absurdum führt: Die Betonung der Veränderlichkeit - wie sie Kontingenz thematisiert, nicht aber Notwendigkeit an sich - veranlaßt Darwin, es bei einer nicht-propositionalen Thematisierung jenes Bereichs zu belassen, der an sich Notwendigkeit repräsentiert und von dem entsprechend dem Aussagen-können von Daß-Aussagen durch das Ich zu sprechen ist - vgl. *Privatheit*, *Überlegungen II* und *Untersuchungen* -.

Darwins Beginn mit »künstliche Zuchtwahl« ist somit kein beliebig gewählter - bzw. kein bloß didaktisch wirkungsvoll sein sollender - Anfang der Argumentation, sondern ein solcher, demzufolge die Frage nach dem Sein eines "Ordners" bzw. der Thematisierbarkeit des Bereichs der Notwendigkeit aufgegriffen wird, wobei es Darwin ein Anliegen sein muß zu zeigen, daß das Sein eines solchen "Ordners" im Horizont von "natürliche Zuchtwahl" zumindest nicht diskursiv vergegenwärtigt werden braucht und dies der Analyse der Werdewelt keinen Abbruch tut. Im Lichte hiervon ist »man kann indessen von einer Rasse so wenig wie von einem Dialekt sagen, sie hätten einen bestimmten Ursprung gehabt« genauerhin zu sehen, insofern mit dieser Aussage die "Anfang"-Problematik, also das diskursive Vordringen zum Daß-Aussage-Bereich, defizitär bedacht wird, ohne daß dieses Defizit als in der weiteren Ableitung zu Überwindendes thematisiert würde. Hierin liegt, daß Darwin die Ausprägungsform - Rasse bzw. Dialektik - eines Etwas der Werdewelt ansprechen zu können meint, ohne seine Grenzen in der Zeit festlegen zu müssen, wobei das Problem ist: Dieses Nicht-Festlegen-können von Grenzen - bei komplementär hierzu thematisierter Aussagbarkeit und Bezeichenbarkeit - wird von Darwin nicht im Sinne der Unendlichkeit der Werdewelt verstanden, nicht also im Sinne des Anfang- nicht aber Daß-haben der Werdewelt (vgl. *Untersuchungen* und *Lehre*), sondern derart, daß es gerade die Vergegenwärtigung hiervon ist, die durch die defizitäre Beachtung des Anfangsproblems ausgeblendet wird.

Zur Verdeutlichung hiervon sei aus dem Schlußabschnitt von Kapitel 1 zitiert:

> "Die Veränderlichkeit wird durch viele unbekannte Gesetze beherrscht, besonders aber durch Korrelation des Wachstums. Manches (wieviel, wissen wir nicht) kann der unmittelbaren Wirkung der Lebensbedingungen zugeschrieben werden; anderes (vielleicht sehr viel) beruht auf dem vermehrten Gebrauch oder Nichtgebrauch einzelner Teile. Dadurch wird das Schlußergebnis sehr kompliziert. ... Unter allen diesen Ursachen der Veränderung scheint mir die akkumulative Wirkung der Zuchtwahl, mag sie nun planmäßig und rasch oder unbewußt und langsam, aber dann um so sicherer gewirkt haben, die vorherrschende Kraft gewesen sein" (S.74-75).

Die »akkumulative Wirkung der Zuchtwahl« wird also als »vorherrschende Kraft« der Veränderung verstanden, und zwar unabhängig davon, ob sie »planvoll« oder »unbewußt« auftritt.

Beachtenswert ist an dieser Konstruktion, daß sie »planvoll« auf das Am-Werke-sein des Menschen bezieht, wobei aus der Betrachtung hiervon, insofern »planvoll« gemäß »künstlich« bereits als mit jenem verflochten dargelegt worden ist, das abseits des Am-Werke-sein des Menschen als »natürlich« auftritt, auf eine "Notwendigkeit"-Konstruktion geschlossen wird, die es dabei belassen können soll, das "Entstehende" nicht im Lichte der "Eines"-Problematik betrachten zu müssen.

Diese Argumentation Darwins ist keinesfalls logisch stringent: Die Frage nach dem Eines-Sein des Entstehenden erwächst daraus, daß ein Entstehendes nur dann adäquat bedacht ist, wenn es thematisch-methodisch unreduziert auf eine Daß-Aussage bzw. ein Eines der unthematische-Begriffpyramide bezogen werden kann, dieserart zum Ausdruck bringend, daß es als ein Eines der Werdewelt bzw. des Bereichs des Begrenzten verstanden wird. Darwins "Notwendigkeit"-Konstruktion leistet dies aber nicht, da sie keine Definition von jenem bietet, das der Zuchtwahl unterliegt, bzw. für das "der Zuchtwahl unterliegen" ein Prädikat ist. Darwin blendet diese Problematik in dem Maße aus, wie er die "Apriori"-Argumentation auflöst, anstatt sie analytisch aus der anfänglichen Daß-Aussage - vgl. *Untersuchungen* - abzuleiten.

Gerade hierin liegt aber konkret die Bedeutung des Anfanges von *Entstehung* für Darwin: Indem Darwin mittels »künstliche Zuchtwahl« den Anfang seiner Argumentation gestaltet, gestaltet er diesen scheinbar fernab einer willkürlichen Festlegung. Womit Darwin somit aber tatsächlich sein Buch beginnen läßt, das ist eine - obgleich modifizierte - Raster-Argumentation, wie sie der Autor an anderem Ort - z.B. *Vergleich* - für philosophische Positionen beschrieben hat, denen keine Emanzipation von der zweiten Schicht des philosophischen Horizonts gelingt, und die daher, da sie den Bereich der Notwendigkeit nicht bzw. nicht nur aus der anfänglichen Daß-Aussage vergegenwärtigen, das somit Verfehlte aus einem Vergleich des Gründenden mit dem Am-Werke-sein des Menschen erbringen zu können meinen, das Ich nicht in dialektischer Differenz zu d a s Gründende bedenkend. Obgleich dieses Vorhaben aufgrund der Teilhabe des Ich am Gründenden - im Sinne der dialektischen Differenz - nicht ohne jegliche Grundlage ist bzw. gemäß Universalität des Person-sein als Ausdruck davon verstanden werden kann, dem Ich-Bezug zu entsprechen, wie er zu fordern ist, da die anfängliche Daß-Aussage "*Ich* bin" lautet, gerät es doch zur pragmatischen Verzerrung des eigentlich Auszusagenden, da die Teilhabe gerade nicht im Horizont der Vergegenwärtigung von "Ich bin" gesehen wird, sondern im Horizont eines, dem Ich zugeschriebenen Etwas, das nicht dialektisch-analytisch aus "Ich bin" abgeleitet wird.

Dies nutzt also auch Darwin, so ist gemäß Universalität des Person-sein auszusagen, obgleich er, anders als besagte Positionen der zweiten Schicht des philosophischen Horizonts[8], im Rahmen hiervon gar nicht um eine propositionale Darstellung desjenigen bemüht ist, das zum Ich transzendental verschieden ist: Das Am-Werke-sein des Ich wird auf eine "Notwendigkeit"-Konstruktion bezogen - "Veränderlichkeit" -, die gerade die Erübrigung besagter propositionaler Darstellung ermöglichen soll, bleibt doch das Aussagen einer "Gründendes"-Konstruktion gemäß Darwins defizitärem Umgang mit der "Anfang"- und "Eines"-Problematik aus. Das ist: Darwins "natürliche Zuchtwahl"-Konstruktion bedeutet eine Nivellierung der transzendentalphilosophischen Schwelle, da, wie die bisherigen Ausführungen zeigen, das Problem der vollständigen Entgrenzung der Werdewelt bei gleichzeitigem diskursiven Vordringen zum Bereich der Notwendigkeit von Darwin nicht adäquat vergegenwärtigt wird. Diese Nivellierung resultiert also daraus, daß Darwin die Beachtung der Veränderlichkeit nicht im Lichte davon sieht, "Veränderlichkeit" als Prädikat eines Subjektes bzw. Eines verstehen zu müssen, das selbst nicht wieder "Veränderliches" ist, da dies ein Alles-sein der Veränderlichkeit bedeuten würde, das geltungstheoretisch nicht vernünftig bedacht werden kann - genausowenig wie ein Nicht-sein der Veränderlichkeit! -; *Entstehung* Kapitel 1 berichtet von Eines, die sogleich im Lichte der Auseinanderhaltung der unthematische- und thematische-Begriffpyramide bedacht werden m ü ß t e n, das Nicht-Alles-sein der Veränderlichkeit gemäß der dialektischen Differenz im Sinne der Eines-Formel Platons an Selbstand bzw. Notwendigkeit anlegend.

Die Existenz des Transzendentalen muß hierbei von Darwin nicht kategorial bestritten werden, doch ist es sensu Darwin für das Werden letztlich ebenso wenig Ermöglichung einer teleonomen Richtung-Gebung wie "Züchter". Darwin erkennt somit nicht, daß auch die Darstellbarkeit davon, Veränderlichkeit notwendig aussagen zu müssen, nicht davon enthebt, Veränderlichkeit als Ausdruck fehlenden Selbstandes verstehen zu müssen und also um propositionale Darstellung des an sich Selbstand Repräsentierenden bemüht sein zu müssen, wobei h i e r z u der Ich-Bezug gemäß der Vergegenwärtigung von "Ich bin" aufzutreten hat; Darwins Beginn mit »künstliche Zuchtwahl« reflektiert zwar auf Mensch und insofern auf Ich - um dies zu wiederholen -, jedoch nicht im Sinne der Vergegenwärtigung von "Ich bin", wie es die Werdewelt entgrenzende, anfängliche Daß-Aussage ist, sondern gemäß einer Raster-Argumentation, die aufgewendet wird, da das Vermögen des Ich zur Vergegenwärtigung des Bereichs der Notwendigkeit bzw. dem Aussagen-können von Daß-Aussagen - fortgesetzt – defizitär bedacht wird.

Angesichts hiervon sei nun auf die Kapitel 2 bis 4 geblickt - *Abänderung im Naturzustand*; *Kampf ums Dasein*; *Natürliche Zuchtwahl oder Überleben des Tüchtigsten* -. Die Kapitelüberschriften signalisieren, daß sich Darwin nun explizit der natürlichen Zuchtwahl zuwendet.

Er beginnt dies mit einer Analyse des Artbegriffes. Zu diesem erfährt man zunächst, daß keine der - zu Darwins Zeit entwickelten - Definitionen dieses Begriffs alle Naturforscher »befriedigt« (S.75), wobei gilt: »gewöhnlich schließt die Bezeichnung das unbekannte Element eines besonderen Schöpfungsaktes ein« (S.75). Darwin verweist nun darauf, daß niemand von der genauen Übereinstimmung aller Individuen einer Art spricht - »nach demselben Modell gebildet sind« (S.77) -, wobei von Darwin das Variieren in physiologisch wichtigen Merkmalen betont wird, was von Naturforschern oft verkannt wird, da sie solche Merkmale als wichtig ansehen, die nicht variieren.

Angesichts hiervon weist Darwin die Variabilität als jenes aus, das »der natürlichen Zuchtwahl das Material zur Anhäufung« (S.77) neuer organismischer Formen bietet, wobei sogleich ein Vergleich mit den entsprechenden Vorgängen bei der künstlichen Zuchtwahl gezogen wird. Darwin führt hierbei aus, daß die Emanzipation von einem willkürlich festgelegten bzw. nicht hinreichend begründeten Artbegriff jene Bedachtnahme auf die Variabilität ergibt, die es

---

[8] Vgl. zum Beispiel *Vergleich* für Aristoteles' Position.

erübrigen läßt, "Art" mit dem Sein von "Modell-Haftigkeit" verknüpfen zu müssen, wie sie von Darwin mit Blick auf besagtes »unbekanntes Element eines besonderen Schöpfungsaktes« verstanden wird.

Darwin wirft also der "Schöpfungslehre" - wie er sie thematisiert - einen Fideismus vor, demgemäß empirisch Beobachtbares nicht vergegenwärtigt wird. An dieser Kritik Darwins mutet eigentümlich an, daß sie Diskursivität einfordert, wiewohl Darwin selbst - im Sinne der vorangegangenen Feststellung zu seiner Ausblendung der "Anfang"-Problematik - die "Eines"-Problematik hinreichend diskursiv durchdacht zu haben. Somit können fideistische Elemente der Schöpfungslehre von Darwin nicht dahingehend aufgezeigt sein, daß sie in der Alternative hierzu uneingeschränkt überwunden werden. Das ist: Jegliche "Alternative", die nicht um diskursive Vergegenwärtigung der transzendentalphilosophischen Schwelle bemüht ist - als Bedingung für die Lösung der "Eines"-Problematik -, verwendet notwendig einen pragmatisch verzerrten Begriff von "Bedeutung des diskursiv zum Bereich der Notwendigkeit vordringen müssen", eben so wie der theologische Fideismus.

Im Lichte hiervon sei nun gelesen:

> "Formen, die in hohem Grade den Charakter von Arten besitzen, aber andern Formen so ähnlich sehen oder durch Zwischenglieder so eng mit ihnen verbunden sind, daß die Naturforscher ihnen nicht gern den Rang besonderer Arten zuerkennen wollen, sind in mancher Hinsicht für uns am wichtigsten. ... Gleichwohl gilt in vielen Fällen die eine Form als Varietät der andern, nicht weil die Übergänge wirklich gefunden wurden, sondern weil die Analogie den Beobachter zu der Annahme zwingt, daß sie entweder noch irgendwo existieren oder ehemals existiert haben können. Daß damit dem Zweifel und der Vermutung Tür und Tor geöffnet sind, liegt auf der Hand. | Soll daher entschieden werden, ob eine Form als Art oder als Varietät einzureihen ist, so scheint mir das gesunde Urteil und die reiche Erfahrung des Naturforschers der einzige Führer zu sein, dem man folgen kann. In manchen Fällen müssen wir natürlich nach der Mehrheit der Naturforscher entscheiden" (S.80-81).

Darwin führt das Zitierte keineswegs bezüglich etwas - »Art«, »Varietät« - aus, das im Lichte der Unendlichkeit der Werdewelt im Sinne ihrer Daß-Losigkeit gesehen wird. Darwins »reiche Erfahrung des Naturforschers« und »Mehrheit der Naturforscher« kann daher nicht akzeptiert werden, da es gerade jene Mißachtung der Bedeutung des diskursiven Vordringenmüssen zum Bereich der Notwendigkeit impliziert, deren Überwindung Darwin zuvor noch Anliegen gewesen ist. Hier liegt notwendig eine Inkonsequenz des Darwinschen Denkens vor, die sich aus Darwins defizitärer Beachtung der "Anfang"-Problematik bzw. der "Eines"-Problematik ergibt.

Letztlich ist es aber nicht die Frage, inwieweit spezielle Individuen in Varietäten oder Arten einzuordnen sind, die für Darwin primär von Bedeutung ist, sondern inwiefern von Arten zu sprechen ist, obgleich sie nicht gemäß einer "Modell"-Konstruktion zu verstehen sind. Darwins Beantwortung dieser Frage führt zu einer weiteren Auflösung von "Art": Zunächst hält Darwin fest, daß »große Entfernungen zwischen den Wohnstätten zweier zweifelhafter Formen« (S.83) viele Naturforscher anregen, von zwei Arten zu sprechen, obgleich nicht objektivierbar ist - so Darwin -, welche Entfernung tatsächlich "groß" bzw. "groß genug" ist. In Folge wird auf die Ansicht verwiesen, daß freie Kreuzbarkeit zwischen Individuen die Zugehörigkeit zu einer Art signalisiert (S.84). Weiters hält Darwin fest, daß einige Naturforscher die Variabilität von Arten vollständig leugnen, weshalb sie jegliche Abweichung als "artunterscheidend" verstehen, bzw. das Auftreten von zwei gleichen Formen in verschiedenen Gegenden bzw. in verschiedenen geologischen Formationen als Zeichen davon erachten, »daß zwei verschiedene Arten dasselbe Kleid tragen« (S.85). Resümierend schreibt Darwin:

"Aber es hieße doch einen Schlag ins Wasser tun, wenn man die Frage, was Art und was Varietät ist, erörtern wollte, solange es noch keine allgemein gültige Definition gibt" (S.85).

Darwin verweist hier also auf die Unvernünftigkeit davon, anhand von Willkürlichkeit repräsentierenden Kriterien »Arten« festlegen zu wollen, vielleicht um willen einer zugrunde gelegten "Schöpfungsplan"-Konstruktion. Selbige Unvernünftigkeit attestiert Darwin jenen Positionen, die das Auftreten von Variabilität ablehnen, um "Art" substantial verstehen zu können, also als ein Eines, das aus der Analyse dessen erwächst, das als transzendental zur Werdewelt - zum Beispiel "Schöpfungsplan" - verstanden wird. Konkret ist hieran zu beachten, daß Darwin die Möglichkeit hier nicht ausschließt, von "Art" sprechen zu können, sehr wohl aber die Vernünftigkeit davon, "Art" verwenden zu wollen, solange es »keine allgemein gültige Definition gibt«. Diese Definition läßt sich gemäß Darwin also nicht aus Kriterien gewinnen, die aus der Beachtung werdeweltlicher Etwas - "Kreuzbarkeit", "räumliche und zeitliche Distanz" - abgeleitet werden. Sie heranzuziehen, bedeutet für Darwin ein Unterfangen, das defizitär mit der Bedeutung des diskursiven Vordringen zum Bereich der Notwendigkeit umgeht.

Im Lichte hiervon ist zu lesen:

"Eine scharfe Trennungslinie ist bisher weder zwischen Art und Unterarten gezogen worden, d.h. zwischen Formen, die nach Ansicht einiger Naturforscher dem Rang einer Art nahekommen, noch zwischen Unterarten und Varietäten oder zwischen Varietäten oder zwischen Varietäten und individuellen Unterschieden. Diese Unterschiede gehen unmerklich ineinander über und bilden eine ununterbrochene Reihe, die die Vorstellung eines wirklichen Übergangs erweckt" (S.88).

"Eine sehr ausgeprägte Varietät dürfte daher eine beginnende Art sein; ob diese Annahme gerechtfertigt ist, muß nach dem Gewicht der in diesem Werk vorgebrachten Tatsachen und Ansichten beurteilt werden" (S.89).

"Aus dem Gesagten geht nun hervor, daß ich die Bezeichnung »Art« für willkürlich halte, gewissermaßen aus Bequemlichkeit auf eine Reihe von Individualitäten angewendet, die einander sehr ähnlich sind, daß sie also von der Bezeichnung »Varietät« für die minder unterschiedlichen und mehr schwankenden Formen nicht wesentlich abweicht" (S.89).

Darwin knüpft hiermit an die vorher zitierte Aussage an: »Aber es hieße doch einen Schlag ins Wasser tun, wenn man die Frage, was Art und was Varietät ist, erörtern wollte, solange es noch keine allgemein gültige Definition gibt«. »Art«, »Unterart« etc. sind zumindest nicht derart als Eines zu verstehen - so Darwin -, daß dies ohne Beachtung jenes Kontinuums geschieht, das sie letztlich als Gesamt darstellen; in letzter Konsequenz ist dieses Gesamt die Menge aller möglichen Lebewesen, das insofern ein Kontinuum bildet, als die unterschiedlichen Ausformungen der einzelnen Teile dieser Menge nicht Ausdruck eines vorgegebenen Plans sind, demgemäß sie in einzelne Klassen zu ordnen sind[9]. Gegenüber diesem Kontinuum ist »Art« also gleichsam ein Aposteriori. Genauerhin fällt auf, daß dieses "Aposteriori"-sein nicht wesentlich - wenn überhaupt! - über »eine Reihe von Individualitäten angewendet, die

---

[9] "Kontinuum" bedeutet daher nicht, daß die einzelnen Ausprägungsformen in Reihen kontinuierlicher Übergänge zu ordnen sein müssen, also streng gradualistisch ausgeprägt sein müssen. Der Begriff "Kontinuum" ist hier in Anspielung darauf gewählt, daß Darwin auf besagtes Gesamt blickt, insofern er die Menge der im fideistisch-theologischen Sinne konzipierten, "diskreten" Arten auflöst.

einander sehr ähnlich sind« hinausweist, so daß nicht daran zu denken ist, Darwin könnte mit »Art« in irgendeiner Weise Substantialität im Sinne der Thematisierung des zur Veränderlichkeit Transzendentalen verbinden. Insofern entspricht die nun betrachtete Argumentation der defizitären Auflösung der "Apriorizität"-Argumentation in Kapitel 1.

An dieser Stelle sei eingeflochten, daß aus gegenwärtiger biologischer Sicht der Darwinschen Argumentation scheinbar der Vorwurf gemacht werden kann, nicht von Populationen zu berichten, bzw. anstatt von Populationen, von besagter »Reihe von Individuen«. Diese Kritik, wie sie in der Literatur zu finden ist[10], ist aber nicht die hier gebrachte. Das ist: In dem vorliegenden Text wird an der Argumentation Darwins kritisiert, daß sie das Transzendierenmüssen der Werdewelt defizitär gestaltet, unabhängig davon, wie nun jenes Konstrukt konkret aussieht, das Darwin aufgrund dieses Defizits erhält. Es ist also gleichgültig, ob man von »Reihe« oder von "Population" spricht, wenn beide Begriffe in der Festlegung von Eines in der Werdewelt-Analyse keine substantielle Vergegenwärtigung der Transzendentalität bedeuten, bzw. gerade das Verfehlen hiervon maskieren.

Angesichts der bisher betrachteten Darwinschen Ausführungen, die also "Kontinuum" und seine Veränderlichkeit in den Vordergrund rücken, ist Darwin darum bemüht, seine weitgehende Auflösung von "Art" nicht uneingeschränkt zu einem Verlust des Aussagen-könnens von Eines werden zu lassen; dies kann Darwin, gemäß Universalität des Personsein interpretiert, letztlich kein Anliegen sein! Sein Anliegen ist nicht die Auflösung jeglicher begrifflicher Eines, sondern die Auflösung solcher begrifflicher Eines, die aus einer propositionalen, jedoch (zumindest) teilweise mißlingenden - da verzerrenden - Bezugnahme auf die Transzendentalität erwachsen.

Das ist: Obgleich Darwin hierum bemüht ist, gelingt ihm keine Darstellung der Definition von "Art", dergemäß diese entweder als nicht erbringbar zurückgewiesen wird - gemäß dem Nachweis, daß "Art" nicht aus der thematisch-methodisch unreduzierten Entfaltung des Daß-Aussage-Bereichs erwächst -, oder aber, ist dies auszuschließen, eine dementsprechende Definition zu geben, als Grundlage entsprechender Analysen der Werdewelt abseits der Beiziehung von Wollensentscheidlichkeiten. Darwin mißlingt dies also, da das ihm mögliche Maß an diskursivem Vordringen zum Bereich der Notwendigkeit eben nicht zur Vergegenwärtigung des Daß-Aussage-Bereichs führt, das Subjekt von Veränderung angebend, son- dern - eben deshalb - zu besagtem Eines "Kontinuum". Diese Bezugnahme auf "Kontinuum" geschieht also gemäß Darwins Anfang der Analyse, der "Veränderlichkeit" - im Horizont von "künstliche Zuchtwahl" - dahingehend zur Darstellung des hiermit bezeichneten Subjektes thematisiert, daß eine Verwendung von Werdewelt-Inhalten auftritt, wo das hierzu Transzendentale zu vergegenwärtigen wäre. Dies ergibt eine pragmatische Orientierung an der Natur, die Bedeutung der noetischen Dialektik - als dem Fundament jeglichen Bedenkens – maskierend. Daher auch bedenkt Darwin nicht die unthematische-Begriffpyramide, sondern etwas, das diese pragmatisch verzerrt vergegenwärtigen läßt, im Sinne der Raster-Argumentation zu Beginn von *Entstehung*. Darwin gelangt also aus der Entgrenzung einer defizitären Konstruktion des Eines "Art" zu dem Eines "Kontinuum", sich hierbei auf das Gesamt aller möglichen Individuen, wie sie werdeweltlich feststellbar sind, beziehend, wiewohl ohne dieses Gesamt im Sinne der Ganzheitlichkeit der Werdewelt zu verstehen, also im Lichte davon, daß auch ein solches Eines der thematische-Begriffpyramide, das "alle möglichen Elemente" umfaßt, kein Subjekt einer Daß-Aussage bezeichnet, sondern erst

---

[10] Vgl. entsprechende Literaturangaben (zum Beispiel) in E Mayr 1974: *Evolution und Art* - Hamburg & Berlin.

gemäß der transzendentalphilosophischen Schwelle bzw. dialektischen Differenz auf ein Eines der unthematische-Begriffpyramide bezogen werden muß.

Darwin sieht also das diskursive Vordringen-müssen zum Bereich der Notwendigkeit durch die Nennung von "Gesamt der Individuen" bzw. "Kontinuum" erfüllt, obgleich er hiermit ein Eines aussagt, das Werdewelt-Ordnung begründet verstehen lassen soll, ohne es aus der vergegenwärtigten anfänglichen Daß-Aussage abgeleitet zu haben.

Wie aber sieht Darwins Versuch konkret aus, das Eines "Kontinuum" zu untergliedern:

> "Alphonse de Candolle und andere Botaniker haben gezeigt, daß Pflanzen mit großem Verbreitungsbezirk in der Regel Varietäten entwickeln, weil sie nämlich verschiedenen Lebensbedingungen ausgesetzt sind und mit anderen Gruppen organischer Wesen in Wettbewerb treten müssen, was wir später noch als sehr wichtig erkennen werden. Meine Tabellen zeigen aber auch, daß auf einem begrenzten Gebiet diejenigen Arten, die die zahlreichsten Individuen aufweisen, und diejenigen, die auf ihrem eigenen Gebiet am meisten verbreitet sind (...), oft Varietäten entstehen lassen, die genügend deutlich sind, um in botanischen Werken aufgeführt zu werden. Daher bringen die am besten entwickelten oder wie man auch sagen kann: die herrschenden Arten (d.h. diejenigen, die auf der ganzen Erde und in ihrem eigenen Bezirk am meisten verbreitet sind und die meisten Individuen aufweisen) die ausgeprägtesten Varietäten oder (wie ich sie nenne) die »werdenden Arten« hervor" (S.90-91).

Wovon Darwin hier berichtet, das ist als eine Werdewelt-Regel zu bezeichnen, da sich Darwin auf Interaktionen zwischen Individuen und Umwelt bezieht, wie sie entsprechend der ausbleibenden Thematisierung der unthematische-Begriffpyramide bzw. Eines-Formel im Lichte der Darwinschen Werdewelt-Vergegenwärtigung bzw. -Analyse bedacht werden. Darwin verwendet hier also einen Satz, wie es ihn - dem Typ nach! - notwendig geben muß, da er gemäß der Nicht-Chaotizität der Werdewelt etwas zu dieser aussagt, Prognostik ermöglichend; die Werdewelt ist zwar Daß- aber nicht Anfanglos! In diesem Sinne versteht Darwin seine Aussage aber nicht! Sie dient Darwin dazu, Eines zu erhalten - zum Beispiel »herrschende Art« -, die die vorangegangene Konstruktion "Veränderlichkeit - Kontinuum – Gerichtetheit", insofern hiermit der Bereich der Notwendigkeit thematisiert sein soll, entfaltet zeigt, eben so, wie im Sinne der noetischen Dialektik (bzw. der ersten Schicht des philosophischen Horizonts) aus der vergegenwärtigten Eines-Formel analytisch zu entfalten ist, um jene Eines bezüglich dem ontologisch Begrenzten zu erhalten, die dem Ich für sein Um-sich-bemüht-sein zugänglich sind.

Die Eines »Pflanzen«, »Individuen« und so fort werden also von Darwin bedacht, wie sie als Eines der Werdewelt wahrgenommen werden und mittels »Variabilität«, »Verbreitung« und so fort prädiziert. Das Prädizierte ist somit aber ohne Vergegenwärtigung der unthematische-Begriffpyramide bedacht, bzw. die Prädikation derart, daß das Prädizierte mit Verweis auf "Kontinuum" letztbegründet wird, woraus folgt: In Zusammenhang mit »Pflanzen«, »Individuen« und so fort werden Begriffe wie »herrschende Art« und »Variabilität« zu Eines, die analytisch - so Darwin - aus "Kontinuum" entfaltet sein sollen, eine Strukturierung von "Kontinuum" ergebend, wie sie gemäß Darwins Kritik an "unabhängige Schöpfungsakte" notwendig auszusagen sein soll. Darwin übersieht hiermit: Werdewelt-Regeln sind mittels Transzendierung auf Subjekte bzw. Eines zu beziehen, die aus der Analyse der unthematische-Begriffpyramide - beginnend mit der Freilegung von "Ich bin" - in Form von Paradigmata erwachsen[11]. Fehlen derartige Subjekte in der aktuellen Analyse, so kann im Horizont der Werdewelt-Analyse zwar von Initialbeobachtungen für das Aufsuchen von Paradigmata gesprochen werden (vgl. *Lehre*), nicht aber von Aussagen, die im Sinne einer analytischen Entfaltung eines selbst nicht weiter zu hinterfragenden Eines zu verstehen sind, worauf Darwin aber entsprechend seiner defizitären Vergegenwärtigung des Aussagen-könnens von Daß-Aussagen abzielt.

Daher auch bedeuten Darwins Eines - »herrschende Art« und so fort - kaum Neues gegenüber "Kontinuum": Daß an verschieden seienden Orten die auf ihm lebenden Tiere und Pflanzen anders gestaltet sind, ergibt sich schon aus dem Satz der nicht uneingeschränkt herrschenden Chaotizität in der Werdewelt, wozu gehört, daß die Verschiedenheit auf Seiten der Umwelt ein Gegenstück auf Seiten der Lebewesen besitzen muß. Die hierüber hinaus gehenden Darwinschen Inhalte - »herrschende Art« - ergeben sich aber nicht analytisch aus »Kontinuum«: "Analytisch" impliziert Notwendigkeit, da es die Entfaltung jenes Subjektes bezeichnet, das notwendig auszusagen ist, in dem Sinne, wie das Ich als Gegründetes den Bereich der Notwendigkeit gemäß differentielles Verzicht-üben-müssen thematisieren kann (vgl. *Lehre*). Demgegenüber bezeichnen Darwins Eines etwas, das in einem speziellen - werdeweltlich festgelegten - Lebensraum auftreten kann, das aber auch fehlen kann. Eine derartige "kann"-Konstruktion ist aber notwendig von der Darstellung des Bereichs der Notwendigkeit - also der Analyse der unthematische-Begriffpyramide, wie sie jene Subjekte ergibt, die mit den Darwinschen Werdewelt-Regeln prädiziert werden können - fernzuhalten, darf also nicht als Element einer analytischen Entfaltung verstanden werden. Das ist: Die analytische Entfaltung des bedachten Bereichs der Notwendigkeit - also die Entfaltung der unthematische-Begriffpyramide - ergibt keine Eines, die "sein können (aufgrund spezieller Umstände)". Dieser Umstand ist mit größter Konsequenz zu beachten - nicht zuletzt als Ermöglichung eines adäquaten Umganges mit der zentralen Problematik der Evolutionstheorie, also der Vergegenwärtigung von "Inversion der Betrachtungsrichtung"! -, worauf zum Beispiel in *Theologie* im Rahmen der Analyse der Position von Nikolaus von Kues und seiner "Possest"-Konstruktion hingewiesen worden ist.

Die Vernünftigkeit davon, "kann"-Konstruktionen zu verwenden, ergibt sich erst daraus, daß die Eines der unthematische-Begriffpyramide, wie sie aus der Entfaltung der anfänglichen Daß-Aussage entgegentreten, entsprechend der dialektischen Differenz solches implizieren, das an sich Anfang hat insofern es Daß-los ist, woraus also "kann" - gemäß "nicht an sich Selbstand repräsentieren" - resultiert (vgl. *Lehre* und *Theologie*).

Aus Darwins weiterer "Entfaltung" von "Kontinuum" sei nun beachtet:

> "Wenn man die Pflanzen eines Landes, wie sie in einer Flora beschrieben sind, der Zahl nach in zwei Hälften teilt, d.h. alle größeren Gattungen, die viele Arten enthalten, auf die eine und alle kleineren auf die andere Seite stellt, so wird man bei den ersteren eine etwas größere Anzahl sehr gemeiner, weitverbreiteter oder herrschender Arten finden. Auch das war vorauszusehen. Denn die einfache Tatsache, daß viele Arten ein und derselben Gattung das gleiche Gebiet bewohnen, zeigt, daß die orga-

---

[11] Betont sei, daß die Eines der thematische-Begriffpyramide keine Subjekte sind, gemäß der differentiellen Unendlichkeit der Werdewelt (Daß- aber nicht Anfang-los!), derzufolge es angemessen ist, "Subjekt" auf die unthematische-Begriffpyramide zu begrenzen; "Subjekt" tritt also bei analytischer Entfaltung auf, wie sie im Bereich der Werdewelt-Analyse, insofern sie auf Paradigmata bezogen ist, nicht der Fall ist; daher auch enthält die Eines-Formel ein Subjekt, das es also zunächst diskursiv freizulegen gilt.

nischen und anorganischen Verhältnisse des Gebietes der Gattung sehr günstig sind; es ließ sich daher erwarten, daß in den größeren, viele Arten enthaltenden Gattungen eine verhältnismäßig große Zahl herrschender Arten vorhanden sein werde. Aber es gibt so viele Ursachen, die diesem Erfolge entgegenwirken können, daß ich überrascht bin, in meinen Tabellen noch eine kleine Mehrheit auf seiten der größeren Gattungen zu finden" (S.92).

In diesem Zitat wird wieder eine Werdewelt-Regel aufgestellt, zu der zu lesen ist, daß sie »vorauszusehen« war, womit ihr gleichsam - angesichts des Vorangegangenen - ein "Daß-Aussage"-Status zukommt, da sie - so wird in den Raum gestellt - quasi-"analytisch" aus der, anfänglichen Daß-Aussage sein sollenden Aussage folgt. Dies ist tatsächlich jene Argumentationsweise, die im Horizont der Analyse der unthematische-Begriffpyramide anzuwenden ist, doch verfügt Darwin über deren Eines nicht diskursiv, da seine Theorie für das diskursive Vordringen zum Bereich der Notwendigkeit - wider die Intention - nichts leistet. Darwin imitiert daher gleichsam eine analytische Argumentationsweise, wobei sich sein Bemühen hierauf beschränken muß, da der Ausgangspunkt seiner Argumentation von besagter defizitärer Vergegenwärtigung des Aussagen-könnens von Daß-Aussagen geprägt ist.

In anderen Worten: »so viele Ursachen« wird von Darwin in einer Weise gebraucht, als ließe sich eine Daß-Aussage verschleiern, wovon Darwin also abseits der Thematisierung der Möglichkeit von "pragmatisch verzerrt" gemäß der Nivellierung der transzendentalphilosophischen Schwelle berichtet! Das ist: Zwar sind Daß-Aussagen im Lichte von Verzicht-übenmüssen zu sehen, jedoch entsprechend dessen differentiellen Charakter - vgl. *Untersuchungen, Vergleich* und *Lehre* -. Darwins Argumentation ist daher notwendig als wider Darwins Anspruch einer adäquaten Beachtung des diskursiven Vordringen-müssen zum Bereich der Notwendigkeit zu verstehen, da sie »so viele Ursachen« in Abstimmung auf sein vorangegangen thematisiertes Verständnis von "analytisch" darlegt.

Betrachtet man dies zusammen mit Darwins Aussagen bezüglich den Eines »herrschende Art« und so weiter - wie sie also "Kontinuum" entfalten sollen -, so ist angesichts des Umstandes, daß sich diese Eines nicht analytisch-notwendig aus Darwins d a s Eines "Kontinuum" ergeben, wie auch, daß Darwin die Entfaltung s e i n e s "d a s Eines" unter Beiziehung von "Orientierbarkeit an der Natur" - wie es die Beachtung der transzendentalphilosophischen Schwelle bzw. dialektischen Differenz verzerrt - betreibt, so ist festzuhalten, daß Darwin anstatt einer dialektisch-analytischen Entfaltung eine f r a g m e n t a r i s c h e I n d u k t i o n bietet, die sich also abseits dem diskursiven Verfügen über die Eines der unthematische-Begriffpyramide und der Paradigmata an der Werdewelt orientiert, ohne sich aber alleine hierauf zu stützen.

Es überrascht daher nicht, daß Darwin sogleich eine Kritik an der Schöpfungslehre aufbietet, gleichsam im Sinne einer Rechtfertigung seiner "fragmentarischen" Argumentation:

> "Dadurch, daß ich die Arten nur als stark ausgeprägte und gut umschriebene Varietäten betrachte, komme ich schon im voraus zu dem Schlusse, daß die Arten der größeren Gattungen eines Gebietes häufiger Varietäten zeigen werden als die der kleineren Gruppen. ... Wo viele große Bäume wachsen, erwarten wir auch kleine. Wo sich viele Arten einer Gattung durch Variation bildeten, waren die Umstände der letzteren günstig, und daher dürfen wir erwarten, daß die Umstände im allgemeinen günstig für die Veränderung bleiben werden. Wenn wir dagegen jede Art als ein besonderes Schöpfungswerk ansehen, so ist kein Grund vorhanden, weshalb in einer artenreichen Gruppe mehr Varietäten vorkommen sollen als in einer mit wenigen Arten" (S.93).

Hier wird erneut ein Satz zur Werdewelt angeführt, zusammenhängend mit vorangegangen zitierten Werdewelt-Regeln, wobei w i e d e r im Sinne Darwinscher "Analytik" zu lesen ist: »komme ich schon i m V o r a u s zu dem Schlusse«. Mit der nun ausgesagten Werdewelt-Regel kritisiert Darwin direkt die Schöpfungslehre, die - so Darwin - die besagte Werdewelt-Regel - und nicht nur diese - nicht erklären kann. Tatsächlich entbehrt Darwins Logik hier aber jeglicher Stringenz. Weder zieht Darwin in Betracht, hier eine fideistisch konzipierte Form der Schöpfungslehre - abseits theologischen Denkens als "Hüterin auf dem Wege zur Dialektik (vgl. *Theologie*) - vor Augen zu haben und die tatsächlich zu kritisieren ist, noch beachtet Darwin, daß er seinerseits zu keiner propositionalen Aussage zum Bereich der Notwendigkeit vordringt. Darwin kann nur anführen, aufgrund s e i n e r "anfängliche Daß-Aussage" sein sollenden Aussage Werdewelt-Regeln entdeckt zu haben bzw. beachten zu können, die andere Positionen nicht zu eruieren in der Lage sind. Dieses Freilegen von Werdewelt-Regeln ist selbstverständlich ein Verdienst, das aber sofort entwertet wird, wenn diese Regeln nicht gemäß der differentiellen Unendlichkeit der Werdewelt - also gemäß deren Anfang-haben – verstanden werden.

Gerade dies gelingt Darwin aber nicht und wie sehr Darwin daher Probleme hat, Eines festzulegen, zeigt sich auch an der Kombination von »auch das war vorherzusehen« und »sodaß ich überrascht bin« in dem Zitat *Entstehung* S.92. Diese Kombination reicht an ein "alles ist möglich" heran bzw. an eine Verhinderung jeglicher Möglichkeit der Falsifizierung. Bleibt in einem Untersuchungsgebiet die "Überraschung" aus, bzw. bleibt sie in der Mehrzahl der Untersuchungsgebiete aus, so ist für Darwins Position auch nichts verloren, wie dies zuvor bereits für »herrschende Art« andiskutiert worden ist. Hierin drückt sich Darwins defizitäres Verständnis von Verzicht-üben-müssen aus, wie es davor schon zum Beispiel im Gewand der Unmöglichkeit der Festlegung des Anfangs einer Rasse bzw. Dialekts aufgetreten ist.

Hierher gehört auch:

> "...; denn meine Tabellen beweisen als Regel, daß, wo immer viele Arten einer Gattung gebildet wurden, die Arten dieser Gattung stets eine den Durchschnitt übersteigende Menge von Varietäten, d.h. beginnenden Arten darbieten" (S.94).

Darwins Vergleich von Arten und ihren Untereinheiten mit Gattungen und deren Arten zeigt, daß Darwin nicht darauf abzielt, das Eines "Art" aufzulösen, zugleich aber einen Überbau - "Gattung" etc. - zu belassen, der abseits der Beachtung von Veränderlichkeit Grundlage für die Strukturierung von "Kontinuum" ist. Darwin ist hier gleichsam um eine v o l l s t ä n d i g e Entgrenzung jener Konstrukte bemüht, die nicht unter Beachtung von "Veränderlichkeit" konzipiert sind. Zudem fällt an dem Zitat die erneut auftretende Anspielung auf eine mathematische Denkweise auf - »den Durchschnitt übersteigende Menge« -, worauf Darwin also abzielt, um seine Probleme mit der "Anfang"-Thematik - wie er sie gemäß seiner "fragmentarischen Induktion" sieht! - maskieren zu können.

An dieser Stelle sei eingeflochten, daß Darwins vollständige Entgrenzung der Taxa auch im Lichte der Aristotelischen Logik beleuchtet werden kann; dies bietet sich nicht nur wegen der semantischen Übereinstimmung von "Art - Gattung" in Darwins Aussagen und Aristoteles' Logik an. In *Vergleich* wird zu zeigen versucht, daß Aristoteles' Logik ein pragmatisches Konstrukt abseits der ersten Schicht des philosophischen Horizonts ist, weswegen es wollensentscheidlich festgelegter Eines - zum Beispiel "subalterner Bereich" - zur Beendigung geltungstheoretischer Begründungen bedarf. Angesichts hiervon ist zu überlegen, inwieweit der Umgang Darwins mit "Art - Gattung" - insofern diese zwar entgrenzt werden, die

Möglichkeit einer adäquaten Definition aber im Raum steht[12] - in der Begründung letztlich auf derart Herbeiargumentiertes rückgreifen muß.

Folgende Zitate vertiefen das Ausgeführte:

"... wo Übergänge zwischen zweifelhaften Formen noch nicht gefunden sind, müssen die Naturforscher ihre Bestimmungen nach der Menge der Unterschiede zwischen zwei Formen treffen und nach Analogien beurteilen, ob diese Menge genügt, um eine oder beide Formen zum Rang einer Art zu erheben. Die Summe der Unterschiede ist daher ein wichtiges Merkmal für die Bestimmung, ob zwei Formen als Arten oder als Varietäten zu gelten haben" (S.95).

"Nun hat Fries bezüglich der Pflanzen und Westwood bezüglich der Insekten gesagt, daß bei großen Gattungen die Summe der Unterschiede zwischen den Arten oft auffallend gering sei. ... [Darwin kann dies anhand eigener Untersuchungen bestätigen.] ... In dieser Beziehung gleichen also die Arten großer Gattungen mehr Varietäten als die kleinerer Gattungen; anders ausgedrückt kann man sagen, daß in den größeren Gattungen mit einer sich über den Durchschnitt erhebenden Zahl von Varietäten oder beginnenden Arten viele Arten Varietäten gleichen, denn sie unterscheiden sich weniger als sonst voneinander. | Überdies sind die Arten der großen Gattungen auf dieselbe Weise miteinander verwandt, wie die Varietäten einer Art untereinander. Kein Naturforscher nimmt an, daß alle Arten einer Gattung gleich viel voneinander abweichen; sie werden daher gewöhnlich in Unterarten, in Sektionen oder noch kleinerer Gruppen geteilt. Wie Fries ganz richtig bemerkt, sind diese kleinen Artengruppen gewöhnlich wie Satelliten um gewisse andere Arten geordnet. Und was sind Varietäten denn anderes als Formengruppen, die in ungleicher Beziehung zueinander stehen und sich um gewisse Formen, die Stammart nämlich, gruppieren?" (S.95-96).

Hier werden also, so ist aufgrund des Vorangegangenen festzuhalten, Werdewelt-Regeln ausgesagt - wiewohl nicht als solche verstanden -, unter Zurückweisung jeglichen Versuches, die vollständige Entgrenzung von "Art - Gattung" zu unterwandern. Die Untergliederung von "Kontinuum" soll sich also a l l e i n e aus besagten Werdewelt-Regeln ergeben. Daher auch begreift Darwin das von ihm Festgehaltene nicht als Werdewelt-Regeln, die gemäß der differentiellen Unendlichkeit der Werdewelt keine Aussagesubjekte enthalten, sondern gemäß der transzendentalphilosophischen Schwelle bzw. der dialektischen Differenz erst auf diese bezogen werden müssen - was deren diskursive Freilegung voraussetzt! -, also auf tatsächlich Notwendigkeit Bedeutendes, abseits eines "Alles ist möglich".

Um so interessanter ist daher, daß Darwin in den Zitaten die mathematische Argumentation, auf die zuvor bereits hinzuweisen war - »Durchschnitt übersteigende Menge« - beibehält. Wie in *Nicht-Metaphysikalisierbarkeit* dargestellt, tritt im Falle einer defizitären Vergegenwärtigung des Bereichs der Notwendigkeit für ein Ich die Möglichkeit auf, besagte Defizite durch die Beiziehung von Eines aus der allgemeinen Begriffpyramide auszugleichen, also vor sich zu rechtfertigen. Dies führt zwar insgesamt zu einer pragmatischen Argumentation, jedoch zu einer solchen, mit der sich ein Ich arrangieren kann, insofern ein Ich nicht notwendig gemäß der ersten Schicht des philosophischen Horizonts bedenkt. Daß Darwin hier auf die zitierte Weise mathematische Argumente einfließen läßt, erwächst in diesem Sinne aus seiner Festlegung einer "anfängliche Daß-Aussage" sein sollenden Aussage, die - wider die Intention - jegliches diskursives Vordringen zum Bereich der Notwendigkeit vermissen läßt.

---

[12] Es soll nicht auf "Kontinuum" struktuierende Eines verzichtet werden, sondern pragmatische Konstruktionen hierzu entgrenzt werden.

Im Lichte hiervon ist aber auch zu beachten, was Darwin am Ende von Kapitel 2 schreibt:

> "Als Endresultat unserer Betrachtungen ergibt sich, daß Varietäten von Arten nicht unterschieden werden können, außer 1. durch die Entdeckung von Übergangsformen und 2. durch ein gewisses Maß von Verschiedenheit zwischen ihnen. Denn zwei Formen, die sehr wenig differieren, gelten allgemein nur als Varietäten, auch wenn keine Zwischenglieder gefunden worden sind. Nichtsdestoweniger ist die Summe von Unterschieden, die nötig ist, um zwei Formen den Rang von Arten zu verleihen, ganz unbestimmt groß" (S.97).

Trotz der Einflechtung der Mathematik behält Darwin also bei, kein objektives Kriterium für die Abgrenzung der Eines angeben zu können. Auch die Mathematik dient Darwin nicht der Festlegung derartiger Eines in der Werdewelt, worin auch Darwins Bemühen gesehen werden kann, der Unendlichkeit der Werdewelt entsprechen zu können, wiewohl mit untauglichen Mitteln. Das ist: Darwins Zurückweisung mathematisch festgelegter Eines beinhaltet auch Darwins defizitäre diskursive Vergegenwärtigung des Bereichs der Notwendigkeit, da seine Zurückweisung besagter Eines nicht aus der Vergegenwärtigung der anfänglichen Daß-Aussage erfolgt, worin sich erst die eigentliche Bedeutung besagter Zurückweisung erfüllt (vgl. *Nicht-Metaphysikalisierbarkeit*).

Darwin vermengt nun das soeben Zitierte mit einer erneuten Kritik an der Schöpfungslehre:

> "Und wir können diese Übereinstimmungen sehr gut begreifen, wenn die Arten wirklich einst als Varietäten existierten und in diesen ihren Ursprung hatten; dagegen würden Übereinstimmungen ganz unerklärlich sein, wenn die Arten unabhängige Schöpfungen wären" (S.97-98).

Hierauf folgt:

> "Daher haben die größeren Gattungen das Bestreben, sich zu vergrößern, und in der ganzen Natur suchen die jetzt herrschenden Lebensformen durch Hinterlassung vieler abgeänderter und dominierender Nachkommen noch immer mehr herrschend zu werden" (S.98).

Dieses Zitat provoziert sogleich die Frage, was es denn ist, das »bestreben« zeigt; wer oder was ist »bestrebt«? Wieso, so liegt in dieser Frage, tritt auf einmal in Darwins Argumentation eine Formulierung auf, die als Aussage zur Substantialität der Eines des Kontinuums bzw. der dieses Bildenden - die Individuen - zu verstehen ist, obgleich in der bisherigen Darwinschen Argumentation von der Anführung von derartigen Konstruktionen Abstand genommen worden ist, insofern die Subjekte der Veränderlichkeit nicht propositional vergegenwärtigt worden sind. Das ist: "Bestreben" bezeichnet etwas, das Transzendierung von der Aktualität - in der sich die Veränderung zuträgt - in sich führt, bzw. als Ausdruck der Vergegenwärtigung davon, hier Transzendierung einflechten zu müssen, konzipiert sein kann. In anderen Worten: "Substantialität" bezeichnet, daß das Subjekt jenes Prozesses, der mit "Veränderung" prädiziert sein soll, nicht etwas sein kann, das wiederum - wie das Prädikat - aus der Werdewelt-Analyse heraus festgelegt wird. Hiervon in Zusammenhang mit Darwins "bestreben"-Aussage zu sprechen, führt also das bisher bezüglich Darwins Intention Ausgesagte fort, keinen uneingeschränkten Empirismus zu akzeptieren.

"Bestreben" ist daher genauerhin im Lichte der zu Beginn von *Entstehung* gegebenen Raster-Argumentation zu verstehen, bzw. als in dem hiermit bezeichneten Sinn darum bemüht, "Veränderlichkeit" etwas zugrundelegen zu können, das diese nicht im Horizont der Aktualität zeigt, vermeidend, im Horizont des Veränderlichen nach etwas suchen zu müssen, das selbst nicht Veränderliches ist, da sich derartiges nicht als etwas verstehen läßt, auf das eine Kette von Veränderungen letztbezogen werden kann - weitere Hinterfragung erübrigend -, sondern notwendig als Ausdruck einer fideistischen "Schöpfungsplan"-Konstruktion zu verstehen ist. Hierin zeigt sich, daß Darwin, wiewohl er die Transzendentalia gar nicht propositional bedenken kann, grundsätzlich um die Beachtung der transzendentalphilosophischen Schwelle bemüht ist; daher auch seine Argumentation gemäß der Raster-Argumentation.

Zugleich ist zu beachten, daß "Bestreben" kein Eines ist, das Veränderlichkeit als Werdewelt-Konstitutivum verstehen läßt, dahingehend, daß dazu gefunden wird, "Individuum" bzw. "Lebewesen" propositional zu bedenken, im Lichte der analytischen Ableitung hiervon aus dem Subjekt der anfänglichen Daß-Aussage. Dies kann die "Bestreben"-Konstruktion nicht leisten, da sie ohne jeglichen Versuch besagter Vergegenwärtigung in die Argumentation eingeflochten ist. Die Einflechtung dieser Konstruktion ist also eine Zurüstung, in der sich Darwins Intention der Beachtung der transzendentalphilosophischen Schwelle zwar kundtut, eine Verzerrung des Anvisierten aber nicht vermieden werden kann, da Darwin mittels der dieserart gegebenen Zurüstung nicht dazu vordringt, Veränderlichkeit als Werdewelt-Konstitutivum zu sehen, sondern dabei verbleibt, "Veränderlichkeit" im Sinne der zu Beginn von *Entstehung* gegebenen Raster-Argumentation als eine Daß-Aussage zu verstehen, die ein Vordringen zu der Daß-Aussage gemäß Platons Eines-Formel erübrigt.

Auf dem eben Betrachteten aufbauend, widmet sich Darwin nun der Darlegung von »Kampf ums Dasein«. Die Analyse hiervon beginnt mit:

> "Aber das einfache Vorhandensein individueller Veränderlichkeit und einiger Varietäten hilft uns sehr wenig, um zu begreifen, wie Arten in der Natur entstehen. Wie haben sich alle die vortrefflichen Anpassungen eines Teils der Organisation an den anderen und an die Lebensbedingungen, eines organischen Wesens an das andere entwickelt?" (S.99).

Wenn Darwin hier von »Arten« spricht, so wird evident, daß seine vorangegangenen Ausführungen diesen Begriff nicht vollständig erübrigt haben können; sie haben »Art« erübrigt, insofern mit diesem Begriff etwas Substantiales verknüpft wird, abgeleitet aus einer "Schöpfungslehre"-Konstruktion bzw. aus gemäß dieser Lehre naiv konzipierten Werdewelt-Kriterien. Derartiges weist Darwin also zurück, da es die Vergegenwärtigung von "Kontinuum" ausblendet, wie auch jene Werdewelt-Regeln, die - nicht-naiv - in einer notwendig-analytisch sein sollenden Beziehung hierzu stehen.

Betont sei: Darwins bisherige Ausführungen zeigen Darwins Bemühen um Transzendierung der Werdewelt, obgleich er in der diskursiven Vergegenwärtigung des damit Thematisierten wesentlich defizitär am Werke ist. Trotzdem bleibt, daß Darwin nicht alleine aus der Empirie bzw. Werdewelt-Analyse argumentiert, so daß die Aussage "Darwin wendet sich gegen den Artbegriff der Schöpfungslehre" nicht notwendig gegen ein theologisches Denken gewendet ist, sondern alleine gegen ein fideistisch-naives theologisches Denken. Komplementär hierzu sind aber fortgesetzt Darwins begrenzte Möglichkeiten der Identifikation eines solchen Denkens zu beachten; dies bezieht sich insbesondere auf die Vergegenwärtigung der Dimension theologischen Denkens als "Hüterin des Weges zu noetisch-dialektischem Denken" - vgl. *Theologie* -.

Angesichts hiervon ist an dem nun Zitierten zu beachten, daß es »Veränderlichkeit« derart mit »wie die Arten in der Natur entstehen« verknüpft, daß "Anpassung" zu jenem Richtung-gebenden Faktor wird, dessen Auftreten gleich am Beginn von *Entstehung* ausgesagt wird. Damit aber ist die Funktion des Richtung-geben in werdeweltlicher Aktualität - wie sie mit Anpassung thematisiert ist - verankert! Dies entspricht insofern dem Gesamt des Darwinschen

Entwurfes, als dieser die Eines innerhalb von "Kontinuum" nicht aus einer positiven Transzendierung der Werdewelt bedenkt, was sich nun also in der "Richtung-geben"-Konstruktion widerspiegelt. Selbstverständlich erwächst dies aus Darwins defizitärem Umgang mit der "Eines"-Problematik bzw. seinem Unvermögen, das Eines positiv bedenken zu können, also das Subjekt der dialektischen Entfaltung, was somit durch die Bezugnahme auf die werdeweltliche Aktualität im Rahmen von Anpassung bzw. Richtung-Geben kompensiert sein soll.

Genauerhin hält Darwin zu dem Thematisierten fest, daß aufgrund von »Wettkampf«, jede Veränderung, wie gering sie auch sein mag, so sie dem betroffenen Individuum zur Erhaltung dient, »sich gewöhnlich auch auf die Nachkommen vererben« wird (S.99-100):

> "Diese werden daher mehr Aussicht haben, am Leben zu bleiben; denn von den vielen Individuen einer Art, die geboren werden, lebt nur eine geringe Anzahl fort. Ich habe dieses Prinzip, das jede geringfügige, wenn nur nützliche Veränderung konserviert, »natürliche Zuchtwahl« genannt, um seine Beziehung zu der vom Menschen veranlaßten künstlichen Zuchtwahl zu kennzeichnen" (S.100).

> "Nichts ist leichter, als ganz allgemein die Existenz des Kampfes ums Dasein zuzugeben; nichts aber ist schwerer (wie ich wenigstens herausgefunden habe), als die Existenz des Kampfes ums Dasein beständig im Auge zu behalten. Ehe wir nicht tief von ihr durchdrungen sind, werden wir den Haushalt der Natur mit all seinen Einzelheiten der Verbreitung, der Seltenheit, des Häufigseins, des Aussterbens und der Veränderung der Geschöpfe nur halb begreifen oder gar völlig falsch verstehen" (S.100-101).

Wovon Darwin hier bezüglich "zur Erhaltung des Individuum beitragen und sich gewöhnlich auf die Nachkommen vererben" berichtet, ist eine Vergegenwärtigung der Nicht-Chaotizität der Werdewelt. Darwin reflektiert zwar hierauf - wovon also gemäß Universalität des Personsein zu sprechen ist -, vergegenwärtigt das dieserart Thematisierte aber nicht als solches, wie sich daraus ergibt, daß er das zur Nicht-Chaotizität der Werdewelt Ausgesagte im Sinne seiner "Raster-Argument"-Konstruktion "natürliche / künstliche Zuchtwahl" als Fundament dafür versteht, jene Eines aussagen zu können, die ihm Strukturierung von "Kontinuum" sind.

Im Horizont der Bezugnahme auf die werdeweltliche Aktualität im Gewand der "Anpassung"-Aussage wird von Darwin nun jenes Argument eingeflochten, das Richtung-geben bedeuten soll[13]. Hieran ist explizit zu beachten, daß die nun diskutierte Darwinsche Feststellung nicht als eine weitere Werdewelt-Regel, zu den zuvor zitierten Regeln bezüglich "Art - Gattung" hinzukommend, zu verstehen ist: Das nun Betrachtete ist konstitutiv für die Ausbildung von Eines, so wie Darwin sie versteht, insofern es Bedingung für besagte Werdewelt-Regeln ist; daher auch Darwins Verweis auf den Zusammenhang von künstlicher und natürlicher Zuchtwahl, und auf die Notwendigkeit der Konzentration auf »Kampf ums Dasein«, so wie man sie - die Konzentration - bezüglich einer Daß-Aussage einfordert, um zu verhindern, daß etwas als eine Daß-Aussage verwendet wird, das gar keine ist, die transzendentalphilosophische Schwelle nivellierend.

---

[13] Hier sei hervorgehoben: "Richtung-geben" in Zusammenhang mit Darwins Position meint natürlich nicht "Ausrichtung auf ein vorgegebenes Ziel", sondern "Ausrichtung" im Sinne vorliegender Nichtbeliebigkeit: Eine aktuelle Veränderung, wie sie auf folgende Generationen weiter vererbt wird, kann den Individuen dieser Generationen neue Möglichkeiten im "Kampf ums Dasein" eröffnen, engt zugleich aber, zumindest in der Aktualität dieser Generationen, den Bereich weiterer Änderungen ein, worin sich also "Richtung-geben" manifestieren soll.

Für Darwins Argumentation gilt diesbezüglich aber: Da Darwins "anfängliche Daß-Aussage" keine Daß-Aussage ist, kann auch seine Entfaltung dieser Aussage - zu "Kampf ums Dasein" führend - keine analytische Entfaltung sein, weshalb auch die Beziehung dieser Quasi-Entfaltung zu besagten Werdewelt-Regeln uneindeutig sein muß.

Angesichts hiervon sei gelesen:

> "Es sei vorausgeschickt, daß ich die Bezeichnung »Kampf ums Dasein« in einem weiten metaphorischen Sinne gebrauche, der die Abhängigkeit der Wesen voneinander, und was noch wichtiger ist: nicht nur das Leben des Individuums, sondern auch seine Fähigkeit, Nachkommen zu hinterlassen, mit einschließt" (S.101).
>
> "Der Kampf ums Dasein ist die notwendige Folge des stark entwickelten Strebens aller Lebewesen sich zu vermehren" (S.102).

»Kampf ums Dasein« kann aufgrund seiner Verflechtung mit »Streben aller Lebewesen« keineswegs als »metaphorische« Aussage verstanden werden, die gebracht wird, obgleich auf sie auch verzichtet werden könnte, einer propositionalen Argumentation Platz machend. Das ist: Die soeben zitierte "notwendige Folge"-Konstruktion bezeichnet erneut eine analytisch s e i n s o l l e n d e Aussage, da die Beiziehung einer fortpflanzungsbiologischen Betrachtung Einsichtigkeit im Sinne "mathematischer" Bedenkbarkeit beinhalten soll. Hierbei ist zu beachten, daß sich aus einer derartigen "Einsichtigkeit" nicht einfach zu »Wille« und »Streben« finden läßt, vor allem wenn "Einsicht" in den Umstand herrscht, daß eine mathematische Argumentation nicht ohne weiteres mit einer solchen bezüglich "Streben" und "Wille" verflochten werden darf, da diese Eines in Zusammenhang mit "Lebewesen" zu diskutieren sind, insofern "Lebewesen" gerade nicht als formales Eines verstanden werden darf. Jeglicher Verstoß hiergegen - bzw. Aussagen wie "alles Leben ist Chemie", "Tiere sind Maschinen" etc. - sind Ausdruck pragmatisch verzerrter Vorstellungen von "Leben" bzw. "Lebewesen", davon also, "Leben" nicht als Eines der unthematische-Begriffpyramide zu verstehen, ausgehend von einer Nicht-Vergegenwärtigung von "Ich bin". Der Pragmatismus in diesen Aussagen erwächst aus einem defizitären Ich-Verständnis, das hier insofern zu beachten ist, als gerade die Evolutionsbiologie zeigt, daß auf werdeweltlicher Ebene eine Verbindung zwischen Mensch und Tier (Pflanz etc.) besteht, die es abseits naturalistischer Pragmatismen zu erklären gilt - vgl. *Einleitung*! -, wofür die dialektische Entfaltung von "Person-sein" zu "Lebewesen" Voraussetzung ist. In anderen Worten: Die Zusammenführung von begrifflichen Eines wie »Wille«, »Streben« einerseits und einer mathematisch-empirischen Analyse andererseits ist nur dann adäquat konzipiert, wenn ersteres als Eines der unthematische-Begriffpyramide verstanden wird - wozu die Vergegenwärtigung von Person-sein gehört - und letzteres gemäß "Werdewelt-Analyse", als in dialektischer Differenz zu ersterem Gegebenes.

Das bisher aus *Entstehung* Analysierte zeigt aber, daß Darwin hierauf gemäß seinem grundsätzlichen Bemühen um Beachtung der transzendentalphilosophischen Schwelle abzielt, entsprechend seiner Mißachtung der noetischen Dialektik aber zu keinen gehaltvollen Ergebnissen gelangt, so daß gilt: Darwins Vorsicht in der Zusammenführung von »Streben«, »Wille« einerseits und »Kampf ums Dasein« und Mathematik andererseits, reicht nur soweit, als Darwin mittels letzteren kompensieren muß, in »Streben« und »Wille« begriffliche Eines auszusagen, die die unthematische-Begriffpyramide nur defizitär und verzerrt wiedergeben, entsprechend seinem Unvermögen, das Aussagen-können von Daß-Aussagen hinreichend bedenken zu können.

Dient also Darwin die fortgesetzte Bezugnahme auf Mathematik als Ausdruck des Transzendieren-müssens der Werdewelt - wobei Darwin "Zahl" weder im Lichte von "Idee", noch im Sinne von "aenigma" (zum Beispiel gemäß Nikolaus von Kues; vgl. *Theologie*) diskutiert -, so ist es seine "Wille"- bzw. "Streben"-Konstruktion, die Transzendierung der Werdewelt im Rahmen der positiven Vergegenwärtigung des Bereichs der Notwendigkeit - und seiner Entfaltung - bezeichnet. Letzteres ist dies aber im Rahmen einer Gesamtkonstruktion, die das Transzendieren der Werdewelt nicht gemäß Emanzipation von "Orientierbarkeit an der Natur" leistet und insofern also auch auf Mathematik reflektiert. Dies ergibt, daß Darwin Argumente gemäß "Orientierbarkeit an der Natur" - Werdewelt-Regeln - und Mathematik mit »Wille« und »Streben« zusammenführen muß, hierbei also Äußerlichkeit in der Zusammenführung vermeidend und im Lichte hiervon "notwendige Folge" aussagt. Darwin unternimmt dies also, da er die dialektische Differenz zwischen den beiden Zugängen des Ich zum Bereich der Notwendigkeit - wie ihre Vergegenwärtigung alleine "Äußerlichkeit in der Argumentation" im Wechsel von der Notwendigkeit zur Kontingenz vermeiden läßt - nicht bedenkt. Dieses Nicht-Bedenken ist es somit, das Darwin, indem er sich auf eine "metaphorische" Argumentation zurückzieht, zu maskieren versucht, wobei er - im Gewand der "metaphorischen" Sprechweise versteckt - das Verzicht-üben-müssen überbeansprucht. Verläßt Darwin nämlich die Metaphorik, so hat er nicht die Eines der *Ion*schen Teilpyramiden - also der unthematische- und der thematische Begriffpyramide -, sondern Eines, die in einem nicht-analytischen Verhältnis zueinander stehen - "Äußerlichkeit"! -: Dies kann Darwin - so ist gemäß Universalität des Person-sein festzuhalten - aber nur dahingehend vor sich vertreten, daß er die hierin enthaltene "fragmentarische Induktion"[14] als das dem Menschen in seinem Bedenken letztlich Mögliche ansieht, also als etwas, das gemäß dem Verzicht-üben-müssen des Menschen zu verstehen ist. Darwins Metaphorik ist somit auch Ausdruck des Versuches einer möglichst weitreichenden Beachtung des diskursiven Vordringen zum Bereich der Notwendigkeit, obgleich im Lichte der Thematisierung von Werdewelt-Regeln, anstatt der Eines der unthematische-Begriffpyramide.

Darwin hält daher fest:

> "Jedes Wesen, das während seiner natürlichen Lebensdauer mehrere Eier oder Samen hervorbringt, muß in einer gewissen Zeit seines Lebens oder in einer bestimmten Jahreszeit vernichtet werden, weil sonst seine Zahl nach dem Prinzip der geometrischen Vermehrung so groß werden würde, daß kein Land das Erzeugte zu ernähren imstande wäre. Da also mehr Individuen ins Leben treten als bestehen können, so muß auf jeden Fall ein Kampf ums Dasein stattfinden, entweder zwischen Individuen derselben oder verschiedener Arten oder zwischen Individuen und äußeren Lebensbedingungen. Das ist die Lehre von Malthus mit verstärkter Kraft auf das ganze Tier- und Pflanzenreich angewendet, denn in unserem Falle ist keine künstliche Vermehrung der Nahrungsmittel und keine vorsichtige Eheenthaltung möglich. ... | Es gibt keine Ausnahme von der Regel, daß sich jedes organische Wesen auf natürlichem Wege so stark vermehrt, daß, wenn es nicht der Vernichtung ausgesetzt wäre, die Erde bald von den Nachkommen eines einzigen Paares erfüllt sein würde" (S.102-103)[15].

---

[14] Von "fragmentarische Induktion" sei gesprochen, da Darwin eine "Analytik" gibt, die fortgesetzt auf werdeweltlich Kontingentes letztbezieht; "fragmentarisch" ist Darwins Vorgehensweise daher insofern, als somit notwendig fortgesetzt Eines bedurft werden wie auch Überzeugungen im Sinne von "die meisten Naturwissenschafter" etc. (vgl. oben), die herbeiargumentiert akzeptiert werden, also nicht auf Paradigmata bzw. die Eines der unthematische-Begriffpyramide bezogen werden und insofern vollständig - im Unterschied zu "fragmentarisch" – begründet werden.

[15] Hierher gehört auch:

Wiederum reflektiert Darwin auf ein Element der allgemeinen Begriffpyramide - »Prinzip der geometrischen Vermehrung« -, um seinen Aussagen zu »Kampf ums Dasein« Inhalt zu verleihen. Hierzu ist zu beachten: Setzt man sich-fortpflanzende Eines in eine sich verändernde Umwelt, wobei "sich verändernd" impliziert, daß besagte Eines "bemüht sein müssen", um existieren zu können, so ist dieses Bemüht-sein-müssen keine Selbstverständlichkeit. Das mit "keine Selbstverständlichkeit" Bezeichnete muß aber, soll es nicht herbeiargumentiert ausgesagt sein, argumentativ analytisch aus dem Daß-Aussage-Bereich abgeleitet werden können, da es zweifellos im Horizont von "Transzendierung der Faktizität" bzw. - darwinisch ausgedrückt - von "Wille / Streben" - zu sehen ist. Gerade in diesem Punkt - also in der propositionalen Vergegenwärtigung des Eines "Subjekt der Veränderung" - weist Darwins Theorie aber wesentlich Defizite auf, woraus nun also eine "streben, sich zu vermehren"-Konstruktion resultiert. Hierin liegt: Darwin bezieht sich auf das Begrenztes-sein der Lebewesen in der Zeit und die daraus sich ergebende Generationenfolge, entsprechend seinem Verständnis von "Veränderlichkeit" als einem Eines, dessen Aussagen das Vordringen zur Eines-Formel Platons - und den hiermit gegebenen Möglichkeiten der Thematisierung des Eines "Lebewesen" als einem solchen der unthematische-Begriffpyramide - erübrigt. Damit unterläuft Darwin aber ein Fehler, da "Grenze" bzw. "Begrenztes" notwendig die positive Transzendierung von Begrenztheit voraussetzt, was notwendig nicht gegeben ist, wenn "Grenze" derart im werdeweltlichen Sinn bedacht wird, daß "Transzendierung" abseits des Entontologisieren-müssen der Aussagen zur Werdewelt aufgegriffen wird - Darwins Raster-Argumentation und seine Verwendung von Werdewelt-Regeln belegt dieses "abseits" hinreichend - , als Folge der Nicht-Vergegenwärtigung der dialektischen Differenz der Werdewelt zum Bereich der Notwendigkeit. Wovon Darwin hier berichtet, das ist eben die Entfaltung einer Daß-Aussage sein sollenden Aussage.

Insbesondere sei hieran hervorgehoben, daß »strebt sich zu vermehren« eindeutig als Ausdruck davon zu verstehen ist, die Vorstellungen von der "Substantialität" von Lebewesen - wie sie zunächst nur durch die nicht-propositional bedachte "Streben"-Konstruktion thematisiert ist - argumentativ mit Inhalt zu belegen, obgleich dies Darwin zu Aussagen zur Substantialität mißrät, die auf die Aussagbarkeit von "Kampf ums Dasein - Kontinuum" abgestimmt sind, bzw. darauf, diese Konstruktion als anfängliche Daß-Aussage verstehen zu können. Somit also unterläßt es Darwin, "Lebewesen" bzw. "Subjekt der Veränderung" im Horizont der tatsächlichen Transzendierung der Werdewelt zu verstehen.

Hiermit steht in Zusammenhang:

> "Aber wir haben bessere Beweise als einfache theoretische Berechnungen, nämlich die zahlreichen Berichte über die erstaunlich rasche Vermehrung verschiedener Tiere im Naturzustande, sofern die Bedingungen zwei oder drei Jahre günstig liegen" (S.103-104).

Darwin zieht hier die Mathematik zwar fortgesetzt auf die bereits diskutierte Weise heran, ordnet ihr aber ebenso fortgesetzt zugleich nur bedingt Aussagekraft zu; die Empirie ist Dar-

---

"Bei jeder Betrachtung der Natur müssen wir die vorstehenden Bemerkungen im Auge behalten; nie dürfen wir vergessen, daß jedes organische Wesen sozusagen die äußerste Vermehrung seiner Kopfzahl erstrebt, daß jedes in einer gewissen Zeit seines Lebens kämpfen muß und daß unvermeidlich heftige Zerstörungen über alt und jung entweder in jeder Generation oder in wiederkehrenden Perioden vorkommen. Die Beseitigung der Hindernisse oder eine (wenn auch geringe) Verminderung der zerstörenden Einflüsse wird eine unbegrenzte Vermehrung der Individuen bei den Arten zur Folge haben" (S.106).

win hier der vorzüglichere Referenzpunkt. Dies ist auch von Bedeutung, da Darwin mit »Bestreben« und »Wille« operiert, die - wie erwähnt - einer Mathematisierung nicht zugänglich sind, bzw. ein dementsprechender Versuch das Abgleiten in einen formalen Pragmatismus bedeutet, den abzuwehren Darwin also unternimmt.

Angesichts hiervon sei betont: Darwins Kombination von Mathematik und Empirie erinnert zum Beispiel an die Argumentation Cusanus', wenn dieser mit dem Apostel Paulus dazu auffordert, "in die Welt zu sehen, um Gott erkennen zu können" und zugleich von dem Rätselbild - *aenigma* - Mathematik berichtet (vgl. *Theologie* für eine Analyse hiervon). Ist es also die Art der Kombination von Mathematik und Empirie, wie sie zum Beispiel von dem christlichen Philosophen und Theologen Nikolaus von Kues vertreten wird, die Darwin - unter anderem - kritisiert, wenn er die Schöpfungslehre kritisiert, so ist explizit festzuhalten, daß Darwins Alternative kaum Substantielles beinhaltet; weder ist Darwins Bezugnahme auf Mathematik im Lichte von *aenigmata* zu verstehen, noch beinhaltet sein Verweis auf die Werdewelt den Aufruf zur Transzendierung des Begrenzten, wie sich ja schon anhand von Darwins Weise der Verwendung von "Kontinuum" zeigt. In dieser liegt zudem - wie gerade im Lichte der Position von Nikolaus von Kues zu sehen ist -, daß Darwin keineswegs um eine dialektische Denkweise bemüht ist, weshalb er auch nicht vergegenwärtigt, daß seine analytisch sein sollende Argumentation - wovon auch gemäß Universalität des Person-sein zu sprechen ist - keinesfalls dem Anspruch, analytisch zu sein, gerecht wird.

Aus Darwins weiteren Ausführungen zu »Kampf ums Dasein« sei herausgegriffen:

> "Kampf um Kampf muß mit wechselndem Erfolg wiederkehren, aber allmählich halten die Kräfte einander so vollkommen das Gleichgewicht, daß die Natur sich während langer Perioden nicht verändert, obschon der kleinste Umstand ausreichen würde, einem organischen Wesen den Sieg über ein anderes zu ermöglichen. Trotzdem ist unsere Unwissenheit so groß und unser Dünkel nicht minder, daß wir uns wundern, wenn wir vom Aussterben eines Lebewesens hören; und da wir die Ursache nicht kennen, so denken wir an Umwälzungen, die die Welt verwüsteten, oder erfinden Gesetze über die Dauer der Lebensformen" (S.113).

»Kampf« bezeichnet also gemäß Darwin eine Notwendigkeit, insofern es aus »Bestreben sich zu vermehren« folgt, aber es bezeichnet keine Notwendigkeit für fortgesetzte Veränderung in der Aktualität - gemäß: "Auftreten-können eines Gleichgewichts" -. »Kampf ums Dasein« bezeichnet somit eine opportunistische Daß-Aussage. Das ist: In der Aktualität kann Veränderung wie auch Gleichgewicht auftreten, wobei im Falle von Gleichgewicht »Kampf ums Dasein« fortgesetzt der Möglichkeit nach gegeben ist. Hieran ist aber zu beachten, daß jegliche mögliche Aussage Darwins, die "Gleichgewicht" und "Veränderung ergebende Bedingung" darlegt, notwendig in bezug auf eine Organismus-Theorie gegeben wird, die Organismus nicht als Subjekt aussagt - zumindest nicht propositional -, insofern Darwin keine Emanzipation von "Orientierbarkeit an der Natur" erreicht. Besagte Aussagen zu Gleichgewicht und Veränderung sind aus eben diesem Grund Feststellungen zur Werdewelt.

Es wird also lediglich das Fehlen bzw. Auftreten von Veränderung konstatiert und entsprechend auf Umweltgegebenheiten bezogen, wobei also, insofern das dieserart Festgelegte nicht auf an sich Selbstand Repräsentierendes bezogen wird - Nicht-Vergegenwärtigung der unthematische-Begriffpyramide! -, nichts angeführt werden kann, das als die Aktualität Transzendierendes Notwendigkeit bezeichnet, verschiedene werdeweltliche Aktualitäten umgreifend. Daher gilt: Das "Auftreten-können, aber nicht Auftreten-müssen" wird mit »Kampf ums Dasein« auf etwas bezogen, das in "Können" keinen absoluten Anfang besitzt, aus eben jenem

Grund, der bereits für Darwins Eines-Konstruktionen bezüglich der Strukturierung von "Kontinuum" - zum Beispiel »herrschende Art« - anzuführen war.

Alleine auf diese, zu kritisierende Weise gelingt Darwin eine Aussage dazu, daß das Sich-Verändern auf einen Anfang bezogen werden muß, der das Transzendieren-müssen der Faktizität beachten läßt. Dies ist also, gemäß dem Darwinschen Versuch der Beachtung der transzendentalphilosophischen Schwelle, die mit der "Kampf ums Dasein"-Konstruktion verbundene Intention. Darwin verfehlt die Transzendierung somit aber - für eine tatsächliche Transzendierung fehlen Darwin tatsächliche Daß-Aussagen, aus denen analytisch abgeleitet werden kann -; er bietet lediglich ein Abstraktum für die Vereinigung verschiedener Werdewelt-Gegebenheiten. Im Sinne hiervon ist »Kampf ums Dasein« also dahingehend eine "opportunistische Daß-Aussage", als im Falle beobachteter Veränderung das Wirken von »Kampf ums Dasein« ausgesagt wird, ohne die betroffenen Organismen als Subjekte ansprechen zu können, in dem Sinne, wie besagte Feststellung alleine aus der Bedachtnahme auf Werdeweltliches erwächst; "opportunistisch" ist die Aussage daher insofern, als sie auf werdeweltliche Aktualität bezogen wird, ohne daß diese ihrerseits thematisch-methodisch unreduziert gemäß bedachtem Anfang-haben - in dialektischer Differenz zu Daß-haben - der Werde-welt verstanden würde.

In anderen Worten: Die "opportunistische Daß-Aussage"-Konstruktion erwächst daraus, daß aus dem Verfehlen von Subjekten (Eines der unthematische-Begriffpyramide) die Bescheidung auf eine fragmentarische Induktion folgt, gemäß der angeführten Überbetonung von Verzicht-üben-müssen, wozu also auch die Anführung von Daß-Aussagen sein sollenden Aussagen gehört, die ebenso "alles ist möglich"-Konstruktionen bedeuten, wie die zuvor abgehandelten Werdewelt-Regeln - zum Beispiel: "Herrschende Arten können auftreten oder nicht" -.

Hierher gehört auch das zuvor Zitierte: »erfinden Gesetze über die Dauer der Lebensformen«. Derartige »Erfindungen« werden also nicht als in die "Kampf ums Dasein"-Konstruktion transformierbar und insofern als auszusagende Eines anerkannt. »Dauer der Lebensformen« wird also nicht als analytisch aus »Kampf ums Dasein« ableitbar akzeptiert, da Darwin hierin alleine ein "inneres Gesetz" sieht - "innen" im Sinne von: die Bezogenheit der Lebewesen auf die Umwelt bzw. Natur transzendierend und hierbei der empirischen Ermittelbarkeit entzogen -, das zu akzeptieren seiner Auflösung von "Ordner" im Rahmen der Abfolge "künstliche - natürliche Zuchtwahl" entgegensteht, pragmatische Eines gemäß "Art, im Sinne der Schöpfungslehre" provozierend, wie dies wider Darwins Konzentration auf Werdewelt-Regeln ist.

Darwin sieht also in derartigen Gesetzen Aussagen, die, insofern sie keine unmittelbare Bezogenheit des Individuums - von Individuengruppen - auf die Umwelt bzw. Aktualität (Zeit!) bezeichnen, die Ganzheit "Natur" unterwandern, Äußerlichkeit im Verständnis der Beziehung der Lebewesen zu der unbelebten Natur provozierend. Diese Äußerlichkeit ist für Darwin somit eine solche, die ein "Innen" - gemäß "inneres Gesetz" - im Sinne einer Mißachtung der Werdewelt bedeutet, aus einer falsch verstandenen Schöpfungslehre heraus.

Darwin übersieht damit aber, daß sein Eintreten für die Ganzheitlichkeit der Werdewelt - "Ganzheit der Natur"! -, diese nicht adäquat gemäß ihrem Anfang-haben bei gleichzeitiger Daß-Losigkeit aufgreift, was er wiederum entsprechend seinem verzerrten Verständnis von Verzicht-üben-müssen bzw. der Anfang-Problematik zu kompensieren versucht. In Darwins Aussagen läßt sich also fortgesetzt der Versuch finden, die transzendentalphilosophische Schwelle und die Ganzheitlichkeit der Werdewelt zu bedenken, doch geschieht dies, obgleich Darwin zudem um das diskursive Vordringen zum Bereich der Notwendigkeit bemüht ist, abseits der Einsicht, zu Eines vordringen zu müssen, die gemäß der dialektischen Differenz von den die Werdewelt bezeichnenden Begriffen bzw. Eines verschieden sind, als an sich den Selbstand thematisierende Begriffe. Darwin sieht also nicht, daß "diskursives Vordringen zum Bereich der Notwendigkeit" Vergegenwärtigung der Verflechtung der beiden Begriffpyramiden - gemäß den beiden Zugängen des Ich zum Bereich der Notwendigkeit - bedeutet. Konkret ist hieran zu kritisieren, daß Darwin hiermit die noetische Dialektik ausblendet, wozu gehört, daß seine Kritik der "Schöpfungslehre" auch deren Potential bezüglich der Vergegenwärtigung der Dialektik ausklammert - vgl. oben und *Theologie* -.

Angesichts hiervon sei gelesen:

> "Wirf eine Handvoll Federn in die Luft, und alle fallen nach bestimmten Gesetzen wieder zur Erde. Aber wie einfach ist dieses Problem im Vergleich mit der Wirkung und Gegenwirkung der unzähligen Pflanzen und Tiere, die im Laufe der Jahrhunderte Zahlenverhältnis und Art der Bäume bestimmten, die jetzt auf den alten Indianerruinen wachsen" (S.115).

> "Doch ist solcher Kampf noch viel andauernder und erbitterter zwischen Individuen derselben Art, die dasselbe Gebiet bewohnen, dasselbe Futter verlangen und denselben Gefahren ausgesetzt sind. Zwischen Varietäten derselben Art ist der Kampf im allgemeinen kaum weniger heftig" (S.115).

Das erste Zitat bedeutet ein defizitäres Verständnis von Verzicht-üben-müssen, abgestimmt auf Darwins Verwendung "opportunistischer Daß-Aussagen" bzw. auf Darwins defizitäres Vordringen zum Bereich der Notwendigkeit im Gewand von (zum Beispiel) »der Anfang der Rassen (und Dialekte) ist nicht eruierbar«. Im Sinne des damit Gegebenen bietet das zweite Zitat eine weitere Werdewelt-Regel, wie sie gemäß "fragmentarische Induktion" aus »Kampf ums Dasein« abgeleitet ist.

Angesichts des dieserart zu »Kampf ums Dasein« Ausgesagten resümiert Darwin:

> "Denken wir über diesen Punkt nach, so können wir uns mit dem festen Glauben trösten, daß der Krieg der Natur nicht ununterbrochen andauert, daß kein Geschöpf Furcht vor ihm empfindet, daß der Tod gewöhnlich rasch kommt und daß der Kräftigste, Gesündeste und Glücklichste die andern überlebt und sich fortpflanzt" (S.119).

Diese Aussage bedeutet gleichsam eine "beste aller Welten"-Konstruktion - Terminologie gemäß *Lehre* und *Theologie* -, obgleich eine solche, die einer Gesamtkonstruktion angehört, die einerseits Veränderlichkeit im Horizont von Werdewelt und andererseits Begrenztes ohne propositionaler Nennung des Bereichs der Notwendigkeit bedenkt und daher das Am-Werke-sein der Lebewesen nicht als Ausdruck von "ein Eines sein" der Lebewesen in dialektischer Differenz zu d a s Eines vergegenwärtigt. Im Sinne hiervon verdichtet das nun Betrachtete das zuvor von Darwin mittels »Streben«, »Wille« und so weiter Ausgesagte.

Darwin widmet sich nun explizit der natürlichen Zuchtwahl, zu der er also aus seiner "Raster-Argumentation"-Konstruktion und der "opportunistische Daß-Aussage" »Kampf ums Da-sein« gelangt ist:

> "Können wir es, wenn wir sehen, daß zweifellos für den Menschen nützliche Veränderungen vorkommen, für unwahrscheinlich halten, daß im Laufe vieler Generationen auch andere irgendwie für ein Wesen im großen, verwickelten Kampf ums Dasein nützliche Veränderungen eintreten? Geschieht dies aber, können wir dann daran zweifeln, daß Individuen, die auch nur den geringsten Vorteil vor anderen besitzen, mit größter Wahrscheinlichkeit diese anderen überleben, und ihresgleichen hervorbringen werden, zumal viel mehr Individuen erzeugt werden als fortbestehen kön-

> nen? Und können wir andererseits daran zweifeln, daß jede noch so geringfügige schädliche Abänderung vernichtet werden würde? Diese Erhaltung vorteilhafter individueller Unterschiede und Veränderungen und diese Vernichtung nachteiliger nenne ich natürliche Zuchtwahl oder Überleben des Tüchtigsten" (S.121).

Darwin reflektiert hier im Rahmen einer analytisch sein sollenden Argumentation auf das Vorliegen-müssen eines ordnenden Prinzips, als das also die natürliche Zuchtwahl veranschlagt wird. Die zitierte Darlegung übersieht hierbei, daß sie auf Begrenztes bezug nimmt, also auf solches, für das Veränderlichkeit gemäß Nicht-Chaotizität konstitutiv ist, wobei sich die Eines, wie sie die Träger hiervon bezeichnen, daraus ergeben, daß Begrenztheit gemäß der dialektischen Differenz auf das Eines bezogen wird - vgl. *Grundlegung* und *Überlegungen* -. Darwins Konstruktion bezeichnet dies aber nicht. Darwin führt im Anschluß an das eben Zitierte Kritiken an seiner Argumentation an, die dieses "Nicht-beachten" nicht thematisieren:

> "Manche glauben, die natürliche Zuchtwahl bringe Varietäten hervor, während sie doch nur solche Veränderungen festhält, die einem Organismus unter seinen Lebensverhältnissen nützen" (S.122).
>
> "Andere haben eingewendet, daß die Bezeichnung »Zuchtwahl« bewußtes Wählen seitens der abzuändernden Tiere bedeute, und es wurde hinzugefügt, daß die Pflanzen keinen Willen hätten und daß also der Ausdruck auf sie nicht passe. In solchem buchstäblichen Sinne ist die Bezeichnung »natürliche Zuchtwahl« allerdings falsch; allein wer hat jemals dem Chemiker einen Vorwurf gemacht wegen des Ausdrucks »Wahlverwandtschaft« der verschiedenen Elemente? Und doch kann genau genommen eine Säure nicht die Base wählen, mit der sie sich vorzugsweise verbinden will" (S.122).
>
> "Es wurde auch gesagt, ich spräche von der natürlichen Zuchtwahl als von einer tätigen Kraft oder Gottheit; wer aber wird einem Autor Vorhaltungen machen, wenn er von der Anziehungskraft sagt, sie beherrsche die Bewegung der Planeten? Jeder weiß, was mit solchen bildlichen Ausdrücken gemeint ist, die schon der Kürze wegen nötig sind. Es ist ja auch schwer, das Wort »Natur« genau zu bestimmen. Ich verstehe darunter die vereinigte Wirkung und Leistung vieler Naturgesetze und unter Gesetzen die nachgewiesene Aufeinanderfolge der Ereignisse. Bei einiger Vertrautheit mit der Sache werden solche überflüssigen Einwände von selbst wegfallen" (S.122).

Wiederum nimmt Darwin also in Anspruch, eine »metaphorische« Argumentation verwenden zu dürfen. Hervorzuheben ist hieran: Darwins Zurückweisung von "natürliche Zuchtwahl als »tätige Kraft«" bedeutet den Versuch, in der Transzendierung der Werdewelt nichts Werdeweltliches in die Darstellung des Bereichs der Notwendigkeit einzubringen, also auch nicht »Kraft«. Dieser Versuch der Abwehr eines naiven Realismus (bzw. einer Nivellierung der transzendentalphilosophischen Schwelle) gelingt aber nicht uneingeschränkt: »nachgewiesene Aufeinanderfolge der Ereignisse« verdeutlicht dies, insofern hier ein Es-Belassen bei einem Nachweis vorliegt, der »Aufeinanderfolge« abseits der Vergegenwärtigung des Anfang -, nicht aber Daß-haben der Werdewelt bezeichnet. Tatsächlich ist daher für Darwin »Natur genau zu bestimmen« schwierig, da er »Natur« als ein Konstrukt verwendet, das die in seiner Position gegebene Nivellierung der transzendentalphilosophischen Schwelle maskieren soll, weshalb er die Verwendung von »Kraft« zwar auf die dargestellt eingeengte Weise verwendet, hiermit aber nicht eröffnet, das zuvor diskutierte "Gesamtheit der Natur" anders als Verzerrung von "Ganzheit der Werdewelt" aufzubieten.

Beachtenswert an dem soeben Zitierten ist zudem Darwins Verweis auf andere Wissenschaften, die sich ebenfalls einer metaphorischen Sprache bedienen. Darwin versucht hiermit, seine eigene metaphorische Sprechweise - die letztlich Ausdruck eines Pragmatismus ist - zu legitimieren, ausklammernd, daß auch in den anderen Wissenschaften ein Pragmatismus gemäß einer "fragmentarischen Induktion" vorliegen kann. In anderen Worten: Darwin sieht die Richtigkeit seiner "natürliche Zuchtwahl"-Konstruktion darin, daß sie einerseits eine Schwelle zur Werdewelt beinhaltet - »keine Kraft« -, ohne, komplementär hierzu, eine "innere Gesetz"-Konstruktion zu sein - »keine Kreativität«, »kein Gott« - die sich mit der Bedeutung empirischer Erforschbarkeit nicht vereinbaren läßt. Dies zeigt, daß Darwin um Empirie bemüht ist, ohne darüber besagte Schwellen-Konstruktion - gemäß Universalität des Person-sein interpretiert - "aus den Augen zu verlieren", wiewohl er gemäß seinem verzerrten Verständnis von Verzicht-üben-müssen in der Thematisierung des "nicht wieder Empirie Erforderndes" lediglich zu seinem Raster-Argument und Anleihen an der Mathematik - und anderen Naturwissenschaften - greifen kann.

Zur genaueren Darlegung von »natürliche Zuchtwahl« führt Darwin nun aus, daß in Gebieten mit »offenen Grenzen« Einwanderer die Beziehungen zwischen den "einheimischen" Lebewesen stören, natürliche Zuchtwahl (mit-)ergebend, wohingegen sich auf abgegrenzten Gebieten bzw. schwer erreichbaren Inseln, »Stellen im Haushalt der Natur finden« lassen (S.123), die »sicherlich besser besetzt werden könnten, wenn einige der ursprünglichen Bewohner angemessenen Modifikationen unterlägen« (S.123). Insgesamt, so Darwin, gibt es aber »kein Land, dessen sämtliche Bewohner bereits so vollkommen aneinander und an die äußeren Lebensverhältnisse angepaßt sind, daß sie sich nicht noch besser anpassen und noch mehr zu ihrem Vorteil verändern könnten« (S.124).

Hierauf folgt:

> "Wenn schon der Mensch durch seine planmäßige und unbewußte Zuchtwahl große Erfolge erzielt, was muß erst die natürliche Zuchtwahl erreichen können! Der Mensch kann nur auf äußere sichtbare Merkmale wirken; die Natur (wenn ich einmal das Überleben des Tüchtigsten personifizieren darf) fragt nichts nach dem Aussehen, es sei denn, daß es irgendeinem Wesen nütze; sie kann auch auf jedes innere Organ wirken, auf den kleinsten körperlichen Unterschied, auf die ganze Maschinerie des Lebens" (S.124-125).

> "Wenn es für eine Pflanze vorteilhaft ist, ihren Samen immer weiter mit dem Wind zu verstreuen, so sehe ich für die Natur keine größere Schwierigkeit, dies durch natürliche Zuchtwahl zu bewirken, als für den Baumwollpflanzer, wenn er die Baumwolle in den Fruchtkapseln seiner Bäume durch Zuchtwahl vermehrt und verbessert" (S.128).

An dieser Argumentation ist hervorzuheben, daß der natürlichen Zuchtwahl ein unerschöpfliches Potential zugestanden wird - »so sehe ich für die Natur keine größere Schwierigkeit ...« -, obgleich sie niemals einen Idealzustand erreicht; ein solcher ist gemäß der Logik der Darwinschen Argumentation ausgeschlossen - vgl. hierzu oben: "Gleichgewichtszustände – Veränderungen". Angesichts hiervon wird man an Platons Zurückweisung des Herakliteischen "alles fließt"[16] erinnert, wie dies Platon zum Beispiel in *Der Sophist* explizit mittels der Dialektik leistet - vgl. *Lehre* und *Untersuchungen* -. Es ist also die Dialektik, die Platon zu jenen Eines gelangen läßt, die in dialektischer Differenz zu demje-

---

[16] Am Rande sei hier angemerkt, daß Heraklit keineswegs ein naives "alles fließt" aussagt; vgl. *Untersuchungen*.

nigen sind, das als nicht an sich Selbstand Besitzendes "fließt", wiewohl zugleich gemäß "Anfang-haben" nicht nur "fließt". Bei Darwin fehlt dieses dialektische Denken aber, und dementsprechend "unbeholfen" sind seine Versuche, "fließen" - kein Idealzustand im Horizont von »Kampf ums Dasein« bzw. "Veränderung" - und "Eines" - opportunistischer Charakter von »Kampf ums Dasein« und "Gleichgewicht", sowie die Werdewelt-Regeln und die Aussage "anfängliche Daß-Aussagen sein sollende Aussagen" - zu kombinieren; Darwins Daß-Aussagen sein sollende Aussagen "Kontinuum" und "Kampf ums Dasein" erlauben eben keine Transzendierung der Werdewelt. Daher, also abseits der Differenzierung von "Daß-haben" und "Anfang-haben", kombiniert Darwin im Horizont dessen, das eigentlich als Werdewelt zu verstehen ist, "fließen" und "Eines". Indem Darwin also angesichts hiervon seinen Werdewelt-Regeln entsprechen möchte, muß er die Eines - wie sie ein uneingeschränktes "fließen" verhindern - nicht-propositional verstehen, eben so, wie er seine Daß-Aussagen metaphorisch konzipiert.

Wovon hier somit die Rede ist, das ist Darwins Zurückweisung der "Art"-Definition gemäß "spezielle Schöpfungsakte" bzw. "unbekanntes Schöpfungselement", da diese - wie angeführt - Eines bedeuten, die die Konzentration auf das Eines "Kontinuum", eingebettet in das Eines "Natur", behindern, wobei gelten muß, daß Darwin der Konzentration auf diese Zurückweisung entnimmt, es bei den von ihm genannten anfänglichen Eines belassen zu können, da ihre Entfaltung im Lichte der Orientierung an den anfänglichen Werdewelt-Regeln jene Veränderlichkeit aussagen läßt, an der nicht gezweifelt werden kann. Darwin übersieht somit fortgesetzt, daß seine Bezugnahme auf die Veränderlichkeit in der Werdewelt eine solche gemäß "Orientierung an der Natur" ist, da er, insofern er nicht zu dem Subjekt der dialektischen Entfaltung vordringt - bzw. nicht einmal zur Dialektik an sich und im Sinne hiervon ein Substitut für besagtes Subjekt anbietet -, im Horizont von "Werdewelt" Aussagesubjekte festlegen muß. Aussagesubjekte liegen aber nur in der unthematische-Begriffpyramide vor, was Darwin also übersieht.

Hierin ist zugleich verankert, worin Darwin tatsächlich beachtenswerte Kritikpunkte an seiner Theorie sieht:

> "Dennoch wußte ich nicht zu schätzen, wie selten einzelne Variationen, mögen sie nun unbedeutend oder erheblich sein, fortgepflanzt werden können, bis ich einen sehr bemerkenswerten Aufsatz in der *North British Review* (1867) las. ... Nun sagt der Autor, daß, wenn ein einzelnes irgendwie derart variierendes Individuum geboren würde, dieses doppelt so gute Aussichten zum Fortkommen hätte wie die anderen, aber dennoch wahrscheinlich nicht weiterleben würde. Angenommen, daß es erhalten bliebe und sich fortpflanzte und daß ferner die Hälfte seiner Jungen die günstige Veranlagung erbte, so würden, wie der Autor sagt, diese Jungen doch nur unbedeutend mehr Aussicht auf Fortdauer und Fortpflanzung haben; und diese Aussicht würde sich bei jeder folgenden Generation noch verringern. Die Richtigkeit dieser Ausführungen kann meiner Meinung nach nicht bestritten werden" (S.135-136).

Darwin löst diese Problematik nicht sogleich vollständig auf, sondern gibt zunächst gleichsam jenes an, aus dem sich letztlich die Lösung ergibt:

> "Aber nach dem, was wir von der Domestikation wissen, ist kaum zu bezweifeln, daß jenes Resultat tatsächlich einträte, wenn eine größere Individuenzahl mit mehr oder minder gekrümmtem Schnabel einige Generationen hindurch erhalten bliebe und wenn gleichzeitig eine noch größere Zahl mit geradem Schnabel zugrunde ginge. Man darf indessen nicht übersehen, daß gewisse stark hervortretende Variationen, die

niemand als einfache individuelle Unterschiede betrachten wird, häufig wiederkehren, weil eine ähnliche Organisation ähnlich auf sie einwirkt, eine Tatsache, für die unsere domestizierten Tiere und Pflanzen zahlreiche Beispiele liefern. Wenn in solchen Fällen das variierende Individuum nicht wirklich seine neuerworbene Eigenschaft auf die Nachkommen überträgt, so wird es sie doch zweifellos, solange sich die Verhältnisse nicht ändern, stärker geneigt machen, in derselben Weise zu variieren. Es ist daher kaum zweifelhaft, daß die Neigung, in derselben Weise zu variieren, häufig so stark war, daß alle Individuen derselben Art abgeändert wurden, ohne daß dabei die Beihilfe irgendeiner Form der Zuchtwahl in Frage kam" (S.136).

"Auf die Wirkung der Kreuzung bei der Ausmerzung von Veränderungen aller Art werde ich noch zurückkommen. Es sei jedoch schon hier bemerkt, daß die meisten Tiere und Pflanzen an ihrer Heimat hängen und nicht unnötig auswandern. Wir sehen dies sogar an Zugvögeln, die fast immer an denselben Ort zurückkehren. Infolgedessen wird auch gewöhnlich jede neugebildete Varietät anfangs nur lokalen Charakter haben, was auch bei Varietäten im Naturzustande allgemein der Fall zu sein scheint, so daß sich ähnlich abgeänderte Individuen bald in kleiner Anzahl zusammenfinden und sich zusammen fortpflanzen. Ist die neue Variation siegreich aus dem Kampf ums Dasein hervorgegangen, so wird sie sich von einem Zentralpunkt aus langsam verbreiten, mit den unveränderten Individuen in Wettbewerb treten, an der Peripherie des immer größer werden Kreises mit den unveränderten Individuen kämpfen und sie besiegen" (S.137).

Darwin reflektiert hier nicht unmittelbar auf die Individuen in ihrer werdeweltlichen Aktualität, obgleich daran zu denken ist, daß die aktuelle »Organisation« - als Ausdruck der Distanz zur hier und jetzt gegebenen Aktualität - aus der Auseinandersetzung der Individuen mit vorangegangenen Aktualitäten "evolutiv" - also in der Zeit - entstanden ist. Zumindest implizit wendet Darwin hierbei ein Populationsdenken an, erwachsend aus: »an ihrer Heimat hängen«. Im Lichte hiervon berichtet Darwin nämlich von G r u p p e n analog variierender Individuen. Darwin reflektiert somit zwar auf "Population", nennt sie aber nicht als Eines, wie er auch nicht jenen mathematischen Aufwand treibt, der im Anschluß an Darwin in der Synthetische Evolutionstheorie mit deren Konzentration auf die Populationsgenetik verknüpft ist. Dieser "Aufwand" löst auch nicht die vorliegenden Probleme, da er im Rahmen einer Position betrieben wird, die - ebenso wie Darwins Position - nicht aufgreift, daß in der thematische-Begriffpyramide keine Aussagesubjekte gegeben sind - vgl. 5.1 -.

Wie erinnerlich, sind Darwins Aussagen auch im Lichte der Anfangsproblematik zu sehen, wovon also angesichts davon zu sprechen ist, daß "Gebundenheit an e i n e Heimat" und "Organisation als Ausdruck der Distanz zu der hier und jetzt gegebenen Aktualität" "Anfang" repräsentieren, dahingehend, daß sie den steten Fluß von Aktualitäten in der Zeit partiell regulieren: Dieserart wird also von Darwin nichts ausgesagt, das Zeitlichkeit - "Aktualität" – transzendiert, aber relativ zu dem "Hier und Jetzt" kommende Änderungen bebürdet. Diese "Bebürdung"-Konstruktion entspricht daher Darwins "Apriorizität"-Konstruktion gemäß "fragmentarische Induktion", "opportunistische Daß-Aussagen" etc.

Hierzu seien folgende Aussagen Darwins betrachtet:

"Die Pflanzen mit den größten Drüsen oder Nektarien werden den meisten Nektar liefern, häufiger von Insekten besucht und daher auch häufiger gekreuzt werden; sie werden also mit der Zeit die Oberhand gewinnen und eine örtliche Varietät bilden. ... | Kehren wir nun zu den von Nektar lebenden Insekten zurück. Nehmen wir an, die Pflanze mit dem durch anhaltende Zuchtwahl vermehrten Nektar sei eine häufige Art und gewisse Insekten lebten hauptsächlich von Nektar. Manches Beispiel ließe sich anführen, um zu zeigen, wie sehr die Bienen bemüht sind, Zeit zu sparen, ... [um an den Nektar zu gelangen]. Auf Grund solcher Tatsachen können wir annehmen, daß unter gewissen Umständen individuelle Unterschiede in der Krümmung oder Länge des Rüssels usw., die unser Blick gar nicht bemerkt, einer Biene oder einem andern Insekt insofern nützlich sein könnten, als sie sich dadurch ihre Nahrung rascher zu verschaffen vermöchten. Es würde daher auch der Stock oder der Staat, zu dem sie gehören, gedeihen und neue Schwärme hervorbringen, die dieselben Eigentümlichkeiten besitzen" (S.138-140).

"Die natürliche Zuchtwahl wirkt nur durch die Häufung sehr kleiner ererbter Abänderungen, deren jede für das betreffende Geschöpf günstig ist. Und wie die neuere Geologie schon fast allgemein Annahmen wie die, daß ein großes Tal durch eine einzige Diluvialwelle entstanden sei, verwirft, so wird auch das Prinzip der natürlichen Zuchtwahl die Annahme einer fortgesetzten Schöpfung neuer organischer Wesen oder großer und plötzlicher Abänderungen ihres Körperbaues beseitigen" (S.142).

Hier werden also einerseits empirische Informationen herangezogen, fernab jeglicher Vergegenwärtigung der Paradigmatizität - als dem Interface zwischen den *Ion*schen Teilpyramiden -, andererseits aber die Abweichungen, auf denen die Wirkweise der Selektion beruht, als zu klein, als daß sie empirisch beobachtet werden könnten, angesehen, so daß man an eine "Atom"-Konstruktion erinnert wird, dahingehend, daß zwar die Grundeinheiten ("Atome") - hier der Veränderung! - als der Empirie nicht zugänglich verstanden werden, nicht aber jenes, das aus ihnen zusammengesetzt ist. Diese Konstruktion kommt einer Denkweise entgegen, die sich, abseits der Vergegenwärtigung der anfänglichen Daß-Aussage bzw. des Subjektes der Eines-Formel, nicht uneingeschränkt der Empirie überantworten möchte, zugleich analytisch aus einem Anfang ableiten wollend, Herbeiargumentiertes abwehrend. Dieser Entwurf entspricht zwar der an sich anzuwendenden Denkweise, verzerrt diese aber aufgrund der ausbleibenden Thematisierung tatsächlicher Daß-Aussagen, so daß »so klein« zu einer Notlösung dafür wird, etwas aussagen zu können, für das man nicht nach einer empirischen Erklärung suchen braucht, sondern das man alleine gemäß der Raster-Konstruktion postulieren kann, derart also, daß man dafür keinen "Ordner" braucht, der etwas Substantiales schafft. »So klein« ist also pragmatisch-"atomistische" Beendigung der Kette empirisch feststellbarer Veränderungen, im Sinne davon, daß Darwin die "Anfang"-Problematik nicht gemäß der Differenz von Anfang- und Daß-haben bedenken kann. - Angemerkt sei: Derartige "atomistische" Konstruktionen treten häufig in Positionen der Philosophia perennis auf - vgl. *Theoriendynamik* -, als Resultat des Verfehlens der uneingeschränkten diskursiven Freilegung der *Ion*schen Begriffpyramiden[17].

Dementsprechend diskutiert Darwin Szenerien, die dem Wirken-können der natürlichen Zuchtwahl günstig sind:

"Dieser Gegenstand ist äußerst verwickelt. Eine große Summe von Veränderlichkeiten (bei welcher Bezeichnung individuelle Verschiedenheiten stets einbegriffen sind) ist sicherlich günstig für die natürliche Zuchtwahl. Indem eine große Anzahl von Individuen bessere Aussicht für das Erscheinen nützlicher Variationen in einem bestimmten Zeitraum bietet, gleicht sie die geringere Summe von Veränderlichkeit beim einzelnen Individuum aus, und das ist nach meiner Meinung eine wichtige Vorbedingung des Erfolges. Obgleich die Natur für die Wirksamkeit der natürlichen

---

17 Ein Beispiel hierfür ist Schopenhauers "Augenblick"-Konstruktion; vgl. *Theoriendynamik*.

Zuchtwahl langer Perioden bedarf, sind diese doch nicht unendlich lang, denn da alle organischen Wesen für sich eine Stelle im Haushalt der Natur begehren, so muß eine Art, die sich nicht im selben Verhältnis wie ihre Mitbewerber verändert und verbessert, zugrunde gehen" (S.148-149).

Wiederum tritt also eine Kombination aus mathematischer Überlegung und "Wille"-Konstruktion auf, die das Fehlen von propositional verstandenen Eines - vor deren Hintergrund die Werdewelt-Analyse durchgeführt wird - nicht zum Problem werden lassen soll. Daher ist »obgleich die Natur für die Wirksamkeit der natürlichen Zuchtwahl langer Perioden bedarf, sind diese doch nicht unendlich lang« entsprechend der zuvor angeführten Darwinschen Weise der Darlegung bezüglich der Vermeidung von "alles fließt" zu verstehen. Das ist: Auch das nun betrachtete Argument ist Teil der Entfaltung der anfängliche Daß-Aussage sein sollenden Aussage Darwins unter Beiziehung von Werdewelt-Regeln.

Hierher gehört auch folgende Ausführung Darwins:

"Wenn in einem begrenzten Gebiet irgendein Platz nicht so gut wie möglich besetzt ist, so werden alle Individuen, die in bestimmter Richtung, wenn auch verschieden stark variieren, erhalten bleiben. Ist das Gebiet jedoch groß, so werden seine verschiedenen Bezirke verschiedene Lebensbedingungen bieten; und wenn dann dieselbe Arten in den verschiedenen Bezirken durch natürliche Zuchtwahl Modifikationen erfahren, so werden sich die neugebildeten Varietäten an den Grenzen dieser Bezirke kreuzen" (S.149).

Darwin schließt hieran an, daß in einem nicht sehr großen, begrenzten bzw. abgesonderten Gebiet die organischen wie anorganischen Umweltbedingungen gleichförmig sein werden, so daß die natürliche Zuchtwahl »geneigt sein wird, alle variierenden Individuen derselben Art gleich abzuändern« (S.152). In einem sehr kleinen Gebiet hingegen werden zwar auch die Umweltbedingungen gleichförmig sein, jedoch die Individuenanzahl zu gering, als daß die natürliche Zuchtwahl wirken könnte. Hierzu ist anzumerken, daß Darwin zuvor zum Beispiel »absolute Entfernung« zur Festlegung von Artgrenzen nicht hat gelten lassen, so daß nicht einsichtig sein kann, wieso »klein / sehr klein«, anders als »absolute Entfernung«, kein herbeiargumentiertes Kriterium zum Festlegen von Grenzen in Zusammenhang mit der Differenzierung von "Kontinuum" sein soll[18]. Darwin vergegenwärtigt die vorliegende Inkonsequenz in seinem Denken nicht, was daraus erwächst, daß er Konstruktionen wie "klein / sehr klein" bedarf bzw. deren Verwendung nicht ad absurdum führen darf, da er die Vorgänge in der Werdewelt nicht im Lichte von "nicht an sich Selbstand repräsentieren" gemäß der dialektischen Differenz zum Bereich der Notwendigkeit bedenkt, hierdurch jene begrifflichen Eines erhaltend, die eine thematisch-methodisch unreduzierte Werdewelt-Analyse erlauben. Daher sind Darwins Eines im Sinne der Vergegenwärtigung des Bereichs der Notwendigkeit - »Wille« etc. - keine Eines, die darauf verzichten lassen, das "Anfang"-Problem im Blick auf die Werdewelt mittels atomistisch beendigenden Konstruktionen zu lösen zu versuchen.

Angesichts des Betrachteten beläßt es Darwin dabei festzuhalten: »Der einfache Lauf der Zeit wirkt an sich weder für noch gegen die natürliche Zuchtwahl. Ich bemerke dies ausdrücklich, weil irrtümlich gesagt worden ist, daß die Zeit bei mir eine große Rolle hinsichtlich der Veränderung der Arten spiele, als ob alle Lebensformen durch eingeborene Gesetze not-

[18] "Berechenbarkeit" liefert hierbei aus den angeführten Gründen keine Lösung des somit vorliegenden Dilemmas.

wendig einem Wechsel unterlägen« (S.152). Das zuvor zitierte "lange aber nicht zu lange" wird von Darwin also nur mit Blick auf die "innere Gesetz"-Problematik diskutiert, nicht aber in Hinblick auf die Bedeutung der Vergegenwärtigung der noetischen Dialektik, wie sie die "Inneres"-Thematik um willen der Thematisierung des Subjekt-seins von "Lebewesen" aufgreift, also im Lichte davon, das mit stammesgeschichtliche Veränderung im Horizont der Werdewelt-Analyse Prädizierte propositional thematisieren zu können.

Das "Größe des Gebietes"-Argument erfährt nun folgende Vertiefung:

> "Lassen wir uns die Richtigkeit dieser Bemerkungen von der Natur selbst bestätigen. Betrachten wir ein kleines isoliertes Gebiet, etwa eine Meeresinsel, so finden wir trotz der geringen Zahl der dort wohnenden Arten (...), daß doch von diesen Arten ein großer Teil endemisch ist. Aus diesem Grund scheint auch auf den ersten Blick eine Meeresinsel sehr geeignet für die Entstehung neuer Arten zu sein, doch können wir uns darin auch täuschen. Denn um wirklich zu ermitteln, ob ein kleines isoliertes Gebiet oder ein weiter offener Raum für die Entstehung neuer organischer Formen günstiger war, müßten wir die Vergleichung auf gleich lange Zeiträume ausdehnen können, und das ist nicht möglich" (S.152-153).

Darwin schließt hier die Möglichkeit des empirischen Beweises aus, worin liegt, daß er sich hier ganz auf seine - von ihm so intentionierte! - "analytische" Entfaltung verläßt. Dieserart gelangt er zu dem Ergebnis: »weites offenes Gebiet wird nicht nur wegen der größeren Zahl schon vorhandener Individuen derselben Art bessere Aussicht auf günstige Abänderungen bieten, es werden auch die Lebensbedingungen wegen der großen Zahl schon vorhandener Arten verwickelter sein« (S.153).

Angesichts hiervon sei zur Bedeutung von Werdewelt-Regeln für Darwins Argumentation explizit hervorgehoben: Einerseits dienen Darwin die Werdewelt-Regeln zur Vervollständigung bzw. Entfaltung der (vermeintlichen) Daß-Aussagen, wie sie andererseits zur Prognostik innerhalb der Werdewelt-Analyse bzw. zur Erklärung eines Werdewelt-Segmentes herangezogen werden. Von den Werdewelt-Regeln argumentiert Darwin also einerseits in Richtung Entfaltung des Bereichs der Notwendigkeit und andererseits, komplementär hierzu, in die entgegengesetzte Richtung, die Werdewelt analysierend. Diese Komplementarität ist Teil der Darwinschen Nivellierung der transzendentalphilosophischen Schwelle, ist zugleich aber keine typisch Darwinsche Konstruktion. Besagte Komplementarität ist - gemäß Universalität des Person-sein! - als Element der Argumentation innerhalb der zweiten Schicht des philosophischen Horizonts zu verstehen, daraus erwachsend[19], daß gemäß der Nicht-Thematisierung der dialektischen Differenz zwischen dem Bereich der Notwendigkeit und der Werdewelt ein Surrogat für diese aufgeboten werden muß. Genauerhin muß ein solches Surrogat aufgeboten werden, das damit umgehen läßt, den Bereich der Werdewelt-Analyse nicht als Daß-los verstehen zu können, so daß in dessen Thematisierung Aussagen eingeflochten werden, denen gemäß einerseits die Werdewelt-Analyse selbst durchzuführen ist und andererseits die Defizite in der propositionalen Vergegenwärtigung des Bereichs der Notwendigkeit kompensiert werden, besagte Komplementarität in der Betrachtungsrichtung ergebend.

---

[19] Die hier diskutierte "Komplementarität"-Konstruktion bzw. "Auf-Ab"-Konstruktion wird auch noch in anderen, hier abzuhandelnden Positionen angetroffen werden (vgl. insbesondere die Analyse der Position von Mahner & Bunge)!

Wie in *Theologie* angeführt, ist beispielsweise die Position des Renaissance-Philosophen Ficino wesentlich von einer solchen "Komplementarität"-Konstruktion geprägt. Beachtenswerter Weise erwächst Ficinos Konstruktion aus einer inhaltlichen Aushöhlung der Platonischen Dialektik, um die Ficino an sich aber bemüht ist. Genauerhin bedeutet dies - wie in *Theologie* gezeigt -, daß Ficinos "Komplementarität"-Konstruktion als Verstoß gegen die horizontale Argumentationsweise der Dialektik zu werten ist. An sich ist dieser Verstoß auch in Platons Position gegeben, jedoch wider Platons Intention - und somit auch wider das Fundament der Platonischen Position! - (vgl. *Lehre* und *Theologie*).

Darwin lehnt es also ab - um dies zu betonen -, im Rahmen der Werdewelt-Analyse Daß-Aussagen festzulegen - daher auch der mit der Empirie verbundene Skeptizismus -, obgleich er Anhaltspunkte in der Werdewelt-Analyse annimmt - Werdewelt-Regeln -, so daß seine Argumentation an die Vergegenwärtigung des differentiellen Charakters der Unendlichkeit der Werdewelt erinnert, wozu auch gehört, daß Aussagen auftreten, die die Individuen in ihrer Substantialität zeigen sollen - zum Beispiel: »Wille« - und für die gilt, daß sie ein Fundament für die "natürliche Zuchtwahl"-Konstruktion darstellen, gleichsam die Individuen als Eines zeigend. Hierbei soll gelten, daß dieses Fundament nicht linear auf jene Vorkommnisse projiziert werden kann, die in der natürlichen Zuchtwahl vor sich gehen, womit die transzendentalphilosophische Schwelle bedacht sein soll.

Darwin wendet sich nun der Frage zu: »Wie kommt es nun, daß die geringeren Unterschiede zwischen Varietäten zu den größeren Arten heranwachsen?« (S.158). Zunächst führt Darwin hierzu aus:

> "Bloßer Zufall mag vielleicht die Ursache sein, daß Varietäten in gewissen Eigenschaften von ihren Eltern abweichen und die Nachkommen dieser Varietäten in noch höherem Grade, aber Zufall allein genügt nicht, um einen so hohen Grad von Unterschieden zu erklären, wie er zwischen Arten derselben Gattung besteht" (S.159).

Sodann verweist Darwin auf Versuche, denen zu Folge pro Flächeneinheit »ein bedeutenderes Quantum Heu gewonnen wird«, wenn auf diesem nicht bloß eine, sondern verschiedene Grasarten gesät werden. Hieran schließt Darwin an:

> "Wenn sich also eine Grasart in Varietäten verzweigt und diese Varietäten, die voneinander ebenso, wenn auch weniger verschieden sind als verschiedene Arten und Gattungen, zur Nachzucht auserlesen werden, so wird eine größere Zahl solcher Pflanzen, einschließlich ihrer abgeänderten Abkömmlinge, nacheinander am selben Ort fortkommen können" (S.161).

In Zusammenhang hiermit weist Darwin erneut darauf hin, daß Pflanzen eine »unübersehbare Menge an Samen« ausstreuen, als Zeichen für ihr »Streben« nach Vermehrung ihrer Zahl. Darwin verknüpft dies mit der Vorteilhaftigkeit eines größeren Arten- bzw. Formenspektrums - »größeres Heu-Quantum«! - und folgert hieraus, daß im Laufe der Generationen gemäß der natürlichen Zuchtwahl eben diese Vielfalt entstehen wird. Wiederum gilt somit aber: Werdewelt-Aussagen werden derart mit vermeintlichen Daß-Aussagen verknüpft, daß erst hieraus eine, allerdings die transzendentalphilosophische Schwelle notwendig nivellierende – Konstruktion, abgerundete Theorie - entsteht.

Angesichts hiervon interessiert:

> "Die meisten Tiere und Pflanzen, die rings um ein kleines Grundstück leben, können auch auf dem Grundstück selbst leben (vorausgesetzt, daß es nicht irgendwie sehr eigentümlich beschaffen ist), und sie streben auch sozusagen mit allen Kräften darnach, auf ihm zu leben" (S.162).

Dies überrascht insofern, als das nun zitierte »streben« nicht uneingeschränkt mit der vorher genannten »Heimatverbundenheit« der Lebewesen übereinstimmen kann. Lediglich insofern Darwins Argumentation nirgendwo streng analytisch ist, wird man den Widerspruch nicht sogleich sehen; er sticht nicht ab gegen die übrige Argumentation, und wer um die Bedeutung der analytischen Argumentation nicht entsprechend weiß, der wird bereit sein abzuwägen - zu "berechnen" -, wie sehr das eine und das andere Argument gegebenenfalls anzunehmen sind. Für ein solches Denken wird es auch kein Problem darstellen, daß Darwins »den größten Ertrag erbringen« zwar in der Landwirtschaft von Bedeutung ist, die Projektion hiervon auf die Darstellung der natürlichen Zuchtwahl aber allein gemäß einer pragmatischen Raster-Argumentation Sinn macht.

Darwin rundet seine Argumentation wie folgt ab:

> "Der Vorteil einer Mannigfaltigkeit der Struktur ist für die Bewohner des gleichen Gebietes in der Tat derselbe wie der, den die physiologische Arbeitsteilung unter den Organen ein und desselben Individuums bietet, was Milne Edwards überaus klar nachwies. Kein Physiologe bezweifelt, daß ein Magen, der nur für Pflanzenkost oder nur für Fleischkost geeignet ist, auch die größte Nahrungsmenge aus diesen Stoffen zieht. So wird sich auch im allgemeinen Naturhaushalt eines Landes eine um so größere Zahl von Individuen erhalten können, je mehr sich die einzelnen in ihrer Lebensweise unterscheiden" (S.163).

Darwin bietet vielerlei Analogie-Beispiele auf, die die Bedeutung der Divergenz verdeutlichen sollen, hierüber übersehend, daß es sich hierbei um vernünftige Aussagen im Sinne der Werdewelt-Analyse handeln mag, die aber für die Abhandlung von Darwins eigentlichem Thema gleichgültig sind, solange es Darwin nicht gelingt, die Eines der natürlichen Zuchtwahl propositional darzustellen.

Daher zieht Darwin den Schluß:

> "Nach dem Vorhergehenden können wir wohl annehmen, daß die abgeänderten Nachkommen irgendeiner Art um so erfolgreicher sein werden, je unterschiedlicher sie gebaut sind; im selben Maß werden sie natürlich auch befähigter sein, sich in die bereits von anderen Wesen eingenommenen Stellen einzudrängen" (S.164).

Dies ist weiter nichts als eine Werdewelt-Regel und so kann auch hinzugefügt werden: trifft sie im speziellen Fall nicht zu, so schadet es letztlich der Theorie auch nicht, wie dies auch schon zuvor in *Entstehung* aufgetreten ist - zum Beispiel: »herrschende Arten« -. Das somit gegebene "alles ist möglich" - wie es in Zusammenhang mit "atomistische Beendigung"-Konstruktionen zu sehen ist – resultiert eben daher, daß Darwin keine Eines hat bzw. keine analytische Ableitung.

Im Lichte hiervon ist folgende Frage Darwins zu sehen:

> "Wir wollen nun untersuchen, wie sich dieser von der Divergenz der Charaktere abgeleitete Vorteil in der Verbindung mit den Prinzipien der natürlichen Zuchtwahl und des Aussterbens betätigt" (S.164).

Darwin, der hierzu gelangt, da er sein "alles ist möglich" nicht als solches emergent werden lassen darf, sondern gemäß seiner Verflechtung von "Eines - alles fließt" konzipiert verstanden wissen muß, schreibt hierzu:

> "Diese [neue Varietäten] waren, nehmen wir an, im allgemeinen denselben Bedingungen ausgesetzt, die ihre Ahnen zur Abänderung veranlaßten, und die Tendenz zu

> Veränderungen war erblich; sie suchten also gleichfalls zu variieren, und zwar gewöhnlich in derselben Weise wie ihre Ahnen. Außerdem hatten diese Varietäten als nur wenig abgeänderte Formen die Neigung, jene Vorteile, die ihre Ahnen zahlreicher als die anderen Bewohner desselben Gebietes werden ließen, zu erben; sie hatten auch an jenen mehr allgemein gewordenen Vorzügen teil, die die Elterngattung in ihrer Heimat groß werden ließen. Alle diese Umstände waren der Erzeugung neuer Varietäten günstig" (S.166-167).

In Folge verweist Darwin darauf, daß aus einer Varietät eine andere Varietät hervorgehen kann, oder auch zwei oder mehrere bzw. gar keine (= Aussterben), wie auch gilt, daß Zwischenformen nicht sogleich aussterben müssen (= in der "neuen" Varietät aufgehen), sondern unterschiedlich lange überleben können, erneut neue Varietäten bildend. All dies ist gleichsam nicht determiniert, da alleine gelten soll: »[die] natürliche Zuchtwahl wird stets entsprechend der Beschaffenheit der noch nicht oder nicht voll von anderen Wesen besetzten Stellen wirken, und das wird von unendlich verwickelten Umständen abhängen« (S.168).

Hierher gehört weiters:

> "Denn man darf nicht vergessen, daß der Wettbewerb in der Regel am heftigsten zwischen jenen Formen stattfindet, die in Lebensweise, Konstitution und Körperbau am nächsten verwandt sind. Daher werden im allgemeinen sämtliche Mittelformen zwischen dem früheren und späteren, d.h. zwischen dem weniger und mehr verbesserten Zustand derselben Art oder Stammart selbst dem Aussterben zuneigen. Dasselbe wird wahrscheinlich bei ganzen Seitenlinien geschehen, die von späteren und verbesserten Linien besiegt werden. Wenn jedoch die veränderte Nachkommenschaft einer Art in anderen Gegenden aufkommt oder sich einem neuen Wohnort schnell anpaßt, wo Nachkommen und Vorfahren nicht in Wettbewerb treten, so können beide fortbestehen" (S.170-171).

Darwin versteht die Strukturierung von "Kontinuum" also als Folge der »Neigung«, in der Generationsfolge die ererbten Anlagen auszudifferenzieren, wobei der Umstand, daß insbesondere einander ähnliche Individuen in einem Konkurrenzverhältnis zueinander stehen, zu einer Divergenz führt. Dies wird aber im Sinne eines "alles ist möglich" dargelegt, wobei »unendlich verwickelte Umstände« - wovon Darwin in Zusammenhang mit dem soeben Zitierten spricht - gemäß der bereits bekannten defizitären "Verzicht-üben-müssen"-Konstruktion dargelegt ist, ausgerichtet auf die "opportunistische Daß-Aussage"-Konstruktion Darwins.

Damit liegt vor: Darwins Strukturierung von "Kontinuum" zeigt die Individuen bzw. Gruppen ähnlicher Individuen ("Populationen") dahingehend als von der Aktualität abhängig, daß nicht evident sein kann, wie sich in der Ausbildung neuer Varietäten bzw. Organisationsformen[20] ausdrücken soll, daß die Lebewesen nicht gleich Marionetten der Umwelt bzw. quasimechanistisch von den Umweltbedingungen abhängig sind. Darwins "Atomismus"- und "nicht Zufall"-Konstruktion bedeuten eben keine positive Darlegung dessen, das "Leben" zwar als den Umweltbedingungen kompatibel organisiert verstehen läßt, ohne deshalb als "Spielball" der Umweltbedingungen verstanden werden zu brauchen.

Wie in *Theologie* - und *Lehre* sowie *Grundlegung* - andiskutiert, läßt sich das von Darwin hier Thematisierte nur dann adäquat darstellen, wenn "Leben" - bzw. "Kontinuum" - aus dem "Ich bin" heraus verstanden wird, wie es als die anfängliche Daß-Aussage zunächst die Eigenständigkeit des Ich als einem Gegründeten zeigt, wovon aus - via "genealogische Ich-Kette" - mittels dialektisch-analytische Entfaltung zu "Leben" allgemein vorzudringen ist. Darwin ver-

---

[20] Vgl. oben: "Organisation" als Ausdruck einer Emanzipation von der Aktualität (Intention!).

fehlt aber nicht nur "Ich bin", er verfehlt die noetische Dialektik insgesamt. Er muß daher die Komplementarität von "Gegründetes-sein" und "Eigenständigkeit" mit eben jenen, hierfür untauglichen Mitteln bedenken, die bisher schon seine Argumentation bestimmt haben. Im Sinne hiervon gelangt Darwin also zu seiner Konstruktion, die lediglich der Intention nach eine naive, quasimechanistische Interpretation des Gesamt "Natur" ausblendet - zugleich eine, der Diskursivität entgegenstehende Bezugnahme auf "Zufall" abwehrend!" -, wiewohl Darwin immerhin die Konzentration aufbringt, von dieser Intention nicht zu lassen. Trotzdem gehört hierher auch, daß »Wille« etc. - wie sie also den Gehalt an quasi-mechanistischem Denken überwinden lassen könnten - von Darwin nicht als in die Ausgestaltung der Organisationsveränderung eingehend bedacht werden, obgleich hiervon im Sinne der dialektischen Differenz notwendig gesprochen werden müßte. Das ist: Wird »Wille« von Darwin angenommen, da er die Notwendigkeit sieht, ein uneingeschränkt mechanistisches Denken vermeiden zu müssen, so kann er aber zu keiner "Wille"-Konstruktion vordringen, die sich gemäß der dialektischen Differenz in dem widerspiegelt, das als Werdewelt zu verstehen ist. Gerade dies ist aber gemäß der Selbstand-Problematik bezüglich Begrenztes zu fordern.

Die Probleme mit dem hier Diskutierten erwachsen daraus, daß von "Wille" in Zusammenhang mit Tieren und Pflanzen zu sprechen, zunächst eigentümlich anmutet, scheint es doch so zu sein, daß dieser dem Menschen vorzubehalten ist. Tatsächlich ist hierzu aber zu bedenken: Spricht man einerseits von "freier Wille" beim Menschen - was beispielsweise Haeckel ablehnt (vgl. unten) - und nimmt man andererseits Evolution an, was nur bedeuten kann, daß der Mensch auf irgendeine Weise aus den Tieren (und Pflanzen) entstanden zu denken ist, so muß damit umgegangen werden, "freier Wille" mit der Substantialität von "Tier" und "Pflanze" in Beziehung setzen zu können. Dies bedeutet nicht, so ist sogleich gemäß der ersten Schicht des philosophischen Horizonts festzuhalten, daß das Auftreten von "freier Wille" genesetheoretisch verstanden werden könnte, wiewohl zugleich gelten muß, daß "freier Wille" nicht demjenigen gegenüber als Äußerliches verstanden werden kann, das als "evoluierend" gedacht wird.

Angesichts der Aussage zum quasi-mechanistischen Verständnis Darwins ist von Interesse:

> "Was die Zukunft betrifft, so können wir prophezeien, daß die Gruppen organischer Wesen, die jetzt groß und siegreich und am wenigsten zersplittert sind, d.h. die bis jetzt am wenigsten durch Aussterben litten, sich noch lange vermehren werden. Welche Gruppe jedoch schließlich siegen wird, kann niemand voraussagen; denn wir wissen, daß manche einst sehr stark entwickelte Gruppe heute erloschen ist. Blicken wir in die noch fernere Zukunft, so können wir prophezeien, daß infolge fortgesetzter und ständiger Vermehrung der großen Gruppen eine Menge kleiner vollkommen aussterben werden, ohne abgeänderte Nachkommen zu hinterlassen; infolgedessen werden alle zu irgendeiner Zeit lebenden Arten in einer fernen Zukunft nur sehr wenige Nachkommen haben" (S.174-175).

Darwin weist also zurück, daß sich gleichsam berechnen läßt, welche Individuen-Gruppe letztlich »siegreich« sein wird, wie von ihm auch darauf hingewiesen wird, daß "aktuell erfolgreich" nicht bedeutet, daß dies ad infinitum der Fall sein muß.

Darwin sieht aber trotzdem die Möglichkeit einer Prognostik, meint hiermit aber lediglich eine Wiederholung dessen, das in dem formalen Konstrukt "Veränderlichkeit bei Nicht-Chaotizität" im Horizont der Werdewelt-Regeln enthalten ist. Somit ist also keine Prognostik gemäß der Werdewelt-Analyse ausgesagt, also dem zweiten Zugang des Ich zum Bereich der Notwendigkeit; von diesem ist zu sprechen, insofern das Ich - bedenkt es thematisch-methodisch unreduziert - Werdewelt-Eines in Relation zu Paradigmata - als dem Interface zwischen den *Ion*schen Teilpyramiden - analysiert (vgl. *Untersuchungen* und *Überlegungen II*).

Darwin zielt also nicht auf die Vergegenwärtigung hiervon ab, sondern auf die Zurückweisung davon, seine Aussagen zur Strukturierung des Kontinuums als solche verstehen zu müssen, die es notwendig sein lassen von "innere Gesetze" zu sprechen, insofern mit diesem Begriff auch zu verbinden ist - so Darwin -, Prognostik derart mit Empirie in Beziehung zu setzen, daß dieser gegenüber n i c h t b l o ß der von ihm zugestandene Skeptizismus auftritt, sondern - darüber hinaus - eine Geringachtung der Empirie, die mit seiner Bezugnahme auf die Werdewelt-Regeln bzw. Zeitlichkeit, als demjenigen, das "Schöpfungsakte" entgrenzen - also ihre Annahme erübrigen - läßt, nicht mehr vereinbar ist:

> "Die natürliche Zuchtwahl wirkt ausschließlich durch die Erhaltung und Anhäufung solcher Veränderungen, die dem Wesen unter den organischen und anorganischen Lebensverhältnissen, denen es in allen Perioden seiner Lebenszeit ausgesetzt ist, nützlich sind. Das Endergebnis ist, daß jedes Wesen nach immer vorteilhafterer Abänderung im Verhältnis zu seinen Lebensbedingungen strebt. Diese Veränderung führt unausbleiblich bei der Mehrheit aller Lebewesen zu einem stufenweisen Fortschritt der Organisation" (S.175-176).

Darwin verweist nun auf die Komplexität des Untersuchungsgegenstandes, derzufolge von den Autoren vor ihm keine allgemein befriedigende Definition für »Fortschritt der Organisation« gegeben werden konnte, da das sie Ergebende abseits der Anfänglichen Daß-Aussage - wie Darwin sie sieht! - in ein harmonisches Ganzes zu bringen versucht worden ist:

> "Wenn wir die Summe der Differenzierung und Spezialisierung der einzelnen Organe eines ausgewachsenen Wesens (...) als Normalmaß für hohe Entwicklung gelten lassen, so muß die natürliche Zuchtwahl offenbar zur Erhöhung oder Vervollkommnung führen; denn alle Philosophen geben zu, daß die Spezialisierung der Organe für jedes Wesen vorteilhaft ist, weil es in diesem Fall seine Funktionen besser verrichten kann; daher wird auch die Anhäufung von Veränderungen, die der Spezialisierung zuneigen, in der Richtung der natürlichen Zuchtwahl liegen" (S.177).
>
> "Andererseits sehen wir in Anbetracht dessen, daß sich alle organischen Wesen verhältnismäßig rasch zu vermehren und jeden freien Platz im Haushalt der Natur zu besetzen suchen, daß die natürliche Zuchtwahl sehr wohl ein Wesen Verhältnissen anpassen kann, unter denen ihm einzelne Organe überflüssig und nutzlos werden; in solchen Fällen erfolgt ein Rückschritt auf der Stufenleiter der Organisation" (S.177).

Die Möglichkeit dafür, von "Höherentwicklung" zu sprechen, wird also in den Bereich mathematischer Analysen verlegt - »Summe der ...« -, in Zusammenhang mit »Spezialisierung«, doch wird sogleich der relative Charakter des damit Ausgesagtem betont: »Rückschritt auf der Stufenleiter der Organisation«. Dies entspricht wieder dem Darwinschen "alles ist möglich", wie es aus Darwins Nichtvergegenwärtigung des differentiellen Charakters der Unendlichkeit der Werdewelt erwächst. "Höherentwicklung" wird somit nicht an sich zurückgewiesen, sondern das tradierte Verständnis hiervon derart transformiert, daß es, in Zusammenhang mit der Kombination von »Summe von« sowie »Funktion« einerseits und »Wille« sowie »Bestreben« andererseits, in Darwins "analytisch" sein sollende Konstruktion eingepaßt werden kann, entsprechend der Darwinschen Verflechtung von "Eines" und "alles fließt".

Das dieserart gegebene Argumentationsgeflecht legt also das "alles ist möglich", wie es aufgrund der Einbeziehung von Werdewelt-Informationen in die analytisch sein sollende Ableitung auftritt, nicht als solches offen, sondern legitimiert es als "Plastizität" angesichts besagter Komplexität der Thematik, das hiermit provozierte defizitäre Verständnis von Verzicht-üben-müssen nicht erkennend.

Darwin bietet eine weitere Darlegung hierzu, nun in Zusammenhang mit "lebende Fossilien", auf:

> "Wenn aber nun alle organischen Wesen auf der Stufenleiter emporstreben, wie kommt es alsdann, könnte man fragen, daß auf der Erde noch eine Menge niedrigster Formen leben? Und wie kommt es, daß in jeder großen Klasse einige Arten höher entwickelt sind als die andern? Warum haben nicht die höher entwickelten Formen überall die niederen ersetzt und vernichtet? Lamarck, der eine angeborene, unabänderliche Tendenz zur Vervollkommnung bei allen organischen Wesen annimmt, scheint diese Schwierigkeiten so stark empfunden zu haben, daß er sich zu der Annahme veranlaßt sah, es würden fortwährend neue und einfache Formen durch Selbstzeugung (*Generatio spontanea*) hervorgebracht. Wie immer es die Zukunft damit halten mag: vorläufig hat die Wissenschaft diese Annahme nicht bestätigt. Nach meiner Theorie bietet die fortdauernde Existenz niederer Wesen keine Schwierigkeiten, denn die natürliche Zuchtwahl oder das Überleben des Tüchtigsten schließt noch nicht notwendig einen Fortschritt der Entwicklung ein" (S.177-178).

Darwin könnte hier auch umgekehrt "lebende Fossilien" als Werdewelt-Regel angeben und als Bestätigung seiner Theorie anführen. Die Komplementarität in den Möglichkeiten der Darwinschen Argumentation ergibt sich analytisch aus der zuvor im Vergleich mit der Ficinosschen Position angeführten "Komplementarität"-Konstruktion. Hierin liegt, daß »schließt nicht notwendig ein« im Sinne des Darwinschen "alles ist möglich" zu verstehen ist, wie es gemäß Darwins Nichtvergegenwärtigung der tatsächlich Daß-Aussage seienden Aussagen auftritt.

Darwin resümiert nun:

> "Wenn nun Veränderungen auftreten, die jedem dieser Lebewesen nützen, so werden sicher die damit beglückten Individuen am ehesten im Kampf ums Dasein erhalten bleiben; und nach dem Prinzip der Vererbung werden sie die Neigung haben, ähnlich charakterisierte Nachkommen hervorzubringen. Dieses Prinzip der Erhaltung oder das Überleben des Tüchtigsten nannte ich natürliche Zuchtwahl. Es führt zur Verbesserung eines jeden Geschöpfs gegenüber seinen organischen und anorganischen Lebensbedingungen und so in den meisten Fällen zu einem »Fortschritt der Organisation«. Trotzdem können niedere Formen lange ausdauern, sobald sie ihren einfachen Lebensbedingungen gut angepaßt sind" (S.184).

Hierauf folgt:

> "Die verschiedenen untergeordneten Gruppen einer Klasse können nicht in eine Reihe gebracht werden, sondern scheinen um gewisse Punkte und diese wieder um andere Mittelpunkte usw. in unendlich vielen Kreisen geordnet werden zu müssen. Wären die Arten unabhängig von einander erschaffen worden, so wäre keine Erklärung für diese Einteilung möglich; sie erklärt sich jedoch aus der Vererbung und der Wirkung der natürlichen Zuchtwahl, die Aussterben und Divergenz der Charaktere zur Folge hat" (S.186).

Auch wenn die hier mitgeteilte Anordnung als richtig angesehen werden können mag, so ändert dies nichts an der Fehlerhaftigkeit der mit ihr verbundenen Darwinschen Kritik an der

"Schöpfungslehre", insofern Darwin in seiner diesbezüglichen Kritik fortgesetzt übersieht, daß "Schöpfungslehre" im Hinblick auf einen in ihr möglicherweise enthaltenen fideistischen Gehalt hin zu untersuchen ist. Mag also die Schöpfungslehre bestimmte Werdewelt-Regeln nicht einsehen lassen, so ist in der Kritik hieran zu beachten, daß diese von der propositionalen Vergegenwärtigung des Bereichs der Notwendigkeit geleitet zu sein hat, da man ansonst das Übersehen von etwas kritisiert, das man selbst auch nicht thematisch-methodisch unreduziert vergegenwärtigt. Unterbleibt dies also, so treten in Konstruktionen wie zum Beispiel der soeben zitierten "Anordnung"-Konstruktion Überlegungen auf, die in ihrer Kritik an anderen Positionen zwar auf Defizite in diesen hinweisen können, ohne zugleich aber zu zeigen, wie diese tatsächlich, also in Richtung Emanzipation von der zweiten Schicht des philosophischen Horizonts bzw. dem vorphilosophischen Horizont, zu überkommen sind. Dies trifft für Darwins Position, soweit sie dargestellt ist, zu.

Angesichts hiervon sei nun thematisiert: Darwins Feststellungen zur natürlichen Zuchtwahl unterschätzen aus Sicht der gegenwärtigen Evolutionsbiologie das Anfangsproblem bezüglich "wie setzt sich etwas Neues durch". In der gegenwärtigen Evolutionstheorie haben sich gerade zu diesem Thema - vor allem - mathematische Modelle entwickelt[21]. Es ist aber wichtig zu sehen, daß diese Mathematisierung keine Weiterentwicklung gegenüber Darwins Position in Richtung Vergegenwärtigung der Kompetenz der Fachwissenschaft - in Abgrenzung von jener der Transzendentalphilosophie! - bedeutet[22], sondern dahingehend eine Entgrenzung von Darwins »Wille« (etc.) - wie es der Empirie unzugänglich ist -, daß hierbei die diskursive Vergegenwärtigung des Bereichs der Notwendigkeit nicht vorangetrieben wird; hierauf wird zurückzukommen sein.

Primär ist hier von Interesse: Bereits Darwin hätte unfangreicher, als er es getan hat, die Mathematik in den Vordergrund seiner Begründung rücken können - bzw. ein physikalisches Denken (immerhin verweist Darwin zur Rechtfertigung seiner Argumentation auch auf andere Wissenschaften, zum Teil physikalische Wissenschaften[23]) -, doch er unterläßt dies. Dies ist als Ausdruck davon zu werten, daß Darwins "Wille"-Konstrukt - philosophisch betrachtet - zwar, soweit es die Vergegenwärtigung des Bereichs der Notwendigkeit betrifft, weitestgehend inhaltsleer ist, für Darwin zugleich aber gehaltvoll genug, um nicht in der Mathematik nach letztbegründenden Eines suchen zu müssen, dahingehend, daß sich hierin die Vergegenwärtigung des Bereichs der Notwendigkeit erfüllt (vgl. oben: Eingrenzung der Bedeutung der Empirie und der Mathematik im Lichte des Beachten-wollens der transzendentalphilosophischen Schwelle).

Das ist: Darwin verfehlt zwar die unthematische-Begriffpyramide, ist aber nicht bereit - wie im Lichte der vorangegangenen Aussage bezüglich Darwins Zurückweisung theologischer Inhalte für die Letztbegründung zu sehen ist -, die Ermöglichung der somit nötigen Kompensation in etwas zu suchen, das nicht in Differenz zur thematische-Begriffpyramide steht und zugleich auf die ontologische Ebene verweist - wie dies für die Eines der allgemeinen Begriffpyramide (wie sie die Mathematik umfaßt; vgl. *Theologie* und *Nicht-Metaphysikalisierbarkeit*) gilt -, hierdurch also dem diskursiven Vordringen zum Bereich der Notwendigkeit - das Darwin ein Anliegen ist! - Inhalt zu verleihen. (Komplementär hierzu greift Darwin Mathematik aber auch nicht als *aenigma* auf, zum Beispiel Nikolaus von Kues folgend - vgl. oben -.) Darwin beläßt es also bei einer Konstruktion, die das diskursive Vordringen zum Bereich der Notwendigkeit in der Vergegenwärtigung der Werdewelt-Regeln

21 Vgl. zum Beispiel: Korridor-Modell und die Kritik des Autors hieran in *Grundlegung* und *Phylogenese*.

22 Vgl. *Überlegungen II*

23 Vgl. zudem 2.2: Darwins Verhältnis zur Physikotheologie

im Lichte seiner "anfängliche Daß-Aussage" sein sollenden Aussagen als hinreichend beachtet darlegt.

Insofern also kann Darwins Konstruktion mit Blick auf den Satz des Apostel Paulus gesehen werden, dem gemäß man "in die Natur schauen müsse", um das Gründende erfahren zu können - vgl. *Theologie* -. Sogleich ist hierzu anzumerken, daß Darwin in seiner Bezugnahme auf die Empirie - implizit - auch eine Zurückweisung des vordialektischen Denkens Paulus' - vgl. *Theologie* - bietet. Darwin genügen seine, gleich anfänglichen Daß-Aussagen verwendeten Sätze, da sie ausreichen, um die Werdewelt-Regeln auf einen Anfang zu beziehen, womit also die in Darwins Position nötige "Kompensation" derart auf einer nicht grundsätzlichen Kritik an der christlichen Theologie aufbaut, daß "schauen in die Natur" auch nicht gemäß Paulus' Vor-Dialektik verstanden wird. In anderen Worten: Darwin erkennt zwar das Transzendieren-müssen der Empirie bzw. Werdewelt, jedoch - im Unterschied zur Paulinischen vordialektischen und Cusanischen dialektischen Denkweise! - ohne Vergegenwärtigung davon, das hiermit Thematisierte im Lichte der dialektischen Eines-Formel vergegenwärtigen zu müssen, insofern alleine dieserart eine propositionale, nicht herbeiargumentierte Beendigung des mit "Blick in die Natur" Thematisierten möglich ist. Diese Unterlassung Darwins erweckt den Anschein, als würde er hier ein umfangreiches Vakuum in seiner Theorie provozieren, gar nicht um positive Vergegenwärtigung bemüht seiend: Wiewohl er das Transzendieren-müssen der Werdewelt gemäß "diskursives Vordringen zum Bereich der Notwendigkeit" aussagt, wird dieser Bereich, da Werdewelt-Regeln Daß-Aussagen gleich verwendet werden, ja gar nicht propositional bedacht. Tatsächlich liegt für Darwin hier aber kein Vakuum vor, gerade deshalb, da er theologisches Denken nicht an sich zurückweist, sondern pragmatische Verzerrungen innerhalb von diesem abwenden möchte, worüber im aber - wie bereits angedeutet - unterläuft, die Bedeutung der Theologie im Zusammenhang mit der Dialektik gar nicht vergegenwärtigen zu können.

Darwins diesbezügliche Bemühungen fügen sich also insofern harmonisch in seine Theorie als einem Ganzen, als er seine Konstruktionen gemäß "fragmentarische Induktion", "opportunistische Daß-Aussage" etc. als durch eine Glaubensebene komplettiert versteht. Hierdurch wird einsichtig: Darwin betont die Werdewelt-Regeln um willen einer Vergegenwärtigung der Ankerplätze des Sich-orientierens des Ich, wie sie ansonst - zum Beispiel im Gewand von "innere Gesetze" - in einem Bereich gesucht werden müßten, der transzendental hierzu ist, was abzulehnen ist - so Darwin -, nicht da es diesen Bereich nicht gibt - vgl. Darwins Beachtung der transzendentalphilosophischen Schwelle -, sondern da eine propositionale Beachtung dieses Bereichs an sich dem Ich nicht zukommt - vgl. oben bezüglich Darwins Verständnis von Verzicht-üben-müssen -. Hierin spiegelt sich wider, daß Darwin nicht dazu vordringt, in dem Transzendentalen die Ankerplätze gemäß dem Nicht-Selbstand-haben der Werdewelt zu bedenken, weder gemäß der noetischen Dialektik - die dialektische Differenz in die Konstruktion einflechtend -, noch im Gewand der christlichen Theologie als "Hüterin des Weges zur noetischen Dialektik" - vgl. *Theologie* -.

Über dem soeben Ausgeführten darf aber nicht übersehen werden: Darwin unterscheidet sehr wohl zwischen seinen Werdewelt-Regeln und anfänglichen Daß-Aussagen, wie er ihrer bedarf, um die Komplementarität seiner Werdewelt-Regeln nicht ins Unendliche führen lassen zu müssen; erst im Lichte dieser Unterscheidung gilt also, daß Darwin nicht aus der Verwendung von Werdewelt-Begriffen argumentiert bzw. aus zu diesen transzendentalen Begriffen, die in ihrer "transzendentalen Konstruktion" aber alleine auf die Anforderung der Darwinschen Bezugnahme auf "Orientierbarkeit an der Natur" abgestimmt sind - ohne jeglicher Thematisierung der Dialektik[24]. Im Sinne hiervon zeigt Darwins Position also Reste einer positiven Vergegenwärtigung der transzendentalphilosophischen Schwelle, wovon in den folgenden Kapiteln noch umfangreich zu berichten sein wird.

Kapitel 5, das nun betrachtet sei, ist übertitelt mit *Gesetze der Abänderung*. Gleich zu Beginn des Kapitels hält Darwin fest:

> "Ich habe bis jetzt das Wort »Zufall« gebraucht, wenn von Veränderungen die Rede war, die bei organischen Wesen im Zustand der Domestikation häufiger und bei solchen im Naturzustand seltener auftreten. Das Wort »Zufall« ist natürlich keine richtige Bezeichnung, aber sie läßt wenigstens unsere Unkenntnis der Ursachen besonderer Veränderungen durchblicken" (S.188).
>
> "Auf jeden Fall sind es zwei Faktoren: die Natur des Organismus (und das ist der wichtigere Faktor) und die Natur der Lebensbedingungen" (S.189).

Hieran ist zu beachten, daß Darwins atomistische Konstruktionen - vgl. oben - nicht vollständig unvereinbar sind mit einer "Zufall"-Konstruktion, so daß es einen Grund haben muß, weshalb Darwin seine Aussagen zur Komplexität des Untersuchungsgegenstandes - vgl. zum Beispiel: »Feder-Fall« - gegen eine substantiale "Zufall"-Konstruktion abgrenzt. Zunächst mag man zur Erklärung hiervon daran denken, Darwin argumentiert hier in Richtung eines mechanistischen Physikalismus, wie er zum Beispiel bei Haeckel auftritt - dieser akzeptiert "Zufall" aber (vgl. unten) -, wofür auch Darwins Verweise auf die Geologie, Physik und Physiologie zu sprechen scheinen. Dies ist aber nicht haltbar, da es nicht mit Darwins Einflechtung von »Wille« und »natürliche Zuchtwahl« kompatibel ist. Daß Darwin "Zufall" nicht akzeptiert, resultiert daraus, daß er im Lichte dieser Einflechtung nach etwas sucht, das "Analytik" erlaubt, wobei zu beachten ist, daß Darwins Verwendung von "fragmentarische Induktion" und "opportunistische Daß-Aussagen" grundsätzlich die Verankerung einer "Analytik" behindert, so daß also die Zurückweisung des Auftretens von "Zufall" gleichsam Ausdruck davon ist, nicht zusätzlich Probleme für besagte Verankerung zu provozieren.

Komplementär hierzu möchte Darwin die Welt - »Natur« - aber offenbar auch nicht gleich einem Uhrwerk verstehen, derart, daß sich alles dieserart notwendig entwickelt. Wie aber soll Darwin dieser Intention entsprechen können, wenn zugleich gilt, daß er "Analytik" nicht auf die Entfaltung der unthematische-Begriffpyramide beschränkt und zudem "Leben" nicht im Lichte von "Eigenständiges gemäß Gegründetes-Seiendes" bedenkt. Beides mißlingt Darwin, da es die Vergegenwärtigung der noetischen Dialektik zur Voraussetzung hat, deren Bedeutung gegenüber sich Darwin nicht öffnen kann. Vergegenwärtigt man sich hierzu Darwins fragmentarische Induktion - zum Beispiel im Gewand von Darwins "Feder-Fall"-Argument -, so wird evident, daß Darwin mit der dieserart ausgesagten Nicht-Prognostizierbarkeit uneindeutig läßt, inwiefern diese epistemologisch oder (und) ontologisch gemeint ist. Darwin läßt dies also gemäß einem verzerrten Verständnis von Verzicht-üben-müssen offen, zu dem gehört, daß Darwin "Neues" nicht adäquat vergegenwärtigen kann. Das ist: Die noetische Dialektik ergibt die Vergegenwärtigung der *Ion*schen Begriffpyramiden, wie sie Neues im Horizont von "epistemologisch Begrenztes" aussagen läßt, gemäß dem zweiten Zugang des Ich zum Bereich der Notwendigkeit, wobei gilt, daß "Neues" im Horizont von "epistemologisch Begrenztes" im Rahmen der analytischen Entfaltung der dialektischen Differenz auf ontologisch Begrenztes zu projizieren ist (vgl. *Untersuchungen*). Es braucht daher

---

[24] Die somit gegebene Uneindeutigkeit der Darwinschen Position bezüglich "Vordringen zum Bereich der Notwendigkeit", ist auch wesentlicher Impuls für Haeckel, zu seinem Monismus vorzudringen - vgl. unten -.

weder naiv-realistisch von dem Auftreten von Zufall in der ontologischen Ebene gesprochen werden - gemäß Entontologisieren-müssen, bzw. dem Fehlen von "Zufall" im Bereich der Aussage-Subjekte im Sinne der ersten Schicht des philosophischen Horizonts -, noch muß eine "Uhrwerk"-Konstruktion angenommen werden, da "Neues" entsprechend der Selbstand-Problematik Ausdruck des Nicht-es-an-sich-sein von d a s Eines in dialektischer Differenz zu sich ist und mittels epistemologisch Begrenztem vergegenwärtigt wird: Selbstorganisation als Element der Werdewelt-Analyse! In anderen Worten: Eine naiv-realistische Bezugnahme auf Zufall - und das ist jede Bezugnahme hierauf abseits der Beachtung von Entontologisieren-müssen! - zur Vermeidung einer "Uhrwerk"-Konstruktion ist tatsächlich - mit Darwin – abzulehnen, doch bedeutet dies nicht, diese Zurückweisung im Rahmen einer nicht-propositional konzipierten Argumentation belassen zu dürfen, wie dies bei Darwin um willen der Ermöglichung einer gehaltvoll s e i n s o l l e n d e n "Analytik" der Fall ist. Tatsächlich kommt Darwin in diese Zwangslage, da er um die Rettung seines defizitären Analytik-Konzeptes bemüht ist - Analytik wird eben nicht auf die dialektische Entfaltung der unthematische-Begriff-pyramide beschränkt -. Dies läßt ihn nicht erkennen, daß das Potential der "Zufall"-Konstruktion als Ermöglichung der Vermeidung von "Uhrwerk" dann adäquat genutzt wird, wenn es in die "Neues"-Konstruktion der noetischen Dialektik übersetzt wird, da hierdurch dem Verzicht-üben-müssen tatsächlich entsprochen wird.

In Zusammenhang hiermit ist auch zu sehen:

> "In gewissem Sinne kann man sagen, daß die Lebensbedingungen nicht nur direkt oder indirekt Abänderungen hervorrufen, sondern auch Veranlassung zur natürlichen Zuchtwahl geben, denn sie bestimmen, ob diese oder jene Varietät fortdauern soll. Wenn aber der Mensch die Auslese vornimmt, so sehen wir klar, daß diese beiden Faktoren der Abänderung verschieden sind; die Veränderlichkeit ist gewissermaßen vorhanden, aber es hängt vom Willen des Menschen ab, in welcher Richtung er die Abänderung anhäufen will. Und diese Wirkung entspricht dem Überleben des Tüchtigsten im Naturzustande" (S.190-191).

Sogleich sei hieraus hervorgehoben, daß Darwin für die natürliche Zuchtwahl gleichsam einen "Willen ohne Wille" annimmt, denn »Wille des Menschen« ist gemäß der einleitend in *Entstehung* gegebenen Raster-Argumentation auf dem Niveau von natürliche Zuchtwahl inhaltlich entleert worden, soll zugleich aber eine Entsprechung finden können gemäß »und diese Wirkung entspricht ...«. Insgesamt muß hier gelten, daß "Wille" weder auf dem Niveau von Mensch, noch auf dem Niveau von Natur - insofern es hierzu eine Entsprechung geben soll – derart bedacht ist, daß man entscheiden könnte, ob die Welt nun ein "Uhrwerk" ist oder nicht.

Zudem zeigt dieses Zitat: Wiederum tritt die bereits aus dem ersten Kapitel bekannte Unterscheidung von Veränderung und Richtung-Geben auf. Betont sei daher, daß Veränderung von Darwin bisher nicht gemäß Zufall sondern gemäß »Neigung« verstanden worden ist, wobei die Frage nach deren Anfang von Darwin ausgeklammert wird, überlagert von besagter "Atomismus"-Konstruktion und der Aussage, daß bei fehlenden entsprechenden Abänderungen die natürliche Zuchtwahl nicht angreifen kann, was im Sinne von Darwins "opportunistische Daß-Aussage"-Konstruktion zu verstehen ist. Angesichts hiervon ist zu "Überleben des Tüchtigsten" festzuhalten, daß es sich hierbei um eine Leerformel handelt, da "Tüchtigster" aufgrund des soeben Ausgeführten als mögliches Prädikat für Organismen zu verstehen ist, die ihrerseits gar nicht thematisch-methodisch unreduziert als Prädizierbares dargelegt sind.

Selbstverständlich kann man sich werdeweltliche Kriterien für "Tüchtigster" ausdenken, doch darf die Diskussion über hierbei etwaig Erzieltes nicht darüber hinwegtäuschen, daß eine solche Diskussion e r s t d a n n tatsächlich vernünftig geführt werden kann, wenn dasjenige, das damit bezeichnet sein soll, propositional vergegenwärtigt ist. Gerade dies liegt bei Darwin aber nicht vor, entsprechend seinem defizitären Verständnis von Organismus bzw. Lebewesen, wovon also zu sprechen ist, da Darwin diese Eines nicht aus der anfänglichen Daß-Aussage im Lichte der noetischen Dialektik ableitet, "Lebewesen" also dialektisch-analytisch aus "Person-sein" ableitet, der in der *Einleitung* so genannten zentralen Problematik der Evolutionsbiologie entsprechend.

Im Lichte hiervon beginnt Darwin nun - gemäß der Überschrift von Kapitel 5 - die Analyse der einzelnen Gesetze der Abänderung.

Hierzu verweist Darwin zunächst auf die Bedeutung von »Gebrauch und Nichtgebrauch gewisser Teile« (S.191), des Gesetzes der Korrelation (S.201), davon, daß »die natürliche Zuchtwahl fortwährend in allen Teilen der Organisation zu sparen sucht« (S.206), wie auch davon, daß bei niedriger Organisation homonome Teile vielfach vorkommen, wobei ihre Zahl nicht determiniert ist, und die einzelnen Teile zur Variabilität neigen, wohingegen bei höherer Organisation - gemäß der bereits genannten Spezialisierung - die Anzahl homonomer Teile geringer ist, dafür aber determiniert, bei geringerer Variabiliät der Einzelteile (S.207).

Diese Gesetze, insbesondere jenes der Korrelation, erwecken den Eindruck, als würde Darwin hier von der Organisation von Organismen als etwas sprechen, das gegenüber den Umweltbedingungen ein Apriori bedeutet, das vorangegangen hierzu Ausgesagte übersteigend; zum Beispiel wird das Gesetz der Korrelation und der Variabilität auch als unabhängig von der natürlichen Zuchtwahl gesehen - »Ich kenne keinen Fall, der besser die Wichtigkeit der Gesetze der Korrelation und Variation (unabhängig von der Nützlichkeit und also auch von der natürlichen Zuchtwahl) beweist« (S.202) -. Tatsächlich dringt Darwin hier aber nirgendwo zu Aussagen vor, die nicht mit dem von zuvor dargelegten Geflecht von "Eines - alles fließt" in Übereinstimmung stehen würden.

Daher auch kann Darwin nun ohne weiteres dazu übergehen, Aussagen zu formulieren, die "Gesetze der Abänderung" im Sinne seiner "Struktuierung des Kontinuums"-Konstruktion bedeuten. Hierher gehört zum Beispiel:

> "Schon in ein und derselben Unterrasse, z.B. beim kurzschnäbeligen Tümmler, ist es bekanntlich schwer, rassereine Vögel zu züchten, da viele stark vom Vorbild abweichen. Mit Recht kann man daher behaupten, daß ein ununterbrochener Kampf stattfindet zwischen der Neigung, zu einem weniger vollkommenen Zustand zurückzukehren, und der angeborenen Tendenz zu neuen Veränderungen einerseits und dem Streben der fortgesetzten Zuchtwahl nach Reinhaltung der Rasse andererseits. Im Laufe der Zeit siegt die Zuchtwahl, und wir erwarten nicht mehr, daß sie derart mißlinge, daß aus einem guten kurzstirnigen Stamm ein ganz gewöhnlicher Tümmler hervorgeht" (S.210-211).

Die hier zitierten Ausführungen bezüglich »Neigung« und »angeborene Tendenz« entsprechen den vorangegangenen Darwinschen Ausführungen zu diesen Begriffen. In dem nun gegebenen Kontext leitet Darwin aus »Neigung« und so fort genauerhin ab, daß Artmerkmale aktuell variabler sind als Gattungsmerkmale, vorausgesetzt, es handelt sich bei den Artmerkmalen nicht um schon vor "langer" Zeit erworbene Merkmale, wie auch, daß Gattungsmerkmale zu Artmerkmalen werden können, also in den Prozeß der aktueller Variabilität einbezogen werden können (212). Die »Fixierung« von Merkmalen bedeutet also keine endgültige Determination:

> "Oder um den Fall in anderer Weise darzustellen: Merkmale, in denen sich alle Arten einer Gattung gleichen und in denen sie sich von verwandten Gattungen unterscheiden, sind »generische Merkmale« und können der Vererbung von einem gemeinschaftlichen Stammvater zugeschrieben werden. ... Andererseits sind jene Merkmale,

durch die Arten von anderen derselben Gattung abweichen, »spezifische Merkmale«. Und da diese spezifischen Merkmale seit der Zeit, da sich die Arten von ihre Stammform abzweigten, variierten, so ist es wahrscheinlich, daß sie auch jetzt noch oft in gewissem Grade veränderlich sind, veränderlicher wenigstens als jene Teile, die während sehr langer Zeit konstant blieben" (S.213-214).

Mit dieser Unterscheidung von "generischen und spezifischen" Merkmalen kann Darwin jene Willkürlichkeit der Unterscheidung hiervon, wie er sie jenen vorwirft, die nicht gemäß seiner Theorie bedenken, nicht überwinden, da er alleine gemäß seiner "Strukturierung des Kontinuums"-Konstruktion argumentiert, und diese entbehrt der Daß-Aussagen und Paradigmata. Im Sinne hiervon ist es daher auch zu verstehen, wenn Darwin in Folge von »ähnliche Veränderung« spricht:

"Die verschiedenen Taubenrassen zeigen in weit getrennten Gegenden Untervarietäten mit umgekrempelten Federn am Kopf und mit Federn an den Füßen, Merkmale die die ursprüngliche Felsentaube nicht aufweist. Es sind also ähnliche Veränderungen zweier oder mehrerer verschiedener Rassen. ... Niemand wird wohl bezweifeln, daß alle solche analogen Veränderungen davon herrühren, daß die verschiedenen Taubenrassen dieselbe Konstitution und Tendenz zum Variieren von ihren gemeinsamen Stammeltern erbten, wenn dieselben unbekannten Einflüsse auf sie einwirkten" (S.217).

Hierher gehört weiters Darwins Hinweis darauf, daß »Rückschlag« in der Regel nicht von »Analogie« zu unterscheiden ist. Darwin immunisiert hier gleichsam seine Theorie gegenüber Kritiken die darauf verweisen, daß seine Theorie über keine Eines verfügt aus denen heraus abgeleitet werden kann. Darwins Theorie läßt die Nennung dieser Eines in dem Maße vermissen, wie er sich auf Veränderlichkeit konzentriert, im Horizont der - pragmatisch verstandenen - Gesamtheit "Natur". Demgemäß also meint Darwin, es bei seiner "fragmentarischen Induktion" und seinen "opportunistischen Daß-Aussagen" belassen zu können, da sie gleichsam jenes bezeichnen, das dem Ich - gemäß Verzicht-üben-müssen - zugänglich ist, weshalb sich Darwin auch auf die "Erfahrung des Naturwissenschaftlers" bzw. "die Meinung der Mehrheit von ihnen" zurückzieht, wobei beidem nur dann nicht zu folgen sein soll, wenn es mit wollensentscheidlich festgelegten Eines gemäß einer - wie Darwin sie versteht – fideistischen Schöpfungslehre kombiniert ist.

-

Zu Beginn der Analyse von *Entstehung* ist festgehalten worden, daß die Kapitel 1 bis 5 die Theorie Darwins grundsätzlich darstellen, so daß hier, am Ende der Betrachtung dieser Kapitel, eine vorläufige, knappe Darstellung der wesentlichen Elemente des Betrachteten geboten werden soll.

Fraglos steht im Zentrum von Darwins Theorie die Intention, Veränderlichkeit dahingehend bedenken zu können, daß in dieser ein Ordnungsprinzip nachweisbar ist, demgemäß das Aussagen eines "Schöpfungsplanes", der das Vorliegen der aktuell beobachtbaren werdeweltlichen Ordnung "von Anbeginn an" behauptet, erübrigt wird. Dementsprechend versteht Darwin die Werdewelt als mit einem richtunggebenden Potential für die Veränderung versehen – uneingeschränkte Chaotizität abwehrend -, woraus Darwins Aussagen von Werdewelt-Regeln und Gesetzen in der Natur erwachsen.

Obgleich Darwin dies unternimmt und zudem von der besonderen Bedeutung der Empirie berichtet, bietet er keine grundsätzliche Mißachtung der transzendentalphilosophischen Schwelle, obgleich eine solche, die sich der Dialektik gegenüber gar nicht öffnet. Das ist: Darwins Thematisierung der transzendentalphilosophischen Schwelle - wovon also gemäß Universalität des Person-sein die Rede zu sein hat - mißlingt zu einer Konstruktion, die das zur werdeweltlichen Aktualität Transzendentale lediglich durch nicht-propositional festgelegte Eines bezeichnet, entsprechend der Mißachtung der Dialektik, aber auch der Theologie als "Hüterin auf dem Wege zur Dialektik". Komplementär hierzu ist Darwins Beachtung der transzendentalphilosophischen Schwelle, so defizitär sie also auch ist, als Ergebnis theologischen Denkens zu verstehen: Darwin versteht seine Thematisierung der Veränderlichkeit als eine solche innerhalb der Theologie. Im Sinne hiervon erwächst Darwins nicht-propositionale Vergegenwärtigung des Transzendentalen also aus der Beachtung einer Glaubensebene, wiewohl derart, daß Darwins Intention der Elimination fideistischer Inhalte dieser Ebene dazu führt, daß auch das in der Glaubensebene enthaltene Potential an propositionaler Vergegenwärtigung der Transzendentalität in wesentlichem Umfang verloren wird.

Darwin bietet also ein Konstrukt, das um die Beachtung der Veränderlichkeit bemüht ist, jedoch abseits der Beachtung der Dialektik und ihres Verständnisses von Veränderlichkeit als Ausdruck des Nicht-an-sich-Sebstand-besitzen des Begrenzten. Daher auch gelangt Darwin zu einem Konstrukt, das im Lichte der Intention, die transzendentalphilosophische Schwelle zu beachten, in die Analyse der Werdewelt, insofern in dieser die auszusagende Veränderlichkeit gesehen wird, Notwendigkeit einfließen lassen muß, gemäß der ausbleibenden Differenzierung von Daß- und Anfang-haben der Werdewelt-Analyse, woraus Darwin "fragmentarische Induktion", "alles ist möglich"-Konstruktionen, "Auf-Ab (Komplementarität)"-Konstruktionen und "opportunistische Daß-Aussagen" erwachsen. In Gesamtheit bedeuten diese Konstrukte ein Theoriengebäude, das gemäß einem pragmatisch verzerrten Verständnis von Verzicht-üben-müssen das Verfehlen der diskursiven Vergegenwärtigung des Bereichs der Notwendigkeit nicht als Problem erscheinen lassen soll, wozu die Zurückhaltung bei der Nennung von Eines für die auszusagende Werdewelt gehört. Hiermit wird freilich nicht thematisch-methodisch unreduziert dem Fehlen von Daß-Aussagen in der Analyse der Werdewelt entsprochen, da dasjenige, das diese Zurückhaltung nicht Alles sein läßt, bei Darwin nicht die Vergegenwärtigung der unthematische-Begriffpyramide bzw. der Eines-Formel Platons ist, sondern eine Notwendigkeit-Argumentation, die aus einer Raster-Argumentation und Verweisen auf Mathematik erwächst.

In dem damit bezeichneten Sinne wird auch von Darwin die Veränderlichkeit verstanden, die also nicht als "Kraft" bzw. "Gott" - also dieserart als substantiales Eines - bedacht wird. Das ist: Veränderlichkeit wird ausgesagt, so wie sie naturalistisch in der Werdewelt festgestellt wird. Hierbei wird die Aufgabe darin gesehen, dies nicht mittels "Schöpfungsplan" etc. auszublenden, sondern anzuerkennen, wobei aber die hierüber hinaus gehende Aufgabe, das damit Bezeichnete propositional zu vergegenwärtigen, nicht mehr vergegenwärtigt wird. Es wird also nicht bedacht, daß die werdeweltliche Veränderlichkeit nur verstanden sein kann, wenn das zur Werdewelt transzendental Verschiedene propositional vergegenwärtigt ist. Genau dies blendet aber die Darwinsche Anerkennung von Veränderlichkeit aus, es bei besagter Raster-Argumentation und verweisen auf die Mathematik belassend.

Im Lichte der grundsätzlichen Problematik der biologischen Evolutionstheorie - vgl. *Einleitung* - betrachtet, ist das soeben Ausgesagte dahingehend zu verstehen, daß Darwin keinen Versuch unternimmt, das "Ich bin", als die anfängliche Daß-Aussage, zu vergegenwärtigen. Darwin bedenkt also "Person-sein" und "genealogische Ich-Kette" nicht, so daß er auch nicht zu jener dialektischen Entfaltung von Person-sein vordringt, die das Eines "Lebewesen" bzw. "Organismus" erbringt. Dieserart verfehlt Darwin also eine substantiale Vergegenwärtigung von "Lebewesen", wobei sich seine Konstruktion als Substitut für die genannte dialektische Vergegenwärtigung erweist. Somit aber versteht Darwin das Werdewelt-Konstitutivum "Veränderlichkeit" nicht dahingehend dialektisch, daß das Begrenzte, insofern es das Gründende in dialektischer Differenz zu sich gemäß seinem Nicht-nur-es-an-sich-sein ist, "Veränderlichkeit" - ebenso wie "Teile-habend" etc. - aufweist, gemäß der mit besagter dialektischer Differenz gegebenen Selbstand-Problematik (vgl. *Privatheit*, *Untersuchungen* und *Überlegungen II*). Stattdessen reflektiert Darwin derart auf Veränderlichkeit, daß die Bezugnahme hierauf, insofern sie eine solche auf notwendig Auszusagendes - gemäß Werdewelt-Konstitutivum - ist, bereits als die Bezugnahme hierauf verstanden wird. Es wird also die Bezugnahme auf "Veränderlichkeit" mit jener auf das Subjekt der anfänglichen Daß-Aussage bzw. - in Folge - der Eines-Formel - verwechselt.

Hierin spiegelt sich wider, daß für die biologische Forschung zur Zeit Darwins die Bezugnahme auf Veränderlichkeit keine Selbstverständlichkeit war, so daß Darwin in besagter Beachtung tatsächlich einen Fortschritt sehen kann. Er meint aber genauerhin, hiermit jenes eingebracht zu haben, das grundsätzlich den defizitären Gehalt in einer theologischen Argumentation eliminieren läßt, da die Beachtung der Veränderlichkeit - vor theologischem Hintergrund - die Bedeutung der Empirie angemessen beachten läßt. Das ist: Darwin verbindet mit seinen Überlegungen, Ordnungskriterien in die Werdewelt-Analyse einbringen zu können, die Ermöglichung davon, die theologische Letztbegründung aufgrund der Verflechtung mit einer dieserart verstandenen Werdewelt-Analyse nicht länger in diskursiver Unerreichbarkeit belassen zu müssen, was gemäß Darwin notwendig Fideismus bedeutet, dem diskursiven Vermögen des Ich nicht gerecht werdend.

Tatsächlich bedenkt Darwin diese Verflechtung somit nicht nur defizitär, er verzerrt hiermit auch die substantiale Vergegenwärtigung von "Lebewesen". Darwins Eines zu "Lebewesen", wie sie dieses in Transzendenz zur Werdewelt erweisen sollen, also zum Beispiel »Streben«, »Wille« etc., eigenen gar nicht dafür, "Lebewesen" als differentiell Eigenständiges begreifen zu können, sondern provozieren, "Lebewesen" zumindest potentiell als "Spielball der Umweltbedingungen" mißverstehen zu müssen.

2.1.2 Kapitel 6 - 14: Absicherung und Entfaltung der Theorie

Die hier zusammengefaßten Kapitel vertiefen bzw. entfalten das in den Kapiteln 1 bis 5 Ausgeführte, bieten aber keine Entgrenzung der in diesen Kapiteln enthaltenen pragmatischen Konstruktion. In der Analyse der Kapitel 6 bis 14 soll es daher dabei belassen werden, besagte Vertiefung bzw. Entfaltung dort nachzuzeichnen, wo sie insbesondere dazu beiträgt, dasjenige zu verdeutlichen, das in 2.1.1 als die Argumentation Darwins Charakterisierendes dargelegt worden ist. Vor allem entfällt damit eine kritische Betrachtung jener Argumente Darwins, die alleine von biologischem - also rein fachwissenschaftlichem - Interesse sind.

Von zentraler Bedeutung für die Argumentation in den nun zu behandelnden Kapiteln ist eine Gruppe von Argumenten, die hier als "Plastizität"-Argumente bezeichnet sein sollen. Hierbei handelt es sich um Argumente, denen gemäß das Eines "Lebewesen" nur unter Beachtung des Umstandes verstanden wird, daß die Lebewesen nicht nach einem Plan - »Schöpfungsplan« - konstruiert sind, der jegliche ihrer Ausbildungen, bzw. jeglich mögliches Etwas, das als Prädikat ihrer Organisation bedacht werden kann - somit also auch geographische Verbreitung etc. -, unmittelbar - im Sinne der Ausblendung der Zeitachse - als Spezifizierung dieses Lebewesens - bzw. der Art, Gattung und so fort, der es zuzurechnen ist - ausgibt.

Hierher gehört zum Beispiel, daß gemäß Darwin nichts »klarer [scheint], als daß die mit Schwimmhäuten versehenen Füße der Enten und Gänse zum Schwimmen bestimmt sind«, und trotzdem keine einfache Beziehung - im Sinne der Vernunft einer Schöpfung, die gleichsam gemäß einer perfekten Ordnung Einzelnes schafft - vorliegt, da es »Hochlandgänse mit ebensolchen Füßen [gibt] die selten ins Wasser gehen« (S.244). Weiters führt Darwin hierzu an, daß der Darmkanal bei Libellenlarven und dem Fisch *Cobitis*[25] der Atmung, nicht also der Verdauung, dient (S.251). Weiters ist zu lesen, daß im Adultus der höheren Wirbeltiere die Kiemen (als solche) nicht auftreten, wohl aber in deren Embryos noch angelegt sind (S.253). Ebenso ist Darwins Hinweis hervorzuheben, daß bei höheren Wirbeltieren jeder Nahrungsteil, wird er geschluckt, die Öffnung des Lungenweges in den Speisekanal passieren muß - womit eine Gefahr verbunden ist -, was damit in Zusammenhang steht, daß sich die Lunge aus der Schwimmblase der Fische entwickelt hat, so daß diese "gefahrvolle" Situation nicht aus den Verhältnissen bei den höheren Wirbeltieren heraus verstanden werden kann, legt man die Schöpfungstheorie zugrunde (S.252).

Darwin verbindet mit solchen Argumenten, zeigen zu können, daß die Struktur eines jetzt lebenden Tieres, oder sonst eines Lebewesens, gleichsam nicht nominalistisch für sich in seiner Aktualität betrachtet werden darf, soll es verstanden werden können. Die Struktur der Lebewesen - so Darwin - weist also eine "Plastizität" auf, die hiergegen spricht, bzw. dagegen, daß die Baupläne der verschiedenen Lebewesen eine Ordnung repräsentieren, die ohne Beachtung der Veränderlichkeit in der Zeit als Ausdruck der Ausgestaltung in Auseinandersetzung mit der Aktualität verstanden werden kann. Aus dieser Bedachtnahme auf die Zeitlichkeit wird verständlich - so Darwin -, wieso beispielsweise bei Säugetieren embryonal Kiemen auftreten, obgleich sie letztlich gar nicht mehr gebraucht werden, wie auch, daß Organe für Funktionen gebraucht werden, für die sie, sollen sie typologisch verstanden werden, gar nicht vorgesehen sind, bzw. Organe ausgebildet sind - Schwimmhäute -, wiewohl ihr Auftreten funktional nicht einsichtig ist.

Darwin weitet seine "Plastizität"-Argumentation - insofern sie gegen ein fideistisches, typologisch-nominalistisches Verstehen gerichtet ist - in den weiteren Ausführungen beträchtlich aus. Insbesondere sei hier auf seine diesbezüglichen Argumente in Zusammenhang mit der Tiergeographie und der Paläontologie verwiesen.

Aus der Möglichkeit, auf die konstitutive Bedeutung der Zeitachse zur Erklärung aktueller Ordnungsmuster verweisen zu können, schließt Darwin unmittelbar auf die Notwendigkeit der Kritik an "spezielle Schöpfungsakte" (z.B.: S.260-261). Darwin wendet sich im Horizont hiervon auch wieder gegen die Annahme "innerer Gesetze":

> "Heute nehmen fast alle Naturforscher Entwicklung in irgendeiner Form an. Mivart dagegen glaubt, daß sich die Arten »durch eine innere Kraft oder Neigung«, über die er nichts Näheres aussagen kann, veränderten. Daß Arten an sich veränderungsfähig sind, geben alle Entwicklungstheoretiker zu, doch scheint mir keine Notwendigkeit vorzuliegen, noch eine innere Kraft außer der gewöhnlichen Neigung zur Variabilität anzurufen. ... | Mivart nimmt ferner an (und einige Naturforscher stimmen ihm darin bei), daß neue Arten »plötzlich, d.h. durch plötzlich erscheinende Änderungen« entstehen" (S.331-332).

[25] Die Gattung *Cobitis* L. gehört zur Familie Cobitidae [Dorngrundeln]; zum Beispiel: *Cobitis taenia* L. [Steinbeißer].

Hieran ist »über die er [Mivart] nichts Näheres aussagen kann« und die Ablehnung von »daß neue Arten plötzlich entstehen« hervorzuheben. Darwins »nichts Näheres aussagen« ist beachtenswert, da es Darwins eigene Position ist, die keine propositionale Aussage - also »Näheres« - beinhaltet, wie dargestellt worden ist, obgleich Darwin natürlich zuzustimmen ist, daß es kein Überkommen seiner nicht-propositionalen Argumentation bedeutet, wenn etwas Herbeiargumentiertes - also fideistisch Angenommenes - hierzu aufgeboten wird.

Komplementär hierzu gilt aber: Darwins Zurückweisung der Kritik Mivarts ist auch Ausdruck davon, daß er jeglichen Versuch, die Organisation eines Lebewesen mit einem Apriori, das ein solches sein soll, da es nicht aus der Auseinandersetzung mit der Aktualität (Umwelt) in der Zeitachse erwächst, zu verflechten, als Verstoß gegen die adäquate Beachtung der Werdewelt ansieht. Die Frage, inwieweit Darwin hierbei die "Komplexität"-Problematik auch aus fachwissenschaftlicher Sicht unterschätzt, ist an sich für den hier gegebenen Betrachtungshorizont unbedeutend, doch ist es immerhin interessant zu sehen, daß sich Darwin - anders als andere Biologen seiner Zeit - auch im Lichte dieser Thematik nicht dazu motivieren kann, die Möglichkeiten "innerer Gesetz" zumindest im Lichte seiner "Eines - alles fließt"-Konstruktion zu nutzen. Das ist: Darwin sieht »plötzlich entstehen«, wie er es mit "inneres Gesetz" verbunden denkt, als unvereinbar mit seinem analytisch sein sollenden Verständnis der Vorgänge in der Ganzheit "Natur", und wie es für Darwin Basis dafür ist, jene Vergegenwärtigung der Zeitlichkeit einbringen zu können, von der im Rahmen der Zurückweisung von "spezielle Schöpfungsakte" die Rede zu sein hat.

Freilich vermeidet Darwin, das Kritisierte durch eine naive Verflechtung von "unbelebte Umwelt" einerseits und Lebewesen - bzw. "Kontinuum" - andererseits zu ersetzen:

> "Es ist in der Tat unnütz, im Wechsel der Strömung, im Klima oder in anderen physikalischen Veränderungen die Ursachen dieser großen Wandlung der Lebensformen auf der ganzen Erde und unter den verschiedensten Klimaten suchen zu wollen" (S.482).

> "Betrachten wir die Verbreitung der Organismen über die Erdoberfläche, so fällt uns zunächst die bedeutsame Tatsache auf, daß sich weder die Ähnlichkeit noch die Unähnlichkeit der Bewohner verschiedener Gebiete aus klimatischen oder anderen physikalischen Verhältnissen erklären läßt" (S.506).

Darwin hält hierzu zudem fest, daß zwei Gegenden mit »fast gleichen physikalischen Bedingungen oft grundverschiedene Formen aufweisen« (S.572). Der Grund hierfür liegt darin - so Darwin -, daß trotz besagter Übereinstimmung, die Anzahl und Art der Einwanderer verschieden sein kann, woraus andere Initialbedingungen für die Konkurrenz mit den Urbewohnern erwachsen, und so weiter.

Im Rahmen solcher Überlegungen verweist Darwin auf »Natura non facit saltum« (S.265) und hiermit auf seine Konstruktion von "Analytik", im Sinne seiner Verflechtung von "Eines - alles fließt". Indem dies also Darwins Konstruktion bezüglich des Daß-Aussage-Bereiches ist, sind die Eines, von denen Darwin in der "Entfaltung" hiervon spricht, aber "Quasi-Eines" bzw. herbeiargumentierte Eines. Ein solches "Quasi-Eines" erwächst zum Beispiel Darwins Überlegung, inwieweit Fledermäuse, die auf kleinen Meeresinseln leben, ihr Flugvermögen verlieren könnten; sie könnten sich ja von bodenlebenden Insekten ernähren[26]. Darwin weist diese Möglichkeit zurück, auch wenn sie in gewisser Hinsicht Vorteile erbringen würde, da die Fledermäuse hierzu zunächst, also bevor sie ihre Flugfähigkeit verlieren, lernen müßten,

---

[26] Der Verlust der Flugfähigkeit ist von endemisch auf Inseln lebenden Vogelarten bekannt.

auf ihren Hinterfüßen zu gehen, doch "zu solchen Veränderungen scheinen Fledermäuse jedoch besonders ungeeignet zu sein" (S.301).

Dieser Aussage sei sogleich gegenübergestellt, was Darwin in Zusammenhang mit der Ausbildung sehr komplizierter Strukturen schreibt:

> "Um jedoch hinsichtlich der Bildung des Auges mit all seinen wunderbaren, wenn auch nicht vollkommenen Eigenschaften zu einem richtigen Schluß zu gelangen, ist es nötig, daß die Phantasie dem Verstande das Feld räumt" (S.249).

Nimmt man dies wörtlich, so sind "auf den Hinterbeinen laufende Fledermäuse" natürlich nicht mehr unmöglich[27]. Das bedeutet aber: Darwin gelingt keine thematisch-methodisch unreduzierte Eingrenzung von "alles fließt" - hier gemäß der, den Fledermäusen auferlegten Bebürdung thematisiert -; Darwin kann alleine Beobachtetes, ohne jegliche konsequente Begründung, als Hinweis dafür interpretieren, daß es "alles fließt" nicht gibt, so wie Darwin zuvor schon lediglich dieserart auf "Gleichgewicht" etc. reflektiert hat. Daß diese Situation - bzw. die hiermit gegebenen Quasi-Eines - in Darwins Argumentation gegeben ist - bzw. gegebenen sind -, resultiert aus Darwins inkonsequenter Bedachtnahme auf Diskursivität, also auf Begründung die lediglich zu Daß-Aussagen sein sollenden Aussagen vordringt. In anderen Worten: Darwin schreibt, daß »die Struktur jedes Teiles einer Art, ..., ist daher die Summe der vielen ererbten Veränderungen, die die Art während ihrer allmählichen Anpassung an die veränderten Gewohnheiten und Lebensbedingungen durchmachen mußte« (S.264), womit »Summe« im Sinne von Darwins "Plastizität"-Argumentation festgelegt wird, wie sie auftritt, da Darwin nicht zur Vergegenwärtigung der Unendlichkeit der Werdewelt vordringt, das mit "Summe" Bezeichnete gemäß "Anfang"-haben der Werdewelt bedenkend und auf Paradigmata beziehend.

Komplementär hierzu ist daran zu erinnern, daß Darwin keine explizit als Daß-Aussagen verstandenen begrifflichen Eines im Horizont der Werdewelt-Analyse akzeptiert:

> "Die natürliche Zuchtwahl will keine absolute Vollkommenheit schaffen, so wenig wir in der Natur (soweit wir urteilen können) absolut Vollkommenes finden" (S.275).

Weitere Beispiele für Darwins "Quasi-Eines"-Konstruktionen sind: »Wenn wir das alles in Betracht ziehen, so muß die Fauna jeder geologischen Periode unbedingt einen Mittelcharakter zwischen der vorhergegangenen und nachfolgenden Fauna aufweisen. ... Doch nimmt nicht notwendig jede Fauna genau die Mitte ein, da zwischen den Formationen ungleiche Zeiträume verflossen. Daß gewisse Gattungen Ausnahmen von dieser Regel bilden ..« (S.490); »niedere Organismen sind mehr verbreitet als höhere; einige Arten weiterverbreiteter Gattungen sind gleichfalls weitverbreitet; Alpen-, Sumpf- und Marschenbewohner sind in der

---

[27] Zur Veranschaulichung des damit Gemeinten sei das Beispiel der Nemertinengattung *Malacobdella* angeführt: Primär sind die Nemertinen - bzw. ihre Stammart - frei lebende, vagile, wurmartige "Raubtiere", deren Körperbau von einer hydrostatischen Organisation bestimmt ist (vgl. *Phylogenese*). Die Vertreter der Gattung *Malacobdella* leben aber semisessil, kommensalistisch in Muscheln, ernähren sich vorwiegend von einzelligen Algen und die hydrostatische Organisation ist von extrem untergeordneter Bedeutung. *Malacobdella* ist somit beinahe konträr zur Stammart der Nemertinen organisiert. Trotzdem läßt sich ihre Organisation aus jener der Stammart der Nemertinen ableiten bzw. in *Malacobdella* noch Spuren der ursprünglichen Nemertinen-Organisation nachweisen (für Details siehe: Senz, W. (1997): *Über die phylogenetische Herkunft und systematische Stellung der Gattung Malacobdella Blainville, 1827 (Nemertini, Bdellonemertini)*. - Sitzungsberichte der Akademie der Wissenschaften, Wien, Naturwissenschaftlich-Mathematische Klasse, 204: 39-62)

Regel mit denen der benachbarten Tiefländer und trockenen Gebiete verwandter, das auffallende Verwandtschaftsverhältnis zwischen Inselbewohnern und Bewohnern des nächsten Festlandes« (S.570); »Diese Ähnlichkeit wird häufig als 'Einheit des Typus' bezeichnet, oder man sagt, die einzelnen Teile und Organe der Arten einer Klasse seien homolog« (S.604). Bezüglich »Einheit des Typus« hält Darwin aber auch fest, daß »sich der ursprünglich gemeinsame Plan eines Organs so verschleiern [kann], daß er schließlich verloren geht« (S.607). Das Problem an dieser Aussage, wie auch an jenen bezüglich paläontologisch festgestellten »mittleren« Faunen die nicht die "Mitte" bilden, ist selbiges wie bezüglich den "auf den Hinterfüßen gehenden Fledermäusen": Sie lassen nur anscheinend von Eines sprechen, die zur Interpretation der Werdewelt herangezogen werden können, da sie aus keinem Gedankengebäude abgeleitet sind, dessen Fundament tatsächlich Daß-Aussagen sind, aus denen heraus die Werdewelt gemäß ihrem Anfang-haben im Sinne ihrer differentiellen Unendlichkeit verstanden werden könnte.

Darwin ist also insofern zuzustimmen, als es keine Werdewelt-Struktur geben kann, die notwendig auftreten muß, gleichsam ein "Daß" in der Werdewelt repräsentierend, doch darf hierüber nicht übersehen werden, daß die Werdewelt-Strukturen trotzdem, nämlich via Anfang-haben im Lichte der dialektischen Differenz von d a s Eines und Begrenztes, propositional auf "Daß" bezogen werden müssen, da ansonst eine pragmatisch-verzerrende, nicht-propositionale Argumentation auftritt, die dasjenige nicht substantial bedenken läßt, das als "evoluierend" bzw. »veränderlich« prädiziert werden soll.

Daher auch:

> "Schließlich ist die natürliche Zuchtwahl auch ein langsamer Vorgang; dieselben günstigen Bedingungen müssen lange andauern, um eine nachhaltige Wirkung zu ermöglichen. Nur durch solche allgemeinen und unbestimmten Gründe können wir erklären, warum in manchen Teilen der Erde die Huftiere keine verlängerten Hälse oder anderen Hilfsmittel zum Abweiden hochwachsender Zweige besitzen" (S.299-300).

Das hier von Darwin ausgesagte »allgemein und unbestimmt« ist Ausdruck der soeben an seiner Position kritisierten nicht-propositionalen Argumentation. Darwin muß daher auch in folgendem Beispiel zu nicht-propositional konzipierten Begriffen greifen:

> "durch ein gemeinsames Band verknüpft zu sein, das seinem Wesen nach mit dem »Lebensprinzip« im Zusammenhang steht. Nach diesem Prinzip hängt (Herbert Spencer zufolge) das Leben von der unaufhörlichen Wirkung und Gegenwirkung verschiedener Kräfte ab, die wie alles in der Natur nach Erlangung des Gleichgewichts streben; wird diese Tendenz durch irgendeinen Wechsel gestört, so gewinnen die Lebenskräfte an Stärke" (S.410).

»Lebensprinzip«, »Gleichgewicht« und »Lebenskräfte« sind Begriffe, die sich nicht analytisch aus der Annahme der natürlichen Zuchtwahl ergeben, bzw. den mit dieser zusammenhängenden Darwinischen "Daß"-Aussagen und Werdewelt-Regeln, sondern gleichsam von Darwin angenommen werden, o b s c h o n die natürliche Zuchtwahl ausgesagt wird. Hierher gehört auch Darwins Aussage, wonach die Unfruchtbarkeit zwischen Individuen einer aufspaltenden Art nicht auf die natürliche Zuchtwahl zurückgeführt werden kann (S.403). Die natürliche Zuchtwahl wird also keineswegs als ein Alles erklärendes Prinzip angenommen, sondern als vor einem Hintergrund wirkend verstanden, der Rahmenbedingungen für diese schafft, die im Lichte von Darwins "Wille"-, "Bestreben"- und "Neigung"-Konstruktion zu sehen sind. »Lebensprinzip« und so weiter sind also Begriffe, die Darwin im Sinne seiner Anerkennung der transzendentalphilosophischen Schwelle aussagt, obgleich - genauerhin – entsprechend seiner Konzentration auf die Komplementarität der Werdewelt-Regeln und der Notwendigkeit einer, nicht wieder Werdewelt-Regel seienden Konstruktion, als Ausdruck für "diskursives Vordringen zum Bereich der Notwendigkeit". »Lebensprinzip« und so weiter sind somit also Ausdruck davon, daß Darwin die transzendentalphilosophische Schwelle nicht im Sinne der dialektischen Differenz bedenkt, und daher Begriffe benötigt - abseits von dem Subjekt der dialektischen Entfaltung -, die sich mit besagten Werdewelt-Regeln verknüpfen lassen.

Darwin ist daher aber auch nicht bereit, die Naturerklärung einem uneingeschränkten Empirismus anzuvertrauen. Im Lichte hiervon wird der Empirismus von Darwin aufgewendet, um falsche Eines - bzw. Quasi-Eines, nun aus Darwins Sicht - abzuwenden, wovon die Rede zu sein hat, wenn von Vertretern der Schöpfungslehre zum Beispiel behauptet wird, daß die *Boa constrictor* (Abgottschlange) Rudimente der Hinterextremitäten besitzt, da hierin die »Vervollständigung des Schöpfungsplanes« zum Ausdruck kommt. Angesichts hiervon frägt Darwin natürlich zu recht, wieso derartige Rudimente bei anderen - den meisten - Schlangen fehlen (S.632). Darwin übersieht hierbei aber, daß er mit solchen Gegenargumenten lediglich fideistische Elemente der Schöpfungslehre adressieren kann, nicht aber die Intention der Schöpfungslehre, die Transzendentalität adäquat zu vergegenwärtigen. Wichtiger noch ist, daß Darwin das Potential der christlichen Theologie als "Hüterin des Weges zur noetischen Dialektik" (vgl. *Theologie* und oben) hiermit gar nicht vergegenwärtigt.

Angesichts hiervon sei zu Darwins Aussagen zur Schöpfungslehre hinzugefügt: »haben wir ein Recht anzunehmen, daß der Schöpfer ähnlich intellektuell wirkt wie der Mensch?« (S.249); »wie unerklärlich ist die Reihenhomologie vom Standpunkt der überlieferten Schöpfungslehre! Warum ist das Gehirn in einen Kasten eingeschlossen, der aus zahlreichen ungewöhnlich gestalteten Knochen besteht die offenbar Wirbel darstellen« (S.608). Hieran ist zu beachten, daß Darwin den Schöpfer also keineswegs leugnet, sondern festhält, dem Schöpfer nicht unterstellen zu dürfen, das Werdewelt-Kontinuum "Zeitlichkeit" nicht aufbieten zu können. Darwins Verweis auf »Gehirn in einem Kasten« ist freilich Darwins "Plastizität"-Argument und Darwin wendet es an um zu zeigen, daß die menschliche Vernunft zwar unmittelbar ein Ziel anstreben kann, ungeachtet vorangegangener Entwürfe zu dem zu lösenden Problem, daß dies aber keinesfalls anders als die Vorgehensweise des Ich als Gegründetem verstanden werden darf.

Freilich ist damit das Am-Werke-sein des Gründenden gar nicht propositional bezeichnet, sondern das Verhältnis von Ich und Gründendes in jenem pragmatisch verzerrten Sinn dargelegt, aus dem zu Beginn von *Entstehung* die Raster-Argumentation erwachsen ist.

Darwin ist hierbei eine gewisse Sorglosigkeit in der Begründung zuzuschreiben, die sich auch im Gewand seiner fragmentarischen Induktion zeigt:

> "Gäbe es nur grüne Spechte und wüßten wir nicht, daß auch schwarze und bunte Arten vorhanden sind, so würden wir wahrscheinlich annehmen, die grüne Farbe sei die geeignetste, um diese auf Bäumen kletternden Vögel vor Feinden zu schützen, also eine wichtige, durch Zuchtwahl erworbene Eigenschaft; dennoch ist diese Farbe wahrscheinlich die Folge geschlechtlicher Zuchtwahl" (S.268).

Würde Darwin das hier Zitierte tatsächlich ernst meinen, er müßte alle seine Argumente - außer den mathematischen! - zurücknehmen, da er ja überall aus der Empirie heraus argumentiert, ohne sie gemäß dem Anfang-haben der Werdewelt zu verstehen.

2.1.3 Kapitel 15: Betrachtung der Theorie vor einem fundamentalen Rahmen

Zu Beginn von Kapitel 15 schreibt Darwin, daß »dieses ganze Werk [*Entstehung*] nichts weiter ist als eine lange Kette von Beweisen«, wie auch zu lesen ist:

> "Es ist kaum anzunehmen, daß eine falsche Theorie so ausgezeichnet die verschiedenen angeführten Tatsachen zu erklären vermöchte wie die Theorie der natürlichen Zuchtwahl" (S.665-666).

Hierzu ist sogleich anzumerken, daß *Entstehung* letztlich g a r k e i n e Beweise enthält, wenn man unter Beweisführung versteht, gemäß den *Ion*schen Teilpyramiden zu argumentieren, wie auch der "Erklärungsgehalt" der Theorie der natürlichen Zuchtwahl alleine daher rührt, daß das Werdewelt-Konstitutivum Zeitlichkeit - im Horizont der "Plastizität"-Argumentation - mit Werdewelt-Regeln verflochten ist, also dasjenige, das erklärt werden soll, insofern keiner Erklärung zugeführt wird, als seine Nennung zu einer Ausklammerung seiner Hinterfragung mißrät. Das ist: Darwin erkennt nicht, daß die Vergegenwärtigung von Veränderlichkeit alleine im Sinne der Freilegung der Eines-Formel Platons ihre Erklärung erhält, nicht aber ihrerseits Erklärung für anderes im Sinne davon ist, daß besagte Freilegung nicht mehr zu erbringen ist - vgl. oben -.

Wie wenig Darwin letztlich erklärt - außer daß er, was keine Selbstverständlichkeit ist, Werdewelt-Regeln, obgleich nicht als solche, ansprechen kann -, zeigt sich insbesondere an seiner Nichtvergegenwärtigung des Bereichs der Notwendigkeit bzw. der anfänglichen Daß-Aussage. In Kapitel 15 wird dies insbesondere in Zusammenhang mit der ausweichenden Beantwortung der Frage, inwieweit alle Lebewesen auf eine einzige ursprüngliche Art – Gruppe von Lebewesen - zurückzuführen sind:

> "Die Analogie würde mich noch einen Schritt weiter führen, nämlich zu der Annahme, daß alle Tiere und Pflanzen von einer einzigen Urform abstammen. Aber die Analogie ist als Führerin unzuverlässig. ... Nach dem Prinzip der natürlichen Zuchtwahl in Verbindung mit Divergenz der Merkmale ist es daher nicht unglaubhaft, daß sich die Tiere sowohl wie die Pflanzen aus einer solchen tiefstehenden Zwischenform entwickelt haben, und wenn wir das zugeben, können wir ebensowenig die Abstammung sämtlicher Lebewesen, die je die Erde bevölkert haben, von einer einzigen Urform bestreiten. Diese Folgerung ist freilich nur auf Analogie gegründet, und es ist unwesentlich, ob man sie anerkennt oder nicht" (S.671-672).

Der ausweichende Charakter dieser Antwort resultiert auch daher, daß Darwin erst gar nicht die Bedeutung davon sieht, diskursiv zu einem Anfang vordringen zu müssen, der tatsächlich ein solcher ist, insofern er aus sich - analytisch - seine eigene Hinterfragung erübrigt, was auch in der von Darwin verwendeten Methode seinen Ursprung hat:

> "Man hat behauptet, meine Art der Beweisführung sei unklar. Allein ich verwende die gleiche Methode, die bei der Beurteilung der gewöhnlichen Lebenserscheinungen benutzt und oft von den größten Naturforschern angewandt worden ist. ... Es ist kein begründeter Einwurf: die Wissenschaft habe bisher kein Licht über das viel höhere Problem vom Wesen oder vom Ursprung des Lebens verbreitet. Wer kennt denn das Wesen der Anziehungskraft oder der Schwerkraft? Niemand zögert, die aus dem unbekannten Element der Anziehung hergeleiteten Resultate anzuerkennen" (S.666).

Auf das hier Thematisierte wird genauer in 2.2 zurückzukommen sein, so daß es zunächst dabei belassen sein soll festzuhalten, daß sich Darwin hier methodisch eine Position zum Vorbild nimmt, die ihrerseits den Ansprüchen der noetischen Dialektik - bzw. der Bedeutung des diskursiven Vordringen zum Bereich der Notwendigkeit - nicht gerecht wird.

Im Sinne hiervon ist auch von Bedeutung:

> "Ich sehe keinen vernünftigen Grund, warum die in diesem Werke entwickelten Ansichten irgendwie religiöse Gefühle verletzen sollten. Um zu zeigen, wie vorübergehend solche Befürchtungen sind, brauche ich wohl nur an die größte Entdeckung zu erinnern, die je einem Menschen gelungen ist, an Newtons Gravitationsgesetz, das Leibniz angriff, weil es »die natürliche Religion erschüttere und die geoffenbarte verleugne«. Ein berühmter geistlicher Schriftsteller schrieb mir, er habe »allmählich gelernt, daß es ebenso erhaben sei, von der Gottheit zu glauben, sie habe nur wenige der Fortentwicklung zu anderen Formen fähige Ursprungstypen erschaffen, als anzunehmen, sie habe immer neue Schöpfungsakte ins Werk setzen müssen, um die durch die Wirkung ihrer Gesetze verursachten Lücken auszufüllen«" (S.666-667).

In Zusammenhang hiermit sei weiters gelesen:

> "Es ist ja leicht, seine Unwissenheit hinter Ausdrücken wie »Schöpfungsplan«, »Einheit der Absicht« usw. zu verbergen und zu behaupten, man gebe eine Erklärung, während man lediglich eine Tatsache mit etwas anderen Worten feststellt. " (S.668).

Liest man beide Zitate im Zusammenhang, so zeigt sich, daß Darwin nicht an einer Überwindung theologischen Denkens interessiert ist, sondern gleichsam an einem naiv"-schriftgemäßen" Verständnis des Schöpfungsberichtes. Darwin wendet sich mit seiner Lehre von der natürlichen Zuchtwahl gegen ein solches Verständnis, allerdings derart, daß er seinerseits keine propositionale Vergegenwärtigung des Bereichs der Notwendigkeit bzw. der *Ion*schen Teilpyramiden erreicht. Auch hierauf wird in 2.2 zurückzukommen sein.

Im Lichte des bisher Betrachteten sei abschließend gelesen:

> "Wenn ich die Organismen nicht als Sonderschöpfungen, sondern als unmittelbare Nachkommen weniger Wesen betrachte, die schon lebten, ehe die erste kambrische Schicht sich gebildet hatte, so scheinen sie mir dadurch veredelt zu werden. Wir dürfen deshalb auch vertrauensvoll eine Zukunft von riesiger Dauer erhoffen. Und da die natürliche Zuchtwahl nur durch und für den Vorteil der Geschöpfe wirkt, so werden alle körperlichen Fähigkeiten und geistigen Gaben immer mehr nach Vervollkommnung streben" (S.677).

> "Aus dem Kampf der Natur, aus Hunger und Tod geht also unmittelbar das Höchste hervor, das wir uns vorstellen können: die Erzeugung immer höherer und vollkommenerer Wesen. Es ist wahrlich etwas Erhabenes um die Auffassung, daß der Schöpfer den Keim alles Lebens, das uns umgibt, nur wenigen oder gar nur einer einzigen Form eingehaucht hat und daß, während sich unsere Erde nach den Gesetzen der Schwerkraft im Kreise bewegt, aus einem so schlichten Anfang eine unendliche Zahl der schönsten und wunderbarsten Formen entstand und noch weiter entsteht" (S.678).

Wovon Darwin hier berichtet, das ist seine Vorstellung von "beste aller Welten", wobei hervorgehoben sei: »daß der Schöpfer den Keim allen Lebens, ... eingehaucht hat«. Dies ist freilich jene nicht-propositionale - aber propositional sein sollende! - Argumentation, von der zuvor bezüglich Darwins Abhandlung der "Anfang"-Problematik die Rede gewesen ist. Das ist: Wenn Darwin »Hunger, Tod und Kampf ums Dasein« als unvermeidlich für die »Veredelung« ansieht, so entspricht dies im Horizont der noetischen Dialektik dem Am-Werke-sein-müssen bei Scheitern-können und zeitlicher Begrenztheit der werdeweltlich faßbaren Individualität - vgl. *Theologie* -, jedoch mit dem Unterschied zur noetischen Dialektik, daß diese keiner nicht-propositionalen Konstruktion - z.B. »... eingehaucht hat« - bedarf, bzw. stattdessen solche Konstruktionen aufbietet, die das Subjekt des Am-Werke-seins bzw. "evoluierens" - also "Lebewesen" - tatsächlich bedenken lassen, was also bei Darwin gerade nicht der Fall ist.

2.2 Conclusio: Der Vorteil, den Darwin aus der Beachtung der Veränderlichkeit bzw. Historizität ziehen zu können meint; Darwins Position im Lichte des viktorianischen Wissenschaftsideals; Darwins Kritik an der Schöpfungslehre im Vergleich mit Cusanus' »schriftgemäß«: Darwins Nicht-Beachtung der Dialektik

Der Vorteil, den Darwin aus der Beachtung der Veränderlichkeit bzw. Historizität ziehen zu können meint. Darwin kritisiert die Schöpfungslehre, insofern sie Veränderlichkeit und Historizität nicht beachtet, wodurch sie gezwungen ist, herbeiargumentierte Eines - zum Beispiel "Art" - zu akzeptieren, wobei es - so Darwin - insbesondere die Empirie ist, die zu dieser Kritik Anlaß gibt. Zugleich sieht Darwin aber, daß auch die Empirie das Verzicht-üben-müssen nicht erübrigt: Auch im Lichte der Empirie bedarf es fundamentaler Aussagen, die nicht aus der Empirie abzuleiten sind, wiewohl es also die empirisch feststellbare Veränderlichkeit qua Historizität ist, die es erst ermöglicht, besagte Aussagen auf adäquate Weise festzulegen. Das ist: Eine harmonische Zusammenführung der empirisch feststellbaren Befunde mit jenem, das nicht aus der Empirie erwächst, setzt für Darwin voraus, die Ordnungskriterien für die werdeweltlichen Gesetzlichkeiten nicht uneingeschränkt einem nicht-empirischen Denken überantworten zu dürfen, da dieserart nicht mehr zu einer gehaltvollen Analyse der Werdewelt gefunden werden kann. Eine Möglichkeit dafür, die Werdewelt-Analyse mit der Aussagbarkeit von Ordnungskriterien zu verflechten ist der Verweis auf Veränderlichkeit, als einem - von Darwin aber nicht als solchem gesehenen - Werdewelt-Kriterium. Indem also Darwin Letztbegründbarkeit mit "Veränderlichkeit" verknüpft, unternimmt er etwas, das zunächst unverdächtig erscheint, da "Veränderlichkeit" als Werdewelt-Kriterium tatsächlich mit Notwendigkeit verflochten ist. Die Problematik mit Darwins Konstruktion erwächst aber daraus, daß sein Versuch der Verknüpfung von Aussagen zum Bereich der Notwendigkeit und jenem der Faktizität "Veränderlichkeit" also nicht als Werdewelt-Konstitutivum bedenkt und hierauf aufbauend auf die Freilegung der anfänglichen Daß-Aussage reflektiert. Anstatt dies zu unternehmen, ist ihm seine Beachtung von Veränderlichkeit bereits die dem Bedenken des Ich mögliche diskursive Freilegung des Bereichs der Notwendigkeit.

Darwin meint daher, fideistisches Gedankengut theologischen Bedenkens durch seine Betonung der Empirie abwenden zu können, da er insgesamt die theologische Basis nicht verläßt. Diese muß für Darwin Gültigkeit behalten, da seine Konstruktion, insofern sie um Beachtung der transzendentalphilosophischen Schwelle bemüht ist, ansonst über gar keine propositionalen Inhalte bezüglich jenen Eines - »Wille«, »Streben«, »Lebenskraft« etc. – verfügen würde, die in Differenz zu den empirisch festlegbaren Inhalten stehen. Darwins Verwendung besagter Eines ergibt sich auch schon daraus, daß er die Bedeutung der Mathematik für Letztbegründungen lediglich in engen Grenzen anerkennt. Im Lichte hiervon führt Darwin besagte Begriffe, wie sie also Transzendenz zur Empirie ausdrücken, geradezu "problemlos" ein, ein Resultat seiner theologischen Denkweise, bzw. davon, theologisches Denken durch die Anpassung besagter Begriffe an die zuvor dargelegte Verwendung der "Veränderlichkeit"-Aussage von einem fideistisch-defizitären Umgang mit dem diskursiven Vordringen zum Bereich der Notwendigkeit befreien zu wollen.

Hieran ist insbesondere zu beachten, daß Darwin durch die somit vorliegende Nivellierung der transzendentalphilosophischen Schwelle eine defizitäre Vorstellung von "Organismus" bzw. "Lebewesen" erhält, abseits davon, "Lebewesen" im Lichte der dialektischen Entfaltung von "Person-sein" bedenken zu müssen.

-

Darwins Position im Lichte des viktorianischen Wissenschaftsideals. Besagtes Wissenschaftsideal wird von der Physik vorgegeben, »die mit ihrer ausdifferenzierten Experimentierpraxis und ihrer zunehmenden Mathematisierung im 19. Jahrhundert die methodischen Maßstäbe für alle Naturwissenschaften setzte und die zeitgenössische Wissenschaftstheorie unterschiedlicher Provinienz prägte« (Pulte S.106[28]). Pulte weist darauf hin, daß sich Darwin »vollkommen darüber im klaren [war], daß seine Lehre mit den Maßstäben einer Wissenschaftsauffassung gemessen würde, die sich an der Physik orientierte« (S.108), genauerhin mit dem wissenschaftstheoretischen Physikozentrismus von Herschel und Whewell. Diesen beiden hat Darwin in der ersten Auflage von *Entstehung* seine Referenz erwiesen, wurde von ihnen aber »zunächst sogar vehement« abgelehnt, wie Pulte anmerkt. Dies ist gerade deshalb von Bedeutung, da: »Er [Darwin] selber von diesem Verständnis [des zeitgenössischen Physikozentrismus] beeinflußt [war] und schon in seinen frühen Notebooks das Ziel [formulierte], analog zu Newtons Gravitationsgesetz für die Himmelsmechanik allgemeine und unveränderliche Gesetze für die Abstammungslehre aufzudecken« (Pulte S.108).

Um verstehen zu können, wovon mit dieser Ablehnung Herschels und Whewells die Rede ist, sei zunächst anhand von Pultes Aufsatz kurz dargelegt, worin Herschel und Whewell das Ideal der Wissenschaft - im Anschluß an Newton und Bacon - sehen. Pulte skizziert das Fundament des Gemeinsamen ihrer Wissenschaftstheorie wie folgt:

> "(a) Die Betonung der *Induktion* im Anschluß an und in Absetzung von Bacon. Als ein (schrittweise) verallgemeinerndes, methodisch reflektiertes Verfahren handelt es sich bei beiden um die wichtigste Methode zur Gewinnung von Hypothesen. (b) Die Notwendigkeit der *Deduktion* neuer empirischer Aussagen. Erst solche Vorhersagen können die Richtigkeit der (induktiv gewonnenen) Hypothesen bestätigen. (c) Die Möglichkeit, durch Induktion und Deduktion zur Erkenntnis erster, allgemeiner und sicherer Naturgesetze zu gelangen. Dabei handelt es sich (bei Herschel immer, bei Whewell in den »fortgeschrittenen« Wissenschaften) um *quantitative* Gesetze. (d) Die Sanktionierung des in der Physik (im Anschluß an Newton) praktizierten Verfahrens, solche Erklärungsgründe, die in den allgemeinsten Naturgesetzen auftreten, als »wahre Ursachen« des Naturgeschehens anzusehen. Diese Gesetze sind Ausdruck einer naturimmanenten, genetischen Kausalität (beispielhaft ist hier wiederum das Gravitationsgesetz, in dem als »vera causa« die Gravitationskraft auftritt)" (S.109-110).

---

[28] H Pulte 1995: *Darwin in der Physik und bei den Physikern des 19. Jahrhunderts* - In. E-V Engels (Hrsg.): *Die Rezeption von Evolutionstheorien im 19. Jahrhundert* - Frankfurt, S. 105-146.

Pulte faßt dies dahingehend zusammen, daß sich das Wissenschaftsideal als hierarchisch-gradualistisch, certistisch, prognostizistisch und essentialistisch kennzeichnen läßt. Die Kritikpunkte Herschels und Whewells an Darwins *Entstehung* sind hierbei die, »daß Darwins Theorie nicht der induktiven Methode folge« (S.113), »Darwins Theorie kein guter, d.h. schrittweiser Induktionsprozeß vorausgehe« (S.113) und Darwin ein »induktiver Sprung von der breiten Beobachtungsbasis zu allgemeinen Prinzipien vorgeworfen« wird (S.113). Zudem soll gelten:

> "Nun ist zwar nach Herschel und besonders nach Whewell spekulative Hypothesenbildung grundsätzlich möglich, legt aber die ganze Beweislast für die Richtigkeit der Hypothesen auf den zweiten vorhin erwähnten Schritt, die Deduktion neuer empirischer Aussagen. Solche Bestätigungen aber, ..., könne Darwins Evolutionstheorie nicht erbringen" (S.114).

Pulte weist zudem darauf hin, daß Darwin »auf die Kritik der Physiker zunehmend mit der Forderung nach methodologischer Autonomie reagiert: seine Lehre sei nicht mit fremden, d.h. von der Physik herkommenden Maßstäben zu messen« (S.114), wie auch, daß sich Darwin für die »Theorienbeladenheit jeder Beobachtung« (S.114) eingesetzt hat, als Argument gegen den Induktivismus. Das ist:

> "Weiters sieht Darwin die Bestätigungsfähigkeit und die Erklärungsleistung seiner Evolutionstheorie nicht im direkten, deduktiven Nachweis neuer Arten, sondern in der Struktuierung und Vernetzung großer Phänomenbereiche. ... Dem hierarchisch-gradualistischen Theorienmodell der Physik kann man ein gewissermaßen »holistisches Theorienverständnis bei Darwin gegenüberstellen«" (S.114-115).

Nun gilt es, die Pulteschen Aussagen mit der Argumentation des vorliegenden Textes zu verknüpfen. Hierzu sei zunächst auf die Problembehaftetheit des Herschel-Whewellschen Induktivismus hingewiesen, bzw. seine pragmatische Verzerrung des gemäß der ersten Schicht des philosophischen Horizonts Auszusagenden, insofern er nicht von der noetischen Dialektik ausgeht und daher auch nicht jene Aussagen thematisiert, die tatsächlich Daß-Aussagen sind. Daher nimmt das von Herschel und Whewell ausgesagte Geflecht aus Induktion und Deduktion notwendig bei herbeiargumentierten Eines seinen Anfang, auch wenn das Herschel und Whewellsche Wissenschaftsideal keineswegs einen uneingeschränkten Empirismus bedeutet. Das ist: Das den Herschel-Whewellschen Induktivismus prägende Geflecht aus Induktion und Deduktion entspricht Darwins Komplementarität der Werdewelt-Regeln - "Auf-Ab"-Konstruktion (in analoger Distanz zu Ficino; vgl. oben), insofern der gemeinsame Nenner beider Konstruktionen jene Verzerrung des horizontalen Charakters der dialektischen Argumentationsweise ist, von der gemäß der übereinstimmend - gemäß Universalität des Person-sein! – vorliegenden Nivellierung der transzendentalphilosophischen Schwelle.

Im Lichte hiervon interessiert zunächst die Übereinstimmung des Herschel-Whewellschen »hierarchisch-gradualistischen Theorienmodells« mit Darwins »holistischem Theorienverständnis« in der eben genannten Ausblendung der noetischen Dialektik, womit die Unterschiede zwischen beiden Positionen - gerade angesichts der genannten Darwinschen Ambition und ursprünglichen Anerkennung des Physikozentrismus - primär darin wurzeln sollten, daß Darwin einen historischen Prozeß betrachtet, die viktorianische Physik aber nicht. Hieraus erwächst also Darwins Insistieren auf die erwähnte »methodologische Autonomie« der Biologie gegenüber der Physik.

Zum genaueren Verständnis hiervon sei aus Pultes Aufsatz weiters zitiert:

> "Beide Kräfte [Newtons Anziehungskraft und Darwins "Selektions"-Kraft] sind unbeobachtbar, und beider Verwendung ist lediglich dadurch legitimiert, daß sie eine Vielzahl von Phänomenen durch einfache Beschreibung verständlich machen. Gegen den Essentialismus der Physiker richtet Darwins deren bevorzugtes Mittel (die empirische Kritik) und besteht auf der deskriptiven Funktion theoretischer Ausdrücke" (S.117).

Wovon Pulte hier in Zusammenhang mit Darwins Aussage von der »deskriptiven Funktion theoretischer Begriffe« berichtet, das ist Darwins Nivellierung der transzendentalphilosophischen Schwelle bzw. seine Ausblendung der dialektischen Differenz: Die Verflechtung von »deskriptiv« und »theoretisch« bedeutet das Verfehlen der tatsächlich Daß-Aussage seienden Aussagen, wie es Darwins Einbringung von Werdewelt-Regeln in jenes bedeutet, das Daß-Aussage-Bereich und somit Letztbegründung der Werdewelt-Analyse gemäß dem Anfang-nicht aber Daß-haben der Werdewelt besagt, bzw., genauerhin, das Aussagen hiervon angesichts einer wesentlich defizitären Gestaltung jener Begriffe, die in Differenz zur empirischen Analyse ausgesagt werden (»Wille« etc.).

Wenn Pulte daher schreibt, daß Darwin »Defizite in der Prognostik zugibt«, so gilt dies nur insofern, als Darwin lediglich gemäß der oben so bezeichneten ambivalenten Verwendung von Werdewelt-Regeln auf "prognostische Erfolge verweisen" kann, wiewohl er angesichts hiervon in Kapitel 15 immerhin davon berichtet, daß eine "falsche Theorie, nicht so viel erklären könnte", wie dies im Falle seiner Theorie gegeben ist.

Im Lichte hiervon ist somit der Darwinsche "Holismus" als Modifikation des Herschel-Whewellschen "Induktion-Deduktion" zu verstehen, also um willen der Einflechtbarkeit der "Plastizität"-Argumentation bzw. des Werdewelt-Konstitutivums "Zeitlichkeit". Das bedeutet: Durch diese Darwinsche Einflechtung läßt sich "Mechanik" nicht mehr als jenes verstehen, auf das man sich zurückziehen kann um konkrete empirische Gegebenheiten zu erklären, insbesondere insofern die Mechanik mit der "Plastizität"-Konstruktion und Darwins Zurückweisung einer Apriorizität in der Werdewelt nicht konform ist, ohne deshalb völlig unbrauchbar für Darwins Argumentation zu sein. Darwins "Holismus" kompensiert also den durch besagte Einflechtung provozierten Bedeutungsverlust der Mechanik.

Im Sinne h i e r v o n möchte Darwin also der "Newton der Biologie" werden und seine Selektionstheorie als "vera causa"-Konstruktion verstehen: Darwin versteht seine Selektionstheorie in diesem Sinne, da er in ihr eine Daß-Aussage-Konstruktion sieht und somit - so ist gemäß Universalität des Person-sein anzumerken - den differentiellen Charakter des Verzicht-üben-müssen gegenüber dem Aussagen-können von Daß-Aussagen in Anspruch nehmen! Das ist: Darwin sieht in der natürlichen Zuchtwahl nichts, das man sich naiv realistisch als Seiendes vorstellen darf - ebenso wie im Falle der Gravitationstheorie und so fort -, was aber nichts an dem "vera causa"-sein von "natürliche Zuchtwahl" ändert. Das Problem damit, Darwins Verständnis von "natürliche Zuchtwahl" als "vera causa" genau zu bestimmen, erwächst letztlich aus der Uneindeutigkeit in Darwins Position, wie sie auftritt, da Darwin in seinem Versuch, die Werdewelt zu transzendieren, nicht zur propositionalen Vergegenwärtigung der unthematische-Begriffpyramide vordringt, so daß er sich mit Eines aushelfen muß, die auf die Anwendbarkeit der Komplementarität der Werdewelt-Regeln abgestimmt sind und demgemäß eine pragmatische Überbeanspruchung von Verzicht-üben-müssen implizieren, um die somit provozierte Nivellierung der transzendentalphilosophischen Schwelle zu maskieren. Besagte Uneindeutigkeit ist somit also Resultat davon, daß Darwin etwas als "vera causa" versteht, das alleine gemäß einem pragmatisch verzerrenden Denken als der weiteren Hinterfragung enthebend festgelegt wird, wobei aus dem Maskieren-müssen hiervon ein Sich-arrangieren mit einer uneindeutigen, da nicht notwendigen, Argumentation erwächst.

Darwin möchte also einen naiven Realismus abwehren, bedenkt dies aber nicht im Sinne von Entontologisieren-müssen der Werdewelt-Analyse, woraus sein defizitäres Verständnis von Verzicht-üben-müssen erwächst, ergebend, daß Darwin zwar eine »methodische Eigenständigkeit« der Biologie gegenüber der Physik einfordert, letztlich aber in dem Sinne von "Mechanismus" nicht Abstand nehmen kann, daß es eingeschränkt auf die als solche verstandene Werdewelt-Analyse auftritt. Darwin gelingt dies also in dem Sinne nicht, wie er "analytisch" nicht auf die dialektische Entfaltung des Bereichs der Notwendigkeit beschränken kann - gemäß der dialektischen Differenz von d a s Eines zu Begrenztes -, wovon oben auch in Zusammenhang mit Darwins Ablehnung von "spezielle Schöpfungsakte" u n d "innere Gesetze" bzw. "plötzliches Auftreten" zu berichten war.

Wenn daher, wie Pulte ausführt, den viktorianischen Physikern Darwins »Evolutionsmechanismus« als »contradictio in adiecto erscheint« (S.117), so deshalb, da Darwin um eine Modifikation der "Induktion-Deduktion"-Konstruktion der viktorianischen Physik bemüht ist, ohne dasjenige propositional angeben zu können, weswegen diese Modifikation durchgeführt wird. Darwin modifiziert gemäß seiner "Plastizität"-Argumentation bzw. Beachtung der Historizität im Allgemeinen die viktorianische Konstruktion von "Mechanik" - in gewisser Hinsicht adaptiert er sie auch für die Analyse des von ihm betrachteten Teils der Welt -, ohne auf den mit der "Mechanik" in der Physikotheologie adressierten analytischen Charakter der Untersuchungen verzichten zu können, da er eben nicht über die Eines der unthematische-Begriffpyramide verfügt, diesbezüglich fehlt jegliche Modifikation der Physikotheologie. Darwin kann also im Horizont seiner eigenen Konstruktion keine Analytik anbieten, die auf herbeiargumentierte Eines - z.B. »Lebensprinzip« - verzichten läßt.

Hierin liegt: Darwin inkorporiert zwar nicht direkt das mechanistische Denken der viktorianischen Physik in seine eigenen Forschungen, beläßt es aber bei einer solchen Adaption dieses Denkens, daß die Interaktionen zwischen Eines der Werdewelt - z.B. zwischen Lebewesen und Teilen der Umwelt - fortgesetzt dahingehend als gesetzlich verstanden werden können, daß sie empirisch eruierbar sind, im Sinne seiner "Eines - alles fließt"-Konstruktion, wie sie die noetische Dialektik Platons ausblendet. Darwin spricht hiervon, da er die Neues-Problematik lediglich im Lichte der Zufall-Problematik bedenkt, wobei die Zurückweisung von Zufall im Sinne jenes Verständnisses von Interaktion der Eines der Werdewelt erfolgt, das im Rahmen der Physik jene mechanistische Gesetzlichkeit bedeutet, die es also anscheinend möglich sein läßt, Aussagen abseits der Differenzierung von Anfang- und Daß-haben der Werdewelt treffen zu können, also abseits der Beachtung des Fehlens von Aussagesubjekten in der Werdewelt-Analyse.

Angesichts hiervon ist nun von Interesse:

> "Es ist wichtig, die spezifische Bedeutung der Physikotheologie für die viktorianische Physik (im Kontrast besonders zur deutschen Tradition) zu sehen, um deren Darwin-Rezeption verstehen zu können" (Pulte: S.118).

Die Vergegenwärtigung unwandelbarer Gesetze ist für die viktorianische Physik von zentraler Bedeutung, da hiermit die Einsicht in einen »intelligenten Schöpfungsplan« ["design argument"] verbunden ist, bzw. die Einsicht in die »Existenz eines Schöpfergottes 'erwiesen' werden konnte« (S.118), als Basis dafür, induktiv - im Sinne von analytisch (so die Intention) - auf den Horizont der Faktizität schließen zu können. Darwins Theorie modifiziert dieses "design argument" der viktorianischen Physikotheologie in dem Maße, wie Darwins Einflechtung der Zeitlichkeit gemäß "Plastizität"-Argumentation mit sich bringt, daß das Aussagen-können jener Eines, die in Summe das "design" ergeben, erschwert wird.

Aus der Sicht der viktorianischen Physik ist daher das eigentliche Problem mit Darwins Position, daß dem "design argument" die Eines genommen werden, ohne daß eine propositionale Alternative hierfür geboten wird. Hiervon ist angesichts der Darwinschen Konstruktion zu Verzicht-üben-müssen tatsächlich zu sprechen, wie sie - wie dargelegt - lediglich ein "Alles ist möglich" besagt. Das ist: Die physikotheologische Bedeutungszuweisung an die Empirie kann insofern Vernünftigkeit in Anspruch nehmen, als sie in Relation zu einer als unveränderlich verstandenen Welt vorgenommen wird - was selbst aber als pragmatische Konstruktion zurückzuweisen ist! -, so daß empirisch festgestellte Invarianz auf "Schöpfungsplan" bezogen werden kann, wohingegen Darwins Einflechtung der Historizität gerade hiergegenüber Probleme schafft. Dies gilt insofern, als Invarianz nun immer bedeuten kann: "nicht an sich invariant, sondern in Relation zu bestimmten Gegebenheiten in der Zeit". Wie aber, so läßt sich im Sinne der Physikotheologie fragen, ist von hier zu jenen Aussagen zu finden, für die dies nicht gilt - Transzendenz bezeichnend! -, bzw. wie sollen diese Aussagen eruierbar sein? Das ist: Aus physikotheologischer Sicht muß es problematisch sein, daß Darwin besagte Komplikation vornimmt, da er somit die Aussagbarkeit von "design" potentiell unterwandert, insofern seine Bedeutungszuweisung an die Empirie derart ist, daß sie eher ein "alles ist möglich" aussagt, denn notwendig auszusagende Eines, bzw. notwendig auszusagende Eines behauptet, deren Manifestation in der Werdewelt nicht zwingend nachzuweisen ist.

Angesichts hiervon sei aus Pultes Aufsatz zitiert:

> "Gegenüber dem eingangs dargelegten »charakteristischen Quadrupel« für die Physik könnte man Darwins Auffassung zusammenfassend so kennzeichnen: Sie hat einen *holistischen* Zug (bildlich gesprochen: ist eher »netzartig« als »pyramidenförmig«), ist *probabalistisch* (zielt auf Wahrscheinlichkeit der Aussagen statt Sicherheit), *plausibilistisch* (fordert Verständlichkeit der Phänomene statt Vorhersage neuer Phänomene) und *deskriptionistisch* (liefert Beschreibung statt »genetischer« Kausalerklärung)" (Pulte: S.121).

Entscheidend hieran ist, daß Darwins Argumentation »eher netzartig als pyramidenförmig« sein soll und Darwin auf die »Wahrscheinlichkeit« der Aussagen »statt Sicherheit« abzielt. Hierzu ist anzumerken, daß Darwin sehr wohl auf »Sicherheit« abzielt - nicht minder als die Physikotheologie -, hierbei aber, aufgrund seiner Einflechtung der Zeitlichkeit, "Sicherheit" anders als die Physikotheologie darstellt, nämlich in Form einer »netzartigen Argumentation«, von der zumindest insofern zu sprechen ist, als sie aufgrund von Defiziten im diskursiven Vordringen zum Bereich der Notwendigkeit auf Werdewelt-Informationen zur Ergänzung von angeblichen Daß-Aussagen abzielt, weshalb Darwin - wie bereits andiskutiert - einen Holismus aufbietet, der sein Unvermögen, das Gründende propositional auszusagen, maskiert.

In anderen Worten: Darwin zielt im Sinne der Physikotheologie auf "Sicherheit" ab, insofern seine "netzförmige Argumentation" zu einem Holismus komplettiert ist, indem die Komplementarität der Werdewelt-Regeln unter Anerkennung des Beachten-müssens der transzendentalphilosophischen Schwelle auf "anfängliche Daß-Aussagen" bezogen wird, worin also liegt, das "design argument" nicht aufzulösen, sondern an die Einflechtung von Historizität anzupassen; die Einflechtung führt also nicht dazu, die Komplementarität der Werdewelt-Regeln als ein Alles zu verstehen, das keiner Komplettierung bedarf, die Beachtung der transzendentalphilosophischen Schwelle ausblendend. Im Sinne hiervon sei an obige Aussage erinnert, daß die "physikotheologische Pyramide" und die Darwinsche "netzförmigholistische Argumentation" einheitlich Versuche gemäß einer Verzerrung der horizontalen Argumentationsweise der noetischen Dialektik sind.

Das ist: Darwin erkennt, daß eine naive Bezugnahme auf "Schöpfungsplan" und so fort, insofern hiervon aufgrund eines Verstoßes gegen das diskursive Vordringen zum Bereich der Notwendigkeit zu sprechen ist, abzulehnen ist, worüber ihm aber unterläuft, aus dem Bemühen um besagte Diskursivität das Gründende geradezu aus den Augen zu verlieren. Genauerhin verliert Darwin dies aus den Augen, obgleich er gerade um das Gegenteil hiervon bemüht ist, wie sich daraus ableiten läßt - vgl. oben -, daß Darwin in *Entstehung* bis zuletzt darum bemüht ist, »natürliche Zuchtwahl« und »Kampf ums Dasein« nicht als die letztbegründenden Aussagen zu verstehen, sondern als diese in der dem Ich diskursiv vergegenwärtigbaren Form. Darwin ist also, so ist gemäß Universalität des Person-sein festzuhalten, um Vergegenwärtigung der dialektischen Differenz im Rahmen von "differentielles Verzicht-üben-müssen" bemüht, jedoch mit gänzlich untauglichen Mitteln, da er die Bedeutung davon nicht aufgreift, das Subjekt der dialektischen Entfaltung vergegenwärtigen zu müssen, um "Veränderlichkeit" thematisch-methodisch unreduziert bedenken zu können, im Sinne von "nicht an sich Selbstand Besitzen des Begrenzten" als Ausdruck dessen "in dialektischer Differenz sein zu das Eines". Anstatt hier also zur Platonischen Entdeckung vorzudringen, beläßt er es bei einer Modifikation der physikotheologischen Position, bzw. deren Verfehlungen gegen die horizontale Argumentationsweise der noetischen Dialektik.

Darwins Theorie ist also als modifizierte Physikotheologie zu verstehen. Darwins Modifikation der Physikotheologie ist hierbei ebenso einsichtig, wie die Bedenken der Physikotheologie gegenüber dieser Modifikation. Das ist: Die "eigentliche" Physikotheologie und Darwins Position - als "modifizierte" physikotheologische Position – ergeben zusammen eine Theorienlandschaft, deren eigentliches Defizit aus der Ausblendung der noetischen Dialektik Platons erwächst, so daß die gegenseitigen Vorhalte zwar jeweils tatsächlich zu Beachtendes bezeichnen, wiewohl nicht jenes, das tatsächlich von einer thematisch-methodisch unreduzierten Argumentation abhält. Genauerhin gilt somit, daß Darwin aufgrund seiner Ausrichtung auf physikotheologisches Denken einen Anfang nimmt, der ihm das mit der Einflechtung von Historiztiät zu lösende Problem nicht uneingeschränkt vergegenwärtigen läßt.

-

Darwins Kritik an der Schöpfungslehre im Vergleich mit Cusanus' »schriftgemäß«: Darwins Nichtbeachtung der Dialektik. Darwins *Entstehung* bedeutet, wie gezeigt worden ist, eine Kritik an einem theologischen Denken, das, indem es zu keiner adäquaten Vergegenwärtigung von "Veränderlichkeit" vordringt, fideistisch von "speziellen Schöpfungsakten" berichtet, der Werdewelt nicht gerecht werdend. Indem sich Darwin zugleich aber nicht grundsätzlich gegen theologisches Denken wendet, ist seine Kritik am christlichen Schöpfungsbericht als Versuch einer Entgrenzung von in diesem auftretenden Pragmatismen zu verstehen.

Dies eröffnet, Darwins Position mit jener von Nikolaus von Kues vergleichen zu können, da auch Nikolaus von Kues - als christlicher Philosoph und Theologe! - den Schöpfungsbericht als Zu-Entgrenzendes versteht, gemäß seinem Verständnis von »schriftgemäß«, wie es in *Theologie* diskutiert wird. Greift man dies also auf, Darwins Position über die Grenzen der Darwinschen Ausrichtung auf die Physikotheologie hinaus betrachtend, so ist sogleich auf einen wesentlichen Unterschied zwischen dem Denken von Nikolaus von Kues und jenem Darwins aufmerksam zu machen: Nikolaus' von Kues »schriftgemäß« bedeutet eine Entgrenzung der christlichen Trinitätslehre, indem sie diese als "Hüterin auf dem Wege zur noetischen Dialektik" versteht, und also um eine adäquate Darstellung der mit der Trinitätslehre ausgesagten dialektischen Entfaltung des Gründenden bemüht ist, wobei Nikolaus von Kues hierbei letztlich zu seinem Nonaliud gelangt. Darwin hingegen bestreitet seine Kritik am Schöpfungsbericht ohne jeglicher Beachtung der Dialektik. Daher auch kann bezüglich Cusanus' Position, nicht aber bezüglich jener Darwins, von einem "Bemüht-sein" um Platons Position gesprochen werden.

Bedeutet dies, daß zwischen Darwins Position und jener Platons - bzw. Platons Intention - gar keine Verbindungen bestehen? Angesichts der Ausführungen in *Theoriendynamik*, daß die Entwicklung zu den modernen (naturwissenschaftlichen) Gesetzeswissenschaften - wovon Darwins Position zweifellos ein Teil ist - als Vorgang innerhalb der Philosophia perennis zu verstehen ist, ist die gestellte Frage sogleich zu verneinen. Wie aber sind die somit auszusagenden Verbindungslinien zwischen beiden Positionen - und jener Cusanus' - gestaltet? (Vorausgeschickt sei, daß die folgenden Aussagen zu Platon und Nikolaus von Kues *Lehre* und *Theologie* entnommen sind, auf die hiermit verwiesen sei.)

Zunächst gilt es zu beachten, inwiefern Cusanus' »schriftgemäß« zugleich eine Kritik an der Position Platons bzw. dessen Dialektik beinhaltet. Explizit kritisiert Nikolaus von Kues Platons "Weltseele"- und "Idee"-Konstruktion, wobei er sie gemäß seiner nominalistisch-positivistischen Akzentuierung als unnotwendige Zusatzkonstruktionen zurückweist. Cusanus unternimmt dies, da er in ihnen - wie im Lichte von Universalität des Person-sein auszusagen ist - Konstruktionen sieht, die die transzendentalphilosophische Schwelle nivellieren, also mit der prägnanten Vergegenwärtigung der dialektischen Differenz nicht vereinbar sind. Tatsächlich greift Cusanus damit jenes auf, das im Sinne der Unterscheidung der Platonischen Intention und Platons Vermögen, dieser zu entsprechen, an Platons Position zu kritisieren ist. Cusanus versteht dies genauerhin aber nicht derart, daß er aus der Vergegenwärtigung der anfänglichen Daß-Aussage bzw. dem Subjekt der dialektischen Entfaltung um eine adäquate Vergegenwärtigung der dialektischen Differenz bemüht ist. Stattdessen greift Cusanus zu einem Subjekt der dialektischen Entfaltung sein sollenden Begriff - letztlich: Nonaliud -, der alleine im Horizont einer semantisch-logischen Entfaltung dasjenige thematisiert, das der Intention nach tatsächlich thematisiert sein soll, das Subjekt der Eines-Formel. Daher auch bedarf Nikolaus von Kues fortgesetzt jenem, das er, wie es bei Platon auftritt, ablehnt, nämlich solcher Konstruktionen, die gemäß der zweiten Schicht des philosophischen Horizonts das nicht alleinige Argumentieren aus der horizontalen Darlegung der Dialektik komplettieren sollen.

Betrachtet man Platons Ausführungen in *Timaios*, wie sie in Zusammenhang mit der von Cusanus abgelehnten "Weltseele"-Konstruktion gebracht werden, etwas genauer, so ist anzuführen, daß Platon, um die Ganzheitlichkeit der Werdewelt thematisieren zu können, von »Grundelementen« berichtet, die ebenso aus dem Gründenden hervorgehen wie sie diesem »Vorgefundenes« sind, womit eine Konstruktion gegeben ist, die eine Thematisierung der dialektischen Differenz - obgleich nicht thematisch-methodisch unreduziert dargebracht – bedeutet. Zum Wesen besagter »Grundelemente« gehört ein ewiger bzw. niemals zum Stillstand kommender Wandel, wobei die hiermit thematisierte Bewegung auf die Bewegung in der empirisch vergegenwärtigten Werdewelt zu projizieren ist, wie Platon auch von einer »Amme der Bewegung« spricht, die zu Bewegung in transzendentaler Verschiedenheit zu denken ist. Aus dieser Konstruktion heraus versteht Platon den Körper eines Lebewesens explizit in Relation zu einer destruierenden Umwelt, wozu gehört, daß das Am-Werke-sein eines Lebewesens auch das Angehen gegen diese Einflüsse umschließt. Kombiniert man dies mit Platons Aussagen in *Der Staat* bezüglich der Veränderlichkeit von Haustierrassen - vgl. *Grundlegung* -, so scheint einer Thematisierung Platons der Veränderlichkeit, wie Darwin von ihr spricht, nichts im Wege zu stehen, um so mehr als Platon, indem er die Dialektik grundlegt, auch die Evolutionstheorie grundlegt, Veränderlichkeit als Werdewelt-Konstitutivum erweisend - vgl. *Grundlegung* -.

Tatsächlich berichtet Platon aber nicht von der "Darwinschen Veränderlichkeit". Das ist: Indem Platon die thematisch-methodisch unreduzierte Vergegenwärtigung der Werdewelt – wider seine Intention! - verfehlt, muß er Veränderlichkeit derart auf Konstruktionen wie »Weltseele« und »Idee« beziehen, daß das Anfang-haben in der Werdewelt nicht emergent wird und daher auch die ursächliche Verflechtung innerhalb der Werdewelt nicht dahingehend bedacht werden kann, daß sie im Sinne Darwinscher "Plastizität"-Argumentation Historizität bedenken ließe. Indem nämlich Platon Bewegung bzw. Veränderlichkeit auf »Weltseele« und »Idee« projiziert, obgleich im Lichte der Dialektik - vgl. für »Idee« insbesondere die Analyse von *Der Sophist* in *Lehre* und *Untersuchungen* -, unterläuft Platon, im Rahmen der Ausblendung der Ganzheitlichkeit der Werdewelt, Veränderlichkeit auf etwas beziehen zu müssen, das selbst nicht mehr an sich Veränderlichkeit zeigen kann, ohne bereits das an sich zu Veränderlichkeit Transzendentale zu sein. Daher auch leitet Platon das harmonische Aufeinander-abgestimmt-sein der einzelnen Körperteile in dem damit bezeichneten Sinn abseits der Darwinschen "Plastitzität"- bzw. "Kampf ums Dasein"-Argumentation ab, also abseits der Darwinschen Werdewelt-Regeln.

Trotzdem enthält Darwins Position hiermit nichts, das gegenüber der Position Platons Neues ist, derart daß es zu einer Entgrenzung der Platonischen Position im Sinne einer Freilegung der Platonischen Intention beiträgt. Darwins Konzentration auf die Werdewelt-Regeln und so fort bedeutet nämlich eine Konzentration auf etwas, das Platon aufgrund seiner Einflechtung von »Weltseele« und »Ideen« tatsächlich nur defizitär aufgreifen kann - vgl. oben -. Komplementär hierzu gilt aber, daß Darwins Konzentration von einer Ausblendung der unthematische-Begriffpyramide geprägt ist, weswegen er lediglich eine pseudomechanistische - bzw. nicht mechanistisch sein sollende "mechanistische"-Theorie erhält, die das Anfang-haben der Werdewelt, aus dem sich erst "Veränderlichkeit" im Sinne von "Neues" – Selbstorganisation! - ableiten läßt, verfehlt, wohingegen Platon im Sinne seiner Eines-Formel Anfang-haben an sich vergegenwärtigt, bzw. die Bedingung der Möglichkeit hierfür gemäß seiner Intention grundlegt. In anderen Worten: Obschon Darwin um Vergegenwärtigung der transzendentalphilosophischen Schwelle bemüht ist, hierbei aber zu keiner propositionalen Vergegenwärtigung der unthematische-Begriffpyramide gelangt - und somit auch nicht von "dialektische Differenz" -, muß er in der Projektion von der Werdewelt - Komplementarität der Werdewelt-Regeln! - auf das zur Werdewelt Transzendentale etwas aussagen, das im Sinne der Uneindeutigkeit - wie auch: "Sorglosigkeit" - seiner Position, und somit im Sinne der Darwinschen "Analytik", Komplettierung der Werdewelt-Regeln ist; hierin liegt also, wieso Darwin im Lichte seiner Zurückweisung von "Zufall" ein quasi-mechanistisches Denken auf die Transzendentalität projiziert.

Darwin bietet somit - gemäß Universalität des Person-sein interpretiert - eine Quasi-Mechanisierung von Platons »Weltseele«, sowie »Idee« und »Amme der Bewegung«, anstatt diese Konstruktionen - in Weiterentwicklung des diesbezüglichen Vorstoßes Cusanus' - zu erübrigen, alleine der Platonischen Intention gerecht werdend. Indem also Darwin zu Beginn von *Entstehung* mittels einer (modifizierten) Raster-Argumentation auf eine propositionale Vergegenwärtigung von das Gründende verzichtet, ist somit nicht von einer Darwinschen "Mechanisierung" von »Weltseele« etc. zu sprechen, was aber nicht als "Versehen" Darwins verstanden werden kann, sondern als bewußtes Bemühen im Sinne der Vergegenwärtigung der transzendentalphilosophischen Schwelle.

Indem Darwin also nicht dazu vordringt, Veränderlichkeit im Lichte der Vergegenwärtigung von Neues zu bedenken, spricht er gleichsam von einem, Variabilität zeigenden "Schöpfungsakt", wo der Schöpfungsbericht von vielen, unabhängigen "Schöpfungsakten" berichtet. Beide Konstruktionen sind aber derart, daß sie "Schöpfungsakt" nicht auf ein Subjekt beziehen können, das thematisch-methodisch unreduziert bedacht wird.

Hierbei gilt: Darwins Kritik an der Schöpfungslehre bleibt, obgleich sie Gemeinsamkeiten mit Cusanus' »schriftgemäß« aufweist - vgl. oben -, in völliger Distanz zur Vergegenwärtigung der Dialektik. Daher auch leistet Darwins Theorie gerade in Zusammenhang damit nichts, die defizitäre Vergegenwärtigung von Werdewelt-Regeln bei Platon und Nikolaus von Kues - wie sie an sich ihrer Dialektik entgegensteht - aufzuheben. Zum Beispiel: Cusanus' Erklärung individueller Unterschiede einzelner Rubine basiert auf einer pragmatisch-iterativen Anwendung von "dialektische Differenz", wie auch auf einem "Materie"-Begriff Cusanus', der gemäß seiner Mißachtung von Entologisieren-müssen konzipiert ist - vgl. *Theologie* -. Indem Darwin aber gar nicht um die Dialektik bemüht ist, gelangt er zu keiner Entgrenzung der Cusanischen iterativen Anwendung der dialektischen Differenz, das Entontologisieren-müssen freilegend. Darwin erbringt daher auch nicht, mit der Beachtung der Werdewelt-Regeln etwas anbieten zu können, das die Ganzheitlichkeit der Werdewelt im Lichte der Beachtung von Veränderlichkeit bedeutet. Das ist: Darwins Kritik an "schriftgemäß" konzentriert sich auf eine empiristische Fundierung, dergemäß die Mißachtung der Daß-Losigkeit der Werdewelt-Analyse maskiert wird, indem das propositionale Bedenken jener Aussagen, die transzendental zu den Daß-Aussagen gleich angeführten Aussagen in Verflechtung mit der Empirie - zum Beispiel "Lebenskraft ist gegeben" - weitgehend nicht-propositional verwendet werden, mit der Begründung, daß diese Aussagen nicht analytisch abgeleitet werden brauchen, was freilich eine pragmatische Überbetonung von Verzicht-üben-müssen bedeutet. Darwins Kritik an "schriftgemäß" weist also, ganz im Gegensatz zur Cusanischen "schriftgemäß"-Kritik, kein entsprechendes Problembewußtsein auf, gerade mittels der Freilegung besagter analytischer Darlegbarkeit dem diskursiven Vordringen zum Bereich der Notwendigkeit entsprechen zu können.

Zugleich aber ist Darwins Position insofern nicht herbeiargumentiert, als sie mit der Beachtung von Veränderlichkeit auf ein Werdewelt-Konstitutivum abzielt, wobei gilt, daß es gerade die defizitäre Vergegenwärtigung dieses Konstitutivums ist, das Cusanus zu seiner iterativen Anwendung von dialektischer Differenz verleitet.

Nikolaus von Kues muß nämlich zur iterativen Verwendung der dialektischen Differenz greifen, da er das Anfang-haben der Werdewelt nicht hinreichend vergegenwärtigt, worin liegt, daß er - trotz seiner Ausführungen (sensu Paulus) zu "Blick in die Welt" - das Eines-sein der Werdewelt nicht vergegenwärtigt, worin die Mißachtung der Historizität begründet liegt, da Nikolaus von Kues im Sinne seiner nominalistischen Akzentuierung werdeweltliche Aktualität derart auf das Transzendentale bezieht, daß hierunter das Ursache-sein eines Begrenztes für ein anderes Begrenztes nicht gebührend bedacht wird. Das ist: Nikolaus von Kues bedenkt das "Ursache-sein" im Werdewelt-Horizont nicht derart, daß hierin das Anfang-haben der Werdewelt als einem Eines - obgleich nicht gemäß d a s Eines - manifest wird. Tatsächlich ermöglicht aber gerade die noetische Dialektik das Aussagen hiervon, insofern sie das Eines-sein der Werdewelt in dialektischer Differenz zu d a s Eines erweist, ergebend, daß Ursache-sein im Sinne der Historizität als Manifestation der Daß-Losigkeit der Werdewelt bei gleich-zeitigem Anfang-haben bedacht wird. Cusanus' "schriftgemäß" bedeutet also eine Unterschätzung des Potentials der noetischen Dialektik, eine positive Anerkennung der Ganzheitlichkeit der Werdewelt ebenso verfehlend wie die, auf Dialektik gänzlich verzichtende, viktorianische Physikotheologie.

Darwin wiederum sieht gemäß seiner "schriftgemäß"-Konstruktion in der Beachtung der Historizität jenes, das die Verflechtung empirischer Befunde und theologischer, letztbegründender Aussagen konsequent gemäß "diskursives Vordringen zum Bereich der Notwendigkeit" gestalten läßt - Fideismus erübrigend -, übersehend, daß er hierzu nicht die physikotheologische Mißachtung der Dialektik als Basis nehmen dürfte, sondern die Cusanische Geringachtung - im Sinne der Intention Cusanus' und Platons' - als Zu-Überwindendes als Basis nehmen müßte. Indem Darwin hierzu aber nicht vordringt, mißrät ihm die Beachtung der Historizität zu etwas, das nicht nur nicht das Subjekt der Eines-Formel nicht uneingeschränkt vergegenwärtigen läßt - wie dies bei Cusanus der Fall ist - sondern die Vergegenwärtigung der Eines-Formel an sich nicht beachten kann. Das ist: Darwins "schriftgemäß" ist aus der physikotheologischen Verankerung zu befreien und in die Tradition des Bedenkens gemäß der Platonischen Intention einzugliedern.

2.3. *Abstammung des Menschen*[29]

2.3.1 Kapitel 1 - 2: Grundsätzliche Darlegung der Theorie

Das erste Kapitel trägt den Titel *Beweise für die Abstammung des Menschen von einer tiefer stehenden Form.* Zur Darlegung der in Aussicht gestellten Beweise ist es aus Darwins Sicht nötig, auf verschiedene Fragen eine Antwort zu geben:

> "Wer zu erkennen wünscht, ob der Mensch der veränderte Nachkomme einer früheren Form ist, wird wahrscheinlich zunächst untersuchen, ob der Mensch in seinem Körperbau und in seinen geistigen Fähigkeiten irgendwie von der Norm abweicht (variiert), und, wenn dem so ist, ob die Abweichungen gemäß der in der Tierreihe geltenden Gesetzen auch bei seinen Nachkommen auftreten. Er wird weiterhin fragen, ob die Abweichungen - soweit uns unsere Unwissenheit ein Urteil darüber erlaubt - auf dieselben allgemeinen Ursachen zurückzuführen sind und von denselben allgemeinen Gesetzen beherrscht werden wie bei anderen Lebewesen, z.B. von den Gesetzen der Korrelation, der vererbten Wirkungen des Gebrauchs und Nichtgebrauchs usw. Ferner, ob der Mensch ähnlichen Mißbildungen unterworfen ist, Entwicklungshemmungen, Verdoppelung von Teilen usw., und ob sich die eine oder andere seiner nichtnormalen Bildungen als ein Rückschlag auf einen früheren und älteren Typus deuten läßt. Ebenso muß untersucht werden, ob auch der Mensch, wie so viele andere Tiere, Varietäten und Unterrassen erzeugt, die voneinander nur wenig verschieden sind; oder Rassen, die so sehr voneinander abweichen, daß sie als zweifelhafte Arten bezeichnet werden müßten. Endlich, wie es sich mit der geographischen Verbreitung derartiger Rassen verhält und wie das Produkt einer Kreuzung in der ersten wie in den folgenden Generationen beschaffen ist. Und was dergleichen Fragen mehr sind. | Sodann wäre als ein sehr wichtiger Punkt zu erforschen, ob sich der Mensch in einem so raschen Verhältnis vermehrt, daß gelegentlich ein harter Kampf um die Existenz daraus entspringt, infolge dessen nützliche Abänderungen, körperliche oder geistige, erhalten bleiben, schädliche dagegen ausgemerzt werden. Endlich ob die Rassen oder Arten - gleichgültig, wie man sie bezeichnen will - einander verdrängen und ersetzen, so daß manche schließlich vernichtet werden" (S.4-5).

---

[29] *Abstammung des Menschen* - Übersetzt von H. Schmidt; durchgearbeitet und eingeleitet von G Heberer; Stuttgart (1966); nach der revidierten 2. Auflage (1874). Im weiteren Text zitiert mit: *Abstammung*.

Im Lichte dieser Fragen blickt Darwin auf den Menschen wie auf eine beliebige Art von Lebewesen; besagte Fragen zeigen den Menschen im Lichte einer Evolutionstheorie, die das Gesamt der Lebewesen umfaßt, so daß es zunächst nichts besonderes zu sein scheint, wenn er schreibt:

> "Wir werden sehen, daß alle diese Fragen für den Menschen offenbar ebenso bejaht werden müssen wie für die anderen Tiere" (S.5).

Daß Darwin die Abstammung des Menschen trotzdem als ein eigenes Problem ansieht, bzw. hierzu ein eigenes Buch schreibt, obgleich die Abstammung des Menschen - als diejenige einer weiteren Art - im Lichte seiner Darlegungen in *Entstehung* kaum mehr als ein Schlußkapitel dieses Buches ausmachen zu können scheint, kann nur als Reaktion Darwins darauf verstanden werden, mit "Mensch" eine Art von Lebewesen zu betrachten, der von anderer Seite als der Abstammungslehre eine Sonderstellung gegenüber den anderen Lebewesen zugestanden wird, und womit Darwin also explizit umgehen muß. Genauerhin muß Darwin damit umgehen, im Rahmen der Analyse von "Mensch" auf etwas treffen zu können, das für die Darlegung von "Abstammung" etwas bedeutet, das - obgleich grundsätzlich von der Theorie erklärbar - im Horizont der Betrachtung der anderen Lebewesen nicht zu erklären ist. Die Frage ist daher, ob Darwin das "von anderer Seite" bezüglich "Sonderstellung des Menschen" Ausgesagte adäquat aufgreift, in diesen etwaig auftretende Herbeiargumentation erübrigend, oder seinerseits ein defizitäres Verständnis von "Sonderstellung" hat, aufgrund des pragmatischen Charakters seiner Argumentation in *Entstehung*. In anderen Worten: Inwieweit gelingt Darwin - im Lichte seiner Aussagen in *Entstehung* - ein adäquater Umfang mit der zentralen Problematik für evolutionsbiologisches Denken?

Angesichts hiervon sei aus dem ersten Kapitel von *Abstammung* gelesen:

> "Zunächst wollen wir die mehr oder weniger deutlichen Spuren seiner Abstammung in seiner körperlichen Struktur aufsuchen. In späteren Kapiteln sollen dann auch die geistigen Fähigkeiten des Menschen mit denen der tiefer stehenden Tiere verglichen werden" (S.5).

Das erste Kapitel bringt also nicht alle Beweise, sondern gleichsam besonders überzeugende Beweise, so daß sich, formal gesehen, auch davon sprechen läßt, daß es jenes enthält, das dem darauf Folgenden begründungstheoretisch fester Referenzpunkt ist, gleich Daß-Aussagen, aus denen weitere - analytisch? - entfaltet werden können.

Folgende Themenbereiche gehören Darwins "Beweisen", soweit er sie also im ersten Kapitel darlegt, an: "Körperbau des Menschen", "embryonale Entwicklung", "Auftreten von Rudimenten". Einige Beispiele hierzu: Zunächst hält Darwin fest, daß »der Mensch ist ganz augenscheinlich nach demselben Typus gebaut wie die anderen Säugetiere« (S.5), wie sich anhand aller Organe zeigen lassen soll, unter anderem auch am Gehirn, »dem wichtigsten aller Organe« (S.5). Sodann verweist Darwin darauf, daß bestimmte Krankheiten den Menschen e b e n s o wie bestimmte Säugetiere betreffen können, bestimmte Parasiten vom Menschen u n d manchen Säugetieren bekannt sind, wie auch die Wundheilung bei Menschen u n d Säugetieren gleich ist. Dies zeigt die Gleichheit der Gewebe und Zellen, »viel deutlicher als ihre Vergleichung unter dem besten Mikroskop, oder die sorgfältigste chemische Analyse« (S.7). Weiters hebt Darwin hervor, daß der Embryo des Menschen auf bestimmten Entwicklungsstufen »kaum von den Embryonen anderer Wirbeltiere unterschieden werden« kann (S.10).

Angesichts derartiger Beweise schreibt Darwin am Ende von Kapitel 1:

"So läßt sich verstehen, warum der Mensch und alle anderen Wirbeltiere nach demselben allgemeinen Modell gebaut sind, warum sie alle dieselben Stadien der Entwicklung durchlaufen, und warum sie allgemein gewisse Rudimente beibehalten haben. Wir sollten darum ihre gemeinsame Abstammung ohne Rückhalt zugeben. Irgend eine andere Ansicht bilden, hieße einräumen, daß unsere eigene Bildung und diejenige aller Tiere um uns her eine bloße Falle für unser Urteil sei. Unsere Folgerung wird noch bedeutend verstärkt, wenn wir die Glieder der ganzen Tierreihe ins Auge fassen und die Beweise, die uns ihre Verwandtschaft, ihre Klassifikation, ihre geographische Verteilung und geologische Aufeinanderfolge liefern. Es ist nur unser natürliches Vorurteil und die Arroganz, womit unsere Vorväter von Halbgöttern abzustammen erklärten, die uns verleiten, diese Folgerung abzuweisen. Aber die Zeit wird bald kommen, in der es verwunderlich erscheinen wird, daß Naturforscher, die mit der vergleichenden Anatomie und mit der Entwicklung des Menschen und anderer Säugetiere vertraut sind, haben glauben können, daß jedes derselben das Produkt eines besonderen Schöpfungsaktes sei" (S.27-28).

Zu dem bisher aus *Abstammung* Zusammengetragenen ist im Lichte der oben angeführten Problematik der Sonderstellung des Menschen auszuführen: Sich mit dem Problem der wahrnehmbaren Veränderlichkeit in der Werdewelt auseinanderzusetzen bedeutet zunächst, Veränderlichkeit als Werdewelt-Konstitutivum einsehen zu können, woraus erwächst, in dem Bezug auf "Ich" die anfängliche Daß-Aussage bedenken zu können, als Basis der Vermeidung davon, Orientierbarkeit an der Natur akzeptieren zu müssen. Darwins Position kennt die dieserart motivierte Bezugnahme auf Ich aber nicht, wie sich zunächst an der Anordnung der Bücher *Entstehung* und *Abstammung* zeigt. Das ist: Den Ausführungen bezüglich "Mensch" gehen in der Gestalt von *Entstehung* solche voraus, die nicht auf das Ich - gemäß "Ich bin"-blicken, sondern auf die Natur, gleichsam so, als ließen sich dieserart Aussage-Subjekte eruieren: durch die Bedachtnahme auf "Natur" wird aber gerade das dies Ermöglichende, die Vergegenwärtigung der anfänglichen Daß-Aussage bzw. der Eines-Formel, ausgeblendet. (Die Bedachtnahme auf das Ich in *Entstehung* beschränkt sich daher auf pragmatisch konzipierte Aussagen bezüglich dem Verzicht-üben-müssen, wiewohl mit der Intention einer Vermeidung naiv-realistischer Argumentationsfiguren.) Darwin gelangt hierzu, da er die Beachtung der Veränderlichkeit - Historizität - mit einer Betonung der Empirie verknüpft, wie sie also Ermöglichung dafür sein soll, theologisch-fideistische Herbeiargumentation vermeiden zu können, aufgrund einer - gegenüber der typischen Physikotheologie - modifiziert verstandenen "design pattern"-Argument. Diese Denkweise setzt sich innerhalb von *Abstammung* fort, insofern in diesem Buch mit einer Analyse der biologisch-körperlichen Ebene von "Mensch" der Anfang genommen wird. Die Anordnung der Argumentation in *Abstammung* spiegelt also die Anordnung von *Entstehung* und *Abstammung* wider.

In anderen Worten: Darwins Analyse von Veränderlichkeit bzw. ihrer Bedeutung für die Ordnung in der Werdewelt führt, indem Darwin vor einem Werk über den Menschen ein solches über die Lebewesen schreibt, nicht anfänglich zu dem Ich und somit unmöglich zu der anfänglichen Daß-Aussage "Ich bin". In jenem Werk Darwins, das sich in Folge mit dem Menschen beschäftigt, ist es aber wieder nicht der Mensch als Bedenkender, worauf der Blick gerichtet wird, um ein Fundament für die Analyse zu finden, sondern die biologische Ebene des Bedenkens. Erst aus dem dieserart gegebenen Anfang kann sich Darwin dem Bedenken des Ich zuwenden und somit - was auch immer Darwin hierzu festhalten wird (vgl. unten) – notwendig auf defizitäre, pragmatische Weise.

Hierzu ist explizit darzulegen, daß Darwins "pragmatisch verzerrende" Darlegung auch zu einer Verzerrung dessen führt, das zu "Sonderstellung des Menschen" zu bedenken ist. Im Lichte der noetischen Dialektik bzw. der ersten Schicht des philosophischen Horizonts ist mit "Sonderstellung des Menschen" die "Privatheit des Ich" gemeint, wie sie in Form der anfänglichen Daß-Aussage "Ich bin" ihren anfänglichen Ausdruck findet, auf das Eines verweisend - vgl. *Theologie* und *Untersuchungen* -. Darwins Feststellung »Es ist nur unser natürliches Vorurteil und die Arroganz, womit unsere Vorväter von Halbgöttern abzustammen erklärten, die uns verleiten, diese Folgerung abzuweisen« bedeutet also eine Verzerrung hiervon, wobei zu beachten ist, daß sich Darwin insofern nicht explizit gegen die noetische Dialektik wendet, als er diese gar nicht sieht; Darwin kritisiert alleine ein theologisch-fideistisches Denken, das herbeiargumentierte Konstruktionen verwendet, da es seinerseits die noetische Dialektik nicht vergegenwärtigt.

Aus dem zuvor Zitierten sei nun hervorgehoben: »Aber die Zeit wird bald kommen, in der es verwunderlich erscheinen wird, daß Naturforscher, die mit der vergleichenden Anatomie und mit der Entwicklung des Menschen und anderer Säugetiere vertraut sind, haben glauben können, daß jedes derselben das Produkt eines besonderen Schöpfungsaktes sei«. Hierzu ist im Lichte des soeben Ausgeführten festzuhalten: Darwin führt hier etwas, die biologische Ebene betreffend, als »spezielle Schöpfungsakte« Erübrigendes an, das, insofern es also die Werdewelt thematisiert, gar nicht in der Lage ist, von »spezielle Schöpfungsakte« zu einer thematisch-methodisch unreduzierten Konstruktion finden zu lassen. Zudem ist hier daran zu erinnern, daß der Körperbau des Menschen von den Dialektikern Platon und Nikolaus von Kues gleich jenem einer beliebigen Art von Lebewesen verstanden wird - vgl. *Lehre* und *Theologie* -. Ist also auch auszusagen, daß Platon und Nikolaus von Kues, insofern sie die Historizität, wie in besagten Arbeiten ausgeführt - vgl. zudem diese Arbeit Abschnitt 2.2 -, nicht konsequent genug beachten und insofern die einzelnen Arten - in dem von Darwin kritisierten Sinn - einzelnen Gründungsakten gemäß betrachten, so bedeutet dies nicht, daß Platon und Nikolaus von Kues die "einzelnen Arten" nominalistische Eines sind, sondern gemäß einer analytisch-dialektischen Entfaltung des Gründenden, die nicht alleine im Lichte der ersten Schicht des philosophischen Horizonts bedacht wird.

Insofern berichten beide Denker auch keineswegs von einer Sonderstellung des Menschen, soweit es die materiale Ebene anbelangt, sondern lokalisieren diese in jenem, wofür der Körper materiale Basis ist, im Lichte davon, daß das Bedenken des Begrenzten, von dem die materiale Basis also Teil ist, ein Transzendentales zu Begrenztheit impliziert, woran das Bedenken Teil haben muß, da es selbst nicht in faktischer Getrenntheit zu Begrenztheit zu verstehen ist. Wenn also die Transzendentalphilosophie im Rahmen hiervon eine Sonderstellung des Menschen aussagt, so im Sinne der zuvor angeführten Privatheit des Ich, wobei eine Verzerrung im Bedenken hiervon mit einer Verzerrung der dialektischen Differenz verbunden sein muß, Äußerlichkeit in der Zusammenführung von "materiale Basis" und dem zu dieser Transzendentalen provozierend. Folge hiervon ist: Die materiale Basis wird nicht gemäß der dialektischen Differenz als epistemologisch Begrenztes bedacht - vgl. *Untersuchungen* -, ergebend, daß die Zusammenführung mittels schichtenontologisch akzentuierter Konstruktionen zu verstehen unternommen wird.

Diese Art der Verflechtung von "materiale Basis" mit dem hierzu Transzendentalen wird, um willen der Thematisierung der transzendentalphilosophischen Schwelle, in Positionen der zweiten Schicht des philosophischen Horizonts mit "Inhomogenität"-Konstruktionen verflochten - vgl. *Vergleich* und *Theoriendynamik* -, die, werden sie aus einer Position betrachtet, die sich der Transzendentalphilosophie nicht öffnen kann, bzw. die transzendentalphilosophische Schwelle ausschließlich nicht-propositional bedenken kann, nicht hinreichend vergegenwärtigt werden müssen, ergebend, daß das Fehlen der Aussage einer Sonderstellung des Menschen auf materialer Ebene, gleichsam auf der durch die schichtenontologische Akzentuierung gelegte Schiene auf den gesamten Menschen projiziert wird, da eine solche Position entlang dieser "Schiene" auf nichts trifft, das Anfang dafür sein könnte, "Sonderstellung" gemäß der Privatheit des Ich einflechten zu können. Eben hiervon ist in Zusammenhang mit der Position Darwins zu sprechen, obgleich noch nicht spezifiziert werden kann, inwieweit Darwin im Rahmen der Betrachtung des Menschen seine rein nicht-propositionale Betrachtung der transzendentalphilosophischen Schwelle in *Entstehung* überwinden kann.

In anderen Worten: Indem Darwin die transzendentalphilosophische Schwelle ausschließlich nicht-propositional bedenkt - wie gemäß dem Fehlen jeglichen Versuches der Vergegenwärtigung der Eines-Formel festzuhalten ist -, fehlt ihm die Möglichkeit, aus der Betrachtung des Fehlens von "Sonderstellung" auf biologisch-körperlichem Niveau das Vorhanden-sein von Sonderstellung auf dem Niveau des hierzu Transzendentalen einzuflechten, da diese Einflechtung nur dann nicht Äußerlichkeit provoziert - um deren Vermeidung Darwin bemüht ist -, wenn sie gemäß der erkannten dialektischen Differenz durchgeführt wird. Komplementär hierzu gilt: Unternimmt eine Position, die gemäß der ersten Schicht des philosophischen Horizonts argumentiert, diesen Versuch, so wird sie aus Darwins Perspektive trotzdem als "Äußerlichkeit provozierend" gelten, da sich Darwin der Bedeutung der noetischen Dialektik gegenüber nicht öffnet. Im Falle von Positionen der zweiten Schicht des philosophischen Horizonts, die also ebenfalls - wie Darwin - nicht noetisch-dialektisch argumentieren, immerhin aber um eine propositionale Vergegenwärtigung der Transzendentalität bemüht sind, wird Darwin nicht erkennen, daß ihr partielles Scheitern gerade Folge der Nichtbeachtung der Dialektik ist, so daß eine Stärkung der Empirie - wie sie Darwin durchführt, wiewohl im Sinne seiner Positionierung innerhalb theologisch fundierten Denkens - gerade nicht zielführend ist.

Dies beachtend sei nun aus dem Anfang des ersten Teils von Kapitel 2 gelesen:

> "Es steht fest, daß der Mensch gegenwärtig einer bedeutenden Variabilität unterliegt" (S.28).

Hieran fügt Darwin an:

> "Außer speziellen Neigungen und Gewohnheiten werden sicher auch allgemeine Intelligenz, Mut, bösartiges und gutes Temperament usw. vererbt. Beim Menschen beobachten wir ähnliches in fast jeder Familie, und wir wissen jetzt durch die bewunderungswürdigen Arbeiten von Galton, daß das Genie, welches eine wunderbar komplexe Kombination hoher Fähigkeiten umfaßt, zur Erblichkeit neigt. ... | Wenn wir annehmen, daß alle Rassen des Menschen eine einzige Art bilden, so ist ihr Verbreitungsgebiet enorm; aber schon gewisse besondere Rassen, wie die Amerikaner und Polynesier, haben sehr ausgedehnte Verbreitungsgebiete. Es ist ein bekanntes Gesetz, daß weitverbreitete Arten variabler sind als Arten mit beschränktem Verbreitungsgebiet; und die Variabilität des Menschen kann zutreffender mit derjenigen weitverbreiteter Arten als mit jener der domestizierten Tiere verglichen werden" (S.30-32).

> "Beim Menschen wie bei den Tieren scheint die Variabilität nicht nur durch dieselben allgemeinen Ursachen bewirkt zu werden; hier wie dort werden auch dieselben Körperteile in einer durchaus analogen Weise affiziert. Godron und Quatrefages haben das mit so ausführlichem Detail erwiesen, daß ich hier nur ihre Werke zu verweisen brauche. ... In dem Buche über Vererbung und Variabilität habe ich die Gesetze der Abänderung in einer flüchtigen Skizze unter folgende Gesichtspunkte gebracht: Die direkte und bestimmte Wirkung veränderter Bedingungen, wie sie sämtliche oder fast alle Individuen einer Art darbieten, die unter denselben Umständen in

derselben Weise abändern; die Wirkungen lange fortgesetzten Gebrauchs oder Nichtgebrauchs der Teile; der Zusammenhang homologer Teile; die Variabilität mehrfach vorhandener Teile; Kompensation des Wachstums (von diesem Gesetz habe ich jedoch beim Menschen kein gutes Beispiel gefunden); die Wirkungen des gegenseitigen mechanischen Druckes der Teile (wie z.B. der Druck des Beckens auf den Schädel des Kindes im Mutterleib); Entwicklungshemmungen, die zur Verkleinerung oder Unterdrückung von Teilen führen; das Wiedererscheinen längst verlorener Charaktere durch Rückschlag und schließlich korrelative Abänderung" (S.32-33).

In Zusammenhang mit dem nun Zitierten sei an folgende Feststellung in dem ersten, aus *Abstammung* gegebenen Zitat erinnert: »ob sich der Mensch in einem so raschen Verhältnis vermehrt, daß gelegentlich ein harter Kampf um die Existenz daraus entspringt«. Wie ausgeführt, bejaht Darwin diese Frage sogleich. Das ist: Darwin verweist nun - in Kapitel 2 - in Zusammenhang mit "Mensch" auf jene Variabilität, die ihm in *Entstehung* Basis für »Kampf ums Dasein« ist, als jenem, dem normierendes Potential - allerdings gemäß Darwins "Uneindeutigkeit" bzw. "quasi-mechanistischem" Denken - bei der Organisationsgestaltung zufällt. Darwin verweist explizit darauf, daß die Menschheit hierbei »weitverbreiteten, domestizierten Tierarten« entspricht, bzw. beim Menschen die Variabilität durch »dieselben allgemeinen Ursachen bewirkt« wird, wie bei den anderen Lebewesen. Variabilität wird hierbei im Horizont der Analyse von Informationen zur Werdewelt - geographische Verbreitung, funktionelle Abhängigkeiten und so weiter - betrachtet, so daß an den gebrachten Zitaten insbesondere folgende Passage Aufmerksamkeit erregt: »Außer speziellen Neigungen und Gewohnheiten werden sicher auch allgemeine Intelligenz, Mut, bösartiges und gutes Temperament usw. vererbt«. Hier ist n i c h t m e h r n u r von der "körperlichen Ebene" die Rede; hier ist etwas in die Analyse der körperlichen Ebene eingeflochten, das mit dem Bedenken dieser Ebene in Verbindung steht - »allgemeine Intelligenz« -, wie auch solches, das im Horizont von "um willen von etwas" - als Zu-Transzendierendem, im Sinne von Platons Entgrenzung der Tugenden (vgl. *Vergleich*)! - Körperliches als materiale Basis hat - »bösartiges und gutes Temperament« -. Das ist: Darwin führt mit »Temperament« etwas an, das eindeutig solches thematisiert, das im Sinne von Um-sich-bemüht-sein-müssen gemäß der Rechtsfähigkeit des Ich - vgl. *Theologie* - zu verstehen ist, so daß zu beachten ist, daß es entsprechend der Ganzheitlichkeit des ontologisch Begrenzten, im Sinne der dialektischen Differenz hiervon zu d a s Eines, in dem Werdewelt-Ich - wie es also von d a s Ich entsprechend "im Gespräch sein mit sich" bedacht wird - auftritt. Insofern gilt, daß das hiermit Bezeichnete von Darwin, indem er auf die oben dargestellte Weise defizitär auf "Sonderstellung des Ich" blickt, in dessen werdeweltlicher Repräsentanz aufgegriffen wird, jedoch gemäß Darwins inadäquater Vergegenwärtigung von Werdewelt. Das Bedeutet: Darwins »allgemeine Intelligenz und Temperament« ist etwas, das, insofern es »Variabilität« und »Kampf ums Dasein« unterliegt, ein Konstitutivum von "Lebewesen" bezeichnen soll - nicht speziell von "Mensch"! -, und das daher - gemäß Darwins Überkommen von "einzelne Schöpfungsakte" - dasjenige, dem "Körperliches" materiale Basis ist, nicht als im Lichte von "im Gespräch sein mit sich" etc. zu Bedenkendes entgegentreten läßt, sondern als durch den Verweis auf das evolutive Entstehen aus Tieren.

Gemäß der ersten Schicht des philosophischen Horizonts ist in die Beachtung der fehlenden Sonderstellung des Menschen auf biologisch-körperlicher Ebene eine Konstruktion einzuflechten, dergemäß "materiale Basis" nicht derart Körperlichkeit bedeutet, daß "Denken", "Gefühle" etc. in dialektischer Differenz zu dieser steht, sondern dieses, insofern es nicht schon das "im Gespräch sein mit sich" ist, ebenfalls in der Werdewelt repräsentiert sein läßt, jene Ganzheitlichkeit des Person-sein bzw. Organismus-sein bedeutend, die es entsprechend der dialektischen Differenz zu transzendieren gilt. Darwin sieht dies aber gemäß seiner Thematisierung der Historizität pragmatisch verzerrt, so daß er nicht erkennt, daß die Verschiedenheit von "Bedenken" und "materiale Basis des Bedenkens" auf dem Niveau des Werdewelt-Ich im Sinne der analytischen Entfaltung der dialektischen Differenz zu "bedenken" ist, ergebend, daß besagte Verschiedenheit analytisch aus dem Nicht-nur-es-an-sich-sein von d a s Eines abzuleiten ist (vgl. *Untersuchung*).

Zur Verdeutlichung dieses zentralen Punktes sei wiederholt: Dieses Nicht-nur-es-an-sich-sein von d a s Eines ist also dialektisch-analytisch zu entfalten, woraus auf dem Niveau von Ich, nun als einem ontologisch Begrenzten, erwächst: Das Ich ist, insofern es Bedenkendes ist, mittels einer materialen Basis Bedenkendes, weswegen "Bedenken" ebenso wie "materiale Basis" im Horizont des epistemologisch Begrenzten repräsentiert sind, wiewohl nicht an sich, sondern im Sinne des differentiellen Verzicht-üben-müssen, woraus das Aussagen-müssen von "im Gespräch sein mit sich" folgt, wie es also nicht das werdeweltlich repräsentierte Bedenken transzendiert, sondern das werdeweltlich repräsentierte Ich.

Genau dies ist es also, das Darwin nicht vergegenwärtigt, weswegen er das Motiv des Fehlens einer Sonderstellung des Menschen auf dem Niveau der materialen Basis auf "Bedenken" etc. überträgt, da er hierdurch eine Basis schafft, die, allerdings gemäß seinem defizitären Organismus-Verständnis in *Entstehung*, das Vergegenwärtigen-müssen von "im Gespräch sein mit sich" erübrigen soll. Darwin geht hier also von der Vorstellung aus, durch seine Projektion von "materiale Basis" auf "Bedenken" "Mensch" g a n z h e i t l i c h - zumindest zunächst - als der Evolutionstheorie "überantwortbar" darstellen zu können. Darwin übersieht hiermit, daß er erst das Werdewelt-Ich bedacht hat, so daß seine Implikationen bezüglich der Vergegenwärtigung von "im Gespräch sein mit sich" notwendig pragmatisch herbeiargumentiert sind. In anderen Worten: Mit besagter Erweiterung des Betrachtungshorizonts meint Darwin verbinden zu können, den Grundstein dafür zu legen, das Ich ganzheitlich evolutionistisch erfassen zu können, der Thematisierung von "im Gespräch sein mit sich" als einer propositionalen Vergegenwärtigung des Bereichs der Notwendigkeit nicht bedürfend.

Genauerhin ist hieran zu beachten, daß Darwin in dem hier zu Analysierenden erst den Grundstein seiner Argumentation legt, wie auch, daß Darwin auch in *Entstehung* das Sein der Transzendentalität n i c h t i g n o r i e r t - Darwin verläßt die theologische Position nicht! -, sondern zu keiner propositionalen Vergegenwärtigung des hiermit Bezeichneten vordringt. Daher gilt: Zweifellos eröffnet Darwins Nennung von »allgemeine Intelligenz« und »Temperament« eine ganzheitlich pragmatische Betrachtungsweise von Ich, da dieses ohne Thematisierung von "Privatheit des Ich" bzw. "im Gespräch sein mit sich" ausgesagt wird, doch ist fortgesetzt zu beachten, daß Darwins Darstellung dessen, das den Menschen spezifisch bezeichnet, nicht also bloß die Bedingung hierfür, von Darwin n o c h n i c h t thematisiert worden ist.

Zugleich gilt es explizit auf die Vorgaben zu achten, die sich aus Darwins Basis seiner Argumentation für seine Darlegung des spezifisch Menschlichen ergeben:

> "Folglich können wir schließen, daß, als in weit zurückliegender Zeit die Vorstadien des Menschen sich in einem Übergangszustand befanden und sich aus Vierfüßern zu Zweifüßern umwandelten, die natürliche Zuchtwahl wahrscheinlich in hohem Maße durch die vererbten Wirkungen des vermehrten oder verminderten Gebrauchs der verschiedenen Teile des Körpers unterstützt worden ist" (S.39-40).

Wenn Darwin hier vom Übergang »aus Vierfüßern zu Zweifüßern« berichtet, so zweifellos von etwas, dem man zustimmen kann, jedoch - in Abkehr von der Darwinschen Argumentation! - unter Beachtung davon, daß besagte Begriffe k e i n e A u s s a g e s u b j e k t e bedeuten, sondern Eines der Werdewelt-Analyse und daher gemäß der Unendlichkeit von "Begrenztes verweist auf Begrenztes" zu verstehen sind. D a r w i n ü b e r s i e h t d i e s a b e r, da er insgesamt zu keiner propositionalen Vergegenwärtigung des Transzendentalen vordringt. Dies signalisiert erneut, daß Darwin ein pragmatisch verzerrtes Verständnis von Person-sein hat. Wovon nämlich Darwins "Zweifüßer - Vierfüßer"-Argument geprägt ist, das ist Darwins Versuch, aus der Betrachtung der Natur jenes ableiten zu können, das eine Vergegenwärtigung von "Ich bin" unnötig erscheinen läßt, bzw. als Teil der von Darwin zurückgewiesenen theologisch-fideistischen Argumentation. Dies entspricht Darwins defizitärem Verständnis von "Organismus" bzw. "Lebewesen" in *Entstehung* und untermauert, daß dieses defizitäre Verständnis in die Darstellung von Person-sein in *Abstammung* hineingetragen worden ist, u.a. die Verflechtung der Ebenen "materiale Basis - Bedenken" ergebend.

Entscheidend ist, daß Darwin, entsprechend der Möglichkeit, daß sich ein Ich auch mit pragmatischen Konstruktionen arrangieren kann (vgl. *Privatheit*, *Überlegungen II*), die Verknüpfung von (zum Beispiel) »Zweifüßer« mit »Vierfüßer« gemäß seiner Thematisierung von Historizität gerechtfertigt sieht: Er sieht hierin jene Komplettierung der empirischen Daten, die dem nötigen Verzicht-üben-müssen entsprechen läßt - vgl. Analyse von *Entstehung* -. Darwin übersieht hiermit, daß er das Nicht-Alles-sein der Empirie, angewendet auf "Mensch", durch etwas zu bewältigen versucht, das die Werdewelt gar nicht transzendiert, sondern das zur Werdewelt Transzendentale unvergegenwärtigt läßt.

Es ist somit die Darwinsche "Sorglosigkeit" - "Alles ist möglich" -, auf die hier wieder getroffen wird, nun aber in einem unvergleichlich ernsteren Zusammenhang, als zuvor, im Rahmen der Interpretation von (unter anderem) "grüner Specht". Indem nämlich Darwin auf »Veränderlichkeit« im Sinne von »Variabilität« und »Kampf ums Dasein« in Zusammenhang mit "Mensch" blickt, provoziert er, insofern er dies unternimmt, da er die dialektische Differenz und Privatheit des Ich verfehlt, "Mensch" bzw. "Ich" mit einem Gradienten zu kombinieren, woraus (zum Beispiel!) folgende, ebenso inhaltslose wie unappetitliche Aussage resultiert:

> "[S]o, daß diese [mikrocephalen] Idioten einigermaßen den niederen Typen des Menschen ähnlich sind. Ihre Intelligenz und die meisten ihrer geistigen Fähigkeiten sind äußerst schwach" (S.40).

Darwin ist hier also nicht in der Lage, die Universalität des Person-sein auch im Blick auf Menschen festzuhalten, die aufgrund von Spezifika d e r m a t e r i a l e n B a s i s von Person-sein, wie es in dialektischer Differenz zu Person-sein an sich zu bedenken ist, auffallen. Mehr noch: Darwin leitet aus seiner Fehlinterpretation eine Aussage zum historischen Ursprung der Menschheit ab, so daß schon der hiermit gegebene Analogieschluß - zwischen »Idioten« und »niedere Typen« - die ganze Haltlosigkeit der Darwinschen Konstruktion zeigt.

Anstatt also die werdeweltliche Variabilität der Menschheit, wie sie also auch "Phylogenie" umfaßt, mit der Universalität des Person-sein - als einem Eines der unthematische-Begriffpyramide! - auf thematisch-methodisch unreduzierte Weise in Verbindung zu bringen, klammert Darwin dies aus, nach Zeugnissen für eine "Historizität"-Konstruktion suchend, die in ihrem Vermögen zur positiven Vergegenwärtigung der Transzendentalität vollständig defizitär konzipiert ist.

Angesichts derartiger Aussagen sei nun auf Kapitel 2, Unterkapitel: *Verhältnis der Zunahme* [der Individuen] geblickt. Zunächst schreibt Darwin:

> "Das primäre und fundamentale Hindernis für die fortgesetzte Zunahme des Menschen ist die Schwierigkeit, Existenzmittel zu erlangen und mit Behaglichkeit leben zu können" (S.49-50).

Angesichts hiervon blickt Darwin auf die "zivilisierte Gesellschaft":

> "Bei zivilisierten Nationen wirkt das erwähnte primäre Hindernis hauptsächlich dadurch, daß es das Heiraten erschwert. Auch das Sterblichkeitsverhältnis der Kinder in den ärmsten Klassen ist von großer Bedeutung, ebenso, infolge verschiedener Krankheiten, bei den Bewohnern dicht bevölkerter und elender Häuser, die größere Sterblichkeit auf allen Altersstufen. Die Wirkungen schwerer Epidemien und Kriege werden bald ausgeglichen, und sogar mehr als ausgeglichen, bei Nationen, welche unter günstigen Bedingungen leben" (S.50).

In Folge nimmt Darwin auf die Gesellschaft "Wilder" bezug:

> "Wilde heiraten fast immer; es tritt aber irgend eine kluge Zurückhaltung doch ein, denn sie heiraten gewöhnlich nicht in dem Alter, in welchem das Heiraten am frühesten möglich ist. Häufig wird von den jungen Männern der Nachweis verlangt, daß sie ein Weib erhalten können, und sie haben gewöhnlich zunächst die Summe zu verdienen, womit sie die Frau von ihren Eltern kaufen. ... Kommen Wilde in Bedrängnis, so greifen sie gegenseitig in ihre Territorien über, und das Resultat ist Krieg; doch liegen sie in der Tat fast immer mit ihren Nachbarn im Krieg. Bei ihrem Suchen nach Nahrung sind sie zu Wasser und zu Lande vielen Zufällen ausgesetzt, und in manchen Ländern leiden sie auch sehr unter den größeren Raubtieren" (S.51-52).

Diese Gegenüberstellung »zivilisierter« und »wilder« Gesellschaften weist eine eigentümliche Invariante auf, insofern die Personen, die besagte Gesellschaften bilden, letztlich gar nicht als Personen bedacht werden, sondern als Teile von Gruppen, die sich nicht "ins Unendliche" vergrößern dürfen. Das ist: Mit geradezu aufreizender Gleichgültigkeit konzentriert Darwin das Interesse nicht auf "Individuum als Person", sondern auf die Größe besagter Gruppen. »Sterblichkeitsrate der Kinder« und das Auftreten von Epidemien - insbesondere bei bestimmten Gesellschaftsteilen! - wird nicht als Katastrophe für diese Menschen gesehen, sondern als hilfreich für das Gesamt. Was hierin seinen Ausdruck findet, das ist Darwins hoffnungslos defizitäres Verständnis von "Person" und "beste aller Welten" - Terminologie gemäß *Theologie* -, wie dies bei Darwin daraus erwächst, daß er "Person" genesetheoretisch aus nicht-menschlichen Lebewesen abzuleiten versucht, anstatt es im Sinne der noetischen Dialektik aus d a s Eines abzuleiten und hieraus, entsprechend "genealogische Ich-Kette", analytisch zu "Lebewesen" vorzudringen, dem zentralen Problem jeglicher Evolutionstheorie auf thematisch-methodisch unreduzierte Weise begegnend - vgl. *Privatheit* und *Theologie* -. Darwin verfügt aber nicht über die noetische Dialektik. D a h e r f o c u s i e r t e r, i n d e m S i n n e, w i e e r s o m i t " P e r s o n " d i s k u r s i v v e r f e h l t, a u f " G r u p p e " - " G e s e l l s c h a f t " m e i n e n d -, s o w i e e r i n ***E n t s t e h u n g*** a u f " K o n t i - n u u m " f o c u s i e r t, d a i h m " L e b e w e s e n " a l s E i n e s p o s i t i v z u v e r - g e g e n w ä r t i g e n n i c h t g e l i n g t.

Der Unterschied, den Darwin hierbei zwischen der "wilden" und der "zivilisierten Gesellschaft" konstatiert, besteht vor allem darin, daß die Vorkommnisse, die zu einer Senkung bzw. Eingrenzung der Individuen-Anzahl führt, im Falle der "wilden Gesellschaft" unmittelbarer als in der "zivilisierten Gesellschaft" auf die Verflochtenheit mit der Natur - »Suche nach Wasser«, »Raubtier« etc. - rückgeführt wird; »Epidemien«, »schlechte Wohnverhältnisse« und so fort, wie sie "wichtig" für die "zivilisierte Gesellschaft" sind, sind demgegenüber von den Naturbedingungen abgehoben. Die Variable, von der Darwin hier also berichtet, aufbauend auf der zuvor genannten Invariablen, ist natürlich im Sinne der Darwinschen genesetheoretischen Konstruktion zu verstehen, die "Mensch" mit einem Gradienten verknüpft, auf die zuvor bereits in Zusammenhang mit »microcephaler Idiot« kritisierte Art.

Eine Verdeutlichung des diesbezüglich von Darwin Ausgesagten bieten die folgenden beiden Zitate:

> "Malthus hat diese verschiedenen Hindernisse erörtert; er legt aber nicht genug Nachdruck auf dasjenige Hindernis, welches wahrscheinlich das bedeutungsvollste von allen ist, nämlich Kindesmord, besonders die Tötung weiblicher Kinder, und die Gewohnheit, Fehlgeburten zu veranlassen. Diese Gebräuche herrschen jetzt in vielen Teilen der Erde, und Kindesmord scheint früher, wie Mr. M'Lennan gezeigt hat, in noch größerer Ausdehnung geherrscht zu haben. Diese Gebräuche scheinen bei den Wilden dadurch entstanden zu sein, daß sie die Schwierigkeit, oder vielmehr die Unmöglichkeit eingesehen haben, alle Kinder, die geboren werden, auch zu erhalten" (S.52).

> "In der weit zurückliegenden Zeit, als der Mensch die Würde der Menschlichkeit noch nicht erreicht hatte, wird er mehr durch Instinkt und weniger durch Vernunft geleitet worden sein, wie die Wilden der Gegenwart. Unsere halbmenschlichen Vorfahren werden den Gebrauch des Kindesmordes oder der Polyandrie nicht ausgeübt haben; denn die Instinkte der tiefer stehenden Tiere sind nie so verkehrt, daß sie dieselben regelmäßig zur Zerstörung ihrer eigenen Nachkommenschaft führten, oder daß sie völlig frei von Eifersucht wären. Es wird auch keine kluge Zurückhaltung im Heiraten stattgefunden haben, und die Geschlechter werden sich im frühen Alter bereitwillig vereinigt haben. Daher werden die Vorfahren des Menschen zu einer rapiden Vermehrung geneigt gewesen sein; aber Hindernisse irgendwelcher Art, entweder periodische oder beständige, müssen ihre Zahl niedrig gehalten haben, stärker noch als bei den jetzt lebenden Wilden" (S.53).

Das Eigentümliche an dem ersten Zitat ist, daß Darwin s e i n e n "Wilden" ein Vermögen zu ausgesprochen rationaler Güterverrechnung zugesteht, wenn es darum geht, die Möglichkeiten bezüglich der »Erhaltung« von Kindern zu kalkulieren. Was Darwin hiermit genauer verbindet, ist im Lichte davon zu sehen, daß im zweiten Zitat zu lesen ist: »als der Mensch die Würde der Menschlichkeit n o c h n i c h t erreicht hatte«. Wiederum bedenkt Darwin also die Universalität des Person-sein verzerrt, aufgrund einer Gradienten-theoretischen Betrachtung. Angesichts hiervon sei an dem ersten Zitat hervorgehoben, daß besagte "Rationalität" von Darwins "Wilden" gleichsam einen "Einbruch" in der (Stammes-)Geschichte bzw. Evolution darstellt, dahingehend, daß ihren tierischen Vorfahren attestiert wird, über keine so »verkehrten Instinkte« zu verfügen, wie sie »Kindesmord« zur Voraussetzung hat, und wie er von Darwin auch nicht mit "zivilisierte Gesellschaft" in Verbindung gesetzt wird. Zugleich aber berichtet Darwin davon, daß die "Wilden" eine »kluge Zurückhaltung« bei der Heirat und in Folge bei der Zeugung üben. Die Vernunft, die Darwin hiermit anspricht, ist aber nicht jene der "Zivilisierten", denn es ist »i r g e n d e i n e kluge Zurückhaltung«, wie auch gelten soll, daß bei den "Wilden" »mehr der Instinkt und weniger die Vernunft« von Bedeutung ist.

Das Bild, das Darwin hier zeichnet, ist davon geprägt, daß mit dem evolutiven Aufbrechen bewährter instinktgeleiteter Bebürdung zunächst Problemlösungen auftreten - "Einbruch in der (Stammes-)Geschichte" -, die als unvernünftig zu bezeichnen sind, zugleich aber mit einer großen Zeugungsrate innerhalb der Gesellschaft verknüpft sind, die auch in Zusammenhang mit »Kampf ums Dasein« zu beachten ist, als Motor dafür, den "schlechten" Beginn bzw. besagten "Einbruch" überwinden zu können. Interessant ist hieran, daß dieses Überkommen von Darwin in einem Kontext gesehen wird, der sowohl die Vernunft, wie auch die Menschenwürde als A u s z u d i f f e r e n z i e r e n d e s begreift. Dies entspricht der zuvor zitierten Aussage bezüglich »allgemeine Intelligenz u n d Temperament« und ist eindeutig dahingehend zu verstehen, daß Darwin als einzige Invariante für "Mensch" das Lebewesen-sein gelten läßt, abseits der Vergegenwärtigung von "Universalität des Person-sein", bzw. als vollständige Verzerrung hiervon; als Basis hierfür hat Darwins defizitäre Vergegenwärtigung von "Lebewesen" in *Entstehung* zu gelten.

Im Lichte hiervon ist festzuhalten: Daß Darwin besagten (stammes-)geschichtlichen bzw. evolutiven "Einbruch" in seine Argumentation einflicht - obgleich er nicht explizit als solcher dargeboten wird -, trägt in sich, "Entstehung des Menschen" mit einem Anfang innerhalb des Universale "Lebewesen-sein" verknüpfen zu können, auf den speziell Entwicklungen adaptiver Abänderungen bezogen werden können sollen, ohne, insofern er aus der Bezogenheit des Menschen auf die Umwelt abgeleitet wird, im "Verdacht zu stehen" - so Darwin - etwas "Idee-haftes" an sich zu haben, also ein herbeiargumentierter Anfang im Sinne einer fideistisch konzipierten "Sonderstellung"-Konstruktion zu sein.

Woran somit aber in Zusammenhang mit dem hier Betrachteten gedacht werden kann, das ist, daß "Einbruch" eine säkularisierte Form von "Sündenfall" bedeutet, woran auch zu denken ist, da Darwins Theorie kein Überkommen theologischen Denkens in sich trägt. Zunächst soll es aber dabei belassen sein, die Möglichkeit dieser Interpretation aufzuzeigen.

Angesichts hiervon sei nun auf die Unterkapitel 2.7 *Natürliche Zuchtwahl* und 2.8 *Schluß* geblickt. 2.7 beginnt mit der Aussage:

> "Die Vorfahren des Menschen müssen auch wie alle anderen Tiere die Neigung gehabt haben, über das Maß ihrer Existenzmittel hinaus sich zu vermehren; sie müssen daher gelegentlich einem Kampfe um die Existenz ausgesetzt gewesen sein, und infolgedessen dem strengen Gesetz der natürlichen Zuchtwahl" (S.54).

Darwin führt nun also jenes explizit an, dessen Nennung in 2.6 gleichsam in Paranthese gehalten worden ist, wobei Darwin mit »Neigung« sogleich wieder jenen Begriff anführt, der bereits in der Analyse von *Entstehung* - zusammen mit »Streben« etc. - als herbeiargumentierte Ersatzkonstruktion für die propositionale Nennung des evoluierenden Eines - "Lebewesen" – bezeichnet worden ist.

An das soeben Betrachtete schließt an:

> "Durch seine intellektuellen Kräfte ist die artikulierte Sprache entwickelt worden, und von dieser war sein wundervoller Fortschritt im wesentlichen abhängig. ... Obgleich die intellektuellen Kräfte und sozialen Gewohnheiten des Menschen von der größten Bedeutung für ihn sind, so dürfen wir doch die Bedeutung seines körperlichen Zustandes, welchem Gegenstand der Rest diesen Kapitels gewidmet ist, nicht unterschätzen. Die Entwicklung der intellektuellen und sozialen oder moralischen Fähigkeiten wird in einem späteren Kapitel erörtert" (S.55-56).

Hieran interessiert die Anordnung, die sich aus »in einem späteren Kapitel« ergibt, bzw. der Umstand, daß hier jene - die Möglichkeit einer analytischen Argumentation verhindernde - Konstruktion, wie sie allgemein die Anordnung von *Entstehung* und *Abstammung* bestimmt, ihre explizite Fortsetzung findet.

Darwin gibt nun einen Abriß besagter somatischer Evolution zum Menschen, wobei die Zweibeinigkeit, bzw. die Emanzipation der Vorderextremitäten von der Aufgabe der Lokomotion, von Darwin als das initiale Ereignis für die Ausbildung zum Menschen gesehen wird, also für die Entwicklung hin zu den intellektuellen und sozialen Gewohnheiten des Menschen, wie sie für diesen von »größter Bedeutung« sind. Darwin führt in Zusammenhang mit der Entwicklung der Bipedie aber auch Merkmale an, deren Ausbildung notwendige Bedingung für die Ausbildung dieses Merkmals gewesen sind, unter anderem die Verbreitung des

Beckens, die Biegungen der Wirbelsäule und Änderungen in der Verbindung des Schädels mit der Wirbelsäule, wobei er bemerkenswerter Weise schreibt:

> "Es ist schwer zu entscheiden, in wie weit alle diese in Korrelation stehenden Modifikationen das Resultat natürlicher Zuchtwahl, und in wie weit sie das Resultat der vererbten Wirkungen des vermehrten Gebrauchs gewisser Teile oder der Wirkung eines Teiles auf einen anderen sind" (S.61).

Darwin führt nun noch einige weitere somatische Merkmale des Menschen an - zum Beispiel: "Größe des Gehirns" (S.62-63), "Nacktheit der Haut" (S.66) und "Abwesenheit des Schwanzes" (S.67) - und resümiert sodann:

> "Ich habe somit zu zeigen versucht, daß einige der unterscheidendsten Merkmale des Menschen aller Wahrscheinlichkeit nach - entweder direkt, oder häufiger indirekt - durch natürliche Zuchtwahl erlangt worden sind" (S.71).

Darwin berichtet in 2.7 gleichsam von einem Bündel an Änderungen, die auf die Zweibeinigkeit bezogen werden können, wobei in Zusammenhang hiermit zu beachten ist:

> "Sobald irgend ein Glied in der langen Reihe der Primaten dazu kam, weniger auf Bäumen zu leben, sei es infolge einer Veränderung der Art und Weise, einen Lebensbedarf zu erlangen, oder sei es infolge einer Veränderung in den Verhältnissen seines Heimatlandes, so wird auch seine gewöhnliche Fortbewegungsart modifiziert worden sein; es mußte entweder durchaus zum Vierfüßler werden, oder zu einem Zweifüßler" (S.59).
>
> "Aber wir wissen (...), daß die anthropomorphen Affen jetzt faktisch sich in diesem Zwischenzustand [zum aufrechten Gang] befinden, und doch zweifelt niemand, daß sie im ganzen ihren Lebensbedingungen gut angepaßt sind" (S.60).

Hieran ist hervorzuheben, daß Darwin »Zweifüßigkeit« als Auslöser für die Entwicklung von besagtem Bündel an Abänderungen versteht, jedoch im Sinne seiner quasi-mechanistischen Denkweise, bzw. gemäß seiner Verwendung opportunistischer Daß-Aussagen und einer fragmentarischen Induktion, wie das Zitierte »entweder - oder« zeigt, sowie seine Aussage, daß auch ein intermediäres Stadium - wie bei den Menschenaffen - Angepaßtheit darstellen kann. Das ist: Darwin bietet hier eine analytisch sein sollende Konstruktion, die aber Abstand davon nimmt, apodiktisch Eines festzulegen, aus denen heraus weiter abgeleitet wird, da Darwin hiermit notwendig einen rein mechanistischen Standpunkt provozieren würde, was wider seine Einsicht in das Vergegenwärtigen-müssen der transzendentalphilosophischen Schwelle wäre.

Am Ende von 2.7 gibt Darwin eine kritische Betrachtung der Bedeutung der natürlichen Zuchtwahl, auf die aber am Ende von 2.2.1 zurückgekommen sei. Zunächst sei auf *Abstammung* 2.8 geblickt. Zunächst ist zu lesen:

> "Nach den Gewohnheiten der Naturvölker und der größeren Zahl der Affen zu urteilen, lebten der Urmensch wie auch die affenähnlichen Vorfahren des Menschen wahrscheinlich gesellig" (S.75).

Darwin weist angesichts hiervon nun darauf hin, daß bei sozialen Tieren die natürliche Zuchtwahl zuweilen nicht direkt auf das Individuum wirkt, sondern indirekt, »durch die Erhaltung von Abänderungen, welche für die Gesellschaft nützlich sind« (S.75). Derartige Gruppen können, so Darwin weiter, solitären Lebewesen überlegen sein. Zur Illustration verweist Darwin auf soziale Insekten - zum Beispiel den Pollensammelapparat und den Stachel von Honigbienen -, wie er auch festhält, daß, seinem Informationsstand nach, derartige Einrichtungen,

»welche nur zum Besten der ganzen Gesellschaft modifiziert« sind, von »höheren gesellig lebenden Tieren« nicht bekannt sind.

Im Lichte hiervon widmet sich Darwin nun einer Frage, die allgemein an seine Theorie von der Bedeutung der natürlichen Zuchtwahl für die Entstehung der menschlichen Gesellschaft, herangetragen worden ist.

> "Den im vorstehenden entwickelten Ansichten ist oft entgegengehalten worden, daß der Mensch eines der hilflosesten uns wehrlosesten Geschöpfe der Welt sei, und daß er während seines früheren und weniger entwickelten Zustandes noch hilfloser gewesen sein müsse. Der Herzog von Argyll behauptet z.B., daß der menschliche Körperbau von dem der Tiere in der Richtung größerer physischer Hilflosigkeit und Schwäche abgewichen sei; das sei eine Divergenz, die weniger als jede andere bloßer natürlicher Zuchtwahl zugeschrieben werden könne" (S.75-76).

Worauf Darwin hier anspielt, das läßt sich auch als Frage danach verstehen, ob Darwin nicht ein "Sündenfall"-Analogon konstruiert, das insofern eine Sackgasse bezeichnet, als auch die "natürliche Zuchtwahl"-Theorie nicht aus der dieserart bezeichneten Situation herausfinden läßt, bzw. nur derart, daß man zumindest nicht alleine von "natürliche Zuchtwahl" als genesetheoretischer Erklärung spricht. Darwin akzeptiert diese Kritik natürlich nicht, wobei die Lösung, die Darwin für das aufgeworfene Problem anbietet, auf jenem Gradientenmodell von "Mensch" bzw. "Person" basiert, das in den, 2.8 vorangehenden Unterkapiteln dargelegt worden ist, und zu Beginn von 2.8 wiederholt worden ist: »Nach den Gewohnheiten der Naturvölker und der größeren Zahl der Affen zu urteilen, lebten der Urmensch wie auch die affenähnlichen Vorfahren des Menschen wahrscheinlich gesellig«. Besagte Lösung Darwins lautet:

> "Was die körperliche Größe und Kraft betrifft, so wissen wir nicht, ob der Mensch von einer kleinen Art abstammt, gleich dem Schimpansen, oder von einer so mächtigen wie dem Gorilla; wir können daher auch nicht sagen, ob der Mensch größer und stärker, oder kleiner und schwächer als seine Vorfahren geworden ist. Wir müssen indes im Auge behalten, daß ein Tier mit bedeutender Größe, Kraft und Wildheit, welches, wie der Gorilla, sich gegen alle Feinde verteidigen kann, wahrscheinlich nicht sozial geworden wäre, und dies würde in äußerst wirksamer Weise die Entwickelung der höheren geistigen Eigenschaften beim Menschen, wie Sympathie und Nächstenliebe, gehindert haben. Es dürfte daher ein unendlicher Vorteil für den Menschen gewesen sein, einer verhältnismäßig schwachen Form zu entstammen. | Die geringe körperliche Kraft des Menschen, seine geringe Schnelligkeit, der Mangel natürlicher Waffen usw. werden mehr als ausgeglichen: erstens durch seine intellektuellen Kräfte, die ihn, noch im Zustande der Barbarei, in den Stand setzten, Waffen, Werkzeuge usw. zu formen; zweitens durch seine sozialen Eigenschaften, welche ihn dazu führten, seinen Mitmenschen zu helfen und Hilfe von ihnen zu empfangen. ... Die Vorfahren des Menschen standen ohne Zweifel im Intellekt und wahrscheinlich in den sozialen Anlagen noch unter den niedrigsten Wilden der Gegenwart. Es ist aber völlig denkbar, daß sie existiert und sogar sich wohl befunden haben können, wenn sie an intellektueller Ausbildung gewannen, während sie allmählich ihre tierischen Fähigkeiten, wie die des Kletterns usw. einbüßten" (S.76-77).

»Es dürfte daher ein unendlicher Vorteil für den Menschen gewesen sein, einer verhältnismäßig schwachen Form zu entstammen«. Die "Schwäche" wird hier also zur "Stärke". Diese Verflechtung von Gegensätzlichkeit tritt auch in vor-dialektischen bzw. verzerrt-dialektisch argumentierenden Positionen auf - vgl. *Theologie* und *Untersuchungen* -, um willen einer Darstellung des eigentlich noetisch-dialektisch Darzulegenden - "Dialektik" als Entfaltung des

Gegensätzlichen -. Insofern mag das "Spiel mit Gegensätzlichem" - obgleich Darwin die Dialektik gar nicht vergegenwärtigt - gemäß Universalität des Person-sein betrachtet, auf Darwin einen gewissen Reiz ausüben. Ist hieran also auch zu denken, so ist es letztlich aber doch das Verfehlen der Dialektik, wovon besagte Darwinsche Konstruktion geprägt ist. Das ist: In dem Sinne, wie Darwin nicht zu "im Gespräch sein mit sich" und "Privatheit des Ich" vordringt, also zu keinem propositionalen Verständnis von Person-sein, leitet er die in der "Schwäche" angelegte "Stärke" aus einem Verständnis von Gemeinschaft ab, das nicht anders als im Horizont von Güterverrechnung bedacht verstanden werden kann, derart, als ließe sich ohne propositionale Vergegenwärtigung von das Gute adäquat von Güterverrechnung berichten[30]: Es ist nun nämlich die »allgemeine Intelligenz« - vgl. oben für Darwins Feststellungen hierzu -, die Waffen zu produzieren ermöglicht, wie auch dazu führt, »seinen Mitmenschen zu helfen und Hilfe von ihnen zu empfangen«. Diese »Hilfe« ist aber, insofern sie aus dem Betrachtungshorizont von "Waffenerzeugung", dem Vergleich der menschlichen Gesellschaft mit Affengesellschaften bzw. allgemein der Gradientenkonstruktion von Person-sein erwächst, notwendig eine pragmatisch-utilaristische Konstruktion zur Letztbegründung des zu "um willen von etwas" Transzendentalen, und dies, obgleich sie im Rahmen der Nennung von »Würde des Menschen« und »Nächstenliebe« gebracht wird. Die Verflechtung in »Es ist aber völlig denkbar, daß sie existiert und sogar sich wohl befunden haben können, wenn sie an intellektueller Ausbildung gewannen, während sie allmählich ihre tierischen Fähigkeiten, wie die des Kletterns usw. einbüßten« ist also fortgesetzt jene gemäß »allgemeine Intelligenz und Temperament«.

Zudem ist an dem nun aus *Abstammung* Analysierten zu beachten, daß es, im Sinne des Gradientenmodells bezüglich Person-sein, keinen Anfang von Person-sein aussagt, wie er gemäß "Ich bin" zu fordern ist. Darwins Position enthält hierzu kein Gegenstück, insofern Darwin aus dem Eines "Kontinuum" (der Lebewesen) argumentiert, eröffnend, jenes, das für Mensch charakteristisch ist, im Rahmen von "Ablegen tierischer Eigenschaften" - zum Beispiel »Klettervermögen« -, also als hiermit verflochten, darlegen zu können, worin die Ermöglichung dafür liegt - so Darwin -, die "Analytik" einer quasi-mechanistischen, opportunistische Daß-Aussagen und fragmentarische Induktion nutzenden Darstellungsweise als hinreichend für die Vergegenwärtigung von jenem verstehen zu können, das notwendig auszusagen ist, wenn das Ich nicht im Sinne der dialektischen Differenz zu das Eines bedacht werden kann.

Die "tierischen Fähigkeiten" werden durch diese Verflechtung gleichsam zu solchen eines Nicht-Ich, das nicht in faktischer Getrenntheit zu dem Ich ist. Dieserart bietet Darwin also eine Theorie, die, insofern sie "Person-sein" und damit auch "Rechtsfähigkeit des Ich" sowie "genealogische Ich-Kette" lediglich pragmatisch verzerrt bedenken kann, im Sinne der in *Entstehung* angetroffenen Konstruktion aus opportunistischen Daß-Aussagen und der damit verflochtenen nicht-propositionalen Vergegenwärtigung des Bereichs der Notwendigkeit "beste aller Welten" thematisiert, wozu gehört, daß mit »Kampf ums Dasein« bzw. »natürliche Zuchtwahl« etwas als normierendes Element im Horizont von Veränderung ausgesagt wird, das dies nicht sein kann, da es wider die dialektische Differenz bzw. die Ganzheitlichkeit der Werdewelt verstanden wird.

---

[30] Betont sei, daß "das Gute", wie es gemäß Platons noetischer Dialektik ausgesagt sei, notwendig anzunehmen ist, obgleich die Darlegung von "das Gute" in Form der Platonischen Gutes-Formel - vgl. *Vergleich* - insoweit zu entgrenzen ist, als diese Formel von Platon nicht alleine gemäß seiner Intention konzipiert ist. Das Ergebnis dieser Entgrenzung ist in *Theologie* skizziert.

Indem dieses also der Argumentation in *Abstammung* zugrunde liegt, ist zu beachten, daß Darwin Konstruktionen anbietet, die mit Person-sein unvereinbar sind, da sie das Person-sein nicht im Lichte seiner Teilhabe am Gründenden zeigen, wiewohl sie nicht dergestalt sind, daß sie wider Darwins nicht-propositionale Vergegenwärtigung der transzendentalphilosophischen Schwelle bzw. des Bereichs der Notwendigkeit sind. Hierin liegt, daß Darwin in seiner Anführung von »Kindstötung«, »Epidemie«, »Krieg«, »soziale Ungleichverteilung« und so weiter, wie er es in Zusammenhang mit »Kampf ums Dasein« bedenkt, auf nichts verweist, das notwendig auftreten muß, sondern das gemäß dem opportunistischen Charakter der evolutiven Veränderung - vgl. oben - in der Lage ist, gemäß "beste aller Welten" - wie Darwin sie versteht! - wirken zu können.

Darwin begnügt sich hiermit also, da er "Person" nicht im noetisch-dialektischen Sinn als Eines versteht, wie es ein solches ist, da es zu das Eines in dialektischer Differenz zu bedenken ist, sondern lediglich insofern als Eines begreift, wie es - entsprechend der Anordnung von *Entstehung* und *Abstammung* - im Sinne einer In-Beziehung-Setzung zu "Kontinuum" möglich ist. Darwins Konzentration auf Person - fernab von der Vergegenwärtigung der Privatheit des Ich - erschöpft sich daher gleichsam in der oben angeführten Aussage bezüglich dem Unterschied zwischen Insektengesellschaften und solchen höherer Säugetiere - nicht also Mensch alleine! -: »wie er auch festhält, daß, seinem Informationsstand nach, derartige Einrichtungen, 'welche nur zum Besten der ganzen Gesellschaft modifiziert' sind, von 'höheren gesellig lebenden Tieren' nicht bekannt sind«.

Derartiges genügt Darwin, um Person als ein Eines in dem Geflecht gegenseitiger Angewiesenheit und eigener Bedürfnisse im Rahmen gesellschaftlichen Am-Werke-seins zu positionieren. Hierin spiegelt sich wider, daß Darwin das damit Bezeichnete - letztlich also das Person-sein an sich - gemäß der "Anordnung" seiner Argumente[31] aus einer Analyse der materialen Basis des Person-sein darlegen möchte, ohne diese adäquat bedenken zu können, woraus die alleine genesetheoretische - hierbei aber nicht wider die Vergegenwärtigung des Bereichs der Notwendigkeit konzipierte! - Konstruktion Darwins zu dem nicht die materiale Basis von Person-sein Bezeichnenden folgt.

Angesichts hiervon sei nun auf die vorangegangen bereits angesprochene kritische Bezugnahme Darwins auf die Bedeutung der natürlichen Zuchtwahl geblickt:

> "Man kann so den direkten und indirekten Resultaten natürlicher Zuchtwahl eine sehr beträchtliche, jedoch unbestimmte Ausdehnung zuschreiben. Nachdem ich jedoch Naegelis Abhandlung über die Pflanzen und die Bemerkungen verschiedener Autoren über die Tiere gelesen habe, besonders diejenigen von Prof. Broca, gebe ich jetzt zu, daß ich in den früheren Ausgaben meiner "Entstehung der Arten" der Wirksamkeit der natürlichen Zuchtwahl oder des Überlebens des Passendsten vielleicht zu viel zugeschrieben habe. Ich habe die fünfte Ausgabe der "Entstehung" geändert, indem ich meine Bemerkungen auf die adaptiven Veränderungen des Körperbaues beschränkte" (S.72).

> "Zur Entschuldigung sei mir zu sagen gestattet, daß ich zwei verschiedene Absichten verfolgte: erstens, zu zeigen, daß die Arten nicht unabhängig voneinander geschaffen worden sind; zweitens, daß bei der Veränderung hauptsächlich die natürliche Zuchtwahl gewirkt habe, wenn auch sehr unterstützt durch die vererbten Wirkungen des Gebrauchs, sowie in etwas geringerem Maße durch die direkte Wirkung der umgebenden Bedingungen" (S.72).

31 Also die "Anordnung" von *Entstehung* und *Abstammung* und die Anordnung der Argumente innerhalb von *Abstammung*.

Darwin berichtet hier also davon, zunächst die Bedeutung der natürlichen Zuchtwahl überbewertet zu haben, ohne aber in der Rücknahme des Übermäßigen zu einer Betonung der Substantialität des Evoluierenden - des Subjektes der Veränderung - zu gelangen. Darwin erklärt auch, wie es zu besagter Übermäßigkeit gekommen ist: Er wollte zeigen, daß die Arten nicht unabhängig voneinander geschaffen worden sind, bzw. daß die Veränderung hauptsächlich die natürliche Zuchtwahl ergeben hat. Dies ist aber der klarste Ausdruck dafür, daß Darwin übersieht, auf Fehlinterpretationen der Werdewelt - Unveränderlichkeit - nicht derart reagieren zu können, daß hierbei eine propositionale Thematisierung des Bereichs der Notwendigkeit ausbleibt, bzw. etwas, das nicht diesen Bereich bezeichnet, als ihn Bezeichnendes ausgegeben wird. Darwin übernimmt also selbige defizitäre Konstruktion, die *Entstehung* dominiert, in *Abstammung* und im Sinne hiervon ist es zu verstehen, daß "Mensch" in *Abstammung* ebensowenig propositional bedacht wird wie "Tier" oder "Pflanze" in *Entstehung.*

2.3.2 Kapitel 3 - 5: Zur Evolution der geistigen, intellektuellen, moralischen und metaphysischen Fähigkeiten und Äußerungen des Menschen

Am Beginn von Kapitel 3 ist zu lesen:

> "In den ersten beiden Kapiteln haben wir gesehen, daß der Mensch in seinem Körperbau deutliche Spuren einer Abstammung von einer tiefer stehenden Form verrät; man könnte jedoch einwenden, daß dieser Schluß irrig sei, da der Mensch sich durch seinen Geist so außerordentlich von allen anderen Tieren unterscheide" (S.78).

Darwin thematisiert hier also, ob das Problem der Sonderstellung des Menschen überhaupt durch die Analyse der körperlichen Ebene lösbar ist. Woran Darwin hierbei aber genauerhin denkt, das läßt sich folgender Feststellung entnehmen, die das aufgeworfene Problem grundsätzlich behandelt:

> "Wenn außer Menschen kein organisches Wesen irgend eine geistige Kraft aufwiese, oder wenn unsere Kräfte grundverschieden von denen der Tiere wären, so würden wir uns nie davon überzeugen können, daß sich unsere hohen Fähigkeiten stufenweise entwickelt hätten. Aber es läßt sich zeigen, daß ein fundamentaler Unterschied dieser Art wirklich nicht besteht. Müssen wir doch zugeben, daß zwischen den Geisteskräften niederer Fische, einer Lamprete z.B. oder eines Lanzettfisches, und denen eines hochentwickelten Affen ein viel weiterer Abstand besteht als zwischen dem Affen und dem Menschen; und doch ist der Abstand durch zahllose Abstufungen ausgefüllt" (S.78-79).

Darwin konstatiert hier also das Fehlen eines »fundamentalen Unterschiedes« zwischen den geistigen Fähigkeiten der Menschen und jenen der anderen Lebewesen, bzw. eines Unterschiedes zwischen den Menschen und den Tieren, der kategorial anders als der Unterschied zwischen »niedrigen Fischen« und »hoch entwickelten Affen« ist. Somit weist Darwin hier etwas zurück, das es tatsächlich nicht gibt, jedoch - und dies übersieht Darwin! - gemäß der Ganzheitlichkeit der Werdewelt, und nicht aufgrund der Möglichkeit einer genesetheoretischen Erklärbarkeit von "geistige Fähigkeit des Menschen" gemäß "im Gespräch sein mit sich". Das ist: Das Ich, wie es in der Werdewelt erlebt wird, ist nicht das dieses erlebende Ich an sich, sondern ein epistemologisches Eines, das das Ich entsprechend seinem Gegründetessein als einen Teil der Werdewelt bedenkt, wobei das Verhältnis von Bedenkendes und Bedachtes entsprechend der Entfaltung der dialektischen Differenz zu verstehen ist, wie diese an sich - "unentfaltet" - für das Verhältnis von das Eines und ontologisch Begrenztes (wovon "Bedenkendes" eines ist) auszusagen ist - vgl. *Untersuchungen* und *Theologie* -. Dies bedeutet, daß das Werdewelt-Ich, insofern es also kein verdoppeltes "bedenkendes Ich", also kein Ich gemäß "im Gespräch sein mit sich" ist, nicht kategorial verschieden von jedem möglichen anderen Werdewelt-Eines sein kann, dies aber nichts über das bedenkende Ich an sich in seinem Verhältnis zu anderen ontologisch Begrenzten besagt. Dies gilt, da die Aussage von dem fehlenden kategorialen Unterschied der Werdewelt-Eines nichts betrifft, das Aussage-Subjekte bezeichnet - weder das Werdewelt-Ich noch "Organismus" sind Subjekte, insofern die thematische-Begriffpyramide insgesamt (gemäß "Begrenztes verweist auf Begrenztes") keine Subjekte enthält -, womit wieder daran zu erinnern ist, daß die Sonderstellung des Menschen aus der Privatheit des Ich erwächst und somit in nichts gesucht werden darf, das Element eines Entfaltungsproduktes der unthematische-Begriffpyramide ist, jedoch nicht als ein solches bedacht wird, sondern, da die anfängliche Daß-Aussage nicht vergegenwärtigt wird - im Sinne einer Nivellierung der transzendentalphilosophischen Schwelle -, pragmatisch verabsolutiert wird. Dies ist aber bei Darwin der Fall, da er "Veränderlichkeit" bzw. "Historizität", von der im Sinne der noetischen Dialektik tatsächlich zu sprechen ist, aufgreift, ohne es aus der anfänglichen Entfaltung von "Ich bin" , wie es auf das Eines verweist, zu bedenken, so daß er es nicht propositional vergegenwärtigt, wobei das Nichtbedachte durch pragmatische Herbeiargumentation thematisiert wird, was sich insbesondere darin widerspiegelt, daß »Kampf ums Dasein« und »natürliche Zuchtwahl« normatives Potential zugeordnet wird. Was Darwin somit verzerrt bedenkt ist, daß sich die Sonderstellung des Ich gemäß Privatheit des Ich zwar in dem Werdewelt-Ich widerspiegelt, jedoch nicht derart, daß dieses deshalb kein Werdewelt-Eines ist. Dies gilt, da "widerspiegeln" nicht aus einer Prädikation des Werdewelt-Ich erwächst.

Darwin sucht aber nach einer solchen Prädikation, da er "Begrenztes" nicht gemäß der dialektischen Differenz bedenkt - dies hat die gesamte bisherige Analyse seiner Aussagen gezeigt -, und leitet aus dem Umstand - zu recht - nichts finden zu können, - zu unrecht - das Fehlen von Unterschieden gemäß "Sonderstellung des Menschen" ab. Hieraus also formuliert Darwin seine "Gradienten"-Konstruktion, wie sie somit verzerrter Ausdruck davon ist, "materiale Basis" differentiell gemäß der dialektischen Differenz zu verstehen: "materiale Basis" ist sowohl als körperliche Basis für das Bedenken, wie es dem Werdewelt-Ich zuzuordnen ist, zu verstehen, wie auch im Sinne dessen, das gemäß dem Nicht-nur-es-an-sich-sein von das Eines auszusagen ist. Das ist: Das Eines, wie es nicht nur es an sich ist, ist also nicht "Materie", wie sie als epistemologisch Begrenztes von dem Ich ausgesagt wird, und zu der "Geistiges" hinzukommt, sondern dieses Nicht-es-an-sich-sein von das Eines ist das ontologisch Begrenzte, das das Ich gemäß "im Gespräch sein mit sich" bedenkend ist, wobei in der analytischen Entfaltung der dialektischen Differenz von das Eines liegt, daß das Ich in seinem Bedenkend-sein als "materiale Basis und Bedenkendes" - nun im Sinne des Werdewelt-Ich - sich entgegentritt.

Diese analytische Entfaltung der dialektischen Differenz bedeutet jene Unterscheidung in Gründendes und Materie, die von einer Position, bei fehlender Vergegenwärtigung der noetischen Dialektik, schichtenontologisch mißinterpretiert (verzerrt) werden kann, wobei der Geist bzw. die Seele des Ich gleichsam zwischengeschaltet wird. Komplementär hierzu gilt, daß das Problem der adäquaten Verflechtung von Notwendigkeit und Kontingenz auch dann nicht gelöst ist - also auf schichtenontologisches Denken verzichtet werden kann -, wenn die beiden Horizonte des Werdewelt-Ich genesetheoretisch verstanden werden, wenn also - wie dies bei Darwin vorliegt - die Lösung des Problems alleine darin gesucht wird, das Am-Werke-sein des Ich im Sinne seiner Auseinandersetzung mit der Aktualität zu verstehen, wobei die Organisation des Ich gleichsam ein Abdruck - "Spielball der Umwelt" vgl. oben - dieser Aktualität ist und die Möglichkeiten der teleonomen Gestaltung der Organisation durch "geistige Fähigkeiten" vergrößert sein sollen. Darwin denkt hieran im Sinne seiner Aussagen - unter anderem - zur "Nutzung des Nachteils der Kleinheit der Vorfahren des Menschen".

Zu beachten ist hierbei, daß Darwin die geistigen Fähigkeiten nicht mit der Entstehung des Menschen gleichsam aus dem Nichts "entstehen" läßt, wobei komplementär hierzu gilt, daß zumindest in der bisher von Darwin analysierten Argumentation eine deutliche Zurückhaltung gegenüber der Frage auftritt, wie es denn um den Anfang dessen, das zu den geistigen Fähigkeiten des Menschen führt, bestellt ist. Darwin übt hier Zurückhaltung im Sinne seiner fragmentarischen Induktion, wobei zu beachten ist, daß diese auch aus Darwins nicht-propositionaler, zugleich aber an sich gegebener, Vergegenwärtigung des Bereichs der Notwendigkeit bzw. der transzendentalphilosophischen Schwelle erwächst. Hierin liegt, daß Darwin gemäß seiner quasi-analytischen Argumentation Platz dafür offen läßt, im Horizont von Ich, trotzdem es also genesetheoretisch bedacht wird, ein Konstrukt einflechten zu können, das "geistige Fähigkeiten" im Lichte von "Transzendierung von um willen von etwas" verstehen lassen soll, obgleich notwendig im Lichte von Darwins defizitärem Verständnis von Person-sein, entsprechend der beiden ersten Kapitel von *Abstammung*; dies bedeutet aber auch, da diese beiden Kapitel gemäß "Anordnung" mit *Entstehung* verflochten sind: im Lichte der theologischen Positionierung Darwins!

Zu besagten Darwinschen Defiziten bezüglich der Vergegenwärtigung des Anfangs sei eine Stelle aus dem dritten Kapitel zitiert, die unmittelbar an die soeben analysierte Textstelle anschließt:

> "Zu untersuchen, wie die geistigen Fähigkeiten in den niedersten Organismen entstanden sind, ist ein ebenso aussichtsloses Beginnen wie die Forschung nach dem Ursprung alles Lebens. Das sind Probleme, die der fernsten Zukunft vorbehalten sind, wenn sie überhaupt je von Menschen gelöst werden können" (S.80).

Darwin verwendet »nicht können« positiv, im Sinne einer impliziten Thematisierung der Unendlichkeit der Werdewelt, um es bei seiner "quasi-analytischen" - fragmentarisch induktiven! - Argumentationsweise belassen zu können. In anderen Worten: Wie in der Analyse von *Entstehung* dargestellt, greift Darwin die Unendlichkeit der Werdewelt nicht gemäß dem differentiellen Charakter dieser Unendlichkeit - wie dies die noetische Dialektik unternimmt - auf, sondern im Horizont einer "Komplexität"-Argumentation, die ausblenden zu können scheint, daß einer thematisch-methodisch unreduzierten Analyse - entsprechend der propositionalen Vergegenwärtigung des Subjektes der dialektischen Entfaltung - positiv Eines zugrundelegbar sind:

> "Da der Mensch dieselben Sinne wie die Tiere besitzt, müssen auch seine fundamentalen Empfindungen dieselben sein. Auch hat der Mensch einige Instinkte mit ihnen gemein, wie den Selbsterhaltungstrieb, die Geschlechtsliebe, die Liebe der Mutter zum neugeborenen Kind, den Trieb des letzteren, zu sagen usw. Doch hat vielleicht der Mensch etwas weniger Instinkte als die ihm zunächst stehenden Tiere" (S.80).

Gleichsam aus seinen Ausführungen zum Verzicht-üben-müssen heraus - »wenn sie überhaupt je von einem Menschen gelöst werden können« -, ist Darwin nun also um die Darstellung des Anfangs von "Mensch" bemüht, indem er den Bereich der nicht-Mensch-seienden Lebewesen im Vergleich mit "Mensch" anführt, eine Invariante für die zu "Mensch" führende (stammes-)geschichtliche Veränderung darlegend: »dieselben Sinne wie die Tiere [etc.]«. Diese Vorgehensweise Darwins ist im Lichte der vorangegangenen Substitution der Vergegenwärtigung von das Eines in seiner dialektischen Differenz zu Ich durch die Anführung von "nicht-Mensch-seiende Lebewesen" zu sehen. Darwins Anführungen im Sinne besagter Invariante scheinen hierbei zunächst einsichtig, doch verliert sich dieser Anschein sogleich, wenn man bedenkt, daß Darwin bezüglich »Empfindungen« von Paradigmata spricht, ohne sie als solche zu vergegenwärtigen, und - zum Beispiel - »Selbsterhaltungstrieb«, insofern es das Um-sich-bemüht-sein bezeichnet, ein Eines der unthematische-Begriffpyramide ist, die von Darwin wiederum nicht als solche vergegenwärtigt wird; auch müßte Darwin »Mutterliebe« dialektisch aus "genealogische Ich-Kette" und "Rechtsfähigkeit des Ich" ableiten, was ebenfalls unterbleibt. Letztlich muß der Vergleich bezüglich der Instinkt-Geleitetheit als Werdewelt-Vergleich verstanden werden, wozu aber - wie schon festgehalten - Darwin die Einsicht in das Fehlen von Aussage-Subjekten in der thematische-Begriffpyramide fehlt.

Dieserart argumentiert Darwin also einen Anfang herbei, der ihn aus einer Verflechtung von Instinkt und Intelligenz auf letztere blicken läßt. Zu diesem "Verflechtung"-Motiv selbst sei betont, daß es hier gleichsam in Fortführung seiner Verwendung bezüglich »allgemeine Intelligenz und Temperament« sowie »Abbau tierischer Elemente« auftritt, so daß gewissermaßen im Rahmen dieser Ausarbeitung - an eine analytische Entfaltung erinnernd - jener Anfang für Mensch emergent werden soll, den Darwin nicht auf thematisch-methodisch unreduzierte Weise erbringen kann.

Zu der nun angeführten Verflechtung erfährt man genauerhin:

> "Die geringe Anzahl und verhältnismäßige Einfachheit der Instinkte bei den höheren Tieren stehen in auffallendem Gegensatz zu denen der niederen Tiere. Cuvier hat behauptet, daß Instinkt und Intelligenz in umgekehrtem Verhältnis zueinander ständen; andere dagegen haben angenommen, daß die intellektuellen Fähigkeiten der höheren Tiere sich stufenweise aus ihren Instinkten entwickelt hätten. ...| Obgleich sich nach Herbert Spencer die ersten Spuren der Intelligenz durch die Vervielfältigung und das Zusammenwirken von Reflextätigkeiten entwickelt haben, und obgleich viele der einfacheren Instinkte stufenweise in Reflextätigkeiten übergehen und kaum von ihnen unterschieden werden können - z.B. Saugen junger Tiere -, so scheinen doch die zusammengesetzteren Instinkte unabhängig von Intelligenz entstanden zu sein. Ich will jedoch nicht in Abrede stellen, daß instinktmäßige Handlungen ihren fixierten, nicht angelernten Charakter verlieren und durch andere, dem freien Willen entspringende ersetzt werden, können. Andererseits werden intelligente Handlungen, die mehrere Generationen hindurch ausgeübt worden sind, in Instinkte verwandelt, vererbt, so z.B. wenn Vögel ozeanischer Inseln den Menschen fliehen lernen. ... Aber die weitaus größte Anzahl der komplizierten Instinkte scheint auf eine ganz andere Art erworben worden zu sein, nämlich durch die natürliche Zuchtwahl von Abweichungen der einfacheren Instinkthandlungen" (S.81-82).

Das ist: Ausgehend von der Cuvierschen Regel bezüglich der Komplementarität von Instinkt- und Intelligenz-Geleitetheit, worin Darwin eine Gesetzesaussage gemäß "Schöpfungsplan" sieht, wie er die Historizität nicht adäquat beachten läßt, gelangt Darwin durch die Einflechtung eben von Historizität zu einem Geflecht, das »einfacher Instinkt«, »komplizierter Instinkt« und »Intelligenz« ineinander überführen läßt, wobei es Darwin auch unternimmt, die Bedeutung der natürlichen Zuchtwahl für das Entstehen komplizierter Instinkte zu diskutieren.

Hierzu erfährt man zudem:

"Diese Abweichungen scheinen aus denselben unbekannten auf das Gehirn wirkenden Ursachen hervorzugehen, die auch die leichten Variationen oder individuellen Differenzierungen in anderen Körperteilen hervorrufen; sie werden häufig, unserer Unkenntnis entsprechend, als spontan bezeichnet. Ich denke, daß wir auch in bezug auf den Ursprung der komplizierten Instinkte zu keiner anderen Folgerung kommen können, wenn wir an die wunderbaren Instinkte der sterilen Arbeiterameisen und Arbeitsbienen denken, die keine Nachkommen hinterlassen, denen sie die Wirkungen von Erfahrungen uns modifizierten Gewohnheiten vererben könnten" (S.82).

Darwin nutzt hier "Nichtwissen" auf die zuvor dargelegte, das Verzicht-üben-müssen pragmatisch verzerrende Weise. Im Lichte hiervon kommt er wieder auf die Verflechtung von »Instinkt« und »freie Intelligenz« zu sprechen, zunächst festhaltend, daß sich beide nicht kategorisch gegenseitig ausschließen, wiewohl die wesentliche Beziehung zwischen beiden wie folgt aussieht:

"Es scheint sogar eine Wechselbeziehung zwischen einem geringen Grad von Intelligenz und der starken Neigung zu der Bildung fester, wenn auch nicht erblicher Gewohnheiten zu bestehen; denn, wie ein scharfsinniger Arzt bemerkte, in geringem Grade schwachsinnige Menschen neigen dazu, ihre Handlungen zu gewohnheitsmäßigen und mechanischen zu machen, und sie fühlen sich viel glücklicher, wenn man sie dabei ermutigt" (S.82-83).

Das Bild, das Darwin somit insgesamt von "Instinkt und Intelligenz" zeichnet, zeigt, daß Instinkt mit einer niedrigen Intelligenzstufe zu assoziieren ist, also bei dementsprechender "Höher"-Entwicklung von Intelligenz zurückgedrängt wird, womit zwar "Intelligenz" an sich noch nicht erklärt ist, im Sinne der oben angeführten "fließenden" Grenze zwischen Instinkt und Intelligenz aber immerhin mit jenem verflochten werden kann, für das im Sinne der "natürliche Zuchtwahl"-Konstruktion eine quasi-mechanistische Erklärung geboten werden können soll. Damit ist das Problem um die Intelligenz - so Darwin - grundsätzlich entschärft, bzw. soll gezeigt sein, daß es sich im Rahmen von Darwins Theorie hinreichend verstehen lassen muß. Schon daraus, daß Darwin hierbei ein Argument für aussagekräftig hält, das seinem Gehalt nach dem oben zitierten "microcephaler Idiot"-Argument entspricht, verdeutlicht ausreichend die pragmatische Verzerrtheit des nun von Darwin Vorgetragenen. Hier läßt sich auch davon sprechen, daß Darwin gleichsam mit Werdewelt-Regeln bezüglich der negativen Korrelation von Instinkt- und Intelligenz-Geleitetheit jongliert, anstatt sie zu transzendieren, ohne auch nur ansatzweise dieses Umstandes gewahr zu sein.

Nachdem Darwin also hierzu vorgedrungen ist, bedarf er natürlich Eines, die besagten Gradienten bezüglich dem Verhältnis von Instinkt und Intelligenz mit Inhalt ausfüllen, verdeutlichend, daß die Intelligenz des Menschen nicht mit diesem gleichsam "aus dem Nichts" auftritt. Tatsächlich weiß Darwin umfangreich von solchen Eines zu berichten, zunächst bezüglich den Empfindungen und den Gemütsbewegungen:

"Um jedoch zu unserem Thema zurückzukommen: Die Tiere empfinden offenbar gerade so gut wie der Mensch Freude und Schmerz, Glück und Elend. Wohl kaum kann Glück deutlicher ausgedrückt werden als durch junge Tiere, wie junge Hunde, Kätzchen oder Lämmer, die wie Kinder miteinander spielen. Daß selbst Insekten miteinander spielen, hat der ausgezeichnete Beobachter P. Huber ausführlich beschrieben; er sah Ameisen einander verfolgen und zum Schein einander beißen wie junge Hunde" (S.83).

> "Die Tatsache, daß die Tiere durch dieselben Gemütsbewegungen erregt werden wie wir, ist so sicher, daß es überflüssig ist, den Leser durch zu viele Einzelheiten zu ermüden. ... Es gibt unter den Pferden und Hunden bösartige und launische, während andere sehr gutmütig sind; und diese Eigenschaften werden ohne Zweifel vererbt. Jedermann weiß, daß manche Tiere förmlichen Wutanfällen unterworfen sind und sie durch ihr Betragen verraten. Viele und wahrscheinlich wahre Anekdoten[32] werden erzählt von lang verschobener und überlegter Rache verschiedener Tiere" (S.84).

Im Anschluß hieran erfährt man:

> "Im Zoologischen Garten hörte ich von einem Wärter, daß ein altes Pavianweibchen (Cebus chacma) einen Rhesusaffen an Kindesstatt angenommen hatte; als aber ein junger Drillpavian und ein Mandrill in demselben Käfig untergebracht wurden, schien jenes doch zu bemerken, daß diese von ihm zwar verschiedenen Arten ihm doch näher verwandt waren, denn es vernachlässigte den Rhesus ganz und adoptierte jene beiden" (S.86).

Darwin schließt hieraus:

> "Die meisten der komplizierten Gemütserregungen sind den höheren Tieren und uns gemein. ... Es beweist, daß Tiere nicht nur lieben, sondern auch den Wunsch haben, geliebt zu werden. Tiere haben offenbar Ehrgeiz" (S.86).

Das Verhalten des Pavianweibchens mit "Liebe" in Zusammenhang zu bringen, entbehrt jeglicher Grundlage. "Liebe" ist als nicht an sich diskursives Am-Werke-sein im Horizont von "genealogische Ich-Kette" zu verstehen - vgl. *Theologie* -, und insofern als Eines der unthematische-Begriffpyramide auf Ich im Sinne seines Person-sein, wie es transzendental zu dem Werdewelt-Ich ist, zu beziehen[33]. Das Pavianweibchen, von dem Darwin berichtet, zeigt aber, indem es sich an dem Verwandtschaftsgrad, der ein Werdewelt-Kriterium bezeichnet, orientiert, gerade keine "Orientierung" an dem zur Werdewelt Transzendentalen. Darwin ist dieses Umstandes nicht gewahr, da er die *Ion*schen Teilpyramiden aus den genannten Gründen nicht zu differenzieren versteht, woraus jene defizitär-pragmatische Vergegenwärtigung mit jenen Eines - hier: »Liebe« - erfolgt, die an sich im Lichte der Transzendierung von "um willen von etwas" zu bedenken sind und wovon bereits seit Darwins Verflechtung von "körperlich-biologische Ebene" mit "Bedenken" - bzw. "allgemeine Intelligenz - Temperament" - zu berichten ist.

Im Lichte hiervon ist hervorzuheben, daß Darwin nicht darin irrt, bei dem Pavianweibchen etwas anzunehmen, das als nicht in faktischer Differenz zu "Liebe" im Horizont von "Ich" bzw. "Person-sein" auszusagen ist, da "Liebe", insofern sie aus "Ich bin" abzuleiten ist, im Horizont von "genealogische Ich-Kette" zu verstehen ist, wobei gilt: Der biologisch feststellbare Übergang zwischen den Menschen und Tieren darf nicht ignoriert werden, da dies

---

[32] Eine dieser "Anekdoten" lautet:

> "Am Kap der Guten Hoffnung hatte ein Offizier einen Pavian häufig geneckt. Als das Tier ihn nun eines Sonntags zur Parade ankommen sah, goß es Wasser in eine Vertiefung im Boden, bereitete schnell einen Schlamm und warf ihn zum Ergötzen vieler Zuschauer geschickt auf den vorübergehenden Offizier. Noch lange Zeit danach freute sich der Affe mit höhnischem Grinsen, wenn ihm sein Opfer wieder zu Gesicht kam" (S.84).

[33] In diesem Zusammenhang sei auch an die dementsprechenden Ausführungen Platons erinnert, bzw. die Analyse dieser Ausführungen in *Lehre* und *Vergleich*.

nicht bloß bedeuten würde, das Auftreten von Aussage-Subjekten in der Werdewelt zurückzuweisen, sondern - irrtümlich hierüber hinausgehend - die Sinnhaftigkeit der Werdewelt-Analyse an sich zu negieren. Das ist: In dem Sinne, wie hiermit das Lebewesen-sein von Ich analytisch aus der genealogischen Ich-Kette abzuleiten ist, muß auch "Liebe" als nicht auf die genealogische Ich-Kette beschränkt verstanden werden können, da jede andere Annahme dem Sachverhalt entgegenstehen würde, Neues lediglich in der Analyse der Werdewelt - also in der thematische-Begriffpyramide - annehmen zu dürfen, nicht aber in jener der unthematische-Begriffpyramide; innerhalb dieser tritt "analytische Entfaltung", nicht aber "Neues" auf. Dies bedeutet aber auch, daß besagte "Ausdehnung" von "Liebe" über "genealogische Ich-Kette" hinaus, n i c h t g e n e s e t h e o r e t i s c h v e r s t a n d e n w e r d e n d a r f, wie auch "Liebe" im Horizont der Ich-Kette nicht gemäß einer naturalistischen Konstruktion verstanden werden darf, als Basis für besagte "Erweiterung". Gerade dies liegt bei Darwin aber vor, worauf hier also hinzuweisen ist, wohingegen die propositionale Darstellung des hier zur Erweiterung der genealogischen Ich-Kette Ausgesagten noch aufgespart sei.

An den hier gebrachten Aussagen zu dem Verhalten des "Pavianweibchens" ist also hervorzuheben, daß sie keine zu dessen So-sein sind. Das ist: Was es auch mit dem Verhalten des Affenweibchens auf sich hat, erlaubt keine Schlüsse im Sinne der Logik der Darwinschen Argumentation auf das Ich. Das Nicht-Ich-sein des Affenweibchens, oder sonst eines Tieres, gilt es erst zu analysieren, und zwar - soll Herbeiargumentation vermieden werden - aus der dialektisch-analytischen Entfaltung der anfänglich aufleuchtenden Daß-Aussage "Ich bin".

Das somit bezüglich Darwins Ausführungen zu »Empfindungen« und so weiter Auszusagende gilt grundsätzlich auch für Darwins weitere Analysen jener Eines, die er gemäß seiner Darstellung der spezifisch menschlichen Leistungen thematisiert, aus »allgemeine Intelligenz und Temperament« sowie »allgemeine Intelligenz und Instinkt« ableitend:

> "Wir wollen uns nun zu den mehr intellektuellen Gemütsbewegungen und Fähigkeiten wenden, die als Grundlage für die Entwicklung der höheren Geisteskräfte von großer Bedeutung sind" (S.87).

Diese »mehr intellektuellen Gemütsbewegungen und Fähigkeiten« sind »Nachahmung« (S.89), »Aufmerksamkeit« (S.90), »Gedächtnis« (S.91), »Phantasie« (S.91), »Traum« (S.92) und »Aberglaube« (S.92) bei Tieren.

Im Anschluß an die Analyse hiervon schreibt Darwin:

> "In späteren Kapiteln werden wir sehen, daß auch einige Tiere allerniedrigster Stufe einen gewissen Grad von Verstand aufweisen" (S.92).

> "Wir können nur aus den Begleiterscheinungen einer Handlung darauf schließen, ob sie aus dem Instinkt, aus dem Verstand oder aus einer bloßen Ideenassoziation hervorgeht; doch steht ja das letztere im engsten Zusammenhang mit dem Verstand. ... Wenn ein Wilder, der noch nie ein großes Glasfenster gesehen hat, sich nur ein einziges Mal daran gestoßen hat, so wird er für lange Zeit nachher einen Stoß mit einem Fensterrahmen assoziieren; doch würde er zum Unterschied zum Hecht wahrscheinlich über die Natur des Hindernisses nachdenken [der an eine Glasscheibe stößt] und unter ähnlichen Umständen vorsichtig sein. ... | ... Der Wilde und der Hund haben oft an niedrigen Stellen Wasser gefunden, und das Zusammentreffen solcher Umstände wurde in ihrem Geist assoziiert. Ein zivilisierter Mensch würde vielleicht einen allgemeinen Satz über den Gegenstand aufstellen; doch ist es nach allem, was wir von einem Wilden wissen, sehr zweifelhaft, ob er das tut, und bei einem Hund ist es ganz ausgeschlossen. Doch würde ein Wilder ebenso wie ein Hund suchen, aber auch ebenso häufig enttäuscht werden; bei beiden scheint es ein ähnlicher Akt der Über-

> legung zu sein, ob nun ein allgemeiner Satz über den Gegenstand bewußt im Geiste vorgestellt wird oder nicht" (S.93-95).

Wiederum tritt also der von Darwin zuvor schon ausgesagte Gradient auf, bzw. eine Argumentation die derart von diesem Gradienten geprägt ist, daß die Differenzierung der *Ion*schen Teilpyramiden gemäß der Eines-Formel keine Vergegenwärtigung findet.

Folgendes Zitat zeigt, daß Darwin das eigentliche Problem in Zusammenhang mit der Analyse von Denken bzw. Verstand (Vernunft) keiner propositionalen Vergegenwärtigung zuführen kann:

> "Der Wilde wird sicherlich weder wissen noch überhaupt darüber nachdenken, welches Gesetz bei der Auslösung der gewünschten Bewegung in Anwendung kommt, und doch wird seine Handlung durch einen rohen Prozeß des Nachdenkens geleitet, der ihn ebenso sicher zum Ziele führt wie den Philosophen die längste Kette von Deduktionschlüssen" (S.95).

Das philosophische Denken manifestiert sich aber nicht - anders als dies Darwin meint - durch Verbesserung im Sinne einer Zunahme von irgendwelchen Denkprozessen, sondern in der Vergegenwärtigung der Transzendentalität - wie sie an sich jedem Ich zukommt -, wie dies seinerseits in Transzendenz zu jeglicher Form von "Gradient" steht. Indem Darwin hier also philosophisches Bemühen mit einem solchen zur Werdewelt-Analyse vermengt, demonstriert er erneut, sich der Bedeutung der positiven Vergegenwärtigung des Transzendentalen nicht bewußt zu sein, eine dementsprechend völlig verzerrte Darstellung hiervon bietend. Darwin unterläuft hier in gewisser Weise dasjenige, das er "seinem" »Wilden« unterstellt, wenn er ihn als lediglich im Horizont der Werdewelt-Analyse denkend darstellt. Das ist: Darwin übersieht, gemäß seiner Nichtvergegenwärtigung von Universalität des Person-sein im Lichte seiner Gradienten-Theorie, daß jedes Ich gemäß den beiden Zugängen zum Bereich der Notwendigkeit bedenkt, da dies konstitutiv für Ich-sein ist, so daß zwar ein pragmatisch verzerrtes Denken auftreten kann, nichts aber, das sich im Sinne des Gradientenmodells interpretieren läßt.

Angesichts hiervon sei nun Darwins Resümee zu dem Bisherigen gelesen:

> "Ich glaube genügend bewiesen zu haben, daß der Mensch und die höheren Tiere, besonders die Primaten, tatsächlich einige wenige Instinkte gemeinsam besitzen, Allen sind dieselben Sinne, Anschauungen und Empfindungen eigen, - sie sind ähnlichen Leidenschaften, Neigungen und Gemütsbewegungen unterworfen; selbst die komplizierteren, wie Eifersucht, Argwohn, Ehrgeiz, Dankbarkeit, Großmut, treffen wir bei beiden; sie versuchen zu täuschen und kennen die Rache; sie sind manchmal für das Lächerliche empfänglich und zeigen sogar Sinn für Humor; sie fühlen Erstaunen und Neugierde; sie besitzen dieselben Fähigkeiten: die Nachahmung, die Aufmerksamkeit, die Überlegung, die Vergleichung und Wahl, das Gedächtnis, die Phantasie, die Ideenassoziation und den Verstand, wenn auch in den verschiedensten Abstufungen" (S.98).

Hieran ist entscheidend, daß Darwin meint, bewiesen zu haben, obgleich dies genauso nicht der Fall ist, wie *Entstehung* keine »langen Beweiskette« bietet. Für das nun Betrachtete gilt hierbei genauerhin: Darwin diskutiert Eines, die im Sinne der oben angeführten Erweiterung der genealogischen Ich-Kette tatsächlich zu diskutieren sind, jedoch ohne propositionaler Vergegenwärtigung der genealogischen Ich-Kette, so daß sie zu Eines einer zentrifugalen Argumentation[34] werden, entsprechend dem zugrundeliegenden Darwinschen Gradientenmodell.

---

[34] "zentrifugale Argumentation": Terminologie gemäß *Lehre*; vgl. zudem 6.1.

Darwin beginnt nun damit, immer konkreter auf höhere psychische Leistungen des Menschen einzugehen, zu zeigen versuchend, daß sie nicht am Anfang von Mensch-sein aus dem Nichts entstanden sind. In Kapitel 3 sind diese Fähigkeiten »Abstraktion«, »Selbstbewußtsein«, »Sprache«, »Schönheitssinn« und »Gottesglaube«. Vorweggeschickt sei, daß für alle die nun zu beachtenden Argumente Darwins selbiges gilt, wie für seine bisherigen Ausführungen in Kapitel 3.

Im Lichte hiervon sei aus Darwins Ausführungen zur Abstraktion explizit hervorgehoben:

> "Selbst für jemand, der viel mehr Kenntnisse besitzt als ich, würde es außerordentlich schwer sein, zu bestimmen, inwieweit Tiere Spuren dieser hohen geistigen Fähigkeiten aufweisen. Diese Schwierigkeit rührt von der Unmöglichkeit her, zu beurteilen, was in der Seele eines Tieres vorgeht" (S.103).

Selbstverständlich ist hiervon auch im Sinne der noetischen Dialektik zu sprechen, jedoch dahingehend, daß hiermit angesichts der oben angeführten Erweiterung der genealogischen Ich-Kette zu verbinden ist: Mit den Eines der Ich-Kette ist ein "im Gespräch sein" möglich, insofern es analytisch aus "im Gespräch sein mit sich" folgt, obgleich hierin nicht liegt, daß "Privatheit des Ich" in "Privatheit der (Sprecher-)Gemeinschaft" modifiziert werden kann. Die Erweiterung der genealogischen Ich-Kette zu den Tieren bzw. Lebewesen allgemein bezeichnet aber eine andere Situation, da nun auch Eines bedacht werden, mit denen ein "im Gespräch sein" gemäß vorangegangenem "im Gespräch sein mit einem Anderen" nicht möglich ist. Dies bedeutet nicht, daß Tieren kein Kommunikationssystem zukommt, so daß insofern – zumindest mit bestimmten Tieren - eine demgemäße Interaktion möglich ist.

In anderen Worten: Das "im Gespräch sein mit sich" ist als ein Eines der unthematische-Begriffpyramide dialektisch-analytisch zu Entfaltendes und verweist insofern auch auf die erweiterte genealogische Ich-Kette, wobei - um dies zu betonen - "erweitert" daraus erwächst, daß auch "genealogische Ich-Kette" ein Eines der unthematische-Begriffpyramide und daher demgemäß Zu-Entfaltendes ist. Daher gilt: Das "im Gespräch sein mit einem Anderen", wie es das "im Gespräch sein mit sich" im Horizont von "genealogische Ich-Kette" repräsentiert und gemäß der dialektischen Differenz im Werdewelt-Ich manifest ist, muß auch eine Repräsentation bezüglich der "erweiterten genealogischen Ich-Kette" aufweisen. Dies eröffnet aber gerade nicht, gradiententheoretisch im Sinne Darwins nach Vorstadien von "Sprachvermögen" bei Tieren zu suchen, da sich die Projektion über "Mensch" bzw. "Ich-Kette" hinaus aus der Beachtung von Person-sein ergibt, wie es als unthematisches Eines transzendental zu werdeweltlicher Veränderung - Gradient! - ist.

Für das Eines "Sprachvermögen" bedeutet dies: Die Notwendigkeit, von einer erweiterten genealogischen Ich-Kette zu sprechen, ist in Zusammenhang damit zu sehen, daß die Werdewelt-Analyse den stammesgeschichtlichen Übergang von nicht menschlichen Individuen zu menschlichen Individuen aufzeigt. Es ist somit aber diese Verflechtung, die nicht darwinistisch im Sinne eines Gradientenmodells bedacht werden darf, das diskursive Vordringen zu "im Gespräch sein mit sich" - wie es aus "Ich bin" zu entfalten ist - ausblendend. Die Feststellung von besagtem Übergang von "nicht-menschlichen" zu "menschlichen" Lebewesen ist nämlich als Aussage zu epistemologisch Begrenztem zu verstehen, also zu solchem, das gemäß "Begrenztes verweist auf Begrenztes" lediglich Anfang, nicht aber Daß, aufweist. Daher gilt: Das "im Gespräch sein mit sich", wie es das Person-sein des Ich bezeichnet, verweist im Rahmen seiner dialektisch-analytischen Entfaltung auf die erweiterte genealogische Ich-Kette, wobei gilt, daß zwischen den Eines der unthematische-Begriffpyramide "Neues" - wie es für die Werdewelt Gültigkeit hat - nicht aussagbar ist, woraus erwächst, daß "im Gespräch sein mit sich" nicht als Neues gegenüber irgend einem Eines der erweiterten genealogischen Ich-

Kette verstanden werden darf. Hierüber darf nicht übersehen werden, daß "erweiterte genealogische Ich-Kette" das "im Gespräch sein" nicht an sich, sondern entfaltet, bezeichnet.

Gemäß dem zentralen Problem der Evolutionstheorie liegt hierin: Mit der Beachtung der Erweiterung der genealogischen Ich-Kette wird etwas aus dem Ich-Bezug erklärt, das nicht wieder "Ich" ist, wobei auf werdeweltlichem Niveau insofern eine Inversion des dieserart Ausgesagten auftritt, als das Erklärte dem Ich historisch vorausgeht, womit sich die Erklärungsrichtung also potentiell umkehrt - "Inversion"! -. Explizit gilt diese Umkehr aber für den Werdewelt-Horizont, der ihm gemäß zu beachten ist - zum Beispiel gemäß "Ich als Gegründetes", "differentielles Verzicht-üben-müssen", "entontologisieren müssen" etc. -. In diesem Sinne ist in Zusammenhang mit dem Werdewelt-Ich bzw. in Folge "Menschheit" evolutionär Neues gegenüber seinen tierischen Vorfahren zu verstehen, insofern es auf dem Niveau der Werdewelt Neues gibt. Das Werdewelt-Ich bzw. "Menschheit" bezeichnet hierbei Neues im Sinne von Repräsentation-sein von ontologisch Begrenztes in dessen dialektischer Differenz zu das Eines.

Im Lichte dieser Ganzheitlichkeit ist es daher zu verstehen, wenn Darwin "Vorstufen" zur Sprachfähigkeit bei Nicht-Menschen feststellt. Das ist: Darwin stellt etwas fest, das es der Möglichkeit nach geben kann, da das Werdewelt-Ich als Ganzes ein Werdewelt-Eines ist, also in all seinen Aspekten Vorstufen aufweisen kann. Die Alternative hierzu ist, daß es als Werdewelt-Eines Neues besitzt, und insofern keine Vorstufen feststellbar sind. An dieser Stelle ist aber primär entscheidend: Das Auftreten von Vorstufen bezeichnet das Werdewelt-Ich, nicht aber das Ich, wie es in dialektischer Differenz zu dem Werdewelt-Ich auszusagen ist. Gerade dies blendet aber Darwins Argumentation aus, wie zuvor bereits - zum Beispiel bezüglich Darwins "Zweibeiner - Vierbeiner"-Konstruktion - dargelegt. Daher läßt sich auch anführen, daß Darwin mit der "grundsätzlichen Problematik der Evolutionstheorie", die Sonderstellung des Ich bezeichnend - vgl. Einleitung -, nicht adäquat umzugehen versteht.

An dieser Stelle des Buches genügt es, die Argumentation Darwins als eine verzerrende Argumentation darzulegen, wobei die positive Darstellung davon, was mit "erweiterte genealogische Ich-Kette", "Entfaltung von Sprachfähigkeit" und so weiter auf sich hat, für das Schlußkapitel dieses Buches aufgespart sei. Hervorgehoben sei, daß die hier gebrachte Kritik an Darwin nicht auch Darwins grundsätzliche Thematisierung der Historizität umfaßt.

Darwins, zuvor zitierte Aussage erfährt daher auch folgende Fortführung:

> "eine weitere Schwierigkeit verursacht die Tatsache, daß die Meinungen der Schriftsteller sehr auseinandergehen über die Bedeutung der oben gegebenen Ausdrücke. Wenn wir nach den verschiedenen, erst vor kurzem veröffentlichten Aufsätzen urteilen, so scheint der größte Nachdruck auf das vermeintlich vollständige Fehlen des Abstraktionsvermögens bei Tieren gelegt zu werden, oder des Vermögens, allgemeine Begriffe zu bilden. Wenn aber ein Hund in der Entfernung einen anderen Hund sieht, so ist es oft ganz klar, daß er nur in abstraktem Sinne wahrnimmt, daß es ein Hund ist; denn sein ganzes Wesen ändert sich plötzlich, wenn er in dem anderen Hund einen Freund entdeckt. Ein neuerer Schriftsteller bemerkt, daß es in allen derartigen Fällen reine Willkür ist, wen man behauptet, daß die geistige Tätigkeit bei Tieren nicht wesentlich dieselbe sei wie beim Menschen. Wenn einer von beiden das, was er mit seinen Sinnen wahrnimmt, auf einen geistigen Begriff bezieht, so tun es auch beide" (S.103-104).

Darwins Aussage zu dem Verhalten des Hundes kann - im Vergleich mit der von Darwin erwähnten Literatur - als Konstatierung einer Werdewelt-Regel gelten, zu der Darwin sehr wohl erst aufgrund seiner Beachtung der Historizität gelangt sein kann. Er übersieht hierüber aber vollständig - wie im Falle seiner Feststellungen zu Werdewelt-Regeln in *Entstehung* -, daß er hier auf etwas reflektiert, das keine Aussage-Subjekte enthält, also erst aus etwas heraus verstanden werden kann, das Aussage-Subjekte aufweist. Wiederum blickt Darwin also genesetheoretisch auf etwas um willen der Untermauerung seines Gradientenmodells, im Lichte seiner pragmatisch verzerrten Vorstellung von "Sonderstellung des Menschen". Daher auch betrachtet Darwin »Abstraktion« gar nicht gemäß der differentiellen Unendlichkeit der Werdewelt - also entsprechend ihrem Anfang- nicht aber Daß-haben.

Im Sinne hiervon ist auch zu verstehen:

> "Man kann ohne Zögern zugeben, daß kein Tier Selbstbewußtsein habe, wenn unter diesem Ausdruck verstanden werden soll, daß es darüber nachdenke: woher es komme oder wohin es gehe, oder was das Leben und was der Tod sei usw. Wie können wir aber sicher sein, daß ein alter Hund mit einem ausgezeichneten Gedächtnisse und etwas Einbildungskraft, wie sie sich in seinen Träumen zu erkennen gibt, niemals über die vergangenen Freuden und Leiden auf der Jagd nachdenkt? Dies wäre aber eine Art Selbstbewußtsein" (S.104-105).

Darwin bezeichnet hier gerade nicht »Selbstbewußtsein«; worauf er hier gemäß seiner Intention, eine f u n d a m e n t a l e Darstellung zu geben, tatsächlich reflektiert, das ist das "im Gespräch sein mit sich" und nicht irgend eine psychologisch zu verstehende »Art Selbstbewußtsein«. Daher kann das Gesuchte nicht als Summe von Erfahrungen verstanden werden. Darwin sieht dies nicht, entsprechend seinem zuvor dargestellten inadäquaten Umgang mit der grundsätzlichen Problematik der Evolutionstheorie.

Hierher gehört weiters:

> "Gegen die hier ausgesprochenen Ansichten ist eingewendet worden, daß es unmöglich sei, anzugeben, bei welchem Punkte in der aufsteigenden Stufenleiter die Tiere einer Abstraktion fähig würden usw.; wer aber kann sagen, in welchem Alter dies bei unseren Kindern eintritt? Wir sehen wenigstens, daß diese Fähigkeiten sich bei Kindern in unmerklichen Abstufungen entwickeln" (S.105).

Diese Bezugnahme auf die Anfangsproblematik versteht die Thematisierung von Verzicht-üben-müssen aber nicht im Sinne von "differentielles Verzicht-üben-müssen" gemäß der noetischen Dialektik. Darwin übersieht also: Die Anfangsproblematik, wird sie im Horizont der Werdewelt gesehen, ist entsprechend der differentiellen Unendlichkeit der Werdewelt zu verstehen, wie sie auf das Transzendieren-müssen des Anfang-haben der Werdewelt verweist, dahingehend daß "Abstraktionsfähigkeit des Ich" im Lichte der dialektischen Differenz zwischen Ich und d a s Eines zu verstehen ist, womit sich die Frage nach der Beantwortbarkeit eines genesetheoretisch verstandenen Anfangsproblem gar nicht stellt, bzw. auf den Bereich der - als solcher verstanden sein müssenden - Werdewelt-Analyse einzuengen ist. Fortgesetzt entspricht Darwins Bemühen also dem Aufweis davon, die Sonderstellung des Ich zurückweisen zu müssen, da sie sich in keinem Prädikat des Werdewelt-Ich zeigt. Die Haltlosigkeit bzw. Verkehrtheit dieses Bemühens ist bereits dargelegt worden.

Hiermit hängt zusammen:

> "Daß Tiere das Bewußtsein ihrer psychischen Individualität bewahren, ist durch aus nicht fraglich. Wenn meine Stimme eine Reihe alte Assoziationen in der Seele des oben erwähnten [lange nicht gesehenen] Hundes wachrief, so muß er seine geistige Individualität behalten haben, obschon jedes Atom seines Gehirns im Verlauf von fünf Jahren wahrscheinlich mehr als einmal gewechselt hatte. Dieser Hund hätte das vor kurzem gegen alle Evolutionisten vorgebrachte Argument beibringen und sagen

können: »Ich verbleibe inmitten aller geistigen Stimmungen und aller materiellen Veränderungen derselbe. ... Die Lehre, daß die Atome die empfangenen Eindrücke als Erbschaft den anderen an ihre Stelle rückenden Atomen überlassen, widerspricht der Äußerung des Bewußtseins und ist daher falsch; diese Lehre wird eben durch die Theorie der Entwickelung notwendig bedingt; folglich ist diese Hypothese falsch«" (S.105-106).

In diesem Zitat wird auf eigentümliche Weise dem Versuch Ausdruck verliehen, das evoluierende Subjekt substantial - also propositional - bedenken zu können, geradezu in Transzendentalität zu den Werdewelt-Kriterien. Das ist: Das Subjekt wird als ein Pseudo-Eines verstanden, abseits des Eines-sein des Ich gemäß "Ich bin". Trotzdem erinnert Darwins Argumentation vehement an eine philosophische Argumentation, an eine solche freilich, die die Notwendigkeit der propositionalen Darstellung des Thematisierten nicht sieht. Dieses "Nichtsehen" entspricht dem zuvor zu Darwins Konzentration auf die natürliche Zuchtwahl Ausgesagten! Das ist: Das »Ich verbleibe inmitten aller ...« ist als ein Versuch zu verstehen, die Anfangsproblematik nicht alleine mittels Verzicht-üben-müssen zu bewältigen, sondern hierfür propositional, im Lichte der theologischen Grundausrichtung, eine Vorstellung von "Lebewesen-sein" aufzuwenden, die Werdeweltlichkeit transzendierend. Dieserart soll also bedacht sein, in der Werdewelt nicht für Alles einen Anfang finden zu können. Selbstverständlich verwendet Darwin hierzu fortgesetzt sein defizitäres Verständnis von "Lebewesen" in *Entstehung*, wobei schon in dieser Schrift auf inadäquate Weise mit dem Anfangsproblem umgegangen wird - vgl. zum Beispiel "Anfang von Rasse und Dialekt" -, was also zu beachten ist.

Im Lichte hiervon reflektiert Darwin nun explizit auf Sprache:

"Diese Fähigkeit ist mit Recht als einer der Hauptunterschiede zwischen dem Menschen und den Tieren betrachtet worden. Aber der Mensch ist, wie ein äußerst kompetenter Beurteiler, Erzbischof Whately, bemerkt, »nicht das einzige Tier, das sich der Sprache bedient, um das auszudrücken, was in seinem Geiste vorgeht, und welches mehr oder weniger verstehen kann, was in dieser Weise von anderen ausgedrückt wird«. ... | Der beständige Gebrauch der artikulierten Sprache ist jedoch dem Menschen eigentümlich; aber er benutzt wie die Tiere auch unartikulierte Ausrufe in Verbindung mit Gesten und den Bewegungen seiner Gesichtsmuskeln, um seine Gedanken auszudrücken. Dies gilt besonders für die einfacheren und lebhafteren Gefühle, welche mit unserer höheren Intelligenz nur wenig im Zusammenhang stehen. ... Von den Tieren unterscheidet sich der Mensch bloß durch seine unendlich größere Fähigkeit, die verschiedenartigsten Laute und Ideen zu assoziieren, und dies hängt offenbar von der hohen Entwickelung seiner geistigen Fähigkeiten ab. | ... Überdies nimmt kein Philolog jetzt an, daß die Sprache durch Nachdenken erfunden worden sei; sie hat sich langsam und unbewußt durch viele Stufen hindurch entwickelt. ... Aber den wirklichen Gesang und selbst die Lockrufe lernen sie [Singvögel] von den Eltern oder Pflegeeltern. Diese Laute sind nach Daines Barrington »ebensowenig eingeboren wie die Sprache dem Menschen«" (S.106-108).

Der »beständige Gebrauch der artikulierten Sprache« ist gleichsam das Ergebnis gesteigerter Fähigkeiten, wobei die Formulierung »unendlich größere Fähigkeiten« sehr wohl, dem Motiv nach, als Thematisierung einer Quasi-Transzendierung der Verhältnisse bei den Tieren angesehen werden kann, bzw. der Transzendierung werdeweltlicher Begrenztheit. Eine tatsächliche Transzendierung der Werdewelt bedeutet dies aber nicht: Darwins "Sprache ist nicht eingeboren" soll abwenden, Sprache als ein Apriori bezüglich Bedenken verstehen zu müssen, das sich wider die Beachtung der Historizität nicht mit solchem verknüpfen läßt, das entsprechend dem Gradienten-Modell als Vorstufe einer artikulierten Sprache zu verstehen ist. Darwin bietet hierzu das Verflechtung-Motiv auf, zunächst in Form der Verflechtung von "artikulierte Sprache" mit "unartikulierte Sprache", was sodann entfaltet wird in "Sprache nicht bewußt erfinden", da hierin eine Verflechtung von Sprache mit anderen Kommunikationsmitteln auftritt, die der vorangegangenen Darwinschen Verflechtung von Instinkt und Intelligenz entspricht. Darwin bedenkt somit gar nicht, "Sprache" im Horizont von "im Gespräch sein mit sich" vergegenwärtigen zu müssen, um tatsächlich jene Transzendierung der Werdewelt-Analyse erreichen zu können, die er mit »unendlich größere Fähigkeiten« bedacht zu haben meint; die Eines der unthematische-Begriffpyramide sind nichts, das sich aus einer wie auch immer "unendlich veränderten" Handhabung der Eines der thematische-Begriffpyramide ergibt.

Im Sinne hiervon sei daran erinnert, daß das Problem mit Darwins Theorie, unabhängig davon, was es propositional zur Kommunikation von Tieren auszusagen gilt, fortgesetzt darin besteht, daß sie den Bezug zu den Verhältnissen bei den Tieren um willen der Absicherung einer pragmatischen Gradienten-Theorie herstellt, besagte Inversion in der Erklärungsrichtung pragmatisch verzerrend bzw. ausblendend. Damit verfehlt Darwin nicht nur eine propositionale Darstellung von Sprache gemäß "im Gespräch sein mit sich", sondern auch von Sprache, insofern sie gemäß der Erweiterung der genealogischen Ich-Kette für jene Eines auszusagen ist, die kein "im Gespräch sein mit sich" - zumindest in an sich gegebener Form - aufweisen (vgl. Schlußkapitel dieses Buches).

Zum Anfang der »artikulierten Sprache« hält Darwin zudem fest:

> "Was den Ursprung der artikulierten Sprache betrifft, so kann ich, nachdem ich einerseits die äußerst interessanten Werke von Hensleigh Wegdwood, F. Farrar und Prof. Schleicher, andererseits die berühmten Vorlesungen von Prof. Max Müller gelesen habe, nicht daran zweifeln, daß die Sprache ihren Ursprung der Nachahmung und Modifikation verschiedener natürlicher Laute, der Stimmen anderer Tiere und der eigenen instinktiven Ausrufe des Menschen, unter Beihilfe von Zeichen und Gesten verdankt. In dem Buche über die sexuelle Zuchtwahl werden wir sehen, daß der Urmensch, oder vielmehr ein sehr früher Stammvater des Menschen, seine Stimme wahrscheinlich dazu benutzte, echt musikalische Kadenzen hervorzubringen, d.h. also zum Singen, wie es heutigen Tages einer der Gibbons tut" (S.109).

Dieserart »Nachahmung« in der Argumentation zu verwenden, provoziert genau jene Haltlosigkeit in der Begründung, wie sie zuvor schon bezüglich »Abstraktion« festzustellen war: Die Verflechtung von Sprache mit Gestik bedeutet alleine im Sinne des Darwinschen Verflechtung-Motivs einen Anfang. Diese Hilfskonstruktion, um die es sich bei dem Verflechtung-Motiv handelt, ergibt sich aus dem pragmatischen Charakter der Darwinschen Position, die keine Eines der unthematische-Begriffpyramide - hierzu gehören auch die Konstitutiva des Ich - erreicht.

Angesichts hiervon sei nun gelesen:

> "Als die Stimme immer weiter und weiter benutzt wurde, werden die Stimmorgane weiter gekräftigt und infolge des Prinzips der vererbten Wirkung des Gebrauchs vervollkommnet worden sein, und dies wird wieder auf das Vermögen des Sprechens zurückgewirkt haben. Aber die Beziehung zwischen dem fortgesetzten Gebrauch der Sprache und der Entwicklungen des Gehirns war ohne Zweifel noch viel bedeutungsvoller. Die geistigen Fähigkeiten müssen bei irgend einem frühen Vorfahren des Menschen viel höher entwickelt gewesen sein als bei irgend einem jetzt lebenden Affen, selbst bevor die unvollkommenste Form der Sprache hat in Gebrauch kommen

können. Wir können aber zuversichtlich annehmen, daß der beständige Gebrauch und die weitere Entwickelung dieses Vermögens auf die Seele selbst zurückgewirkt hat, indem sie dieselbe befähigte und ermutigte, lange Gedankenreihen zu durchdenken" (S.110).

Darwins Verweis auf »Prinzip der vererbten Wirkung des Gebrauchs« muß nicht als lamarkistisch und insofern als "wider Darwins Intention" verstanden werden, da Darwin nirgendwo die substantiale Natur der evoluierenden Subjekte als nichtseiend bezeichnet, sondern über diesen Gegenstand - wie dargelegt - keine propositionalen Aussagen macht, im Sinne seiner Betonung des Eines "natürliche Zuchtwahl". Darwin wendet sich gegen die Annahme besagter Substantialität lediglich dort, wo diese das Eines "natürliche Zuchtwahl" unterwandert, wobei Darwins Probleme mit einer - aus seiner Sicht - angemessenen Darlegung der Bedeutung der natürlichen Zuchtwahl bereits angeführt worden sind. Betont sei zudem, daß Darwin in dem Zitat eine gegenseitige Rückkoppelung der Gehirn- und Sprachentwicklung annimmt, die im Sinne der Darwinschen "holistischen Quasi-Analytik" - vgl. 2.2 - die oben bereits von ihm ausgesagte zentrale Bedeutung der Sprache betont.

Darwins weitere Analyse zur Sprachfähigkeit des Menschen bringt unter anderem ein weiteres Argument im Sinne der "Gradient"-Konstruktion und ein Argument gegen die Annahme der Apriorizität der Sprache:

> "Eine lange Reihenfolge von lebhaften und zusammenhängenden Ideen kann aber auch ohne die Hilfe von irgend einer Form der Sprache durch die Seele ziehen, wie wir aus den Bewegungen von träumenden Hunden schließen können. ... | Mehrere Schriftsteller, besonders Prof. Max Müller, haben neuerdings behauptet, der Gebrauch der Sprache setze die Fähigkeit voraus, allgemeine Begriffe zu bilden; und da kein Tier dies Vermögen besitze, sei hierdurch eine unübersteigliche Schranke zwischen ihnen und dem Menschen gezogen. Was die Tiere betrifft, so habe ich bereits zu zeigen versucht, daß sie diese Fähigkeit wenigstens in einem rohen und Anfangszustand besitzen. Und was Kinder im Alter von zehn bis elf Monaten und Taubstumme betrifft, so scheint es mir unglaublich, daß sie imstande sein sollten, gewisse Laute mit gewissen allgemeinen Ideen so schnell, wie es geschieht, in Verbindung zu bringen, wenn nicht solche Ideen in ihrer Seele bereits gebildet würden" (S.110-111).

Dies verdeutlicht einmal mehr, daß Darwin Sprache nicht aus "im Gespräch sein mit sich" ableitet, sondern im Lichte eines Verständnisses von Lebewesen betrachtet, das deren Am-Werke-sein einer normierenden Selektion überantwortet, die ohne propositionaler Vergegenwärtigung des an sich Selbstand Repräsentierenden verstanden werden soll. Im Sinne hiervon verflicht Darwin also die Sprache-Problematik mit seiner "Abstraktion"-Konstruktion, dergestalt also von »Ideen in der Seele« sprechend. Dies geschieht somit ohne jeglicher propositionaler Vergegenwärtigung dessen, das den Fluß werdeweltlicher Informationen nicht ein uneingeschränktes "alles fließt" sein läßt. Die Kritik, die hier also an Darwins "Sprache - Abstraktion"-Konstruktion zu erbringen ist, ist jene an Darwins Verstößen gegen eine adäquate Beachtung von "alles fließt - Eines" im Sinne Platons, wie sie bereits bezüglich *Entstehung* darzustellen war.

> "Die Bildung verschiedener Sprachen und verschiedener Spezies und die Beweise, daß beide sich stufenweise entwickelt haben, sind merkwürdig parallel. ... | Der vollkommen regelmäßige und wunderbar komplexe Sprachenbau vieler barbarischer Nationen ist oft als ein Beweis entweder des göttlichen Ursprungs dieser Sprachen oder des hohen Kulturzustandes der früheren Zivilisation ihrer Urheber angesehen wor-

den. ... Was die Vervollkommnung betrifft, so wird die folgende Erläuterung am besten zeigen, wie leicht man irren kann: Eine Seelilie besteht zuweilen aus nicht weniger als 150.000 Schalenstückchen, welche alle vollständige symmetrisch in strahlenförmigen Linien angeordnet sind; aber der Naturforscher hält ein Tier dieser Art nicht für vollkommener als ein zweiseitig symmetrisches mit verhältnismäßig wenig Teilen, von denen keiner dem andern gleicht, mit Ausnahme der gleichen Teile auf den entgegengesetzten Seiten des Körpers. ... | Aus diesen wenigen und unvollständigen Betrachtungen schließe ich, daß der äußert komplizierte und regelmäßige Bau vieler primitiver Sprachen kein Beweis dafür ist, daß sie ihren Ursprung einem besonderen Schöpfungsakt verdanken. Auch ist, wie wir gesehen haben, die Fähigkeit artikulierter Sprache an sich kein unüberwindliches Hindernis für den Glauben, daß der Mensch sich aus einer niederen Form entwickelt habe" (S.113-115).

Dieses Zitat - in dem also die Analyse von Sprache mit jener des Skelettes von Seelilien verglichen wird! - verdeutlicht nachhaltig, daß Darwin in seinem Bemühen um Abwendung einer pragmatischen "spezielle Schöpfungsakte"-Konstruktion nicht über jenes verfügt, das ihn jenes an "spezielle Schöpfungsakte" vergegenwärtigen läßt, das im Sinne des Versuches eines propositionalen Bedenkens der Transzendentalität hierin enthalten ist. Dies wird von Darwin - unerkannter Weise! - ebenso zurückgewiesen, wie die pragmatische Verzerrung hiervon in "spezielle Schöpfungsakte". Alleine dieserart läßt sich erklären, wieso Darwin meint, Sprache mit dem Skelett bestimmter Tiere vergleichen zu können, bzw. allgemein "Sprache" derart im Horizont von Historizität sehen zu können, daß es sich mit der Evolution von Gruppen von Lebewesen gleichsetzen läßt. Darwins dementsprechende Feststellungen zu Sprache bezeichnen daher mögliche Werdewelt-Regeln wie sie aus *Entstehung* bekannt sind, und ebenso pragmatisch verzerrt wie in *Entstehung* gebraucht werden. Das ist: Darwin verkennt nicht nur, Sprache im Lichte von "Sonderstellung des Menschen" betrachten zu müssen, er sieht auch nicht, daß sich Werdewelt-Regeln zu Sprache finden lassen müssen, da die Repräsentation des Ich in der Werdewelt in Form einer Ganzheit gegeben ist, ohne daß irgend ein Aspekt dieser Ganzheit nicht werdeweltlich repräsentiert ist.

Hierin liegt zugleich - und hiermit kann auf die vorangegangene Aussage zu "alles fließt - Eines" zurückgekommen werden -, daß Darwins Feststellungen zu dem »komplizierten Bau primitiver Sprachen« nicht von dem Bemühen um Vergegenwärtigung der Apriorizität im Bedenken geleitet sind, wie sie aus "im Gespräch sein mit sich" erwächst, da er diese Apriorizität alleine als Konstruktion wider »daß der Mensch sich aus einer niederen Form entwickelt habe« versteht.

Darwin wendet sich nun dem »Schönheitssinn« zu. Aus Darwins Ausführungen hierzu sei zitiert:

"Dieser Sinn soll dem Menschen eigentümlich sein. Ich verweise hier nur auf das Vergnügen, welches gewisse Farben, Formen und Laute gewähren, und welches ganz gut ein Sinn für das Schöne genannt werden kann; bei kultivierten Menschen sind indessen derartige Empfindungen innig mit komplizierten Ideen und Gedankengängen verknüpft. Wenn man sieht, wie männliche Vögel mit Vorbedacht ihr Gefieder und dessen prächtige Farben vor dem Weibchen entfalten, während andere, nicht in derselben Weise geschmückte Vögel sich nicht so aufführen, kann man unmöglich zweifeln, daß die Weibchen die Schönheit ihrer männlichen Genossen bewundern. ... | Nach den scheußlichen Ornamenten und der gleich scheußlichen Musik zu urteilen, welche die meisten Wilden bewundern, ließe sich behaupten, daß ihr ästhetisches

> Vermögen nicht so hoch entwickelt sei wie bei gewissen Tiere, z.B. bei Vögeln. Zweifellos ist kein Tier fähig, etwa den nächtlichen Himmel oder eine schöne Landschaft, oder verfeinerte Musik zu bewundern; ein so hoher Geschmack ist durch Kultur erworben und hängt ab von komplexen Assoziationen. Naturvölker und ungebildete Menschen erfreuen sich nicht daran" (S.115-117).

Darwin berichtet hier also von Schönem, wie es dem »kultivierten Menschen« »Vergnügen« bereitet, insofern es »innig mit komplizierten Ideen und Gedankengängen verknüpft« ist. Gemäß den Ausführungen in *Theologie* zur Kunst berichtet Darwin hier von einem Konstitutivum des Ich-sein, jedoch in jener verzerrten Form, von der die gesamte bisherige Darwinsche Argumentation geprägt ist. Das ist: In *Theologie* wird Kunst als "nicht an sich diskursives Am-Werke-sein" des Ich dargelegt, als mit Diskursivität analytisch verflochten bedacht. Von dieser Verflechtung berichtet also auch Darwin, jedoch im Sinne seines pragmatischen Verflechtung-Motivs, entsprechend seiner "holistischen Quasi-Analytik": Darwins Vergleich des Schönheitssinns beim Menschen mit jenem balzender Vögel entspricht somit jenem bezüglich "Sprache beim Menschen" mit "Skelett der Seelilien".

Im Lichte hiervon sind Darwins Aussagen auch im Sinne seines Gradienten-Modells zu verstehen, wobei insbesondere die wieder auftretende "Sündenfall-Analogon"-Konstruktion zu beachten ist: Darwins unangebracht abfällige Anmerkungen zu den »scheußlichen Ornamenten und der scheußlichen Musik« der »meisten Wilden« erklärt sich alleine aus der Annahme einer pragmatischen Gradienten-Konstruktion und im Zusammenhang hiermit aus jener Gleichgültigkeit bzw. Sorglosigkeit Darwins, mit der er (unter anderem) von »Menschen ohne Menschenwürde« und »microcephalen Idioten« berichtet.

Im Lichte hiervon sei nun auf Darwins Ausführungen zu »G o t t e s g l a u b e« und »R e l i g i o n« geblickt. Hierzu erfährt man zunächst:

> "Wir haben keine Beweise dafür, daß dem Menschen von seinem Ursprunge an der veredelnde Glaube an die Existenz eines allmächtigen Gottes eigen war. ... Natürlich ist diese Frage völlig verschieden von der höheren, ob ein Schöpfer und Regierer des Weltalls existiert; und diese ist von einigen der größten Geister, welche je gelebt haben, bejahend beantwortet worden. | Wenn wir jedoch unter »Religion« den Glauben an unsichtbare oder geistige Kräfte mitverstehen, so liegt der Fall völlig anders; denn dieser Glaube scheint bei den weniger zivilisierten Rassen ganz allgemein zu sein" (S.118).

Diese Aussagen sind Zeugnis des defizitären Verständnisses Darwins von der Bedeutung des Transzendieren-müssens bzw. der positiven Vergegenwärtigung der Transzendentalität. Das ist: Darwins Aussagen zu »veredelter Glaube« und »Glauben an unsichtbare oder geistige Kräfte« sind als Ausdruck der Darwinschen "Gradienten"-Konstruktion zu verstehen und übersehen daher vollständig, daß theologisches Denken, ganz unabhängig davon, ob es im Gewand einer monotheistischen Religion auftritt oder nicht, als ein Denken gemäß der Philosophia perennis auftritt[35] und daher gemäß dem Nicht-Alles-sein der "Diskursivität an sich" zu verstehen ist - vgl. *Theologie* -. Hierin liegt, daß besagtes Denken nicht Ausdruck eines defizitären Um-sich-bemüht-sein sein muß. Dies vergegenwärtigen zu können, bedeutet aber Einsicht in die Platonische Entdeckung zu haben, Universalität des Person-sein vergegenwärtigen könnend, wie es die "Gradienten"-Konstruktion Darwins als Verzerrung des eigentlich Auszusagenden erweist.

---

35 Unabhängig hiervon ist die Möglichkeit fideistischer Pragmatismen innerhalb der Theologie zu beachten.

Darwins Aussage kann aber insoweit zugestimmt werden, als der Glaube an »unsichtbare geistige Kräfte« im Lichte einer monotheistischen Religion als Zu-Entgrenzendes zu verstehen ist, da besagter Glaube nicht Ausdruck des dem Ich möglichen diskursiven Vordringen zum Bereich der Notwendigkeit ist. Zu-Entgrenzendes ist besagter Glaube damit aber im Sinne des Nicht-Alles-sein der Diskursivität und insofern also nicht im Sinne einer "Gradienten"-Konstruktion. Das ist: Wenn Darwin meint, hier ein weiteres Element seiner "Gradienten"-Konstruktion anführen zu können, so deshalb, da seine eigene Position zum Bereich der Notwendigkeit defizitär vordringt, wofür »Natürlich ist die Frage völlig verschieden von der höheren, ob ein Schöpfer und Regierer des Weltalls existiert; und diese ist von einigen der größten Geister, welche je gelebt haben, bejahend beantwortet worden« Zeugnis ablegt. "Zeugnis" legt diese Textpassage ab, da sie die Transzendentalität gleichsam "sein läßt", ohne als jenes verstanden zu werden, aus dem die Letztrechtfertigung von Aussagen abzuleiten ist. Daher beläßt es Darwin bei seinen "Nicht-wissen-können"-Konstruktionen im Sinne einer holistischen, quasi-analytischen Konstruktion, entsprechend seiner fragmentarischen Induktion.

Komplementär hierzu gilt aber: Darwin ist nicht bereit - wie schon die Analyse von *Entstehung* gezeigt hat -, die Anerkennung der Transzendentalität aufzugeben, obgleich ihm keine positive analytische Verbindung des damit Ausgesagten zu dem gelingt, das ihm diskursiv erreichbares Eines ist - "natürliche Zuchtwahl" -. Gemäß Universalität des Person-sein läßt sich daher aussagen: Darwins Verzerrung des eigentlich Auszusagenden resultiert daraus, daß er Aussagen, die eigentlich an das Eines anzulegen sind, an das von ihm ausgesagte Eines gemäß seiner Beachtung der Historizität anlegt, so weit dies möglich ist. Angesichts hiervon erhalten obige Aussagen zu der "Sündenfall-Analogon"-Konstruktion, die quasi-vordialektische Argumentationsweise Darwins und sein Abstand-nehmen davon, Eines in der Werdewelt zu verankern - zum Beispiel »Abstraktionsfähigkeit« und »Sprache« -, neues Gewicht: Darwins Entgrenzung der von ihm kritisierten "Unveränderlichkeit"-Konstruktion behält gemäß seinem theologischen Denken die Beachtung der Konstitutiva des Ich-sein bei, jedoch in einheitlich pragmatisch verzerrter Form. Darwin bedenkt die Konstitutiva des Ich-sein hierbei immer in Ausrichtung auf das Werdewelt-Ich, so daß noch offen bleiben muß, inwieweit Darwin über seinen diesbezüglichen Feststellungen auch dieses Ich an sich zu vergegenwärtigen versteht, es also nicht bloß als Summe der bisher thematisierten Eines - obgleich gemäß seiner Quasi-Analytik! - verstehen muß. Grundsätzlich muß gelten, daß Darwin dies zu vergegenwärtigen nur gelingen kann, wenn er seine bisherigen Ausführungen entgrenzt, eröffnend, nicht länger aus jener Bedachtnahme auf "Kontinuum" zu argumentieren, die im Sinne seiner Nicht-Vergegenwärtigung der Inversion der Erklärungsrichtung im Rahmen von "grundsätzliches Problem der Evolutionstheorie" ein defizitäres "Lebewesen-sein"- bzw. "Person-sein"-Verständnis ergibt.

Hierher gehört auch:

> "Sobald die bedeutungsvollen Fähigkeiten der Phantasie, Verwunderung und Neugierde, in Verbindung mit einiger Urteilsfähigkeit, teilweise entwickelt waren, wird der Mensch ganz von selbst versucht haben, das, was um ihn her vorgeht, zu verstehen, und er wird auch über seine eigene Existenz zu spekulieren begonnen haben. M'Lennan hat bemerkt: »Irgend eine Erklärung der Lebenserscheinungen muß der Mensch sich ausdenken; und nach ihrer Allgemeinheit zu schließen, scheint die einfachste und dem Menschen sich zuerst darbietende Hypothese die gewesen zu sein, daß die Erscheinungen der Natur solchen zur Tätigkeit antreibenden Geistern in Tieren, Pflanzen, leblosen Gegenständen und auch in den Naturkräften zuzuschreiben seien, wie die sind, deren sich der Mensch bewußt ist«. Wie Tylor gezeigt hat, ist es

> auch wahrscheinlich, daß die Annahme von Geistern zuerst durch Träume veranlaßt worden ist; denn Wilde unterscheiden nicht leicht zwischen subjektiven und objektiven Eindrücken. Wenn ein Wilder träumt, so glaubt er, daß die Bilder, welche vor ihm erscheinen, von weitem hergekommen sind und über ihm stehen; oder »die Seele des Träumers geht auf Reisen aus und kommt heim mit der Erinnerung dessen, was sie gesehen hat«. Solange aber die Fähigkeiten der Phantasie, Neugierde, des Verstandes usw. in dem Geiste des Menschen noch nicht entwickelt waren, werden ihn seine Träume ebensowenig zu dem Glauben an Geister veranlaßt haben, wie einen Hund" (S.118-119).

Wovon Darwin hier berichtet, das sind Versuche der Transzendierung der Werdewelt - »Seele des Träumenden geht auf Reise« -, die Darwin aber nicht oberflächlich dahingehend verstehen dürfte, daß ein Mensch »irgend eine Erklärung der Lebenserscheinungen haben muß«, sondern als Versuche das Bedenkens eines Ich gemäß den zwei Zugängen zum Bereich der Notwendigkeit. Insofern läßt sich auch nicht von »zuerst sich darbietende Hypothese« sprechen, da dies das Konstitutivum-sein besagter beiden Zugänge für das Ich-sein genesetheoretisch verzerrt. Das Darwinsche »zuerst« muß auf die Analyse der Werdewelt bezogen werden, was aber deren unverzerrte, propositionale Vergegenwärtigung zur Voraussetzung hat. Indem Darwin hierüber nicht verfügt, projiziert er »zuerst« auf das Gesamt des Bedenkens, worin sich also widerspiegelt, daß Darwin "Diskursivität" an sich und ihre werdeweltliche Repräsentation ebensowenig differenziert, wie "im Gespräch sein mit sich" und "Sprache". In anderen Worten: Darwin sieht nicht, Aussagen anderer Personen zum Bereich der Notwendigkeit zuerst im Sinne des invariabel seienden "Universalität des Person-sein" beleuchten zu müssen. Die religiösen (im weiteren Sinne des Wortes) Vorstellungen der "Wilden" bedeuten daher auch nichts, das sich gemäß der Einflechtung der natürlichen Zuchtwahl im Sinne einer Höherentwicklung diskursiver Fähigkeiten als genesetheoretisch zu verstehende Basis für die Ausbildung solcher Positionen bedenken läßt, die fideistische Aussagen unter Beachtung der Historizität zurückweisen. Im Lichte hiervon ist zu beachten, daß die Positionen der "Wilden" als zu Entgrenzende verstanden werden können, da sie der transzendentalphilosophischen Schwelle nicht uneingeschränkt gerecht werden, wobei aber gilt: dies trifft ebenso auf Darwins Position zu!

Mehr noch: Gemäß der ersten Schicht des philosophischen Horizonts ist darauf zu achten, die Aussagen einer philosophischen Position, bzw. solchen zur Transzendentalität allgemein, nicht im Sinne einer verabsolutiert verstandenen Diskursivität zu begreifen, da dies in sich trägt, Philosophie als eine Mediator-Konstruktion mißzuverstehen - vgl. *Untersuchungen* und *Theologie* -. Demgemäß kann eine spezielle Position der "Wilden", wird sie im Gesamt der von diesen Personen entwickelten Konstruktionen zum Um-sich-bemüht-sein gesehen - wie dies also unter anderem auch Kunst umschließt -, unmittelbarer das Person-sein des Ich zum Ausdruck bringen, als Darwins Gradienten-Modell!

Zudem sei an dem in Diskussion befindlichen Zitat dessen Bezug auf Darwins "Sündenfall-Analogon"-Konstruktion hervorgehoben, wie er im letzten Satz des Zitates zum Ausdruck kommt, der analog zu Darwins »Menschen ohne Menschenwürde« und »Menschen ohne Neugierde, Verstand und so weiter« konzipiert ist: Mit dem Auftreten jener geistigen Fähigkeiten, die erst durch ihre "Kultivierung" zu vernünftigen Lösungen führen, wird der "Geisterglaube" überwunden, wie er also durch das erste Auftreten dieser Fähigkeiten, wie es aus dem tierischen Niveau herausführt, provoziert wird.

Darwin ist zugleich darum bemüht zu zeigen, daß seine "Sündenfall-Analogon"-Konstruktion nichts wider seine "Historizität"-Konstruktion bedeutet, eine unüberbrückbare Kluft zwischen Tieren und Menschen aussagend:

> "Ich meine, er [Hund, der einen vom Wind bewegten Schirm beobachtet] muß rasch und unbewußterweise bei sich überlegt haben, daß Bewegung ohne sichtbare Ursache die Gegenwart irgend eines fremdartigen, lebendigen Bewegen andeute, und kein Fremder ein Recht habe, auf seinem Territorium zu sein. | Der Glaube an geistige Kräfte wird leicht in den Glauben an die Existenz eines Gottes oder mehrer Götter übergehen; denn Wilde werden naturgemäß Geistern dieselben Leidenschaften, dieselbe Rachsucht, dieselben einfachste Form der Gerechtigkeit und dieselben Neigungen zuschreiben, die sie bei sich selbst beobachten" (S.119).

Darwins Analyse wendet sich nun dem »moralischen Gefühl« und dem »Gewissen« zu, jenem also, das mehr als alles bisher von Darwin Thematisierte - beachte: "Anordnung"! - Anlaß dafür bietet, das Ich in seiner Transzendentalität zur Werdewelt zu vergegenwärtigen, es also nicht dabei zu belassen, dieses Ich rein nicht-propositional zu bedenken, es bei der oben angeführten Summierung von Ich-Konstitutiva belassend. Darwin beginnt die dementsprechenden Ausführungen mit:

> "Ich unterschreibe vollständig die Meinung derjenigen Schriftsteller, welche behaupten, daß von allen Unterschieden zwischen dem Menschen und den Tieren das moralische Gefühl oder das Gewissen der weitaus bedeutungsvollste sei. Dieses Gefühl beherrscht, wie Mackintosh bemerkt, »rechtmäßigerweise jedes andere Prinzip menschlicher Tätigkeit«; es wird in jenem bedeutungsvollen, kurzen, aber gebieterischen Wörtchen »du sollst!« zusammengefaßt" (S.121-122).

Darwin unterzieht diese Annahme besagter »Schriftsteller« nun gemäß seiner "Historizität"-Konstruktion einer Entgrenzung. Hierzu sei vorweg, also vor der Analyse der Darwinschen Darlegungen hierzu, nochmals betont, daß nun gleichsam das Pyramideon menschlichen Am-Werke-seins bzw. Um-sich-bemüht-seins von Darwin betrachtet wird - wie dies auch Darwin selbst sieht: »weitaus bedeutungsvollste« -, auf das also von Darwin im Anschluß an eine Analyse des Aussagens von Transzendentalität im Gewand von "Gottesglaube" getroffen wird, zu deren Resultaten gehört, daß in besagten Aussagen nicht zu jenem gefunden wird, das tatsächlich Pyramideon für die nicht dieses seienden Aussagen ist - so Darwin -, wiewohl jene Aussagen deshalb von Darwin nicht als reine Fiktion abgetan werden. Das ist: Indem Darwin nun also auf »Moral und Gewissen« reflektiert, kann prinzipiell vorliegen, da diese Begriffe von Darwin unmittelbar theologischem Denken entlehnt sein können, daß er auf das mit diesen Begriffen Bezeichnete gemäß seinem "Vorstoß" innerhalb der Theologie im Gewand der "natürliche Zuchtwahl"-Konstruktion reflektiert, so daß er also im Anschluß an die Analyse von "Gottesglaube" hiervon berichtet, da er in diesem eine Konstruktion gemäß "spezielle Schöpfungsakte" sieht und somit als Zu-Entgrenzendes versteht, obgleich nicht als an sich Zurückzuweisendes.

Im Lichte hiervon sei zitiert:

> "Diese große Frage ist von vielen Schriftstellern von ausgezeichneter Befähigung erörtert worden, und meine einzige Entschuldigung, sie hier zu berühren, ist die Unmöglichkeit, sie ganz zu übergehen; dazu kommt der Umstand, daß, soweit mir bekannt ist, ihr niemand ausschließlich von naturwissenschaftlicher Seite her näher getreten ist. Diese Untersuchung besitzt auch ein selbständiges Interesse, als ein Versuch, zu sehen, wie weit das Studium der Tiere Licht auf eine der höchsten psychischen Fähigkeiten des Menschen werfen kann" (S.122).

Darwins »ausschließlich von naturwissenschaftlicher Seite« scheint sogleich obigen Ausführungen entgegenzustehen, wonach Darwin positiv theologisches Denken aufnimmt, im

Sinne von "Vorstoß innerhalb der Theologie". Diese Interpretation übersieht aber, daß Darwin, obgleich vermeintlich nur um eine »naturwissenschaftliche« Theorie bemüht, fundamental argumentiert, so daß er keine fachwissenschaftliche Interpretation vor Augen haben kann. Darwins »die Unmöglichkeit, sie ganz zu übergehen« ist dahingehend zu lesen, daß der Bereich der Notwendigkeit an sich zwar nicht propositional bedacht werden kann, dies aber nicht bedeutet, daß diese Nicht-Propositionalität ein Ignorieren-können der transzendentalphilosophischen Schwelle bedeutet, da dies implizieren würde: Die physikotheologische Position - aus der heraus Darwin argumentiert - ist nicht Zu-Modifizierendes sondern Zu-Überwindendes. Darwin gesteht daher der "naturwissenschaftlichen Analyse", wie er sie versteht, ein »selbständiges Interesse« zu, im Sinne davon, daß die Beachtung der Historizität mit der Intention betrieben wird, der Vergegenwärtigung des Bereichs der Notwendigkeit dem diskursiven Verzicht-üben-müssen gemäß gerecht zu werden, insofern als die Beachtung der Historizität im Lichte von »Kampf ums Dasein« jene begrifflichen Eines ergibt, die die Vorkommnisse in der Werdewelt letztrechtfertigend verstehen lassen, entsprechend Darwins Grundverständnis, daß die Transzendentalität auszusagen ist, aber nicht an sich bedacht werden kann. Insofern dies eine Ausblendung der Vergegenwärtigung der Eines-Formel bedeutet und somit eine Nivellierung der transzendentalphilosophischen Schwelle, ergibt es eben jene Verflechtung der Werdewelt-Analyse mit Daß-Aussagen sein sollenden Aussagen, dergemäß Darwins Bezug auf »naturwissenschaftlich« keinen auf "fachwissenschaftlich" sein läßt. Das ist: Darwins »naturwissenschaftlich« ist im Sinne eines theologischen Denkens konzipiert, dem es nicht gelingt, begriffliche Eines in Transzendenz zur Werdewelt zu konzipieren.

Hierin liegt zudem, daß Darwin, will er sein Gradienten-Modell - gemäß seinem Ausgangspunkt der Argumentation - nicht ad absurdum führen, um folgende Analyse von Mensch bemüht sein muß: Der "Zweite Anfang" in Bezug auf "Mensch", wie Darwin ihn mit seinem "Sündenfall"-Analogon aussagt, ist, wie zuvor betont, darauf ausgerichtet, die mit dem Gradienten-Modell gegebene Orientierbarkeit an der Natur jenes sein zu lassen, das eine Transzendierung der Werdewelt erübrigen soll; genau dies unterwandert Darwin aber, wenn er das Ich dahingehend als einer genesetheoretischen Erklärung zuführbar erweist, daß bloß einzelne Prädizierungen des Ich - zum Beispiel "Sprachfähigkeit" und "Schönheitssinn" - dieserart erklärt werden, nicht aber dasjenige, das hiermit prädiziert wird, also das Ich selbst.

Darwin gibt nun - im Sinne des eben Dargelegten - einen Abriß seiner Anschauungen zu Moral und Gewissen:

> "Denn e r s t e n s lassen die sozialen Instinkte ein Tier Vergnügen an der Gesellschaft seiner Genossen empfinden, einen gewissen Grad von Sympathie mit ihnen fühlen und verschiedene Dienste für sie verrichten. Diese Dienste können von einer ganz bestimmten und durchaus instinktiven Natur sein; oder es kann wie meist bei den höheren sozialen Tieren der bloße Wunsch, die Bereitwilligkeit vorhanden sein, den Genossen allgemein zu helfen. Diese Gefühle und Hilfeleistungen werden aber durchaus nicht auf alle Individuen derselben Spezies ausgedehnt, sondern nur auf die derselben Gemeinschaft. Z w e i t e n s : sobald die geistigen Fähigkeiten sich hoch genug entwickelt haben, durchziehen Bilder aller früheren Handlungen und Beweggründe unaufhörlich das Gehirn eines jeden Individuums, und es entsteht jenes Gefühl des Unbefriedigtseins, oder selbst Unglücks, welches unabänderlich die Folge eines unbefriedigten Instinkts ist, so oft bemerkt wird, daß der andauernde und stets gegenwärtige soziale Instinkt einem anderen, vorübergehenden nachgegeben hat, der nur augenblicklich stärker war, aber weder seiner Natur nach von Dauer war, noch auch einen lebhaften Eindruck hinterließ. Viele instinktive Begierden, wie der Hunger, sind ihrer Natur nach nur von kurzer Dauer und werden, wenn sie befriedigt

sind, nicht leicht und nicht lebhaft reproduziert. D r i t t e n s : nachdem die Fähigkeit der Sprache erworben worden war und die Wünsche der Mitglieder einer Gemeinschaft ausgedrückt werden konnten, wird die allgemeine Meinung darüber, wie ein jedes Mitglied zum allgemeinen Besten zu wirken habe, naturgemäß in einem hervorragenden Grade die Handlungen bestimmt haben. Bei allem Gewicht jedoch, das wir der öffentlichen Meinung beilegen, beruht unsere Schätzung der Billigung oder Mißbilligung unserer Genossen doch auf Sympathie, die, wie wir sehen werden, einen wesentlichen Teil des sozialen Instinkts ausmacht, ja in der Tat sein Grundstein ist. V i e r t e n s wird auch die individuelle Gewohnheit eine sehr wichtige Rolle in der Bestimmung des Betragens jedes Gliedes spielen; denn die sozialen Instinkte und die Sympathie werden, wie alle anderen Instinkte, durch die Gewohnheit bedeutend gestärkt, und so ergibt sich der Gehorsam gegenüber den Wünschen und dem Urteil der Gesellschaft. Diese verschiedenen Sätze müssen nun erörtert werden, und zwar einige von ihnen ziemlich ausführlich" (S.122-124).

Schon diese allgemeinen Ausführungen werfen essentielle Probleme auf. Besonders verdient der Beachtung, daß Darwin unter »erstens« einerseits »Vergnügen an der Gesellschaft« anführt, andererseits von verschiedenen »Diensten« spricht, und unter »zweitens« einerseits von »stets andauernden« Instinkten und andererseits von »vorübergehenden« Instinkten berichtet. Zweimal tritt somit eine Konstruktion auf, die die Differenzierung von thematisch Begrenztes und unthematisch Begrenztes im Sinne von Platons "um willen von etwas" - »Dienste«, »vorübergehende Instinkte« - und der Transzendierung hiervon gemäß der dialektischen Differenz - »Vergnügen an ...«, »stets andauernde Instinkte« - thematisiert. Zunächst scheint dieser Vergleich unzutreffend, da Darwin nicht von Menschen berichtet. Tatsächlich ist der Vergleich aber angebracht, da er zum Ausdruck bringt, daß Darwin hier von etwas berichtet, das eben deshalb mit Platons Transzendierung von "um willen von etwa" in Verbindung zu bringen ist, da Darwin die Thematisierung hiervon g e m ä ß s e i n e m G r a d i e n t e n - M o d e l l im Horizont der Betrachtung der Tiere ansiedelt. Daher auch: Darwins »sobald sich die geistigen Fähigkeiten h o c h g e n u g entwickelt hatten« bietet einen alleine genesetheoretisch konzipierten Anfang für »durchziehen der Bilder« und »lebhafter Eindruck« und somit einen defizitären Anfang im Sinne von Darwins "alles fließt - Eines"-Konstruktion. Hiervon ist also zu sprechen, da die »durchziehenden Bilder« und »Eindrücke« somit nur insofern nicht uneingeschränkt Anfang-los - also »fließend« - sind, als sie entsprechend zum Beispiel Darwins "Abstraktion"-Konstruktion, wie sie zu keiner differentiellen Beachtung der Unendlichkeit der Werdewelt in der Lage ist - "holistische Quasi-Analytik" ergebend -, auf Anfang - Eines – bezogen werden. Dieserart - um dies zu betonen - bedenkt Darwin, daß es Instinkte gibt, die sich auf thematisch Begrenztes beziehen, ohne in Summe diese Begrenztheit - die nicht Alles ist - transzendieren zu können.

Darwins dritte Punkt - »drittens« - thematisiert eine stammesgeschichtlich höher entwickelte Situation: »nachdem die Fähigkeit der Sprache erworben worden ist«. Darwin leitet aus dem damit Bezeichneten die Bedeutung der »allgemeinen Meinung« ab, wie ihr normative Bedeutung für das Verhalten im sozialen Horizont zukommt, ohne den stammesgeschichtlich hergebrachten »Grundstein« zu erübrigen: »Bei allem Gewicht jedoch, das wir der öffentlichen Meinung beilegen, beruht unsere Schätzung der Billigung oder Mißbilligung unserer Genossen doch auf Sympathie, die, wie wir sehen werden, einen wesentlichen Teil des sozialen Instinkts auch, ja in der Tat sein Grundstein ist«. Das Problem für Darwins "allgemeine Meinung"-Konstruktion ist natürlich das Anfang-nehmen, und Darwin löst es wie im Falle von "Sprache - Gestik" bzw. "Intelligenz - Instinkt" durch eine Verflechtung, wovon also die "Grundstein"-Konstruktion berichtet.

Punkt 4 - »Viertens« - zielt im Lichte des Vorangegangenen auf die Individualität der Person ab. Individualität wird hierbei aber als Verstärkung der genesetheoretisch dargelegten sozialen Instinkte verstanden, woran anschließt: »und so ergibt sich der Gehorsam gegenüber den Wünschen und dem Urteil der Gesellschaft«. Dies bedeutet keine Autonomie des Ich und auch keine Freiheit des Ich, wie Platon von ihr berichtet bzw. gemäß Platons Entdeckung abseits von Platons "Staatsmann"-Argumenten - vgl. *Lehre* - auszusagen ist, als Ausgangspunkt dafür, das Am-Werke-sein des Ich gemäß seinem Um-sich-bemüht-sein-müssen im Horizont der genealogischen Ich-Kette bzw. Gesellschaft interpretieren zu können. Der Grund hierfür ist, daß »Wünsche und Urteile der Gesellschaft« keine Eines sind, die einem Ich auf thematisch-methodisch unreduzierte Weise Normierungsgrundlage für sein Um-sich-bemüht-sein sein können, wie sich schon daraus ergibt, daß Darwin hierauf aus seinen Konstruktionen bezüglich Instinkt, Abstraktion, Sprache, Intelligenz etc. trifft, die ausnahmslos aus einer Nicht-Vergegenwärtigung des Daß-Aussage-Bereichs erwachsen. Die Individualität wird von Darwin also auf etwas bezogen, das im Horizont von »natürliche Zuchtwahl« Eines ist, bzw. im Sinne einer Transformation entsprechend dem Gradienten-Modell aus "Kontinuum der Lebewesen" abgeleitet wird, so wie dies zuvor schon in *Abstammung* angetroffen worden ist. Dies wird aber von Darwin gemäß seiner Anerkennung von Transzendierung von "um willen von etwas" festgelegt, wie ihr keine propositionale Vergegenwärtigung des damit Bezeichneten beschieden ist.

Angesichts hiervon sei die Analyse des Zitates, das also den Beginn der grundsätzlichen Darlegung des Ich - vgl. oben - darstellt, wie folgt abgeschlossen, den vorangegangenen Vergleich mit Platons Position aufgreifend: Wie in *Lehre* - sowie *Vergleich* und *Theologie* – dargelegt, gelangt Platon nicht uneingeschränkt zur Vergegenwärtigung der Autonomie des Ich, obgleich sie nur aus Platons Entdeckung darlegbar ist. Dieses Defizit bei Platon resultiert daraus, daß er zusätzlich zu seiner Argumentation gemäß der noetischen Dialektik zentrifugaler Argumente bedarf, wie sie das Ich nicht im Lichte der dialektischen Differenz zu d a s Eines zeigen. Jene Argumente, die Platon aufbietet, um seine defizitäre Vergegenwärtigung der dialektischen Differenz kompensieren zu können, sind als "Staatsmann"-Argumente bezeichnet worden. In *Theologie* wird die "Mediator"-Konstruktion der christlichen Trinitätslehre als ein weiteres solches Argument dargestellt. Wie die bisherige Analyse der Position Darwins ergibt, ist auch sein Gradienten-Modell in diese Argument-Familie einzuordnen. Hierzu ist zu beachten: Gelingt es einer Position nicht, das Transzendieren-müssen von "Ich" - gemäß dem Nicht-Alles-sein des Ich - im Sinne der dialektischen Differenz mit Blick auf d a s Eines vorzunehmen, so entwirft sie Konstruktionen, die diese Transzendierung ergeben sollen, bzw. erlauben sollen, das Anfangsproblem bezüglich der Normierung des Um-sich-bemüht-sein auf etwas verlagern zu können, das nicht das Ich an sich ist, ohne zu diesem in faktischer Getrenntheit zu stehen. Komplementär hierzu gilt natürlich, daß diese Konstruktion auch nicht das Gründende an sich sein kann. Für Darwins Theorie, insofern sie von der Beachtung der Historizität geprägt ist, bedeutet dies, daß sie weder "Geister" - noch "Daimonion"-Konstruktionen[36] als "Mediator"-Konstruktionen akzeptieren kann, da diese s o g l e i c h a n d e n G r e n z e n des individuellen Ich um eine Transzendierung der Werdeweltlichkeit bemüht sind, aus Darwins Sicht die Beachtung der Historizität ausklammernd - vgl. *Überlegungen, Grundlegung* -. I n d e m D a r w i n d i e s a l s o v e r m e i d e n m ö c h t e , z u g l e i c h a b e r z u d e m E i n e s " I c h " n i c h t t h e m a t i s c h - m e t h o d i s c h u n r e d u z i e r t v o r d r i n g t , k a n n i h m n u r i n d e m m i t t e l s H i s t o r i z i t ä t B e t r a c h t e t e n e i n e " M e d i a t o r " - b z w . " S t a a t s m a n n " - A r g u -

36 Vgl. Platons "Daimonion"-Konstruktion zum Beispiel in *Theages*; Analyse hiervon in *Vergleich.*

mentation erwachsen. Das ist aber: Es sind somit die Tiere, die Darwin als jene "Quasi-Personen" entgegentreten, die eine "Staatsmann"-Konstruktion ergeben. Diese Feststellung, um dies zu betonen, erwächst aus obigen Feststellungen zu Darwins verzerrter Vergegenwärtigung der Inversion der Betrachtungsrichtung im Horizont des Grundproblemes der Evolutionstheorie.

Hierzu ist sogleich zu betonen: Oben ist darauf hingewiesen worden, daß "Phylogenese", wie sie auf werdeweltlichem Niveau die Menschen mit den anderen Lebewesen in einer genealogischen Kette verbindet, im Lichte der Erweiterung des Eines "genealogische Ich-Kette" zu verstehen ist. Dies ist aber strikt von der hierauf abzielenden Konstruktion Darwins zu unterscheiden, die eben deshalb eine "Quasi-Person"-Konstruktion aufweist, da sie das Eines "genealogische Ich-Kette" nicht bzw. nicht propositional vergegenwärtigt, so daß sie auf die Tiere auch nicht gemäß besagter Erweiterung blickt.[37]

Angesichts hiervon sei nun wieder konkret auf den weiteren Argumentationsverlauf in *Abstammung* geblickt. Darwin verdeutlicht nun die soeben analysierten Aussagen:

> "Es mag zunächst vorausgeschickt werden, daß ich nicht behaupten will, daß jedes streng soziale Tier genau dasselbe moralische Gefühl wie der Mensch erwerben würde, wenn seine intellektuellen Fähigkeiten ebenso aktiv und ebenso hoch entwickelt wären wie beim Menschen. Wie verschiedene Tiere einen gewissen Schönheitssinn haben, obwohl sie sehr verschiedene Gegenstände bewundern, so können sie auch ein Gefühl für Recht und Unrecht haben, wenn sie durch dasselbe auch zu sehr verschiedenen Handlungsweisen veranlaßt werden. Um einen extremen Fall anzunehmen: wäre z.B. der Mensch unter genau denselben Zuständen erzogen wie die Stockbiene, so würden ohne Zweifel unsere unverheirateten Weibchen es ebenso wie die Arbeitsbienen für eine heilige Pflicht halten, ihre Brüder zu töten, und die Mütter würden ihre fruchtbaren Töchter zu vertilgen suchen, und niemand würde daran denken, es zu verhindern" (S.124).

Dies verdeutlicht nicht nur, daß Darwin zu keiner propositionalen Vergegenwärtigung des zu "um willen von etwas" Transzendentalen vordringt, sondern auch, daß Darwin das Personsein - also das Ich, wie es Eines ist, das durch solche wie "Sprache haben", "Schönheitssinn haben" prädiziert werden kann (vgl. oben) - nicht adäquat bedenkt. Das ist: Was Darwin hier als »heilige Pflicht« anspricht, beinhaltet eine Verabsolutierung von kontingent gültigen Handlungen, insofern hiervon gemäß dem Nicht-verabsolutieren-dürfen der Werdewelt gegenüber der Transzendentalität zu sprechen ist. Hierher gehört auch, die werdeweltliche Ebene des Ich nicht verabsolutieren zu dürfen, woraus zum Beispiel die Rechtfertigung der Tötung aus Notwehr folgt - vgl. *Theologie* -. Zu dieser Argumentation dringt Darwin aber überhaupt nicht vor, da er "Tötung" genesetheoretisch rechtfertigt, Person-sein nicht in bezug auf die Transzendentalität bedenkend.

Das ist: Darwins Vergleich mit den Bienen ist aus denselben Gründen pragmatischer Natur, wie Darwins vorangegangene Bezugnahme auf Affen und Hunde. Darwin übersieht also, daß die Rechtsfähigkeit des Ich bzw. das Ziel des Am-Werke-sein des Ich - vgl. *Theologie* - nichts bedeutet, das als variabel in Relation zu werdeweltlichen Spezifika verstanden werden kann. Der Vergleich mit den Bienen impliziert diese Variabilität insofern, als er die Normierung von Handlungsweisen im Umgang mit anderen Individuen aus Örtern ableitet, die sich aus Traditionen ergeben, die das Ergebnis der natürlichen Zuchtwahl sind, Tatsächlich ist diese Normierung aber aus der dialektisch-analytischen Entfaltung der unthematische-Begriff-

[37] Wovon "Erweiterung" genauerhin berichtet, wird noch darzustellen sein; vgl. Schlußkapitel dieses Buches.

pyramide abzuleiten, worin eine vollständige Transzendierung jeglicher werdeweltlicher Begrenztheit liegt. Angesichts hiervon ist zu beachten, daß der Vergleich mit den Bienen im Sinne der Beachtung der erweiterten genealogischen Ich-Kette zu verstehen ist, so daß schon aus diesem Grund keine Alternative zu der Situation bei Menschen betrachtet sein kann. Genauerhin gilt: Wie in *Theologie* dargestellt, ist die Transzendierung werdeweltlicher Begrenztheit entsprechend der dialektischen Differenz zu verstehen, worin liegt, daß die Festlegung ethischer Normen insofern aus der dialektisch-analytischen Entfaltung der unthematische-Begriffpyramide erfolgt, als diese notwendig die Beachtung der Werdewelt-Ebene umfaßt, gemäß der Aussage: das Eines ist, indem es nicht nur es an sich ist, was nicht bedeutet: das Eines ist und ist zugleich nicht es an sich. Man kann daher nicht Eines der unthematische-Begriffpyramide aussagen, ohne jeglicher Thematisierung des Bereichs der Werdewelt. Nur in der Verflechtung mit Begriffen zur Werdewelt sind die Eines der unthematische-Begriffpyramide adäquat bedenkbar, auch wenn von Überlegungen zur Werdewelt nicht analytisch zu Eines der unthematische-Begriffpyramide vorgedrungen werden kann. Hieraus folgt: Da sich das Ich notwendig als Werdewelt-Ich bedenkt, muß sich diese Notwendigkeit in der dialektisch-analytischen Entfaltung des Person-sein widerspiegeln. Hieraus erwächst, daß zu dem Person-sein ein Anfang-haben gehört, das, obgleich es gemäß dem ontologisch Begrenztes-sein des Ich zu verstehen ist, impliziert, daß dieses Begrenztes-sein das Umgehenmüssen mit epistemologisch Begrenztem - auch bezüglich den Vorstellungen zum eigenen Ich! – beinhaltet. Demgemäß bedeutet die Aussage von der Transzendenz der ethischen Normen zur Werdewelt eine Eingekleidetheit dieser Normen in werdeweltlich Kontingentes, derart, daß in der "Einkleidung" zwar keine Subjekte ethischer Normen auftreten, dies aber nicht das Aussagen-können der Normen ohne einer solchen Einkleidung eröffnet. Dies ist es aber, das Darwin in seinem Vergleich mit den Bienen verzerrt. Zwar ist es also unumgänglich notwendig, das Am-Werke-sein des Ich im ethischen Raum gemäß einem "Anfang"-nehmen spezifischer Ausprägungen von Begrenztem zu verstehen, doch gilt, daß diesem Begrenzten gemäß der dialektischen Differenz nicht an sich Selbstand zukommt. Jegliche Aussage zu "spezifischer Anfang" läßt sich nur aus der Beachtung der unthematische-Begriffpyramide thematisch-methodisch unreduziert verstehen, im Lichte davon, daß das Am-Werke-sein des Ich aus der anfänglichen Daß-Aussage "Ich bin" abzuleiten ist, unter Vermeidung jeglicher "Staatsmann"-Argumentation.

Genau diese Argumentation ist aber in Darwins Bienen-Vergleich enthalten, da dieser Vergleich die Normierung ethischer Handlungen auf etwas bezieht, das "Spezifizierung des Anfangs" nicht im Lichte der Eines-Formel bedenkt, sondern im Lichte gradiententheoretischer Erklärbarkeit, wodurch eine Relativierung ethischer Normen im Sinne des Normierungspotentials ausgesagt ist, wie es mit der "Kampf ums Dasein"-Konstruktion verbunden gedacht wird, abseits einer adäquaten Vergegenwärtigung von Person-sein und dessen Am-Werke-sein bzw. Um-sich-bemüht-sein. Zusätzlich ist hierzu zu beachten: Darwin meint hier, thematisch-methodisch unreduziert im Sinne einer "beste aller Welten"-Konstruktion zu argumentieren, insofern diese in seiner Theorie von der natürlichen Zuchtwahl enthalten ist, wie die Analyse von *Entstehung* gezeigt hat. Da die Basis hierfür bei Darwin aber abseits der propositionalen Vergegenwärtigung der Transzendentalität konzipiert ist, bleibt es bei Darwins Wollen!

Hier darf nicht unbeachtet bleiben, daß der Bienen-Vergleich auch insofern problematisch ist, als er höchst eigentümliche Normen legitimiert. Hierin kommt zum Ausdruck, daß sich Darwin auf die dargestellte Weise indifferent - gemäß seiner "Gleichgültigkeit" im Sinne seiner "opportunistischer Kampf ums Dasein"-Konstruktion - gegenüber »Krieg«, »Armenhaus« etc. verhält.

Folgendes Zitat verdeutlicht dies:

> "Aber trotzdem würde in unserem angenommenen Fall die Biene oder ein anderes soziales Tier, wie es mir scheint, ein Gefühl für recht und Unrecht oder ein gewissen erhalten. Denn jedes Individuum hat wohl ein inneres Gefühl dafür, daß es stärkere und schwächere, dauerhafte und vorübergehende Instinkte hat, so daß oft ein Kampf zwischen den Impulsen entstehen wird; und Befriedigung und Unbefriedigung, ja selbst Unglück werden gefühlt, wenn frühere Eindrücke während ihres beständigen Zuges durch die Seele miteinander verglichen werden. In diesem Falle würde ein innerer Mahner dem Tiere sagen, daß es besser dem einen als dem anderen Impulse gefolgt wäre. Dem einen Zuge hätte gefolgt werden "sollen", dem anderen nicht, der eine würde "recht", der andere "unrecht" gewesen sein; ich werde auf diese Ausdrücke zurückkommen" (S.124).

Darwin spricht hier also von einem »Kampf« zwischen »Impulsen« und »Zuge durch die Seele« und wiederholt hiermit seine defizitäre Vergegenwärtigung des Transzendieren-müssens von "um willen von etwas". Im Lichte hiervon spricht Darwin zugleich aber von »innerer Mahner«, in Zusammenhang mit »sollen«. Es bedarf keiner eigenen Ausführung um zu verdeutlichen, daß es sich hierbei um eine genesetheoretische Verzerrung der theologischen "Gewissen"-Konstruktion handelt, darum also, daß Probleme dieser Konstruktion in der Rückführung auf Eines im Rahmen eines "Vorstoßes innerhalb der Theologie" zu beheben versucht werden, jedoch nicht zur diskursiven Vergegenwärtigung des Bereichs der Notwendigkeit führend, sondern zu Quasi-Personen etc.

Die "innerer Mahner"-Konstruktion Darwins fordert zudem zu einem Vergleich mit Platons "Daimonion"-Konstruktion heraus. Wie in *Vergleich* dargestellt, tritt diese Konstruktion bei Platon auf, insofern er nicht alleine gemäß seiner Intention bzw. seiner Entdeckung - der noetischen Dialektik - argumentiert, wobei die "Daimonion"-Konstruktion im Rahmen der Entwicklung des Platonischen Denkens - vgl. *Untersuchungen* - eine Entgrenzung erfährt, in dem Maße, wie Platon sukzessive zu einer umfassenderen propositionalen Vergegenwärtigung der ersten Schicht des philosophischen Horizonts vordringt. Zugleich gilt, daß Platons "Daimonion"-Konstruktion zu den "Quasi-Person"-Konstruktionen zu zählen ist, wie sie Platon von einer thematisch-methodisch unreduzierten Vergegenwärtigung von "im Gespräch sein mit sich" abhalten - vgl. *Lehre* -. Besagte Konstruktionen verzerren also die Vergegenwärtigung von "Ich" im Horizont seiner dialektischen Differenz zu das Eines - bzw. die Nennung der dialektischen Differenz im Horizont von Ich -, wie dies das "im Gespräch sein mit sich" bedeutet. Ist dies also auch für Platons Position auszusagen, so im Lichte davon, daß diese in Form der noetischen Dialektik zugleich jenes enthält, das hiervon emanzipieren läßt. Gerade die noetische Dialektik fehlt aber Darwins Position vollständig; Darwin verwendet die "innerer Mahner"-Konstruktion also abseits der ersten Schicht des philosophischen Horizonts. Das ist: Er thematisiert "im Gespräch sein mit sich" im Gewande von "innerer Mahner" weder auf dialektisch fundierte Weise, noch im Lichte theologischen Denkens, das im Sinne von "Trinitätslehre als Hüterin auf dem Wege zur Dialektik" konzipiert ist. Es bleibt aber, daß die Anführung von "innerer Mahner" als Ausdruck der Darwinschen Beachtung der transzendentalphilosophischen Schwelle auf theologischem Fundament zu werten ist.

Im Lichte hiervon sei nun auf Darwins genauere Ausführungen zu seinen bisherigen allgemeinen Betrachtungen geblickt. Darwin handelt zunächst Verhaltensweisen bei den Tieren ab, die, würden sie beim Menschen auftreten, als "moralisch" bewertet würden:

> "Außer Liebe und Sympathie zeigen die Tiere noch einige andere mit den sozialen Instinkten verbundene Eigenschaften, die bei uns moralisch genannt werden würden. Ich stimme mit Agassiz in der Ansicht überein, daß Hunde etwas dem Gewissen sehr Ähnliches besitzen" (S.129).

Sogleich ist hierzu festzuhalten, daß dies natürlich obiger "innerer Mahner"-Konstruktion Darwins entspricht, wie sie gemäß dem dargelegten Verhältnis von Darwins Position zur Theologie auftritt.

Angesichts hiervon sei sogleich betont, daß Darwin zu »Liebe« und »Sympathie« schreibt:

> "Das überaus wichtige Gefühl der Sympathie ist etwas anderes als Liebe. Eine Mutter mag ihr schlafendes Kind leidenschaftlich lieben, aber man kann wohl kaum sagen, daß sie Sympathie für es fühle. Die Liebe eines Menschen zu seinem Hund ist etwas anderes als Sympathie, und ebenso die Liebe des Hundes zu seinem Herrn" (S.133).

Dies ist, wie sogleich dargelegt werden wird, für das Verständnis der Position Darwins von entscheidender Bedeutung, wobei hierher auch gehört:

> "Wie früher Adam Smith, so hat Bain neuerdings behauptet, daß der Grund der Sympathie in der starken Nachwirkung früherer Lust- oder Unlustgefühle liege. Daher »erweckt der Anblick eines unter Hunger, Kälte, Ermattung leidenden Menschen die Erinnerung an solche Zustände, die selbst in Gedanken noch unangenehm sind«. So werden wir veranlaßt, die Leiden der anderen zu erleichtern, damit unsere eigenen peinlichen Empfindungen beseitigt werden" (S.133).

Dies ist von nicht zu überschätzender Bedeutung, besagt es doch, daß jenes, das bisher von Darwin gemäß »Summe«, »durchziehende Bilder«, "Verrechnung von Erfahrungen" - wie sie die Grundlage für die natürliche Zuchtwahl sind - bedacht worden ist, Ihm nicht schon Alles ist, wobei dasjenige, das ist, insofern jenes nicht schon Alles ist, die »Liebe« ist. Hierzu ist sogleich explizit festzuhalten: Für die Argumentation in *Entstehung* ist festgehalten worden, daß sie sich auch - auf pragmatische Weise - auf Eines der allgemeinen Begriffpyramide stützt - zum Beispiel: Mathematik -, ohne die nicht-propositionale Vergegenwärtigung des Bereichs der Notwendigkeit, woraus dies erwächst, mittels besagter Eines dahingehend zu kompensieren, daß diese Eines als propositionale Vergegenwärtigung des Bereichs der Notwendigkeit entgegentreten. Es ist daher zu betonen, daß Darwin die Konzentration hierauf auch nicht angesichts solcher Argumente wie bezüglich dem Pavianweibchen verliert, das gemäß dem Verwandtschaftsgrad ihre Zuwendung zu Affenjungen verteilt, also die hiermit gegebene Betrachtung der Werdeweltlichkeit bzw. Aktualität mittels einer Bezugnahme auf die Mathematik zu "transzendieren" versucht. (Dies ist gerade aus zeitgenössischer Sicht beachtenswert, da gegenwärtig mit der Soziobiologie eine Position vorliegt, die eben dies unternimmt, und hierbei großen Zuspruch erfährt.)

Komplementär zu dem eben Beobachteten ist aber festzustellen: Darwin gelingt es nicht, aus »Liebe« analytisch abzuleiten, mit »Liebe« also ein Eines anzuführen, das den Verzicht auf die Betonung der Mathematik einsehen läßt, da etwas aufgeboten werden kann, das im Sinne eines Eines der unthematische-Begriffpyramide die Transzendierung der Werdewelt bedeutet. Das ist: Die Differenzierung "Liebe – Sympathie" bedeutet nur dem Motiv nach ein Bedenken gemäß der dialektischen Differenz bzw. der transzendentalphilosophischen Schwelle - wovon also gemäß Universalität des Person-sein zu sprechen ist -. Obgleich Darwin - wie sogleich zu belegen sein wird - »Sympathie« als thematisch Begrenztes - "um willen von etwas"! - darlegt, sieht er in »Liebe« nicht jenes, das als

An-sich-Selbstand-Repräsentierendes hierzu in Beziehung gesetzt werden kann. Hierfür spricht freilich schon, daß Darwin die in Diskussion befindliche Konstruktion nicht aus "Ich bin" ableitet, sondern aus seinem Gradienten-Modell bzw. seiner "Quasi-Person"-Konstruktion.

Worin äußert sich konkret die angeführte Konstruktion Darwins von "Sympathie als Begrenztes":

> "Die Erklärung mag viel mehr darin liegen, daß sich die Sympathie bei allen Tieren nur auf die Glieder derselben Gesellschaft erstreckt, also auf bekannte und mehr oder weniger geliebte, nicht aber auf alle Individuen derselben Art. Diese Tatsache ist nicht überraschender als die andere, daß sich die Furcht der Tiere auf ganz bestimmte Feinde bezieht. Nicht gesellige Gattungen, z.B. die Löwen und Tiger, haben daher ohne Zweifel Mitgefühl für die Leiden ihrer Jungen, nicht aber mit denen anderer Tiere" (S.133-134).

> "Wie Bain gezeigt hat, wird die Sympathie beim Menschen durch Selbstsucht, Erfahrung und Nachahmungssucht verstärkt; denn die Aussicht auf Vergeltung veranlaßt uns, anderen sympathisch Gutes zu tun; auch wird die Sympathie durch die Gewohnheit verstärkt. Wie kompliziert aber auch der Ursprung dieses Gefühls sein mag, das jetzt von so hoher Bedeutung für alle Tiere ist, die einander helfen und verteidigen, sicher ist, daß die natürliche Zuchtwahl zu seiner Verstärkung beigetragen hat; denn diejenigen Verbände, in denen die größte Zahl der Mitglieder sich durch gegenseitige Sympathie auszeichneten, konnten am besten gedeihen und die größte Anzahl von Nachkommen erzielen" (S.134).

»Sympathie« wird also als "um willen von etwas" verstanden, insofern in Analogie zur Soziobiologie - "in Zusammenhang mit Verwandtschaft" - bedacht und daher in bezug auf die natürliche Zuchtwahl gesehen. Angesichts der bei Darwin fehlenden dialektisch-analytischen Argumentationsweise überrascht somit nicht, daß er die Anfangsproblematik bezüglich »Sympathie« weitgehend gemäß der "nicht-wißbar"-Konstruktion versteht, bzw. mit einer "Verflechtung"-Konstruktion verknüpft. Das ist:

> "Was den Impuls betrifft, welcher gewisse Tiere dazu treibt, sich zusammenzutun und sich gegenseitig in vielfacher Hinsicht beizustehen, so ist wohl der Schluß zulässig, daß sie dazu in den meisten Fällen durch dasselbe Gefühl der Befriedigung oder der Lust veranlaßt werden, das sie schon von der Ausführung anderer instinktiver Handlungen kennen, oder durch das Gefühl des Nichtbefriedigtseins, das die Unterdrückung der Instinkte erregt. ... Ich vermute, daß niemand die Gefühle der Lust oder der Unlust analysieren kann. In vielen Fällen ist es indessen wahrscheinlich, daß die Instinkte nur infolge der Kraft der Vererbung bewahrt werden, ohne daß Lust oder Unlust mitspricht" (S.130-131).

> "Das Vergnügen an der Gesellschaft anderer ist wahrscheinlich eine Erweiterung der elterlichen oder kindlichen Zuneigung, da der gesellige Instinkt in den Jungen durch langes Zusammenleben mit den Eltern zu entstehen scheint. Diese Erweiterung wird teils der Gewohnheit, in der Hauptsache aber der natürlichen Auslese zuzuschreiben sein. Bei denjenigen Tieren, die durch das Leben in Gesellschaft gewannen, konnten die geselligsten am leichtesten vielen Gefahren entgehen, während die anderen, die sich wenig kameradschaftlich zeigten und einsam lebten, in großer Zahl umkamen. Fragt man nun nach dem Ursprung der elterlichen und kindlichen Zuneigung, die augenscheinlich die Basis der sozialen Instinkte bildet, so müssen wir eingestehen,

daß wir die Stufen nicht kennen, die ihre Entwicklung genommen hat. Wohl aber können wir annehmen, daß die natürliche Zuchtwahl dabei die Hauptrolle gespielt hat" (S.132).

"Häufig ist es indessen unmöglich, zu entscheiden, ob gewisse soziale Instinkte erworben worden sind durch natürliche Zuchtwahl, oder ob sie das indirekte Resultat anderer Instinkte und Fähigkeiten, wie Sympathie, Überlegung, Erfahrung und Nachahmungssucht, sind, oder ob sie ihre Entstehung langgeübter Gewöhnung verdanken" (S.134).

Bevor Darwin nun explizit auf den Menschen als »soziales Tier« zu sprechen kommt, hält er fest:

"Unter den verschiedenen Instinkten und Gewohnheiten sind manche viel stärker als andere, d.h. einige bereiten größeres Vergnügen, wenn sie ausgeführt werden, und erregen ein stärkeres Unlustgefühl, wenn sie unterdrückt werden, als andere; oder, was wahrscheinlich ebenso wichtig ist, sie werden infolge Vererbung beharrlicher befolgt, wenn auch ohne besonderes Lust- oder Unlustgefühl. Wir sind uns selbst bewußt, daß gewisse Gewohnheiten viel schwerer abgelegt oder geändert werden können als andere. Man kann daher bei Tiere häufig einen Kampf zwischen verschiedenen Instinkten oder einem Instinkt und einer gewohnheitsmäßigen Neigung beobachten; ... | Wir können bemerken, daß ein instinktiver Antrieb, wenn er in irgend einer Weise für die Art vorteilhafter ist als ein ähnlicher oder entgegengesetzter Instinkt, durch natürliche Zuchtwahl der stärkere von beiden wird; denn diejenigen Individuen, welche ihn im stärksten Grade besitzen, überleben in größerer Anzahl" (S.134-136).

Darwin sieht hier gar nicht, daß das "Mehr-Weniger", von dem er hier berichtet, eigentlich den fehlenden Selbstand des Begrenzten bezeichnet, worauf Darwin also nicht reflektiert, da er grundsätzlich den differentiellen Charakter der Unendlichkeit des Begrenzten nicht zu vergegenwärtigen versteht.

Nun also schreitet Darwins Argumentation weiter voran zu »der Mensch als soziales Tier«. Am Beginn hiervon ist zu lesen:

"Jedermann wird zugestehen, daß der Mensch ein soziales Wesen ist. Wir sehen es in seiner Abneigung gegen Einsamkeit, sowie in seinem Wunsch nach Gesellschaft auch über den Rahmen seiner Familie hinaus. ... Einige Autoren vermuten, daß die Menschen ursprünglich in einzelnen Familien lebten. Wenn aber auch heutzutage einzelne Familien oder zwei, höchstens drei zusammen die einsamen Gefilde wüster Länderstrecken durchschweifen, so unterhalten sie doch, soweit ich sehen kann, freundschaftliche Beziehungen zu anderen Familien desselben Distriktes. Solche Familien kommen hie und da zu Beratungen zusammen und vereinigen sich zu gemeinsamer Verteidigung" (S.136).

Hieran fällt auf, daß Darwin soziale Niveaus - »Familie«, »Familienverband«, »Stamm«, »Art« - unterscheidet, gemäß seinem zuvor angeführten Bezug auf »Verwandtschaft«. Diese Niveaus bezeichnen Eines, die der Orientierung des Ich im ethischen Raum - so Darwin - reglementierende Orientierungspunkte ("Örter") sind. Sie sind dies aber ebenso herbeiargumentiert, wie Darwins kategoriale Niveaus im Bereich der biologischen Evolution, denen eine, die weitere Veränderung bebürdende, Funktion zugedacht ist, ohne jedoch explizit als ein Apriori - gemäß "intraorganismische Gesetzmäßigkeit" - verstanden zu sein. Zudem wird sogleich evident, daß Darwin seine "Gradient"-Konstruktion auch im Horizont des nun Abzuhandelnden für anwendbar hält.

Im Lichte hiervon greift Darwin wieder auf seine "Staatsmann"-Argumentation zurück und hält fest:

> "Da der Mensch ein soziales Tier ist, ist es ziemlich sicher, daß er eine Neigung zur Treue gegen seine Gefährten und zum Gehorsam gegen den Führer seines Stammes geerbt hat; ... Er muß infolgedessen etwas Selbstbeherrschung besitzen. Eine ererbte Neigung würde ihn willig machen, gemeinsam mit anderen seine Genossen zu verteidigen und ihnen beizustehen in einer Weise, die nicht zu sehr seinem eigenen Wohl und seinen eigenen starken Trieben entgegen ist" (S.137).

Darwin muß diese "Bienenstaat"-Konstruktion aber, will er die Logik seiner bisherigen Argumentation beibehalten bzw. seine vorausgegangene Anführung von »Liebe« nicht ad absurdum führen, im Lichte davon verstehen, daß der Mensch - obgleich nicht unähnlich den höheren Tieren - nicht von fixen Instinkten geleitet ist. Daher ist zu lesen:

> "Diejenigen sozialen Tiere, die auf der tiefsten Stufe stehen, werden fast ausschließlich, die höher entwickelten größtenteils von speziellen Instinkten geleitet bei der Hilfe, welche sie den Gliedern derselben Gemeinschaft leisten; aber sie werden auch teilweise durch gegenseitige Liebe und Sympathie angetrieben, augenscheinlich unterstützt von einem gewissen Grad von Überlegung. Obgleich der Mensch, wie eben bemerkt, keine speziellen Instinkte besitzt, die ihm sagen, wie er seinen Mitmenschen helfen soll, so fühlt er doch den Antrieb dazu, und bei seinen vervollkommneten intellektuellen Fähigkeiten wird er natürlich sehr durch Erfahrung und Überlegung geleitet. Instinktive Sympathie führt ihn auch dazu, großen Wert auf die Anerkennung seiner Mitmenschen zu legen; denn die Ehrliebe und Ruhmsucht und das noch stärkere Gefühl des Widerwillens gegen Verachtung und Schande sind, wie Bain deutlich gezeigt hat, »auf Rechnung der Sympathie zu setzen«" (S.137).

Das Entscheidende an dieser Argumentation ist, daß sie eine Entgrenzung enthält, die an eine Nennung der transzendentalphilosophischen Schwelle erinnert, was also erneut auftritt, nachdem zuvor schon hiervon bezüglich "Liebe - Sympathie" die Rede gewesen ist, wobei sich nun zeigt, wie Darwin es unternimmt, die - auch schon zuvor - fehlende analytisch-dialektische Inbeziehungsetzung von Liebe und Sympathie zu kompensieren: Die Basis hierfür ist, daß der Mensch gemäß »Liebe« einen »Antrieb fühlt«, wobei das Übrige den »vervollkommneten intellektuellen Fähigkeiten« zuzurechnen ist, denen wiederum »Erfahrung«, »Überlegung« und »allgemeine Meinung« Orientierungsgrundlage sind. Dies ist nicht nur eine intellektualistische Darlegung, sie ist zudem begründungstheoretisch hoffnungslos defizitär, denn liest man sie im Lichte von Darwins Anführungen zur Induktionsproblematik, zum Beispiel angesichts des "Specht"-Argumentes in *Entstehung*, so erhält man sofort wieder die Darwinsche Gleichgültigkeit, nun nicht in Zusammenhang mit einer Aussage über einen Vogel, sondern das Schicksal von Menschen betreffend! Tatsächlich "unterläuft" Darwin diese Gleichgültigkeit aber in gewisser Hinsicht, da sein Intellektualismus, wie er »Liebe« defizitär bzw. inhaltslos - es erfolgt keine analytische Ableitung aus diesem Eines! - bedenken läßt, aus der vollständig defizitären Vergegenwärtigung des Bereichs der Notwendigkeit erwächst, wovon die Nennung von »Liebe« aber insofern ein Teil ist, als sie gerade aus Darwins Bemühungen um diskursive Vergegenwärtigung des Person-sein - jegliche Form des Fideismus überkommend - erwächst.

Auch Platon wendet sich gegen die Verwendung fideistisch herbeiargumentierter Eines, da diese "Unfreiheit der Person" impliziert - vgl. die entsprechenden Analysen hiervon in *Über-*

legungen und *Vergleich* -. Zugleich zeigt Platon aber, daß lediglich die noetische Dialektik zu jenem finden läßt, das diese Unfreiheit überkommen läßt - Platon reflektiert eben n i c h t auf einen inhaltslosen Begriff von "Liebe" -, wovon sich in der Position Darwins also keine Spur finden läßt, weshalb sein Intellektualismus das Person-sein im Lichte einer Gleichgültigkeit bedeutenden "beste aller Welten"-Konstruktion zeigt.

Hierzu ist weiters zu beachten:

> "Infolgedessen wird der Mensch stark beeinflußt durch die Wünsche, das Lob und den Tadel seiner Mitmenschen, die sie durch Worte und Gesten ausdrücken. So geben die sozialen Instinkte, die vom Menschen in einem sehr rohen Zustand erworben worden sind, wahrscheinlich sogar von seinen ältesten affenähnlichen Vorfahren, noch immer die Willensimpulse zu seinen edelsten Handlungen; doch werden diese in einem höheren Grade von den ausgesprochenen Wünschen und dem Urteil seiner Mitmenschen, unglücklicherweise aber auch sehr häufig von seinen eigenen selbstsüchtigen Motiven bestimmt. Da aber Liebe, Sympathie und Selbstbeherrschung durch die Gewohnheit stärker werden, und auch die Kraft der Überlegung immer klarer wird, so daß der Mensch auch die Urteile seiner Mitmenschen auf ihren Wert hin prüfen lernt, wird er auch unabhängig von vorübergehenden Lust- oder Unlustgefühlen zu einer bestimmten Lebensführung geführt" (S.137-138).

Zunächst ist an dem Zitat zu beachten, daß es »Liebe« im Horizont von "Mehr - Weniger" - »stärker werden« - darbietet, womit die vorangegangene Darwinsche Unterscheidung "Liebe - Sympathie", im Sinne einer Vergegenwärtigung der transzendentalphilosophischen Schwelle konzipiert, nicht thematisch-methodisch unreduziert bedacht sein kann, da hierfür Bedingung ist, das "Mehr - Weniger" auf den Horizont von "um willen von etwas" zu beschränken, also auf "Sympathie".

Hiermit steht der in dem Zitat gegebene Gehalt an "Sündenfall-Analogon"-Konstruktion in Zusammenhang: »die Impulse zu den edelsten Handlungen« entstammen den sozialen Instinkten - so Darwin -, wie sie bereits von den »ältesten affenähnlichen Vorfahren« des Menschen erworben worden sind. Zugleich wird der Mensch von Darwin als nicht frei von »selbstsüchtigen Motiven« gedacht, wozu aber zu beachten sein soll, daß die »Kraft der Überlegung«, sowie »Liebe, Sympathie und Selbstbeherrschung« »durch die Gewohnheit stärker werden«; hieraus wird das Überwinden-lernen der Konzentration auf »vorübergehende Lust- oder Unlustgefühle« abgeleitet. Dem Motiv nach kann dies als Aussage zur Befreiung von "Unfreiheit" im Sinne des Verfangen-sein in der alleinigen Bezugnahme auf Güter (das Gute übersehend) verstanden werden. Tatsächlich ist dies aber nur dem Motiv nach der Fall, wie gemäß Universalität des Person-sein festzustellen ist, da Darwin dasjenige, von dem es sich zu emanzipieren gilt, als etwas bedenkt, das sich verstehen läßt, einerseits durch solche Eines für die Orientierung im ethischen Raum, die bei Individuen der nicht als solcher verstandenen erweiterten genealogischen Ich-Kette auftreten - die sozialen Instinkte der "affenähnlichen Vorfahren" - und andererseits durch besagte "Mehr - Weniger"-Konstruktion bezüglich "Liebe" u n d "Sympathie". Beide Konstruktionen, die das Emanzipieren-können einsichtig werden lassen sollen, sind also pragmatisch herbeiargumentiert, was somit auch für die Konstruktion desjenigen gelten muß, von dem es sich zu emanzipieren gilt.

Genauerhin ist zu beachten: Angesichts der ausgesagten "edelsten Sozialinstinkte" bei den "affenähnlichen Vorfahren", bedeutet das genesetheoretisch verstandene Überkommen-können der Selbstsucht, wie es i n n e r h a l b von "Menschheit" ausgesagt wird, eine Konstruktion im Sinne der "Sündenfall-Analogon"-Argumentation. Hierbei ist es keinesfalls gemäß der Darwinschen "Quasi-Person"-Konstruktion, die "edelsten Sozialinstinkte" bei den Vorfahren des Menschen linear auf den Menschen zu projizieren, abseits jeglichen Versuches, "Menschheit" mit "Anfang" verflochten verstehen zu können. Hierdurch würde "Sonderstellung des Menschen" in einer Weise ausgeblendet, die jegliche Probleme in Zusammenhang damit, Aussagen zum Menschen letztbegründend auf etwas zu beziehen, das Anfang im Sinne des Transzendierens von "Begrenztes verweist auf Begrenztes" bezeichnet, durch die Darwinsche Beachtung der Historizität auch aus Darwins Sicht nicht von theologisch-fideistischer Herbeiargumentation befreit; das Problem würde lediglich verschoben: Das Problem würde in jenen Bereich verschoben, der durch die lineare Projektion von "Menschheit" auf andere Lebewesen - Tiere als "Quasi-Personen" - erreicht wird. Eine derartige Problemverschiebung ist aber nicht das Ziel Darwins. Komplementär hierzu sieht Darwin aufgrund seiner Art der Bedachtnahme auf Historizität besagtes Problem nicht auch im Lichte davon, die Grenzen, die also nicht verschoben werden dürfen - Verzerrung von "transzendieren" vermeidend -, soll tatsächlich die angestrebte Lösung erzielt werden, entsprechend der Vergegenwärtigung von "Ich bin" festlegen zu müssen.

In dem hiermit bezeichneten Sinne greift Darwin zu seiner "Sündenfall-Analogie", worin somit liegt: "edelste Sozialinstinkte" ist ein Eines, das nicht schon das Transzendentale zu "um willen von etwas" im Horizont von "Mensch" zeigt, es aber gleichsam in "nicht dieses an sich bezeichnender" Form abbilden soll[38]. Im Sinne der "beste aller Welten"-Natur der natürlichen Zuchtwahl ist es diese, die die Menschen an das Ideal heranführen kann; ein dementsprechendes Apriori ist im Menschen angelegt. Mit diesem Erreichen-können erfährt das bei den Quasi-Personen Unentfaltete gleichsam eine Realisierung, wie sie also im Lichte des Darwinschen opportunistischen Verständnisses von "natürliche Zuchtwahl" möglich ist. Darwin sieht hierin eine adäquate Beachtung von "Sonderstellung des Ich", da sie mit seiner quasi-mechanistischen Denkweise vereinbar ist.

Betont sei, daß Darwin in dem analysierten Zitat keineswegs von einem uneingeschränkten "Veredelungsprozeß" berichtet; seine Konstruktion ist auch hier im Sinne seiner bisherigen, eine opportunistische "Kampf ums Dasein"-Konstruktion aufweisenden, "beste aller Welten"-Argumentation zu verstehen.

Am Ende der Besprechung des Menschen als einem "sozialen Tier" ist zu lesen:

> "Dann wird er erklären können - und wird sich dadurch weit über den Barbaren oder den unkultivierten Menschen erheben -: Ich bin der höchste Richter meines Verhaltens; oder mit den Worten Kants: »Ich will in meiner eigenen Person nicht die Würde der Menschheit verletzen«" (S.138).

Nicht nur bedeutet »Ich« hier eine Verzerrung des eigentlich auszusagenden "Ich" - gemäß "Ich bin" -, denn es ist bei Darwin aus einer genesetheoretisch konzipierten "Staatsmann"-Argumentation abgeleitet, anstatt gemäß "Teilhabe und Autonomie des Ich" bedacht zu sein, worin zugleich liegt, daß sich Darwin nicht auf die dargebotene Weise auf Kant berufen kann. Darwins »Ich« als »höchster Richter« ist nämlich gemäß einem latenten Monismus konzipiert: Darwin ist gemäß seiner Beachtung der transzendentalphilosophischen Schwelle grundsätzlich um Vergegenwärtigung jener beiden Ebenen bemüht, die entsprechend der

[38] Daher auch können die "Vorfahren" - bzw. (spezielle) Tiere - als Quasi-Personen verstanden werden. Hier sei auch daran erinnert, daß Darwins "Sündenfall-Analogon"-Konstruktion - wie bereits ausgeführt - zur Familie der "Inhomogenität"-Argumente zu zählen ist, insofern "Inhomogenität" von Positionen abseits der ersten Schicht des philosophischen Horizonts ausgesagt wird, um der transzendentalphilosophischen Schwelle Ausdruck verleihen zu können. das "Inhomogenität"-Argument soll also verhindern, eine uneingeschränkt lineare Projektion von der Faktizität aus das Letztbegründende aussagen zu müssen.

Eines-Formel auszusagen sind; jedoch dringt er zu keiner propositionalen Vergegenwärtigung des zur Werdewelt in transzendentaler Differenz Stehenden vor, weshalb seine "Gewissen"-Konstruktion kein gehaltvolles Bedenken von "im Gespräch sein mit sich" ergibt, bedingend, daß Darwin das Werdewelt-Ich nicht transzendieren kann, so daß er eben dieses Ich bzw. ein gemäß Orientierbarkeit an der Natur verstandenes "Ich" als »höchsten Richter« darlegen muß, anstatt das gemäß seiner Intention thematisierte Ich zu erreichen - also Ich, wie Darwin von ihm berichten möchte, da er nicht nur die Prädikate des Ich genesetheoretisch diskutieren möchte (vgl. oben) und wie es also im Lichte von Transzendieren-müssen von "um willen von etwas" festzuhalten ist -. In anderen Worten: Wie schon Darwins Vergleich mit dem Bienenstaat gezeigt hat, bzw. alle Argumente Darwins gemäß "Sündenfall-Analogon", geht er in der Thematisierung der transzendentalphilosophischen Schwelle derart defizitär vor, daß er auch dort, wo er das Werdewelt-Ich transzendieren möchte, immer nur aus einem - wider die Intention - wiederum werdeweltlich verstandenen Ich argumentieren kann, entsprechend seiner Akzeptanz von "Orientierbarkeit an der Natur" und dem hieraus erwachsenden Umstand, das zur Werdewelt Transzendentale nicht als etwas bedenken zu können, aus dem analytisch abgeleitet werden kann.

Das hieraus erwachsende Konstrukt soll als im Sinne eines "latenten Monismus" konzipiert verstanden werden: Darwins Intention gilt also den beiden Ebenen der Eines-Formel, doch kann er nur - gemäß seiner Bedeutungszuweisung an die Empirie (vgl. Analyse von *Entstehung*) - jene Ebene, die unmittelbar epistemische Begrenztheit besagt, propositional – obgleich pragmatisch verzerrt - vergegenwärtigen, so daß er in ihrem Horizont eine Differenzierung - Transzendierung bedeuten sollend - einflechten muß, da ihm die eigentlich Transzendentalität bedeuten müssende Ebene nichts ist, aus dem analytisch abgeleitet werden könnte.

Dieserart versteht Darwin "Ich" im Sinne seines Gradienten-Modells geradezu als seine Angewiesenheit auf den zweiten Zugang zum Bereich der Notwendigkeit überwinden Könnendes: Es erhebt sich als »höchster Richter« über sein Gegründetes-sein. Nicht als seine mögliche Verflechtung in der Güterverrechnung überkommend und des Guten gewahr werdend, wird es von Darwin diskutiert, sondern als das Gute repräsentieren könnend, gleichsam so, als müßte es nicht länger ganzheitlich als Gegründetes verstanden werden brauchen, als Ergebnis bestimmter genesetheoretisch zu verstehender Vorgänge, die also das Ich hierzu werden ließen. Daß das Ich sein Gegründetes-sein (partiell) überkommen kann, sagt natürlich weder Platon aus, wenn er um die Überwindung der "Gefangenschaft in der Güterverrechnung" bemüht ist, noch Kant, den Darwin in obigem Zitat namentlich anführt.

Darwin gelangt zu seiner Konstruktion also im Sinne seines latenten Monismus, dem entsprechend gelten soll: Ist die Möglichkeit gegeben, eine "Gefangenschaft in der Güterverrechnung" aussagen zu können, und Darwin bedenkt sie sogleich gemäß seiner "Sündenfall-Analogon"-Konstruktion, so kann die Realisierung dieser Entfaltung lediglich für ein Ich verstanden werden, das nicht in dialektischer Differenz zu das Eines als Person bedacht wird, sondern gemäß der Ausrichtung auf ein werdeweltlich verstandenes Ich. Hierin äußert sich Darwins Unvermögen, das Person-sein entsprechend "beste aller Welten" im Lichte der noetischen Dialektik bedenken zu können; er bedenkt es im Lichte einer Argumentation, die sich von "Orientierbarkeit an der Natur" nicht zu emanzipieren versteht.

Daher auch erinnert Darwins Position vehement an jene des Renaissance-Philosophen Ficino - auf den also erneut verwiesen werden kann! -, dessen Verständnis von dem Menschen als einem »Microdemiurg« - vgl. *Theologie* - ebenso wie Darwins Verständnis von dem Menschen als »höchstem Richter« aus einer völlig defizitären Vergegenwärtigung des Gründenden als einem Ganzheit repräsentierenden Eines erwächst, so daß - kompensatorisch - Konstitutiva hiervon in das Ich projiziert werden.

Darwin vertieft nun das Bild vom Menschen, auf die oben bereits thematisierte Bedeutung der Instinkte zu sprechen kommend:

> "Wir haben indessen bis jetzt den springenden Punkt in der ganzen Frage nach dem moralischen Gefühl noch nicht betrachtet: Woher fühlt ein Mensch, daß er dem einen Instinkt mehr gehorchen soll als einem anderen?" (S.138)

Hieran knüpft Darwin an:

> "In erster Linie haben wir offenbar zu bedenken, daß die verschiedenen instinktiven Impulse im Menschen verschieden stark sind. Ein Wilder wagt wohl sein Leben, um das eines Stammesgenossen zu retten, bleibt aber gleichgültig gegenüber einem Fremden. Eine junge, furchtsame Mutter wird sich, vom mütterlichen Instinkt getrieben, ihrem Kinde zuliebe ohne Zögern in die größte Gefahr begeben, nicht aber eines bloßen Mitgeschöpfes wegen. Nichtsdestoweniger hat schon mancher zivilisierte Mann oder Knabe, der niemals vorher sein Leben für einen andern gewagt hat, aber Mut und Sympathie besaß, den Selbsterhaltungstrieb vergessen und sich in den reißenden Strom gestürzt, um einen Ertrinkenden, und wenn es selbst ein Fremder war, zu retten" (S.138-139).

Darwin denkt diese Überlegungen nun weiter, den Unterschied zwischen den Tieren und den Menschen hervorkehrend:

> "So kann man auch bei Tieren beobachten, daß sie zweifelnd zwischen entgegengesetzten Instinkten schwanken, z.B. wenn es sich um die Rettung ihrer Jungen oder ihrer Gefährten handelt; und doch werden diese Handlungen nicht moralisch genannt, obgleich sie zum Besten anderer ausgeführt werden. Überdies werden häufig von uns ausgeführte Handlungen zuletzt ohne Überlegung und Zögern vollbracht und können dann kaum von instinktiven unterschieden werden; aber niemand wird behaupten wollen, daß sie dadurch aufhören moralisch zu sein. ... | ... Moralisch nennen wir ein Wesen, das imstande ist, seine früheren und künftigen Handlungen oder Motive zu vergleichen und sie zu billigen oder zu verwerfen. Wir haben keinen Beweis zugunsten der Annahme, daß irgend ein Tier diese Fähigkeiten besitzt" (S.139-140).

An der zitierten Argumentation ist sogleich der in den einleitenden Fragen enthaltene Pragmatismus zu betonen: Wiewohl Darwin um Beachtung der Diskursivität bemüht ist, fragt er danach, »woher fühlt« ein Mensch, welchen »Instinkten« er folgen soll? Diese Aussage zielt auf nicht-diskursive Leistungen ab, wie sie das differentielle Verzicht-üben-müssen - als das Bedenken der *Ion*schen Teilpyramiden - nicht adäquat bezeichnen lassen, bzw. sind sie auch nicht dahingehend konzipiert, Diskursivität gemäß ihrem Nicht-Alles-sein in nicht-an-sich gegebener Form zu thematisieren - vgl. *Theologie* -, da Darwin hierzu zunächst im Sinne der Dialektik "Diskursivität" freilegen müßte, um es sodann analytisch entfalten zu können. Im Sinne seiner somit pragmatisch verzerrten Fragestellung ist auch Darwins Antwort auf die Frage konzipiert, die sich im Horizont bisher schon gebrachter "Gradient"-theoretischer Darlegungen erschöpft.

Angesichts hiervon sei gelesen:

> "Kehren wir nun zu unserem eigentliche Gegenstand zurück. Obgleich gewisse Instinkte stärker sind als andere und so zu entsprechenden Handlungen antreiben, ist die Annahme doch unhaltbar, daß beim Menschen die sozialen Instinkte (einschließlich Empfänglichkeit für Lob und Tadel) größere Stärke besäßen oder durch lange

Gewohnheit größere Stärke erworben hätten als der Selbsterhaltungstrieb, der Hunger, der Geschlechtstrieb, die Rachsucht usw. Warum bereut denn dann der Mensch, - obgleich er diese Reue nicht aufkommen lassen will -, daß er dem einen natürlichen Trieb und nicht einem anderen gefolgt ist? Warum fühlt er ferner, daß er sein Verhalten bereuen sollte? In dieser Beziehung unterscheidet sich der Mensch ganz gewaltig von den Tieren" (S.141).

»Reue« steht offenbar mit dem zuvor im Sinne der Logik der Darwinschen Argumentation geforderten Anfang innerhalb der genesetheoretischen Konstruktion in Zusammenhang, wobei betont sei, daß »obgleich er diese Reue nicht aufkommen lassen will« auf etwas verweist, das für das Am-Werke-sein des Menschen konstitutiv ist, insofern es nicht dem "Fluß der Empfindungen" etc. unterliegt, und das daher in Verbindung mit der "Gewissen und Liebe"-Konstruktion Darwins gesehen werden muß.

Im Lichte hiervon sei nun gelesen:

"Im Augenblick der Tat wird der Mensch zweifellos bereit sein, dem stärkeren Impuls zu gehorchen; und obgleich er dabei gelegentlich auch zu den edelsten Handlungen veranlaßt wird, wird er doch viel häufiger seinen selbstsüchtigen Motiven auf Kosten anderer Menschen folgen. Wenn aber dann nach ihrer Befriedigung die früheren, jetzt schwächer gewordenen Eindrücke an dem immer gegenwärtigen sozialen Instinkt gemessen und in Gedanken dem Urteil der Gefährten unterbreitet werden, so wird sich bei seiner großen Empfänglichkeit für die gute Meinung seiner Mitmenschen die Reue sicher einstellen. Er wird Gewissensbisse, Reue, Bedauern oder Scham empfinden; das letztere Gefühl bezieht sich fast ausschließlich auf das Urteil anderer. Er wird den mehr oder weniger festen Entschluß fassen, in Zukunft anders zu handeln, und dies ist Gewissen; denn das Gewissen schaut zurück und dient zugleich als Führer in der Zukunft" (S.143).

In der Aktualität kann das Ich also irren, wozu aber gehört, daß es hierauf hingewiesen werden kann, gemäß einem Geflecht aus »Empfänglichkeit für gute Meinung« und »Urteil anderer«, dem gegenüber »Scham«, »Bedauern« bzw. »Reue« gezeigt werden kann. Dies ist aber genau jene Darwinsche "Staatsmann"-Argumentation, die von davor bekannt ist, und die die Letztrechtfertigung nicht im Ich gemäß "Ich bin" verankert[39], gemäß der differentiellen Eigenständigkeit von Ich, wobei nun, gleichsam aus dem vorangegangen betrachteten und "Quasi-Person" bedeutenden Nicht-Ich "Tier", "Mitmensch" geworden ist[40]. Angesichts hiervon ist zu fragen: Woher sollen die Mitmenschen die »gut Meinung« haben, wenn sie doch ihrerseits auf Mitmenschen angewiesen sein müssen, um hierzu zu gelangen. Dies ergibt notwendig eine unendliche Kette! Somit erübrigt sich auch »Empfänglichkeit«, als ein herbeiargumentiertes Eines.

Wovon Darwin hier berichtet, das ist also ein Eines, das aus Darwins Ausblendung von "im Gespräch sein mit sich" erwächst, wobei insbesondere auf folgenden Umstand hinzuweisen ist: Darwins Unterscheidung von »soziale Instinkte« und »Instinkte der Selbsterhaltung« stellt eine Differenzierung innerhalb von "Instinkte" dar, wie sie zuvor auch schon aufgetreten ist, in Zusammenhang mit »langandauernd - aktuell«. Insofern diese Differenzierung mit der

---

39 "Höchster Richter sein" ist eine Möglichkeit gemäß Darwins opportunistischem Verständnis von Evolution.

40 Hierher gehört: Zuvor hat Darwin "moralische Entwicklung" einerseits auf die "edelsten Sozialinstinkte" der "affenähnlichen Vorfahren" des Menschen bezogen und auf ein Lernen bezüglich "Liebe" etc., das ein Lernen am Mitmenschen ist. Dies wird nun also betont.

Transzendierung der Aktualität in Beziehung zu setzen ist, ist sie zunächst als Anwendung einer Kratylosschen Differenzierung zu sehen. Genauerhin ist aber zu beachten: Der Schlußsatz des oben gegebenen Zitates verdeutlicht die Bedeutung der Darwinschen "Historizität"-Konstruktion für das mit den Instinkten verbundene normierende Potential für das Am-Werke-sein. Hieran fällt auf, daß "normierendes Potential" das Gesamt der Instinkte betrifft, womit gilt: Wird das gemäß einer Kratylosschen Differenzierung zu verstehende Gesamt dieserart aus "Quasi-Personen" abgeleitet, so liegt hier etwas vor, das insofern der "Dekalog"-Konstruktion in der christlichen Theologie entspricht - vgl. die dementsprechende Analyse hiervon in *Theologie* -. In anderen Worten: Gemäß Universalität des Person-sein bietet Darwin hier eine naturalistische Trivialisierung des Dekalogs - lediglich hierzu dringt der Darwinsche "Vorstoß" innerhalb der Theologie also vor! -, wobei die Kombination "Dekalog - Seligpreisung" der Trinitätslehre bei Darwin durch die Kombination "Instinkt - Liebe" ausgesagt wird. Hierbei ist zu beachten, daß "Instinkt" von Darwin gemäß einer Kratylosschen Differenzierung als zwei Ebenen aufweisend bedacht wird, so wie auch Dekalog eine Kratylossche Differenzierung enthält - vgl. *Theologie* -!

In *Theologie* wird dargestellt, daß die Konstruktion "Dekalog - Seligpreisung" Teil der Trinitätslehre als einer Hüterin auf dem Wege zur Dialektik ist, wobei das Begehen dieses Weges gleichsam einen "Vorstoß innerhalb der Theologie" bedeutet. Darwins Theorie bzw. Modifikation besagter Konstruktion stellt somit zwar ebenfalls einen Vorstoß dar - vgl. zudem 2.2 -, jedoch nicht gemäß dem, wofür die Trinitätslehre - als "Hüterin" - steht, also der Vergegenwärtigung des Person-sein entsprechend der noetischen Dialektik. Im Sinne hiervon gilt auch, daß Darwins Ausführungen zu "Sonderstellung des Menschen" völlig inhaltslos sind.

Somit gelingt es Darwin auch hier nicht, das dem Motiv nach Transzendentalität Besagende uneingeschränkt in transzendentaler Unterschiedlichkeit zur werdeweltlichen Begrenztheit zu sehen:

> "Welchen Wert der einzelne auf die Billigung der anderen legt, hängt ab von der Stärke seines angeborenen oder erworbenen Gefühls von Sympathie und von seiner eigenen Fähigkeit, die weiteren Folgen seines Handelns in Betracht zu ziehen. Höchst wichtig, wenn auch nicht notwendig, ist ein anderes Element: die Verehrung oder die Furcht vor Göttern oder Geistern, an die ein Mensch glaubt. Dies spricht vor allen Dingen bei Gewissensbissen mit" (S.143-144).

Im Lichte hiervon sei nun gelesen:

> "Von seinem Gewissen beeinflußt, wird der Mensch durch lange Gewohnheit eine so vollkommene Selbstbeherrschung erwerben, daß seine eigenen Wünsche und Leidenschaften sich schließlich kampflos und ohne Zögern seinen sozialen Sympathien und Instinkten, sowie seinem Gefühl für die öffentliche Meinung unterordnen. Der Hunger und das Rachegefühl werden ihn nicht mehr dazu veranlassen, Brot zu stehlen oder Rache zu nehmen. Es ist möglich, ja - wie wir später sehen werden - sogar wahrscheinlich, daß die Selbstbeherrschung, wie andere Gewohnheiten, vererbt wird. So kommt der Mensch schließlich durch die erworbene oder vielleicht gar ererbte Gewohnheit dahin, zu erkennen, daß er am besten seinen dauernden Impulsen folgt. Das gebieterische »soll« scheint nur das Bewußtsein von der Existenz einer Richtschnur seines Verhaltens zu bezeichnen, gleichgültig wie diese entstanden sein mag" (S.146).

Dem geht unter anderem voraus:

> "Wir können daher die von einigen Autoren aufgestellte Behauptung zurückweisen, daß der Abscheu vor Inzest eine Folge des speziell von Gott eingepflanzten Gewissens sei" (S.145-146).

Darwin weist hier also zurück, Gott habe dem Gewissen bestimmte Eines, die das Handeln im moralischen Raum normieren, eingepflanzt. Stattdessen soll gelten: Mit dem »soll« ist dem Bewußtsein eine »Richtschnur« gegeben, dergemäß das Ich zu einer »Selbstbeherrschung« findet, die es sich seinen »sozialen Sympathien und Instinkten, sowie seinem Gefühl für die öffentliche Meinung« unterordnen läßt. Gemäß dieser »Richtschnur« bzw. Konzentration auf »Selbstbeherrschung« erreicht es der Mensch somit - so Darwin -, den dauerhaften Instinkten auf adäquate Weise zu folgen. Gemäß Universalität des Person-sein und entsprechend dem bisher Kommentierten, versucht Darwin hier ein Fundament darzustellen, im Lichte davon, daß ein Ich irren kann, insofern es als letztbegründenden Bezugspunkt seines Am-Werke-seins wählt das lediglich in der Aktualität Ziel ist. Dem Überkommen hiervon dient Darwin lediglich eine nicht-propositionale Emanzipation von kontingent gültigen Eines - so wie dies gemäß dem philosophischen Horizont zu fordern ist! -; daher auch Darwins Konstruktion von der »Richtschnur«, die keine thematische Eines enthält, also gleichsam abseits hiervon ein - christlich formuliert - "Ich bin der Weg" bedeutet.

Zugleich gilt aber, daß Darwin »Richtschnur« ohne der Thematisierung von "im Gespräch sein mit sich" aussagt, bzw. im Lichte einer "Ich bin der Herr"-Konstruktion[41], die besagten latenten Monismus in sich trägt. Das ist: Darwin bedenkt das Ich nicht derart, daß ihm »Richtschnur« etwas ist - analog zu "Gewissen" -, das das Ich gemäß seinem "als Gegründetes autonom Seiendes" den fehlenden Selbstand des kontingent Gültigen beherrschen läßt, abseits einer linear konzipierten Letztrechtfertigung. Darwin bedenkt zwar, daß eine solche Linearität nicht zu akzeptieren ist, gelangt aber aufgrund seiner gradienten- bzw. genesetheoretischen Vorstellung von "Ich" zu nichts, das ihm "Ich" im Lichte diskursiv vergegenwärtigter Notwendigkeit zeigt, so daß er »Richtschnur« gemäß dem differentiell zu verstehenden Verzicht-üben-müssen bedenken könnte, also im Sinne eines adäquat vergegenwärtigten diskursiven Vordringen zum Bereich der Notwendigkeit jene Eines aussagen läßt, die propositional Letztrechtfertigung der Eines der thematische-Begriffpyramide sind. Stattdessen ist Darwin »Richtschnur« ein Eines, das auf völlig herbeiargumentierte Weise mit "Ich" in Verbindung gesetzt wird, ebenso wie zuvor »Liebe« aus einer alleine nicht-propositionalen Einsicht in die transzendentalphilosophische Schwelle mit "Ich" in Verbindung gesetzt worden ist. Daher auch kann Darwin aus »Richtschnur« - ebenso wie aus »Liebe« - keine normativen Eines für das Am-Werke-sein analytisch ableiten - auch nicht im Sinne von "Theologie, als Hüterin auf dem Wege zur Dialektik" -, weswegen er eines inhaltslosen »soll« bedarf, das entsprechend einer modifiziert-physikotheologischen Denkweise – also gemäß "opportunistische Daß-Aussagen", "fragmentarische Induktion" u.s.w. - eine genesetheoretisch konzipierte Normierung aussagen lassen soll.

Hierher gehört:

> "Wenn irgend eine Begierde oder ein Instinkt zu einer Handlung führt, die dem Interesse anderer entgegen ist, und dieser Instinkt nach der Handlung immer noch ebenso stark oder noch stärker als der soziale Instinkt erscheint, so wird man kein tiefes Bedauern darüber fühlen, daß man ihm Folge geleistet hat. Doch wird man sich bewußt

---

[41] Vgl. zudem oben: »höchster Richter«

> sein, daß die Mitmenschen unser Verhalten mißbilligen würden, wenn es ihnen bekannt wäre, und wenige sind so bar aller Sympathie, daß sie nicht Mißbehagen spüren, wenn dies eintritt. Wenn er diese Sympathie nicht hat, und wenn die Begierden, die ihn zu unmoralischen Handlungen reizen, stark sind und auch in der Erinnerung nicht von beharrlich wirkenden sozialen Instinkten überwältigt werden, wenn ihm endlich auch das Urteil anderer gleichgültig ist, so ist er seinem Wesen nach ein unsittlicher Mensch; das einzige ihn etwas zügelnde Motiv ist die Furcht vor Strafe und die Überzeugung, daß es auf die Dauer vorteilhafter für ihn selbst sei, das Wohl anderer Menschen über das eigene zu stellen" (S.146-147).

Darwin, dies gilt es zu beachten, hat aber keine Möglichkeit, »bar jeder Sympathie«, »unsittlicher Mensch« etc. propositional zu erklären, wie er auch keine Möglichkeit hat, besagte Ausformungen von Am-Werke-sein thematisch-methodisch unreduziert im Horizont von "Rechtsfähigkeit des Ich" zu bedenken. Der Grund hierfür ist, daß Darwin den Anfang von Am-Werke-sein nicht dialektisch mit "Ich" verflicht, da er, die Anfang-Problematik verzerrend, das Person-sein nicht gemäß der dialektischen Differenz von Ich und d a s Eines als e i n Eines ansehen kann.

Darwin schreitet nun in seiner Argumentation weiter voran, die »rein sozialen Tugenden« betrachtend. Den Beginn hiervon gestaltet Darwin wie folgt:

> "Die oben gegebene Ansicht über den Ursprung und die Natur des moralischen Gefühls, das unsere Handlungen leitet, und des Gewissens, das uns tadelt, wenn wir jenem nicht gehorchen, stimmt ganz gut mit dem überein, was wir von dem ersten, noch unentwickelten Zustand dieser Fähigkeit des Menschen wissen. Die Tugenden, welche wenigstens im allgemeinen von den Urmenschen geübt werden mußten, um zu ermöglichen, daß sie überhaupt zu Verbänden zusammentreten konnten, sind dieselben, die auch heute noch als die wichtigsten gelten. Sie werden jedoch fast ausschließlich nur innerhalb der Gemeinschaft eines Stammes gepflegt; die ihnen entgegengesetzten Gesinnungen gelten, wenn sie sich auf Menschen fremder Stämme beziehen, nicht als Verbrechen" (S.147-148).

Darwin verknüpft hier sehr geschickt ein Universale - »Die Tugenden, welche wenigstens im allgemeinen von den Urmenschen geübt werden mußten, um zu ermöglichen, daß sie überhaupt zu Verbänden zusammentreten konnten, sind dieselben, die auch heute noch als die wichtigsten gelten« - mit einem Gradienten - »Sie werden jedoch fast ausschließlich nur innerhalb der Gemeinschaft eines Stammes gepflegt; die ihnen entgegengesetzten Gesinnungen gelten, wenn sie sich auf Menschen fremder Stämme beziehen, nicht als Verbrechen« -.

Angesichts hiervon sei gelesen:

> "Da in den rohen Urzeiten niemand ohne Mut seinem Stamm nützlich oder treu sein kann, wurde diese Eigenschaft allgemein am höchsten geschätzt; und obgleich in zivilisierten Ländern ein guter, aber furchtsamer Mensch für die Gesamtheit bei weitem nützlicher sein kann als ein tapfer, so können wir doch nicht umhin, den letzteren instinktiv über den Feigling zu stellen. Auf der anderen Seite wurde Klugheit, die nicht das Wohl anderer im Auge hatte, zwar als höchst nützliche Tugend betrachtet, aber niemals hoch eingeschätzt" (S.149-150).

Dies signalisiert hinreichend, daß Darwin nicht in der Lage ist, »Tugend« aus einer analytischen Entfaltung des Bereichs der Notwendigkeit bzw. Person-sein - also gemäß der Zielsetzung des um sich bemühten Am-Werke-sein des Ich als Person - abzuleiten; Darwin muß "Tugend" genesetheoretisch aus der latent monistischen Beachtung der Aktualität konzipieren, worin sich ebenso seine "Vererblichkeit"-Konstruktion widerspiegelt, wie Darwins Unvermögen, zu einer ganzheitlichen Transzendierung der Werdewelt vorzudringen, weswegen er von »instinktiv« sprechen muß, wo von "vor-philosophisch" bzw. "gemäß der zweiten Schicht des philosophischen Horizonts" oder aber "defizitär im Horizont der Diskursivität aber nicht im Horizont des Um-sich-bemüht-sein" zu sprechen ist - vgl. *Theologie* -.

In dem damit bezeichneten Sinn ist auch Darwins, zuvor festgehaltenes, Universale im Lichte von Darwins Gradienten-Modell zu sehen, wozu auch eine Konstruktion Darwins gehört, die das Zu-sich-kommen des Ich thematisiert:

> "Die das eigene Selbst betreffenden Tugenden, die nicht offensichtlich das Wohl des Stammes beeinflussen - wenn sie es auch tatsächlich tun - sind von den Wilden nie beachtet worden, obgleich sie jetzt von zivilisierten Völkern hochgeschätzt werden. Die größte Unmäßigkeit ist für Wilde kein Vorwurf. Größte Ausschweifung und unnatürliche Verbrechen herrschen in einer erstaunlichen Ausdehnung" (S.150).

> "Wir sehen, daß die Handlungen von den Wilden, wahrscheinlich auch von den Urmenschen, nur mit Rücksicht auf den Nutzen, den sie dem Stamme bringen, als gut oder schlecht bezeichnet werden, und daß dabei die Wohlfahrt der Art oder des Individuums keinerlei Rolle spielte" (S.151).

> "Die wichtigsten Ursachen für den tiefen Stand der Moralität bei den Wilden, gemessen an der unseren, sind erstens die Einschränkungen der Sympathie auf die Glieder desselben Stammes; zweitens die Unfähigkeit, die Bedeutung mancher Tugenden, besonders der das Individuum betreffenden, für die allgemeine Wohlfahrt des Stammes zu erkennen. So vermögen z.B. wilde Völker nicht den üblen Einfluß der Unmäßigkeit und der Unkeuschheit bis in seine fernsten Konsequenzen zu verfolgen. Die dritte Ursache ist die geringe Selbstbeherrschung; denn diese ist nicht gekräftigt worden durch eine langandauernde, vielleicht ererbte Gewohnheit, durch Unterricht und Religion" (S.151).

Wovon Darwin hier berichtet, das ist ein Zu-sich-kommen des Ich, gleichsam aus einer vormenschlichen, tierischen Unkenntnis über die eigene Individualität, woraus folgt, daß der Beginn der Evolution zum Menschen - Darwins »Menschen ohne Menschenwürde« - von Individuen repräsentiert wird, deren Moral sich - wie bei ihren tierischen Vorfahren - auf die Gruppe richtet. Hierzu gehört, daß besagte Personen - Menschen - eine dementsprechende diskursive Beurteilung ihres moralischen Verhaltens zeigen, wie sie gemäß der "Sündenfall-Analogon"-Konstruktion zuvor schon in Zusammenhang mit »Kindstötung« angeführt worden ist. Zugleich sind diese Personen aber derart von Darwin gedacht, daß sie im Sinne der Darwinschen Historizität Ausgangspunkt für eine Höherentwicklung zum »zivilisierten Menschen« sind, also im Lichte der Darwinschen "Quasi-Person"-Konstruktion zu verstehen sind. Das ist: Darwin kombiniert hier Werdewelt-Regeln bzw. -Beobachtungen mit Aussagen zur "Quasi-Person"-Konstruktion, wobei seine "Sündenfall-Analogon"-Konstruktion jenes "analytische" Verhältnis von "Quasi-Person" und "Person" bedeutet, das auch in Platons Mythos in *Timaios* von den Zeitenwechseln auftritt, insofern in diesem das Gründende als um willen der Harmonie als "eingreifen Müssendes" dargestellt wird, sowie Personen - "Zeus-Zeitalter" – analytisch aus Quasi-Personen -"Kronos-Zeitalter" - abgeleitet werden, obgleich "analytisch" im Sinne der Kompensation des Verfehlens der uneingeschränkten Vergegenwärtigung der dialektischen Differenz des Ich zu d a s Eines mittels zentrifugalen Argumenten - vgl. *Lehre* -.

Darwin fügt nun einige Schlußbemerkungen zu den bisherigen Ausführungen zur Moral an:

> "Die Philosophen der derivativen Schule haben früher behauptet, der Grund der Sittlichkeit liege in einer Art Selbstsucht; neuerdings ist das Prinzip des »größtmöglichen Glücks« in den Vordergrund gestellt worden. Es ist jedoch korrekter, das letztere Prinzip als die Norm und nicht als das Motiv des Handelns zu bezeichnen. ... Trotzdem schreiben alle von mir studierten Schriftsteller mit wenigen Ausnahmen so, als ob für jede Handlung ein selbständiges Motiv vorhanden und mit irgend einem Lust- oder Unlustgefühl verknüpft sein müsse. Aber der Mensch scheint oft impulsiv zu handeln, d.h. instinktiv oder gewohnheitsmäßig, ohne bewußtes Vergnügen, in derselben Weise, wie es wahrscheinlich bei einer Biene oder einer Ameise der Fall ist, die blind ihren Instinkten folgen. ... | Bei den Tieren scheint es angebracht zu sein, von ihren sozialen Instinkten zu sagen, daß sie sich mehr zum allgemeinen Besten als zum Glück der Art entwickelt haben. Der Ausdruck »allgemeines Bestes« kann vielleicht definiert werden als die Erziehung der größten Anzahl von Individuen zu voller Kraft und Gesundheit und allseitiger Ausbildung ihrer Fähigkeiten unter den Bedingungen, denen sie speziell unterworfen sind. Da sich die sozialen Instinkte des Menschen und der Tiere ohne Zweifel fast in derselben Entwicklungslinie bewegt haben, würde es, wenn es sich als praktisch durchführbar erzeigt, ratsam sein, in beiden Fällen dieselbe Definition zu geben und als Maßstab der Sittlichkeit das allgemeine Beste oder das Wohl der Gesamtheit an Stelle des allgemeinen Glücks anzunehmen. Diese Definition würde aber vielleicht eine Einschränkung in bezug auf die politische Moral erfordern" (S.152-153).

Darwin ist hier darum bemüht, ein Ziel des moralischen Verhaltens anzugeben, wie dies nötig ist, um das Am-Werke-sein im Horizont der Moral beurteilen und normieren zu können. Zur Lösung des damit gestellten Problems verläßt sich Darwin alleine auf sein Genese-Modell bzw. seine "Quasi-Person"-Konstruktion, im Rahmen wovon Darwin einen Begriff zurückdrängt - »Glück« - der ihm nicht propositional definierbar scheint, bzw. durch einen solchen - »allgemeines Bestes« - ersetzt wird, für den dieses Problem mit Blick auf die biologische Evolution - die Evolution der "Quasi-Personen"! - überwindbar sein soll; dies gilt insofern, als für »allgemeines Bestes« mit »Erziehung der größten Anzahl von Individuen zu voller Kraft und Gesundheit und allseitiger Ausbildung ihrer Fähigkeiten« ein empirisch festlegbares Beurteilungskriterium vorliegen soll. Die Betonung dieses Kriteriums erweist die Zurückweisung von »Glück« als aus selbiger Quelle Darwinschen Denkens entspringend, wie die Zurückweisung von "innere Gesetz" in *Entstehung* - bei gleichzeitiger Anerkennung von (z.B.) »innere Lebenskraft«! -.

Wovon Darwin hier somit tatsächlich berichtet, das ist die Zurückdrängung eines Begriffes, der sich zumindest ohne weiteres - vgl. unten - nicht essentiell mit der "Quasi-Person"-Konstruktion verknüpfen läßt, also alleine aus der von Darwin zugestandenen Sonderstellung des Ich - vgl. oben - abgeleitet werden müßte, wozu diese aber zu schwach ist, wie sich augenfällig an »da sich die sozialen Instinkte des Menschen und der Tiere ohne Zweifel fast in derselben Entwicklungslinie bewegt haben« zeigt; Darwin reagiert hierauf also im Sinne seiner völlig verzerrten Vergegenwärtigung des Bereichs der Notwendigkeit. Daß das somit Erhaltene kein normatives Potential für die Festlegung von Handlungen besitzt, ergibt sich aus dem Fehlen dieses Potentials in der "Kampf ums Dasein"-Konstruktion, wie sie dem nun Betrachteten zugrundeliegt.

Hierher gehört auch, daß Darwins Ausführungen zu "größtes Glück - allgemeines Bestes" im Lichte der zuvor dargelegten Feststellungen zu Darwins Suche nach einem Anfang für "Mensch(heit)" innerhalb der Stammesgeschichte zu verstehen sind:

> "Ohne Zweifel sind Glück und Wohl eines Individuums häufig identisch; und ein zufriedener, "glücklicher Stamm wird besser gedeihen als ein unzufriedener und unglücklicher. Wir haben gesehen, daß schon einer frühen Periode der Geschichte die ausgesprochenen Wünsche der Gesamtheit großen Einfluß auf das Verhalten des einzelnen ausgeübt haben mag; und da alle nach Glück streben, wird das Prinzip des »größtmöglichen Glücks« ein sehr wichtiger sekundärer Führer und wichtiges Ziel geworden sein. ... Damit wäre die Meinung zurückgewiesen, daß man den Grund der edelsten Seite unserer Natur in dem niedrigen Prinzip der Selbstsucht zu suchen habe; es sei denn, daß man die Befriedigung jedes Tieres nach der Befolgung seiner eigenen Instinkte und seine Unzufriedenheit, wenn dies unmöglich war, selbstsüchtig nennen will" (S.153).

»Größtmögliches Glück« im Sinne von »sekundärer Führer« soll also sehr wohl aussagbar sein, die Ermöglichung davon ergebend, »Eigennutz« nicht als letztentscheidende Instanz für die Normierung von Handlungsanweisungen annehmen zu müssen, wiewohl bei den Tieren scheinbar dem Eigennutz diese Bedeutung zukommt, in Verknüpfung damit, bei den Tieren nicht einfach von »Glück« sprechen zu können[42]. Hieran ist hervorzuheben, daß »Glück«, insofern es also als »sekundärer Führer« verstanden wird, in Relation zu "Anfang innerhalb der Stammesgeschichte" bedacht wird - "Inhomogenität"-Konstruktion! -, wiederum im Lichte von Entfaltung von etwas, das bei den Tieren - als "Quasi-Personen"! - nicht schon an sich seiend angelegt ist. Im Sinne hiervon ist Darwins "Glück"-Konstruktion als ein Versuch der Transzendierung der Werdewelt zu werten, der aber, ebenso wie dies für »Lebenskraft« in *Entstehung* und »Liebe« in *Abstammung* gilt, in der Darwinschen "latent monistischen" Denkweise verbleibt. Alleine in dem hiermit ausgesagten, pragmatisch verzerrenden Sinn, thematisiert Darwins "Glück - Eigennutz"-Differenzierung Platons "Vergegenwärtigung von das Gute - Gefangenschaft in der Güterverrechnung"-Differenzierung.

Angesichts des soeben Kommentierten führt Darwin nun aus, daß das Prinzip des »allgemeinen Besten« mit dem »sekundären Führer« »größtmögliches Glück« nicht einen einzigen Veredelungsprozeß - den "Sündenfall" überkommend - bedeutet, wie er bereits im Sinne der zuvor dargelegten "latenter Monismus"-Argumente nicht als Möglichkeit im Raum gestanden ist:

> "Die Wünsche und Meinungen der Glieder derselben Gemeinschaft, die zuerst mündlich überliefert, später aber aufgezeichnet wurden, bilden entweder die einzige Richtschnur unseres Verhaltens oder verstärken doch wenigstens die sozialen Instinkte; indessen haben die Wünsche häufig eine diesen Instinkten zuwiderlaufende Richtung. ... Das Urteil der Gesamtheit wird im allgemeinen von einer großen Erfahrung dessen geleitet werden, was sich im Laufe der Zeit als das Beste für alle herausgestellt hat; nicht selten aber ist dies Urteil durch Unwissenheit und Mangel an Denkfähigkeit in die Irre geleitet. Daher konnten die seltsamsten Sitten und abergläubischen Gebräuche, die in ausgesprochenstem Gegensatz zum Wohl und Glück der Menschheit stehen, in der ganzen Welt allmächtig werden" (S.153-154).

[42] Dieses "scheinbar" ist lediglich ein untauglicher Versuch davon, "Tiere", insofern sie als Quasi-Personen" verstanden werden, gemäß "erweiterte genealogische Ich-Kette" darzustellen.

Darwin läßt also im Horizont von "Wünsche - Glück" den Menschen zu Eines finden, die wider die sozialen Instinkte sind, wobei diese Eines von Gruppen innerhalb einer Gemeinschaft ersonnen werden können oder auch von der Allgemeinheit, wobei sie in diesem Fall die »ganze Welt« beherrschende »seltsame Sitten und abergläubische Gebräuche« bedeuten.

Die zitierte Aussage führt zu diesem Ergebnis, da sie dem aktuellen Am-Werke-sein bzw. Um-sich-bemüht-sein eines Ich Örter für die Orientierung zuordnet, die aus der Erfahrung abgeleitet werden und insofern ein Wissen repräsentieren, das abseits der Vergegenwärtigung der Eines-Formel - und insofern des Anfang-, nicht aber Daß-haben der Werdewelt-Analyse – konzipiert ist. Die Rechtfertigung der somit ausgesagten Örter - die Erkennbarkeit irrtümlich akzeptierter Örter einschließend - ist folglich ebenso defizitär festgelegt, wie zum Beispiel Darwins Verweis auf die Meinung der Mehrzahl der Wissenschaftler bei der Festlegung von Arten in *Entstehung* bzw. Darwins Verweis auf die Erkennbarkeit »unsittlicher Personen« in *Abstammung*. Daher gilt auch, daß Darwins Ausführungen gemäß "nicht nur Veredelung" ebenso anfanglos sind, wie seine Ausführungen zu »unsittlicher Mensch« etc.

Darwin entfaltet nun das soeben Zitierte, »höhere und niedere moralische Regeln« unterscheidend:

> "Ungeachtet vieler Zweifel kann der Mensch im allgemeinen leicht zwischen den höheren und niederen moralischen Regeln unterscheiden. Die höheren gründen sich auf die sozialen Instinkte und beziehen sich auf die Wohlfahrt anderer. Sie werden durch die Bildung unserer Mitmenschen und unsere eigene Vernunft unterstützt. Die niederen, trotzdem manche von ihnen, die Selbstaufopferung verlangen, schwerlich die Bezeichnung »niedere« verdienen, beziehen sich hauptsächlich auf das Ich und entspringen der durch Erfahrung und Kultur gereiften öffentlichen Meinung. Von rohen Völkerstämmen werden diese nicht befolgt" (S.155).

Hier tritt also erneut eine Kratylossche Differenzierung - nun bezüglich »moralische Regeln« - auf, wie zuvor bezüglich »Instinkte«. Diese Kratylossche Differenzierung konnte mit "Dekalog - Seligpreisung" in Beziehung gesetzt werden. Im Lichte hiervon ist auch das nun zu Analysierende zu lesen. Insbesondere verdient dabei der Beachtung: Die nun auftretende Differenzierung bezeichnet eine genesetheoretische Basis für dasjenige, das mit dem "Anfang innerhalb der Stammesgeschichte" von den genesetheoretisch festgelegten Quasi-Personen zu den Menschen führt und insofern deren spezifische Leistung darstellt. Darwin kann in Zusammenhang hiermit aber wieder nur auf eine "Zu-sich-kommen"-Konstruktion bezüglich Person-sein verweisen, abseits der Vergegenwärtigung von "im Gespräch sein mit sich". Dieses "abseits" ist zugleich Quelle für den erneuten verweis auf "Gradient" in Zusammenhang mit Person.

Darwin gelingt es daher auch nicht, zumindest im Lichte von "Anfang innerhalb der Stammesgeschichte" etwas zu vergegenwärtigen, das Transzendierung seiner "Historizität"-Konstruktion, wie sie also die "Basis" bezeichnet, bedeutet. Darwin gelingt es lediglich, im Sinne seiner Modifikation der physikotheologischen Position, gleichsam innerhalb von "Historizität" eine Inhomogenität anzunehmen. Mit dieser wird eine "Apriorizität"-Funktion für die »niederen Regeln« verbunden. Daß dies eine völlige Verzerrung davon darstellt, im Sinne der *Ion*schen Teilpyramiden Apriorizität aussagen zu müssen, und somit eine Konstruktion entsprechend Darwins Argumenten zu "alles fließt - Eines" bedeutet, braucht nicht mehr eigens dargelegt zu werden.

Darwin wendet sich nun explizit der Frage nach der Bedeutung der natürlichen Zuchtwahl und der Erblichkeit für die Ausbildung der Tugendhaftigkeit zu, eine Problematik, die unmittelbar im Lichte von Darwins "Inhomogenität"-Konstruktion bzw. "Anfang innerhalb der Stammesgeschichte" zu sehen ist. Zunächst ist hierzu zu lesen:

"Geben wir für einen Augenblick zu, daß tugendhafte Neigungen vererbt werden, so erscheint es wenigstens in bezug auf Keuschheit, Mäßigkeit, Menschlichkeit gegen Tiere usw. wahrscheinlich, daß sie sich dem Geist zuerst durch Gewöhnung, Unterricht und Beispiel eingeprägt haben, die während mehrerer Generationen in derselben Familie fortgesetzt gepflegt wurden. Daß diejenigen Individuen, welche diese Tugenden besaßen, im Kampf ums Dasein besser durchgekommen sind, scheint höchstens von untergeordneter oder gar keiner Bedeutung gewesen zu sein. Mein Hauptgrund, an einer solchen Vererblichkeit zu zweifeln, liegt darin, daß bei konsequenter Anwendung dieses Prinzips auch die sinnlosen Sitten, abergläubischen Gebräuche und Geschmacksrichtungen - ... - vererbt werden müßten. Ich habe in keinem Fall mit Sicherheit konstatieren können, daß abergläubische Sitten und sinnlose Gewohnheiten vererbt wurden, wenn auch der Gedanke an sich nichts Unwahrscheinliches hat, daß Tiere z.B. Neigung für gewisse Arten von Nahrung oder Furcht vor Feinden erben sollten" (S.157-158).

Darwin wendet sich also gegen eine naive Verallgemeinerung der Bedeutung der Erblichkeit und jener der natürlichen Zuchtwahl - wie auch schon in *Entstehung* -. Hieran schließt an:

"Schließlich werden die sozialen Instinkte, die zweifellos vom Menschen wie von den Tieren zum Besten der Gesamtheit erworben worden sind, vom Anfang an Hilfsbereitschaft und Sympathie bei ihm erzeugt und ihn veranlaßt haben, ihre Billigung oder ihre Mißbilligung zu beachten. Diese Impulse werden ihm in der frühesten Periode der Geschichte als der primitive Maßstab für Recht und Unrecht gegolten haben. Als aber der Mensch geistig Schritt um Schritt höher stieg und auch die fernsten Konsequenzen seiner Handlungen ziehen lernte, als sein Wissen bis zu einem Punkte vorgeschritten war, wo es die Verderblichkeit der abergläubischen Gebräuche erkannte, als er mehr und mehr nicht nur das Wohl, sondern auch das Glück seiner Mitmenschen berücksichtigen lernte, als sich sein Wohlwollen, durch wohltätige Erfahrung, durch Unterricht und Beispiel verfeinert und erweitert, schließlich auf die Angehörigen aller Rassen, ja selbst auf die nutzlosen Glieder der Menschheit, die Idioten und Krüppel, und endlich auch auf die Tiere erstreckte, da wurde auch der Maßstab seiner Sittlichkeit größer und erhabener. Und die Ethiker der derivativen Schule und auch einig Intuitionisten geben zu, daß die Sittlichkeit tatsächlich seit den frühesten Zeiträumen der Menschengeschichte eine aufsteigende Linie verfolgt habe" (S.158-159).

Wiewohl sich Darwin also gegen eine naive Vorstellung der Erblichkeit der Tugendhaftigkeit im Lichte der "natürliche Zuchtwahl"-Konstruktion wendet, sieht er "Tugendhaftigkeit" deshalb nicht als unabhängig von "natürliche Zuchtwahl" und Erblichkeit - insofern diese die Werdewelt bezeichnen -. Der Grund hierfür ist, daß "Tugendhaftigkeit" als Funktion des Verstandes gesehen wird - »fernste Konsequenzen seines Handelns ziehen lernte« -, die von Darwin sehr wohl als mit der natürlichen Zuchtwahl und Erblichkeit verflochten bedacht wird, wozu auch zu lesen ist:

"Ein Ausblick auf fernere Geschlechter braucht uns nicht fürchten zu lassen, daß die sozialen Instinkte schwächer werden; wir können im Gegenteil annehmen, daß die tugendhaften Gewohnheiten stärker und vielleicht durch Vererbung noch befestigt werden. Ist dies der Fall, so wird unser Kampf zwischen den höheren und niederen Impulsen immer mehr von seiner Schwere verlieren, und immer häufiger wird die Tugend triumphieren" (S.159-160).

Darwin kann also nicht vollständig davon lassen, Tugend im Lichte von Erblichkeit zu sehen und somit im Horizont eines Verständnisses der genealogischen Ich-Kette, das diese nicht als Eines der unthematische-Begriffpyramide aufgreift, "Tugend" hierbei aus der Teilhabe am Gründenden gemäß der dialektischen Differenz des Ich zu das Eines ableitend. Das ist: Darwin versteht seine Zurückweisung einer naiven Verknüpfung von "Tugend" mit "natürliche Zuchtwahl" und "Erblichkeit" ausschließlich gemäß seiner "Inhomogenität"-Konstruktion; der "Triumph der Tugend" erwächst sensu Darwin eben aus dem "Kampf zwischen niederen und höheren Impulsen", getragen von einer Vorstellung zur intellektuellen Weiterentwicklung, wie sie gemäß "latenter Monismus" zu verstehen ist.

Darwin vertieft das soeben Analysierte, indem er festhält: »von den entlegensten Zeiten an siegreiche Stämme andere verdrängt haben« (S.164). Zudem schreibt er: »heute noch drängen die zivilisierten Völker überall die Barbaren zurück« (S.164).

Dieserart beginnt Darwin seine folgenden Ausführungen damit, die Verdrängungen zwischen Teilen der gesamten Gesellschaft als etwas "Natürliches", da von Anbeginn an Gegebenes, zu verstehen, wobei Darwin den glatten Widerspruch nicht sieht, der in der Kombination von »zivilisiert« und »Zurückdrängung der Barbaren« liegt, wie er auch nicht sieht, daß »zivilisierte Gesellschaft« - wie Darwin sie darlegt - somit zwar bedeutet, um die »nutzlosen [!] Individuen« in den eigenen Reihen bemüht zu sein, wiewohl selbige "Sympathie" - wie sie also Darwins "Gleichgültigkeit"-Konstruktion erwächst! - Individuen anderer Gesellschaften gegenüber aber nicht aufgebracht wird, was nach Darwin zugleich für »barbarisch / wild« charakteristisch sein soll, insofern die »Wilden / Barbaren« nach Darwin frei von »allgemeiner Menschenliebe« sind.

Mit Darwin kann man aber scheinbar feststellen, daß die gegenwärtige »zivilisierte« Gesellschaft eben noch nicht "weit genug" zivilisiert ist, um auch »Zurückdrängung der Barbaren« als wider die »allgemeine Menschenliebe« verstehen zu können. Dieses Argument greift aber nicht, bzw. könnte Darwin seine Position hierdurch nicht retten. Zieht er sich nämlich hierauf zurück - und gemäß seiner "opportunistische Daß-Aussagen"-Konstruktion muß ihm dieser Weg offen erscheinen -, muß er zugeben, daß »Zivilisierung« ein Prozeß ist, dessen geltungstheoretisches Fundament transzendental zu dieser Prozeßualität ist, gemäß dem Umstand, daß das mit »Zivilisierung« ausgesagt sein Sollende alleine im Lichte der Entfaltung von "im Gespräch sein mit sich" auf thematisch-methodische unreduzierte Weise normiert werden kann. Läßt sich somit also auch von einem solchen Prozeß sprechen, so können aktuelle Ausprägungsformen hiervon - zum Beispiel: "gegenwärtiges Niveau der Zivilisierung" - nicht zur Definition des Zieles herangezogen werden, bzw. muß das Ziel transzendental zur Aktualität festgelegt werden - womit es nicht mehr "Ziel" im werdeweltlichen Sinn ist! -, woraus sich eine Relativierung aller möglichen Aktualitäten gemäß der dialektischen Differenz - und ihrer Entfaltung (vgl. *Lehre* und *Untersuchungen*) – ergibt.

Angesichts hiervon trifft Darwin nun wieder Äußerungen zur Verflechtung der Tugend mit der natürlichen Zuchtwahl und Erblichkeit:

> "Der Erfolg fällt den höher stehenden Völker hauptsächlich, wenn auch nicht ausschließlich, infolge ihrer Künste und Fertigkeiten zu, die Erzeugnisse des Intellekts sind. Es ist nach allen diesen Erwägungen höchst wahrscheinlich, daß sich die intellektuellen Fähigkeiten in der Menschheit durch natürliche Zuchtwahl stufenweise entwickelt haben. Dies Schlußfolgerung genügt für unseren Zweck. ... | ... Die gewohnheitsmäßige Ausübung jeder neuen Fertigkeit mußte in irgendeiner Weise auch dazu beitragen, den Intellekt zu schärfen. Wenn die neue Erfindung sehr wichtig war, vermehrte sich der Stamm dadurch, dehnte sich aus und drängte andere Stämme zu-

> rück. In einem solchergestalt an Zahl gewachsenen Stamm war naturgemäß die Möglichkeit größer geworden, daß andere hervorragende, erfinderische Mitglieder geboren wurden" (S.164-165).

Es ist von größter Bedeutung, daß Darwin die "Verdrängungsvorgänge zwischen Gesellschaften" also auf intellektuelle und somit nicht-moralische Fertigkeiten zurückführt, also auf etwas, das gemäß "natürliche Zuchtwahl und Erblichkeit" bedacht werden können soll.

Im Lichte hiervon sei gelesen:

> "Um sozial zu werden, mußten die Urmenschen oder die affenähnlichen Vorfahren des Menschen dieselben instinktiven Gefühle erwerben, die auch andere Tiere zu einem gemeinsamen Leben veranlassen; ohne Zweifel wiesen sie dieselben allgemeine Disposition dazu auf. Sie müssen sich ungemütlich gefühlt haben, wenn sie von ihren Kameraden getrennt waren, für die sie einen gewissen Grad von Liebe fühlten; sie werden sich gegenseitig vor drohender Gefahr gewarnt und bei Angriff und Verteidigung unterstützt haben. Dies alles bedingt einen gewissen Grad von Sympathie, Treue und Mut. Solche soziale Qualitäten, deren hervorragende Bedeutung für die Tiere von niemand bestritten wird, sind ohne Zweifel von den Vorfahren des Menschen in ähnlicher Weise erworben worden, nämlich durch natürliche Zuchtwahl, unterstützt durch ererbte Gewohnheit" (S.165-166).

> "Selbstsüchtige unverträgliche Menschen können nicht zusammenhalten, und ohne Eintracht kann nichts erreicht werden" (S.166).

> "Erstens wird jeder Mensch bei der zunehmenden Vervollkommnung seines Verstandes und seines Voraussicht bald einsehen lernen, daß er, wenn er seinen Mitmenschen hilft, auch ein Anrecht auf ihre Hilfe erwirbt. Das ziemlich niedrige Motiv führt bald zur Gewohnheit, den Gefährten beizustehen, und die Gewohnheit, wohlwollende Handlungen auszuführen, kräftigt sicherlich das Gefühl von Sympathie, das den ersten Impuls zu wohlwollenden Handlungen bildet. Überdies neigen Gewohnheiten nach generationenlanger Ausübung dazu, vererbt zu werden" (S.167-168).

Darwin bietet hier eine äußerst vage, sich nicht festlegende Argumentation, die das Unmögliche versucht, in eine Konstruktion, die die transzendentalphilosophische Schwelle nur nicht-propositional vergegenwärtigt, "Sonderstellung des Menschen" einflechten zu können. Das ist: Darwin muß für all jenes, das - wie er selbst festhält - nur dem Menschen zukommt, doch eine Basis bei bestimmten Tieren annehmen, um willen der Thematisierung einer "natürliche Zuchtwahl und Erblichkeit"-Konstruktion, die - was Darwin nicht sieht - alleine aus dem Verfehlen der propositionalen Vergegenwärtigung des Bereichs der Notwendigkeit die dargelegte Bedeutung erlangt. Hierin liegt, daß Darwins »Selbstsüchtige unverträgliche Menschen können nicht zusammenhalten, und ohne Eintracht kann nichts erreicht werden« alleine eine herbeiargumentierte Feststellung ist, da sie aufgrund der Darwinschen Maskierung der Anfangs- und Normierungsproblematik »selbstsüchtig« und »unverträglich« ebensowenig darstellen kann, wie zuvor »unsittlich« und so weiter.

Darwin sagt hierbei formal zwar selbiges aus wie Platon, zum Beispiel in *Das Gastmahl* - vgl. *Vergleich* -, doch kann er es - versus Platon - aufgrund seiner Mißachtung der Dialektik nicht gehaltvoll präsentieren. Das ist: Darwin gebraucht »Sympathie«, »Liebe«, »selbstsüchtig« und so fort gemäß seinem latenten Monismus aus der Verwendung von Eines der thematische-Begriffpyramide als Aussage-Subjekte, verliert hierdurch die Ausrichtung auf die eigentlichen Aussage-Subjekte und kann hierdurch die Transzendierung der Werdewelt bzw. der Güter nicht propositional auf das Gute beziehen, auch wenn dies mit der Nennung von

»Liebe« und so fort intentioniert ist. Eben deshalb muß Darwin, da er das Gute nicht gemäß der noetischen Dialektik vergegenwärtigen kann, zu dem Substitut "Historizität", verflochten mit einer verabsolutiert gedachten Diskursivität, greifen, das im Sinne des im Raum stehenden "Ich als zweiter Gott (Microdemiurg)" - "latent monistisch"! - darlegen können soll, daß sich aus der Güterverrechnung - »wenn er seinen Mitmenschen hilft, auch ein Anrecht auf ihre Hilfe erwächst« - linear zu "transzendental zu Güterverrechnung" finden läßt. Dies ist, wie dargelegt, eine glatte Unmöglichkeit, die Darwin gemäß seiner Überbetonung der Bedeutung der natürlichen Zuchtwahl aussagt[43]. Er kann daher Diskursivität nicht im Lichte des Bedenkens der unthematische-Begriffpyramide sehen und somit auch nicht im Lichte ihrer dialektischen Entfaltbarkeit - vgl. *Theologie* -. (Hierzu bedürfte Darwin jener thematisch-methodisch unreduzierten Vergegenwärtigung von "Sonderstellung des Menschen", die er im Sinne seines Sich-arrangieren mit der "Historizität"-Konstruktion nicht hat.) Darwin ist daher alleine gemäß seiner Vorstellung von "Sonderstellung des Menschen" bzw. "Inhomogenität" und "Anfang innerhalb der Stammesgeschichte" um eine Emanzipation von "natürliche Zuchtwahl und Erblichkeit" bemüht.

Im Anschluß arbeitet Darwin sein Bild von der Erreichung sittlicher Reife im Lichte der natürlichen Zuchtwahl aus, wenn er schreibt: »Ein Mensch, den zwar kein tiefes, instinktives Gefühl dazu trieb, sein Leben für das Wohl anderer zu opfern, aber der zu solchen Taten durch den Wunsch nach Ruhm veranlaßt wurde, entzündet durch sein Beispiel denselben Wunsch nach Ruhm in anderen Menschen und verstärkt das edle Gefühl der Bewunderung durch Übung« (S.169); »Mit der Zunahme der Erfahrung und des Verstandes lernt der Mensch die Folgen seiner Handlungen berechnen, und die das Ich betreffenden Tugenden, wie Mäßigkeit, Keuschheit usw., die, wie wir bereits gesehen haben, in früheren Zeiten vollständig unbeachtet waren, gelangen zu höchstem Ansehen oder werden selbst heilig gehalten« (S.169); »Ich brauche nicht zu wiederholen, was ich darüber im vorhergehenden Kapitel gesagt habe. Schließlich entsteht unser moralisches Gefühl, oder unser Gewissen; ein äußerst kompliziertestes Empfinden, entsprungen den sozialen Instinkten, geleitet von der Anerkennung unserer Mitmenschen, geregelt von Verstand, Eigennutz und, in späteren Zeiten, von tiefen religiösen Gefühlen, und befestigt durch Erziehung und Gewohnheit« (S.169).

Angesichts dieser Aussagen zur Entwicklung der Tugend, ist Darwin nun bemüht, den opportunistischen Charakter des Bezeichneten hervorzukehren:

> "Es ist indessen sehr schwer zu beurteilen, warum gerade dieser Stamm und nicht jener erfolgreich war und die Stufen der höchsten Zivilisation erstiegen hat. Viele Wilde befinden sich heute noch in demselben Zustand, in dem sie vor einigen Jahrhunderten bei ihrer ersten Entdeckung waren. Wie Bagehot bemerkt hat, sind wir leicht geneigt, die fortschreitende Entwickelung als das Normale in der Geschichte der Menschheit anzusehen. Die Geschichte selbst widerlegt diese Annahme. Die Alten kannten diesen Gedanken nicht, und den Orientalen ist er heute noch fremd. Eine andere Autorität, Sir Henry Maine, meint sogar, »der weitaus größte Teil der Menschheit habe niemals auch nur eine Spur von dem Wunsche gezeigt, daß die Einrichtungen des bürgerlichen Lebens verbessert werden möchten«. Der Fortschritt scheint das Ergebnis vieler zusammenwirkender günstiger Bedingungen zu sein, die viel zu kompliziert sind, um klar erkannt werden zu können" (S.170).

Die Ausführungen bezüglich "warum dieser und nicht jener Stamm sich durchgesetzt hat" und bezüglich "warum sind einige Stämme immer noch »wild«" könnten ebenso in einer Aus-

---

[43] "Überbetonung" als Kompensationsversuch für die Nicht-Vergegenwärtigung der Eines-Formel

führung Darwins zur biologischen Evolution stehen, nicht also Gesellschaften sondern Tier- bzw. Pflanzenarten im "Kampf ums Dasein" bezeichnen. Dies entspricht Darwins obiger Feststellung, daß die Ausbildung von Sprachen ebenso wie jene von Tierarten zu verstehen sein soll. Darwin ist also insgesamt nicht in der Lage, gesellschaftliche Vorgänge im Lichte des Um-sich-bemüht-sein des Ich gemäß seiner Teilhabe an dem Gründenden - vgl. *Theologie* - zu verstehen.

Für Darwin hat das Problem der Höherentwicklung aber noch eine weitere Komponente:

> "Unter den Wilden werden die an Körper und Geist Schwachen bald eliminiert; die Überlebenden sind gewöhnlich von kräftigster Gesundheit. Wir zivilisierten Menschen dagegen tun alles mögliche, um diese Ausscheidung zu verhindern. Wir erbauen Heime für Idioten, Krüppel und Kranke. Wir erlassen Armengesetze, und unsere Ärzte bieten alle Geschicklichkeit auf, um das Leben der Kranken so lange als möglich zu erhalten. Wir können wohl annehmen, daß durch die Impfung Tausende geschützt werden, die sonst wegen ihrer schwachen Widerstandskraft den Blattern zum Opfer fallen würden. Infolgedessen können auch die schwachen Individuen der zivilisierten Völker ihre Art fortpflanzen" (S.171).

> "Niemand, der etwas von der Zucht von Haustieren kennt, wird daran zweifeln, daß dies äußerst nachteilig für die Rasse ist. Es ist überraschend, wie bald Mangel an Sorgfalt, oder auch übel angebrachte Sorgfalt zur Degeneration einer domestizierten Rasse führt; ausgenommen im Falle des Menschen selbst wird auch niemand so töricht sein, seinen schlechtesten Tieren die Fortpflanzung zu gestatten. | Die Hilfe, die wir dem Hilflosen schuldig zu sein glauben, entspringt hauptsächlich dem Instinkt der Sympathie, die ursprünglich als Nebenform des sozialen Instinkts auftrat, aber in der schon früher angedeuteten Weise allmählich feiner und weitherziger wurde. Jetzt können wir diese Sympathie nicht mehr unterdrücken, selbst wenn unsere Überlegung es verlangte, ohne daß dadurch unsere edelste Natur an Wert verlöre. ... Wir müssen uns daher mit den ohne Zweifel nachteiligen Folgen der Erhaltung und Vermehrung der Schwachen abfinden" (S.172).

Diese Ausführungen enthalten einen eigentümlichen Versuch, die Diskursivität kein Alles sein zu lassen: Etwas, das rational nicht einsichtig ist, darf nicht befolgt werden, da hierdurch »unsere edelste Natur an Wert verlöre«! Hierin spiegelt sich die Intention wider, Person-sein - gemäß der Transzendierung von Güter-Verrechnung - als Universale verstehen zu können. Tatsächlich bleibt es bei der damit gegebenen Intention, da gegenüber dem Vorangegangenen keine Entgrenzung des in diesem enthaltenen Pragmatismus gebracht wird, sondern auf dem vorangegangen Ausgesagten aufgebaut wird; das nun Gebrachte wird diesem gleichsam "aufgesetzt". Wiewohl Darwin in dem Vorangegangenen nicht zu "im Gespräch sein mit sich" und "genealogische Ich-Kette" vorgedrungen ist, muß es derart konzipiert sein, daß es besagtes "aufsetzen" zuläßt, worin liegt, daß das Vorangegangene gemäß der Akzeptanz des Vergegenwärtigen-müssens der Transzendentalität konzipiert ist.

Hierher gehört auch: Der Versuch, die Diskursivität nicht als ein Alles zu verstehen, ist auch im Sinne der Darwinschen "Sündenfall-Analogon"-Konstruktion zu sehen: Die Diskursivität führt zu Beginn des stammesgeschichtlichen Entstehens des Menschen zu Problemen, aus denen sie zwar gemäß ihrer Verflochtenheit mit der natürlichen Zuchtwahl herausführt, ohne aber, wie sich nun zeigt, in ihrem Horizont das Eigentliche zu erreichen. Freilich ist sie, gemäß Diskursivität als Basis der moralischen Entwicklung, nicht getrennt von dem Eigentlichen, worin liegt, daß der Mensch in der Stammesgeschichte zwar "gottähnlich" wird - vgl. oben: latenter Monismus! -, dem Mensch-sein hierbei aber eine Schwelle gesetzt ist, da das

"Edelste" bezüglich Mensch-sein mit einer Widersprüchlichkeit - so Darwin - kombiniert ist. Interpretiert man auch dies theologisch, so ist hierin eine Transformation von "Fleischwerdung des Menschen" zu sehen, wie auch die Möglichkeit besteht, Brücken zu schlagen zu schichtenontologischen Konstruktionen - zum Beispiel: "Körper als Gefängnis des Menschen"-.

Immer ist aber zu beachten, daß Darwin Aussagen, wie sie hier analysiert sind, nicht gemäß "Privatheit des Ich" versteht, sondern im Lichte seiner opportunistischen "Historizität"-Konstruktion, dergemäß also auch "Edelstes des Menschen" zu verstehen ist.

Dementsprechend entwickelt Darwin eine eigentümliche Argumentation gemäß einer Auf- und Abwärtsentwicklung in der Gesellschaft:

> "Die frühzeitig Verheirateten rufen innerhalb einer gewissen Periode nicht nur eine größere Zahl von Generationen hervor, sie zeugen auch, wie Duncan gezeigt hat, viel mehr Kinder. Überdies sind die Kinder, die von Müttern in der Blüte ihres Lebens geboren werden, schwerer und größer und deshalb wahrscheinlich lebensfähiger als die aus anderen Lebensabschnitten. So neigen also die leichtsinnigen, heruntergekommenen und lasterhaften Glieder der Menschheit dazu, sich schneller zu vermehren als die gewissenhaften, pflichtbewußten Menschen. ... »Im ewigen 'Kampf ums Dasein' würde die untergeordnete, weniger begünstigte Rasse gesiegt haben, und zwar nicht kraft ihrer guten Eigenschaften, sondern kraft ihrer Fehler«. | Indessen stellen sich dieser nach abwärts gehenden Bewegung einige Hindernisse entgegen. Wir haben gesehen, daß die Unmäßigen eine hohe Sterbeziffer aufweisen, und daß die Ausschweifendsten wenige Nachkommen hinterlassen. Die ärmsten Klassen häufen sich in den Städten, und Dr. Stark hat nach Statistiken aus Schottland, die über zehn Jahre umfassen, nachgewiesen, daß die Sterbeziffer in Städten auf allen Altersstufen höher ist als auf dem Land, ja »daß sie während der ersten fünf Lebensjahre fast genau doppelt so hoch ist wie in ländlichen Bezirken«" (S.177-178).

Hierauf folgt:

> "Wenn die in den beiden letzten Abschnitten angeführten und vielleicht bis jetzt noch unbekannte andere Hindernisse die leichtsinnigen, lasterhaften und sonstwie minderwertigen Glieder der menschlichen Gesellschaft nicht zurückhalten, sich schneller als die besseren Klassen zu vermehren, so wird das Volk zurückgehen, wie die Weltgeschichte oft genug gezeigt hat. Wir müssen bedenken, daß der Fortschritt kein unabänderliches Gesetz ist" (S.181).

Wovon Darwin hier also berichtet, das stellt keine Emanzipation von "Kindstötung"-Argumenten dar, wie Darwin sie im Horizont von »Wilde« diskutiert: Obgleich Darwin – natürlich - nicht zur »Kindstötung« aufruft, legt er der hohen Sterblichkeitsrate in "moralisch gering entwickelten Gesellschaftsbereichen" eine positive Funktion für das Wohl der Gesellschaft bei, gleichsam so, als beträfe "Sterblichkeitsrate" keine Personen. Sie betrifft diese aber, ebenso wie »Kindstötung« aus ökonomischen Überlegungen bei »Wilden«, was ebenfalls in Zusammenhang mit "um das Wohl des Gesamt bemüht" dargestellt worden ist. Indem Darwin dies nicht sieht, akzeptiert er eine Konstruktion, die sich in der Suche nach Beachtung des Person-sein in Transzendenz zur Güterverrechnung - vgl. oben - Mechanismen anvertraut, die in der Aktualität Personengruppen zu "Spielbällen" für die natürliche Zuchtwahl bzw. gesellschaftliche Kalkulationen d e g r a d i e r t. Sie werden gleichsam im Lichte möglicher Höherentwicklung geopfert, zum Beispiel im Rahmen von Kriegen, sozialen Ungleichverteilungen, die in der Aktualität in ihren Konsequenzen - Sterblichkeitsrate - zu akzeptieren sind, um willen der Entwicklung. Darwin sieht in dieser Aktualität zwar keine Notwendigkeit - die daher auch nicht bezüglich den Konsequenzen zu veranschlagen ist -, wiewohl er aber auch nicht in der Lage ist, die Abwehr hiervon gemäß Einrichtungen zu erwirken, die aus einer thematisch-methodisch unreduzierten Vergegenwärtigung von "beste aller Welten" erwachsen. Darwin gelingt dies nicht, da er das normierende Element in "natürliche Zuchtwahl" gegeben sieht und somit gerade nicht in dem zur Aktualität Transzendentalen.

Angesichts hiervon sei gelesen:

> "Die natürliche Zuchtwahl ist eine Folge des Kampfes ums Dasein, und dieser wiederum geht aus schneller Vermehrung hervor. Man muß das Verhältnis, in welchem sich der Mensch vermehrt, tief bedauern - ob dies weise ist, ist freilich eine andere Frage -; denn dies führt in barbarischen Stämmen zu Kindesmord und anderen Verbrechen, in zivilisierten Nationen zu äußerster Armut zur Ehelosigkeit und den späten Heiraten der Klugen. Da der Mensch aber denselben physischen Übeln wie die Tiere unterworfen ist, hat er kein Recht, Verschonung vor den aus dem Kampf ums Dasein hervorgehenden Übeln zu erwarten. Wäre er in den Urzeiten nicht der natürlichen Zuchtwahl unterworfen gewesen, so würde er allem Anschein nach seine gegenwärtige Stellung nicht erreicht haben. ... Nach allem, was wir von dem Menschen und den Tieren wissen, existiert eine genügend große Variabilität in ihren intellektuellen und moralischen Fähigkeiten, um einen Fortschritt durch natürliche Zuchtwahl zu ermöglichen" (S.183-184).

Darwin gelingt somit letztlich keine Emanzipation von seiner latent monistisch konzipierten "natürliche Zuchtwahl"-Konstruktion in Zusammenhang mit der Darstellung des Person-sein. Person-sein wird von ihm also gemäß den Möglichkeiten verstanden, die in dem Eines "Kontinuum" bzw. "Gesamt der Lebewesen" in *Entstehung* angelegt sind. Hier ist gleichsam – entsprechend Darwins quasi-mechanistischer Denkweise - von einer Entfaltung in Darwins Argumentationsgang zu sprechen, jedoch einer solchen, die das "Ich" als Person nicht im Sinne von "Privatheit des Ich" als dialektisch aus das Eines entfaltet - "dialektische Differenz" -, sondern insgesamt eine Verzerrung hiervon bietet, einer "Quasi-Person"-Konstruktion bedürfend.

Zur Logik der Darwinschen Argumentation gehört hierbei, daß sie Person-sein derart defizitär bedenkt, daß, genau betrachtet, auch die jetzt lebenden, »zivilisierten« Menschen nicht - im Unterschied zu "Quasi-Personen" - als "Voll-Personen" verstanden werden brauchen, da sie gleichsam als "weitere" Versuche der natürlichen Zuchtwahl verstanden werden können[44]. Diese eigentümliche Situation hat eine beachtenswerte Konsequenz: Darwins Konzentration auf den opportunistischen Charakter der Evolution - worin auch liegt, keine Faktizität als Daß- anzunehmen ; vgl. die Analyse von *Entstehung* - führt zwar dazu, daß Darwin "weiß", was »Wilde« und »Barbaren« sind, zugleich aber kein Ideal definiert, an das sich die Evolution annähert. Darwins Idealvorstellung bezieht sich alleine auf seine Aussagen zur Transzendentalität, doch sind diese - wie gezeigt - ohne analytische Beziehung zu Begrenztes. Hierin liegt aber auch, daß Darwin in "Krieg" bzw. sonst irgend etwas nichts sieht, um einem "Idealmenschen" zur Herrschaft verhelfen zu sollen, da ein "Idealmensch" nicht erdenkbar ist.

---

[44] Vgl. hierzu:

> "Die natürliche Zuchtwahl wirkt nur in der Weise eines Versuchs. Individuen und Rassen haben unleugenbaren Vorteil daraus ziehen können und sind doch vernichtet worden, da sie in anderen Beziehungen nicht genügten" (S.181).

Darwin hält daher fest:

> "Die wirksameren Ursachen des Fortschritts scheinen in einer guten Erziehung in der Jugend, wenn das Gehirn am empfänglichsten ist, und in einem hohen Grade der Vortrefflichkeit zu bestehen, den die Fähigsten und Besten in ihrer Persönlichkeit darstellen, und der in Gesetzen, Gebräuchen und Überlieferungen der Nation verkörpert und der öffentlichen Meinung aufgenötigt wird. Indessen sollte man stets im Auge behalten, daß die Macht der öffentlichen Meinung davon abhängt, ob wir die Billigung und Mißbilligung der anderen anerkennen oder nicht; diese Anerkennung ist in unserer Sympathie begründet, die sich unzweifelhaft ursprünglich durch natürliche Zuchtwahl als eines der wichtigsten Elemente der sozialen Instinkte entwickelt hat" (S.184).

Darwin thematisiert hier die Bedeutung der Pädagogik bzw. der Erziehung der Kinder auf eine Weise, die - dem Thema nach - an Platons diesbezügliche Argumentation erinnert, ohne auch nur im Entferntesten die Problematik der positiven Darstellung dessen zu berühren, was »gut« in »gute Erziehung« bedeutet. Die Identifikation des guten Lehrers und die Umsetzung davon, ihn mit Kompetenz ausstatten zu können, wird von Darwin ebenso abseits jeglicher adäquaten Beachtung des Anfang-Problems bedacht, wie seine Ausführungen zu »unsittlicher Mensch« und so fort.

2.3.3 Kapitel 6 - 7: Die Evolution des Menschen als Art; seine Position im System der Lebewesen und seine intraspezifische Variabilität

Kapitel 6 von *Abstammung* bringt kaum etwas, das aus dem Blickwinkel des vorliegenden Buches berichtenswert ist bzw. zur Kommentierung anregt. Immerhin ist aber interessant zu sehen, daß Darwin in diesem Kapitel viel Platz dafür aufwendet, die Stellung des Menschen im natürlichen System darzulegen, wie auch seinen Ursprung in Raum und Zeit zu diskutieren, nicht alleine aus fachwissenschaftlichem Interesse, sondern auch um zu zeigen, daß die vorangegangenen genesetheoretischen Analysen von Mensch als Person zutreffen. Im Lichte hiervon seien einige der Aussagen Darwins aus Kapitel 6 betrachtet:

> "Die meisten Naturforscher, welche den ganzen Körperbau des Menschen einschließlich seiner geistigen Fähigkeiten in Betracht gezogen haben, haben sich Blumenbach und Cuvier angeschlossen und ihn in einer besonderen Ordnung der »Zweihänder« untergebracht und somit in eine gleiche Stellung gebracht wie die Ordnungen der »Vierhänder«, »Fleischfresser« usw. Neuerdings sind viele unserer besten Naturforscher zu der zuerst von Linné ausgesprochenen Ansicht zurückgekehrt, dessen Scharfsinn so merkwürdig ist, und haben den Menschen mit den Quadrumanen in eine Ordnung unter dem Namen »Primaten« gebracht. Die Richtigkeit dieser Schlußfolgerung muß anerkannt werden; denn in erster Linie müssen wir im Auge behalten, daß die starke Entwicklung des Gehirns beim Menschen für die Klassifikation von verhältnismäßig geringer Bedeutung ist, und daß die stark ausgeprägten Unterschiede im Schädel des Menschen und der Quadrumanen (auf die sich vor kurzem noch Bischoff Aeby u.a. beriefen) augenscheinlich aus der verschiedenen Entwicklung des Gehirns folgen. Zweitens müssen wir uns daran erinnern, daß fast alle anderen Unterschiede zwischen dem Menschen und den Quadrumanen offenbar auf ihren Lebens-

gewohnheiten beruhen und in der Hauptsache mit der aufrechten Haltung des Menschen in Beziehung stehen, so der Bau seiner Hand, seines Fußes und seines Bekkens, die Krümmung seines Rückgrats und die Haltung seines Kopfes" (S.193-194).

Hierher gehört auch Darwins Aussage bezüglich Huxleys "Nachweis" davon, daß »der Mensch in allen Teilen seiner Organisation weniger von den höheren Affen abweicht, als diese von den niederen Gliedern derselben Gruppe verschieden sind« (S.194). Daher, so Darwin weiters, »ist es durchaus nicht berechtigt, den Menschen in eine besondere Ordnung zu stellen« (S.194). Gemäß Darwin ist der Mensch also nicht nur ein Teil des natürlichen Systems der Tiere, sondern nimmt innerhalb von diesem nicht einmal einen besonderen Platz ein.

Darwin resümiert nun:

"Da nun der Mensch vom Standpunkt der Abstammung aus zu den Catarrhinen oder dem Stamm der Alten Welt gehört, so müssen wir schließen, wie sehr sich auch unser Stolz gegen den Schluß empören mag, daß unsere Stammeltern jedenfalls so bezeichnet worden wären. Wir dürfen jedoch nicht in den Irrtum verfallen, etwa anzunehmen, daß der älteste Stammvater des ganzen Simiadengeschlechts einschließlich des Menschen mit einem jetzt noch lebenden Affen identisch oder einem solchen auch nur sehr ähnlich gewesen sei" (S.201).

Darwin erkennt also nicht, daß das eigentliche Problem für die uneingeschränkte Akzeptanz seiner Position nicht der »Stolz« ist - obgleich es zweifellos Personen gibt, die tatsächlich aus falschem Stolz die anstehende Problematik völlig verzerrt bedenken -, sondern die in Darwins Position enthaltenen Pragmatismen, insofern von ihnen im Lichte der Platonischen Entdeckung - der noetischen Dialektik - zu sprechen ist.

Darwin diskutiert nun den Ursprung des Menschen in Raum und Zeit. Aus »in jedem großen Gebiet der Erde sind die lebenden Säugetiere nahe verwandt mit den erloschenen Arten desselben Gebietes« (S.202) schließt Darwin auf einen Ursprung des Menschen in Afrika, da auf diesem Kontinent mit Schimpanse und Gorilla die nächsten rezenten Verwandten des Menschen leben. Darwin fügt aber hinzu: »Es ist jedoch zwecklos, über diesen Gegenstand zu spekulieren« (S.202). Die Gründe hierfür sind Fossilfunde von anthropomorphen Affen – unter anderem *Dryopithecus* - aus dem Miozän Europas, wie auch: »Seit dieser weit zurückliegenden Zeit hat die Erde viele gewaltige Umwälzungen erlebt, und es war auch genügend Zeit für Wanderungen im größten Maßstabe« (S.202).

Zur stammesgeschichtlichen Herkunft des Menschen schreibt Darwin: »Wir sind weit davon entfernt, zu wissen, wann der Mensch zuerst von dem Stamme der Catarrhinen abzweigte« (S.202). Dies wird dahingehend konkretisiert, daß die Abspaltung schon vor dem Eozän geschehen sein muß, was Darwin unter anderem aus der Abzweigung der höheren Affen von den niederen Affen, sie ist für das obere Miozän zu veranschlagen, ableitet - wofür Darwin wiederum *Drypithecus* ein Beleg ist.

Am Schluß von Kapitel 6 schreibt Darwin:

"Die Welt scheint sich lange auf die Ankunft des Menschen vorbereitet zu haben, wie oft bemerkt worden ist; und dies ist in einem gewissen Sinne durchaus wahr; denn er verdankt seine Entstehung einer langen Reihe von Vorfahren" (S.215).

"Wenn wir nicht absichtlich unsere Augen schließen, so können wir nach unseren jetzigen Kenntnissen annähernd unsere Abstammung erkennen, und wir brauchen uns derselben nicht zu schämen. Der niedrigste Organismus ist etwas bei weitem Höheres als der unorganische Staub unter unseren Füßen; und kein vorurteilsfreier Mensch kann irgend ein lebendes Wesen, wie niedrig es auch stehen mag, studieren, ohne in

Enthusiasmus über seine wunderbare Struktur und Eigenschaften zu geraten" (S.215).

Wiederum zeigt sich also, daß Darwin die Akzeptanz seiner genesetheoretischen Sichtweise, dergemäß also von »lange vorbereitet« gesprochen werden können soll, primär von "Schamgefühl" und "Stolz" gefährdet sieht, wohingegen die transzendentalphilosophische Kritik in seinen Ausführungen gar keine Erwähnung findet, weswegen Er auch nicht dazu vordringt, das mit »lange vorbereitet« bildhaft thematisierte Eines propositional vergegenwärtigen zu können. Angemerkt sei, daß »lange vorbereitet« eine Feststellung gemäß Darwins Verwendung einer quasi-meachanistischen Denkweise ist, die der Einflechtung eines "Quasi-Person"-Konstruktes bedarf. Das Fundament hierfür sind Darwin jene Daß-Aussagen sein sollenden Aussagen in Kombination mit der Verwendung nicht als solcher erkannter Werdewelt-Regeln im Horizont einer Verzerrung der horizontalen Argumentation der Dialektik, wie sie in der Analyse von *Entstehung* dargestellt worden sind.

Gemäß Universalität des Person-sein ist daher festzustellen, daß Darwins »lange vorbereitet« eine naturalistische Transformation jener "Zeitabfolge"-Konstruktion ist, die Platon in *Timaios* im Rahmen der "Ägyptischen Geschichte" darlegt, wie auch an Aristophanes' Rede in Platons *Das Gastmahl* gedacht werden kann, insofern in dieser "Quasi-Personen" seiende "Doppelwesen" als Vorfahren des Menschen auftreten. Wie in *Vergleich* gezeigt, versteht Platon die Rede Aristophanes' als Ausdruck eines Naturalismus, der sich aus einem Bemühen um die propositionale Vergegenwärtigung der transzendentalphilosophischen Schwelle und des Bereichs der Notwendigkeit einstellt, aufgrund des Verfehlens der noetischen Dialektik. Dies bedeutet nicht, daß der Naturalismus Aristophanes' und Darwins gleich gestaltet wären, da Aristophanes' Rede kein Konstrukt im Sinne von "Kampf ums Dasein" enthält. Wenn Platon den Naturalismus Aristophanes' in Zusammenhang mit einer "Quasi-Person"-Konstruktion ablehnt, so aus seinem Bemühen um ein Verständnis von dem Ich gemäß der noetischen Dialektik, wobei Platons Entgrenzung der Ägyptischen Geschichte in *Timaios* zeigt, daß er nicht uneingeschränkt hierzu vordringt - vgl. *Lehre* -.

Im Vergleich mit *Das Gastmahl* und *Timaios* ist daher festzustellen: Darwins Besorgnis um Eruierung des Ortes und der Zeit der Menschwerdung, sowie jener Tiere, die als Ahnen des Menschen gelten sollen, ist Ausdruck eines Naturalismus, der sich der Bedeutung der Dialektik nicht bewußt ist und daher die aufgegriffenen Möglichkeiten nicht im Sinne von Werdewelt-Aussagen versteht, sondern - abseits jeglicher Vergegenwärtigung von Entontologisieren-müssen - als solche zum So-Sein, was sich in Darwins "Anordnung" der Argumente - wie auch der Bücher *Entstehung* und *Abstammung* (vgl. oben) - widerspiegelt. Darwin dringt eben nicht von der anfänglichen Daß-Aussage zur Werdewelt-Analyse vor, das "im Gespräch sein mit sich" dementsprechend würdigen könnend, sondern versucht sich von Pseudo-Daß-Aussagen und Werdewelt-Regeln zur Diskursivität bzw. dem Person-sein thematisch-methodisch unreduziert vorarbeiten zu können, was eine glatte Unmöglichkeit ist.

Darwin gelangt daher nicht etwa zu Fiktionen, wenn er um die Darstellung des Ortes und der Zeit der Entstehung des Menschen sowie von dessen Vorfahren bemüht ist - obgleich seine Aussagen natürlich sämtlich falsch sein können, wie dies für jede fachwissenschaftliche Aussage zutreffen kann -, sondern zu Aussagen, die von Aussage-Subjekten sprechen, obgleich Darwin über diese aufgrund seiner Nicht-Vergegenwärtigung der unthematische-Begriffpyramide nicht verfügt. Hier gilt es mit größter Konsequenz zu beachten, daß "Begrenztes auf Begrenztes verweist", gemäß der differentiellen Unendlichkeit der Werdewelt, und nicht, wie Darwin in *Entstehung* schreibt (vgl. oben), der natürlichen Zuchtwahl, die uneingeschränkte Konzentration gilt. Ist man hierzu also fähig, so wird einem evident, daß die Analyse der somatischen Ebene des Menschen lediglich zur Analyse des Werdewelt-Ich beiträgt und sich hieran auch nichts ändert, wenn die Analyse welcher Fossilfunde auch i m m e r beigefügt wird, da hierdurch das Werdewelt-Konstitutivum Zeitlichkeit lediglich eine Betonung, jedoch Werdewelt keine Transzendierung erfährt.

Genauerhin gilt: Unternimmt man auf naturalistische Weise die Festlegung von Aussage-Subjekten, so verhindert man eine adäquate Analyse der Werdewelt. Eine dieserart verfahrende Position trägt nicht "lediglich" zur Analyse des Werdewelt-Ich bei, als ließe sich die Analyse des hierzu Transzendentalen "nachreichen"; eine Werdewelt-Analyse ist nur dann thematisch-methodisch unreduziert, wenn sie auf Paradigmata bezogen wird, wie sie s c h o n z u m Z e i t p u n k t d e r W e r d e w e l t - A n a l y s e vorliegen müssen. Dies gilt auch für Darwins Position, die, indem sie "Abstammung des Menschen aus tierischen Vorfahren" nicht im Lichte des unthematische-Begriffpyramide-Eines "genealogische Ich-Kette" versteht, zu keinem adäquaten Verständnis zu dem Bedachten vordringt.

Im Lichte hiervon sei nun auf Kapitel 7 geblickt, das sich mit den »Rassen des Menschen« beschäftigt. Zunächst wendet sich Darwin der Frage zu, ob die Menschen in mehrere Rassen oder Arten aufzugliedern sind, wozu Darwin einleitend festhält:

> "Es würde eine endlose Aufgabe sein, die zahlreichen Punkte einzeln durchzugehen. Die Rassen weichen auch in der Konstitution, in der Akklimatisationsfähigkeit und in der Empfänglichkeit für verschiedene Krankheiten voneinander ab. Ihre geistigen Merkmale sind ebensosehr verschieden, hauptsächlich allerdings, wie es scheinen will, in ihren emotionellen, nur zum Teil auch in ihren intellektuellen Fähigkeiten" (S.217-218).

Sodann wendet sich Darwin konkret der angeführten Frage zu, wobei er zunächst Argumente für eine Einteilung in besondere Arten vorbringt, sodann jene für eine Einteilung in Rassen:

> "Wir haben nun gesehen, daß ein Naturforscher sich für völlig berechtigt halten könnte, die Menschenrassen als distinkte Arten zu betrachten; denn er hat gefunden, daß sie in zahlreichen Charakteren des Baues und der Konstitution, von denen einige von großer Bedeutung sind, voneinander verschieden sind. Auch sind diese Verschiedenheiten in sehr langen Zeiträumen nahezu konstant geblieben. Unser Naturforscher wird auch in einem gewissen Grade von der enormen Verbreitung des Menschen beeinflußt worden sein, eine große Anomalie in der Klasse der Säugetiere, wenn das menschliche Geschlecht als eine einzige Art angesehen wird. Er wird überrascht gewesen sein, daß die Verbreitung der verschiedenen sogenannten Rassen mit der Verbreitung anderer, zweifellos distinkter Arten von Säugetieren übereinstimmt. Endlich dürfte er betonen, daß die vollständige Fruchtbarkeit aller Rassen noch nicht vollständig bewiesen ist, und daß sie, selbst wen sie bewiesen wäre, noch keinen absoluten Beweis ihrer spezifischen Identität darbieten würde" (S.224).

> "Andererseits, wenn unser Naturforscher untersuchte, ob die Formen des Menschen sich, wie gewöhnliche Arten, verschieden erhalten, wenn sie in einem und demselben Lande in großen Zahlen untereinander gemischt leben, so würde er sofort entdecken, daß dies durchaus nicht der Fall ist. ... | Aber das gewichtigste aller Argumente gegen die Auffassung der Menschenrassen als verschiedene Arten ist, daß sie ineinander übergehen, und zwar, soweit wir es beurteilen können, in vielen Fällen ganz unabhängig davon, ob sie sich miteinander gekreuzt haben oder nicht. ... | ... so wird er damit enden, daß er alle die Formen, welche ineinander übergehen, zu einer einzigen Art vereinigt. Denn er wird sich selbst sagen, daß er kein Recht hat, Objekte mit Namen zu belegen, welche er nicht definieren kann. .... | ... und diese Definition darf kein unbestimmtes Element einschließen, wie etwa einen Schöpfungsakt" (S.225-228).

Hieran ist insbesondere Darwins Aussage zu »Definition« von Interesse, insofern sie signalisiert, daß Darwin sehr wohl der Ansicht ist, in seiner Argumentation - soweit einem Ich möglich - propositional vorzugehen, nichts also auszusagen, das nicht definiert ist, Hebreiargumentation vermeidend. Hierin spiegelt sich aber lediglich Darwins defizitäres Verständnis von Definition wider, wie dies schon in Zusammenhang mit *Entstehung* festzustellen war. Hieraus erwächst auch, daß sich Darwin in dem soeben Zitierten einer Frage widmet, die sich eigentlich - also gemäß der noetischen Dialektik - gar nicht stellt. Das ist: Jenes Gesamt an Personen, zu dem sich Darwin die Frage stellt, ob es in Arten oder Rassen aufzugliedern sei, ist zunächst und ganz wesentlich als Eines gemäß "Universalität des Person-sein" bzw. "genealogische Ich-Kette" zu verstehen. Alleine im Horizont des Gesamt der Werdewelt-Ichs kann man sich der Frage widmen, inwieweit dieses in Gruppen aufzugliedern ist, wobei es zu beachten gilt, "Werdewelt-Ich" auch im Horizont von "Lebewesen" sehen zu müssen, und insofern im Horizont des Überganges Tier-Mensch. Hieraus folgt aber nicht, die Fragen nach der Entstehung der Werdewelt-Ichs unter Beachtung von Aussagen zu den Tieren und Pflanzen treffen zu können, die diese im Lichte des Werdewelt-Kriteriums "Zeitlichkeit" im Sinne von Historizität thematisieren. Das ist: Insofern also "Ich" auch im Horizont des Werdewelt-Ich zu bedenken ist, ist es auch im Horizont von "Lebewesen" zu bedenken und insofern als nicht kategorial verschieden von "Tier und Pflanze".

Dieses "nicht kategorial verschieden" gilt es genauer zu betrachten, gemäß den obigen Aussagen dazu, daß das "im Gespräch sein mit einem Anderen", wie es analytisch aus "im Gespräch sein mit sich" folgt, invariant für "genealogische Ich-Kette" ist, nicht aber für "Organismen"[45], weswegen "Tiere und Pflanzen" erst aus einer - obgleich - analytischen Erweiterung von "genealogische Ich-Kette" abzuleiten ist. Erst vor dem Hintergrund dieser Differenzierung, wie sie also besagte Inversion in der Betrachtungsrichtung im Horizont des grundsätzlichen Problems der Evolutionstheorie beachten läßt, kann "nicht kategorial verschieden" aufgegriffen werden, nachsehend, wie angesichts besagter Differenzierung das somit gegebene Universale im Horizont von "Gruppierung der Individuen" in ihrer werdeweltlichen Dimension zu verstehen ist. Welche Aussagen hierbei erreicht werden, wird im Schlußkapitel des Buches darzulegen sein. Hier genügt es festzuhalten, daß Darwin die dargelegte Dimension des Problems nicht sieht, auf höchst naturalistisch-naive Weise - gemäß seinem Gradienten-Modell - von den Tieren auf den Menschen blickend.

Darwin widmet sich nun dem Problem, ob die ausgesagten verschiedenen Rassen bzw. Unterarten des Menschen in der Stammesgeschichte aus einer gemeinsamen Ahnengruppe hervorgegangen sind:

> "Da es unwahrscheinlich ist, daß die zahlreichen und bedeutungslosen Punkte der Ähnlichkeit zwischen den verschiedenen Menschenrassen im Bau des Körpers und in geistigen Fähigkeiten (ich denke hier nicht an ähnliche Gebräuche) sämtlich unabhängig voneinander erlangt worden sein sollten, so müssen sie von Voreltern ererbt worden sein. Wir gewinnen auf diese Weise etwas Einsicht in den früheren Zustand des Menschen vor seiner allmählichen Verbreitung über die Oberfläche der Erde" (S.234).

Zu der gemeinsamen Stammform aller Menschen schreibt Darwin:

> "Die intellektuellen und sozialen Fähigkeiten des Menschen jener Zeit konnten kaum geringer sein als diejenigen der jetzt lebenden niedrigsten Menschen sind. Andernfalls hätte der Urmensch im Kampf ums Dasein nicht so erfolgreich sein können, wie

---

45 Zur Terminologie von "Lebewesen", "Organismen", "Tiere", "Pflanzen" und so fort siehe insbesondere das Schlußkapitel.

> seine frühe und weite Verbreitung beweist. | Aus der fundamentalen Verschiedenheit gewisser Sprachen haben manche Philologen den Schluß gezogen, daß der Mensch, als er sich auszubreiten begann, noch kein sprechendes Tier gewesen sei. Indes läßt sich vermuten, daß Sprache, weit unvollkommener als irgend jetzt gesprochene, unterstützt von Gesten, benutzt worden sein können, die in den späteren und höher entwickelten Sprachen keine Spuren zurückgelassen haben" (S.234-235).

Sogleich zeigt sich wieder Darwins Unvermögen, das Problem "Tier-Mensch-Übergang" adäquat, also abseits seiner naturalistisch-naiven Betrachtung aufzugreifen. Wiederum ist nämlich darauf hinzuweisen, daß die von Darwin aufgeworfene Problematik im Lichte des Eines "genealogische Ich-Kette" zu betrachten ist, woraus sich ergibt: Nach einem Anfang der Ich-Kette im Sinne des Gradienten-Modells zu fragen, entbehrt jeglicher Grundlage, in dem Sinne, wie dieses Modell Anfang in der Zeit meint, jedoch derart, daß sich die Vergegenwärtigung von "genealogische Ich-Kette" erübrigen soll. Zugleich ist zu beachten: "genealogische Ich-Kette" bezeichnet keine Unendlichkeit, da auch diese "Unendlichkeit" nur in der Zeit denkbar ist, und jegliche Verabsolutierung der Zeit zurückzuweisen ist; "genealogische Ich-Kette" ist auf "Ich bin" zu beziehen, wie es Zeitlichkeit transzendiert. Wiederum gilt aber, daß Darwins Fragestellung keine reine Fiktion bezeichnet, wiewohl Darwin das "Mehr-sein" seiner Aussage nicht unverzerrt bedenken kann.

Darwin versteht seine Frage im Sinne seiner Auflösung von "spezielle Schöpfungsakte" und insofern wohl als Auflösung von "Adam" als dem - in christlicher Anschauung - "ersten Menschen". Diese Auflösung geschieht tatsächlich mit einiger Berechtigung, da auch "Adam" eine herbeiargumentierte Konstruktion zum Anfang der Menschheit bedeutet, wie in *Theologie* gezeigt wird.

Genauerhin ist aber zu beachten, daß auch der christliche Dialektiker Nikolaus von Kues eine "Adam"-Konstruktion bietet, wobei er "Adam" als "e r s t e r Menschen" u n d "d e r Menschen" bezeichnet, worin sich der Versuch des Aussagens der dialektischen Differenz widerspiegelt - vgl. *Theologie* -. Hiervon läßt sich bei Darwin natürlich nichts finden - vgl. auch 2.2 -. Seine implizite Kritik an der "Adam"-Konstruktion kann somit nur dahingehend berechtigt sein, daß die Verwendung einer "Quasi-Person"-Konstruktion zurückgewiesen wird, wiewohl Darwin das "Quasi-Person"-Problem an sich nicht thematisieren kann, da die "Quasi-Person"-Konstruktion gerade dasjenige ist, das er in seinem Vorstoß in der Theologie von der ihm sogesehen gegebenen Basis übernimmt, obgleich modifiziert. Die Darstellung davon, was es propositional betrachtet damit auf sich hat, daß Darwins Fragestellung keine reine Fiktion ist, sei wieder für das Schlußkapitel dieses Buches aufgespart.

Im Lichte hiervon sei gelesen:

> "Es scheint zweifelhaft, ob ohne den Gebrauch irgend einer Sprache, wie unvollkommen sie auch gewesen sein mag, der Intellekt des Menschen sich bis zu der Höhe hätte entwickeln können, welche schon zu einer frühen Zeit seine vorherrschende Stellung mitbedingte. | Ob der Urmensch, als er nur erst wenig Kunstfertigkeiten, und zwar von der rohesten Art, besaß und auch seine Sprache noch äußerst unvollkommen war, schon ein Mensch genannt zu werden verdient, hängt natürlich von der Definition ab, die wir anwenden. In einer Reihe von Formen, welche unmerkbar aus einem affenähnlichen Wesen in den Menschen übergingen, wie er jetzt existiert, würde es unmöglich sein, irgend einen solchen Punkt zu bezeichnen, wo der Ausdruck »Mensch« angewendet werden müßte. Doch ist dies von sehr geringer Bedeutung" (S.235).

An dieser Aussage ist beachtenswert, daß sie "Anfang des Menschen" nicht als definierbares Eines versteht, nicht da Darwin hier an die Unendlichkeit der Werdewelt denkt bzw. adäquat an das Verzicht-üben-müssen erinnert, sondern gemäß seinem defizitären Verständnis von Definition argumentiert, wie es aus seiner nicht-propositionalen Denkweise folgt. Daher gilt: Darwins Argument des "graduellen Übergangs" ist im Sinne von Darwins Konzeption von "Analytik" zu verstehen, wie es schon für *Entstehung* darzulegen war. Beachtenswert ist, daß Darwin nun auch "Sprache" nicht explizit zur definfitorischen Abgrenzung von "Mensch" heranzieht, obgleich er ihr zuvor in *Abstammung* wesentlich expliziter als nun Bedeutung für die Entwicklung der Intelligenz, wie sie den Menschen auszeichnen soll, zugesprochen hat.

Darwin widmet sich nun der Frage des »Aussterbens von Menschenrassen«:

> "Das Aussterben ist hauptsächlich die Folge der Konkurrenz eines Stammes mit dem andern und einer Rasse mit der anderen. Verschiedene Hindernisse sind fortwährend in Tätigkeit, die Zahl jedes wilden Stammes niedrig zu halten, - so die periodisch eintretenden Hungersnöte, das Nomadenleben, und als Folge davon das Sterben der Kinder, das lange Stillen, Kriege, Naturereignisse, Krankheiten, Ausschweifungen, Frauenraub, Kindesmord, und besonders verminderte Fruchtbarkeit. Wenn eines dieser Hindernisse, sei es auch nur in einem unbedeutenden Grade, verstärkt wird, so wird der betroffene Stamm zur Abnahme neigen, und wenn einer von zwei benachbarten Stämmen weniger zahlreich und weniger machtvoll wird als der andere, so wird der Kampf sehr bald beendet durch Krieg, Abschlachtung, Kannibalismus, Sklaverei und Absorption" (S.238).

An sich bringen diese Ausführungen nichts Neues gegenüber bereits zuvor von Darwin Zitiertem: Sie legen seine "Gleichgültigkeit" aufgrund eines defizitären Verständnisses von Personsein ab, wie sie Darwin um willen der Betonung der Hitstorizität aufwendet. Es ist aber angebracht, Darwins Feststellungen zu betrachten, insofern sie aus seiner naturalistisch-naiven Betrachtung zu "Untergliederbarkeit in Arten oder Rassen" sowie "Ursprung der Menschheit" erwachsen.

Genauerhin erfährt man zu besagtem Thema:

> "Wir sehen also, daß viele der wilden Menschenrassen sehr leicht an ihrer Gesundheit Schaden nehmen, wenn sie in ein neues Klima gebracht werden, ... Bloße Änderungen in den Gewohnheiten, welche an sich unschädlich erscheinen, scheinen dieselbe Wirkung zu haben; in mehreren Fällen leiden besonders die Kinder. Es ist, wie Macnamara bemerkt, oft gesagt worden, daß der Mensch ungestraft den größten Verschiedenheiten des Klimas und anderen Veränderungen widerstehen könne; dies ist aber nur in bezug auf zivilisierte Rassen wahr. Der Mensch in seinem wilden Zustande scheint in dieser Beziehung beinahe so empfindlich zu sein wie seine nächsten Verwandten, die anthropoiden Affen, welche eine Entfernung aus ihrem Heimatlande niemals lange überleben. | ... | Wenn man sieht, wie allgemein dieses Gesetz der Empfindlichkeit des Fortpflanzungssystems gegen veränderte Lebensbedingungen ist, und daß es auch für unsere nächsten Verwandten, die Quadrumanen, gilt, so kann ich kaum zweifeln, daß es auch auf den Menschen in seinem ursprünglichen Zustande Anwendung findet. Wenn daher Wilde irgend einer Rasse plötzlich dazu veranlaßt werden, ihre Lebensgewohnheiten zu verändern, so werden sie mehr oder weniger fruchtbar, und ihre Nachkommen leiden in der Jugend an ihrer Gesundheit in derselben Weise und aus derselben Ursache, wie es der Elefant und der Jagd-Leopard in Indien, viele Affen in Amerika und eine große Menge von Tieren aller Arten bei der Entfernung aus ihren natürlichen Bedingungen tun" (S.246-249).

Eine derartige Argumentation läßt sich nur als "unappetitlich" bezeichnen, wobei sich jegliche Frage danach verbietet, inwieweit den gebrachten Aussagen irgendwelche Beobachtungen bzw. Werdewelt-Regeln zugrundeliegen. Nicht derartiges ist für das hier Betrachtete von Bedeutung, sondern daß Darwin in seinen Betrachtungen, wie sie eine Betonung der Diskursivität gegenüber einer fideistischen Theologie sein sollen, das Person-sein geradezu vollständig aus dem Blickfeld verliert - sich mit naturalistischen Aussagen arrangierend -, nicht da er "Person-sein" nicht im Sinne seiner Akzeptierung der Transzendentalität sieht, sondern da er das damit Bedachte vollständig inhaltslos bedenkt. (Angemerkt sei, daß Darwin dies unterläuft, insofern seine Position im Vorfeld modern gesetzeswissenschaftlichen Denkens anzusiedeln ist, worauf zurückzukommen sein wird.)

Darwin beendet seine Argumentation mit Ausführungen zur »Bildung der Menschenrassen«:

> "Wir haben nun gesehen, daß die äußeren charakteristischen Verschiedenheiten zwischen den Rassen des Menschen in einer zufriedenstellenden Weise weder durch die direkte Wirkung der Lebensbedingungen noch durch die Wirkungen des fortgesetzten Gebrauchs von Teilen, noch durch das Prinzip der Korrelation erklärt werden können. Wir werden daher veranlaßt, zu untersuchen, ob nicht unbedeutende individuelle Verschiedenheiten, denen der Mensch im äußersten Maße ausgesetzt ist, im Verlaufe einer langen Reihe von Generationen durch natürliche Zuchtwahl erhalten und gehäuft worden sind. Hier begegnet uns aber sofort der Einwurf, daß nur nützliche Abänderungen auf diese Weise erhalten werden können; und soweit wir beurteilen können (doch sind wir über diesen Punkt beständig der Gefahr eines Irrtums ausgesetzt), ist keine der Verschiedenheiten zwischen den Menschenrassen von irgend einem direkten oder speziellen Nutzen. Davon müssen natürlich die intellektuellen und moralischen oder sozialen Eigenschaften ausgenommen werden" (S.259).

Hierauf folgt:

> "Soweit sind denn also alle unsere Versuche, die Verschiedenheiten zwischen den einzelnen Rassen des Menschen zu erklären, vereitelt worden; noch bleibt aber ein bedeutungsvolles Moment übrig, nämlich s e x u e l l e Z u c h t w a h l, welche ebenso wichtig auf den Menschen wie auf viele andere Tiere gewirkt zu haben scheint. Ich will nicht behaupten, daß geschlechtliche Zuchtwahl sämtliche Verschiedenheiten zwischen den Rassen erklärt. Ein unerklärlicher Rest bleibt übrig, und wie können in unserer Unwissenheit nur sagen, daß, wie ja Individuen beständig z.B. mit ein wenig runderen oder schmäleren Köpfen oder mit ein wenig längeren oder kürzeren Nasen geboren werden, derartig unbedeutende Verschiedenheiten wohl fixiert und gleichförmig werden können, wenn die unbekannten Kräfte, welche sie herbeiführten, beständig wirken und durch fortgesetzte Kreuzung unterstützt werden. Solche Abänderungen gehören in die provisorische Klasse, welche ich im zweiten Kapitel angedeutet habe, und welche oft, in Ermangelung einer besseren Bezeichnung, spontane Abänderung genannt werden" (S.260).

Darwin bietet hier gleichsam ein Konglomerat propositionaler bzw. propositional sein sollender und nicht-propositionaler - aber das Verzicht-üben-müssen adäquat beachten sollender – Aussagen, die in Summe ergeben sollen, die vorangegangenen naturalistischen Darlegungen nicht hinterfragen zu müssen. Genauerhin ist zu beachten, daß dieses - Erklärung sein sollende - Konglomerat, insofern es "Entstehung der Rassen" beleuchtet, jenem Konglomerat entspricht, das Darwin zur Darstellung von »Ausbildung der Zivilisierten« gebracht hat, mit dem Unterschied, daß im Rahmen der Darstellung hiervon die Ausbildung von Strukturen von »direktem oder speziellem Nutzen« im Vordergrund gestanden ist, so daß die Argumentation von einer Analytik - wie Darwin sie versteht! - getragen sein konnte.

2.4 Conclusio

Zunächst sei die Argumentation in *Abstammung* und *Entstehung* an "Universalität des Person-sein" als methodischem Konstrukt angelegt. Das ist: Entsprechend den Ausführungen in *Theologie* und *Lehre* besagt die noetische Dialektik eine Uniformität des Bedenkens - als Ausdruck von Um-sich-bemüht-sein - jedes möglichen Ich, wozu gehört, daß die Aussagen eines Ich als Ausdruck seines Sich-entsprechen als Gegründetes zu verstehen sind. Sie sind daher darauf hin zu untersuchen, inwieweit sie eine Vergegenwärtigung der ersten Schicht des philosophischen Horizonts bedeuten. Das hierzu gehörende Vermögen eines Ich, pragmatische Zusatzkonstruktionen aufbieten zu können, um das partielle (oder auch vollständige) Verfehlen der ersten Schicht des philosophischen Horizonts vor sich kompensieren zu können, gilt es also zu analysieren, soll eine Position abseits der ersten Schicht des philosophischen Horizonts ihr gemäß verstanden werden können, sowie das in ihr liegende Potential zur Vergegenwärtigung der ersten Schicht des philosophischen Horizonts genutzt werden können.

Gemäß dem Konstrukt "Universalität des Person-sein" ist also zunächst danach Ausschau zu halten, wie es bei Darwin um die Entgrenzung der Werdewelt bzw. des Begrenzten und um das diskursive Vordringen zum Bereich der Notwendigkeit bestellt ist. Bereits aus den vorangegangenen Aussagen zu Darwins "Anordnung der Themen" ergibt sich, daß beide Thematiken in Darwins Position notwendig defizitär diskutiert sein müssen. Das ist: Darwin führt Argumente zur Werdewelt als Beweise für seine Abstammungslehre an, somit notwendig nicht einsehend, daß derartige Argumente nur gemäß der Vergegenwärtigung der Paradigmata - als dem Interface zwischen der unthematische- und der thematische Begriffpyramide - auf Notwendigkeit reflektieren. Zugleich bedeutet dies, daß Darwin im diskursiven Vordringen zum Bereich der Notwendigkeit defizitär vorgeht: Darwin kann also das Subjekt der dialektischen Entfaltung und der dialektischen Differenz nicht vergegenwärtigen. Hierin liegt: Darwin muß ein defizitäres Verständnis des Ich als Person haben, weswegen er ein Substitut für die dialektisch-analytische Entfaltung - wie sie die Eines des bedenkenden Am-Werke-sein des Ich ergibt - anbieten muß; dieses Substitut ist die "fragmentarische Induktion" in Verflechtung mit seinem Holismus und seiner "Auf-Ab"-Konstruktion, sowie seinen opportunistischen Daß-Aussagen. Diese Art der Induktion nimmt ihren Ausgang bei herbeiargumentierten Eines, bzw. bei Eines, die anzunehmen vernünftig erscheint, gemäß einem pragmatisch verzerrt bedachten Verzicht-üben-müssen.

Den Beginn der hiermit bezeichneten Konstruktion stellt Darwins Verflechtung empirischer Beobachtungen und einer mathematischen Feststellung zur Vermehrungsrate der Individuen einer Art dar. Womit Darwin somit seinen Anfang nimmt, das ist die Verflechtung möglicher - nicht als solcher eingesehener! - Werdewelt-Regeln und einer Konstruktion gemäß der allgemeinen Begriffpyramide. Das dieserart Gewonnene entfaltet Darwin gleichsam quasi-analytisch, weitere mögliche Werdewelt-Regeln in seine Betrachtung einfließen lassend. Das hiermit Bezeichnete führt zudem zu Analogieschlüssen, einerseits die Biologie mit anderen Wissenschaften - die ebenso wie die Biologie eine "fragmentarische Induktion" verwenden - verknüpfend, andererseits zur Verflechtung verschiedener biologischer Aussagen, wovon insbesondere die Parallelisierung von Aussagen zur Ontogenese mit solchen zur veranschlagten Phylogenese von Bedeutung sind.

Darwins Position kann aber nur verstanden werden, wenn zugleich bedacht wird, welche Vorteile aus der Sicht Darwins mit seiner Theorie verbunden sind. Mehrfach verdeutlicht Darwin wogegen er sich wendet: Im Horizont von *Entstehung* ist es die Annahme einer Lehre von der unabhängigen Schöpfung der Tier- und Pflanzenarten, gegen die sich Darwin wendet, im

Horizont von *Abstammung* die Annahme einer unabhängigen Schöpfung des Menschen. In beiden Fällen kritisiert Darwin an besagten Annahmen, daß sie Eines herbeiargumentieren, da die Verhältnisse, die auf der Erde zu beobachten sind, nicht hinreichend bedacht werden. Das ist: Darwin wendet sich gegen eine Schöpfungslehre, die auf die Transzendentalität reflektiert, da sie den begrifflichen Eines der Werdewelt-Analyse nicht adäquat Bedeutung beimißt. Insofern könnte man meinen, Darwin wendet sich ausschließlich gegen eine fideistische Theologie, wogegen nichts einzuwenden wäre. Darwins Position kann aber letztlich nicht ausschließlich dieserart interpretiert werden, wiewohl sie zwar gegen eine fideistisch konzipierte Theologie auftritt, diese aber nicht als solche zu vergegenwärtigen versteht, weswegen Darwin – obgleich implizit - gegen die diskursive Vergegenwärtigung der Transzendentalität bzw. die Freilegung der noetischen Dialektik an sich vorgeht.

In *Entstehung* führt dies dazu, daß die positive Nennung von Eines, die aus der "analytischen" Entfaltung der "anfängliche Daß-Aussage" sein sollenden Aussage erreichbar sind, weitgehend zu nicht-propositional konzipierten Konstrukten führt. Im Horizont von *Abstammung* gewinnt dieser Umstand wesentlich an Bedeutung: Gemäß der ausgesagten Darwinschen Orientierung an der Natur ließe sich ein rein naturalistisch konzipiertes Menschen-Bild Darwins vorstellen, das also Darwins »naturwissenschaftliche« Untersuchungsweise hierauf reduziert, eine uneingeschränkte Zurückweisung der Philosophie und Theologie bedeutend. Die Zurückhaltung gegenüber dem Aussagen von Eines in *Entstehung* würde dieserart dazu genutzt, gleichsam gemäß einem verzerrt bedachten Verzicht-üben-müssen, jene Freiräume im Vorfeld der Untersuchung des Menschen geschaffen zu haben, um uneingeschränkt linear bis zu jenem vordringen zu können, das dieserart den Menschen als eine weitere Art von den (übrigen) Tieren unterscheiden läßt - was auch immer dies letztlich sein mag -. D i e s i s t a b e r n i c h t d i e A r g u m e n t a t i o n s w e i s e D a r w i n s !

Gemäß "Universalität des Person-sein" ist somit darauf zu achten, inwieweit und welcher Art Darwin in der Lage ist, diese rein lineare Argumentation unter diskursiver Bezugnahme auf den Bereich der Notwendigkeit abzuwehren. Hierzu ist sogleich Darwins Differenzierung "Liebe - Sympathie" zu beachten, in der Darwins Intention evident wird, demjenigen, das sich auf das Begrenzte bezieht - »Sympathie« -, etwas beistellen zu können, das nicht wieder solches ist - »Liebe« -, bzw. mit jenem zusammenhängt, indem es sich auf das von diesem Bezeichnete gleichsam in Überhöhung bezieht, die Transzendierung von "um willen von etwas" bezeichnen sollend. Dies ist freilich - gemäß Universalität des Person-sein betrachtet – dasjenige, das in der Transzendentalphilosophie die Differenzierung "Güter - das Gute" bedeutet, wie sie das Ich gemäß seinem Person-sein durchführt, entsprechend der Selbstandlosigkeit des faktisch Gültigen. Darwin führt daher auch Sätze an, die an die Argumentation Platons im Sinne der ersten Schicht des philosophischen Horizonts erinnern, zum Beispiel wenn Darwin davon berichtet, daß "egoistische Menschen nicht einander Freund sein können". Auch gilt es hier zu beachten, daß Darwins "Richtschnur"-Konstruktion eine Entgrenzung des Faktischen im Lichte einer "unthematisch" sein sollenden Letztbegründungsebene bedeuten soll. All dies verbleibt bei Darwin aber fragmentarisch, wobei insbesondere zu beachten ist, daß Darwin nicht analytisch aus jenem ableitet, das als zur Faktizität Transzendentales ausgesagt wird.

Daher auch gelangt Darwin zwar zu Aussagen, deren theologischer Gehalt evident ist, vor allem wenn Darwin von der Bedeutung des Gewissens für das Ich spricht - als jenem, das letzte Instanz für die Beurteilung ist -, wozu auch Darwins Konstruktionen bezüglich »innerer Mahner« und so fort gehören, doch werden all diese Aussagen von Darwin auf einem Wege erreicht, der gemäß seiner Konstruktion von »naturwissenschaftlich« genesetheoretisch herbeiargumentiert, anstatt analytisch darzulegen. Daher auch ist Darwins Position ein Vorstoß innerhalb der Theologie, dergestalt, daß die, den Vorstoß ergebende, Modifikation des "schriftgemäß" Gegebenen nicht zu jenem führt, das tatsächlich Abweichungen der Theologie von der ersten Schicht des philosophischen Horizonts überwinden läßt.

Das Ergebnis des dieserart von Darwin Dargelegten ist eine "Gradienten"-Konstruktion, die das Ich nicht als Eines einsehen läßt, da sie zwar um Vermeidung einer linearen Argumentation bemüht ist, hierzu aber bloß eine Inhomogenität bedeutende Konstruktion aufbieten kann - "Anfang innerhalb der Stammesgeschichte"! -, die eine weitestgehend Nivellierung der transzendentalphilosophischen Schwelle bedeutet. Den Vergleich mit "schriftgemäß" theologischem Denken fortführend ist hierzu festzuhalten, daß Darwins Konstruktion dem Motiv nach Elemente der "Sündenfall"-Argumentation aufgreift, derart daß sie einer "Quasi-Person"-Konstruktion bedarf, als Resultat davon, daß sie keine adäquate Vergegenwärtigung des Ich als Person beinhaltet. Das ist: Darwins Konstruktionen gemäß seiner Intention, die transzendentalphilosophische Schwelle zu beachten - beispielsweise seine Differenzierung "Liebe – Sympathie", seine "innerer Mahner"-Konstruktion sowie andere Konstruktionen Darwins im Sinne der Thematisierung von "im Gespräch sein mit sich" -, sind in einer Weise nicht-propositionale Vergegenwärtigung des Bereichs der Notwendigkeit - daß das Ich nicht im Lichte der dialektischen Differenz zu das Eines bedacht werden kann, sondern auf die dargestellt "latent monistische" Weise eine Differenzierung innerhalb eines "Ich" vorgenommen wird, das insgesamt im Horizont von Aussagen im Sinne einer unterstellten Orientierbarkeit an der Natur konzipiert ist. Zwar bietet Darwin Eines auf, die zeigen sollen, daß das gemäß "Orientierbarkeit an der Natur" Ausgesagte nicht Alles ist, doch erlauben diese Begriffe keine analytische Abgeleitung, womit auch nicht im Lichte der Paradigmata die Werdewelt vergegenwärtigt wird, dem Anfang- nicht aber Daß-haben der Werdewelt gerecht werdend.

Insofern ist also davon zu sprechen, daß Darwin tatsächlich gemäß "Vorstoß innerhalb der Theologie" um die Beachtung zum Beispiel der "Dekalog - Seligpreisung"-Konstruktion bemüht ist, jedoch gar nicht im Sinne des in dieser Konstruktion gegebenen Gehalts an "Theologie als Hüterin auf dem Wege zur Dialektik". Nicht hierauf zielt Darwin ab, sondern fortgesetzt auf jenes, das ihn bereits in *Entstehung* seine Konzentration auf die Veränderlichkeit - Historizität - als den Vorteil seiner Theorie hat erscheinen lassen. Indem dies der Fall ist, gelangt Darwin im Horizont von *Abstammung* zu einer Bedachtnahme auf die Tiere, die ihm diese im Lichte einer völligen Verkennung der Inversion der Betrachtungsrichtung im Bereich des grundsätzlichen Problems der Evolutionstheorie als "Quasi-Personen" erscheinen lassen, bzw. als adäquate "Quasi-Person"-Konstruktion, verglichen mit derartigen Konstruktionen einer fideistischen Theologie.

Die Vorteile, die Darwin aufgrund seiner Beachtung der Werdewelt, zu erhalten meint, lassen ihn daher übersehen, daß ihm dasjenige, das er gemäß "Transzendierung der Werdewelt" aussagt, zu inhaltslosen Worthülsen wird, was er nur durch ein gleichzeitig aufgewendetes pragmatisch verzerrtes Verständnis von Verzicht-üben-müssen maskieren kann, die "Auf-Ab"-Konstruktion, wie sie in Analogie zu Ficino auftritt, als ausreichend verstehend.

Im Lichte hiervon gelangt Darwin also zu einem defizitären Verständnis von Ich als Person, so daß es Darwin entsprechend seinem »Kampf ums Dasein« bei einer pragmatisch verzerrten "beste aller Welten"-Konstruktion beläßt, die lediglich im Sinne seiner "Gleichgültigkeit"-Konstruktion - wie sie also aus seinem opportunistischen Denken erwächst - gehaltvoll erscheint.

Am Ende dieses Abschnittes seien einige Aussagen aus dem Schlußkapitel von *Abstammung* zitiert, die nochmals verdeutlichen sollen, worin die zentralen Punkte Darwinschen Pragmatismus gegeben sind, insofern dieser aus Darwins Mißachtung der Inversion der Betrachtungsrichtung im Horizont der grundsätzlichen Problematik der Evolutionsbiologie folgt:

(i) Darwins triviale Kritik an seinen Kritikern:

"Wer nicht gleich einem Wilden damit zufrieden ist, die Naturerscheinungen als unzusammenhängende Geschehnisse zu betrachten, der kann nicht länger mehr glauben, daß der Mensch seinen Ursprung einem separaten Schöpfungsakt verdanke" (S.263).

"Manche Personen fühlen sich bedrückt durch die Unmöglichkeit, zu bestimmen, auf welcher Stufe der individuellen Entwicklung, von der ersten Spur eines winzigen Keimblättchens an, der Mensch zu einem unsterblichen Wesen wird; aber ebenso unmöglich ist eine solche Bestimmung bei der allmählich aufsteigenden organischen Stufenleiter. | Ich weiß, daß manche die Schlüsse, zu denen dieses Werk gelangt, als höchst irreligiös bezeichnen werden; allein, wer dies tut, muß zeigen, warum es irreligiöser ist, den Ursprung des Menschen als einer distinkten Spezies durch die Abstammung von einer niederen Form zu erklären vermittelst der Gesetze der Variation und natürlichen Zuchtwahl, als es ist, wenn man die Entstehung des Individuums durch die Gesetze der gewöhnlichen Reproduktion erklärt" (S.272).

(ii) Darwins Zerrbild einer nicht Alles sein sollenden Diskursivität:

"Dies ist zugleich das stärkste Argument dafür, die intellektuellen Fähigkeiten des Menschenwesens in aller möglichen Weise zu erziehen und anzuregen. Ein Mensch mit einem stumpfen Geist, aber mit wohlentwickelten sozialen Affekten und Sympathien wird zweifellos zu guten Handlungen geleitet werden, wie er auch ein sehr feinfühliges Gewissen haben kann; aber alles, was die Phantasie lebhafter macht und die Gewohnheit zur Überlegung und Vergleichung früherer Eindrücke stärkt, macht auch das Gewissen feinfühliger und kann vielleicht schwache soziale Affekte und Sympathien kompensieren" (S.270-271).

(iii) "Vererblichkeit der tugendhaften Neigung":

"Es ist nicht unwahrscheinlich, daß tugendhafte Neigungen nach einer langen Ausübung auch vererbt werden. Bei den zivilisierten Rassen hatte die Überzeugung von der Existenz einer allwissenden Gottheit einen mächtigen Einfluß auf den Fortschritt der Moral" (S.271).

(iv) Versus Universalität des Person-sein:

"Mein Erstaunen beim ersten Anblick einer Herde Feuerländer an einer wilden und zerklüfteten Küste werde ich nie vergessen; denn ganz plötzlich für es mir durch den Kopf: so waren unsere Vorfahren. Diese Menschen waren absolut nackt und mit Farbe beschmiert, ihre langen Haare waren durcheinander gewirrt, ihr Mund schäumte in der Erregung, und ihr Ausdruck war wild, erschreckt und mißtrauisch. Sie kannten kaum irgend eine Kunst, und gleich wilden Tieren lebten sie von dem, was sie gerade erlangen konnten. Sie hatten keine Regierung, und waren erbarmungslos gegenüber allen, die nicht ihrem eigenen kleinen Stamm angehörten" (S.273).

(v) "Sündenfall"-Konstruktion:

"Wer einen Wilden in seiner Heimat gesehen hat, wird sich nicht mehr schämen, anzuerkennen, daß in seinen Adern das Blut noch niedrigerer Kreaturen fließt. Ich für meinen Teil möchte lieber von jenem heroischen kleinen Affen abstammen, der seinen schrecklichen Feind angriff, um das Leben seines Wärters zu retten, oder von jenem alten Pavian, der, von den Höhen herabsteigend, seinen jungen Kameraden im Triumph aus der Mitte einer Hundemeute hinwegtrug, als von einem Wilden, der sich an den Qualen seiner Feinde weidet, blutige Opfer darbringt, ohne Gewissensregung seine Kinder tötet, sein Weib als Sklavin behandelt, keinen Anstand kennt und von dem gräßlichsten Aberglauben gejagt wird" (S.273-274).

(vi) "Gewissen" als höchster Richter & "Gewissen" durch natürliche Zuchtwahl entstanden:

"Schließlich akzeptiert der Mensch Lob und Tadel seiner Mitmenschen nicht als einzige Führer, obschon wenige diesem Einfluß entgehen; die sicherste Richtschnur geben ihm seine eigenen, durch Vernunft kontrollierten Überzeugungen. So wird sein Gewissen der höchste Richter und Mahner. Nichtsdestoweniger liegt der Grund oder der Ursprung des moralischen Gefühls in den sozialen Instinkten mit Einschluß der Sympathie; und diese Instinkte sind ohne Zweifel, ebenso wie bei den tiefer stehenden Tieren, durch natürliche Zuchtwahl erworben" (S.271).

(vii) Unsterblichkeit der Seele?:

"Wer an die Entwicklung des Menschen aus einer niederen Form glaubt, wird natürlich auch fragen, was dies für den Glauben an die Unsterblichkeit der Seele bedeutet. Wie John Lubbock gezeigt hat, haben die barbarischen Rassen keinen klaren Glauben dieser Art; wie wir jedoch gesehen haben, besitzen Argumente, die auf dem ursprünglichen Glauben der Wilden beruhen, wenig oder gar keinen Wert" (S.272).

(viii) Ich als zweiter (?) Gott:

"Und wir müssen, wie mir scheint, jedenfalls zugeben, daß der Mensch mit allen seinen edlen Eigenschaften, mit seiner Sympathie für die Niedrigsten, mit seinem Wohlwollen nicht nur gegenüber anderen Menschen, sondern auch gegenüber dem niedrigsten Lebewesen, mit seinem gottähnlichen Verstand, der ihn die Bewegungen und die Einrichtung des Sonnensystems erkennen ließ, daß der Mensch mit all diesen Fähigkeiten und Kräften in seinem Körperbau immer noch die unaustilgbaren Zeugnisse seines niedrigen Ursprungs erkennen läßt" (S.274).

2.5 Anhang

In diesem Unterkapitel sollen einige Aspekte der Darwinschen Lehre vom Ich verdeutlicht werden, indem sie an Aussagen anderer Denker und Forscher angelegt werden.

2.5.1 Darwins Theorie im Lichte von Platons *Theages*

Am Beginn von Platons *Theages*[46] ist von einem Besuch Demodokos' mit seinem Sohn, Theages, bei Sokrates zu lesen, im Rahmen dessen Demodokos Sokrates um Rat bezüglich der Erziehung seines Sohnes bittet. Im Zuge der Befragung von Theages durch Sokrates stellt sich heraus:

---

46 Zitiert nach: *Platon, Werke*, Band II.3; in der Übersetzung von FDE Schleiermacher, Berlin, 1987.

"SOKRATES: Wer also Lust hat über die Menschen in der Stadt insgesamt zu herrschen, der hat Lust zu derselben Herrschaft wie sie, der tyrannischen, und ein Tyrann zu sein? THEAGES Offenbar. SOKRATES: Und zu dieser behauptest du Lust zu haben? THEAGES: Es scheint, nach dem was ich selbst sagte. SOKRATES: O du Böser! Also unser Tyrann zu werden hast du Lust, und wirfst es deinem Vater schon lange vor, daß er dich nicht in eine Tyrannenschule zu Jemand in die Lehre schickt?" (124-125).

Im Rahmen der weiteren Befragung tritt aber zu Tage, daß Theages wider die eigene Intention ausgesagt hat, Tyrann werden zu wollen:

"SOKRATES: Laß noch, Guter. Wir wollen ihn erst recht zur Genüge ausfragen. DEMODOKOS: So frage denn. ... SOKRATES: Wie also? Eines solchen Umgangs begehrst auch du mit einem Kunstgenossen der Kallikrete, der Tochter der Kyane, der sich auf das Tyrannenwesen verstände, wie der Dichter es von jener sagt, um Tyrann zu werden über uns und die Stadt? THEAGES: Schon lange, o Sokrates, spottest du und scherzest über mich. SOKRATES: Wie so? Sagst du nicht, daß du dieser Wissenschaft nachstrebst, durch die du über alle in der Stadt herrschen könnest? und wenn du dies tust, bist du dann nicht ein Tyrann? THEAGES: Ich möchte wohl, glaube ich, Tyrann sein am liebsten über alle Menschen, wo nicht doch über so viele als möglich, und auch du, glaube ich, und alle andere Menschen; und vielleicht noch lieber ein Gott sein. Aber das wollte ich doch gar nicht sagen, daß ich danach strebte. SOKRATES: Was ist es denn also wonach du strebst? Sagtest du nicht, du möchtest über die Bürger herrschen? THEAGES: Aber nicht mit Gewalt noch wie die Tyrannen, sondern mit ihrem Willen, wie auch die anderen im Staate berühmten Männer. SOKRATES: Meinst du etwa wie Themistokles und Perikles und Kimon und die anderen, die in Staatssachen gewaltig gewesen sind? THEAGES: Beim Zeus, diese meine ich" (125-126).

Damit ist keineswegs schon dasjenige bezeichnet, das Theages eigentlich anstrebt, es bezeichnet erst den Beginn der Freilegung hiervon. Worauf die Unterredung hierbei letztlich abzielt ist, daß die Lebensplanung bzw. das Sich-Eingliedern in die Gesellschaft von der Beachtung der Gutes-Formel getragen sein soll, da alleine dies Ermöglichung dafür ist, ein Gut nicht pragmatisch verzerrt als das Gute mißzuverstehen, also der Situation zu entkommen, durch die pragmatische Ausrichtung auf ein Gut in "Unfreiheit" zu geraten - vgl. 2.3.2 -, sich nicht länger als Person entsprechen könnend (für Details siehe die *Theages*-Analyse in *Vergleich*).

Zugleich ist zu beachten, daß Platons Ausführungen in *Theages* von jenem partiell defizitären "Person-sein"- bzw. "Menschen"-Bild Platons geprägt sind - vgl. *Lehre* -, zu dem Platon gelangt, da er nicht alleine gemäß seiner Entdeckung - also der noetischen Dialektik – argumentiert. Dies gilt es explizit zu beachten, wenn Platons Sokrates ausführt, nicht jedem das Gute vergegenwärtigen zu können; sein Daimonion verbietet ihm den erzieherischen Umgang mit bestimmten Personen. Das Daimonion weist hierbei jene Personen zurück, die zumindest aktuell in ihrem Um-sich-bemüht-sein derart am Werke sind, daß dem Guten gegenüber keine Sensibilität auftritt, womit es, komplementär hierzu, jene zur Erziehung zuläßt, die zwar aktuell das Gute nicht bzw. nicht genügend vergegenwärtigen, jedoch Sensibilität für das Gute mitbringen. Ihr Am-Werke-sein mag zwar aktuell defizitär sein, bzw. mag die diskursive Vergegenwärtigung des Zieles des Um-sich-bemüht-sein, wie es einem Ich notwendig gemäß Uniformität des Person-sein zukommt, pragmatisch verzerrt sein, doch liegt hierin nicht, daß das Um-sich-bemüht-sein a n s i c h defizitär gestaltet wird - vgl. *Theologie* -.

Ein Beispiel für letztere Möglichkeit ist also Theages: In der diskursiven Vergegenwärtigung gelangt er zwar zu pragmatisch verzerrten - und insofern gesellschaftlich gefährlichen –

Zielvorstellungen, doch ist dies Ausdruck einer defizitären Diskursivität, die nicht Ausdruck eines defizitären Um-sich-bemüht-sein ist, wie Platons Sokrates erkennt. Die Differenzierung, die hier zwischen Diskursivität und Um-sich-bemüht-sein ausgesagt ist, ist im Sinne des Nicht-alles-sein der Diskursivität - bei gleichzeitiger Notwendigkeit des diskursiven Vordringen zum Bereich der Notwendigkeit! - zu verstehen, wie dies in *Theologie* dargestellt ist. Hiervon zu reden bedeutet auch eine Konzentration auf Platons Entdeckung, unter anderem seine "Daimonion"-Konstruktion als eine Zusatzkonstruktion im Sinne der fehlenden vollständigen Emanzipation Platons von der zweiten Schicht des philosophischen Horizonts entgrenzend, über das bei Platon gemäß der Entwicklung seines Denkens gegebene Maß - vgl. *Vergleich* und *Untersuchungen* -.

Inwiefern sind diese Ausführungen zu Platons *Theages* von Bedeutung für Darwins Verständnis vom Menschen? Zur Beantwortung dieser Frage ist explizit daran zu erinnern, daß Darwins Theorie Elemente enthält, die als gefährlich, da wider die Anerkennung des Personsein, zu bezeichnen sind, genauerhin derart, daß besagte Anerkennung unterbleibt, da keine Öffnung gegenüber der ersten Schicht des philosophischen Horizonts erfolgt. Dieses "unterbleiben" ist es aber, das im Lichte der "*Theages*"-Problematik zu sehen ist, also im Horizont davon, daß zwischen einer defizitären diskursiven Vergegenwärtigung des Bereichs der Notwendigkeit und einem defizitären Um-sich-bemüht-sein zu unterscheiden ist. Dies ergibt nicht die Möglichkeit einer einfachen Pardonierung "Darwinscher Irrtümer", bzw. auszusagen, daß man von diesen eben absehen müsse, an dem "Kern" der Darwinschen Theorie festhalten könnend; dies ist schon deshalb ausgeschlossen, da die "Darwinschen Irrtümer" k o n s t i t u t i v für seine Theorie sind.

Worauf die "*Theages*"-Problematik tatsächlich aufmerksam macht, ist: Darwins Theorie kann problemlos als eine Theorie verstanden werden, mit der sich ein Ich arrangieren kann, da es in seinen diskursiven Fähigkeiten zumindest aktuell zu keiner Vergegenwärtigung der ersten Schicht des philosophischen Horizonts fähig, ohne daß ein defizitäres Um-sich-bemüht-sein gegeben sein muß. Die "gefährlichen" Konsequenzen seiner Theorie können Darwin also aus eben jenem Grund unterlaufen, der Theages sich zunächst der Tyrannei zuwenden läßt. Dies gilt es ganz explizit im Sinne der Ausführungen des Autors zu "Rechtsfähigkeit des Ich", "beste aller Welten", "nicht Alles sein der Diskursivität" in *Theologie* zu verstehen!

Zweierlei ist im Lichte hiervon mit der Analyse der Theorie Darwins zu verknüpfen: Einerseits die Person Darwins, die zu besagter Theorie gelangt; andererseits die Theorie Darwins als Wortmeldung im Diskurs mit Anderen, wie sie um sich bemüht sind und insofern um diskursive Vergegenwärtigung des Bereichs der Notwendigkeit. Lediglich letzteres ist hier von Interesse. Das ist: Da sich Darwins Theorie - die keine gesetzeswissenschaftliche Theorie ist - mit dem Bereich der Notwendigkeit auseinandersetzt, gilt für sie selbiges wie für jede Aussage zu diesem Bereich, daß sie also keine "Mediator"-Funktion besitzt - vgl. *Untersuchungen* und *Theologie* -, bzw. jenen Einschränkungen in der Kommunizierbarkeit unterliegt, wie jegliche Theorie zu diesem Thema - vgl. *Theologie* -. In Zusammenhang hiermit sei zudem in Erinnerung gerufen, daß Darwins Theorie, wie die biologische Evolutionstheorie insgesamt - vgl. *Theoriendynamik* -, als Theorie der Philosophia perennis zu verstehen ist.

Beachtet man all das soeben Angeführte, so ist zu den "gefährlichen" Inhalten der Darwinschen Theorie festzustellen, daß sie im Horizont von "im Gespräch sein mit einem Anderen" potentieller Auslöser dafür sein können - diese Formulierung ist im Sinne davon gewählt, daß "im Gespräch sein mit einem Anderen" analytisch aus "im Gespräch sein mit sich" folgt, gemäß der Privatheit des Ich! -, sich derart mit einem Pragmatismus zu arrangieren, daß hierüber das Um-sich-bemüht-sein eine defizitäre Gestaltung erfährt. In anderen Worten: Darwins Theorie trägt nichts Wesentliches dazu bei, den möglichen Pragmatismus im Bedenken einer Person zurückzudrängen, da sie selbst von einem solchen Pragmatismus mit-geprägt ist, bzw.

trägt sie nur insofern hierzu bei, als sie auf nicht-propositionale Weise um Vergegenwärtigung der transzendentalphilosophischen Schwelle - und somit von Gewissen - bemüht ist. Letzteres ist zugleich Basis dafür, der Position Darwins in dem damit bezeichneten, engen Sinn eine positive Bedeutung beilegen zu können, obgleich dies zur Voraussetzung hat, daß sie im Lichte ihres Überwunden-werden-müssens gesehen wird.

2.5.2 Darwins Theorie im Vergleich mit Epikurs Position (nebst einer Anmerkung zu Anaximandros): Das Neue an Darwins Position

Darwins Position wird traditionell als wissenschaftliche Revolution - "kopernikanische Wende" - gesehen, wiewohl es hierzu auch Gegenstimmen gibt[47]. Die Frage, inwiefern Darwins Position eine "kopernikanische Wende bezeichnet, soll auch in den folgenden Zeilen aufgegriffen werden, jedoch nicht mit Blick darauf, inwieweit Darwins Position Neues gegenüber einer zur Zeit Darwins geführten bzw. aufkommenden evolutionsbiologischen Argumentation bedeutet, sondern inwieweit die Darwinsche Bezugnahme auf Veränderlichkeit - im Lichte von Universalität des Person-sein betrachtet - innerhalb der Philosophia perennis Neues bedeutet.

Zur Analyse hiervon sei Darwins Position mit jener Epikurs verglichen. Einen Vergleich zwischen Darwins und Epikurs Position zu bringen, noch dazu in der Enge eines "Anhangs", scheint zunächst kaum Gehaltvolles ergeben zu können, noch dazu, da Darwin keinesfalls explizit zu Epikurs Position Stellung bezieht. Tatsächlich wird der Vergleich auch nicht aufgrund einer unmittelbaren theoriengeschichtlichen Nähe beider Positionen geboten, sondern unmittelbar aus der Beachtung von "Universalität des Person-sein" konzipiert. Darwin sei hier also mit einem Denker der Antike im Lichte davon verglichen, daß zwei beliebige Positionen zum Bereich der Notwendigkeit unmittelbar miteinander verglichen werden können, insofern sie Ausdruck jenes e i n e n Bemühen sind, zu dem "Ich" gemäß seinem Person-sein befähigt ist. Besagte Positionen sind also uneingeschränkt in den Raster "vor-philosophischer Horizont - zweite bzw. erste Schicht des philosophischen Horizonts" einordenbar und demgemäß miteinander zu vergleichen; in *Theoriendynamik* ist dies für die "Pendelbewegung" innerhalb der Philosophia perennis dargelegt. Dies bedeutet nicht, daß Darwins Position wahllos mit der eines anderen Denkers und Forschers g e h a l t v o l l verglichen werden kann; im Rahmen jeglichen Vergleiches also der Zielsetzung des Anhangs entsprochen werden kann, Spezifika des Darwinschen Denkens zu betonen. Der folgende Text wird zeigen, woran es liegt, daß der auszuführende Vergleich mit Epikurs Position gehaltvoll ist.

Gemäß Epikur gibt es drei Kriterien der Wahrheit: *aisthesis*, *prolepsis* und *pathe*, wovon *aisthesis* gleichsam die Basis jeglicher Orientierung bildet, im Sinne von Epikurs Aussage von der rein rezeptiven Funktion der Sinne, dergemäß diese von jeglicher Irrtumsanfälligkeit abgetrennt sind. Explizit weist Epikur allen Wahrnehmungen uneingeschränkt diese Abgetrenntheit zu (DL X,32). Epikurs Verflechtung der Wahrnehmungsebene mit der Diskursivität ergibt die *prolepsis* - "Vorbegriffe" -. Hierbei handelt es sich um Allgemeinvorstellungen, bzw. um »ein Gedächtnis des häufig von außen Erschienen« (DL X,33). Epikur nimmt dieser-

---

[47] Vgl. PJ Bowler 1997: *The Non-Darwinian Revolution. Reinterpreting a Historical myth* -. Bowler vertritt die Meinung, daß gerade die spezifisch Darwinsche Theorie von der natürlichen Selektion zu Darwins Lebzeiten keine hinreichende Anerkennung gefunden hat, so daß Darwins Lehre zu seiner Zeit "lediglich" eine Katalysator-Funktion für einen entsprechenden Wandel in der Biologie zugekommen ist.

art darauf bezug, daß, um etwas Begreifen zu können, etwas gegeben sein muß, das nicht wieder die mit jenem bezeichnete Prozeßualität ist, für dieses also ein Apriori ist. Genauerhin erfährt man hierzu: »denn zugleich mit dem Gesagtwerden [zum Beispiel] des Wortes "Mensch" wird auch gemäß der Prolepsis die Form des Menschen gedacht nach der Vorgängigkeit der Wahrnehmungen« (DL X,33).

Im Lichte dieser Apriorizität ist weiters Epikurs Einteilung der möglichen Gegenstände des Bedenkens zu beachten, dergemäß der Bereich der Wahrnehmungsgegenstände von jenem der *adela* unterschieden wird, womit jene Gegenstände bzw. Prinzipien und Elemente gemeint sind, die zwar nicht unmittelbar empirisch wahrgenommen werden können, aber logisch aus dem Wahrgenommenen abzuleiten sind (vgl. DL X,38; KD 24). Hiermit ist sogleich ausgesagt, daß der Empirie die Funktion der letzten Begründungsinstanz zufällt.

Zu *prolepsis* und *adela* ist zu betonen, daß sie insofern als den Daß-Aussage-Bereich darstellend zu verstehen sind, als sie nicht den Umgang mit der empirischen Aktualität bezeichnen. Zu dieser stehen sie aber derart in Differenz, daß sie die Empirie nicht gemäß "zweiter Zugang des Ich zum Bereich der Notwendigkeit" bedenken lassen, und somit auch nicht gemäß der Daß-Losigkeit - bei gleichzeitigem Anfang-haben - der Empirie bzw. Werdewelt-Analyse, wie sich bereits aus dem Umstand des der Empirie zuerkannten Status des Letztbegründenden evident wird, wie auch daraus, daß die Vorbegriffe im Licht einer Konkretisierung gemäß "häufig von außen Erschienenem" gedacht werden, also nicht als zu "von außen Erschienenes" Transzendentales. Daher auch tritt die Epikureische Transzendierung der Faktizität auf höchst defizitäre Weise auf, da das Anfang-haben der Empirie nicht als solches bedacht wird, sondern als mit Daß-Aussagen verflochten verstanden wird, so daß also jenes, das Daß-Aussagen gleich konzipiert ist, insofern nicht als solches in der Gesamtkonstruktion auftritt, als die Unfehlbarkeit - letztlich als Ausdruck davon, das Hinterfragen-müssen nicht ad infinitum betreiben zu können! - als in der Empirie verankert gedacht wird, anstatt in dem hierzu Transzendentalen - obgleich Freizulegenden! -. Epikur unterläuft hier also, Unfehlbarkeit in Zusammenhang mit Paradigmatizität zu bedenken, ohne diese als solche, also als Interface zwischen den *Ion*schen Teilpyramiden zu verstehen. Epikur reflektiert hier also auf die Möglichkeit davon, Notwendigkeit mit der Empirie verflochten aussagen zu können, ohne dies dahingehend zu bedenken, daß diese Thematisierung von Notwendigkeit nicht davon abhalten darf, die Notwendigkeit gemäß der anfänglichen Daß-Aussage diskursiv freizulegen[48]. Hierin liegt aber, daß Epikur in einer Weise auf die Daß-Aussagen reflektiert, die abseits der Vergegenwärtigung von "Ich bin" als der anfänglichen Daß-Aussage auftritt.

Dies in Evidenz haltend seien nun die Sätze Epikurs betrachtet, die jene Vervollständigung der *aisthesis* bedeuten, von der gemäß Epikur zu sprechen ist und denen insofern gewissermaßen die Bedeutung "anfänglicher Daß-Aussagen" - sensu Epikur! - zugeordnet werden kann. Diese Sätze sind: "Nichts entsteht aus nichts"; "nichts vergeht in nichts"; "das Ganze war und wird immer so sein, wie es gegenwärtig ist"; "das All besteht aus Körpern [*somata*] und dem Leeren [*to kenon*]". Diese Sätze bezeichnen zwei Ebenen der Ganzheitlichkeit, einerseits aus der Uneingeschränktheit der Aussagen zu »nichts«, wie es mit »entstehen« bzw. »vergehen« verknüpft ist, und andererseits bezüglich »Ganzes«, wie es verschieden von "Entstehung" bzw. "Vergehen" gedacht wird. Zudem gilt nach Epikur, daß außer Körper und Leere lediglich *sembekota* (wesentliche Eigenschaften von Dingen) und *symptomata* (unwesentliche Eigenschaften) existieren.

---

[48] Hier sei darauf hingewiesen, daß eben dieser Vorwurf auch Darwin zu machen ist, in Zusammenhang mit seiner Beachtung von Veränderlichkeit qua Historizität; auch Veränderlichkeit, als Werdewelt-Konstitutivum ist mit Notwendigkeit verflochten!

Angesichts hiervon lohnt es, an Cusanus' Kritik an der Position Aristoteles' zu erinnern, wie auch an Cusanus' Aussagen zur Übereinstimmung von Sein und Erkennen in *Das Globusspiel*, wie sie in *Theologie* diskutiert sind. Das ist: Epikurs "Vorbegriffe", "*sembekota*", "*symptomata*" entsprechen insofern Aristoteles' "subalterner Bereich", "Akzidenzien" und so fort - vgl. Analyse hiervon in *Vergleich* -, als sie aufgeboten werden, um einen Anfang im Lichte der Beachtung der transzendentalphilosophischen Schwelle - herbeiargumentierend – anzugeben, der ohne der Dialektik sein Auslangen finden zu können meint. Daher kann Cusanus' Aussage bezüglich Aristoteles "er trägt nichts Wichtiges vor" (*Trialogus*) auch auf Epikur angewendet werden. Cusanus' "Selbstorganisation"-Analogon zur Darstellung der Apriorizität des Bedenkens - im Horizont der Gleichheit von Sein und Erkennen - in *Das Globusspiel* bietet zwar keine Emanzipation von der zweiten Schicht des philosophischen Horizonts, aber immerhin - versus Epikurs Position - eine Vergegenwärtigung der ersten Schicht auf, wie dies gemäß Cusanus' defizitärer, grundsätzlich aber gegebener Bedachtnahme auf das Ich als Gegründetem auftritt. Die dieserart gegebene defizitäre, an sich aber notwendige Bezugnahme auf das Ich, bietet auch Platon - vgl. *Lehre* -. Im Unterschied hierzu nimmt Epikur in seiner Ableitung g a r n i c h t bei "Ich in seiner dialektischen Differenz zu dem Gründenden - d a s Eines -" den Anfang.

Angesichts hiervon sei nun erstmals der Vergleich mit Darwins Position vorgenommen. Hierbei ist sogleich entscheidend, daß Darwin insofern eine mit Epikur übereinstimmende Bezugnahme auf die Empirie aussagt, als in der Empirie die Letztbegründung gemäß einer Konkretisierung von Begriffen im Rahmen von "Tradierung" gesehen wird, abseits davon, die Grundlage hierfür derart zu verstehen, daß sie als etwas aufgeboten wird, das, indem es ausgesagt wird, der Hinterfragung enthebt und a n a l y t i s c h zu solchem führt, das das Nicht-an-sich-Selbstand-Besitzende als solches vergegenwärtigen läßt. Platon und Nikolaus von Kues führen derartiges aus - Eines-Formel, Nichtanderes-Formel -, obgleich nicht im Sinne einer vollständigen Emanzipation von der zweiten Schicht des philosophischen Horizonts, so daß bei ihnen auch semantisch-logische Konstruktionen und hierzu Analoges auftritt - vgl. *Theologie* und *Lehre* -. Im Unterschied hierzu fehlt den Positionen Epikurs und Darwins aber die Thematisierung von etwas, das aus der Transzendierung der Werdewelt als jenes bedacht wird, das zugleich mit seiner Nennung der weiteren Hinterfragung enthebt und zudem besagte analytische Entfaltung ermöglicht. Beide Denker vermeiden die hierfür notwendige vollständige Entgrenzung der Werdewelt bzw. der Empirie, da sie die propositionale Darstellung des zur Werdewelt Transzendentalen - das an sich nicht negiert wird! - nicht dahingehend gehaltvoll bedenken können, daß sie die Werdewelt konsequent entsprechend ihrem Anfang-, nicht aber Daß-haben vergegenwärtigen können.

Das ist: Darwin und Epikur berichten ü b e r e i n s t i m m e n d dahingehend von der Letztbegründung durch die Empirie, daß sie im Lichte hiervon Sätze aufbieten, die Beobachtungen an empirischen Etwas verallgemeinern, womit Eines bedacht sein sollen, die die Grundlage für abstrakte, logische Überlegungen bedeuten und denen daher zukommt - gemäß Universalität des Person-sein interpretiert -, die Auseinandersetzung mit der aktuell partizipierten Werdewelt im Sinne von "zweiter Zugang des Ich zum Bereich der Notwendigkeit" verstehen zu können. Bei Darwin ist es vor allem seine Bezugnahme auf Malthus' Konstruktion, die im Sinne hiervon zu verstehen ist, bei Epikur seine Sätze zu "Nichts". Beide Denker verbinden mit besagten Sätzen also das Vergegenwärtigt-haben von Daß-Aussagen, insoweit dies einem Ich möglich sein soll. Sie übersehen hierbei, daß sie das thematisierte Problem der propositionalen Darstellung der Daß-Aussagen gemäß den beiden Zugängen des Ich zum Bereich der Notwendigkeit pragmatisch verzerrt lösen, da abseits der Vergegenwärtigung der ersten Schicht des philosophischen Horizonts.

Weiters stimmen beide Denker dahingehend überein, daß sie in einer Weise auf Zeitlichkeit reflektieren, die diese nicht als ein Werdewelt-Konstitutivum aufgreift, sondern derart, daß die propositionale Vergegenwärtigung der tatsächlichen anfänglichen Daß-Aussage - aus deren analytischer Entfaltung auf "Zeitlichkeit" getroffen wird - ausgeblendet wird. Epikurs Daß-Aussagen sein sollende Sätze beziehen sich ja auf die Regelhaftigkeit des Ineinanderübergehen, im Horizont wovon auch seine Aussage zur Konsolidierung von Begriffen in Zusammenhang mit den Vorbegriffen gehört. Das Gegenstück hierzu in Darwins Position ist das Gesamt seiner "Historizität"-Argumentation, wobei Darwins "aus der Vergangenheit für die Zukunft lernen" Epikurs "*prolepsis*"-Konstruktion entspricht.

Im Sinne hiervon ist auch festzustellen: Darwins Position beinhaltet Werdewelt-Regeln bedeutende Sätze, die - gemäß Uniformität des Person-sein interpretiert - Daß-Aussagen gleich verwendet werden, wie sie aus der Entfaltung einer anfänglichen Daß-Aussage zu entstammen scheinen, wiewohl sie gemäß einer Verzerrung der horizontalen Argumentation der noetischen Dialektik konzipiert sind. Daher gilt, daß sie durch zur Werdewelt-Analyse transzendentale Aussagen letztbegründet werden, die - woran soeben erinnert worden ist - eben n i c h t die anfängliche Daß-Aussage bedeuten, worin liegt, daß die Letztbegründung nicht in der Transzendierung der Werdewelt bzw. Empirie erreicht wird. Genau dasselbe Muster an Verzerrungen weist auch Epikurs Position auf.

Im Lichte hiervon sei nun auf Epikurs "Atom"-Lehre geblickt. Die Existenz von Atomen leitet Epikur daraus ab, daß die wahrnehmbaren Körper aus Teilen bestehen - sie sind teilbar und veränderlich -, wobei diese Teilbarkeit bzw. Veränderlichkeit - so Epikur - nicht uneingeschränkt gedacht werden kann: »wenn anders nicht alles ins Nichtseiende verfallen, sondern kräftigen Bestand haben soll in den Auflösungen der Zusammensetzungen« (DL X,41). Dieserart also thematisiert Epikur, daß "alles fließt" nicht uneingeschränkt gelten kann, wobei Epikurs "Atome" jenes sind, das in Differenz zu "fließen" Bedingung der Möglichkeit für "fließen" ist. Das Gesamt "Eines (Atome) - alles fließt", von dem somit zu sprechen ist, da der Bereich der Veränderlichkeit als eine Ganzheitlichkeit ("a l l e s fließt") verstanden wird – gemäß jener in den Sätzen »nichts entsteht aus nichts« und »nichts vergeht in nichts« - und die Atome in modaler Unterschiedlichkeit hierzu bedacht sind, besagtes Gesamt also, ist somit im Sinne der zuvor dargelegten Epikureischen Verzerrung im Bedenken der beiden Zugänge des Ich zum Bereich der Notwendigkeit konzipiert; "Atome" ist zu der Ganzheitlichkeit "fließen" ebenso defizitär in transzendentaler Differenz bedacht, wie zuvor schon »daß das Ganze immer so war und sein wird, wie es jetzt ist« gegenüber "fließen". Hierin kommt insbesondere eine Nicht-Thematisierung von Entontologisieren-müssen zum tragen, insofern "fließen" nicht im Lichte von "Begrenztes" - epistemologisch wie ontologisch verstanden - als Ausdruck von "nicht an sich Selbstand besitzen" verstanden und d e m e n t s p r e c h e n d mit dem zur Faktizität Transzendentalen in Verbindung gesetzt wird.

Konsequenz hiervon ist, daß Epikurs "Atom"-Konstruktion zu einer Nivellierung der transzendentalphilosophischen Schwelle mißrät, aufbauend auf Kratylosschen Differenzierungen und so weiter. Das ist: Epikur muß "Atome" einerseits als physisch unteilbar verstehen, ihnen zugleich aber theoretische Teilbarkeit zugestehen, da sie als Körper notwendig Masse, Größe und Gestalt besitzen, wie er auch »benambare« und »namenlose« Atome unterscheidet. Zunächst ist zu dem "Teile-haben bei gleichzeitigem Nicht-Teile-haben" festzustellen, daß es sich gemäß Universalität des Person-sein natürlich als Thematisierung von "d a s Eines, das, insofern es ist, nicht nur es an sich ist" verstehen läßt. Eine positive Thematisierung hiervon kann bei Epikur aber nicht vorliegen, da hierfür die Intention Voraussetzung ist, propositional zu dem Subjekt der dialektischen Entfaltung vorzudringen, das alleine diese Verflechtung eines Gegensatzes erlaubt, abseits von Herbeiargumentation. Liegt kein Bemühen um Vergegenwärtigung dieses Subjektes vor - und dies ist bei Epikur der Fall -, wird besagte Verflechtung gemäß einer "atomistischen Beendigung" einer ansonst ins Unendliche reichenden Iteration - hier von "Teilbarkeit" - vorgenommen. "Atomistische Beendigung" - im Sinne Platonischer Terminologie! (vgl. *Vergleich*, *Grundlegung*) - tritt also als Substitut für das Verfehlen der Eines der unthematische-Begriffpyramide auf, wie dies also bei Epikurs "Atomen" der Fall ist.

Angesichts hiervon ist von Interesse, daß Epikur in Zusammenhang mit "Atome" von einer »natürlichen« Bewegung, dem linearen senkrechten Fall »nach unten«, spricht, wiewohl erkennend, daß alleine hiermit nicht das Auslangen zu finden ist, weshalb er den Atomen auch eine spontane Bewegung zuerkennt, die es zugleich ist, die für die Entstehung – Zusammenprall bzw. Verflechtung von Atomen - im wahrnehmbaren Bereich Grundlage ist. Epikur versucht auf diesem Wege einer »unerbittlichen Notwendigkeit der Physiker« zu entkommen, die Welt also nicht als "Uhrwerk" verstehen zu müssen, ohne hierüber von einer reinen Chaotizität ausschließlicher Spontanbewegungen sprechen zu brauchen. Dies leitet den Blick sogleich wieder zu Darwins Ausführungen, denn was für Epikurs Position soeben angeführt worden ist, das entspricht Darwins "Mechanik, die keine sein soll" bzw. Quasi-Mechanik.

Den Vergleich Epikurs mit Darwins fortführend ist darauf hinzuweisen, daß Epikur die "Atome" als der Wahrnehmung entzogen versteht - Verzicht-üben-müssen! -, wie er auch festhält, daß es eine endliche Anzahl von Atomvarianten gibt, die dem Menschen aber als eine "unendlich große" erscheint. Dies hat seine Entsprechungen bei Darwin: Der Verweis auf die Nicht-Wahrnehmbarkeit entspricht Darwins Verweis auf die Nichtwahrnehmbarkeit der Modifikationen zwischen Eltern- und Filialgeneration im Rahmen der evolutiven Abänderung von Bauplänen, also den "a t o m i s t i s c h e n Bausteinen" hiervon, wobei sich hierin ein Verständnis von Verzicht-üben-müssen ausdrückt, das es dabei beläßt, von einer Komplexität der Vorgänge zu sprechen - »unendlich große Anzahl« -, ohne hiermit propositional die differentielle Unendlichkeit der Werdewelt zu meinen, wie sie gemäß der Eines-Formel auszusagen ist.

Im Lichte hiervon sei nun auf Epikurs Vorstellungen bezüglich dem ateleologischen Charakter der Natur geblickt. Gemäß Epikur entbehrt die Natur der Zwecke, sind ihre Gebilde das Ergebnis von Zufall und Mechanik unter Zurückweisung von »göttliche Weltschöpfung« und »göttliche Verwaltung der Welt«. Epikur berichtet also hiervon, wiewohl er die Existenz von Göttern keineswegs ablehnt; er lehnt nicht die Existenz von Göttern ab, sondern die Vorstellung, daß es mit der Autarkie der Götter vereinbar sein könne, daß sie sich um die Belange der Welt - bzw. des Menschen - kümmern. Hierin kommt fraglos Epikurs Versuch zum Ausdruck, der transzendentalphilosophischen Schwelle Ausdruck zu verleihen[49]. I m S i n n e h i e r v o n berichtet er also, daß es wider die Autarkie der Götter ist, sich mit "weltlichen Belangen" auseinanderzusetzen und insofern also lehnt Epikur "göttliche Weltschöpfung" ab. Das hiermit genauerhin Thematisierte wird evident, wenn es - im Sinne der Beachtung von Universalität des Person-sein - an Aussagen Platons in *Timaios* angelegt wird, insbesondere an Platons Ausführungen darüber, daß das Gründende die Welt, wie der Mensch sie partizipiert nicht unmittelbar selbst geschaffen hat, sondern dies, nach Vorarbeiten, den "geschaffenen Göttern" überläßt, wie auch daran, daß es für das zur Werdewelt Transzendentale "Vorgefundenes" gibt, und insofern der Zeitlichkeit Enthobenes - vgl. *Lehre* für eine Analyse des Genannten -. Nun zeigt sich nämlich, daß Epikurs Ablehnung von "Weltschöpfung" und

---

49 Epikur ist auch der Vorwurf gemacht worden - unter anderem von dem Stoiker Poseidonios -, lediglich aus taktischen Gründen einen Deismus zu vertreten, um also bei den Athenern keinen Anstoß zu erregen. Für diese Annahme gibt es angesichts der Ausführungen im Fließtext aber keinen hinreichenden Grund; dies schließt nicht aus, daß Epikur an bestimmten Formulierungen länger "gefeilt" hat, als rein fachlich nötig gewesen wäre.

"Weltverwaltung" bei gleichzeitiger Anerkennung der Götter kein Widerspruch ist, sondern darauf abzielt, daß die Götter auch angesichts besagter Ablehnungen als Gründendes bedacht werden können, im Lichte davon, daß zwischen den Göttern und der Werdewelt keine lineare Beziehung besteht. Eigentümlich mutet Epikurs Konstruktion lediglich insofern an, als sie von den Göttern spricht, ohne deren Verflechtung mit der Werdewelt propositional zu bedenken, so daß ihre modale Andersheit zur Werdewelt geradezu als faktische Getrenntheit erscheint. Für Epikur gerät dies nicht zum Problem, da er das Bedenken des Ich in der Empirie letztbegründet, wobei dasjenige, das die Transzendierung der Empirie - in ihrer Aktualität! – bedeutet, nicht propositional im Sinne der Vergegenwärtigung von Daß-Aussagen bedacht wird, sondern mit Blick auf "Tradierung" - vgl. oben -. Insofern kann Epikurs Position als der Versuch verstanden werden, Platons "geschaffene Götter" - wie sie tatsächlich eine Erweiterung der transzendentalphilosophischen Schwelle darstellen - zu entgrenzen, ohne hierbei zu jenem vorzudringen das dies thematisch-methodisch unreduziert erlaubt, also zur uneingeschränkten Beachtung der noetischen Dialektik, sondern zu einer Betonung der Empirie, die gleichsam Platons "Vorgefundenes" naturalistisch verzerrt. Das ist: Platons "der Gott überläßt es den geschaffenen Göttern" entspricht Epikurs "nicht die Belange der Götter", insofern hierin übereinstimmend der Bezug des Gründenden auf das Begrenzte – Gegründete - zum Ausdruck kommt, wiewohl derart, daß alleine Platons "nicht die Belange von"-Konstruktion im Lichte der Eines-Formel propositional Beachtung der dialektischen Differenz ist.

Vergleicht man dies mit der Position Darwins, so zeigen sich erneut wesentliche Übereinstimmungen, wobei diesbezüglich insbesondere daran zu denken ist, daß Platons "geschaffene Götter"-Konstruktion ein Element seiner "Quasi-Person"-Konstruktion ist, wie sie von Darwin im Horizont seiner Vergegenwärtigung des Transzendieren-müssens zurückgewiesen wird und durch ein naturalistisches Konstrukt von "Quasi-Person" ersetzt wird. Hier läßt sich auch davon sprechen - Darwin folgend -, daß im Horizont der Quasi-Personen "Tiere" im Rahmen der Stammesgeschichte gleichsam ein "Schatzkästchen" geschaffen ist, nämlich jenes – Ordnung repräsentierendes - Gesamt aus Körper und Instinkten, das die Entstehung von Mensch ermöglicht, insofern es "Person" unentfaltet manifestiert, wiewohl die "Entfaltung" hiervon gemäß Darwins opportunistischem Verständnis der Stammesgeschichte als Auftretendes zu sehen ist. Ein eben solches "Schatzkästchen" - obgleich abseits von Historizität! - läßt Platon das Gründende den "geschaffenen Göttern" erbringen, wenn die "Schöpfung" der Menschen ansteht.

Betont sei: Darwins "Quasi-Person"-Konstruktion "Tier" kann als naturalistische Entgrenzung der Platonischen "Quasi-Person"-Konstruktion "geschaffene Götter" verstanden werden, im Lichte von "Vorstoß innerhalb der Theologie" und insofern in Analogie zu Cusanus' Kritik an Platons "Ideen"- und "geschaffene Götter"-Lehre. Die dieserart - gemäß "Vorstoß" – intentionierte prägnante Vergegenwärtigung der transzendentalphilosophische Schwelle - relativ zu Platon - ist somit auch für Epikurs Position - bzw. sein "abseits werdeweltlicher Belange" – auszusagen. Insgesamt gilt somit, daß lediglich Cusanus, nicht also Darwin und Epikur, besagter Intention im Sinne von Platons Beachtung der noetischen Dialektik entsprechen zu müssen.

Im Lichte hiervon ist genauerhin zu beachten, daß Epikurs Konglomerat aus Zufall und Mechanik - "Konglomerat" im Sinne von: der Analytik entbehrende Konstruktion! - jenen ateleologischen Charakter der Natur ergibt, der sie als "nicht-weiteren Gott" - negativ! – ausweist, so wie dies auch bei Darwin im Sinne seiner Aussagen von der opportunistisch konzipierten Historizität der Fall ist, bzw. gemäß: »natürliche Zuchtwahl ist keine Kraft und kein Gott«.

Dies in Evidenz haltend, kann nun auf Epikurs Lehre vom Menschen bzw. der Seele des Menschen geblickt werden. Epikur denkt die Seele als etwas Körperliches, das über den gesamten Körper verteilt ist, und, einem äußerst feinen Gespinst gleich, aus verschiedenartigen Atomen besteht, unter anderem auch aus den oben bereits erwähnten "namenlosen", besonders feinen Atomen. Die hieraus erwachsende Unterteilung der Seele in *animus* und *anima* des Epikureers Lukrez kann grundsätzlich auch für Epikurs Position veranschlagt werden. An dieser Untergliederung ist zu beachten, daß dem *animus* gegenüber *anima* und Körper eine Autarkie zugesprochen wird, die auch davon sprechen läßt, daß *animus*, *anima* und Körper eine Schichtung bilden, wie sie an die neuplatonische Schichtenontologie erinnert; Seele und Körper werden hierbei nicht im Sinne der dialektischen Differenz von Begrenztes und das Begrenzte Transzendierende bedacht. Zugleich ist im Rahmen hiervon zu beachten, daß bereits die Differenzierung in "Körper-Atome" und "Seelen-Atome" eine Kratylossche Differenzierung bedeutet, die somit, nun also innerhalb von "Seele", ein weiteres Mal auftritt. Wenn Epikur daher die seelischen Funktionen auf die Bewegung bestimmter Atome rückführt, so im Sinne seines zuvor angeführten Naturalismus, wie auch gilt, daß Epikurs Verknüpfung von Wahrnehmung, Gefühl und Verstand mit besagten "namenlosen" Atomen "namenlos" als nicht-propositionale Konstruktion erweist.

Angesichts hiervon sei betont, daß Epikur die Seele als mit dem Körper eines Individuums entstehend und vergehend versteht. Dies ist von Interesse, insofern es notwendig ein defizitäres Verständnis von Person-sein bedeutet, da es ungeachtet von "Ich", wie es das Eines in dialektischer Differenz zu diesem bedeutet, konzipiert ist, das Ich also nicht in seiner Transzendentalität zu "Entstehen und Vergehen" bedenkt, bzw. dies nicht im Lichte propositionaler diskursiver Vergegenwärtigung begreift. Die Entgrenzung von "Entstehung und Vergehen" ist also nicht im Horizont vergegenwärtigter dialektischer Differenz bei Epikur ausgesagt, sondern im Horizont der Aussagen zu: »Nichts entsteht aus Nichts« und »Nichts vergeht in Nichts«, insofern hierin liegt, daß "Seele einer bestimmten Person" nichts an sich Neues sein kann und in demjenigen, aus dem es hervorgeht, zumindest die Potenz hierfür angelegt sein muß. Diese Einbindung des Ich bzw. seiner Seele in das werdeweltliche Davor und Danach, wie es also auftritt, da das Ich nicht im Horizont der dialektischen Differenz bedacht wird, ist aber auch - aus selbigem Grund wie bei Epikur - bei Darwin gegeben, wobei die somit gegebene Übereinstimmung eine solche gemäß "latenter Monismus" ist.

Hierher gehört auch, daß Epikur eine Heilung der Seele von der wahrheitsverpflichteten Vernunft erwartet, wobei er der Diskursivität - Vernunft - eine aufklärende Funktion zuschreibt, in ihrem Horizont aber nicht auch das Ziel des Am-Werke-seins veranschlagt, wie er grundsätzlich dem Intellekt eine dienende Funktion zuschreibt, wobei es das prärationale Empfinden ist, dem gedient wird. Bei Darwin ist Entsprechendes gegeben: Wie ausgeführt, ist Darwin der Intellekt nicht »das Edelste«, worin liegt, daß dieser nicht aus sich die Ziele des Am-Werke-sein vorgibt - diese versucht Darwin ja gemäß seiner Konstruktion von Gewissen zu bedenken -, wobei Darwin aber zugleich aus der Entwicklung der Diskursivität jene Befreiung sieht, die Epikurs "Heilung der Seele" entspricht, bzw. seinen Ausführungen zur Überwindung von Aberglaube und so fort. Auch hierin spiegelt sich "latenter Monismus" wider, insofern jenes, dem der Intellekt dient, zwar angenommen wird, jedoch nicht-propositional bzw. derart, daß hieraus analytisch abgeleitet werden könnte, Intellekt im Sinne der ersten Schicht gemäß "nicht Alles-sein der Diskursivität" verstehend, um willen der Ableitung der beiden Zugänge des Ich zum Bereich der Notwendigkeit.

Bevor nun auf die Ethik Epikurs geblickt sei, soll das bisher Dargelegte zur Darstellung davon genutzt werden, die Übereinstimmungen zwischen Darwin und Epikur grundsätzlich zu betrachten, im Hinblick darauf, das Neue an Darwins Position spezifizieren zu können. Die zentralen Elemente der Übereinstimmung zwischen Darwin und Epikur sind die Betonung der

Empirie im Rahmen der Begründungstheorie, die "Quasi-Mechanik"-Konstruktion, erwachsend aus einem pragmatisch verzerrten Verständnis der beiden Zugänge des Ich zum Bereich der Notwendigkeit, das Entontologisieren-müssen ausblendend, die Einflechtung des Ich in das werdeweltliche Davor und Danach, erwachsend aus der Nicht-Vergegenwärtigung der dialektischen Differenz, ein defizitäres Verständnis von Person-sein ergebend. Der allgemeine Boden, worauf dies erwächst, ist das Nicht-Vergegenwärtigen der ersten Schicht des philosophischen Horizonts bzw. der noetischen Dialektik, bei uneingeschränkt unterbleibendem Bemüht-sein um Thematisierung des Subjektes der dialektischen Entfaltung bzw. der anfänglichen Daß-Aussage, bei gleichzeitiger Akzeptanz des Aussagen-müssen der transzendentalphilosophischen Schwelle. Gerade diese Kombination aus Thematisierung der transzendentalphilosophischen Schwelle und der gänzlichen Unterlassung der propositionalen Vergegenwärtigung des zur Werdewelt Transzendentalen ist es, die die übereinstimmende Einflechtung des Ich in das werdeweltliche Davor und Danach zu einer speziellen Übereinstimmung werden läßt, da hieraus eine Betonung der Empirie erwächst, im Rahmen derer Daß-Aussagen übereinstimmend im Lichte einer "Tradierung"-Konstruktion gesucht werden, die das Transzendieren-müssen - der Aktualität - bedeuten soll.

Gemäß der Universalität des Person-sein können also sowohl Epikurs wie auch Darwins Position als solche des Spektrums "erste Schicht des philosophischen Horizonts - vor-philosophischer Horizont" verstanden werden und insofern die in ihnen enthaltenen Pragmatismen als etwas, mit dem sich ein Ich im Sinne seines "nicht notwendig gemäß der ersten Schicht argumentieren" arrangieren kann. Für das Verhältnis der Position Darwins zu jener Epikurs bedeutet dies: Wiewohl sich beide Denker auf die dargestellte Weise mit einem betont empiristischen Fundament abseits der ersten Schicht des philosophischen Horizonts arrangieren können, sind für Darwin keineswegs alle Epikureischen Hilfskonstruktionen überzeugend, so daß er um Alternativen hierzu bemüht ist, wie sie ihm sein Sich-arrangieren mit pragmatischen Konstruktionen ermöglichen. Das ist: Darwin thematisiert, daß besagtes Fundament zu Problemen für das Sich-hiermit-arrangieren führen kann - womit sich Darwin nicht explizit auf Epikur beziehen muß, sondern auf besagtes Fundament als einer Möglichkeit des Bedenkens gemäß Universalität des Ich-sein -, wenn der Verweis auf das werdeweltliche Davor und Danach Epikureisch gestaltet wird, also im Horizont hiervon nicht auch "Quasi-Personen" ausgesagt werden, da alleine durch das Ausagen hiervon jene "Analytik" in der Begründung erreicht wird - relativ zu dem akzeptierten Fundament! -, die Darwin mittels seiner Werdewelt-Regeln anführt. Darwin müssen Epikureische "Vorbegriffe" und so fort als Herbeiargumentiertes erscheinen, wobei die Möglichkeit der Vermeidung hiervon von Darwin also darin gesehen wird, die Beachtung des werdeweltlichen Davor und Danach zum "Historizität"-Argument auszudehnen, wodurch die Tiere (und Pflanzen) zu besagten "Quasi-Personen" werden, Herbeiargumentation durch Analytik - soweit sie sensu Darwin einem Ich möglich sein soll - ersetzend.

Im Lichte hiervon meint Darwin also Kratylossche Differenzierungen Epikurs wie bezüglich "Atom", sowie Herbeiargumentation wie bezüglich "spontane Bewegung" und "Vorbegriffe" vermeiden zu können, übersehend, daß ihm dies lediglich unter Anerkennung der zweiten Schicht des philosophischen Horizonts möglich ist. Das eigentlich Neue - so sei zunächst formuliert - an Darwins Position muß also in Zusammenhang damit auftreten, die Tiere als "Quasi-Personen" zu verstehen, wobei explizit zu betonen ist: Die "Quasi-Person"-Konstruktion als solche ist in keiner Hinsicht als "Neues" der Position Darwins zu bezeichnen.

Genauerhin ist zu beachten, daß auch Darwins Versuch, die Tiere als "Quasi-Personen" zu verstehen, nicht uneingeschränkt als Neues der Position Darwins verstanden werden kann, wie folgende Testimonia zu Anaximandros zeigen[50]:

> Aetius V 19, 4 = 12 A 30:
> "[Anaximandros lehrte], im Feuchten wären die ersten Lebewesen entstanden, die von stacheligen Rinden umgeben waren; im weiteren Verlauf seien sie dann auf das Trockene ausgewandert und hätten, indem die Rinde von ihnen abfiel, auf kurze Zeit ihre Lebensform geändert".
>
> Pseudoplutarch, Stromateis 2 [aus Theophrast] = 12 A 10
> "[Anaximandros behauptet], daß der Mensch ursprünglich aus andersartigen Lebewesen entstanden sei, auf Grund der Erwägung, daß die anderen Lebewesen alsbald durch sich selber ihren Unterhalt fänden, daß dagegen allein der Mensch einer lange währenden Bemutterung bedürfe. Daher würde er auch, wenn er von Anfang so gewesen wäre [wie er jetzt ist], niemals am Leben geblieben sein".
>
> Censorin 4, 7 u. Plutarch, probl. beim Gastmahl VIII, 8, 4 S.730 E = 12 A 30:
> "[Anaximandros lehrte], daß aus Wasser und Erde infolge ihrer Erwärmung Fische oder Fischen ganz ähnliche Lebewesen entstanden seien; in diesen hätten sich Menschen entwickelt, und die Jungen seien bis zu ihrer Geschlechtsreife im Inneren [der Fische] zurückgehalten worden; dann erst hätten sie jene Hülle zerrissen, und es seien Männer und Frauen ans Lichte getreten, die sich nun selber erhalten konnten".
>
> Aus Plutarch ebenda:
> "Ursprünglich seien die Menschen im Leibe von Fischen zur Entwicklung gekommen und ernährt worden, gerade wie die Haifische und erst, nachdem sie die Fähigkeit erlangt hätten, sich selber zu helfen, seien sie [aus den Fischen] herausgeschlüpft und ans Land gegangen".

Diese Testimonia berichten freilich von keiner Evolution, wenn hierunter verstanden wird, daß der Wandel organismischer Organisation, wie er werdeweltlich zu beobachten ist, auf einer Auslese basiert, derart, daß neue Formen aus den Möglichkeiten der in der Generationsfolge vorangehenden Formen in Auseinandersetzung mit der Umwelt erwachsen. Das ist: Die Organisation der Haie, wie sie die Menschen gebären, hat bei Anaximandros keinerlei Bedeutung für das Auftreten von Mensch-sein, wie auch das Austragen der Menschen präformistisch verstanden ist. Zugleich ist aber zu beachten, daß der Grund dafür, warum die Menschen ursprünglich von Haien geboren wurden, von Anaximandros sehr wohl auf die Organisation des Menschen rückgeführt ist, da sie als etwas bedacht wird, das sich nicht selbst Anfang sein kann, wie es auch zu beachten gilt, daß Anaximandros den Wandel innerhalb der Tiere mit Umweltbedingungen in Zusammenhang sieht. Anaximandros kombiniert also das Konstrukt "Quasi-Person Tiere" mit der Verwendung empirischer Beobachtungen, ohne aber in dem Sinne zu einer "Historizität"-Konstruktion vorzudringen, daß der ausgesagte evolutive Wandel opportunistischen Charakters ist.

Angesichts der Ausführungen zu Epikur und Anaximandros läßt sich nun festhalten: Das Neue der Darwinschen Position ergibt sich primär aus der Kombination hergebrachter Konstruktionen gemäß der zweiten Schicht des philosophischen Horizonts, insbesondere unter der Zurückdrängung der positiven Vergegenwärtigung des Bereichs der Notwendigkeit bei gleichzeitiger Betonung der Empirie.

---

[50] Alle Testimonia zitiert nach: W Capelle 1968: *Die Vorsokratiker - Die Fragmente und Quellenberichte* - übersetzt und eingeleitet von W. Capelle - Stuttgart.

Im Zentrum der Darwinschen Verwendung besagter Konstrukte stehen die "Inhomogenität"- und die "Quasi-Person"-Konstruktion. Beide Konstruktionen bringt Darwin also keineswegs neu in die Philosophia perennis[51] ein. Das Neue an Darwins Position ergibt sich erst aus der speziellen Weise, mit der diese Konstrukte von Darwin im Lichte der zugrundeliegenden Betonung der Empirie bedacht werden. Das ist: Darwins Betonung der Empirie bedeutet zugleich eine solche der werdeweltlichen Veränderlichkeit, dahingehend, daß Darwins "Eines - alles fließt"-Konstruktion eine beinahe vollständig nicht-propositionale Vergegenwärtigung von "Eines", wie es nicht im Horizont von Veränderung gesehen wird, ergibt. Dieser Verzicht auf propositionale Thematisierung der Eines der unthematische-Begriffpyramide erwächst bei Darwin aber aus der Intention, dem diskursiven Vordringen-müssen zum Bereich der Notwendigkeit zu entsprechen. Daher gilt, daß Darwin die in seiner Position hiermit vorliegende Inkonsequenz nicht sieht, da er die Betonung der Veränderlichkeit als etwas bedenkt, das Inkonsequenzen innerhalb der zweiten Schicht des philosophischen Horizonts beheben läßt, jedoch ohne jeglicher Thematisierung des Vordringen-müssens zur ersten Schicht des philosophischen Horizont. Insofern erweist sich die Betonung der Veränderlichkeit als eine Möglichkeit der Ausklammerung der propositionalen Vergegenwärtigung der Eines-Formel - "Möglichkeit" im Sinne davon, daß ein Ich nicht notwendig thematisch-methodisch unreduziert bedenken muß -. Der Vergleich mit Epikurs Position verdeutlicht hierbei, welcher Art die Probleme sind, die ein die Empirie betonendes Denken provozieren kann und wie diese innerhalb der zweiten Schicht des philosophischen Horizonts durch die Hervorkehrung der Veränderlichkeit gemäß Historizität gelöst werden können.

Hierzu ist zu beachten, daß Darwins Position als "Vorstoß innerhalb der Theologie" verstanden werden muß, worin liegt, daß Darwin jene Eines, die von ihm als transzendental zur Werdewelt konzipiert verstanden sind - bzw. als transzendental zu dem "Ich", wie es "latent monistisch" von Darwin in zwei Ebenen differenziert wird -, nicht als bar jeglichen Inhalts verstanden werden, sondern als über Inhalt verfügen sollend, insofern sie als gegenüber einer fideistisch verzerrten Theologie lediglich entgrenzt verstanden werden, ohne daß also die theologische Basis an sich aufgegeben wird.

Darwins Reaktion auf die Probleme innerhalb der zweiten Schicht des philosophischen Horizonts muß aber keineswegs als die einzig mögliche Art der Bedachtnahme auf Veränderlichkeit gemäß Historizität darstellen, wie zum Beispiel Schopenhauers Position zeigt, deren (kritische) Bedachtnahme - vor allem auf die Evolutionstheorie Lamarcks - keinesfalls dazu führt, den Versuch einer propositionalen Vergegenwärtigung der Transzendentalia einem empiristischen Denken zu überantworten - vgl. *Theoriendynamik* -.

Angesichts hiervon muß gelten, daß das Neue an Darwins Position genauerhin das Resultat der Darwinschen Konzentration auf die Empirie ist, im Rahmen seiner Konzentration auf die werdeweltliche Veränderlichkeit[52]: Das zentrale Element der Darwinschen Position, so läßt sich spezifizieren, ist die "natürliche Zuchtwahl"-Theorie, als eine Konstruktion zur Erübrigung fideistischer Inhalte in einem theologischen Denken. Darwins Ausblendung der Inversion bezüglich der Betrachtungsrichtung im Rahmen des zentralen Problems der Evolutionstheorie stellt demgegenüber etwas dar, das bei Darwin auftritt, da er die Tiere als "Quasi-Personen" versteht, insofern er die Apriorizität im Horizont von Diskursivität des Ich - also das Verfügen über Daß-Aussagen gemäß dem differentiell zu verstehenden Verzicht-üben-

[51] "Philosophia perennis" umfaßt auch die fundamentalen Darstellungen im Gewande fachwissenschaftlich intentionierter Argumentation; vgl. *Theoriendynamik*.

[52] Damit soll nicht gesagt sein, daß Darwins Position neu ist, insofern vor Darwin niemand diese Kombination vorgenommen hat; immerhin ist Darwin zweifellos jener, mit dessen Person besagte Kombination Gewicht in der Theoriendynamik erhalten hat.

müssen - nicht noetisch dialektisch vergegenwärtigen kann. Darwins Ausblendung besagter Inversion ergibt somit eine naturalistisch verzerrte Darstellung dieser Apriorizität bzw. des Person-sein des Ich allgemein, wie es charakteristisch für jeglichen Versuch sein muß, der die Betonung der Empirie derart mit jener der Veränderlichkeit verflicht, daß die Bezugnahme auf die Theologie bzw. die Transzendentalphilosophie nur noch als mehr oder weniger leere Worthülse auftritt (oder aber völlig ignoriert wird; vgl. unten![53])

Im Sinne hiervon wird hier nicht ausgesgat, daß dem Neuen an Darwins Position kein innovatives Potential zukommt, wiewohl es hier konsequent zu beachten gilt, daß dieses Potential, wie es von Darwin genutzt wird, relativ zu Darwins Verwendung von Werdewelt-Regeln - wie sie auch im Sinne von Initialbeobachtungen für die Vergegenwärtigung von Eines der unthematische-Begriffpyramide verstanden werden können (vgl. *Untersuchungen* und *Lehre*)! - zu bedenken ist.

Im Lichte hiervon sei nun auf das Verhältnis der Ethik Epikurs zu den entsprechenden Aussagen Darwins geblickt. Zunächst ist zur Ethik Epikurs ganz allgemein festzuhalten, daß sie um das "gute Leben" bemüht ist, worunter ein lustvolles Leben in dem Sinne verstanden wird, daß das Ich frei von seelischen Erschütterungen und körperlichen Schmerzen ist. Diese Zielsetzung gibt sich der Mensch nicht im Sinne seiner Willensfreiheit, sondern ist konstitutiv für das Ich-sein, so daß das Ziel auch nicht konstruiert ist, sondern an das Ziel erinnert werden muß. Als größtes Gut bezeichnet Epikur die *phronesis* - "praxisbezogene Vernünftigkeit" -, im Lichte derer die Tugenden, die von Epikur nicht abgelehnt werden, Dispositionen des Könnens einer angenehmen Lebensführung sind. Worin sich dies äußert, letztlich also das gute Leben, das ist das "Erleben des Lebens", wovon Epikur im Sinne der Transzendierung der Güter, wiewohl im Sinne seiner empiristischen Grundpositionierung spricht - »alles Gute und Schlechte hat seine Basis in der Wahrnehmung« (DL X,124) -.

Mit "Erleben des Lebens" führt Epikur eine Konstruktion an, die das Bedenken des Ich nicht dualistisch der Körperlichkeit des Ich gegenüberstellt, da dies notwendig Äußerlichkeit bedeuten würde, das Ich nicht als Eines vergegenwärtigen lassend. "Erleben des Leben", wie es also, aus der Transzendierung der Güter und der Tugenden erwachsend, ein Pyramideon bezeichnet, ist ein solches, da auf das Sein - »Leben« - selbst Bezug genommen wird, genauerhin derart, daß die Bezugnahme dasjenige repräsentiert - »Erleben« -, auf das Bezug genommen wird: "Bezugnahme" und "Bezogenes" sind also nicht an sich Verschiedenes, sondern bedeuten die Nennung eines Eines in verschiedenen Formen. Das Vordringen hierzu qua Transzendierung der Güter und so fort bedeutet also ein Sich-entsprechen, insofern das Bedenken bzw. Um-sich-bemüht-sein dem eigenen Sein - »Leben« - entspricht, obgleich nicht in Verdoppelung, sondern in modal verschiedener Form. Hierin liegt, dem Motiv nach, ebenso das Überkommen von "Gefangenschaft in der Güterverrechnung" - um willen von "Sich-entsprechen-können" -, wie es Platon fordert, wie auch die Thematisierung der dialektischen Differenz, insofern aus der Anführung eines Eines in modal verschiedenen Formen argumentiert wird.

Ist also auch von den besagten Übereinstimmungen mit der Intention Platons - gemäß seiner Entdeckung - zu sprechen, so ist genauerhin zu beachten, daß Epikurs Konstruktion

[53] Bezugnehmend auf die vorige Fußnote: Daß Darwins Theorie "Gewicht in der Theoriendynamik" zuzuschreiben ist, schließt nicht aus, daß die Wirkungsgeschichte der Darwinschen Theorie auf einer Modifikation der Darwinschen Position beruht, etwa derart, daß ihr theologischer Gehalt sofort ausgeblendet wird, also Darwins "Natürliche Zuchtwahl"-Theorie Verwendung findet, insofern sie die Möglichkeit zu einer solchen Modifikation in sich trägt.

abseits der positiven Vergegenwärtigung der Dialektik konzipiert ist, so daß sich die Übereinstimmungen auf das Niveau des allgemeinen philosophischen Horizonts beschränken. Zwar gelangt Epikurs "Erleben des Leben" somit in analoge Nähe zu dialektischen Konstruktionen, wie sie sich durch die Anführung eines Eines in modal verschiedenen Formen auszeichnen - vgl. Platons Eines-Formel, Cusanus' Nonaliud-Formel und Fichtes "A = A" -, doch unterscheidet sich Epikurs Konstruktion von diesen Konstruktionen dadurch, daß sie das dialektische Motiv nicht grundsätzlich im ontologischen Horizont versteht, sondern zur Darstellung e i n e s ontologisch Begrenzten - des Ich -, aufbauend auf einer Physik und Kanonik, die weit entfernt sind von einer dialektischen Argumentation. Damit soll aber nicht gesagt sein, daß Epikurs "Erleben des Leben" nicht den Versuch darstellt, gemäß Universalität des Person-sein interpretiert, die Dialektik zu thematisieren, so daß insoweit eine gewisse Nähe zu vordialektischen Positionen, zum Beispiel jener des Apostel Paulus, zugestanden werden kann. Das ist: Epikurs Intention, das Ich als Eines zu verstehen, beachtet nicht, daß dieses Eines-sein im Lichte des Begrenztes-sein des Ich in dialektischer Differenz zu d a s Eines zu verstehen ist - Epikurs Kanonik und Physik verhindern dies -, woraus sich - in analytischer Entfaltung der dialektischen Differenz - Bedenken und Körperlichkeit tatsächlich abseits eines Dualismus verstehen lassen - vgl. *Theologie* -. Daher auch ist Epikurs "Erleben des Lebens" kein Eines, aus dem analytisch die Eines des Um-sich-bemüht-sein - bzw. dieses selbst als Eines der unthematische-Begriffpyramide - abgeleitet werden können. Der - pragmatischen – Kompensation hiervon dient es, wenn Epikur "Erleben des Lebens" empiristisch versteht. Wovon dies somit zeugt, das ist der zuvor bereits für Epikurs Position festgehaltene Umstand, daß die transzendentalphilosophische Schwelle zwar anerkannt wird, das zum Nicht-an-sich-Selbstand-Besitzenden Transzendentale von Epikur aber alleine nicht-propositional bedacht werden kann, eine Emanzipation von der Annahme der "Orientierbarkeit an der Natur" vermissen lassend.

Angesichts hiervon sei nun Epikurs Differenzierung in »kinetische« und »katastematische Lust« betrachtet. Auch in dieser Differenzierung spiegelt sich Epikurs Beachtung der transzendentalphilosophischen Schwelle wider, ist doch die kinetische Lust als im Horizont der Faktizität bzw. Veränderlichkeit angesiedelt bedacht, wohingegen die katastematische Lust den Horizont des hierzu Transzendentalen bezeichnet, weshalb Epikur auch davon berichtet, daß bei gegebenem katastematischen Lustempfinden ein zugleich gegebenes kinetisches Lustempfinden keine Steigerung bedeutet, sondern zu jenem in einem akzidentellen Verhältnis steht. Ist die gegebene Beachtung der transzendentalphilosophischen Schwelle also auch gemäß Platons Entdeckung zu fordern, so ist zugleich festzuhalten, daß "katastematische Lust" - wiederum - kein Eines ist, aus dem analytisch jene Eines abgeleitet werden können, die auf thematisch-methodisch unreduzierte Weise Letztbegründung für die kinetische Lust sind, da "katastematische Lust" ebenso abseits der Dialektik bedacht wird wie "Erleben des Lebens" und insofern Herbeiargumentiertes ist. Epikurs Verknüpfung der katastematischen Lust mit der kinetischen Lust verwendet daher - insofern sie nicht-analytisch erfolgt, also abseits des Bedenkens der Paradigmata - "akzidentell" im pragmatisch-aristotelischen Sinn (siehe *Vergleich* für Aristoteles).

Daher auch ist Epikurs weitere Einteilung der Lust in körperliche und seelische Lust derart, daß katastematische Lust mit diesen beiden insgesamt verbunden ist, womit notwendig eine Mißachtung von Entontologisieren-müssen vorliegt, bzw. Körperlichkeit ohne Beachtung des Transzendieren-müssens an das zur Faktizität Transzendentale herangetragen wird. Epikur differenziert zwar dahingehend, daß die seelische Lust "höher" zu bewerten sei als die "körperliche Lust" - er leitet dies daraus ab, daß der Körper nur relativ zur Gegenwart empfindet, die Seele aber auch relativ zur Vergangenheit und Zukunft -, doch spiegelt sich hier ein "schichtenontologisch" akzentuiertes Denken wider - wie dies zuvor schon bei Epikur angetroffen worden ist -, da es abseits der Beachtung der dialektischen Differenz konzipiert ist, was sich auch daran zeigt, daß besagtes "höher" von Epikur im Lichte davon gesehen wird, daß die seelische Lust, wie die körperliche Lust, ihre Inhalte alleine aus Wahrnehmung und Empfindung erhält, worin Epikurs empiristisch konzipiertes "durchreichen" der Empirizität bis zu dem Bereich der Notwendigkeit - wie Epikur ihn versteht - gegeben ist.

Die besondere Bedeutung der Empirie für Epikurs Position wird auch an seinen Aussagen zu den Erfahrungsregeln evident, mittels denen die Beziehungen der kinetischen Lust zur katastematischen Lust dargelegt werden. Das hiermit bezeichnete Problem erwächst daraus, daß gemäß Epikur zwar jede Lust gut ist und jeder Schmerz schlecht, zugleich aber nicht jede Lust wollenswert und jeder Schmerz zu meiden. Hieraus erwächst die Notwendigkeit von Strategien im Am-Werke-sein, denen Epikur also im Sinne seines Empirismus Erfahrungsregeln zugrunde legt. Im Vergleich hierzu sei betont: Platon konstatiert, daß notwendig den Tugenden zu folgen ist, obgleich dies nicht bedeutet, jeden Schmerz meiden zu können, wobei entscheidend ist, daß Platon "Schmerz" im Sinne der Auflösung von "das Böse" gemäß seiner Gutes-Formel versteht, als Ausdruck davon, die Relativität von Schmerz und Lust ganzheitlich im Sinne der Beachtung des Bereichs der Faktizität verstehen zu können, sie also aus der Beachtung der Notwendigkeit im Lichte der dialektisch konzipierten Gutes-Formel aufgreifen zu können - vgl. *Vergleich* -. Epikur hat diese Möglichkeit der Letztbegründung aber nicht - er öffnet sich n i c h t gegenüber der ersten Schicht des philosophischen Horizonts - u n d m u ß d a h e r von "Erfahrungsregeln" berichten.

Die Defizite bezüglich der propositionalen Vergegenwärtigung des Bereichs der Notwendigkeit, wie sie Epikurs Kanonik und Physik zugrunde liegen, sind auch entscheidend für Epikurs "Mensch als möglicher zweiter Gott"-Konstruktion: Diese Konstruktion besagt, daß der Mensch eine "Gott" ähnliche Souveränität erlangen kann, wenn er mit Hilfe seines Verstandes Einverständnis in seine Endlichkeit erlangt, das scheinbare Gut "unendliches Leben" als ein "scheinbares" begreifen lernend, da er dieserart das Leben in seiner Endlichkeit aufgreifen kann, entsprechend der damit gegebenen Befriedigung im Sinne eines erfolgreichen Um-sich-bemüht-sein: Der Mensch ist nicht länger Gefangener pragmatischer Zielsetzungen. Diese Konstruktion thematisiert, wiederum im Vergleich mit Platon gesehen, das Gelingen des Um-sich-bemüht-sein im Horizont einer Anlehnung an das Gründende, wobei aber "zweiter Gott" diese Anlehnung nicht gemäß der dialektischen Differenz zwischen dem Eines Ich und d a s Eines bezeichneet.

In dem Maße, wie Epikur das Gründende - "Gott" - nicht-propositional bedenkt, muß natürlich auch seine "zweiter Gott"-Konstruktion defizitär sein. Zudem ist an dieser Konstruktion Epikurs zu beachten, daß sie im Horizont von Ich sehr wohl die Möglichkeit einer thematisch-methodisch unreduzierten Befriedigung aussagt, im Horizont der Transzendierung der Güter. Der Fehler, der Epikur hierbei unterläuft - erwachsend aus seiner "Erleben des Lebens"-Konstruktion, wie sie letztlich die Dialektik zu verfehlen bedeutet -, besteht darin, "unendliches Leben" dahingehend als mögliches Gut aufzufassen, daß hierüber die Transzendierung der Zeitlichkeit in bezug auf "Ich" verzerrt bedacht wird; im Sinne der oben analysierten Epikureischen Feststellung von der zeitlichen Begrenztheit der Seele. Epikur sieht natürlich zu recht, daß "unendliches Leben", angelegt an das werdeweltliche Ich, kein Gut sein kann, da dieses Ich in dialektischer Differenz zur Unendlichkeit ist - wovon auch Platon berichtet (vgl. insbesondere *Apologie*)! -, übersieht zugleich aber, daß das werdeweltliche Ich nicht das Ich an sich ist, wozu Epikur also gemäß seinem Verfehlen der dialektischen Differenz und den daraus sich ergebenden Möglichkeiten der Interpretation des Begrenztes-sein des Ich (auf materialer und diskursiver Ebene - vgl. *Theologie*) nicht vordringt.

Dies beachtend ist zu Epikurs Aussage, daß die Distanz zum Lebenstrieb zugleich eine Bejahung des Lebens bedeutet - besagte Souveränität des hierzu diskursiv vordringenden Ich besagend -, festzuhalten, daß sie - gemäß Universalität des Person-sein betrachtet - eine dialektisch intentionierte Verflechtung von Gegensätzlichkeit besagt, wiewohl sie dies tatsäch-lich alleine der Intention nach ist - ebenso wie im Falle von »Erleben des Leben« -. Epikurs "Bejahung" und "Distanzierung" thematisieren das Begrenztes-sein des Ich, wie es als an das Eines Teilhabendes die Begrenztheit transzendiert - "Bejahung" - zugleich aber als in dialektischer Differenz zu das Eines Seiendes Begrenztes und somit nicht an sich Selbstand Repräsentierendes ist - "Distanzierung" -.

Hierin, bzw. in der gesamten Argumentation Epikurs, beginnend mit "Erleben des Leben", kommt somit ein defizitäres Ich-Verständnis zum Ausdruck. Das Ich wird nicht thematisch-methodisch unreduziert als differentiell eigenständiges Eines bedacht, woraus resultiert, daß die Eines, wie sie aus der Entfaltung des Eines "Ich" dialektisch-analytisch hervorgehen - zum Beispiel: "Zielsetzung des Um-sich-bemüht-sein", "Rechtsfähigkeit des Ich", "genealogische Ich-Kette" - nicht vergegenwärtigt werden.

Dies gilt es nun im Rahmen der Betrachtung von Epikurs Feststellungen zu Recht, Freundschaft und Altruismus zu beachten, also bezüglich Epikurs Ausführungen zu dem Verhalten des Menschen in der Gemeinschaft. Epikur sieht den Sozialtrieb des Menschen auf den Umgang mit seinen Kindern beschränkt, wohingegen das gesellschaftliche Verhalten im Horizont politischer und rechtlicher Belange die Angelegenheit vertraglicher Zusicherungen ist. Diese Zusicherungen (Verträge) werden aus Vernunftgründen abgegeben (geschlossen), darauf basierend, daß in einer - fallweisen - Kooperation ein rational vergegenwärtigbarer Vorteil gegenüber einem uneingeschränkten Egoismus erkannt wird. Hierin erschöpft sich für Epikur das Zusammenleben der Menschen aber nicht: Aus der Nutzen-Kalkulation - so sei sie hier genannt - kann nämlich "Freundschaft" bzw. "Sympathie" entstehen, wobei im Rahmen hiervon das "um willen von" transzendiert wird, wobei "Freundschaft" Element der katastematischen Lust ist, wovon die rationale Nutzen-Kalkulation ausgeschlossen bleibt! Epikur betont nun, daß "Freundschaft" kein uneingeschränkter Altruismus ist, da dieser keine Transzendierung der Faktizität, sondern Selbstaufgabe bedeuten würde. "Freundschaft" setzt also das selbstbewußte - souveräne - Ich voraus!

Gemäß Platon bzw. Platons Entdeckung ist Epikurs Konstruktion notwendig als genesetheoretische Konstruktion zu verstehen - Freundschaft entsteht aus der Nutzen-Kalkulation -, im Lichte der vorangegangen dargelegten Bezugnahme Epikurs auf Tradierung. Daher gilt, daß Epikurs "Freundschaft"-Konstruktion eine ebenso verzerrte Darlegung des zu "um willen von etwas" Transzendentalen ist, wie "Erleben des Leben" und so fort. In anderen Worten: Jenes Eines der Epikureischen Position, da "um willen von etwas" transzendiert, ist nicht derart, daß es eine analytische Ableitung aus sich ermöglicht, dergemäß der Bereich des "um willen von etwas" - »Vertrag« - als Ganzheitliches gesehen werden kann, die Verknüpfung mit Letztrechtfertigbarkeit alleine gemäß Anfang-, nicht aber Daß-haben, enthaltend.

Im Lichte dieser Ausführungen zu Epikurs Position ist im Vergleich mit Darwins Position festzuhalten: Zunächst ist zu beachten, daß Darwins Darlegungen zu dem "zivilisierten Menschen", der aufgrund seines Intellektes zu einer "allgemeinen Menschenliebe" vordringt, dahingehend Epikurs "souveränem Weisen" entspricht, als "Diskursivität", wie sie von beiden Denkern thematisiert wird, nicht gemäß ihrem Nicht-Alles-sein bei gleichzeitiger Notwendigkeit des diskursiven Vordringens zum Bereich der Notwendigkeit gesehen wird: Epikur und Darwin verstehen Diskursivität relational zu einer Güter- bzw. Nutzen-Verrechnung, die in einer Weise aufgeboten wird, daß das hierzu Transzendentale alleine nicht-propositional vergegenwärtigt wird, so daß bereits in der Güter-Verrechnung etwas angelegt sein muß, das das Verfehlen des gehaltvollen Transzendieren - pragmatisch! - kompensieren läßt. Das ist: Darwin sieht "Sympathie" - als Ausdruck des zu "um willen von etwas" Transzendentalen - aus "hilfst du mir, so helfe ich dir" erwachsen (vgl. oben), ganz genauso wie Epikur "Freundschaft" als aus einem analog konzipierten Vertragswesen erwachsend versteht. Beide stehen daher vor dem Problem, einen Anfang gewählt zu haben, der nicht zu jenem finden läßt, das der Intention nach erreicht werden soll, nämlich die Transzendierung von "um willen von etwas"; die Transzendentalität ist eben in Differenz zu jeglichem genesetheoretisch Bedenkbaren gegeben!

Zudem dehnen Darwin und Epikur ihre empiristischen Aussagen zur Nutzen-Verrechnung nicht dahingehend aus, daß der Transzendentalität keine Bedeutung mehr beigemessen werden kann: Die Möglichkeit der Verabsolutierung von Gütern wird abgelehnt, obschon also das zu den Gütern Transzendentale nicht propositional bedacht wird. Hierin liegt zugleich aber der Unterschied zwischen Darwin und Epikur - gemäß der oben so bezeichneten Ausgestaltung des gemeinsamen Fundaments -: Darwin erkennt die Epikureische "Freundschaft"-Konstruktion in dem Sinne als herbeiargumentierte Konstruktion, wie dies zuvor bereits zum Beispiel bezüglich Epikurs "Atom"-Konstruktion anzugeben war. Indem Darwin zur Überwindung dieses Defizits seine Historizität-Argumentation anbietet bzw. seine "Quasi-Person"-Konstruktion, muß er insbesondere um eine "Inhomogenität"-Konstruktion im Sinne von "Neuanfang innerhalb der Stammesgeschichte" bemüht sein, die bei Epikur keinen Platz hat. Die hieraus erwachsenden Unterschiede betreffen letztlich aber nur die Ausgestaltung jener, die transzendentalphilosophische Schwelle nivellierenden Differenzierungen bezüglich "Sympathie" und "Liebe", wie sie bei Darwin die "Dekalog - Seligpreisung"-Konstruktion nachahmen und bei Epikur zu den angeführten Konstrukten bezüglich Seele, Lüste und so fort führen.

Weder Darwins "zivilisierter Mensch", noch Epikurs "souveräner Weise" bezeichnen also das Ich-sein derart, daß es im Horizont seines Teil-sein einer Gemeinschaft im Sinne der Beachtung von Person-sein entsprechend "genealogische Ich-Kette" verstanden und demgemäß im Sinne von "Rechtsfähigkeit des Ich" bedacht werden kann. Übereinstimmend erwächst dies bei beiden Denkern daraus, daß in der Vergegenwärtigung des Bereichs der Notwendigkeit nicht dazu vorgedrungen wird, die dargestellte empiristische Positionierung zu überkommen, bzw. sich von dieser Positionierung im Sinne der Vergegenwärtigung der ersten Schicht des philosophischen Horizonts emanzipieren zu können.

Hierin liegt, daß beide Denker zu einer latent monistischen Argumentation greifen[54], also zu einer Unterscheidung zweier Ebenen im Horizont eines Ich-Begriffes greifen, der ganzheitlich auf die Akzeptanz - obgleich wider die Intention! - von "Orientierbarkeit an der Natur" angewiesen ist, da aus dem hierzu transzendental verschieden sein sollenden Konstrukt nicht analytisch zu dem Interface zwischen Notwendigkeit und Faktizität vorgedrungen werden kann. Erst vor dem Hintergrund dieser fundamentalen Gemeinsamkeit darf das Unterscheidende zwischen beiden Denkern thematisiert werden. Das ist: Darwin führt angesichts hiervon sein "Quasi-Person"-Konstrukt "Tier" ein, da es im Lichte der latent monistischen Denkweise Darwins nur konsequent ist, in der - wiewohl nicht adäquat als solche verstandenen – Werdewelt etwas zu installieren, das das beim Menschen zu Erklärende als

[54] Es ist natürlich reizvoll, die hier ausgesagte "latent monistische" Denkweise Epikurs mit der monistischen Denkweise der Stoa zu vergleichen, bzw. zu hinterfragen, wieso zum Beispiel Cicero in *De finibus* den Epikureischen "latenten Monismus" - im Gewande der Position des Epikureers Torquatus diskutiert - vehement zurückweist, dem Monismus der Stoa - im Gewande der Position von Cato dem Jüngeren bzw. der Position von Antiochos von Askalon, die eine Verflechtung der stoischen Ethik mit jener der Akademie und dem Peripatos bietet, weitestgehend zustimmen kann. Die Untersuchung hiervon würde aber den Rahmen des vorliegenden Buches sprengen.

unentfaltet Gegebenes aussagen läßt - in Kombination mit der "Inhomogenität"-Konstruktion und so fort -, womit anscheinend eine Projektion auf einen Anfang möglich ist, freilich im genesetheoretischen Sinn! Dieserart ist Darwin also um Behebung von Inkonsequenzen in der zweiten Schicht des philosophischen Horizonts bemüht, unter anderem solchen, wie sie bei Epikur auftreten, der gleichsam - aus der Sicht Darwins - ausschließlich Herbeiargumentiertes aufweisen kann, wie es Darwin also durch seine genesetheoretische Konstruktion überkommen zu können meint. Tatsächlich gelingt Darwin dieserart - wiewohl gerade aufgrund seiner Konsequenz im Sinne der zweiten Schicht - lediglich eine Ausblendung jener Inhalte in Positionen wie jener Epikurs, die dahingehend eine Zurückhaltung gegenüber argumentativen Möglichkeiten im Sinne der zweiten Schicht bedeuten, daß eine Konzentration – obgleich abseits der ersten Schicht des philosophischen Horizonts - auf die propositionale Betrachtung der Transzendentalia auftritt.

Im Sinne hiervon läßt sich das Neue an der Position Darwins also in demVersuch lokalisieren, eine "Quasi-Person"-Konstruktion mit den Mitteln der "natürliche Zuchtwahl"-Konstruktion um willen der adäquaten Thematisierung der Anfangsproblematik zu installieren. Darwin übersieht hierbei, daß das Neue an seiner Position eine Konstruktion ist, die aus der Mißachtung der Inversion bezüglich der Betrachtungsrichtung im Horizont der grundsätzlichen Problematik der Evolutionstheorie auf Veränderlichkeit blickt.

2.5.3 Die Reaktion französischer Wissenschaftler auf Darwins Lehre vom Menschen: Zum Problem des defizitären Verständnisses von "Person-sein"

Einleitend zu der hier gestellten Thematik sei Darwins Kontroverse mit Wallace erwähnt, um vorweg zu demonstrieren, daß schon im Horizont der "Gründerväter" der biologischen Evolutionstheorie des 19. Jahrhunderts Uneinigkeit darüber besteht, wie damit umzugehen ist, die biologische Evolution mit einem Anfang für "Mensch-sein" zu verknüpfen: Wie bekannt, hat Wallace die natürliche Zuchtwahl, wie er sie für die biologische Evolution dargelegt hat, nicht auch als Grundlage der Entstehung des Menschen angesehen. Sie führt zwar zu den Vorfahren des Menschen, doch das den Menschen selbst Ausmachende führt Wallace auf eine zur Werdewelt transzendentale Ursache zurück, was Darwin zu der Äußerung - briefliche Mitteilung an Wallace - veranlaßt hat: »Ich hoffe, daß Sie Ihr eigens und mein Kind nicht zu vollständig ermordet haben«.

Mit dieser Vorbemerkung soll verdeutlicht sein, daß die Vergegenwärtigung der natürlichen Zuchtwahl im Horizont biologischer Forschung nicht notwendig in sich trägt, uneingeschränkt auf den Menschen übertragen werden zu müssen, also als das erklärende Prinzip verstanden zu werden. Diese Möglichkeit eines differenzierten Verständnisses der Bedeutung der natürlichen Zuchtwahl gilt es im Horizont der folgenden Darlegungen zu beachten.

Blickt man auf die Reaktion französischer Wissenschaftler auf Darwins Lehre vom Menschen, so ist insbesondere die Position der Société d'Anthropologie von Interesse, wobei sogleich angemerkt sei, daß besagte "Reaktion" in die Zeit des Beginns der Dritten Republik

Frankreichs fällt und zahlreiche Mitglieder der Société wesentlich in die damit verbundene politische Reformierung des Sozial- und Erziehungssystems eingebunden waren.

Broca, der damalige Präsident der Société, sieht den Schlüssel für eine, der Dignität der Menschen gemäße Regierung, entsprechend seiner positivistischen, sich an den republikanischen Regierungsidealen orientierenden Einstellung, in einem dementsprechenden Erziehungssystem: »Erziehung, Erziehung in all ihren Formen ist die intelligente Kraft, die der Gesellschaft die Verbesserung ihres Volkes einfach durch den Kampf gegen die Wirkungsweise der natürlichen Selektion ermöglichen wird. ... Kombiniere diese mit gerechten Institutionen, die es jedem Individuum ermöglichtem eine seiner Nützlichkeit entsprechende Position zu erlangen, und man wird eine Menschheit haben, die selbst durch die mitleidloseste Selektion nicht hätte hervorgebracht werden können«[55].

Analog zu Wallace sieht Broca den Menschen also nicht im Lichte der natürlichen Zuchtwahl bzw. Selektion, ohne daß er deswegen Darwins Entdeckung insgesamt zurückweist: »Ich gehöre zu jenen, die nicht annehmen, daß Charles Darwin die wirklichen Triebkräfte der organischen Evolution entdeckt hat, aber ich bin nicht einer von jenen, die die Größe seines Werkes unterschätzen«[56]. Zugleich hält Broca fest, daß Darwins Ausführungen zum "Ursprung des Menschen" insofern der Grundlage nicht entbehren, als der Mensch nicht als außerhalb der Natur stehend verstanden werden darf, ohne deshalb einfach als ein weiteres Stück Natur betrachtet werden zu dürfen. Unabhängig davon, daß Brocas Vorstellungen von der biologischen Evolution als einem polygenetischen Transformationsprozeß nicht uneingeschränkt mit Darwins Theorie übereinstimmen - Broca reduziert gegenüber Darwin die Bedeutung der natürlichen Zuchtwahl zu gunsten jener der Umwelteinflüsse -, meldet er, ebenso wie Wallace, Vorbehalte gegenüber Darwins Theorie von dem "Anfang innerhalb der Evolution" - wie er das Auftreten des Menschen bezeichnen soll - an, wiewohl Brocas hiermit verbundene positivistische Intention nicht jene von Wallace ist.

Brocas positivistische Position - wie sie also durch den Vergleich mit der Positionierung von Wallace hervorgehoben sei - bedeutet für seine Theorie von dem Anfang des Menschsein: Durch die Domestizierung von Tieren und die Entwicklung der Landwirtschaft emanzipiert sich der Mensch von dem direkten Wettbewerb mit anderen Lebewesen. In Zusammenhang hiermit verlagert sich der Wettbewerb auf gesellschaftliche Mechanismen und "Intelligenz oder Klassenunterschiede, Spezialisierung und spezielle Begabungen" sind nun von jener Bedeutung, die vormals körperlichen Eigenschaften zugekommen ist. Hierdurch - so Broca - werden Individuen Teilnehmer am Kampf um das Überleben, die unter natürlichen Bedingungen, aufgrund ihrer körperlichen Eigenschaften aus diesem ausgeschlossen wären. Broca betont hierbei auch die Bedeutung der sexuellen Selektion für die Ausbildung sozialer Merkmale, unabhängig von der Entwicklung geistiger und körperlicher Eigenschaften[57]. Letztlich ist es aber die soziale Selektion, wie sie in Opposition zu der natürlichen Selektion zu verstehen ist, die das gesellschaftliche Wohl ergeben muß, so daß bei ihm zu lesen ist: »die erste [natürliche Selektion] entwickelt Merkmale, die für das Individuum als Mitglied der Art nützlich sind, sie vervollkommnet die Art. Die zweite [soziale Selektion] entwickelt Merkmale, die für das Individuum als Mitglied einer bestimmten Gesellschaft nützlich sind«[58].

---

[55] Broca 1877: *Les sélections* - Revue d'Anthropologie II: 205-250: S.242; zitiert nach: J Harvey 1995: *Charles Darwins "Selective Strategie": Die französische versus die englische Reaktion* (übersetzt von E-V Engels); in: E-V Engels (Hrsg.): *Die Rezeption von Evolutionstheorien im 19. Jahrhundert* - Frankfurt a.M.

[56] zitiert nach J Harvey (siehe Fußnote 53)

[57] Vgl. Broca 1877: *Les sélections* - Revue d'Anthropologie II: 205-250.

[58] zitiert nach J Harvey (siehe Fußnote 53)

Broca zielt hierbei auch auf folgendes ab: »die Gesellschaft [muß] all ihren Mitgliedern Schutz gewähren oder in den Zustand der Unzivilisiertheit zurückfallen«[59]. Diese - um es mit Darwin zu bezeichnen - "allgemeine Menschenliebe" ist bei Broca aber mit einer Konstruktion zur Vervollkommnung der Rassen verflochten, wobei Broca der europäischen Rasse die größten Fähigkeiten zum Fortschritt zuordnet[60]. Angesichts hiervon sei betont, daß Broca Erziehung als das ideale Medium des Fortschrittes ansieht, wozu er auch festhält, daß sich Erziehung direkt positiv auf die Gehirnentwicklung auswirkt. Broca nimmt dies nicht zum Anlaß, der natürlichen - biologischen - Zuchtwahl gleichsam durch eine Hintertüre einen Platz in seiner Position anzuweisen, doch kann angesichts der in diesem Absatz zusammengetragenen Brocaschen Argumente der Biologismus von Broca nicht uneingeschränkt überwunden sein.

Im Lichte dieses Umstandes sei nun der Vergleich mit Darwins Position - über das hierzu bereits Ausgeführte - vertieft. Wie erwähnt sieht Broca die Inhomogenität, die Darwin zur Darstellung des Anfanges i n n e r h a l b der Stammesgeschichte für das Auftreten des Menschen annimmt, als nicht ausreichend, wie auch daran erinnert sei, daß Broca hierzu aufgrund seiner - im Unterschied zu Wallace! - positivistischen Positionierung gelangt. Diese "positivistische Positionierung" ist es zugleich, die Broca auf "Erziehung" als Basis der zum Wohle der Gesellschaft reichenden sozialen Selektion blicken läßt, in Abkehr von der natürlichen Selektion, die auf der Ebene der Vererbung über die Generationen hinweg Fortschritt ergeben können soll. Angesichts dieser Positionierung scheint es zunächst unnotwendig, daß sich Broca überhaupt auf die biologische Evolution beruft, denn gemäß seiner Zurückweisung der natürlichen Zuchtwahl im Horizont von Mensch scheint sie bestenfalls Zu-Überwindendes zu sein, nichts aber, das im Rahmen einer Darwinschen "Quasi-Person"-Konstruktion auf die Tiere blicken läßt. Gerade hierin liegt zugleich aber das eigentliche Problem für Brocas Positionierung, daß sie nämlich gar keine "Quasi-Person"-Konstruktion zuläßt die "Menschheit" transzendiert - auch Epikurs Verweis auf die Götter steht dem Brocaschen Positivismus nicht zur Verfügung -, so daß, da Broca zugleich auch die Dialektik nicht vergegenwärtigt, die Anfangsproblematik von ihm gar nicht propositional thematisiert ist. Das ist: Brocas Verweis auf »gerechte Institutionen« und »Erziehung« ist ebenso inhaltslos wie zum Beispiel Epikurs "Vertrag" und Darwins "hilfst du mir, helfe ich dir", da nicht analytisch aus dem Transzendentalen argumentiert wird.

Im Lichte hiervon sei nun auf den Brocaschen Naturalismus - zum Beispiel: "Auswirkung des Lernens auf das Gehirn", "Höherentwicklung der Rassen" - geblickt. Angesichts der Probleme Brocas mit der Begründungstheorie, sind ihm seine Naturalismen jenes, das ihm, obgleich ohne expliziter Verwendung von "Tier" als "Quasi-Person", im Lichte positivistischer Diskursivität einen "Anhaltspunkt" dafür gibt, worin "Höherentwicklung" im Horizont der sozialen Selektion verwurzelt ist. Das ist: Obschon es Broca nicht bei Darwins Aussagen zur "Inhomogenität" zwischen Tieren und Menschen beläßt, ist ihm der Mensch immerhin soweit "Teil der Natur", daß er sein Eines "allgemeine Menschenliebe" nicht aus einer dialektischen Argumentation im Sinne der Vergegenwärtigung des Eines "genealogische Ich-Kette" ableitet, sondern aus besagten Naturalismen, die eine genesetheoretische Argumentation implizieren. In anderen Worten: Broca gewinnt seine Konzentration auf Mensch bzw. Ich, nicht aus der Konzentration auf "Ich bin", sondern aus einer positivistischen Konzentration auf Diskursivität, dergemäß eine "Quasi-Person"-Konstruktion weitgehend überflüssig erscheint, nicht da ihr Gehalt an "zweite Schicht"-Argumentation eingesehen würde, sondern da der Umfang der Begründungsproblematik höchst defizitär gesehen wird. Ist es nämlich bei Darwin - und Epi-

---

[59] zitiert nach J Harvey (siehe Fußnote 53)

[60] J Harvey (l.c.: S.254): »[W]enngleich er [Broca] im Laufe der Zeit seine rassistischen Auffassungen abmilderte«.

kur - der Versuch, zum Bereich der Faktizität ein Transzendentales auszusagen, der ein Ergebnis erbringt das dahingehend nicht-propositional ausgesagt wird, daß kein analytisches Verhältnis zwischen beiden dieserart ausgesagten modalen Ebenen vorliegt, so ist es bei Broca die Beziehung zwischen Mensch und "naturalistische Ebene", die insofern nicht-propositional bedacht wir, als die naturalistische Ebene zwar eine Verankerung des zur Höherentwicklung im Bereich des Menschen Ausgesagten ergeben soll, derart jedoch, daß sie nicht analytisch mit der bezüglich dem Menschen bedachten "sozialen Selektion" verknüpft wird.

Dies erklärt, wieso Broca den Widerspruch, einerseits von "allgemeiner Menschenliebe" zu sprechen und andererseits einen genesetheoretisch verwendeten Rassismus aufzubieten, nicht sieht; gemäß Platons Entdeckung bzw. gemäß "genealogische Ich-Kette" ist eine derartige genesetheoretische Konstruktion - wie jegliche genesetheoretische Konstruktion – zurückzuweisen. Broca sieht daher auch nicht, daß er mit »gerechte [Erziehungs-]Institutionen« - wie angemerkt - etwas anführt, das der Anfangsproblematik bezüglich dem Um-sich-bemüht-sein des Menschen in keiner Hinsicht gerecht wird.

Somit ist zu beachten, daß Broca im Unterschied zu Darwin auf "Quasi-Person"-Konstruktionen verzichtet, insofern er das Potential der Diskursivität mehr als Darwin in empiristischer Hinsicht versteht, wobei es gerade der theologische Gehalt der Darwinschen Argumentation ist, der somit von Broca zurückgedrängt wird. Ist dem also auch der Fall, so ist der genesetheoretische Zugang Darwins für Broca fortgesetzt von Bedeutung, obgleich er nicht mehr in seiner analytisch-historizistischen Form Anwendung findet. Diese wird durch eine - so ist gemäß Universalität des Person-sein festzuhalten! - Konzentration auf das Ich ersetzt, die aber nicht jene im Sinne der Vergegenwärtigung von "Ich bin" ist.

Zur Verdeutlichung hiervon sei Broca nun mit Clémence Royer - unter anderem übersetzte sie Werke Darwins ins Französische - verglichen. Royer sah die Bedeutung der Theorie Darwins vor allem im Horizont ihrer humanitären und moralischen Konsequenzen, wobei sie - anders als Broca - die Bedeutung der natürlichen Zuchtwahl für die Entstehung und Entwicklung der Menschheit über Darwin h i n a u s g e h e n d [!] betont. Nicht der kollektive Humanität christlicher Prägung, sondern dem individuellen Erfolg gehört - so Royer - die Anerkennung, wobei sie sogar die Frage aufwirft, ob mißgebildete Personen von einer Gesellschaft akzeptiert werden sollen.

Royers Vorstellungen gemäß führt die Evolution beim Menschen zu einem Zusammenleben als Folge der damit gegebenen Macht, wobei Royer an der Spitze aller organischen Typen soziale Arten sieht. Der gesellschaftliche Verband bzw. der Staat wird von Royer mit einem Organismus verglichen, wobei den Individuen spezielle Funktionen zugeordnet werden. Hiermit verbindet Royer eine Ungleichheit der Personen, worin sie zugleich das Wesen des Person-sein verankert sieht, wie es also im Lichte des evolutiven Drucks zu sehen ist, und wogegen sich eine Gesellschaft irrtümlich - da zu ihrem Schaden - wenden kann. Die sozialen Instinkte des Menschen werden hierbei von Royer ebenfalls als Resultat der Selektion gesehen, wobei wiederum die Europäer als die am höchsten entwickelten Menschen verstanden werden. Das Sozialleben wird von Royer hierbei nicht aus irgendwelchen Säugetier-Vorfahren des Menschen heraus bedacht, sondern in unmittelbarem Vergleich mit staatenbildenden Insekten - vor allem: Ameisen -!

Im Vergleich mit Broca fällt Royers Betonung der Selektion auf, die einer "allgemeine Menschenliebe"-Konstruktion keinen Platz mehr einräumt; den Platz hiervon nimmt das Funktionieren des Organismus "Staat" ein, dem insofern eine "beste aller Welten"-Funktion Royerschen Verständnisses zukommt; a l l e organismischen Typen weisen in ihrer besten Ausprägung derartige "soziale" Gebilde auf. Bei Royer ist hiermit also eine Notwendigkeit-Überlegung verbunden. Damit ist das Verständnis der Tiere als "Quasi-Personen" bei Royer deutlicher ausgebildet als jenes Brocas, obschon "Quasi-Person" hier in einem völlig mechanistischen Gewand, abseits jeglicher theologischer Überlegung, auftritt, wozu sie also aufgrund ihrer "evolutionistischen" Überlegungen gelangt.

Obgleich Royer ihre Überlegungen aus Darwins Arbeiten ableitet, argumentiert sie nicht eigentlich im Sinne dieser: Darwins theologisch motivierte Bedachtnahme auf "Gewissen" erstickt bei Royer in einer Argumentation, die der Selektion in einer Weise normierendes Potential zuerkennt, das abseits jeglichen Versuches der Thematisierung der transzendentalphilosophischen Schwelle bedacht wird. Daher auch ignoriert Royer weitestgehend Darwins Bemühungen um die Inhomogenität am Beginn der Entwicklung zum Menschen, bzw. sieht sie die Ausbildung "sozialer" Strukturen im angeführten Sinn als Notwendigkeit, abseits Darwinschen opportunistischen Denkens.

An vorigem Absatz ist insbesondere die Formulierung "argumentiert n i c h t e i g e n t l i c h im Sinne Darwins" zu beachten. Zur Verdeutlichung hiervon sei folgende Aussage Darwins, Royer betreffend, angeführt: »[Royer ist] die merkwürdigste und klügste Frau in Europa«[61]. Bedeutet dieses Lob, daß Royer doch im Sinne Darwins argumentiert und die Differenz zu seinen Schriften, wie sie aufgrund der obigen Analyse von *Entstehung* und *Abstammung* festzuhalten ist, anders zu erklären ist? Die Beantwortung dieser Frage erwächst aus den Ausführungen zum *Theages*-Problem. Hierzu ist zunächst zu beachten, daß die vorangegangen angeführten Unterscheide zwischen Royer und Darwin nicht zu leugnen sind. Zur Verdeutlichung hiervon sei hervorgehoben, daß Darwins Vergleich der menschlichen Sozialität mit jener von Bienen - vgl. oben - im Sinne von Darwins opportunistischer Konzeption des Daß-Aussage-Bereichs primär den Charakter eines Bildes hat, dessen Problematik aus Darwins defizitärem Bedenken des Person-sein erwächst, das ihn unter anderem auch zu der Aussage führt: »die natürliche Selektion kann nichts bewirken, was nicht gut für das Individuum ist, wobei ich in diesem Begriff eine soziale Gemeinschaft einschließe«[62]. Das hierin zum Ausdruck kommende Darwinsche Unvermögen, das Eines "Ich" explizit zu thematisieren - und wie es sich in seinem "Populations"-Denken wiederfindet -, spiegelt sich auch in Royers Konstruktion "Staat als Organismus", bzw. in ihrem Vergleich des Bienen- mit dem Menschen-Staat wider, der nun aber n i c h t m e h r n u r Bild ist, da Royer die Darwinsche "Inhomogenität"-Konstruktion nicht aufbietet. Daher auch projiziert sie "beste aller Welten" in einer Weise auf das Eines "Organismus Staat", demgegenüber das Individuum nur als Instrument für dieses Eines Dignität besitzt, wohingegen es bei Darwin mit Blick auf "allgemeine Menschenliebe" gesehen wird.

Zugleich gilt aber, daß Darwins "allgemeine Menschenliebe" genesetheoretisch verstanden ist, und somit eine thematisch-methodische Verzerrung von "genealogische Ich-Kette" bedeutet, somit also Dignität des Person-sein in dem Sinne mit Faktizitäten verflicht, wie es gemäß der "Historizität"-Konstruktion verstanden wird. In eben diesem Sinne ist zugleich aber die *Theages*-Problematik für Darwin von Bedeutung, da im Rahmen besagter Verflechtung liegt, pragmatische Konstruktionen zum Ich-Verständnis nicht notwendig als Zu-Entgrenzende erkennen zu müssen; hierzu fehlt das im Sinne der ersten Schicht des philosophischen Horizonts Auszusagende als Bemessungsgrundlage. In eben diesem Sinne ist aber Darwins Lob Royer gegenüber zu verstehen, das er also festhält, obgleich Royer "eigentlich nicht" in seinem Sinne argumentiert, s o n d e r n e i n e m ö g l i c h e I n t e r p r e t a t i o n d e r D a r w i n s c h e n

---

[61] Darwin in einer Mitteilung an Asa Gray (10.-20. Juni 1862); zitiert nach J Harvey (vgl. Fußnote 53). Harvey führt weiters aus besagter Mitteilung Darwins an Asa Gray an: "Er [Darwin] fügte mit Ausrufezeichen hinzu, daß sie [Royer] eine begeisterte Deistin zu sein scheine, die »das Christentum haßt«, und erklärt habe, »that natural selection & the struggle for life will explain all motality, nature of man, politicks &c&c!!!«".

[62] Mitteilung von Darwin an A. Wallace vom 6. April 1868.

Theorie bietet, gemäß deren nicht-propositionaler Vergegenwärtigung theologischer Inhalte (und in Folge dialektischer Inhalte).

Im Sinne der *Theages*-Problematik ist daher festzuhalten, daß Darwins genesetheoretisches Denken bzw. seine "Historizität"-Argumentation nicht erbringt, ihn ein Denken zurückzuweisen, das das Person-sein rein naturalistisch versteht, hierbei unter anderem in den unmittelbaren Bereich der Eugenik gelangend!

Aus Harveys - mehrfach beigezogener Arbeit - seien nun noch einige Aussagen zu Letourneau, der unmittelbar von Royer beeinflußt ist, und Lapouge angeführt. Letourneau sieht die Europäer als »Auserwählte« - was eine Steigerung gegenüber Brocas »Bevorzugte« ist, wie er andere - nichteuropäische - Personengruppen als mit einem »organischen Fluch« [!], die Höherentwicklung hemmend, belegt sieht. Zudem spricht er von einer »höchsten intellektuellen Phase«, die Kriege, Despotismus, Aberglaube, brutale Gewalt und so fort erübrigt. Lapouge wiederum sieht in dem Bestreben um Gleichheit der Individuen einer Gesellschaft ein Zeichen für Dekadenz, wie er auch, versus Broca, Erziehung und Instruktion als Mittel der Weiterentwicklung ablehnt. Der Grund hierfür ist, daß sie betreffen Nicht-Vererbliches betreffen, wie dies für Lapouge aber nötig ist, weshalb er die Weiterentwicklung gleichsam der Eugenik überantwortet.

Greift man aus diesen Ausführungen das enthaltene Anliegen heraus, Gewalt, Despotismus und so fort überwinden zu wollen, so scheint durchaus zuzustimmen zu sein, doch kann diese Zustimmung deshalb nicht erfolgen, da die Art und Weise, wie dieses Ziel erreicht werden soll, die Zielsetzung ad absurdum führt. Der Weg zu dem Ziel ist gar nicht in dessen Sinn konzipiert, da abseits jeglicher Vergegenwärtigung der Universalität des Person-sein. Das ist: Das Ziel wird nicht für die Menschheit formuliert, sondern für eine bestimmte Gruppe von Menschen. Hieran ist sogleich zu beachten ist, daß die von Lapouges geforderten Eugenikern, im Sinne eines Ersatzes für Brocas »Lehrer«, aus eben diesem Grund gar keine adäquate Vorstellungen von dem haben könnten, was sie als Ziel erreichen sollen: Sie könnten ein Ziel immer nur nach den Vorstellung jener "Gruppe von Menschen" festlegen, im Sinne derer sie handeln, und von denen sie sich aufgrund eines defizitären und verzerrten Verständnisses von "Person-sein" leiten lassen. Indem man nämlich nicht sinnvoll von "Überwindung der Gewalt etc." sprechen kann, wenn man nicht von einem thematisch-methodisch unreduzierten Verständnis von Person-sein ausgeht, bzw. dieses zumindest der Intention nach anstrebt bzw. nicht-an-sich-diskursiv vor Augen hat (vgl. *Theologie*), kann jegliches, das von einer Person genesetheoretisch auf dem Wege hierzu vollbracht werden soll notwendig nur ein Zerrbild hiervon sein. Insofern handelt es sich daher bei Lapouges "Eugenikern" um ebenso fiktive Eines wie bei Brocas »Lehrern« - vgl. oben -, bzw. um Theages' Tyrannen.

Mit-Ausschlaggebend hierfür ist der pragmatische Intellektualismus, wie er in den angeführten Positionen zum Ausdruck kommt - »höchste intellektuelle Phase«, Brocas positivistischer Naturalismus -, und wie er auch bei Darwin gemäß seinen Ausführungen im Sinne des latenten Monismus angelegt ist.

3 Im Anschluß an Darwin: die monistische und die materialistisch-dialektische Perspektive

Vorbemerkung zu den Kapiteln 3 und 4 In den Kapiteln 3 und 4 soll gezeigt werden, wie der Evolutionsgedanke im Anschluß an Darwin aufgewendet worden ist, um der werdeweltlichen Veränderlichkeit die ihr adäquate Beachtung beimessen zu können. Hierbei werden fortgesetzt auch Begriffe wie "Darwinsche Theorie" und "Darwins Position" verwendet werden. Dies mag insofern Verwechslungen provozieren, als der Begriff "Darwinismus" in der Literatur seit Darwin uneinheitlich verwendet wird. In gewisser Hinsicht läßt sich zwischen Darwins Theorie im engeren und im weiteren Sinne unterscheiden. Mit "Darwins Theorie im weiteren Sinne" ist das Gesamt aus von Darwin übernommenen Theorien und von ihm neu entwickelten Argumenten gemeint, wie sie in Summe Darwins Aussagen zur Evolution, zur Abstammung und zur Züchtungslehre ergeben. Der Begriff "Darwins Theorie im engeren Sinne" würde sich demgegenüber speziell auf Darwins Selektionstheorie, wie sie also von Darwin neu konzipiert ist, beziehen[63].

Ein Problem, dem diesbezüglich in der Literatur viel Raum für Diskussion eingeräumt wird, ist, inwieweit sich Darwins Selektionstheorie sogleich durchzusetzen vermochte. Hieraus erwächst unter anderem die Diskussion darüber, ob Darwins Lehre eine wissenschaftliche Revolution - näherungsweise im Sinne des entsprechenden Begriffes Kuhns bedeutet - bedeutet, oder aber lediglich eine "Katalysator"-Funktion für entsprechende Entwicklungen in der Biologie besitzt, wie Bowler dies meint. Im Rahmen des vorliegenden Buches genügt diesbezüglich der Hinweis darauf, daß die Rezension der Selektionstheorie zur Zeit Darwins auch von der Frage geprägt ist, inwieweit diese Theorie eine gehaltvolle Alternative zu einer - zu recht kritisierten - naiv-fideistisch formulierten Schöpfungslehre ist - vgl. hierzu die Analyse der dementsprechenden Vorbehalte des Paläontologen Bronn in *Grundlegung* -.

Angesichts hiervon bzw. im Lichte der vorangegangenen Feststellungen zu dem Neuen der Position Darwins sei hier festgelegt, daß in den folgenden Ausführungen mit "Darwins Position" jenes Darwinsche Konstrukt gemeint ist, das die Selektionstheorie gemäß "Vorstoß innerhalb der Theologie" aufwendet. Das ist: Entscheidend für die Ausführungen in den Kapiteln 3 und 4 wird die Darstellung davon sein, inwieweit die in ihnen besprochenen Positionen die theologische Dimension des Darwinschen Denkens beibehalten oder aber - im Lichte anwachsender fachwissenschaftlicher Befunde zur Evolution - zurückdrängen, wobei hierauf aufbauend zu beachten sein wird, inwieweit eine allfällige Zurückdrängung ihrerseits aus einer über die theologische Dimension hinausreichende propositionale Vergegenwärtigung des Bereichs der Notwendigkeit geschieht, oder gerade hierin hinter die theologische Dimension zurückfällt.

---

[63] Vgl. hierzu auch: E-M Engels 1995: *Biologische Ideen von Evolution im 19. Jahrhundert und ihre Leitfunktionen. Eine Einleitung.* - In E-M Engels (Hrgb): *Die Rezeption von Evolutionstheorien im 19. Jahrhundert* - Frankfurt a.M., S. 13-66.

3.1 Über den wissenschaftlichen Monismus Haeckels

Am 11. Januar 1906 wurde an der Universität Jena (Institut für Zoologie) der *Deutsche Monistenbund* gegründet, unter anderem von Ernst Haeckel. Den Vertretern dieses Bundes war gemeinsam, im Sinne einer experimentell-analytisch konzipierten Naturwissenschaft – vorbereitet unter anderem durch Schleiden (Mitte 19. Jahrhundert) - die spekulative Philosophie, wie sie auch als Naturphilosophie auftrat, zu erübrigen. Über diese Gemeinsamkeit hinaus hatten die Vertreter des Monistenbundes durchaus unterschiedliche Positionen; der von Wolff geprägte Begriff "Monismus" führt an sich unterschiedlichste Positionen zusammenführt.

In der vorliegenden Arbeit wird daher nicht der Monismus zur Wende vom 19. zum 20. Jahrhundert betrachtet, sondern explizit der Haeckelsche Monismus. Haeckels Position wird hier herausgegriffen, da sie für die Verbreitung der Position Darwins von großer - wiewohl nicht unproblematischer - Bedeutung ist. Zudem erweist sich, so wird gezeigt werden, der Haeckelsche Monismus als ein wesentliches Verbindungsglied zwischen Darwins Position und gegenwärtigen, nicht-dialektischen genesetheoretischen Positionen, obgleich letztlich wider die Intention Haeckels. Das ist: Der Gehalt an theologischem Denken, wie er für Darwins Position so entscheidend ist, ist auch für Haeckels Position von Bedeutung, obschon in einer Form, die kaum noch gehaltvoll ist, so daß ihre Ausblendung in der Wirkungsgeschichte des Haeckelschen Werkes kaum mehr als die Entfernung unnötigen Ballastes - als den Haeckel sein theologisches Denken natürlich nicht sieht - zu sein scheint, die empiristische Denkweise uneingeschränkt zu ihrem "Recht" kommen lassend. Dieserart, so wird zu zeigen sein, trägt die Gehaltlosigkeit des Haeckelschen theologischen Denkens mit dazu bei, daß die propositionale Vergegenwärtigung der transzendentalphilosophischen Schwelle bzw. des Bereichs der Notwendigkeit in dem sich entwickelnden gesetzewissenschaftlich-evolutionstheoretischen Denken einem pragmatisch verzerrenden Empirismus überantwortet wird.

Um die Plastizität der Positionen innerhalb des Monistenbundes nicht vollständig ausblenden zu müssen, wird im Anschluß an die Darlegungen zu Haeckels *Welträtsel* ein Vergleich der Haeckelschen Position mit jener des Neurologen Forel, ebenfalls Mitglied des Monistenbundes, gebracht. Dieser Vergleich bietet sich insofern an, als sich Forel bei seiner Fundierung des Monismus bereits aufgrund seiner Profession expliziter dem Ich - wie es auch Subjekt der anfänglichen Daß-Aussage "Ich bin" ist - bzw. Menschen zuwendet, was von Interesse sein wird, da eben diese Bezugnahme bei Haeckel wesentlich defizitär gestaltet ist, woraus entscheidende Konsequenzen für Haeckels Monismus-Konzeption erwachsen.

Diese Vorbemerkungen zur Analyse von *Welträtsel* seien mit einer kritischen Anmerkung zum Begriff "Monismus" abgeschlossen. An sich ist das Begriffspaar "Monismus – Dualismus" höchst problematisch. Gemäß Universalität des Person-sein ist jedes Ich notwendig um Vergegenwärtigung des Subjektes der anfänglichen Daß-Aussage und in Folge der dialektischen Differenz zwischen dem Gründenden und dem Begrenzten bemüht. Hierin liegt, daß das Bedenken zwei Bereichen gilt, die beide Ganzheitlichkeit aufweisen, obgleich derart, daß derjenige des Begrenzten, da er in dialektischer Differenz zu dem Gründenden zu betrachten ist, nicht Ganzheitlichkeit an sich bedeutet - vgl. *Untersuchungen* und *Privatheit*. Insofern ein Ich aber nicht notwendig thematisch-methodisch unreduziert bedenkt, kann es diese dialektische Differenz verzerrt vergegenwärtigen, "dualistische" Systeme provozieren könnend - es tritt eine Kratylossche Inhomogenität zwischen dem An-sich- und Nicht-an-sich-Seienden auf -, oder aber, die transzendentalphilosophische Schwelle wird im Bedenken dahingehend nivelliert, daß der Ausgesagte Daß-Bereich nicht mehr in modaler Unterschiedlichkeit zum Gegründeten entgegentritt, so daß ein "monistisches" System entstehen kann[64].

Dieser Monismus ist somit ebensowenig wie der Dualismus thematisch-methodisch fundiert, da beide Positionen lediglich Verzerrungen der noetischen Dialektik bzw. der Entdeckung Platons repräsentieren. Beide Positionen bieten pragmatische Verzerrungen zur Zweieinheitlichkeit von das Eines gemäß Platons Eines-Formel: "das Eines ist, insofern es nicht nur es an sich ist". Das ist: Dualismus und Monismus - insofern sie von der noetischen Dialektik zu unterscheiden sind - stehen einander nicht an sich gegenüber, sondern lediglich im Horizont des Spektrums möglicher Verzerrungen noetisch-dialektischen Bedenkens. Dies wird es zu beachten gelten.

3.1.1 Haeckels *Welträtsel*[65]

Für das Verständnis von Darwins Position ist insbesondere sein Umgang mit der Historizität im Horizont der Möglichkeiten der Vergegenwärtigbarkeit des Daß-Aussage-Bereichs von Bedeutung. Hieran ist insbesondere zu beachten, daß Darwin im Rahmen hiervon die anfängliche Daß-Aussage nicht mit Blick auf das Ich sucht, zugleich aber seine hierzu aufgewendete Alternative derart versteht, daß sie ihm zu einer "Quasi-Person"-Konstruktion im Lichte der intentionierten Vergegenwärtigung der Sonderstellung des Menschen wird. Obgleich diese Intention zu dementsprechend pragmatischen Ergebnissen führt - zum Beispiel "Sonderstellung des Menschen" wird aus einer "Gradienten"-Konstruktion abgeleitet! -, sind Darwins Bemühungen um die Vergegenwärtigung der transzendentalphilosophischen Schwelle in Zusammenhang mit dem Person-sein deutlich erkennbar, wiewohl im Lichte eines latenten Monismus.

Worauf es daher in der folgenden Analyse von *Welträtsel* insbesondere zu achten gilt ist, inwiefern Haeckel den latenten Monismus Darwins dahingehend modifiziert, daß mit der Betonung des monistischen Elementes der Argumentation eine Stärkung der evolutionären Perspektive eintritt, dahingehend daß Darwins "Alles ist möglich"-Konstruktion überkommen werden kann, um willen einer propositional sein sollenden Vergegenwärtigung des Bereichs der Daß-Aussagen, dem diskursiven Vordringen zum Bereich der Notwendigkeit - wie dies auch Darwin ein Anliegen ist (vgl. oben) - tatsächlich entsprechen lassend.

---

64 Hierbei ist es einem monistischen System möglich, festzustellen, daß es in Getrenntheit zu dem von ihm propositional Betrachteten etwas gibt, das als "Sein an sich" oder sonst dergleichen bezeichnet werden mag. Braucht derartiges im Monismus also auch nicht kategorisch ausgeschlossen zu werden, so wird es in diesem aber dahingehend jeglichen Inhalts entleert, als aus dem Bedenken von diesem "Sein an sich" nicht analytisch abgeleitet wird; sogesehen bleibt es ohne Bedeutung für das am Werke seiende Ich.

65 *Welträtsel: gemeinverständliche Studien über monistische Philosophie* - [Nachdruck der] 11. verb. Aufl. Leipzig 1959 - mit einer Einleitung von I Fetscher; Stuttgart (1984). Im weiteren Text zitiert mit: *Welträtsel.*

3.1.1.1 Analyse

Kapitel 1-11
Der Abschnitt Kapitel 1-11 beginnt - Kapitel 1 - mit einem Bekenntnis Haeckels zum Monismus bzw. einer grundsätzlichen Darstellung des (Haeckelschen) Monismus im Lichte seiner Vorteile gegenüber anderen Positionen. Die hieran anschließenden Kapitel 2 bis 11 beschäftigen sich mit dem Menschen, ausgehend von Ausführungen zum Körperbau, der Ontogenie und der Stammesgeschichte, voranschreitend bis zur Seele - Kapitel 6 bis 11 -. Das eigentlich Beachtenswerte an dieser Anordnung ergibt sich daraus, daß in dem hieran anschließenden Kapitel 12 mit der Substanzlehre das eigentliche Subjekt - »Substanz« - der anfänglichen Daß-Aussage des Haeckelschen Monismus dargelegt wird. Dies ist um so beachtenswerter, als der Mensch in seiner biologisch-materialen Ebene, wie auch bezüglich seiner Seele, in den auf Kapitel 12 folgenden Kapiteln erneut analysiert wird, wobei insgesamt gilt, daß die an Kapitel 12 anschließenden Kapitel als Entfaltung der "anfänglichen Daß-Aussage" sensu Haeckel zu verstehen sind. Wieso also, so ist sogleich zu fragen, sind dieser Entfaltung besagte Ausführungen - insbesondere jene in Kapitel 2 bis 11 -, vorangestellt? Hierzu ist sogleich festzuhalten, daß Ausführungen zur biologisch-materialen Ebene des Menschen, wie sie also den Anfang des Kapitel 12 Vorangehenden bilden, gemäß "Inversion der Betrachtungsrichtung" nicht als der Freilegung der anfänglichen Daß-Aussage im dialektischen Sinn dienend, verstanden werden können.

Die Lösung des hiermit gegebenen Problems muß in der Konstruktion dessen liegen, das Haeckel anfängliche Daß-Aussage ist, die es also bedingt, ihrer Darstellung etwas voranstellen zu müssen, so wie Darwin - vgl. oben - seinen Ausführungen zur natürlichen Zuchtwahl im Lichte der Malthus'schen Argumentation Ausführungen zur künstlichen Zuchtwahl vorangestellt hat, die tatsächliche anfängliche Daß-Aussage - "Ich bin" - ausblendend. Die Vernünftigkeit davon, nach derartigem auch in Haeckels Argumentation Ausschau zu halten, ergibt sich auch daraus, daß Haeckels Darlegungen in erneuter Übereinstimmung mit Darwin mit der Analyse der biologisch-materialen Ebene des Menschen beginnen, zur Seele vordringend; vgl. oben: "Anordnung"-Konstruktion bei Darwin. In Haeckels Kapiteln 1 bis 11 muß also etwas enthalten sein, das dem Akzeptieren-können der anfängliche Daß-Aussage sein sollenden "Substanzgesetz"-Konstruktion dienlich ist, da sie gerade kein thematisch-methodisch unreduziertes Konstrukt ist.

Angesichts hiervon seien nun einige Aussagen aus Kapitel 1 zusammengetragen, wie sie einen ersten Eindruck dessen vermitteln, das die Argumentation in *Welträtsel* trägt. Zunächst sei zitiert:

> "Die Vernunft ist das höchste Gut des Menschen und derjenige Vorzug, der ihn allein von den Tieren wesentlich unterscheidet. Allerdings hat sie aber diesen hohen Wert erst durch die fortschreitende Kultur und Geistesbildung, durch die Entwicklung der *Wissenschaft* erhalten. Der ungebildete Mensch und der rohe Naturmensch sind ebensowenig (oder ebensoviel) »vernünftig« wie die nächstverwandten Säugetiere (Affen, Hunde, Elefanten usw.)" (S.28).

Im Lichte der vorangegangenen Ausführungen - Kapitel 2 des vorliegenden Buches - bedarf es keiner eigenen Darlegung davon, daß Haeckel hier eine ebenso pragmatische wie unappetitliche "Gradienten"-Konstruktion gibt, die "Sonderstellung des Menschen" im Rahmen einer pragmatisch verabsolutierten Diskursivität bedenkend. Hierher gehört auch Haeckels Aussage von der »Gehirnfunktion des Gemütes« (S.29), die zur Lösung der »Welträtsel« nichts beiträgt, bzw. ebensowenig wie Glaubenswahrheiten, die Haeckel lediglich –

abseits der Bedeutung der Trinitätslehre als "Hüterin auf dem Wege zu noetischen Dialektik" - im Lichte von »beruhen sämtlich teils auf Dichtung, teils auf bewußter oder unbewußter Täuschung« (S.29) versteht.

Hieran anschließend hält Haeckel fest:

> "Als einen der erfreulichsten Fortschritte zur Lösung der Welträtsel müssen wir es begrüßen, daß in neuerer Zeit immer mehr die beiden einzigen dazu führenden Wege: *Erfahrung und Denken* - oder *Empirie und Spekulation* - als gleichberechtigte und sich gegenseitig ergänzende Erkenntnismethoden anerkannt worden sind" (S.29).

Wiederum liegt die Übereinstimmung mit Darwin auf der Hand, so daß der hierin liegende Pragmatismus nicht eigens dargelegt werden braucht.

Immerhin sei aber folgende Ausführung Haeckels hinzugefügt, die dessen hoffnungslos pragmatisch verzerrtes Bedenken der Dialektik verdeutlichen: »Die Philosophen haben allmählich eingesehen, daß die reine Spekulation, wie sie zum Beispiel Plato und Hegel zur diealen Weltrekonstkruktion benutzten, zur wahren Erkenntnis nicht ausreicht« (S.29). Angesichts hiervon wird sogleich einsichtig, daß Haeckels zitierte Parallelisierung von »Denken« mit »Spekulation« - in Gegenüberstellung zu »Erfahrung« bzw. »Empirie« - »Spekulation« nicht im Sinne von "spekulative Philosophie" meint, wie sie um das Bedenken des zur Werdewelt Transzendentalen bemüht ist. D i e s e s Bedenken ist es ja gerade, das die Haeckelsche "Gradienten"-Konstruktion bezüglich Mensch als Pragmatismus entlarvt, weswegen es - bzw. zumindest seine gehaltvolle Betrachtung - von Haeckel ausgeklammert sein muß[66].

Angesichts hiervon ist Haeckels folgende erneute Bezugnahme auf »Gehirnfunktion« lesenswert:

> "Denn die zwei großen Erkenntniswege, die sinnliche Erfahrung und das vernünftige Denken, sind zwei *verschiedene Gehirnfunktionen*: die erstere wird durch die Sinnesorgane und die zentralen Sinnesherde, die letztere durch die dazwischen liegenden Denkherde, die großen »Assoziationszentren der Großhirnrinde« vermittelt (...). Erst durch die vereinigte Tätigkeit beider entsteht wahre Erkenntnis" (S.29).

Dies verdeutlicht insofern Haeckels geringes Problembewußtsein, als es zeigt, daß Haeckel »Gehirn« gar nicht als Eines der thematische-Begriffpyramide bedenken kann, also als ein Eines der Werdewelt-Analyse.

Die Konsultierung von Kapitel 1 soll mit zwei Zitaten beendet werden, die den Monismus charakterisieren:

> "Der *Monismus* hingegen (ebenfalls im weitesten Sinne begriffen!) erkennt im Universum nur eine einzige Substanz, die »Gott und Natur« zugleich ist; Körper und Geist (oder Materie und Energie) sind in ihr untrennbar verbunden" (S.31).

---

66 Im Lichte hiervon sei angemerkt, daß auch Schopenhauer "z w e i Wege" für die Beschaffung der nötigen Sätze für das Sich-orientieren des Ich festlegt, das empirische Forschen und das spekulativ-metaphysische Denken. Im Unterschied zu Haeckel gelingt es Schopenhauer aber - wiewohl nicht uneingeschränkt im Sinne der ersten Schicht des philosophischen Horizonts - von zwei Wegen zu sprechen, da ihm der nicht auf die Werdewelt abzielende Weg jener der an sich vergegenwärtigen Beachtung der Transzendentalität ist, womit also tatsächlich zwei (modal!) verschiedene Wege ausgesagt werden (vgl. *Theoriendynamik*). Dieser Hinweis auf Schopenhauers Position verdeutlicht exemplarisch das geringe Problembewußtsein Haeckels.

> "Vielmehr sind wir mit *Goethe* der festen Überzeugung, daß »die Materie nie ohne Geist, der Geist nie ohne Materie existiert und wirksam sein kann«. Wir halten fest an dem reinen und unzweideutigen Monsimus von *Spinoza*: Die *Materie*, als die unendlich ausgedehnte Substanz, und der *Geist* (oder die Energie) als die empfindende oder denkende Substanz, sind die beiden fundamentalen *Attribute* oder Grundeigenschaften des allumfassenden göttlichen Weltwesens, der universalen *Substanz* (vgl. Kapitel 12)" (S.31-32).

Daß Haeckel hier z w e i »fundamentale Attribute« aussagt, erinnert sogleich an seine vorhergehende Feststellung zu den z w e i »großen Erkenntniswegen«, wobei - demgemäß - »Körper bzw. Materie und Geist« mit »Erfahrung und Denken bzw. Spekulation« parallelisiert sei. Das ist: »Körper bzw. Materie« sowie »Erfahrung« thematisieren hierbei die materiale Ebene und »Geist« sowie »Denken bzw. Spekulation« das hierzu Verschiedene. Führt man diesen Vergleich fort, so muß "Substanz", »die Gott und Natur zugleich ist«, bezüglich »Körper bzw. Materie - Geist« in jener Position sein, die »Gehirn« für »Erfahrung - Denken bzw. Spekulation« einnimmt und insofern - wie der Begriff »Gehirn« - ein problematisches begriffliches Eines sein. "Problematisch" ist hier im Sinne der mit dem Monismus ganz allgemein zu verbindenden Problematik zu verstehen, wie sie in *Vorbemerkung zu den Kapiteln 3 und 4* skizziert ist und durch die "Anordnung"-Konstruktion in *Welträtsel* untermauert wird.

Im Lichte hiervon gilt sei nun, zunächst anhand einer Untersuchung von Kapitel 2 bis 11, die Haeckelsche Ansicht analysiert, über eine Position zu verfügen, die sich von Spiritualismus und Materialismus abgrenzen läßt. Einleitend hierzu ist zu den Kapiteln 2 bis 5 ganz allgemein festzuhalten, daß sie zunächst - Kapitel 2 - eine Analyse des menschlichen Körperbaus im Lichte davon bieten, zeigen zu können, daß dieser den Menschen als Teil des natürlichen Systems erweist; dementsprechend lauten Abschnitt-Überschriften: »Wirbeltier-Natur des Menschen«, »Tetrapoden-Natur des Menschen« bis hin zu »Katarrhinen-Natur des Menschen« und »Anthropomorphen-Gruppe«. Im Anschluß hieran - Kapitel 3 - widmet sich Haeckel dem Thema »Unser Leben«. Dieses Kapitel betrachtet insbesondere die physiologische Ebene des Menschen, wobei diese wiederum im Vergleich mit "Mensch" systematisch supraordinierten Taxa betrachtet wird - die Abschnitt-Überschriften lauten demgemäß unter anderem: »Mammalien-Physiologie« und »Physiologie der Affen« -, erneut das Teil-sein des Menschen von dem natürlichen System belegen versuchend.

Aus einem dieser Abschnitte - »der Mechanismus des Lebens (Monistische Physiologie)« - sei herausgegriffen:

> "Allein diese vernünftigen Ansätze [Descartes' "Tiere sind Maschinen"; Iatromechanik] zu einer naturgemäßen mechanischen Erklärung der Lebenserscheinungen vermochten keine allgemeine Anwendung und Geltung zu erringen, und im Laufe des 18. Jahrhunderts traten sie ganz zurück, je mehr sich der teleologische Vitalismus entwickelte" (S.64).

Zunächst genügt es darauf hinzuweisen, daß der hier ausgesagte Verweis auf »naturgemäß mechanische Erklärung«, insbesondere im Lichte der Ausführungen zu Darwin, als problematisch für eine monistische Theorie erscheint, die sich in Distanz zum Materialismus versteht. Diese Problematik verdichtet sich sogleich, da in Kapitel 5 - »Unsere Stammesgeschichte« - unter anderem zu lesen ist[67]:

---

[67] In dem vorangehenden Kapitel 4 wird »Unsere Keimesgeschichte« (so die Überschrift) behandelt

> "Für alle diese Vorgänge, wie überhaupt für alle Erscheinungen in der Natur und im Geistesleben nimmt *Lamarck* ausschließlich *mechanische*, physikalische und chemische Vorgänge als wahre, bewirkende Ursachen an. Seine geistvolle *Philosophie zoologique* enthält die Elemente für ein rein monistisches Natursystem auf Grund der Entwicklungslehre. Ich habe diese Verdienste *Lamarcks* im vierten Vortrage meiner Anthropogenie und im fünften *Vortrage* der natürlichen Schöpfungsgeschichte eingehend erörtert" (S.106).

> "..., sondern er [Darwin] entdeckte auch in dem *Selektionsprinzip* jene direkte Ursache der Transformation, welche *Lamarck* noch gefehlt hatte" (S.109).

Wiederum, und nun in unmittelbarer Verflechtung mit dem Monismus, tritt also der Verweis auf die Mechanik - »ausschließlich mechanische« - auf, wobei Darwins Selektionsprinzip als Ergänzung des damit Bezeichneten verstanden wird.

Kombiniert man die Ausführungen Haeckels zur Bedeutung der mechanischen Ursachen mit seinen Ausführungen zur "Tier-Natur" des Menschen, so ist zu fragen, inwieweit seine Thematisierung der Position Darwins bzw. des Darwinschen Selektionsprinzips tatsächlich im Sinne Darwins konzipiert sein kann. Zwar hat auch Darwin Aussagen zur "Tier-Natur" des Menschen und mechanistische Überlegungen, jedoch gemäß seiner "Vorstoß innerhalb der Theologie"-Konstruktion. Gerade hierfür, so läßt sich zumindest aufgrund des bisher Betrachteten vernünftig vermuten, läßt der Haeckelsche Monismus aber keinen Raum. Hierbei ist es weniger die Theologie an sich, die Haeckel notwendig zurückweisen muß, als primär die Thematisierung der Inhomogenität an der Grenze zwischen Mensch und Tier, um deren Darstellung Darwin, obgleich auf die dargestellt pragmatische Weise, bemüht ist - vgl. oben: "Anfang innerhalb der Stammesgeschichte" -.

Zumindest legt dies die obige Ausführung Haeckels nahe, wodurch sich der Mensch primär durch die Vernunft dem Grad nach (!) unterscheiden soll. Hieran ist hervorzuheben: Haeckel denkt hier keinesfalls an "Vernunft" im Lichte der Vergegenwärtigung von "im Gespräch sein mit sich" bzw. von "Ich bin", so daß sogleich zu betonen ist: Haeckels Befürwortung der Iatromechanik, Descartes' Satz, Lamarcks implizitem Monismus und Darwins Selektionstheorie bereitet der Betrachtung von "Sonderstellung des Menschen" aber auch von "Inhomogenität" - wie sie "Sonderstellung pragmatisch verzerrt" - in Verflechtung mit der Ausblendung von "Inversion der Betrachtungsrichtung" wesentliche Probleme!

Die zu beantwortende Frage ist daher, inwieweit Haeckel Darwins Selektionsprinzip im Sinne seiner Bedachtnahme auf Mechanik modifiziert. Hieran ist sogleich hervorzukehren, daß Darwins Aussagen zur Mechanik im Sinne von "Mechanik, die keine an sich sein soll" - vgl. oben -, uneindeutig sind. Liegt also vor, so ist somit weiters zu fragen, daß Haeckel mit seinem Monismus diese Darwinsche Uneindeutigkeit überkommen möchte und deshalb besagtes "keinen Raum lassen" auftritt? Damit wäre gegeben, daß Haeckel bezüglich der Thematisierung von "Inversion der Betrachtungsrichtung" hinter das diesbezüglich Darwin mögliche Maß zurückfällt, sich also in einer Weise mechanistisch-naturalistischem Denken anvertraut, die geradewegs Abkehr von der Vergegenwärtigung der "Inversion der Betrachtungsrichtung" ist, auch wenn das mechanistische Denken, auf der Basis des Monismus, explizit - der Intention Haeckels nach - gerade kein naiv-mechanistischer bzw. materialistisch-mechanismisches Denken sein soll.

Zur Verdeutlichung des hiermit Thematisierten seien zunächst einige Aussagen Haeckels zu demjenigen, wogegen er sich wendet, gebracht:

> "Die Gründe, welche man seit zweitausend Jahren für die Unsterblichkeit der Seele anführt, ... entspringen zum größten Teil nicht dem Streben nach Erkenntnis der

Wahrheit, sondern vielmehr dem sogenannten »Bedürfnis des Gemütes«, d.h. dem Phantasieleben und der Dichtung" (S.108).

"Die allgemein herrschende Auffassung des Seelenlebens, welche wir bekämpfen, betrachtet Seele und Leib als zwei verschiedene »*Wesen*«. Diese beiden Wesen können unabhängig voneinander existieren und sind nicht notwendig aneinander gebunden" (S.124).

"Diese hypothetische »*Geisteswelt*«, die von der materiellen Körperwelt ganz unabhängig sein soll, ... ist lediglich ein Produkt der dichtenden Phantasie, und dasselbe gilt von dem mystischen, eng mit ihr verknüpften Glauben an die »Unsterblichkeit der Seele«, dessen wissenschaftliche Unhaltbarkeit wir nachher noch besonders dartun müssen. ... Auch das Dogma des »freien Willen«, ein anderes wesentliches Stück der dualistischen Psychologie, ist mit dem universalen Substanzgesetz ganz unvereinbar" (S.124-125).

"Den schärfsten Ausdruck findet diese Bekehrung [Wundts[68]] in seinem Prinzip des *psychophysischen Parallelismus*, wonach zwar einem »jeden psychischen Geschehen irgendwelche physische Vorgänge entsprechen«, beide aber völlig unabhängig voneinander sind und *nicht in natürlichem Kausalzusammenhang stehen*" (S.136).

"Als der bedeutendste Begründer desselben [metaphysischer Athanismus] ist *Plato* zu betrachten; er lehrte schon im vierten Jahrhundert vor Christus jenen vollkommenen Dualismus zwischen Lieb und Seele, welcher dann in der christlichen Glaubenslehre zu einem der theoretisch wichtigsten und praktisch wirkungsvollsten Artikel wurde. ... Da *Plato* ein ewiges Leben der autonomen Seele sowohl vor als nach dieser zeitweiligen Verbindung annimmt, ist er auch Anhänger der »*Seelenwanderung*«; die Seelen existierten als solche als »ewige Ideen«, schon bevor sie in den menschlichen Körper eintraten. ... Die kindlichen und naiven Anschauungen dieser platonischen Seelenlehre liegen auf der Hand" (S.254).

Diese Aussagen verdeutlichen e i n d r i n g l i c h, daß Haeckel die noetische Dialektik g a r n i c h t v e r s t e h t und eine dementsprechend v ö l l i g f a l s c h e Vorstellung von Platons Position besitzt; weder kann Haeckel Platons "Seelenwanderungslehre" im Lichte der "Quasi-Person"-Konstruktion-Problematik diskutieren (dies fehlt vollständig!), noch kann er zwischen der Dialektik Platons und dem psychophysischen Parallelismus (der gerade nicht von dialektischer Differenz spricht!) unterscheiden! Haeckel sieht daher gar nicht, daß "Seele als ewige Idee" von Platon im Sinne seiner Dialektik verstanden wird - vgl. Analyse von *Der Sophist* in *Lehre* -, insofern das Ich als in dialektischer Differenz zu d a s Eines zu bedenken ist. Hierin liegt zugleich, daß Haeckels Ausführungen zu »freier Wille« und »Unsterblichkeit der Seele« einzig und allein als pragmatisch verzerrte Aussagen zum Person-sein - dieses wird gar nicht im Lichte seines Eines-sein erkannt - zu bewerten sind. Das ist: Haeckel sieht in den von ihm kritisierten dualistischen bzw. dualistisch sein sollenden Positionen solche, die sich dem Goetheschen »Materie nie ohne Geist, Geist nie ohne Materie« (vgl. oben) gegenüber nicht öffnen können, also dem hierin liegenden Monismus, weswegen sie auch der Fiktion »Geisteswelt« bedürfen sollen, die nur herbeiargumentiert mit dem Bereich des werdeweltlich Begrenzten verflochten werden kann. Hierzu ist zu beachten, daß die Aussage Goethes als Thematisierung von "d a s Eines kann nicht ohne das Begrenzte gedacht werden und das Begrenzte nicht ohne d a s Eines", wie dies die noetische Dialektik gemäß der dialektischen Differenz aussagt, verstanden werden kann. Diese Thematisierung der dialektischen Aussage

[68] W Wundt 1898: *Grundriß der Psychologie* - Leipzig (8. Aufl. 1907).

geschieht aber lediglich dem Motiv nach, wie im Sinne von Universalität des Person-sein festzustellen ist, da das komplementäre "nicht ohne" nur dann tatsächlich gemäß der noetischen Dialektik vergegenwärtigt wird, wenn es entsprechend der Thematisierung des An-sich-Selbstand-Repräsentierenden bedacht wird, wie es also nicht nur an sich sein kann, dieserart das Begrenzte gemäß dessen Ganzheitlichkeit im Sinne von "Begrenztes verweist auf Begrenztes" als Teilhabend am Selbstand-Repräsentierenden verstehen zu können.

Hieran denkt Haeckel, wie er sich auf Goethe bezieht, freilich gar nicht. Ihm dient das komplementäre "nicht ohne" im Sinne seines Monismus gerade zur Ausblendung der dialektischen Differenz, insofern sein Monismus die Zweiheit, wie sie also die dialektische Differenz besagt - und die also nicht zwei Eines bedeutet, die nebeneinander stellbar sind - im Sinne seiner "zwei Wege der Erkenntnis"-Argumentation (vgl. oben) verzerrt, bzw. gemäß »Körper / Materie & Geist«, wie es also auch nun wieder auftritt. Was Haeckel daher als Erfindung gemäß »Bedürfnis des Gemütes« versteht - die »Geisteswelt« - ist somit Ergebnis des von ihm gar nicht vergegenwärtigen Bemühens, etwas aussagen zu können, das in transzendentaler Differenz zu dem Begrenzten verstanden werden kann. Inwieweit hierbei dem Anliegen tatsächlich entsprochen werden kann - zum Beispiel im Gewand des psychophysischen Parallelismus Wundts - ist eine ganz andere Problematik.

Es sei daher betont: Insofern Haeckel im Lichte seines monistisch verstandenen komplementären "nicht ohne" im Sinne der Darwinschen "Anordnung"-Argumentation bei dem Ich den Anfang nimmt, thematisiert er zwei Bereiche des Ich, die eigentlich - gemäß der ersten Schicht des philosophischen Horizonts - entsprechend dem Auftreten der dialektischen Differenz innerhalb von Ich bedacht werden müßten, genauerhin insofern sie sich als "zwei Ebenen des Werdewelt-Ich" zeigt, was Haeckel gar nicht bedenkt. Daher aber gelangt er, im Sinne seiner Verzerrung des gemäß der dialektischen Differenz zu Betrachtenden, zu seiner Projektion aus dem Ich, das komplementäre "nicht ohne" entsprechend seiner Substanzlehre auf das Sein allgemein anlegend. Hierin spiegeln sich somit auch Haeckels Probleme bezüglich der Thematisierung der Sonderstellung des Ich wider.

Im Lichte hiervon ist sogleich von Interesse:

> "Nach meiner Überzeugung ist das, was man die »*Seele*« nennt, in Wahrheit eine *Naturerscheinung*; ich betrachte daher die Psychologie als einen Zweig der Naturwissenschaft - und zwar der Physiologie. Demzufolge muß ich von vornherein betonen, daß wir für dieselbe keine anderen Forschungswege zulassen können als für alle übrigen Naturwissenschaften; d.h. in erster Linie die *Beobachtung* und das Experiment, in zweiter Linie die *Entwicklungsgeschichte* und in dritter Linie die metaphysische *Spekulation*" (S.124).

> "Unter den zahlreichen widersprechenden Definitionen, welche die Psychologen vom Begriffe der »*Vorstellung*« (Dokesis) gegeben haben, halten wir diejenige für die zweckmäßigste, welche darin das *innere Bild* des äußeren Objektes erblickt, welche durch die Empfindung uns übermittelt ist (»Idee« in gewissem Sinne)" (S.155-156).

Diese Aussagen müssen, angesichts dem vorangegangen aus *Welträtsel* Zitierten, überraschen, denn wie soll sich im Lichte der darin gegebenen Zurückweisung des Dualismus, bzw. im Lichte eines Denkens, das sich wie dargestellt vehement auf Mechanik stützt, noch sinnvoll von "Metaphysik" und "Idee" sprechen lassen, außer daß hiermit Inhaltsleeres und Herbeiargumentiertes gemeint ist. Indem nämlich Haeckel die Seele als eine Naturerscheinung betrachtet, unterläuft ihm jene Ausblendung von "Metaphysik" - als der das zum Begrenzten transzendental Verschiedene propositional bedenkenden Disziplin -, die in Haeckels vorangegangen dargelegten monistischen Ausführungen eine vollständige Verzerrung der noetisch-dialektisch zu verstehenden Zweiheit bedeutet. Hierher gehört auch:

> "Bei den höheren Tieren, welche ein Nervensystem und Sinnesorgane besitzen, ist aus dem *Psychoplasma* durch Differenzierung das *Neuroplasma*, die Nervensubstanz, entstanden. Unsere Auffassung ist in *diesem* Sinne *materialistisch*" (S.125).

Haeckel unterwandert hier explizit seine Konzentration auf den Monismus, einen Materialismus vertretend, der sich mit Metaphysik und "Ideen" kombinieren lassen soll, ohne Dualismus zu sein. Zudem verdeutlicht dieses Zitat die zuvor bezüglich Haeckels monistischer Verzerrung von Zweiheit festgehaltene Projektion aus der Betrachtung von Ich im Sinne einer genesetheoretischen Theorie. (Obgleich hierauf noch genauer einzugehen sein wird, sei hier, um Mißverständnisse zu vermeiden, betont: Haeckels "Projektion aus dem Ich" erwächst keiner anfänglichen Bezugnahme auf "Ich", wie sie gemäß der noetischen Dialektik zu fordern ist, sondern einer Beachtung des nicht adäquat verstandenen Werdewelt-Ich; vgl. oben: Haeckel erkennt nicht, daß die von ihm betrachtete Zweiheit im Sinne der dialektischen Differenz bedacht werden müßte. Haeckels Aussage bezüglich »inneres Bild des äußeren Objektes« ist daher nichts, das letztlich auf "im Gespräch sein mit sich" im Verhältnis zu dem Werdewelt-Ich bezogen werden könnte.)

Beachtet man angesichts hiervon Haeckels Verwendung mechanistisch-materialistischen Denkens genauer, so ist an bemerkenswerten Aussagen anzuführen:

> "Indessen hat sie [Psychophysik] prinzipiell insofern hohen Wert, als dadurch die strenge Geltung physikalischer Gesetze auf einem, wenn auch nur sehr kleinem Gebiete des sogenannten »Geistesleben« dargetan wurde. ... Die »exakte Methode hat sich auch hier, wie auf vielen anderen Gebieten der Physiologie, als unzureichend und wenig fruchtbar erwiesen; sie ist zwar überall im Prinzip zu erstreben, aber leider in den meisten Fällen nicht anwendbar. Viel ergiebiger sind die vergleichende und die genetische Methode«" (S.133).

> "Und er [Wundt; vor der oben von Haeckel angeführten "Bekehrung"] eröffnet uns »einen Einblick in jenen Mechanismus, der im unbewußten Hintergrund der Seele die Anregungen verarbeitet, die aus den äußeren Eindrücken stammen«" (S.135).

> "Was mir aber besonders wichtig und wertvoll an Wundts Werk [vor besagter "Bekehrung"] erscheint, ist, daß er »hier zum ersten Mal das Gesetz der Erhaltung der Kraft auf das psychische Gebiet ausdehnt«" (S.135).

> "Der physiologische Beweis lehrt uns, daß die menschliche Seele ebenso wie die der höheren Tiere kein selbständiges, immaterielles Wesen ist, sondern der Kollektivbegriff für eine Summe von Gehirnfunktionen; diese sind ebenso wie alle anderen Lebenstätigkeiten durch physikalische und chemische Prozesse bedingt, also auch dem Substanzgesetz unterworfen" (S.261).

Diese Aussagen sind von dem Wunsch Haeckels geprägt, die "exakten" Naturwissenschaften in methodischer Hinsicht als Fundament verstehen zu können, auch wenn sie »nicht so ergiebig« sein mögen wie die genetische Methode. Genauerhin ist hierzu zu beachten, daß Haeckel in den gebrachten Zitaten die Thematisierung des Substanzgesetzes mit jener der Mechanik und der Chemie verknüpft, wie sie also Haeckel als "exakte Wissenschaften" das Ideal der Wissenschaftlichkeit bezeichnen; im Lichte hiervon wird von Haeckel erneut auf »Gehirnfunktion« reflektiert, gemäß einer Mißachtung von "im Gespräch sein mit sich".

Trotzdem wird die »genetische Methode« im Vergleich mit den exakten Wissenschaftsvorhaben, als ergiebiger angesehen, so daß es gerade der Umstand, daß jene Methode, die nicht das Ideal repräsentiert, die ergiebigere Methode ist, sein mag, aus dem Haeckel seine Vorstellung von Metaphysik mit Inhalt belegt. Hieran ist sogleich hervorzuheben, daß – unabhängig wie es hier konkret um Haeckels Vorstellung von Metaphysik bestellt sein mag (vgl. unten) - seine Aussage zur genetischen Methode als der ergiebigeren Methode nicht deckungsgleich sein kann mit Darwins Forderung nach methodischer Eigenständigkeit der Biologie - vgl. oben -. Das ist: Haeckels »ergiebiger« wird relativ zu einer Ideal seienden Mechanik ausgesagt, die gleichsam die Stelle von Darwins opportunistischer Argumentationsweise in dessen Position einnimmt. Hierzu ist daran zu erinnern, daß Darwins Position – entsprechend ihrer Verwurzelung in der Physikotheologie - einen Vorstoß innerhalb der Theologie bedeutet, wie er sich mit dem Ideal "Mechanik" nicht vereinbaren läßt. Die hierin liegende Diskrepanz zwischen Darwin und Haeckel ist dahingehend zu verstehen, daß Haeckels Verweis auf die Mechanik gerade den Versuch beinhaltet, Darwins oportunistisches Denken überkommen zu können, wofür Haeckel der mechanistische Gehalt in Darwins Selektionstheorie Grundlage ist, und der also betont wird. In anderen Worten: Während Darwin die Ergiebigkeit seiner Werdewelt-Regeln, wie er sie gemäß seinem evolutionistischen Denken anführt, dadurch gegeben sieht, daß er sie als theologisch - letztlich gemäß dem physikotheologischen *pattern argument* - letztbegründbar versteht, sieht Haeckel sein Ideal "Mechanik" als jenes, das das "genetische Denken" - obgleich es also nicht das Ideal ist - »ergiebig« sein läßt: es ist dies also, da es sich begründungstheoretisch nicht selbst tragen muß.

Hierzu ist sogleich zu betonen: Haeckels Feststellung »Der physiologische Beweis lehrt uns, daß die menschliche Seele ebenso wie die der höheren Tiere kein selbständiges, immaterielles Wesen ist, sondern der Kollektivbegriff für eine Summe von Gehirnfunktionen« läßt eigentlich keinen Platz mehr dafür offen, Darwins "Dekalog - Seligpreisung"-Analogon aufzugreifen. Die naturwissenschaftlichen Ergebnisse, unter anderem jene von Wundt, führen Haeckel zu einem Ich-Verständnis, das dieser mechanistisch denkt, ohne daß es naiv-mechanistisch bzw. naiv-materialistisch bedacht sein soll, so daß also der Haeckelsche Bezug auf Mechanik letztlich keine Elimination von Darwins Analogon sein soll, sondern dessen adäquate, da naturalisierte Darstellung, auch wenn dies zumindest zu bedeuten scheint, daß besagtes Darwinsches Analogon keine gehaltvolle Repräsentanz finden kann, freilich abseits der Vergegenwärtigung der ersten Schicht des philosophischen Horizonts. Bei dieser Feststellung kann es hier belassen werden, gemäß dem Umstand, daß die Kapitel 1 bis 11 vor Haeckels propositionaler Darstellung seiner anfänglichen Daß-Aussage stehen.

Ein Aspekt der angeführten Problematik ist aber hervorzuheben: Wie soll es Haeckel möglich sein - insbesondere angesichts seiner Intention, einen naiven, mechanistischen Materialismus vermeiden zu wollen -, die Welt als "Uhrwerk" verstehen zu müssen, da Darwin gerade hierfür sein theologisches Denken aufwendet - vgl. oben -. Es wird sich noch zeigen, daß Haeckel zur Lösung dieses Problems eine höchst naive "Zufall"-Konstruktion aufwendet. Die genauere Darstellung hiervon sei aber wiederum aufgeschoben.

Angesichts hiervon seien zwei Zitate zusammengetragen, in denen Haeckel zwischen "materieller Träger" und "Getragenes" unterscheidet, wie dies von Interesse ist, da Haeckels Ausführungen die dialektische Differenz innerhalb des Ich verzerren, das "Ich" materialistisch verzerrend, im Sinne der gebrachten Betonung der Mechanik:

> "In allen Fällen, ebenso auf dieser niedersten wie auf jener höchsten Stufe der psychologischen Skala ist eine gewisse chemische Zusammensetzung des Psychoplasma und eine gewisse physikalische Beschaffenheit desselben unentbehrlich, wenn die »Seele« fungieren oder arbeiten soll" (S.136).

"..., wie die beiden Zellkerne [der miteinander verschmelzenden Geschlechtszellen], welche die materiellen Träger dieser psychischen Spannkräfte sind, zu einem neuen *Zellkern* sich verbinden" (S.183).

Haeckel unterscheidet hier zwei Ebenen, wobei eine materiale Ebene als Träger für Funktionen - diese bezeichnen die zweite Ebene - verstanden wird. In Zusammenhang hiermit versteht Haeckel den Begriff »Seele« als Abstraktion bezüglich der Funktionen, e b e n s o wie zum Beispiel »Stoffwechsel« oder »Zeugung« (S.148). Die beiden Ebenen führen also zu jenem - "Seele" -, das - obgleich nicht notwendig mit diesem Begriff bezeichnet - das Ich als e i n Eines bezeichnet, und in seinem "nicht nur dieses Eines an sich sein" eine materiale Ebene bedeutet, zu der Körperbau und Physiologie gehören. Für die thematisch-methodisch unreduzierte Vergegenwärtigung des hiermit Thematisierten bedürfte Haeckel aber der Beachtung der noetischen Dialektik - mit der Differenzierung "materialer Träger - Getragenes" ist ja die dialektische Differenz bezeichnet -, worüber Haeckel aber gerade nicht verfügt. Daher erhält Haeckel "Träger" und "Funktion" als zwei Bereiche die insofern äußerlich zu einander sein müssen, als Haeckels Nicht-Vergegenwärtigung der dialektischen Differenz besagte pragmatische komplementäre "nicht ohne"-Konstruktion provoziert, dieserart besagte Zweiheit bedenkend.

Explizit ist hierzu darauf hinzuweisen, daß Haeckels »eine gewisse chemische Zusammensetzung des Psychoplasma und eine gewisse physikalische Beschaffenheit desselben« im Lichte der zuvor angeführten Haeckelschen Betonung mechanistischen bzw. "exakt naturwissenschaftlichen" Denkens zu verstehen ist, im Sinne wovon es also, zumal in Zusammenschau mit seinem "Anordnung"-Argument, als naiv-materialistisch konzipierter Daß-Aussage-Bereich seiner Position zu verstehen ist[69].

Die Äußerlichkeit zwischen "Träger" und "Funktion" bzw. der damit ausgesagte monistische Materialismus ist bei Haeckel aber nicht uneingeschränkt naiv konzipiert, zumindest insofern Haeckel "Funktion" nicht einfach genesetheoretisch aus "Träger" hervorgehen läßt; beide werden als co-eternal verstanden, bzw.:

"Ich [Haeckel] habe vielmehr ausdrücklich betont, daß ich mir die elementaren psychischen Tätigkeiten der Empfindung und des Willens, die man den Atomen zuschreiben kann, *unbewußt* vorstelle, ebenso unbewußt wie das elementare Gedächtnis, welches ich nach dem Vorgange des ausgezeichneten Physiologen *Ewald Hering* als eine »allgemeine Funktion der organisierten Materie« (besser »der lebenden Substanz«) betrachte" (S.229-230).

"Alle lebendigen Naturkörper ohne Ausnahme sind *spontan* beweglich, im Gegensatz zu den starren und unbeweglichen Anorganen (Kristallen), d.h., es finden im lebendigen *Protoplasma* Lageveränderungen der Teilchen aus inneren Ursachen statt, welche in dessen chemischer Konstruktion selbst begründet sind" (S.149-150).

Dies gilt es also explizit im Sinne der Haeckelschen Vorstellung von Zweiheit zu lesen, dergemäß Haeckel »elementar« bezüglich beiden damit bezeichneten grundsätzlichen »Attributen der Substanz« aufwendet. Ebenso explizit ist aber zu beachten, daß Haeckels Thematisierung

---

69 Angemerkt sei, daß sich die hervorgehobene Aussage Haeckels nicht direkt mit Epikurs atomistischen - und scheinbar materialistischen - Vorstellungen von der Seele vergleichen läßt - vgl. oben -, da diese zwar die erste Schicht des philosophischen Horizonts verfehlen, jedoch i n n e r h a l b des philosophischen Horizonts, wohingegen Haeckels Bemühungen bestenfalls als "um den philosophischen Horizont bemüht" eingestuft werden können, derart trivial gestaltet sich - zumindest aufgrund des bisher Betrachteten - sein Materialismus

der Eines-Formel im Gewand der komplementären "nicht ohne"-Konstruktion hier an Bedeutung für seine Argumentation verliert - sie ist ihm eben nicht an sich Ausgang des Bedenkens! -; die Begründungsrichtung der Haeckelschen Argumentation führt einseitig zu der materialen Ebene: die »spontane Bewegung« ist begründet in »chemischer Konstruktion«, das »unbewußte Empfinden«, der »unbewußte Wille der Atome« ist »Funktion der organisierten Materie«. Daß es sich hierbei tatsächlich um Aussagen gemäß einer schwindenden Konzentration auf die komplementäre "nicht ohne"-Konstruktion handelt und i n s o f e r n um keine uneingeschränkt naiv-materialistische Argumentation, ergibt sich schon daraus, daß Haeckel, wiewohl er für den Menschen "freier Wille" ablehnt, sogar bei den Atomen "Wille" an sich nicht zurückweist, womit etwas - nebst anderen derartigen Eines - ausgesagt wird, das zwar chemisch-mechanistisch zu erklären ist, jedoch keine Eigenschaft neben anderen chemisch-mechanistischen Eigenschaften bedeuten soll. Um eine eindeutige Unterscheidung zwischen chemisch-mechanischen Eigenschaften und hierzu modal Verschiedenem - entsprechend der Verschiedenheit der Eines der beiden *Ion*schen Teilpyramiden - kann es sich hierbei aufgrund des bisher Dargelegten aber nicht handeln. Die somit gegebene Uneindeutigkeit der Haeckelschen Darstellung ist nur teilweise darauf zurückzuführen, daß die betrachtete Argumentation vor der propositionalen Betrachtung der Daß-Aussage sein sollenden Aussage - das Substanzgesetz - steht, da zu dieser Aussage gemäß der "Anordnung"-Konstruktion hingeführt wird, unter anderem mittels dem hier Diskutierten.

Zu besagter, von Haeckel vertretenen Co-Eternalität ist weiters zu beachten, daß sie ohne expliziter Nennung des anfänglichen Daß-Aussage-Bereiches angeführt wird. Dieserart eröffnet Haeckel die Möglichkeit zu jener umfassenden, "Inhomogenität" an der "Grenze" vom Tier zum Menschen, ausblendenden, Anführung der "Gradient"-Konstruktion, auf die bereits hinzuweisen war.

Diese Ausblendung sei nun genauer betrachtet, wobei sogleich angeführt sei, daß Haeckel - in einem Abschnitt mit der Überschrift »Völkerpsychologie« - von einer »langen Kette der Stufenleiter psychischer Entwicklung, welche ununterbrochen von den niedersten, einzelligen Lebensformen bis zu den Säugetieren und anderen Spitze bis zum Menschen hinausführt« (S.127-128) berichtet, wie auch - in dem Abschnitt mit der Überschrift »Phylogenetische Psychologie« -, davon, Romanes[70] zitierend, »daß die psychologische Schranke zwischen Tier und Mensch überwunden ist« (S.141).

Angesichts hiervon seien nun drei Aussagen Haeckels zitiert:

> "Die höheren Wirbeltiere (vor allem die dem Menschen nächststehenden Säugetiere besitzen ebensogut Vernunft wie der Mensch selbst, und innerhalb der Tierreihe ist ebenso eine lange Stufenleiter in der allmählichen Entwicklung der Vernunft zu verfolgen wie innerhalb der M e n s c h e n r e i h e[71]" (S.163).

> "Der menschliche Wille ist ebensowenig frei als derjenige der höheren Tiere, von welchem er sich nur dem Grade, nicht der Art nach unterscheidet" (S.168).

> "Denn der Mensch zeichnet sich vor diesen letzteren [höhere Säugetiere, zum Beispiel Affen und Hunde] nicht durch eine besondere neue Art oder eine eigentümliche, nur ihm zukommende Funktion der Psyche aus, sondern lediglich durch einen höheren *Grad* der psychischen Tätigkeit, durch eine vollkommenere Stufe ihrer Entwicklung. Besonders ist bei vielen Menschen (aber durchaus nicht bei allen!) das *Bewußtsein* höher entwickelt als bei den Tieren, die Fähigkeit der Ideenassozion, des

---

[70] J Romanes 1885-1893: *Die geistige Entwickelung im Tierreich und im Menschen* - Leipzig.

[71] Hervorhebung durch den Autor

Denkens und der Vernunft. Indessen ist dieser Unterschied bei weitem nicht so groß, als man gewöhnlich annimmt, und er ist in jeder Beziehung viel geringer als der entsprechende Unterschied zwischen den höheren und niederen Tierseelen oder selbst als der Unterschied zwischen den höchsten und tiefsten Stufen der Menschenseele[72]" (S.258).

Diese Zitate verdeutlichen - angesichts der vorangegangenen Ausführung bezüglich Haeckels "nicht uneingeschränkt naiver Argumentation" - das bereits bezüglich Kapitel 1 von *Welträtsel* auszusagen gewesene Haeckelsche "verabsolutierte" Verständnis von Diskursivität, von dem also zu sprechen ist, da Haeckel nicht zu "im Gespräch sein mit sich" vordringt; er versteht Diskursivität nicht als ein Eines der unthematische-Begriffpyramide. Stattdessen bedenkt er Diskursivität im Horizont von Ideenassoziation etc., also im Rahmen von etwas, das ihn die Betonung auf die "exakte Naturwissenschaft" legen läßt, Metaphysik lediglich etwas sein lassend, das die Differenz von "exakte Naturwissenschaft" und "genetische Methode" ausgleicht: Daher auch wiederholen sich gegenüber Kapitel 1 jene Aussagen, die die Sonderstellung des Menschen ausblenden. Hierin liegt zugleich Haeckels explizite Bezugnahme auf Evolution bzw. Genese begründet, im Rahmen derer also die oben angeführte Projektion Haeckels aus dem Ich auf das Sein allgemein Inhalt erhält. Wenn somit Haeckel hier von »höherer Grad der psychischen Tätigkeit« spricht, hiermit Bewußtsein des Menschen und »Menschenseele« verflicht und zuvor darauf insistiert hat, daß die Erforschung der Seele als Teil der Physiologie zu gelten hat, so liegt insgesamt vor, daß Haeckels Beachtung der Zweiheit im Horizont von Ich zum Ausgang einer Projektion genommen wird, der besagtes genesetheoretisches Element insofern von Bedeutung sein muß, als die hiermit verflochtene monistische Verzerrung der dialektische Differenz, wie sie für Ich auszusagen ist, gerade Ausblendung des Letztrechtfertigenden - das Eines - ist, so daß die weitgehende Ausblendung der Inhomogenität die Notwendigkeit der Rechtfertigung von Ich als Eines ausblendet: In der von Haeckel dargelegten Konstruktion wird das Projizierte unmittelbar an das Sein allgemein - Substanz - angelegt und insofern anscheinend jeglicher Begrenzung entzogen, wie sie Begründung erzwingen könnte; Haeckel projiziert dieserart seine "Zweiheit"-Konstruktion, da sie ihm als etwas notwendig Auszusagendes erscheint, übersehend, daß zwar tatsächlich notwendig Auszusagendes thematisiert ist, jedoch pragmatisch verzerrt. Haeckel unterläßt hierbei auch die Einflechtung von "Anfang innerhalb der Stammesgeschichte", da ihm dies ein Eines ergeben würde, das Begrenzung und somit Begründung provozieren würde, was Haeckel also gerade abwenden möchte, der Meinung seiend, Notwendiges thematisiert zu haben, wie es auf den Anfang schlechthin verweist[73].

Dies signalisiert sogleich, daß Haeckel die Genesetheorie bzw. Evolutionstheorie Darwins wichtig sein muß, um besagte Projektion als geltungstheoretisch unproblematisch erscheinen lassen zu können, gerade im Lichte der Ausblendung von "Sonderstellung des Menschen", "Inversion der Betrachtungsrichtung", "Anfang innerhalb der Evolution" und so fort[74].

---

[72] Hervorhebung durch den Autor

[73] Haeckel hat also recht, wenn er "Anfang innerhalb der Stammesgeschichte" zurückweist, da dies lediglich Inhomogenität bedeutet, doch dürfte er hiermit nicht sogleich auch ausblenden, das Ich als ein Eines im Sinen der Eines-Formel auszusagen, da dies eine Begründung bedingt, die gemäß dem differentiellen Verzicht-üben-müssen des Ich notwendig auszuführen ist, um tatsächlich zu dem Bereich der Daß-Aussagen vordringen zu können, Notwendigkeit hinreichend genau thematisieren lassend.

[74] Inwiefern hier auch Darwins Selektionstheorie für Haeckel von Bedeutung ist, wird noch zu analysieren sein.

Um dies verdeutlichen zu können, sei nun aus *Welträtsel* gelesen:

> "Die automatischen Bewegungen sowohl als die Reflexbewegungen, die wir schon bei den einzelligen Protisten allgemein beobachten, erscheinen uns als die Folge von S t r e b u n g e n[75], welche mit dem Begriffe des Lebens selbst untrennbar verknüpft sind" (S.166).
>
> "Erst wenn das »dreizellige Reflexorgan« sich entwickelt, wenn zwischen die sensible Sinneszelle und die motorische Muskelzelle die selbständige dritte Zelle eingeschaltet wird, d i e »S e e l e n z e l l e o d e r G a n g l i e n z e l l e«, können wir diese als ein s e l b s t ä n d i g e s E l e m e n t a r o r g a n d e s W i l l e n s anerkennen" (S.166)[76].
>
> "Der Wille bleibt aber hier, bei den niederen Tieren, meistens noch *unbewußt*. Erst wenn sich bei den höheren Tieren das Bewußtsein entwickelt, als subjektive Spiegelung der objektiven inneren Vorstellung im Neuroplasma der Seelenzellen, erreicht der Wille jene höchste Stufe, welche ihn q u a l i t a t i v[77] dem menschlichen Willen gleichstellt, und für den man im gewöhnlichen Sprachgebrauch das Prädikat der »*Freiheit*« in Anspruch nimmt" (S.166-167).

Ganz explizit wird also die Prädizierbarkeit bezüglich "Wille" auf die Gestaltung des Bewußtseins bezogen, dergegenüber "Wille" im Lichte einer "Bestreben"-Konstruktion betrachtet wird, die, ganz so wie bei Darwin - vgl. oben -, das Anfang-Problem bezüglich Am-Werke-sein ausschließlich nicht-propositional beleuchtet. Das ist: Haeckels »Strebung« erscheint als ein Universale, das abseits jeglicher Vergegenwärtigung der Notwendigkeit des Entontologisieren-müssens, bzw. der Vergegenwärtigung von "Ich bin" als anfänglicher Daß-Aussage, das Anfang-Problem für das Um-sich-bemüht-sein des Menschen lösen soll. In dem damit bezeichneten Sinn, also gemäß dem damit bezeichneten mechanistisch-pragmatischen Denken, das das Bewußtsein primär im Horizont von Informationsverarbeitung bedenkt, ist es somit auch zu verstehen, daß Haeckel von »Menschenreihe« und »Stufe der Menschenseelen« spricht, abseits jeglichen Versuches, die Sonderstellung des Menschen gemäß der Beachtung von "Ich bin" zu thematisieren.

Nicht derartiges unternimmt Haeckel, sondern eine Auflösung dieser Sonderstellung gemäß "die höheren Tiere und Menschen sind einander näher - abseits von »Stufen der Menschenseelen« - als einer von beiden den niederen Tiere, Pflanzen und Pflanzen". Hierher gehört auch, daß Haeckel das »bewußte und vernünftige Denken« (S.157) polyphyletisch entstanden denkt, also nicht nur bei »den höchsten Formen des Wirbeltierstammes, sondern auch bei den höchstentwickelten Vertretern anderer Tierstämme (Ameisen und andere Insekten, Spinnen und höhere Krebse unter den Gliedertieren, vielleicht auch Zephalopoden unter den Weichtieren« gegeben sieht!

Angesichts hiervon sei nun genauer geachtet auf: »dreizelliges Reflexorgan«, »Seelenzelle« und »selbständiges Elementarorgan des Willens«, woran sogleich die Kombination von "Reflex" und "selbständig" auffallen muß. Haeckels Ausführungen zum Reflexorgan sind Teil einer Argumentation, die sich mit der »Stufenleiter der Seele« (Überschrift von Kapitel 7) beschäftigt. In diesem Kapitel werden zunächst die »Skala der Empfindungen« und die »Skala der Bewegungen« abgehandelt, woran Untersuchungen anschließen bezüglich: »einfache und zusammengesetzte Reflexe«, »Reflextat und Bewußtsein«, »Skala der Vorstellungen (Do-

---

75 Hervorhebung durch den Autor

76 Hervorhebungen durch den Autor

77 Hervorhebung durch den Autor

kesen)«, »Skala des Gedächtnisses«, »Assozion der Vorstellungen«, »Instinkte«, »Skala der Vernunft«, »Sprache«, »Skala der Gemütsbewegungen« bis hin zu »Skala des Willens«. Schon diese Abschnitt-Überschriften signalisieren, daß Haeckel hier, ausgehend von einfachen - informationsverarbeitenden - Äußerungen des Am-Werke-sein von Lebewesen bis hin zu jenem - "Wille" - voranschreitet, das eigentlich das Person-sein konstituiert, und somit in transzendentaler Differenz zu dem Vorangegangenen gesehen werden müßte, wie auch im Lichte jener analytischen Entfaltung von Person-sein, die aussagbar sein muß, da Person-sein ein Eines der unthematische-Begriffpyramide ist, womit "entfaltet und unentfaltet Person-sein" zu unterscheiden ist - vgl. oben -. Nicht derartiges bedenkt aber Haeckel, sondern eine e i n h e i t l i c h e Darlegung bezüglich aller genannten Eines, sie jeweils im Horizont von Genese zeigend; lediglich bezüglich "Wille" weicht dies ab, da dieser als Konstitutivum für "Leben" betrachtet wird, auf die oben dargestellte Weise. Insofern tritt also eine Inhomogenität in der Darstellung auf: Es wird erneut zumindest nicht-propositional bedacht, daß Genese nicht uneingeschränkt bis zuletzt angewendet werden kann, bzw. etwas aufweisen muß, das erlaubt, Genese nicht als ein "Alles fließt" aussagen zu müsen, abseits der Möglichkeit, "Genese" mit "Selbstand" verflechten zu können. Diese Vorgehensweise, die einzelnen Äußerungen des Am-Werke-sein nacheinander abzuhandeln, bis zuletzt auf jene - »Wille« - getroffen wird, die zumindest implizit unterschiedlich zu dem Vorangegangenen zu bedenken ist, ist von Darwins Position bekannt - vgl. oben -. Diese Übereinstimmung ist eben jene bezüglich dem übereinstimmenden Auftretens eines "Gradienten"-Modells, bzw. das übereinstimmende Auftreten eines "nicht-mechanistisch sein sollenden" mechanistischen Denkens.

Dies beachtend sei nun explizit auf Haeckels Kombination von "Reflex" und "selbständig" geblickt. Wie sich bereits den angeführten Abschnitt-Überschriften entnehmen läßt, verfolgt Haeckel eine analytisch s e i n s o l l e n d e Argumentation, gemäß seiner Ansicht, daß sich »aus der psychischen Reflextätigkeit das Bewußtsein entwickelt« (S.154), wozu gehört, daß die Reflexe mit den Vorstellungen (Dokesen) in Beziehung zu setzen sind; Haeckel unterscheidet hierbei vier Hauptstufen der Vorstellungsfunktionen: »zellulare Vorstellung«, »histonale Vorstellung«, »unbewußte Vorstellung der Ganglienzelle« und »bewußte Vorstellung der Gehirnzelle«. Zur ersten Hauptstufe ist unter anderem zu lesen:

> "Die Produktion dieses spezifischen, oft höchst verwickelt gebauten Skelettes [der Radiolarien] durch eine höchst einfach gestaltete (meist kugelige) Zelle ist nur dann erklärlich, wenn wir dem bauenden Plasma die Fähigkeit der Vorstellung zuschreiben, und zwar der besonderen Reproduktion des »plastischen Distanzgefühls«, wie ich in meiner *Psychologie der Radiolarien* gezeigt habe (1887, S.121)" (S.156).

Dies erinnert nicht von ungefähr an Darwins Querverweis zwischen "Entwicklung der Sprache" und "Skelett der Seelilien" (vgl. oben): Darwins und Haeckels Verweise auf das Skelett bestimmter Tiere ergeben sich aus einem Naturalismus, als Ergebnis davon, daß die Ausblendung der "Inversion der Betrachtunsgrichtung" provoziert, das Werdewelt-Ich, wie auf es gemäß der Mißachtung von Ich im Sinne von "im Gespräch sein mit sich" geblickt wird, als eine Ganzheit verstehen zu müssen, die auf Letztbegründendes zu beziehen ist, was somit - als Ergebnis der Ausblendung von "im Gespräch sein mit sich"! - nur noch naturalistisch gemäß akzeptierter Orientierbarkeit an der Natur geleistet werden kann.

Angesichts hiervon wird auch verständlich, daß Haeckel den Schritt zur vierten Hauptstufe als Ausdruck zunehmender Komplexität - zum Beispiel bezüglich »Assozion« - versteht, wie dies - also die naturalistische Bezugnahme auf Komplexität - ebenfalls auch von Darwin bekannt ist (vgl. oben) -:

"*Das bewußte Gedächtnis*, welches durch bestimmte Gehirnzellen beim Menschen und den höheren Tieren vermittelt wird, erscheint daher nur als eine spät entstandene »*innere Spiegelung*«, als die höchste Blüte derselben psychischen Vorstellungsreproduktionen, welche bei unseren tierischen Vorfahren sich als unbewußte Vorgänge in den Ganglienzellen abspielten" (S.159-160).

"Alles höhere Seelenleben wird um so vollkommener, je mehr sich die normale Assozion unendlich zahlreicher Vorstellungen ausdehnt, und je naturgemäßer dieselben durch die »Kritik der reinen Vernunft« geordnet werden. ... | ... So ist auch die Entstehung der angeborenen »Erkenntnisse a priori« beim Menschen zu erklären, welche ursprünglich *bei seinen Voreltern* a posteriori sich empirisch entwickelt hatten" (S.160-162).

Dieses Zusammenspiel von "a priori - aposteriori" und "empirisch letztbegründet" ist von der Analyse der Position Darwin her bekannt und braucht daher nicht nochmals analysiert zu werden. Der Betonung verdient allerdings, daß Haeckel im Rahmen des dieserart gegebenen mechanistischen Konstruktes »selbständig« einbringt, was also alleine als völlig verzerrter - untauglicher - Versuch davon zu werten ist, im Lichte der Zurückweisung von "Freiheit des Willen" das Ich nicht ausschließlich als Marionette der Umwelt betrachten zu müssen.

Dieser Versuch ist somit ebenso untauglich, wie Haeckels dementsprechend zu verstehende vorangegangene Anführung von "Wille", "Metaphysik", wie auch Haeckels Versuch, "innere, spontane" Äußerungen des Lebens festzulegen - die sich sogleich als auf die Chemie rückführbar erweisen, wiewohl auf nicht uneingeschränkt naive Weise (vgl. oben). Das ist: Haeckels »Elementarorgan der Seele« erweist sich als eine monistisch und insofern als eine nicht-materialistische konzipierte Konstruktion, die, wo sie propositional dargestellt wird, über einen mechanistischen Materialismus nicht hinausgelangt, da jenes, das - von Haeckel in Anlehnung an Spinoza formuliert - den Monismus als die Transzendentalität beachtend erweisen soll, überhaupt nicht mit Inhalt belegt werden kann, dahingehend daß aus diesem heraus - gemäß dem Nicht-Selbstand des Kontingenten - argumentiert werden könnte.

Diese Bezugnahme Haeckels auf einen mechanistischen Materialismus bzw. das Unvermögen Haeckels, sich hiervon zu emanzipieren - obgleich dies seine Intention ist -, ist es, die seine zuvor thematisierte Verflechtung von »Reflex« und »Selbständigkeit« und seine Anordnung von »Wille« gegenüber und den übrigen Äußerungen des Am-Werke-sein des Ich, z u e i n e m i n h a l t s l o s e n V e r s u c h w e r d e n l ä ß t, d a s G e g r ü n d e t e s - s e i n u n d d a s E i g e n s t ä n d i g e s - s e i n d e s I c h - wie sie sich also nur mittels Platons Entdeckung, der noetischen Dialektik, thematisch-methodisch unreduziert verflechten lassen - z u g l e i c h z u b e a c h t e n; Haeckel denkt hier nicht an die noetische Dialektik, sondern an seine monistische Substanzlehre bzw. Projektion aus dem Ich auf Substanz, wie dies eine Projektion aus dem Werdewelt-Ich ist, "Sonderstellung des Ich" bzw. sogar "Inhomogenität beinahe vollständig ausblendend.

Hierher gehört auch:

"Die natürliche Auffassung des Seelenlebens, welche wir vertreten, erblickt dagegen in demselben eine Summe von Lebenserscheinungen, welche gleich allen anderen an ein bestimmtes materielles Substrat gebunden sind. Wir wollen diese materielle Basis aller psychischen Tätigkeit, ohne welche dieselbe nicht denkbar ist, vorläufig als *Psychoplasma* bezeichnen, und zwar deshalb, weil sie durch die chemische Analyse überall als ein Körper nachgewiesen ist, welche zur Gruppe der *Plasmakörper* gehört" (S.125).

Im Lichte dieses materialistischen Verständnisses von Psyche bzw. Seele, die Haeckel also gar nicht im Sinne von "Ich bin" begreift, gilt es zu fragen, wie Haeckels Theorie genauerhin das Eines-sein des Ich im Horizont der genealogischen Ich-Kette bedenkt. Hierzu seien folgende Aussagen Haeckels zusammengetragen:

> "Zum Gebiete der Empfindung im weiteren Sinne gehört das *Gefühl von Lust und Unlust*, welches das Gemüt bestimmt, und ebenso gehört auf der anderen Seite zum Gebiete der Bewegung die entsprechende *Zuneigung und Abneigung* (»Liebe und Haß«), das Streben nach Erlangen der Lust und nach Vermeiden der Unlust. »Anziehung und Abstoßung« erscheinen hier zugleich als die Urquelle des *Willens*, jenes hochwichtigen Seelenelementes, welches den Charakter des Individuums bestimmt" (S.165).

> "Durch diese empirisch erkannten Erscheinungen der Konzeption wird ferner die höchst wichtige Tatsache festgestellt, daß jeder Mensch wie jedes andere Tier einen *Beginn der individuellen Existenz* hat; die völlige Kopulation der beiden sexuellen Zellkerne bezeichnet haarscharf den Augenblick, in welchem nicht nur der Körper der neuen *Stammzelle* entsteht, sondern auch ihre »Seele«" (S.181).

> "Ferner wird dadurch [vorangegangenes Zitat] der noch sehr verbreitete Aberglaube widerlegt, daß der Mensch seine individuelle Existenz der »Gnade des liebenden Gottes« verdankt" (S.181).

> "Unter den angeführten Folgeschlüssen der *Konzeptions-Physiologie* ist für die Psychologie ganz besonders wichtig die *Vererbung der Seelenqualitäten von beiden Eltern*. Daß jedes Kind besondere Eigentümlichkeiten des Charakters, Temperament, Talent, Sinnesschärfe, Willensenergie von *beiden* Eltern erbt, ist allgemein bekannt" (S.182).

> "Die physiologische Tatsache, auf welche es für die richtige Beurteilung der individuellen Psychogenie vor allem ankommt, ist die Kontinuität der Psyche in der Generationsreihe" (S.183).

> "Die neuen Eigenschaften, welche das Individuum während seines Lebens erworben hat, können teilweise auf die molekulare Zusammensetzung des Keimplasma in der Eizelle und Samenzelle zurückwirken und könne so durch Vererbung unter gewissen Bedingungen (natürlich nur als latente Spannkräfte) auf die nächste Generation übertragen werden" (S.184).

Die hierin enthaltene Kritik Haeckels an der Schöpfungslehre kann nur insofern nachvollzogen werden, als sie - gemäß *Theologie* - als Kritik an einer fideistisch konzipierten Theologie verstanden wird. Haeckel hat dies aber, wie aufgrund des Vorangegangenen festzuhalten ist, nicht im Sinne, sondern argumentiert hier gemäß seiner Ablehnung von "Unsterblichkeit der Seele", insofern dies Ausdruck der Vergegenwärtigung des Eines-sein des Ich in seiner Transzendentalität zu seiner Werdeweltlichkeit ist. Haeckels Verständnis des Eines-sein des Ich ist daher alleine (naiv) materialistisch konzipiert, gemäß "Kopulation der Geschlechtszellen". Haeckel ist also nicht in der Lage, die materiale Basis des Ich - bzw. das Werdewelt-Ich - als eine Ebene von "das Ich" einzusehen, wie sie gemäß der dialektischen Differenz in diesem auszusagen ist.

Zugleich ist das dieserart gegebene Haeckelsche Verständnis des Eines-sein des Ich mit einer ebenso materialistischen Konstruktion von "genealogische Ich-Kette" verknüpft: »Vererbung der Seelenqualitäten« und »Kontinuität der Psyche in der Generationsreihe«. Darüber hinaus vertritt Haeckel die Möglichkeit der Vererbung individuell im Leben erworbener psychischer Eigenschaften, womit er insoweit gemäß Lamarck argumentiert. Im Sinne von Universalität des Person-sein gibt Haeckel also ein naturalistisch verzerrtes Bild von "Ich als Eines" und "genealogische Ich-Kette", gemäß seinem pragmatisch verzerrten Verständnis von Ich als Person bzw. gemäß seinem Verfehlen von "Ich bin". Haeckels hier betrachtete Ausführungen entsprechen somit seiner Intention, eine mechanistische Konstruktion - gemäß seinem Ideal "exakte Naturwissenschaft" - erzielen zu können, wobei im Rahmen dieses mechanistischen Denkens auch die Anfangsproblematik von Erkennen und Um-sich-bemüht-sein gelöst werden.

Überblickt man die gebrachten Ausführungen zu den Kapiteln 1 bis 11, so ist zunächst festzuhalten, daß Haeckel ein mechanistisches Denken anbietet, das ein monistisches Denken sein soll, woran insbesondere auffällt, daß Haeckel nachhaltig die "Gradienten"-Konstruktion aufwendet. Hieran fällt insbesondere auf, daß diese Konstruktion in Zusammenhang mit einer "Projektion"-Konstruktion auftritt, die im Lichte besagten mechanistischen Denkens auf eine weitestgehende Ausblendung von "Sonderstellung des Ich", aber auch "Inhomogenität" gemäß "Anfang i n n e r h a l b der Stammesgeschichte" abzielt. Die Ermöglichung hiervon leitet Haeckel aus empirisch feststellbaren, anscheinenden Selbstverständlichkeiten ab, wie auch daraus - den Empirismus übersteigend -, im Ich zwei Ebene zu finden, die nicht dualistisch im Sinne von "das Ich ist ein Doppelwesen" verstanden werden dürfen. Insofern Haeckel nämlich diese Zweiheit auch in der Natur findet, ist ihm die Basis für seine Projektion gelegt. Damit aber projiziert Haeckel aus den beiden Ebenen wie sie für das Werdewelt-Ich gemäß der analytischen Entfaltung der dialektischen Differenz auszusagen sind, nicht erkennend, daß er "das Ich" gar nicht propositional thematisiert hat. Er gelangt daher auch nicht dazu, die Verflechtung besagter beiden Ebenen i m Ich gemäß der Eines-Formel vorzunehmen - "ich bin" bedenkend -, sondern projiziert sie unverflochten auf das Sein allgemein: "Grundattribute der Substanz". Hieraus erwächst, daß Haeckels Versuche, innerhalb von Ich der Transzendierung des Begrenzten Ausdruck zu verleihen - als Ermöglichung davon, den Monismus von einem trivialen Materialismus abzugrenzen -, zum Beispiel in Form der Betonung von "Wille" gegenüber den anderen Eines des Am-Werke-sein des Ich, inhaltslos bleiben, wiewohl die Bereitschaft Haeckels an sich, solche Konstruktionen aufzubieten, nicht negiert werden darf.

In seinem diesbezüglichen Bemühen verweist Haeckel einige Male auf die Bedeutung des Substanzgesetzes, worüber evident wird, daß dieses eigentlich als anfängliche Daß-Aussage zu verstehen sein soll, legt dieses aber in den Kapiteln 1 bis 11 nicht propositional bzw. explizit dar.

Betrachtet man dies im Lichte der einleitend zur Analyse von Kapitel 2 bis 11 gestellten Frage, wieso diese Kapitel vor der eigentlich als anfängliche Daß-Aussage von Haeckel gedachten "Substanzgesetz"-Konstruktion gebracht werden, so ist festzuhalten: Haeckel greift zu der hieraus erwachsenden Komposition von *Welträtsel*, da sie ihm erlaubt, das Sich-arrangieren mit einer anfängliche Daß-Aussage sein sollenden Aussage dahingehend nicht als defizitäre Vergegenwärtigung der Philosophie - "Monismus", "Metaphysik" - bedenken zu brauchen, als die unterbleibende Bedachtnahme auf das Transzendieren-müssen des Werdeweltlichen dieserart nicht als Defizit auftritt, sondern gleichsam als Notwendigkeit, als Notwendigkeit gemäß der an sich - also noch vor dem Aussagen der anfänglichen Daß-Aussage möglichen - zu bedenkenden Konstruktion des Ich im Sinne einer Genesetheorie. Dieserart also legt Haeckel gleichsam - so seine Intention - ohne der Beiziehung eines herbeiargumentierten Anfanges, lediglich Selbstverständlichkeiten (bei genügender Bedachtnahme auf die Natur) sollen ausgesagt sein, etwas fest, das zwar noch nicht den Anfang jeglicher Argumentation propositional darlegt, immerhin aber zeigt, daß dieser Anfang - eben deshalb, da er als etwas zu sehen ist, das von einem Ich bedacht wird, das genesetheoretisch zu verstehen ist - nicht defizitär konzipiert sein kann, wenn er der Philosophie zu entsprechen versucht, ohne die Werdeweltlichkeit ganzheitlich zu entgrenzen. Die Bedeutung hiervon für die weitere Argumentation Haeckels wird sich sogleich in der Analyse von Kapitel 12 zeigen.

Kapitel 12

Kapitel 12 ist also dem Substanzgesetz gewidmet, zu dem man sogleich erfährt, daß es das »oberste Gesetz« (S.273), das »allumfassendste Gesetz« (S.273), das »Axiom von der Konstanz des Universum« (S.276) ist, sowie: »im Grunde genommen folgt dasselbe notwendig aus dem allgemein gültigen Prinzip der Kausalität« (S. 276). Zudem stellt Haeckel zunächst fest, daß sich das Substanzgesetz aus zwei »höchst allgemeinen« Gesetzen zusammensetzt, dem älteren Gesetz von der »Erhaltung des Stoffes (Konstanz der Materie)« (S.273) und dem jüngeren Gesetz der »Erhaltung der Kraft (Konstanz der Energie)« (S.275).

Zudem hält Haeckel ganz grundsätzlich mit Spinoza - demgegenüber Haeckel seinem Verständnis nach einen »gereinigten Monismus« (S.277) vertritt - fest, daß der Begriff der Welt mit dem »allumfassenden Begriff Gottes [zusammenfällt]« (S.277), wie Haeckel zu dieser Feststellung Spinozas auch festhält, daß er ihn »mit Goethe für einen der erhabensten, tiefsten und wahrsten Gedanken aller Zeiten halte« (S.277). Haeckel führt für den Substanzbegriff daher auch Goethes Begriff der »Gott-Natur« an.

Zweifellos ist für Haeckel der dieserart bedachte "Substanz"-Begriff das Subjekt der anfänglichen Daß-Aussage und insofern Haeckels Begriff für d a s Eines, so daß sogleich zu beachten ist, wie Haeckel aus diesem Begriff heraus weiterdenkt, letztlich das Begrenzte erreichend:

> "Diese *Universal-Substanz* oder dieses »göttliche Weltwesen« zeigt uns zwei verschiedene Seiten seines wahren Wesens, zwei fundamentale *Attribute*: die *Materie* (der unendlich *ausgedehnte* Substanzstoff) und der *Geist* (die allumfassende *denkende* Substanzenergie)" (S.277).

> "Alle einzelnen Objekte der Welt, die unserer Erkenntnis zugänglich sind, alle individuellen Formen des Daseins sind nur besondere vergängliche Formen der Substanz, *Akzidenzen* oder *Moden*. Diese *Modi* sind körperliche Dinge, materielle Körper, wenn wir sie unter dem Attribut der *Ausdehnung* (der »Raumerfüllung«) betrachten, dagegen Kräfte oder Ideen, wenn wir sie unter dem Attribut des *Denkens* (der »Energie«) betrachten" (S.277).

> "...; auch für uns [wie für Spinoza 200 Jahre zuvor] sind *Materie* (der raumerfüllende Stoff) und *Energie* (die bewegende Kraft) nur zwei untrennbare Attribute der einen Substanz - der »Gott-Natur« von *Goethe*" (S.277).

An diesen Zitaten ist sogleich zu beachten, daß Materie und Geist bzw. Energie einmal gemäß »zeigt uns« und sodann gemäß »wenn wir sie betrachten« als von dem Ich wahrgenommen ausgesagt werden. Der Unterschied zwischen beiden Formulierungen liegt darin, daß erstere durchaus als naiv realistisch konzipiert verstanden werden kann - die Universalsubstanz kann zwar nicht vollständig erkannt werden, zwei Attribute an ihr jedoch an sich -, wohingegen letztere derart ist, daß dem Bedenken des Ich dahingehend eine Funktion zugeordnet wird, daß "ein und dasselbe" von dem Ich auf verschiedene Weise vergegenwärtigt wird, womit insgesamt keine naiv realistische Vergegenwärtigung auftritt, aber auch keine Vergegenwärtigung gemäß dem differentiellen Verzicht-üben-müssen im Sinen der ersten Schicht des philosophischen Horizonts.

Insofern liegt hier bei Haeckel keine dialektische Argumentation vor, es kann nicht einmal vernünftig von einer vor-dialektischen Argumentation gesprochen werden, so gründlich hat Haeckels "Reinigung" des Monismus Spinozas die Philosophie aus diesem herausgearbeitet - wovon bereits in der Analyse der Kapitel 1 bis 11 zu berichten war -. Zwar muß gelten, daß Haeckel den Selbstand an sich nur dem Gründenden - bzw. das Eines, soweit er es thematisiert - zuerkennt (»alle individuellen Formen des Daseins sind nur besondere vergängliche Formen der Substanz«), doch gelingt es Haeckel gar nicht, das nicht an sich Selbstand Bedeutende als analytische Notwendigkeit des Seins des an sich Selbstand Bedeutenden zu verstehen. Dies gilt notwendig, da Haeckel jenes, das in dem ersten Entfaltungsschritt von Universalsubstanz entgegentritt eben jene "Materie"- und "Energie"- bzw. "Geist"-Konstruktion ist, die in der Analyse von Kapitel 1 bis 11 als im Sinne einer "materiale Basis - Funktion"-Konstruktion bedacht dargestellt worden ist, die in einer Weise der Empirie begründungstheoretische Bedeutung beimißt, die nicht davon sprechen läßt, daß die Ganzheitlichkeit des Begrenzten bedacht wird. Das ist: Haeckel sucht nach einem Begriff im Sinne von "das Eines", der erlauben soll, einerseits die ausgesagte Co-Eternalität von Materie und Geist nicht abseits jeglicher begründungstheoretischen Intention verstehen zu müssen - Haeckel löst dies mit seiner anscheinend analytisch entfaltenden Argumentation -, und andererseits das mechanistisch-empirische Denken bis an die anfängliche Daß-Aussage sein sollende Aussage, bzw. deren Subjekt, herantragen zu können, so daß zwar sowohl ein Dualismus vermieden ist, wie auch ein uneingeschränkt mechanistisches Denken, jedoch zugleich auch die Vergegenwärtigung der Eines-Formel.

Gemäß Universalität des Person-sein ist daher festzuhalten, daß das Substanzgesetz, insofern es gemäß Haeckel in die beiden von ihm genannten Gesetze zu entfalten ist, erlauben soll, die werdeweltliche Differenzierung in "materiale Basis - Funktion" verabsolutieren zu können, ohne hierüber ein naiv-materialistisches Denken zu provozieren, bzw. einen faktischen Dualismus akzeptieren zu müssen. Hierin kommt also jene Intention Haeckels zum Ausdruck, transzendentalphilosophisch argumentieren zu können, wie dies auch schon bezüglich seiner Konstruktion von "Wille" auszusagen war und bezüglich seiner Aussage von der grundsätzlichen Bedeutung der Metaphysik für die Forschung. Da jedoch gelten muß, daß Haeckel in einer Weise auf die Empirie bedacht nimmt, die als Maskierung seines völligen Unvermögens zu verstehen ist, die Dialektik zu vergegenwärtigen, bleibt diese Intention Haeckels reines Bemühen.

In anderen Worten: Haeckels "die Modi sind körperlich unter dem Aspekt der Ausdehnung bzw. Kraft / Idee unter dem Aspekt der Energie / Denken" ist letztlich ein dualistisch konzipiertes materialistisches Konstrukt, das nicht aufgreift, daß das hiermit Bezeichnete an sich gemäß der dialektischen Differenz des Gründenden zu dem Begrenzten zu bedenken ist, wie sie - gemäß einer analytischen Entfaltung - im Horizont von Begrenztes dieses an sich in Differenz zu "materiale Basis" zeigt - vgl. *Untersuchungen* -. Dies gilt also, da Haeckel um eine Projektion aus dem Ich auf das Sein allgemein bemüht ist, wie sie die Verflechtung der beiden Ebenen im Horizont des Werdewelt-Ich - diese bedenkt Haeckel - also nicht im Horizont von Ich unternimmt, wie dies gemäß der anfänglichen Daß-Aussage "Ich bin" im Lichte der Eines-Formel alleine thematisch-methodisch unreduziert möglich ist, (unter anderem) einen "monistischen Dualismus" abwendend.

Es ist interessant zu beobachten, daß es Haeckel nicht bei der genannten einen Differenzierung - "die beiden Grundattribute" bzw. "materiale Basis - Funktion" - beläßt, wobei er zur Vorbereitung der zweiten Differenzierung eine Kritik an dem kinetischen Substanzbegriff anführt:

> "Das unsterbliche Verdienst von *Newton* war, dieses Gravitationsgesetz endgültig festzustellen und dafür eine unanfechtbare mathematische Formel zu finden. Aber diese *tote mathematische Formel*, auf welche die meisten Naturforscher hier, wie in vielen anderen Fällen, das größte Gewicht legen, gibt uns bloß die *quantitative* Beweisführung für die Theorie, sie gewährt uns nicht die mindeste Einsicht in das *qualitative* Wesen der Erscheinungen" (S.278).

Hierin kommt eine Kritik an einer unkritischen Verwendung der Mathematik in begründungstheoretischer Hinsicht zum Ausdruck, die an Darwins dementsprechende Vorsicht gegenüber der Mathematik erinnert - vgl. oben -. Während aber Darwin Newtons Lehre nutzt, um die Begründetheit seiner eigenen Position darzulegen, führt Haeckel aus, daß Newtons Lehre von der unmittelbaren Fernwirkung, wie sie aus dem Gravitationsgesetz abgeleitet ist, »nicht den mindesten Aufschluß über die eigentlichen Ursachen der Massenanziehung [gibt]; vielmehr versperrt sie uns den Weg zu deren Erkenntnis« (S.278-279).

Haeckels Alternative zu dem kinetischen Substanzbegriff ist der pyknotische Substanzbegriff, wie er von Vogt entwickelt worden ist:

> "Die moderne Physik hält gegenwärtig zum größten Teile noch an der älteren Vibrationstheorie fest, an der Vorstellung der unvermittelten Fernwirkung und der ewigen Schwingung toter Atome im leeren Raume; sie verwirft daher die Pyknosetheorie. Wenn diese letztere nun auch keineswegs vollendet sein mag, und wenn *Vogts*[78] originelle Spekulationen auch mehrfach irre gehen, so erblicke ich doch ein großes Verdienst dieses Naturphilosophen darin, daß er jene unhaltbare Prinzipien der kinetischen Substanztheorie eliminiert" (S.281).

Gemäß der Pyknosetheorie sind die beiden Hauptbestandteile der Substanz Äther und Masse: »sie sind nicht tot und nur durch äußere Kräfte beweglich, sondern sie besitzen Empfindung und Willen (...); sie empfinden Lust bei Verdichtung, Unlust bei Spannung; sie streben nach der ersteren und kämpfen gegen letztere« (S.281); weiters hält Haeckel im Sinne der Pyknosetheorie fest, daß es keinen leeren Raum gibt - der unendliche Raum, so er nicht von Atomen eingenommen wird, wird von dem Äther ausgefüllt -, und daß alle Wirkung der Körpermassen aufeinander nicht durch Fernkräfte bewirkt werden, sondern entweder durch unmittelbaren Kontakt zweier Massen oder durch den vermittelnden Äther.

Hiermit ist jene zweite Differenzierung genannt, von der zuvor die Rede war, nämlich jene in Masse und Äther[79], die also in Zusammenhang mit dem Universale "Wille" genannt werden, der nun, insofern er auch gemäß "Strebung" auftritt, diese ebenfalls im Gewand einer Differenzierung zeigt: "Lust - Unlust". Nachdem nun Haeckel von »gleichartigen einfachen Uratomen in verschiedener Zahl und Lagerung« (S.284) berichtet - »Neuerdings haben die Spekulationen von Wendt, Preyer, Crookes u. a. gezeigt, in welcher Weise man sich die Son-

---

[78] IG Vogt 1897: *Das Wesen der Elektrizität und des Magnetismus aufgrund eines einheitlichen Substanzbegriffes* - Leipzig.

[79] Hiermit verbindet Haeckel auch eine Aufteilung der Ausprägungsformen der Energie; in Kapitel 14 ist hierzu explizit zu lesen:

> "Mechanische und chemische Energie, Schall und Wärme, Licht und Elektrizität können ineinander übergeführt werden und erweisen sich nun als verschiedene Erscheinungsformen einer und derselben Urkraft, der Energie" (S. 325).

derung der Elemente aus einem einzigen ursprünglichen Urstoff, dem Prothyl, vorstellen kann« (S.284) -, führt er genauerhin zu "Lust - Unlust" als Universale aus:

> "*Goethe* hat bekanntlich in seinem klassischen Roman »*Die Wahlverwandtschaften*« die Verhältnisse der Liebespaare in eine Reihe gestellt mit der gleichnamigen Erscheinung bei Bildung chemischer Verbindungen. Die unwiderstehliche Leidenschaft, welche Eduard zu der sympathischen Ottilie, Paris zu Helena hinzieht und alle Hindernisse der Vernunft und Moral überwindet, ist dieselbe mächtige »unbewußte« Attraktionskraft, welche bei der Befruchtung der Tier- und Pflanzeneier den lebendigen Samenfaden zum Eindringen in die Eizelle (aber auch zur Äpfelsäure!) antreibt; ... Diese prinzipielle *Einheit der Wahlverwandtschaft in der ganzen Natur*, vom einfachsten chemischen Prozeß bis zu dem verwickeltsten Liebesroman hinauf, ..." (S.285-286).

Haeckel berichtet nun von der »empirischen Bestätigung« hiervon durch die Zellularpsychologie und folgert:

> "Wir gründen darauf unsere Überzeugung, daß auch schon den *Atomen* die einfachste Form der Empfindung und des Willens innewohnt - oder besser gesagt: der *Fühlung* (Aesthesis) und *Strebung* (Tropsesis) -, also eine universale »*Seele*« von primitivster Art (noch ohne Bewußtsein! -)" (S.286).

Überblickt man diese Argumentation, so ergibt sich, daß Haeckel mit »unbewußte Attraktionskraft« etwas anführt, in dem das Bedenken der Analytik - soweit Haeckel sie sieht – beheimatet ist, und wie sie eigentlich - bei thematisch-methodisch unreduzierter, also nicht-pragmatischer, Argumentation - mittels der unthematische-Begriffpyramide bzw. der dialektisch-analytischen Entfaltung ausgesagt werden müßte; »unbewußte Attraktionskraft« wird ja entsprechend »prinzipielle Einheit der Wahlverwandtschaft« nicht auf dasjenige bezogen, das das Ich als Begrenztes bedenken läßt - woraus sich ableiten ließe, daß die angeführte Analytik lediglich im Horizont ihres Verflochten-seins mit thematisch Begrenztem auftritt -, sondern entsprechend Haeckels Verwendung von Goethes "Gott-Natur"-Konstruktion bereits das ontologisch Begrenzte bezeichnet. Gerade deshalb erweist sich Haeckels Ausführung als widersprüchlich, da er also hiervon spricht und zugleich das Vorliegen »empirischer« Beweise anführt, die es aber hierfür nicht geben kann, da Empirie gerade nicht das An-sich-Selbstand-Repräsentierende bezeichnet!

Haeckel gelingt es also nicht, die Verflechtung von Gegensätzlichem - "Lust - Unlust" - im Sinne der Dialektik auf ein Eines zu beziehen, also aus der Vergegenwärtigung von "Ich bin" Gegensätzlichkeit aus der dialektischen Differenz von Ich - als ein Eines - und das Eines abzuleiten, weshalb er Eines im Horizont von "Gott-Natur" und so fort zu erhalten versucht. Daher auch sind ihm "Wille", "Strebung" etc. dahingehend Universale, daß sie nicht aus dem Um-sich-bemüht-sein des Ich - wie es in seiner dialektischen Differenz zu das Eines als Gegründetes bedacht wird, vgl. *Theologie*! - heraus verstanden werden, sondern - gemäß Universalität des Person-sein interpretiert - an ein pragmatisches Über-Ich angelegt werden, das im Sinne der Transformationslehre, und somit also in Anlehnung an Lamarck und Darwin (vgl. oben), die Lebewesen, bzw., in Anlehnung an die mechanistische Basis der Transformationslehre, die "Natur" selbst. Dies ist also das Resultat der Haeckelschen Projektion aus "Ich", abseits der Vergegenwärtigung von "Ich bin".

Haeckel sieht hierbei, daß er die Ausblendung des Ich nicht völlig unkommentiert lassen darf, zur Metaphysik von Berkeley, Fichte, Descartes und anderen, in der der Ich-Bezug eingefordert wird, aussagend, daß sie einen mißlungenen »Psychomonismus« darstellt, der sich in dem Satz erschöpft: »Es existiert nur eins, und das ist meine Psyche« (S.287). Dem stellt Haeckel gegenüber:

> "In meiner Vorstellung wenigstens *existiert* der Äther ebenso sicher wie die Masse; ebenso sicher wie ich selbst, wenn ich jetzt drüber nachdenke und schreibe. Wie wir uns von der Realität der ponderablen *Materie* durch Maß und Gewicht, durch chemische und mechanische Experimente überzeugen, so von denjenigen des imponderablen *Äthers* durch die optischen und elektrischen Erfahrungen und Versuche" (S.287-288).

Haeckel gelingt es also gar nicht, die transzendentalphilosophische Reflexion auf das Ich im Sinne von "Sonderstellung des Menschen" zu beachten und hieraus, also abseits einer naturalistischen Herbeiargumentation, die die transzendentalphilosophische Schwelle nivelliert, auf das Sein an sich und das ontologisch Begrenzte zu blicken.

Im Lichte hiervon zeigt sich insbesondere die Bedeutung der Differenzierung "Äther-Masse" für Haeckel. Zur Darstellung hiervon sei zunächst angemerkt, daß Haeckel zum Äther festhält, daß er »noch keinen Chemismus [besitzt], und noch nicht aus Atomen zusammengesetzt [ist] wie die Masse« (S.288); eine »ätherische oder dynamische Struktur [aufweist]« (S.289); der ätherische Aggregatzustand kann »unter bestimmten Bedingungen durch fortschreitende Verdichtung in den gasförmigen Zustand der Masse übergehen« (S.289); der Äther befindet sich in ununterbrochener Bewegung: »dieser eigentümliche Äthermodus (...), in Wechselwirkung mit den Massenbewegungen (Gravitation), ist die letzte Ursache aller Erscheinungen« (S.290). Die Beziehung des Äthers zur Masse ist für Haeckels Position von besonderer Bedeutung:

> "»Die gewaltige Hauptfrage nach dem Wesen des Äthers«, wie sie Hertz[80] mit Recht nennt, schließt auch diejenige seiner Beziehungen zur Masse ein; denn beide Hauptbestandteile der Materie befinden sich nicht nur überall in innigster äußerer Berührung, sondern auch in ewiger dynamischer *Wechselwirkung*. Man könnte die allgemeinsten Naturerscheinungen, welche die Physik als Naturkräfte oder als »Funktionen der Materie« unterscheidet, in zwei Gruppen teilen, von denen die eine *vorzugsweise* (aber nicht ausschließlich) Funktion des Äthers, die andere ebenso Funktion der Masse ist, ...|... Diese Unterscheidung bedeutet aber keine absolute Trennung der beiden entgegengesetzten Gruppen; vielmehr bleiben beide trotzdem vereinigt" (S.290-291).

Wovon hier die Rede ist, das läßt sich auch - gemäß Universalität des Person-sein – dahingehend verstehen, daß Haeckel ein "Newtonsches System" vermeiden will, das Gravitation als ein Eines erhält, das sich nicht analytisch aus dem Gründenden ableiten läßt - "tote Mathematik (vgl. oben) -, ohne zugleich grundsätzlich den mechanistischen Zugang zu dem Problem aufzugeben. Im Lichte hiervon differenziert Haeckel also Materie in Masse und Äther, da er dieserart ein dynamisches System erhält, das die Funktionen der Materie auf etwas verteilen läßt, das nicht an sich Eines ist, wiewohl Masse und Äther gegenüber, ohne deshalb das Eines zu sein, da es ja der Energie bzw. dem Denken gegenübergestellt ist - vgl. oben: "monistisch-dualistische Projektion" bzw. !erste Aufspaltung" -.

Zu dem Konstruktionselement "Ineinander-Übergehen" - »keine absolute Trennung« - sei aus *Welträtsel* hervorgehoben:

---

80 H Hertz 1889: *Über die Beziehungen zwischen Licht und Elektrizität* - Bonn (9. Aufl. 1895).

> "Das ganze Spiel der Natur beruht auf dem Wechsel von scheinbarer Ruhe und Bewegung; die ruhenden Körper besitzen aber ebenso eine unverlierbare Größe von Kraft wie die bewegten. Bei der Bewegung selbst verwandelt sich die Spannkraft der ersteren in die lebendige Kraft der letzteren. ... Die Verminderung des einen bringt die Vergrößerung des anderen mit sich; der Gesamtwert seines Besitzes bleibt jedoch unverändert" (S.292-293).

Haeckels »dynamische Wechselwirkung« bezüglich Masse und Äther findet hier also zwischen »Spannkraft und lebendige Kraft« ihre Fortsetzung, derart, daß geradezu von einem "Alles fließt" gesprochen werden kann, das lediglich insofern nicht chaotisch ist, als Haeckel seine eigene Aussage nicht so ernst nimmt, herbeiargumentierte Eines - »Äther«, »Elektrizität« etc. - zulassend. Das ist: Indem Haeckels Differenzierungskaskade, wie sie hier in Diskussion steht, im Lichte seiner Projektion aus dem Werdewelt-Ich zu verstehen ist, steht sogleich fest, daß Haeckel, insofern er in diese Projektion auf die dargestellte Weise genesetheoretisches Denken einfließen läßt, zwar Veränderung thematisiert, ohne zugleich das hierzu in transzendentaler Differenz Stehende vergegenwärtigen zu können. Haeckel bereitet dies alleine in demjenigen pragmatischen Sinne keine Probleme, der ihn gemäß der "Anordnung"-Konstruktion die Kapitel 1 bis 11 der Darstellung des Substanzgesetzes - als d e r Daß-Aussage - hat voranstellen lassen.

Er hat aus dem eben hiermit bezeichneten Grund auch keine Probleme damit, auf herbeiargumentierte Weise das Aussagen von Eines mit einem "Alles fließt" zu kombinieren, da die hierin liegende Inkonsequenz lediglich konsequente Beibehaltung hierzu analoger Unstimmigkeiten ist, zum Beispiel in Form der Haeckelschen Kombination von »Reflex« und »Spontanbewegung« (vgl. oben). Hierin spiegelt sich wider, daß Haeckels Bezugnahme auf das Werdewelt-Ich als Ausgang für die Projektion zur Substanz ein Sich-Arrangieren mit einem defizitären Verständnis der Begründungsproblematik bedeutet, demgemäß Haeckel zu einer Ausblendung der Sonderstellung des Ich Zuflucht nimmt, wie sie das propositionale Vergegenwärtigen von Eines ermöglichen soll, bzw. dies als mittels einer materialistischen Thematisierung von Substanz im Lichte von Haeckels Ideal der exakten Naturwissenschaft als hinreichend bewerkstelligbar versteht. Wenn Haeckel also meint, "Alles fließt" mit Eines verbinden zu können, so kann dies nur einem Verständnis erwachsen, das, ebenso wie Darwins fragmentarische Induktion, darauf insistiert, mittels der Empirie über etwas zu verfügen, das abseits von Herbeiargumentation aus dem "Fluß" der Veränderlichkeit herausgreifen läßt, darauf abzielend, daß es ein solches Vermögen geben muß, da das Ich nicht in der Freiheit steht, sich für oder wider seinen zweiten Zugang zum Bereich der Notwendigkeit - der für sich unendlich ist! - zu entscheiden. Die pragmatische Verzerrung dieser, als solcher tatsächlich auszusagenden, Unfreiheit bei Haeckel, braucht hier nicht explizit dargestellt zu werden; das Entsprechende ist bereits bezüglich Darwins Position ausgeführt worden.

Angesichts hiervon sei aus dem Ende von Kapitel 12 - vor dem Schlußabschnitt »Kampf um das Substanzgesetz« - zitiert:

> "Indem das Substanzgesetz überall mechanische Ursachen in den Erscheinungen nachweist, verknüpft es sich mit dem allgemeinen Kausalgesetz" (S.293-294).

Diese Aussage verdeutlicht endgültig, daß Haeckel sehr wohl attestiert werden kann, um eine analytische Argumentation bemüht zu sein, weshalb er seine Universale aus der Betrachtung von Gegensätzlichkeit und »dynamische Wechselbeziehung« zu erhalten versucht, ohne hierbei aber in der Lage zu sein, Gegensatz und Dynamik als etwas zu verstehen, das die Vergegenwärtigung von Analytik im Sinne der noetischen Dialektik ersetzt, da sich Analytik alleine aus der Vergegenwärtigung des Subjektes der anfänglichen Daß-Aussage bedenken läßt, die es zunächst also - abseits von Empirie! - zu eruieren gilt, woran sich die Thematisierung von Dynamik und Gegensatz anschließt. Daher auch visiert Haeckel letztlich Mechanik in Zusammenhang mit Kausalität an, als jenem, das die Analytik bedenken lassen sollende Thematisierung der Dynamik und Gegensätzlichkeit diskursiv letztbegründen lassen soll.

Das ist: Haeckel sieht nicht, daß Zweiheit, wie er sie gemäß Differenzierung bedenkt, letztlich im Lichte der dialektischen Differenz auf ein - das - Eines bezogen werden muß, was in Haeckels Monismus, insofern dieser auf das Eines "Substanz" abzielt, gerade nicht vorliegt. In anderen Worten: Haeckel spricht von Dynamik und Gegensätzlichkeit - Zweiheit! - in einer Weise der man attestieren kann, daß sie analytisch sein soll, da sie nirgendwo außer bei dem das Eines sein sollenden Eines die begründungstheoretische Ableitung beenden lassen möchte, insofern also analytisch im Sinne des philosophischen Horizonts ist. Der hiermit gegebenen Intention wird Haeckel aber nicht gerecht, da gemäß seiner "Projektion"-Konstruktion die Suche nach jenem Subjekt, das das Anvisierte tatsächlich ermöglicht, ausgeblendet wird, weswegen auch die dialektische Differenz, wie sie "Zweiheit" adäquat verstehen läßt, keine Beachtung findet.

Hierbei gilt, daß Haeckel "Entgrenzung der Gegensätze" nicht etwa gemäß Nikolaus von Kues nicht alleine gemäß der ersten Schicht des philosophischen Horizonts bedenkt, er bedenkt es, da gemäß seiner "Anordnung"-Konstruktion und dementsprechend bei dem Werdewelt-Ich Anfang nehmend, ausschließlich naturalistisch, wiewohl nicht ausschließlich naiv-mechanistisch.

Daher auch mißrät Haeckel sein Monismus zu einem mechanistisch-materialistischen Konstrukt - das, aufgrund der fehlenden dialektischen Analytik, dualistische Elemente enthält! -, wobei insbesondere der Beachtung verdient, daß Haeckels mechanistisches Denken aus dem transformistischen Denken Lamarcks und Darwins erwächst. Im Licht hiervon zeigt sich genauerhin, wieso Haeckel *Welträtsel* nicht sogleich mit der Darstellung der Substanzlehre begonnen hat: Blickt man nämlich unvermittelt auf diese Konstruktion, so ist sogleich zu fragen, wieso es sein können soll, daß das Ich, das ja nicht die "Gott-Natur" an sich ist, sondern diese als "Entfaltetes", sein Entfaltet-sein hinterfragen kann, bzw. wieso dieser kritische Einwand der Transzendentalphilosophie unbegründet sein soll.

Haeckel wendet diesen Einwand ab, indem er zunächst - also der Darstellung der Daß-Aussage sein sollenden Aussage vorangehend - dem Menschen bzw. Ich irrtümlich jegliche Sonderstellung - außer bezüglich Bewußtsein, das kein Universale ist! - abspricht, der Meinung seiend, hierbei lediglich etwas zu bedenken, an dem gar nicht vernünftig gezweifelt werden kann, nämlich die beiden Ebenen in dem Werdewelt-Ich und Veränderlichkeit. Haeckel übersieht also, daß hieran tatsächlich nicht gezweifelt werden kann, wiewohl es aber pragmatisch verzerrt bedacht werden kann, was Haeckel auch unterläuft. Das ist: Im Sinne von Haeckels Gradienten-Modell erscheint die Frage der Apriorizität des Bedenkens letztlich nicht wirklich als Problem, da es auf etwas rückgeführt wird, das nicht als Konstitutivum von Begrenztes erscheint, sondern des Gründenden - der Substanz -. Haeckel übersieht damit aber, daß sich die Frage nach den Eines der *Ion*schen Begriffpyramiden nicht lösen läßt, wenn man unvermittelt auf das Gründende reflektiert, da dies bedeutet übersehen zu haben, daß das Ich Bedenkendes als ein ontologisches Eines ist, und somit in dialektischer Differenz zu dem Gründenden.

In anderen Worten: Haeckel nutzt den Transformismus, um die Problematik der Apriorizität des Bedenkens des Ich als einem Gegründeten dahingehend auszublenden, daß das Ich lediglich in seinem "nicht in faktischer Getrenntheit zu dem Gründenden sein" betrachtet wird. Haeckel bedenkt zugleich aber nicht, daß dies eine propositionale Vergegenwärtigung davon notwendig sein läßt, daß das Ich in Differenz zu dem Gründenden zu bedenken ist, worin sich erst das differentielle Verzicht-üben-müssen äußert. Komplementär hierzu gilt aber, daß Haeckel mit seinem Monismus abwendet, pragmatische Konstruktionen zur Inhomogenität-Problematik, wie sie zum Beispiel Darwin ausführt, darlegen zu müssen. Wie dies genauerhin zu verstehen ist, bzw. Haeckels Versuch der Beibehaltung der Vergegenwärtigung der transzendentalphilosophischen Schwelle - vgl. oben: zum Beispiel bezüglich Bewußtsein und Wille - gegenüber Darwins Theorie, wird noch zu diskutieren sein.

Kapitel 13-15

Kapitel 13 erläutert die monistische Entfaltung des Substanzgesetzes, Kapitel 14 die Einheit der Natur, insbesondere in bezug auf vermeintliche - so Haeckel - Unterschiede zwischen "ateleologische anorganische Natur - teleologische organische Natur - menschliche Gesellschaft (Moral)". Kapitel 15 betrachtet die Ausführungen zur Einheit der Natur unter dem Aspekt der Unnotwendigkeit einer Theologie, die den Begriff "extramundaler Gott" aufbietet.

Zunächst sei aus Kapitel 13 eine Aussage zitiert, die Haeckels mitunter ausgesprochen "lässigen" Umgang mit anderen Positionen verdeutlicht:

> "Nach dieser Schöpfungslehre hat »Gott die Welt aus dem Nichts geschaffen«. Man stellt sich vor, daß der »ewige Gott« (als vernünftiges, aber immaterielles Wesen!) für sich allein von Ewigkeit her ohne Welt existierte, bis er dann einmal auf den Gedanken kam[81], »die Welt zu schaffen«" (S.300-301).

Nun mag es zwar sein, daß es theologische Äußerungen gibt, die sich derart naiv geben, doch ist dies - und dies hätte Haeckel unbedingt erkennen müssen - in keinster Weise das Credo theologischer Argumentation. Eine weitergehende Analyse der Feststellung Haeckels erübrigt sich daher.

Zu Haeckels eigenem Verständnis von dem "Anfang der Welt" sei aber ausgeführt:

> "Die übereinstimmenden Grundzüge der Kosmogenie von *Kant* und *Laplace* beruhen bekanntlich auf einer mechanischen Erklärung der Planeten-Bewegungen und der daraus abgeleiteten Annahme, daß alle Weltkörper ursprünglich aus rotierenden Nebelbällen durch Verdichtung entstanden sind. Diese »*Nebularhypothese*« oder »*kosmologische Gastheorie*« ist zwar später vielfach verbessert und ergänzt worden; sie besteht aber noch heute unerschüttert als der beste und von allen Versuchen, die Entstehung des Weltgebäudes einheitlich und mechanisch zu erklären" (S.305-306).

Die hier beschworene Einheitlichkeit - hinter der sich also gemäß der Analyse von Kapitel 12 nicht die Ganzheitlichkeit der Werdewelt, sondern die Ausblendung der Sonderstellung des Menschen verbirgt - enthebt Haeckel nicht, nun den Anfang der ausgesagten Rotation angeben zu müssen. Unter Zurückweisung der Auffassung von du Bois-Reymod, daß dieser Anfang in der Transzendenz zu suchen sei, vertritt Haeckel, daß »die Bewegung ebenso eine immanente und ursprüngliche Eigenschaft der Substanz ist wie die Empfindung« (S.307). Er erkennt also fortgesetzt nicht, daß er "Bewegung" und "Empfindung" hier als herbeiargumentierte Eines verwendet, wie er ihrer bedarf, da er nicht zu den Eines der unthematische-Begriffpyramide vordringt, als Folge davon, daß er die Bedeutung der Vergegenwärtigung des Subjektes der anfänglichen Daß-Aussage nicht erkennt. Immerhin hat Haeckel aber Sensibilität dafür, in der Herbeiargumentation Vorsicht walten zu lassen, was aber - angesichts

---

[81] Hervorhebung durch den Autor

der Rahmenbedingungen hierfür - allein dazu führt, das Aussagen von Eines so weit wie möglich nichtpropositional zu gestalten.

Im Sinne hiervon hält Haeckel unter anderem fest, daß »Die Weltzeit ist ebenfalls unendlich und unbegrenzt; sie hat keine Anfang und kein Ende, sie ist Ewigkeit« (S.308), »Die Universalbewegung der Substanz im Weltraum ist ein ewiger Kreislauf mit periodisch sich wiederholenden Entwicklungszuständen« (S.308). Derartiges bedeutet selbstverständlich keine Transzendierung von Zeitlichkeit - als einem Konstitutivum von Werdewelt -, da dies zur Voraussetzung hat, im Sinne der diskursiven Vergegenwärtigung des Daß-Aussage-Bereiches grundsätzlich anvisiert zu sein. Die beiden Aussagen Haeckels bezeichnen daher mittels »ewiger Kreislauf« einen pragmatischen Versuch der Hintanhaltung der Analyse der Anfangsproblematik. Hierher gehört auch: »Ebenso betrachten wir andererseits als das 'zeiterfüllende Geschehen' die ewige Bewegung oder genetische Energie, welche sich in der ununterbrochenen Entwicklung der Substanz äußert, in dem 'Perpetuum mobile' des Universums« (S.311). »Perpetuum mobile«, »ewiger Kreislauf« bedeuten den Versuch der Transzendierung fakultativer, quantitativer Veränderung durch die Anführung von etwas, das sich nicht als fakultativ seiend verstehen läßt und insofern also an sich unverändert bleibend, obgleich Veränderung im Einzelnen zulassend.

Gemäß Universalität des Person-sein ist hierin durchaus der Versuch Haeckels zu erkennen, eine Transzendierung der Kontingenz zu erreichen, ohne in dem dabei ausgesagten in faktische Getrenntheit zu dem Transzendierten zu geraten, doch haben die bisherigen Ausführungen hinreichend gezeigt, in welch umfangreichen Ausmaß dieser Versuch Haeckels inhaltsleer ist.

Diese Inhaltsleere, wie sie also aus dem Hintanhalten der Nennung von Eines erwächst, obgleich in dem Bemühen, herbeiargumentierte Eines zu vermeiden, bleibt selbstverständlich nicht ohne Auswirkung auf das Verständnis von Person-sein, ist es doch gerade Haeckels defizitäres Bedenken hiervon - das Aussagen von "Ich bin" verfehlend -, das die angeführten Pragmatismen auslöst:

> "Auch wir Menschen sind nur vorübergehende Entwicklungszustände der ewigen Substanz, individuelle Erscheinungsformen der Materie und Energie, deren Nichtigkeit wir begreifen gegenüber dem unendlichen Raum und der ewigen Zeit" (S.309).

Die Aussage von dem Menschen als »vorübergehender Entwicklungszustand« ist insoweit zu akzeptieren, als sie als Vergegenwärtigung des Begrenztes-sein des Ich verstanden werden kann. Haeckels Formulierung ist zugleich aber zurückzuweisen, da sie dieses Begrenztes-sein nicht in dialektischer Differenz zu jenem versteht, das, insofern es ist, Begrenztes sein läßt, worin liegt, daß alleine in der propositionalen Vergegenwärtigung dieses Eines das thematisch-methodisch unreduzierte Bedenken-können des Begrenzten ermöglicht ist. Für Haeckels Aussage bedeutet dies, daß sie das Person-sein defizitär bedenkt, da sie Veränderlichkeit nicht im Sinne der Eines-Formel - also gemäß der dialektischen Differenz - zu dem Gründenden in Beziehung setzt, sondern im Gewande der Haeckelschen "Alles fließt"-Konstruktion - »Zirkularität« etc. - ein Eines - »Substanz« aussagt, das veränderlich Seiendes ist. Hierin spiegelt sich also wider, daß Haeckel, indem er anfänglich auf das Werdewelt-Ich blickt, nicht zu jenen Eines gelangt, die das Ich als ein Eines bzw. ein Eines des ontologisch Begrenzten verstehen lassen, bzw. - gemäß Universalität des Person-sein interpretiert - Haeckel diese Eines sowie die dialektische Differenz in Ich vollständig verzerrt bedenkt, zum Beispiel in Gestalt seiner "Wille"-Konstruktion.

Hieran ist hervorzuheben, daß Haeckels "Nichtigkeit"-Argument in obigem Zitat jene Ausblendung von "freier Wille des Ich" bedeutet, auf die Haeckel insistieren muß, da seine "Projektion"-Konstruktion darauf abzielt, alleine in »Substanz« einen Anfang zu haben, also in seinem vermeintlichen das Eines, wie es dieses abseits der Eines-Formel sein soll, so daß das Anfang-haben bei Haeckel keine Repräsentation im Horizont von Begrenztes hat, also bezüglich Ich als "ein Eines", entsprechend der dialektischen Differenz. Dies entspricht Haeckels Zurückweisung von "Anfang innerhalb der Stammesgeschichte", beziehungsweise Haeckels Zurückweisung hiervon abseits der Vergegenwärtigung der Eines-Formel, wie sie "Anfang innerhalb der Evolution" als "Inhomogenität"-Konstruktion aufweist!

Genauerhin sei hervorgehoben: Gemäß der ersten Schicht des philosophischen Horizonts hat das Ich als Konkretisierung der dialektischen Entfaltung des Gründenden zu gelten, wobei "Konkretisierung" Ausdruck des ontologisch Begrenztes-sein ist, wofür also keine thematische Grenzziehung angebbar sein kann, sondern lediglich eine Entsprechung im Bereich des epistemologisch Begrenzten - vgl. *Privatheit*, *Lehre*, *Theologie* und *Untersuchungen* -. Haeckels »vorübergehend« in »vorübergehender Entwicklungszustand der ewigen Substanz« kann aber lediglich als völlig verzerrte Darstellung davon verstanden werden, den Anfang des Ich nicht thematisch angeben zu können, wobei eine Mißachtung hiervon das Eines-sein des Ich nicht in dialektischer Differenz zu das Eines als Anfang verstehen ließe. Daß also nur das Eines als Anfang gelten kann und insofern dem Ich kein Anfang an sich zuordenbar ist, spiegelt sich in Haeckels Konstruktion, wonach sich die Substanz in Eines wandelt - "konkretisiert" -, lediglich vollständig verzerrt wider, da die hiermit ausgesagte Beziehung zwischen das Eines und Ich nicht das Werdewelt-Ich sondern das Ich gemäß "im Gespräch sein mit sich" betrifft, Haeckel dieses aber gar nicht propositional vergegenwärtigt.

seine Thematisierung von "Konkretisierung" erschöpft sich also in seiner "Alles fließt"-Konstruktion, worin sich zugleich zeigt, wie wichtig es für Haeckel ist, sein Substanzgesetz gemäß der "Anordnung"-Konstruktion nicht an den Anfang der Ableitung gestellt zu haben, sondern diesen mit besagt defizitärer Thematisierung von Veränderlichkeit zu gestalten.

Haeckel verdeutlicht nun - am Beginn von Kapitel 14 - die Abgrenzung des mechanistischen bzw. monistischen von dem teleologischen bzw. dualistischen Denken:

> "Auf Grund dieser fünf fundamentalen Tatsachen [der physiologischen Chemie] stellte Ich im Jahre 1866[82] folgende *Karbogentheorie* auf: »Lediglich die eigentümlichen, chemisch-physikalischen Eigenschaften des Kohlenstoffes - ... - sind die mechanischen Ursachen jener eigentümlichen Bewegungs-Erscheinungen, durch welche sich die Organismen von den Anorganen unterscheiden, und die man im engeren Sinne das Leben nennt«" (S.327).

> "Sowohl die Hypothese der Urzeugung als die eng damit verknüpfte Kohlenstofftheorie [Karbogentheorie] besitzen die größte Bedeutung für die Entscheidung des alten Kampfes zwischen der *teleologischen* (*dualistischen*) und der *mechanischen* (*monistischen*) Beurteilung der Erscheinungen" (S.328).

Das dieserart ausgezeichnete mechanistisch-monistische Denken erübrigt - so Haeckel - die Annahme übernatürlich zwecktätiger Ursachen, »zu welchen man früher seine Zuflucht hatte nehmen müssen« (S.329). Tatsächlich ergibt sich der Gehalt des hier von Haeckel Ausgeführten lediglich insofern, als erneut ein Konzentrationsverlust Haeckels auf seine komple-

---

82 Haeckel E.: *Allgemeine Untersuchungen über die Natur und erste Entstehung der Organismen, ihr Verhältnis zu den Anorganen und ihre Eintheilung in Thiere und Pflanzen* - Zweites Buch der *Generellen Morphologie*; Berlin, 1866.

mentäre "nicht ohne"-Konstruktion - vgl. oben - auftritt[83]. Dieser Verlust, wie er Haeckel selbst aber nicht aufleuchtet, da er in dem hiermit Bezeichneten eine Konzentration auf die "exakten" Wissenschaften sieht, der durch die komplementäre "nicht ohne"-Konstruktion nicht herbeiargumentiert beendet sein soll, ergibt also jene Vergegenwärtigung der Chemie bzw. Kohlenstoffchemie, in deren Rahmen die zuvor angeführte "Konkretisierung" zu dem Ich bzw. jeglichem Lebewesen bedachten werden können soll.

Haeckel argumentiert nun, daß Kant die Abkehr von Zwecktätigen Ursachen zwar für den Bereich der anorganischen Natur vergegenwärtigt, »als er aber später in seiner Kritik der teleologischen Urteilskraft die Erklärung der verwickelten Erscheinungen in der organischen Natur besprach, behauptete er, daß dafür jene mechanischen Ursachen nicht ausreichend seien; hier müsse man zweckmäßig wirkende Endursachen zu Hilfe nehmen« (S.330). Hieran interessiert nicht, in welch großem Ausmaß Haeckel Kant mißversteht, sondern:

> "Die zweckmäßigen Einrichtungen im Körperbau der organischen Wesen erschienen *Kant* ohne Annahme übernatürlicher Endursachen (d.h. also einer planmäßig wirkenden Schöpferkraft) so unerklärlich, daß er sagte: "...: Es ist für Menschen ungereimt, auch nur einen solchen Anschlag zu fassen oder zu hoffen, daß noch etwa dereinst ein *Newton* aufstehen könne, der auch nur die Erzeugung eines Grashalmes nach Naturgesetzen, die keine Absicht geordnet hat, begreiflich machen werde". Siebenzig Jahre später ist dieser unmögliche »*Newton* der organischen Natur« in *Darwin* wirklich erschienen und hat die große Aufgabe glänzend gelöst, die *Kant* für ganz unlösbar erklärt hatte; seine geniale »Selektionstheorie« gibt die volle Lösung" (S.330-331).

Worauf Haeckel hierbei abzielt, wenn er Darwin als "Newton der Biologie" bezeichnet, ist Darwins Selektionstheorie, zu der Haeckel festhält, daß der »gewaltige Kampf ums Dasein der unbewußt wirkende Regulator ist, welcher die ... allmähliche Transformation der Spezies leitet; er ist der große 'züchtende Gott', welcher ohne Absicht neue formen ebenso durch natürliche Auslese bewirkt, wie der züchtende Mensch nur Formen mit Absicht durch künstliche Auslese hervorbringt« (S.336). Haeckels Interesse an der Selektionstheorie erwächst also aus den in dieser - gemäß Darwin - gegebenen Möglichkeiten der Maskierung davon, die Eines der Begriffpyramide propositional zu vergegenwärtigen. Daß Haeckel hiermit einer Raster-Argumentation zustimmt, erkennt er nicht.

Er blendet zudem aus, daß Darwins Selektionstheorie Teil einer Position ist, die letztlich das dargestellte "Dekalog - Seligpreisung"-Analogon ermöglicht, wie es mit Haeckels "Mensch als »vorübergehender Entwicklungszustand«" nicht vereinbar ist, insofern diese Aussage aus Haeckels Konzentrationsverlust auf jenes erwächst, das die Mechanik nicht naiv-materialis-

---

[83] Hierzu sei angemerkt: Dieser Wechsel von der komplementären "nicht ohne"-Konstruktion zu den exakten Wissenschaften ist zugleich jenes, demgemäß Haeckel seine "Entfaltungskaskade" abseits der dialektischen Entfaltung gestalten läßt, dahingehend, daß Haeckel lediglich in besagter Konstruktion die Eines-Formel thematisieren kann, diese aber aufgrund de angeführten Wechsels nicht entfaltet wird, weswegen also nicht die Eines der unthematische-Begriffpyramide und die Paradigmata vergegenwärtigt werden, bzw. dies eintritt, da die Vergegenwärtigung der dialektischen Entfaltung abseits jeglicher Vergegenwärtigung des Subjektes der Eines-Formel vonstatten geht, weswegen auch diese Formel selbst nur dem Motiv nach angeführt ist.

tisch sondern - demgemäß - monistisch sein lassen soll, ohne daß dies mit Inhalt erfüllt sein kann, da Haeckel aus dem Werdewelt-Ich heraus argumentiert und somit nicht aus der Anerkennung der Transzendentalität, wie dies bei Darwins anfänglicher Raster-Argumentation immerhin der Intention nach der Fall ist. Insofern Haeckel diese Darwinsche Intention naturalistisch auflöst - vgl. oben , bleibt ihm - gemäß Universalität des Person-sein betrachtet - besagte Intention als inhaltslos Gewordenes zurück.

Im Lichte hiervon gilt es daher festzuhalten, daß Haeckel nicht über die Möglichkeit verfügt "Kampf ums Dasein", wie auch "Selektion" als metaphorische Konstrukte zu verstehen, so wie dies bei Darwin der Fall ist, der hiermit ausdrücken möchte, daß der Bereich des Begrenzten dasjenige ist, das von dem Menschen analysiert wird, auch wenn es nicht das Sein an sich ist, so daß sich dieses in jenem in einer dem Menschen zugänglichen Form manifestiert. Dieserart gelingt es Darwin, obgleich nicht thematisch-methodisch unreduziert, seine opportunistischen Aussagen nicht uneingeschränkt als "Alles ist möglich"-Konstruktionen darlegen zu müssen. Der hierin liegende theologische Versuch der Letztbegründung selektionistischer Vorgänge ist Haeckel aber nicht zugänglich, gemäß seinem Insistieren auf dem Ideal "exakte Wissenschaften" und den damit verflochtenen Haeckelschen Aussagen zum "genetischen Denken", im Unterschied zu Darwins Verständnis hiervon im Sinne der modifizierten Physikotheologie - vgl. oben -. Wo Darwin also um theologische Begründung bemüht ist, verweist Haeckel auf die "exakten Wissenschaften", gemäß dem Umstand, daß er die Dialektik bzw. Transzendierung der Werdewelt lediglich im Horizont von Substanz bedenkt, im Anschluß hieran aber sogleich "fachwissenschaftlich" argumentiert -vgl. oben: "Konzentrationsverlust"-.

Für Haeckels Bezugnahme auf Darwins Selektionstheorie bedeutet dies, daß mit "Selektion" ein "Kampf" gemäß mechanistischer Naturnotwendigkeit ausgesagt sein muß, so daß, um dies wieder aufzugreifen, unklar sein muß, wie Haeckel die Veränderung in der belebten Natur , wie sie letztlich auch die "vorübergehende Konkretisierung" Mensch ergibt umfaßt, anders verstehen möchte, als im Sinne eines "Uhrwerkes".

Es überrascht daher nicht, daß Haeckel im Rahmen hiervon auch das Eines-sein des Ich hoffnungslos defizitär bedenkt, wenn er festhält: »Wie das Menschenleben, so bleibt auch das Tier- und Pflanzenleben immer und überall unvollkommen« (S.337). Dies ergibt sich für Haeckel daraus, daß »die Natur - ebenso die organische wie die anorganische - in einem beständigen Flusse der Entwicklung, der Veränderung und Umbildung begriffen ist« (S.337). Wovon Haeckel hier also berichtet, das ist sein defizitäres, da das differentielle Verzichtüben-müssen nicht bedenkendes, Verständnis von "Alles fließt". Fortgesetzt erkennt Haeckel also nicht, daß er zu Aussagen wie der eben zitierten gelangt, da er das Aussagen-können des Ich von Daß-Aussagen nicht adäquat bedenkt, weshalb er zu einem uneingeschränkten »unvollkommen« gelangt, wider das Eines-sein des Ich, das zwar nicht als "vollkommen" im Sinne von Gründendes-sein zu verstehen ist, zugleich aber als in dialektischer Differenz zu d a s Eines ein Eines Seiendes zu verstehen ist; hierbei gilt zudem, daß sich das "vollkommen-unvollkommen"-Motiv auch nicht auf das werdeweltliche Ich anlegen läßt, da dessen "nicht-an-sich-Selbstand-repräsentieren" - das alleine mit »unvollkommen« - bezeichnet sein kann, auch nicht in faktischer Getrenntheit zu dem Gründenden zu verstehen ist - vgl. oben, *Theologie* und *Untersuchungen* -.

An das soeben aus *Welträtsel* Diskutierte schließt Haeckel eine Zurückweisung des Baerschen Finalismus in Zusammenhang mit Ontogenese (und Phylogenese) an, sich sodann dem Thema der menschlichen Gesellschaft als einem Teil der Natur zuwendend:

> "Verhält es sich nun in der Völkergeschichte , ..., etwa anders? Ist da überall und jederzeit ein höchstes moralisches Prinzip oder ein weiser Weltregent zu entdecken, der die Geschicke der Völker leitet? Die unbefangene Antwort kann heute, bei dem

> vorgeschrittenen Zustand unserer Naturgeschichte und Völkergeschichte, nur lauten: *nein*!. Die Geschicke der Zweige des Menschengeschlechts, die als Rassen und Nationen seit Jahrtausenden um ihre Existenz und ihre Fortbildung gerungen haben, unterliegen genau denselben »ewigen, ehernen, großen Gesetzen« wie die Geschicke der ganzen organischen Welt, ... | ... Kann man nun diesen fortschreitenden Entwickelungsgang als Ausfluß einer bewußten zweckmäßigen Zielstrebigkeit oder einer sittlichen Weltordnung bezeichnen? Durchaus nicht! Denn Selektionstheorie lehrt uns, daß der organische *Fortschritt*, ebenso wie die organische Differenzierung, eine *notwendige Folge* des Kampfes ums Dasein ist" (S.341-342).

Grundsätzlich bedarf dieses Zitat nicht der Kritik, da der gesamte, in dem Zitat liegende Pragmatismus an sich jener Darwins ist, und daher bereits diskutiert worden ist - vgl. oben -. Gerade im Lichte des Vergleiches mit Darwin ist aber zu beachten, was Haeckel hier genauerhin mit "Kampf ums Dasein" verbindet - insofern er mit diesem »Fortschritt« verbindet, ohne das hierbei Erzielte von einer "Uhrwerk"-Konstruktion abgrenzen zu können -:

> "Tausende von guten, schönen, bewunderungswürdigen Arten des Tier- und Pflanzenreiches sind im Laufe jener 48 Millionen Jahre zugrunde gegangen, weil sie anderen, stärkeren Platz machen mußten; diese Sieger im Kampfe ums Dasein waren aber nicht immer die edleren oder im moralischen Sinne vollkommeneren Formen" (S.342).

Zu dieser Betonung von »stärker« - im Vergleich mit "moralisch" - ist auch zu lesen: »Man könnte freilich sagen: der 'Kampf ums Dasein' ist das 'Überleben des Passendsten' oder der 'Sieg des Stärkeren'; das kann man aber nur, wenn man das Stärkere stets als das Beste (im moralischen Sinne!) betrachtet« (S.341) -, ist zwar, wie dargelegt, bei Darwin durchaus implizit enthalten, jedoch im Gewand eines "Vorstoßes innerhalb der Theologie" dargeboten, so daß "stärker" zu keinem Eines wird, das der Hinterfragung enthebt. Gerade dies ist bei Haeckel aber offensichtlich der Fall, bzw.: Haeckel löst "moralisch" gleichsam auf, nicht um willen eines naiven Materialismus, sondern im Sinne seines monistisch verstandenen mechanistischen Denkens, also gemäß seiner dementsprechend pragmatischen Verzerrung dialektischen Denkens. Das ist: Um willen seiner Vermeidung einer "Inhomogenität"-Konstruktion gelangt Haeckel zu einer Konstruktion von "stärker" als Eines, die für Darwins Surrogat zu "Dekalog-Seligpreisung" keinen Platz mehr läßt.

Dies bekräftigt aber, daß Haeckel die Welt als "Uhrwerk" darstellt - wenn auch wider seine Intention -, da seine Betonung von »stärker« eine Auflösung der Thematisierung des zu "um willen von etwas" Transzendentalen bedeutet, wofür in einer mechanistischen Welt kein Platz sein kann. Haeckel übersieht dies also gemäß seiner zuvor angeführten Unfähigkeit, den differentiellen Charakter von Verzicht-üben-müssen zu vergegenwärtigen, weswegen er zu einer mechanistischen Analytik Zuflucht nehmen muß, wie sie also Analytik in den Bereich der Werdewelt hineinträgt: Haeckel gelingt es nur dieserart, die Werdewelt - das Begrenzte - nicht als Chaotisches bedenken zu können, bzw. gelingt ihm dies mechanistisch, da er sich der Unendlichkeit der Werdewelt gegenüber nicht öffnen kann, da er die Dialektik nur im Horizont von Substanz dem Motiv nach - und somit letztlich n i c h t substantiell – vergegenwärtigen kann.

Hierher gehört auch, daß Haeckel für eine philosophisch unreduziert konzipierte Vorstellung von "Beste aller Welten" bzw. "Rechtsfähigkeit des Ich" keinen Platz läßt, da er "Vorsehung" lediglich im Sinne einer fideistisch konzipierten Theologie aufgreift, abseits von "Bedeutung der Theologie im Lichte des Ich-sein" (vgl. *Theologie*):

"So wenig bei unbefangener und kritischer Betrachtung eine »moralische Weltordnung« im Gange der Völkergeschichte nachzuweisen ist, ebensowenig können wir eine »weise Vorsehung« im Schicksal der einzelnen Menschen anerkennen. Dieses wie jene wird mit eiserner Notwendigkeit durch die mechanische Kausalität bestimmt, welche jede Erscheinung aus einer oder mehreren vorhergehenden Ursachen ableitet" (S.343).

Die "Stringenz" in der Haeckelschen Argumentation zeigt sich sogleich, wenn er mit der Nennung der »eisernen Notwendigkeit« fortfährt:

"Das allgemeine *Kausalgesetz*, in Verbindung mit dem Substanzgesetz, überzeugt uns, daß jede Erscheinung ihre mechanische Ursache hat; in diesem Sinne gibt es keinen Zufall. Wohl aber können und müssen wir diesen unentbehrlichen Begriff beibehalten, um damit das Zusammentreffen von zwei Erscheinungen zu bezeichnen, die nicht unter sich kausal verknüpft sind, von denen aber natürlich jede ihre Ursache hat, unabhängig von der anderen" (S.345-346).

Daß dies natürlich nicht "Zufall" ergibt, liegt auf der Hand, denn nicht von Zufall, sondern von Mißachtung jener Kausalketten, die zu der zeitlich/räumlichen Zusammenführung der nicht unmittelbar verknüpften Ereignisse führen, ist die Rede. Zugleich gilt, daß dieses Unvermögen Haeckels, ein uneingeschränkt mechanistisches Denken abzuwehren - Transformismus also im Sinne eines ablaufenden Uhrwerkes verstehen zu müssen - natürlich dem dementsprechenden Unvermögen Darwins gleichzusetzen ist, wobei übereinstimmend gilt, daß es gerade die Anführung des Mechanismus ist, die das an sich gegebene Verfehlen der Eines der Begriffpyramiden kompensieren soll, und woraus also die Probleme erwachsen, etwas in seiner Bedeutung mindern zu müssen, auf das letztlich nicht verzichtet werden kann. Besagte Gleichsetzung, um dies zu betonen, bedeutet aber keine Uniformität der Haeckelschen und Darwinschen Position, gemäß den bereits mehrfach betonten Unterschieden zwischen beiden Positionen.

Zugleich ist hieran aber zu beachten, daß dieser Versuch des Überkommens eines uneingeschränkt mechanistischen Denkens auch im Horizont von Universalität des Person-sein zu vergegenwärtigen ist, worin liegt, daß besagte mangelnde Stringenz der Haeckelschen Argumentation zudem dahingehend gilt, daß Haeckel, obgleich er eigentlich keinen Platz für ein Surrogat für Darwins Beachtung von "Dekalog-Seligpreisung" läßt, trotzdem - im Rahmen einer Herbeiargumentation - ein solches in seine Argumentation einflicht, worin sich zeigt, daß seine Auflösung von "moralisch" auch im Sinne der *Theages*-Problematik zu bedenken ist. Hierauf wird zurückzukommen sein.

Zunächst gilt es auf Kapitel 15 zu blicken, das eine Zurückweisung allen theologischen Denkens abseits pantheistischen Denkens bietet. Dieses Kapitel bietet aber kaum Neues, so daß es bei folgenden Anmerkungen belassen bleiben kann. Unter anderem gibt Haeckel folgende Kritik an der Trinitätslehre:

"Die Evangelien, die doch die einzigen lauteren Quellen dieses *christlichen Triplotheismus* sind, lassen uns über die eigentlichen Beziehungen dieser drei Personen [Vater, Sohn, Heiliger Geist] zueinander völlig im Dunkeln und geben auf die Frage nach ihrer rätselhaften Einheit keine irgend befriedigende Antwort" (S.355).

"Die *drei Personen*, die als Vater, Sohn und Heiliger Geist unterschieden werden, sind und bleiben ebenso drei verschiedene *Individuen* (und zwar anthropomorphe

> Personen!) wie die drei indischen Gottheiten der Trimurti (Brahma, Wischnu, Schiwa) oder wie die Trinität der alten Hebräer (Anu, Bel, Ao)" (S.361).

Haeckel sind die Argumentationen im Sinne der Trinitätslehre deshalb so »unbefriedigend«, da er diskursiv nicht zur Bedeutung der Theologie als "Hüterin auf dem Wege zur Dialektik" vordringt, was ihm also gemäß seinen völlig defizitären Vorstellungen zu Person-sein unmöglich ist. Es ist somit Haeckels Unfähigkeit, sich der Dialektik gegenüber zu öffnen, die ihn zu der zitierten Kritik gelangen läßt, und diese ist es auch, die ihn den Pantheismus vertreten läßt, bzw. als Gegenkonstruktion zu Platons Position verstehen läßt:

> "Immer bleibt zwischen beiden der fundamentale Gegensatz bestehen, daß im *Theismus* Gott als *extramundanes* Wesen der Natur schaffend und erhaltend gegenübergestellt und *von außen* auf sie einwirkt, während im *Pantheismus* Gott als intramundanes Wesen allenthalben die Natur selbst ist und *im Inneren* der Substanz als »Kraft oder Energie« tätig ist. Diese letztere Ansicht allein ist vereinbar mit jenem höchsten Naturgesetz, dessen Erkenntnis einen der größten Triumphe des 19. Jahrhunderts bildet, mit dem *Substanzgesetze*. Daher ist notwendigerweise *der Pantheismus die Weltanschauung unserer modernen Naturwissenschaft*. ... | ... Allein dieser naturwahre pantheistische Monismus[84] wurde bald ganz zurückgedrängt durch den mystischen Dualismus von *Plato* und besonders durch den gewaltigen Einfluß, den seine idealistische Philosophie durch die Verschmelzung mit den christlichen Glaubenslehren gewann" (S.366-368).

Diese Kritik an Platon ist ebenso inhaltsleer, wie Haeckels vorangegangenes Eintreten für den Pantheismus. Die Ansicht, daß eine Ablehnung von »extramundal« - als einer Äußerlichkeit provozierenden Konstruktion - irgend ein Problem löst, wenn man es durch »in der Substanz« ersetzt, verdeutlicht weiter nichts als ein vollständig fehlendes Problembewußtsein. Das ist: Ist Gott »in« der Substanz, so kann er nicht diese schlechthin sein, da ansonst das »in« überflüssig ist, und somit wäre nicht von der »Gott-Natur« zu sprechen sondern schlichtweg von "Gott" - der somit an sich überall wäre, was Platon zurückweist (vgl. *Lehre*) -, und somit schon deshalb kein Ergebnis bedeuten würde, da man nun erneut, nur in bezug auf ein anderes sprachliches Subjekt, fragen müßte, was es damit auf sich hat, in der Orientierung - also im Horizont von Um-sich-bemüht-sein - mit kontingent Gültigem umgehen zu müssen. Dieses Problem hätte man also lediglich verschoben, aber nicht einmal ansatzweise gelöst; bzw. besteht die Lösung darin, daß man gleichsam "Irrtum" eliminiert hat: Alles, das man denkt und unternimmt muß richtig sein, da jegliche andere Interpretation aussagen würde, daß das Gründende darin irrt, das Gründende zu sein. Dies ist natürlich absurd, doch eben diese Absurdität provoziert Haeckels mechanistische Transformationslehre, insofern sie darum bemüht ist, einen "Kampf ums Dasein" im Horizont mechanistischer Kausalität herbeizuargumentieren, die es nicht angebracht sein läßt, dem Ich Eines des Bedenkens im Sinne der Eines der Begriffpyramiden beizugeben, da hierin das Fundament einer Apriorizität des Am-

---

84 Haeckel bezieht sich hiermit auf Thales, Anaximandros, Anaximenes, Demokrit Empedokles und Heraklit. In *Untersuchungen* ist hat der Autor gezeigt - ohne Bezugnahme auf Haeckel -, daß Heraklits Position im Vorfeld der Platonischen Dialektik zu sehen ist, woraus folgt, daß sie nicht auf die gebrachte Weise von Haeckel in Anspruch genommen werden kann; vgl. zudem *Theoriendynamik* für die Position Demokrits. In einem in Arbeit befindlichen Aufsatz wird selbiges wie für Heraklit bezüglich den genannten Ionischen Philosophen und Empedokles dargelegt.

Werke-sein des Ich gesehen wird, das sich mit dem Transformationismus nicht vereinbaren läßt.

Kapitel 16-17

Die beiden hier zusammengefaßten Kapitel - sie tragen die Überschriften »Wissen und Glauben« sowie »Wissenschaft und Christentum« - tragen kaum die Position Haeckels positiv vor, sondern beinhalten primär eine Kritik theologischer Positionen, in Vorbereitung von Kapitel 18: »Unsere monistische Religion«. Daher, wie auch deshalb, da das grundsätzliche zu Haeckels Kritik an dem theologischen Denken Auszuführende bereits in dem Vorangegangenen eingeflochten ist, kann die Analyse von Kapitel 16 und 17 kurz gehalten werden.

Insbesondere interessiert der Anfang von Kapitel 16, das mit folgender Feststellung anhebt:

> "Wir sind zwar unfähig, das innerste Wesen dieser realen Welt - »das Ding an sich« - zu erkennen; aber unbefangene und kritische Beobachtung und Vergleichung überzeugt uns, daß bei normaler Beschaffenheit des Gehirns und der Sinnesorgane die Eindrücke der Außenwelt auf diese bei allen vernünftigen Menschen dieselben sind, und daß bei normaler Funktion der Denkorgane bestimmte, überall gleiche Vorstellungen gebildet werden. Diese nennen wir *wahr* und sind dabei überzeugt, daß ihr Inhalt dem erkennbaren Teile der Dinge entspricht. Wir *wissen*, daß diese Tatsachen nicht eingebildet, sondern wirklich sind und auf tausendfach bestätigten Erfahrungen beruhen" (S.375).

Diese Feststellung ist nichts anderes als der Nachweis vollständigen philosophischen Unvermögens Haeckels. Das Ding an sich ist also nicht erkennbar, doch spielt dies keine Rolle, da, wie der Vergleich zeigt, wahre Aussagen zu dem erkennbaren Teil des Dinges erzielt werden können. Was aber soll »erkennbarer Teil« der Dinge sein, noch dazu, da er offenbar in völliger Getrenntheit zu dem »Ding an sich« gedacht wird? Genügt die Bedachtnahme auf »erkennbarer Teil«, so muß in diesem eine Transzendierung der Kontingenz liegen - ansonst tritt wieder die oben bereits angeführte Ad-absurdum-Führung von "Irrtumsmöglichkeit" auf! - und damit hat man die Emanzipation Ding an sich gar nicht erreicht.

Daß Haeckel dies übersieht, resultiert daher, daß er die Bedeutung der propositionalen Vergegenwärtigung des Bereichs der Notwendigkeit - wie sie gemäß differentielles Verzicht-üben-müssen einem Ich möglich ist - gar nicht bedenkt, bzw. entsprechend seinem mechanistischen Empirismus zu kompensieren versucht. Haeckel übersieht daher auf fundamentale Weise, daß zum Bedenken-können des Ich als einem Gegründeten auch das Verfügen über Paradigmata gehört, sowie das Sich-arrangieren-können mit pragmatischen Konstruktionen, woraus eben jene Sicherheit erwächst, von der Haeckel hier spricht, wenn er meint, von »wahr« im thematisch-methodischen Sinne sprechen zu können.

Weiters übersieht Haeckel, daß er zuvor noch von einer uneingeschränkten Unvollkommenheit des Ich gesprochen hat, so daß nicht evident sein kann, wieso das Ich nun als "vollkommen genug" angesehen wird, um »wahr« Aussagen zu lassen. Im Lichte hiervon sind Haeckels Ausführungen bezüglich »Erkenntnisquellen« von Interesse:

> "Alle Erkenntnis der Wahrheit beruht auf zwei verschiedenen, aber innig zusammenhängenden Gruppen von physiologischen Funktionen des Menschen; erstens auf der *Empfindung* der Objekte mittelst der Sinnestätigkeit, und zweitens auf der Verbindung der so gewonnenen Eindrücke durch Assozion zur *Vorstellung* im Subjekt.

Die Werkzeuge der Empfindung sind die *Sinnesorgane* (Sensillen); die Werkzeuge, welche die Vorstellung bilden und verknüpfen, sind die *Denkorgane* (Phroneten)" (S.375).

Zu den Sinnesleistungen sei weiters gelesen:

"Die Sinnestätigkeit des Menschen, welche der *erste Ausgangspunkt aller Erkenntnis* ist, hat sich langsam und allmählich aus derjenigen der nächstverwandten Säugetiere, der Primaten, entwickelt" (S.375-376).

"Schon aus diesen Tatsachen ergibt sich; daß unsere menschliche Sinnestätigkeit beschränkt ist, und zwar sowohl in quantitativer als auch in qualitativer Hinsicht. Wir können also mit unseren Sinnen, vor allem dem Auge und dem Tastsinn, immer nur einen Teil der Eigenschaften erkennen, welche die Objekte der Außenwelt besitzen. Aber auch diese partielle Wahrnehmung ist unvollständig, insofern unsere Sinneswerkzeuge unvollkommen sind und die Sinnesnerven als Dolmetscher dem Gehirn nur die Übersetzung der empfangenen Eindrücke mitteilen. | ... Ohne Sinne keine Erkenntnis! »Nihil est in intellectu, quod non fuerit in sensu« (*Locke*)" (S.379-380).

Angesichts dieses Zitats, sei eine, diesem vorangehende Feststellung Haeckels gelesen:

"Diesen Irrtümern [Aussagen der skeptischen Philosophie und des »extremen Idealismus«, im Sinne von: »Die Welt existiert nur in unserer Vorstellung«[85]] gegenüber müssen wir daran erinnern, daß die »spezifische Energie« ursprünglich nicht eine anerschaffene besondere Qualität einzelner Nerven, sondern erst durch *Anpassung* an die besondere Tätigkeit der Oberhautzellen entstanden ist, in welchen sie enden" (S.377).

Gerade diese letzte Aussage zeigt, daß Haeckel aus seiner Thematisierung jenes Anfangs, wie er aus der Zurückweisung des Versuches der Einflechtung einer "Inhomogenität"-Konstruktion auftritt, eine Sicherheit ableitet, die ihm das Anfangsproblem letztlich kein Problem sein läßt. Das ist: Aus »nicht anerschaffene besondere Qualität« wird eine Sicherheit gewonnen, die »Anpassung an die besondere Tätigkeit« abseits jeglicher Begründungsproblematik zeigt.

Diese vermeintliche Sicherheit Haeckels läßt ihn zudem davon sprechen, daß auch die »partielle Wahrnehmung« der Sinnesorgane - deren Tätigkeit an sich als unumgänglicher Anfang allen Bedenkens verstanden wird (vgl. Locke-Zitat) - noch »unvollständig ist«, eine Feststellung, die sich alleine im Lichte von Haeckels völlig defizitärem Verständnis des Aussagen-könnens von Eines bzw. der Letztrechtfertigung von Aussagen verstehen läßt. Das ist: Haeckel bedenkt den Anfang des Bedenkens nicht gemäß dem Verfügen des Ich - obgleich nicht notwendig vergegenwärtigt - über Daß-Aussagen und Paradigmata, sondern im Sinne davon, so ist gemäß Universalität des Person-sein festzuhalten, daß sich die - auf irgend eine Weise notwendig gegeben sein müssende - Apriorizität des Bedenkens durch die Projektion des Am-Werke-sein des Ich auf das Gründende - Substanz - verstehen läßt, womit dies aber, da diese Projektion bei Haeckel nicht diejenige von Ich als ein Eines auf d a s Eines ist, zur Feststellung von Notwendigkeit in der Empirie mißrät, abseits der Differenzierung von Notwendigkeit in "Notwendigkeit an sich - Paradigmata". Alleine im Sinne hiervon kann Haeckel kritizistisch auf die Fähigkeiten der Sinne blicken, ohne hierüber seinen Satz von der Fähigkeit der Sinne, »die erkennbaren Teile der Dinge« vergegenwärtigen zu können, unterwandern zu müssen.

---

[85] Haeckel diskutiert diese Aussagen als Fehlinterpretation des Gesetzes der »spezifischen Energie der Sinnesnerven« von Johannes Müller.

Angesichts hiervon sei nun auf folgende Argumentation Haeckels geblickt:

> "Der Erkenntnistrieb des hochentwickelten Kulturmenschen begnügt sich nicht mit jener lückenhaften Kenntnis der Außenwelt, welche er durch seine unvollkommenen Sinnesorgane gewinnt. Er bemüht sich vielmehr, die sinnlichen Eindrücke, welche er durch dieselben gewonnen hat, in Erkenntniswerte umzusetzen; er verwandelt sie in den Sinnesherden der Großhirnrinde in spezifische Sinnesempfindungen und verbindet diese durch *Assozion* in deren Denkherden zu Vorstellungen. ... | Die Vorstellungen, welche die Lücken des Wissens ausfüllen oder an dessen Stelle treten, kann man aber im weiten Sinne als »*Glauben*« bezeichnen" (S.380-381).

> "Wer auf die Theorie ganz verzichten und reine Wissenschaft bloß aus »sicheren Tatsachen« aufbauen will (wie es oft von beschränkten Köpfen in der modernen sogenannten »exakten Naturwissenschaft« geschieht), der verzichtet damit auf die Erkenntnis der Ursachen überhaupt und somit auf die Befriedigung des Kausalitäts-Bedürfnisses der Vernunft. | ... Dabei kann aber diese Ursache selbst ihrem Wesen nach unbekannt oder nur eine »provisorische Hypothese« sein" (S.382).

Gemäß dem »Kausalitäts-Bedürfnis« ist es also zu verstehen - so Haeckel -, daß der Mensch - vorausgesetzt er ist kein »beschränkter Kopf« - die Sinnesdaten zu jenem verdichtet, das man Hypothese, Theorie und so fort nennt, und das die Sinnesdaten in der natürlichen Verflochtenheit des von ihnen Bezeichneten - idealer Weise - zeigt. Grundlage hierfür sind also die Sinnesdaten und die Einsicht, daß sie miteinander assoziiert werden müssen, entsprechend besagtem »Kausalitäts-Bedürfnis«. Das hierbei Entstehende - dem also inhaltlich alleine die Sinnesdaten als Basis dienen! - muß nicht notwendig propositional den wahren Sachverhalt bezeichnen, so daß man auch von »Glauben« sprechen kann, jedoch nicht im mystisch-theologischen Sinn, sondern relational zu einem "Faktenwissen".

Hierin muß sich zugleich Haeckels vorangegangene Thematisierung der Metaphysik - die somit abseits jeglicher Transzendentalität bedacht sein muß - widerspiegeln. Das ist: Haeckels Zurückweisung der »exakten Naturwissenschaften« - wie sie bereits in Zusammenhang mit Newtons Position angetroffen worden ist - geschieht gemäß seinem eigenen mechanistischen Empirismus, aus dem heraus Haeckel - auf völlig unzutreffende Weise! - Begriffe wie "Metaphysik" und "Philosophie" somit aufwendet. Dies entspricht grundsätzlich der vorangegangenen Kritik, daß Haeckel einen mechanistischen Empirismus vertritt, den er - gemäß seiner Anlehnung an Spinoza[86] - im Gewand einer philosophischen bzw. religiös-pantheistischen Position anbietet, womit - aus der Haeckelschen Perspektive - der Vorwurf eines mechanistischen Pragmatismus bzw. Reduktionismus von vornherein abgewehrt sein soll.

Zugleich gilt, daß der Haeckelsche mechanistische Empirismus aus dem Haeckelschen Transformismus erwächst und somit auch als um die Vorzüge, wie sie bezüglich Darwins Verweis auf die Historizität auszusagen waren, bemüht verstanden werden muß. Fortgesetzt kann daher auch davon gesprochen werden, daß Haeckels defizitäres Umgehen mit der Anfangsproblematik Ausdruck davon ist, herbeiargumentierte Eines vermeiden zu wollen.

Aus Kapitel 17 sei eine einzige Feststellung Haeckels zitiert, nicht da sie kommentierungswürdig wäre, sondern da sie - für sich stehend - die Geisteshaltung Haeckels verdeutlicht:

> "Die bedeutende Persönlichkeit des Apostels Paulus, der jedenfalls viel mehr Weltkenntnis und praktischen Sinn besaß als *Christus*, ist für die anthropologische Beurteilung auch insofern interessant, als der *Rassenursprung* der beiden großen Reli-

---

86 Hier ist auch an Haeckels mehr oder weniger teilweise Bezugnahme auf andere Denker zu erinnern, zum Beispiel Spencer, Locke, Feuerbach, Goethe.

gionsstifter ähnlich sein soll. Auch von den beiden Eltern des *Paulus* soll (...) der Vater griechischer, die Mutter jüdischer Rasse sein. Die Mischlinge dieser beiden Rassen, die ursprünglich ja sehr verschieden sind (obgleich beide Zweige *derselben Spezies*: Homo mediterraneus!), zeichnen sich oft durch eine glückliche Mischung der Talente und Charaktereigenschaften aus, wie auch viele Beispiele aus neuerer Zeit und aus der Gegenwart beweisen" (S.398).

Kapitel 18-19

Diese beiden Kapitel behandeln »Unsere monistische Religion« und »Unsere monistische Sittenlehre«. Gleich zu Beginn von Kapitel 18 wird evident, daß Haeckel "Religion" fortgesetzt im Sinne seines nicht mechanistisches Denken sein sollenden pantheistisch-monistischen Denken versteht, wie sich aus seinen Ausführungen ergibt: »bei einer vollkommen klaren und folgerichtigen Auffassung des Monismus tatsächlich die beiden Begriffe von Religion und Wissenschaft zu einem Miteinander verschmelzen« (S.423); »vielmehr verharren die meisten Gebildeten unserer Zeit (...) bei der Überzeugung, daß die Religion ein selbständiges, von der Wissenschaft unabhängiges Gebiet unseres Geistesleben darstellt« (S.423). Die Ablehnung hiervon, zugunsten von »verschmelzen« ist aber, so zeigen die bisherigen Analysen, ausschließlich Ausdruck der Haeckelschen Unfähigkeit, die transzendentalphilosophische Schwelle und demgemäß die beiden Kompetenzbereiche des Bedenkens - vgl. *Überlegungen* und Anhang - vergegenwärtigen zu können; alleine hieraus erhält ja der Haeckelsche Monismus - in seiner Abkehr von dem Platonischen d a s Eines - seinen Inhalt.

Im Sinne hiervon ist es daher auch zu verstehen, wenn Haeckel in Folge festhält, daß der Monismus - sein Monismus - ebenso das »ethische Bedürfnis unseres Gemütes befriedigt« (S.424) wie das »logische Kausalbedürfnis«. Gemäß Universalität des Person-sein ist festzuhalten, daß Haeckel hier tatsächlich um eine Differenzierung bemüht ist - entsprechend seinem "nicht-materialistisch" sein sollenden Verständnis von "mechanische Ursächlichkeit" -, doch bleibt es bei diesem Bemühen als einer reinen Intention. Das ist: Indem Haeckel nicht dazu vordringt, die beiden Kompetenzbereiche des Bedenkens unterscheiden zu können, kann er Ethik auch nicht im Horizont davon sehen, das Am-Werke-sein des Ich in Zusammenhang mit der Transzendierung von "um willen von etwas" thematisieren zu müssen, abseits von "Logik" - gemäß »logisches Kausalbedürfnis« - als Element der Werdewelt-Analyse, worauf Haeckel gemäß seiner Bezugnahme auf die Naturwissenschaften nämlich abzielt.

Im Sinne hiervon ist es daher zu verstehen, wenn Haeckel nun »die wahre Dreieinigkeit« anführt: »Trinität des Wahren, Guten und Schönen« (S.428). Anstatt sich, hierbei ernsthaft mit "Dreieinigkeit" auseinanderzusetzen, bietet Haeckel pseudo-theologische Phrasen: »Palast der Vernunft [für die 'wahre Trinität']«, »können wir auch unseren drei Vernunftidealen [Wahrheit, Schönheit und Tugend] die Gestalt herer Göttinnen geben« (S.428).

Zum »Ideal der Wahrheit« ist zu lesen, daß »die reine Wahrheit nur in dem Tempel der Naturerkenntnis zu finden ist« (S.428); »so gelangen wir mittelst der reinen Vernunft zur wahren Wissenschaft, dem kostbarsten Schatze der Kulturmenschheit« (S.428); »die Göttin der Wahrheit wohnt im Tempel der Natur, im grünen Walde, auf dem blauen Meere, [und so fort]« (S.429). Es bedarf keiner eigenen Ausführungen mehr, daß Haeckel dieserart auf die Natur als Quelle der Daß-Aussagen reflektiert, aufgrund seines Unvermögens, die transzendentalphilosophische Schwelle zu vergegenwärtigen bzw. gemäß seiner Projektion aus dem Werdewelt-Ich.

Die soeben zitierte Bezugnahme Haeckels auf »Kulturmensch« ist sofort als Aussage im Sinne der "Gradienten"-Konstruktion einsehbar, wie sie "Universalität des Person-sein" pragmatisch verzerrt. Dieses Denken bestimmt auch Haeckels Ausführungen bezüglich »Ideal der Tugend«:

> "Anders als mit dem ewig Wahren verhält es sich mit dem Gottesideal des ewig Guten. Während bei der Erkenntnis der Wahrheit die Offenbarung der Kirche völlig auszuschließen und allein die Erforschung der Natur zu befragen ist, fällt dagegen der Inbegriff des *Guten*, den wir Tugend nennen, in unserer monistischen Religion größtenteils mit der christlichen Tugend zusammen. Natürlich gilt das nur von dem ursprünglichen, reinen Christentum der drei ersten Jahrhunderte, wie dessen Tugendlehren in den Evangelien und in den paulinischen Briefen niedergelegt sind" (S.429-430).

Da sich Haeckel in Kapitel 19 explizit mit der Tugendlehre beschäftigt, kann es hier bei der Feststellung belassen werden, daß sich sein »größtenteils« als inhaltslos erweist, in eben dem Sinne, wie Haeckel überhaupt nicht zu einer vernünftigen Beachtung der Theologie vordringt; »größtenteils« erweist sich als Element seiner pseudo-theologischen Phrasen.

Bezüglich dem »Ideal der Schönheit« hält Haeckel zunächst fest: »In größten Gegensatz zum Christentum tritt unser Monismus auf dem Gebiete der Schönheit« (S.430). Er gelangt hierzu, indem er der christlichen Lehre unterstellt: »Das ursprüngliche, reine Christentum predigte die Wertlosigkeit des irdischen Lebens« (S.431), wie auch, daß es in dem irdischen Leben »bloß eine Vorbereitung für das ewige Leben im 'Jenseits'« sieht (S.431). Haeckel erkennt den in seiner Argumentation liegenden Widerspruch überhaupt nicht, denn wie soll es möglich sein, daß eine »Vorbereitung« »wertlos« ist; Haeckel unterstellt hier, daß das Christentum das "irdische Leben" als "Warteraum" versteht. Daß die christliche Lehre als Versuch zu verstehen ist, das Begrenztes-sein des Ich auf thematisch-methodisch unreduzierte Weise auf an sich Selbstand Repräsentierendes zu beziehen, vergegenwärtigt Haeckel gar nicht. Das ist: Haeckel kritisiert nicht etwa, daß dieser Versuch pragmatische Elemente aufweist, er sieht schon den Versuch als solchen nicht, gemäß seiner völligen Nivellierung der transzendentalphilosophischen Schwelle!

Im Lichte hiervon sei aus seinen Ausführungen zur monistischen Kunst zitiert:

> "Das diametrale Gegenstück dieser herrschenden christlichen Kunst ist diejenige neue Form der bildenden Kunst, die sich erst in unserem Jahrhundert, im Zusammenhang mit der *Naturwissenschaft* entwickelt hat. Die überraschende Erweiterung unserer Weltkenntnis, die Entdeckung von unzähligen schönen Lebensformen, die wir der letzteren verdanken, hat in unserer Zeit einen ganz anderen ästhetischen Sinn geweckt und damit auch der bildenden Kunst eine neue Richtung gegeben" (S.432).

> "Alle diese Fortschritte im ästhetischen Naturgenusse - und damit zugleich im wissenschaftlichen Naturverständnis - bedeuten ebenso viele Fortschritte in der höheren menschlichen Geistesbildung und damit zugleich in der Geltung unserer vernunftgemäßen monistischen Religion" (S.434).

Hier ist insbesondere die Gleichschaltung von Naturwissenschaft und Kunst zu betonen, die einmal mehr zeigt, daß Haeckel gar nicht in der Lage ist, sein intentioniertes Transzendieren des mechanisch-kausal Vergegenwärtigbaren irgendwie mit Inhalt zu belegen. Selbst dort, wo hiervon explizit die Rede sein müßte - "ästhetisch" im Unterschied zu "mechanisch" – gelingt Haeckel nicht einmal eine Maskierung seines Unvermögens. Daher sei auch nur am Rande erwähnt, daß der Haeckelsche Monismus nicht dazu vordringt,

Kunst im Sinne des nicht Alles-sein der Diskursivität an sich zu verstehen, wie dies gemäß der ersten Schicht des philosophischen Horizonts notwendig ist - vgl. *Theologie* -, daraus erwachsend, daß "Diskursivität" ein Eines - Begriff" der unthematische-Begriffpyramide ist und somit dialektisch-analytisch Zu-Entfaltendes. Haeckel dringt hierzu nicht vor, da er die unthematische-Begriffpyramide an sich nicht vergegenwärtigen kann, worin auch jenes verabsolutierte Verstehen von Diskursivität liegt, das gleich am Beginn von *Welträtsel* auftritt.

Bevor nun auf Haeckels Ausführungen zur Sittenlehre geblickt sei, sollen folgende beide Argumente in Kapitel 18 angeführt werden:

> "Die hieraus entspringenden Gefahren erkannte mit klarem Blick der gewaltige Staatsmann [Fürst Bismarck], der das »politische Welträtsel« der deutschen National-Zerrissenheit gelöst und uns durch bewunderungswürdige Staatskunst zu dem ersehnten Ziele nationaler Einheit und Macht geführt hatte ... | Gerade zur Förderung dieser hohen Ziele erscheint es höchst wichtig, daß die moderne Naturwissenschaft nicht bloß die Wahngebilde des Aberglaubens zertrümmert" (S.425 - 427).

Wie für die "französische Reaktion auf Darwin", so sind also auch Haeckels Aussagen von politische Überlegungen mitgeprägt.

Das zweite Argument ist:

> "Nun ist aber neuerdings für alle diese Gottheiten und für die mit ihnen tafelnden »unsterblichen Seelen« die offenkundige von *David Strauss*[87] geschilderte *Wohnungsnot* eingetreten; denn wir wissen jetzt durch die *Astrophysik*, daß der unendliche Raum mit ungenießbarem Äther erfüllt ist, und daß Millionen von Weltkörpern, nach ewigen ehernen Gesetzen bewegt, sich rastlos in demselben herumtreiben, alle im ewigen großen »Werden und Vergehen« begriffen" (S.437).

Es fällt schwer, dieses Argument der »Wohnungsnot« als ernst gemeintes Argument zu bedenken! Hier zeigt sich augenscheinlichst, daß Haeckel g a r n i c h t damit umzugehen versteht, daß die Welt, wie sie wahrgenommen wird, als Werdewelt zu verstehen ist, und als solche zu transzendieren ist; das ist: wenn die Dialektik einfordert, das Ich seinem Werdewelt-Ich-sein nach zu transzendieren, so fordert sie damit keinen Teil des Ich ein, der werdeweltlich und zugleich als transzendental zur Zeitlichkeit - "unsterblich" - zu verstehen ist, und demgemäß "irgendwo" im Weltraum sein Dasein fristet, als Bedingung für »Wohnungsnot«.

Von dem dieserart argumentierenden Haeckel sei nun die Sittenlehre beachtet, zu der sogleich festzuhalten ist, daß sie Haeckel als »größtenteils« der christlichen Sittenlehre entsprechend versteht, wie auch, daß eine solche Übereinstimmung nicht vorliegt. Zur Verdeutlichung hiervon bzw. des von Haeckel Ausgeführten sei zunächst auf dessen "Widerlegung" des kategorischen Imperativ Kants - »die Kuppel seines großen Glaubensdomes krönte Kant mit einem seltsamen Idol, dem berühmten kategorischen Imperativ« (S.444) - geblickt:

> "..., danach [gemäß Kants Imperativ] ist die Forderung des allgemeinen Sittengesetzes *ganz unbedingt*, unabhängig von jeder Rücksicht auf Wirklichkeit und Möglichkeit; sie lautet: »Handle jederzeit so, daß die Maxime (oder der subjektive Grundsatz deines Willens) zugleich als Prinzip einer allgemeinen Gesetzgebung gelten könne«. Jeder normale Mensch sollte demnach dasselbe Pflichtgefühl haben wie jeder andere. Die moderne Anthropologie hat diesen schönen Traum grausam zerstört; sie hat gezeigt, daß unter den Naturvölkern die Pflichten noch weit verschiedener sind als unter den Kulturnationen" (S.444).

---

[87] D Strauss 1892: *Der alte und der neue Glaube; ein Bekenntnis* - Bonn (15. Aufl. 1903).

Eine empirische Fachwissenschaft als Fundament der Widerlegung des Kantischen Imperativs anzuführen, ist für sich bereits Beleg genug, daß das Problem des Transzendieren-müssens nicht verstanden wird. Wiederum muß gelten, daß Haeckel überhaupt nicht diskutiert, inwieweit der Kantische Versuch der Vergegenwärtigung des zum Faktischen Transzendentalen Mängel aufweist - wovon aus Sicht Platons bzw. der ersten Schicht des philosophischen Horizonts zu sprechen ist (vgl. *Privatheit* und *Theologie*) -, sondern den Versuch als solchen nicht vergegenwärtigen kann; dies ist - gemäß Universalität des Person-sein - Ausdruck von Haeckels vollständiger Nivellierung der transzendentalphilosophischen Schwelle gemäß seinem Konzentrationsverlust auf das komplementäre "nicht ohne" in unmittelbarem Abschluß an die Anführung des Substanzgesetzes.

Angesichts hiervon sei nun gelesen:

> "Unsere moderne Naturerkenntnis wirkt aber für die praktische Philosophie und Ethik nicht nur *negativ*, indem sie den Kantischen Dualismus zertrümmert, sondern auch *positiv*, indem sie an dessen Stelle das neue Gebäude des *ethischen Monismus* setzt" (S.445).

Das Fundament dieses »Gebäudes« lautet:

> "Sie zeigt, daß das *Pflichtgefühl* des Menschen nicht auf einem illusorischen »*kategorischen Imperativ*« beruht, sondern auf dem *realen Boden der sozialen Instinkte*, die wir bei allen gesellig lebenden höheren Tieren finden. Sie erkennt als höchstes Ziel der Moral die Herstellung einer g e s u n d e n[88] Harmonie zwischen *Egoismus* und *Altruismus*, zwischen Selbstliebe und Nächstenliebe. Vor allen anderen war es der große englische Philosoph *Herbert Spencer*[89], dem wir die Begründung dieser monistischen Ethik durch die Entwicklungslehre verdanken" (S.445).

Weiters ist zu diesem Thema zu lesen:

> "Der Mensch gehört zu den *sozialen Wirbeltieren* und hat daher, wie alle sozialen Tiere, zweierlei verschiedene Pflichten, erstens gegen sich selbst und zweitens gegen die Gesellschaft, der er angehört. Erstere sind Gebot der *Selbstliebe* (Egoismus), letztere Gebote der *Nächstenliebe* (Altruismus). Beide natürliche Gebote sind gleich berechtigt, gleich natürlich und gleich unentbehrlich" (S.445-446).
>
> "Die gleiche Berechtigung dieser beiden Naturtriebe, die moralische Gleichwertigkeit der Selbstliebe und der Nächstenliebe ist das wichtigste *Fundamentalprinzip unserer Moral*. Das höchste Ziel aller vernünftigen Sittenlehre ist demnach sehr einfach, die Herstellung des »*naturgemäßen Gleichgewichts zwischen Egoismus und Altruismus*, zwischen Eigenliebe und Nächstenliebe«. Das Goldene Sittengesetz sagt: »Was du willst, das dir die Leute tuen sollen, das tue ihnen auch«" (S.446).
>
> "Die *sozialen Pflichten*, welche die Gesellschaftsbildung den assoziierten Menschen auferlegt, und durch welche sich dieselbe erhält, sind nur höhere Entwicklungsformen der *sozialen Instinkte*, welche wir bei allen höheren, gesellig lebenden Tieren finden (als »erblich gewordene Gewohnheiten«)" (S.446-447).

Angesichts hiervon sei nun auch jene Aussage Haeckels zitiert, in der Haeckel sich von der christlichen Sittenlehre distanziert, obgleich gemäß »g r ö ß t e Nähe«:

---

[88] Hervorhebung durch den Autor

[89] H Spencer 1900: *Prinzipien der Sociologie und der Ethik* - Stuttgart.

"Übrigens beging die christliche Tugendlehre einen großen Fehler, indem sie einseitig den Altruismus zum Gebote erhob, den *Egoismus* dagegen verwarf. Unsere *monistische Ethik* legt beiden gleichen *Wert* bei; sie findet die vollkommene Tugend in dem richtigen Gleichgewicht von Nächstenliebe und Eigenliebe" (S.430).

Überblickt man die zitierten Feststellungen Haeckels, so ist sogleich zu seiner Kritik an der christlichen Sittenlehre festzuhalten, daß dieser unterstellt wird, das Ich nicht in seiner Autonomie zu verstehen: dem eigenen Ich keinen Wert beimessend, ist es nur um die anderen bemüht. Hiervon kann natürlich nicht die Rede sein. Zur Darstellung hiervon genügt es - neben einem Verweis auf eine dementsprechende Analyse in *Theologie* - festzuhalten, daß die christliche Sittenlehre ebenso wie zum Beispiel die zuvor andiskutierte Position Epikurs von einem Selbstwert besitzenden Individuum ausgeht - alleine hierin läßt sich Person-sein bedenken -, bzw. hiervon unter Vergegenwärtigung der Bedeutung des Transzendieren-müssens von "um willen von etwas" spricht, von jenem also, dessen Vergegenwärtigung Haeckel so gar nicht gelingt.

Haeckel sieht dies nicht, da er seine Sittenlehre im Sinne seiner Ausführungen zur "Einheit der Natur" konzipiert. Er sucht daher nicht nach einer propositionalen Darstellung des zu "um willen von etwas" Transzendentalen, sondern nach der Möglichkeit, das hiermit Bezeichnete gemäß seinem "Alles fließt" bzw. dem dazugehörenden »ehernen Gesetz« selektionistisch - "Kampf ums Dasein" - darlegen zu können. Dieserart also gelangt Haeckel zu einer Verflechtung von Gegensätzlichem - Altruismus-Egoismus -, wie dies für Positionen abseits der ersten Schicht des philosophischen Horizonts um willen der Vermeidung von Herbeiargumentiertem typisch ist, die dialektische Entfaltung n a c h a h m e n d - vgl. *Lehre* -. Daher auch insistiert Haeckel mehrfach darauf, daß der Mensch als "entwickeltes Tier" zu verstehen ist und seine sittlichen Fähigkeiten »ererbten« bzw. »erblich gewordenen Gewohnheiten« entsprechen. In anderen Worten: Haeckel dienen - innerhalb seines universalen Substanzgesetzes - wiederum die Tiere als Quasi-Personen!

Dieserart, also fernab einer thematisch-methodisch unreduzierten Beachtung der Rechtsfähigkeit des Ich (vgl. *Theologie*), gelangt Haeckel zu seiner Aussage von der »gesunden Harmonie von Egoismus und Altruismus«. Die Inhaltslosigkeit dieser Konstruktion zeigt sich, wenn man mit Platon - aber zum Beispiel auch mit Nikolaus von Kues - bedenkt, daß »gesund«, das als "rechtes Mittelmaß" zu verstehen ist, eine rein nicht-propositionale Konstruktion ist, solange es nicht gegenüber speziellen Ausprägungsformen auf das in transzendentaler Differenz zu diesen Seiende bezogen wird, was freilich eine noetisch-dialektische Denkweise voraussetzt. Dies alleine verhindert, »gesund« nicht als "atomistische" - also wollensentscheidlich herbeiargumentierte - Beendigung des dazugehörenden Begründungsvorganges verstehen zu müssen. Gerade dies unterläuft Haeckel aber, aufgrund seiner Nicht-Beachtung der Dialektik.

Hierbei übersieht Haeckel zudem, daß seine "gesund"-Konstruktion in dem Sinne überflüssig ist, wie aufgrund seines »ehernen« Mechanismus jegliche sittliche Entscheidung zu akzeptieren ist, also gar nicht zwischen "gesund" und "irrtümlich" differenziert werden kann, ebenso wie zuvor bereits auszuführen war, daß Haeckel den Irrtum gar nicht bedenken kann.

Im Rahmen hiervon ist auch an Haeckels "Kontraselektion"-Konstruktion zu erinnern, die ebenso unbegründet - analog zu »gesund« - wie gefährlich ist. Im Lichte hiervon ist zugleich in Evidenz zu rufen, daß das hier zu Haeckel Auszuführende auch im Lichte der *Theages*-Problematik zu sehen ist, worin liegt, daß zum Beispiel Haeckels Aussage »den besten Teil der christlichen Moral, an dem wir festhalten, bilden die Humanitätsgebote der Liebe und Duldung des Mitleids und der Hilfe« (S.430), nicht als Zynismus verstanden werden braucht, wird es in Zusammenhang mit Haeckels naturalistischen Aussagen, bzw. jenen zum Gradienten-Modell gelesen, sondern als Ausdruck davon, "Liebe", "Hilfe" etc. nicht im Lichte eines unreduziert verstandenen Person-sein zu bedenken, weshalb es - gefährlicher Weise! - auf eine spezielle Personen-Gruppe beschränkt bedacht wird. Angesichts hiervon ist also festzuhalten, daß Haeckel auf ausschließlich herbeiargumentierende Weise jenen Platz für ein Analogon zu Darwins Versuch um Beachtung von "Dekalog - Seligpreisung" bemüht ist, wovon also gemäß Universalität des Person-sein zu sprechen ist.

Kapitel 20 & Schlußbetrachtungen

Kapitel 20 enthält keine Aussage, die der Beachtung verdient, so daß sogleich die Analyse des Schlußkapitels aufgenommen werden kann. Dieses beginnt mit der Aussage

> "Die Zahl der Welträtsel hat sich durch die angeführten Fortschritte der wahren Naturerkenntnis im Laufe des 19. Jahrhunderts stetig vermindert; sie ist schließlich auf ein einziges allumfassendes Universalrätsel zurückgeführt, auf das *Substanz-Problem*" (S.478).

Mit diesem Problem verbindet Haeckel zwar, daß das »eigentliche Wesen der Substanz immer wunderbarer und rätselhafter wird, je tiefer wir in die Erkenntnis ihrer Attribute, der Materie und Energie, eindringen« (S.478), doch bleibt letztlich:

> "Indem dieses höchste Naturgesetz festgestellt und alle anderen ihm untergeordnet wurden, gelangten wir zur Überzeugung von der universalen *Einheit der Natur* und der ewigen Geltung der Naturgesetze. Aus dem dunklen Substanz-*Problem* entwickelte sich das klare Substanz-*Gesetz*" (S.479).

Haeckel sieht insbesondere einen Bereich der Forschung, der sich der hier beschworenen "Klarheit" entgegenstellt:

> "Gerade diese vielberufene *Erkenntnistheorie* nun ist es, die von den eifrigen dualistischen Gegnern der »Welträtsel« meinem Monismus als sicherste Waffe entgegengehalten wird. Ihr gegenüber kann ich mich nur darauf berufen, daß die ganze neuere Naturwissenschaft sei dreihundert Jahren, seit *Bacon* und *Newton*, die unbefangene *Erfahrung*, die »voraussetzungslose« Erforschung der durch Sinnestätigkeit erkannten Tatsachen, als Ausgangspunkt aller sicheren Erkenntnis festhält, also a posteriori erfährt" (S.482).

Die vorangegangenen Ausführungen haben gezeigt, daß Haeckels »unbefangen« und »voraussetzungslos« alleine in Haeckels Unfähigkeit gründen, sich der Begründungstheorie adäquat zu nähern. Hierzu ist zu beachten, daß sich Haeckel eigentlich nur im Lichte der Transformationstheorie auf Newton und Bacon berufen kann, wie sich insbesondere den vorangegangenen Kritiken Haeckels insbesondere an Newton entnehmen läßt; das ist: Newton hatte durchaus tiefergehende Vorstellungen zur Transzendentalität als Haeckel, da Newton keinesfalls einen uneingeschränkten Empirismus vertrat (vgl. bezüglich Newton auch *Theoriendynamik*).

Haeckels dementsprechend eingeengte Möglichkeiten verdeutlicht folgende Aussage:

> "Was als »*Ding an sich*« hinter den erkennbaren Erscheinungen steckt, das wissen wir auch heute noch nicht. Aber was geht uns dieses mystische »Ding an sich« überhaupt an, wenn wir keine Mittel zu seiner Erforschung besitzen, wenn wir nicht einmal klar wissen, ob es existiert oder nicht? Überlassen wir daher das unfruchtbare Grübeln über dieses ideale Gespenst den »reinen Metaphysikern« und erfreuen wir

> uns statt dessen als »echte Physiker« an den gewaltigen realen Fortschritten, welche unsere monistische Naturphilosophie tatsächlich errungen hat" (S.478-479).

Dieses Zitat verdeutlicht auf eindeutige Weise, daß Haeckel »Ding an sich« in keiner Weise propositional zu vergegenwärtigen versteht; nicht derartiges liegt bei ihm, sondern die Unterstellung, daß »wir keine Mittel zu seiner Erforschung besitzen«. Im Lichte dieser Unterstellung konzipiert Haeckel »echte Physiker« in Abgrenzung von »reine Metaphysiker«.

Wovon Haeckel hier somit berichtet, ist natürlich nicht der Verzicht auf das Verwenden von Daß-Aussagen - dies ist einem Ich nicht möglich -, sondern eine vollständig defizitäre Konzeption von Daß-Aussagen, erwachsend aus einer Transformationslehre, die Haeckel als Berechtigung dafür versteht, das "Alles fließt" als jenes betrachten zu können, das, wird es nur konsequent beachtet, auf etwas treffen läßt - "Substanz" -, das im Lichte eines Empirismus aus sich jene Eines ergibt, die die Nicht-Chaotizität in der Werdewelt als jene Kausalität verstehen lassen, die bereits Subjekte der Analyse bedeuten. Damit übersieht Haeckel aber vollständig, daß die Werdewelt-Analyse uneingeschränkt der Aussage-Subjekte entbehrt und jegliche Mißachtung hiervon Pragmatismus bedeutet: die Nichtchaotizität der Werdewelt - sie läßt sich in den anorganischen Naturwissenschaften als "mechanisch" interpretieren - ist nicht bereits die Analytik des Analyse-Bereiches der unthematische-Begriffpyramide.

3.1.1.2 Vergleich von Haeckels Position mit den Positionen Darwins und Epikurs sowie dialektischen Argumenten, unter besonderer Beachtung der "Ich"-Konstruktion

Zunächst gilt es, Haeckels Position mit jener Darwins zu vergleichen. Bei oberflächlicher Betrachtung mag es so scheinen, als ließe sich das Verhältnis zwischen beiden Positionen alleine im Lichte davon verstehen, daß Haeckel auf Darwins Theorie kritisch aufbaut, also Darwins Feststellungen zur Bedeutung der Historizität für eine umfassende Theorie von der Welt, und im Rahmen hiervon vom Ich bzw. Menschen, ausarbeitet, die theologische Argumentationsebene Darwins zurückdrängend. Bei genauerer Betrachtung zeigt sich aber, daß dies die tatsächlichen Verhältnisse nicht trifft.

Die entscheidende Innovation Darwins sieht Haeckel in dessen Selektionstheorie. Hierzu ist zu beachten, daß die Selektionstheorie Darwins als Thematisierung des Nicht-an-sich-Selbstand-Besitzen der Werdewelt zu verstehen ist, wobei der Nachweis dieses Charakteristikums der Werdewelt - des Begrenzten - an sich natürlich nicht als Leistung Darwins zu verstehen ist. Den eigentlich Darwinschen Charakter erhält die Selektionstheorie aufgrund der Art, wie sie im Horizont der Vergegenwärtigung der transzendentalphilosophischen Schwelle eingesetzt wird. Das ist: Darwin nutzt die Thematisierung der Historizität zur Ermöglichung jener Inbeziehungsetzung des Begrenzten, wiewohl sie an sich - also im Sinne der ersten Schicht des philosophischen Horizonts - aus der analytischen Entfaltung der Eines der unthematische-Begriffpyramide bzw. der daraus erwachenden Vergegenwärtigbarkeit der Paradigmata in Zusammenhang mit den Eines der Werdewelt zu bedenken ist, wozu Darwin also nicht vordringt; seine Historizität-Konstruktion, wie sie die Selektionstheorie enthält, ist Verzerrung hiervon. Entscheidend ist, daß Darwin hierbei die Beachtung der transzendentalphilosophischen Schwelle dahingehend nicht unterwandern möchte, daß er auf Eines verzichtet, die sich nicht aus der Empirie ergeben. Hieraus erwachsen jene Argumentationsfiguren in Darwins Position, die davon sprechen lassen, daß sie sich an "Dekalog-Seligpreisung" orientiert, im Sinne von "Vorstoß innerhalb der Theologie". Der Selektionstheorie kommt hierbei die Funktion zu, die Geordnetheit des Wandels in der Werdewelt bzw. dem Begrenzten im Lichte davon zu erklären, daß das Gründende nicht gemäß einer Schöpfungslehre verstanden werden braucht, die die Ordnung, wie sie im Hier und Jetzt wahrnehmbar ist, geschaffen haben soll. Diese Ordnung wird in Relation zu einem Selbstordnungspotenz des Begrenzten in der Zeit verstanden, angesichts wovon eine nichtpropositionale Beachtung des Gründenden für die Erklärung des Betrachtbaren genügt.

Insgesamt bietet Darwin somit aber eine Position, deren Uneindeutigkeit - vgl. oben - in sich trägt, zum Anlaß dafür zu werden, daß das gesamte Projekt "Darwinsche Position" bzw. "Darwinsche Beachtung der Veränderlichkeit" in Frage gestellt wird. Das ist: Darwins Versuch der Verflechtung theologischen Denkens mit empirisch-fachwissenschatlichen Bemühungen führt zu einer Betonung der Veränderlichkeit um willen davon, dem diskursiven Vordringen-können zum Bereich der Notwendigkeit zu entsprechen, derart jedoch, daß "Alles ist möglich"-Konstruktionen aufgeboten werden - vor allem in Form von Werdewelt-Regeln -, die im Sinne einer modifizierten Physikotheologie rechtfertigbar sein sollen, wobei Darwin übersieht, daß er die Physikotheologie hiermit überfordert, gleichsam deren begründungstheoretischen Defizite potentiell emergent werden lassend.

Die Uneindeutigkeit der Position Darwins ergibt sich somit daraus, daß er seine selektionistische Gradienten-Theorie mit einer "Dekalog - Seligpreisung"-Konstruktion verknüpft, wodurch die empirischen Daten - also die Daten zur Werdewelt - an ein analytisch entfaltetes Konstrukt - den Bereich der Notwendigkeit bezeichnen sollend - anlegbar sein sollen, ohne hierbei die Eines der unthematische-Begriffpyramide, die Eines-Formel, die dialektische Differenz und so fort zu vergegenwärtigen. Dies unterbleibt, da Darwin seine Betonung der Veränderlichkeit, mit der all das Genannte seinen Anfang nimmt, ohne Thematisierung der Inversion der Betrachtungsrichtung im Horizont jeglich evolutionistischen Bedenkens konzipiert, womit er notwendig eine pragmatisch verzerrte Darstellung der Veränderlichkeit gibt; sie kann nicht als Werdewelt-Konstitutivum verstanden werden, wie dies möglich ist, wenn "Veränderlichkeit" aus "Ich bin" abgeleitet und dementsprechend im Lichte des differenzierten Verzicht-üben-müssen des Ich verstanden wird. Darwin ist somit um die Präsentation einer Entfaltung des Bereichs der Notwendigkeit bemüht, der nicht nur nicht die Paradigmata ergibt, wie an sie die Daten gemäß dem zweiten Zugang des Ich - also die Daten zur Werdewelt - thematisch-methodisch unreduziert angelegt werden können, Darwin bietet auch keine propositional begründbaren Eines für diesen Zweck, wider seine Intention, dem diskursiven Vordringen zum Bereich der Notwendigkeit die empiristische Beachtung der Veränderlichkeit entsprechen zu können.

In anderen Worten: Indem Darwin "Inversion der Betrachtungsrichtung" pragmatisch verzerrt, gelangt er zu einer Konstruktion bezüglich "Sonderstellung des Menschen" im Sinne von "Inhomogenität", im Lichte wovon er also gemäß s e i n e r "Dekalog - Seligpreisung"-Konstruktion eine analytische Entfaltung - bzw. etwas das dies sein soll - in modaler Differenz zur Werdewelt-Analyse gibt, ohne daß sich diese ohne Herbeiargumentation mit jener Thematisierung der Veränderlichkeit verknüpfen ließe, aus der Darwin schließt, daß sie, gemäß der darin enthaltenen Thematisierung der Notwendigkeit, jene Komplettierung besagter "analytischer" Eines ergibt, die davon sprechen läßt, daß nicht zur anfänglichen Daß-Aussage im Sinne der noetischen Dialektik vorgedrungen werden braucht, sondern es bei einer Modifikation des physikotheologischen *design argument* belassen werden kann. D a r w i n a r r a n g i e r t s i c h a l s o m i t e i n e r d e f i z i t ä r e n V e r g e g e n w ä r t i g u n g d e s B e r e i c h s d e r N o t w e n d i g k e i t - s o i s t g e m ä ß U n i v e r s a l i t ä t d e s P e r - s o n - s e i n a u s z u s a g e n -, d a e r m e i n t d i e h i e r b e i a u f t r e t e n d e n D e -

fizite in der analytischen Entfaltung durch die Thematisierung der werdeweltlichen Veränderlichkeit - in der sich natürlich Notwendigkeit widerspiegelt, kompensieren zu können.

Gerade dies unterwandert aber Darwins Position, da er somit eine Position – Physikotheologie - die gerade nicht auf die Thematisierung der Veränderlichkeit ausgerichtet ist, durch die Beiziehung der Thematisierung hiervon zu modifizieren versucht, woraus eben resultiert, daß Darwin eine analytisch nicht begründbare "Analytik" und dementsprechend "Alles ist möglich" aussagende Werdewelt-Regeln im Horizont der Werdewelt-Analyse erhält, da die Beachtung der Veränderlichkeit gerade nicht leistet, was sie nach Darwin also leisten können soll. Eine derartige Unterwanderung der eigenen Positionen weist Haeckels Konstruktion, um nun auf diese zu blicken, nicht auf. Dies gilt aber nicht, um dies sogleich zu betonen, da Haeckel die werdeweltliche Veränderlichkeit gemäß vergegenwärtigter "Inversion der Betrachtungsrichtung" als Ausdruck des Nicht-an-sich-Selbstand-repräsentieren des Begrenzten im Lichte des differentiellen Verzicht-üben-müssen des Ich bedenken kann, somit also "Analytik" im noetisch dialektischen Sinn. Haeckel zielt auf ganz andere Weise darauf ab, mit der Betrachtung der Veränderlichkeit die Verflechtung von Kontingenz und Notwendigkeit erreichen zu können, abseits der christlichen Schöpfungs- und Trinitätslehre.

Das ist: Haeckel verzichtet beinahe vollständig darauf, die "Sonderstellung" des Menschen mittels einer "Inhomogenität"-Konstruktion - wie Darwin sie hat -, zu bedenken, hieraus die Ermöglichung davon ableitend, das Subjekt der anfänglichen Daß-Aussage - Haeckels "Substanz"-Begriff - propositional benennen zu können. Diesen Begriff erhält Haeckel also daraus, daß er jenes, das er im Bedenken des Ich über dieses hinaus projiziert, in dem Sinne wie er "Ich" nicht in Zusammenhang mit der anfänglichen Daß-Aussage vergegenwärtigt, bis auf jenes erweitert, das Anfang, den es geben muß, ist: Haeckel hat hierbei entsprechend seinem Verzicht auf "Inhomogenität" keine Schranken!

Diese "Schrankenlosigkeit" gilt aber, insofern Haeckel die Inversion der Betrachtungsrichtung ausblendet, so daß er, den Anfang seiner Darlegung gemäß "Anordnung"-Konstruktion gestaltend, von den beiden Ebenen, wie sie im Werdewelt-Ich festzustellen sind, auf das Sein allgemein projiziert, bzw. auf jenes, das ihm das Gründende ist. Indem Haeckel dies unternimmt, da er besagte beiden Ebenen des Werdewelt-Ich nicht gemäß "im Gespräch sein mit sich" verstehen kann, gelangt er zu einer mechanistisch-naturalistischen Projektion auf das ihm Gründendes Seiende, wobei gilt: Alleine im Horizont der Vergegenwärtigung von »Substanz« gelangt Haeckel zu der ihm möglichen Thematisierung der Eines-Formel, in Form seiner komplementären "nicht ohne"-Konstruktion. Diese wird also nicht analytisch entfaltet. "Analytische Entfaltung" - bzw. "analytische Entfaltung sein Sollendes" - betrifft daher dasjenige, das im Sinne von Haeckels mechanistisch-fachwissenschaftlichen Denken die Eines der Werdewelt-Analyse ergibt. Dies bedeutet, daß Haeckel zu Eines gelangt, die zwar - in dem Sinne, wie sie nicht gemäß der *Ion*schen Teilpyramiden bedacht sind - herbeiargumentiert sind, jedoch gemäß Haeckels Betonung der Veränderlichkeit der Werdewelt und seinen hieraus folgenden Ansichten zur Seinsgleichheit von Denken und Sein. Er versteht also die Empirie als etwas, das abseits von Herbeiargumentation aus dem werdeweltlichen "Fluß" herausgreifen läßt, wobei im Unterschied zu Darwins Position gelten soll, daß hierbei keiner analytischen Entfaltung von etwas bedurft wird, das in transzendentaler Unterschiedlichkeit zur Werdewelt bedacht wird, lediglich zu den Problemen mit der Begründung im Horizont der Inhomogenität führend, da provozierend, daß dasjenige, das gemäß der Beachtung der Veränderlichkeit vergegenwärtigt wird, als defizitär bedacht erscheint. Daher auch reflektiert Haeckel in seiner Thematisierung des Letztbergündenden nicht auf ein mathematisches Gesetz - wie Darwin bezüglich Malthus' Gesetz - und Aussagen zum Gründenden gemäß einer Raster-Argumentation, die das Gründende letztlich nicht nennt - wie Darwin dies gemäß seiner "künstliche - natürliche Zuchtwahl"-Konstruktion unternimmt -, sondern thematisiert direkt das Gründende - "Substanz" -.

Haeckel zielt also nicht darauf ab, die Letztrechtfertigung seiner empiristischen Sätze deshalb nicht als naiv-empiristisch verstehen zu brauchen, da das Bedenken des Bereichs der Notwendigkeit "physikotheologisch" einem überzogenen Verständnis von Verzicht-üben-müssen zu überantworten ist, woraus sich "lediglich" "Alles ist möglich"-Konstruktionen ergeben, sondern führt dieses Bedenken der Vergegenwärtigung gemäß seiner "Substanz"-Konstruktion zu. Hierbei muß Haeckel akzeptieren, "Sonderstellung de Menschen" gar nicht mehr bedenken zu können bzw. mit Inhalt belegen zu können, doch kann sich Haeckel hiermit arrangieren, da er Darwins dementsprechenden Versuch gemäß dessen "Dekalog – Seligpreisung"-Konstruktion implizit als Ausdruck davon sieht, das Ich mit "freier Wille" belegen zu wollen, bzw. mit einem nicht-begründbaren Zerrbild hiervon.

Insofern ist also davon zu sprechen, daß Darwin eine latent monistische Argumentation aufbietet, wohingegen Haeckel, indem er Darwins Versuch einer Analytik im Horizont des zur Werdewelt-Transzendentalen naturalistisch modifiziert, das monistische Element - entsprechend seiner Projektion aus dem Werdewelt-Ich und dessen beiden Ebenen - zu dem dominierenden Element seiner Konstruktion werden läßt. Daher auch sind Haeckels Verweise darauf, eine Religion zu bieten, zwischen ethischer und logischer Notwendigkeit zu unterscheiden, auf Metaphysik nicht ganz zu verzichten und so fort nicht an sich unüberlegte Aussagen bzw. Zynismus - soweit es die Ethik anbelangt -. Haeckel sieht sich hier - zumindest implizit - sehr wohl in der Tradition Darwins, insofern dessen Position als "Vorstoß innerhalb der Theologie" zu verstehen ist. Ist dies also auch auszusagen, so zugleich auch, daß Haeckel hierzu etwas anbietet, das dasjenige, das es sein soll, nicht mehr ist: Haeckels Position ist nicht mehr ein Vorstoß innerhalb der Theologie - "Theologie" hierbei verstanden als "Hüterin auf dem Wege zur Dialektik" -, wobei sie dies ab dem Moment nicht mehr ist, ab dem Haeckel darauf verzichtet, "Sonderstellung" des Menschen bzw. "Inhomogenität" zu beachten. Hierin liegt nämlich, daß Haeckel einzig und allein aus dem werdeweltlichen Ich argumentiert, womit er eine Position einnimmt, die Darwin noch im Sinne seiner Zurückhaltung abzuwehren versucht hat.

Insgesamt ist somit auszusagen, daß Haeckel gerade aufgrund seines - impliziten – Bemühens, Schwachstellen in der Position Darwins zu beseitigen, genau jenes pragmatische Denken provoziert, das Darwin gemäß Zurückhaltung abzuwenden versucht, woraus erwächst, daß Haeckel dasjenige, das seine Position von einem trivialen Materialismus - wie er aufgrund der Bezugnahme auf "Historizität" potentiell im Raum steht - unterscheiden soll, nur noch dem Namen nach, ansonst aber inhaltsleer, erhält.

Die Konsequenz, die hieraus für das "Ich"-Verständnis erwachsen, sind evident. Während Darwin das Person-sein primär im Gewand seines opportunistischen Denkens defizitär bedenkt, hierbei zu einer selektionistisch verstandenen "beste aller Welten"-Konstruktion gelangend, die der Universalität des Person-sein zwar nicht gerecht wird, immerhin aber der Intention nach einen demgemäßen Versuch darstellt, entsprechend "Vorstoß innerhalb der Theologie", die Dignität des Person-sein keinem verabsolutierten Selektionismus anzuvertrauen, liegt gerade dies bei Haeckel und seinem mechanistisch-selektionistischen Denken vor. Haeckel läßt daher auch nicht die Frage offen, ob der Mensch eine Seele hat, wie Darwin dies unternimmt, sondern spricht dem Menschen den freien Willen ab, die Entgrenzung des individuell begrenzten Ich im Lichte eines mechanistisch verstandenen "Weltenlaufes" verstehend. Im Sinne hiervon gelangt Haeckel zu einer "Nichtigkeit"-Konstruktion bezüglich dem Ich, das im Lichte seiner "Kontraselektion"-Konstruktion und Ausführungen zur Eugenik zu verstehen ist, der Position (zum Beispiel) Royers - vgl. oben - wesentlich näher seiend als jener Darwins. Hiervon ist also zu sprechen, da Haeckel gemäß seiner Naturalisierung der Darwinschen "Analytik" dahingehend zu einem mechanistischen Verständnis der Selektion gelangt, daß ihm Jegliches, das gehaltvolle Transzendierung des Werdewelt-Ich - wie es Haeckel zu Beginn seiner Projektion bedenkt - wäre, ein Äußerliches zu dem ist, das aus "Substanz" ableitbar ist. In anderen Worten: Haeckels Betonung der Veränderlichkeit führt zu einer vollständigen Ausblendung des Person-sein, bzw. zu einer Konstruktion, die nur noch auf einer semantischen Ebene das Werdewelt-Ich transzendieren kann, was aber immerhin noch gegeben ist.

Angesichts hiervon soll nun Haeckels Position im Lichte von Überlegungen Epikurs betrachtet werden, womit auch an obigen Vergleich der Position Darwins mit jener Epikurs angeschlossen sei. Dieser Vergleich soll vor allem vergegenwärtigen, worin sich Haeckel irrtümlicherweise einer philosophischen Position abseits der Dialektik gegenüber überlegen versteht. Hierzu sei zunächst an Epikurs Feststellung erinnert, daß die Sinne nicht irren. Hiervon berichtet auch Haeckel, der zudem hinzufügt - unter anderem auf Locke verweisend -, daß alle Erkenntnis - auch die mathematische Erkenntnis - aus der Erfahrung entspringt. Mit dieser strikten Festlegung scheint es, als würde Haeckel lediglich eine Ungereimtheit der Epikureischen Position beseitigen, da diese neben der Sinneswahrnehmung von den - wie aus Sicht der ersten Schicht des philosophischen Horizonts festzustellen ist - herbeiargumentierten »Vorbegriffen« berichtet. Eben diese scheint Haeckel durch seine Konzentration auf die von ihm dargelegte Ganzheitlichkeit der (intentioniert) "analytischen" Entfaltung im Horizont der Werdewelt-Analyse vermeiden zu können und somit gegenüber Epikur einen Vorteil zu erzielen. Ein zweiter derartiger "Vorteil" ist sogleich auszumachen: Haeckels Differenzierung der Materie in Masse und Äther erübrigt Epikurs - wiederum herbeiargumentierte - "spontane Bewegung"-Konstruktion. Erneut gilt also, daß Haeckel anscheinend keinen Anfang innerhalb der analytischen Entfaltung des Gründenden annehmen muß - dessen Ganzheitlichkeit widersprechend -, abseits der Möglichkeit einer analytischen Inbeziehungsetzung von beidem. Hierher gehört zudem, daß Haeckel dieserart gemäß seiner "Strebung"-Konstruktion, insofern er es auf sein Universale "Wille" bezieht, anscheinend auf thematisch-methodisch unreduzierte Weise das Problem der "Spontanbewegung" überwinden kann, wozu zu beachten ist, daß auch Darwins Position Probleme - im Sinne impliziter Herbeiargumentation - mit "Strebung" aufweist, die somit ebenfalls von Haeckel abgewendet scheinen.

Weiters könnte Haeckel für sich in Anspruch nehmen, mit seiner "Zellen-Seele"- und "lebende Atome"-Konstruktion auch nicht materialistischer zu argumentieren als der Philosoph Epikur, insofern dieser von »Seelenatomen« spricht. Diese "Übereinstimmung" gilt es sogleich genauer zu beachten: Wie ausgeführt, spricht Epikur davon, daß der Körper und die Seele atomar aufgebaut sind, wobei die Seele gleichsam zwei Ebenen umfaßt, von denen die eine Ebene aus "unbenambaren" Atomen besteht. Somit tritt gleichsam eine Abstraktion von der Werdewelt bzw. dem epistemologisch Begrenzten auf, da hier von Atomen die Rede ist, die sich der Prädizierung entziehen. Derartiges liegt auch bei Haeckel vor, in Form seiner "Äther"-Konstruktion, die den Äther als nicht-benennbar, nicht-chemisch organisiert bezeichnet, obgleich als in die Aggregatzustände der Masse übergehend. Wiewohl somit besagte Abstraktion als eine Nivellierung der transzendentalphilosophischen Schwelle übereinstimmend vorliegt, sie wird zudem übereinstimmend im Sinne einer Begrenzung der ansonst ins Unendliche führenden Vorgänge innerhalb des atomaren Bereiches bedurft, liegt zwischen der Epikureischen und Haeckelschen Konstruktion ein kategorialer Unterschied: Epikurs Konstruktion bedarf keiner Projektion über Mensch hinaus, ganz im Gegensatz zu jener Haeckels, bei dem sich dies also einstellt, da er ausschließlich auf das - nicht als solches erkannte – Werdewelt-Ich zu blicken in der Lage ist.

Hierher gehört auch, daß Epikur das Leere annimmt, wohingegen Haeckel gerade dieses ablehnt bzw. durch seine "Äther"-Konstruktion ersetzt. Das ist: Epikurs Akzeptanz des Leeren ist Ausdruck seines Bemühens um eine logisch-analytische Argumentation, die trotz der Aussagen zum Nicht-Irren der Sinne keinen Empirismus provoziert, der die Letztrechtfertigung aus einer vollständigen Mißachtung von "Sonderstellung des Menschen" zu erlangen versucht. Daher auch sind Epikurs Ausführungen zu den Seelenatomen bzw. die dazugehörende Abstraktion Ausdruck Kratylosscher Differenzierungen, man mag auch von Analogien zu schichtenontologischem Denken sprechen, auf jeden Fall aber eines Beachtens der transzendentalphilosophischen Schwelle gemäß der Einsicht, den Daß-Bereich alleine aus der Transzendierung der Werdewelt-Analyse einsehen zu können. Wie ausgeführt, läßt sich Darwins Position im Vergleich jener Epikurs dahingehend verstehen, daß sie, ebenfalls hierum bemüht, Defizite der Epikureischen Konstruktion durch Beiziehung der Historizität zu vermeiden versucht, womit sie zwar nicht den philosophischen Horizont verläßt, sehr wohl aber die Möglichkeit hierfür im Sinne der Anführung des Gradienten-Modells eröffnet. Gerade diese Möglichkeit wird somit bei Haeckel Realität, der aufgrund seiner vollständigen Nivellierung der transzendentalphilosophischen Schwelle zwar Inkonsequenzen der Epikureischen Position umgeht - vgl. oben: "Vorteile" -, jedoch um den Preis, etwas als Anfang festzulegen, das alleine auf herbeiargumentierte Weise ein solcher ist und dementsprechend nur scheinbar keiner Eines bedarf, die innerhalb desjenigen, das im Sinne der unthematische-Begriffpyramide ausgesagt wird, wollensentscheidlich festgelegt sind.

Im Sinne hiervon sei nun auf die Ethik geblickt. Zu Darwin ist ausgeführt worden, daß seine Ethik wesentlich von einer "Gleichgültigkeit" bestimmt ist, wohingegen Haeckels "monistisches" Denken derart auf "mechanistisch-kausal" insistiert, daß seine Aussagen zum Egoismus n i c h t m e h r n u r Gleichgültigkeit bedeuten, sondern zu tatsächlich gefährlichen - obgleich fortgesetzt gemäß dem *Theages*-Problem zu bedenkenden - Konstruktionen führen, wie zum Beispiel der "Kontraselektion"-Konstruktion. Dies ist Ausdruck von Haeckels vollständig defizitärem Verständnis von Person-sein, das letztlich keinen Platz mehr dafür läßt, Darwins "Dekalog - Seligpreisung"-Konstruktion gehaltvoll aufzugreifen. Auch hier stimmt Darwin also grundsätzlich mit Epikur überein, insofern dieser der transzendentalphilosophischen Schwelle in diesem Zusammenhang durch seine Differenzierung von »Freundschaft« und »Vertrag« Rechnung trägt. "Grundsätzlich" übereinstimmen bedeutet hierbei, daß Darwin und Epikur - obgleich in unterschiedlichem Ausmaß - die Bedeutung des Transzendieren-müssens vergegenwärtigen können, wohingegen Haeckel, der - wie ausgeführt - um Beseitigung von Defiziten in Positionen wie den Angeführten bemüht ist, lediglich zu einer regressiven Entwicklung innerhalb des philosophischen Horizonts fähig ist, derart, daß er zumindest in unmittelbare Nähe zu dem vor-philosophischen Horizont gerät[90].

Abschließend seien einige Anmerkungen zu Haeckels Position im Lichte der dialektischen Denker Platon und Nikolaus von Kues angeführt; sämtliche Ausführungen zu Platon und Nikolaus von Kues beziehen sich auf Analysen in *Lehre* und *Theologie*. Zunächst sei daran erinnert, daß Platon in *Timaios* von sich ständig wandelnden »Grundelementen« sowie der »Amme« für das Werdeweltliche spricht, Aussagen die durchaus Ähnlichkeit mit Haeckels "Substanz"-Konstruktion besitzen, jedoch mit dem kardinalen Unterschied: Platons Bezugnahme auf "Veränderung" ist im Sinne seiner Eines-Formel zu verstehen, sieht also in dem Sich-Wandelnden nichts, das an sich Selbstand hat, bzw. derart nicht-an-sich Selbstand hat, daß das Selbstand-Repräsentierende nicht diskursiv vergegenwärtigt müßte, gemäß den Möglichkeiten eines Gegründeten. Dies gilt auch für Platons Ausführungen zu dem Sich-

---

90 Analoge Beispiele einer regressiven Entwicklung in Zusammenhang mit Naturwissenschaft sind in *Theoriendynamik* angeführt.

Wandeln im Lichte der Auseinandersetzung des werdeweltlich Begrenzten mit der Umwelt (vgl. *Timaios* nn.80-81 und Analyse hiervon in *Lehre*). Wie ausgeführt verknüpft Platon dies nicht mit Evolution im Sinne des Darwinschen - und Haeckelschen - Transformismus bzw. der "Historizität"-Konstruktion, doch unterläuft dies Platon, da er nicht nur gemäß seiner Entdeckung argumentiert und daher wider seiner Entdeckung der Evolution hierauf nicht abzielt (vgl. *Grundlegung*).

Weiters sei darauf aufmerksam gemacht, daß Platon das Problem der Seinsgleichheit von epistemologischer und ontologischer Ebene im Sinne seiner dialektischen Entfaltung löst, abbildtheoretische Konstruktionen zurückweisend. Haeckel beläßt es aber gerade bei derartigen Konstruktionen, bzw. versucht er einer vordergründigen abbildtheoretischen Konstruktion zu entkommen, indem er auf die dargestellte Weise "Empfindung" etc. als Universalia bezeichnet, was aber, da er nicht zu dem Subjekt der anfänglichen Daß-Aussage vordringt, nur bedeuten kann, daß "Universalia" kein Eines der unthematische-Begriffpyramide bezeichnet, sondern ein herbeiargumentiertes Eines. Ein wesentliches Element, dies vermeidender dialektischer Argumentation ist, um es mit Nikolaus zu Kues - *De li non aliud* - zu formulieren: »dieses Schauen ist ein bestimmen«. Haeckel führt dieses Argument lediglich in Zusammenhang mit Fichtes Position an, sie als »Psychomonismus« zurückweisend, übersehend, daß er damit ein Argument zurückweist, das zwar - wie es von Fichte geboten wird - das Person-sein partiell verzerrt bedenkt, jedoch innerhalb des philosophischen Horizonts - genauerhin bei Vergegenwärtigung dessen erster Schicht -!

Haeckels Zurückweisung der Fichteschen Konstruktion bedeutet hierbei nicht den Versuch, den Gehalt an "zweiter Schicht"-Argumentation in Fichtes Position zu überkommen, sondern provoziert ein Überkommen des in Fichtes Position auftretenden Gehalts an Argumentation gemäß der ersten Schicht des philosophischen Horizonts. Haeckel sieht also nicht, daß »das Schauen ist ein bestimmen«, wird es alleine gemäß der ersten Schicht verstanden, die Seinsgleichheit von Denken und Sein im Sinne des Verfügens über die Eines der unthematische-Begriffpyramide und der Paradigmata meint, wie sie - gemäß Entontologisieren-müssen - abseits abbildtheoretisch zu Verstehendem das ontologisch Begrenzte in der Vergegenwärtigung repräsentieren lassen: Im Akt des Wahrnehmens wird das Wahrgenommene gemäß Paradigmata bestimmt, wozu auch gehört, daß dieses Bestimmen eine Funktion des aktuellen Bedenkens des Ich ist, insofern es nicht notwendig thematisch-methodisch unreduziert bedenkt, so daß es sich also seiner Paradigmata, obgleich sie zu dem apriorischen Vermögen des Ich gehören, insofern sie aus den Eines der unthematische-Begriffpyramide abzuleiten sind, nicht notwendig diskursiv bewußt sein muß[91].

Haeckel erkennt daher auch nicht die Bedeutung des dialektischen Argumentes von dem "ersten und zweiten Ursprung". Cusanus, um wieder auf dessen Position zu blicken, spricht hiervon zum Beispiel im Rätselbild der Entfaltung des Winkels, dazu vordringend, daß von einem "nicht-mitteilbaren" und einem "mitteilbaren" Ursprung zu berichten ist, derart daß "mitteilbar" - worin sich der Intention nach Haeckels "Substanz" widerspiegelt - nicht in faktischer Getrenntheit zu "nicht-mitteilbar" - worin sich der Intention nach Haeckels "Ding an

[91] So wie also die Vergegenwärtigung eines Eines der unthematische-Begriffpyramide die Vergegenwärtigung eines analytisch zu Entfaltenden bedeutet, ohne daß sich das hiermit Ausgesagte an irgend einer Stelle der Entfaltung beenden ließe, bedeuten also auch die Paradigmata, wiewohl also ihr Gegeben-sein nicht genesetheoretisch verstehbar ist, Eines die nicht isoliert für sich bedacht werden können, sondern ausschließlich aus der Betrachtung des Gesamt "Vergegenwärtigung der unthematische-Begriffpyramide". Dies gilt also, obschon es einige Paradigmata zu geben scheint, die man notwendig diskursiv vergegenwärtigt - vgl. *Vergleich* und das Schlußkapitel dieses Buches -.

sich" widerspiegelt - gedacht wird, sondern im Lichte des Bemühens um analytische Inbeziehungsetzug. Haeckel begreift - implizit (Haeckel bezieht sich nirgendwo in *Welträtsel* explizit auf Cusanus) - "nicht-mitteilbar" alleine als Negation, nicht erkennend, daß die Dialektik - der Dialektiker Nikolaus von Kues - nicht derartiges bedenkt, sondern die Notwendigkeit, die "beiden" Anfänge entsprechend dem differentiellen Verzicht-üben-müssen zusammenzuführen. Haeckels Kritik wäre somit nur dann berechtigt, wen sie darlegt, daß dieses Zusammenführen nicht alleine gemäß der ersten Schicht des philosophischen Horizonts geschieht. Selbiges gilt bezüglich der dialektisch intentionierten Differenzierung Cusanus' von "Form - Figur" in *De li non aliud*, die sich nicht in Haeckels "Zurückweisung toter mathematischer Formeln (Form) - mechanische Kausalität (Figur)" transformieren läßt, anders als daß man das bei Nikolaus von Kues gegebene dialektische Potential verliert. Dies ist auch für Cusanus' »Partizipieren der Schönheit der Welt«, »Jedwedes Ding ist in seiner Umfriedung« (beides: *De li non aliud*) und hierzu Ähnlichem in Haeckels Position festzuhalten.

Somit gilt, daß Haeckel fortgesetzt auf ähnlich seinen eigenen Ausführungen lautende Formulierungen in der Philosophie - abseits oder im Sinne der Dialektik - verweisen kann, wie auch auf Inkonsequenzen in diesen Positionen, die er umgehen kann, festhaltend, daß er letztlich im Sinne eben dieser philosophischen Positionen deren Defizite eliminiert, aufbauend auf einer Darwinschen Position, die ebenfalls Defizit-belastet weiter zu entwickeln war. Tatsächlich ist Haeckels Position aber nicht von derartigem Können geprägt, sondern von einem Verlust des in besagten philosophischen Positionen enthaltenen Potentials zur diskursiven Vergegenwärtigung des Bereichs der Notwendigkeit; in dem dargestellten, eingeschränkten Sinn gilt dies auch in Zusammenhang mit Haeckels Kritik an Darwins Position.

Angesichts hiervon sei abschließend am Rande bemerkt, daß Haeckels Bezugnahme auf Spinozas Position keine solche sein kann, die dieser gerecht wird; daß Haeckel, wie er schreibt (vgl. oben), Spinozas Monismus in »gereinigter Form« darbietet, bedeutet ausschließlich eine Verfälschung der Position Spinozas.

Worauf die gebrachte Kritik an Haeckel nicht abzielt:
Für den Aufbau des vorliegenden Buches ist es entscheidend, die gebrachte Kritik an Haeckel dahingehend zu verstehen, daß die Pragmatismen in Haeckels Position das Ergebnis einer regressiven Entwicklung innerhalb der Philosophia perennis sind, insofern sie, ausgehend von Transformationstheorien wie jener Darwins, um eine monistische Fach- bzw. Naturwissenschaft bemüht ist, in der das dem diskursiven Vordringen des Ich zum Bereich der Notwendigkeit Mögliche gesehen wird, wobei das Bemühen, das Subjekt der anfänglichen Daß-Aussage als Ermöglichung einer analytischen Argumentation zu erhalten, zwar gegeben ist, jedoch vollständig inhaltsleer.

Hierin liegt zugleich der Unterschied der Haeckelschen Position zu den modernen fach- bzw. gesetzeswissenschaftlichen Positionen, insofern diese das Verzicht-üben-müssen dahingehend verstehen, das Aussagen jenes Subjektes, aus dem analytisch zu argumentieren ist, durch das Insistieren auf ein Element der allgemeinen Begriffpyramide - zum Beispiel Mathematik - ersetzen zu können, bzw. hierdurch dem Bedenken-können des Ich zu entsprechen - vgl. *Theoriendynamik* und *Grundlegung*[92]. Daher auch entbehren gesetzeswissenschaftliche Positionen Aussagen wie jener Haeckels zum Sich-zeigen des Gründenden in verschiedenen Modi, wobei zu beachten ist, daß dies dem Motiv nach - so ist gemäß Universalität des Per-

---

92 Vgl. zudem: W Senz (in Begutachtung): *Zur Problematik philosophisch sein sollender Begründungsversuche in der Taxonomie und Systematik* - Sitzungsberichte der Akademie der Wissenschaften, Wien, Naturwissenschaftlich-Mathematische Klasse.

son-sein festzustellen - eine Zitierung der Eines-Formel bedeutet, obgleich auf völlig verzerrte Weise.

Angesichts hiervon sei in knapper Form auf eine Kritik Breidbachs[93] an Haeckel geblickt, die besagtes Interpretationselement der "regressiven Entwicklung" nicht aufgreift. Allgemein hält Breidbach fest, daß sich die analytische Naturwissenschaft noch zu Beginn des 19. Jahrhunderts »nur mit pragmatischem Optimismus gegenüber einer mit allumfassendem Erklärungsanspruch ansetzenden Philosophie absetzen [konnte]« (S.295):

> "1844 formulierte der Botaniker M.J. Schleiden, einer der bedeutendsten Autoren der naturwissenschaftlich-analytischen Schule (...), die Theorie der zwei Welten, der der Philosophen und der der Naturwissenschaftler, die einander nichts zu sagen hätten" (S.295).

Breidbach weiters:

> "Dies [Auseinandersetzung mit der Philosophie] war insofern bis in die 1860er Jahre einfach, da die Naturwissenschaften ihre eigene methodische Sicherung erst zu erarbeiten hatten. Es war auf der anderen Seite allerdings auch nicht allzu schwer, da die philosophischen Argumentationen der - um den problematischen Terminus von Schleiden hier vereinfachend zu benutzen - Schellingsche Schule es sich schon in der ersten Hälfte des 19. Jahrhunderts vergleichsweise einfach machten und die Realität von nicht mehr in Frage gestellten Prinzipien her deduzierten" (S.295).

Zudem ist bei Breidbach im Vorfeld seiner Analyse der Haeckelschen Position zu lesen:

> "Der Siegeszug der Naturwissenschaften hatte gegenüber einer philosophischen Weltsicht also nicht etwa eine Problemumschichtung zu folge: Vielmehr formulierten sich auch in dieser Naturwissenschaft nur neue Antworten auf die alten Fragen" (S.298).

Hieraus sei sogleich »formulierten sich auch in dieser Naturwissenschaft nur neue Antworten auf die alten Fragen« aufgegriffen und festgehalten, daß dies gar nicht überrascht, da die Philosophie - auch der "Schellingschen Schule" - lediglich jene Fragen stellt, die gemäß Universalität des Person-sein einem Ich entgegentreten. Beachtet man dies, so ist sogleich festzuhalten, daß Schleidens Argument, die Philosophie und die Naturwissenschaften hätten sich nichts zu sagen, als eine Feststellung zu einer Polarisierung in zwei "Lager" innerhalb des Spektrums "erste Schicht des philosophischen Horizonts - vor-philosophischer Horizont" zu verstehen ist, und somit nicht als eine Polarisierung an sich -, insofern neue Fragen aufwerfen lassen könnend -. Daher gilt auch, daß der »Siegeszug« der Naturwissenschaften andere - komplementäre - Pragmatismen in die Diskussion einbringt, als sie in der "besiegten" Position enthalten sind, anstatt das Vorliegen von Pragmatismen im Sinne einer uneingeschränkten Konzentration auf die erste Schicht des philosophischen Horizonts an sich zu überkommen. Beachtet man dies, so relativiert sich das Breidbachsche "die Philosophie machte es den aufkommenden Naturwissenschaften »nicht schwer«" dahingehend, daß es "leicht" gewesen sein mag, eine Form des Pragmatismus gegenüber einer anderen Form durchzusetzen. Sieht man nämlich in den von Breidbach beschriebenen Vorgängen, aufbauend auf Schleiden und unter anderem im Monistenbund kummulierend, als ein Element der Entwicklung zu den modernen Gesetzeswissenschaften, so gilt der Preis des "Siegers" einer, den

[93] O Breidbach 1998: *Monismus um 1900 - Wissenschaftspraxis oder Weltanschauung?* - Stapfia 56: 289-316.

Pragmatismus vermehrenden Position, aus deren Perspektive heraus also die Geschehnisse zur Zeit des Monistenbundes zumindest nicht uneingeschränkt beurteilt werden sollten.

Im Lichte hiervon sei nun explizit auf Breidbachs Argumentation zu Haeckel geblickt und zunächst einige Feststellungen hieraus zusammengetragen:

> "Das Argument ist das Passen des Bildes [für Haeckel]. Sein Argument ist nicht ein analytisch experimenteller Beweis einer entsprechenden funktionellen Analyse. Insoweit bleiben seine Bilder denn auch letztlich diffus. Sie erreichen nie die Klarheit einer falsifikationsfähigen Interpretation konkreter Einzeldaten" (S.300).

> "Da in der Beschreibung erfahren wurde [so Haeckel], daß sich Analogien bilden lassen, ist eine Darstellung gewonnen, in der sich Anschauungsmaterial zueinander als kompatibel ausweist. Wenn bloßes Anschauen Erkennen ist, fassen sich die aufgewiesenen Analogien nicht als Resultat einer in sich noch wenig geordneten theoretischen Konsolidierung, sondern als Darstellung möglicher und für Haeckel damit eben faktischer Assoziationen" (S.300).

> "Haeckel macht es sich also einfach. Faktisch formuliert er einen pragmatischen Materialismus, läßt der Materie aber immer noch Seele zukommen. Seele ist daher eine Eigenheit des Materiellen, eine zusätzliche, im eigentlichen Materialismus nicht beachtete Dimension der Materie. Insofern formiert sich in seinem Bild der Welt dann auch faktisch ein Dualismus, da den Substanzen immer noch zu ihrer Materie ist eine Beseeltheit zukommt" (S.301).

> "Das Psychisch/Geistige ist insoweit nichts Eigenständiges. Diese Ebene wird parallel zu der materiellen Ebene gesetzt, ihre ihr eigene Qualität ist damit bloßes Postulat" (S.301).

> "Sein offeriertes Programm changiert zwischen verschiedenen Möglichkeiten, offeriert Bilder, ist aber nie argumentativ stringent" (S.302).

Im ersten Zitat kritisiert Breidbach also: »Insoweit bleiben seine Bilder denn auch letztlich diffus«; im letzten Zitat heißt es: »[Haeckel] ist aber nie argumentativ stringent«. Eine fehlende Stringenz in der Haeckelschen Argumentation - bzw. ihr dementsprechend diffuser Charakter - ist auch in vorliegender Arbeit festgehalten worden, jedoch im Sinne davon, daß Haeckel nicht die unthematische-Begriffpyramide bzw. die dialektische Differenz vergegenwärtigt. Der Unterschied zwischen Breidbachs und der hier vertretenen Kritik an Haeckel ergibt sich bereits aus Breidbachs Anmerkung: »Sein [Haeckels] Argument ist nicht ein analytisch experimenteller Beweis einer entsprechenden funktionellen Analyse«; ein derartiges Defizit kann aber einer Position gegenüber, die sich als von dem Bereich der Notwendigkeit berichtend versteht, nicht ausgesagt werden, da gelten muß, daß "Experiment" und "funktionelle Analyse" notwendig auf den Werdewelt-Bereich - also das Zu-Transzendierende - beschränkt zu verstehen sind! Hieraus folgt: »Da in der Beschreibung erfahren wurde [so Haeckel], daß sich Analogien bilden lassen«, wie es für Haeckel von Breidbach ausgesagt wird, i s t n i c h t a l l e i n e n e g a t i v z u v e r s t e h e n, im Sinne einer »wenig geordneten theoretischen Konsolidierung«, sondern als Ausdruck des Haeckelschen Bemühens, die Werdewelt im Sinne ihrer Daß-Losigkeit, bei gleichzeitigem Anfang-haben zu verstehen - so ist gemäß Universalität des Person-sein auszusagen -, wobei »defizitäre Konsolidierung« alleine das hiermit verknüpfte defizitäre diskursive Vordringen zu einer propositionalen Vergegenwärtigung des zur Werdewelt Transzendentalen betreffen kann, das ja, wie ausgeführt, bei Haeckel v o l l s t ä n d i g ausbleibt.

Daher auch »macht« es sich Haeckel nicht »einfach« - wie Breidbach meint -, insofern er der Materie die Seele aufsetzt. Haeckel unterläuft derartiges - wider seine Intention! -, wie im Sinne des zuvor bezüglich "defizitäre Konsolidierung" Ausgesagten festzuhalten ist. Somit trifft auch nicht zu, daß Haeckel einen »Dualismus« vertritt, der die Eigenständigkeit des »Psychisch/Geistigen« nicht bedenken läßt, sondern dieses »parallel« zur materialen Ebene bedenkt. Nicht diese Parallelität liegt vor, wie sich bereits aus Haeckels Formulierung von den beiden Darstellungsweisen - "Attribute", "Modi" - der Substanz ergibt, sondern, daß Haeckel, indem er nicht zur noetischen Dialektik vordringt und somit nicht zum Subjekt der anfänglichen Daß-Aussage, den Parallelismus abwehrt, ohne propositional eine Alternative hierzu anzubieten. Wie dargestellt, verzerrt Haeckel die dialektische Differenz in seine "Zweiheit"-Konstruktion bzw. seine komplementäre "nicht ohne"-Konstruktion. Liegt dies also auch vor, so ist deswegen noch kein Parallelismus ausgesagt.

Im Sinne hiervon ist auch zu verstehen, daß Haeckels Position uneingeschränkt darauf konzentriert ist, innerhalb der Analyse keine Eines anzunehmen, die als selbst der analytischen Herleitung entgegenstehend aufzufassen sind. Hierin greift Haeckel ein notwendiges Argument auf, wiewohl ihm jegliche Möglichkeit fehlt, diesem gerecht zu werden. Die Bedeutung des Argumentes an sich und Haeckels Intention, diesem zu entsprechen, bleiben hiervon aber unberührt.

Explizit ist also festzuhalten, daß die Kritik an Haeckel im Sinne davon zu verstehen ist, daß sie innerhalb der Philosophia perennis, vergleicht man Haeckels Position zum Beispiel mit jener Darwins, eine regressive Entwicklung - hin zum vor-philosophischen Horizont – darstellt, dasjenige, um das sie, wiederum im Vergleich zum Beispiel mit Darwins Position verstanden, bemüht ist, "aus den Augen verlierend". Diese Kritik ist klar abzutrennen von jeglichem Versuch, im Sinne der modernen Gesetzeswissenschaften festzuhalten, daß Haeckel "diffus", da sich auf "das Schauen" konzentrierend, argumentiert. Es darf also nicht übersehen werden, daß Haeckels besagte Konzentration Ausdruck davon ist, die Werdewelt im Lichte eines differentiellen Verständnisses von Notwendigkeit bedenken zu können.

Haeckels »Schauen« ist also nicht Cusanus' »im Schauen bestimmen« - vgl. oben -, aber immerhin, wiewohl auf völlig verzerrte Weise, Ausdruck davon, den Empirismus nicht uneingeschränkt Alles sein zu lassen. Die Breidbachsche Kritik ist also notwendig dahingehend aufzugreifen, daß Haeckel dieserart »Schauen« anführt, somit also die Empirie in der Auseinandersetzung mit der Werdewelt nicht Alles sein lassen möchte, obgleich sein dementsprechendes diskursives Konstrukt nicht über die Nennung von »Substanz« hinausreicht, gemäß Haeckels Ansicht, die "exakten Wissenschaften" bis an »Substanz« bzw. ihre beiden Attribute heranreichen lassen zu können. Haeckels "Schauen"-Konstruktion ist somit ebenso wie seine "Wille"-Konstruktion der inhaltslose Versuch, die Thematisierung der Eines-Formel doch nicht auf die Nennung von »Substanz« und das mit dieser verflochtene komplementäre "nicht ohne" zu beschränken. Breidbachs Kritik sei daher dahingehend abgewandelt, daß Haeckels "Schauen"-Konstruktion defizitär ist, da sie auf inadäquate Weise der Eines-Formel zu entsprechen versucht; nicht also soll sie kritisiert werden, da sie heutigen gesetzeswissenschaftlichen Ansichten nicht entspricht. Dementsprechend besteht die Lösung für das Problem mit der Haeckelschen "Schauen"-Konstruktion darin, daß die anfängliche Daß-Aussage und das Subjekt der Daß-Aussage vergegenwärtigt werden und somit der Bereich der Notwendigkeit tatsächlich bedacht und die unthematische-Begriffpyramide entfaltet werden kann, jene Eines ergebend, die Haeckel mit "Schauen", "Wille" und so fort völlig verzerrt, aber zugleich unter Beachtung des Nicht-Daß-haben der Werdewelt, anvisiert.

Schon hier sei daher darauf aufmerksam gemacht, daß Haeckel somit jene Uneindeutigkeit der Position Darwins, um deren Beseitigung er also bemüht ist, letztlich nicht vollständig beseitigt hat, wiewohl das insofern in seiner Position Auftretende kaum mehr als semantische Hülle ist. Insofern trägt Haeckels Position ihre eigene Hinterfragung ebenso in sich, wie Darwins Position die ihrige. Inwieweit diese Hinterfragung eine Fortsetzung der regressiven Entwicklung bedeutet, wie sie von Darwin zu Haeckel auftritt, oder aber Haeckels "mechanistisches Denken", wie es sich insbesondere in seinem Verständnis von Person-sein manifestiert, aufgelöst werden kann; dies wird es noch zu diskutieren gelten. Ganz besonders wird hierbei darauf zu achten sein, inwieweit die Beseitigung der leeren Worthülse "Religion", wie sie dazu führt, daß Haeckels Position ihre eigene Infragestellung in sich trägt, zu einer fortschreitenden regressiven Entwicklung führt, die das Person-sein vermehrt defizitär bedenken läßt, oder zu einer Auflösung des Haeckelschen mechanistischen Denkens, ohne daß dies mit der Annäherung an einen gehaltvollen Begriff von Person-sein verbunden ist.

3.1.2 *Welträtsel* im Vergleich mit dem Monismus Forels

In der Einleitung zu 3.1 ist darauf hingewiesen worden, daß der Vergleich von Haeckels Position mit jener Forels darauf abzielt, daß Haeckel das Ich insofern wesentlich verfehlt, als er in der Fundierung seines Monismus den Blick auf den Menschen nicht im Sinne der Festlegung der anfänglichen Daß-Aussage gestaltet. Das Ich, womit alleine das Werdewelt-Ich gemeint ist, wird lediglich im Sinne des Gradienten-Modells bzw. gemäß Haeckels Projektionsmodell aufgefaßt. Im Unterschied hierzu bietet Forel einen Monismus an, der dem Ich-Bezug im Rahmen der Festlegung der anfänglichen Daß-Aussage wesentlich mehr Gewicht beimißt, was nicht schon bedeutet, daß hiermit eine Entgrenzung Haeckelscher Pragmatismen notwendig einher gehen muß. Eben der Ausleuchtung hiervon - obgleich primär um willen eines plastischeren Verständnisses der Haeckelschen Position - dient die folgende Argumentation.

Forel beginnt *Der Hypnotismus oder die Suggestion und die Psychotherapie*[94] mit der Feststellung:

> "Zwei Begriffe werden im Wort »psychisch« kritiklos vermengt: 1. Der Begriff der Introspektion oder des Subjektivismus, d.h. der psychologischen Selbstbeobachtung, die jeder Mensch nur in und von selbst kennt und kennen kann. Für diesen Begriff wollen wir das Wort »Bewußtsein« reservieren. 2. Das »Tätige« in der Seele, d.h. das Gehirnphysiologische, dasjenige, was den Inhalt des Bewußtseinsfeldes bedingt. ... Ich habe die physiologische molekulare Tätigkeitswelle der Nervenelemente »Neurokym« genannt" (S.1).

Forel reflektiert hier, so ist gemäß Universalität des Person-sein festzuhalten, auf "Im Gespräch sein mit sich" - »Selbstbeobachtung« - und die demgemäß auszusagende materiale Basis - »Neurokym« -. Er gelangt hierzu aber nicht aus einer analytischen Entfaltung der dialektischen Differenz zwischen d a s Eines und dem Eines Ich, wie dies für eine thematisch-methodisch unreduzierte Argumentation nötig wäre, sondern im Lichte einer "Zweiheit"-Konstruktion, wie sie auch von Haeckels Monismus bekannt ist. Forels "Neurokym"-Konstruktion erwächst somit einer Betrachtung des Werdewelt-Ich, wie sie somit auch für seine Thematisierung von "im Gespräch sein mit sich" bestimmend sein muß, in erneuter Übereinstimmung mit Haeckel.

---

[94] A Forel 1919: *Der Hypnotismus oder die Suggestion und die Psychotherapie* - Stuttgart; im Folgenden zitiert mit: *Hypnotismus*.

Tatsächlich verdeutlicht Forels weitere Argumentation die Übereinstimmung mit dem bei Haeckel auftretenden monistischen Dualismus - "Zweiheit"-Konstruktion -, insofern Forel festhält, daß die Anatomie, Physiologie, Pathologie und so fort die »Abhängigkeit« »unsere[r] Seeleneigenschaften von der Qualität, der Quantität und der Integrität des lebenden Gehirnes« (S.11) zeigen, woran anschließt: "Es gibt so wenig ein lebendes Gehirn oder Seele, als eine Seele ohne Gehirn" (S.11). Dies entspricht der Haeckelschen komplementären "nicht ohne"-Konstruktion, wobei zu beachten ist, daß Forel hierzu aufgrund von Aussagen zur Werdewelt gelangt, so wie sie bei Haeckel in Kapitel 2 bis 11 von *Welträtsel* zur Formulierung der Daß-Aussage führen!

In weiterer Übereinstimmung mit Haeckel gelangt Forel dieserart zu jener Aussage, die die beiden, in gegenseitiger Verflechtung gezeigten Ebenen derart auf Eines zurückführt, daß, dem Motiv nach die Eines-Formel anführend, das "monistische Zentralargument" auftritt:

> "... jede psychologische Erscheinung mit der ihr zugrunde liegenden Molekular- oder Neurokymtätigkeit der Hirnrinde ein gleiches reelles Ding bildet, das nur auf zweierlei Weise betrachtet wird. Dualistisch ist nur die Erscheinung, monistisch dagegen das Ding" (S.13).

Forel reflektiert hier also wie Haeckel auf "zwei Escheinungsweisen" bzw. "Modi", wobei Forel seinen Monismus, insofern er von dem Bewußtsein seinen argumentativen Anfang nimmt, als »psycho-physischen Monismus« bezeichnet.

Im Sinne dieses Monismus sagt Forel gemäß seiner Ablehnung der materialistischen Position aus, daß die Physiologie die Seele beschreibt, obgleich sie in dieser nicht enthalten ist. Er verbindet hiermit, daß alleine die Naturwissenschaft die herrschenden Gesetzlichkeiten zu rekonstruieren vermag, obschon sie nicht in der Lage ist, das Ding an sich zu vergegenwärtigen und wofür es grundsätzlich keine Instanz des Bedenkens gibt bzw. zu geben braucht; dies entspricht fortgesetzt der Haeckelschen Argumentation, da somit gelten muß:

Die Aussage, daß die Physiologie die Seele beschreibt, obgleich diese nicht in jener enthalten ist, verdeutlicht die Annahme zweier Seinsebenen, derart daß die Betrachtung der Werdewelt-Ebene - die Aussagen zur Physiologie - Aussagen ergibt die in sich tragen, über sich als Werdewelt-Beschreibung hinauszuweisen, womit sich diese als nicht schon alles Seiendes erweisend. Wovon Forel hiermit berichtet, das ist Haeckels Beachtung der beiden Ebenen im Ich abseits der Vergegenwärtigung der dialektischen Differenz, da auch bei Forel unterbleibt, das "Mehr" als den werdeweltlichen Bereich bzw. materialen Ebene gemäß der noetischen Dialektik - also das gemäß dem ersten Zugang des Ich zum Bereich der Notwendigkeit zu Verstehende - zu begreifen und dementsprechend die Werdewelt-Analyse im Sinne der Unendlichkeit von "Begrenztes verweist auf Begrenztes" als das Nicht-an-sich-Selbstand-Repräsentierende a u s d i e s e m abzuleiten. Forel k e h r t dies im Sinne jener Kompetenzzuweisung an die Fachwissenschaften u m, die auch Haeckels Position prägt. In anderen Worten: Forel und Haeckel verwenden eine "Zweiheit"-Konstruktion - wie sie einen naiven Materialismus abwenden lassen soll! -, da die dialektische Differenz bzw. noetische Dialektik allgemein verzerrt bedacht wird, die Werdewelt-Betrachtung als etwas verstehend, das die Vergegenwärtigung des Subjektes der anfänglichen Daß-Aussage und insofern jene der Eines-Formel verhindert bzw. völlig verzerrt gestalten läßt. Beide Forscher gelangen hierzu, da sie das Aussagen-können von Daß-Aussagen nicht gemäß dem differentiellen Verzicht-übenmüssen bedenken, also pragmatisch defizitär verstehen. Forel beläßt es daher auch dabei, beide besagten modal verschiedenen Ebene und das Bedenken-können dieser als »ein reelles Ding« das auf »zweierlei Weise betrachtet wird« zu bezeichnen, worin sich Forels Vermögen erschöpft, die Seinsgleichheit von Denken und Sein und die Verflechtung der beiden modal verschiedenen Ebenen entsprechend der transzendentalphilosophischen Schwelle zu thematisieren. Er beläßt es somit hierbei, da er nicht zu jenem vordringt, das analytisch in sich trägt, nicht nur es an sich zu sein - das Eines der Platonischen Eines-Formel -, sondern lediglich dahingehend propositional bedenkt, daß es dieses aufgrund von Begrenztes geben muß.

Was es hierbei genauerhin damit auf sich hat, daß Forel die Verflechtung der beiden ausgesagten Ebenen im Ich vornimmt, wohingegen Haeckel die Verflechtung letztlich in dem Eines "Substanz" unterbringt, gilt es nun festzustellen. Hierzu sei zunächst angemerkt: Gleichsam als Entfaltung des "Verflechtung"-Motivs arbeitet Forel nun "Bewußtsein" in sein bisher dargestelltes Konstrukt ein; "Bewußtsein" erweist sich als im Experiment manipulierbar, derart, daß es nicht in faktischer Getrenntheit von seiner materialen Basis - "Physiologie des Gehirns" - gedacht werden kann, wiewohl es nicht bloß Abbild hiervon ist, ohne jegliche Eigenständigkeit. Wiederum ist es also das Aussagen-können zweier Ganzheitlichkeiten, die nicht als in faktischer Getrenntheit voneinander bedenkbar ein übergeordnetes Eines ergeben, worauf Forel reflektiert. Damit bietet er anscheinend die monistische Überwindung eines Physikalismus, bzw. gelangt er in die Situation, zu "materiale Basis" etwas hinzufügen zu können, das diese nicht wieder ist - insofern ließe sich auch von transzendieren sprechen -, ohne zu etwas zu gelangen, das sich abseits wissenschaftlicher Diskursivität verstehen läßt, also "Transzendierung" im Sinne der abgelehnten Schellingschen Schule bzw. Transzendentalphilosophie allgemein bedeutet.

Jedoch bietet Forel hier, wie schon zu Beginn seiner Verwendung des "Verflechtung"-Motivs, einen Empirismus, der die Ganzheitlichkeit der Werdewelt nicht adäquat vergegenwärtigt, woraus Forels Bedachtnahme auf Experiment im Horizont beider Verflechtungs-Elemente resultiert, fortgesetzt als Konsequenz der Ausblendung der noetisch-dialektischen Entfaltung aus dem Subjekt der anfänglichen Daß-Aussage.

Angesichts hiervon ist es angemessen, einen Unterschied zwischen Haeckels und Forels Argumentation anzusprechen und seiner Bedeutung gemäß zu beleuchten: Haeckel und Forel reflektieren zur Darlegung der Seele bzw. Psyche auf Experiment und Beobachtung, wobei Forel wesentlich exponierter insbesondere auf Experiment bezug nimmt, in dem Sinne jedoch, daß er die "genetische Methode", wie sie also Haeckel hervorhebt, mehr oder weniger unbeachtet läßt. Dieser Unterschied, der also - gemäß den vorangegangenen Ausführungen zu Haeckel - nicht im Lichte der gegenwärtigen Gesetzeswissenschaften bewertet werden darf, resultiert daraus, daß Forel auf andere Weise als Haeckel von dem Ich ausgeht. Haeckels anfängliche Bezugnahme auf das Ich ist jene auf das Werdewelt-Ich im Sinne des Gradienten-Modells, das abseits jeglicher Vergegenwärtigung der Sonderstellung des Ich bzw. von "Inversion der Betrachtungsrichtung" auf das anfängliche Subjekt - »Substanz« - verweist, wohingegen Forels anfängliche Bezugnahme nur dem Ich gilt, so daß sich das Problem um die Beachtung von dessen Sonderstellung erst gar nicht stellt; Forels Argumentation ist so konzipiert, daß seine diesbezügliche Ansicht nichts erwirkt. Insofern tritt ein, daß Forels Zitierung der Eines-Formel, obgleich sie ebenso verzerrt konzipiert ist wie jene Haeckels, unmittelbarer als jene Haeckels mit "im Gespräch sein mit sich" in Berührung gerät. "In Berührung geraten" bezieht sich nicht auf die diskursive Freilegung. sondern auf den Umfang des Umganges mit "im Gespräch sein mit sich", insofern die Basis hierfür gemäß Universalität des Person-sein konstitutiv für das Bedenken eines Ich ist.

Der eigentliche Unterschied zwischen Haeckels Argumentation und jener Forels erwächst somit aus dem jeweiligen Ausgangspunkt beider Betrachtungen, wozu gehört, daß Haeckel die "genetische Methode" betont, Forel hingegen das Experiment in bezug auf die Psyche des Ich. Aus der Perspektive der ersten Schicht des philosophischen Horizonts - also gemäß der Entdeckung Platons - ist dieser Unterschied aber unerheblich, da somit beide Argumentationen darin übereinstimmen, das Ich nicht im Sinne seines Person-seins gemäß "ein Eines sein" zu vergegenwärtigen, sondern entsprechend einem Monismus, der abseits jeglicher Vergegenwärtigung des Subjektes der Eines-Formel bzw. der anfänglichen Daß-Aussage um Verflechtung zweier (modaler) Ebenen bemüht ist.

In welch großem Ausmaß Haeckels und Forels Positionen hierbei übereinstimmen zeigt sich, wenn man jene Aussagen Forels beachtet, die über "Menschen" hinaus die übrigen Lebewesen sowie das Seiende generell betreffen. Aus dem Umstand, aufgrund experimenteller Belege, das Gehirn des Menschen als materiale Basis für Bewußtsein - als einer zweiten Ebene – verstehen zu können, leitet Forel nämlich auch ab, "Gehirn" an sich in besagtem Sinne als materiale Basis verstehen zu können, nicht also bloß das Gehirn des Menschen. Im Rahmen hiervon führt er aus:

> "Bei niedersten Fischen und sonstigen niederen Tieren spielt sich somit das ganze Seelenleben ohne oder mit winzigem Großhirn in niederen Hirnzentren: Mittelhirn, Hinterhirn, Rückenmark, ab" (S.37).

Forel "verläßt" hier also seinen experimentellen Zugang und schließt aus der Analogie, also aus übereinstimmenden a n a t o m i s c h e n Befunden; aus jenem also, das ihn gleich zu Beginn seiner Überlegungen zur Verflechtung von Seele und Gehirn hat kommen lassen! Forel bleibt aber nicht bei der eben angeführten Stufung innerhalb der Wirbeltiere - bzw. bei einer solchen innerhalb der Tiere allgemein - stehen, wie einer Aussage aus *Gehirn und Seele*[95] zu entnehmen ist:

> "Ist die vorhin erwähnte Hypothese richtig, so folgt daraus, daß alle Urpotenzen der organisierten Lebewesen in der unorganischen Natur enthalten sind, somit auch die Potentialität der Seele. ... Alles ist Seele so gut wie Kraft und Stoff" (S.33-34).

Wovon Forel hiermit aber berichtet, das ist eben jener Haeckelsche Blick gemäß fachwissenschaftlich "analytischer" Entfaltung auf das Gesamt des Seienden, unter weitestgehender Auflösung der Beachtung von "Sonderstellung des Menschen", bzw. unter dem Aspekt einer Vermeidung einer Inhomogenität, wie sie bei Darwin auftritt.

Hierher gehört auch:

> "Man darf also, wir sagen es wieder, unbewußte und bewußte Tätigkeiten nicht in Gegensatz zueinander bringen, sondern höchstens, und zwar auch nur relativ, d.h. graduell, die aktuelle, plastisch sich anpassende oder sich umgestaltende Phantasie und Vernunfttätigkeit .... zu der mehr oder weniger fixierten, automatisierten, kristallisierten Intelligenz, die man individuell erworben als Gewohnheit und ererbt als Instinkt bezeichnet, und die meist nur unterbewußt ist" (*Hypnothismus* S.37).

Dies, in Zusammenhang mit Forels Zurückweisung der Unterscheidung in "bewußtes und organisch unbewußtes Gedächtnis" betrachtet, erweist sich als Ausdruck von Forels Intention, "Bewußtsein" im Horizont von Mensch nicht als etwas kategorial anderes als im Horizont der Tiere zu verstehen. Genauerhin gilt, daß »weniger fixiert, automatisiert« im Sinne der Haeckelschen Verflechtung von »a priori - aposteriori« im Horizont der Generationskette zu bedenken ist.

Angesichts der somit also aussagbaren Übereinstimmungen zwischen Forel und Haeckel ist explizit zu beachten, daß Forel in seiner Projektion über den Menschen hinaus die experimentelle Ebene, wie sie ihm für die Aussagen zum Menschen Grundlage war, nicht verläßt: Diese Aussagen galten von vornherein dem Blick auf das Ganze, und suchen in der anfänglichen Focusierung auf den Menschen nach der Grundlage dafür, in der Betrachtung des über den

---

[95] A Forel 1902: *Gehirn und Seele* - Bonn.

Menschen Hinausreichenden auch bei fehlender Möglichkeit für Experimente, das Auslangen finden zu können, zum Beispiel mittels anatomischen Vergleichen.

Damit weist Forels Position zwar keine "Anordnung"-Konstruktion auf, die im Detail deckungsgleich mit jener Haeckels ist, wiewohl gilt: Forels Argumentation bezüglich dem Ich, wie sie ihm erlaubt, im Horizont außerhalb von "Mensch" sich zum Beispiel mit anatomischen Vergleichen zu begnügen, bedeutet keine Argumentation gemäß der erweitert verstandenen genealogischen Ich-Kette, dahingehend daß aus der Analyse von "das Ich" entsprechend der vergegenwärtigten anfänglichen Daß-Aussage bedacht und das Ich insofern im Werdewelt-Horizont genesetheoretisch verstanden wird, womit erst der Inversion der Betrachtungsrichtung entsprochen wäre. Nicht dies liegt also vor, sondern eine Projektion aus der Beachtung von Ich, wie sie im Sinne des Monismus die zwei Ebenen des Werdewelt-Ich thematisiert. Das ist: Forel nutzt die Genesetheorie zwar nicht im Sinne Haeckels, um das Begrenztes-sein des Ich an jenes anzulegen, das Ermöglichung für Begrenztes-sein-können ist - Haeckels "Substanz" im Lichte von "zirkulärer Weltenlauf" -, gelangt aber zu einem Verständnis von "Ich", das sich mit einer entsprechend pragmatisch konzipierten Genesetheorie verknüpfen läßt - was auch ihrer Absicherung dient -, da die Zweiheit im Horizont von Ich nicht das Ich in dialektischer Differenz zu d a s Eines vergegenwärtigt.

Dies verdeutlicht, daß das betrachtete monistische Denken an sich bereits eine Verzerrung des eigentlich Auszusagenden darstellt, Zweiheit nicht im Lichte der noetischen Dialektik thematisieren lassend. Angesichts dieser grundsätzlichen Verzerrung ist Haeckels Bezugnahme auf die Genesetheorie, so zeigt der Vergleich mit Forels Position, ist hierbei eine Möglichkeit dafür, das Verfehlen der anfänglichen Daß-Aussage bzw. von "Ich" als deren Subjekt, innerhalb des Monismus maskieren zu können; daß also Forel nicht im Haeckelschen Sinne unmittelbar auf die Genesetheorie reflektiert, ist daher nicht Ausdruck eines bei Forel umfangreicher gegebenen Vermögens der Vergegenwärtigung von "Ich bin" bzw. "im Gespräch sein mit sich".

3.2 Über die materialistische Dialektik des späten 19. Jahrhunderts - zur Position von F. Engels

3.2.1 Vorbemerkung

Der Monismus des späten 19. und beginnenden 20. Jahrhunderts hat sich in der vorangegangenen Analyse als Position erwiesen, die in unmittelbarer Auseinandersetzung mit der Philosophie - hierbei ist insbesondere Schellings Naturphilosophie Widerpart und (unter anderem) Spinozas Philosophie Ausgangspunkt - um Antworten auf die grundlegenden Fragen zum Sein bemüht, wobei in wesentlichem Ausmaß naturwissenschaftliche Errungenschaften - zum Teil steuern die Monisten diese selbst bei - zur Formulierung ihrer (philosophischen) Position herangezogen werden.

Diese Kombination aus philosophischem und naturwissenschaftlichem Denken wird sich auch für die materialistische Dialektik des späten 19. Jahrhunderts als entscheidend erweisen. In ihrem Fall ist es aber nicht die Position Spinozas - obgleich ihr durchaus Bedeutung zugesprochen wird -, sondern insbesondere die Position Hegels, die zur kritischen Reflexion anregt, genauerhin seine Dialektik. Insofern ist von Interesse, daß für die analysierten monistischen Positionen pseudo-dialektische Argumentationen, dem Motiv nach die Eines-Formel der Platonischen Dialektik zitierend, festzustellen waren. Hieraus ergibt sich sogleich die Frage, inwieweit die materialistische Dialektik tatsächlich dialektisches Denken, verstanden als noetisch dialektisches Denken, bedeutet, oder angesichts der Inkorporierung naturwissenschaftlich-genesetheoretischen Denkens, eine um die Dialektik bemühte Position - jene Hegels - dahingehend verzerrt, daß gegenüber dieser nicht in ihr liegende Defizite in der Beachtung der Dialektik aufgelöst werden - vgl. zu der diesbezüglichen Notwendigkeit *Privatheit* -, sondern das die Dialektik eigentlich Ausmachende aus dem Blickfeld verloren wird.

Zur Verdeutlichung hiervon sei angemerkt, daß der marxistische Theoretiker Bernstein 1921[96] schreibt: »Es ist indes mit dem 'Auf-die-Füße-stellen' der Dialektik keine so einfache Sache« (S.47). Bernstein reflektiert hier auf das dementsprechende Anliegen von Marx und Engels - zum Beispiel: »das Hegelsche System nur einen nach Methode und Inhalt idealistisch auf den Kopf gestellten Materialismus repräsentiert« (Engels, *Ludwig Feuerbach und der Ausgang der klassischen deutschen Philosophie* S.622) -, demgemäß die Hegelsche Dialektik, soll sie zum Ziele führen eben "auf den Kopf gestellt werden muß". Weiters schreibt Bernstein:

> "Engels hat am Abend seines Lebens, im Vorwort zu den »Klassenkämpfen« den Irrtum, den Marx und er in der Abschätzung der Zeitdauer der sozialen und politischen Entwicklung begangen hatten, rückhaltlos eingestanden. ... Weder war jedoch das Vorwort der Ort dazu, alle Folgerungen zu ziehen, die sich aus dem so freimütig gemachten Geständnis ergeben, noch konnte man überhaupt von Engels erwarten, daß er die damit nötige Revision der Theorie selbst vornehmen werde. Hätte er es getan, so hätte er unbedingt, wenn nicht ausdrücklich, so doch in der Sache, mit der Hegeldialektik abrechnen müssen. Sie ist das Verräterische in der Marxschen Doktrin, der Fallstrick, der aller folgerichtigen Betrachtung der Dinge im Wege liegt. Über sie konnte oder wollte Engels nicht hinaus" (S.52).

Dieser fundamentalen Kritik an der Dialektik - »Hegeldialektik« - sei folgende Aussage Lenins gegenübergestellt:

> "Aber Marx blieb nicht beim Materialismus des 18. Jahrhunderts stehen, er entwickelte die Philosophie weiter. Er bereicherte sie durch die Errungenschaften der deutschen klassischen Philosophie und besonders des Hegelschen Systems, das seinerseits zum Materialismus Feuerbachs geführt hatte. Die wichtigste dieser Errungenschaften ist die Dialektik, d.h. die Lehre von der Entwicklung in ihrer vollständigen, tiefstgehenden und von Einseitigkeit freiesten Gestalt, die Lehre von der Relativität des menschlichen Wissens, das uns eine Widerspiegelung der sich ewig entwickelnden Materie gibt" (S.21)[97].

Ist also für Lenin die "Hegeldialektik" zwar "auf den Kopf - und insofern auf die Füße - zu Stellendes", so deshalb, da ihr fundamentale Bedeutung zuerkannt wird, während sie für Bernstein geradezu als Fremdkörper erscheint, der hinderlich ist, da sich "die Umkehrung" der »Hegeldialektik« als - zumindest - komplizierter als erwartet, erwiesen hat.

Zugleich sei der Aussage Lenins entnommen, daß er offenbar nicht an eine noetische Dialektik denkt, da sich anders sein Bezug auf die Materie nicht erklären läßt - vgl. unten -. Be-

---

[96] E Bernstein 1984: *Die Voraussetzungen des Sozialismus und die Aufgaben der Sozialdemokratie* - Eingel. von H Heimann; Berlin & Bonn; 8. Auflage - Neusatz der 1921 erschienenen 2. Auflage.

[97] WI Lenin 1971: *Drei Quellen und drei Bestandteile des Marxismus* - zitiert nach: *K Marx und F Engels - Ausgewählte Werke* - Moskau, S.20-25.

deutet dies, so ist zu fragen, daß der dialektische Materialismus in einer Weise kritisch an Hegel - und Feuerbach - anschließt, daß er von vornherein nicht tatsächlich dialektisch argumentiert - im Sinne der von Platon grundgelegten noetischen Dialektik -, so daß das "dialektisch" sein Sollende in dem Sinne zum "Fremdkörper" wird, als es nicht letztbegründbar ist, nicht aber deshalb, da die Dialektik nicht letztbegründbar ist - bzw. Letztbegründendes ist -, sondern die Dialektik nicht ihr gemäß dargelegt wird? Diese Frage wird im Lichte der erwähnten Beiziehung naturwissenschaftlicher Aussagen in der Fundierung der materialistischen Dialektik zu beachten sein.

Der tiefere Grund dafür, diese Frage zu stellen ist evident: Sowohl in Darwins wie auch in der monistischen Position Haeckels führt die Beiziehung naturwissenschaftlicher Sätze zu einer Mißachtung bzw. verzerrten Beachtung der Inversion der Betrachtungsrichtung im Horizont der grundsätzlichen Problematik jeglichen evolutionstheoretischen Denkens und einem dementsprechend verzerrten Verständnis von Person-sein, die Dialektik ausblendend. Trifft dies also auch auf die materialistische Dialektik zu, oder gelingt ihr eine Verflechtung von Dialektik und Fachwissenschaft im Sinne der adäquaten Vergegenwärtigung besagter Inversion.

Die folgenden Ausführungen zur materialistischen Dialektik konzentrieren sich vor allem auf Arbeiten von Engels: *Anteil der Arbeit an der Menschwerdung des Affen*[98]; *Ludwig Feuerbach und der Ausgang der klassischen deutschen Philosophie*[99]; *Der Ursprung der Familie, des Privateigentums und des Staats*[100]; *Dialektik in der Natur* (Einleitung)[101]; *Die Entwicklung des Sozialismus von der Utopie zur Wissenschaft*[102].

3.2.2 Wurzeln der materialistischen Dialektik in der Philosophie von Hegel bis Feuerbach

Zur Analyse der philosophischen Wurzeln der materialistischen Dialektik sollen insbesondere *Ausgang* und *Utopie* betrachtet werden; speziell folgt die anschließende Analyse dem Argumentationsverlauf in *Ausgang*. Diese Studie besteht aus vier Teilen; der erste Teil gibt eine kritische Charakterisierung der Position Hegels, wie sie zu Feuerbachs Position überleitet, worauf - zweiter Teil - eine Darstellung der Entwicklung der Feuerbachschen Position - als Reflex auf die Position Hegels bzw. der "Hegelschen Schule" folgt. Im dritten Teil wird insbesondere das Defizit der Feuerbachschen Ethik dargelegt, im Lichte einer Feststellung zur kritizistischen Begründungstheorie Kants und Humes heraus. Der vierte Teil entwickelt angesichts der gebrachten Kritik an Hegel, Feuerbach, Hume und Kant eine positive Darstellung der Dialektik bzw. der materialistischen Dialektik - im Lichte einer Kritik an dem Ma-

---

98 Zitiert nach: *K Marx und F Engels - Ausgewählte Werke* - Moskau (1971): S.373-384; im Folgenden zitiert mit: *Anteil*.

99 Zitiert nach: *K Marx und F Engels - Ausgewählte Werke* - Moskau (1971): S.610-649; im Folgenden zitiert mit: *Ausgang*.

100 Zitiert nach: *K Marx und F Engels - Ausgewählte Werke* - Moskau (1971): S.473-609; im Folgenden zitiert mit: *Familie*.

101 Zitiert nach: *K Marx und F Engels - Ausgewählte Werke* - Moskau (1971): S.357-372; im Folgenden zitiert mit: *Natur*.

102 Zitiert nach: *K Marx und F Engels - Ausgewählte Werke* - Moskau (1971): S.417-454; im Folgenden zitiert mit: *Utopie*.

terialismus des 18. Jahrhunderts -. Der vierte Teil blickt hierbei auch auf die zeitgenössischen naturwissenschaftlichen Errungenschaften, wie er zudem die gewonnenen Sätze zur Dialektik an die Analyse der Gesellschaft heranträgt.

Am Anfang seiner Ausführungen in *Ausgang* bringt Engels Hegels Satz: »Alles was wirklich ist, ist vernünftig, und alles was vernünftig ist, ist wirklich« (S.613). Sogleich erläutert Engels, daß Hegel hiermit die Differenzierung von »bestehen« und »wirklich sein« verknüpft, so daß gilt: "wirklich ist, was auch notwendig ist", bzw.: "Wirklichkeit erweist sich in ihrer Entfaltung als Notwendigkeit". In anderen Worten: Bestehendes muß nicht wirklich sein:

> "Nun ist aber die Wirklichkeit nach Hegel keineswegs ein Attribut, das einer gegebnen gesellschaftlichen oder politischen Sachlage unter allen Umständen und zu allen Zeiten zukommt" (S.613).

Engels folgert hieraus im Sinne Hegels:

> "Und so dreht sich der Hegelsche Satz durch die Hegelsche Dialektik selbst um in sein Gegenteil: Alles, was im Bereich der Menschengeschichte wirklich ist, wird mit der Zeit unvernünftig, ... ist von vornherein mit Unvernünftigkeit behaftet; und alles, was in den Köpfen der Menschen vernünftig ist, ist bestimmt, wirklich zu werden, mag es auch noch so sehr der bestehenden scheinbaren Wirklichkeit widersprechen" (S.613).

»Alles was besteht, ist wert, daß es zugrunde geht« (S.614) resümiert Engels mit Hegel. Hierzu sei betont, daß für den vorliegenden Text primär nicht von Interesse ist, inwieweit Engels Hegels Position adäquat wiedergibt, sondern in der Auseinandersetzung mit der Dialektik Hegels zu einem adäquaten Verständnis der Dialektik - also der Argumentation gemäß der ersten Schicht des philosophischen Horizonts - vordringt. Im Sinne hiervon ist festzuhalten, daß Engels das bezüglich Hegel Angeführte gar nicht im Sinne der Selbstandproblematik - und somit im Lichte der dialektischen Differenz - anführt: Die Ausführungen zu dem In-sich-tragen des eigenen Ersetzt-Werdens könnten auch einer ausschließlich genesetheoretisch argumentierenden Konstruktion entstammen, die ohne propositionaler Vergegenwärtigung des Selbstandproblemes die Veränderlichkeit der Werdewelt aufgreift. Hier läßt sich auch an Darwins Position denken, wie sie, im Sinne ihrer Kritik an der Schöpfungslehre, das aktuelle Da-Sein eines Etwas opportunistisch versteht, ohne zugleich explizit zu vergegenwärtigen, daß das Begrenzte in keinem seiner Aspekte das Nicht-an-sich-Notwendigkeit-bedeuten - also sein Faktizität-sein - übersteigt.

Zu dieser Thematisierung des In-sich-tragen des Ersetzt-werdens gehört auch Engels' Feststellung, daß das Hegelsche System »der Endgültigkeit aller Ergebnisse des menschlichen Denkens und Handelns ein für allemal den Garaus machte« (S.612), wie auch: »die Wahrheit lag nun in dem Prozeß des Erkennens selbst« (S.614). Hierauf folgt:

> "..., in der langen geschichtlichen Entwicklung der Wissenschaft, die von niedern zu immer höhern Stufen der Erkenntnis aufsteigt, ohne aber jemals durch Ausfindung einer sogenannten absoluten Wahrheit zu dem Punkt zu gelangen, wo sie nicht mehr weiter kann, wo ihr nichts mehr übrigbleibt, als die Hände in den Schoß zu legen und die gewonnene absolute Wahrheit anzustaunen" (S.614).

Diese Aussage ist in sich widersprüchlich, denn i h r g e g e n ü b e r kann man ja anscheinend das an sich zurückgewiesene »die Hände in den Schoß legen« aufwenden! Entweder hat dies also Hegel übersehen, oder Engels' Interpretation der Aussage Hegels ist nicht ganz zutreffend. Das ist: Der u n e i n g e s c h r ä n k t e Verzicht auf einen Anfang des Wissens, auf einen

Anfang also, der als solcher akzeptiert werden kann, so daß hiergegenüber »die Hände in den Schoß gelegt« werden können, wie ihn Hegel hier - so Engels - festhält, ist nicht im Sinne der noetischen Dialektik, insofern diese das differentielle Verzicht-üben-müssen besagt, demgemäß also sehr wohl Daß-Aussagen möglich sind, obgleich derart, daß - vgl. *Vergleich* und oben - mit dem Anfang etwas gegeben ist, das notwendig zur fortgesetzten analytischen Entfaltung anhält: Ist also der Anfang mit der anfänglichen Daß-Aussage "Ich bin" gegeben, wie sie auf d i e Daß-Aussage von der dialektischen Differenz zwischen Ich als e i n Eines und dem Gründendem als d a s Eines verweist, so liegt hiermit etwas vor, das nur insofern es dialektisch analytisch entfaltet wird, dem Ich hinreichend Grundlage für sein um sich bemühtes Am-Werke-sein ist, wobei genauerhin gilt, daß die hiermit bezeichnete Entfaltung der unthematische-Begriffpyramide ausschließlich zu begrifflichen Eines führt, die als Zu-Entfaltende entgegentreten, w o r i n sich also Hegels »die Hände nicht in den Schoß legen dürfen« widerspiegelt. Diese "Wahrheit", von der also gemäß der diskursiven Vergegenwärtigung des Bereichs der Notwendigkeit zu sprechen ist, ist somit gemäß jenem Bedenken der dialektischen Differenz auszusagen, von der in den bisherigen Ausführungen Engels' noch nichts zu bemerken ist.

Im Lichte hiervon sei folgende Aussage Engels' zitiert:

> "Und wie auf dem Gebiet der philosophischen, so auf dem jeder andern Erkenntnis und auf dem des praktischen Handelns. Ebensowenig wie die Erkenntnis kann die Geschichte einen vollendenden Abschluß finden in einem vollkommnen Idealzustand der Menschheit; eine vollkommne Gesellschaft, ein vollkommner »Staat« sind Dinge, die nur in der Phantasie bestehen können; im Gegenteil sind alle nacheinander folgenden geschichtlichen Zustände nur vergängliche Stufen im endlosen Entwicklungsgang der menschlichen Gesellschaft vom Niedern zum Höhern" (S.614).

Fortgesetzt ist also zu fragen: Verkehrt Engels Hegels Dialektik in eine Genesetheorie, da er sich der Bedeutung der dialektischen Differenz und insofern des differentiellen Verzicht-üben-müssen gegenüber nicht öffnen kann? Erwächst hieraus nun also, daß Engels Hegel zurecht vorwirft, von einer im Kontingenten immanenten Entwicklung zu sprechen, die zu einem »Idealzustand der Menschheit« führt, oder interpretiert erst Engels dieses Element in die Hegelsche Position? Hieran ist zu beachten, wobei alleine die Perspektive Engels' interessiert: Wenn Engels - der Intention nach mit Hegel - für das Fehlen besagter »Vollendung« eintritt, so ist dem zuzustimmen, wenn das der Vollendbarkeit Unzugängliche im Sinne der noetischen Dialektik als Bereich des Begrenzten verstanden wird und insofern als jenes, das zu dem an sich Selbstand Repräsentierenden in dialektischer Differenz zu denken ist. Hierin liegt aber, daß das Bedenken hiervon entsprechend dem differentiellen Verzicht-üben-müssen zu gestalten ist, was gerade bei Engels zumindest bisher noch keine Thematisierung gefunden hat. Das Problem ist daher, was es mit der Engelsschen Aussage von »Niederen - Höheren« auf sich haben kann, wenn das Fehlen einer der Kontingenz immanten Finalität a b s e i t s eines differentiell verstandenen Verzicht-üben-müssen bedacht wird, also abseits des Anfang-, nicht aber Daß-haben des Begrenzten, eine propositionale Vergegenwärtigung des Bereichs der Notwendigkeit erlaubend, fußend auf der Beachtung der dialektischen Differenz. Das hier vorliegende Problem ist also genau jenes, das auch schon von der Position Haeckels und jener Darwins her bekannt ist; wie nämlich, so stellt sich das Problem, soll Veränderlichkeit derart ausgesagt werden, daß kein naives "Alles fließt" provoziert wird, wenn die Eines, die hierzu nötig sind, nicht willkürlich herbeiargumentiert sein sollen, das einzig dies erzielen lassende Konstrukt, die Beachtung der unthematische-Begriffpyramide in ihrer dialektischen Differenz zu dem Kontingenten, aber nicht zur Verfügung steht, da hierzu nicht diskursiv vorgedrungen wird.

Relativ zu Hegels Position thematisiert Engels dies wie folgt:

"Sie [Hegels Position] hat allerdings auch eine konservative Seite: Sie erkennt die Berechtigung bestimmter Erkenntnis- und Gesellschaftsstufen für deren Zeit und Umstände an; aber auch nur so weit. Der Konservativismus dieser Anschauungsweise ist relativ, ihr revolutionärer Charakter ist absolut - das einzig Absolute, das sie gelten läßt" (S.614-615).

Engels wirft Hegel also vor, gegenüber seiner Beachtung des Fehlens von absoluten Wahrheiten inkonsequent zu sein: »die obige Entwicklung [die analysierte Argumentation] findet sich in dieser Schärfe nicht bei Hegel. Sie ist eine notwendige Konsequenz seiner Methode, die er [Hegel] selbst aber in dieser Ausdrücklichkeit nie gezogen hat« (S.615). Engels meint hiermit, daß Hegels Feststellungen zur aktuellen Gültigkeit kontingenter Ausgestaltungen, derart das "Alles fließt" abzuwenden versuchen, daß hierüber "In-sich-tragen des eigenen Überkommen-werdens" zur Feststellung einer der Kontingenz immanenten Finalität wird. Engels führt auch den Grund für besagtes Hegelsches "abwenden" an:

"Und zwar aus dem einfachen Grund, weil er genötigt war, ein System zu machen, und ein System der Philosophie muß nach den hergebrachten Anforderungen mit irgendeiner Art von absoluter Wahrheit abschließen" (S.615).

Engels übersieht hier vollständig, daß Hegels »System« Ausdruck davon ist, die oben angemerkte potentielle Selbstwidersprüchlichkeit des Satzes von dem Fehlen feststehender Wahrheiten abwehren zu müssen, bzw. entsprechend der Dialektik das dementsprechend im Sinne des Aussagen-könnens von Daß-Aussagen - differentielles Verzicht-üben-müssen! - dem Bedenken des Ich Mögliche zu vergegenwärtigen. Dies bedeutet nicht, daß Hegel alleine im Sinne der ersten Schicht des philosophischen Horizonts argumentiert und sein »System« daher jeglicher Kritik enthoben ist - vgl. hierzu *Privatheit* -, wohl aber gilt, daß sein diesbezügliches Bemühen nicht als zu überwindender Irrtum dargestellt werden darf. Hierin liegt, daß Hegels Ausführungen bezüglich der fakultativen Gültigkeit spezieller gesellschaftlicher Ausprägungen - wie sie Engels kritisiert - insofern zu kritisieren sind, als sie nicht ausschließlich gemäß der ersten Schicht des philosophischen Horizonts verstanden werden. Hegels »System« weist, insofern es nicht zu der anfänglichen Daß-Aussage "Ich bin" vordringt, Verzerrungen in der Thematisierung des Anfang- nicht aber Daß-haben auf bzw. in der Verflechtung von "Alles fließt - Eines", was sich auch, wie ebenfalls in *Privatheit* zu zeigen versucht, in der Stringenz der Hegelschen Dialektik widerspiegelt. Insofern also ist Engels zuzustimmen, wenn er an der Hegelschen Dialektik Kritik übt, wiewohl hierüber nicht übersehen werden darf, daß Engels' Kritik ihrerseits zur Kritik Anlaß gibt, wenn letztlich bestehen bleibt, daß Engels' Zurückweisung des Hegelschen Systems eine Zurückweisung von System im Sinne eines propositionalen Vergegenwärtigens des Bereichs der Notwendigkeit bedeutet.

Angesichts hiervon seien nun Engels' Ausführungen bezüglich Hegels "Beendigung des absoluten Prozesses" betrachtet:

"So sehr also auch Hegel, namentlich in der *Logik*, betont, daß diese ewige Wahrheit nichts anderes ist als der logische, resp. der geschichtliche Prozeß selbst, sieht er sich doch selbst gezwungen, diesem Prozeß ein Ende zu geben, weil er eben mit seinem System irgendwo zu Ende kommen muß. In der *Logik* kann er dies Ende wieder zum Anfang machen, indem hier der Schlußpunkt, die absolute Idee - die nur insofern absolut ist, als er absolut nichts von ihr zu sagen weiß - sich in die Natur »entäußert«, d.h. verwandelt, und später im Geist, d.h. im Denken und in der Geschichte, wieder zu sich selbst kommt. Aber am Schluß der ganzen Philosophie ist ein ähnlicher

> Rückschlag in den Anfang nur auf einem Weg möglich. Nämlich indem man das Ende der Geschichte darin setzt, daß die Menschheit zur Erkenntnis eben dieser absoluten Idee kommt, und erklärt, daß diese Erkenntnis der absoluten Idee in der Hegelschen Philosophie erreicht ist. Damit wird aber der ganze dogmatische Inhalt des Hegelschen Systems für die absolute Wahrheit erklärt, im Widerspruch mit seiner dialektischen, alles Dogmatische auflösenden Methode; damit wird die revolutionäre Seite erstickt unter der überwuchernden konservativen" (S.615).

Die von Engels hier skizzierte Hegelsche Argumentation ist aus Sicht einer alleinigen Darlegung gemäß der ersten Schicht des philosophischen Horizonts bzw. der noetischen Dialektik insofern zu kritisieren, als sie das diskursive Am-Werke-sein des Ich derart in eine prozessuale Entäußerung der »ewigen Wahrheit« eingliedert, daß das dieserart Ausgesagte zu einer Vergeschichtlichung der mit der Eines-Formel thematisierten dialektischen Differenz von "d a s Eines - Ich (als e i n Eines)" führt. Das ist: Hegels Argumentation zielt gemäß der noetischen Dialektik darauf ab, das Am-Werke-sein des Ich als Widerspiegelung bzw. Konsequenz eines Umstandes zu sehen, der in dialektischer Differenz zu jeglich kontingenter Verursachung notwendig Dynamik bedeutet, im Lichte davon daß Bedingtheit im Horizont von Begrenztes nur verstanden werden kann, wenn Begrenztheit als "nicht an sich Selbstand Repräsentierendes" vergegenwärtigt wird. Um die Darstellung hiervon also bemüht, beginnt Hegel seine dialektisch-analytische Ableitung aber nicht bei "Ich bin" - vgl. *Privatheit* -, sondern bei einem Argument, das dem Typ nach zu den "Zu-sich-kommen des Gründenden"-Argumenten zu zählen ist, also zu einer Argumente-Gruppe, die die transzendentalphilosophische Schwelle nivelliert, da sie die dialektische Differenz nicht gemäß der ersten Schicht des philosophischen Horizonts thematisiert. Die Vergegenwärtigung von "Ich bin" als der anfänglichen Daß-Aussage im Sinne der Eines-Formel blendet die Hegelsche Aussage hierbei insofern aus, als sie sich als Versuch einer Erklärung der dialektischen Differenz erweist, der mit dem differentiellen Verzicht-üben-müssen nicht vereinbar ist. In anderen Worten: Wiewohl Hegel die "Entäußerung" und das "Zu-sich-kommen" des ewig Wahren in modaler Differenz zu werdeweltlicher Zeitlichkeit versteht, unterläuft ihm in seiner Darstellung eine Orientierung an werdeweltlicher Prozessualität, da er das Eines-sein des Ich nur im Gewand einer Konstruktion von d a s Eines - »ewige Wahrheit« - ableiten kann, die sich der Beziehung von d a s Eines und Ich lediglich im Gewand einer Prozessualität bewußt wird, die aufgrund des Verzicht-üben-müssen des Ich gar nicht einsehbar sein kann, da der differentielle Charakter des Verzicht-üben-müssen alleine aus dem Ich-Bezug folgt - "I c h bin" -, nicht aber aus einem Bezug auf d a s Eines - »ewige Wahrheit (wahre Idee)« -, derart daß das "Zu-sich-kommen" von diesem dem So-sein nach betrachten ließe. Hegels hierher gehörende Aussagen sind also Erweiterungen der an sich ihrer Bedeutung nach vergegenwärtigten dialektischen Differenz, so wie sie auch Platon zum Beispiel mittels seiner "geschaffene Götter"-Konstruktion in *Timaios* unterläuft, da er - genauso also wie Hegel - zwar die Bedeutung der dialektischen Differenz bzw. der noetischen Dialektik vergegenwärtigt, nicht aber zu dem "Ich bin" vordringt und daher alleine gemäß dieser argumentieren kann.

Im Lichte hiervon ist zu Engels' Ausführung bezüglich Hegels Aussagen festzuhalten, daß sie zurecht "absolute Idee" mit »absolut nichts auszusagen weiß« verknüpft, wiewohl gilt, daß sie zugleich selbst - erneut - kritisch betrachtet werden muß, dahingehend, ob in der Kritik tatsächlich die nötige Ausrichtung auf die Emanzipation von der zweiten Schicht des philosophischen Horizonts - wie sie bei Hegel (und Platon) besagte Nivellierung der transzendentalphilosophischen Schwelle ergibt - enthalten ist. Daß sich nämlich von einem »absolut nichts auszusagen weiß« sprechen läßt, rührt daher, daß Hegel eine Zusatzkonstruktion wider das adäquat bedachte Verzicht-üben-müssen aufbietet. Daher ist das von Engels kritisierte Hegelsche "Nichts-sagen" zwar Beachtung des Verzicht-üben-müssen, wie es dem Ich als Gegründetem zukommt, bezieht sich aber auf etwas, das nicht analytisch aus der anfänglichen Daß-Aussage abgeleitet wird, so daß das "Nichts-sagen" als defizitäre Konstruktion erscheint, bzw. als Ausdruck davon, daß etwas Herbeiargumentiertes ausgesagt ist, mit dem man sich daher im Rahmen einer analytischen Ableitung nichts anzufangen weiß und daher "nichts aussagt", wiewohl bei Vermeidung von Herbeiargumentation ein Aussagen gemäß der analytischen Ableitung möglich sein müßte.

Die Nivellierung der transzendentalphilosophischen Schwelle, auf die Engels somit zurecht hinweist läßt sich aber nur durch eine konsequente Thematisierung der Eines-Formel überwinden. Gerade hierin wurzelt aber besagte Möglichkeit der Kritik an Engels' Kritik an Hegels Aussagen, denn worin soll diese "konsequente Thematisierung" bei Engels enthalten sein? Das ist: Engels' Kritik der "absoluten Idee"-Konstruktion ist fortgesetzt derart, daß, wie zuvor bezüglich »System«, nicht einsichtig werden kann, wie Engels die propositionale Vergegenwärtigung des Bereichs der Notwendigkeit - also der begrifflichen Eines der unthematische-Begriffpyramide, wie sie in dialektischer Differenz zu dem epistemologisch Begrenzten zu denken ist - bewerkstelligen will, wenn er die Dialektik als »alles Dogmatische auflösende Methode« versteht, ohne zugleich besagte begriffliche Eines nicht als dogmatisch Herbeiargumentiertes aufzuweisen. Die Engelssche Differenzierung »revolutionär - konservativ« ist also einsichtig, soweit sie eine Intention bezeugt, im Rahmen der Vergegenwärtigung des Bereichs der Notwendigkeit - also im Rahmen des diskursiven Vordringen zu diesem Bereich - keine herbeiargumentierten Eines annehmen zu dürfen, ist zugleich aber insoweit uneinsichtig, als sie als Alternative zu dem Kritisierten nichts aussagt, das Dialektik als jenes bedenken läßt, das entsprechend dem differentiellen Verzicht-üben-müssen propositionale Vergegenwärtigung des Bereichs der Notwendigkeit ist.

Engels folgert nun:

> "Wer das Hauptgewicht auf das *System* Hegels legte, konnte auf beiden Gebieten [Politik und Religion] ziemlich konservativ sein; wer in der dialektischen *Methode* die Hauptsache sah, konnte religiös wie politisch zur äußersten Opposition gehören" (S.617).

Worin somit die Engelssche Skizzierung der Position Hegels gipfelt, ist die Dichotomie "System - Methode". Das ist: Engels sieht die Möglichkeit, die Dialektik ohne Verwendung von »System« vertreten zu können, was allerdings angesichts der gebrachten Ausführungen bedeutet, daß Engels von einer Dialektik spricht, die ohne den Eines der unthematische-Begriffpyramide - wie von ihr als jenem zu sprechen ist, das im Rahmen der diskursiven Vergegenwärtigung des Bereichs der Notwendigkeit auszusagen ist - zu betreiben ist. Dies ist freilich unmöglich, da von der Dialektik zu sprechen bedeutet, von der analytisch-dialektischen Entfaltung des Subjektes der anfänglichen Daß-Aussage bzw. der Eines-Formel zu sprechen, so daß von der Dialektik zu sprechen vor allem anderen bedeutet, von Eines zu sprechen, abseits eines uneingeschränkt verstandenen "Alles fließt". Ein hierbei auftretendes System ist also nur insofern zu kritisieren, als es nicht alleine aus besagtem Subjekt argumentiert, wobei zugleich gilt, daß dem nicht der Fall ist, wenn der Verzicht auf ein System einem Verzicht - bzw. einer defizitären Gestaltung - des diskursiven Vordringens zu diesem Subjekt gleich kommt. Gerade dies scheint aber - soweit es die bisherigen Ausführungen zeigen - bei Engels vorzuliegen.

Im Lichte hiervon ist daher auch festzuhalten, daß Engels' Einteilung in "wer Hegels System folgt kann konservativ argumentieren, wer seiner Methode folgt, kann zu äußerster Opposition gelangen" so nicht zutreffen kann: Die Methode fordert ein System, da sie eine Methode zur Vergegenwärtigung der Eines der unthematische-Begriffpyramide ist.

Angesichts seiner soeben diskutierten resümierenden Feststellung zu Hegel, blickt Engels nun auf »den Zersetzungsprozeß der Hegelschen Schule« (S.618):

> "Die Masse der entschiedendsten Junghegelianer wurde durch die praktischen Notwendigkeiten ihres Kampfes gegen die positive Religion auf den englisch-französischen Materialismus zurückgedrängt. Und hier kamen sie in Konflikt mit ihrem Schulsystem. Während der Materialismus die Natur als das einzig Wirkliche auffaßt, stellt diese im Hegelschen System nur die »Entäußerung« der absoluten Idee vor, gleichsam eine Degradation der Idee; unter allen Umständen ist hier das Denken und sein Gedankenprodukt, die Idee, das Ursprüngliche, die Natur das Abgeleitete, das nur durch die Herablassung der Idee überhaupt existiert. Und in diesem Widerspruch trieb man sich herum, so gut und so schlecht es gehn wollte" (S.618).

An dieser Aussage ist sogleich Engels' Mißverstehen von Hegels dialektischer Verflechtung von Idee und Natur hervorzuheben. Die Hegelsche Dialektik versteht »Natur« weder als »bloße Entäußerung« noch als »Degradation der Idee«, sondern in ihrem Verhältnis zu Idee gemäß der dialektischen Differenz bzw. der Eines-Formel, soweit Hegel sie propositional vergegenwärtigt. Die zitierte Engelssche Kritik signalisiert also einmal mehr Engels' Probleme, angesichts der Hegelschen inkonsequenten Aufwendung der Dialektik, seinerseits die Konzentration auf die erste Schicht des philosophishen Horizonts - wie sie von der noetischen Dialektik bestimmt ist! - aufzubringen. Freilich muß gelten, daß das Engelssche »Herablassung der Idee« durch Hegels herbeiargumentiertes, prozessuales Verständnis des Verhältnisses von Ich und das Gründende stimuliert ist, doch muß ebenso gelten, daß es eben dieser Stimulus ist, gegenüber dem sich Engels behaupten müßte, um willen der Konzentration auf die Emanzipation von Elementen der zweiten Schicht des philosophischen Horizonts.

Im Lichte hiervon ist es zu sehen, wenn Engels nun auf die Wirkungsgeschichte Hegels im Rahmen der Junghegelianer und ihrer Orientierung am französisch-englischen Materialismus zu sprechen kommt, wie dies Ausdruck des Versuches des Überkommens besagter Geringachtung der Natur ist.

Engels berichtet hierbei von einer gewissen Stagnation zwischen dem "Hegelschen System" und dem "alten Materialismus". In eben diese Stagnation - Engels weiters - fällt das Erscheinen von Feuerbachs *Das Wesen des Christentums*, wozu Engels festhält: »der Bann war gebrochen; das System [Hegels] war gesprengt und beiseite geworfen« (S.619). Genauerhin schreibt Engels, daß mit diesem Buch der Materialismus »ohne Umschweife wieder auf den Thron erhob[en]« wurde: »außer der Natur und den Menschen existiert nichts, und die höheren Wesen, die unsere religiöse Phantasie schuf, sind nur die phantastische Rückspiegelung unseres eigenen Wesens« (S.619).

Zudem ist zu lesen:

> "Die Hegelsche Schule war aufgelöst, aber die Hegelsche Philosophie war nicht kritisch überwunden. Strauß und Bauer nahmen jeder eine ihrer Seiten heraus und kehrten sie polemisch gegen die andre. Feuerbach durchbrach das System und warf es einfach beiseite" (S.619).

Diese Aussage, sie bildet in etwa das Ende des ersten Teils von *Ausgang*, ist insofern beachtenswert, als die materialistische Überwindung des Hegelschen Systems eigentümlich vorsichtig "begrüßt" wird: »und ward es einfach beiseite« ist keine Formulierung, die man wählt, wenn etwas tatsächlich erfolgreich überwunden sein soll. Eine uneingeschränkte Zufriedenheit verrät aber Engels' Ausführung bezüglich der wiedererlangten Bedeutung des Materialismus - »ohne Umschweife wieder auf den Thron erhoben« -. Es gilt also: Engels' Zufriedenheit gilt der Inthronisierung einer Position, die sich der Vergegenwärtigung der Transzendentalia gegenüber nicht öffnet - »nur Natur und Mensch sind« -, doch ist diese Zufriedenheit mit besagter Vorsicht verknüpft, woraus abgeleitet werden kann, daß Engels das "sich nicht öffnen gegenüber den Transzendentalia" etwas ist, das auch zur "Nicht-Vergegenwärtigung" von Auszusagendem führen kann. Besagte "Nicht-Vergegenwärtigung" kann insofern auch mißlingen, zu trivial-materialistischen Konstruktionen führend, die erneut - wie Hegels System - Herbeiargumentation provozieren. In anderen Worten: Aufgrund des bisher Ausgeführten ist zu vermuten, daß Engels diesen trivialen Materialismus dann als gegeben ansieht, wenn mit Hegels System zugleich seine Methode einfach "beiseite geworfen" wird. Inwieweit Engels hierauf tatsächlich reflektiert, bzw. im Lichte hiervon genauerhin Materialismus und Dialektik miteinander verflicht, als Ermöglichung eines angemessenen Überkommen-könnens des Hegelschen "Systems", wird anhand der weiteren Ausführungen Engels' speziell von Interesse sein.

Der zweite Teil von *Ausgang*, auf den nun also zu sprechen zu kommen ist, greift nicht sogleich die Position Feuerbachs auf, sondern hebt mit einer grundsätzlichen Thematisierung des Problems der Vergegenwärtigung der Seinsgleichheit von Denken und Sein an. Hierzu führt Engels aus, daß »die ersten Götter ... in der weiteren Ausbildung der Religionen eine mehr und mehr außerweltliche Gestalt annahmen« (S.620), bis letztlich, gemäß einem »naturgemäß [sich] einstellenden Abstraktions-, ich möchte fast sagen Destillationsprozeß« (S.620) der Eingott-Glaube auftrat. Der Beginn dieser Entwicklung bzw. der Glaube an eine unsterbliche Seele wird von Engels erklärt mit: »[in] sehr frühe[r] Zeit, wo die Menschen, noch in gänzlicher Unwissenheit über ihren eigenen Körperbau und angeregt durch Traumerscheinungen [zu Lösungen für die Seinsgleichheit kamen]« (S.620).

Genauerhin ist hierzu zu lesen:

> "Die Frage nach dem Verhältnis des Denkens zum Sein, des Geistes zur Natur, die höchste Frage der gesamten Philosophie hat also, nicht minder als alle Religion, ihre Wurzel in den bornierten und unwissenden Vorstellungen des Wildheitszustandes" (S.620).

Diese Kritik richtet sich sofort gegen den Kritiker: Engels' Verwendung von »Wildheitszustand« kann natürlich nur im evolutionsbiologisch-genesetheoretischen Sinn verstanden werden und signalisiert insofern sofort begründungstheoretische Defizite, bzw. solche im Horizont der Vergegenwärtigung von "Universalität des Person-sein", insofern diese mit jenen unmittelbar zusammenhängen.

Das ist: Engels' »Wildheitszustand« entspricht - wenn vielleicht auch nicht im Detail (vgl. unten) - Darwins Konstruktion von »Wilde« (vgl. oben). Hieran ist genauerhin zu beachten, daß Engels' Begriff und seine zuvor zitierten Aussagen bezüglich der Entwicklung zum Monotheismus und zu den Überlegungen des Menschen »in sehr früher Zeit« ohne jegliche Thematisierung des Universale "im Gespräch sein mit sich" - demgegenüber kein Entwicklungsgradient angenommen werden kann - auftreten. Engels unterläßt die Nennung hiervon ebenso, wie er es zuvor unterlassen hat, die Bedeutung der Thematisierung der Eines der unthematische-Begriffpyramide gemäß dem differentiellen Verzicht-üben-müssen propositional zu vergegenwärtigen.

Besagtes Erbe "wilder Borniertheit" spiegelt sich nach Engels unter anderem noch in den Positionen Kants und Humes wider:

> "Daneben gibt es aber noch eine Reihe andrer Philosophen, die die Möglichkeit einer Erkenntnis der Welt oder doch einer erschöpfenden Erkenntnis bestreiten. Zu ihnen gehören unter den neueren Hume und Kant, und sie haben eine sehr bedeutende Rolle in der philosophischen Entwicklung gespielt. Das Entscheidende zur Widerlegung dieser Ansicht ist bereits von Hegel gesagt, soweit dies vom idealistischen Stand-

> punkt möglich war; was Feuerbach Materialistisches hinzugefügt, ist mehr geistreich als tief. Die schlagendste Widerlegung, dieser wie aller andern philosophischen Schrullen ist die Praxis, nämlich das Experiment und die Industrie" (S.621-622).

Genauerhin soll hiermit gesagt sein:

> "Wenn wir die Richtigkeit unserer Auffassung eines Naturvorgangs beweisen können, indem wir ihn selbst machen, ihn aus seinen Bedingungen erzeugen, ihn obendrein unsern Zwecken dienstbar werden lassen, so ist es mit dem Kantschen unfaßbaren »Ding an sich« zu Ende" (S.622).

Wovon ist hier die Rede? Industrie und Praxis erübrigen also Kants »Schrulle« von dem "Ding an sich", wobei die Ermöglichung dieser Widerlegung des Kritizismus - Engels' Einschränkung auf »erschöpfende Erkenntnis« ist natürlich jenseits von jeglichem Kritizismus - aus Hegels Position ableitbar sein soll und Feuerbachs Position zumindest nicht grundsätzlich entgegensteht. Wie kann dem aber sein - auch im Lichte der Einschränkung: »soweit dies vom idealistischen Standpunkt möglich war« -, wo doch Hegels Position primär von der Beachtung der dialektischen Differenz geprägt ist, wie sie der Werdewelt-Information gerade n i c h t Selbstand zuerkennt, und daher Kants "Ding an sich" sicherlich keinem - wie auch immer verstandenen - Materialismus überantwortet.

Das hier vorliegende kolossale Mißverständnis Engels' verdeutlicht sich sogleich in seiner Aussage:

> "Die im pflanzlichen und tierischen Körper erzeugten chemischen Stoffe blieben solche »Dinge an sich«, bis die organische Chemie sie einen nach dem andern darzustellen anfing" (S.622).

Dies hat natürlich nicht das Geringste mit vergegenwärtigter Bedeutung der Begründungsproblematik zu tun. Das ist: Engels führt hier gemäß seiner Diktion, daß außer der Natur und dem Menschen nichts existiert, Ergebnisse werdeweltlicher Analysen als Akte der Freilegung vermeintlicher "Dinge an sich" an. Dies ist in dem Sinne besagtes Mißverstehen, wie es die Bedeutung von "Begrenztes verweist auf Begrenztes" und die hierin liegende differentielle Unendlichkeit der Werdewelt nicht beachtet. Engels mißversteht dies hier derart gründlich, daß eigentlich gar kein Platz dafür bleibt, die Dialektik in das dieserart erwachsende Konstrukt eingliedern zu können: Die Dialektik, verstanden als noetische Dialektik, ist in modaler Differenz zur Methode der Werdewelt-Analyse - vgl. *Privatheit*, *Grundlegung II* und *Untersuchungen* - zu verstehen, als jenes, das das Nicht-an-sich-Selbstand-besitzen der Werdewelt-Analyse kein Defizit im Sinne fehlender Rechtfertigbarkeit von Aussagen sein läßt.

Wiewohl also diese Kritik an Engels' Position anzubringen ist, darf hierüber nicht angenommen werden, Engels könnte darauf vergessen haben, zuvor noch im Sinne der Unterscheidung eines trivialen bzw. naiven Materialismus und eines adäquaten bzw. dialektischen Materialismus argumentiert zu haben. Diese Unterscheidung muß auch in dem nun Kritisierten enthalten sein, bzw. Engels fortgesetzt an der Methode "Dialektik" festhalten, obgleich zunächst zumindest kaum vorstellbar scheint, worin sich dies in besagten Aussagen Engels' manifestieren soll.

Das ist: Daß sich Engels fortgesetzt nicht von Hegels Methode distanziert, sondern sie als integralen Teil seiner eigenen Ausführungen ansieht, kann nur bedeuten, daß er die oben angeführte Verflechtung von "Methode" und "System" fortgesetzt nicht vergegenwärtigt, in der Dialektik etwas sehend, das sich unmittelbar an die Werdewelt-Analyse anlegen läßt, Hegelsche - oder sonst welche - Herbeiargumentation hierdurch erübrigend, da das Maß der Beachtung von Verzicht-üben-müssen nicht idealistisch-irrtümlich übersteigend, sondern wie nötig - so Engels -auf »erschöpfende Erkenntnisse« beschränkend.

Zur Darstellung hiervon - wobei Engels an dieser Stelle wieder sein Motiv »das Hegelsche System nur einen nach Methode und Inhalt idealistisch auf den Kopf gestellten Materialismus repräsentiert« (S.622) anführt - greift Engels zunächst auf eine Kritik Feuerbachs an Hegel zurück:

> "Mit unwiderstehlicher Gewalt drängt sich ihm [Feuerbach] schließlich die Einsicht auf, daß die Hegelsche vorweltliche Existenz der »absoluten Idee«, die »Präexistenz der logischen Kategorien«, ehe denn die Welt war, weiter nichts ist als ein phantastischer Überrest des Glaubens an einen außerweltlichen Schöpfer; daß die stoffliche, sinnlich wahrnehmbare Welt, zu der wir selbst gehören, das einzig Wirkliche, und daß unser Bewußtsein und Denken, so übersinnlich es scheint, das Erzeugnis eines stofflichen, körperlichen Organs, des Gehirns ist. Die Materie ist nicht ein Erzeugnis des Geistes, sondern der Geist ist selbst nur das höchste Produkt der Materie" (S.623).

Wovon dieses Zitat berichtet, ist der Versuch, Hegels System dahingehend "auf die Füße" zu stellen, daß Hegels Ausführungen zu dem »Präexistenten« derart als Erfindungen abgetan werden, daß ihre Beseitigung gleichsam genügt, um derart von Gleichheit zwischen Welt und Bedenken sprechen zu können, daß die Begründungsproblematik nicht als eigenes Problem aufscheint, da man jenes entfernt hat, das herbeiargumentiert jene Schwelle ergeben hat, aufgrund der überhaupt erst die Begründungsproblematik als Problem entgegengetreten ist.

Engels übersieht hierbei - gemäß seiner bisherigen defizitären Bedachtnahme auf Hegels Dialektik -, daß die von Hegel angeführten Konstruktionen grundsätzlich zwar im Sinne davon zu kritisieren sind, daß sie keine Argumentation a l l e i n e im Sinne der ersten Schicht des philosophischen Horizonts ergeben, so wie dies beispielsweise auch bei den entsprechenden Konstruktionen Platons in *Timaios* der Fall ist - vgl. *Lehre* bzw. oben -. Hierin liegt aber, daß die Reaktion auf die bezeichneten Konstruktionen nicht in einer Ausblendung der Begründungsproblematik bestehen darf, sondern in ihrer Lösung gemäß der Vergegenwärtigung der dialektischen Differenz, was gerade bei Engels nicht vorliegt.

Einzig und allein die noetische Dialektik erklärt die Seinsgleichheit von Denken und Sein derart, daß die Apriorizität des Bedenkens ohne einer Akzeptanz von "Orientierbarkeit an der Natur" dargelegt wird. Dies gelingt der noetischen Dialektik, da sie das Zu-Erklärende analytisch aus der anfänglichen Daß-Aussage ableitet, wie sie das Bedenkendes-sein des Ich in dialektischer Differenz zu das Gründende thematisiert. Besagtes Gelingen resultiert daher daraus, daß das Problem möglicher Äußerlichkeit zwischen zwei Eines - Bedenken und Sein - nicht reduktionistisch-monistisch zu lösen versucht wird, wovon also zu sprechen ist, wenn die Zusammenführung zweier Ebenen abseits der Beachtung der dialektischen Differenz bedacht wird. Das diesen "Monismus" bzw. "latenten Monismus" genauerhin Charakterisierende ist in den Analysen der Positionen Darwins und Haeckels ausgeführt worden. In die Reihe solcher "latent monistischer" Verzerrungen der dialektischen Differenz reiht sich somit aber auch Engels' Denken ein, wenn es die Dialektik u n m i t t e l b a r an die Werdewelt-Analyse anlegt.

Genauerhin gilt: »das einzig Wirkliche, und daß unser Bewußtsein und Denken, so übersinnlich es scheint, das Erzeugnis eines stofflichen, körperlichen Organs, des Gehirns ist«; diese Aussage ist also eine latent monistische Aussage in dialektischem Gewande - versus dem latenten Monismus Darwins -, bzw. eine latent monistische Mißachtung davon, daß von dem Werdewelt-Ich zu sprechen nicht zugleich bedeutet von "Ich " zu sprechen, da dies notwendig der Inversion der Betrachtungsrichtung im Horizont jeglichen evolutionstheoretischen Bemühen widerspricht. Auf die dargestellte Engelssche Weise läßt sich das Problem der Apriorizität des Bedenkens bzw. der Seinsgleichheit von Denken und Sein also nicht lösen.

Mehr noch: Bei Engels tritt nun in Zusammenhang mit der Position Feuerbachs eine Argumentation auf, die an die Reaktion Darwins auf die Feststellung von Wallace erinnert, daß zwar die Welt, nicht aber das Bedenken des Menschen - und seine Moral - evolutionistisch erklärt werden können. Engels schreibt nun nämlich:

> "Hier angekommen, stutzt Feuerbach. Er kann das gewohnheitsmäßige, philosophische Vorurteil nicht überwinden, das Vorurteil nicht gegen die Sache, sondern gegen den Namen des Materialismus. Er sagt: »Der Materialismus ist für mich die Grundlage des Gebäudes des menschlichen Wesens und Wissens; aber er ist für mich nicht, was er für den Physiologen, den Naturforscher im engern Sinn, z.B. Moleschott ist, und zwar notwendig von ihrem Standpunkt und Beruf aus ist, das Gebäude selbst. Rückwärts stimme ich den Materialisten vollkommen bei, aber nicht vorwärts«" (S.623).

Engels vergleicht diese eingeschränkte Beimessung der Bedeutung des Materialismus mit dem Materialismus des 18. Jahrhunderts, der unter anderem nicht in der Lage war, »die Welt als einen Prozeß, als einen in einer geschichtlichen Fortbildung begriffenen Stoff aufzufassen. Dies entsprach dem damaligen Stand der Naturwissenschaft und der damit zusammenhängenden metaphysischen, d.h. antidialektischen Weise des Philosophierens« (S.624). Gerade diese uneingeschränkte Konzentration auf Engels' "Prozessualität" ist es aber, die in seiner Position das Begründungsproblem keines sein lassen soll. Hierbei ist notwendig zu beachten, was zuvor ausgesagt worden ist: Es ist nicht vernünftig festzustellen, daß die Natur einen Wandel beschreibt, wie er unter anderem zum Menschen führt, aus dem die Apriorizität des Bedenkens abgeleitet werden kann, ohne hierbei wider die "Inversion der Betrachtungsrichtung" argumentieren zu können; insofern, also im Lichte dessen, womit sich Engels somit arrangieren kann, muß ihm die Position Feuerbachs natürlich als Inkonsequenz erscheinen und die Aussagen Kants und Humes als rein auf Fiktionen abzielend.

Angesichts hiervon ist auch Engels' Verweis auf "Stand der Forschung" zu beachten, wozu - in Zusammenhang mit Engels' Kritik an Hegel - zitiert sei:

> "Bei diesem [Hegel] ist die Natur, als bloße »Entäußerung der Idee«, keiner Entwicklung in der Zeit fähig, sondern nur einer Ausbreitung ihrer Mannigfaltigkeit im Raum, so daß sie alle in ihr einbegriffnen Entwicklungsstufen gleichzeitig und nebeneinander ausstellt und zu ewiger Wiederholung stets derselben Prozesse verdammt ist. Und diesen Widersinn einer Entwicklung im Raum, aber außer der Zeit - der Grundbedingung aller Entwicklung - bürdet Hegel der Natur auf gerade zu derselben Zeit, wo die Geologie, die Embryologie, die pflanzliche und tierische Physiologie und die organische Chemie ausgebildet wurden und wo überall auf Grundlage dieser neuen Wissenschaften geniale Vorahnungen der spätern Entwicklungstheorie auftauchten (z.B. Goethe und Lamarck)" (S.624-625).

Engels fordert hier also die Orientierung an der Naturwissenschaft ein, was alleine dahingehend zu verstehen ist, daß er nicht zur Vergegenwärtigung der beiden Kompetenzbereiche des Bedenkens vordringt, bzw. im Sinne einer demgemäßen Nivellierung der transzendentalphilosophischen Schwelle im Kompetenzbereich der Naturwissenschaften etwas sieht, das zur Darlegung des Bedenkens des Bereichs der Notwendigkeit herangezogen werden können soll.

Genauerhin ist an dem gebrachten Zitat zu beachten: Die vorangegangene Feststellung bezüglich der Bedeutungszuweisung Engels' an die Prozessualität zeigt sich nun im Lichte einer expliziten Bezugnahme auf die Genesetheorie, gemäß der also Engels' "Prozessualität"-Konstruktion eine Kritik an jener Hegels impliziert. Das ist: Engels sieht die Möglichkeit dafür, Hegels dialektische Analyse des Weltprozesses in eine materialistisch-dialektische Analyse zu transformieren, anknüpfend daran, daß bereits Hegel keine vollständig noetische Dialektik bietet, sondern dahingehend eine inkonsequente Beachtung der Dialektik, als er ihr - so Engels - partiell naturalistische Aspekte auferlegt. Ohne nun explizit Hegels Position darlegen zu wollen, gilt es hierzu festzuhalten, daß Engels' Kritik einer etwaigen Hegelschen Inkonsequenz gerade auf das Gegenteil von dem abzielen müßte, das der Engelssche Materialismus bedeutet, eine vollständige Konzentration auf die noetische Dialektik ergebend. Alleine dieserart könnte es Engels vermeiden, in der Kritik des Hegelschen Systems das differentielle Verzicht-üben-müssen unbedacht lassen zu müssen, die Universalität des Person-sein durch genesetheoretische Konstrukte wie »Wildheitszustand« verzerrend und eine naiv realistische Orientierbarkeit an der Natur im Gewande von (zum Beispiel) "Beweiskraft der Industrie" annehmen zu müssen.

Alleine dieserart, so ist zugleich festzuhalten, könnte Engels seiner Intention tatsächlich entsprechen, die Dialektik Hegels von Argumenten gemäß der zweiten Schicht des philosophischen Horizonts zu befreien, durch eine Thematisierung der Veränderlichkeit der Werdewelt im Sinne der alleinigen Konzentration auf die erste Schicht des philosophischen Horizonts. Gerade dies leistet Engels' Position aber nicht, da ihr Materialismus also gemäß einer latent monistischen Position auf die Genesetheorie Bezug nimmt.

Zugleich liegt hierin, daß der angeführt latent monistische Charakter der Engelsschen Position Gefahr läuft, als uneingeschränkt naiver Materialismus mißverstanden zu werden, was aber gar nicht im Sinne Engels' wäre. Am Ende des zweiten Teiles von *Ausgang* ist daher zu lesen:

> "Zweitens aber hat Feuerbach darin ganz recht, daß der bloß naturwissenschaftliche Materialismus zwar die »Grundlage des Gebäudes des menschlichen Wissens ist, aber nicht das Gebäude selbst«. | Denn wir leben nicht nur in der Natur, sondern auch in der menschlichen Gesellschaft, und auch diese hat ihre Entwicklungsgeschichte und ihre Wissenschaft nicht minder als die Natur" (S.626).

Engels' Grenzziehung kann hierbei aber nur eine herbeiargumentierte Konstruktion sein, insofern bereits seine Aussagen zur Natur ohne Beachtung des Entontologisieren-müssen konzipiert sind; wird hierauf unten genauer hinzuweisen sein.

Nun beginnt der dritte Teil von *Ausgang*, der sich in Auseinandersetzung mit Feuerbach der Ethik zuwendet. Sogleich kritisiert Engels: »Der wirkliche Idealismus Feuerbachs tritt zutage, sobald wir auf seine Religionsphilosophie und Ethik kommen. Er will die Religion keineswegs abschaffen, er will sie vollenden« (S.628):

> "Religion ist nach Feuerbach das Gefühlsverhältnis, das Herzensverhältnis zwischen Mensch und Mensch, das bisher in einem phantastischen Spiegelbild der Wirklichkeit - in der Vermittlung durch einen oder viele Götter, phantastische Spiegelbilder menschlicher Eigenschaften - seine Wahrheit suchte, jetzt aber in der Liebe zwischen Ich und Du sie direkt und ohne Vermittlung findet. Und so wird bei Feuerbach schließlich die Geschlechtsliebe eine der höchsten, wenn nicht die höchste Form der Ausübung seiner neuen Religion" (S.628).

Hieran interessiert insbesondere der Feuerbachsche - akzentuierte - Verzicht auf eine Mediator-Konstruktion, bzw. der Substitution hiervon durch "Ich - Du". Obgleich dies offensichtlich abseits der Vergegenwärtigung der Körperlichkeit als Ausdruck der materialen Ebene des Ich als einem Gegründetem und insofern der dialektischen Differenz im Horizont von Ich auftritt, ist die Feuerbachsche Intention an sich als Element der Entgrenzung von "zweite Schicht"-Konstruktionen zu verstehen, freilich auch solchen, die im Sinne von "Theologie als Hüterin auf dem Wege zur Dialektik" zu verstehen sind - vgl. oben und *Theologie* -.

Hierauf reflektiert Engels aber gar nicht:

> "Der Idealismus besteht hier bei Feuerbach darin, daß die auf gegenseitiger Neigung beruhenden Verhältnisse der Menschen zueinander, Geschlechtsliebe, Freundschaft, Mitleid, Aufopferung usw., nicht einfach als das gelten läßt, was sie ohne Rückerinnerung an eine, auch für ihn der Vergangenheit angehörige, besondre Religion aus sich selbst sind, sondern behauptet, sie kämen erst zu ihrer vollen Geltung, sobald man ihnen eine höhere Weihe gibt durch den Namen Religion. Die Hauptsache für ihn ist nicht, daß diese rein menschlichen Beziehungen existieren, sondern daß sie als die neue, wahre Religion aufgefaßt werden. Sie sollen für voll gelten, erst wenn sie religiös abgestempelt sind" (S.629).

Selbstverständlich hat man kein Problem der Ethik gelöst, wenn man menschliche Handlungen im Horizont der Ausgerichtetheit auf andere Menschen einfach mit dem Etikett des Transzendentalen versieht, ohne daß damit eine analytische Entfaltung des Bereichs der Notwendigkeit einhergeht, besagte Handlungen im Lichte der dementsprechenden Eines der unthematische-Begriffpyramide bedenken lassend. Hierauf zielt Engels' Kritik an Feuerbachs Position ab, insofern sie dieser vorwirft »Geschlechtsliebe«, »Freundschaft« und so fort durch die Einkleidung in eine idealistisch-inhaltslose transzendentale Ebene an »höheren Weihen« teilhaben zu lassen. In den folgenden Ausführungen interessiert hieran primär nicht, inwieweit Engels hier Feuerbachs Position korrekt wiedergibt, sondern worauf Engels als Alternative zu dem Kritisierten abzielt.

Im Sinne hiervon ist sogleich von Interesse: »nicht einfach als das gelten läßt, was sie ohne Rückerinnerung an eine ... besondere Religion [sind]«. Dieses »ohne Rückerinnerung« ist nämlich aufgrund des Vorherigen im Lichte der angeführten genesetheoretischen Anleihnahmen Engels' zu lesen, woraus notwendig folgt, daß Engels hier Gefahr läuft, eine Ethik zu propagieren, die sich, um es mit Epikur zu sagen, in Verträgen erschöpft, nicht erkennend, daß eine Letztrechtfertigung ethischen Handelns - bzw. des Um-sich-bemüht-seins - ebenso in der propositionalen Vergegenwärtigung des An-sich-Selbstand-Repräsentierenden suchen zu müssen, wie jeglich anderer Aussage des Kompetenz-Bereiches der Philosophie auch. Gerade hiergegenüber weist Engels' Position aber Defizite auf! Das ist: Erneut gilt, daß Engels angesichts der Entgrenzung eines "zweite Schicht"-Konstruktes nicht vergegenwärtigt, daß keinesfalls schon der damit verbundenen Intention entsprochen sein kann, wenn dies ohne diskursiver Vergegenwärtigung des Bereichs der Notwendigkeit geschieht, was bei Engels aber gerade unterbleibt, wovon sein »ohne Rückerinnerung« Zeugnis ablegt, die transzendentalphilosophische Schwelle nivellierend.

Zur Verdeutlichung hiervon sei darauf aufmerksam gemacht, daß es lohnt, Feuerbachs Bezugnahme auf die Religion auch im Lichte des Darwinschen Bezugs hierauf zu sehen - vgl. hierzu zudem unten -, insbesondere insofern Engels, dessen Kritik an Feuerbach hier primär von Interesse ist, ebenso wie Darwin auf genesetheoretisches Denken reflektiert. Angesichts dieser Konstellation sei also festgehalten, daß Darwins Thematisierung von »Liebe« - vgl. oben - wesentliche Parallelen zu Feuerbachs »Herzensverhältnis zwischen den Menschen« aufweist, dahingehend daß hiermit etwas im Sinne davon ausgesagt wird, das das "um willen von etwas" transzendiert, dem Umstand, derartiges vergegenwärtigen zu müssen, also Rechnung tragend. Ob dies bei Feuerbach, insofern er den Materialismus nur "im Blick zurück" akzeptiert, genauerhin im Sinne von Wallace, der die Bedeutung der Selektionstheorie lediglich auf die erwähnt eingeschränkte Weise aussagt, zu verstehen ist, oder auch im Lichte hiervon eine wesentliche Übereinstimmung mit Darwin aufweist, braucht hier nicht zu interessieren. Die Konzentration hat einzig dem Umstand zu gelten, daß weder Feuerbach noch Darwin durch ihre latent monistische Argumentation davon abgehalten werden etwas auszusagen, das Thematisierung des zum Begrenzten Transzendentalen ist. Soweit es Darwin betrifft hat hierbei aber zu gelten, daß er lediglich zu einer völlig verzerrten und nicht-propositionalen Vergegenwärtigung des Anvisierten gelangt, abseits jeglicher Vergegenwärtigung der Bedeutung der Theologie als "Hüterin auf dem Wege zur Dialektik". Analoges, ohne dies hier genauer auszuführen, gilt auch für Feuerbach, so daß zu beachten sein wird, inwiefern der Dialektiker Engels dazu vordringt, in seiner Kritik der "Liebe"- bzw. "Herzensverhältnis"-Konstruktion deren Gehalt an anvisierter Vergegenwärtigung des Transzendentalen zu beachten, bzw. in der Ablehnung dieser Konstruktionen zu einer Alternative vordringt, die die Theologie ersetzt, da sie die Transzendentalia uneingeschränkt propositional vergegenwärtigen läßt.

Hierher gehört auch:

> "Der Glückseligkeitstrieb befriedigt sich nur sehr ausnahmsweise und keineswegs zu seinem und andrer Leute Vorteil durch die Beschäftigung eines Menschen mit ihm selbst. Sondern er erfordert Beschäftigung mit der Außenwelt, Mittel der Befriedigung, also Nahrung, ein Individuum des andern Geschlechts, Bücher, Unterhaltung, Debatte, Tätigkeit, Gegenstände der Vernutzung und Verarbeitung" (S.632).

Auf zweierlei Weise ist dies defizitär: Einerseits wird »Beschäftigung eines Menschen mit sich selbst« nicht im Lichte von "im Gespräch sein mit sich" gesehen - somit also im Lichte der dialektischen Differenz im Horizont von Ich! (vgl. oben, *Theologie* und *Untersuchungen*) -; andererseits wird der Selbstbezug im Gegensatz zur »Beschäftigung mit der Außenwelt« gesehen. Letzteres ist dahingehend falsch, als gerade der noetisch-dialektische Selbstbezug notwendig den Bezug auf die Außenwelt i n s i c h trägt, vergegenwärtigen lassend, daß das Ich nur dieserart um sich bemüht sein kann - vgl. *Theologie* -. Gerade die zur Vergegenwärtigung hiervon notwendige Differenzierung im Lichte der Selbstandproblematik findet bei Engels aber k e i n e B e a c h t u n g!

Angesichts hiervon sei Engels' Kritik an Feuerbach betrachtet, wonach es ein Fehler ist, »auf alle Zeiten, alle Völker, alle Zustände [abzuzielen]« (S.634). Diese Aussage ist notwendig im Lichte des Engelsschen Unvermögens zu sehen, die Transzendentalität gemäß der noetischen Dialektik zu Vergegenwärtigen und ist insofern Ausdruck von Engels' defizitärem Verständnis von Universalität des Person-sein, wie es eben daraus erwächst, daß Engels den Anfang seiner Überlegungen nicht bei "Ich bin" nimmt, das Ich als Person freilegend. Wenn Engels daher anschließt, daß »in Wirklichkeit hat jede Klasse, sogar jeder Berufsstand ihr eigene Moral« (S.634), so kommt hierin jene Bereitschaft zur Formulierung herbeiargumentierter Eines zum Ausdruck, wie dies eben bereits aufgrund seiner völligen Zurückweisung der "Ding an sich"-Problematik provoziert worden ist, offenbar in Zusammenhang mit seiner Bezugnahme auf die Naturwissenschaft.

Mit Platon - bzw. seiner Eines-Formel - ist hier darauf hinzuweisen, daß sehr wohl davon zu sprechen ist, daß ein Mensch aufgrund seiner Lebenserfahrung spezielle ethische Ausrichtungen hat. Dem liegt aber zugrunde, daß ein Ich gemäß der in ihm gegebenen dialektischen Differenz - vgl. oben: "im Gespräch sein mit sich - Werdewelt-Ich (materiale Ebene)" – uranfänglich als Begrenztes zu bedenken ist und somit als ein Eines einer Gesamtheit die in keinem ihrer Aspekte an sich Notwendigkeit repräsentiert, so daß gilt: Gemäß "beste aller Welten" (vgl. oben und *Theologie*) ist festzuhalten, daß ein Ich sein um sich bemühtes Am-Werke-sein unter material verschiedenen Bedingungen aufnimmt, diese aber, insofern sie eben m a t e r i a l e Unterschiedlichkeiten bezeichnen, wie sie in dialektischer Differenz zum Bereich der Notwendigkeit nicht an sich Selbstand bedeuten, das Gelingen-können des Am-Werke-sein und somit des Sich-entsprechen-können als Person nicht behindern können, ohne daß hieraus eine Geringschätzung der materialen Bedingungen folgt, etwa im Sinne davon, daß das hier Bezeichnete "Degradation des Bereichs der Notwendigkeit" ist. Stattdessen gilt, daß sich das Ich nur in Auseinandersetzung mit der materialen Basis bewähren - sich entsprechen - kann, wobei für das hier konkret interessierende Thema speziell der Umstand von Bedeutung ist, daß besagte Unterschiedlichkeit in der materialen Ebene unterschiedliche Anschauungen des Ich provoziert - "spezielle ethische Ausrichtung" -, ohne daß in diesen Anschauungen Aussage-Subjekte auftreten, da diese Anschauungen in Relation zu den Eines der "im Gespräch sein mit sich" zu verstehen sind, die also gemäß Universalität des Person-sein, die nötigen Aussage-Subjekte sind[103].

Angesichts hiervon ist hervorzuheben: Engels' Verweis auf "spezielle ethische Ausrichtungen" braucht also nicht bestritten zu werden, darf aber nicht im Gegensatz zur Feuerbachschen Intention der Vergegenwärtigung der Universalität des Person-sein verstanden werden, unabhängig davon, wie erfolgreich Feuerbach darin ist, seiner Intention zu entsprechen. Daher gilt auch, daß Engels' Verweis auf » [gesellschaftliche] Klasse" und Berufsgruppen insofern herbeiargumentierte Eines thematisiert, als sich in deren Aufzählung nur dann die Thematisierung der Selbstandproblematik des Begrenzten - materiale Basis! – widerspiegelt, wenn sie im Lichte des Bedenkens des Ich im Sinne von "Ich bin" verstanden wird, wofür Engels aber gerade jene propositionale Vergegenwärtigung der Eines der unthematische-Begriffpyramide fehlt, von der bereits mehrfach zu berichten war. Das Problem mit der Engelsschen Aufzählung liegt also nicht darin, daß sie die Komplexität der materialen Basis nicht widerspiegelt - also zu einfach konzipiert ist - bzw. unbedeutende Eines herausgreift, sondern darin, daß sie Eines herausgreift, ohne das Ich-sein als Person adäquat zu bedenken und demgemäß die materiale Basis des Person-sein, worauf aber die Aufzählung zu recht reflektiert, verzerrt.

Komplementär hierzu ist aber sogleich festzuhalten: wenn Engels hier zum Beispiel von der Bedeutung des Eines »[gesellschaftliche] Klasse« spricht, so unterläuft ihm nicht, uneingeschränkt von einer Fiktion zu sprechen, so wie für Darwin festzuhalten war, daß seine Werdewelt-Regeln keine reine Fiktion sind. Um aber das von Engels zu recht - da die Bedeutung der materialen Basis hervorkehrend - Thematisierte thematisch-methodisch unreduziert vergegenwärtigen zu können, bedarf es eben der Eines-Formel, da diese erst jene Aussage-Subjekte ergibt, die »Klasse« etc. zu einer Beachtung der materialen Basis gemäß dem Anfang- nicht aber Daß-haben des Begrenzten werden läßt.

Zwei Zitate seien hieran angeschlossen:

> "[Feuerbach:] »Der Mensch, der ursprünglich aus der Natur entsprang, war auch nur ein reines Naturwesen, kein Mensch. Der Mensch ist ein Produkt des Menschen, der Kultur, der Geschichte« - selbst dieser Ausspruch bleibt bei ihm durchaus unfruchtbar" (S.632).
>
> "Aber der Schritt, den Feuerbach nicht tat, mußte dennoch getan werden; der Kultus des abstrakten Menschen, der den Kern der Feuerbachschen neuen Religion bildete, mußte ersetzt werden durch die Wissenschaft von den wirklichen Menschen und ihrer geschichtlichen Entwicklung. Diese Fortentwicklung des Feuerbachschen Standpunkts über Feuerbach hinaus wurde eröffnet 1845 durch Marx in der *Heiligen Familie*" (S.634[104]).

---

[103] Betont sei: Universalität des Person-sein bedeutet nicht Uniformität des Person-sein (vgl. zudem *Theologie* und *Vergleich* bzw. *Privatheit*, für eine Diskussion von "genealogische Ich-Kette").

[104] Hervorhebungen durch den Autor

Engels reflektiert also - trotz der Orientierung an den Naturwissenschaften - auf »Mensch als Produkt des Menschen« -. Engels sieht eben, daß eine Sonderstellung des Menschen gegeben sein muß - "Mensch als Produkt des Menschen und nicht der Natur" -, bzw. sieht er die Möglichkeit, dies auszusagen, ohne von »abstrakten Menschen« sprechen zu müssen, sondern von jenen »wirklichen Menschen«, wie sie der Materialismus meint. Somit steht aber die Frage im Raum: Bedenkt Engels "Sonderstellung" entsprechend "Inversion der Betrachtungsrichtung", oder muß er zu einer - dies verzerrenden - "Inhomogenität"-Konstruktion greifen, wie auch schon Darwin und Haeckel?

Gemäß den vorangegangenen Ausführungen - insbesondere im Licht von Engels' Mißachtung von "im Gespräch sein mit sich" - muß gelten, daß Engels in einer Weise auf »wirklicher Mensch« reflektiert, die einem naiven Realismus entspringt - das Werdewelt-Ich mit "Ich als Person" verwechselnd -, wiewohl derart, daß er in der materialistischen Überwindung von Defiziten in der Hegelschen Dialektik alleine bei den Naturwissenschaften Halt findet, ohne aber eine weitere Naturwissenschaft schaffen zu wollen, da hiermit auch jegliche Inhomogenität - wie sie also "Sonderstellung" bedeuten soll - zwischen Tier und Mensch ad absurdum geführt wäre, und dies will Engels keineswegs. Seine Feststellung »Wissenschaft von den wirklichen Menschen und ihrer geschichtlichen Entwicklung« bezeichnet »geschichtlich« derart, daß es aber lediglich genesetheoretisch - und daher wider die Dialektik – konzipiert verstanden werden kann.

Überblickt man daher die Kritik Engels' an Hegel und Feuerbach, so zeigt sich, daß er den in besagten Positionen enthaltenen Bezug auf die diskursive, propositionale Vergegenwärtigung des Bereichs der Notwendigkeit weitgehend unterwandert. Zugleich, und hiermit sei nun auf den vierten Teil von *Ausgang* geblickt, ist aber daran zu erinnern, daß Engels' Argumentation bezüglich der Begründungsproblematik - und auch der Ethik - derart naiv anmutet, daß sie erst dann verstanden sein kann, wenn diese Naivität als eine scheinbar Vorliegende begriffen werden kann. Würde diese Naivität tatsächlich, so wie es also zunächst den Anschein hat, vorliegen, Engels bräuchte sich erst gar nicht um Hegels und Feuerbachs Positionen bemühen.

Tatsächlich läßt sich eine Argumentation, die das in den Raum Gestellte mit Inhalt erfüllt, in Zusammenhang mit Engels' Darstellung aufweisen. Hierzu ist zunächst das gleich am Beginn von Abschnitt IV stehende »Hegel wurde [von Marx] nicht einfach abseits gelegt, man knüpfte im Gegenteil an seine oben entwickelte revolutionäre Seite, an die dialektische Methode an« (S.635-636) hervorzuheben. Dieses »anknüpfen« sei nun im Lichte von "Darwin knüpft an die Theologie" und "Haeckel knüpft an Darwin an" - vgl. oben - beleuchtet. Das ist: Indem ein Denker an eine andere Position »anknüpft«, kann ihm unterlaufen, eine Modifikation besagter Position vorzunehmen, die aus der gewählten Basis gar nicht abgeleitet werden kann, ohne begründungstheoretisch defizitär argumentieren zu müssen, da etwas aus dieser Position ausgeklammert (mißachtet) wird, das für deren Rechtfertigung (die nicht uneingeschränkt gegeben sein muß) essentiell ist - vgl. oben "regressive Entwicklung"! -. Hierauf also soll nun in Zusammenhang mit dem Verhältnis von Hegels und Engels' Position geachtet werden, um willen der Freilegung dessen, das Engels' Theorie keine naive Position sein läßt.

Zunächst wiederholt Engels in Abschnitt IV die bereits gebrachten Argumente zu dem Thema, daß Hegels Dialektik nicht unverändert übernommen werden kann, da sie den Begriff absolut setzt, anstatt ihn als Abbild der Natur zu verstehen; hierin liegt eben, weshalb gemäß Engels die Dialektik Hegels "auf die Füße gestellt werden muß". Genauerhin schreibt Engels hierzu:

> "Bei Hegel ist also die in der Natur und Geschichte zutage tretende dialektische Entwicklung, d.h. der ursächliche Zusammenhang des, durch alle Zickzackbewegungen und momentanen Rückschritte hindurch, sich durchsetzenden Fortschreitens vom Niedern zum Höhern, nur der Abklatsch der von Ewigkeit her, man weiß nicht wo,

> aber jedenfalls unabhängig von jedem denkenden Menschenhirn vor sich gehenden Selbstbewegung des Begriffs" (S.636).

Indem Engels dies also - Marx folgend - "auf die Füße stellt", ändert sich das Verständnis des Verhältnisses von Begriff und Natur, gar nicht aber jenes von »Höherentwicklung« und »Selbstbewegung« - vergleiche hierzu obiges »Mensch ist das Produkt des Menschen«! -. Indem dies der Fall ist, hat Engels plötzlich ein Entwicklungsgesetz vor sich, das gemäß "Höherentwicklung" und "Selbstbewegung" eine Eigendynamik aufzeigt, die Normen ohne einer besonderen Begründungsproblematik zu ergeben scheint.

Engels leitet hieraus sogleich ab, daß sich die Dialektik damit auf die »Wissenschaft von den allgemeinen Gesetzen der Bewegung, sowohl der äußeren Welt wie des menschlichen Denkens« (S.636) reduziert. Diese beiden Bereiche bilden zwei »Reihen von Gesetzen«, zu denen man erfährt:

> "..., die der Sache nach identisch, dem Ausdruck nach aber insofern verschieden sind, als der menschliche Kopf sie mit Bewußtsein anwenden kann, während sie in der Natur und bis jetzt auch großenteils in der Menschengeschichte sich in unbewußter Weise, in der Form der äußern Notwendigkeit, inmitten einer endlosen Reihe scheinbarer Zufälligkeiten durchsetzen" (S.636).

Zunächst interessiert an dieser Aussage »der Sache nach identisch, dem Ausdruck nach aber ... verschieden«, da dies - die Verflechtung von »identisch« und »verschieden« in einem Eines - sogleich an jene Aussagen der in 3.1 diskutierten Monisten erinnert, die die Eines-Formel zitieren. Zumindest eine Entfaltung - als dem Motiv nach gegebene Zitierung der Eines-Formel (Interpretation gemäß Universalität des Person-sein) - ist mit besagter Feststellung auch bei Engels impliziert, obgleich derart, daß sie innerhalb des Weltgeschehens festgelegt wird, so daß besagtes Motiv primär im Lichte der Inhomogenität-Diskussion angesiedelt ist, obgleich derart, daß es sofort wieder eine genesetheoretische Konstruktion in den Raum stellt, gemäß der zuvor bereits von Engels zitierten "Wildheitszustand"-Konstruktion; hierauf wird sogleich zurückzukommen sein.

Zunächst interessiert in Zusammenhang mit dem soeben Betrachteten, was es eigentlich ist, das das menschliche Denken gemäß Engels hier vergegenwärtigen können soll:

> "Der große Grundgedanke, daß die Welt nicht als ein Komplex von fertigen *Dingen* zu fassen ist, sondern als ein Komplex von *Prozessen*, worin die scheinbar stabilen Dinge nicht minder wir ihre Gedankenabbilder in unserm Kopf, die Begriffe, eine ununterbrochene Veränderung des Werdens und Vergehens durchmachen, in der bei aller scheinbaren Zufälligkeit und trotz aller momentanen Rückfälligkeit schließlich eine fortschreitende Entwicklung sich durchsetzt - dieser große Grundgedanke ist, namentlich seit Hegel, so sehr in das gewöhnliche Bewußtsein übergegangen, daß er in dieser Allgemeinheit wohl kaum noch Widerspruch findet" (S.636-637).

Engels führt weiters zu diesem »großen Grundgedanken« aus:

> "...; aber man läßt sich auch nicht mehr imponieren durch die der noch stets landläufigen alten Metaphysik unüberwindlichen Gegensätze von Wahr und Falsch, Gut und Schlecht, Identisch und Verschieden, Notwendig und Zufall, man weiß, daß diese Gegensätze nur relativ Gültigkeit haben, daß das jetzt für wahr Erkannte seine verborgene, später hervortretende falsche Seite, ebensogut hat wie das jetzt als falsch Erkannte seine wahre Seite, kraft deren es früher für wahr gelten konnte; daß das behauptete Notwendige sich aus lauter Zufälligkeiten zusammensetzt und das angeblich

Zufällige die Form ist, hinter der die Notwendigkeit sich birgt - und so weiter" (S.637).

Dies liest sich insofern "gut Hegelianisch" als es darauf abzielt, die Verflechtung von Gegensätzlichkeit, insbesondere jene von Notwendigkeit und Zufall (Faktizität), abseits der Nennung herbeiargumentierter Eines zu bedenken, bzw. liest es sich insofern "gut Hegelianisch", als es die für Hegel ausgesagte genesetheoretisch - prozessual - konzipierte Vorstellung von "Entäußerung" der absoluten Idee (partiell) überwindet.

Beachtet man die Zitate aber genauer, so gilt es insbesondere »eine fortschreitende Entwicklung sich durchsetzt« und »daß das behauptete Notwendige sich aus lauter Zufälligkeiten zusammensetzt und das angeblich Zufällige die Form ist, hinter der die Notwendigkeit sich birgt« zu beachten. Zu letzterer Aussage ist sogleich festzuhalten, daß sie - gemäß Universalität des Person-sein verstanden - als Versuch der Vergegenwärtigung der Eines-Formel angesehen werden kann, wie er auch Gegensätzlichkeit entgrenzt, um zu dem Subjekt jener Daß-Aussage vorzudringen, aus der dialektisch-analytisch alle anderen vernünftigen Aussagen abzuleiten sind. Weder »Notwendigkeit« noch »Zufall« werden daher von Engels als begriffliche Eines akzeptiert, die als eben jenes Subjekt verstanden werden können, da sie jeweils Teil einer nicht verabsolutierbaren Gegensätzlichkeit-Konstruktion sind.

Ein Denker, der ganz wesentlich im Lichte der noetischen Dialektik um die Entgrenzung der Gegensätze bemüht ist, ist Nikolaus von Kues. In *Theologie* ist seine Position ausführlich diskutiert worden, wobei sich insbesondere gezeigt hat, daß Nikolaus von Kues in seinem besagten Vorhaben wesentlich um die propositionale Vergegenwärtigung des Eines der anfänglichen Daß-Aussage bemüht ist, letztlich zu Nonaliud gelangend (vgl. zudem oben). Hierzu Äquivalentes fehlt der Position Engels', die es also bei der Thematisierung des Entgrenzenmüssens beläßt. Dies entspricht den bisher bereits mehrfach festzustellen gewesenen Defiziten Engels' bezüglich der propositionalen Vergegenwärtigung der Eines der unthematische-Begriffpyramide und insofern auch der dialektischen Differenz, wie sie gemäß der latent-monistischen Denkweise, initiiert durch eine Bezugnahme auf materialistisch-genesetheoretisches Denken, zurückgedrängt wird. Das ist: Indem Engels die Entgrenzung der Gegensätze einfordert, thematisiert er zwar implizit das zum Begrenzten gemäß der dialektischen Differenz Transzendentale, bedenkt es aber nicht propositional; Engels unterläßt in diesem Zusammenhang auch die Nennung von propositional sein sollenden, aber nicht-propositional aufgewendeten Eines, wie zum Beispiel Darwins »Liebe«, Feuerbachs »Herzenswärme« und Epikurs »Freundschaft« (vgl. oben).

Bedeutet dies, daß Engels vollständig auf Äquivalente zu den eben genannten Begriffen verzichtet? Wäre dem so, es ließe sich nicht vermeiden, Engels nun doch die bereits angedeutete kolossale Naivität vorwerfen zu müssen. Um dasjenige einsehen zu können, das dies nicht eintreten läßt, sei nochmals die erste der beiden zuvor hervorgehobenen Aussagen betont: »eine fortschreitende Entwicklung sich durchsetzt«. Obgleich also Engels ein beinahe uneingeschränktes "Alles fließt" aussagt - worin sich keine Naivität zeigt, sondern Defizite im Bedenken der Eines der unthematische-Begriffpyramide und der Paradigmata -, spricht er von "Höherentwicklung", wobei sogleich daran zu erinnern ist, daß Engels zwar begründungstheoretisch höchst defizitär vorgeht (vgl. seine Kritik an Kant und Hume), sich zugleich aber von einer Konzeption der Betrachtung des Letztbegründenden als e i n e r w e i t e r e n Fachwissenschaft z u d i s t a n z i e r e n v e r s t e h t. Angesichts hiervon ist also zu fragen, wieso Engels im Lichte seines beinahe uneingeschränkten "Alles fließt" von "Höherentwicklung" sprechen zu können meint - wie sie eine Entgrenzung von "Alles fließt" bedeutet -, noch dazu, wo er diese Aussage als - zu rechtfertigende! - Abstraktion gegenüber »momentane Zufälligkeiten«, »momentane Rückfälligkeiten« und so weiter verstehen muß. Der Grund dafür, daß sich Engels zu seiner Konstruktion berechtigt sieht, kann nur darin gesucht werden, daß er sich nicht uneingeschränkt von Hegel distanziert, so daß er dessen "Prozessualität"-Konstruktion im Sinne von Zu-sich-kommen des "absoluten Wahren" weiterdenkt, in einem materialistisch-dialektischen Gewande.

Das bedeutet aber: Initiiert (unter anderem) durch den Feuerbachschen Materialismus, gelangt Engels zu einer Modifikation der Hegelschen Dialektik, dergemäß die Bedachtnahme auf die Natur zur Grundlage für ein adäquates dialektisches Denken werden soll - zugleich einen naiven Materialismus überkommend -, wobei aber die Engelssche Transformation der Hegelschen Dialektik deren letztbegründendes Ordnungskriterium - "Zu-sich-kommen" - nicht ebenfalls transformiert, sondern gemäß einer ausschließlich nicht-propositionalen Vergegenwärtigung implizit übernimmt. Die Rechtfertigung hierfür leitet Engels aus naturwissenschaftlichen Befunden zur Genesetheorie ab, denen gemäß jene Inhalte gegeben sein sollen, die keine nicht-propositionale Argumentation aufkommen lassen.

Wovon somit aber bezüglich Engels' Position zu berichten ist, das ist auch schon für Darwin festzuhalten gewesen, nämlich für seinen Anfang von *Entstehung*: An dieser Stelle seines Buches bietet Darwin, wie gezeigt, die Zurückdrängung eines zunächst angenommenen Ordnungskriteriums - "Züchter" -, ohne zu erkennen, daß seine Vorgehensweise nur in dem Fall nicht defizitär ist, wenn besagte Zurückdrängung mit der Anführung einer Alternative verflochten ist. Die Anführung hiervon unterbleibt bei Darwin, so wie auch bei Engels: Das Orientierungskriterium, wie es der Hegelschen Philosophie entnommen wird, wird als pragmatisch verzerrt kritisiert und das die Verzerrung Ergebende weggenommen, meinend hiermit das Nötige geleistet zu haben. Engels übersieht somit - so wie Darwin -, daß die eigentliche Arbeit, nämlich die propositionale Vergegenwärtigung des als verzerrt dargeboten Aufgefundenen zu leisten, noch nicht erbracht ist. In fortgesetzter Übereinstimmung werden Engels und Darwin zu ihrem Trugschluß durch ihre Betonung der Veränderlichkeit verleitet.

Indem dies also gilt, ist Engels' Position nicht naiv, wie auch zu beachten ist, daß sich sowohl der Dialektiker Engels, wie auch der Nicht-Dialektiker Darwin, dahingehend von naturwissenschaftlich-genesetheoretischen Befunden beeindrucken lassen, daß ein latent monistisches Denken auftritt, aus einem Anfang heraus, der propositional - obgleich nicht unverzerrt - um Vergegenwärtigung des Bereichs der Notwendigkeit bemüht ist - so die Intention! -.

Hiermit kann die Analyse von *Ausgang* beendet werden und zur Verdeutlichung einiger der angeführten Ausführungen auf *Utopie* geblickt werden. Gleich zu Beginn dieser Schrift hält Engels fest:

> "Ihr [Hegels Philosophie] größtes Verdienst war die Wiederaufnahme der Dialektik als der höchsten Form des Denkens. Die alten griechischen Philosophen waren alle geborne, naturwüchsige Dialektiker, und der universellste Kopf unter ihnen, Aristoteles, hat auch bereits die wesentlichsten Formen des dialektischen Denkens untersucht" (S.428).

Dieserart läßt sich nicht vernünftig von der Philosophie der Antike sprechen. Der Autor möchte hierzu auf seine Arbeiten *Untersuchungen* und *Vergleich* verweisen, in denen einerseits gezeigt wird, daß sich das dialektische - noetisch dialektische! - Denken in der Antike erst entwickeln mußte - vgl. die Entwicklung von Parmenides und Heraklit zu Platon (bzw. die Darstellung des partiellen Verlustes der Konzentration auf die Dialektik bei Speussip, dem ersten Leiter der Akademie nach Platon; siehe *Nicht-Metaphysikalisierbarkeit*) - und die Ausführungen zu Aristoteles' vollständigem Verfehlen der Dialektik - daß Aristoteles dem Namen nach in *Topik* von der Dialektik berichtet, darf hierbei nicht irritieren -.

Dies ist deutlich zu unterscheiden von Engels:

> "Diese ursprüngliche, naive, aber der Sache nach richtige Anschauung von der Welt ist die der alten griechischen Philosophie und ist zuerst klar ausgesprochen von Hera-

> klit: Alles ist und ist auch nicht, denn alles *fließt*, ist in steter Veränderung, in stetem Werden und Vergehen begriffen" (S.429).

Die Kritik Engels' an Heraklit, naiv vorzugehen, muß teilweise gegen Engels selbst angewendet werden, denn Heraklits Position weist durchaus keine uneingeschränkte Konzentration auf "Alles fließt" auf - wie in *Untersuchungen* gezeigt -, abseits des Versuches der propositionalen Vergegenwärtigung des Bereichs der Notwendigkeit, demgegenüber "Fluß" in modaler Differenz das Nicht-an-sich-Selbstand-Repräsentierende bezeichnet.

Die Konzentration auf "Alles fließt" ist vielmehr Engels' Perspektive, wobei sogleich betont sei, daß Engels Hegel gerade den Vorwurf macht, die Eines, wie sie in der Werdewelt entgegentreten, nicht genügend zu entgrenzen, wenn er schreibt:

> "Gegenüber der sowohl bei den Franzosen des 18. Jahrhunderts wie noch bei Hegel herrschenden Vorstellung von der Natur als eines sich in engen Kreisläufen bewegenden, sich stets gleichbleibenden Ganzen mit ewigen Weltkörpern, wie sie Newton, und unveränderlichen Arten von organischen Wesen, wie sie Linné gelehrt hatte" (S.433).

Wiederum - wie bereits Feuerbach - sieht Engels die philosophische Leistung also im Lichte der naturwissenschaftlichen Errungenschaften! Hierauf wird in 3.2.3 genauer zu blicken sein.

Zunächst interessiert, wie sich Engels genauerhin die Konzentration auf "Alles fließt" vorstellt:

> "Wenn wir die Natur oder die Menschengeschichte oder unsre geistige Tätigkeit der denkenden Betrachtung unterwerfen, so bietet sich uns zunächst dar das Bild einer unendlichen Verschlingung von Zusammenhängen und Wechselwirkungen, in der nichts bleibt, was, wo, und wie es war, sondern alles sich bewegt, sich verändert, wird und vergeht" (S.428-429).

Weiters sei zitiert:

> "Auch finden wir bei genaurer Betrachtung, daß die beiden Pole eines Gegensatzes, wie positiv und negativ, ebenso untrennbar voneinander wie entgegengesetzt sind, und daß sie trotz *aller* Gegensätzlichkeit sich gegenseitig durchdringen; ebenso, daß Ursache und Wirkung Vorstellungen sind, die nur in der Anwendung auf den einzelnen Fall als solche Gültigkeit haben, daß sie aber, sowie wir den einzelnen Fall in seinem allgemeinen Zusammenhang mit dem Weltganzen betrachten, zusammengehen, sich auflösen in der Anschauung der universellen Wechselwirkung, wo Ursachen und Wirkungen fortwährend ihre Stelle wechseln, das, was jetzt oder hier Wirkung, dort oder dann Ursache wird und umgekehrt" (S.430-431).

Diesen Aussagen könnte sofort zugestimmt werden, wenn sie Engels auf die Werdewelt bezieht, gemäß deren Daß-, nicht aber Anfang-Losigkeit - »unendliche Verschlingung« -. Hiervon spricht Engels aber nicht. Das ist: Er spricht von Gegensätzlichkeit in der »Anschauung«, die, wird sie nicht auf den konkreten, fakultativen Fall bezogen, sich sofort auflöst, gemäß der ausgesagten »Durchdringung«.

Indem Engels also »Anschauung« aussagt - bzw. das Abstrahieren von der Faktizität -, bezeichnet er zwei modale Ebenen. Hierbei ist Engels zuzustimmen, daß in der Verflechtung beider Ebenen nicht unterlaufen darf, Eines anzunehmen, die nicht analytisch-dialektisch aus jenem abgeleitet werden, das selbst nicht der Hinterfragung bedarf - bei Engels angeführt als »großer Grundgedanke« -. Ebenso müßte Engels aber beachten, daß gemäß dem Verfügen des Ich über ein differentielles Verzicht-üben-müssen »Wandelbarkeit« diskursiv auf Eines zu beziehen ist, die analytisch aus dem Subjekt der anfänglichen Daß-Aussage abgeleitet werden, insofern diese Analytik in modaler Differenz zur Veränderlichkeit der Werdewelt vergegenwärtigt wird. Jegliche andere Interpretation läßt nämlich »Anschauung« zu einem Eines werden, das herbeiargumentiert verwendet wird, das also die Beachtung von "Alles fließt" dahingehend ad absurdum führt, daß das in modaler Differenz zu "fließen" stehende "analytisch" nicht uneingeschränkt bedacht werden kann. Indem Engels dies aber unterläuft, vgl. zum Beispiel seine Ausführungen zu Kants "Ding an sich" und Humes' Position, kann er die angeführten Gegensätzlichkeiten nicht analytisch auseinander ableiten, sie also auch nicht als unthematische-Begriffe vergegenwärtigen und dementsprechend - mittels der Paradigmata - an die Werdewelt anlegen.

Engels übersieht hier also, daß die Veränderlichkeit an sich – ebenso wie dies bereits für Darwins Position ausgeführt worden ist - nicht das Subjekt der anfänglichen Daß-Aussage ist, sondern in besagter modaler Differenz zu "Analytik" zu verstehen ist, da sich alleine hierdurch die Eines der unthematische-Begriffpyramide - entsprechend dem Bedenken-können des Ich (differentielles Verzicht-üben-müssen) - vergegenwärtigen lassen. Engels blendet hier also vollständig aus, daß die Dialektik an das zur Werdewelt Transzendentale anzulegen ist, die Eines-Formel ergebend, wie sie Platon insbesondere in *Der Sophist* und *Parmenides* darlegt - vgl. *Untersuchungen* und *Lehre* -. Engels' Position weist hierzu kein Analogon auf!

Gerade die Argumentation Platons in *Der Sophist*, insofern sie explizit macht, daß die Ideen nicht ohne der Dialektik zu vernünftigen Aussagen führen, gilt es angesichts von Aussagen Engels' wie zum Beispiel der Folgenden zu beachten:

> "Für den Metaphysiker sind die Dinge und ihre Gedankenabbilder, die Begriffe, vereinzelte, eins nach dem andern und ohne das andre zu betrachtende, feste, starre, ein für allemal gegebne Gegenstände der Untersuchung. Er denkt in lauter unvermittelten Gegensätzen; ... Für ihn existiert ein Ding entweder, oder es existiert nicht: Ein Ding kann ebensowenig zugleich es selbst und ein andres sein. Positiv und negativ schließen einander absolut aus; Ursache und Wirkung stehn ebenso in starrem Gegensatz zueinander" (S.430).

Diese Kritik ist überzogen, wobei zur Verdeutlichung hiervon an die Analyse der Position Platons in *Lehre* und *Grundlegung* erinnert sei, jene der Position Abaelards in *Grundlegung* und jener von Nikolaus von Kues in *Theologie*. Sehr wohl könnte Engels reklamieren, daß die genannten Autoren nicht alleine gemäß der ersten Schicht des philosophischen Horizonts argumentieren, und daher Eines annehmen, die ihnen herbeiargumentiert »fest, starr« und so weiter sind, doch müßte Teil dieser Kritik eine solcher an seiner - Engels' - eigenen Position sein, für die dies ebenfalls zutrifft.

Insgesamt gilt somit für die philosophischen Wurzeln Engels', daß sie um eine Dialektik bemüht sind, die primär unter Mißachtung der dialektischen Differenz um Vermeidung von wollensentscheidlich festgelegten Eines ringen, woraus eine Konzentration auf "Alles fließt" resultiert, die dem differentiellen Verzicht-üben-müssen nicht gerecht wird. Dieses Ergebnis ist aber als Zwischenergebnis zu verstehen, wobei einer detaillierteren Schlußfolgerung zunächst entgegensteht, daß Engels' Verweise auf die Bedeutung naturwissenschaftlicher Ergebnisse bisher nur oberflächlich beachtet worden sind. In dem folgenden Abschnitt soll das dieserart bisher in Paranthese Gehaltene explizit betrachtet und dieserart ein tragfähiges Fundament für Engels' Verständnis von dem Person-sein erarbeitet werden.

3.2.3 Wurzeln der materialistischen Dialektik in der Naturwissenschaft von Newton und Linné bis Darwin

In seiner Rede beim Begräbnis von Karl Marx führt Engels unter anderem aus[105]:

> "Wie Darwin das Gesetz der Entwicklung der organischen Natur, so entdeckte Marx das Entwicklungsgesetz der menschlichen Geschichte" (S.453).

Hier tritt die bereits konstatierte Bezugnahme auf die Naturwissenschaft - insbesondere ihr Entwicklungsgedanke! - ganz explizit auf.

Zur Verdeutlichung des damit Bezeichneten sei zunächst aus *Ausgang* zitiert:

> "Vor allem sind es aber drei große Entdeckungen, die unsere Kenntnis vom Zusammenhang der Naturprozesse mit Riesenschritten vorangetrieben haben: Erstens die Entdeckung der Zelle ... - Zweitens die Verwandlung der Energie, die uns alle zunächst in der anorganischen Natur wirksamen sogenannten Kräfte, die mechanische Kraft und ihre Ergänzung ... - Endlich der zuerst von Darwin im Zusammenhang entwickelte Nachweis, daß der heute uns umgebende Bestand organischer Naturprodukte, die Menschen eingeschlossen, das Erzeugnis eines langen Entwicklungsprozesses aus wenigen ursprünglich einzelligen Keimen ist und diese wieder aus, auf chemischem Weg entstandenem, Protoplasma oder Eiweiß hervorgegangen sind" (S.638).

Zudem sei hierzu eine Aussage Engels' aus der im folgenden genauer zu analysierenden Schrift *Anteil* zitiert, die verdeutlicht, daß Engels keinesfalls als "unkritischer Darwinianer" verstanden werden darf:

> "Sie [idealistische Weltanschauung] herrscht noch so sehr, daß selbst die materialistischsten Naturforscher der Darwinschen Schule sich noch keine klare Vorstellung von der Entstehung des Menschen machen können, weil sie unter jenem ideologischen Einfluß die Rolle nicht erkennen, die die Arbeit dabei gespielt hat" (S.379).

Die genauere Bezugnahme dieser Aussage auf den Menschen wird erst in 3.2.5 zu beleuchten sein; zunächst gilt es den in ihr enthaltenen Verweis auf "Materialismus" zu betrachten.

Hierzu ist es, als Beendigung der Einleitung in diesen Abschnitt, von Interesse, eine Aussage aus der bereits betrachteten Schrift *Utopie* aufzugreifen:

> "Um diese Einzelheiten [der Werdewelt] zu erkennen, müssen wir aus ihrem natürlichen oder geschichtlichen Zusammenhang herausnehmen und sie, jede für sich, nach ihrer Beschaffenheit, ihren besondern Ursachen und Wirkungen etc. untersuchen. Dies ist zunächst die Aufgabe der Naturwissenschaft und Geschichtsforschung" (S.429).

Diese Feststellung gilt es in Zusammenhang mit den oben angeführten Engelsschen Stellungnahmen zu "Alles fließt" und Engels' Kritik an Kants "Ding an sich" zu lesen. Unternimmt man dies so stellt sich sofort die Frage, wie denn das nun zitierte »herausnehmen« geleistet werden soll, anders als daß man hierbei thematisch-methodisch reduziert vorgehen muß, da das dem Bedenken Gemäße - im Sinne von: differentielles Verzicht-üben-müssen - nicht bedacht ist. Das ist: Ein »herausnehmen«, das abseits der Vergegenwärtigung der Eines der unthematische-Begriffpyramide geschieht, kann sich der differentiellen Unendlichkeit der Werdewelt nicht bewußt sein, die transzendentalphilosophische Schwelle (zumindest partiell)

---

[105] Zitiert nach: *K Marx und F Engels - Ausgewählte Werke* - Moskau (1971): S.453-454.

nivellierend - vgl. *Lehre*, *Untersuchungen* und *Theologie* -. Hieran ist zu beachten: Gemäß der Unendlichkeit der Werdewelt-Analyse im Sinne von "Begrenztes verweist auf Begrenztes" kann sehr wohl dem Motiv nach von "herausnehmen" gesprochen werden, doch muß es essentiell als mit dem Bemühen verbunden verstanden werden, das dieserart "Herausgenommene" an Paradigmata und somit die Eines der unthematische-Begriffpyramide anlegen zu können. Alleine dies erlaubt, "herausnehmen", wie es also Ausdruck fehlender analytischer Beziehungen in der Werdewelt-Analyse ist, an analytische Verhältnisse anlegen zu können.

Um genauer verstehen zu können, was Engels mit »herausnehmen« meint, seien nun die Aufsätze *Natur* und *Anteil* analysiert.

Am Beginn von *Natur* läßt Engels »die Emanzipation der Naturforschung von der Theologie« (S.359) mit Kopernikus - »schüchtern zwar und erst auf dem Totenbett« (S.359) – beginnen; mit Kopernikus hebt die »erste Periode der Naturwissenschaft« (S.359) an, die Engels bis Newton bzw. Linné reichen läßt.

Zunächst erfährt man zu besagter »erster Periode«:

> "Auf den meisten Gebieten mußte ganz aus dem Rohen angefangen werden. Das Altertum hatte den Euklid und das ptolemäische Sonnensystem, die Araber die Dezimalnotation, die Anfänge der Algebra, die modernen Zahlen und die Alchimie hinterlassen; das christliche Mittelalter gar nichts" (S.359).

Hiermit wird es wohl auch zusammenhängen, daß die »erste Periode« - als ein "erster Entwurf" - folgenden Fehler - so Engels - begeht:

> "Was diese Periode aber besonders charakterisiert, ist die Herausarbeitung einer eigentümlichen Gesamtanschauung, deren Mittelpunkt die Ansicht *von der absoluten Unveränderlichkeit der Natur* bildet. Wie auch immer die Natur selbst zustande gekommen sein mochte: einmal vorhanden, blieb sie, wie sie war, solange sie bestand. Die Planeten und ihre Satelliten, einmal in Bewegung gesetzt von dem geheimnisvollen »ersten Anstoß«, kreisten fort und fort in ihren vorgeschriebenen Ellipsen in alle Ewigkeit oder doch bis zum Ende aller Dinge" (S.360).

Es ist durchaus interessant zu beobachten, daß Engels hier einen stringenteren Umgang mit der Anfangsproblematik einfordert, als er ihn bei den Vertretern der »ersten Periode« vorfindet, insofern diese den Bezug auf Letztbegründendes dahingehend unter defizitärer Beachtung der Veränderlichkeit vornehmen, als das Veränderliche nicht als Ganzheit verstanden wird: in die Werdewelt-Analyse wird von ihnen etwas eingeflochten, das modal Verschiedenes zu Veränderlichkeit besagt. "Interessant" ist dieser Vorwurf Engels', da seine eigene Position ihrerseits begründungstheoretische Defizite aufweist, besagte Ganzheitlichkeit des Bereichs des Veränderlichen nicht gemäß der Eines-Formel bzw. der dialektischen Differenz zu d a s Eines verstehend, sondern gemäß dem oben diskutierten "Alles fließt", wie den entsprechenden Ausführungen zu Engels' "Anschauung"-Konstruktion zu entnehmen ist. Auch ist zu beachten, daß Engels hier offenbar nicht vergegenwärtigt, in den Vertretern der »ersten Periode« keine Naturwissenschaftler im (für Engels) modernen Sinne vor sich zu haben, und insofern Denker, die sehr wohl um propositionale Vergegenwärtigung der transzendentalphilosophischen Schwelle bemüht sind, wiewohl ihnen ü b e r d i e s e m B e m ü h e n eine defizitäre Vergegenwärtigung von Veränderlichkeit unterläuft - vgl. *Theoriendynamik* für die Entwicklung von Ptolemäus bis Newton -.

Engels weist nun bezüglich dem Menschen - »von dem doch feststand, daß er nicht von Ewigkeit her da war« (S.361) - darauf hin, daß in der »ersten Periode« als Erklärung für sein "Erscheinen" in der Welt lediglich »der Schöpfer aller Dinge« verantwortlich gemacht werden konnte, unter Ausblendung einer genesetheoretischen Erklärung. Engels resümiert hierzu:

> "Kopernikus, im Anfang der Periode, schreibt der Theologie einen Absagebrief; Newton schließt sie mit dem Postulat des göttlichen ersten Anstoßes. Der höchste allgemeine Gedanke, zu dem diese Naturwissenschaft sich aufschwang, war der der Zweckmäßigkeit der Natureinrichtungen, die flache Wolffsche Teleologie, wonach die Katzen geschaffen wurden, um die Mäuse zu fressen, die Mäuse, um von den Katzen gefressen zu werden, und die ganze Natur, um die Weisheit des Schöpfers darzutun" (S.361).

Hierzu ist sogleich anzumerken, daß Engels »Weisheit des Schöpfers dartun« nicht im Lichte einer verzerrten Darstellung von "im Gespräch sein mit sich" bedenkt, da er seinerseits hierzu nicht vordringt. Daher auch gelangt Engels nicht dazu, die in der Wolffschen Teleologie gegebene Rückbezüglichkeit - wie Engels sie hervorhebt - als Verzerrung davon zu sehen, das Begrenzte als Ganzheitlichkeit bedenken zu müssen, wie sie in keinem ihrer Aspekte linear auf den Bereich der Notwendigkeit verweist, gemäß "Begrenztes verweist auf Begrenztes". Engels sieht also nur die Verzerrung, nicht aber dasjenige an sich, das verzerrt wird.

Komplementär zu seiner Kritik führt Engels aber auch aus:

> "Es gereicht der damaligen Philosophie zur höchsten Ehre, daß sie sich durch den beschränkten Stand der gleichzeitigen Naturerkenntnisse nicht beirren ließ, daß sie - von Spinoza bis zu den großen französischen Materialisten - darauf beharrte, die Welt aus sich selbst zu erklären, und der Naturwissenschaft der Zukunft die Rechtfertigung im Detail überließ" (S.361).

An diese Aussage ist sogleich die Frage zu richten, ob sie »im Detail ausarbeiten« im Sinne der zwei Kompetenzbereiche des Bedenkens versteht, oder im Sinne einer linearen Verflechtung des mit beiden Bereichen Bezeichneten, im Sinne jener partiellen Nivellierung der transzendentalphilosophischen Schwelle, die zuvor schon für Engels zu konstatieren war. Der Engelssche Verweis auf Spinoza und die »großen französischen Materialisten« läßt sogleich daran denken, daß Engels hier im Sinne seines latenten Monismus tatsächlich diese Nivellierung provoziert.

Im Lichte hiervon, seien nun Engels' Ausführungen zur "zweiten Phase" der Naturwissenschaften betrachtet, deren Anfang lautet: »Denn in Kants Entdeckung [Nebulartheorie des Kosmos] lag der Springpunkt alles fernen Fortschritts« (S.362):

> "War die Erde etwas Gewordenes, so mußte ihr gegenwärtiger geologischer, geographischer, klimatischer Zustand, mußten ihre Pflanzen und Tiere ebenfalls etwas Gewordenes sein, mußte sie eine Geschichte haben nicht nur im Raum nebeneinander, sondern in der Zeit nacheinander" (S.362).

Worauf Engels mit »Springpunkt« abzielt ist, daß Kants Theorie zunächst ohne Resonanz geblieben ist, was sich erst Jahre später durch die Arbeiten von Laplace und Herschel ändern sollte, wofür auch weitere Entdeckungen Voraussetzung waren - zum Beispiel jene der »Eigenbewegung der Fixsterne, der Nachweis eines widerstehenden Mittels im Weltraum, der durch die Spektralanalyse geführte Beweis der chemischen Identität der Weltmaterie und des Bestehens solcher glühenden Nebelmassen, wie Kant sie vorausgesetzt« (S.362) -. Zudem verweist Engels nun auf Lyells Arbeiten zur geologischen Geschichte der Erde, die »noch unverträglicher mit der Annahme beständiger organischer Arten« (S.363) sind. Zuletzt verweist Engels auf Groves Arbeit, die zeigt, daß »alle sog. physikalischen Kräfte ..., ja sogar die sog. chemische Kraft, unter bestimmten Bedingungen die eine in die andere umschlagen, ohne daß irgendwelcher Kraftverlust entsteht« (S.363-364).

Engels' Schlußfolgerung aus dem Angeführten lautet:

> "und [Grove] bewies so nachträglich auf physikalischem Wege den Satz des Descartes, daß die Quantität der in der Welt vorhandenen Bewegung unveränderlich sei. Hiermit waren die besondren physikalischen Kräfte, sozusagen die unveränderlichen »Arten« der Physik, in verschieden differenzierte und nach bestimmten Gesetzen ineinander übergehende Bewegungsformen der Materie aufgelöst. Die Zufälligkeit des Bestehens von soundso viel physikalischen Kräften war aus der Wissenschaft beseitigt, indem ihre Zusammenhänge und Übergänge nachgewiesen. Die Physik war, wie schon die Astronomie, bei einem Resultat angekommen, das mit Notwendigkeit auf den ewigen Kreislauf der sich bewegenden Materie als Letztes hinwies" (S.364).

Es ist sogleich evident, wieso Engels Gefallen an dieser Naturwissenschaft findet, ist das nun angetroffene »ineinander übergehen« doch genau jenes, das er im Sinne seiner Konzentration auf "Alles fließt" fordert. Genauerhin ist hier zu beachten, daß Engels diese Entwicklung in der Naturwissenschaft im Sinne seiner "Herausgreifen"-Konstruktion willkommen heißt. Das ist: Engels vertritt diese Konstruktion gegenüber einer Naturwissenschaft, von der Engels meint, sie mit seiner "Alles fließt"-Konstruktion dahingehend verknüpfen zu können, daß auf thematisch-methodisch unreduzierte Weise Eines als Ausgangspunkte für dialektische Analysen "herausgegriffen" werden können. Engels versteht dies aber nicht im Lichte des bedachten Anfang- nicht aber Daß-haben des Begrenzten bzw. der Werdewelt, sondern gemäß seinen in 3.2.2 dargelegten begründungstheoretischen Aussagen, also gemäß "Beweiskraft der Industrie", "die Identifikation von Molekülen bedeutet die Vergegenwärtigung angeblich anzunehmender Dinge an sich" und so weiter. Angesichts hiervon ist es also zu verstehen, daß Engels die Beachtung der Veränderlichkeit in der Naturwissenschaft - "zweite Periode" - als Überwindung fideistisch-theologisch bzw. idealistisch herbeiargumentierter Eines versteht.

Engels übersieht daher auch, daß sich besagter »Satz des Descartes« gar nicht beweisen läßt, deshalb nämlich, da er in Widerspruch zur dialektischen Differenz von d a s Eines und Begrenztes steht - vgl. *Theoriendynamik* und *Privatheit* -, wie auch, daß er eine Wissenschaftsform als Teil eines Fortschrittes begrüßt, die derart Eines »ineinander übergehen« läßt, daß hierüber das Entgrenzen-müssen der Werdewelt-Eines ausgeblendet wird. Das ist: Die Beachtung von »ineinander übergehen«, von dem Engels hier berichtet, ist ihm eine Entgrenzung herbeiargumentierter Eines der »ersten Periode«, im Sinne jener zuvor diskutierten Modifikation des Hegelschen "In-sich-tragen des Überkommen-werdens", die zu keiner Thematisierung der Eines der unthematische-Begriffpyramide führt. Daher gilt: Insofern Engels diese Eines nicht propositional bedenkt, gelingt ihm keine Vergegenwärtigung werdeweltlicher Veränderlichkeit als etwas, das nur dann tatsächlich abseits herbeiargumentierter Eines bedacht wird, wenn das "nicht Starres sein" der werdeweltlichen Eines im Sinne ihrer Bezogenheit auf Paradigmata verstanden wird. Engels übersieht also, zwischen der analytischen Entfaltung des Bereichs der Notwendigkeit - also der unthematische-Begriffpyramide - und dem Auseinander-hervorgehen der Eines der thematische-Begriffpyramide - der Eines der Werdewelt-Analyse -, wie sie beide in dialektischer Differenz gemäß der Eines-Formel zueinander stehen, unterscheiden zu müssen, worin also liegt, Veränderlichkeit nur dann adäquat thematisiert zu haben, wenn sie nicht - gemäß einer Nivellierung der transzendentalphilosophischen Schwelle - als Nennung der analytischen Entfaltung verwendet wird. Gerade dies liegt aber bei Engels vor, da er besagtes »ineinander übergehen« im Lichte seiner "Herausgreifen"-Konstruktion latent monistisch als der Transzendierung nicht bedürfend versteht.

Insofern muß auch gelten, daß Engels' »Notwendigkeit [des] ewigen Kreislaufes der sich bewegenden Materie als Letztes« das "Maus-Katze"-Dilemma der Wolffschen Philosophie - vgl. oben - nicht überwindet: Ebenso wie sich die Wolffsche Philosophie in einer Zirkularität verstrickt, unterläuft dies partiell auch Engels, da er die anfängliche Daß-Aussage im Sinne seines "Alles fließt" vergegenwärtigen zu können meint, die Ganzheitlichkeit des Veränderlichen auf die sieben dargestellte defizitäre Weise bedenkend, womit er die Werdewelt - also das Nicht-an-sich-Selbstand-Repräsentierende - in dem Maße nicht transzendiert, wie er also nicht konsequent zwischen "Bewegung bzw. werdeweltlicher Veränderlichkeit" und "Analytik" zu differenzieren versteht.

Im Lichte hiervon sei nun Engels' Bezugnahme auf die Biologie betrachtet:

> "Es war bezeichnend, daß fast gleichzeitig mit Kants Angriff auf die Beständigkeit des Sonnensystems C.F. Wolff 1759 den ersten Angriff auf die Beständigkeit der Arten erließ und die Abstammungslehre proklamierte. Aber was bei ihm noch geniale Antizipation war, das nahm bei Oken, Lamarck, Baer feste Gestalt an und wurde genau 100 Jahre später, 1859, von Darwin sieghaft durchgeführt" (S.365).

Angesichts hiervon resümiert Engels: »Und so sind wir denn wieder zurückgekehrt zu der Anschauungsweise der großen Gründer der griechischen Philosophie« (S.365) - Engels' »geborenen Dialektikern« (vgl. oben) -. Sogleich ist hierzu auszuführen, daß Engels hier den Erfolg einer naturwissenschaftlich-genesetheoretischen Theorie begrüßt, den er alleine gemäß seines verzerrten Verständnisses der antiken Dialektik wegen sowohl als Überwindung der »ersten Periode« der Wissenschaft und eines trivialen - da nicht-dialektischen - Materialismus verstehen kann. Genauerhin ist hieran zu beachten, daß sich Engels' Position hier mit einem naturwissenschaftlichen Denken trifft, das ebenso wie jene in der Vergegenwärtigung des Bereichs der Notwendigkeit defizitär vorgeht, die Betonung der Veränderlichkeit als Mittel der Maskierung hiervon aufwendend.

Das eigentlich Interessante der Engelsschen Bezugnahme auf die Biologie betrifft natürlich seine Ableitung von "Mensch". Wesentlich eingehender als in *Natur* wendet sich Engels diesem Problem in *Anteil* zu, so daß nun - vorübergehend - auf diese Schrift geblickt werden soll. Hervorgehoben sei, daß zunächst nur Engels' Darstellung des Wandels von Affen zum Menschen interessiert; für die darüber hinaus reichenden Engelsschen Ansichten - die Entwicklung innerhalb von "Mensch" betreffend - siehe 3.2.5.

Zum Übergang von Affen zum Menschen schreibt Engels zunächst:

> "Wohl zunächst durch ihre Lebensweise veranlaßt, die beim Klettern den Händen andre Geschäfte zuweist als den Füßen, fingen diese Affen[106] an, auf ebner Erde sich der Beihülfe der Hände beim Gehen zu entwöhnen und einen mehr und mehr aufrechten Gang anzunehmen. Damit war der *entscheidende Schritt getan für den Übergang vom Affen zum Menschen*" (S.373).

Engels weist nun der Evolution der Hand beinahe allein-entscheidende Bedeutung zu:

> "Die Zahl und allgemeine Anordnung der Knochen und Muskeln stimmen bei beiden [Affen und Menschen] überein; aber die Hand des niedrigsten Wilden kann Hunderte von Verrichtungen ausführen, die keine Affenhand ihr nachahmt. ... | Die Verrichtungen, denen unsre Vorfahren im Übergang vom Affen zum Menschen im Laufe vieler Jahrtausende allmählich ihre Hand anpassen lernten, können daher anfangs nur sehr einfache gewesen sein. Die niedrigsten Wilden, selbst diejenigen, bei denen ein Rückfall in einen mehr tierähnlichen Zustand mit gleichzeitiger körperlicher Rück-

[106] Engels meint hiermit im Tertiär lebende »menschenähnliche Affen von besonders hoher Entwicklung« (S.373). Erwähnt sei, daß Engels zwar die Darwinsche Beschreibung dieser Affen gibt, ihre geographische Verbreitung aber, anders als Darwin, mit Haeckel auf einem »jetzt auf den Grund des Indischen Ozeans versunkenen Festlande« annimmt.

bildung anzunehmen ist, stehn immer noch weit höher als jene Übergangsgeschöpfe" (S.374).

Dieses Zitat verdeutlicht eindringlich, daß Engels, indem er den Stimulus für den evolutiven Schritt zum Menschen - der nicht unter Beachtung der Inversion der Betrachtungsrichtung jeglich genesetheoretischen Denkens gesehen wird! - in einem werdeweltlichen Element - "Verlassen der Bäume" - sieht, grundsätzlich zum Aussagen einer Gradienten-Konstruktion bereit ist, dahingehend, die Anknüpfung der Menschen an die Tiere abseits der Beachtung von Universalität des Person-sein im Lichte einer "Wilder"-Konstruktion zu bedenken, die im Gewande der Engelsschen Position natürlich ebenso falsch - da abseits der Beachtung der Inversion der Betrachtungsrichtung im Horizont jeglichen evolutionstheoretischen Denkens ist - (und unappetitlich) ist, wie zum Beispiel bei Darwin und Haeckel (vgl. oben).

Insbesondere gilt es an dem Zitat aber das in ihm enthaltene »anpassen« hervorzuheben, insofern dieses nicht so sehr an Darwin und seine opportunistische Vorstellung von Evolution erinnert, sondern vor allem an Lamarcks Theorie, da Engels genauerhin von »anpassen l e r n t e n« spricht, womit - zumindest soweit es sich diesem einen Zitat entnehmen läßt - dem "Besitzer" der Hand anscheinend die Kompetenz "intraorganismischer Richtunggebung" zugeschrieben wird, abseits eines Darwinschen Opportunismus.

Das hiermit thematisierte Problem besteht darin, daß Darwins Genesetheorie eine defizitäre Vergegenwärtigung des Eines "Ich als Person" provoziert, da ihr das Transzendieren der Werdewelt bzw. des Begrenzten nicht dahingehend gelingt, daß das "im Gespräch sein mit sich" gehaltvoll im Lichte von "Ich bin" bedacht wird, weswegen gerade jene Thematisierung der Umweltbezogenheit des Ich auftritt, aus der heraus abgeleitet werden können soll, das Begrenztes-sein des Ich nicht als ein Alles verstehen zu müssen, im Sinne des theologischen Gehalts der Darwinschen Theorie.

Angesichts hiervon ist zu beachten, daß auch Engels das "im Gespräch sein mit sich" höchst defizitär - wenn überhaupt - aufgreift, wie sich auch daran zeigt, daß er in seiner Auseinandersetzung mit der Position Feuerbachs dessen Thematisierung hiervon nicht aufgreift. Zur Verdeutlichung hiervon sei kurz auf die Einleitung von Feuerbachs *Das Wesen des Christentums*[107] geblickt. Feuerbach beginnt sein Buch mit der Feststellung: »Die Religion beruht auf dem *wesentlichen Unterschiede* des Menschen vom Tiere - die Tiere haben *keine* Religion« (S.37). Hieran knüpft Feuerbach die Frage: »Was ist aber dieser wesentliche Unterschied des Menschen vom Tiere?« (S.37). In erster Näherung lautet die Antwort: »Die einfachste und allgemeinste, auch populärste Antwort auf diese Frage ist: das *Bewußtsein* - aber Bewußtsein im strengen Sinne; ... Bewußtsein im strengsten Sinne ist nur da, wo einem Wesen seine *Gattung*, seine *Wesenheit* Gegenstand ist« (S.37). Hiermit steht bei Feuerbach in Zusammenhang: »Der Mensch denkt, d.h. er konversiert, er spricht *mit sich selbst*. ... Der Mensch ist sich selbst zugleich Ich und Du; er kann sich selbst an die Stelle des andern setzen, eben deswegen, weil ihm seine Gattung, sein Wesen, nicht nur seine Individualität Gegenstand ist« (S.38). Hierauf folgt: »Aber die Religion ist das Bewußtsein des Unendlichen; sie ist also und kann nichts andres sein, als das Bewußtsein des Menschen von *seinem*, und zwar nicht endlichen, beschränkten, sondern *unendlichen* Wesen« (S.38). Im Lichte hiervon stellt Feuerbach die Frage: »Aber was ist denn das Wesen des Menschen, dessen er sich bewußt ist?« (S.40). Die Antwort hierauf lautet: »Die *Vernunft*, der *Wille*, *das Herz*« (S.40). Genauerhin erfährt man hierzu: »*Wahres* Wesen ist denkendes, liebendes, wollendes Wesen. Wahr, vollkommen, göttlich ist nur, was *um seiner selbst willen* ist. ... Die göttliche Drei-

[107] Zitiert nach: L Feuerbach 1849: *Das Wesen des Christentums* - Nachdruck (1998) der 3. Auflage, mit einem Nachwort von K Löwith, Stuttgart; im Folgenden zitiert mit: *Christentum*.

einigkeit im Menschen über den individuellen Menschen ist die Einheit von Vernunft, Liebe, Wille« (S.40).

Diese wenigen Proben aus *Christentum* mögen genügen um zu verdeutlichen, daß Feuerbach das "im Gespräch sein mit sich" dem Motiv nach sehr wohl thematisiert, zwei Ebenen des Ich unterscheidend, dahingehend daß von einer intentionierten Transzendierung des Werdewelt-Ich - "individuelles Ich" gemäß Feuerbach - gesprochen werden kann, auch im Sinne der Transzendierung von "um willen von etwas". Feuerbach unternimmt dies im Rahmen seiner Ansicht, daß die historische Auflösung des Christentums notwendig eintreten wird, unter anderem da sie mit der modernen Wissenschaft nicht in Übereinstimmung steht. Die christliche Theologie wird hierbei, so Feuerbach, in einer anthropologischen Religion aufgehen, entsprechend dem Umstand, daß die theologische Projektion auf einen dinglichen Gott außerhalb des Ich lediglich der anfängliche Versuch des Menschen zur Selbstreflexion ist, also zur Konzentration auf sich selbst als nicht nur das Werdewelt-Ich Seiendes:

> "Die Religion ist das *erste* und *zwar indirekte Selbstbewußtsein* des Menschen. Die Religion geht daher überall der Philosophie voran, wie in der Geschichte der Menschheit, so auch in der Geschichte der Einzelnen. Der Mensch verlegt sein Wesen zuerst *außer sich*, ehe er es in sich findet. Das eigne Wesen ist im zuerst als ein andres Wesen Gegenstand" (S.53).

Die hier ausgesagte Selbstreflexion ist keine psychologisch zu verstehende Leistung, sondern eben im Sinne jener Religion zu verstehen, von der gleich in den ersten der aus *Christentum* gebrachten Zitate die Rede ist, Tier und Mensch unterscheidend.

Insofern kann Feuerbachs Position als der Versuch verstanden werden, die Thematisierung der beiden Ebenen des Ich - im Lichte der Anerkennung der Transzendentalität - entsprechend dem Ich-Bezug gemäß "Ich bin" zu leisten, die Beiziehung einer "Mediator"-Konstruktion - "dinglicher Gott" - entgrenzend. Die Feuerbachsche "Anthropologie" - "neue Religion" - dringt hierbei aber nicht zur ersten Schicht des philosophischen Horizonts vor, da ihr die propositionale Vergegenwärtigung der Eines der unthematische-Begriffpyramide fehlt, gemäß einem defizitären diskursiven Vordringen zum Bereich der Notwendigkeit: Hierzu sei aus *Christentum* zitiert:

> "Du hast hier keine andere Bestimmung für Gott als diese: *Gott ist das reine, das unbeschränkte, das freie Gefühl*. Jeder andre Gott, den du hier setztest, ist ein von außen deinem Gefühl aufgedrungener Gott. Das Gefühl ist *atheistisch* im Sinne des orthodoxen Glaubens, als welcher die Religion an einen äußeren Gegenstand anknüpft; es leugnet einen *gegenständlichen* Gott - es ist *sich selbst Gott*" (S.50).

> "Das Gefühl ist deine innigste und doch zugleich eine von dir unterschiedene, unabhängige Macht, es ist *in* dir *über* die: es ist dein eigenstes Wesen, das dich aber *als* und *wie ein anderes Wesen* ergreift, kurz dein *Gott* - wie willst du also von diesem Wesen in dir noch ein anderes gegenständliches Wesen unterscheiden? wie über dein Gefühl hinaus? | Das Gefühl wurde aber hier nur als Beispiel hervorgehoben. Dieselbe Bewandtnis hat es mit jeder andern Kraft, Fähigkeit, Potenz, Realität, Tätigkeit - der Name ist gleichgültig -, welche man als das *wesentliche* Organ eines Gegenstandes bestimmt" (S.50).

> "*Das Bewußtsein Gottes ist das Selbstbewußtsein des Menschen, die Erkenntnis Gottes die Selbsterkenntnis des Menschen*" (S.53).

> "Die Verneinung bestimmter, positiver Prädikate des göttlichen Wesens ist nichts andres als eine Verneinung der Religion, welche aber noch einen *Schein von Reli-*

> *gion* für sich hat, so daß sie nicht *als Verneinung* erkannt wird - nichts andres als ein *subtiler, verschlagener Atheismus*. Die angeblich religiöse Scheu, Gott durch bestimmte Prädikate zu verendlichen, ist nur der irreligiöse Wunsche, von Gott nichts mehr *wissen* zu wollen, Gott sich aus dem Sinne zu schlagen. *Wer sich scheut, endlich zu sein, scheut sich zu existieren*. Alle reale Existenz, d.h. alle Existenz, die *wirklich* Existenz ist, die ist *qualitative, bestimmte Existenz*. Wer ernstlich, wirklich, wahrhaft an die Existenz Gottes glaubt, der stößt sich nicht an den selbst derb sinnlichen Eigenschaften Gottes" (S.56).

Wovon diese Zitate berichten, das ist eindeutig der Versuch, im Bezug auf das Ich das Endliche mit dem Unendlichen derart zu verbinden, daß beide hierdurch bezeichneten Ebenen hinreichend vergegenwärtigt werden können. Hieran ist aber zu beachten, daß Feuerbach derart das Ich mit dem Gründenden - Gott - in Beziehung setzt, daß die - an sich gemäß der Zurückweisung einer "Mediator"-Konstruktion zu Recht erfolgende - Ablehnung einer Äußerlichkeit zwischen Ich und Gott derart ausfällt, daß auch nicht einsichtig sein kann, wie Feuerbach die dialektische Differenz zwischen Ich als einem Gegründeten - also einem ontologischen Eines - und das Eines aussagen können soll. Das ist: Die Feuerbachsche Formulierung "*im* Menschen *über* dem Menschen" zitiert eindeutig die Eines-Formel und insofern die dialektische Differenz, doch derart, daß sie nicht propositional bedacht und insofern Geltung erlangen kann, wie sich sogleich zeigt, wenn man Feuerbachs Formulierung bezüglich der »derb sinnlichen Eigenschaften Gottes« hieran anlegt, wie auch seine Aussage zu relativen Bedeutung seines Verweises auf »Gefühl«. Diese Aussagen legen also Zeugnis davon ab, daß Feuerbach zwar um die Thematisierung der Eines-Formel im Ich-Bezug bemüht ist, hierüber aber vollständig ausblendet, diesen Ich-Bezug im Sinne der Thematisierung von "Ich" als dem Subjekt der anfänglichen Daß-Aussage sehen zu müssen, wodurch sich alleine jenes propositional vergegenwärtigen läßt, das aus der Abwehr von Äußerlichkeit besagenden Konstruktionen den Bereich der Notwendigkeit bezeichnet. In anderen Worten: Feuerbachs Verweis auf »Wille«, »Liebe« und »Vernunft« - vgl. oben - könnte mittels besagter Thematisierung von "Ich bin" durch eine propositionale Nennung der Eines der unthematische-Begriffpyramide ersetzt werden.

Angesichts hiervon kann Feuerbachs Position immerhin als "Vorstoß innerhalb der Theologie" verstanden werden, in Analogie - wiewohl letztlich mit anderer Zielsetzung - zu Darwin. Ohne dies im Rahmen des vorliegenden Buches genauer ausführen zu können, soll hierzu hervorgehoben werden: Feuerbachs Position bietet die Möglichkeit, die Thematisierung von "im Gespräch sein mit sich", kombiniert mit der Konzentration auf Ich, also dem Subjekt der anfänglichen Daß-Aussage, im Lichte einer Argumentation aufzugreifen, die, insofern sie "Vorstoß innerhalb der Theologie" ist, die Transzendierung von "um willen von etwas" aufgreift und im Sinne hiervon also Anlaß sein, die Beachtung der materialen Basis des Ich abseits eines pragmatischen - da die Inversion der Betrachtungsrichtung übersehenden – evolutionsbiologischen "Vorstoßes innerhalb der Theologie" zu thematisieren. Diese Möglichkeit greift Engels aber nicht auf, obgleich ihm - wie noch genauer zu verdeutlichen sein wird - die Evolutions- bzw. die Genesetheorie nichts ist, das einen Verzicht auf Dialektik bedeutet, also jene Ganzheitlichkeit implizieren würde, wie sie übereinstimmend von Engels - im Anschluß an Hegel - und Feuerbach - mittels seiner "neuen Religion" gefordert wird.

Zum Abschluß dieses kleinen Exkurses zur Position Feuerbachs sei aus *Christentum* zitiert:

> "Ein *wirklich* endliches *Wesen* hat nicht die *entfernteste Ahnung*, geschweige ein *Bewußtsein* von einem *unendlichen Wesen*, denn die *Schranke des Wesens* ist auch die *Schranke des Bewußtseins*. Das Bewußtsein der Raupe, deren Leben und Wesen auf eine bestimmte Pflanzenspezies eingeschränkt ist, erstreckt sich auch nicht über

dieses beschränkte Gebiet hinaus; sie unterscheidet wohl diese Pflanze von andern Pflanzen, aber mehr weiß sie nicht. Solch ein beschränktes, aber eben wegen seiner Beschränktheit infallibles, untrügliches Bewußtsein nennen wir darum auch nicht Bewußt, sondern Instinkt" (S.38).

Diese Aussage Feuerbachs über die Raupen sei hier dahingehend gelesen, daß das diskursive Am-Werke-sein des Ich nur adäquat verstanden wird, wenn es gemäß der Fähigkeit des Ich zur Vergegenwärtigung von Daß-Aussagen - im Sinne des differentiellen Verzicht-üben-müssen - bedacht wird, und insofern n i c h t als etwas verstanden wird, das sich - wie Feuerbachs "Raupe" - alleine um werdeweltliche Informationen kümmert. Dies ist also notwendig zu beachten, da alleine im Sinne hiervon die Inversion der Betrachtungsrichtung im Horizont der Grundlage jeglich evolutionstheoretischen Denkens bedacht werden kann. Komplementär hierzu muß aber gelten, daß Feuerbachs zitierter Bezug auf die Tiere - die Raupen -, insofern nicht übernommen werden kann, als er "Raupe" abseits der Vergegenwärtigung des Eines "erweiterte genealogische Ich-Kette" bedenkt. Das ist: Feuerbach ist Recht zu geben, daß der Mensch nicht als "hoch entwickelte" Raupe - oder sonst ein Tier (inklusive Schimpanse, bzw. sonst einen Primaten) - verstanden werden darf, das also nicht nur über die Pflanze, auf der es lebt, relativ zu seinen Ansprüchen Bescheid weiß, sondern auch über Atome, Bewegungsgesetze, natürliche Zahlen, logische Vorschriften und sonst dergleichen, wobei zugleich aber gelten muß, daß der Unterschied zwischen Tier und Mensch auch nicht im Sinne von »Das Tier hat daher nur ein einfaches, der Mensch ein zweifaches Leben: bei dem Tier ist das innere Leben eins mit dem äußeren - der Mensch hat ein inneres *und* äußeres Leben« (S.38) verstanden werden darf, da in diesem »zweifach« Äußerlichkeit enthalten ist. Dies gilt insofern, als an dem Ich gemäß der in ihm liegenden dialektischen Differenz Ebenen unterschieden werden können - konkret gemäß "im Gespräch sein mit sich" -, diese aber nicht derart sind, daß sie abgezählt werden könnten und ein derartiges Zählbares als den Tieren fehlend aussagbar ist. Eben diese Zählbarkeit ist es, die in "dialektische Entfaltung" umzuwandeln ist, das Verhältnis der Tiere zum Menschen im Sinne von "erweiterte genealogische Ich-Kette" im Lichte der Inversion der Betrachtungsrichtung bedenkend.

Angesichts hiervon sei nun wieder auf die Argumentation Engels' in *Anteil* geblickt, die begonnene Analyse davon fortführend, inwieweit Engels zu einer Thematisierung des Einessein von Ich vordringt. Hierzu sei zunächst aus *Anteil* gelesen:

"Aber die Hand stand nicht allein. Sie war nur ein einzelnes Glied eines ganzen, höchst zusammengesetzten Organismus. Und was der Hand zugute kam, kam auch dem ganzen Körper zugute, in dessen Dienst sie arbeitete - und zwar in doppelter Weise. | Zuerst infolge des Gesetzes der Korrelation des Wachstums, wie Darwin es genannt hat. Nach diesem Gesetz sind bestimmte Formen einzelner Teile eines organischen Wesens stets an gewisse Formen andrer Teile geknüpft, die scheinbar gar keinen Zusammenhang mit jenen haben. ... | Weit wichtiger ist die direkte, nachweisbare Rückwirkung der Entwicklung der Hand auf den übrigen Organismus" (S.375).

Sogleich setzt Engels also "Hand" in Beziehung zu dem Gesamt "Organismus", wobei seine Nennung von »Rückwirkung« - insofern es gegenüber »Korrelation« abgegrenzt wird -, erneut in Richtung einer Emanzipation von dem darwinistisch-opportunistischen Evolutionsvorstellung weist: Zwar kann schon aufgrund des Engelsschen "Alles fließt" nicht angenommen werden, daß er Engels zwischen Organismus und Umwelt gar keine Wechselwirkung annimmt - dies würde eine "starre Grenze" bedeuten -, doch ist zu beachten, daß »Rückwirkung« den Organismus als ein Eines entgegentreten läßt[108].

An welche »Rückwirkungen« denkt Engels aber in Zusammenhang mit der Entwicklung der Hand? Hierzu ist zu beachten, daß er nun davon berichtet, daß der Mensch »unmöglich ... von einem ungeselligen nächsten Vorfahren abzuleiten« (S.375) ist, wie auch, daß durch die Handarbeit der entstehende Mensch immer mehr über seine Umwelt und ihre Gegenstände lernte, wobei die Ausübung der "Handarbeit" dazu führte, daß »die Gesellschaftsglieder [sich] näher aneinander zu schließen« (S.375) begannen, »indem sich die Fälle gegenseitiger Unterstützung, gemeinsamen Zusammenwirkens vermehrten und das Bewußtsein von der Nützlichkeit dieses Zusammenwirkens für jeden einzelnen klärte« (S.375). Weiters führt Engels aus, daß sich die "werdenden" Menschen nun etwas "zu sagen hatten", wobei sich dieses neue »Bedürfnis sein Organ schuf« (S.375): »Der unentwickelte Kehlkopf des Affen bildete sich langsam aber sicher um, ... und die Organe des Mundes lernten allmählich einen artikulierten Buchstaben nach den andern aussprechen« (S.375). Angesichts hiervon kommt Engels auf das Gehirn zu sprechen:

> "Arbeit zuerst, nach und dann mit ihr die Sprache - das sind die beiden wesentlichsten Antriebe, unter deren Einfluß das Gehirn eines Affen in das bei aller Ähnlichkeit weit größere und vollkommenere eines Menschen allmählich übergegangen ist. ... | Die Rückwirkung der Entwicklung des Gehirns und seiner dienstbaren Sinne, des sich mehr und mehr klärenden Bewußtseins. Abstraktions- und Schlußvermögens auf Arbeit und Sprache gab beiden immer neuen Anstoß zur Weiterentwicklung" (S.376).

Diese Argumentation enthält alle Ingredienzien einer Gradiententheorie, die sich des ein Eines-sein des Ich nicht in dem gemäß der Inversion der Betrachtungsrichtung - also gemäß dem "Ich bin" als der anfänglichen Daß-Aussage - zu forderndem Maß diskursiv bewußt ist. Jene Defizite bezüglich der Vergegenwärtigung des Eines-sein des Ich als Person, wie sie vor dem Exkurs zu Feuerbachs Position in Zusammenhang mit dem Bedenken von "im Gespräch sein mit sich" für Darwins Position in Erinnerung gerufen worden sind, gelten also auch für Engels' Position. Das ist: Bewußtsein und Sprache werden von Engels als genesetheoretisch aus Vorstufen entstehbar interpretiert, abseits davon, daß das Bedenken, wozu auch Sprache – gemäß "im Gespräch sein mit sich"! - gehört, als Konstitutivum des Ich-sein als transzendental zur Zeitlichkeit bzw. Veränderlichkeit Seiendes zu bedenken ist, genauerhin im Sinne von Ich, dem als ontologisch Begrenztes eine materiale Basis zukommt, so daß sie - im Sinne hiervon! - werdeweltlich repräsentiert sind.

Mit dem hiermit Betrachteten steht Engels' Verweis auf »Nützlichkeit« insofern in unmittelbarem Zusammenhang, als die Ausbildung der Normen des Zusammenlebens von Engels anscheinend alleine im Horizont von Güter-Verrechnung bedacht wird. Diese Interpretation wird aber Engels' Position ebenso wenig gerecht, wie der Hedonismus-Vorwurf Epikurs Position; nicht vertritt Epikur einen Hedonismus, sondern sein Bemühen um Transzendierung der Güter-Verrechnung fällt defizitär aus - vgl. oben -. Analoges muß, wie bereits angedeutet worden ist, auch für Engels gelten. Im Lichte hiervon muß zugleich Engels' "Rückwirkung"-Konstruktion gesehen werden, insofern sie sich - abseits Lamarckscher und Wallacescher "idealistischer" Konstruktionen - nicht direkt mit Darwins Theorie einer opportunistischen Evolution in Übereinstimmung bringen läßt.

---

108 Diesbezüglich sei auch angemerkt, daß Engels dem "an sich" Spinozas, wie es also einer Emanzipation (relativ zu dem Darwinschen Opportunismus) des Ich von Aktualitäten der Umwelt impliziert, große Sympathie entgegenbringt.

Gemäß der zitierten "Rückwirkung"-Kaskade gelangt Engels somit zur Aussage, daß sich gleichsam aus einem Affenrudel die menschliche Gesellschaft entwickelt hat; »Gesellschaft« als »neu hinzutretendes Element« (S.377). In derem Horizont bzw. als Resultat des fortschreitenden Zusammenwirkens von Hand, Sprachorgan und Gehirn konnten sich die Menschen »immer höheren Zielen stellen« (S.379) bis »endlich Kunst und Wissenschaft [auftraten], aus Stämmen wurden Nationen und Staaten« (S.379). Hieran fällt sogleich auf, daß Engels, ebenso wie er Diskursivität alleine im Horizont von Werdewelt-Analysen bedenkt - und dementsprechend eine Höherentwicklung aussagt! -, Kunst nicht als Konstitutivum für Person-sein vergegenwärtigt[109]. Dies entspricht Engels' genesetheoretischer Ausblendung der Inversion der Betrachtungsrichtung im Horizont jeglich genesetheoretischen Bedenkens und besitzt demgemäß eine Entsprechung zum Beispiel bei Darwin - vgl. oben -.

Engels hält weiters fest:

> "Vor allen diesen Gebilden, die zunächst als Produkte des Kopfes sich darstellten und die die menschlichen Gesellschaften zu beherrschen schienen, traten die bescheidneren Erzeugnisse der arbeitenden Hand in den Hintergrund; und zwar um so mehr, als der die Arbeit planende Kopf schon auf einer sehr frühen Entwicklungsstufe der Gesellschaft (...) die geplante Arbeit durch andre Hände ausführen lassen konnte als die seinigen. Dem Kopf, der Entwicklung und Tätigkeit des Gehirns, wurde alles Verdienst an der rasch fortschreitenden Zivilisation zugeschrieben; die Menschen gewöhnten sich daran, ihr Tun aus ihrem Denken zu erklären, statt aus ihren Bedürfnissen (die dabei allerdings im Kopf sich widerspiegeln, zum Bewußtsein kommen) - und so entstand mit der Zeit jene idealistische Weltanschauung, die namentlich seit Untergang der antiken Welt die Köpfe beherrscht hat" (S.379).

Beachtet man, daß Engels - wie festgehalten - auch davon spricht, daß in der Antike eine intuitive Ahnung der Dialektik existierte, wie sie nun erst in der materialistischen Dialektik mit den Mitteln des Verstandes propositional vergegenwärtigt wird, so besagt das nun aus *Anteil* Gelesene, daß mit diesem Prozeß zunächst eine Fehlentwicklung einhergeht, wie sie auch Darwin aussagt - vgl. oben -. Für Engels ist das Ergebnis dieser zunächst auftretenden Fehlentwicklung der Idealismus. Wovon er hier somit spricht, ist, daß sich zunächst im Rahmen der Entwicklung des Bewußtseins mit dem Idealismus eine dominierende Denkrichtung entwickelt, die sich des "integraler Teil-sein" des Gehirns bzw. der Gehirntätigkeit von dem Gesamt "Organismus" nicht bewußt ist, eine, das Gesamt verzerrt bedenkende, "Transzendentalität"-Konstruktion entwerfend.

Um genauerhin zu verstehen, woran Engels hier denkt, sei zitiert:

> "Aber wenn die Tiere eine dauernde Einwirkung auf ihre Umgebung ausüben, so geschieht dies unabsichtlich und ist, für diese Tiere selbst, etwas Zufälliges. Je mehr die Menschen sich aber vom Tier entfernen, desto mehr nimmt ihre Einwirkung auf die Natur den Charakter vorbedachter, planmäßiger, auf bestimmte, vorher bekannte Ziele gerichteter Handlung an. ... | Es versteht sich übrigens von selbst, daß es uns nicht einfällt, den Tieren die Fähigkeit planmäßiger, vorbedachter Handlungsweise abzustreiten. Im Gegenteil. Planmäßige Handlungsweise existiert im Keime schon überall, wo Protoplasma, lebendiges Eiweiß existiert und reagiert, d.h. bestimmte, wenn auch noch so einfache Bewegungen als Folge bestimmter Reize von außen vollzieht. Solche Reaktion findet statt, wo noch gar keine Zelle, geschweige eine Nervenzelle, besteht ... Bei den Tieren entwickelt sich die Fähigkeit bewußter, planmäßiger Ak-

[109] Vgl. *Theologie* für das Konsittutivum-sein von "über Kunst verfügen" für das Person sein.

tion im Verhältnis zur Entwicklung des Nervensystems und erreicht bei den Säugetieren eine schon hohe Stufe" (S.380).

Diese Aussage ist von zentraler Bedeutung, obgleich sie zunächst, im Vergleich mit den Positionen Darwins, Haeckels und anderer, lediglich e i n e w e i t e r e Invariante - »Planung« - zu bieten scheint - dargebracht im Gewand eines Gradienten! -, die über "Mensch" hinaus projiziert wird, um die defizitäre Vergegenwärtigung von "Ich" als Person kompensieren zu können, insofern die Projektion auf "Tiere" ein Eines erzielen zu lassen scheint, das als Invariante der Hinterfragung enthebt - so die Intention! -. Das Besondere an dem Eines »Planung« ergibt sich aber daraus, daß es in Zusammenschau mit »Arbeit« geboten wird, und insofern im Horizont des zuvor thematisierten Engelsschen Versuches einer "aus sich"-Konstruktion in Zusammenhang mit dem Am-Werke-sein des Ich. Sogleich ist hieran anzuknüpfen, daß Engels, indem er »Planung« im Horizont des Menschen genesetheoretisch aus dem tierischen Niveau - bzw. des Niveaus allen Lebens - ableitet, eine Invariante gewinnt, die er - der Intention nach - in den Dienste einer Maskierung besagter Defizite in seiner "Anschauung"-Konstruktion stellen kann. Das ist: Engels löst gleichsam die Apriorizität-Problematik bezüglich "Planmäßigkeit" dahingehend genesetheoretisch auf, daß dieses Eines nicht mit "Mensch-sein" als Neues in die Welt tritt, sondern - so wie sich die diskursiven Fähigkeiten des Ich genesetheoretisch entwickelt haben! - sich schrittweise aus Vorformen entwickelt hat, gemäß der ausgeführten "Rückwirkung"-Kaskade, zu dem "Neues" "Gesellschaft" führend.

Hierin liegt zugleich, daß nicht erst für den Menschen gelten soll - trotz der Bezugnahme auf die Naturwissenschaften und Mechanik in der Analyse -, keine Maschine zu sein bzw. ein "Rädchen" in einer ein "Uhrwerk" seienden Natur: Maschinen bzw. Uhrwerke haben keine Pläne, sondern werden nach solchen entworfen und gebaut. Im Sinne hiervon bedarf Engels daher auch keiner "Seele"-Konstruktion zur Darstellung der Inhomogenität zwischen Tier und Mensch, dahingehend, daß die Notwendigkeit nicht mehr existiert, im Sinne Darwins eine "Dekalog-Seligpreisung"-Konstruktion einflechten zu müssen, um die "Uhrwerk"-Problematik abzuwenden - vgl. oben für Darwin -. Erübrigt wird dies also durch die Konstruktion "Arbeit - Planung - Nützlichkeit", die sich - so Engels - als ausreichend erweist, um das Am-Werke-sein des Menschen abseits der ausschließlichen Ausrichtung auf Güterverrechnung verstehen zu müssen, ohne zu einer idealistisch verstandenen Transzendentalität "Zuflucht" nehmen zu müssen, den in besagter Konstruktion enthaltenen Materialismus unterwandernd. Engels löst das "Uhrwerk"-Problem also anders als Darwin, wiewohl beide Denker eine latent monistische Position vertreten. Hierin liegt, daß sich Engels' Entgrenzung der Darwinschen "Dekalog - Seligpreisung"-Analogie in seinem Bezug auf die Hegelsche Dialektik erfüllt, gemäß dem Engels darauf insistiert, keinen naiven Materialismus zu vertreten, also das Nicht-Alles-sein von "um willen von etwas" adäquat propositional bedenken zu können.

Dies bedeutet zugleich, daß Engels auf eine theologisch intentionierte Darstellung des Universale verzichtet, die Thematisierung von Veränderlichkeit dafür aufwendend, das Mehr als das "um willen von etwas" im Lichte davon bedenkend, daß sich ein Ich entsprechend seiner Zugehörigkeit zu einer gesellschaftlichen Klasse, Berufsgruppe und so weiter - vgl. oben - als Person manifestiert; Engels stellt dies also im Sinne seines Neues "Gesellschaft" in den Vordergrund. Dieserart führt Engels jenes Element der Darwinschen Argumentation, das sie "Vorstoß innerhalb der Theologie" sein läßt, einer materialistischen Argumentation zu: Er meint also, »Planung« als etwas anführen zu können, das zwar die Verflechtung des Individuums mit der Umwelt betont, nicht aber derart, daß die Welt deshalb als Maschine bzw. "Uhrwerk" verstanden werden müßte. Im Gegenteil: »Planung« eröffnet jene Möglichkeit der Thematisierung von "um willen von etwas" - so Engels -, die tatsächlich eine Ethik begründen läßt, abseits theologischer Herbeiargumentation. Engels sieht in seiner materialistischen Dialektik also die Ermöglichung davon, die werdeweltlichen Lebensbedingungen als die Person formend verstehen zu können, ohne hierüber einen naiven Materialismus vertreten zu müssen. Dieserart wirft Engels also implizit Darwin und Feuerbach vor, durch den Gehalt an theologischem Denken in ihren Positionen jenes nicht diskursiv freilegen zu können, das für das Am-Werke-sein des Ich bzw. die Manifestierung des Ich als Person tatsächlich entscheidend ist.

Die bisherigen Betrachtungen zu Engels Invariante »Planung« seien mit folgender vorläufigen Interpretation zunächst abgeschlossen: Insbesondere im Vergleich mit Darwins Invariante "Kampf ums Dasein" erweist sich Engels' Invariante als eine solche, der die Begründungsproblematik kein essentielles Problem ist, dahingehend, daß die Unendlichkeit der Werdewelt-Analyse in dem Sinne ausgeblendet wird, wie (zum Beispiel) "Industrie" ein Beweis für das Erlernen-können der Gesetzlichkeiten in der Natur ist. Dies erwächst daraus, daß Engels in seiner Transformation der Hegelschen Position die Seinsgleichheit von Denken und Sein gemäß einer Nicht-Transformation von "Höherentwicklung" bedenkt - vgl. oben -. Dementsprechend verankert Engels die Grundlage für das Sich-entsprechen-können eines Ich in der Werdewelt, im Lichte besagten Lernen-könnens, wie es also von "Planung" sprechen lassen soll, da sich in diesem die Transzendierung von "um willen von etwas" manifestiert. Hieran denkend bedarf also Engels keiner "Dekalog - Seligpreisung"-Konstruktion Darwinscher Prägung - bzw. im Horizont von "Vorstoß innerhalb der Theologie" -; er überläßt das Bedenken des zu "um wille von etwas" Transzendentalen keiner herbeiargumentierenden theologisch-idealistischen Argumentation. Insofern eine herbeiargumentierende Transzendierung von "um willen von etwas" bzw. ein nichtpropositionales Bedenken des hierzu Bedachten tatsächlich eine dem Person-sein nicht gerecht werdende Verabsolutierung von "um willen von etwas" bedeutet, ist Engels Intention notwendig aufzugreifen, zugleich aber zu beachten, daß das Problem nicht unreduziert gelöst sein kann, wenn das somit Anvisierte dahingehend materialistisch bedacht wird, daß eine Unterwanderung der noetischen Dialektik auftritt[110].

Inwieweit dies bei Engels gegeben ist bzw. welche Konsequenzen seine Invariante "Planung", zusammen mit "Gesellschaft" und "Nützlichkeit", vor allem imVergleich mit der Position Darwins, für Engels "Inhomogenität"-Konstruktion und so fort hat, wird noch zu diskutieren sein.

Zunächst gilt es zu beachten: Ein erstes Problem für Engels' Konstruktion ist die ausgesagte Möglichkeit idealistischer Argumentation an sich, insofern diese von Engels als mit Fehlern behaftet verstanden wird. Indem hiermit nämlich die Möglichkeit des Irrtums ausgesagt wird, muß das somit in den Raum gestellte "Richtige" mittels einer letztbegründbaren Argumentation gerechtfertigt werden, bzw. von dem Fehlerhaften abgegrenzt weren können.

Besagtes Problem für Engels' Position soll anhand folgender Aussagen Engels' verdeutlicht werden:

> "Und so werden wir bei jedem Schritt daran erinnert, daß wir keineswegs die Natur beherrschen, wie ein Eroberer ein fremdes Volk beherrscht, wie jemand, der außer der Natur steht -, sondern daß wir mit Fleisch und Blut und Hirn ihr angehören und mitten in ihr stehn, und daß unsre ganze Herrschaft über sie darin besteht, im Vorzug vor allen andern Geschöpfen ihre Gesetze erkennen und richtig anwenden zu können" (S.381).

---

[110] Hierin liegt zugleich, daß Engels ein Analogon zu Darwins "Dekalog - Seligpreisung"-Konstruktion aufweist, insofern er nicht zu der anfänglichen Daß-Aussage "Ich bin" vordringt, das Ich als Person abseits von Mediator-Konstruktionen, wie sie Darwins Konstruktion, aber zum Beispiel auch Platons "geschaffene Götter"-Konstruktion in *Timaios* (vgl. oben) darstellt; hierauf wird in 3.2.4 zurückzukommen sein.

Weiters sei gelesen:

> "Aber auch auf diesem Gebiet [Handlungen] lernten wir allmählich, durch lange, oft harte Erfahrung und durch Zusammenstellung und Untersuchung des geschichtlichen Stoffs, uns über die mittelbaren, entfernteren gesellschaftlichen Wirkungen unsrer produktiven Tätigkeit Klarheit zu verschaffen" (S.382).

In diesen Aussagen wird dargelegt, betrachtet man sie in der Zusammenschau, daß das "Lernen aus der Erfahrung" gemäß "Teil sein der Natur" möglich sein soll: Die Annahme von "Teil-sein" soll also die Apriorizität-Problematik lösen lassen. Dem kann aber nicht der Fall sein, da das Lernen, von dem Engels hier berichtet, ein solches an der Kontingenz ist, und diese ist notwendig auf zu ihr Transzendentales letztzubeziehen, genauerhin im Lichte der propositionalen Vergegenwärtigung der Transzendentalität. Gerade dies vergegenwärtigt Engels aber nicht; seine Conclusio zur Apriorizität-Problematik besteht in dem zuvor angeführten Verweis auf »Planung«, wie er aus dem vorangegangen Analysierten Verständnis Engels' von "Ding an sich" im Sinne seiner "Herausgreifen"-Konstruktion erwächst.

Angesichts hiervon sei gelesen:

> "Alle bisherigen Produktionsweisen sind nur auf Erzielung des nächsten, unmittelbarsten Nutzeffekts der Arbeit ausgegangen. Die weiteren erst in späteren Zeit eintretenden, durch allmähliche Wiederholung und Anhäufung wirksam werdenden Folgen blieben gänzlich vernachlässigt" (S.383).

Die hier kritisierte Konzentration auf die Aktualität, wie sie eine Mißachtung der Transzendierung von "um willen von etwas" enthält, läßt sich aber nicht durch "weiteres Lernen" überkommen: Dem steht die - wiewohl differentielle - Unendlichkeit der Werdewelt gegenüber. Engels spricht hier also gerade jenes an, das sich n u r aus der Vergegenwärtigung der transzendentalphilosophischen Schwelle bzw. dialektischen Differenz - also der propositionalen Vergegenwärtigung des Bereichs der Notwendigkeit - thematisch-methodisch unreduziert lösen läßt, und somit gerade nicht gemäß einem genesetheoretischen Ansatz.

Zugleich, und dies ist wesentlich, verdeutlicht das in Diskussion stehende Zitat, daß Engels, wenn er von der Ausrichtung auf »Nützlichkeit« spricht, n i c h t »Völlerei« etc. - um mit Epikur zu sprechen (vgl. oben) - im Sinne hat, sondern, wie Epikur, gerade um Vermeidung davon bemüht ist, sich in der Ausrichtung auf Güter bzw. die Aktualität zu "verfangen" - Terminologie gemäß Platon! -. Hieran ist zu beachten: Engels lehnt also besagte Ausrichtung ab, sagt zugleich aus, daß einem Menschen diese Ausrichtung z u k o m m e n k a n n – hierher gehört auch obige Feststellung zu der historischen "Fehlentwicklung" Idealismus! -, so daß es gerade das hiermit gegebene Dilemma ist, das eine konsequente Ermöglichung einer thematisch-methodisch letztbegründeten Darstellung des zu den Gütern Transzendentalen erfordert. H i e r z u d r i n g t E n g e l s a b e r n i c h t v o r.

Um dasjenige, das Engels hier an Inkonsequenz im Bedenken unterläuft, deutlicher hervorheben zu können, sei folgende Aussage aus *Ausgang* zitiert:

> "Dagegen in der Geschichte der Gesellschaft [versus jener der Natur] sind die Handelnden lauter mit Bewußtsein begabte, mit Überlegung oder Leidenschaft handelnde, auf bestimmte Zwecke hinarbeitende Menschen; nichts geschieht ohne bewußte Absicht, ohne gewolltes Ziel. Aber dieser Unterschied, so wichtig er für die geschichtliche Untersuchung namentlich einzelner Epochen und Begebenheiten ist, kann nichts ändern an der Tatsache, daß der Lauf der Geschichte durch innere allgemeine Gesetze beherrscht wird" (S.639-640).

> "Der Wille wird bestimmt durch Leidenschaft oder Überlegung. Aber die Hebel, die wieder die Leidenschaft oder die Überlegungen unmittelbar bestimmen, sind sehr verschiedener Art. Teils können es äußere Gegenstände sein, teils ideelle Beweggründe, ... | ... Die Geschichtsphilosophie dagegen, wie sie namentlich durch Hegel vertreten wird, erkennt an, daß die ostensiblen und auch die wirklich tätigen Beweggründe der geschichtlich handelnden Menschen keineswegs die letzten Ursachen der geschichtlichen Ereignisse sind, daß hinter diesen Beweggründen andre bewegende Mächte stehn, die es zu erforschen gilt; aber sie sucht diese Mächte nicht in der Geschichte selbst auf, sie importiert sie vielmehr von außen, aus der philosophischen Ideologie, in die Geschichte hinein" (S.640-641).

Hier wird eine Ohnmacht Engels' spürbar: Einerseits spricht er vom »Willen« des Menschen, andererseits setzt er den Menschen in Beziehung zu einem »Lauf der Geschichte«, der von »inneren allgemeinen Gesetze beherrscht« wird; sodann wiederum, im Lichte der Frage nach der Willensbestimmung, hält Engels einerseits fest, daß die »ostensiblen und auch die wirklich tätigen Beweggründe der geschichtlich handelnden Menschen keineswegs die letzten Ursachen der geschichtlichen Ereignisse sind«, nur um sie sogleich »in der Geschichte selbst zu suchen«. Dies ist in sich widersprüchlich, obgleich nicht an sich, sondern dahingehend, daß Engels hier seinem Bemühen um adäquate Vergegenwärtigung des zur Geschichte des Begrenzten Transzendentalen nicht entsprechen kann. "Obgleich nicht an sich" bedeutet genauerhin: Engels sucht in der Geschichte nach Gründen, da er die Stärke seiner materialistischen Dialektik gerade in einer Betonung der Veränderlichkeit sieht, die sowohl ein Hegelsches wie auch ein Darwinsches "von außen" erübrigt, ohne hierüber die Welt als "Uhrwerk" verstehen zu brauchen.

"Wille des Menschen" und "Verflochtenheit des Menschen in der Geschichte" werden hier gleichsam zu zwei Ebenen, die das Ich - so ist gemäß Universalität des Person-sein auszusagen - im Lichte der in ihr liegenden dialektischen Differenz - wiewohl diese nicht an sich[111] -, bezeichnen, wobei aber das "Ich", da es von Engels nicht gemäß "Subjekt der anfänglichen Daß-Aussage" bedacht wird, eine defizitäre Thematisierung erfährt[112].

Explizit sei hier hervorgehoben: Wiewohl es also Engels Probleme bereitet, Person als "über Willen verfügend" zu beachten, unterläuft ihm nicht die Erbaulichkeit, hierauf zu verzichten. Dies ist notwendig als Erfolg zu würdigen, wie sich etwa im Vergleich mit Haeckel zeigt, der von "freier Wille" zu sprechen als einen kolossalen Irrtum abtut - vgl. oben -.

Angesichts hiervon seien nun, vor der Schlußbetrachtung zu diesem Abschnitt, einige Aussagen aus dem Ende von *Natur* beigezogen:

> "Aber mit der Hand entwickelte sich Schritt für Schritt der Kopf, kam das Bewußtsein, und später, bei den begünstigteren Vätern, daraus hervorgehend die Einsicht in die sie bedingenden Naturgesetze" (S.367)[113].

An dieser Aussage interessiert insbesondere: »begünstigter«. Das Interesse hieran rührt daher, daß Engels keine Erklärung hierfür im Sinne von Darwins "Kampf ums Dasein" gibt, bzw. keine Erklärung, die außerhalb der Engelsschen "Rückwirkung"-Konstruktion ist - hiervon ist

---

[111] Die "dialektische Differenz an sich" verknüpft das Eines und Ich; die "dialektische Differenz in Ich" leitet sich hieraus dialektisch-analytisch ab (vgl. *Untersuchungen* und *Lehre*).

[112] Hierbei läßt sich auch aussagen, daß Engels ein Analogon zu seiner theologischen Konstruktion aufbietet, der gemäß Gottes Allwissen nicht im Gegensatz zu der Eigenständigkeit des Ich steht. Hierauf wird in 3.2.5 zurückzukommen sein.

[113] Hervorhebung durch den Autor

bereits zu sprechen gewesen -, wie sie den Entwicklungsgedanken aus der Position Hegels ableitet. Dies gilt es zu betonen: "Kampf ums Dasein" läßt sich aus Engels' Sicht nur im Lichte ungenügender Lernergebnisse akzeptieren, nicht aber als Stimulus für den Fortschritt im Lernen, zu dem man genauerhin aber nichts erfährt, wohl deshalb, da Engels das hierzu zu Bedenkende als mit dem Verweis auf Hegels - modifiziert verwendete - Dialektik als hinreichend vergegenwärtigt versteht.

Angesichts hiervon ist auch zu beachten, daß immer noch die Erklärung davon aussteht, den Idealismus als offenbar notwendiges Stadium - gemäß: »allgemeine Gesetze des geschichtlichen Wandels« - der Entwicklung der Gesellschaft verstehen zu können; dies gilt ebenso für das Herausfinden aus dem Idealismus. Im Lichte hiervon seien folgende Aussagen Engels' gelesen:

> "Legen wir aber diesen Maßstab an die menschliche Geschichte, selbst der entwickeltesten Völker der Gegenwart, so finden wir, daß hier noch immer ein kolossales Mißverhältnis besteht zwischen den vorgestreckten Zielen und den erreichten Resultaten, daß die unvorhergesehenen Wirkungen vorherrschen, daß die unkontrollierten Kräfte weit mächtiger sind als die planmäßig in Bewegung gesetzten" (S.368).

Zudem:

> "Und dies kann nicht anders sein, solange die wesentlichste Tätigkeit der Menschen, diejenige, die aus der Tierheit zur Menschheit emporgehoben hat, die die materielle Grundlage aller ihrer übrigen Tätigkeiten bildet, die Produktion ihrer Lebensbedürfnisse, d.h. heutzutage die gesellschaftliche Produktion, erst recht dem Wechselspiel unbeabsichtigter Einwirkungen von unkontrollierten Kräften unterworfen ist und den gewollten Zweck nur ausnahmsweise, weit häufiger aber sein grades Gegenteil realisiert" (S.368-369).

An dieser Aussage

> "Darwin wußte nicht, welch bittre Satire er auf die Menschen und besonders auf seine Landsleute schrieb, als er nachwies, daß die freie Konkurrenz, der Kampf ums Dasein, den die Ökonomen als höchste geschichtliche Errungenschaft feiern, der Normalzustand des *Tierreichs* ist. Erst eine bewußte Organisation der gesellschaftlichen Produktion, in der planmäßig produziert und verteilt wird, kann die Menschen ebenso in gesellschaftlicher Beziehung aus der übrigen Tierwelt herausheben, wie dies die Produktion überhaupt für die Menschen in spezifischer Beziehung getan hat. Die geschichtliche Entwicklung macht eine solche Organisation unumgänglicher, aber auch täglich möglicher" (S.369[114]).

Überblickt man diese Aussagen - in Zusammenschau mit den vorangegangenen Ausführungen -, so wird evident, daß Engels Darwins »Kampf ums Dasein« für die Tiere bzw. Lebewesen akzeptiert, im Horizont von Mensch in Zusammenhang hiermit aber gerade jene defizitäre Ausrichtung auf Güter begründet sieht, die es zu überwinden gilt - "Kampf ums Dasein" ist Engels also nicht die entscheidende Universale -. Damit steht zunächst fest, daß »begünstigt« zumindest im Horizont von Mensch nicht auf »Kampf ums Dasein« zurückzuführen ist, wie auch sogleich daran zu erinnern ist, daß Engels in der Darstellung von jenem, das zur Güterverrechnung - wie sie nun also gemäß »Kampf ums Dasein« angesprochen ist – Trans-

[114] Hervorhebungen durch den Autor

zendentales ist, wesentliche Probleme besitzt. Mehr noch: Das Problem besteht für Engels nun darin, wie er seine, oben festgehaltenen Aussagen zu »Plan« im Horizont von "Tiere" mit "Kampf ums Dasein" verflechten möchte, hierbei Herbeiargumentation vermeidend. Auf thematisch-methodisch unreduzierte Weise ist dies freilich nicht möglich, außer, "Tier" wird, wie in *Theologie* im Sinne der noetischen Dialektik Platons dargelegt, gemäß der dialektischen Entfaltung von "Ich" als "unentfaltet Person seiend" verstanden, womit sich die dialektische Differenz innerhalb von Person entfaltet - also nicht an sich! - auf "Tier" bzw. "Lebewesen" projizieren läßt. Diese Argumentation liegt bei Engels aber nicht vor! Selbstverständlich ist diese Engelssche Inkonsequenz nichts, das gegenüber der Position Darwins hätte neu eingebracht werden müssen, denn bei Darwin liegt genau dieselbe Inkonsequenz in Form der Verflechtung von "Kampf ums Dasein" und "entgrenztes *design argument* im Sinne der Physikotheologie" vor (vgl. oben)!

Hier gilt es also konsequent zu beachten, daß Darwin und Engels davon berichten, daß der Mensch über ein Orientierungskriterium für seine Handlungen - sein um sich bemühtes Am-Werke-sein - verfügt, das über eine Alles seiende Güterverrechnung hinausreicht und dieses Kriterium genesetheoretisch zu verstehen ist, dahingehend daß es innerhalb der Menschheit nicht invariant ausgeformt ist, woraus erwächst, daß es an Entsprechendes innerhalb des Tierreichs angelegt werden kann. Das ist: Bei beiden Denkern liegt eine Verflechtung vor, die in sich dahingehend unstimmig ist, als nach einer Basis für Um-sich-bemüht-sein im Lichte der Rechtsfähigkeit des Ich als Person gesucht wird, die niemals eine solche Basis sein kann, da sie genesetheoretisch konzipiert ist, so daß also übersehen wird, daß Genese zu jenem gehört, das ebenfalls transzendiert werden muß, um das Person-sein - als ein Eines der unthematische-Begriffpyramide - vergegenwärtigen zu können.

Zur Verdeutlichung des hiermit Ausgesagten sei zusätzlich aus *Natur* zitiert:

> "Die Unzerstörbarkeit der Bewegung kann nicht bloß quantitativ, sie muß auch qualitativ gefaßt werden; eine Materie, deren rein mechanische Ortsveränderung zwar die Möglichkeit in sich trägt, unter günstigen Bedingungen in Wärme, Elektrizität, chemische Aktion, Leben umzuschlagen, die aber außerstande ist, diese Bewegung aus sich selbst zu erzeugen, eine solche Materie hat die *Bewegung eingebüßt*; eine Bewegung, die die Fähigkeit verloren hat, sich in die ihr zukommenden verschiedenen Formen umzusetzen, hat zwar noch Dynamis (Potenz zu wirken), aber keine Energeia (Wirksamkeit) mehr, und ist damit teilweise zerstört worden. Beides aber ist undenkbar[115]" (S.370[116]).

Dieses Zitat, dessen Beginn sogleich an Haeckels Zurückweisung der Verwendung »toter mathematischer Formeln« im Horizont der Letztbegründung erinnert - vgl. oben Haeckels Kritik an Newton -, ist hier deshalb von besonderer Bedeutung, als das darin enthaltene »ihr zukommende« derart mit der Differenzierung »Dynamis - Energeia« verbunden ist, daß es - wie bereits angemerkt: vgl. "allgemeine Gesetze der Geschichte" - dem Darwinschen Opportunismus entgegensteht.

Angesichts hiervon sei zudem noch zitiert:

> "... - wir haben die Gewißheit, daß die Materie in allen ihren Wandlungen ewig dieselbe bleibt, daß keins ihrer Attribute je verlorengehn kann, und daß sie daher auch mit derselben eisernen Notwendigkeit, womit sie

---

[115] Vgl. hierzu zudem obige Anerkennung des Satzes Descartes' durch Engels.

[116] Hervorhebung durch den Autor

auf der Erde ihre höchste Blüte, den denkenden Geist, wieder ausrotten wird, ihn anderswo und in anderer Zeit *wiederum erzeugen muß*" (S.372[117]).

Hieran kann man sogleich kritisieren, wie »keines ihrer Attribute je verlorengehen kann« mit Engels' "Alles fließt" vereinbar sein soll, anders, als daß besagte Attribute eine herbeiargumentierte eingeflochtene Zusatzkonstruktion bezeichnen - das "Alles fließt" ein Uneingeschränktes sein lassen sollend -, die Vergegenwärtigung der unthematische-Begriffpyramide bzw. der Paradigmata, die besagtes "uneingeschränkt" tatsächlich abwenden lassen, verzerrend. Wichtiger ist aber, daß »eiserne Notwendigkeit«, liest man es gemeinsam mit besagter Differenzierung in »Dynamis - Energeia« als Hinweis darauf genommen werden kann, daß Engels, anders als Darwin, nicht von einer opportunistischen - obgleich bei Darwin nicht abseits des *design argument* gedachten! - Historizität ausgeht, sondern diese im Lichte einer Konstruktion bedenkt, die zumindest ein potentiell vorgegebenes Ziel definieren läßt. Gemäß den bisherigen Ausführungen müßte dieses Ziel aus Engels' Kritik an der Hegelschen Dialektik abzuleiten sein, also aus seiner "die Hegelsche Dialektik auf die Füße stellen"-Konstruktion, in Zusammenhang mit "Planung".

Was es inhaltlich mit diesem Ziel auf sich hat, wird in 3.2.5 zu beachten sein. Hier genügt es festzustellen, inwieweit Engels' Umgang mit der Evolutionstheorie Darwins - aber auch anderer Denker - dazu beiträgt, die in 3.2.2 dargelegten Defizite der Engelsschen Bezugnahme auf Philosophie zu kompensieren.

Hierzu ist zunächst daran zu erinnern, daß Engels das idealistische Denken dahingehend als anfängliches Ereignis des "erwachenden Bewußtseins" bedenkt, daß das diesbezüglich von Engels Dargelegte mit den "Sündenfall"-Analoga in Darwins und Haeckels Positionen in Beziehung zu setzen. Genauerhin gilt aber: Engels akzeptiert zwar, die Ausbildung von Sprache, des menschlichen Gehirns und so weiter genesetheoretisch verstehen zu müssen, wie auch den Bereich der Tiere mittels Darwins "Kampf ums Dasein" zu bedenken, wendet dieses Argument aber nicht dafür auf, um besagten "Sündenfall" überkommen zu lassen. Dies wird der Konzentration auf "Planung" - wie sie nicht vereinbar ist mit "Kampf ums Dasein" -, zugeschrieben[118]. Es ist somit die Entfaltung von "Planung" - die als Invariante verstanden wird -, auf die dies zurückgeführt wird, wobei diese Invariante zwar genesetheoretisch als in unterschiedlicher Erscheinunungsform auftretend verstanden wird, an sich aber abseits jeglicher Genese bedacht wird. Somit liegt insgesamt für "Planung" keine Genese vor, sondern Entfaltung. Indem dies der Fall ist, blickt Engels auf die biologische Evolution - als Vorfeld der Evolution zum Menschen - nicht als etwas, aus dem sich jenes historisch ergibt, das richtunggebend für die Vorgänge innerhalb der Gesellschaft in der Zeit ist. Das Auftreten des Menschen kann ebenso verstanden werden gemäß der Unmöglichkeit, die Bewegung zu beeinträchtigen - "Energeia - Dynamis" -, sie also nicht zu dem ihr »naturgemäß« zukommenden werden zu lassen, wobei dieses »naturgemäß« im Sinne der "Rückwirkung"-Kaskade zu bedenken ist.

Im Sinne hiervon denkt Engels also an seine »inneren Gesetze«, fernab von jeglichem Opportunismus, wie ihn "Kampf ums Dasein" besagt. Das Wirken dieser Gesetze steht für Engels im Mittelpunkt, derart, daß die Vorkommnisse im Horizont von "Kampf ums Dasein" gleichsam Akzidenzien des historischen Wandels bezeichnen, nicht aber diesen selbst. Das ist: Die Entfaltung von Bewußtsein bzw. »Planung« an der Basis des Menschen ist nicht das Ergebnis von "Kampf ums Dasein", sondern liegt in der Materie an sich, so daß an der historischen Basis der Menschheit auch jene intuitive dialektische Denkweise liegen konnte, die für die Antike auszusagen sein soll, wobei der Engelssche Verweis auf die vorangegangene

---

117 Hervorhebungen durch den Autor

118 Vgl. aber 3.2.5 bezüglich »Klassenkampf«

biologische Evolution gleichsam jenes ergibt, das im Lichte dieser Entfaltung das intuitiv Gegebene nicht sogleich diskursiv vergegenwärtigen läßt, sondern zunächst zu dem idealistischen "Sündenfall" führt, da das "historisch Geworden-sein" des Menschen nicht nur besagte Entfaltung umfaßt, sondern auch einen genesetheoretischen Aspekt, der gleichsam negativ auf das Entfaltete übergreift, zunächst Desorientierung bzw. die Kluft zwischen Zielsetzung und Erreichung des Zieles ergebend. In diesem Sinne also besitzt die Evolution für Engels alleine negative Bedeutung - außer daß sie die materiale Basis des Entfalteten ergibt, wobei zu beachten ist, daß die materiale Basis hier zugleich als Ermöglichung gedacht wird -.

Daß Engels hier nicht daran denkt, dasjenige, gemäß Darwin, das die biologische Evolution ausmacht, auch für den Menschen und seine Geschichte als das eigentlich Richtunggebende zu verstehen, ergibt sich auch aus seiner Konzentration auf "Arbeit", als dem eigentlich entscheidenden Faktor, das Neue "Gesellschaft" ergebend. Engels' Bezugnahme hierauf kann als Bezugnahme auf das Am-Werke-sein des Menschen verstanden werden, wie es in Differenz - nicht aber faktischer Getrenntheit - zur materialen Basis verstanden wird. Selbstverständlich bedarf "Arbeit" einer materialen Basis und eben diese bedenkt Engels materialistisch-genesetheoretisch. Hierin liegt zugleich, daß Engels Abstand von der Wallaceschen Inhomogenität zwischen Tier und Mensch nimmt, die ihn die biologische Evolution alleine bis zum Menschen Bedeutung haben läßt. Nicht hieran also denkt der Materialist Engels, sondern an sein "großes Grundgesetz" im Sinne der Dialektik, das ihn - eine "Inhomogenität"-Konstruktion weitgehend zurückhaltend - in die Lage versetzt - versetzen soll - bis zuletzt, also inklusive der Erklärung des Menschen, materialistisch argumentieren zu können.

Engels spricht also fortgesetzt im Sinne der Dialektik von "Entfaltung", "Rückwirkung", "in sich", also auch von "Höherentwicklung" bezüglich "Bewegung", wie sie sich "ihr zukommend wandelt", wobei Engels die Naturwissenschaft - indem sie ihre »erste Periode« überkommt - die Einflechtung von jenem ermöglicht, das es nicht die Hegelsche "absolute Idee" sein lassen braucht, das sich entfaltet und - als Ergebnis hiervon - zu sich findet. Engels verwirft also aber nicht die Dialektik, sondern blickt aus ihr heraus auf die Naturwissenschaft und ihre Betrachtung der Historizität.

Im Lichte hiervon ist somit Engels' Bedachtnahme auf "Arbeit" zu sehen: In dieser äußert sich nämlich Engels' Konzentration auf das Ich im Horizont seines Eines-sein, wie es zu seiner materialen Basis - als einer Ganzheit - in modaler Verschiedenheit zu betrachten ist. Engels' Bedachtnahme hierauf ist somit sehr wohl als im Sinne der - noetischen - Dialektik konzipiert sein sollend zu verstehen, bedeutet aber fortgesetzt - wie schon bei Darwin - eine Nichtvergegenwärtigung des Ich bzw. seines Am-Werke-seins als dem Subjekt der anfänglichen Daß-Aussage. Insofern Engels darum bemüht ist, Hegels Dialektik "auf die Füße zu stellen", ist er darum bemüht jenes festlegen zu können, das im Horizont von Mensch als ein Entfaltetes entgegentritt - dies trifft für "Arbeit" zu, insoweit es mit "Planung" und "Geschichte" verflochten gedacht wird -, da Engels in dieser Bezugnahme die Möglichkeit dafür sieht, die Begründungsproblematik als mittels der Dialektik gelöst verstehen zu können. Hierin liegt: Kann ein Eines als dialektisch Entfaltetes verstanden werden, so deshalb, da es auf ein Eines rückgeführt wird - "Rückfaltung" -, das im Sinne seiner transzendentalen Getrenntheit von der Faktizität letztlich analytisch aus dem Subjekt der anfänglichen Daß-Aussage bzw. der Daß-Aussage abgeleitet wird, wohingegen die Letztbegründung eines als genesetheoretisch entstanden gedachten Eines niemals eine solche Letztbegründung erfahren kann, da es entsprechend "Begrenztes verweist auf Begrenztes" keinesfalls zu einem an sich Notwendigkeit repräsentierenden Eines führt. Dies verwenden zu wollen, was also bei Engels implizit vorliegt, setzt aber voraus, daß die dialektische Entfaltung an ein Eines der unthematische-Begriffpyramide angelegt wird, also nicht bloß die Möglichkeiten, die mit "dialektische Entfaltung" zu verbinden sind, eingesehen und daher zu nutzen versucht werden[119]. Eben dies liegt aber bei Engels vor, da er gemäß einer latent monistischen Argumentationsweise seine Dialektik - und somit die entsprechende Entfaltung - nach ihrer Verflechtbarkeit mit der Genesetheorie abseits der ersten Schicht des philosophischen Horizonts ausrichtet, weshalb er "Entfaltung" in Beziehung auf "Mensch" nicht im Lichte der dialektischen Differenz von "d a s Eines - Ich als ein Eines" vergegenwärtigt. Dieses Verfehlen der Vergegenwärtigung der dialektischen Differenz führt Engels also zur Einflechtung genesetheoretischen Denkens, wobei er aber - im Unterschied zu Darwin - die Ausrichtung auf das zur materialen Basis modal Verschiedene - zumindest der Intention nach - beibehält. Darwins - im Vergleich hierzu - primäre Ausrichtung auf "Mensch" gilt der körperlichen Ebene - vgl. oben: "Anordnung"-Konstruktion -, die, als Ganzheit, nicht in modaler Differenz zu Am-Werke-sein gedacht wird, weswegen Darwin auch seine opportunistische Konstruktion in seine Handlungstheorie hineinträgt: *Theages*-Problem[120].

Zusammenfassend ist somit festzuhalten: Engels blickt auf die naturwissenschaftliche Genesetheorie als jenem, das ihn seine Dialektik mit Inhalt ausfüllen lassen soll, im Lichte davon, daß er Dialektik nicht als noetische Dialektik versteht - obgleich wider seine Intention! -. Das ist: Engels meint das Werdeweltliche bzw. Veränderliche dialektisch verstehen zu können, ohne das hierzu in dialektischer Differenz transzendental Verschiedene propositional vergegenwärtigen zu brauchen; dieses Verschiedene ist ihm Äußerliches zu dem Betrachteten. Die Engelssche Lösung besteht somit darin, die naturwissenschaftliche Genesetheorie dialektisch umzuinterpretieren, so daß er keine fachwissenschaftliche Konstruktion als Letztbegründendes anführen braucht, wie auch die Welt, trotzdem von einem ihr immanenten Entwicklungsgesetz gesprochen wird, nicht als "Uhrwerk" verstehen zu müssen. I n s o f e r n g i l t, d a ß d e r D i a l e k t i k e r E n g e l s d i e n a t u r w i s s e n s c h a f t l i c h e G e n e s e t h e o r i e n i c h t z u e t w a s w e r d e n l ä ß t, d a s z u D a r w i n s c h e n D e f i z i t e n i m d i s k u r s i v e n V e r g e g e n w ä r t i g e n d e s B e r e i c h s d e r N o t w e n d i g k e i t f ü h r t - Darwins "Liebe"-Konstruktion ergebend -. Hierbei gelingt es Engels aber nicht, auf die naturwissenschaftliche Genesetheorie erst aus der dialektischen Freilegung des "Ich bin" zu blicken, der Inversion der Betrachtungsrichtung im Horizont jeglichen evolutionstheoretischen Bedenkens gerecht werdend.

Im Sinne hiervon bedenkt Engels das Person-sein ebenso verzerrt wie Darwin, wiewohl sogleich zu betonen ist: In der Position Engels' besitzt das "Kampf ums Dasein"-Argument auf die dargestellte Weise nicht die selbe Bedeutung wie in Darwins Position. Hier soll es genügen festzuhalten, daß Engels' Zurückhaltung gegenüber der Verwendung dieses Argumentes angebracht ist, da es nicht zur Vergegenwärtigung des zu "um willen von etwas" Transzendentalen führt, bzw. es im Idealfall - zum Beispiel in Form des Darwinschen theologischen Denkens - eine völlig nicht-propositionale Anerkennung dieses Transzendentalen erlaubt. Besagtes Argument führt gleichsam lediglich zu hochentwickelten Feuerbachschen "Raupen" - vgl. oben -, wobei genauerhin, im Vergleich Engels' mit Darwin und Feuerbach, gilt: D e r D i a l e k t i k e r E n g e l s l ä ß t s i c h v o n d e n m a t e r i a l i s t i s c h a u s g e r i c h t e t e n A r g u m e n t a t i o n s w e i s e n D a r w i n s u n d F e u e r b a c h s d a h i n g e h e n d

[119] In Theologie wird anhand von Cusanus' Verwendung der "Entfaltungslehre" von Avicebron (vgl. *De beryllo*) ein Beispiel für eine angesichts der vergegenwärtigten ersten Schicht des philosophischen Horizonts partiell mißlingende Verwendung von "dialektische Entfaltung" diskutiert.

[120] Es wird noch zu diskutieren sein (3.2.5), inwieweit das *Theages*-Problem auch für Engels Position Relevanz besitzt, bzw. inwieweit es Engels gelingt, aus seiner Zurückweisung opportunistischer Konstruktion für die Handlungstheorie, Arbeit in Relation zu einem thematisch-methodisch verstandenen Person-sein zu bedenken.

beeinflussen, daß seine Konzentration auf die Dialektik keine solche auf die Vergegenwärtigung von "Ich bin" bzw. "im Gespräch sein mit sich" ist - wie es Engels insbesondere bei Feuerbach erkennen hätte können -, da er meint, nicht hierdurch der Dialektik uneingeschränkt - auch in Relation zu Hegel – entsprechen zu können, sondern durch eine Einflechtung genesetheoretischen Denkens, das bei Engels aber nirgendwo dazu führt, Letztbegründendes zu sein.

3.2.4 Der dialektische Materialismus im Verhältnis zum Monismus des ausgehenden 19. Jahrhunderts

Das Verhältnis von Engels' Position zum Monismus, insbesondere jenem Haeckels, soll hier in knappen Worten beleuchtet werden.

An zahlreichen Stellen der betrachteten Engelsschen Schriften wird man unmittelbar an die Argumentation Haeckels erinnert, zum Beispiel, wenn Engels die Annahme "außerweltlicher Götter" kritisiert, worin sich Haeckels Kritik an der Annahme "extramundaner Götter" widerspiegelt, aber auch wenn Engels festhält, daß es mit Kants Ding an sich "zu Ende ist", was sich ebenso bei Haeckel findet. Auch läßt sich festhalten, daß Engels' »bei Hegel ist die Dialektik die Selbstentwicklung des Begriffs. Der absolute Begriff ist nicht nur von Ewigkeit - unbekannt wo? - vorhanden« mit dem von Haeckel gebrachten Argument der »Wohnungsnot« der Seelen übereinstimmt. Auch sei an Engels' Auflösung der »"Arten" der Physik« erinnert, wie dies auch bei Haeckel im Sinne der Darstellung seines Substanzgesetzes auftritt, sowie an Engels' Darstellung der Invariante "Planung", die er bis auf den Bereich "Protoplasma" bezieht, womit man sogleich an Haeckels "Zell-Seele"-Konstruktion erinnert wird. Zudem gilt es auf die übereinstimmenden Aussagen Engels' und Haeckels vom Herrschen "eherner Gesetze" hinzuweisen.

Inwieweit bringen diese Übereinstimmungen aber eine grundsätzliche Übereinstimmung zum Ausdruck? Diese Frage drängt sich zum Beispiel anhand folgender Aussage Engels' auf:

> "Bei den Materialisten zeigte sich dies schon auf der Oberfläche, aber auch die idealistischen Systeme erfüllten sich mehr und mehr mit materialistischem Inhalt und suchten den Gegensatz von Geist und Materie pantheistisch zu versöhnen" (*Natur* S.622).

> "Noch mehr, er [Feuerbach] wirft ihn [Materialismus] zusammen mit der verflachten, vulgarisierten Gestalt, worin der Materialismus des 18. Jahrhunderts heute in den Köpfen von Naturforschern und Ärzten fortexistiert und in den fünfziger Jahren von Büchner, Vogt und Moleschott gepredigt wurde" (*Natur* S.623).

Selbstverständlich ist in beiden Zitaten auch Haeckel gemeint, dessen - kein Materialismus sein sollender - Materialismus (vgl. oben) von Engels also als nicht von dem Materialismus des 18. Jahrhunderts emanzipiert und als irrtümlich pantheistisch konzipiert verstanden wird. Diese Distanzierung Engels' von Haeckel tritt also auf, obgleich beide gerade um Emanzipation von dem "anschauenden" Materialismus des 18. Jahrhunderts bemüht sind, beide auf die Naturwissenschaften reflektieren, wobei ihnen das genesetheoretische Denken wesentliches Konstruktionselement zur Vermeidung herbeiargumentierter Eines und einer idealistischen Denkweise ist, die lediglich Äußerlichkeit besagende Scheinlösungen erbringen können soll.

Ein Unterschied zwischen Haeckel und Engels zeigt sich sogleich in Form der Haeckelschen Akzeptanz von Religion, der die vollständige Ablehnung hiervon bei Engels - auch in Form der Feuerbachschen "neuen Religion" - gegenübersteht. Im Lichte hiervon sei an die oben diskutierten Haeckelschen Ausführungen bezüglich der Abgrenzbarkeit des Ich erinnert: Haeckel sieht zwar das Ich als mit Zeugung und Tod zeitlich begrenzt, unterwandert diese seine Grenzziehung aber aufgrund seiner Ausführungen zur Erblichkeit seelischer Eigenschaften. Angesichts hiervon sei aus *Natur* zitiert:

> "Aber entweder müssen wir hier auf den Schöpfer rekurrieren, oder wir sind zu der Schlußfolgerung gezwungen, daß der glühende Rohstoff zu den Sonnensystemen unserer Weltinsel auf natürlichem Wege erzeugt wurde, durch Bewegungsverwandlungen, die der sich bewegenden Materie von Natur zustehen, und deren Bedingungen also auch von der Materie, wenn auch erst nach Millionen und aber Millionen Jahren, mehr oder weniger zufällig, aber mit der sich dem Zufall inhärenten Notwendigkeit sich reproduzieren müssen" (S.371).

> "... ein Kreislauf, in dem jede endliche Daseinsweise der Materie, sei sie Sonne oder Dunstnebel, einzelnes Tier oder Tiergattung, chemische Verbindung oder Trennung, gleicherweise vergänglich, und worin nichts ewig ist als die ewig sich verändernde, ewig sich bewegende Materie und die Gesetze, nach denen sie sich bewegt verändert" (S.372).

Es bedeutet keine "Hinein-Interpretation", in diesen Zitaten die Feststellung der unendlichen Existenz selbstreflexiv denken könnenden Lebens zu sehen[121], die Menschheit als eine zeitlich-räumlich aktuelle Konkretisierung hiervon verstanden. Die hiermit ausgesagte Begrenztheit - "Konkretisierung" - also für die Ausbildungsform "selbstreflexiv bedenken könnenden Lebensform", die gemäß "der Materie »von Natur zustehende« Bewegungsform" und »kein Attribut geht verloren« an sich nicht mit der aktuellen Konkretisierung entsteht, sondern aus der Potentialität in die Aktualität übergeht. Daß Engels' Argumentation hierbei Elemente der Uneindeutigkeit enthält, ergibt sich alleine aus seiner thematisch-methodisch reduzierten Verflechtung von Notwendigkeit und Zufall - bzw. "Potentialität - Aktualität" - (vgl. oben). Unabhängig hiervon ist für die vorliegende Stelle der Ableitung interessant, daß sich in den Engelsschen Ausführungen "individuelle Seele" kaum noch greifen läßt, ganz ähnlich wie bei Haeckel, dessen Position ebenfalls eine Konzentration auf das werdeweltliche Ich aufweist, bei gleichzeitiger Thematisierung davon, daß das dieserart bezeichnete Ich nicht schon alles bezüglich Person-sein ist.

Hierzu sei genauerhin festgehalten: Wie angemerkt, beinhaltet Haeckels Position eine vollständige Verzerrung von "Inversion der Betrachtungsrichtung", da Haeckels Argumentation zwar bei Ich beginnt, jedoch mit der körperlichen Ebene des Ich. Dieserart dringt Haeckel zu seinem Substanz-Gesetz vor, in dem er erst, soweit es ihm möglich ist, die Eines-Formel thematisiert, was somit abseits der Beachtung von "im Gespräch sein mit sich" geschieht. Dies bedeutet, daß Haeckel diese Formel gar nicht aus Ich ableitet bzw. Haeckel nicht zu "Ich bin" als der anfänglichen Daß-Aussage vordringt. Auch für Engels' Position gilt, wie bereits ausge-

---

[121] Diesbezüglich sei auch an obiges Zitat aus *Natur* erinnert:

> "... - wir haben die Gewißheit, daß die Materie in allen ihren Wandlungen ewig dieselbe bleibt, daß keins ihrer Attribute je verlorengehn kann, und daß sie daher auch mit derselben eisernen Notwendigkeit, womit sie auf der Erde ihre höchste Blüte, den denkenden Geist, wieder ausrotten wird, ihn anderswo und in anderer Zeit *wiederum erzeugen muß*" (S.372).

führt, daß sie bezüglich der Vergegenwärtigung von "im Gespräch sein mit sich" Defizite aufweist, wie sie auch nicht zu "Ich bin" vordringt. Trotzdem ist das Verhältnis von Engels zu "Ich" ein wesentlich anderes als jenes Haeckels. Der Grund hierfür ist die Bedeutung, die Hegel, an dessen Position Engels anknüpft, dem Ich in seiner Dialektik beimißt, obgleich auch er nicht zu "Ich bin" vordringt. Komplementär hierzu gilt aber, daß Hegel das Ich insofern in den Mittelpunkt des Interesses rückt, als er das Zu-sich-kommen der absoluten Idee im Ich "enden" läßt. Das ist: Hegel argumentiert nicht abseits der Beachtung von Ich, sondern bietet eine prozessuale Erweiterung von "Ich bin" - vgl. oben -. Diese Erweiterung - um dies zu wiederholen - ist freilich keine naturalistisch-genesetheoretische und insofern beginnt Hegel auch nicht mit der Betrachtung der körperlichen Ebene des Ich, was Engels also in seiner Modifikation der Position Hegels übernimmt, womit alleine bereits gegeben ist, daß Engels' Verzerrung von "Inversion der Betrachtungsrichtung" keine derart grundsätzliche sein kann wie bei Haeckel, mit den daraus erwachsenden Konsequenzen für das Beachten-können der Eines-Formel.

Zum genaueren Verständnis hiervon sei betont: Insofern Hegel nicht zu Ich gemäß "Ich bin" als der anfänglichen Daß-Aussage vordringt, bedarf er einer Mediator-Konstruktion, die es ihm erlaubt, seine defizitäre Vergegenwärtigung von Ich als einem Gegründeten und insofern Eigenständigen dahingehend zu kompensieren, daß das Ich in der Argumentation nicht als defizitär gestaltetes Eines entgegentritt. Die Bedeutung der Mediator-Konstruktion - wie sie charakteristisch für Argumentationen abseits der (bzw. nicht nur im Sinne der) ersten Schicht des philosophischen Horizonts ist - vgl. *Vergleich*, *Theologie* und *Lehre* - liegt hierbei darin, ein Eines auszusagen, demgemäß das Ich, insofern es nicht in dialektischer Differenz zu d a s Eines als ein Eines bedacht werden kann, weder als in faktischer Getrenntheit zu dem Gründenden bedacht werden braucht, noch es als ein weiteres Gründendes verstanden werden braucht. Die Mediator-Konstruktion bezeichnet also etwas, das zwischen Ich und Gründendes verbindet, ohne eines von beidem zu wiederholen; hierdurch soll also gelingen das Nicht-ein-weiteres-Gründendes-sein des Ich nicht dahingehend als Defizit erscheinen zu lassen, daß das Ich nicht als um sich bemüht sein könnend verstanden werden braucht. die Notwendigkeit hierfür erwächst besagten Positionen daraus, daß sie, insofern sie nicht die anfängliche Daß-Aussage vergegenwärtigen, auch nicht das Verzicht-üben-müssen des Ich als ein differentielles bedenken, weswegen sie also ein Konstrukt aufbieten, an dem sich das Ich orientieren können soll, ohne daß ihm deswegen die Unmöglichkeit aufgebürdet wird, das Gründende an sich vergegenwärtigen zu müssen. Dies ist aber mit dem differentiellen Verzicht-üben-müssen unvereinbar, da das Ich Daß-Aussagen aussagen kann und nicht irgendeiner Hilfskonstruktion bedarf, die gar nicht der Bereich der Notwendigkeit an sich bezeichnet, so daß sie ohnedies nicht Letztrechtfertigung sein kann, was aber für ein Ich, insofern es mit Begrenztem bzw. Faktizitäten umgeht, notwendig ist. Derartige "Mediator"-Konstruktionen sind zum Beispiel Platons "geschaffene Götter"-Konstruktion - vgl. oben und vor allem *Lehre* - und die "Ostensor"-Konstruktion der christlichen Theologie - vgl. *Theologie* -. Hierher gehört aber auch Hegels prozessuale Vorstellung von dem Zu-sich-kommen der absoluten Idee bzw. des absolut Wahren. Hiervon ist zu sprechen, da besagte Prozessualität jenes ist, das kompensieren lassen soll, daß das Ich nicht in dialektischer Differenz zu d a s Eines bedacht werden kann, also nicht gemäß seiner Eigenständigkeit als Gegründetes und somit nicht im Lichte seines differentiellen Verzicht-üben-müssen verstanden werden kann. Die Größe des Hegelschen Entwurfes zeigt sich hierbei darin, trotz der Zwangslage, eine "Mediator"-Konstruktion aufbieten zu müssen, die Konzentration auf die Dialektik dahingehend aufzubieten, daß diese nicht zur Nennung eines gegenständlich verstandenen Mediators führt: Die Zusatzkonstruktion wird alleine mit den Mitteln der dialektischen Entfaltung herbeigeführt. Damit bleibt die Zusatzkonstruktion natürlich Zusatzkonstruktion, da die hieraus erwachsende Prozessualität als die transzendentalphilosophische Schwelle partiell nivellierende Verzerrung der dialektischen Differenz von "das Eines - Ich" zu verstehen ist, doch liegt hierin zugleich Hegels oben angeführte Konzentration auf Ich begründet. Dies ist es zugleich, das den wesentlichen Unterschied zwischen Engels und Haeckels Positionen ergibt, da lediglich Engels im Lichte hiervon argumentiert. Hieraus erklärt sich also, wieso zwar Engels, obgleich es ihm Probleme bereitet - vgl. oben -, an "Wille des Menschen" festhält, Haeckel hiervon aber ganz wesentlich Abstand nimmt, bzw. Haeckel den Wandel innerhalb der Menschheit selektionistisch versteht, Engels aber nicht. Von diesem Unterschied ist also zu sprechen, obgleich Haeckel genauso wie Engels um eine Transzendierung des zur Werdewelt Transzendentalen bemüht ist - wenn auch weitgehend inhaltslos -, und Engels genauso wie Haeckel nicht umhin kann, werdeweltliche Prädikate bezüglich des Menschen für das Verstehen des genesetheoretischen Wandels heranziehen zu müssen.

Der entscheidende Unterschied zwischen Haeckel und Engels liegt somit darin, daß Haeckel eines Substanzbegriffes zur Installierung der Eines-Formel bedarf, der im Horizont von Ich nicht mehr erlaubt, den Selektionsbegriff im Lichte des Transzendieren-müssens von "um willen von etwas" zu begreifen, wohingegen Engels derart - insofern er, wenn auch kritisch, auf Hegel aufbaut - "Ich" beachtet, daß ihm die Genesetheorie nichts sein braucht, das ihm dieses Begreifen grundsätzlich verhindert - im Lichte eines selektionistischen Denkens -, unabhängig davon, wie sehr das dieserart von Engels Vergegenwärtigte pragmatisch verzerrt vergegenwärtigt sein mag.

3.2.5 Der dialektische Materialismus im späten 19. Jahrhundert und sein Verständnis vom Ich

Entscheidendes zum "Ich"-Verständnis des dialektischen Materialisten Engels ist bereits in den vorangegangenen Abschnitten festgehalten worden. Dies sei nun in einer eigenen Darstellung hervorgehoben und ergänzt.

Im Zentrum der bisherigen Ausführungen zum "Ich"-Verständnis Engels' steht der partiell defizitäre Charakter der Vergegenwärtigung von Person-sein, in Zusammenhang mit Engels' Bezugnahme auf genesetheoretische Überlegungen und damit zusammenhänge Defizite Engels' bezüglich der Thematisierung der Inversion der Betrachtungsrichtung bzw. von "Ich bin" als der anfänglichen Daß-Aussage. Hieraus erwachsen zwangsläufig Defizite bezüglich der Darstellung der Rechtsfähigkeit des Ich bzw. der Zielsetzung des Um-sich-bemüht-sein des Ich allgemein. Hierbei ist für Engels' Ausführungen seine "Arbeit"-Konstruktion - wie sie mit seiner "Gesellschaft"-Konstruktion verflochten ist - von grundlegender Bedeutung. Es gilt daher nun - gemäß der inhaltlichen Abgrenzung von 3.2.3 von 3.2.5 (vgl. oben) - genauer darzulegen, auf welche Art besagte Konstruktionen mit Engels' genesetheoretischen Konstruktionen verbunden sind.

Zur Darstellung hiervon sei auf Engels' *Familie* geblickt, bzw. jenen Teil dieser Schrift, der sich mit der Ausgestaltung von Arbeit im Rahmen der Ausgestaltung der Gesellschaft aus den Anfängen der Menschheit beschäftigt. Angesichts dieser Problemstellung sei an folgendes Argument Engels' erinnert: »Die Rückwirkung der Entwicklung des Gehirns und seiner dienstbaren Sinne, des sich mehr und mehr klärenden Bewußtseins Abstraktions- und Schlußvermögens auf Arbeit und Sprache gab beiden immer neuen Anstoß zur Weiterentwicklung, einer Weiterbildung, die nicht etwa einen Abschluß fand, sobald der Mensch endgültig vom Affen geschieden war, sondern die seitdem bei verschiednen Völkern und zu verschiednen Zeiten verschieden nach Grad und Richtung, im ganzen und großen gewaltig vorangegangen ist« (*Anteil* S.376-377[122]). Dieses Argument bedeutet einen Gradualismus, der mit der diskursiven Vergegenwärtigung von "Universalität des Person-sein" unvereinbar ist, ebenso wie - beispielsweise - Engels' "Wildheitszustand"-Konstruktion. Der Grund hierfür ist selbiger wie für die hiermit vergleichbaren Konstruktionen von Darwin, Haeckel, Royer, Broca und so fort - vgl. oben -.

Das gradualistische Denken Engels' ist notwendig Ausdruck einer defizitären Vergegenwärtigung von Person-sein bzw. der Autonomie des Ich als einem Gegründeten, wie sie sich auch in der oben diskutierten Engelsschen Verflechtung von "Wille" und "Geschichte" bzw. "Geschichte-immanente Gesetzlichkeiten" widerspiegelt. In Zusammenhang hiermit ist auf Engels' defizitäre Vergegenwärtigung der Letztrechtfertigung im Horizont des zum Begrenzten Transzendentalen verwiesen worden: Diese Defizite treten bei Engels auf, obgleich er besagte Ermöglichung der Letztrechtfertigung essentiell in den Raum stellt; er bedenkt sie lediglich nicht propositional. Folgende Ausführung von Marx in *Thesen über Feuerbach*[123] führt dies ebenfalls explizit - im Sinne des dialektischen Materialismus - vor Augen:

> "[1. These:] Der Hauptmangel alles bisherigen Materialismus - den Feuerbachschen mit eingerechnet - ist, daß der Gegenstand, die Wirklichkeit, Sinnlichkeit, nur unter der Form des *Objekts* oder der *Anschauung* gefaßt wird; nicht aber als *menschliche sinnliche Tätigkeit*, *Praxis*, nicht subjektiv. ... | [3. These:] Die materialistische Lehre, daß die Menschen Produkte der Umstände und der Erziehung, veränderte Menschen also Produkte anderer Umstände und geänderter Erziehung sind, vergißt, daß die Umstände eben von den Menschen verändert werden und daß der Erzieher selbst erzogen werden muß" (S.26).

Marx wendet sich hier also gegen den »anschauenden Materialismus«, der die Eigenständigkeit - gemäß "Rückwirkung"-Konstruktion! - des Ich nicht vergegenwärtigt, woraus sich eine defizitäre "Lehrer"-Konstruktion ergibt, die derart auf "Lernen aus der Erfahrung" abzielt, daß hierüber die Apriorizität-Problematik lediglich religiös bzw. monistisch-pantheistisch gelöst werden kann, was Marx und Engels also, wie dargelegt, ablehnen, da es kein "die Hegelsche Dialektik auf die Füße stellen" bedeutet, sondern ein ausschließlich defizitäres Sich-arrangieren mit der Naturwissenschaft. Komplementär hierzu muß aber gelten, daß die Aussage »der Erzieher selbst erzogen werden muß« dieses Problem thematisiert, nicht aber schon die propositionale Lösung hiervon darstellt. Das eigentliche Problem ist nun ja, in der Entgrenzung von »Erzieher« - von der also zu sprechen ist, da nicht ad infinitum von Erzieher auf Erzieher verwiesen werden darf - keine Quasi-Personen anführen zu dürfen, weder im genesetheoretischen Sinn noch im Sinne der zweiten Schicht des philosophischen Horizonts; vgl. die dementsprechenden Ausführungen des Autors in *Lehre* bezüglich Platon und in *Theologie* bezüglich Nikolaus von Kues und Papst Johannes Paul II.

Worüber daher die folgende Untersuchung von *Familie* (part.) Auskunft geben soll ist, inwieweit Engels tatsächlich zu einer propositionalen Vergegenwärtigung dessen vordringt, das mit der Entgrenzung von »Erzieher« thematisiert ist, wobei sich hierin widerspiegeln wird, inwieweit Engels - wie auch Marx - zu einem Verständnis von Person-sein gemäß der Autonomie des Ich als einem Gegründeten vordringt, wovon also im Sinne der ersten Schicht des philosophischen Horizonts bzw. der von Platon grundgelegten noetischen Dialektik zu sprechen ist.

---

[122] Hervorhebung durch den Autor

[123] Zitiert nach: *K Marx und F Engels - Ausgewählte Werke* - Moskau (1971): S.26-28.

Am Beginn von *Familie* referiert Engels eine Arbeit Morgans[124], zu der letztlich festgehalten wird:

> "Das Bild, das ich [Engels] hier von der Entwicklung der Menschheit durch Wildheit und Barbarei zu den Anfängen der Zivilisation nach Morgan skizziert habe, ist schon reich genug an neuen und, was mehr ist, unbestreitbaren, weil unmittelbar der Produktion entnommenen Zügen. Dennoch wird es matt und dürftig erscheinen, verglichen mit dem Bild, das sich am Ende unsrer Wanderschaft entrollen wird; erst dann wird es möglich sein, den Übergang aus der Barbarei in die Zivilisation und den schlagenden Gegensatz beider ins volle Licht zu stellen. Vorderhand können wir Morgans Einteilung dahin verallgemeinern: Wildheit - Zeitraum der vorwiegenden Aneignung fertiger Naturprodukte; die Kunstprodukte des Menschen sind vorwiegend Hülfswerkzeuge dieser Aneignung. Barbarei - Zeitraum der Erwerbung von Viehzucht und Ackerbau, der Erlernung von Methoden zur gesteigerten Produktion von Naturerzeugnissen durch menschliche Tätigkeit. Zivilisation - Zeitraum der Erlernung der weiteren Verarbeitung von Naturerzeugnissen, der eigentlichen Industrie und der Kunst" (S.490).

Die hier von Engels angekündigte »Wanderschaft« sei auf jenem Abschnitt begleitet, in der sie den Wechsel von der »Barbarei« zur »Zivilisation« durchschreitet - Abschnitt IX in *Familie* -. An der »Unterstufe der Barbarei« - so Engels - erreicht die Gentilgesellschaft, wie sie in der Mittel- und Oberstufe der »Wildheit« »hervorgewachsen« bzw. »weitergebildet« worden ist, ihre »Blützeit« (S.592):

> "Wir finden hier, wo uns die amerikanischen Rothäute als Beispiel dienen müssen, die Gentilverfassung vollkommen ausgebildet. Ein Stamm hat sich in mehrere, meistens zwei Gentes gegliedert; diese ursprünglichen Gentes zerfallen mit steigender Volkszahl jede in mehrere Tochtergentes, gegenüber denen die Muttergens als Phratrie erscheint; der Stamm selbst spaltet sich in mehrere Stämme, in deren jedem wir die alten Gentes großenteils wiederfinden; ein Bund umschließt wenigstens in einzelnen Fällen die verwandten Stämme" (S.592).

Zur Gentilverfassung erfährt man zudem: »Sie ist weiter nichts als deren eigne, naturwüchsige Gruppierung, sie ist imstande, alle Konflikte auszugleichen, die innerhalb der so organisierten Gesellschaft entspringen können« (S.592-593); »Es ist das Großartige, aber auch das Beschränkte der Gentilverfassung, daß sie für Herrschaft und Knechtung keinen Raum hat« (S.593)[125]; »Nach innen gibt es noch keinen Unterschied zwischen Rechten und Pflichten. ... Ebensowenig kann eine Spaltung des Stammes und der Gens in verschiedene Klassen stattfinden« (S.593).

Entscheidend ist an dieser Beschreibung, daß das Fehlen jeglicher Differenzierung innerhalb der Gruppe ausgesagt wird, wobei sogleich gefragt werden kann, inwieweit das Engelssche »Spaltung« als "Entfaltung" zu verstehen ist, wie auch »kein Unterschied« als "keine Entfaltung", wie sie - die "Entfaltung" - beispielsweise von Engels für "Notwendigkeit – Zufall" ausgesagt wird - vgl. oben -. Die Berechtigung dafür »Spaltung« und »Unterschied« in

---

124 LH Morgan 1877: *Ancient Society, or Researches in the Lines of Human Progress from Savagery, through Barbarism to Civilization* - London.

125 Engels leitet diese »Großartigkeit« daraus ab, daß im Falle der Konfliktlösung nach außen durch Krieg keine Gefangenen gemacht werden; dies erinnert - trotz der Engelsschen Einschränkung »aber auch Beschränkte« - nicht von ungefähr an die Darwinsche Gleichgültigkeit.

"Entfaltung" zu transformieren ergibt sich gerade aus dem vorangegangen dargestellten Bezug Engels' auf die Dialektik und demgemäß aus Engels' "Rückwirkung"-Konstruktion.

Selbstverständlich ist es gerade das Auftreten der anfänglich fehlenden »Spaltung« und »Differenz«, die im Rahmen auszuführenden der »Wanderung« zum Wegweiser wird: »Aber die Menschheit blieb n i c h t ü b e r a l l[126] auf dieser Stufe stehen« (S.593). Dieserart reflektiert Engels insbesondere auf die Domestizierung bestimmter Tiere - »In Asien fanden sie Tiere vor, die sich zähmen und gezähmt weiterzüchten ließen« (S.593) -: »Eine Anzahl der vorgeschrittensten Stämme - Arier, Semiten, vielleicht auch schon Turanier- machten erst die Zähmung, später nur noch die Züchtung und Wartung von Vieh zu ihrem Hauptarbeitszweig« (S.593). Wovon Engels hiermit aber berichtet, das nennt er »e r s t e g r o ß e g e s e l l - s c h a f t l i c h e T e i l u n g d e r A r b e i t«:

> "Hirtenstämme sonderten sich aus von der übrigen Masse der Barbaren: *erste große gesellschaftliche Teilung der Arbeit.* Die Hirtenstämme produzierten nicht nur mehr, sondern auch andere Lebensmittel als die übrigen Barbaren. Sie hatten nicht nur Milch, Milchprodukte und Fleisch in größeren Massen vor diesen voraus, sondern auch Häute, Wolle, Ziegenhaare und die mit der Masse des Rohstoffs sich vermehrenden Gespinste und Gewebe. Damit wurde ein regelmäßiger Austausch zum erstenmal möglich" (S.593-594).

Diese »Teilung der Arbeit« führt, wie Engels darlegt, zu »der ersten großen Spaltung der Gesellschaft in zwei Klassen: Herren und Sklaven« (S.595). Das ist: Mit besagter Arbeitsteilung entsteht die Bedienung zum Austausch zwischen verschiedenen Stämmen, womit zugleich - mit »Notwendigkeit«! - das Bedürfnis nach »Geldware« auftritt: »Vieh wurde die Ware, in der alle andern Waren geschätzt und überall gern im Austausch gegen jene genommen wurde - kurz, Vieh erhielt Geldfunktion« (S.594). Hierher gehört aber auch:

> "Die Steigerung der Produktion in allen Zweigen - Viehzucht, Ackerbau, häusliches Handwerk - gab der menschlichen Arbeitskraft die Fähigkeit, ein größeres Produkt zu erzeugen, als zu ihrem Unterhalt erforderlich war. Sie steigerte gleichzeitig die tägliche Arbeitsmenge, die jedem Mitglied der Gens, der Hausgemeinde oder der Einzelfamilie zufiel. Die Einschaltung neuer Arbeitskräfte wurde wünschenswert. Der Krieg lieferte sie: Die Kriegsgefangnen wurden in Sklaven verwandelt. Die erste große gesellschaftliche Teilung der Arbeit zog mit ihrer Steigerung der Produktivität der Arbeit, also des Reichtums, und mit ihrer Erweiterung des Produktionsfeldes, unter den gegebnen geschichtlichen Gesamtbedingungen, die Sklaverei m i t N o t - w e n d i g k e i t nach sich" (S.595)[127].

In Zusammenhang mit der Arbeitsteilung ist also von »Notwendigkeit« die Rede! Hieran ist zu beachten, daß Engels nicht in Zusammenhang mit der Steigerung der Produktionsmenge von "Notwendigkeit" spricht, sondern im Horizont ihrer Konsequenzen; auch in Zusammenhang mit der Einführung der Geldware verwendet Engels »Notwendigkeit«!

Überblickt man das somit von Engels Ausgesagte, so erhält man: In dem Maße, wie der Ausgangspunkt dessen, woraus sich die "erste Arbeitsteilung" entwickelt auf die dargestellte Weise als unentfaltet verstanden werden kann, kann "Arbeitsteilung" als ein Element der Entfaltung bedacht werden, wobei also gilt, daß "Notwendigkeit", als Element der "Beschreibbarkeit", nicht auf fundamentaler Ebene erklärt wird, sondern derart an den Ausgangspunkt angelegt wird, daß die geltungstheoretische Analyse der fundamentalen Ebene entweder als

---

126 Hervorhebung durch den Autor: vgl. oben: »verschieden nach Grad und Richtung«!

127 Hervorhebung durch den Autor

von Engels völlig unbeachtet bleibend verstanden werden muß, oder wiederum als im Sinne der Engelsschen Bezugnahme auf die Hegelsche Dialektik verstanden zu bedenken ist. Lediglich letztere Alternative läßt sich mit den vorangegangenen Ausführungen Engels' zu dem "großen Grundgesetz" - "allgemeine Höherentwicklung, trotz »Zickzackbewegungen« in der Aktualität" - verbinden! Somit gilt, daß Engels die Frage danach, wieso sogleich mit der Möglichkeit einer Produktionssteigerung im Rahmen eines Sich-arrangieren mit der Ausblendung von das Gute (!) diese auch Realisierung findet, in dem Sinne nicht bedacht wird, wie er das Am-Werke-sein des Ich grundsätzlich defizitär letztbegründet, insoweit er hierfür genesetheoretisches Denken einflicht; besagte "Notwendigkeit"-Konstruktion Engels' ist somit im Sinne seines defizitären Bedenkens von Person-sein gemäß "verschieden nach Grad" zu verstehen. Engels diskutiert also die betroffenen Personen abseits einer ihnen zukommenden Möglichkeit jeglicher Beachtung davon, nicht genug "gelernt" zu haben, um die technischen Möglichkeiten "planvoll" zu nutzen; diese Möglichkeit muß Personen aber, insfoern sie nicht notwendig pragmatisch verzerrt bedenken, zuerkannt werden können!

Dies in Evidenz haltend, sei wieder der Argumentationsfaden Engels' in *Familie* aufgenommen: »Damit [Entstehung des Privateigentums und dem damit verbundenen Übergang der »Paarungsehe in die Monogramme«] aber kam ein Riß in die alte Gentilordnung: Die Einzelfamilie wurde eine Macht und erhob sich drohend gegenüber der Gens« (S.596). Hieraus erwächst:

> "Der nächste Schritt führt uns auf die Oberstufe der Barbarei, die Periode, in der alle Kulturvölker ihre Heroenzeit durchmachen: die Zeit des eisernen Schwerts, aber auch der eisernen Pflugschar und Axt. ...; *Die zweite große Teilung der Arbeit* trat ein: Das Handwerk sonderte sich vom Ackerbau. ... Der Unterschied von Reichen und Ärmeren tritt neben den von Freien und Sklaven - mit der neuen Arbeitsteilung eine neue Spaltung der Gesellschaft in Klassen" (S.596-597)[128].

Engels behält also seine Argumentationsweise im Sinne einer "Entfaltung"-Konstruktion bei! Er betont nun die Bedeutung des Auftretens der »Einzelfamilie« in Abhängigkeit mit jenem des »Privateigentums« - auch bzw. vor allem in Zusammenhang mit »Grundbesitz« -, wobei er festhält: »die dichtere Bevölkerung nötigt zu engerem Zusammenschließen nach innen wie nach außen. Der Bund verwandter Stämme wird überall eine Notwendigkeit« (S.597):

> "bald auch schon ihre [verwandte Stämme] Verschmelzung, damit die Verschmelzung der getrennten Stammesgebiete zu einem Gesamtgebiet des Volks. Der Heerführer des Volks - rex, basileus, thiudans - wird unentbehrlicher, ständiger Beamter. Die Volksversammlung kommt auf, wo sie nicht schon bestand. Heerführer, Rat, Volksversammlung bilden die Organe der zu einer militärischen Demokratie fortentwickelten Gentilgesellschaft" (S.597).

Dieser Zusammenschluß bzw. dieser Wandel von der Gentilgesellschaft zur militärischen Demokratie wird von Engels somit aber als Folge einer pragmatisch verstandenen "Notwendigkeit" gesehen: der Zusammenschluß erweist sich aufgrund der angewachsenen Bevölkerungsdichte - ein Werdewelt-Prädikat! - als vorteilhaft! Mag dies also auch tatsächlich die Basis der dementsprechenden Intentionen der beteiligten Personen gewesen sein - Engels' Feststellung: »Die Reichtümer der Nachbarn reizen die Habgier von Völkern, bei denen Reichtumserwerb schon als einer der ersten Lebenszwecke erscheint« (S.597) zielt ebenfalls hierauf ab -, so ist insofern von einem pragmatisch verzerrten Um-sich-bemüht-sein der be-

---

128 Hervorhebung durch den Autor

teiligten Personen zu sprechen, als sie die Differenzierung von Gütern und das Gute nicht zu leisten imstande sind, wiewohl zugleich zu beachten ist: Die Interpretation der Vorgehensweise besagter Personen bzw. der ihnen unterlaufenden Verzerrung muß aber ihrerseits im Lichte der Vergegenwärtigung von "das Gute" gemäß der ersten Schicht des philosophischen Horizonts vorgenommen werden.

Gerade dies tritt bei Engels aber entsprechend den obigen Ausführungen zu seiner "Entfaltung"-Konstruktion nicht auf - siehe insbesondere obige Aussage bezüglich "Fehlen des Vermeiden-könnens pragmatischen Denkens" -. Nicht von derartigem ist also bei ihm zu sprechen, sondern von einer Darstellung im Sinne seiner Ausführungen zur Notwendigkeit des Auftretens des Idealismus: Die Entwicklung, die Engels hier beschreibt, ist somit im Lichte seines "Sündenfall"-Analogons zu verstehen und insofern letztlich als eine jener "aktuellen Zickzackbewegungen" der Geschichte, die zwar nicht an sich Höherentwicklung bedeuten, diese aber auch nicht aufheben.

Engels fährt nun fort, indem er festhält: »Damit sind wir angekommen an der Schwelle der Zivilisation. Sie wird eröffnet durch einen neuen Fortschritt der Teilung der Arbeit« (S.598):

> "Die Zivilisation befestigt und steigert alle diese vorgefundenen Arbeitsteilungen, namentlich durch Schärfung des Gegensatzes von Stadt und Land (...), und fügt dazu eine dritte, ihr eigentümliche, entscheidend wichtige Arbeitsteilung: Sie erzeugt eine Klasse, die sich nicht mehr mit der Produktion beschäftigt, sondern nur mit dem Austausch der Produkte - die *Kaufleute*" (S.598)[129].

Hieran spezifiziert Engels:

> "So ging mit Handelsausdehnung, Geld und Geldwucher, Grundeigentum und Hypothek die Konzentration und Zentralisation des Reichtums in den Händen einer wenig zahlreichen Klasse rasch voran, daneben die steigende Verarmung der Massen und die steigende Masse der Armen. ... | Dieser Masse gegenüber standen die Gentilgenossenschaften da als geschlossene, bevorrechtete Körperschaft; die ursprüngliche naturwüchsige Demokratie war umgeschlagen in eine gehässige Aristokratie. – Schließlich war die Gentilverfassung herausgewachsen aus einer Gesellschaft, die keine inneren Gegensätze kannte, und war auch nur einer solchen angepaßt. Sie hatte kein Zwangsmittel außer der öffentlichen Meinung" (S.600-601).

Engels berichtet hier also von einer Entwicklung wider der Universalität des Person-sein, also wider die Universalität der Würde des Person-sein! Das Eigentümliche an dieser Engelsschen Argumentation ist, daß Engels diese Fehlentwicklung dadurch erklärt, daß das geschichtlich Aufgetretene keine adäquaten Regulative besitzt, da sich gleichsam die ökonomisch-technische Ebene entwickelt hat, das ethische Regulativ aber immer noch auf in Form des Ausgangsstandes ist, der - insofern er sich durch "Unentfaltetheit" auszeichnet (»keine inneren Gegensätze«) - keine positiven Regularien kennt.

Hieran ist zu beachten, daß dieses "Fehlen" gemäß Unentfaltetheit entgegentritt, insofern es Engels gemäß seiner defizitären Vergegenwärtigung von Person-sein bedenkt, darauf ausgerichtet, genesetheoretisches Denken einflechten zu können. Fernab davon, "Massenverarmung" wegzudiskutieren - oder zu "beschönigen" (auch nicht im Sinne des Darwinschen Opportunismus) -, muß beachtet werden, daß Engels in seiner Bezugnahme hierauf offensichtlich eine Inkonsequenz in der Darstellung unterläuft. Dies gilt, obgleich er hier zu Recht darauf hinweist, die Bedeutung der »öffentlichen Meinung« nicht überschätzen zu dürfen – womit er sich implizit eindeutig gegen Darwin stellt (vgl. oben für Darwin)! -, wie auch Engels'

---

129 Hervorhebungen durch den Autor

Differenzierung in "Weiterentwicklung" der ökonomisch-technischen und ethischen Fähigkeiten nicht unkritisch mit dementsprechenden Aussagen bei Haeckel[130] verglichen werden darf: Indem nämlich Engels auf die dargestellte Weise auf "Arbeit" abzielt, im Unterschied zu dem monistischen Denken Haeckels - vgl. 3.2.4 -, gelingt ihm grundsätzlich eine Vergegenwärtigung von "Universalität des Person-sein", obgleich er diese nicht beibehalten kann, während Haeckel diese von vornherein verfehlt (Gruppe von Personen gemäß "selektionistische Weiterentwicklung"); hierauf wird sogleich zurückzukommen sein.

Zunächst sei folgende Aussage Engels', sie schließt unmittelbar an das soeben Besprochene an, betrachtet:

> "Hier aber war eine Gesellschaft entstanden, die kraft ihrer sämtlicher ökonomischer Lebensbedingungen sich in Freie und Sklaven, in ausbeutende Reiche und ausgebeutete Arme hatte spalten müssen, eine Gesellschaft, die diese Gegensätze nicht nur nicht wieder versöhnen konnte, sondern sie immer mehr auf die Spitze treiben mußte" (S.601[131]).

Wiederum tritt also das "Notwendigkeit"-Motiv auf! Im Lichte hiervon führt Engels weiters aus:

> "Eine solche Gesellschaft konnte nur bestehn entweder im fortwährenden offnen Kampf dieser Klassen gegeneinander, oder aber unter der Herrschaft einer dritten Macht, die, scheinbar über den widerstreitenden Klassen stehend, ihren offenen Konflikt niederdrückte und den Klassenkampf höchstens auf ökonomischem Gebiet, in sogenannter gesetzlichen Form, sich ausfechten ließ" (S.601).

Dieserart sieht Engels also die Gentilverfassung durch den Staat ersetzt, festhaltend:

> "Der Staat ist also keineswegs eine der Gesellschaft von außen aufgezwungne Macht; ebensowenig ist er die »Wirklichkeit der sittlichen Idee«, »das Bild und die Wirklichkeit der Vernunft«, wie Hegel behauptet. Er ist vielmehr ein Produkt der Gesellschaft auf bestimmter Entwicklungsstufe; er ist das Eingeständnis, daß diese Gesellschaft sich in einen unlösbaren Widerspruch mit sich selbst verwickelt, sich in unversöhnliche Gegensätze gespalten hat, die zu bannen sie ohnmächtig ist" (S.602).

Zunächst sei hieraus hervorgehoben, daß Engels von »Entwicklungsstufe« und von »unlösbaren Widersprüchlichkeiten« berichtet. Hierzu ist sogleich an Engels' Ausführungen zu der lediglich aktuellen Bedeutung eines gesellschaftlichen Konstruktes in der historischen Realität - gemäß der "revolutionären Seite der Hegelschen Dialektik" (vgl. oben) - erinnert. Im Sinne hiervon versteht Engels also "Staat" derart als "vorübergehende Realität", daß sie nicht gemäß Hegel als Ausdruck einer "Über-Ich"-Konstruktion - vgl. *Lehre* und oben für Terminologie - verstanden werden kann, das Apriorizität-Problem für das Am-Werke-sein im ge-

---

130 Zum Beispiel:

> "Während wir so heute mit gerechtem Stolze auf die gewaltigen Fortschritte des neunzehnten Jahrhunderts in der Naturerkenntnis und deren praktischer Verwertung zurückblicken, so bietet sich uns leider ein ganz anderes und wenig erfreuliches Bild, wenn wir nun andere, nicht minder wichtige Gebiete dieses modernen Kulturlebens ins Auge fassen. Zu unserem Bedauern müssen wir da den Satz von *Alfred Wallace* unterschreiben: »Verglichen mit unseren erstaunlichen Fortschritten in den physikalischen Wissenschaften und ihrer praktischen Anwendung, bleibt unser System der Regierung, der administrativen Justiz, der Nationalerziehung und unsere ganze soziale und moralische Organisation in einem *Zustande der Barbarei*«" (*Welträtsel* S.17).

131 Hervorhebung durch den Autor

sellschaftlichen Horizont durch den Anfang "Staat" lösend. Tatsächlich ist Engels zuzustimmen, daß derartige "Über-Ich"-Konstruktionen - in welchem Gewand sie auch immer dargeboten werden mögen -, nicht rechtfertigbar sind. Engels übersieht hierüber aber, daß die Zurückweisung einer "Über-Ich"-Konstruktion nicht zur Zurückweisung der propositionalen Vergegenwärtigung der dialektischen Differenz im Horizont von Ich werden darf, wie sie Engels' Position, so zeigt die bisherige Analyse seiner Schriften, aufweist. Im Sinne hiervon ist zu beachten, daß Engels "Staat" ausschließlich negativ versteht, also auch nicht die Möglichkeit aufgreift, "Staat" im Horizont werdeweltlicher Vernünftigkeit zu bedenken!

Hierauf wird sogleich in Zusammenhang mit dem Umstand zurückzukommen sein, "Markt" - im Unterschied zu "Planung" - im Lichte der Unendlichkeit der Werdewelt thematisch-methodisch unreduziert bedenken zu können.

Im Lichte hiervon diskutiert Engels "Staat" im Horizont von "Klassenkampf", wobei ihm "Staat" eine Konstruktion im Sinne einer defizitären Beachtung von Person-sein bzw. Würde des Person-sein ist. Das bedeutet: Engels verbindet "Staat" und "Zivilisation", wobei "Zivilisation" von Engels zugleich mit »[jene] Entwicklungsstufe der Gesellschaft, auf der die Teilung der Arbeit ... zur vollen Entfaltung [gekommen ist]« (S.605-606) verknüpft ist. Hieran ist für Engels' negative Beurteilung von Staat entscheidend, daß mit besagter »vollen Entfaltung« die Produktion der Güter dem Zufall »verfallen« ist:

> "Was aber von der Natur, das gilt auch von der Gesellschaft. Je mehr eine gesellschaftliche Tätigkeit, eine Reihe gesellschaftlicher Vorgänge der bewußten Kontrolle der Menschen zu mächtig wird, ihnen über den Zopf wächst, je mehr sie dem puren Zufall überlassen scheint, desto mehr setzen sich in diesem Zufall die ihr eigentümlichen, innewohnenden Gesetze wie mit Naturnotwendigkeit durch. ... Und noch heute beherrscht das Produkt die Produzenten; noch heute wird die Gesamtproduktion der Gesellschaft geregelt, nicht durch gemeinsam überlegten Plan, sondern durch blinde Gesetze, die sich geltend machen mit elementarer Gewalt, in letzter Instanz den Gewittern der periodischen Handelskrisen" (S.606-608).

Hierher gehört auch:

> "Die platte Habgier war die treibende Seele der Zivilisation von ihrem ersten Tag bis heute, Reichtum und abermals Reichtum und zum drittenmal Reichtum, Reichtum nicht der Gesellschaft, sondern dieses einzelnen lumpigen Individuums, ihr einzig entscheidendes Ziel" (S.608).

Dies ist zugleich jenes, das Engels als Zu-Überwindendes betrachtet, wobei sogleich explizit zu beachten ist, daß es somit sämtliches Ergebnis der zur Zivilisation führenden Entwicklung ist, das Engels als Zu-Überwindendes anführt. Daher ist auch genau zu beachten, daß Engels zu Beginn den Anfang der in einen Ich-bezogenen Hedonismus führenden Entwicklung nicht propositional angegeben hat - lediglich besagte Konsequenzen sind betrachtet worden! -, im Lichte wovon wiederum zu beachten ist, daß in dem nun Zitierten ausgesagt wird: die »Produzenten« v e r l i e r e n die "Herrschaft" über die Produktion, obgleich sich hiermit - auch im Lichte der damit assoziierten sozialen Ungleichverteilung - arrangierend. Das ist: Der Markt - wie er im Unterschied zur "geplanten Wirtschaft" gesehen wird - besitzt eine "Eigendynamik", die ihn - abgesehen von der Freiheit, sich mit ihm zu arrangieren oder nicht - ebenso dem Zugriff des Menschen entzieht, wie dies im Falle von Hegels "Staat" - wie Engels ihn darstellt - gilt.

Hierzu ist festzuhalten, daß Engels die Kombination "Staat - Markt(wirtschaft)" nicht im Lichte der Unendlichkeit der Werdewelt bedenkt, wie auch nicht im Lichte davon, daß ein Ich defizitär in seinem diskursiven Vordringen zum Bereich der Notwendigkeit sein kann - die

Eines der unthematische-Begriffpyramide nicht bedenkend -, ohne deshalb notwendig defizitär in seinem Um-sich-bemüht-sein bzw. Sich-entsprechen als Person zu sein. Das ist: Von "Planung" im Sinne der Beachtung von das Gute zu sprechen ist notwendig zu akzeptieren, darf zugleich aber nicht abseits der Vergegenwärtigung der dialektischen Differenz bzw. transzendentalphilosophischen Schwelle erfolgen, dergemäß der Bereich der Werdewelt bzw. des Begrenzten eine Ganzheit darstellt, die nicht linear auf den Bereich der Notwendigkeit projiziert werden kann. Insofern kann "Planung" - als ein intentioniertes Eines der unthematische-Begriffpyramide, wie es also aus das Gute abgeleitet wird - nicht linear auf den Bereich des Begrenzten bezogen werden. Daher gilt, daß das von Engels Ausgesagte nur dann alleine gemäß der ersten Schicht des philosophischen Horizonts bedacht wird, also der Dialektik gemäß - worum Engels bemüht ist! -, wenn "Planung" dahingehend mit "Markt" verflochten werden kann, daß beide ihre Kompetenz im Sinne der dialektischen Differenz zwischen dem Notwendigen und dem Faktischen erhalten, "Markt" also als nichts gesehen werden braucht, das im Sinne von Aussage-Subjekte enthaltenden Sätzen bedacht werden kann. Damit wird Engels' "Planung" davon entlastet, als Subjekt der dialektischen Entfaltung, linear auf den Bereich der Faktizität bezogen werden zu müssen, worin eben jene Überbewertung der Dialektik liegen würde, wie sie auch für Platons Position festzustellen ist - vgl. zum Beispiel *Vergleich* und *Untersuchungen* -. Insofern also kann "Markt" bzw. "Staat" eine Bedeutung zugewiesen werden, ohne Engels' Konzentration auf die Dialektik in Frage zu stellen, wie auch zu beachten ist: "Staat" und "Markt" können auch dann von Bedeutung sein, wenn sie abseits vergegenwärtigen dialektischen Denkens vertreten werden. Dies ist genau dann der Fall, wenn hierauf als Folge eines defizitären diskursiven Am-Werke-seins abgezielt wird, wie es nicht notwendig Ausdruck eines defizitären Um-sich-bemüht-sein ist - vgl. *Theologie* -. All dies blendet Engels gemäß seiner latent-monistischen Argumentationsweise aus, die es ihm nicht erlaubt, die Dialektik adäquat in modale Differenz zu der Gesamtheit "Begrenztes" zu setzen.

Zudem ist die mit dem in Diskussion stehenden Zitat verflochtene "Komplexität"-Argumention Engels' zu beachten, wie sie auch von anderen Positionen der zweiten Schicht des philosophischen Horizonts bekannt ist. Das ist: Wie bereits bezüglich Darwin ausgeführt, wird das "Komplexität"-Argument in Positionen abseits der ersten Schicht des philosophischen Horizonts bzw. bei nicht ausschließlicher Argumentation im Sinne dieser Schicht aufgewendet, um die unterbleibende diskursive Vergegenwärtigung der Paradigmata - als Konsequenz der Nicht-Vergegenwärtigung der Eines der unthematische-Begriffpyramide – maskieren zu können, bzw. ein - freilich pragmatisch seiendes - Surrogat für das Verfehlte aufbieten zu können. Engels verwendet das "Komplexität"-Argument in dem hier betrachteten Zusammenhang aber bezüglich eines Abschnittes der Menschheitsentwicklung, dessen Überwundenwerden im Sinne des vertretenen Höherentwicklungsgedanken als Notwendigkeit angesehen wird, versteht besagtes Argument also nicht als ein Konstitutivum von Ich-sein bezeichnend. Dies gilt also, obgleich Engels die Überwindung der mit dem "Komplexität"-Argument bezeichneten pragmatischen Vorgehensweise von Personen nicht in der Vergegenwärtigung der Eines und unthematische-Begriffpyramide und der Paradigmata sieht!

Hierin spiegelt sich wider, daß Engels das Person-sein im Lichte eines Verständnisses des Am-Werke-sein der Personen bedenkt, für das das Begrenzte, mit denen die Personen also umzugehen haben, im Sinne der oben bereits kritisierten Eines "gesellschaftliche Klasse" und so weiter Relevanz besitzt. Wiewohl also fortgesetzt auszusagen ist, daß diese Eines keine reine Fiktion sind, sind sie in dem Sinne pragmatisch verzerrte Vergegenwärtigung des an sich - im Sinne der akzeptierten Dialektik - Anvisierten, wie sie das Irren-können des Menschen in seinem Um-sich-bemüht-sein als genesetheoretisch zu verstehendes und hierbei überwindbares Entwicklungsstadium interpretieren. In anderen Worten: Engels sieht in dem fachwissenschaftlichen Lernprozeß jenes Medium der Entfaltung von "Planung", wie diese - die "Planung" - im Sinne seiner dialektisch verstandenen Höherentwicklung auszusagen sein soll. Die Projektion über die Menschheit hinaus auf die Tiere dient ihm hierbei als Ermöglichung davon, einen Anfang annehmen zu können, für den es somit selbstverständlich scheint, daß er das letztlich Eintretende noch nicht an sich zeigt und insofern Entfaltung als genesetheoretisch Verstehbares erweist. Damit reflektiert Engels zwar auf die Notwendigkeit, die Menschen aus den Tieren erklären zu müssen, so wie dies die Werdewelt-Analysen implizieren, betrachtet zugleich aber nicht hinreichend, daß im Rahmen hiervon die Inversion der Betrachtungsrichtung mitzubeachten ist; Engels beläßt es bei dem Ich-Bezug, wie er sich aus dem Anfang-nehmen bei der Hegelschen Position ergibt, vgl. 3.2.4. Wiewohl nämlich Engels somit zwar darauf verzichtet, das "Kampf ums Dasein"-Argument auf Darwinsche Weise zu übernehmen, gelingt es ihm nicht, die Universalität des Person-sein dahingehend zu beachten, daß für sämtlich auszusagende Personen gleichermaßen das Sich-gerecht-werden-können auszusagen ist: Das Sich-gerecht-werden-können in den historischen Epochen des "Sündenfalls" bis hin zu dessen Überwindung ist lediglich derart zu verstehen, daß es jenes der Menschen, die in der daran anschließenden Epoche leben, ermöglicht, ohne es selbst an sich zu sein. Das Sich-gerecht-werden-können wird daher mit einem Gradienten versehen, was der Universalität des Person-sein nicht gerecht wird. Für besagte Personen der vor-terminalen Epoche gilt somit, daß sie als Quasi-Personen zu verstehen sind, so wie sie auch in der christlichen Theologie angenommen werden (vgl. *Theologie*), in der Philosophie Platons (vgl. *Lehre*) und von Darwin (vgl. oben), einheitlich aus dem Grund, daß entweder nicht oder nicht nur im Sinne der ersten Schicht des philosophischen Horizonts argumentiert werden kann. Die genannten Positionen übersehen somit einheitlich, daß im Sinne der noetischen Dialektik das Person-sein fernab jeglich genesetheoretischen Denkens zu verstehen ist, dahingehend, daß das Sich-entsprechen-können des Ich konsequent zu unterscheiden ist von jeglicher Beeinflussung der materialen Basis des Ich - vgl. *Theologie* -. Das ist: Ein Ich kann sich als Person auch in einer Umwelt entsprechen - also sein Um-sich-bemüht-sein erfolgreich gestalten -, die der historischen Epoche des "Sündenfalls", wie sie Engels skizziert, phänotypisch gleicht; ein Teil dieses Sich-entsprechens wird in dem Opponieren gegen diese Umwelt bestehen (entsprechend den individuellen Möglichkeiten eines Ich).

Genauerhin ist hieran zu beachten: Engels' Thematisierung der Epoche nach dem "Sündenfall" bedeutet keinesfalls das Aussagen einer utopischen Vorstellung, sondern eine Verzerrung des gemäß der noetischen Dialektik Auszusagenden. Worauf nämlich Engels mit seiner Zurückweisung des "Kampf ums Dasein"-Argumentes abzielt, das ist der Versuch der Konzentration auf das Gute, wie es Platon in seiner - wiewohl zu entgrenzenden - vgl. *Vergleich* – Gutes-Formel als Ausdruck davon einbringt, daß den Gütern kein Selbstand zukommt, gemäß dem Aussagen-müssen der dialektischen Differenz. Eben dies ist es also, um das auch Engels bemüht ist, das er aber nur verzerrt bedenken kann, da er die Ermöglichung der Beachtung von das Gute an werdeweltliche Bedingungen gemäß seiner materialistischen Dialektik knüpft, als Ergebnis seiner Verknüpfung der Dialektik mit genesetheoretischem Denken. Daher gilt für Engels' Position selbiges wie für Platons Position und die christliche Theologie - insofern sie sich ihrer Bedeutung als Hüterin auf dem Weg zu Dialektik bewußt ist -: der Gehalt an Argumentation gemäß der noetischen Dialektik ist von dem nicht-dialektischen Beiwerk zu befreien und das dieserart Gewonnene im Sinne der noetischen Dialektik - also der Entdeckung Platons - weiterzudenken, da hierdurch dem Ich als Person entsprochen werden kann, abseits der Notwendigkeit "Quasi-Person"-, "Über-

Ich"-Konstruktionen sowie pragmatisch festgelegte Ziele des Am-Werke-seins und so fort annehmen zu müssen.

Angesichts hiervon sei folgende Aussage aus *Anteil* aufgenommen:

> "Aber auch auf diesem Gebiet [Handlung] lernten wir allmählich, durch lange, oft harte Erfahrung und durch Zusammenstellung und Untersuchung des geschichtlichen Stoffs, uns über die mittelbaren, entfernteren gesellschaftlichen Wirkungen unserer produktiven Tätigkeit Klarheit zu verschaffen, und damit wird uns die Möglichkeit gegeben, auch diese Wirkungen zu beherrschen und zu regeln" (S.382).

Wiederum ist es also "Erfahrung", die weiterhelfen soll, unter anderem also aus dem "Zivilisationsdilemma". Selbstverständlich entspricht dies - wie bereits gezeigt - dem begründungstheoretischen defizitären Denken im Sinne der "Erziehung der Erzieher"-Konstruktion, ist aber genauerhin dahingehend zu verstehen, daß "Erfahrung" bei Engels nicht die "Erfahrung" zum Beispiel des Induktivismus ist, wie er von Protokollsätzen und Ähnlichem ausgeht bzw. ausgegangen ist. Engels versteht "Erfahrung" im Sinne der auf die "Füße gestellten" Hegelschen Dialektik!

Hierin liegt, daß "Erfahrung" in Relation zur "Höherentwicklung der Materie" zu verstehen sein soll. Sensu Engels bedeutet diese Höherentwicklung keine "beste aller Welten" in dem Sinne, daß jeglicher Entwicklungsschritt das Gute bedeutet: aktuell können "Fehlentwicklungen" auftreten; i n s o f e r n muß sie also auch Engels akzeptieren, obgleich er gerade in der Hegelschen Anerkennung hiervon die konservative Seite von dessen Position sieht (vgl. oben). Engels' Position beinhaltet in Zusammenhang hiermit, daß die Überwindung einer solchen aktuellen Fehlentwicklung nicht bloß abgewartet werden darf - dies stimmt mit den Aussagen gemäß der ersten Schicht des philosophischen Horizonts überein, daß zu dem Um-sich-bemüht-sein eines Ich das aktive Vorgehen gegen Situationen gehört, die nicht im Sinne der Universalität des Person-sein gesehen werden können (vgl. *Theologie*) -.

Engels' Instrument des Nicht-bloß-abwarten ist der Klassenkampf. An der "Klassenkampf"-Konstruktion interessiert sogleich, daß es in völliger Distanz zu jeglichem Konstrukt zu sehen ist, das die Überwindung gesellschaftlicher Normen, die wider die Universalität des Person-sein, irgendwie im Horizont von Änderungen auf der genetischen oder sonst materialen Ebene des Menschen sucht. Weder wird zum Beispiel Rückwirkung des Lernens - von welchen Lehrern? - auf das Gehirn im Sinne Brocas (vgl. oben) akzeptiert, noch irgend eine diesbezügliche Konstruktion im Sinne von "Kampf ums Dasein". Indem nämlich Engels durch die Konzentration auf "Arbeit" die Bedeutung von "Kampf ums Dasein" spätestens an der Schwelle vom Affen zum Menschen aufhören läßt, Neues im Sinne der Höherentwicklung ausbilden zu lassen, bezeichnet "Klassenkampf" eine Konstruktion im Sinne der dialektisch verstandenen Höherentwicklung, und somit also im Sinne der denkunmöglichen "Verstümmelung" der Bewegung gemäß "Alles fließt" - vgl. oben: "Dynamis - Energeia" -.

Komplementär hierzu muß aber gelten, daß "Klassenkampf" somit eine nichtpropositionale Vergegenwärtigung von "Um-sich-bemüht-sein als rechtsfähiges Ich" ist, da es nicht aus der Analyse jener Eines erwächst, die die Entfaltung der unthematische-Begriffpyramide bedeuten.

Daher ist auch zu fragen, inwieweit Engels mit dem Begriff "Klassenkampf" eine metaphorische Sprechweise meint, so wie auch Darwin "Kampf ums Dasein" als metaphorisch konzipiert versteht - vgl. oben -. Indem nämlich Engels an Hegels Dialektik als Methode festhält, aber auch Höherentwicklung aus Hegels Dialektik ableitet, ohen an sich Hegels System übernehmen zu wollen, konnte Engels' bisherige Nicht-Nennung dessen, das die Höherentwicklung ergibt, dahingehend verstanden werden, daß Engels hier - wiewohl auf nicht-propositionale Weise - auf "Notwendigkeit in der Dynamik" reflektiert, wie sie für das Sein auszusagen ist, dergegenüber das Ich als ein Gegründetes zu verstehen ist, und wie sie weiters aufgrund von Verzicht-üben-müsen nicht bedenkbar ist. Wenn aber Engels nun mit "Klassenkampf" ein Eines aussagt, das besagte Entwicklung im Horizont von "Ich" thematisiert - wie dies an sich nötig ist, da sich Engels' Verweis auf Verzicht-üben-müssen so nicht rechtfertigen läßt (vg. oben) -, so bedenkt er gleichsam die Repräsentation besagter Notwendigkeit im Horizont von Ich. Das ist somit aber: Er bedenkt hier Hegels prozessual verstandene Dynamik der absoluten Idee, wie er sie materialistisch-dialektisch modifiziert hat - vgl. oben -, im Horizont von Ich. Engels thematisiert somit etwas, das - nämlich besagte Prozessualität - gemäß der Beachtung der anfänglichen Daß-Aussage "Ich bin", wie sie zur Eines-Formel führt, nicht berechtigt ausgesagt werden kann - vgl. oben -, sondern das gemäß der der zweiten Schicht des philosophischen Horizonts ausgesagt wird, da das Ich nicht gemäß seiner Eigenständigkeit als Gegründetes vergegenwärtigt wird. Das Um-sich-bemüht-sein des Ich, wie es also in Auseinandersetzung mit der Werdewelt zu verstehen ist, bedeutet, sich als Person zu entsprechen - vgl. *Theologie* -, also die Ausrichtung auf d a s Gute bzw. Eines zu halten, worin analytisch liegt, um selbiges für die anderen Ich bemüht zu sein, eben dieses Um-sich-bemüht-sein thematisiert Engels also mit "Klassenkampf", da hierin jenes Überwinden idealistischer Verfangenheit in der Ausrichtung auf Güter bzw. "um willen von etwas" zum Ausdruck kommt, das dem Person-sein nicht entsprechen läßt. Zugleich gilt aber: Ist die hiermit bei Engels gegebene Intention, insofern sie jene Platons ist, auch notwendig zu akzeptieren - im Sinne von: Engels' Position bezeichnet keine Utopie (vgl. oben) -, so ist zugleich zu beachten, daß seine Bezugnahme auf das Um-sich-bemüht-sein aus seiner pragmatischen "Sündenfall"-Analogie erwächst, wie sie also Hegels Prozessualität nicht transzendieren kann, das Person-sein defizitär vergegenwärtigend, und worin auch liegt, daß Engels eine defizitäre "Lehrer"-Konstruktion verwendet, mit der Ablehnung von "Staat" eine "Über-Ich"-Konstruktion zurückweist, ohne zugleich die Alternative propositional zu vergegenwärtigen. Im Lichte hiervon ist somit zu "Klassenkampf" festzuhalten: Insofern es das Um-sich-bemüht-sein-müssen des Ich als eine Aktivität gemäß dem Am-Werke-sein-müssen des Ich als einem Gegründeten bezeichnet, ist es notwendig auszusagen - als ein das Sich-arrangieren mit pragmatischer Güter-Verrechnung Abwehrendes -, doch kann es zugleich kein Eines sein, das die Notwendigkeit der Höherentwicklung des Sein allgemein gemäß der dialektischen Differenz - im Horizont des Begrenzten - repräsentiert, da schon dasjenige, das repräsentiert sein soll nicht thematisch-methodisch unreduziert bedacht wird; dieses ist nicht im Lichte der Emanzipation von der Hegelschen Prozessualität konzipiert, zu Platons Eines-Formel vordringend. Angesichts hiervon ist festzuhalten: Engels würde seine gesamte Argumentation ad absurdum führen, würde er "Kampf" in "Klassenkampf" im Sinne jenes Opportunismus verstehen, der mit Darwins "Kampf ums Dasein" zu verbinden ist; Engels würde also "Kampf ums Dasein" zurückweisen, nur um im Horizont von "Gesellschaft" ein derart unbegründbares da opportunistisches Eines anzunehmen. Dies bedeutet aber auch, daß "Klassenkampf" ein nicht letztbegründbares Eines ist, bzw. wird nicht evident, was mit diesem Eines letztlich gemeint ist, da Engels das Um-sich-bemüht-sein bzw. die Rechtsfähigkeit des Ich in dem Sinne defizitär bedenkt, wie er das Person-sein an sich nicht adäquat vergegenwärtigt. In anderen Worten: Engels ist "Gesetz des Wandels" eine Konstruktion, die die Eigenständigkeit des Ich als Gegründetes seiender Person nicht uneingeschränkt vergegenwärtigen läßt; sie ist Engels somit eine entpersonifizierte "Über-Ich"- bzw. "Mediator"-Konstruktion. Sie ist dies Engels im Sinne von Feuerbachs Verweises darauf, keinen dinglichen Gott außerhalb des Ich annehmen zu können, zugleich aber nicht im Sinne der dialektischen Differenz von "Ich - d a s Eines", wie sie es Engels auch in dem Sinne ist, keinem Werdewelt-Eines die Funktion eines "Über-Ich" zuzuordnen, weswegen Engels "Staat" ablehnt, wiewohl ohne selbst darauf verzichten zu können, Werdewelt-Prädikate - zum Beispiel Bevölkerungsdichte, vgl. oben -, zur Darstellung seiner dialektisch konzipierten Entfaltung hin zu Mensch im Horizont des Überkommen des Sündenfalls anzunehmen.

Engels gelingt es also, Universalität des Person-sein gegenüber einem selektionistischen Denken bezüglich der Vorgänge innerhalb von "Menschheit" frei zu halten, doch dringt er zu keinem unverzerrten Verständnis von Universalität des Person-sein vor, wie sich bereits aus seinen Konstruktionen gemäß »Wildheitszustand« und so fort ergibt. Eben deshalb ist Engels' Position zum Beispiel auch im Lichte der *Theages*-Problematik zu verstehen.

-

Resümierend ist somit zu Engels' dialektisch-materialistischer Position festzuhalten, daß sie genesetheoretisches Denken aufgreift, obgleich sie an zentraler Stelle nicht von ihrem dialektischen Fundament abläßt. Das Ergebnis hiervon ist dahingehend zu charakterisieren, daß das um sich bemühte Am-Werke-sein des Ich letztlich in Form einer Konstruktion - "Arbeit" – bedacht wird, die sich in einer Weise an der Güterverrechnung orientiert, die "Ich" nicht gemäß der dialektischen Differenz verstehen läßt. Das ist: Zwar wird das Am-Werke-sein an sich als in modaler Differenz zu seiner materialen Basis gedacht, derart jedoch, daß das hiermit Ausgesagte Entontologisieren-müssen gemäß Anfang-, nicht aber Daß-haben der Werdewelt nicht thematisiert wird - hierzu analoge Probleme bei Heraklit, Parmenides und Platon sind in *Untersuchungen* dargestellt -. Engels überdeckt die hierdurch auftretenden Probleme, indem er "Alles fließt" in die Konstruktion einflicht, womit er aber Analytik (Bereich der Notwendigkeit) und Veränderung (Bereich der Kontingenz bzw. des Begrenzten) in ein pragmatisches Gesamt vermengt.

Engels verflicht somit seine Dialektik mit genesetheoretisch-naturwissenschaftlichem Denken, da er den Gehalt an "zweiter Schicht"-Argumentation, wie er ihn in den ihm bekannten dialektischen Positionen findet, hierdurch eliminieren zu können meint. Er verliert hierbei zwar nicht seine Konzentration auf die Dialektik, trägt zugleich aber auch nichts dazu bei, besagten Gehalt tatsächlich abzubauen. Engels' Position ist dementsprechend mit jenen Defiziten im Bedenken des Person-sein durchflochten, die auch bezüglich Platon, Nikolaus von Kues, Darwin, Haeckel und anderen anzuführen waren. Zugleich zeigt Engels' Position, auf welche Weise Dialektik und Evolutionstheorie - bzw. genesetheoretisches Denken - nicht miteinander verflochten werden dürfen. Komplementär hierzu gilt aber, daß seine Position als Ausgangspunkt für die Suche hiernach betrachtet werden kann, vorausgesetzt sie wird in der Zusammenschau mit der Trinitätslehre betrachtet, insofern beide Positionen als darum bemüht seiend verstanden werden können, letztlich den Gehalt an "zweiter Schicht"-Argumentation in der Position Platons zu überwinden.

Dieses Ausgangspunkt-sein der Engelsschen Position - wohl in Zusammenschau mit jener von Marx, ergibt sich hierbei auch daraus, daß Engels' Bedachtnahme auf die Genesetheorie Werdewelt-Regeln zum Zusammenleben der Personen ergibt, so wie auch bei Darwin von der Entdeckung von Werdewelt-Regeln zu sprechen gewesen ist. Für beide Denker gilt daher, daß das von ihnen Freigelegte zwar der Modifikation bedarf, da es abseits der propositionalen Vergegenwärtigung der unthematische-Begriffpyramide dargelegt wird, zum Teil der Maskierung hiervon dienen sollend, zugleich somit aber nicht reine Fiktion ist[132].

[132] Insbesondere die Ausführungen von Engels und Marx zum Staat und seiner Bedeutung für das Zusammenleben der Menschen sollen im Lichte hiervon an anderem Ort, zusammen mit den entsprechenden Stellungnahmen Platons, aber auch der christlichen Position eigens betrachtet werden.

Das ist: Ebenso wie Engels' Theorie von der Entfaltung der Arbeit und dem damit verbundenen Auftreten spezieller Ethiken jeder Klasse - vgl. oben -, so ist eben auch die Normierung der Handlungsanweisungen in der Trinitätslehre - vgl. *Theologie* - an die konsequente Vergegenwärtigung der dialektischen Differenz, also die Entdeckung Platons, erst anzugleichen. Hierdurch wird es erst gelingen, das Ich gemäß seiner Autonomie als einem Gegründeten adäquat verstehen zu können, "Lehrer"-Konstruktionen und "Quasi-Person"-Konstruktionen - welcher Form auch immer - erübrigen könnend.

3.2.6 Schlußwort

Engels nutzt bei seinem "die Hegelsche Dialektik auf die Füße stellen" nicht die in der Feuerbachschen Betonung des Ich liegenden Möglichkeiten, so daß die Hegelsche Prozessualität, wie sie die transzendentalphilosophische Schwelle nivelliert, von Engels überwunden werden könnte, das Ich im Lichte der Eines-Formel bedenken lassend. Engels verfehlt dies, da er seine Beiziehung der fachwissenschaftlichen - Darwinistischen - Genesetheorie abseits der Konzentration der Dialektik auf die Analyse des Bereichs der Notwendigkeit versteht, hieraus auf Veränderlichkeit als Werdewelt-Konstitutivum blickend. Dies provoziert die dargestellten Defizite in Engels' Argumentation, wiewohl diese keine solchen sind, die die Konzentration auf die Dialektik einbüßen lassen. Daher auch gilt: Obgleich Engels die Universalität des Person-sein verzerrt - "Wildheitszustand", "verschiedener Grad und Richtung" und so weiter -, gelangt er gemäß seiner Dialektik zu einer Einsicht in "Universalität des Person-sein", das abseits selektionistischer Abwägigkeiten - wie sie bei Haeckel, Lapouge, Royer und so weiter auftreten; vgl. oben - zu dem Sich-entsprechen-können der Personen führen lassen soll. Engels übersteigt hierbei auch die Darwin gegebenen Möglichkeiten, insofern sich dieser auf seinen Opportunismus beschränken muß, wie er auch Brocasche Herbeiargumentation - zum Beispiel bezüglich Lehrer" - vermeiden kann, obgleich die propositionale Darstellung des hierbei dialektisch Anvisierten nicht gelingt.

Daher ist festzuhalten, daß Engels' Dialektik nicht, wie Bernstein meint - vgl. oben -, zurückzuweisen, sondern von ihrem materialistischen Gehalt zu befreien ist, da dieser nichts anderes als eine Maskierung der noetischen Dialektik bedeutet, wie sie - besagte Maskierung - also gemäß der Bezugnahme auf die Evolutionstheorie auftritt, da nicht zu der anfänglichen Daß-Aussage "Ich bin" vorgedrungen wird. Entscheidend ist hieran, daß Engels die Defizite seiner Position mittels eines Argumentes maskiert, das das defizitäre Vergegenwärtigen des Person-sein in Analogie zu Darwins "Dekalog - Seligpreisung"-Argument zu kompensieren versucht. Das ist: Wie Haeckel - vgl. oben -, unternimmt auch Engels eine Konzentration auf das Ich als einem Eines der Werdewelt, ohne dies letztlich Alles sein zu lassen. Bei Engels führt dies dazu, daß er gemäß seiner Anleihnahme an der Hegelschen Konzentration auf das Ich zu einer Konstruktion findet, die das Ich mit dem Sein gemäß "kein Attribut geht verloren" und so weiter - vgl. oben - verknüpft, das individuelle Ich entgrenzend, wobei aber dasjenige, das mit der Entgrenzung ausgesagt wird, nicht propositional bedacht wird, weshalb es Engels auch bei nicht letztbegründbaren Konstruktionen wie "der Mensch ist das Produkt der Menschen" belassen zu können meint - wie sie also die genealogische Ich-Kette gemäß der noetischen Dialektik verzerren -. Engels' Analogon zu Darwins "Seligpreisung - Dekalog"-Konstruktion ist hierdurch derart, daß es Darwins Entgrenzung des Werdewelt-Ich aufgreift, obgleich es das bei Darwin - im Sinne seines "Vorstoßes innerhalb der Theologie" - hierzu Ausgesagte als idealistisch verzerrt zurückweist, bei gleichzeitiger Unterlassung der propositionalen Anführung einer Alternative. Hierin spiegelt sich wiederum Engels' defizitärer Umgang mit der Begründungsproblematik wider.

Somit gilt: Wie bereits in 3.2.2 angeführt, erwächst Engels' Position aus einer solchen Anleihnahme an der Dialektik Hegels, die auf die Dialektik reflektiert, wiewohl unter Zurückweisung des Hegelschen Versuches der propositionalen Bezeichnung des Bereichs der Notwendigkeit. Gerade die hiermit von Hegel verbundene Leistung meint Engels durch seine Beachtung der Werdewelt - insbesondere im Lichte der Genesetheorie - erbringen zu können, wodurch ihm aber unterläuft, anstatt einer propositionalen Vergegenwärtigung des Bereichs der Notwendigkeit lediglich eine latent monistische Argumentation aufzubieten. Indem sich Engels dieserart der Hegelschen Argumentation annimmt, entgrenzt er relativ zu Hegel eine Mediator-Konstruktion - Hegels prozessuales Verständnis der zu dem Menschen führenden Dynamik -, ebenso wie Darwin, relativ zur Schöpfungslehre, eine ebensolche Konstruktion entgrenzt. Beide, Engels und Darwin, nutzen aber die jeweilige Mediator-Konstruktion in entgrenzter - im Sinne von nichtpropositional bedachter! - Form als jenes, an das die beigebrachten werdeweltlichen Informationen angelegt werden können, ohne selbst die Letztbegründung ergeben zu müssen. Im Sinne hiervon ist daher auch obige Aussage zu verstehen: Engels kann auch die "Dekalog - Seligpreisung"-Konstruktion Darwins materialistisch modifizieren. Das ist: Indem Engels von einer dialektisch konzipierten Basis ausgeht, projiziert er - gemäß seinem nicht-noetischen Verständnis der Dialektik - dialektische Analytik auf den Bereich der Werdewelt, worüber ihm diese anscheinend nicht zum "Uhrwerk" wird, was Darwin - aufgrund seiner nicht-dialektischen Perspektive - alleine mittels seinem Opportunismus abzuwehren versteht.

4 Die Bedeutung der Evolutionstheorie für die Lehre vom Menschen im Lichte der gegenwärtigen Anthropologie

Die Analysen in Kapitel 3 haben gezeigt, daß die genesetheoretischen Betrachtungen der werdeweltlichen Veränderlichkeit gegen Ende des 19. und zu Beginn des 20. Jahrhunderts, unabhängig davon ob sie unter Beachtung der Dialektik oder abseits von dieser durchgeführt worden sind, einerseits zu einer Hintanhaltung der Vergegenwärtigung von "Inversion der Betrachtungsrichtung" führen und andererseits - dies gilt insbesondere für die nicht-dialektische Argumentation - zu dem Versuch, das bei Darwin gemäß "Vorstoß innerhalb der Theologie" Vorliegende naturalistisch begreifen zu können, aufbauend auf einer Betonung natur- bzw. fachwissenschaftlichen Denkens. Trotzdem gilt, daß einheitlich die Fachwissenschaft nicht Letztbegründendes sein soll, bzw. das nicht-wieder-Fachwissenschaft Bedeutende zumindest dem Motiv nach die Eines-Formel zitiert, wie im Falle der monistischen, komplementären "nicht ohne"-Konstruktion, bzw. explizit um die Dialektik bemüht ist, wie im Falle des dialektischen Materialismus.

Demgegenüber soll nun - Kapitel 4 - mit der gegenwärtigen Anthropologie eine Konstruktion von Fachwissenschaft betrachtet werden, die gleichsam unter dem Eindruck jahrzehntelang vonstatten gegangenen fachwissenschaftlichen Datensammelns und -analysierens damit umgeht, in dem Versuch Darwins, gemäß "Vorstoß innerhalb der Theologie" die Fachwissenschaft nicht Alles sein zu lassen, etwas sehen zu müssen, das die Möglichkeit der Infragestellung der Beachtung der werdeweltlichen Veränderlichkeit in sich trägt. Die entscheidende Frage lautet daher, in welchem Ausmaß das fachwissenschaftlich-genesetheoretische Denken zu einer Unterwanderung der Vergegenwärtigung der Eines-Formel und damit von "Sonderstellung des Ich" bzw. "Inversion der Betrachtungsrichtung" führt, das bei Darwin noch gemäß "Vorstoß innerhalb der Theologie" Angelegte ausblendend, bzw. - komplementär hierzu - besagte Vergegenwärtigung erbringt, da der kritische Umgang mit der Position Darwins und der an ihn anschließenden Tradition zu einem fachwissenschaftlich-genesetheoretischen Denken gemäß den beiden Kompetenzbereichen des Bedenkens führt. Hiermit hängt die Frage zusammen, inwieweit die Beachtung bzw. Mißachtung der Dialektik - unabhängig davon, wie "naturalistisch" sie auch verstanden werden mag - unterschiedliche Betrachtungsweisen ergeben kann.

4.1 "Gegenwärtige" Anthropologie abseits dialektischer Intentionen

In Abschnitt 4.1 wird die gegenwärtige Anthropologie, insofern sie abseits von dialektischen Überlegungen konzipiert ist, betrachtet. Hierfür soll ein Text von R. Leakey analysiert werden, in dem der Autor umfangreich auch die Theorien anderer Anthropologen (und Primatologen) diskutiert, so daß grundsätzlich ein Einblick in die Diskussion der gegenwärtigen Anthropologie - abseits der Beachtung der Dialektik - gewonnen werden kann. Leakeys Text enthält jedoch keine Stellungnahmen zur allgemeinen Evolutionstheorie und zur theoretischen Fundierung naturwissenschaftlichen Denkens, so daß, um auch diesbezüglich die "gegenwärtige Situation" beleuchten zu können, ein anderer Text beigezogen werden muß. Hierfür ist ein Buch von M. Mahner & R. Bunge ausgewählt worden, das gerade in seiner Kritik an der gegenwärtig akzeptierten Praxis evolutionstheoretischen Denkens, verdeutlicht, worauf dieses

Denken abzielt bzw. wovon es berichtet, wenn es konsequent durchgearbeitet dargeboten wird. Hierin liegt, daß zwischen Leakeys Text und jenem von Mahner & Bunge eine gewisse Distanz besteht, doch wird sich erweisen, daß aus der Perspektive des vorliegenden Buches diese Distanz lediglich Ausdruck zweier unterschiedlicher Ausprägungsformen ein und derselben Position ist.

4.1.1 Der allgemeine evolutionstheoretische Horizont - M. Mahner & R. Bunge: *Philosophische Grundlagen der Biologie*[133]

Die folgende Analyse der Position von Mahner & Bunge betrachtet diese primär in Relation zu den in den Kapiteln 2 und 3 dargestellten Positionen und gelangt hierbei - insbesondere aufgrund der Mahner & Bungeschen Zurückweisung der Dialektik - umfangreich zu einer ablehnenden Haltung gegenüber den Ausführungen in *Biologie*. Es ist dem Autor aber wichtig, schon hier darauf hinzuweisen, daß es sich hierbei um keine grundsätzlich ablehnende Haltung gegenüber *Biologie* handelt, wie die Ausführungen in Kapitel 5 verdeutlichen werden, die dieses Buch im Vergleich mit der Synthetischen Evolutionstheorie zeigen werden.

Mitentscheidend für die positive Aufnahme von *Biologie* wird die in diesem Buch enthaltene Beachtung der *developmental biology* sein, von der in Kapitel 4 noch nicht die Rede sein wird.

4.1.1.1 Grundsätzliche ontologische und epistemologische Positionierung

Gleich zu Beginn ihres Buches unterscheiden Mahner & Bunge zwischen »allgemeiner und regionaler Ontologie«, wobei gelten soll, daß allgemein-ontologische Aussagen durch ihre »Kohärenz mit Einzelwissenschaften« zu prüfen sind, regional-ontologische Aussagen hingegen empirisch. Schon dieser Beginn zeigt, daß Mahner & Bunge die Bedeutung der Transzendierung der Werdewelt als einem Eines, das an sich des Selbstandes entbehrt, nicht gegenwärtig ist: Was auch immer in der Transzendierung der Beschäftigung mit jenem, das unmittelbar mit der Empirie verflochten ist, entgegentritt, es ist nichts, das sich im Lichte von K o h ä r e n z hiermit rechtfertigen läßt, wie im Sinne der Platonischen Eines-Formel festgehalten sei. Woran Mahner & Bunge also auch Denken mögen, wenn sie zwei Ebenen ontologischen Denkens unterscheiden, es muß notwendig eine Verzerrung dessen darstellen, das thematisch-methodisch unreduziert - die Beachtung der *Ion*schen Teilpyramiden bedeutend - auszusagen ist; bzw. stellt es eine Verzerrung hiervon dar, entsprechend einer Nivellierung der transzendentalphilosophischen Schwelle, daraus erwachsend, daß die Möglichkeiten des Ich bezüglich der propositionalen Vergegenwärtigung des Daß-Aussage-Bereichs nicht erkannt werden, besagte "Kohäsion"-Aussage provozierend.

Angesichts dieser grundsätzlichen Feststellung zur Argumentation von Mahner & Bunge sei nun auf jenes geblickt, das sie aus ihrer einleitenden Feststellung heraus ableiten. Zunächst halten Mahner & Bunge fest, daß sie einen Materialismus vertreten, in Abgrenzung von einem

---

[133] M Mahner & R Bunge: *Philosophische Grundlagen der Biologie* - Berlin, 2000. Im weiteren Text zitiert mit: *Biologie.*

dialektischen Materialismus (S.10). Im Sinne hiervon stellen sie fest, daß die Welt »aus sich selbst heraus« existiert (S.6), »in der realen Welt [existieren] ausschließlich konkrete und materielle Dinge« (S.6), »jedes Objekt ist entweder ein Ding oder Konstrukt« (S.6), was einen »methodologischen, aber keinen ontologischen Dualismus« (S.6) bedeuten soll, weiters, daß »abstrakte Objekte Fiktion [sind]« (S.6) und somit kein Teil der realen Welt. Daher auch bezeichnen Mahner & Bunge ihren Materialismus als monistisch: Es existiert eine Substanz, »die reale Eigenschaften besitzt und sich ändert [Materie]« (S.6); hierher gehört auch, daß es »weder eigenschaftslose Substanzen, noch Substanzen ohne Eigenschaften [geben soll]« (S.7), wie auch das Verständnis von "Ding" als »substantielles Etwas ... mit all seinen Eigenschaften« (S.7).

Aus dieser Aufzählung sei zunächst der Verweis auf "monistisch" und "die Welt existiert aus sich" herausgegriffen. Wie bereits ausgeführt, ist "monistisch", ein irreführendes Konstrukt bzw. ein solches, das Platon unterstellt, einen Dualismus auszusagen, da er mit den Ideen etwas feststellen würde, das in faktischer Getrenntheit zu dem steht, das von einem Ich als zu Bedenkendes erlebt wird. Wie dargelegt - vgl. zudem *Lehre* und *Vergleich* -, ist es aber gerade Platons noetische Dialektik, die ein "existiert aus sich selbst" der Welt verstehen läßt, da sie Gründendes und Gegründetes im Sinne der dialektischen Differenz miteinander in Beziehung setzt. Voraussetzung dafür, dies einsehen zu können, ist die Vergegenwärtigung des fehlenden Selbstandes der Werdewelt; alleine hieraus ergibt sich, das "aus sich selbst" nicht zu einer Nivellierung der transzendentalphilosophischen Schwelle werden lassen zu müssen, da es im Lichte einer propositionalen Vergegenwärtigung des Gründenden bedacht werden kann. Erst angesichts hiervon wird zudem evident, daß die Werdewelt prädizierbare Eines aufweist, ohne daß diese Eines ohne Prädizierung und die Prädizierungen ohne jene Eines gedacht werden könnten, wohingegen die Formulierung von Mahner & Bunge, wonach Substanz nicht ohne Eigenschaften und Eigenschaften nicht ohne Substanz gedacht werden können, lediglich eine Verzerrung hiervon ist. Die Verzerrung besteht konkret in einem Übersehen davon, daß die Werdewelt-Analyse keine Aussage-Subjekte enthält, wohl aber Paradigmata, wobei die Verflechtung der Paradigmata mit den werdeweltlichen Prädizierungen - Eines im Sinne von thematische Begriffe bedeutend - notwendig gegeben ist, was also Mahner & Bunge thematisieren, jedoch entsprechend ihrer Mißachtung von Entontologisieren-müssen, als Konsequenz ihrer Mißachtung der noetischen Dialektik, wie angemerkt verzerrt.

In Konsequenz der dieserart bei Mahner & Bunge gegebenen Verzerrung liegt eine ebensolche - wiederum aufgrund der Nichtbeachtung der Dialektik - auch bezüglich den Aussagen vor, wonach jedes Objekt entweder ein Ding oder ein Konstrukt ist, sowie die abstrakten Objekte Fiktion in dem Sinne sind, daß sie keine Objekte der realen Welt sind. Dieser "methodische Dualismus" - der kein ontologischer Dualismus sein soll! - berücksichtigt nicht, daß jegliche Aussage zur Seinsgleichheit von Denken und Sein abseits der noetischen Dialektik ein faktischer Dualismus ist, da hierbei etwas als Elemente des Bedenkens angenommen werden muß, das nicht analytisch aus dem Subjekt der anfänglichen Daß-Aussage abgeleitet ist. Das ist: Die Feststellung fiktiver Eines kann aufgrund der Nichtbeachtung der noetischen Dialektik weder die unthematischen Begriffe meinen, noch Neues im Horizont der selbstorganisierenden Theorienbildung im Horizont der Werdewelt-Analyse, obgleich offensichtlicherweise hierauf abgezielt wird, so wie zuvor bereits in der Differenzierung "allgemeine – regionale Ontologie" der Versuch der Beachtung der transzendentalphilosophischen Schwelle angeklungen ist - um willen der Vermeidung eines naiven Realismus! - . Sind also die formalen Konstrukte gar nicht Teil der realen Welt, so können sie auch nicht auf deren Analyse bezogen werden, bzw.: »jedes Objekt [ist] entweder ein Ding oder Konstrukt« impliziert eine Verflechtung zweier kategorial verschiedener Eines im Begriff "Objekt", die also herbeiargumentiert ist, um willen der Thematisierbarkeit der transzendentalphilosophischen Schwelle - so ist gemäß Universalität des Person-sein auszusagen -. Hieran ist sogleich anzufügen: »Ding«, verstanden als »substantielles Etwas mit all seinen Eigenschaften« - vgl. oben -, ist ein von Mahner & Bunge ebenso herbeiargumentiertes begriffliches Eines wie »Objekt«.

Hierin liegt, daß Mahner & Bunge auf »Ding« zu sprechen kommen, insofern sie im Sinne ihrer Differenzierung bezüglich "allgemeine - regionale Ontologie", wie auch aufgrund ihrer Aussage zu "fiktives Objekt (abseits der realen Welt)" die Ermöglichung davon sehen, die noetische Dialektik, wie sie aus der Beachtung von "Begrenztes verweist auf Begrenztes" und der daraus folgenden Vergegenwärtigung der *Ion*schen Begriffpyramiden, argumentiert, mißachten zu können, ohne Probleme im Rahmen mit der Begründungstheorie zu provozieren. Die Mißachtung der noetischen Dialektik provoziert diese Probleme aber, so daß gemäß Universalität des Person-sein festzuhalten ist: Mahner & Bunge gelingt keine propositionale, diskursive Vergegenwärtigung dessen das sie aussagen, wenn sie angesichts von »regionale Ontologien« eine »allgemeine Ontologie« einfordern, da sie hiermit die unthematische-Begriffpyramide thematisieren, ohne sie als solche zu vergegenwärtigen, also als jenes, das die Werdewelt als Ganzheit gemäß ihrem nicht-an-sich-Selbstand-repräsentieren betrachten läßt, ohne hierüber die Ermöglichung davon zu verlieren, Eines - die Eines der unthematische-Begriffpyramide und die Paradigmata - aussagen zu können, die thematisch-methodisch unreduziert dargelegt sind.

»Ding« wird also dem Bedenken-können bzw. em Aussagen-können von Daß-Aussagen und Aussage-Subjekten des Ich - als einem Gegründeten - nicht gerecht, sondern bedeutet eine formale Konstruktion, die der Verflechtung mit »fiktive Objekte« im Horizont des Bedenkenkönnens gerecht wird. Die Anführung des Eines »Ding« manifestiert also nicht das Transzendieren-müssen der werdeweltlichen Inhalte - die Eines der unthematische Begriffe vergegenwärtigend -, sondern erwächst aus einer Abstraktion von diesen Inhalten, im Sinne davon, daß "fiktive Objekte" dem Bedenken-können des Ich genügen. Angesichts hiervon sei sogleich betont, daß »Ding« in der Ontologie von Mahner & Bunge nirgendwo eine Definition erfährt, dergemäß man erfährt, was es sein soll, das sich durch das Haben von "substantielle Eigenschaften" auszeichnet. Diese Thematik wird von Mahner & Bunge fortgesetzt ausgeblendet! Gemäß der noetischen Dialektik ist eine solche Vorgehensweise aber nur gegenüber den Eines der thematische-Begriffpyramide möglich, ausschließlich deshalb, da diese Eines keine Aussage-Subjekte bezeichnen. Diese treten nur in der unthematische-Begriffpyramide auf und sind in dialektischer Differenz zu "Prädizierbarkeit" zu verstehen, da sie der dialektischen Entfaltung des Subjektes der Eines-Formel erwachsen. Wiederum liegt also in der Position von Mahner & Bunge hiergegenüber bzw. gegenüber der dialektischen Argumentation eine verzerrende Thematisierung vor.

Der genaueren Darstellung der Hintanhaltung der propositionalen Vergegenwärtigung von »Ding«, wie auch jener Konstrukte, die Mahner & Bunge aufwenden, um angesichts der von ihnen provozierten Verzerrungen zu einer Position zu gelangen, die gemäß Universalität des Person-sein von einem Ich als komplette Theorie - entsprechend einem pragmatisch verzerrten Verständnis von Verzicht-üben-müssen! - vor sich vertreten werden kann, dienen die folgenden Absätze.

Zunächst führen Mahner & Bunge die einzelnen Formen von Eigenschaften an, wobei »intrinsische und relationale«, »primäre und sekundäre«, »essentielle und akzidentelle«, »quantitative und qualitative« sowie »manifeste und dispositionelle« Eigenschaften unterschieden werden, wie von ihnen sogleich explizit darauf hingewiesen wird, daß sie als kritische Realisten »Eigenschaften und Prädikate auseinanderhalten« (S.11). Hierzu ist unter anderem zu lesen: »nicht alle Prädikate repräsentieren reale Eigenschaften« (S.10), »Negation und Disjunktion sind de dicto, nicht de re« (S.10) und »eine Eigenschaft kann durch verschiedene

Prädikate dargestellt werden [hängt auch vom Wissensstand ab]« (S.10). Diese Aussagen spiegeln wider, daß Mahner & Bunge Prädikation abseits eines naiven Realismus als Bezeichnung der Eigenschaften verstanden wissen wollen.

Angesichts der vorangegangenen Ausführungen zu *Biologie* liegt hier aber vor, daß dasjenige, das als nicht naiv-realistisch Verstehbares dargelegt wird, nicht die Eines einer der *Ion*-schen Begriffpyramiden bezeichnet, sondern als Ausdruck des Versuches zu verstehen ist, die Veränderlichkeit in der Werdewelt, wie von ihr als einer nicht-nur-chaotisch-sein-könnenden Veränderung zu sprechen ist, den Erfahrungen mit der Werdewelt gemäß zu repräsentieren. Dieserart sprechen Mahner & Bunge also von »intrinsischen«, »essentiellen«, »sekundären« und so weiter Eigenschaften aufgrund einer Orientierung an der Natur im Lichte der Ermangelung der Vergegenwärtigung der dialektisch konzipierten Eines der unthematische-Begriffpyramide; eben dies gilt zum Beispiel auch für Aristoteles' Festlegungen von Eines in seinem Organon - vgl. *Vergleich* -.

Mahner & Bunge bedürfen dieser Orientierung an der Natur also, obgleich sie keinen naiven Realismus aussagen wollen, weshalb sie sogleich besagte Eigenschaften zwar als notwendig Auszusagendes darlegen, ihre Vergegenwärtigung im Horizont der Erforschung der Welt aber in Verflechtung mit einer Konstruktion darstellen, die verhindern soll, daß diese Eigenschaften als abbildtheoretisch wahrnehmbar entgegentreten. Die Differenzierung in »Prädikate« und »Eigenschaften« geschieht aber abseits der Anerkennung von "Begrenztes verweist auf Begrenztes" bzw. von Entontologisieren-müssen und dem damit zusammenhängenden differentiellen Verständnis von Verzicht-üben-müssen, sodaß für »Prädikate« keine thematisch-methodisch unreduziert konzipierten Beispiele angeführt werden können. Nicht derartiges tritt also auf, da das zu den epistemischen Eigenheiten - zum Beispiel die Vernünftigkeit der Disjunktion und Negation (die keine ontologische Entsprechung aufweist!) - Transzendentale, sowie diese Eigenheiten selbst, nicht aus dem Gegründetes-sein des Ich abgeleitet werden, die beiden Zugänge des Ich zum Bereich der Notwendigkeit entsprechend dem Verzicht-üben-müssen des Ich ergebend.

In anderen Worten: Mahner & Bunge vergegenwärtigen keine Daß-Aussagen im Sinne des dem Ich möglichen Bedenken-können, sondern konstruieren Sätze, die ihre "Notwendigkeit" aus einer Orientierung an der Natur beziehen, wie sie auftritt, da die Bedeutung der Dialektik nicht vergegenwärtigt wird. Gemäß Universalität des Person-sein nutzen Mahner & Bunge hierbei den Umstand, daß das Bedenken des Ich kein uneingeschränktes Verzicht-üben-müssen bedeuten kann - wozu gehört, daß hierdurch kein naiver Realismus legitimiert sein kann -, ohne zugleich zu beachten, daß besagter eingeschränkte Charakter alleine aus der diskursiven Vergegenwärtigung des Subjektes der anfänglichen Daß-Aussage propositional beleuchtet werden kann, so daß jegliche Mißachtung hiervon notwendig "Orientierung an der Natur" provoziert: da es letztlich die Werdewelt ist, um willen derer Analyse besagtes Subjekt aufgesucht wird - insofern das Ich als ein ontologisch Begrenztes mit epistemologisch Begrenztem umzugehen hat -, ist das Verfehlen besagten Subjektes alleine durch eine Orientierung an der Werdewelt - die somit nicht adäquat bedacht wird - kompensierbar.

Im Sinne hiervon ist es auch zu verstehen, wenn Mahner & Bunge nun aussagen, daß jede essentielle Eigenschaft gesetzmäßig mit einer oder mehreren essentiellen Eigenschaften verbunden ist (S.13), woraus sie folgernd, daß »ein Gesetz eine besondere Eigenschaft von Dingen [ist]« (S.13), sowie: »Gesetze sind *in re* nicht *ante re*« (S.14) und »Gesetze können raumzeitlich eingeschränkt sein oder uneingeschränkt« (S.14). In diesen Stellungnahmen führen Mahner & Bunge zusammen, daß die Analyse der Welt darauf basiert, daß keine reine Chaotizität - wie sie jegliche Orientierung verhindern würde - bestehen kann, wobei sie das hiermit Thematisierte den Eigenschaften der Dinge zuordnen, nicht als etwas, das die Dinge zusätzlich zu ihrem Ding-sein haben, sondern haben, insofern sie Dinge sind - »*in re*« -. Damit ist freilich das Ding-sein überhaupt nicht propositional spezifiziert, sondern ein Aspekt von Ding-sein ausgesagt! Mahner & Bunge sehen eben die Notwendigkeit nicht, das Ding-sein propositional zu bedenken, sondern belassen es dabei, es im Sinne der Differenzierung in "allgemeine und regionale Ontologie" als hinreichend dargelegt zu verstehen, wovon nun die Differenzierung in "raumzeitlich begrenzt / unbegrenzt" Ausdruck ist.

Komplementär hierzu gilt: Durch diese Beschränkung in der propositionalen Vergegenwärtigung von »Ding« - die insofern keine uneingeschränkte (sondern dem Bedenken des Ich angemessen sein soll) ist, als sie mit Notwendigkeit im Hinblick auf die (wider die Intention) Orientierung an der Natur und die Möglichkeit fiktiver Objekte verflochten dargeboten wird – vermeiden es Mahner & Bunge, eine Aussage zu dem Gründenden zu treffen, die da sie nicht noetisch-dialektisch argumentieren, lediglich herbeiargumentiert sein könnte. Gelingt ihnen also auch i n s o w e i t die Konzentration auf die transzendentalphilosophische Schwelle, so letztlich nicht dahingehend, daß eine Nivellierung - bzw. eine Öffnung gegenüber der ersten Schicht des philosophischen Horizonts - insgesamt vermieden wird. Ausdruck hiervon ist eben das Aussagen vermeintlicher Bereiche der Notwendigkeit, wobei im Horizont von "Gesetze" folgende Kratylossche Differenzierung hinzutritt: Mahner & Bunge unterscheiden bezüglich "Gesetze" die (i) konstante Verbindung von Eigenschaften von Dingen, (ii) Gesetzesaussagen, (iii) nomopragmatische Regeln und (iv) metanomologische Aussagen. Während sich die erste Form auf D i n g e bezieht, beziehen sich die zweite bis vierte Form auf A u s - s a g e n ü b e r D i n g e, wozu in *Biologie* auch zu lesen ist: »das Prinzip der Gesetzmäßigkeit ist selbst eine gesetzesartige Aussage« (S.14). Somit ist die Differenzierung bezüglich "Gesetz" aber eine Kratylossche Differenzierung, als die vereinheitlichende Anwendung von »Gesetz« auf den ontologischen und den epistemologischen Bereich die Inanspruchnahme davon, das Seinsgleichheit-Problem hinreichend beachtet zu haben, unbegründet aufwendet: es werden i n s g e s a m t keine thematisch-methodisch unreduziert konzipierten Eines bedacht. Das ist: Besagte Kratylossche Differenzierung erwächst daraus, daß r e l a t i v z u e i n e r p r a g m a t i s c h v e r z e r r t e n B e a c h t u n g der transzendentalphilosophischen Schwelle ein Eines - »Gesetze« - ausgesagt wird, das - als ein solches Eines - zwei verschiedene Bereiche zusammenführen - ver e i n en - können soll, faktische Getrenntheit abwendend; somit wird also nicht modale Verschiedenheit gemäß der dialektischen Differenz bedacht, sondern ein Zerrbild hiervon.

In einem weiteren Schritt führen Mahner & Bunge nun den Begriff »Zustand« ein, mit dem »die Gesamtheit der Eigenschaften eines Dinges zu einer bestimmten Zeit« (S.15) bezeichnet wird. Hierzu ist in *Biologie* zu lesen: »Kennen wir *n* Eigenschaften eines Dings, können wir jede davon als eine mathematische Funktion *f* [Zustandsvariable] darstellen« (S.15); »die möglichen Zustände eines Dings können durch einen *Zustandsraum* oder *Möglichkeitsraum* für das Ding dargestellt werden« (S.16). Es kann freilich kein Zweifel darüber bestehen, daß man für ein erdachtes "Ding" einen derartigen Zustandsraum festlegen kann bzw. derartiges als Simulation im Rahmen der Werdewelt-Analyse heranziehen kann. Alleine mit solchen Simulationen läßt sich aber nicht das Auslangen finden und indem dies gilt ist der Verweis von Mahner & Bunge auf Mathematik lediglich Ausdruck davon, das "Begrenztes verweist auf Begrenztes" nicht hinreichend bedenken zu können. In dem hiermit bezeichneten Sinn ist ihre Einbringung von »Zustand« bzw. »Zustandsraum« eine Entfaltung der mit der Einbringung von »Eigenschaften« begonnen Argumentation, wie sie auf einem nicht-propositional bedachten Eines - »Ding« - basiert, zu besagter Kratylosschen Differenzierung im Horizont von »Gesetze« führend.

Im Lichte hiervon ist auch der Begriff »nomologischer Zustandsraum« zu verstehen, mit dem Mahner & Bunge verbinden:

> "Das Prinzip der Gesetzmäßigkeit besagt, daß alle essentiellen Eigenschaften von Dingen gesetzmäßig verbunden sind. Dementsprechend wird jede logisch oder begrifflich mögliche Zustandsfunktion eines Dings nicht jeden denkbaren Wert annehmen, sondern nur solche, die mit den Gesetzen des betreffenden Dings vereinbar sind. So wird nur eine bestimmte Teilmenge aller denkbaren Zustände eines Dings für es auch wirklich, realiter, möglich sein" (S.16-17).

Dies läßt sich, abseits der Verwendung herbeiargumentierter Inhalte, alleine für besagte Simulationen aussagen.

Im Lichte hiervon sei nun aus *Biologie* zitiert:

> "Obwohl der Zustand eines Dings eindeutig und objektiv ist, kann er begrifflich je nachdem, was wir über ihn wissen, auf unterschiedliche Weise gefaßt werden" (S.16).

Hier tritt also wieder jener mißlingende Versuch zur Vermeidung eines naiven Realismus entgegen, insofern die Differenz zwischen ontologischer und epistemischer Ebene nicht im Sinne der Eigenständigkeit letzterer gemäß dem Umstand bedacht wird, die Betrachtung der ontologischen Ebene auf Paradigmata beziehen zu müssen, wie sie in der dialektischen Analyse aus der Thematisierung des Subjektes der anfänglichen Daß-Aussage erwachsen. Der Versuch, dies einzubringen, liegt bei Mahner & Bunge freilich vor, doch mißlingt er in eben dem Maße, wie von ihnen darauf verzichtet wird, aus Platons Eines-Formel heraus zu argumentieren: »Objektiv« repräsentiert nicht "notwendig" im Sinne der unthematische-Begriffpyramide! Mahner & Bunges »objektiv« ist also a b g e s t i m m t a u f ihre pragmatische Differenzierung in »allgemeine und regionale Ontologien«, die Kratylossche Differenzierung bezüglich »Gesetze« und eine "Zustandsraum"-Konstruktion, die Mathematik aufwendet, da nicht zu den Paradigmata bzw. einem adäquaten Verständnis der beiden Zugänge des Ich zum Bereich der Notwendigkeit vorgedrungen wird.

Es ist daher nur konsequent, wenn Mahner & Bunge nun, nachdem sie also »Zustandsraum« in ihre Ableitung eingeführt haben, auf Veränderlichkeit - wie sie Mahner & Bunge allerdings gemäß der Orientierung an der Natur ein Thema ist - zu sprechen kommen: »ein Ereignis ist darstellbar als ein geordnetes Paar von Zuständen« (S.18). Hieraus gelangen Mahner & Bunge zu folgendem Postulat: »alle Dinge sind veränderlich« (S.18). Daß Mahner & Bunge hier von einem Postulat sprechen, ist als Ausdruck einer Maskierung der von ihnen angewendeten Orientierung an der Natur zu bewerten: Mahner & Bunges Rückzug auf ein "Postulat", ergibt sich daraus, daß sie Veränderlichkeit nicht gemäß der Eines-Formel a l s N o t w e n d i g k e i t in Zusammenhang mit Begrenztes-sein bedenken. Hierher gehört auch, daß Mahner & Bunge ihr Postulat in Zusammenhang mit Heraklits "Alles fließt" in die Argumentation einbringen, derart jedoch, daß das Potential der Herakliteischen Aussage zur Vergegenwärtigung der Dialektik - vgl. oben und *Untersuchungen* - gar nicht emergent wird.

Im Sinne ihrer Orientierung an der Natur ist es auch zu verstehen, daß Mahner & Bunge nun zwischen kausalen und stochastischen Änderungen - »Jedes Ding kann sich nur gesetzmäßig verändern [gesetzmäßig bedeutet aber nicht notwendig kausal, auch stochastisch, zufällig]« (S.19) - unterscheiden, sowie festhalten: nicht jede beliebige Menge von Zuständen oder Ereignissen ist ein Prozeß; für das Vorliegen eines Prozesses muß erfüllt sein: Ereignisse müssen in einem Ding auftreten und müssen intrinsisch geordnet sein, »sich also als Kurve in einem Zustandsraum darstellen lassen« (S.20). Als »Geschichte« eines Dinges wird hingegen die »*Menge* all seiner Zustände (oder Ereignisse) von seinem Anfang bis zu seinem Ende« (S.20) bezeichnet. Mahner & Bunge verweisen nun darauf, daß »Ereignis«, »Prozeß« und »Geschichte« von ihnen ohne den Begriff der Ursache dargelegt worden sind, wozu sie auch ausführen: »Wir sprechen nur dann von einer Ursache, wenn eine Zustandsveränderung in einem Ding eine Zustandsveränderung in einem anderen Ding hervorbringt« (S.20). Die hierin liegende einstweilige Ausklammerung der Beachtung von Ursache im Sinne des Vorliegens einer lediglich "Simulation" bedeutenden Konstruktion zu sehen, bzw. einer solchen, die auf Mathematik rekuriert, insofern die Eines gemäß den beiden Zugängen des Ich zum Bereich der Notwendigkeit nicht vergegenwärtigt werden. Gerade hierin manifestiert sich, daß Mahner & Bunge das "Alles fließt" Heraklits abseits der darin liegenden Thematisierung der Dialektik - die aber als solche noch nicht erreicht ist (vgl. *Untersuchungen*) - diskutieren.

Mahner & Bunge halten weiters zu "Veränderung" fest: »Mit dem Begriff der Veränderung läßt sich "reales Ding" definieren« (S.23), wie auch, daß »Veränderlichkeit« mit »Energie-Besitz gleichzusetzen« (S.23) ist, wobei dies universal für alle Dinge gelten soll; Energie und Masse werden hierbei als Eigenschaften von Dingen verstanden. Im Unterschied hierzu - bzw. gemäß ihrer "Ding - Konstrukt"-Differenzierung - werden die abstrakten Objekte von Mahner & Bunge als "weder veränderlich - noch unveränderlich" verstanden, was explizit in Abkehr von Platon verstanden wird, woraus sich ergibt:

> "... dann ist *Realität* oder *Materie* die (mathematische) Menge aller Dinge oder materiellen Objekte, identisch mit der Menge aller veränderlichen Objekte. Mathematische Mengen sind jedoch selbst begriffliche Objekte: Nur ihre Elemente können real sein" (S.24).

Hieraus wird abgeleitet: »Daher ist Materie oder Realität nicht selbst ein Ding und somit nicht real, obwohl sie die Menge aller realen Dinge darstellt« (S.24); sowie: »Was real ist, ist die Welt oder das Universum, d.h. das konkrete System, das sich aus allen konkreten Dingen zusammensetzt« (S.24). Hieran ist sogleich wieder greifbar, daß Mahner & Bunge zwar um Vergegenwärtigung des Transzendieren-müssens bemüht sind - was keine Selbstverständlichkeit ist! -, hierbei aber lediglich eine Verzerrung des eigentlich Auszusagenden geben können. Das ist: Mahner & Bunge geben mit »Universum« einerseits und »Realität bzw. Materie« andererseits zwei Eines an, wobei sich letzteres aus dem Bedenken ergibt, ersteres aus dem Sein, so wie auch im Lichte der noetischen Dialektik "Eines" zweifach auszusagen ist, nämlich bezüglich "Ich als Eines" und "das Eines". In beiden Konstruktionen - jener Mahner & Bunges und der noetischen Dialektik - erwächst die Zweiheit also aus der Verflechtung von Sein und Bedenken des Seins, doch ist dies alleine im Falle der noetischen Dialektik im Sinne der dialektischen Differenz konzipiert! Daher auch provoziert die noetisch-dialektische Zweifachheit keine Äußerlichkeiten in bezug auf die Seinsgleichheit von Denken und Sein, wie sie in der Konstruktion von Mahner & Bunge auftreten muß. Grundsätzlich liegt diese Äußerlichkeit bei Mahner & Bunge gemäß ihrem Verfehlen von "Ich bin" vor, wie es "bedenken" nicht thematisch-methodisch unreduziert verstehen läßt, ergebend, daß die Bezugnahme auf das Bedenken des Ich im Rahmen einer Thematisierung von "Ich" auftritt, die ebenso defizitär wie bei Haeckel - und Forel - konzipiert ist, da der monistische Materialismus von Mahner & Bunge insofern - also bezüglich der Vergegenwärtigung von "im Gespräch sein mit sich" - dem Haeckelschen - und Forelschen - Monismus entspricht. Das ist: Die Aussage von Mahner & Bunge bezüglich dem Nicht-Ding-sondern-mathematische-Menge-sein von »Materie« bzw. »Realität« bedeutet eine herbeiargumentierende Verflechtung mit »Ding« bzw. »konkretes System« - gemäß: "nur die Elemente der abstrakten Dinge können real sein" -, derart, daß die Bezugnahme auf die Mathematik fortgesetzt das Verfehlen der Eines der unthematische-Begriffpyramide und Paradigmata kompensieren soll. Hieraus folgt, daß aus den beiden Eines "Materie bzw. Realität" und "Universum" nicht analytisch abgeleitet werden kann, wie dies aber im Sinne der noetischen Dialektik zu fordern ist. In der dieserart gegebenen Differenzierung ist begründet, wieso Mahner & Bunge lediglich "Simulation" bieten können, wo sie entsprechend dem differentiellen Verzicht-üben-müssen die ontologische Ebene vergegenwärtigen müßten.

Daher auch transzendieren Mahner & Bunge "Veränderlichkeit", wie sie die Begründungstheorie mit-ergibt, nicht, Daß-Aussagen erreichend, sondern rekurieren in einem Abstraktionsschritt - vgl. oben! - auf die »weder veränderlichen noch unveränderlichen« mathematischen Objekte. Dies bedeutet also k e i n e E n t g r e n z u n g des Gegensatzes "veränderlich - nicht veränderlich", wie ihn zum Beispiel die Dialektiker Platon und Nikolaus von Kues anstreben - vgl. *Lehre* und *Theologie* -, sondern besagte unzulängliche Abstraktion, e i n E i n e s d e r a l l g e m e i n e n B e g r i f f p y r a m i d e t h e m a t i s i e r e n d.

Im Lichte hiervon ist es daher auch zu verstehen, wenn Mahner & Bunge "Veränderlichkeit" in Zusammenhang mit einer Konstruktion bedenken, die Energie, als Eigenschaft von Ding verstanden, im Zentrum hat. "Energie" - aber auch "Masse" (vgl. oben) - wird so zu einem Eines, in dem sich der Versuch widerspiegelt, die nicht erreichte Analytik entsprechend der Vergegenwärtigung der unthematische-Begriffpyramide - basierend auf der adäquaten Vergegenwärtigung der Werdewelt - auf anderem - notwendig pragmatisch-reduktionistischem! - Wege einholen zu können.

Nachdem Mahner & Bunge dieserart insbesondere »Ding«, »Eigenschaft«, »Zustand«, »Prozeß«, »Veränderung« und »Energie« dargelegt haben, gehen sie nun daran, gleichsam "Ordnung" in ihr dieserart Konzipiertes zu bringen, beachtend, daß das bisher Ausgesagte an werdeweltliche Eines angelegt werden können muß, insofern der bisher von Mahner & Bunge aufgewendete "Ding"-Begriff keine Spezifizierung dahingehend bezeichnet, was es sein soll, das "veränderlich ist", "Zustände hat" etc. Im Zentrum des damit Anstehenden befindet sich »Ganzheit« sowie »System«.

Hierzu halten Mahner & Bunge zunächst fest: »die meisten Entitäten sind keine einfachen Dinge (wie Quarks oder Leptonen); zusammengesetzte Dinge sind Ganzheiten« (S.26); sowie:

> "Dinge, die aus anderen Dingen bestehen, kann man *komplexe* Dinge oder *Ganzheiten* nennen. ... | Finden sich zwei oder mehr Dinge dadurch zusammen, daß sie auf eine spezifische Weise untereinander stärker interagieren, dann bilden sie ein *System*, d.h. ein komplexes Ding mit einer bestimmten Struktur" (S.26).

Bezüglich »System« erfährt man genauerhin:

> "Eine Grundannahme unserer Ontologie ist, daß es keine völlig isolierten Dinge gibt: Jedes Ding interagiert mit anderen Dingen. Wir formulieren: POSTULAT: Jedes konkrete Ding ist entweder ein System oder Bestandteil eines Systems. POSTULAT: Jedes System (mit Ausnahme des Universums) ist ein Subsystem eines anderen Systems. POSTULAT: das Universum ist das System, das jedes andere Ding als Teil enthält" (S.26).

Diese Argumentation basiert darauf, daß das Bedenken der Werdewelt abseits der adäquaten Beachtung der transzendentalphilosophischen Schwelle, insofern ein Ich nicht notwendig thematisch-methodisch unreduziert Bedenkendes ist - vgl. *Lehre* und *Theologie* -, Eines gemäß einer akzeptierten Orientierbarkeit an der Natur festlegen kann, wiewohl hierdurch eine atomistische Beendigung der Hinterfragung von Zusammengesetztheit auftritt - vgl. oben bzw. *Vergleich* und *Lehre* -. Derartiges liegt auch in der Argumentation von Mahner & Bunge vor, in Form "einfache Dinge". Dies zeigt sich auch daran, daß sie in der Darstellung von "System" letztlich zu etwas - »Universum« - gelangen, das selbst kein Subsystem sein soll, obgleich das Subsystem-sein bis zu diesem Niveau konstitutiv für "System" ist. Die hierin liegende Inhomogenität - "atomistische Beendigung" bedeutend - wird von Mahner & Bunge aber weiters nicht thematisiert, da sie in »Universum« ein Eines sehen, das primär aus dem

Vergleich mit dem Eines »Materie« bzw. »Realität« zu verstehen sein soll und insofern als Ausdruck davon, daß die Subsystem-Kaskade keine Unendlichkeit aufweisen kann. Dem ist beizupflichten, zugleich aber darauf hinzuweisen, daß das hiermit Anvisierte nur dann thematisch-methodisch unreduziert bedacht ist, wenn das Vermeiden von Unendlichkeit im Sinne der differentiellen Unendlichkeit der Werdewelt bzw. des Begrenzten verstanden wird, die Ablehnung also zugleich eine Thematisierung der Unendlichkeit gemäß "Begrenztes verweist auf Begrenztes" ist. Dies liegt aber bei Mahner & Bunge nicht vor, da sie gerade diesen Satz, insofern er das Aussagen der Paradigmata und der unthematische-Begriffpyramide impliziert, durch ihre Verwendung der Mathematik etc. ausblenden.

Angesichts hiervon ist nun Mahner & Bunges Abgrenzung ihres »Systemismus« von dem Holismus Platons - sowie jenem Hegels und der Stoa - von Interesse:

> "Die Hypothese, wonach die Welt ein System ist, ist schwächer als die holistische Kosmologie Platons, der Stoa oder Hegels, nach der jedes Ding mit jedem anderen Ding in Verbindung steht, so daß die gesamte Welt ein organisches Ganzes, ein Holon, ist. Wäre diese holistische These wahr, wäre es unmöglich, irgendein einzelnes Ding zu erkennen, ohne zugleich Kenntnis von allen anderen Dingen - d.h. letztlich vom ganzen Universum - zu haben. Und es wäre unmöglich, mit einem einzelnen Ding zu interagieren, ohne das gesamte Universum zu stören" (S.27).

Zudem bezeichnen Mahner & Bunge ihren Systemismus als »Mittelweg« zwischen Holismus und Atomismus, im Sinne wovon sie folgern: »kein Teil des Universums ist vollkommen isoliert, aber jedes Ding ist *in der einen oder anderen Hinsicht* von anderen Dingen isoliert« (S.27). Diese Kritik an Platon - nur diese sei beachtet! - entbehrt jeglicher Grundlage. Platon sagt in keiner Weise einen Holismus aus, wie er ihm in der Argumentation von Mahner & Bunge unterstellt wird, sondern legt dar, daß das "Kennen des Ganzen" - wie hier in Anlehnung an Mahner & Bunge formuliert sein soll! - ein Kennen der Transzendentalität ist, die - gemäß dem Verzicht-üben-müssen des Ich - tatsächlich nur als Ganzes gekannt werden kann, da sie keine Teile im werdeweltlichen Sinn hat. Hieraus, bzw. aus der damit ausgesagten Platonischen differentiellen Verflechtung von Nichtveränderlichkeit und Veränderlichkeit gemäß der Verflechtung von Dialektik und Ideenlehre - vgl. *Der Sophist* (sowie die Ausführungen hierzu in *Lehre* und *Untersuchungen*) -, erwächst aber jenes, das den Bereich des Nicht-an-sich-Selbstand-Repräsentierenden abseits herbeiargumentierter Eines bedenken läßt, wobei gilt, daß hierdurch keine allumfassende Kenntnis des "Universums" notwendige Voraussetzung für das Bedenken ist. Platon überwindet hierdurch, ein pragmatisches "Herausgreifen-können"-Konstrukt, wie es Mahner & Bunge aussagen, das sich, in Ermangelung thematisch-methodisch unreduziert konzipierter Eines, auf die besagte defizitäre Weise auf Mathematik zurückziehen muß, bzw. auf eine Darstellung, die nur "Simulation" erzielen kann.

Ein Beispiel hierfür bietet Mahner & Bunges Auseinanderhaltung von »Aggregat« und »System«, im Rahmen wovon sie ihre formale Darstellung von »System« weiterführen, zum Beispiel von »bindenden und nicht-bindenden Relationen«, »Endostruktur des Systems« und »Exostruktur des Systems« (S.29) sprechend. Mahner & Bunge führen dieserart aus, daß für die Analyse eines System dessen Struktur und Zusammensetzung, sowie die Umwelt des Systems konstitutiv sind.

Insbesondere ist an diesen Ausführungen die Einbringung der "Emergenz"-Konstruktion von Bedeutung:

> "Die Emergenzlehre wurde von G.H. Lewes (1879) eingeführt, der zwischen resultanten und emergenten Eigenschaften unterschied. (...) Eine Eigenschaft eines Ganzen, die bereits einer seiner Bestandteile besitzt, heißt *resultant*. Wenn demgegenüber

ein Ganzes eine Eigenschaft hat, die keiner seiner Teile besitzt, so heißt sie *emergent*" (S.32).

Zudem ist zu lesen: »Unsere Definition [von Emergenz] ist weiter als die von Lewes, weil sie zwei Arten von Emergenzen umfaßt, nämlich *intrinsische* (oder *globale*) und *relationale* (oder *strukturelle*) Emergenz« (S.32). Mahner & Bunge nehmen hiermit also Bezug darauf, in ihrer Theorie auch das Auftreten von Neues darstellen können zu müssen, wobei für die Interpretation hiervon der Hinweis darauf genügt, daß ihre dement-sprechende "Emergenz"-Konstruktion, insofern sie auf "System" bezogen ist, eine defizitäre Vergegenwärtigung von Neues bedeuten muß, also fortgesetzt entsprechend "Orientierung an der Natur" konzipiert sein muß.

Angesichts hiervon ist von Interesse: »Wie hängen nun die emergenten Eigenschaften P von den Basiseigenschaften B ab? Hierauf gibt es keine allgemeine Antwort« (S.33). Eine derartige Antwort kann es auch im Lichte der noetischen Dialektik nicht geben, obgleich dies nicht damit verwechselt werden darf, "Neues" nicht insofern propositional vergegenwärtigen zu müssen, als es ein Eines der unthematische-Begriffpyramide ist, entsprechend der Darlegung zu den beiden Zugängen des Ich zum Bereich der Notwendigkeit, also des selbstorganisierend konzipierten Am-Werke-seins im Horizont der Werdewelt-Analyse. Dies blenden Mahner & Bunge aber aus, entsprechend ihrer Feststellung zur Notwendigkeit des "Herausgreifen-können-müssens" und der hierin liegenden Nicht-Beachtung der Vergegenwärtigung des Transzendentalen.

Im Lichte hiervon ist auch folgende Ausführung in *Biologie* von Bedeutung:

> "Es bezeichne x ein Ding, das zur Zeit t aus unverbundenen Teilen besteht - ein Aggregat oder Haufen oder bindende Struktur S_B, d.h. $S_B(x, t) = \emptyset$. Dann (i) setzt sich x zur Zeit $t' > t$ zu y zusammen gdw y ein System mit derselben Zusammensetzung wie x ist, aber ist einer nichtleeren bindenden Struktur S_B, d.h. $Z(y, t') = Z(x, t) \neq \emptyset$ & $S_B(y, t') \neq \emptyset$; (ii) der Zusammensetzungsprozeß ist ein Prozeß der Selbstzusammensetzung gdw sich das Aggregat x spontan oder natürlich zum System y zusammenfindet (d.h. ohne Zutun eines rationalen Wesens); (iii) der Zusammensetzungsprozeß ist ein Prozeß der Selbstorganisation gdw er (a) ein Selbstzusammensetzungsprozeß ist, und (b) das neue System y aus Komponenten besteht, die vor Beginn des Prozesses nicht vorhanden waren" (S.34).

Auch die in diesem Zitat thematisierten Begriffe werden also alleine im Sinne der Mahner & Bungeschen "Orientierung an der Natur"-Analyse des formalen Anfangs der Argumentation dargelegt.

Mahner & Bunge flechten nun in ihre Ableitung ein Kapitel ein, das von »Faktum«, »Phänomen« und »Konstrukt« berichtet, wobei man erfährt, daß »Faktum« das »Sich-in-einem-Zustand-Befinden eines Dinges« (S.35) bedeutet, Konstrukte keine Fakten sind, da sie sich in keinem Zustand befinden, die Welt die »Gesamtheit aller Dinge, nicht aller Fakten [ist]« (S.35); »Phänomen« dasjenige ist, »was [einem] wahrnehmenden Subjekt erscheint« (S.36), wobei gelten soll: »Phänomene sind real, aber nur Teilmenge der Fakten« (S.36), »keine Eins-zu-Eins-Korrespondenz zwischen Tatsachen und Erscheinungen [existiert]« (S.36); »REGEL. Alle Wissenschaften sollten mögliche reale Fakten erforschen und sollten Phänomene (Erscheinungen) mit Hilfe von Fakten erklären und nicht umgekehrt« (S.36). Diese Zitate zeigen, daß Mahner & Bunge mittels ihrer Diskussion von »Phänomene« und »Fakten« darum bemüht sind, ihre Ausführungen zu »Ding« nicht als naiv-realistisch konzipiert verstehen zu brauchen. Eine genauere Analyse dieser Ausführungen kann hier unterbleiben, da am Ende der Analyse der Vorstellungen von Mahner & Bunge zur Ontologie einige ihrer Ausführungen zur Epistemologie kommentiert werden sollen, wie auch deshalb, da sogleich evident ist, daß die Unterscheidung von »Phänomen« und »Faktum« keine Entgrenzung der in der "Herausgreifen-können"- und der "allgemeine - regionale Ontologie"-Konstruktion enthaltenen Pragmatismen erbringt, wie es nötig wäre, um tatsächlich einen naiven Relaismus abwehren zu können.

Im Anschluß an die "Faktum - Phänomen"-Darlegungen wenden sich Mahner & Bunge »Verursachung« zu, wobei sogleich zu lesen ist, daß nicht Dinge - wie auch Eigenschaften und Zustände - sondern Veränderungen Ursachen sind, wie auch angeführt wird: »Verursachung ist also eine Form des Werdens, nicht des Seins« (S.37). Das ist: Ein Ereignis bringt eine Zustandsänderung in einem Ding hervor, wobei gelten soll: »Verursachung [ist] eine Form der Ereignisgenerierung durch Energieübertrag« (S.37). Hieran fällt »nicht Sein, sondern Werden« sofort als beachtenswerte Aussage auf, denn daß das Werden kein Sein haben soll, ist nicht zu akzeptieren. Das Werden derart in Differenz zu Sein zu stellen, kann lediglich als Resultat der Verzerrung der transzendentalphilosophischen Schwelle verstanden werden, wobei sogleich zu beachten ist: Das eigentliche Problem mit der Werdewelt als etwas nicht an sich Selbstand Repräsentierendem erwächst aus "Begrenztes verweist auf Begrenztes", insofern dies die Grenzziehung zwischen Eines der Werdewelt thematisiert, dahingehend daß epistemologisch Begrenztes auf vielerleiweise geordnet bzw. in dem Ganzen "epistemologisch Begrenztes" definitorische Grenzen gezogen werden können - um willen der Prognostik -, wobei sinnvolle und sinnlose Aussagen - definitorischen Grenzziehungen - über die Werdewelt zu unterscheiden sind.

Die Bedeutung, die hierbei den Eines der unthematische-Begriffpyramide und den Paradigmata zukommt, ergibt sich daraus, daß die Werdewelt bzw. das epistemologisch Begrenzte Anfang- nicht aber Daß-habend ist. Kein etwas der Werdewelt bzw. des epistemologisch Begrenzten ist also notwendiger Ausgangspunkt der Grenzziehung, anders als gemäß Anfang-haben, wie es ein selbstorganisierendes Bedenken im Horizont der Werdewelt-Analyse erfordert, basierend auf den Eines der unthematische-Begriffpyramide und den Paradigmata. Das ist: Die Eines der unthematische-Begriffpyramide sind nötig, um das Ineinander-Übergehen-können im Bereich der Werdewelt mit einer thematisch-methodisch unreduzierten Festlegung von Eines - thematische Begriffe - verknüpfen zu können. Die hiermit ausgesagte Differenz ist aber keinesfalls adäquat bedacht, wenn die Einbringung des Ineinander-übergehens in der Ableitung auf solches, an sich nicht Ineinander-Übergehendes, bezogen wird, das dies lediglich im Sinne der "Ding"-Konstruktion ist. In anderen Worten: Das e i g e n t l i c h der Analyse des Bedenkens P r o b l e m e B e r e i t e n d e wird von Mahner & Bunge auf herbeiargumentierte Eines - »Ding«, »Zustand« etc. - bezogen. Daher auch ist festzuhalten, daß »Ereignis« ein ebenso herbeiargumentiertes Eines im Horizont von »Werden« - sensu Mahner & Bunge - ist, wie »Ding«, »Zustand« etc. im Horizont von »Sein« - wiederum sensu Mahner & Bunge -.

Angesichts hiervon sei nun gelesen:

> "Eigenschaften und Zustände bedingen natürlich Unterschiede in künftigen Zuständen von Ereignissen in Dingen. Sie bringen jedoch keine Ereignisse hervor«, sie sind daher Determinanten oder Bedingungen" (S.38).

> "Doch in Übereinstimmung mit unserer Ding-Konstruktion-Dichotomie vertreten wir die Auffassung, daß Gründe und Ursachen unterschieden werden müssen, weil erstere Konstrukte sind und letztere reale Ereignisse [weshalb auch nur Gründe logisch korrekt sein können]" (S.39).

> "Mit der Verbreitung des Systemdenkens in der Biologie und vor allem mit dem Begriff der Systemebene wurde deutlich, daß ein mehrere Ebenen umfassendes System wie ein Organismus entweder »von oben nach unten« oder »von unten nach oben« betrachtet werden kann. ... Wir behaupten, daß die Wahrheit in der Synthese der Auf-

wärts- und Abwärtsbetrachtung liegt und daß beide nichts mit Verursachung zu tun haben, wie viele glauben, die von Aufwärts- oder Abwärtsverursachung sprechen (...). Wir haben es hier nicht mit kausalen Relationen zu tun, sondern mit *funktionalen* Relationen zwischen den Eigenschaften und Gesetzen von Systemen auf verschiedenen Ebenen" (S.40).

In Zusammenhang mit den hier genannten Differenzierungen - »bedingen – hervorbringen«, »Grund - Ursache«, »Verursachung - funktionale Relation« - lehnen Mahner & Bunge das Sein von Materialursachen ab bzw. existieren ihrer Ansicht nach lediglich Wirkursachen. Hierher gehört auch ihre Zurückweisung der Aristotelischen Ursachenlehre, deren Wirkungsgeschichte sie als bis in die Gegenwart reichend sehen, als irreleitendes Konstrukt.

An diesen Ausführungen fällt sogleich auf, daß die "Auf-Ab"-Konstruktion bezüglich der funktionalen Relationen im Sinne der "herausgreifen-können"-Konstruktion konzipiert ist, wobei hervorgehoben sei, daß dieses "Auf-Ab"-Motiv der entsprechenden Konstruktion des Renaissance-Philosophen bzw. -Platonikers Ficino gleich zu setzen ist, der diese Konstruktion wählt, da er die Platonische Dialektik l e d i g l i c h v ö l l i g v e r z e r r t bedenken kann - vgl. *Theologie*: horizontaler Charakter der dialektischen Argumentation -. Genauerhin wählen Mahner & Bunge besagtes Motiv, da es ihnen dazu dient, ihre herbeiargumentierten Eines im Horizont von Sein so weit als möglich zu entfalten, um willen der Möglichkeit einer Verflechtung mit den Eines im Horizont von Werden, abseits einer adäquaten - konsequenten - Beachtung der transzendentalphilosophischen Schwelle. Im Lichte hiervon ist auch die Differenzierung "bedingen - hervorbringen" zu sehen, wie auch die Differenzierung "Grund – Ursache", deren Bedeutung für die Argumentation von Mahner & Bunge darin liegt, einen naiven Realismus zu vermeiden, wiewohl dies teilweise Intention bleibt: Daß lediglich die Gründe logisch korrekt sein können, bedeutet selbigen Verweis auf Logik wie im Falle der Thematisierung von Negation und Disjunktion, und ist als dementsprechend pragmatisch konzipierte Feststellung zu verstehen.

Genauerhin ist hieran zu beachten, daß Mahner & Bunge, indem sie nur die Wirkursache gelten lassen, das gesamte Problem der Ursächlichkeit dahingehend materialistisch zu lösen versuchen, daß sie "Ursache" nicht Aristotelisch aufgliedern, dieserart die Letztbegründungs-Problematik in den Bereich der Ursachen-Analyse tragend, sondern "Ursache" als ein Eines verstehen, die Letztbegründung uneingeschränkt auf die Kombination empirischer Daten mit formalen - insbesondere mathematischen - Konstrukten beziehend. Hierin liegt: Die Konzentration von Mahner & Bunge auf die Wirkursache geschieht gemäß ihrem Verständnis von »Energiefluß« - vgl. oben -, in dem sich widerspiegelt, daß das zur Werdewelt bzw. dem Begrenzten Transzendentale von Mahner & Bunge nicht an sich, sondern alleine gemäß einer "Abstraktion" bedacht wird, wodurch der Gehalt an analytischer Argumentation nicht in demjenigen verankert werden kann, das das Anvisierten gerecht werden läßt, eine analytische Argumentation ergebend, sondern gemäß der insgesamt vorliegenden Nivellierung der transzendentalphilosophischen Schwelle mit demjenigen verflochten werden muß, das eigentlich die Werdewelt-Analyse ist, wie sie an Notwendigkeit ausschließlich gemäß Anfang-haben Teil hat. Indem Mahner & Bunge dies also unterläuft, bzw. von ihnen in der Abstraktion Formales vergegenwärtigt wird, müssen sie im Horizont dessen, das nicht ebenfalls Formales ist, die Notwendigkeit in einer Weise verankern, die nicht das Anfang-haben ist, obgleich es etwas sein muß, das, wiewohl es nicht als Notwendigkeit an sich bedacht werden darf - damit wäre ein naiver Realismus provoziert -, ein Eines ist, da es ansonst provozieren würde, die Notwendigkeit derart zu repräsentieren, daß es seine eigene Hinterfragung impliziert, was genau nicht sein kann.

Im Lichte hiervon ist zu beachten: Mahner & Bunge können begründet thematisieren, daß die Werdewelt nicht uneingeschränkt chaotisch organisiert sein kann, wie auch, daß sie die

Notwendigkeit nicht an sich aufweisen kann bzw. Veränderlichkeit ein Werdewelt-Konstitutivum ist. Die Kombination dieser Aussagen ergibt die Konzentration auf die Wirkursache, da diese Ursächlichkeit als Ausdruck der fehlenden uneingeschränkten Chaotizität der Werdewelt verstehen läßt, ohne deswegen die "Veränderlichkeit" mit teleologischen Aussagen verknüpfen zu müssen, was nur thematisch-methodisch reduziert möglich wäre. Zudem, um dies zu betonen, repräsentiert "Wirkursächlichkeit" bei Mahner & Bunge in dem Sinne Ursächlichkeit als ein Eines, wie dies insofern fordern ist, da die Notwendigkeit, als ein Eines in der Werdewelt repräsentiert ist[134]: Ursächlichkeit als werdeweltliche Repräsentation von Notwendigkeit. Ist die Konstruktion von Mahner & Bunge - bzw. die dieser zugrundeliegende Intention - insoweit also auch einsichtig, so ist sie zugleich insofern als pragmatisch verzerrt zurückzuweisen, als dasjenige, das als Repräsentation der Notwendigkeit im Horizont von Begrenztes bzw. Werdewelt angegeben wird, nicht entsprechend der Eines-Formel - also gemäß der noetischen Dialektik - konzipiert ist, sondern mit Ausrichtung darauf, die "Ding"-, "Zustandsraum"-, "allgemeine - regionale Ontologien"-Konstruktion etc. nicht als Eines einer pragmatisch-defizitären Abstraktion aufleuchten zu lassen. Daher auch erweist sich die Mahner & Bungesche Differenzierung - qua "Abstraktion" - in »Ding« etc. einerseits und »Wirkursache« etc. andererseits als eine solche gemäß Orientierung an der Natur, worin also - um dies explizit anzumerken - Mahner & Bunges »monistischer Materialismus« mit dem Monismus Haeckels übereinstimmt.

Im Lichte dieses Vergleiches mit Haeckel sei sogleich aus *Biologie* hinzugefügt: »Nicht nur Kausalität, sondern auch Zufall ist eine Determinante des Werdens. [Zufälligkeit ist eine Form der Ordnung, es gibt stochastische oder probabalistische Gesetze]« (S.41). Mahner & Bunge und Haeckel bedürfen also eines Zufall-Begriffs, der abseits der analytischen Entfaltung der anfänglichen Daß-Aussage herbeiargumentiert wird, um die Werdewelt nicht als "Uhrwerk" verstehen zu müssen.

Mahner & Bunge wenden also ein teleologisches Denken ab, indem sie ihre Differenzierung in "Werden - Sein" vornehmen und im Horizont von »Sein« eine solche in "Ding (System) - Eigenschaft (Gesetz) / Zustand" durchführen. Die hiermit insgesamt gegebene Konstruktion ist aber Ausdruck davon, daß nicht zur Eines-Formel vorgedrungen worden ist. Zugleich ist zu beachten: Die Mehrfach-Differenzierung, wie sie Mahner & Bunge also aufwenden, hat durchaus ihr Gegenstück in der Position Platons - wie auch Cusanus' (vgl. *Lehre*, *Theologie* und *Vergleich*) -, wobei gilt, daß sie bei diesen beiden Denkern auftritt, da sie zwar die noetische Dialektik vergegenwärtigen, aber nicht alleine in ihrem Sinne argumentieren, so daß ihnen die analytische Entfaltung der dialektischen Differenz zu einer Mehrfachnennung - inklusive den entsprechenden Differenzierungsschritten - mißrät. Mahner & Bunge, im Unterschied hierzu, verfügen aber nicht über die noetische Dialektik, so daß bei ihnen zwar auch - gemäß Universalität des Person-sein - diese Mehrfachnennung auftritt, ebenfalls aus der Intention heraus, einen naiven Realismus zu vermeiden und zugleich dem diskursiven Vordringen des Ich zum Bereich der Notwendigkeit zu entsprechen, jedoch, da sie dieses Vordringen nicht als die Vergegenwärtigung des Subjekts der Eines-Formel verstehen, in Form einer grundsätzlichen Verzerrung der dialektischen Differenz bzw. transzendentalphilosophischen Schwelle. Die auftretende Verzerrung betrifft also bereits die Vergegenwärtigung der dialektischen Differenz und nicht erst deren Anwendung in der Ableitung.

Anhand einiger Aussagen von Mahner & Bunge zur Epistemologie sei dies verdeutlicht. Am Beginn ihrer erkenntnistheoretischen Erörterungen halten Mahner & Bunge unter an-

---

[134] Auch in der noetischen Dialektik repräsentiert "Ich" das Eines "Gründendes" als ein Eines - vgl. oben: Eines-Formel -!

derem fest: »Erkenntnisprozesse finden nur in Nervensystemen statt« (S.60); »es gibt kein Wissen an sich, losgelöst von Erkenntnisprozessen« (S.63); »es gibt keine Ideen ohne denkendes Gehirn« (S.63); »Ein neuronales System ist *plastisch* gdw seine Konnektivität lebenslang variabel ist. Andernfalls, d.h. wenn seine Konnektivität entweder von Anfang an oder von einem bestimmten Entwicklungsstadium an konstant ist, ist es *festverschalten*« (S.60); »Lernen ist die spezifische Aktivität (Funktion) einiger plastischer neuronaler Systeme« (S.60). Hieran fällt sogleich auf, daß Wissen bzw. Erkenntnis an die Existenz eines Gehirns bzw. Nervensystems gebunden gedacht wird, gleichsam so, als wären "Nervensystem" und "Gehirn" keine thematischen Begriffe, solche also, die Werdeweltliches bezeichnen. Dies beachtend bzw. dem damit bezeichneten Umstand gerecht werden wollend, sind die dementsprechenden Ausführungen von Mahner & Bunge dahingehend zu transformieren, daß "Ideen" an das "im Gespräch sein mit sich" einer Person - nicht also an »Gehirn« etc.! – gebunden sind, wobei das damit Bezeichnete seine werdeweltliche Entsprechung besitzt, ohne daß sich dieses mittels Aussage-Subjekten ausdrücken ließe, da die Eines der thematische-Begriffpyramide keine Subjekte sind (vgl. oben) -. Nimmt man diese Transformation aber vor, so wird sogleich evident, daß der Argumentation von Mahner & Bunge die entsprechenden Eines fehlen, da sie thematische Begriffe als Aussage-Subjekte mißinterpretiert.

Im Sinne hiervon ist es daher auch zu verstehen, wenn Mahner & Bunge Bedenken bzw. Lernen - als Thematisierung des diskursiven Am-Werke-sein - systemisch erklären, mittels »plastische Verschaltung«. Hierzu ist sogleich anzumerken, daß diese "Plastizität" notwendig geltungstheoretisch defizitär bedacht ist bzw. ausgesagt wird, da der Rekurs auf "System" die insgesamt in ihrer Position gegebenen begründungstheoretischen Defizite maskieren soll. Hierin liegt zugleich, daß »es gibt kein Wissen an sich, losgelöst von Erkenntnisprozeß« aufgrund der Einbettung dieses Satzes in die Aussagen bezüglich der Verflechtung von Erkenntnis und Nervensystem, eine Ausblendung der unthematische-Begriffpyramide bedeutet, insofern das Vergegenwärtigen dieser Pyramide eine "Loslösung" von der Orientierung an der Natur bedeutet, wie diese auch in Form besagter Verflechtung gegeben ist. In anderen Worten: Die Aussage von Mahner & Bunge »es gibt kein Wissen an sich bzw. objektives Wissen« (S.64) ist dahingehend eine Ausblendung der unthematische-Begriffpyramide, als der naive Realismus vermieden werden soll, hierzu aber lediglich der monistische Bezug auf die Mathematik und das begründete Aussagen-können logischer Konstrukte - Disjunktion, "logisch korrekt" und so weiter - angeboten werden kann, die ihre Funktion als Eins-zu-Eins-Repräsentationen Vermeidendes nur im Sinne einer Verzerrung der dialektischen Differenz (vgl. oben) erfüllen. Hierin liegt also, daß "Objektivität" abseits der Vergegenwärtigung des differentiellen Verzicht-üben-müssen bedacht wird, womit gegeben ist: Mahner & Bunge müssen auf "Objektivität" verzichten, da sie dasjenige, das die Werdewelt-Aussagen komplettiert - wie dies nötig ist, insofern die Werdewelt-Aussagen nicht an sich Selbstand repräsentierende Aussagen sind (in dialektischer Differenz zu den Daß-Aussagen) -, lediglich in Form formaler Konstrukte festlegen können; der Anfang der Ableitung von Mahner & Bunge ist eben "Ding" bzw. "System" und nicht das Subjekt der anfänglichen Daß-Aussage, wie es auf adäquate Weise den Bezug auf die ontologische Ebene ergibt, abseits eines naiven Realismus. Hierin spiegelt sich wider, was oben als "monistische Abstraktion" bezeichnet worden ist, die Konzentration auf Wirkursache in Zusammenhang mit der Entfaltungskaskade "Werden - Sein / Sein: Ding - Eigenschaft(Gesetz)/Zustand" ergebend.

Angesichts hiervon sei nun aus *Biologie* gelesen: »Wir behaupten, daß es in Wirklichkeit keinen solchen Inhalt [*Inhalt* kognitiver Prozesse] gibt und damit erst recht keine Übertragung eines solchen« (S.62); »Durch die Erfindung des Zeichens, Malens, Bildhauens und insbesondere des Schreibens konnte Wissen in Form kultureller Artefakte "kodiert" und "externalisiert" werden« (S.62); »Es ["Kodierung, Externalisierung"] hat jedoch auch den Mythos vom subjektunabhängigen "Inhalt" des Wissens genährt« (S.62).

Zudem ist zu Lesen:

> "Der nächste Schritt [im Rahmen der Ausbildung dieses Mythos] besteht darin, alle derartigen von Gehirnen losgelösten Erkenntnisse mit einem Eigenleben auszustatten. Schließlich gibt man dieser Sammlung von angeblich über Gehirnen und Gesellschaft schwebenden Objekten einen Namen: das »Reich der Ideen« (Platon), der »objektive Geist« (Hegel) oder die »Welt 3« (Popper)" (S.62).
>
> "Es kann keinerlei empirische Belege für die Hypothese geben, daß solche Ideen»welten« losgelöst von lebenden Gehirnen existieren" (S.63).
>
> "Erfolgreiche Kommunikation besteht darin, daß in den Gehirnen der interagierenden Individuen ähnliche Prozesse *konstruiert* oder *rekonstruiert* werden" (S.63).

Die in diesen Zitaten zum Ausdruck kommende Zurückweisung von subjektunabhängigem Wissen erwächst aus Mahner & Bunges Nicht-Aussagen von Person-sein, also daraus, daß Bedenken monistisch in bezug auf »Gehirn«, anstatt auf "Person", verstanden wird! Daher auch blenden Mahner & Bunge "im Gespräch sein mit sich" als unabhängig - da in dialektischer Differenz - zu dem Werdewelt-Ich seiend aus. Diese Ausblendung ist es zugleich, dergemäß sie »subjektunabhängiges Wissen« als Mythos fehlinterpretieren; lediglich "personunabhängiges Wissen" wäre ein Mythos! Die Ideen"welt" existiert insofern unabhängig von den Gehirnen, als "Gehirn", wie angemerkt, ein werdeweltliches Eines bezeichnet, "Ideen" aber das zur Werdeweltlichkeit Transzendentale. Unabhängig davon, wie sehr "Ideen" bei Platon abseits der ersten Schicht des philosophischen Horizonts konzipiert ist - vgl. *Vergleich* und *Lehre* -, ist es völlig unzulässig, die Vergegenwärtigung der Transzendentalität von empirischen Beweisen abhängig zu machen - wie Mahner & Bunge dies einfordern -, da die Transzendentalität ja "transzendental" zu der empirisch analysierten Werdewelt ist. Mahner & Bunge mißachten dies, da sie keine propositionalen Vorstellungen von der Transzendentalität besitzen, weswegen ihnen die Empirie dahingehend insgesamt Begründungsgrundlage ist, daß gemäß ihrer Unterscheidung von »allgemeiner und regionaler Ontologie« die Rechtfertigung im Bereich der allgemeinen Ontologie Kohärenz ist, wie dies die Thematisierung der anfänglichen Daß-Aussage ausblendet. Daher auch sehen Mahner & Bunge nicht, daß sich alleine aus der Thematisierung von "im Gespräch sein mit sich" entsprechend der genealogischen Ich-Kette analytisch das "im Gespräch sein mit einem anderen" ergibt, der Begründungstheorie gerecht werdend, wohingegen ihre Aussage zur Kommunikation und Weitergabe von Wissen, auf einem "ähnliche Prozesse"-Konstrukt basiert, das "ähnlich" notwendig herbeiargumentiert, fortgesetzt wegen dem Verfehlen der Eines der *Ion*schen Begriffpyramiden.

Dieser defizitäre Umgang mit der Anfangsproblematik liegt auch folgenden Aussagen von Mahner & Bunge zugrunde: »Postulat: die Welt ist erkennbar - wenn auch nur teilweise, näherungsweise und schrittweise« (S.66); »Wahrnehmungen sind stets "interpretierte" Sinnesempfindungen. ... Die Sinne liefern uns kein *Bild* der Welt, sondern nur *Zeichen*, die erst interpretiert werden müssen« (S.67); »Was empfunden wird, ist eine Veränderung in einem Sinnesorgan. Dieser Sinnesreiz modifiziert die permanente Aktivität des Wahrnehmungssystems. ... Sie [die Umwelt] verstärkt oder dämpft - sie *moduliert* - die ständige Aktivität des Zentralnervensystems« (S.67); »aus diesem Grunde haben wir keine unmittelbare Kenntnis von der Außenwelt« (S.67); »Wir behaupten, daß wir die Welt nicht konstruieren, sondern sie mit Hilfe von mehr oder weniger adäquaten Konstrukten mehr oder weniger gut repräsentieren« (S.67); »alles Wissen über die Welt (...) ist *symbolisch*, nicht photographisch bildhaft«

(S.67); »nehmen wir reale Dinge nicht so wahr, wie sie sind, sondern nur wie sie uns erscheinen« (S.67).

Zudem ist zu lesen:

> "In der Tat sind Phänomene oder Wahrnehmungserscheinungen allenfalls der Ausgangspunkt empirischer Studien. Selbst im täglichen Leben suchen die meisten von uns nach der Realität hinter den Erscheinungen, weil wir wissen, daß schönes Aussehen trügerisch sein kann. Und dasselbe gilt erst recht für Wissenschaftler. Die Suche nach der Realität hinter den Erscheinungen führt sie jenseits von Wahrnehmung, nämlich in den Bereich der Begriffsbildung und insbesondere in den Bereich der Theorienbildung" (S.68).

> "Wissenschaftler sind Realisten: neben den Phänomenen gibt es Fakten, und diese können teilweise erkannt werden, obgleich auf begrifflichem Wege" (S.68).

Die mit diesen Aussagen verbundene Intention - einen Realismus, abseits eines naiven Realismus konzipieren zu können - ist ebenso evident, wie einsichtig sein muß, daß das hierfür Nötige von Mahner & Bunge nicht aufgewendet wird. Sämtliche Aussagen im Sinne davon, daß kein Abbild der Welt im Bedenken existiert, wird intentioniert propositional mittels Konstrukten bedacht, die dem Vordringen des Ich zum Bereich der Notwendigkeit aufgrund der vorliegenden Ausblendung der Dialektik n i c h t g e r e c h t w e r d e n. Dies gilt, da der Verweis auf "Modulation" einen defizitären Umgang mit der Anfangsproblematik bedeutet - "Modulation" bezieht sich auf Sinnesorgane und somit auf Werdeweltliches, so daß lediglich der Eindruck erweckt wird, ein aktuelles Sinnesdatum bedeutet keinen Anfang, der auf Anfang schlechthin bezogen werden müßte -, wie auch deshalb, da »mehr oder weniger adäquate Konstruktion mehr oder weniger gut repräsentiert« herbeiargumentiert ist, insofern hierin – abseits der Vergegenwärtigung von "Begrenztes verweist auf Begrenztes"! - wiederum auf Phänomene bezug genommen wird, derart, daß auf »hinter« diesen liegende Fakten abgezielt wird, ohne hierbei "Phänomene" und "Fakten" im Sinne der Differenzierung von Notwendigkeit in Daß und Anfang bedenken zu können, was notwendig vorliegen muß, da die noetische Dialektik nicht bedacht wird. »Suche nach der Realität hinter den Erscheinungen« wird daher im Sinne eines Realismus verstanden, der sich gemäß »obgleich auf begrifflichem Wege« von Naivität und Inhaltslosigkeit fernhalten können soll, dies aber nicht erbringen kann, da »begrifflicher Weg« abseits von "im Gespräch sein mit sich" verstanden wird. »Begrifflich« bedeutet somit keine Vergegenwärtigung der unthematische-Begriffpyramide, somit auch keine Differenzierung von Notwendigkeit in Daß und Anfang, wodurch die empirischen Daten auch nicht gemäß ihrem fehlenden Selbstand bedacht werden können, bzw. derart als Ganzheit verstanden werden können, daß das mit ihnen zu Verbindende "Begrenztes verweist auf Begrenzte" auf thematisch-methodisch unreduzierte Eines bezogen werden kann - dem Bedenken des Ich entsprechend -, sondern auf eben jene Konstrukte bezogen werden muß, die sich aus "Ding" bzw. "System" ergeben.

Am Ende ihrer Analyse der Epistemologie führen Mahner & Bunge aus, daß sie einen erkenntnistheoretischen Realismus vertreten, bzw. hierunter einen erkenntnistheoretischen Konstruktivismus (= »Wahrnehmungswissen muß durch theoretisches Wissen ergänzt werden«), Naturalismus (= »Erkennen als Gehirnprozeß«), Evolutionismus (= »kognitive Fähigkeiten unterliegen der biotischen Evolution«) und einen Ratioempirismus (= »Empirie kann der Theorienbildung vorausgehen und umgekehrt«) verstehen. "Ratioempirismus" bezeichnet hierbei aber lediglich die "Auf-Ab"-Konstruktion, die zuvor bereits, als im Sinne des Ficinoschen Pragmatismus konzipiert, dargelegt worden ist. Hierin liegt zugleich, daß das empirische Wissen - anders als dies Mahner & Bunge schreiben - nicht durch »theoretisches Wissen« ergänzt werden braucht, sondern durch "unthematisches Wissen" ergänzt werden muß, entsprechend der noetisch-dialektischen Entfaltung der anfänglichen Daß-Aussage. Angemerkt sei zudem, daß Mahner & Bunge ausführen, im Rahmen ihres Evolutionismus keinen naiven Adaptionismus zu vertreten: »Dieser [erkenntnistheoretische Evolutionismus] schließt jedoch keinen naiven Adaptionismus ein, d.h. die These, daß wir nur das erkennen können, woran wir angepaßt sind« (S.132). Diese Feststellung, wie sie auf der Aussage von dem Vorliegen "plastischer neuronaler Systeme" basiert, bedeutet freilich nichts, das den Bezug auf Evolution als etwas verstehen läßt, demgemäß die Nicht-Abbildhaftigkeit des Ich - also sein Verzicht-üben-müssen - propositional, also gemäß "Sonderstellung des Menschen" bzw. "Inversion der Betrachtungsrichtung", erklärt wird, schon deshalb, da sie sich auf "System" bezieht, wie es, unter Ausblendung der Dialektik, Orientierbarkeit an der Natur impliziert.

Überblickt man die Ausführungen von Mahner & Bunge zur Ontologie und Epistemologie, so zeigt sich also , daß diese dem diskursiven Vordringen zum Bereich der Notwendigkeit ebenso gerecht werden w o l l e n, wie sie das hierzu Auszusagende verzerrt - abseits der ersten Schicht des philosophischen Horizonts - bedenken. Genauerhin fällt auf, daß die Thematisierung formaler Konstrukte hierbei eine entscheidende Rolle spielt. Hierin liegt, daß mit "Ding" bzw. "System" etwas vorliegt, das genau analysiert werden kann, wie auch zu einer Fülle empirischer Daten in Beziehung gesetzt werden kann, worüber der Umstand, lediglich eine Simulation zu bieten, völlig unbeachtet - unerkannt - bleibt. Das ist: Die Entfaltung eines formalen Konstruktes ist bei Mahner & Bunge derart durchgearbeitet, daß hierüber jegliche Intention, tatsächlich eine Emanzipation von der Orientierung an der Natur zu erreichen, aufgegeben wird.

4.1.1.2 Evolutionsbiologische Ausführungen

Der Analyse der evolutionstheoretischen Betrachtungen von Mahner & Bunge soll eine solche ihrer Ausführungen zu »Leben« vorangehen. Mahner & Bunge vertreten einen Biosystemismus: »Wir gehen daher von einer dritten Auffassung aus, die wir *Biosystemismus* nennen. Dieser betrachtet Leben als eine emergente Ebene, die auf der chemischen basiert« (S.136). Gemäß den vorangegangenen Ausführungen zu *Biologie* liegt mit dem Verweis auf "System" - gemäß »Biosystemismus« - ein solcher auf ein Eines vor, das ausgesagt wird, da die Eines der *Ion*schen Begriffpyramiden verfehlt werden. Die Anführung von Emergenz signalisiert hierbei das Vorliegen eines defizitären Umganges mit der Anfangsproblematik: Neues wird im Horizont der ontologischen Ebene ausgesagt, abseits der Beachtung des Entontologisieren-müssen, also abseits davon, daß "Neues" primär im Horizont der selbstorganisierenden Werdewelt-Analyse - entsprechend dem zweiten Zugang des Ich zum Bereich der Notwendigkeit - zu thematisieren ist.

Aus dem dieserart zu verstehenden Anfang ihrer Darstellung von "Leben" führen Mahner & Bunge nun die Eigenschaften lebender, materieller Systeme an:

> "(i) [das System] besteht aus chemischen und biochemischen Subsystemen ...; (ii) die Komponenten [des Systems] sind hinlänglich nah beieinander, um ständige (bio)chemische Interaktionen untereinander zu ermöglichen; (iii) die Begrenzung [des Systems] wird durch eine flexible und semipermeable Lipidmembran (Biomembran) gebildet; (iv) [das System] inkorporiert einige seiner selbst synthetisierten Biomoleküle (...); (v) zu den möglichen Aktivitäten [des Systems] gehören der Auf-, Um- und Abbau von Komponenten (...) sowie die Aufnahme und Speicherung »freier Energie« (...) zum späteren Gebrauch (Metabolismus); (vi) einige

> Subsysteme [des Systems] regulieren die meisten Prozesse in [dem System] so, daß ein halbwegs konstantes *milieu intérieur* im System aufrechterhalten wird (Homöostase, Selbstregulation); (vii) eines der an der Selbstregulation beteiligten Subsysteme [des Systems] - sein genetisches System - besteht aus Nukleinsäuren und seine Interaktion mit anderen Subsystemen [des Systems] koreguliert den Selbsterhalt sowie, falls vorhanden, die Entwicklung und die Fortpflanzung [des Systems]; (viii) alle Kontrollsysteme [des Systems] sich durch chemische Signale untereinander verbunden (...) und konstituieren so ein chemisches Signalnetz; (ix) [das System] kann sich an einige Umweltänderungen anpassen, ohne gleich die Fortsetzung seiner Existenz aufs Spiel zu setzen" (S.137-138).

Zudem betonen Mahner & Bunge, »das Wort "Leben" zu definiere[en], nicht "Leben" selbst« (S.138); »nicht ein Ding ist definierbar, sondern nur Zeichen und Begriffe« (S.138). So läßt sich aber nicht argumentieren bzw. ein naiver Realismus vermeiden, denn woher weiß man im Lichte dieser Konstruktion - insofern sie auf keiner propositionalen Darstellung der Seinsgleichheit von Denken und Sein aufbaut (vgl. 4.1.1.1)! -, daß man einen Begriff, den man zu definieren unternimmt, begründet verwendet und wie es um die Angemessenheit einer etwaigen Definition bestellt ist.

Das ist: »Leben« wird von Mahner & Bunge anhand von chemischen Eigenschaften definiert, wobei das Gesamt der von Mahner & Bunge angeführten Eigenschaften gemäß ihrem Emergentismus als Bezeichnung von "Leben" - »lebende, materielle Systeme« - verstanden wird. Die besagten chemischen Eigenschaften werden somit im Rahmen eines Systemismus angeführt, insofern dieser seinerseits als Ergebnis des Verfehlens der Eines-Formel bedacht wird. Es wird also übersehen, daß "Leben" als Eines der unthematische-Begriffpyramide zu verstehen ist (vgl. oben und *Theologie*) und daher nicht als aus irgendwelchen werdeweltlichen Eines - »chemische Eigenschaften«, wie auch immer man sich deren Zusammenspiel denkt.

Derartiges wird von Mahner & Bunge aufgeboten, da sie nicht aus der dialektisch-analytischen Entfaltung des Subjektes der anfänglichen Daß-Aussage argumentieren. Mahner & Bunge übersehen also, »Leben« in Zusammenhang mit "Ich" und "genealogische Ich-Kette" verstehen zu müssen, wie dies das Person-sein thematisiert, und wozu gehört, daß Person-sein dialektisch zu entfalten und im Lichte der dialektischen Differenz zu beachten ist, um das Vorliegen evolutiver Wurzeln in bezug auf das Werdewelt-Ich bedenken zu können - vgl. Einleitung: "Inversion der Betrachtungsrichtung" -.

Dies vergegenwärtigen Mahner & Bunge aber nicht, wobei in Zusammenhang hiermit ihre Ablehnung autopoietischer Konstruktionen von Interesse ist: »[Autopoietiker charakterisieren] lebende Systeme auf funktionalistische Weise: Demnach komme es nur auf die allgemeine (autopoietische) Organisation, nicht die materielle Zusammensetzung an (...). Dies ist nicht mit unserem Gesetzes- und Emergenzbegriff in Einklang zu bringen« (S.140). Hier zeigt sich, daß Mahner & Bunge ihre "Ding"- bzw. "System"-Konstruktion nicht als formale Abstraktion verstanden wissen wollen, gemäß ihrer Aussage, wonach Eigenschaften bzw. Gesetze »*in re*« sind. Ihre Thematisierung von »Ding« bzw. »System« soll insofern notwendiger Anfang ihrer Ableitung sein, da hiermit ontologische Universale ausgesagt sind, wohingegen eine funktionale Perspektive diesen Bezug auf die ontologische Ebene verliert, ihn gleichsam aposteriori wieder herstellen müssend, was aber nicht möglich ist. Ist somit auch die Intention von Mahner & Bunge evident, so ist ebenso evident, daß sie dieser nicht gerecht werden: Wie die noetische Dialektik zeigt, mißrät jeder Versuch, Notwendigkeit bzw. Universale zu vergegenwärtigen, zur Abstraktion, wenn er nicht im Sinne der Vergegenwärtigung der Eines-Formel durchgeführt wird, was bei Mahner & Bunge nicht der Fall ist. Aus Sicht der noetischen Dialektik ist daher der autopoietische Funktionalismus - wie ihn

Mahner & Bunge darstellen - ebenso ein Versuch gemäß unterlaufender Akzeptanz von "Orientierbarkeit an der Natur" wie Mahner & Bunges monistischer Biosystemismus - siehe zudem 4.1.1.1 für Mahner & Bunges "Abstraktion" -.

Angesichts hiervon sei nun beachtet: Mahner & Bunge lehnen M. Eigens Theorie ab, wonach selbstreproduzierende Moleküle - RNA - »Leben« bezeichnen; die Eigensche Theorie übersieht die Notwendigkeit - so Mahner & Bunge - davon, »Metabolismus« als Eigenschaft lebender Systeme verstehen zu können. Zudem wird von Mahner & Bunge der (Neo-)Hylozismus abgelehnt, da er zu keiner Abgrenzung von Leben - als einem Eines - in der Lage ist, wie auch der Physikalismus, da er in letzter Konsequenz bedeutet, daß auch Menschen physikalische Eines sind. Mahner & Bunge reflektieren hier also darauf, daß das Person-sein des Ich nicht unterwandert werden darf, wenn es ansteht, Leben als ein Eines zu definieren. Angesichts hiervon muß überraschen, daß Mahner & Bunge Fortpflanzung und Evolutionsfähigkeit nicht als Eigenschaften des Lebens - sondern als Eigenschaften des Leben auf der Erde - verstehen. Der Interpretation hiervon sei vorangestellt, daß Mahner & Bunge also um die Einbeziehung von Metabolismus in die Gruppe der Eigenschaften des Lebens bemüht sind, wobei sie auch festhalten: »wichtig ist, daß lebende Systeme von Anfang an eine bestimmte Komplexität aufweisen müssen, die RNA-Moleküle allein nicht zukommt« (S.141). An diesem Bezug auf "Metabolismus" ist von Interesse, daß er - in Zusammenhang mit »von Anfang an ... eine bestimmte Komplexität« - gleichsam das Anfangsproblem dahingehend maskiert, da das Person-sein als Ausdruck von "ein Eines sein" - wofür also nach einem Anfang gefragt werden kann - ausgeblendet wird: ein Metabolismus ist keine Person, sondern bezeichnet die materiale Basis von Person-sein gemäß der dialektischen Differenz innerhalb von "Ich". Hierin liegt, daß »Metabolismus« als etwas gedacht werden kann, das die Anfangsproblematik - im Lichte von "Begrenztes verweist auf Begrenztes" - ausblendet, da »Metabolismus« entweder als fortgesetzt existierend oder fortgesetzt auftretend - qua Emergenz - gedacht werden kann, insofern dieses begriffliche Eines als Bezeichnung der materialen Basis von Person-sein mit Notwendigkeit - wiewohl nicht an sich! - verflochten ist und zugleich gemäß "genealogische Ich-Kette" die Grenzen des werdeweltlichen Ich übersteigt, so daß es, bei pragmatisch verzerrter Beachtung von "Inversion der Betrachtungsrichtung", als ein »Organismus« bzw. »Leben« konstituierendes Eines im Sinne des monistischen Systemismus von Mahner & Bunge entgegentritt. In anderen Worten: Insofern »Metabolismus« die materiale Basis von Ich bzw. Lebewesen konstituiert, tritt es bei pragmatisch verzerrtem Bedenken von "materiale Basis" als etwas entgegen, das die werdeweltliche Anfangsproblematik gemäß etwas die Werdewelt Transzendierendes lösen läßt, da es etwas ist, für das nicht im Sinne der Werdewelt-Analyse ein Anfang gesucht werden braucht; es genügt - so scheint es! - die Angliederung dieses Eines an die Daß-Aussage-Konstruktion des monistischen Materialismus Mahner & Bunges.

"Angliederung" bedeutet hierbei, daß sich die Frage der Letztbegründung von "Lebewesen" anscheinend darin erfüllt, nach entsprechenden werdeweltlichen Konstellationen Ausschau halten zu müssen, unabhängig davon, "Lebewesen" bzw. "Leben" auf einen Begriff rückführen zu müssen, der "Erster" ist, da er der weiteren Hinterfragung enthebt, zumindest aufgrund seines Element-seins einer analytischen Argumentation. Hiermit ist natürlich die Rückführung auf ein Eines der unthematische-Begriffpyramide abseits einer atomistisch beendeten Begründung gemeint.

Selbiger pragmatische Umgang mit der Anfangsproblematik, von dem hier also zu sprechen ist, da etwas ausgesagt wird, das lediglich qua Abstraktion bzw. atomistischer Letztbegründung im Horizont von Begrenztes einen Anfang aussagen läßt, ist bereits in Zusammenhang mit Mahner & Bunges "Modulation"-Konstruktion im Horizont von Sinneswahrnehmung festzustellen gewesen.

Die angeführten Konstruktionen von Mahner & Bunge entsprechen also, soweit es die Vergegenwärtigung der Unendlichkeit von "Begrenztes verweist auf Begrenztes" und die hieraus erwachsenden Sachzwänge für die Festlegung von Anfang - "Erstes" - innerhalb des Begrenzten anbelangt, der Darwinschen Konstruktion von "Anfang innerhalb der Stammesgeschichte", sowie der hiermit verbundenen Intentionen, die Begrenztheit des Ich, wie sie gemäß "Sonderstellung des Ich" auszusagen ist, im Lichte der Evolutionstheorie verstehen zu können.

Derart läßt sich aber nicht vernünftig mit der Begrenzungsproblematik verfahren, da sich das Begrenztes-sein des Ich, insofern dieses Person-sein bezeichnet, nicht aus welcher Höherentwicklung von Metabolismus auch immer heraus verstehen läßt, gleichgültig welche Emergenzen man zugestehen will: Das Begrenztes-sein des Ich hat all jenes, das als Basis derartiger Emergenzen angeführt werden könnte, als materiale Basis gemäß der dialektischen Differenz zwischen Gründendes als das Eines und Ich als ein Eines, wovon Mahner & Bunge nicht berichten. Im Sinne hiervon ist es also ein Ausdruck pragmatischen Denkens, wenn Mahner & Bunge »Fortpflanzung« nicht als Eigenschaft von Leben ansehen, nicht deshalb, da dies ein Eines der unthematische-Begriffpyramide wäre, sondern da es sich hierbei um ein Paradigma handelt, wie es aus "genealogische Ich-Kette" erwächst, und daher notwendig in der Werdewelt-Ebene von »Organismus« repräsentiert sein muß. Die Ausblendung von »Fortpflanzungsfähigkeit« ist also Ausdruck des defizitären Umganges mit dem Begrenztes-sein des Ich in dialektischer Hinsicht. Selbiges gilt für das Ausschließen von »Evoluieren« als einer Eigenschaft von lebenden Systemen, worauf nun genauer zu achten sein wird.

Zunächst führen Mahner & Bunge aus: »Die Zulassung von quantitativer Veränderung macht eine Ontologie dynamisch (...), aber es macht sie nicht evolutionär. Dazu muß sie auch *qualitative Veränderungen* zulassen« (S.301). Weiters ist zu lesen:

> "In einer genetischen Beschreibung einer Biopopulation können wir das Vorkommen von Organismen mit einem bestimmten Genotyp als Zustandsvariablen der Population betrachten, deren Werte die Häufigkeiten der entsprechenden Organismen eines bestimmten Genotyps darstellen. Der genetische Zustand einer Biopopulation zu einer bestimmten zeit ist dann als Punkt im entsprechenden Zustandsraum darstellbar. Angesichts der eingefahrenen Konzeptualisierung von Evolution als der Veränderung von Gen- oder Genotypfrequenzen in Populationen, liegt die Versuchung nahe zu denken, die Bewegung des Zustandspunktes in einer solchen Zustandsraumrepräsentation stelle die Evolution einer Biopopulation dar (...). Obgleich partiell wahr, ist dies unzureichend: Nicht jede beliebige Geschichte eines Dings sollte als ein evolutionärer Prozeß betrachtet werden" (S.302).

Hierher gehört auch:

> "Wenn der Standardauffassung nach Biopopulationen evolvieren, müssen wir annehmen, daß sie diejenigen Entitäten sind, die evolutionäre Veränderungen durchlaufen und damit evolutive Neuheiten besitzen. Doch welche (emergenten) qualitativen Neuheiten könnten Populationen aufweisen? Eine Antwort könnte lauten: Ihre reproduktive Isolation von andern Populationen, insbesondere in Relation zu ihrer Mutter- oder Schwesterpopulation. Diese Antwort kommt aber nicht in Frage, weil die Reproduktion eine Organismuseigenschaft (Parthenogenese) ist oder eine Elternpaar-Eigenschaft (Gonochorismus). ... Darüber hinaus wären genetische oder reproduktive Isolation ontologisch gesehen negative relationale Eigenschaften. Da es aber keine negativen Eigenschaften gibt - ... ist es keine Eigenschaft, daß *kein* Genfluß stattfindet -, ist reproduktive Isolation eine Nichtrelation und damit gar keine Eigenschaft" (S.305).

Aus diesen Zitaten geht hervor, daß Mahner & Bunge das Vorliegen von Evolution von der Ausbildung von Neuem abhängig machen, unabhängig von quantitativen Änderungen, wozu auch Änderungen von Genotyphäufigkeiten gezählt werden. Zugleich wird das Problem thematisiert, was eigentlich die evoluierenden Eines sind, wobei sogleich zurückgewiesen wird, daß es sich hierbei um die Biopopulationen bzw. biologischen Arten handelt: Eine "Population" evoluiert nicht, da sie kein »Ding« bzw. »System« ist, wobei dies zu übersehen also provoziert - so Mahner & Bunge -, auf herbeiargumentierende Weise ein Eines als "evoluierend" auszusagen, dem diskursiven Vordringen zum Bereich der Notwendigkeiten nicht gerecht werdend.

Um die Vermeidung hiervon bemüht, flechten Mahner & Bunge nun ihre systemische Betrachtungsweise in die anstehende Argumentation ein, woraus sich eine Konzentration auf Individuum bzw. Organismus ergibt: »damit eine qualitative Veränderung eine evolutionäre darstellt, müssen wir schließlich annehmen, daß sie in der *Emergenz von Dingen einer neuen Sorte oder ontologischen Arten* besteht« (S.302). Zudem soll gelten:

> "In einem Zustandsraummodell erfordert eine solche artmäßige Veränderung, daß neue Zustandsvaribalen hinzukommen und sich so der gesetzmäßige Zustandsraum des Dings ändert. Bildlich gesprochen konnten wir sagen, daß das sich evolutionär verändernde Ding in einen anderen nomologischen Zustandsraum springt" (S.303).

Weiters sei aus *Biologie* gelesen: »Da alle Dinge, die denselben gesetzmäßigen Zustandsraum besitzen, zur selben (ontologischen) Art gehören, stellt der "Erwerb" eines neuen nomologischen Zustandsraums Speziation im ontologischen Sinn dar« (S.303); »Wir bleiben also dabei, daß evolutive Innovationen Eigenschaften von Organismen sind. Jede qualitative Neuheit muß zunächst bei einem einzelnen Organismus auftreten« (S.306); »Manche ontogenetischen Prozesse transformieren mit anderen Worten den betreffenden Organismus in einen neuartigen Organismus, in ein Ding einer neuen ontologischen Art« (S.306). Diese Konzentration auf »Organismus« resultiert vor allem daraus, daß Organismengruppen - Populationen - nicht die Träger »evolutiver Innovationen« sein können, da sie kein System darstellen.

Dieserart also auf »Organismus« blickend, bieten Mahner & Bunge eine Argumentation, die eigentümlich zwischen der Nennung von »Ding« und »Organismus« wechselt, wobei gilt: Sprechen Mahner & Bunge von »Ding«, so berichten sie ihrem eigenen Verständnis nach von einer allgemeinen Ontologie, was hingegen nicht der Fall ist, wenn sie von »Organismus« berichten. Der Grund für dieses Wechseln kann nur darin liegen, daß Mahner & Bunge zusätzlich zu ihrer Ablehnung der herbeiargumentierenden Annahme von Eines als der Basis von Evolution - zum Beispiel "Population" - lediglich ihren systemischen Lebensbegriff als möglichen Ausgangspunkt für ihre Darlegung haben. Das ist: Mahner & Bunge müssen diese systemische Betrachtungsweise nun beibehalten, insofern diese ihr Konstrukt für die Vergegenwärtigung jener Sätze darstellt, die als nicht der Hinterfragung bedürfend und zugleich dem diskursiven Vordringen zum Bereich der Notwendigkeit entsprechend propositionale Basis der Analyse sind. Hierbei ist zugleich daran zu denken, daß "evoluieren" und "fortpflanzen" von Mahner & Bunge nicht als Eigenschaften lebender Systeme angenommen wird, sondern von »Leben auf der Erde«! Das ist: In besagtem Wechseln zwischen »Ding« und »Organismus« spiegelt sich wider, daß Mahner & Bunge nicht zu demjenigen vordringen, das tatsächlich propositional bedachte Basis der Argumentation ist, also nicht zu dem "Organismus"- bzw. "Lebewesen"-Begriff, wie er ein Eines der unthematische-Begriffpyramide ist, aus der dialektischen Entfaltung von Person-sein erwachsend - gemäß: erweiterte genealogische Ich-Kette -, da sie, entsprechend ihrem Monismus die beiden modalen Ebenen "Kontingenz und Notwendigkeit" nicht gemäß der Freilegung von "Ich bin" bedenken; besagtes "Wechseln" ist somit Ausdruck der Nicht-Vergegenwärtigung von "im Gespräch sein mit sich" und der dialektischen Differenz, was also durch eine "Wechseln"-Konstruktion kompensiert werden soll, wie sie das Fehlen tatsächlicher Daß-Aussagen und von Aussage-Subjekten in der Argumentation maskieren soll[135].

Im Lichte hiervon sei nun die "Neues"-Konstruktion von Mahner & Bunge betrachtet. Mahner & Bunge diskutieren "Neues" im Lichte von »neue Zustandsvariable«, die im Horizont der Zeitachse »hinzukommt«. Sie verstehen dies im Sinne davon, daß das Begrenzte nichts sein kann, das an sich Finalität repräsentiert bzw. versuchen sie diesem Umstand im Gewand ihres monistischen Materialismus Ausdruck zu verleihen. Aus der Sicht der noetischen Dialektik ist dieser Intention von Mahner & Bunge zuzustimmen, wie auch ihr mittels »Neues« Ausdruck verleihen zu wollen. Genauerhin spricht die noetische Dialektik aber von »Neues« im Horizont der selbstorganisierenden Prozesse im Rahmen des zweiten Zuganges des Ich zum Bereich der Notwendigkeit bzw. gemäß den hieraus erwachsenden Implikationen gemäß Entontologisieren-müssen. Das ist: Das Ich bedenkt "Neues", insofern es das ontologisch Begrenzte als epistemologisch begrenztes bedenkt, worin sich die dialektische Differenz ausdrückt, entsprechend dem Umstand, daß Begrenztes etwas ist, das in dialektischer Differenz zu dem An-sich-Seienden ist. Für das epistemologisch Begrenzte - wie es also mit "Neues" verflochten ist - trifft dies dahingehend zu, daß es die Daß-Aussagen in zu diesen modal verschiedener Form ist, wovon also gemäß der dialektischen Entfaltung der dialektischen Differenz zwischen d a s Eines und ontologisch Gegründetes zu sprechen ist. Hierin erfüllt sich hierbei die Bedeutung von Entontologisieren-müssen in Zusammenhang mit "Neues", da "Neues" somit nicht das So-sein des Sein bezeichnet: "Neues" wird ausgesagt, gemäß der Repräsentation von ontologisch Begrenztes im Bedenken.

Insofern steht die noetische Dialektik im Widerspruch zu den Ausführungen von Mahner & Bunge: Von Neuem zu sprechen impliziert das Vorliegen von kontingenter Gültigkeit - "Neues" fehlt im Horizont der unthematische-Begriffpyramide - vgl. *Privatheit* - und somit die Notwendigkeit, das zur Kontingenz Transzendentale propositional vergegenwärtigen zu müssen, was gerade nicht der Fall ist, wenn man sich auf eine formale Konstruktion - wie die "Ding"- bzw. "System"-Konstruktion - beschränkt, hieraus also "Neues" ableiten wollend, abseits einem adäquaten Verständnis von Ich bzw. seinem Bedenken.

"Neue ontologische Art" bzw. »ontologische Speziation« sind somit in dem Sinne inhaltslos, wie sie abseits der Vergegenwärtigung des tatsächlich Daß-Aussage-Bereich Seienden konzipiert sind - wofür also der Wechsel "Ding - Organismus" ein wesentlicher Teil der Maskierung ist -, bzw.: beide Begriffe stehen in Zusammenhang mit einer "Emergentismus"-Konstruktion, die abseits der Vergegenwärtigung von Entontologisieren-müssen "Neues" in einer allgemeinen Ontologie zu verankern versucht, worin letztlich liegt, daß auch das dies alles bedenkende Ich als Ergebnis emergenter Ereignisse zu verstehen ist, in Ausblendung davon, daß das Ich - abseits von Neues! - in dialektischer Differenz zu dem Gründenden zu verstehen ist, also in Ausblendung von "Sonderstellung des Menschen" bzw. "Inversion der Betrachtungsrichtung".

Mahner & Bunge übersehen also, daß "Evolution", wie auch immer sie von ihnen letztlich genauerhin verstanden wird, notwendig als konstitutiv für ontologisch Begrenztes zu verstehen ist, insofern von diesem - gemäß Platons Eines-Formel - entsprechend der dialektischen Differenz zu dem Gründenden zu sprechen ist, worin, in Entfaltung der dialektischen Differenz, "Neues" im Horizont von Begrenztes im Sinne der Werdewelt - gemäß dem zweiten Zugang des Ich zum Bereich der Notwendigkeit - zu bedenken ist; nur dieserart läßt sich erzielen, "Neues" nicht im Sinne einer Orientierung an der Natur auszusagen, eine Ni-

135 Insofern kommt der "Wechseln"-Konstruktion jene Funktion zu, die bei Darwin dessen "Auf/Ab"-Konstruktion erfüllt.

vellierung der transzendentalphilosophischen Schwelle ergebend -, da - im Lichte der oben angeführten Zurückweisung autopoietischer Positionen! - die Einflechtung der Beachtung der materialen Basis - abseits der Beachtung von Entontologisieren-müssen! - gar nicht von »Neues« sprechen läßt, sondern dies vorgenommen wird, da die Veränderlichkeit der Welt nicht als Gesamt von Änderungen verstanden werden soll, wie sie in einem "Uhrwerk" ablaufen, wie auch nicht als rein »quantitative« Änderungen (vgl. oben). In anderen Worten: Indem Mahner & Bunge »Neues« nicht im Lichte von "zweiter Zugang des Ich zum Bereich der Notwendigkeit" bedenken können, fehlt ihnen jenes, das als einziges Eines tatsächlich »Neues« aussagen und im Horizont der Ontologie bedenken läßt.

Von der gebrachten Kritik an der Argumentation von Mahner & Bunge ist aber die Intention dieser Autoren ausgespart: Das Bemühen um einen nicht-herbeiargumentierten Anfang ist notwendig aufzugreifen.

Mit ihrer bisherigen Ausführung zur Speziation haben Mahner & Bunge noch keine umfassende Evolutionstheorie geliefert, sondern nur gemäß ihrer Position dargelegt was es bedeutet, daß »Neues« auftritt. Zur Ausarbeitung des damit Bezeichneten wenden sich Mahner & Bunge der Selektionstheorie zu. Das ist: »das Hinzufügen weiterer und weiterer qualitativer Veränderungen wird den nomologischen Zustandsraum weiter und weiter verändern. Nachdem sich schließlich die neue Variante in der gesamten Population ausgebreitet hat, teilen alle Organismen in der Population einen (bis auf weiteres) endgültigen und stabilen Zustandsraum« (S.310). Aufbauend hierauf beginnen Mahner & Bunge ihre Darstellung der Selektionstheorie mit dem Hinweis, daß sich »Angepaßtheit« auf die »physiologische und ökologische Leistung« (*performance*) von Organismen bezieht, nicht aber auf »Fitneß« (Reproduktionskapazität), wobei *performance* als relationale Eigenschaft, Fitneß aber als intrinsische Eigenschaft verstanden wird. Zudem weisen Mahner & Bunge darauf hin, daß Angepaßtheit nicht direkt gemessen werden kann, weswegen es eines Indikators für die relative Fortpflanzungsfähigkeit bedarf: »der Angepaßtheitsgrad eines (reproduktionsfähigen) Organismus kodeterminiert den Grad seiner Reproduktionskapazität« (S.314). Angesichts hiervon wenden sich Mahner & Bunge nun der Frage nach der Selektionseinheit zu, gemäß dem Umstand, daß der Selektionsprozeß eine Sequenz von Änderungen bedeutet, so daß zu fragen ist, was sich verändert. Die Antwort auf diese Frage lautet:

> "Wir behaupten, daß jeder individuelle Selektionsprozeß aus einer Ding-Umwelt-Interaktion besteht. Dies nennen wir den elementaren Selektionsprozeß. Mit anderen Worten: Es gibt so viele Selektionsprozesse, wie es Ding-Umwelt-Interaktionen gibt. Folglich ist der elementare Selektionsprozeß auf jedes Ding anwendbar und stellt damit ein ontologisches Konzept dar" (S.319).

Somit liegt also wieder eine Bezugnahme auf die "allgemeine Ontologie" vor - »jedes Ding« -. Im Lichte hiervon halten Mahner & Bunge nun fest, daß der elementare Selektionsprozeß eine »Alles-oder-Nichts-Selektion: 1-0-Selektion« (S.319) bezeichnet, wie auch, daß es sich hierbei noch nicht um die biologische Selektion handelt, es »fehlt noch die Sortierfunktion« (S.319). Daher führen Mahner & Bunge nun aus, daß die 1-0-Selektion auf »Aggregate von Dingen auszudehnen ist«, da »mehrere Individuen in einem Habitat [leben]« (S.319), wobei das Ergebnis dieser Selektion die »differentielle Existenz« (S.320) ist. Weiters gilt es zu beachten, daß die Komponenten einer Population unterschiedlich sind, gemäß Variabilität bzw. Variation:

> "Setzen wir nun die Komponenten einer solchen Population dem Prozeß - oder genauer den Prozessen - der Alles-oder-Nichts-Selektion aus, so bleiben nur die Individuen in $Z_A(p)$ übrig, d.h. diejenigen, die im Hinblick auf eine gemeinsame Umge-

bung U_G minimal gepaßt sind. Im Prinzip kann das Ergebnis eines solchen Selektionsprozesses vorhergesagt werden, wenn wir die relevanten Eigenschaften der betreffenden Organismen und der Dinge in deren Umgebung kennen" (S.321).

Hierbei gilt:

"Nehmen wir nun an, die Elemente der Menge $Z_A(p)$ sind Organismen, die in ihrem Angepaßtheitsgrad variieren. ... Entsprechend wird es zu Unterschieden in den andren Organismus-Umwelt-Interaktionen kommen. Diese Unterschiede wirken sich jetzt aber nicht auf das Überleben der Elemente von $Z_A(p)$ aus, sondern auf deren *Leistung* oder *Performance* in U_G" (S.321).

Die differentielle Performance führt aber nicht zur Sortierung der Elemente, sondern:

"Wenn es zu einer Sortierung kommt, dann handelt es sich um eine Sortierung der Nachkommen der betreffenden Biosysteme. Um zu dieser Sortierung zu gelangen, müssen wir die Fortpflanzungsfähigkeit der betreffenden Organismen in Betracht ziehen. Deren differentielle Performance kann sich dann auf ihre Reproduktionskapazität oder Fitneß auswirken, die schließlich den tatsächlichen Fortpflanzungserfolg bestimmt (...). Wir können nun diejenigen differentiellen Performances oder Interaktionen, die sich auf die Fitneß und so schließlich auf den Fortpflanzungserfolg auswirken, als *Performance-Selektion* oder kurz *P-Selektion* bezeichnen" (S.321-322).

Nun führen Mahner & Bunge zu ihren bisherigen Angaben aus:

"Weder 1-0-Selektion noch *P*-Selektion haben bislang etwas mit Evolution zu tun: Eine Theorie der Selektion ist eine Sortiertheorie und daher vom Prinzip her unabhängig von einer Theorie der Evolution" (S.323).

Hierauf folgt: »der generationsübergreifende Sortiermechanismus kann aber ein Evolutionsmechanismus sein -... -, wenn: die Performance der Nachkommen "irgendwie" von der Performance der Vorfahren abhängt« (S.323); hierbei soll gelten, daß dieses »irgendwie« nicht »Erblichkeit«, sondern »Erbabhängigkeit«, besagt, da »nur der Ausgangszustand der Zygote als vererbt betrachtet werden kann« (S.323). Mahner & Bunge weisen nun noch darauf hin, daß der Selektion keine Kreativität zukommt, wie auch, daß die 1-0-Selektion für alle Dinge gilt, die *P*-Selektion aber die Existenz von Population, differentielle Angepaßtheit, Fortpflanzungsfähigkeit und differentielle Fitneß voraussetzt. Hieraus folgt, daß nach den Einheiten der *P*-Selektion zu suchen ist, wobei sie als »Interaktor [= Ding-Umwelt-Interaktion]« (S.325) bezeichnet werden.

Diese Aufführungen überblickend, ist sogleich festzuhalten, daß sich Mahner & Bunge der biologischen Ebene also aus ihrem formalen Anfang heraus nähern, wobei zu betonen ist: Mahner & Bunge legen größten Wert darauf, "Selektion" von "Kreativität" abzugrenzen, so wie zuvor größter Wert auf die Zurückweisung von "Evolutionseinheit: Population" als einem herbeiargumentierten Eines gelegt worden ist. Beide Eines - »kreative Selektion«, »Evolutionseinheit: Population« - stellen Mahner & Bunge als aufgrund ihres Systemismus überflüssig dar. Hierher gehört auch, daß sie mit ihrer Differenzierung "Erblichkeit – Erbabhängigkeit" »Organismus« - als »Ding« begriffen - fortgesetzt im "Zentrum des Interesses" halten können, da gleichsam keine Informationen über die Generationen hinweg tradiert werden, analog dazu, daß Wissensinhalte nicht externalisierbar sind - vgl. oben -. Freilich umfaßt diese Analogie auch den dieser Konstruktion anhaftenden defizitären Charakter. Wichtiger aber ist: Mahner & Bunge scheinen sich dieserart alleine auf notwendige Annahmen bezüglich »Ding« und »System« konzentrieren zu können, abseits jeglicher teleologischer Herbeiargumentation. In dem Sinne aber, wie sie hierbei defizitär mit der Anfangsproblematik umgehen, führen sie den Sortierbegriff gemäß "Orientierung an der Natur" ein. Das ist: Obgleich sie sich größte Mühe geben, eine analytisch-notwendige Entfaltung aus »1-0-Selektion« zu bieten, mißlingt ihnen dies, da sie »Sortiermechanismus« alleine auf ihren Emergentismus ausgerichtet verstehen, also dahingehend, die Transzendierung des kontingent Gültigen nicht im Sinne der noetischen Dialektik leisten zu müssen. Daß der »Sortiermechanismus« in Zusammenhang mit einer »P-Selektion«, wie sie auf besagte Weise generationenübergreifend dargeboten wird, bedeutet noch keine biologische Interpretation, schon deshalb, da alle hierher führenden Argumente bezüglich »Leben«, »Organismus« lediglich im Sinne der Mahner & Bungeschen "Simulation"-Konstruktion zu verstehen sind, so daß lediglich für diese Simulation ein Sortiermechanismus ausgesagt und mit dem Namen "biologische Selektion" belegt wird.

Hierfür ist auch entscheidend, daß die Argumentation von Mahner & Bunge eine Entfaltung des Begriffs »Ding« bedeutet, wie sie gemäß ihrem Verständnis von »allgemeine Ontologie« auf Notwendigkeit reflektiert, ergebend, daß der Wechsel auf »regionale Ontologie« entsprechend dem Mahner & Bungeschen Äquivalent der Darwinschen "Auf-Ab"-Konstruktion - vgl. oben: »Wechseln« - ausfällt[136]. »Der generationsübergreifende Sortiermechanismus kann aber ein Evolutionsmechanismus sein« - wie Mahner & Bunge schreiben (vgl. oben) - stellt eine Verflechtung der »allgemeinen Ontologie« mit der biologischen Ebene dar, die, insofern die thematisch-methodisch unreduzierte Vergegenwärtigung von »Neues« aus dem angeführten Grund verfehlt wird, Veränderung und Anfang-haben des Begrenzten (als Grundlage für eine nicht nur chaotische Veränderung), nicht entsprechend dessen Beziehung zu der Notwendigkeit einsehen läßt. Daher auch gelangen Mahner & Bunge zu keinen Aussage-Subjekten, sondern müssen zum Beispiel »Aggregat«, das als die Einheit der Evolution bezeichnendes Eines zurückgewiesen worden ist, nun in die Argumentation einflechten, ohne dies analytisch begründen zu können. Sie vermeiden damit zwar, ein herbeiargumentiertes Eines gleich einem atomistisch konzipierten Anfang auszusagen, bedürfen eben dieses Eines aber in einer Konstruktion, die insgesamt sehr wohl atomistisch ist, da sie sich nirgendwo auf Aussage-Subjekte letztbezieht: Freilich läßt sich »Aggregat« formal definieren, bzw. läßt sich formal ein Begriff konstruieren, mittels dem das "Nicht-Uhrwerk-sein" bedacht sein soll - relativ zu einer Simulation! -, entsprechend dem Umstand, daß die »1-0-Selektion«, wie sie Mahner & Bunge verstehen, in einer Weise mit *performance* verflochten ist, die eine mechanistisch-notwendige Beziehung zwischen den Lebewesen und der Umwelt in den Raum stellt, "Evolution" als "Uhrwerk" erweisend bzw. »Organismizität« - wider die Intention (vgl. oben) - nicht von "Maschinenhaftigkeit" unterscheiden lassend. Indem Mahner & Bunge also erkennen, daß derartiges letztlich vermieden sein muß, führen sie begriffliche Eines an - zum Beispiel »Aggregat« -, die insgesamt »P-Selektion« bedeuten, und die ausschließlich relativ zu dem formalen Anfang ihrer Argumentation, wie er also lediglich zu einem Äquivalent zu Darwins "Auf-Ab"-Konstruktion führt, »Veränderung« abseits von mechanistisch-notwendig zeigen.

Das ist: Das Bemühen von Mahner & Bunge aufgreifend, daß keine herbeiargumentierten Begriffe verwendet werden dürfen und dem diskursiven Vordringen-können des Ich zum Bereich der Notwendigkeit entsprochen werden muß, da ansonst Scheinlösungen offeriert werden - "evoluierende Population", "kreative Selektion" etc. -, ist gerade der Position von Mahner & Bunge gegenüber festzustellen, daß sie diesem - ihren eigenem - Anspruch nicht genügt, da sie "Leben", "Organismus" etc. systemisch anstatt noetisch-dialektisch versteht.

[136] Siehe zudem obige Anmerkungen zu Mahner & Bunges Verwendung des "Auf-Ab"-Motives im Rahmen ihrer Darlegung des Systemismus: "von oben nach unten und von unten nach oben durchreichen".

Wenn Mahner & Bunge daher als materielle Einheit der Selektion »Interaktor« angeben, so etwas, das Organismizität defizitär bedenkt, da »Organismus« nicht aus "Person-sein" – entsprechend "Sonderstellung des Menschen" und "Inversion der Betrachtungsrichtung" – abgeleitet wird.

Insbesondere ist hierbei zu beachten: »Alles-oder-Nichts-Selektion, die zu differentiellem Überleben führt, ist der Begriff, der auch hinter der Rede vom "Kampf ums Dasein" oder vom "Überleben des Tüchtigsten steckt« (S.320) sowie:

> "So hat Darwin »natürliche Zuchtwahl« folgendermaßen definiert: »Diese Erhaltung vorteilhafter individueller Unterschiede und Veränderungen und diese Vernichtung nachteiliger nenne ich natürliche Zuchtwahl oder Überleben des Tüchtigsten« (...). Die moderne Selektionstheorie enthält jedoch einen anderen Selektionsbegriff: Sie bezieht sich vor allem auf Selektionsprozesse, die zu differentieller Fortpflanzung führen. Obwohl differentielles Überleben auch differentielle Reproduktion zur Folge haben kann, was natürlich auch Darwin schon wußte, ist es nicht notwendig dafür" (S.320).

Hierin kann der Versuch gesehen werden, die Zirkelargumentation in der Darwinschen Ausführung zu umgehen, wobei aber sogleich auffallen muß: Auf den Fortpflanzungserfolg kommen Mahner & Bunge im Lichte davon zu sprechen, daß der Angepaßtheitsgrad n i c h t m e ß b a r ist; »Fortpflanzungserfolge« sind demgegenüber empirisch "erheblich" leichter zu erheben. Angesichts hiervon ist festzuhalten: Die Konzentration Mahner & Bunges gilt hier dem empirisch - gemäß: unterstellte "Orientierbarkeit an der Natur" - Aussagbaren, nicht dem aufgrund einer thematisch-methodisch unreduzierten Theorie Geforderten. Hierauf ist aber die gesamte Konstruktion von Mahner & Bunge ausgerichtet.

Angesichts hiervon seien nun die Ausführungen von Mahner & Bunge zu dem Thema »Struktur der Evolutionstheorie« betrachtet. Hierzu halten sie zunächst fest: »es gibt keine allgemeine, einheitliche Evolutionstheorie« (S.336); »Es gibt aber Theorien in der Evolutionstheorie, die allgemein und vielleicht auch hyperallgemein sind« (S.336). Das augenfälligste Beispiel einer solchen hyperallgemeinen Theorie ist die Selektionstheorie, wobei die allgemeine Selektionstheorie durch Einschränkung auf die Bezugsklasse "Interaktoren" zur Selektionstheorie der biologischen Evolution wird.

Hierbei soll gelten:

> "Diese allgemeine Selektionstheorie ergibt potentiell Millionen von theoretischen Modellen M_i von Selektion, eines für jede Art bzw. für jedes Taxon aus Vergangenheit, Gegenwart und Zukunft. ... Jedes M_i kann zumindest vom Prinzip her dadurch gewonnen werden, daß T mit einer Menge unterstützender Annahmen H_i angereichert wird, die die spezifischen Merkmale der entsprechenden Art bzw. des Taxons betreffen" (S.336).

Hierzu ist sogleich anzumerken, daß Mahner & Bunge das Eines "Evolution", wie es aus dem Eines der unthematische-Begriffpyramide "fehlender Selbstand des ontologisch Begrenzten" analytisch abzuleiten ist, nicht vergegenwärtigen, wobei sie, entsprechend ihrer "Auf-Ab"- und "Herausnehmen-können"-Konstruktion, ihr Augenmerk auf etwas richten, das sich als Vieles derart aussagen läßt - »Millionen theoretischer Modelle« -, daß es letztbegründend verstanden werden kann, obgleich es also auf kein Eines bezogen wird, das zu den Vielen in analytischer Beziehung gemäß dem Vordringen-können des Ich zum Bereich der Notwendigkeit steht. Dies bedeutet aber notwendig eine Verzerrung davon, daß das Letztbegründende entsprechend der dialektischen Differenz analytisch mit dem Vielen zu verbinden ist, bzw. im

Horizont von Vieles alleine gemäß der dialektischen Differenzierung von Daß- und Anfang-haben einen Anfang finden zu dürfen, die Vergegenwärtigung der Paradigmata einschließend.

Gerade hierauf zielen Mahner & Bunge aber nicht ab, wie sogleich anhand folgenden Zitates verdeutlicht werden kann: »Wollen wir unser Wissen systematisieren, müssen wir versuchen, durch Konstruktion einer allgemeinen Theorie eine Sammlung freier Modelle in eine Familie abhängiger Modelle zu überführen« (S.337). Um eine derartige Konstruktion im Sinne von Wissenssystematisierung darf es aber nicht gehen, da »Konstruktion« notwendig nicht das Freilegen des Subjektes der anfänglichen Daß-Aussage bedeuten kann: Dieses "zu konstruieren" würde bedeuten, fragen zu müssen, was es ist, das konstruiert, wieso konstruiert werden muß, etc.; "Konstruktion" bezeichnet also nicht den Bereich des nicht mehr zu Hinterfragenden.

In anderen Worten: Anstatt von der Freilegung des Subjektes der anfänglichen Daß-Aussage zu sprechen, berichten Mahner & Bunge von »Konstruktion« aus »Vielem« - »freie Modelle« -, eine Ausblendung dessen provozierend, das thematisch-methodisch unreduziert "konstruieren" läßt, da es Vielheit - als etwas, das nicht an sich Selbstand repräsentiert –transzendiert. Mahner & Bunge unterläuft dies gemäß ihrem defizitären Verständnis von dem Daß-Aussage-aussagen-können des Ich, woraus ein Denken in Abstraktionen erwächst, das seinerseits das thematisch-methodisch unreduzierte Bemühen um Freilegung des Daß-Aussage-Bereichs als ein Umgehen mit bloßen "Abstraktionen" diskreditiert[137].

Angesichts hiervon sei nun aus *Biologie* gelesen:

> "Zur Evolutionstheorie sollten aber mehr als nur diese zwei Theorien [Populationsgenetik und Selektionstheorie] gehören: wir brauchen ... auch eine Theorie über die Entstehung neuer Phänotypen, d.h. eine Theorie der organismischen Speziation. So brauchen wir eine *Theorie* der Mutation und eine *Theorie* der Entwicklung. Man beachte, daß wir hier mit »Theorie« eine Theorie über die allgemeinen Mechanismen dieser Vorgänge meinen und nicht nur eine Beschreibung von ihnen" (S.337).

Weitere Aussagen von Interesse sind: »Doch selbst wenn diese Theorien alle vorlägen, würde diese Theoriensammlung nicht unbedingt eine einheitliche (hyper)allgemeine Theorie der Evolution aller Organismen darstellen« (S.337); »[Die Teiltheorien] liefern mit anderen Worten ein einheitliches Bild der Evolution, aber sie stellen keine vereinheitlichte allgemeine Theorie der Evolution dar« (S.338). Sehr wohl sehen Mahner & Bunge also, daß das diskursive Vordringen zum Bereich der Notwendigkeit - um das sie, wie bereits mehrfach angemerkt, bemüht sind! - nicht darin bestehen kann, abstraktiv einen gemeinsamen Nenner von (anscheinenden) Teiltheorien zu bilden. Sind Mahner & Bunge also auch insoweit in der Lage, eine Nivellierung der transzendentalphilosophischen Schwelle zu vermeiden, so gelingt ihnen dies nicht mehr, wenn sie eine propositionale Darstellung des damit Bezeichneten geben wollen. Das ist: Mahner & Bunge führen unter anderem aus, daß jene Evolutionstheorien, die Sätze der Thermodynamik heranziehen, um letztbegründende Aussagen treffen zu können[138], Inhalte bemühen, die, insofern sie für alle offenen Systeme gelten, »zu allgemein für die Biologie [sind]« (S.338): »Hier haben wir es mit dem Fall des alten methodologischen Prinzips zu tun: *dictum de omni, dictum de nullo*« (S.339).

Hierin liegt zugleich, daß Mahner & Bunge diesen Vorwurf der Bedeutungslosigkeit qua Inhaltslosigkeit als auf ihre eigene "Ding"-Ontologie nicht anwendbar verstehen. Dies kann aber nur daraus erwachsen, daß sie ihre eigenen ontologischen Aussagen als solche verstehen,

---

[137] Vgl. hierzu auch Mahner & Bunges Stellungnahme zu Kants Philosophie, wie sie in der Einleitung zu diesem Buch zitiert ist.

[138] Zum Beispiel: DR Brooks & EO Wiley 1988: *Evolution as Entropy* - Chicago.

die notwendig auszusagen sind, da sie "alle Dinge" betreffen, jedoch nicht derart, daß hierbei etwas Formales bedacht wird, sondern etwas Notwendiges, das sich auf den biologischen Bereich durch die Hinzuziehung empirischer Daten einengen läßt. Gerade dies erfüllt sich aber nicht, wie gezeigt, weswegen auch gilt, daß Mahner & Bunge auf ein "Konstruktion" rückgreifen müssen, wo sie von der Freilegung der anfänglichen Daß-Aussage sprechen müßten.

Daher auch: »Da die Evolutionstheorie ein System von Theorien ist, nimmt es nicht wunder, wenn sie nur indirekt geprüft werden kann, nämlich durch Tests ihrer Teiltheorien. Doch selbst diese Teiltheorien sind nur schwer zu überprüfen. ... jede Theorie [besteht] aus unendlich vielen Aussagen, man [kann] aber nur eine endliche Zahl von Aussagen testen« (S.341). Gerade dieses »unendlich viele« müßte aber im Lichte der Unendlichkeit der Werdewelt - entsprechend: "Begrenztes verweist auf Begrenztes" - verstanden werden, wie sie auf die Eines der unthematische-Begriffpyramide und ihre analytisch auseinander hervorgehende Eines zu beziehen ist, das Problem der "endlichen Anzahl möglicher Tests" lösend. Mahner & Bunge gelingt dies aber nicht, da sie weder Evolution als Eines der unthematische-Begriffpyramide, noch diese an sich, vergegenwärtigen. Zugleich liegt hierin das defizitäre Verständnis von Mahner & Bunge bezüglich "diskursives Vordringen müssen zum Bereich der Notwendigkeit", demgemäß sie ihre formale "Ding"-Ontologie ausführen, um besagter "Unendlichkeit" entsprechen zu können. Das ist: Da sie die Differenzierung in Daß- und Anfanghaben nicht vergegenwärtigen, führen sie besagte formale Aussagen ein, um einen "unproblematisch" w i r k e n d e n Anfang für ihre "Auf-Ab"- und "Herausnehmen-können"-Konstrukte zu besitzen.

Komplementär hierzu gilt: Mahner & Bunge sind darum bemüht, keine herbeiargumentierten Eines für die Werdewelt-Analyse zu akzeptieren - vgl. oben -, wobei sie auch sehen, daß beispielsweise *performance* schwer meßbar ist, wie auch die phänotypischen Änderungen im Rahmen der Evolution nicht vorhersagbar sind. Dies leitet sie aber nicht zur Thematisierung der unthematische-Begriffpyramide - bzw. der Bedeutung der noetischen Dialektik -, sondern führt sie zu ihrem formalen Anfang, wie er ihnen zum Beispiel für die »1-0-Selektion« und Änderungen im nomologischen Zustandsraum - »Gelänge es uns also, nomologische Zustandsraummodelle für die Vertreter eines bestimmten Taxons zu konstruieren, sollten wir in der Lage sein, die Menge ihrer möglichen Transformationen anzugeben« (S.343) - Prognosemöglichkeiten eröffnet, also scheinbare begründungstheoretische Anhaltspunkte.

Genauerhin ist hierzu zu beachten: Mahner & Bunge führen an, daß es zahlreiche Belege für die Evolutionstheorie gibt: Indizienbelege, historische Belege, direkte Belege, Beobachtungsbelege und Experimente (S.342). Zugleich merken sie an: »andere Komponenten der Evolutionstheorie scheinen keine Gesetze und allgemeine Theorien zu umfassen, ... sondern bestehen in bloßer Historiographie« (S.343). Hierher gehören zahlreich Aussagen, die oben in der Analyse von Darwins Position als "Werdewelt-Regeln" bezeichnet worden sind. Das ist: Auch Darwin geht von anscheinend notwendigen Aussagen aus - bei ihm ist es die Ableitung der natürlichen Zuchtwahl, erwachsend aus Aussagen zur künstlichen und ungewollten Zuchtwahl, in Zusammenhang mit mathematischen Aussagen. Ganz genauso verfahren letztlich auch Mahner & Bunge, wenn sie formale Aussagen mit mathematischen Aussagen kombinieren, wobei zu beachten ist, daß sie besagte "Werdewelt-Regeln" ebenso wie Darwin letztlich nicht als Gesetze akzeptieren. Dies ist, so sei betont, keine Selbstverständlichkeit, wie die Geschichte der Synthetischen Evolutionstheorie zeigt.

Somit liegt vor, daß Darwins Zurückhaltung auf seine Verwendung physikotheologischen Denkens - vgl. oben - zurückzuführen ist, wohingegen Mahner & Bunge, Vorsicht walten lassend, Unvorsichtigkeiten in der Synthetischen Evolutionstheorie aufheben müssen, die Ausdruck davon sind, daß der Versuch, das physikotheologische Denken zu eliminieren, zunächst zu einer Konstruktion geführt hat, die dem Umstand, über keine Eines zu verfügen, ausschließlich durch Herbeiargumentation begegnet, dahingehend, daß die Eines-Formel bzw. die dialektische Differenz g a r k e i n e Beachtung erfährt.

Insofern stellt die Position von Mahner & Bunge, wie sie gemäß ihrer monistischen Ausrichtung eine Thematisierung der Eines-Formel bedeutet, gegenüber Vorläuferpositionen in der Synthetischen Evolutionstheorie e i n e n F o r t s c h r i t t dar, auch im Lichte davon, das diskursive Vordringen-müssen zum Bereich der Notwendigkeit vergegenwärtigen zu müssen. Zugleich gilt aber, daß Mahner & Bunge nicht zu jenem vordringen, das das Problem tatsächlich lösen läßt, also der noetischen Dialektik. Insofern bieten sie eine Form eines reinen wissenschaftlichen Realismus. "Rein" bedeutet hierbei: Überall dort, wo Darwin seine Betonung der werdeweltlichen Veränderlichkeit mit theologischem Denken verflicht, um dem ihm möglichen Maß an Vergegenwärtigung der Transzendentalität Ausdruck zu verleihen, insistieren Mahner & Bunge auf ein formales Denken, dieserart eine Thematisierung der Notwendigkeit zu erzielen versuchend, das die Darwinsche Inhomogenität in der Argumentation bzw. Infragestellung der eigenen Position Ergebende abwendet - vgl. zudem 4.1.1.3.

Dies bedeutet freilich keinen Fortschritt gegenüber der "Darwinschen Theologie", obgleich gegenüber fideistischen theologischen Positionen die Beachtung der Historizität ein eben solcher ist - vgl. *Theologie* und *Theoriendynamik* -. Letztlich ist aber nicht dies entscheidend, sondern daß der "reine" »wissenschaftliche Realismus« - hierzu sei in Erinnerung gerufen: »Unserer [Mahner & Bunge] Meinung nach verhalten sich die Wissenschaftler als Realisten« - Mahner & Bunges "Leben", "Organismus", "Evolution" und so fort in einer Weise versteht, die, aufgrund des "Ding - System"-Konstruktes, niemals mit Person-sein vereinbar sein kann, woraus folgt, daß Mahner & Bunge - bzw. der wissenschaftliche Realismus allgemein - auf herbeiargumentierte Eines angewiesen sind, wie sie zu Verzerrungen im Problembewußtsein führen, womit also gerade jenes provoziert ist, das Mahner & Bunge eigentlich eliminieren wollen - vgl. oben -.

Betont sei, daß Mahner & Bunge aufgrund ihrer "Ding - System"-Konstruktion gerade Organismizität, wie sie analytisch aus Person-sein abzuleiten ist, nicht thematisieren können, auch deshalb da sie Neues lediglich nicht-propositional - gemäß Emergenz - aussagen können. Diese Konstruktion im Sinne der Synthetischen Evolutionstheorie fällt hinter die Aussagen von evolutionstheoretischen Positionen zurück, die auf die Thermodynamik bezug nehmen - vgl. *Grundlegung* und *Theoriendynamik* -. Trotzdem gilt, daß auch diese Theorien letztlich wissenschaftlich-realistische Theorien sind, die erst der Transformation in die von Platon grundgelegte noetische Dialektik bedürfen. Hierauf wird in Kapitel 5 zurückzukommen sein.

4.1.1.3 *Biologie* im Vergleich mit *Welträtsel*

Wie dargelegt, bedeutet der Haeckelsche Monismus eine naturalistische Darstellung dessen, das in Darwins evolutionistischer Perspektive den Versuch einer theologisch konzipierten analytischen Ableitung in Verflechtung mit der Betrachtung der Werdewelt-Analyse ist. Die dieserart gegebene "naturalistische Wende" bei Haeckel ist von diesem aber monistisch konzipiert, derart daß dem Aussagen-müssen zweier modaler Ebenen entsprechend der dialektischen Differenz durch die Betrachtung hiervon im Horizont des Werdewelt-Ich zu entsprechen versucht wird. Hierbei nimmt Haeckel in seiner Projektion aus dem Werdewelt-Ich auf das Gründende unmittelbar auf die Veränderlichkeit, also Evolution bezug, wobei ihm ein mechanistisches Denken unterläuft, das Veränderung nicht gemäß dem Auftreten von "Neues" als Thematisierung des Fehlens einer Finalität innerhalb von Begrenztes bedenken läßt, sondern alleine mittels einer herbeiargumentierten "Zufall"-Konstruktion abzuwenden versucht, die werdeweltliche Veränderlichkeit nicht im Sinne den Vorgängen in einem "Uhrwerk" bedenken zu müssen. Komplementär hierzu gilt, daß Haeckel gegenüber der Darwinschen Theorie für sich in Anspruch nehmen zu können meint, es nicht bei "Alles ist möglich"-Konstruktionen belassen zu müssen, da, dem diskursiven Vordringen zum Bereich der Notwendigkeit nicht entsprechend, die Empirie lediglich unzureichend bedacht wird, letztlich sogar dieses Bedenken bzw. das Bedenken der Veränderlichkeit in Frage stellend.

Trotzdem verzichtet Haeckel nicht uneingeschränkt auf Religion, wobei ihm unterläuft, jenes, das in der Position Darwins deren eigene Infragestellung provozieren kann, zwar auszugrenzen, jedoch inkonsequent. Eine Konstruktion des Haeckelschen Monismus, die die innere Spannung dieser Position - wie sie aufgrund dieser Inkonsequenz fortgesetzt ihre eigene Infragestellung potentiell in den Raum stellt - verdeutlicht, ist die "Schauen"-Konstruktion. Diese ist das Resultat davon, daß Haeckel zwar um konsequente Beachtung des diskursiven Vordringen zum Bereich der Notwendigkeit bemüht ist, hierbei aber gar nicht zu den Aussage-Subjekten gemäß der Eines-Formel vordringt, so daß er das "Herausgreifen" von Eines zur Analyse aus dem Fluß der Veränderlichkeit defizitär darstellen muß bzw. in einer Weise nichtpropositional verstehen muß, die sich mit besagten Bemühen um konsequente Beachtung des Vordringen zum Bereich der Notwendigkeit nicht vereinbaren läßt. Im Lichte hiervon ist auch daran zu erinnern, daß Haeckel, um willen der monistisch verstandenen Beachtung der dialektischen Differenz, zu Differenzierungen greift, die ihn von eines sprechen läßt, die zwar die modale Differenz zu den werdeweltlichen Eines aussagen lassen sollen, letztlich aber eine herbeiargumentierte Differenzierung innerhalb der materialen Ebene der Werdewelt bedeuten - zum Beispiel die Anführung von »Äther« -, worin auch liegt, daß Haeckel mittels dem Eines »Energiefluß« die Vergegenwärtigung analytischer Verhältnisse zwischen jenen Eines, die letztlich die Werdewelt erklären lassen sollen, darstellen zu können meint.

Obgleich also Haeckel um die Vermeidung eines naiven Realismus bemüht ist, unterläuft ihm ein - dies ermöglichen sollender - "monistischer Materialismus", dessen Thematisierung der Eines-Formel sich in einer ebenso formalen wie inhaltsleeren "nicht ohne"-Konstruktion erschöpft. Daher auch bedarf Haeckel seiner Beiziehung der Mathematik gemäß seinem Ideal »exakte Wissenschaft«, wiewohl er sich gegen eine »tote Mathematik« wendet, also eine solche, mit deren Beiziehung die Beachtung der Veränderlichkeit unterdrückt bzw. ausgeblendet wird.

Vergleicht man dies nun mit dem »monistischen Materialismus« Mahner & Bunges, so fällt sogleich auf, daß sich ihre Argumentation ungleich stärker auf Mathematik bzw. formale Konstrukte allgemein stützt und zugleich von Religion abgrenzt, wiewohl auf Metaphysik reflektiert wird, jedoch auf inhaltslose Weise. Das ist: Mahner & Bunge greifen gleichsam im Sinne des naturalistischen Monsimus, wie er für Haeckel und Forel dargelegt worden ist, auf, daß die Thematisierung der dialektischen Differenz - so sei gemäß Universalität des Personsein festgehalten - durch ein "nicht ohne"-Konstrukt hinreichend, da dem Bedenken des Ich entsprechend, Beachtung erfährt. Mahner & Bunges Ausführung zu »*in re*«, »Ding-Konstrukt-Dichotomie«, »Nichtexternalisierbarkeit von Wissensinhalten« und so fort sind im Sinne hiervon zu lesen. Diese Konstruktionen sind aber derart, daß sie die zuvor angeführten Unterschiede zu Haeckels Monismus ergeben, wobei sogleich betont sei: Diese Unterschiede können nur im Lichte davon hinreichend verstanden werden, daß Haeckel und Mahner & Bunge übereinstimmend das Aussagen-können von Daß-Aussagen wesentlich defizitär bedenken, da sie es als mittels den soeben genannten Konstruktionen im Sinne der "nicht ohne"-Konstruktion hinreichend thematisiert verstehen. Das ist: Insofern mit Haeckels Ausformung der monistischen "nicht ohne"-Konstruktion das oben angeführte Element des fortgesetzten Insichtragens der eigenen Infragestellung zu verbinden ist, ist zu erwarten, daß Mahner & Bunge mit ihrer Ausformung besagter Konstruktion verbinden, eben dies abwehren zu können, wobei die Zurücknahme theologisch-metaphysischen Denkens, wie es durch die Betonung formaler Konstrukte kompensiert wird, hiermit in ursächlichem Zusammenhang stehen sollte.

Dies aufgreifend wird sogleich evident, daß der Monismus von Mahner & Bunge anders als jener Haeckels nicht von dem Werdewelt-Ich ausgeht, um die - monistische – Thematisierung der dialektischen Differenz verankern zu können, sogleich eine, die Veränderlichkeit aufgreifende Projektionstheorie anschließend, sondern die Auseinanderhaltung zweier Ebenen bietet, dergemäß die, eine Transzendierung der werdeweltlichen Ebene bedeuten sollende, Ebene formal konzipiert ist, gemäß ihrer »Ding-Konstrukt-Dichotomie«. Dieserart gelangen Mahner & Bunge auch zu keinem Haeckelschen "Substanz"-Begriff, wie er aus der Projektion der beiden Ebenen innerhalb des Werdewelt-Ich dargelegt wird, sondern zu der Differenzierung "Universum - Realität", wie sie den Versuch widerspiegelt, aus dem Bedenken des Ich besagte beiden Ebenen darzulegen, indem notwendig Auszusagendes, das dies ist, da es nicht wieder kontingent Seiendes ist - "gemäß: »allgemeine Ontologie«! - in modaler Differenz zur Kontingenz festgehalten wird. Tatsächlich gelingt Mahner & Bunge aber nur die Anführung von Formalem, das nicht in dialektischer Differenz zu dem Begrenzten ist, also entsprechend Kratylosschen Differenzierungen in Differenz zu diesem steht.

Indem Mahner & Bunge in ihrer Konstruktion aber nicht sogleich auf Evolution reflektieren - worin sie also Forels Argumentation entsprechen! -, benötigen sie zur analytischen Entfaltung, soweit sie sie vornehmen, auch nicht von Anbeginn an empirischer Aussagen, entfalten also in einer Weise in Transzendenz hierzu, wie sie Haeckel, da er sogleich besagte Projektion vornimmt, nicht gelingen kann, fortgesetzt Eines wie Elektrizität, Äther und so fort bedürfend. Da aber Mahner & Bunge ebensowenig wie Haeckel zu der anfänglichen Daß-Aussage vordringen, gelingt auch ihnen keine Emanzipation von der Annahme einer Orientierbarkeit an der Natur, so daß sich ihre formale Entfaltung fortgesetzt zumindest an werdeweltlichen Gegebenheiten orientieren muß - vgl. oben zum Beispiel bezüglich der Nennung der Leptonen -. Wiewohl diese Emanzipation also nicht gelingt, ist gemäß Universalität des Person-sein von einer diesbezüglichen Intention zu sprechen, wie sie dem Haeckelschen Monismus fremd ist.

Im Lichte hiervon ist es daher zu verstehen, daß Mahner & Bunge von »Zustandsraum«, »einfache Dinge« und so fort sprechen, wo Haeckel der Eines »Äther«, »Elektrizität« bedarf. Hiermit ist sogleich zu verbinden, daß Mahner & Bunge eine Konstruktion von "exakte Wissenschaft" vertreten, die sich gemäß ihrer Intention von jener Haeckels unterscheidet, ergebend, daß sie mit ihrer Konstruktion hiervon über etwas verfügen, das Haeckels "Schauen"-Konstruktion bzw. "Religion"-Konstruktion erübrigt. Tatsächlich entgrenzen sie diese Konstruktionen Haeckels aber nur dahingehend, daß Darwins "theologische Argumentation" über das bei Haeckel vorliegende Maß entgrenzt wird, ohne daß eine Annäherung an die Vergegenwärtigung der Eines-Formel auftritt. Das ist: Die Anführung formaler Eines soll dem diskursiven Vordringen zum Bereich der Notwendigkeit gerecht werden lassen, da es abseits einer "Schauen"-Konstruktion das "Herausgreifen-können" einsehbar sein läßt, ohne das "Ding an sich" vergegenwärtigen können zu müssen, bzw. beachten zu müssen, wie dies auch von Haeckel eingefordert wird.

Soweit es das Evolutionsdenken anbelangt, ist es bei Mahner & Bunge insofern von Haeckelschen Pragmatismen befreit, als es nicht gemäß der Haeckelschen sofortigen Aufwendung der Projektion zu einer Ausblendung der "Sonderstellung des Ich" aufgewendet wird, sondern gleichsam analytisch aus den anfänglichen Daß-Aussagen - bzw. anfängliche Daß-Aussagen sein sollenden Aussagen! - abgeleitet wird. Genauerhin ist besagter Vorteil gegenüber der Haeckelschen Position aber im Lichte davon zu sehen, daß Mahner & Bunge nur der

Intention nach Emanzipation von der Orientierbarkeit an der Natur betreiben, so daß sie letztlich ebenso wie Haeckel "Evolution" nicht als ein Eines der unthematische-Begriffpyramide verstehen können, das das Fehlen von Finalität im Horizont des Begrenzten bezeichnet.

Angesichts hiervon ist einsichtig, daß Mahner & Bunge ebenso wie Haeckel einen pragmatisch-defizitären Begriff von Lebewesen bzw. Organismus verwenden, als Spiegelbild davon, daß die Argumentation nicht zu "Ich bin" vordringt. Daher gilt: Mahner & Bunges Metabolismus-Theorie entspricht insofern Haeckels Karbontheorie, als beide Theorien einheitlich eine pragmatisch verzerrte, da die Sonderstellung des Ich nicht aufgreifende, Konstruktion davon sind, die materiale Basis des Ich als Universale im Horizont von "Lebewesen" darlegen zu müssen. Hieraus folgt wiederum, daß letztlich Haeckels "Schauen"-Konstruktion, insofern sie aus seinen Konstruktionen bezüglich "Tier-Seele" etc. folgt, ebenso eine Verzerrung des eigentlich Auszusagenden bedeutet, wie Mahner & Bunges Ausführungen zu dem Fehlen von Abbildern der Umwelt im Bedenken bzw. der Nichtexternalisierbarkeit von Wissen.

Für all diese Parallelen gilt, daß die Übereinstimmung zwischen den jeweiligen Ausformungen in dem einheitlichen Credo begründet ist, es bei einer monistischen Vergegenwärtigung der dialektischen Differenz belassen zu können - worin also eine Ausklammerung der noetischen Dialektik und ihrem Aufruf zu einer propositionalen Vergegenwärtigung der anfänglichen Daß-Aussage liegt -, wohingegen die Unterschiede daraus erwachsen, daß Haeckel das unthematische Element des Vergegenwärtigens in den Vordergrund stellt, indem er von "Schauen" spricht, wohingegen Mahner & Bunge das diskursive Vordringen zum Bereich der Notwendigkeit in den Vordergrund stellen, eine Konzentration auf formale Eines gebend.

Beiden monistischen Positionen kann daher gemäß Universalität des Person-sein das Bemühen um bestimmte Elemente des notwendig Auszusagenden attestiert werden, ohne daß eine von beiden Positionen das Gesamt des Auszusagenden vergegenwärtigen könnte, die Bedeutung der noetischen Dialektik bzw. des Bedenkens der Eines-Formel erkennend. Der eigentliche Vorteil der Position Mahner & Bunges gegenüber der Haeckelschen Position für ein Denken abseits der noetischen Dialektik muß aber darin gesehen werden, daß das Maß an "theologischem Denken", wie es noch bei Darwin gegeben ist, abgewendet ist, dahingehend, daß es auch nicht mehr rudimentär, wie noch bei Haeckel auftritt, so daß die Möglichkeit der Infragestellung gebannt zu sein scheint, freilich nur gegenüber Betrachtern, die ihrerseits nicht zur Bedeutung der Entdeckung Platons vordringen.

Zuletzt ist darauf aufmerksam zu machen, daß in dem Mahner & Bungeschen Monismus das "monistische Element" weitestgehend von der Thematisierung "exakter Naturwissenschaftlichkeit" überdeckt ist, insofern die Thematisierung der unthematische-Begriffpyramide ausgeblendet wird. Das ist: Die Mahner & Bungesche Intention der Emanzipation von "Orientierbarkeit an der Natur", wie sie also im Unterschied zu Haeckel auftritt, führt keineswegs zu einer Betonung der dialektischen Differenz, die der Beachtung der unthematische-Begriffpyramide größere Bedeutung beimessen läßt, bzw. über das Haeckel gegebene Maß an Thematisierung der dialektischen Differenz in Form seiner "nicht ohne"-Konstruktion im Bereich der grundsätzlichen Attribute der Substanz hinausreicht. Insofern ist auch davon zu sprechen, daß der Mahner & Bungesche Monismus das monistische Element - wie es also Vergegenwärtigung der dialektischen Differenz sein soll - weitgehend in Paranthese anführt, ohne daß hier untersucht sein soll, inwieweit dies nicht in dem monistischen Denken an sich begründet ist. Unabhängig hiervon liegt hierin Ausgeführten die Ermöglichung davon, *Biologie* als allgemein-evolutionsbiologische Grundlage für die anschließende Analyse der Position des Anthropologen R. Leakey verstehen zu können.

4.1.1.4 *Biologie* im Vergleich mit einer nicht-monistischen allgemein-evolutionsbiologischen Position

Lediglich in einigen knappen Worten soll *Biologie* mit einer Position verglichen werden, die sich fernab jeglicher dialektischer Intention gegen den Monismus wendet. Zu diesem Vergleich ist die Kritische Evolutionstheorie ausgewählt worden, wobei die ablehnende Haltung von Mahner & Bunge dieser Position gegenüber bereits angeführt worden ist. Zur Diskussion der Kritischen Evolutionstheorie sei das gleichnamige Buch von W. Gutmann & K. Bonik[139] konsultiert.

Gutmann & Bonik wenden sich explizit gegen eine monistische Betrachtungsweise:

> "Deutlich wird, daß auch dann, wenn man die Maschine[140] als eine Art organischer Einheit sieht - was sie in der Tat ist, weil sie nur bei einem bestimmten Arrangement ihre wiederholte Leistung erbringt - keine monistische Sicht nötig ist[141]: Es müssen differente Naturgesetze in verschiedenen Teilen beachtet werden; entscheidend im Beziehungsgefüge ist der Energiefluß" (S.24).

In Zusammenhang mit Gutmann & Boniks Ablehnung monistischen Denkens sind auch ihre folgenden zurückweisenden Stellungnahme von Interesse:

> "... sind nicht nur ältere einseitige Vorstellungen wie das Konzept der Zweckmäßigkeit der Organismen vermieden, sondern auch neuere wie der Begriff der Teleonomie und der der Selbstorganisation. Während die Teleologie- und Teleonomie-Vorstellungen meist zu einseitig auf die Umweltanpassungen der Lebewesen ausgerichtet sind und die Autonomie der Organismen, ihre interne Organisation und ihren Material- und Energiedurchfluß kaum oder gar nicht berücksichtigen, ist das Konzept der Selbstorganisation - vor allem bedingt durch die Arbeiten von Prigogine und Eigen - fast ebenso einseitig auf den Bereich der Thermodynamik, Biochemie und Molekularbiologie beschränkt, so daß dabei die nicht reduzierbaren, ökologischen und historischen Vorbedingungen von Organismen nicht erfaßt werden" (S.35-37).

> "Darwin und Wallace haben den Organismus nicht als System von wechselseitig abhängigen Strukturen und Funktionselementen verstanden. Korrelationen, Bildungsgesetze und biogenetisches Grundgesetz sind Elemente der älteren Naturphilosophie und schlechter Ersatz für den internen Aspekt der Selektion." (S.47).

> "Kein Lebewesen spiegelt die Umweltbeziehungen oder Anpassungen, wie Konrad Lorenz und nach ihm Ruppert Riedl und andere Autoren in konsequenter Weiterverfolgung des unzulänglichen Altdarwinismus nahelegen" (S.24).

> "Die beiden letztgenannten Autoren [Riedl und Wuketits] möchten bei voller Anerkennung des Energieaspektes und der breitgefaßten Selektionsvorstellung [Innen- und Außenselektion] die Organismen weiterhin als Konfigurationen, als morphologische Gebilde verstehen und die morphologische Tradition nicht abreißen lassen. Ihr Bestreben geht dahin, die Kontinuität der idealistischen und konfigurativen Morphologie zu wahren. Im Gefolge davon können sie konstruktiven Umbau und Wandel nicht beschreiben und nicht begründen, weil eine Beziehung zwischen abbildender

139 F Gutmann & K Bonik 1981: *Kritische Evolutionstheorie* - Hildesheim.

140 Gutmann & Boniks Bezug auf Maschinen wird sogleich eine Erklärung finden.

141 Hervorhebung durch den Autor

> Morphologie und Energie-Verbrauch sowie biomechanischer und physiologischer Erklärung nicht existiert" (S.47).

Diese kritischen Ausführungen von Gutmann & Bonik spiegeln zugleich wider, worin sie ihrerseits die Quelle für ein adäquates Verstehen von Organismus, Leben und Evolution sehen. Diese ist insofern in einer Organismus-Theorie zu sehen, die die Lebewesen nicht bloß als Abbild der Umwelt versteht bzw. als adaptionistisch respektive teleonomisch verstandenen "Spielball" von Umweltgegebenheiten, wobei die Beachtung hiervon zu keinen molekularbiologisch, thermodynamischen Reduktionismus im Sinne der Selbstorganisationstheorie führen darf, sondern zu einer Betonung maschinentheoretischen Denkens, in dessen Zentrum die Mechanik steht.

Im Sinne hiervon stellen Gutmann & Bonik ihr eigenes Anliegen wie folgt dar:

> "Damit wird das Ziel unserer Studien insgesamt deutlich: | 1) Die Verbindung zwischen dem Evolutionsmechanismus und dem von der Evolution veränderten biologischen System muß klarer aufgezeigt werden. | b) Ein adäquates biomechanisches Grundverständnis biologischer System ist zu entwickeln und die überragende Bedeutung der Hydroskelett-Eigenschaften zu demonstrieren. | ... Dabei wird von Organismen als von energie- und materialzehrenden Systemen auszugehen sein. Der Aspekt des Energiewandels hat im Vordergrund zu stehen" (S.21).

> "Was nun aber Evolution in der Anwendung auf Lebewesen bedeutet, ist dann am leichtesten zu verstehen, wenn wir eine Parallele zur Technik ziehen und trotz der Unterschiede zur biologischen Evolution die technische Entwicklung eines Gerätes betrachten" (S.23).

Bezeichnenderweise wird diese Vorgehensweise - die Bezugnahme auf die Mechanik bzw. Technik - nicht analytisch aus einem vorgeordneten Satz abgeleitet, sondern u n v e r m i t t e l t als vernünftig in den Raum gestellt: »Dabei kommen grundlegende Gesichtspunkte zum Tragen, die bisher in der Biologie nicht beachtet wurden, die aber erst eine Anwendung der Evolutionstheorie erlauben« (S.23). Das ist: Angesichts der Synthetischen Evolutionstheorie, wie sie nicht in der Lage ist, Evolutionsgesetze von Werdewelt-Regeln zu unterscheiden - vgl. die entsprechende obige Kritik Mahner & Bunges (und Kapitel 5) -, wie auch einer Evolutionstheorie, die mit einer figurativen Morphologie verknüpft ist, deren Credo sich in einem unbrauchbaren Homologie-Begriff erschöpft - vgl. obige Kritik von Gutmann & Bonik -, wird Gutmann & Boniks Bemühen um neue Perspektiven in der Biologie bzw. Evolutionsbiologie einsichtig, bedarf also keiner weiteren Begründung. Trifft dies also auch zu, so bedarf die Gutmann & Boniksche "neue Perspektive" selbst aber sehr wohl einer Begründung. Gutmann & Bonik sehen diese Notwendigkeit aber nicht, da ihre Kritik an anderen Positionen wie folgt eingeschränkt ist:

> "Dennoch wäre unsere Evolutionstheorie auch als Weiterentwicklung zu kennzeichnen. Sie nimmt die Grundideen von Darwin und Wallace wie Überproduktion von Nachkommen und Selektion auf, führt die Idee des Funktionswechsels, der von Dohrn (1875)[142] stammt, auf neuer Ebene fort. Auch die Hinweise auf das Mitspielen der Energie im Selektionsprozeß sind weit verbreitet - andeutungsweise bei Darwin, deutlicher bei Haeckel, bei Lankester ebenfalls" (S.47).

---

[142] A Dohrn 1875: *Der Ursprung der Wirbeltiere und das Prinzip des Funktionswechsels* - Leipzig.

Zugleich ist zu beachten:

> "Die philosophische Frage, ob Organismen vollständig als Maschinen und Energiewandler erklärbar sind oder nicht, spielt für rein naturwissenschaftliche Probleme keine Rolle. Sie ist nur metaphysisch zu beantworten. Aus diesem Grunde wollen wir den Faden der Argumentation wieder aufnehmen und praktisch weiterfahren, indem wir den Maschinenaspekt von Lebewesen nachzuzeichnen versuchen" (S.27).

Hierher gehört auch:

> "Zu allen diesen Aspekten aus dem Geschehen in einer freien und wenigstens teilweise kapitalistischen Wirtschaft werden wir in der Geschichte des Lebens parallele und analoge Fälle finden. Allerdings hat die Formulierung der Analogie didaktische Zwecke und soll keine normative oder bewertenden Ziele verfolgen" (S.26).

> "Es wird keine Identität lebender Systeme mit Maschinen behauptet, sondern nur Übereinstimmung in bestimmten Aspekten" (S.26).

Überblickt man diese Zitate so zeigt sich, daß Gutmann & Bonik zwar »Grundideen« von Darwin und Wallace übernehmen, jedoch nicht in deren Sinn: Wie die Obige Analyse von Darwins Position gezeigt hat, führt er Selektion und Überproduktion der Nachkommenzahl, worauf sich Gutmann & Bonik beziehen, im Rahmen seiner Position an, wie sie ein "Vorstoß innerhalb der Theologie" ist, was Gutmann & Bonik übersehen, besagte beiden »Grundideen« in einen Rahmen zwängend, der Selektion alleine in ihrem werdeweltlichen Horizont versteht, woraus sich eine Verknüpfung mit der »Evolution technischer Maschinen« ergibt, da diese, insofern sie marktwirtschaftlichen Konkurrenzkämpfen unterliegt - »Maschinen stehen unter Konkurrenzbedingungen« (S.24) - mit der biologischen Evolution parallelisiert werden können soll. Angesichts hiervon überrascht nicht, daß Gutmann & Bonik meinen, es bei einer Ausblendung der Philosophie belassen zu können.

Das Problem für die Position von Gutmann & Bonik ist hierbei, daß ihre Aussage, keine »Identität lebender Systeme mit Maschinen [zu] behaupten« somit dahingehend inhaltslos ist, als dasjenige, das den Unterschied bedeuten soll, ungenannt bleibt, bzw. sich in einer Nennung von "System" erschöpft, die nirgendwo eine analytische Erklärung findet[143]. Das hiergegenüber völlig fehlende Problembewußtsein ist um so erstaunlicher, als Gutmann & Bonik gerade auf die Ermöglichung davon abzielen, eine gehaltvolle Organismus-Theorie bieten zu können, den Organismus als geschlossenes, wiewohl energetisch offenes, System zeigend.

---

[143] Angesichts hiervon sei daran erinnert, daß Gutmann & Bonik, wie zuvor zitiert, schreiben: »Allerdings hat die Formulierung der Analogie d i d a k t i s c h e Zwecke und soll keine normative oder bewertende Ziele verfolgen« [Hervorhebung durch den Autor]. Zudem ist bei Gutmann & Bonik zu lesen:

> "Nun gibt es eine Reihe von Autoren, die teilweise in recht kryptischen [sic] Schriften ebenfalls Aspektbearbeitung und Ebenenbetrachtung bei Organismen fordern und die totale Determiniertheit eines biologischen Objektes nicht mehr unterstellen (Weiss, Koestler, von Bertalanffy, Waddington, Bohm, Wuketits). Die Ebenen werden dabei aber eher aus Erklärungsnot zugestanden und nicht als konstitutives Element, sondern nur als didaktisches oder die Forschung lenkendes Hilfsmittel angesehen" (S.52).

Diese Kombination von »Didaktik« und »Erklärungsnot« ist somit Teil der Gutmann & Bonikschen Position.

Bevor dies genauer beleuchtet werden soll, ist darauf hinzuweisen, worin für Gutmann & Bonik der Vorteil ihres Verweises auf Technik bzw. Mechanik liegt.

Bezüglich der Position von Mahner & Bunge ist bereits darauf hingewiesen worden, daß die Analyse der Evolution damit umzugehen hat, einen historischen Vorgang erfassen zu wollen, woraus Probleme in normativer Hinsicht auftreten. Gerade zur Lösung dieses Problems ist Gutmann & Bonik, die "Höherentwicklung"-Konstruktionen generell zurückweisend, ihr Verweis auf Technik bzw. ihre Analogisierung mit der »Evolution technischer Maschinen« Garant:

> "Diese energetische Betrachtungsweise von Organismen, die jederzeit experimentell überprüfbar ist und die Basis unserer gesamten Argumentation darstellt, macht noch einen weiteren Aspekt deutlich: Organismen verhalten sich in allen entscheidenden biologischen Leistungen wie technische Maschinen" (S.26).

> "Evolution, die man im hier vertretenen Sinne als Optimierungs- und Ökonomisierungsgeschehen versteht, das durch Mutationen angetrieben wird, kann nur über allmähliche Wandlungen verlaufen" (S.38).

> "Im Verlaufe der Evolution setzen sich in der jeweiligen Situation die Formen durch, die mit weniger Energie-Aufwand die gleiche Leistung erbringen, vor allem die Produktion von Nachkommen sichern oder aber durch höheren Energie- und Material-Einsatz in komplizierten Organen eine entsprechende Überlegenheit gewinnen" (S.39).

Diese Ausführungen zu »Energie-Aufwand«, »Ökonomisierung«, »experimentell überprüfbar« und so fort suggerieren natürlich die Möglichkeit einer normativen Betrachtung von Evolution, auch wenn der Bezugnahme auf die Technik an sich kein normativer Wert beigemessen s e i n s o l l, insbesondere im Vergleich mit einer "konfigurativen Morphologie" und ihrem Homologiebegriff, sowie "Höherentwicklungs-Vorstellungen" in der Synthetischen Evolutionstheorie. Diese "suggestive Wirkung" ist es aber auch, die die Bezugnahme auf die Technik bzw. Mechanik rechtfertigen soll, eine analytische Ableitung der Berechtigung ihrer Anführung ausblendend.

Zugleich gilt aber, daß die Position von Gutmann & Bonik für sich in Anspruch nehmen zu können scheint, Organismizität beachten zu können, bzw. über das Maß hinaus Organismus als ein Eines zu verstehen, wie es in der Synthetischen Evolutionstheorie gegeben ist:

> "Alle Teilsysteme könnten auch ganz anders gebaut sein. Aber nur von einer bestimmten Konfiguration, die durch Selektion entstanden ist und durch Selektion intakt gehalten wird, ist die Bionomie gesichert" (S.34).

> "Die meisten der für das Leben nötigen chemischen Verbindungen und Elemente kommen in überreicher Menge vor. Wir können also weder die Mangellage noch die Konkurrenzsitutation an sich beschreiben. Wir müssen auf den Organismus selbst zurückgreifen" (S.40).

> "Wären nun die Organismen die wir betrachten, völlig gleich, so würden beim Überangebot von Nachkommen in einer Mangelsituation manche Vertreter sterben, andere nicht. Daß dieses Geschehen, das natürlich Selektion wäre, ungerichtet und zufällig geschehen müßte, kann man leicht einsehen. Nach Maßgabe der Nahrungsressourcen blieben nur eine entsprechende Zahl von Vertretern vorhanden. Es gäbe zufällige Auslese, aber keine Evolution oder durch die Eigenschaften der Organismen selbst gerichtete Selektion, weder eine statische noch eine dynamische Weiterentwicklung. | Sobald aber Unterschiede auftreten, Varianten entstehen, die im Auf-

bau verschieden sind, setzt dann eine Selektion ein, die durch den Aufbau der Organismen selbst gesteuert und mitbestimmt wird" (S.41).

"Über den als Prämisse eingebrachten Aspekt der Energie gelangt man also unvermeidlich zu einem Selektionsverständnis, das sich von dem Darwins tiefgreifend unterscheidet, obgleich es teilweise von der Konkurrenz- und Lebenskampf-Idee von Darwin, Wallace und Spencer getragen ist. | Selektion ist nämlich insgesamt gesehen kein Geschehen, das durch äußere Verhältnisse, durch die Umweltbedingungen, alleine bestimmt würde, wie Darwin und mit ihm die Überzahl der Evolutionstheoretiker bis heute meinen" (S.43).

"Immer spielen interne Zusammenhänge bei der Entscheidung mit, da die Konkurrenz in der Überproduktion von Nachkommen keine notwendige Bedingung von Selektion darstellt. Leben Organismen im Überfluß, besteht kein Mangel an Material und Energie, dann gehen trotzdem die Varianten zugrunde, die nicht funktionstüchtig sind, die den Material- und Energiefluß im Dienste von Überleben und Nachkommen-Produktion nicht aufrechterhalten können. Auch das Paradies kennt also Untergang durch Fehlbildung und Krankheit, solange es von Lebewesen bevölkert ist, die abhängig von Naturgesetzen sind und jene Wandlungsfähigkeit zeigen, die wir von den Lebewesen unserer Welt gewohnt sind. | Betrachtet man nun aber die Situation des Nachkommenüberschusses, so spielen bei der Selektion Innenbedingungen und Außenbedingungen zusammen. Selektion ist der Prozeß der Regelung des Überlebens, der durch die Gesamtheit der Innen- und Außenbedingungen bestimmt ist" (S.43).

Sogleich sei hieraus hervorgehoben: »alle Teilsysteme könnten auch ganz anders gebaut sein«; »Wir können also weder die Mangellage noch die Konkurrenzsituation an sich beschreiben. Wir müssen auf den Organismus selbst zurückgreifen«; »Auch das Paradies kennt also Untergang durch Fehlbildung und Krankheit«. In diesen Aussagen wird die Bionomie bzw. die Geschlossenheit des Systems gemäß "Ermöglichung des Energieflusses" gegenüber der Umweltbezogenheit abgegrenzt, gleichsam um ein Universale gegenüber der Aktualität "Konfrontation der Lebewesen mit der Umwelt" zu erhalten. Diese Intention ist im Lichte der zuvor angesprochenen Normierung-Problematik zu sehen, wie auch im Sinne einer Emanzipation von "Teleonomie"-Konstruktionen, ohne hierüber zu provozieren, im Sinne der Selbstorganisationstheorien den Bezug auf die materiale Ebene von Lebewesen zu verlieren, bzw. lediglich im molekularbiologischen Sinne zu erhalten - vgl. die diesbezüglichen, oben zitierten Aussagen von Gutmann & Bonik -.

Angesichts hiervon, also angesichts der somit bei Gutmann & Bonik gegebenen Thematisierung zweier Betrachtungsebenen, ist erneut ihre Ablehnung des Monismus zu thematisieren, wie auch die Frage nach dem Inhalt ihres System"-Begriffes. Hierzu sei aus ihrem Buch zitiert:

"Jede Verbesserung des Wirkungsgrades [einer Maschine], etwa beim Energiewandel in einem Teilsystem, teilt sich dem wirtschaftlichen Vorteil mit. ... Rein physikalisch ist also Ökonomie und Leistungsverbesserung nicht zu definieren" (S.26).

"Eine Beschreibung und Erklärung der Maschinerie ist nur auf der mechanischen Ebene möglich. Da die Anforderungen an die Teilsysteme sich wechselseitig bedingen, ist eine physiologische Erklärung einer Leistung auf der jeweils behandelten ebene nur durch die Erfassung der mechanischen Geschlossenheit und durch die hydrodynamisch erklärbare Antriebsleistung möglich. Immer müssen das Funktionieren der Maschine und ihre Rolle und Funktion getrennt behandelt werden" (S.34).

"Der Material- und Energiefluß in einer Maschine liefert nun die einende Klammer und die Verbindungsglieder der zwischen den einzelnen Subsystemen. Erst wenn diese in definierter und geordneter Weise zusammenwirken, läßt sich die abgeforderte Leistung erbringen" (S.51).

Der Bezug auf die Mechanik innerhalb der Biologie bedeutet gegenüber der physiologischen Ebene etwas Abgegrenztes, ebenso, wie im Horizont »Evolution technischer Maschinen« »Ökonomie und Leistungsverbesserung« nichts ist - so Gutmann & Bonik -, das sich alleine physikalisch erklären ließe, von diesem also nicht abgegrenzt wäre. Hierin findet zugleich die "System"-Konstruktion, wie sie grundlegend für Gutmann & Boniks Verständnis von "Organismus" ist[144], ihre Erklärung, da sie "Organismus" als ein Eines einsehen lassen soll, in Abgrenzung von einer Darwinistisch verstandenen Adaptionstheorie. Tatsächlich meinen Gutmann & Bonik mit dem Begriff "System" aber lediglich eine »einende Klammer« für den »Material- und Energiefluß«, womit die bereits angeführte Inhaltslosigkeit gegeben ist.

Das ist: Gutmann & Bonik thematisieren das Vorliegen von zwei Betrachtungsebenen in Zusammenhang mit einer Vergegenwärtigung von Organismus als einem Eines. Insofern - so sei gemäß Universalität des Person-sein festgehalten - reflektieren sie auf die dialektische Differenz und das Eines-sein von Lebewesen, wovon also im Sinne der erweiterten genealogischen Ich-Kette zu sprechen ist. Schon der völlig beiläufige Umgang Gutmann & Boniks mit der Philosophie zeit aber, daß diese Reflexion zu einer völligen Verzerrung dessen mißrät, das auszusagen unternommen wird. Das zur Faktizität Verschiedene - "System" - wird mittels einem "Energie- uns Materialfluß"-Konstrukt dargelegt, das die Werdeweltlichkeit gar nicht transzendiert - "Orientierbarkeit an der Natur"! -. Zudem gilt: Der Verweis auf Technik und Wirtschaft, wie er also mittels Analogie das zur Biologie Ausgesagte "verdeutlichen" soll, reflektiert derart auf Marktwirtschaft, daß der Thematisierung der Entgrenzung von "um willen von etwas" - wie dies im Sinne des Bedenkens von "Organismus" als einem Eines im Lichte der Vergegenwärtigung von Person-sein notwendig zu beachten ist - gar keine Bedeutung beigemessen wird - vgl. hierzu die dementsprechenden Aussagen in der Analyse der Position von Engels -, worin sich einmal mehr zeigt, daß die Bedeutung der philosophischen Perspektive von Gutmann & Bonik nicht vergegenwärtigt wird.

Im Lichte hiervon ist festzustellen, daß Gutmann & Boniks Position als ein Versuch zu verstehen ist, um willen der scheinbaren Vorteile für die Normierungsproblematik "Leben" mechanistisch bzw. maschinentheoretisch zu verstehen. Gutmann & Bonik können sich hiermit also arrangieren, wiewohl sie somit jegliche Möglichkeit aufgeben, Evolution in Zusammenhang mit "Sonderstellung des Menschen" und "Inversion der Betrachtungsrichtung" bedenken zu können. Hierbei sei auch daran erinnert, daß Mahner & Bunge zu Recht darauf hinweisen, daß ein derartiger Ansatz letztlich auch den Menschen als "Maschine" betrachtet, bzw. als eine "nicht Maschine sein sollende Maschine".

Inwieweit sind aber zwischen der Position von Gutmann & Bonik und jener von Mahner & Bunge Übereinstimmungen festzustellen? Zur Beantwortung dieser Frage ist zunächst daran zu erinnern, daß Gutmann & Bonik zwar ein monistisches Denken ablehnen, zugleich aber zwei Betrachtungsebenen unterscheiden, wiewohl auf inhaltslose Art, wohingegen Mahner & Bunge explizit eine monistische Position vertreten, hierbei aber ebenfalls zu einer Unterscheidung von Betrachtungsebenen gelangen, die insofern keine ist, als keine Emanzipation von

---

[144] Zum Beispiel:

»Nun, auch bei diesen Lebewesen [Pflanzen und sessile Tiere] geschieht eine vielfache Energietransformation, sie sind in bezug auf ihre Überlebensleistung ebenfalls als maschinenartige Systeme zu betrachten« (S.34).

"Orientierbarkeit an der Natur" erzielt wird. Im Sinne hiervon ist weiters in Erinnerung zu rufen, daß Mahner & Bunge zwar nicht die Philosophie bzw. Metaphysik ausgrenzen, wie dies bei Gutmann & Bonik der Fall ist, jedoch derart verzerrt bedenken, daß die Eines der unthematische-Begriffpyramide ungenannt bleiben. Das ist: Beide Positionen gestalten die Transzendierung der werdeweltlichen Aktualität nicht durch eine Thematisierung der unthematische- sondern der allgemeinen Begriffpyramide - »Ding« bzw. »Maschinen-Analogie«.

Die Unterschiede zwischen der Position von Mahner & Bunge und jener von Gutmann & Bonik sind also vor dem Hintergrund dieser pragmatischen Konzentration auf die allgemeine Begriffpyramide zu verstehen. Das Zentrum dieser Unterschiedlichkeit bildet der Umstand, daß Mahner & Bunge ihre Vergegenwärtigung des Transzendentalen im Sinne einer Abgestimmtheit auf ihre Verständnis von Wirkursächlichkeit und Energiefluß als werdeweltlicher Repräsentation der Transzendentalia begreifen, so daß ihre fehlende Emanzipation von "Orientierbarkeit an der Natur" lediglich Ausdruck davon ist, in der Thematisierung des Transzendieren-müssens zu keinen positiven Ergebnissen zu gelangen. Demgegenüber suchen Gutmann & Bonik erst gar nicht nach solchen Ergebnissen: Ihr Verweis auf die Maschinen-Analogie, als Basis dafür, ihren "System"-Begriff mit Inhalt belegen zu können, ist ein reiner Naturalismus. Es wird nämlich vollständig übersehen, daß das Verständnis von "Maschine" ein Verständnis von dem Person-sein des Erbauers der Maschine als einem Lebewesen voraussetzt, unter anderem dessen Erkenntnisvermögen betrachtend, womit "Maschine" nicht, in Umkehrung hiervon, herangezogen werden kann, um den "Erbauer" verstehen zu können - im Horizont von Evolution -. Die Mahner & Bungesche "Ding"-Ontologie ist demgegenüber der Versuch, gemäß einer vollständigen Transzendierung der Werdewelt, eine eben solche Umkehr zu vermeiden. Die Übereinstimmungen mit Gutmann & Bonik ergeben sich also daraus, um dies zu wiederholen, daß besagter Versuch von Mahner & Bunge in dem Sinne zu keiner Vergegenwärtigung der unthematische-Begriffpyramide führt, als er anstatt noetisch-dialektisch gestaltet zu sein, monistisch konzipiert ist.

Konkret ist hieran zu beachten, daß die Konzentration auf die allgemeine Begriffpyramide, wie sie auch immer konkret gestaltet sein mag, gegenüber der Position Darwins eine reduktionistische Verzerrung bedeutet, da nur noch aus dem Horizont dessen argumentiert wird, das entsprechend dem Auftreten der dialektischen Differenz innerhalb des Begrenzten auftritt. Alleine insofern Darwins umfassenderer Betrachtungshorizont seinerseits nicht derart ist, daß er dasjenige, das aufgrund des größeren Umfanges mit-beachtet wird, propositional bedenken läßt, läßt sich dahingehend von einer Weiterentwicklung gegenüber Darwins Position sprechen, als das im Rahmen der Beachtung der Werdewelt - entsprechend "Orientierbarkeit an der Natur"! - seit Darwin Thematisierte, um willen einer Betonung von "dem diskursiven Vordringen zum Bereich der Notwendigkeit" differenzierter dargeboten wird. Hierbei gelingt es, zu Sätzen vorzudringen, die entsprechend herbeiargumentierende Sätze bei Darwin erübrigen lassen - zum Beispiel berichten weder Mahner & Bunge noch Gutmann & Bonik von »Lebenskraft« -, jedoch ausnahmslos derart, daß das jeweilige Substitut zu einer Aussage Darwins nicht zur ersten Schicht des philosophischen Horizonts vordringen läßt. Im Gegenteil: Das Auftreten verschiedener Konzentrationsformen auf die allgemeine Begriffpyramide - jene von Mahner & Bunge einerseits und von Gutmann & Bonik andererseits - ist Ausdruck der irrtümlichen Ansicht, in dieser Konzentration grundsätzlich den zielführenden Weg beschritten zu haben, so daß nur noch nach jenem gesucht werden braucht, das diesen auch zu Ende gehen läßt[145].

---

[145] Es ist also die "Wegwahl" an sich, die hier zu kritisieren ist, wohingegen einer vergleichenden Analyse des auf diesem Wege im Horizont besagter "Suche" Entwickelten sekun-

Mit dieser Konzentration bzw. "Wegwahl" geht eine Untermauerung der Ausblendung der Sonderstellung des Menschen und von "Inversion der Betrachtungsrichtung" gegenüber dem diesbezüglich bei Darwin Gegebenen einher, wozu explizit festzuhalten ist: Im Lichte der Genesetheorie kann sich ein Ich also auch mit dem durch diese Untermauerung provozierten, umfangreich-pragmatischen Inhalten arrangieren[147].

4.1.2 Der Anthropologische Horizont: R. Leakey: *Die ersten Spuren*[148]

Betrachtet man die Dynamik zwischen den Positionen Darwins, Haeckels und Mahner & Bunges, so ist hervorzuheben, daß der Gehalt an theologischem Denken, wie er in Darwins Position auftritt, sukzessive zurückgedrängt wird, der Intention gemäß, jenes in Darwins Position zu beseitigen, das der Beachtung der werdeweltlichen Veränderlichkeit bzw. der Historizität - gemäß der fehlenden Finalität in der Werdewelt - nicht gerecht werden läßt bzw. sogar die Beachtung hiervon problematisieren kann. Besagte Dynamik ist zugleich davon geprägt, Darwins Vergegenwärtigung von "im Gespräch sein mit sich" zu naturalisieren, indem die Konzentration der Beachtung dessen gilt, das nicht "im Gespräch sein mit sich" an sich bedeutet, sondern - gemäß dessen dialektischer Entfaltung - als die beiden Ebenen des Personsein - als einem ontologisch Begrenzten - gemäß der dialektischen Differenz bedacht werden müßte. Bei Haeckel tritt dies noch in der Form auf, daß der Versuch der Thematisierung von Person-sein einer "exakten" Wissenschaft überantwortet wird, die auf einer religiösen "Schauen"-Konstruktion aufbaut, wohingegen Mahner & Bunge, um willen der Elimination der hierin liegenden irrtümlichen Verwendung von nicht propositional konzipierten Begriffen als propositional sein sollenden Begriffen, eine "Ding"-Ontologie ausarbeiten, dergemäß die Bedeutung "exakter" Wissenschaftlichkeit für die Werdewelt-Analyse bzw. für die Analyse der beiden Ebenen in Person unmittelbar - also abseits des Versuches, in der Transzendierung des begrenzten Aussage-Subjekte zu thematisieren - zur Orientierungsbasis für die Konzeption der Aussagen zur Transzendentalität wird, die allgemeine anstatt die unthematische-Begriffpyramide beachtend.

Grundsätzlich vertritt auch Leakey, dessen anthropologische Position nun betrachtet werden soll, dieses Wissenschaftsverständnis, auch wenn er keinen explizit monistischen Standpunkt einnimmt. Es wird daher von Interesse sein zu sehen, wie im Lichte dieses Verständnisses von Wissenschaft damit umgegangen wird, im Rahmen der Analyse von "Mensch" dessen "Sonderstellung" und "im Gespräch sein mit sich" bedenken zu müssen. Für Darwin hat dies, bei allen Verzerrungen in seiner Darstellung, grundsätzlich kein Problem bedeutet, aufgrund der theologischen Ebene seines Denkens. Diese ist es aber gerade, die in der Dynamik im Anschluß an Darwin zurückgedrängt worden ist, ohne der Ausbildung eines noetisch dialektischen oder sonst einem philosophischen Substitutes gemäß der Vergegenwärtigung der Eines-Formel bzw. des Gründenden.

---

[147] "Umfangreich-pragmatischer Gehalt" ist aber gemäß Universalität von Person-sein zu verstehen, also im Sinne des "Nicht Alles sein" der Diskursivität - vgl. *Lehre* und *Theologie* - und entsprechend "Pendelbewegung innerhalb der Philosophie perennis" - vgl. *Theoriendynamik* -.

[148] *Die ersten Spuren - Über den Ursprung des Menschen* - Aus dem Englischen übersetzt von U Rennert; München (1997; Originalausgabe: 1994). Im weiteren Text zitiert mit *Spuren.*

Unabhängig hiervon sei einleitend angemerkt: Mit der Position von R. Leakey wird im Rahmen dieses Buches erstmals auf eine Theorie getroffen, die angesichts eines umfangreichen fossilen Fundmaterials über die Evolution in Zusammenhang mit "Mensch" reflektiert. Die Bedeutung, die diesen Funden innerhalb der Anthropologie zugesprochen wird, wird noch zu diskutieren sein, obgleich das hierzu Auszusagende letztlich demjenigen entspricht, das schon bezüglich Darwin und Haeckel zu deren Bedachtnahme auf die somatische und physiologische Ebene festzuhalten war: die Fossilfunde bezeichnen die materiale Basis zu Ich als Person und tragen daher nichts zu dem Verständnis von Ich-sein als Person an sich bei, da sie hierzu in dialektischer Differenz stehen, keine Aussage-Subjekte anführen lassend[149]; eine eigene Abhandlung der Fossilfunde erübrigt sich daher im Rahmen dieses Buches.

Folgendes sei aber der nachfolgenden Analyse von Leakeys *Spuren* in Zusammenhang mit Funden hominider Fossilien vorausgeschickt: Leakeys Buch ist 1994 erschienen und somit am "Vorabend" mehrerer Funde, die den "Stammbaum" der Hominiden wesentlich erweitern. Leakeys Buch erwähnt daher von jenen Hominiden, die nicht in die Gattung Homo gehören, noch nicht *Ardipithecus ramidus*, *Australopithecus anamensis* und *Australopithecus aethiopicus*. Von diesen Taxa sind *A. ramidus* und *A. anamensis* älter als die in *Spuren* erwähnte älteste bekannte *Australopithecus*-Art - *A. afarensis* - und verkleinern - im Sinne der Logik der Paläoanthropologie formuliert - die Kluft zwischen Menschenaffen und Hominiden. Weiters ist seit dem Erscheinen von *Spuren Australopithecus bahrelghazali* beschrieben worden[150]; die Fossilien dieser Art sind 3,5 Millionen Jahre alt und stammen aus dem Tschad, also weder aus dem Gebiet des Ostafrikanischen Grabenbruchs (Tansania, Kenia und Äthiopien) noch aus Südafrika, woher alle anderen *Australopithecus*-Funde stammen. Die angeführten neuen Fossilfunde werden in die Analyse von Leakeys Buch ebensowenig eingearbeitet werden, wie folgender Umstand: Leakey unterscheidet innerhalb der Gattung *Homo H. habilis*, *H. erectus* und *H. sapiens* (wird weiter untergliedert); die Fundsituation bezüglich *H. erectus* hat Forscher zwischenzeitlich aber dazu veranlaßt, lediglich Fossilien aus Afrika zu dieser Art zu stellen und - jüngere - *H. erectus* Funde aus Asien in eine eigene Art - *H. ergaster* - zu stellen. Tattersal[151] gibt einen Stammbaum der Hominiden, in dem neben *H. habilis*, *H. ergaster*, *H. erectus* und *H. sapiens* auch *Homo rudolfensis* - nicht erwähnt bei Leakey - sowie *Homo heidelbergensis* und *H. neanderthalensis* als eigene Arten angeführt werden.

---

149 Betont sei: "materiale Basis" ist hierbei in Relation zu "Ich", wie es zwei Ebenen umfaßt, zu verstehen, da sich aus Fossilfunden Informationen zum Körperbau und zur Lebensweise, kognitiven Leistungen und so fort erschließen lassen. Immer gilt aber, daß diese im Horizont werdeweltlicher Informationen zu verstehen sind, also beide analysierbaren Ebenen dahingehend zeigen, daß sie die materiale Basis zu dem Ich, wie es als Person im Gespräch mit sich ist, betreffen.

150 T White, G Suwa & B Asfaw 1994: *Australopithecus ramidus, a new species of early hominid from Aramis Ethiopia* - Nature 371: 306-312. *A. ramidus* ist in die Gattung *Ardipithecus* eingeordnet worden in: M Leakey, C Feibel, I McDougall & A Ward 1995: *New four million year old hominid species from Kanapoi and Allia Bay, Kenia* - Nature: 376: 565-571.

151 I Tattersal 1997: *Puzzle Menschwerdung. Auf der Spur der Evolution* - Heidelberg.

4.1.2.1 Kapitel 1 - 5: Die Entstehung des Menschen aus tierischen Vorfahren

Gleich zu Beginn seines Buches nimmt Leakey zu Darwins *Abstammung* Stellung. Leakey zu folge hat Darwin »zwei Grundpfeiler im theoretischen Gebäude der Anthropologie« (S.20) errichtet. Der eine »Grundpfeiler« betrifft den Ursprungsort der Menschheit, der andere die Form der Evolution zum Menschen. Bezüglich dem ersten Grundpfeiler bestätigt Leakey Darwin, festhaltend, daß zunächst nur wenige Forscher Darwin folgten. Anders verhält es sich bezüglich dem zweiten »Grundpfeiler«, denn wiewohl diesbezüglich Darwins Auffassung die Anthropologie bis vor wenigen Jahrzehnten dominierte, »stellte sie sich als falsch heraus« (S.20). Insbesondere kritisiert Leakey die Schlußfolgerung Darwins, daß sich die für das Mensch-sein wichtigen Merkmale - »Zweibeinigkeit, Technik und ein vergrößertes Gehirn« - »gemeinsam entwickelt haben« (S.21).

Leakey konkretisiert seine Kritik wie folgt:

> "Diese waffenschleudernden, zweibeinigen Geschöpfe entwickelten nach Darwins Meinung eine intensivere soziale Interaktion, die vermehrte geistige Fähigkeiten erforderlich machte. Und je intelligenter unsere Urahnen wurden, desto höher entwickelten sich ihre technischen und sozialen Fertigkeiten, was wiederum eine Erweiterung der geistigen Fähigkeiten nötig machte - mit anderen Worten, die Evolution eines dieser Merkmale bedingte gleichzeitig die der anderen. Diese Hypothese einer verbundenen Evolution bot ein sehr klares Bild von den Ursprüngen des Menschen, und sie wurde zum Angelpunkt für die Entwicklung der Anthropologie als Wissenschaft" (S.20-23).

Worauf Leakey mit seiner Kritik an dieser »Hypothese einer verbundenen Evolution« insbesondere abzielt ist, daß sie die früheste menschliche Spezies nicht bloß als »Affen auf zwei Beinen« versteht, »sondern sie [besagte Spezies] besaß bereits einige der Merkmale, die den *Homo sapiens* ausmachen« (S.23). Damit aber geht Darwin »über die Grenzen der Wissenschaft hinaus« (S.23), bzw. versteht Darwin hiermit die evolutionäre Differenzierung des Menschen aus den Affen »sehr abrupt«, implizierend, daß »zwischen uns und der übrigen Natur eine beträchtliche Distanz bestehen [muß]« (S.23). Selbstverständlich sieht Leakey hierin einen Rest theologischen Denkens und Darwins Argumentation daher als für jene »tröstlich«, die den *Homo sapiens* als »durch und durch einzigartiges Geschöpf« (S.23) verstanden wissen wollen.

Im Lichte der vorangegangenen Ausführungen regt diese Kritik Leakeys an nachzufragen, inwieweit er hier im Sinne einer Ausblendung von "Sonderstellung des Menschen" plädiert, wiewohl dies nicht - anders als bei Haeckel - auf einem religiösen Fundament aufgebaut sein kann, wie seine Kritik an eben diesem Denken impliziert. Leakey führt im Sinne hiervon auch sogleich an, daß sich die naturwissenschaftliche Erforschung der Evolution zum Menschen nicht von Anfang an von theologischen Traditionen emanzipieren konnte. Er verweist hierzu auf Wallace und seine Ansicht, daß die natürliche Selektionstheorie den "Menschen" nicht vollständig erklären kann - vgl. oben -, wie auch auf Ansichten des schottischen Paläontologen Robert Broom, der insbesondere in den Dreißiger Jahren des 20. Jahrhunderts wesentliche Arbeiten zum stammesgeschichtlichen Ursprung der Menschheit erbracht hat[152]:

---

152 Vgl. R Broom 1933: *The Coming of Man: Was it Accident or Design?* - New York.

"In seinen Augen war der *Homo sapiens* das letzte Produkt der Evolution, und die ganze übrige Natur war nur zu seiner Bequemlichkeit geschaffen. Ebenso wie Wallace suchte Broom den Ursprung unserer Art im Walten eines überirdischen Wesens. | In der Brust von Naturwissenschaftlern wie Wallace und Broom kämpften zwei Seelen - eine intellektuelle und eine emotionale - gegeneinander" (S.23-24).

Sogleich fällt hieran Leakeys »emotional« auf, insofern sich Parallelen hierzu bei Haeckel finden lassen. Auch dieser sieht ja - wie gezeigt - die Kritik an fachwissenschaftlicher Rationalität alleine als Ausdruck unangebrachter Sentimentalität - positiv formuliert -, wobei Haeckel völlig verkennt, daß Kritik notwendig derartiges bedeuten muß, sondern eine Vergegenwärtigung davon, "fachwissenschaftliche Rationalität" zu nichts werden lassen zu dürfen, das die transzendentalphilosophische Dimension ausblendet; das Potential, das insbesondere die Theorie von der natürlichen Zuchtwahl diesbezüglich in sich trägt, ist bereits hinlänglich dargestellt worden. Somit ist zu fragen, ob Leakeys Position selbiges Mißverständnis beinhaltet wie jene Haeckels.

Hierher gehört:

"Das evolutionäre »Paket«, das in Darwins Darstellung der Abstammung des Menschen von 1871 enthalten war, bot eine solche Rationalisierung an. Auch wenn Darwin sich nicht auf das Eingreifen einer höheren Macht berief, so machte sein evolutionäres Szenario doch von Anfang an einen Unterschied zwischen Menschen und Affen" (S.24).

Leakey attestiert Darwin also sehr wohl »Rationalisierung«, unterscheidet diese aber zugleich von "rational" im Sinne der modernen Gesetzeswissenschaften. Woran Leakey somit denkt, das kann als Darwinsche Rationalisierung relativ zu einer fideistischen Schöpfungslehre verstanden werden, die keine Emanzipation von theologischem Denken an sich bedeutet.

Tatsächlich liegt derartiges in der Position Darwins vor, doch gilt es bei der Thematisierung hiervon sehr genau darauf zu achten, wieso Darwin besagte Emanzipation unterläßt, bzw. daß diese insofern nicht zu unterlassen ist, als mit dieser Emanzipation eine Vergegenwärtigung der noetischen Dialektik bzw. zumindest eine Vergegenwärtigung der Bedeutung der Transzendentalphilosophie einhergeht. Hiervon berichten zumindest die bisher von Leakey betrachteten Aussagen aber gar nicht. Mehr noch: Leakeys Ausführungen zu Darwins Position als einer solchen, die ein »abruptes« Auftreten des Menschen aussagt, steht in offensichtlichem Widerspruch zu den obigen Ausführungen zu Darwins Theorie als einer solcher, die aufgrund ihrer "Gradienten"-Konstruktionen eine Nivellierung von "Sonderstellung des Menschen" provoziert, womit das Gegenteil von »abrupt« festgehalten ist.

Was also, so ist konkret zu fragen, hat es damit auf sich, daß Leakey Darwin unterstellt, mit seiner »Hypothese der verbundenen Evolution« ein »evolutionäres Paket« zu schnüren, das einer naturalistischen Form des Schöpfungsgedanken gleichkommt, worüber Leakey Darwins "Gradienten"-Konstruktionen, wie sie Ausdruck eines theologischen Denkens sind, das auftritt, da die adäquate Vergegenwärtigung de noetischen Dialektik unterbleibt, völlig ausblendet?

Zur Verdeutlichung des Leakeyschen Gedankengebäudes ist es hilfreich, folgende Kritik Leakeys an »evolutionäres Paket« anzuführen. 1961 ist von Simons *Ramapithecus*, ein kleines affenähnliches Geschöpf, als früheste bekannte Homindenart beschrieben worden[153]. Von diesen Lebewesen waren zum Zeitpunkt der Erstbeschreibung fossile Fragmente des Oberkiefers bekannt, die von G. Edward Lewis 1932 in Indien gefunden worden sind. In Folge beschrie-

---

153 EL Simons 1961: *The phylogenetic position of Ramapithexus* - Postilla 57: 1-9.

ben Pilbeam und Simons *Rhamapithecus* als auf zwei Beinen gehenden, jagenden und in einer komplexen sozialen Umwelt lebenden Primaten[154]:

> "Ihre Argumentation entwickelten sie nach dem Muster Darwins: Aus dem Vorhandensein eines vermuteten hominiden Merkmals (Form der Zähne) ließ sich die Existenz von allem übrigen ableiten. Auf diese Weise wurde ein Geschöpf, das zunächst als die früheste Hominidenart angesehen wurde, als kulturelles Lebewesen gedeutet - das heißt als primitive Version der heutigen Menschen und nicht als ein kulturloser Affe" (S.24).

Leakey verweist nun darauf, daß anhand weiterer *Rhamapithecus*-Funde aus Afrika und Asien das Alter dieser Primaten auf 15 bis 30 Millionen Jahre geschätzt werden konnte, was der »emotional«-sentimentalen Distanz der Wissenschaft gegenüber einem vorbehaltlosen Umgang mit der Evolutionstheorie entgegenkam, da aufgrund des ausgesagten großen Zeitraumes, die Evolution des Menschen gleichsam "in weite Ferne" von dem Gegenwartsmenschen gerückt werden konnte. Um so wichtiger muß es Leakey daher sein, anführen zu können, daß *Rhamapithecus* gar nicht unmittelbar zur stammesgeschichtlichen Basis der Menschen gehört, es handelt sich hierbei um Vorfahren der Orang-Utans, wie auch, gestützt auf molekularbiologische Untersuchungen, das Alter der menschlichen Spezies auf 7 Millionen Jahre "verringern" zu können.

Insbesondere verdient aber folgende Schlußfolgerung Leakeys in Zusammenhang mit der Erforschung der *Rhamapithecus*-Fossilien beachtenswert:

> "Und zum zweiten zeigte er [der Streit um *Rhamapithecus*], daß es töricht ist, dem Darwinschen »Evolutions-Paket« sklavisch anzuhängen. Simons und Pilbeam hatten *Ramapithecus* allein aufgrund der Form der Eckzähne eine bestimmte Lebensweise in allen Einzelheiten zugeschrieben: Wenn e i n hominides Merkmal vorhanden war, mußten a l l e Merkmale vorliegen. Nachdem diese Annahme aufgegeben werden mußte, regten sich bei den Anthropologen Zweifel am Darwinschen »Paket«" (S.28).

Hieran ist die Ungenauigkeit der Leakeyschen Argumentation zu beachten: Kritik zu üben an d e m »Darwinschen Evolutions-Paket« stellt keine Besonderheit dar, insofern k e i n e naturwissenschaftliche Aussage etwas darstellt, dem man »sklavisch anhängen« sollte - zudem muß gelten: Darwin ruft nirgendwo in seinen Arbeiten zu übereilten Schlüssen auf -! Hiervon ist aber jegliche Kritik an Darwins Verwendung von »Evolutions-Paket« zu unterscheiden, insofern es, gerade in der Leakeyschen Darstellung - »v e r b u n d e n e Evolution« -, als Ausdruck des Versuches einer analytischen Denkweise verstanden werden kann, wiewohl sogleich zu fragen ist, wieso Darwin diese Denkweise in der Werdewelt-Analyse verankert. Gerade diese Frage stellt Leakey aber nicht!

Im Lichte hiervon sei folgende Aussage Leakeys beigezogen, die sich auf im Anschluß an Darwins Theorie entwickelte Positionen bezieht:

> "Obwohl diese Hypothesen divergierten, wenn es um die Bestimmung der eigentlichen Triebkraft der menschlichen Evolution ging, hatten sie doch alle die Vorstellung gemeinsam, daß das Darwinsche Paket bestimmter, für wichtig gehaltener menschlicher Eigenschaften von Anfang an existierte: Noch immer nahm man allgemein an, die erste Hominidenart sei gewissermaßen zweibeinig gewesen und habe über gewisse technische Fertigkeiten sowie ein vergrößertes Gehirn verfügt. Die Ho-

154 EL Simons & DR Pilbeam 1963: *Preliminary revision of the Dryopithecinae (Pongidae, Anthropoidea)* - Folia Primatologia 3: 81-152.

> miniden waren demnach von Anfang an Kulturgeschöpfe und damit von der übrigen Natur verschieden" (S.31).

Leakey äußert hier also eine Kritik, die aufgrund seines undifferenzierten Umgangs mit der Bedeutung theologischen Denkens - und sogenannt "sentimentaler" Vorbehalte - nicht unterscheidet, eine bestimmte Theorie von »evolutionäres Paket« zwar ablehnen zu können, ohne hiermit auch die Intention diskreditieren zu dürfen, "Ich" - als Person - m Lichte von Universalia und Apriorizität bedenken zu können, insofern hierin die Transzendenz zu Veränderlichkeit im Sinne von "Sonderstellung des Menschen" Ausdruck findet. Lediglich ein naturalistisches Bedenken hiervon - gemäß einer Nivellierung der transzendentalphilosophischen Schwelle - ist zu kritisieren, was aber voraussetzt, diese als eine solche einsehen zu können, da die Kritik ansonst zu einer solchen des Aussagen-müssens von Universalia verkommt.

In ganz wesentlichem Ausmaß nimmt also Leakey gegen Darwin Stellung, da die naturwissenschaftliche Analyse der Evolution zum Menschen - so Leakey - nicht von einem »abrupten« Auftreten des Eines "Mensch" sprechen läßt. Hiermit wird Darwin ein »evolutives Paket« unterstellt, das wider "evolutionär auftretend" konzipiert ist bzw. ausgesagt wird, da Darwin seinerseits »emotional« mit der Tatsache der natürlich-evolutionären Entstehung des Menschen nicht zu Rande kommt.

Leakey führt auch explizit jene »konkreten Befunde« der Archäologie an, die die »Irrigkeit der Hypothesen Darwins« (S.31) belegen: Insbesondere kreisen diese Belege darum, daß für die Bipedie ein Alter von circa 7 Millionen Jahre anzunehmen ist, wohingegen die bisher gefundenen Steinwerkzeuge ein maximales Alter von 2,5 Millionen Jahren aufweisen, was in etwa zeitlich mit dem Auftreten der stammesgeschichtlichen Vergrößerung des Gehirns korreliert. Angesichts hiervon sieht Leakey keine Möglichkeit dafür, Darwins Theorie von dem »gleichzeitigen Auftreten von Bipedie, Technik und vergrößertem Gehirn« (S.32) länger aufrecht halten zu können.

Leakey legt hier also größtes Gewicht darauf, daß die Bipedie "lange" vor der Fähigkeit zur Anfertigung und Verwendung von Werkzeugen aufgetreten ist, so daß nicht von "einem" »evolutionären Paket« gesprochen werden kann[155]. Ruft man sich die entsprechenden Aussagen Darwins - wie sie oben zitiert worden sind - in Erinnerung, so muß man sich freilich fragen, wo überhaupt Darwin von besagtem »Paket« spricht. Selbstverständlich verweist Darwin auf die große Bedeutung der Bipedie für die anatomische Gestaltung des Menschen, wie auch für die daraus erwachsenden Möglichkeiten in Zusammenhang mit speziell zu erbringenden

---

[155] Nur am Rande sei hier eine Aussage von M. Brandt [995: *Der Ursprung des aufrechten Ganges* - Stuttgart], die zeigt - ohne daß der darin enthaltene anatomische Befund weiters interpretiert werden soll (als ein solcher zur Werdewelt ist er letztlich nur bedingt interessant für das vorliegende Buch) -, daß sich Leakeys klare zeitliche "Staffelung" nicht notwendig so klar darstellen lassen braucht:

> "Die Schulter der Australopithecinen unterscheidet sich deutlich vom Menschen und besitzt die größte Affinität zum Zwergschimpansen und Orang Utan. die im Mittelpunkt der funktionellen Deutung stehende Ausrichtung der Cavitas glenoidalis sowie der Ausbildungsgrad und die Lokalisation des dorso-lateralen Tuberculum und angrenzenden Processus coracoideus weisen auf Verhältnisse hin, wo die Arme, wie beim Klettern und Hangeln üblich, habituell in einer erhobenen Position benutzt werden. Die beträchtliche menschenuntypische Längsverdrehung einer Clavicula von *Homo habilis* (OH 48) läßt ebenfalls auf eine suspensorische Fortbewegung bei diesem frühen Hominiden wie bei *Australopithecus* schließen" (S.25).

Leistungen. Sehr wohl aber führt Darwin auch aus, daß mit der Sprache etwas auftritt, das gemäß "Anfang innerhalb der Stammesgeschichte" von initialer Bedeutung ist - wiewohl dies bei Darwin nicht eindeutig konzipiert ist (vgl. oben!) -, worin sich also Leakeys Verweis auf Werkzeug-Herstellung widerspiegelt. Die Art, wie Darwin diesen "Anfang" aufgrund seiner Position darlegt, ergibt aber nicht Leakeys "Paket", denn all jenes, das gemäß Darwin den Menschen zum Menschen macht, wird von ihm im Sinne seiner "Gradient"-Konstruktion verstanden, wobei die Frage nach einer Gleichzeitigkeit oder zeitlichen Staffelung bestenfalls zweitrangig ist.

Tatsächlich entscheidend ist aber: Darwins "verspielte Ameisen", "innerer Mahner" der höheren Tiere und so fort widersprechen auf das Nachhaltigste jeglicher Ansicht, Darwin könnte von einem naturalistisch verstandenen »Paket« gesprochen haben, wie dies Leakey anführt, die Intention Darwins, die Werdewelt-Analyse nicht Alles sein zu lassen vollständig ausblendend.

Wieso aber, so muß man sich fragen, legt Leakey überhaupt solchen Wert darauf, den zeitlichen Abstand zwischen "Aufkommen der Bipedie" und "Aufkommen der Werkzeug-Herstellung" hervorzukehren, ihn gegen ein "emotional-metaphysisches" Denken Darwins ausspielend?

Zur Beantwortung dieser Frage sei zunächst auf Leakeys Ausführungen hingewiesen, wonach die archäologisch-paläontologisch festgestellte Trennung der Gehirnentwicklung und der technischen Fähigkeiten von der Entstehung der Bipedie erzwang, das stammesgeschichtliche Auftreten des Menschen in »biologischen statt [wie zuvor gehandhabt] kulturellen Kategorien« (S.33) formulieren zu müssen; das Problem der Paläoanthropologie verlagerte sich wieder darauf, das »entstehen des aufrechten Ganges auf zwei Beinen« (S.33) erklären zu müssen. Leakey versteht diese Fortbewegungsweise als eine »so bedeutsame Anpassung, daß es gerechtfertigt erscheint, alle Arten von zweibeinigen Affen als "Menschen" zu bezeichnen« (S.34). sogleich hält Leakey explizit fest, daß die ursprünglichen "Menschen" weder über technische Fertigkeiten, eine höhere Intelligenz oder »eines der Kulturmerkmale des Menschen« verfügten: »das traf mitnichten zu« (S.34). Es ist also einzig und alleine das mit der Zweibeinigkeit zu verbindende »Evolutionspotential«, das Leakey diese Fortbewegungsweise derart betonen läßt. Genauerhin sieht sie Leakey im Lichte von Umweltveränderungen zur Zeit des stammesgeschichtlichen Auftreten des Menschen, aufgrund derer die meisten Affenarten schließlich ausstarben, »fand eine von ihnen zu einer neuen Anpassung, die es ihr ermöglichte zu überleben und sich zu vermehren. das war der erste zweibeinige Affe« (S.37).

Nun ist auch evident, wieso Leakey im Lichte von "Auflösen-müssen des Darwinschen Paketes" der Bipedie eine derart große Bedeutung beimißt. Diese Vorgehensweise erlaubt es Leakey nämlich, innerhalb der Biologie, also einer Naturwissenschaft, den Anfang für die Erklärung des Auftretens von Mensch zu nehmen, im Sinne davon, den Gehalt an Denken gemäß der Schöpfungslehre, wie ihn Leakey bei Darwin noch gegeben sieht, eliminieren zu können. Daher läßt sich auch sagen: Hat Darwin im Rahmen der Evolutionstheorie die Tiere als Quasi-Personen in die Forschung eingebracht, so treibt Leakey die hierin liegende naturalistische Verzerrung in aller Konsequenz voran. Leakey übersieht nämlich vollständig, daß es entsprechend "Inversion der Betrachtungsrichtung" im Rahmen des grundlegenden Problems der Evolutionstheorie für die materiale Basis der genealogischen Kette der Lebewesen - wie sie also als stammesgeschichtlich sich verändernd zu betrachten ist -, etwas geben muß, das als jene Struktur auszumachen ist, die als Ermöglichung dessen anzusehen ist, das im Horizont von Ich als Person dessen materiale Basis ist. Alleine dies hat Leakey - so seine anthropologischen Aussagen zutreffen - identifiziert, doch meint er es nicht in diesem Sinn, sondern gemäß einer vollständigen Ausblendung von "Inversion der Betrachtungsrichtung" und "Sonderstellung des Ich".

Aus evolutionsbiologischer Sicht ließe sich Leakeys Argumentation im Lichte der Schlüsselmerkmal-Thematik betrachten, fragend, ob die Entwicklung der Bipedie als Auslöser der Ausbildung eines Schlüsselmerkmales zu verstehen ist, bzw. als jene Preadaption für eine solche Ausbildung, die gemäß Bock[156] notwendig auszusagen ist. In folge ließe sich hieran eine Diskussion um die Aussagekraft der Schlüsselmerkmal-Konstruktion - die keineswegs einhellig von allen Evolutionsbiologen zugestanden wird[157] - angliedern. Eine solche Diskussion wäre aber vollständig unangebracht, da sie lediglich davon ablenken würde, nicht in dieserart eingefahrenen evolutionsbiologischen Wegen denken zu dürfen, sondern, sich hiervon emanzipierend, die in ihnen liegende defizitäre Thematisierung von "Inversion der Betrachtungsrichtung" erkennen und überkommen zu müssen.

Anstatt also um die Vergegenwärtigung hiervon bemüht zu sein, entwickelt und referiert Leakey Vorstellungen zur Etablierung der Bipedie in Zusammenhang mit Umweltbedingungen; man erfährt von »geologischen Bewegungen«, »Rissen in der Erdkruste« etc. Man erfährt also von allem Möglichen, das fachwissenschaftlich interessant sein mag, um eine beliebige Leistung - und dementsprechende anatomische Ausstattung - irgendeiner Tierart zu analysieren. Leakey wendet sich auch der Frage zu, worin der Vorteil der Bipedie besteht, wobei von zwei konkurrierenden Denkrichtungen berichtet wird: Einerseits wird der Vorteil der Bipedie primär in dem Freiwerden der Arme gesehen, wodurch Gegenstände getragen werden können, andererseits wird diese Fortbewegungsweise als energieeffizienter angesehen, das Vermögen des Tragen-könnens von Gegenständen als Nebeneffekt verstehend.

Angesichts derartiger Untersuchungen zeichnet Leakey nun ein allgemeines Bild des Lebens der "aufrecht gehenden Affen".

> "Wenn wir das Afrika aus der Zeit vor sieben Millionen Jahren besuchen könnten, um das Verhalten der ersten Menschen zu beobachten, würden wir auf ein Muster treffen, das den Primatenforschern, die das Verhalten von Affen und Halbaffen untersuchen, vertrauter wäre als den Anthropologen, die sich mit menschlichem Verhalten beschäftigen. Statt als Familiengruppen in nomadischen Verbänden zu leben wie heutige Wildbeuter, lebten die ersten Menschen wahrscheinlich wie Paviane der Steppe. Herden von dreißig bis vierzig Individuen streiften damals in koordinierter Weise durch ein ausgedehntes Gelände und kehrten Nachts zu ihren bevorzugten Schlafplätzen in steilen Felswänden oder Baumgruppen zurück. Ausgewachsene Weibchen und ihre Nachkommen machten den größten Teil der Herde aus, während geschlechtsreife Männchen nur in geringer Zahl vertreten waren. Die Männchen suchten fortwährend nach einer Paarunsgmöglichkeit, wobei die dominantesten die erfolgreichsten waren. Junge und rangniedere Männchen befanden sich weitgehend am Rand der Herde und begaben sich meistens allein auf Nahrungssuche. Die Individuen in der Herde gingen wie die Menschen auf zwei Beinen aufrecht, verhielten sich ansonsten jedoch wie in der Steppe lebende Primaten" (S.41).

Die »ersten Menschen« muß man sich also als in »Familiengruppen« lebende, zweibeinige Paviane vorstellen! Damit ist freilich jegliches transzendentalphilosophische und theologische Denken ausgeblendet - »Konzentration auf biologische Kategorien« -. Genauerhin gilt: Es ist jeglicher Begründungsanspruch ausgeblendet worden! Sowohl Lea-

---

[156] WJ Bock 1959: *Preadaptation and multiple evolutionary pathways* - Evolution 13: 194-211.

[157] Vgl. zum Beispiel: J Cracraft 1990: *The origin of evolutionary Novelties: Pattern and Process at different Hierarchical Levels* - In: MH Nitecki (ed.): *Evolutionary Innovations*, Chicago & London, S. 21-44.

keys Ausführungen zur Bipedie sind alleine naturalistisch begründet, wie auch seine Vergleiche mit den Pavianen, für die daher selbiges gilt wie für Darwins Pavian-Vergleiche. Zudem muß auffallen, daß die »ersten Menschen« wie sonst eine Tierart von Leakey beschrieben werden, gleichsam so, als gehörte Person-sein gar nicht zu "Mensch" und als könnte Person-sein aposteriori in der Erklärung eingeholt werden, fernab jeglicher Begründungsproblematik in Zusammenhang mit der Auswertung empirischer Befunde. Nicht nur spiegelt sich somit in Leakeys Argumentation ein tiefgreifendes Unverständnis der Begründungsproblematik wider - und somit letztlich der Philosophie -, Leakeys Argumentation ist somit wesentlich im Sinne der Darwinschen "Gradient"-Konstruktion konzipiert, wobei der Unterschied zu Darwin gerade darin liegt, die Letztbegründung des "Gradienten" ausschließlich naturalistisch vornehmen zu wollen, womit Leakey, bei aller Anführung neuer anthropologischer und primatologischer Erkenntnisse, hinter Darwin zurückfällt, nicht zuletzt wegen der Anwendung jenes Wissenschaftsideals, das im Anschluß an Darwin - und Haeckel - entstanden ist und in Zusammenhang mit der Position von Mahner & Bunge skizziert worden ist.

Wie ausgeführt, läßt Darwin größte Vorsicht in der Festlegung von Eines walten, insofern er sie aus der Werdewelt-Analyse erhält, jenen Freiraum schaffend, der ihn hernach seine Konstruktionen gemäß der intentionierten Entgrenzung der Werdewelt - »Richtschnur«, »Liebe«, »Glück« und so weiter - einbringen läßt. Dieses "hernach" - wie es Ausdruck der Darwinschen "Anordnung der Themen" ist - tritt auch bei Leakey auf - vgl. unten -, doch in einer Weise, die zumindest zunächst nicht einsehen läßt, wie von Leakey in dem Darwin möglichen - obgleich bereits geringen - Ausmaß auf die Transzendentalität noch Bezug genommen werden können soll.

Wovon Leakeys bisherige Ausführungen berichten, das ist die Entwicklung der Bipedie, wie sie den Anfang - im Horizont von »biologische Kategorien« - der Ausbildung dessen darstellt, das letztlich zu dem Kulturwesen "Mensch" führt, wobei für seine Argumentation von zentraler Bedeutung ist, besagte Ausbildung in keinem Punkt als »abrupt« zu verstehen. Um willen hiervon sagt Leakey nun eine Differenzierung innerhalb des Eines "Mensch als zweibeinige Affen" aus, dergemäß innerhalb dieses Eines keinesfalls notwendig von Kulturwesen gesprochen werden muß: lediglich ein Teil dieses Eines - und somit leztztlich nicht das Eines "Mensch"! - ist "kulturfähig". Damit nivelliert Leakey die Grenze zwischen Tier und Mensch, da er sie geradezu in das Eines "Mensch" verlegt - was über die dementsprechenden Ausführungen Haeckels (vgl. oben) hinausgeht! -.

Die Basis für diese Vorgehensweise Leakeys, die nun genauer betrachtet werden muß, liegt in der Unterscheidbarkeit der Taxa Australopithecine und Hominine. Den fundgeschichtlichen Ausgangspunkt nimmt dieses Unterfangen mit einem in der Oldoway-Schlucht von Jonathan Leakey entdeckten Schädelfragment, das sich durch die geringe Stärke der Schädeldecke, kleinere Backenzähne und ein um fast 50 % größeres Gehirn - immer im Vergleich mit den Australopithecinen - auszeichnet: "Mein Vater [Louis Leakey] gelangte zu dem Schluß, daß zwar die Australopithecinen zu den Vorfahren des Menschen gehörten, dieses neuentdeckte Exemplar jedoch ein Vertreter jener Linie sei, aus der schließlich der heutige Mensch hervorging" (S.49).

Im Lichte hiervon gelangt Leakey unter anderem zu dem Ergebnis:

> "Einmal abgesehen von der wissenschaftlichen Nomenklatur, ist hier der wichtige Punkt, daß das Muster der Evolution, das sich aufgrund dieser Befunde in ersten Umrissen abzeichnete, das von zwei frühmenschlichen Grundtypen war. Der eine Typus hatte ein kleines Gehirn und größere Backenzähne (die verschiedenen Australopithecinen); der zweite Typus besaß ein erweitertes Gehirn und kleinere Backenzähne (*Homo*). Beide Typen waren zweibeinige Affen, doch in der Evolution von *Homo*

hatte sich zweifellos etwas Außergewöhnliches ereignet. Wir werden dieses »Etwas« im folgenden Kapitel genauer erforschen. Jedenfalls hatte der Stammbaum an diesem Punkt der Menschheitsgeschichte - das heißt vor rund zwei Millionen Jahren - nach dem Erkenntnisstand der Anthropologen eine ziemlich einfache Form. Der Stamm verzweigte sich in zwei Hauptäste: die Spezies der Australopithecinen, die allesamt vor einer Million Jahren ausstarben, und die von *Homo*, aus dem schließlich der Mensch der Jetztzeit hervorging" (S.50).

Mit großer Selbstverständlichkeit führt Leakey also seine naturalistische Argumentation fort, wobei ihm die Ermöglichung davon, die Grenzen des Eines "Mensch" auflösen zu können, offensichtlicherweise als Leistung im Sinne einer propositionalen Vergegenwärtigung des zu Beachtenden erscheint. Dies zeigt sich nicht nur an seiner Verwendung von »Etwas«, das hier nicht bloß aus Gründen der Anordnung der Argumente im Sinne der Didaktik auftritt, sondern ganz wesentlich im Sinne der Darwinschen "Anordung"-Konstruktion zu verstehen ist, wie sie zuvor auch bei Haeckel und Engels angetroffen worden ist.

Darüber hinaus zeigt sich dies auch daran, daß Leakey seine Argumentationsweise dahingehend gerechtfertigt sieht, daß sie emotional-sentimentale Ansichten eliminiert, wodurch - so Leakey - automatisch das notwendig Auszusagende entgegentritt. Dies findet in den folgenden Aussagen Leakeys seine Untermauerung. Zunächst verweist Leakey nämlich darauf, daß zunächst, im Lichte des angeführten Fundes von *Homo habilis* angenommen worden ist, vor zwei Millionen Jahren lebten drei Arten von Australopithecinen und eine *Homo*-Art. »Wir müßten eigentlich erwarten, daß der Stammbaum zu diesem Zeitpunkt der Vorgeschichte dicht verzweigt war, so daß vier koexistierende Arten uns enttäuschend wenig erscheinen« (S.52). Tatsächlich, so Leakey, hat sich seither die Anzahl der bekannt gewordenen Arten erhöht, so daß von vier Arten der Australopithecinen »in Tuchfühlung mit mindestens zwei oder sogar drei Arten von *Homo*« zu sprechen ist[158], wie in *Spuren* auch zu lesen ist:

> "Wenn die ersten Menschen vor rund sieben oder auch nur fünf Millionen Jahren entstanden, dann wäre es höchst unwahrscheinlich, wenn eine einzige Spezies vor drei Millionen Jahren die Stammlinie aller späteren Arten gewesen wäre" (S. 55).

Angesichts derartiger Überlegungen scheint es geradezu grotesk bzw. als Ausdruck emotional-sentimentaler Einstellungen, wollte man - wie dies die Transzendentalphilosophie versucht - von der "Besonderheit des Ich bzw. Menschen" sprechen, wo es doch zu beachten gilt, wie man aus der Untersuchung anderer Tiere lernen kann und die Fossilfunde verdeutlichen, daß es mehrere Menschenarten gibt, also eigentlich gar nicht von d e m Menschen gesprochen werden kann. Die Biologie und die Paläoanthropologie insbesondere zeigen also - so die Logik der Argumentation in *Spuren* -, daß "Sonderstellung des Menschen" weder durch die "Hintertüre" zeitlicher Distanz - vgl. oben - noch durch die Einmaligkeit gemäß "Anzahl der Menschen-Arten" in die Argumentation eingeflochten werden kann.

Leakey sieht eine derartige "Hintertüre" für einige Anthropologen aber gerade auch in Zusammenhang mit der Analyse der Bipedie gegeben:

> "Aus der Form des Beckens und dem Winkel zwischen Schenkelknochen und Knie ergibt sich unzweifelhaft, daß »Lucy« [*Australopithecus afarnesis*-Fossil] und ihre Artgenossen an eine gewisse Form des aufrechten Gangs angepaßt waren. ... [Lovejoy meint aber, daß »Lucy« wie der moderne Mensch geht[159].] Dagegen erhob sich

[158] Vgl. Einleitung zu 4.1.2.1!

[159] Vgl.: CO Lovejoy 1981: *The origin of man* - Science 211: 341-350; CO Lovejoy 1989: *Die Evolution des aufrechten Ganges* - Spektrum der Wissenschaften 1: 77-88.

> allerdings Widerspruch. ... | Lovejoy erweckt dabei den Eindruck, als wolle er die Hominiden von Anfang an zu Menschen machen, eine Neigung innerhalb der Anthropologen, die ich bereits oben erörtert habe" (S.57-60).

Mit diesem Zitat sei nun wieder konkret auf die Analyse der Bipedie geblickt. Leakey hält zu diesem Thema weiters fest, daß beispielsweise Jack Sterns und Randall Susmans Analyse der Anatomie "Lucys" die Identifikation einer Reihe von Merkmalen ergeben hat, die von dem Vorliegen einer weit entwickelten Bipedie sprechen lassen, jedoch in Kombination mit Körpermerkmalen für das Erklettern von Bäumen.

Diese Argumentation Leakeys überrascht, da sie notwendig eine Auflockerung des Eines "Bipedie" bedeutet, insbesondere im Lichte der Leakeyschen Aufschnürung des Darwinschen »Evolutionspaket«. Eigentlich zerfließt hier Leakey sein Argument zum Anfang der Menschwerdung.

Er bringt aber noch ein Argument, das einem unproblematischen Umgang mit "Bipedie" im Leakeyschen Sinne entgegensteht. Dieses Argument bezieht sich auf Untersuchungen von Fred Spoor an den Bogengängen im Ohr von Menschen und Affen[160]. Im Vergleich zu den Affen besitzen die Menschen erweiterte senkrechte Bogengänge, was von Spoor ursächlich mit dem aufrechten Gang des Menschen in Beziehung gesetzt wird. Wesentlich ist nun, daß alle Arten von *Homo* - soweit bekannt - in diesem Merkmal mit dem Jetztmenschen übereinstimmen, wohingegen die *Australopithecus*-Arten gleich den Affen in diesem Merkmal gebaut sind:

> "Bedeutet dies, daß die Australopithecinen sich wie Affen bewegt haben - das heißt auf vier Beinen? Der Bau des Beckens und der unteren Extremitäten spricht gegen diese Schlußfolgerung" (S.59-60).

Den Ausführungen Spoors hält Leakey auch die Funde fossiler Fußspuren entgegen, die in Richtung Bipedie weisen, letztlich resümierend:

> "Für mich spricht freilich nichts gegen die Vorstellung, daß einer unserer Vorfahren ein affenähnliches Verhalten gezeigt hat und daß Bäume in seinem Leben eine wichtige Rolle gespielt habe. Wir sind zweibeinige Affen, und es dürfte niemanden überraschen, daß sich dieser Umstand in der Lebensweise unserer Vorfahren niedergeschlagen hat" (S.60).

Leakey sieht hier also überhaupt nicht, daß er somit den Anfang seiner eigenen Argumentation unterwandert hat, da die Auflösung des Darwinschen »Paketes« derart konsequent durchgeführt worden ist, daß gar nichts mehr zur Festlegung von Anfang geblieben ist. Nicht hiervon berichtet aber Leakey, sondern alleine davon - wie auch seine vorangegangen zitierte Stellungnahme zu Lovejoy zeigt -, daß man kein »Paket« annehmen dürfe, was sich nun derart liest, daß man nicht nach einem Anfang suchen soll.

Angesichts hiervon - also der Unterwanderung des eigenen Anfangs - bietet Leakey nun trotzdem ein Argument an, das Darwins "Anfang innerhalb der Stammesgeschichte" entspricht, also im Sinne der Grenzziehung zwischen *Australopithecus* und *Homo* gleichsam erneut einen Anfang für *Homo* festlegt. Im Zentrum dieses Argumentes steht die Herstellung von Werkzeugen und ihre Bedeutung für die Menschwerdung: »Als unsere Stammväter hinter das Geheimnis gekommen waren, wie sich scharfe Abschläge systematisch herstellen ließen, bedeutete dies einen wichtigen Durchbruch in der menschlichen Vorgeschichte« (S.65). Aufgrund der vorliegenden Fundsituation schließt Leakey aus, daß ein Vertreter von *Australopi-*

160 F Spoor et al. 1994: *Implications of early hominid labyrinthine morphology for evolution of human bipedal locomotion* - Nature 369: 645-649.

thecus Werkzeughersteller war, bzw. daß diese Fähigkeit auf die Vertreter von *Homo* einzugrenzen ist. Er spricht daher auch von »unterschiedlichen spezifischen Adaptationen« (S.66) von *Australopithecus* und *Homo*, wobei gelten soll: »Die Herstellung von Steinwerkzeugen dürfte zu den wichtigsten Fähigkeiten von Fleischfressern gehört haben, während Pflanzenfresser [*Australopithecus*] auch ohne sie auskamen« (S.66).

Zudem ist bei Leakey hierzu zu lesen:

> "Bis zum Erscheinen von *Homo* hatten alle zweibeinigen Affen ein kleines Gehirn, große Backenzähne und vorspringende Kiefer und sicherten ihren Lebensunterhalt mit einer für Affen typischen Strategie. Sie ernährten sich hauptsächlich von Pflanzen, und ihr soziales Milieu glich vermutlich dem des jetztzeitlichen, in den Steppen lebenden Pavians. Das einzig Menschenähnliche an diesen Arten - den Australopithecinen - war die Art ihrer Fortbewegung, sonst nichts" (S.68).

Angesichts des Umstandes, daß *Australopithecus* also keineswegs in Getrenntheit zu Bipedie gedacht wird, ist notwendig zu fragen, was es noch damit auf sich haben soll den Anfang der Menschwerdung irgendwie mit "Bipedie" in Beziehung setzen zu können. Die Bipedie tritt gegenüber "Werkzeuggebrauch" und "Fleischnahrung" vollständig in den Hintergrund. Tatsächlich brauchte sie Leakey auch nur insofern, um die Anfangproblematik bezüglich "Mensch als kulturelles Wesen" in "Mensch" hineintragen zu können, um willen einer unauffälligen Einflechtbarkeit seiner naturalistischen Argumentation. Hierzu ist zu beachten: Auch das neu aufgeworfene Eines, das Anfang bezeichnet - "Werkzeuggebrauch – Fleischnahrung" - stellt ein naturalistisches Argument dar, abseits jeglicher Vergegenwärtigung der philosophischen Dimension des Problems!

In anderen Worten: Auch das neue Eines ist im Horizont von »biologische Kriterien« - wie Leakey ihre Betonung im Sinne der Zurückweisung der Beachtung der kulturellen Kriterien zur Festlegung des stammesgeschichtlichen Ursprungs von Mensch versteht - verankert, und zwar im Sinne jener naturalistischen Transformation der Darwinschen Gradienten-Konstruktion, die sich aus seiner Differenzierung von *Australopithecus* und *Homo* innerhalb von "Mensch" ergibt. Angesichts hiervon ist interessant, daß Leakey beginnt, gleichsam ein neues Paket, in Überwindung des Darwinschen Paketes, zu schnüren, dem - aus der Sicht Leakeys, zum Vorteil gereicht, gemäß besagter naturalistischer Transformation, "Tiere" als vollständig naturalistisch verstandene Quasi-Personen auffassen zu können, abseits jeglicher Abstimmung auf mitgedachte theologische und philosophische Inhalte.

Freilich bezeichnet Leakey sein "evolutives Paket" nicht als ein solches, sondern hält angesichts des Umstandes, mit *Homo* innerhalb von "Mensch" ein Taxon anführen zu können, das sich - gegenüber *Australopithecus* - durch ein großes Gehirn, kleine Zähne und den Verzehr von (unter anderem) Fleisch auszeichnet, fest:

> "Sie [= obige Merkmale] war zweifellos ein wesentlicher Bestandteil der evolutiven Anpassung, der menschlichen Vorgeschichte eine neue Richtung gegeben hat. Aber sie war nicht alles. Neue Erkundungsreisen in die Biologie unserer Vorfahren zeigen, daß sich auch viele andere Elemente verändert haben, die allesamt dazu beitrugen, diese noch affenartigen Geschöpfe immer menschenähnlicher zu machen" (S.69).

Leakeys "evolutionäres Paket" tritt also als »viele andere Elemente« auf und soll in den folgenden Absätzen beleuchtet werden.

Zunächst verweist Leakey auf die ausgedehnte Kindheitsphase und die mit der Pubertät verknüpfte starke Wachstumsphase beim Menschen. Untersuchungen des Biologen Barry Bogin[161] aufgreifend referiert Leakey, daß die Körperwachstumsrate bei Menschenkindern niedriger als bei Affenkindern ist, wiewohl das Gehirnwachstum keine entsprechenden Unterschiede aufweist. Menschenkinder sind daher insofern kleiner als Affenkinder, als lediglich letztere einen stetigen Wachstumsprozeß durchlaufen. Bogin sieht hierin ein Merkmal der Menschen im Sinne ihres kulturelle Wesen-sein, dahingehend daß die Menschenkinder aufgrund ihres Lernen in einem Zustand physischer Unterlegenheit gegenüber den Erwachsenen eher bereit sind, Lerninhalte anzunehmen, als wäre keine entsprechende physische Ungleichheit gegeben. Mit dem Ende des Lernprozesses gleicht der Körper besagte Ungleichheit durch einen Wachstumsschub aus.

Leakey schließt sich dieser Argumentation nur insofern an, als Kultur quasi als »*die* menschliche Anpassung überhaupt« verstanden wird, die durch das »ungewöhnliche Muster von Kindheit und Reifung ermöglicht [wird]« (S.70). "Kultur" also als Anpassungsergebnis verstehend - was lediglich Ausdruck einer völligen Mißachtung der Sonderstellung des Menschen gemäß "Inversion der Betrachtungsrichtung" sein kann! - insistiert Leakey zugleich darauf, die Lebensgeschichte des Menschen primär nicht unter kulturellen Kriterien sehen zu dürfen, eine Mißachtung der biologischen Kriterien provozierend, womit erneut emotional-sentimentalen Vorbehalten eine Hintertüre zum Eintritt in die Argumentation geöffnet würde:

> "Die Hilflosigkeit von menschlichen Säuglingen und Kleinkindern stellt jedoch weniger eine kulturelle Anpassung dar, als eine biologische Notwendigkeit. Menschenbabys kommen zu früh auf die Welt, eine Folge unseres großen Gehirns und des relativ engen Beckens" (S.70).

Leakey gliedert nun das "Gehirngröße"-Argument in die Darstellung von Feststellungen zur Lebensgeschichte der Menschen und anderer Primaten ein, den Nachweis führen wollend, daß die Größe des Gehirns - wovon schon Darwin berichtet hat, daß es den Menschen auszeichnet - nicht den Verlust der Konzentration auf die »biologischen Kriterien« erzwingt, sondern zur Definition von "Mensch" im Horizont der Differenzierung "*Australopithecus - Homo*" beitragen kann, als ein Teil des Leakeyschen "evolutionären Paketes".

Zunächst weist Leakey darauf hin, daß bei Säugetieren die Länge der Schwangerschaft, der Zeitpunkt der Entwöhnung der Jungen, der Eintritt der Geschlechtsreife und die Lebenserwartung mit der Gehirngröße korreliert sind. Im Lichte hiervon verweist Leakey darauf, daß die Schwangerschaftsdauer bei *Homo sapiens* - gemäß seiner Gehirnkapazität von 1350 Kubikzentimeter - einundzwanzig Monate dauern müßte, anstatt der tatsächlichen neun Monate. Hierin liegt die Hilflosigkeit der menschlichen Neugeborenen begründet, was Leakey zu der Frage veranlaßt, warum beim Menschen die frühe Geburt mit den hiermit verbundenen Gefahren ausgebildet ist? Zur Beantwortung dieser Frage ist genauerhin zu beachten - so Leakey -, daß das Merkmal der "frühen Geburt" bei Menschen stammesgeschichtlich eintrat, als das Gehirn bei den Erwachsenen eine Größe von 770 Kubikzentimeter erreichte: »Jenseits dieser Grenze mußte das Gehirn vom Zeitpunkt der Geburt an seine Größe mehr als nur verdoppeln, und damit begann das Muster der Hilflosigkeit von Kleinkindern, die »vorzeitig« auf die Welt kamen« (S.72). Somit befindet sich *Homo habilis* - 800 Kubikzentimeter großes Gehirn bei den Erwachsenen - am »Scheitelpunkt zwischen dem Wachstumsmuster von Affen und dem von Menschen« (S.72). Demgegenüber entspricht die Lebensgeschichte von *Homo erectus* - 900 Kubikzentimeter - in diesem Merkmal eindeutig dem heutigen Menschen.

Leakey schließt hieraus, daß, da das Gehirn von *H. erectus* somit bei der Geburt ein Drittel so groß war wie das eines Erwachsenen, für diese Art eine intensive elterliche Fürsorge anzunehmen ist, ganz so wie sie zum sozialen Milieu des heutigen Menschen gehört. Dieser ist

---

[161] B Bogin 1990: *The evolution of human childhood* - Bioscience 40: 16-25.

somit ein Alter von zumindest 1,7 Millionen Jahre zuzuordnen. Demnach hat sich *Homo* von »Anfang an in Richtung zum heutigen Menschen bewegt« (S.73). Demgegenüber sind für die Australopithecinen in dem genannten Merkmal jene Konditionen anzunehmen, wie sie auch für die Affen gelten.

Diese Information ist zweifellos von Interesse für die werdeweltliche Analyse von "Mensch", auch im Horizont seiner stammesgeschichtlichen Bedingtheit betrachtet, insofern hiervon zu sprechen ist, als das Werdewelt-Ich in dem Sinne keine Chaotizität repräsentieren kann, wie der Werdewelt-Analyse notwendig Vernünftigkeit zuzuordnen ist - vgl. *Privatheit* -. Dies bedeutet aber nicht, daß diese Analyse, wovon also das von Leakey angeführte Argument ein Teils ist, Aussage-Subjekte enthält, bzw. die Beachtung dieses Argumentes darauf verzichten lassen könnte, es vor dem Hintergrund der vergegenwärtigten Daß-Aussagen betrachten zu müssen. Gerade dies verbindet Leakey aber mit seinem Argument, das daher notwendig eine Verzerrung - im Sinne einer Ausblendung der Daß-Aussagen und Aussage-Subjekte - bedeutet.

Dies in Evidenz haltend seien nun weitere Argumente Leakeys, wie er sie im Rahmen der Darstellung seines "evolutionären Paketes" darbietet, betrachtet, wobei er zunächst die Frage aufwirft: »Doch wie verhielt es sich mit der weiteren Kindheit? Wann wurde diese weiter verlängert, um den Erwerb praktischer und kultureller Fähigkeiten zu ermöglichen, auf den ein Wachstumsschub in der Pubertät erfolgte?« (S.76).

Zur Beantwortung dieser Frage diskutiert Leakey zunächst lebensgeschichtliche Muster, die sich aus dem Vergleich der Lebensspanne mit dem Durchbruch des ersten Molaren ergeben: Bei dem heutigen Menschen tritt der Durchbruch des ersten Molaren im sechsten Lebensjahr auf und die Lebensspanne beträgt circa 66 Jahre; bei Affen tritt der Durchbruch mit drei Jahren auf und die Lebensspanne beträgt rund vierzig Jahre. der spätere *H. erectus* und die Neandertaler - so Leakey - weisen selbiges Muster wie der heutige Mensch auf, wohingegen die Australopithecinen das Affen-Muster aufweisen. Der frühere *H. erectus* und *H. habilis* liegen aber zwischen beiden Mustern:

> "Der erste Molar des Jungen [= Turkana-Junge, benannt nach dem Fundort; *H. habilis*] brach demnach durch, als dieser etwa viereinhalb Jahre alt war; wäre er nicht so früh gestorben, so hätte er ein Alter von etwa zweiundfünfzig Jahren erreichen können" (S.80).

Leakey schließt hieraus, daß der evolutionäre Übergang zu dem Muster des heutigen Menschen bei dem frühen *Homo* in einem sozialen Kontext erfolgte. Genauerhin soll gelten: Ausgehend davon, daß bei allen Primaten »das soziale Zusammenleben besonders gut entwickelt ist« (S.80), ist besagte Muster-Änderung an der Basis von *Homo* als Ausdruck davon zu verstehen, daß »sich die soziale Interaktion bei dieser Spezies bereits zu verstärken begonnen hatte und eine Umwelt erzeugte, die Kultur begünstigte« (S.80).

Im Lichte des soeben Betrachteten kommt Leakey nun auf »eine tiefgreifende Veränderung der gesamten Gesellschaftsorganisation« zu sprechen, die aus den Körpergrößenunterschieden zwischen den Geschlechtern, verglichen mit den entsprechenden Daten bei anderen Primaten - zum Beispiel den Schimpansen und Pavianen -, abgeleitet wird. Das ist: Bei den Australopithecinen bestehen Unterschiede in der Körpergröße zwischen den Geschlechtern wie bei den Pavianen, worauf auf dementsprechende Übereinstimmung in der sozialen Ordnung geschlossen wird. Bei den frühen Vertretern von *Homo* betragen die Unterscheide aber nur noch circa 20 Prozent, was den Verhältnissen bei den Schimpansen entspricht. Mit Foley & Lee[162]

---

[162] RA Foley & PE Lee 1989: *Finite social space, evolutinary pathways, and reconstructing homind behaviour* - Science 243: 901-906.

schließt Leakey hieraus auf dementsprechende Änderungen in der Sozialordnung bei den frühen Vertretern von *Homo*: »Höchstwahrscheinlich blieben die Männchen des frühen *Homo* mit ihren Brüdern und Halbbrüdern in ihren Geburtsgruppen, während die Weibchen in andere Gruppen abwanderten. Wie bereits gesagt, verstärkt Verwandtschaft eine Kooperation zwischen den Männchen« (S.81).

Leakey führt nun aus, daß gegenwärtig nicht eindeutig gesichert ist, was diese Änderungen verursacht hat, bzw. die Kooperation in selektionistischer Hinsicht vorteilhaft sein ließ. Als wahrscheinliche Gründe werden die Verteidigung gegen rivalisierende Gruppen und ökonomische Erfordernisse angeführt, die wiederum in Zusammenhang mit der neu aufkommenden Fleischnahrung gesehen werden:

> "Das veränderte Gebiß beim frühen *Homo* deutet auf Fleischfresser, ebenso wie Entwicklung einer Technik zur Herstellung von Steinwerkzeugen. Außerdem hat die Vergrößerung des Gehirns, die ebenfalls zur Evolution von *Homo* gehört, möglicherweise sogar *erfordert*, daß die Art eine wesentlich energiereichere Nahrung aufnahm" (S.82).

Hier zeigt sich, daß Leakey die einzelnen Elemente seines "evolutionären Paketes" sehr wohl als ursächlich miteinander verknüpft bedenkt, so wie dies auch bei Darwins "Paket" der Fall ist, wobei einer der Unterscheide zu Darwins Paket darin liegt, daß Leakey nicht nach Darwinscher Manier von "rachsüchtigen Pavianen" oder "verspielten Ameisen" berichtet, was man durchaus als Ergebnis einer rationalisierten Wissenschaftlichkeit verstehen kann. Ist dies aber schlechthin als Fortschritt zu werten? Dem ist nicht der Fall. Indem sich Leakey einer wissenschaftlichen Rationalität anvertraut, die - vgl. zudem die Analyse bezüglich der Position von Mahner & Bunge - ganz offensichtlich eine Ausblendung von Person-sein bedeutet und somit auch von Person-sein im Horizont dessen das als Quasi-Person eingesetzt wird, mag Leakey zwar besagte Ameisen- und Pavian-Interpretationen unterlassen, er kann sich aber keineswegs von Darwins "Bienenstaat-Moral"-Konstruktion emanzipiert haben, da diese bei Darwin auftritt, da er genesetheoretisches Denken aufwendet, insofern er nicht in der Lage ist, sich der noetischen Dialektik - also der ersten Schicht des philosophischen Horizonts – gegenüber zu offenen, was gerade auch jene Wissenschaftlichkeit auszeichnet, die, wie sie für Mahner & Bunge dargestellt worden ist, Leakey akzeptiert[163].

Leakeys Position bezeichnet hiergegenüber keinesfalls einen Fortschritt im Sinne einer größeren Nähe zur ersten Schicht des philosophischen Horizonts, wiewohl auf spezielle Weise die Möglichkeit zu einem Fortschritt daraus erwachsen kann, daß sich Leakey gerade aufgrund seiner Zurückdrängung des philosophischen Denkens derart der fachwissenschaftlichen Analyse zuwendet, daß zumindest keine Verflechtung beider diskursiven Zugänge des Ich zum Bereich der Notwendigkeit auftritt. Explizit hat hierbei aber beachtet zu werden: Diese fehlende Verflechtung gilt gemäß einer Ausblendung der Aussage-Subjekte entsprechend der Ausblendung der philosophischen Ebene.

Angesichts hiervon sei nun wieder unmittelbar auf Leakeys Darlegungen zu seinem "evolutionären Paket" verwiesen, wobei er nun aufgreift, daß *Homo* wesentlich aktiver als *Australopithecus* gewesen sein muß. Zunächst verweist Leakey hierzu auf Arbeiten von Schmid[164], der anhand von Glasfaserabdrücken des Skelettes von "Lucy", deren affenähnlich konischen

---

163 Explizit sei hier betont, daß Leakeys Argumentation mit jener Darwins, nicht aber jener Royers verglichen wird; vgl. oben.

164 Vgl.: P Schmid 1989: *How different is Lucy*? - In G Giacobini (ed.): *Hominidae* - Mailand, S.109-114; P Schmid 1991: *The trunk of the Australopithecine* - In Y Coppens & B Senut (eds.): *Origine(s) De La Bipédie Chez Les Hominidés* - Paris, S.225-234.

Brustkorb feststellte, wie auch deren affenähnliche Schulter- und Hüftpartie. *Australopithecus*, so die Schlußfolgerung, fehlte somit die Möglichkeit der Tiefatmung, wie auch, aufgrund des schmerbäuchigen Unterleibes und dem Fehlen einer Taille, die Flexibilität des Körpers, wobei es sich hierbei ausschließlich um Merkmale handelt, die wesentlich für das Laufen sind, wie es dem Menschen möglich ist: »*Homo* war ein Läufer, *Australopithecus* hingegen nicht« (S.83).

Die gebrachten Ausführungen skizzieren hinreichend Leakeys "evolutionäres Paketes", dessen Bedeutung für die von ihm insgesamt vorgebrachte Argumentation anhand von folgendem Zitat, in dem er unmittelbar auf »Menschen wie wir« blickt, verdeutlicht werden kann:

> "Von den vier bedeutenden Ereignissen im Verlauf der menschlichen Evolution, von denen ich im Vorwort gesprochen habe - die Entstehung der menschlichen Familie selbst, vor rund sieben Millionen Jahren; die anschließende Auffächerung der Arten zweibeiniger Affen; die beginnende Erweiterung des Gehirns (letztlich der Beginn der Gattung *Homo*) vor vielleicht zweieinhalb Millionen Jahren; und die Entstehung des heutigen Menschen -, ist das vierte, die Entstehung von Menschen wie wir, in der gegenwärtigen Anthropologie besonders umstritten. ... Mit »Menschen wie wir« meine ich den heutigen *Homo sapiens* - das heißt, Menschen mit einem Sinn für Technik und Neuerungen, einer Fähigkeit zum künstlerischen Ausdruck, einem introspektiven Bewußtsein und einem Moralempfinden" (S.111).

Dieses Zitat zeigt einprägsam, daß Leakeys bisherige Argumentation Vorbereitung dafür war, jene Konstitutiva des Ich als Person, wie sie alleine im Horizont der Entgrenzung von "um willen von etwas" thematisch-methodisch unreduziert betrachtet werden können - also Introspektion, Sprache und Kunst -, derart aufgreifen zu können, daß unter "dem Gewicht" der bisherigen Argumentation, jeglicher philosophische Bezugnahme hierauf gleichsam die Grundlage entzogen sein soll, selbst wenn sie in der an sich bereits ausgehöhlten Form Darwinscher Argumentation entgegentritt.

Diese Kritik ist explizit im Sinne jener an der "Anordnung"-Konstruktion Darwins - wie auch Haeckels - zu verstehen, als Basis für das Aussagen eines Anfangs der Argumentation, der in geltungstheoretischer Hinsicht Notwendigkeit besagen soll, tatsächlich aber nur herbeiargumentiert ist, aufgrund von Verstößen gegen die Beachtung von "Inversion der Betrachtunsgrichtung" und "Sonderstellung des Menschen". Leakey verzichtet hierbei auf jegliche philosophische Stellungnahme, was Ausdruck von einem Wissenschaftsverständnis ist, dessen philosophische Basis sehr leicht mit einer wissenschaftstheoretischen Kontrollinstanz verwechselt werden kann, wie im Lichte der Analyse der Position von Mahner & Bunge und ihrer "Ding"-Ontologie festzuhalten ist. Daß damit keineswegs die Zielsetzung von Mahner & Bunge getroffen ist, ist hierbei ohne Bedeutung. Dies gilt, da Mahner & Bunges Thematisierung der Transzendentalität in einer Weise eine Bezugnahme auf die allgemeine Begriffpyramide darstellt, daß der Werdewelt-Analyse keine Aussage-Subjekte zur Seite gestellt werden, womit diese "auf sich" gestellt ist, wie dies oben im Rahmen von "Emanzipation von der Darwinschen Verflechtung der beiden diskursiven Zugänge des Ich zum Bereich der Notwendigkeit" ausgesagt worden ist.

Die grundsätzliche Nähe von Leakey zu Mahner & Bunge zeigt sich zudem in dem Verzicht Leakeys auf eine dialektische Argumentation, sowohl im Hinblick auf eine noetische Dialektik, wie auch auf eine historisch-materialistische Dialektik. Leakey sieht also keine Notwendigkeit dafür, die ursächlichen Beziehungen zwischen den Eines seines "evolutionären Paketes" als Repräsentation gemäß der dialektischen Differenz einer Analytik von Ich im Horizont dessen Person-sein zu verstehen, dieserart der Begründungsproblematik - abseits herbeiargumentiert Eines wie "Bipedie" - gerecht zu werden. Er diskutiert daher zum Beispiel

"Werkzeugherstellung" und "Familie" nicht im Sinne von Am-Werke-sein als Repräsentation von Um-sich-bemüht-sein als Teil der genealogischen Ich-Kette, zum Beispiel in Anlehnung an die historisch-materialistische Dialektik Engels'.

Dieserart kommt Leakey nun auf die bekannte "junpaläolithische Revolution"-Konstruktion zu sprechen, festhaltend, daß »dieses ubiquitäre archäologische Signal in unmißverständlicher Weise Zeugnis davon ab[legt], daß hier der moderne menschliche Geist am Werk war« (S.128). Da Leakey auf das hiermit Bezeichnete in den Kapiteln 6 bis 8 von *Spuren* ausführlich zu sprechen kommt, kann das in Kapitel 5 hierzu von ihm Festgehaltene übergangen werden.

Sehr wohl aber lohnt es, Leakeys Argumentation zum Aussterben der "Neandertaler" kurz zu beleuchten, wozu am Ende von Kapitel 5 in *Spuren* zu lesen ist:

> "Da wir über keine präzisen Anhaltspunkte verfügen, sind wir genötigt, nach möglichen Alternativen zu einem Genozid Ausschau zu halten. Falls diese Suche erfolglos bleibt, gewinnt die Hypothese vom Genozid an Gewicht, bleibt jedoch unbewiesen. Ezra Zubrow[165] ... hat eine solche Alternative durchgespielt, indem er Computermodelle von zwei interagierenden Populationen entwickelte, von denen die eine einen geringfügigen selektiven Vorteil gegenüber der anderen aufweist. Mit Hilfe dieser Simulationsmodelle läßt sich feststellen, wie groß der selektive Vorteil der überlegenen Population sein muß, wenn sie die unterlegene innerhalb relativ kurzer Zeit verdrängen soll. Die Antwort ist verblüffend: Bereits ein Vorteil von nur zwei Prozent kann innerhalb eines Jahrtausends zur Verdrängung der zweiten Population führen. | ... | Es ist jedoch erwähnenswert, daß dort, wo wir zuverlässig von einer Koexistenz von Neandertalern und modernen Menschen wissen - in Westeuropa vor 35 000 Jahren -, dieses Zusammenleben höchstens ein- bis zweitausend Jahre währte, was mit Zubrows Modell in Einklang steht. Zwar beweisen die Ergebnisse Zubrows nicht eindeutig, daß die modernen Menschen die Ureinwohner, wo sie ihnen begegnet sind, durch einen selektiven Vorteil verdrängt haben, aber sie beweisen, daß ein gewalttätiger Genozid nicht die einzig denkbare Möglichkeit einer Verdrängung war" (S.134-135).

Was anderes als Darwinsche "Gleichgültigkeit" kann hier vorliegen? Selbstverständlich kann eine »Computersimulation« hilfreich sein, um Vorgänge, wie sie hier thematisiert werden, verstehen zu können, doch liefern derartige Simulationen weiter nichts als Daten, die erst im Lichte des Verstehens von Person-sein gemäß der Universalität des Person-sein adäquat - also thematisch-methodisch unreduziert - verstanden werden können, da sie nun erst als Warum-Aussagen eingesehen werden können. Diese Argumentation fehlt bei Leakey aus keinem anderen Grund, als daß sie gemäß "Anordnung der Themen" nicht mehr im Betrachtungshorizont der Logik der Leakeyschen Position ist. Hierin liegt zugleich: Leakeys Bezugnahme auf »Computersimulation« liest sich freilich anders als Darwins entsprechende Aussagen zum Aussterben der Rassen des Menschen, doch ist der damit bezeichnete Unterschied alleine gemäß des zuvor bezüglich "überzeugendere" "Gradienten"-Konstruktion Dargelegten zu verstehen.

Die gebrachte Kritik an Leakeys Ausführungen ist aber keine solche an seiner Analyse von Informationen zur Werdewelt, sondern an seinem Verständnis von diesen Daten im Lichte seines Werdewelt-Verständnisses. Indem dieses nämlich irrtümlich davon geprägt ist, Aussage-Subjekte zu enthalten, grenzt Leakey das Person-sein, wie es gemäß der Dignität von Person-

---

[165] E Zubrow 1989: *The demographic modelling of Neanderthal extinction* - In P Mellars & C Stringer (eds.): *The human revolution* - Edinburgh, S.212-231.

sein, der Rechtsfähigkeit des Ich und von "Ich im Lichte von beste aller Welten" zu bedenken ist, dahingehend aus, daß all das Angeführte als in der Werdewelt-Analyse thematisierbar verstanden wird. Dies ist aber im Horizont der Leakeyschen Argumentation eine ebenso glatte Unmöglichkeit wie im Rahmen der Darwinschen, Haeckelschen und so weiter Argumentation, insoweit diese einheitlich genesetheoretisches Denken aufwenden. In diesem Sinne verzerrt Leakeys "evolutionäres Paket" das eigentlich Auszusagende, dahingehend, da es an eine Selektionstheorie angepaßt ist, die ausschließlich pragmatisch herbeiargumentiert konzipiert ist.

Dies schließt nicht aus, daß Leakeys "evolutionäres Paket" tatsächlich zu beachtende Sätze zur Werdewelt enthält, bzw. Aussagen enthält, die alleine aufgrund Leakeys gegenüber Darwins Denken rationalisierter Wissenschaftsauffassung getätigt werden konnten, doch gilt für diese gleiches wie für Darwins Feststellung von Werdewelt-Regeln, die einem fideistisch-theologischen Denken nicht erreichbar sind: Sie bezeichnen letztlich nicht das eigentlich Auszusagende, wiewohl sie angesichts der Vergegenwärtigung hiervon in tatsächlich auszusagende Feststellungen transformierbar sein mögen[166].

4.1.2.2 Kapitel 6 - 7: Kunst und Sprache

> "Wo immer Menschengruppen lebten - in Afrika, Asien, in Europa und Australien -, brachten sie Bilder ihrer Welt hervor. Der Drang, bildliche Darstellungen zu produzieren, war anscheinend unwiderstehlich, und die Bilder selbst haben eine überwältigende Aussagekraft. Darüber hinaus sind sie geheimnisvoll" (S.137).

Sogleich fällt hieran auf: »der Drang, bildliche Darstellungen zu produzieren« und »darüber hinaus sind sie geheimnisvoll«. Liegt hierin, so ist angesichts der bisherigen Analyse von *Spuren* zu fragen, daß Leakey »bildliche Darstellung« »geheimnisvoll« ist, insofern er »Drang« nicht adäquat bedenkt? Wie in *Theologie* ausgeführt, ist eine künstlerische Äußerung im Sinne von "nicht an sich diskursiv" zu verstehen, also als eine nicht an sich diskursive Äußerung zum Bereich der Notwendigkeit. Künstlerisches Sich-Äußern ist hierbei als Konstitutivum des Ich-sein als Person zu verstehen, bzw. dialektisch analytisch aus dem an sich diskursiven Bedenken abzuleiten, unter Berücksichtigung davon, daß es sich bei diesem Begriff um einen solchen der unthematische-Begriffpyramide handelt, für die es insgesamt konstitutiv ist, analytisch entfaltbar zu sein. Daher auch - wie ebenfalls in *Theologie* dargestellt - ist das künstlerische Bedenken, bzw. das nicht an sich diskursive Bedenken generell, kein gegenüber dem an sich diskursiven Denken defizitäres Bedenken, da es aus der dialektischen Entfaltung dieses Begriffes folgt und Entfaltung in Getrenntheit zu "defizitär" steht[167].

---

[166] In diesem Zusammenhang sei auch an die Argumentation des Autors in *Theoriendynamik* verwiesen, bzw. darauf hingewiesen, daß das Verhältnis der Darwinschen Position zu jener Leakeys Übereinstimmungen aufweist mit dem Verhältnis der Position Ptolemäus' zu jener Keplers, wobei die "Zusatzkreis"-Konstruktion von Ptolemäus der Funktion für die Position nach mit den Darwinschen Anthropomorphismen verglichen werden können.

[167] Hier ist auch an das oben angeführte *Theages*-Problem zu erinnern: ein Ich kann in seinem Am-Werke-sein defizitär handeln, wiewohl es zugleich nicht-defizitär um sich bemüht ist. das hiermit ausgesagte Nicht-Alles-sein der Diskursivität - als bedenkender Grundlage des Am-Werke-sein und Um-sich-bemüht-sein - steht wesentlich in Zusammenhang mit der Entfalt-

Hieraus erwächst, daß "künstlerische Leistung", als Konstitutivum des Person-sein in dem Sinne keinen Anfang hat, wie für Person-sein in der genealogischen Ich-Kette kein Anfang auszusagen ist, sondern, entsprechend "Inversion der Betrachtungsrichtung", ein solcher für das Werdewelt-Ich anzunehmen ist. Damit ist ausgesagt, daß zwar die materiale Repräsentation von "künstlerisches Sich-Äußern", wie sie gemäß der dialektischen Differenz festzuhalten ist, im Horizont von Stammesgeschichte einen Anfang haben muß, dieser aber nur unter expliziter Beachtung von "Sonderstellung des Menschen" adäquat bedacht sein kann. Liegt dies nicht vor, so muß gerade die Thematisierung dieses Anfangs, in Form der Beachtung entsprechender künstlerischer Äußerungen »geheimnisvoll« erscheinen - um diesen Begriff Leakeys aufzugreifen -.

»Geheimnisvoll« ist in dieser Situation aber Ausdruck davon, den »Drang« - wie Leakey ebenfalls schreibt - zu künstlerischer Äußerung nicht richtig vergegenwärtigt zu haben. Gerade dies muß bei Leakey vorliegen, da eine richtige Interpretation von »Drang« von dem Vermögen abhängt, das Person-sein des Ich gemäß "Sonderstellung" vergegenwärtigen zu können, was bei Leakey, aufgrund seiner Beiziehung der Genesetheorie, nicht vorliegt. Genauerhin besteht die Verzerrung, die sich hieraus im Leakeyschen Denken ergibt, darin, sich mit "Kunst" nichts rechtes anfangen zu wissen.

Im Lichte hiervon ist Leakeys Interpretation im Vergleich mit Darwins Feststellungen zur Kunst von Interesse, dahingehend daß Darwins diesbezügliche Aussagen, im Sinne seiner Gradienten-Konstruktion, von einer ausgesprochenen Geringschätzung der "Anfänge" der künstlerischen Tätigkeiten bestimmt ist, durchdrungen von seiner Gleichgültigkeit-Konstruktion, so daß es von Interesse sein muß, inwieweit Leakeys Konzentration auf die moderne fachwissenschaftliche Denkweise dazu beiträgt, aus einer Emanzipation von dieser Geringschätzung dazu vordringen zu können, besagten Anfängen zumindest insofern zu ihrem Recht zu verhelfen, daß es leichter scheint, aus der dieserart zugewiesenen Dignität zu einer solchen gemäß der ersten Schicht des philosophischen Horizonts vorzudringen. Vorausgeschickt sei, daß ein derartiger Fortschritt gegenüber Darwins Position tatsächlich auszumachen sein wird, wobei von Anfang an mitzubeachten sein wird, daß dieser Fortschritt kein solcher im Sinne der ersten Schicht des philosophischen Horizonts ist.

Zudem kann auch nicht daran gedacht werden, die Dynamik, wie sie zwischen der Position Darwins und jener Leakeys zu veranschlagen ist, spiegelt sich in einer sukzessiv wachsenden Anerkennung der "anfänglichen" Kunst wider, so daß am Beginn der Analyse der Leakeyschen Ausführungen dessen Stellungnahme zu einer Aussage Halversons[168] stehen soll, einem zeitgenössischen Autor:

> "John Halverson ... hat vor kurzem vorgeschlagen, die Prähistoriker sollten zur Interpretation der »Kunst um der Kunst willen« zurückkehren. Seiner Meinung nach dürfen wir nicht erwarten, daß sich das menschliche Bewußtsein im Verlauf unserer Evolution sogleich in seinem ganzen Umfang entfaltet hat, sondern müssen uns damit abfinden, daß die ersten Beispiele der Kunst in der Urgeschichte eher einfältig sind, weil das Denken dieser Menschen einfach war" (S.146).

Halverson meint hiermit, die Malereien von Altamira analysierend, daß die auftretenden Darstellungen von zum Beispiel Wisenten und Wildpferden zwar naturalistisch sind, aber in der Darstellung in keinem natürlichen Zusammenhang auftreten; die Künstler und Künstlerinnen

---

barkeit der Diskursivität und somit mit dem Auftreten nicht an sich diskursiver Leistungen, unter anderem der Kunst.

[168] J Halverson 1987: *Art for art's sake in the paleolithic* - Current Anthropology 28: 63-89.

der Eiszeit haben unbedacht Ausschnitte aus ihrer Umwelt dargestellt, ohne hiermit irgendeine mythologische Bedeutung zu verbinden.

Leakey »vermag dieses Urteil nicht zu überzeugen« (S.146). Ihm sind die Bilder der pleistozänen Künstler »mehr als die ersten Gehversuche des modernen Bewußtseins« (S.146). Er lehnt also sowohl Halversons herabwürdigende Interpretation ab und daher - um so mehr - Darwins völlig inadäquaten Blick auf besagte Kunst bzw. die Kunst der "Wilden" - vgl. oben: »scheußliche Melodien« und so weiter -. Zugleich ist Leakeys »mehr als« eine sprachliche Ungenauigkeit um willen eines Sich-nicht-festlegen. Aus evolutionstheoretischer Sicht ist mit der werdeweltlichen Veränderung "Neues" zu verknüpfen - vgl. oben -, so daß die materiale Repräsentation künstlerischer Äußerungen in der Zeitachse als "neu auftretend" verstanden werden kann und relativ hierzu von »ersten Gehversuchen« gesprochen werden kann, ohne daß hierzu also ein »mehr als« konstruiert werden muß. Zugleich ist von einem »mehr als« aber zu sprechen, insofern es "mehr" als die materiale Repräsentation in Zusammenhang mit Kunst zu bedenken gilt, wobei dieses "mehr" nun aber im Lichte der dialektischen Differenz und dem damit bedachten Person-sein zu verstehen ist, was aber gerade bei Leakey defizitär ausfällt. Gemäß Universalität des Person-sein kann freilich in den Raum gestellt werden, daß Leakey gerade hieran denkt, es aber nicht propositional auszusagen versteht.

Leakey führt nun Stellungnahmen anderer Autoren an, die seine "mehr als"-Konstruktion verdeutlichen. Zunächst verweist er auf die Aussage des französischen Anthropologen Lévi-Strauss, der aufgrund seiner Analyse der Kunst der in der Kalahari lebenden San und der australischen Aborigines feststellt, daß manche Tiere, die in der Malerei dargestellt werden, nicht in dieser auftreten da sie »gut zum essen sind« - wie im Sinne der Interpretation dieser Malerei als im Dienste einer Jagdmagie stehend immer wieder behauptet wurde und wird -, sondern weil sie »gut zum Denken sind«. Leakey verweist nun darauf, daß auch in der Malerei des Jungpaläolithikums häufig Tierarten zur Darstellung kommen, die den damaligen Menschen gar nicht zur Nahrung dienten: »Die Maler des Jungpaläolithikums hatten Pferde und Wisente im Kopf und Fleisch von Rens und Schneehühnern im Magen« (S.147).

Auch Leroi-Gourhan wendet sich gegen die Interpetation der damaligen Kunst als einer solchen im Dienste der Jagdmagie. Seine Untersuchungen, auf die in *Spuren* ebenfalls hingewiesen wird, zeigen, daß die Malereien einer Höhle gleichsam als e i n Kunstwerk verstanden werden müssen, wie auch daraus erfolgt, daß die Darstellung bestimmter Tierarten mit definierten Plätzen in der Höhle verknüpft ist: »Rotwild erschien beispielsweise häufig an den Wänden von [Höhlen-]Zugängen, in der Regel jedoch nicht in [Höhlen-]Hauptkammern« (S.148).

Besonders eindrucksvoll sind die Ergebnisse von Reznikoff und Dauvois, zu denen Leakey schreibt:

> "Mit Hilfe von gesungenen Tönen, die sich über drei Oktaven erstreckten, erstellten sie eine Resonanzkarte jeder Höhle und machten dabei die Entdeckung, daß die Höhlenregionen mit der stärksten Resonanz in den meisten Fällen auch diejenigen waren, die gemalte Bilder oder Ritzzeichnungen enthielten" (S.149).

Lewis-Williams wiederum stellte bei seiner Analyse der Kunst der San - sie repräsentiert zum Teil eine zehntausend Jahre alte Tradition! - fest, daß sie keine schlichte Darstellung alltäglicher Gegebenheiten bedeutet, sondern eine Verbindung mit einer schamanischen Geisterwelt bezeichnet, wie sie der Schamane in seiner Halluzination gesehen hat. Leakey hält hierzu fest:

> "Die entopischen Bilder einer Halluzination ersten Grades finden sich in der Kunst der San, was als objektiver Beweis gelten kann, daß es sich hier um schamanistische

> Kunst handelt. Und dieselben Bilder begegnen uns auch in der jungpaläolithischen Kunst, manchmal als Überzeichnungen von Tieren, manchmal auch für sich allein stehend. In Verbindung mit der Darstellung rätselhafter Chimären sind sie ein deutlicher Hinweis darauf, daß zumindest ein Teil der jungpaläolithischen Kunst schamanistischen Ursprungs ist. Wenn es sich dagegen um Bilder [der Chimären] handelt, die in einem Trancezustand erlebt wurden, dann waren sie für den jungpaläolithischen Maler ebenso real wie Wildpferde und Wisente" (S.155).

Überblickt man die gebotenen Informationen zu Leakeys "mehr als"-Konstruktion, so fällt sogleich auf, daß Leakey zwar bereit ist, jenen Naturalismus in der Interpretation der jungpaläolithischen Kunst zurückzuweisen, wie er in der "Jagd-Mythos"-Konstruktion enthalten ist, insofern diese letztlich auf das "um willen von etwas" "Nahrungserwerb" reflektiert, doch kann Leakey das komplementär hierzu aufgebotene »zum Denken« (anstatt »im Magen«) nicht propositional aufgreifen, also zum Beispiel in der schamanischen Kunst den Versuch einer Thematisierung des Transzendentalen sehen, wie er in der Kunst vorliegen kann, da sie aus der dialektischen Entfaltung von "an sich diskursives" Bedenken zu verstehen ist.

Leakey gelingt dies gemäß seinem Wissenschaftsverständnis nicht. Es gilt daher explizit folgende Verflechtung zu beachten: Leakeys positive Näherung an die jungpaläolithische Kunst tritt auf, wiewohl er in seinem Vermögen zur positiven Vergegenwärtigung von Personsein hinter Darwin zurückfällt, in dem Maße, wie er aufgrund seines Wissenschaftsverständnisses die theologische Dimension ausblendet. Daher auch ist Leakeys positive Näherung an die jungpaläolithische Kunst eine primär nicht-propositional konzipierte Leistung.

Leakey fügt nun an die Analyse von Kunst eine solche von Sprache an. Zu dieser ist vorwegzuschicken, daß sie von selbigen Defiziten wie jene der Kunst geprägt sein muß, da Leakey seine Argumentation fortgesetzt im Sinne seiner "Anordnung"-Konstruktion bestreitet, also gemäß jenem Anfang bezüglich "Jetztmensch", wie er ihn entsprechend seiner Gegenüberstellung von *Australopithecus* und *Homo* erhalten hat.

Im Lichte hiervon ist Leakeys einleitende Feststellung, eine Aussage Bickertons[169] zitierend, zu Sprache zu verstehen:

> "Nur der Sprache war es möglich, die Gefängnismauern der unmittelbaren Erfahrung zu durchbrechen, in die jedes andere Geschöpf eingesperrt ist, und uns in die unendliche Freiheit von Raum und Zeit zu entlassen" (S.159).

Die »Gefängnismauern der unmittelbaren Erfahrung zu durchbrechen« auf »die unendliche Freiheit von Raum und Zeit« zu beziehen, ohne hierbei um die diskursive Vergegenwärtigung - »durchbrechen« - der anfänglichen Daß-Aussage bemüht zu sein, also die »unmittelbare Erfahrung« als ganzheitlich Zu-Entgrenzendes zu verstehen, bedeutet notwendig eine Verzerrung des eigentlich Auszusagenden im Sinne einer Nivellierung der transzendentalphilosophischen Schwelle.

Dies liegt bei Leakey tatsächlich vor, wie sich sogleich an seiner Aussage verdeutlicht, daß die Anthropologie über zwei »unanfechtbare Forschungsergebnisse« (S.159) verfügt, die sich auf Sprache beziehen: »die gesprochene Sprache unterscheidet den *Homo sapiens* eindeutig von allen anderen Lebewesen«; »das Gehirn von *Homo sapiens* ist dreimal so groß wie das Gehirn unserer nächsten stammesgeschichtlichen Verwandten, der afrikanischen Großaffen« (S.160). Leakey betont zu dem ersten Punkt, daß somit nur der Mensch über ein Medium der »gegenseitigen Verständigung und der introspektiven Reflexion« (S.160) verfügt. Bedeutet

---

[169] D Bickerton 1990: *Language and species* - Chicago.

dies, so ist sogleich zu fragen, daß Leakey hier von "im Gespräch sein mit sich" und "im Gespräch sein mit anderen" als Eines der unthematische-Begriffpyramide berichtet, demgemäß die materiale Basis des Sprechens - wie sie in dem Argument bezüglich der Gehirngröße thematisiert ist - als in dialektischer Differenz zu "im Gespräch sein mit sich" verstehend? Dem ist natürlich nicht der Fall: Leakey sind die besagten beiden »unanfechtbaren Forschungsergebnisse« Daß-Aussagen gleiche Konstrukte gemäß seiner Ausblendung von "Sonderstellung des Menschen", also entsprechend seiner - um dies zu wiederholen - "Anordnung"-Konstruktion und Anfang-nahme bei der Differenzierung "*Australopithecus - Homo*".

Leakeys Konzeption von »[den menschlichen Geist] in die unendliche Freiheit von Raum und Zeit zu entlassen«, wie es also im Sprachvermögen seine Basis besitzt, kann daher nur in dem Sinne eine Modifikation von Darwins »gottähnliche Vernunft« implizieren, wie sie in der bisherigen Darstellung der Differenz zwischen beiden Positionen zum Ausdruck gekommen ist. In anderen Worten: Leakeys Verständnis von Sprache muß im Sinne jener naturalistischen Konstruktion seines "evolutionären Paketes" konzipiert sein, die ihn bezüglich Kunst zwar zu einer Entgrenzung von »im Magen« - als Ausdruck einer Entgrenzung von "um willen von etwas" hat kommen lassen, derart jedoch, daß hierbei zu keiner propositionalen Vergegenwärtigung des Anvisierten gefunden wird.

Gerade hierin muß zugleich aber liegen, daß Leakey seine, einer Daß-Aussage gleich verwendete Feststellung von der Sonderstellung des Menschen bezüglich der Sprachfähigkeit, nicht zur Hintertüre für das Eindringen des von ihm so vehement bekämpften emotional-sentimentalen Denken werden läßt. Tatsächlich verwendet Leakey viel Platz in seiner Argumentation darauf, seine Aussage zur Sonderstellung nicht zu einer solchen gemäß "Inhomogenität" in der Stammesgeschichte werden zu lassen. Am Beginn hiervon steht eine polemische Stellungnahme zu philosophischen Bemühungen um das Verständnis von Sprache:

> "Obwohl die Philosophen über die Welt der Sprache seit langem nachgedacht haben, verdanken wir den größten Teil unseres Wissens auf diesem Gebiet ironischerweise erst den Erkenntnissen der letzten drei Jahrzehnte. ... | ... Eines der Themen des vorliegenden Buchs ist die philosophische Scheidelinie zwischen denen, die den Menschen als etwas Besonderes und von der übrigen Natur Getrenntes ansehen, und denen, die von einem engen Zusammenhang zwischen beidem überzeugt sind. Nirgends tritt diese Trennung deutlicher zutage als in der Debatte um das Wesen und den Ursprung der Sprache und vor allem in der Gehässigkeit, mit der Linguisten jene Forscher angreifen, die Sprachexperimente mit Menschenaffen anstellen. | Über jene Wissenschaftler, die von einer Einzigartigkeit der menschlichen Sprache ausgehen, hat die Psychologin Kathleen Gibson[170] ... vor kurzem geschrieben: »Trotz der Wissenschaftlichkeit in ihren Postulaten und ihrer Diskussion fügt sich dieser Ansatz nahtlos in eine lange westliche philosophische Tradition ein, die mindestens bis zu den Autoren der Genesis und den Schriften von Plato und Aristoteles zurückreicht und derzufolge das menschliche Bewußtsein und Verhalten sich qualitativ von dem der Tiere unterscheidet«" (S.160-161).

Dieses Zitat ist einzig und allein als Ausdruck einer fundamentalen Selbstüberschätzung in den Gesetzeswissenschaften zu verstehen, bzw. davon, daß das Vertrauen in die eigenen Möglichkeiten aus einem völligen Unverständnis gegenüber den eigentlichen Problemen resultiert, woraus sich auch jenes Verständnis von der Philosophie Platons und Aristoteles' bzw. der *Genesis* speist, das mit diesen

---

[170] In: K Gibson & T Ingold (eds.) 1992: *Tools, language and intelligence* - Cambridge (Mass.).

Positionen schlichtweg nichts gemeinsam hat - vgl. zum Beispiel *Theologie* und *Grundlegung* -. »Ironischerweise« wird sich am Ende der Analyse des Leakeyschen Verständnisses von Sprache zeigen, daß er seine eigene Position unterwandert, ohne hierin ein Problem zu sehen; zuvor bereits hat es Leakey auch keine Probleme bereitet sein Eines "Bipedie" zu unterwandern!

Woran denkt Leakey nun aber, wenn er seine Aussage von der Sonderstellung des Menschen bezüglich dem Sprachvermögen zu keiner solchen von einer Inhomogenität in der Stammesgeschichte werden lassen möchte? Hierzu ist zunächst zu beachten, daß die Leakeysche Kritik an Philosophie und Theologie auch einen Teil der Linguistik umfaßt, insofern sich - so Leakey - in der Linguistik zwei Positionen unterscheiden lassen, »was [die Ansichten zu] dem evolutionären Ursprung unserer Sprache angeht« (S.160). Für die Vertreter der einen Position ist die Sprache ein einzigartiges Merkmal des Menschen und hat sich als Nebenprodukt der Gehirnvergrößerung herausgebildet. Genauerhin habe sich die Sprache, so meinen diese Forscher, nachdem eine kognitive Schwelle überschritten worden ist, innerhalb kurzer Zeit entwickelt. Demgegenüber vertritt die hierzu alternative Position die Ansicht von einer kontinuierlichen, selektionistischen Gegebenheiten folgenden Entwicklung der Sprache aus verschiedenen kognitiven Fähigkeiten der vormenschlichen Vorfahren: »Nach diesem sogenannten Kontinuitätsmodell entwickelte sich die Sprache allmählich bereits in der Urgeschichte der Menschheit, parallel zur Evolution der Gattung *Homo*« (S.160)[171].

Chomsky wird von Leakey als einer der Hauptvertreter der ersten Position angeführt[172]. Chomsky zufolge habe es wenig Sinn, in der Frühgeschichte des Menschen nach Hinweisen für Sprachfähigkeit zu suchen und »schon gar nicht bei unseren Vettern, den Menschenaffen« (S.161). Dementsprechend stoßen die Versuche mancher Forscher, Affen eine bestimmte Form der symbolischen Kommunikation beizubringen auf »erbitterte Ablehnung« (S.161). Leakey sieht aber die Zeit gekommen, diese »Ablehnung« durchbrechen zu können:

> "Seit den sechziger Jahren ist dieses Bollwerk der Einzigartigkeit [des Menschen] mehr und mehr in sich zusammengestürzt, nachdem man entdeckt hat, daß auch Affen Werkzeuge und Symbole benutzen und sich in einem Spiegel wiedererkennen können. Nur die gesprochene Sprach blieb unangetastet, so daß die Linguisten faktisch die letzten Verteidiger einer menschlichen Einzigartigkeit sind. Diese Rolle nehmen sie offenbar sehr ernst" (S.161).

Angesichts hiervon bleibt Leakey durchaus bei seinem einleitenden Satz von der Sonderstellung des Menschen, in dessen Sinn nun zu lesen ist: »Die Sprache öffnet tatsächlich eine Kluft zwischen dem *Homo sapiens* und der übrigen natürlichen Welt« (S.162). Gleich im Anschluß hieran bringt Leakey aber eine eigentümliche Verflechtung von Ähnlichkeit und Distanz zwischen Affe und Mensch, darauf hinweisend, daß die Möglichkeiten der Erzeugung einzelner Phoneme bei beiden nicht wesentlich differiert, wiewohl gilt: »Dafür sind wir jedoch in der Lage, von diesen Lauten einen praktisch unendlichen Gebrauch zu machen« (S.162). Die Crux hieran liegt in der trivialen Konstruktion des Begriffes »unendlich«, wobei es sich hierbei um genau jene tirviale Konstruktion hiervon handelt, die zuvor schon be-

---

[171] Hier sei darauf aufmerksam gemacht, daß die in dieser Argumentation Leakeys enthaltene Gegenüberstellung von "kontinuierlich-selektionistisch" und "abrupt" auch aus evolutionstheoretischer Sicht - wie sie beispielsweise Mahner & Bunge vertreten - problematisch ist, bzw. einem Denken gemäß der Synthetischen Evolutionstheorie zuzuordnen ist, wie es gegenwärtig keineswegs mehr allgemein akzeptiert ist, nicht zuletzt aufgrund seiner Defizite in der Vergegenwärtigung von Organismizität; hierauf wird in Kapitel 5 zurückzukommen sein.

[172] Vgl.: N Chomsky 1988: *Language and Problems of konwledge* - Cambridge (Mass.).

züglich »die u n e n d l i c h e Freiheit von Raum und Zeit« aufgetreten ist. Das ist: Leakey bedenkt die Emanzipation des Denkens von thematischer Begrenztheit gar nicht im Sinne von unthematische Begrifflichkeit und sieht daher auch nicht, daß die Unendlichkeit im Horizont der Werdewelt-Analyse eine differentielle Unendlichkeit entsprechend der dialektischen Differenz ist, wie sie hier die Warum- und Daß-Aussagen verknüpft.

Genauerhin ist hierzu zu beachten: Die Affen in faktischer Getrenntheit zu der Leakeyschen "Unendlichkeit" bezüglich der Sprachbildungen zu sehen, bedeutet eine Aussage über diese Tiere, die deren Bezug zu Person-sein im Sinne der Inversion der Betrachtungsrichtung im Horizont des grundsätzlichen Problems der Evolutionstheorie - vgl. Einleitung - nicht adäquat bedenken läßt, bzw. eine Position formuliert, die das Tier-sein ebenso unreflektiert bezeichnet, wie Darwin dies in seinen Aussagen über Paviane, Hunde, Ameisen und so fort unterläuft - vgl. oben -. In anderen Worten: Die "Unendlichkeit" im Horizont von Mensch als selektionistisch aus einer "Geschlossenheit" der Möglichkeiten bei den Affen entstanden zu denken bedeutet, w e d e r die Affen n o c h die Menschen adäquat zu verstehen.

Dies beachtend ist nun darauf zu verweisen, daß Leakey hervorhebt, Chomskys Fehler würde darin bestehen, das stammesgeschichtliche Auftreten des Sprachvermögens abseits des Wirkens der natürlichen Selektion bedenken zu wollen, es als einen historischen Zufall in Zusammenhang mit dem Überschreiten einer kognitive Schwelle verstehend. Mit Pinker[173] stellt Leakey fest, daß Chomsky »das Pferd vom Schwanz aufzäumt« (S.163): Nicht hat die Zunahme des Gehirnumfanges zu dem Sprachvermögen geführt, sondern das sich entwickelnde Sprachvermögen war einer der Auslöser für die Gehirnzunahme; »nach Pinkers Meinung "sind es die präzisen Mikroschaltungen im Gehirn, die eine Sprache ermöglichen, und nicht der Umfang, die Form oder die Zusammenballung von Neuronen"« (S.163). Aus der Perspektive der noetischen Dialektik ist hierzu kategorisch festzuhalten, daß besagtes Pferd nur dann "richtig aufgezäumt" ist, wenn die Aussagen zu "Gehirn" in Relation zu der materialen Repräsentation von Sprache verstanden werden, im Rahmen wovon Aussagen zu einer Wechselwirkung im Sinne der Werdewelt-Analyse vorgenommen werden können, ohne daß hiermit der Anspruch verbunden sein darf - zu welchen Ergebnissen hierbei auch immer gelangt worden ist -, "Sprache" nicht länger ausgehend von "im Gespräch sein mit sich" verstehen zu brauchen.

Hieran denkt Leakey freilich nicht, sondern ist nun um eine "richtige Aufzäumung" gemäß seiner naturalistischen Argumentation bemüht. Er leitet dies damit ein, daß die Vorstellung einer Kausalverbindung zwischen wachsendem technischen Geschick und wachsendem Gehirnumfang lange Zeit die Anthropologie beherrscht hat, mittlerweile aber als überholt angesehen werden kann. Die Alternative hierzu sieht den Menschen weniger als Werkzeughersteller, sondern als soziales Wesen und die Sprache als Instrument der sozialen Interaktion mit dementsprechender Bedeutung für die evolutionäre Weiterentwicklung. Zu den Wegbereitern dieser Theorie - so Leakey - gehört der Neurologe Holloway[174], dessen »intuitive Überzeugung« es ist, daß Sprache aus einem Kontext des Sozialverhaltens und der Kognition entstanden ist, »der im wesentlichen von Kooperation statt von Aggression geprägt war« (S.165). Holloway verweist weiters auf die Bedeutung komplementär-sozialstruktureller Arbeitsteilung zwischen den Geschlechtern:

> "Das war eine notwendige adaptive evolutionäre Strategie, die eine ausgedehnte kleinkindliche Abhängigkeitsperiode ermöglichte, eine Verlängerung der Periode bis

---

[173] S Pinker 1996: *Der Sprachinstinkt - Wie der Geist die Sprache bildet* - München.

[174] R Holloway 1983: *Human paleontological evidence relevant to language behavior* - Human Neurobiology 2: 105-114.

> zur Geschlechtsreife sowie eine verzögerte Reifung im Mutterleib, die wiederum ein größeres Gehirnwachstum nach der Geburt und eine erhöhte Fähigkeit zu erlerntem Verhalten zur Folge hatte" (zitiert aus *Spuren* S.165).

Leakey meint hierzu, daß dies »sehr gut zu den Entdeckungen im Hinblick auf die lebensgeschichtlichen Muster von Hominiden [paßt]«, wie er sie zuvor dargestellt hat. Dieses »sehr gut passen« ist aber dahingehend zu verstehen, daß Leakey erneut den Versuch unternimmt, ein Konstitutivum des Ich-sein - Sprachfähigkeit - angesichts der Transzendierung von "um willen von etwas" - "Werkzeugherstellung" - zu verstehen und dieser Versuch erneut mißlingt, ebenso wie zuvor bezüglich Kunst. Das ist: Sprache derart mit sozialstrukturellen Leistungen in Verbindung zu setzen, daß hierbei zugleich von »adaptiven evolutionären Strategien« die Rede sein kann, kann nichts anderes als eine Mißachtung des Bereichs der Notwendigkeit bedeuten, davon also, daß das Ich-sein dahingehend Person-sein bedeutet, daß eine adäquate Vergegenwärtigung hiervon das Bedenken von "adaptiven Strategien" - wie sie ja gerade keine Transzendierung von "um willen von etwas" bezeichnet - ausschließt bzw. das Bedenken hiervon auf die Analyse des Bereichs der materialen Repräsentation von Person-sein eingrenzt. Mißlingt dies, so läßt sich auch nicht thematisch-methodisch unreduziert von »Kooperation«, »Aggression« sprechen, sondern nur auf jene herbeiargumentierende Weise, wie sie bereits für Darwin und Haeckel festzustellen war; zudem ist dieses Denken, wie es eine Abkehr von einer trivialen Betrachtung der Werkzeugherstellung beinhaltet, auch von dem historisch-materialistischen Denken von Engels und Marx zu unterscheiden, wie es im Lichte der Dialektik - wenn auch nicht der noetischen Dialektik - um eine solche Abkehr im Sinne der Einbringung des Eines "Arbeit" bemüht ist.

Selbiges wie für »Kooperation« und »Aggression« gilt aber auch für den Begriff »soziale Körperpflege«, auf den Leakey nun in Zusammenhang damit zu sprechen kommt, daß in der menschlichen Vorgeschichte die Gruppengröße zunahm, was »einen Selektionsdruck in Richtung auf eine effiziente soziale Körperpflege hervorrief« (S.166). Leakey, der hier also wieder "sozial" mit "Selektionsdruck" kombiniert, ungeachtet des Umstandes, daß hiermit "um willen von etwas" niemals transzendiert sein kann, also Person-sein unreduziert verstanden sein kann, sieht, auf Aussagen Dunbars[175] verweisend, zwei Vorteile der "sozialen" gegenüber der "manuellen" Körperpflege:

> "»Man kann sich gleichzeitig mit mehreren unterhalten, und man kann reden, während man unterwegs ist, sein Essen verzehrt oder auf den Feldern arbeitet«. Folglich »entwickelte sich die Sprache, um eine wachsende Zahl von Individuen in ihre sozialen Gruppen zu integrieren«. Nach diesem Szenario ist Sprache »stimmliche Körperpflege«, und für Dunbar entsteht sie erst mit »dem Erscheinen von *Homo sapiens*«" (S.166).

Letztlich läßt Leakey dieses Argument aber nur bedingt gelten, da es ein spätes Auftreten der Sprache in der Stammesgeschichte des Menschen impliziert, die Entstehung der Sprache als abruptes Phänomen im Rahmender jungpaläolithischen Revolution verstehend.

Sogleich verweist Leakey daher auf die Gegenposition hierzu, wobei er sich direkt auf seine Differenzierung "*Australopithecus - Homo*" bezieht, wenn er also darauf verweist, daß die Zunahme der Gehirngröße mit dem Auftreten der frühesten Vertreter von *Homo* vor zwei Millionen Jahren begonnen hat. Leakey folgert nun hieraus, daß, wenn die Gehirngröße irgendwie mit dem Sprachvermögen korreliert ist, der allmähliche Beginn des Sprachvermögens ebenfalls vor zwei Millionen Jahren anzunehmen ist. Zur Untermauerung hiervon

---

175 RIM Dunbar 1988: *Primate social systems* - Ithaca.

verweist Leakey auf Untersuchungen Holloways an dem Schädel 1470 - einem *Homo habilis*-Fossil (circa zwei Millionen Jahre alt) -, denen gemäß *H. habilis*, so zeigt der Abdruck der Innenseite des Craniums, über das Brocasche Sprachzentrum verfügte, wie auch über Asymmetrien im Bau des Gehirns, »ein Hinweis darauf, daß sich *Homo habilis* nicht nur mit den japsenden Schreilauten heutiger Schimpansen verständlich gemacht hat« (S.172).

Leakey führt nun weitere Forschungsergebnisse an, die seine Ansicht untermauern sollen. Große Bedeutung kommt hierbei der Analyse der Wölbung der Schädelbasis zu, da sie aus physiologischen Gründen unmittelbar mit dem Lautbildungsvermögen verknüpft ist. Untersuchungen, Leakey bezieht sich hier insbesondere auf jene von Laitman[176], haben ergeben, daß bei *Australopithecus* eine flache Schädelbasis auftritt, womit die lautliche Kommunikation jener der Affen entsprochen haben muß. Demgegenüber tritt eine ausgeprägte Wölbung der Schädelbasis bei den archaischen *Sapiens*-Formen auf - Alter: drei- bis vierhunderttausend Jahre -, wiewohl bereits bei frühen *Homo erectus*-Formen Vorstufen hierzu auftreten. »Leider können wir nichts über *Homo habilis* aussagen, da keiner der von dieser Spezies bislang entdeckten Schädel einen unversehrten Basisknochen aufweist« (S.175).

Ganz im Sinne seiner "Differenzierung"-Konstruktion bezüglich *Australopithecus* und *Homo* sieht Leakey somit die stammesgeschichtlichen Wurzeln des Sprachvermögen mit jener von *Homo* korreliert, den pragmatischen Charakter seiner Konstruktion ignorierend.

Im Lichte hiervon sei nun auf Leakeys Unterwanderung seiner eigenen Position zu sprechen gekommen, wozu zunächst Leakeys Aussage aufgegriffen sei, wonach das gesamte Unternehmen in ein Dilemma geraten ist:

> "Wohin führen uns all diese Befunde? Wenn wir uns nur an die technologische Komponente der archäologischen Überlieferung halten könnten, wäre zu vermuten, daß die Sprache sehr früh entstanden ist, sich während des größten Teils der menschlichen Vorgeschichte nur sehr langsam weiterentwickelt und erst relativ spät und innerhalb kürzester Zeit ihre heutige Ausformung erhalten hat. Diese Annahme verträgt sich mit der Hypothese, die sich aus dem anatomischen Befund ableitet. Die archäologische Überlieferung des künstlerischen Ausdrucks läßt eine solche Annahme dagegen nicht zu. Farbige Bilder und Ritzzeichnungen an den Wänden von Abris und Höhlen treten in der Überlieferung plötzlich auf - vor rund 35 000 Jahren. Belege, die für eine frühere künstlerische Betätigung sprechen, wie Ockerstöcke und eingeritzte Kurvenlinien auf Knochengegenständen, sind günstigenfalls selten und ansonsten zweifelhaft" (S.179).

In Zusammenhang hiermit führt Leakey auch an:

> "Die Hypothesen über die Form und den zeitlichen Verlauf der Evolution der menschlichen Sprache könnten offenbar nicht widersprüchlicher sein - was bedeutet, daß die Befunde bislang ganz oder zum Teil falsch interpretiert worden sind" (S.180).

Dies also ist geblieben von der anfänglich selbstbewußten Feststellung, daß es die Philosophie sei, die ergebnislos über die Sprache nachgedacht hat! Das Ergebnis der gesetzeswissenschaftlichen Analysen ist weiter nichts als eine Menge an dargelegten Örtern, die kein einheitliches Bild ergeben. der Grund hierfür ist aber nicht, daß gleichsam noch zu wenig Zeit auf die entsprechenden Forschungen verwendet worden ist, bzw. ein von der Philosophie fehlgeleitet Anfang der Forschungen erst überwunden werden mußte, der zu besagtem Dilemma führt - wie man aus gesetzeswissenschaftlicher Sicht meinen könnte -, sondern daß die Forschungen nicht gemäß der Kompetenz der Analyse der Werdewelt betrieben werden, sondern

---

[176] J Laitman 1984: *The anatomy of human speech* - Natural History 1984:20-27.

im Sinne einer pragmatisch verzerrten Fachwissenschaftkonzeption. Daher auch wird eine solche Forschung ad infinitum - egal wie lange und wie methoden- bzw. kostenintensiv sie betrieben wird - weiter nichts erbringen können als - um mit Platon zu sprechen - »wer weiß was Gescheites«.

Angesichts sei aus *Spuren* zitiert:

> "Kathleen Gibson, ... , beschrieb die Position mit folgenden Worten: »Da die menschliche soziale Intelligenz, der Gebrauch von Werkzeugen und einer Sprache allesamt auf einer quantitativen Zunahme des Gehirns und den damit einhergehenden Fähigkeiten zur Informationsverarbeitung beruhen, hätte keine dieser Komponenten für sich allein mit einem Schlag wie eine Minerva aus dem Haupt des Zeus geboren werden können. Vielmehr muß sich jede dieser geistigen Fähigkeiten ebenso wie die Größe des Gehirns allmählich entwickelt haben. Da diese Fähigkeiten zudem wechselseitig voneinander abhängen, hätte keine für sich allein ihren heutigen Komplexitätsgrad erreichen können«. Es bedeutet eine große Herausforderung für uns, diese Interdependenzen zu entwirren" (S.180-182).

Daß Leakey hier von einer »Herausforderung« spricht, da Scheitern des gesetzeswissenschaftlichen Zuganges zu dem Problem ignorierend, resultiert natürlich aus der trügerischen Basis, die zuvor gemäß der "Verflechtung"-Konstruktion, herbeiargumentiert worden ist.

Das eigentliche Problem hiermit besteht aber darin, daß die hier diskutierten Fragen nicht nur solche Themen betreffen wie "konnte *Australopithecus* Werkzeuge herstellen?", "wie gut konnte *Homo habilis* sprechen?" und so fort. Die hier analysierten Fragen betreffen wesentlich das Verständnis des Person-sein, und Leakey sieht sehr wohl, daß das von ihm Dargelegte über besagte Fragen hinausreicht:

> "Wie ich bereits gesagt habe, geht es hier um mehr als um die Rekonstruktion der Vorgeschichte. Auch unser Verständnis von uns selbst und unserem Platz in der Natur steht zur Debatte. Diejenigen, die nach wie vor an der Einzigartigkeit des Menschen festhalten wollen, werden alle Befunde begrüßen, die auf einen späten und plötzlichen Ursprung der Sprache deuten" (S.182).

Wichtiger noch als »unsere Stellung in der Natur«, ist es das Verständnis des Person-sein, von dem die vorliegende Untersuchung handelt, und gerade deshalb muß der "Gradienten"-Theorie entgegengetreten werden, wie sich auch aus der bereits dargelegten "Gleichgültigkeit" ergibt, die nicht nur bei Darwin, sondern auch in Leakeys Position bereits anzutreffen war. Hierauf wird insbesondere im nächsten Kapitel zu achten sein.

4.1.2.3 Kapitel 8: Die Entstehung des Bewußtseins

> "So stark es [das Bewußtsein] auf der subjektiven Ebene wirksam ist, so schwer ist es objektiv zu erfassen. Das Bewußtsein stellt die Wissenschaftler vor ein Dilemma, das manche für unlösbar halten" (S.184).

Leakey beginnt also seine Ausführungen zum Bewußtsein mit einem Hinweis auf den hohen Schwierigkeitsgrad der zu behandelnden Thematik. Dieser Anfang ist also ein gänzlich anderer als der selbstbewußte Anfang bezüglich der Analyse der Sprache. Wie sich sogleich zeigen wird, rührt dies auch daher, daß die Sprachanalyse - verflochten mit der Analyse der

Kunst - auch für die nun anstehende Analyse des Bewußtseins von Bedeutung ist, so daß sich ein entsprechend selbstbewußter Anfang freilich verbietet. Komplementär hierzu gilt aber, daß Leakey trotz allem zu keiner grundsätzliche Kritik an der von ihm vertretenen Position bzw. dem in ihr enthaltenen Verständnis von Wissenschaft vordringt. Er sieht also nicht, daß er sich der von ihm geübten Vorsicht gegenüber dann tatsächlich adäquat verhalten würde, wenn er sie zum Anlaß dafür nehmen würde, die bisher von ihm begangenen fachwissenschaftlichen Kompetenzüberschreitungen gegenüber der Domäne der Philosophie zu vergegenwärtigen. Dies unterbleibt aber, so daß in den folgenden Absätzen auch darauf zu achten sein wird, wie Leakey damit umgeht, im Rahmen der Besprechung von "Bewußtsein" auf etwas als Zu-Analysierendes zu treffen, das unmittelbarer noch als Kunst und Sprache das Person-sein des Ich aufleuchten läßt, wiewohl sogleich betont sei, daß auch "Bewußtsein" im Sinne der für Ich anzunehmenden dialektischen Differenz zu bedenken ist, also auch mittels eines Eines der Werdewelt-Analyse zu bedenken ist, gemäß "materiale Repräsentation" bzw. gemäß der differentiellen Ganzheitlichkeit des Werdewelt-Ich.

Leakey skizziert nun die Probleme, die "Bewußtsein" der Evolutionsforschung und der Anthropologie bereitet. Zunächst gilt es - so Leakey -, sich die Frage zu stellen »*wie* ein solches Phänomen [Bewußtsein] im menschlichen Gehirn entstand« (S.186)? Ist es voll ausgebildet »in das Gehirn von *Homo sapiens* gelangt«, ohne, wie die Behavioristen meinen, Vorläufer in anderen Lebewesen gehabt zu haben? Weiters gilt es - so Leakey - zu fragen, »welche evolutionären Vorteile hätte eine solche Eigenschaft des Denkens unseren Stammvätern gebracht?« (S.186), »*wozu* das Bewußtsein gut ist?« (S.186) und »Gibt es etwas, das ein bewußtes Wesen für sich tun kann, das eine bewußtseinslose (aber intelligent geschaltete) Simulation dieses Wesens nicht für sich zustande bringt?« (S.186). Zudem ist Leakeys Verweis auf Übereinstimmungen dieser Fragen mit solchen zu jenen der Analyse von Sprache von Interesse: »Man beachte, daß diese Fragen ihre Entsprechung in den Fragen zur Evolution der Sprache haben« (S.186). Leakey erklärt dies damit, daß Sprache und reflexives Bewußtsein »zweifellos eng miteinander verbundene Phänomene sind« (S.186).

Diese Bezugnahme auf die Sprache signalisiert sogleich, daß Leakeys Überlegungen also immer noch "selbstbewußt" genug sind, um das Problem des Entgrenzen-müssens von "um willen von etwas" auszuklammern. Die "Wozu"-Frage auf die von Leakey gebotene Weise zu stellen, bedeutet daher ausschließlich, nicht erkannt zu haben, daß das Person-sein des Ich, wie es sich in Bewußtsein widerspiegelt, nichts ist, das als Dispositionelles verstanden werden kann: Das "im Gespräch sein mit sich" des Ich bezeichnet dieses in dialektischer Differenz zu d a s Eines und somit in faktischer Getrenntheit von "dispositionell". Zugleich liegt hierin das "ein ontologisch Begrenztes-sein" des Ich, wie es also als material repräsentiert zu verstehen ist, womit das Nicht-an-sich-Notwendigkeit-bedeuten des Ich ausgesagt ist, wie es im Horizont der Repräsentation mit Zeitlichkeit verflochten ist, doch widmet man sich diesem Komplex nur dann adäquat, wenn dies gemäß "Inversion der Betrachtungsrichtung" und demgemäß im Sinne der Sonderstellung des Ich verstanden wird. Gerade dies unterbleibt aber bei Leakey, bzw. unterbleibt es nun in Zusammenhang mit der Analyse von Bewußtsein fortgesetzt, da Leakey seine "wozu"-, "wie"-Frage und so weiter stellt, ohne auf diesen Umstand sogleich hinzuweisen. Dementsprechend muß aber auch jene Vorsicht Leakeys bedacht sein, die er im Umgang mit der Analyse von Bewußtsein walten läßt, im Lichte der aufgetretenen Probleme bei der Analyse von Sprache und Kunst.

Dies ist also zu beachten, wenn Leakey seine Vorsicht nun im Gewande von Ausführungen des Zoologen Richard Dawkins formuliert: »Richard Dawkins ... räumt ein, daß auch er [bezüglich dem verstehen von Bewußtsein] ratlos sei« (S.186). Gemäß Dawkins - so Leakey - müßten Organismen ein prognostisches Wissen über die Zukunft haben, aufgrund von Vorgängen im Gehirn, die mittels der Computeranalogie simuliert werden können. Wiewohl diese

Vorgänge nicht bewußt ablaufen müssen, gipfelt die evolutionäre Ausbildung der Umweltsimulation im Gehirn im subjektiven Bewußtsein. Warum das so ist, ist »nach seinem Bekenntnis das tiefste Rätsel, vor das die moderne Biologie gestellt ist« (S.186). Eine Möglichkeit, des Rätsels Lösung zu finden, besteht hierbei darin, daß »die Simulation der Welt im Gehirn so vollständig wird, daß sie ein Modell ihrer selbst einschließen muß« (S.186).

Leakey verweist nun darauf, daß sich das Auftreten des Bewußtseins vielleicht gar nicht gemäß "für etwas gut sein" verstehen läßt, das Bewußtsein also gleichsam ein »Abfallprodukt der Tätigkeit der Großhirnrinde« (S.187) ist. Diese Möglichkeit wird von Leakey aber sogleich wieder verworfen:

> "Ich halte es allerdings lieber mit der evolutionären Auffassung, der zufolge ein so leistungsfähiges mentales Phänomen wahrscheinlich einen Überlebensvorteil erbracht hat und somit das Ergebnis einer natürlichen Auslese war. Wenn sich keine solchen Vorteile feststellen lassen, dann kann man unter Umständen die Gegenhypothese - das Bewußtsein war nicht mit einem Anpassungsvorteil verbunden - gelten lassen" (S.187).

Die Entstehung des Bewußtseins, um dies sogleich zu betonen, ist aber nicht nur nicht das »tiefste Rätsel, vor das die moderne Biologie gestellt ist«, sondern gehört gar nicht dem Kompetenzbereich der Biologie an. Die Biologie und Anthropologie können sich alleine der materialen Repräsentation von Bewußtsein zuwenden, wofür zunächst Voraussetzung ist, "materiale Repräsentation" im Sinne der noetischen Dialektik an sich vergegenwärtigen zu können. Leakeys Verweis auf "Selektionsvorteil" bzw. "Anpassungsvorteil" ist aber gerade der Ausdruck davon, daß dies nicht erbracht wird!

Daher auch überrascht nicht, daß Leakey nun, immer noch um Darstellung der mit der Bewußtsein-Analyse verbundenen Problematik bemüht, bzw. darum bemüht, auch angesichts der in Zusammenhang mit der Analyse von Sprache und Kunst aufgetretenen Probleme einen festen Boden für die Argumentation zu gewinnen, auf die Erkenntnistheorie reflektiert, in ihr nach einer Legitimation für seinen Umgang mit dem Verzicht-üben-müssen suchend, ohne hierbei freilich anzusprechen, daß er letztlich nach einer Legitimation für seine pragmatisch nicht-propositionale Argumentation sucht. Leakey verweist nun nämlich auf Aussagen von Jerison[177], dessen Meinung nach »Gehirne für jede Spezies eine eigene Version der Realität erzeugen« (S.189). Weiters führt Leakey im Sinne von Jerison an, daß die Welt, wie wir sie als Individuen wahrnehmen, »im wesentlichen unser eigenes Werk ist, beherrscht von unseren eigenen Erfahrungen« und daß dies ähnlich auch auf Artniveau gilt: »In ähnlicher Weise ist die Welt, die wir als eine Spezies wahrnehmen, von der Beschaffenheit unserer Sinnesorgane und ihrer Kanäle beherrscht« (S.189). Hieraus wird gefolgert:

> "Die Welt im Inneren unserer Köpfe - ob wir ein *Homo sapiens*, ein Hund oder ein Schmetterling sind - wird deshalb von der qualitativen Natur des Informationsflusses von der Außenwelt zur Innenwelt und durch die Fähigkeit der Innenwelt zur Informationsverarbeitung geformt. Es besteht ein Unterschied zwischen der wirklichen Welt »draußen« und der gedanklich wahrgenommenen Welt »drinnen«" (S.189).

Leakey meint nun, daß die gedanklichen Modelle den Realitäten »draußen« und »drinnen« immer ähnlicher wurden, je mehr sensorische Informationen im anwachsenden Gehirn adäquater verarbeitet werden konnten. Hierbei würden zwar »unvermeidliche Informationslücken« bleiben, denn das Bewußtsein kann man nur von dem haben, »was das Gehirn auf-

---

[177] H Jerison 1991: *Brain size and the evolution of mind* - New York.

grund seiner Ausstattung von der Welt erfassen kann« (S.189), doch können wir letztlich »stolz sein auf unser introspektives Bewußtsein« (S.189).

Wovon hier berichtet wird, das ist als "fragmentarischer Kritizismus" zu bezeichnen - in Anlehnung an "fragmentarische Induktion" bei Darwin -. Leakeys »draußen« und »drinnen« in »es besteht ein Unterschied zwischen der wirklichen Welt draußen und der gedanklich wahrgenommenen Welt drinnen« wird natürlich nicht einmal annähernd den geltungstheoretischen Problemen einer empirischen Perspektive bzw. einer Fachwissenschaft gerecht: Wo er von »Unterschied« spricht, müßte er von Entontologisieren-müssen und dem fehlenden Selbstand der Werdewelt sprechen, doch dringt Leakey hierzu nicht vor, alleine im Horizont seiner "Befreiung von den Fesseln von Raum und Zeit"-Konstruktion bezüglich der Sprachanalyse argumentierend. Würde Leakey hier ernsthaft die geltungstheoretischen Probleme ansprechen, er müßte einsehen, daß es eine logische Unmöglichkeit ist, derart von den "Realitäten" anderer Spezies zu berichten, daß hierin Aussagen zum So-sein eines Teiles der Welt vorliegen, daß hieraus genesetheoretisch-linear auf die Realität der Spezies "Mensch" projiziert werden kann. Diese lineare Projektion benötigt Leakey aber gemäß seiner "Gradienten"-Konstruktion und Auflösung der Inhomogenität im Sinne von "Anfang innerhalb der Stammesgeschichte", was also gemäß Leakeys "Annäherung"-Konstruktion ihren Ausdruck findet.

Seine Argumentation bezüglich der Bedeutung der Sinneskanäle erinnert daher nicht zufällig an ähnlich lautende Aussagen bei Haeckel - vgl. oben -, wobei der Unterschied in der Argumentation Haeckels und Leakeys primär in der Haeckelschen "Schauen"-Konstruktion liegt, die bei Leakey aufgrund dessen rationalisierter Wissenschaft aufgelöst ist, unter anderem durch Verweise auf Computersimulation etc. (vgl. hierzu auch die entsprechenden Aussagen von Mahner & Bunge). Worin sich Haeckels und Leakeys Position somit gar nicht unterscheiden, das betrifft das Vermögen, die Sinnesdaten als solche zur Werdewelt zu sehen, und somit abseits des Horizonts der Aussagesubjekte, deren Vergegenwärtigung eine solche der Dialektik voraussetzt.

Im Lichte hiervon sei angemerkt, daß Nikolaus von Kues (wie in *Theologie* ausführlich analysiert) ebenfalls Aussagen zur Umfassendheit der Anzahl der Sinneseindrücke beim Menschen anführt - "Kosmograph"-Bild -. Er verweist hierauf also in Zusammenhang mit seinem dialektischen Denken! Wesentlich ist hieran, daß Cusanus' entsprechende Ausführung eine Nivellierung der transzendentalphilosophischen Schwelle enthalten, da er zwar die noetische Dialektik bzw. die erste Schicht des philosophischen Horizonts vergegenwärtigt, aber nicht alleine ihr gemäß zu argumentieren versteht. Bei Leakey hingegen nimmt das bei Cusanus die transzendentalphilosophische Schwelle nivellierende Denken die gesamte Argumentation ein!

Wie erwähnt, besitzt der Beginn von Leakeys Analyse des Bewußtseins - um wieder konkret hierauf zurückzukommen - zumindest jenes Selbstbewußtsein, nicht daran zu denken, das Thematisierte könnte nicht in den Kompetenzbereich fachwissenschaftlicher Forschung gehören. Aus diesem Grunde, bzw. aus der hierin liegenden Fehlinterpretation von "materiale Repräsentation" als einem differentiell Ganzheitlichen im Sinne der dialektischen Differenz innerhalb von Ich als Person, überrascht auch nicht, daß Leakey nun aus der Betrachtung der anatomisch-physiologischen Ebene jene Argumente beibringen zu können meint, die sämtlich folgen mögenden Unsicherheiten zu keiner grundsätzlichen Orientierungslosigkeit werden lassen, die Notwendigkeit einer ernsthaften philosophischen Betrachtung zeigend. Leakeys Vorgehensweise an dieser Stelle der Argumentation entspricht daher seinen vorangegangenen Bezugnahmen auf "Lebensgeschichten", "Schädelbasiswölbung" und so fort.

Besagte Argumentation hebt mit der Feststellung an: »Die offensichtlichste Veränderung des Gehirns der Hominiden im Verlauf der Evolution war eine Verdreifachung seiner Größe«

(S.190). Zugleich sind Änderungen in der Organisation des Gehirns zu konstatieren, die zwar nicht das Grundmuster der Gehirnorganisation betreffen, vor allem aber:

> "Bei den Affen sind die Hinterhauptslappen größer als die Stirnlappen, während es sich beim Menschen genau umgekehrt verhält. Dieser Unterschied im Aufbau liegt vermutlich in irgendeiner Weise der Entstehung des menschlichen im Gegensatz zum äffischen Bewußtsein zugrunde. Wenn wir wüßten, auf welche Weise sich die Veränderung der Organisation in der menschlichen Vorgeschichte vollzogen hat, hätten wir einen Hinweis auf die näheren Umstände bei der Entwicklung des menschlichen Bewußtseins" (S.191).

Um diesem Argument ein Fundament gemäß den bisherigen Darlegungen in Spuren geben zu können, bezieht es Leakey sogleich auf seine "*Australopithecus - Homo*"-Differenzierung, wozu er auf Untersuchungen von Falk[178] verweist, denen gemäß die Australopithecinen bezüglich der relativen Größe von Stirn- und Hinterhauptslappen im wesentlichen ein affenähnliches Gehirn haben, wohingegen die menschenähnliche Organisation bereits bei den frühesten Arten von *Homo* gegeben ist, was also - so Leakey - im Lichte der bisherigen Ausführungen »einen biologischen Sinn ergib« (S.191). Komplementär hierzu soll gelten: »Wie weit wir an diesem Punkt jedoch schon von einem menschlichen *Bewußtsein* sprechen können, läßt sich weit weniger leicht bestimmen« (S.191). Dies ist freilich weiter nichts als die oben angeführte Leakeysche Vorsicht gemäß seinem "fragmentarischen Kritizismus". Leakey übersieht nämlich vollständig, daß die *biologische* Definition von *Homo* - wie sie also mit der Differenzierung "*Australopithecus – Homo*" intentioniert ist - auch Prädikationen aus der materialen Repräsentation von Bewußtsein, Sprache und so fort beinhalten kann, wobei aber kein wie auch immer gearteter Grad der Differenziertheit dieser Definition bedeutet, daß sie Aussagesubjekte enthält bzw. "materiale Basis" gemäß der dialektischen Differenz repräsentiert.

Im Lichte der angeführten Argumentation gewinnt Leakey also jene Sicherheit, die ihn, die anatomisch-physiologische Ebene verlassend, weiter blicken läßt, Bewußtsein, soweit möglich - gemäß Leakey -, propositional betachtend.

Hierzu blickt Leakey zunächst auf Forschungen zum Sozialverhalten von Affen, speziell die Untersuchungen von Cheney & Seyfarth[179] an Meerkatzen im Amboseli-Nationalpark (Kenia) konsultierend. Diesen Autoren gemäß können Konflikte zwischen zwei Meerkatzen rasch weitere Individuen einer Gruppe erfassen, "Freunde" und "Verwandte", die möglicherweise noch unter dem Eindruck vorangegangener Auseinandersetzungen stehen. Hierbei ist es gemäß Cheney & Seyfarth für die Tiere wichtig, ihre Beziehungen zu den einzelnen Gruppenmitgliedern richtig beurteilen zu können, wie auch deren Beziehungen untereinander.

> "Ein Affenweibchen, das mit all diesem keineswegs zufälligen Tumult konfrontiert ist, kann sich nicht damit begnügen, einfach nur zu lernen, wer ihr gegenüber dominant oder unterwürfig ist; es muß auch wissen, wer mit wem verbündet ist und wer voraussichtlich einer Gegnerin zu Hilfe kommen wird" (S.192-193).

---

[178] Vgl.: D Falk 1976: *Brain lateralization in Primates and its evolution in Hominids* - Physical Anthropology 30: 107-125; D Falk 1978: *Enlarged occipital/marginal sinuses and emissary foramnia: Their significance in Homind evolution* - In FE Grine (ed.): *Evolutionary history of the "robust" Australopithecine* - New York, S. 85-96.

[179] D Cheney & R Seyfarth 1990: *How monkeys see the world* - Chicago.

Wovon hier berichtet wird, das läßt sich noch mit Darwins "Gedächtnis"-Konstruktion verstehen, also dem "Durchzug von Bildern". Wie erinnerlich ist das eigentliche Problem mit Darwins diesbezüglichen Aussagen das Anfangsproblem, das Darwin selbst gemäß seiner "fragmentarischen Induktion" "löst". Die bisherigen Ausführungen Leakeys sind, da sie von dieser "fragmentarischen Induktion" zu keinem thematisch-methodisch unreduziert konzipierten Wissenschaftsverständnis geführt haben, nicht dazu angetan, erwarten zu lassen, daß die Argumentation, wie sie mit dem Verweis auf die Forschungen von Cheney & Seyfarth begonnen worden ist, den Beginn einer unreduzierten Vergegenwärtigung von Bewußtsein bedeutet.

Die Bestätigung hierfür erwächst daraus, daß Leakey bezüglich der gebrachten Darstellung ein Problem konstruiert, das im Sinne seines Mißverstehens des eigentlich zu Erbringenden im Lichte seiner obigen Ausführungen bezüglich »tiefstes Rätsel der Biologie« zu verstehen ist. Leakey verweist nämlich - dem Psychologen Humphrey[180] folgend - auf das Paradox, daß Primaten in Gefangenschaft wesentlich mehr "intelligentes Verhalten" zeigen als in der Natur, so daß »die natürliche Auslese [entweder] verschwenderisch [war], als sie Primaten – einschließlich des Menschen - intelligenter machte, als sie eigentlich sein müßten« (S.193), oder das Leben dieser Tiere ist in der Natur komplexer als es den Anschein hat, wobei es gerade die oben angeführten Ergebnisse von Cheney & Seyfarth sind, die - so Leakey - den Schlüssel dafür in die Hand geben, eben diese Komplexität in all ihrem Ausmaß erfassen zu können. Das ist: Humphrey weiterhin folgend, stellt Leakey fest, daß die eigentliche Funktion »des schöpferischen Intellekts [der Primaten] darin besteht, "die Gesellschaft zusammenzuhalten"« (S.193).

Dies erinnert sogleich an Leakeys obige Argumentation, wie sie auf Arbeiten Holloways bezug nimmt, den Versuch erbringen wollend, das "um willen von etwas" zu transzendieren, wenn es gilt die stammesgeschichtliche Basis der Sprache zu verdeutlichen: "Sprache [ist] aus einem Kontext des Sozialverhaltens und der Kognition entstanden, »der im wesentlichen von Kooperation statt von Aggression geprägt war«". Da Leakeys Ausführungen seit seinen Feststellungen zu Holloways Darlegungen keine Emanzipation von den hierin enthaltenen Pragmatismen erbracht haben, ist es nur konsequent, die selbigen Pragmatismen auch in dem nun gegebenen Leakeyschen Verweis auf "Gesellschaft", "sozial" etc. zu vermuten.

Der Untermauerung hiervon dient Leakey seine Konzentration auf besagtes »Paradox«, insofern hierin der Versuch liegt, aus einer Werdewelt-Analyse zu einem hinreichenden Verständnis der stammesgeschichtlichen Herkunft des Bewußtseins vordringen zu wollen, das eigentliche Problem, nämlich die Unmöglichkeit hiervon zu vergegenwärtigen, ausblendend.

Wie aber sieht der dementsprechende Versuch Leakeys aus? Dieser beginnt mit der Feststellung: »Primatenforscher wissen heute, daß das Beziehungsgeflecht innerhalb von Primatenhorden äußerst komplex ist« (S.194). Die eigentliche Problematik besteht für die Tiere hierbei darin, so wird festgehalten, daß die »Bündnisse« zwischen den Individuen in der Gruppe »fortwährenden Veränderungen« unterworfen sind, »da die einzelnen Individuen ständig bestrebt sind, ihre politische Macht auszubauen«. Diese Aussage - so ist sogleich zu betonen - entspricht Darwins "Streben nach größt möglichen Fortpflanzungserfolg", da in beiden Aussagen mit Bezug auf werdeweltlich feststellbar sein Sollendes etwas zu dem "Bemühen" von Tieren ausgesagt wird, als Kompensationsversuch dafür, sie nicht im Lichte von "Personsein" thematisieren zu können. Insofern auch ist Leakeys Aussage eine Darstellung von Tieren, die ebenso herbeiargumentiert von diesen spricht wie Darwin, wenn er zum Beispiel von einem "rachsüchtigen Pavian" berichtet; Leakeys Aussage ist daher selbiger

[180] Vgl.: NK Humphrey 1986: *The inner eye* - London; NK Humphrey: *A historiy of the mind* New York.

Kritik zu unterziehen, wie sie zuvor für Darwin angeführt worden ist.

Dies gilt auch für Leakeys Feststellung, daß Affen »Stets auf ihre eigenen Interessen und die ihrer engsten Verwandten bedacht [nehmen]« (S.194), worin liegt, daß sie es »gelegentlich als vorteilhaft an[sehen], bestehende Verbindungen zu lösen und neue - sogar mit ehemaligen Rivalen - einzugehen« (S.194). Leakey resümiert hierzu:

> "Somit befinden sich die Hordenmitglieder inmitten eines ständig wechselnden Musters von Bündnissen, und es bedarf eines wachen Verstandes, um das Spiel mitzuspielen, das Humphrey als soziales Schachspiel bezeichnet" (S.194).

Diese Aussagen scheinen unverdächtig, da sie sich auf Meerkatzen beziehen und diese zudem anscheinend ohnedies im Horizont von "um willen von etwas"-Situationen zeigen. Tatsächlich liegt dies aber nicht vor, denn wovon Leakey hier berichtet, das ist der Anfang jener Argumentation, die letztlich Bewußtsein verstehen lassen soll, wie es auch "Bewußtsein" von sozialen bzw. gesellschaftlichen Vorgängen beim Menschen ist. Leakeys Verweis auf die Meerkatzen ist ja genesetheoretisch motiviert, so daß sein Verzicht auf die Verwendung ethischer Kategorien dahingehend zu verstehen ist, daß das Betrachtete als Basis der Ausbildung dessen entgegentritt, auf das diese anzuwenden sind.

Damit aber entbehrt Leakeys Argumentation jeglicher Unverdächtigkeit, denn worauf Leakey somit abzielt ist das Verständnis von "um willen von etwas" als einer Ganzheit, abseits von differentieller Ganzheit im Sinne der Gutes-Konstruktion Platons - vgl. *Lehre* und *Theologie* -. Hierbei gilt es konkret zu beachten, daß das Gute, wie es für das Um-sich-bemühtsein des Menschen entscheidend ist, in Relation zu dessen Person-sein zu verstehen ist, die Tiere hierzu aber nicht in faktischer Getrenntheit verstanden werden können, im Sinne von "Sonderstellung des Menschen", bzw. insofern hiervon in Abkehr von pragmatisch-evolutionstheoretischen Konstruktionen von Tieren als "Quasi-Personen" zu sprechen ist. Leakeys Argumentation projiziert also eine genesetheoretische Erweiterung einer pragmatisch verzerrten Vergegenwärtigung von das Gute in den Bereich der Tiere - speziell der Primaten -, die anscheinend gegebene Möglichkeit nutzend, es bei diesen mit keinen Personen zu tun zu haben. Leakey berichtet hiervon aber gemäß seinem defizitären Verständnis von Person-sein, das sich somit auf sein Verständnis von Lebewesen-sein bezüglich der Tiere bzw. Primaten erstreckt: beide - Tiere und Menschen - werden von Leakey defizitär bedacht.

In diesem Sinne gilt zudem, daß Leakeys Aussagen zu den Primaten den Versuch darstellen, Gesellschaft, wie es im historisch-materialistischen Denken von Engels und Marx auftritt, dahingehend naturalistisch verstehen zu können, daß sich deren Bemühen im Sinne der Dialektik um einen Anfang beim Menschen - Sonderstellung des Menschen vergegenwärtigen sollend -, erübrigen soll: Leakeys Position ist - ähnlich jener Haeckels - wesentlich um eine Zurückweisung von "Anfang innerhalb der Stammesgeschichte" bemüht.

Zur Verdeutlichung hiervon sei aus *Spuren* zitiert:

> "Die Mitspieler beim sozialen Schachspiel müssen geschickter sein als traditionelle Schachspieler, da nicht nur die Spielfiguren unversehens ihre Identität ändern können - aus Springern werden Läufer, Bauern werden zu Türmen usw. -, sondern gelegentlich sogar die Verbündeten die Seiten wechseln und zu gegnerischen Figuren werden" (S.195).

In diesem Sinne müssen - so Leakey - die "Mitspieler" »ständig auf der Hut sein, nach potentiellen Vorteilen Ausschau zu halten und unerwartete Nachteile rechtzeitig erkennen« (S.194). Leakey fragt nun, wie sie dies schaffen, bzw. wie schaffen sie es »das Verhalten von anderen vorherzusagen«? Der Computervergleich scheint Leakey hier nur bedingt tauglich. Realitätsnäher ist ihm folgende Konstruktion:

> "Wenn die Individuen beispielsweise ihr eigenes Verhalten überprüfen könnten, statt lediglich automatisch wie ein Computer zu reagieren, dann würden sie ein heuristisches Gefühl dafür entwickeln, was sie unter bestimmten Umständen am besten tun sollten. Durch Extrapolation wären sie dann in der Lage, das Verhalten der anderen unter denselben Umständen vorherzusagen. Diese Fähigkeit der Überprüfung, die Humphrey als »inneres Auge« bezeichnet, ist eine Definition von Bewußtsein, und sie würde den Individuen, die darüber verfügen, einen beträchtlichen evolutionären Vorteil verschaffen" (S.195).

Diese Ausführung bestätigt nicht nur die vorangegangene Kritik an Leakeys Argumentation, sie enthält mit »inneres Auge« zudem eine geradezu verblüffend naturalistische Verzerrung von "im Gespräch sein mit sich", bzw. eine verblüffend naturalistische Konstruktion dessen, das stammesgeschichtliche "Vorform" hierfür sein soll, so ist gemäß Universalität des Personsein anzumerken.

Hierbei ist zu beachten, daß Leakeys Konstruktion eine solche ist, die der Simulation, der Berechenbarkeit zugänglich ist, wie dies jenem Wissenschaftsideal entspricht, das anhand von Mahner & Bunges Position skizziert worden ist, ohne daß damit gesagt sein soll, daß Mahner & Bunge die speziell Leakeysche Ausformung hiervon akzeptieren müssen.

Angesichts hiervon sei nun aus *Spuren* gelesen:

> "Nachdem das Ichbewußtsein einmal entstanden wäre, gäbe es keinen Weg mehr zurück, denn die Individuen, die in geringerem Maß als andere darüber verfügten, befänden sich im Nachteil, und diejenigen mit einem geringfügigen Vorteil würden zunehmend stärker begünstigt. Ein Wettrüsten würde einsetzen, das den Prozeß immer weiter treiben und die Intelligenz und das Ichbewußtsein weiter steigern würde. Mit wachsender Aufmerksamkeit des inneren Auges würde sich notwendig ein echtes Gefühl eines Selbst, ein reflexives Bewußtsein, ein inneres Ich herausbilden" (S.195).

Leakey flicht hier also die "natürliche Zuchtwahl"-Konstruktion in die Argumentation ein - »mit einem geringfügigen Vorteil würden zunehmend stärker begünstigt« -, und verbindet hiermit »echtes Gefühl«, das sich im Horizont von »Wettrüsten« einstellen soll, bzw. führt dieses »Wettrüsten« dieserart zu einem »inneren Ich«! Insofern dieses »innere Ich« abseits jeglicher adäquaten Thematisierung der Ethik bedacht wird, muß uneinsichtig bleiben, was hiermit - bedenkt man "Ich" gemäß Person-sein - gemeint sein soll, ebenso wie dies für Leakeys vorherige Aussage von dem "zweibeinigen Affen, der ein Mensch ist" gegolten hat und für "Mensch, der zum Menschen wird".

Der Vorteil, der hierbei für Leakey in seiner Argumentation liegen muß, besteht unter anderem darin, im Rahmen genesetheoretischer Betrachtungen ein Problem entschärft zu haben, das Darwin keineswegs befriedigend lösen konnte, den Umstand betreffend, wie es zu verstehen ist, daß ein "moralischer Mensch" gegenüber einem "unmoralisch" rein egoistischen Menschen Vorteile in seinem Fortkommen besitzen sollte, ohne hierbei im Sinne der Schöpfungstheorie an eine transzendentale Beurteilungsinstanz denken zu müssen. Die Crux an der Leakeyschen Lösung hierfür besteht freilich darin, daß sie sich gar nicht auf Ich als Person bezieht und daher auch aus dem bei Darwin gegebenen Dilemma nicht herausführen kann: Sämtliche Kritikpunkte, wie sie für Darwins Position Gültigkeit haben, treffen auch für Leakeys Position zu[181].

Angesichts hiervon überrascht nicht, daß Leakey das soeben Analysierte durch Untersuchungen zur Anatomie und Physiologie des Gehirns von Primaten zu untermauern versucht:

> "Und Robin Dunbar untersuchte die Unterschiede im Umfang der Großhirnrinde - der »Denkregion« im Gehirn - zwischen verschiedenen Primatenarten. Dabei stellte er fest, daß Arten, die in großen Gruppen zusammenlebten und deshalb an einem komplexeren sozialen Schachspiel teilnahmen, die umfangreichste Gehirnrinde hatten. »Das stimmt überein mit der Hypothese der sozialen Intelligenz«, lautete seine Schlußfolgerung" (S.195-196).

Angesichts hiervon dringt Leakeys Argumentation nun explizit zur Analyse des Ich-Empfindens vor, wobei Leakey von zwei Versuchsreihen spricht, die insbesondere eine »Revolution im Verständnis des Tierverhalten« (S.196) herbeigeführt haben, zeigend, daß das Ich-Bewußtsein nicht kategorisch auf den Menschen beschränkt verstanden werden kann.

Die erste Versuchsreihe stellt Versuche Gallups[182] dar, in denen Primaten zunächst mit ihrem eigenen Spiegelbild vertraut gemacht worden sind. Hernach ist die Stirn der Tiere mit einem roten Fleck markiert und festgestellt worden, ob die Tiere diesen Fleck alleine mit dem im Spiegel Gesehenen verbinden, oder, da sie sich an die eigene Stirn greifen, sich in diesem als Individuum erkennen. Beachtenswerterweise haben Schimpansen und Orang Utans den "Spiegeltest" bestanden, Gorillas hingegen nicht.

Die zweite Versuchsreihe bezieht sich auf Phänomene "taktischer Täuschung". Dieser Versuchsreihe liegt die Überlegung zugrunde, daß eine taktische Täuschung ein entsprechendes Ich-Bewußtsein bei einem Tier voraussetzt. Leakey führt folgendes Beispiel hierfür an:

> "So sahen sie [Andrew Whiten und Richard Byrne] eines Tages, wie Paul, ein junges [Pavian-]Männchen, sich Mel, einem ausgewachsenen Weibchen, näherte, das gerade eine nahrhafte Knolle aus der Erde grub. Paul blickte sich um und stellte fest, daß kein anderer Pavian zu sehen war, obwohl er eigentlich sicher sein konnte, daß die Horde nicht weit entfernt war. Paul stieß einen durchdringenden Schrei aus, als befände er sich in Gefahr. Pauls Mutter, die Mel gegenüber dominant war, reagierte wie jede Mutter, die ihr Junges schätzt: Sie erschien eilends auf der Bildfläche und trieb Mel, die vermeintliche Angreifern, in die Flucht. Daraufhin verzehrte Paul die Knolle, als wäre nichts geschehen. Hatte Paul gedacht: Wenn ich schreie, wird meine Mutter annehmen, daß Mel mich angreift, mir zu Hilfe kommen, und dann habe ich die saftige Knolle für mich? In diesem Fall hätte er eine taktische Täuschung verübt. | ... So wäre es [andererseits] beispielsweise denkbar, daß Paul einfach gelernt hatte, daß ihm unter den gegebenen Bedingungen ein lautes Schreien die von Mel entdeckte Knollenfrucht verschaffen würde; in diesem Fall würde natürlich keine taktische Täuschung vorliegen" (S.197-199).

Diese Ausführungen ergeben ausschließlich im Lichte der Leakeyschen Anordnung-Konstruktion Sinn, da sie von einer Selbstidentifikation, bzw. der Annahme des eigenen Selbst berichten, das das hierbei vegegenwärtigte Ich, nicht anders als werdeweltlich begreift, fernab jeglicher Vergegenwärtigung von "im Gespräch sein mit sich", wie es in analytischer Entfal-

---

[181] Vgl. hierzu zudem die entsprechenden Ausführungen in *Grundlegung*, wie sie auf Platons Argumentation in *Der Staat* 1. Buch aufbauen.

[182] G Gallup 1982: *Self-awareness and the emergence of mind in Primates* - American Journal of Primatology 2: 237-248.

tung von "Ich bin" aus der Betrachtung des ontologischen Eines "genealogische Ich-Kette" zu jenen Lebewesen führt, die als Tiere bzw. Primaten anzusprechen sind. Eine genauere Untersuchung der gebrachten Zitate erübrigt sich daher.

Leakey geht nun in seiner Analyse des Bewußtseins noch einen Schritt weiter, gemäß seiner Anordnung-Konstruktion um die Vergegenwärtigung einer Transzendierung von "um willen von etwas" bemüht seiend:

> "Wir alle erleben an uns Sympathie oder Mitgefühl für andere, die in eine Situation geraten sind, die wir als schmerzhaft oder bedrückend kennen. Stellvertretend erleben wir das Leid von anderen manchmal so intensiv mit, daß wir sogar einen physischen Schmerz verspüren. Die quälendste stellvertretende Erfahrung in der menschlichen Gesellschaft ist die Angst vor dem Tod oder einfach das Bewußtsein vom Tod, was in der Bildung der Mythen und Religionen eine große Rolle gespielt hat" (S.200).

Trotz ihrer Selbstwahrnehmung geraten Schimpansen angesichts des Todes eines Gruppenangehörigen - so Leakey - »höchstens in Verwirrung« (S.200). Zudem vermerkt Leakey, daß, was auch immer eine Schimpansenmutter angesichts des Todes ihres Kindes erleidet, »sie erleidet es alleine« (S.200). Letztlich führt er aus: »Niemand hat bisher Anzeichen dafür gefunden, daß Schimpansen sich der eigenen Sterblichkeit, ihres bevorstehenden Todes bewußt wären« (S.200). Zu all diesen Punkten vermerkt Leakey zugleich aber: »Wie können wir das *wissen*?« (S.200).

Leakey läßt hier also Vorsicht in der Argumentation walten, wiewohl derart, daß trotz einer ausschließlich nicht-propositionalen Darlegungsweise kein Zweifel darüber gelassen wird, hier auf nichts gestoßen sein zu können, das eine Inhomogenität in der Stammesgeschichte aussagen lassen könnte. Der Versuch einer Transzendierung von "um willen von etwas" mißrät somit aber zu einem völlig inhaltslosen Versuch; auch angesichts der Beachtung des werdeweltlichen Endes eines Individuums gelangt Leakey nicht dazu, Begrenztheit als Ausdruck von Nicht-an-sich-Selbstand-repräsentieren-können zu verstehen, sich propositional der Transzendentalität gegenüber öffnend.

Im Sinne hiervon ist daher folgende Feststellung Leakeys zu lesen:

> "Die wesentlichen Änderungen, die sich mit der Evolution der Gattung *Homo* ereignet haben - im Hinblick auf Größe und Aufbau des Gehirns, soziale Organisation und Sicherung des Lebensunterhaltes -, markierten vermutlich auch den Beginn einer Änderung auf der Ebene des Bewußtseins. Die Anfänge des Wildbeuterdaseins erhöhten zweifellos die Komplexität des sozialen Schachspiels, das unsre Vorfahren beherrschen mußten. Geschickte Spieler - jene, die mit einem stärker ausgeprägten Bewußtsein ihrer selbst ausgestattet waren - dürften sozial und als Produzenten von Nachkommenschaft erfolgreicher gewesen sein. Das hat wiederum die natürliche Auslese beschleunigt, in deren Verlauf sich das Bewußtsein immer höher entwickelte. Dieses sich allmählich entfaltende Bewußtsein machte uns zu einem neuartigen Lebewesen, das willkürlich Verhaltensmaßstäbe festlegt, je nachdem, was es für richtig und falsch hält" (S.201-202).

Die hierin liegende Kombination von »sozial« und »willkürlich Verhaltensmaßstäbe festlegen« muß - positiv formuliert - verblüffen: Leakey unternimmt nicht einmal den Versuch, "sozial" im Lichte der Transzendierung von "um willen von etwas" zu verstehen, den Umstand, daß Am-Werke-sein (Horizont der Güterverrechnung) auf Um-sich-bemüht-sein (Horizont von d a s Gute), wie es also zu jenem in dialektischer Differenz auszusagen ist, verweist, vollständig ausblendend. Es kann somit in Leakeys Argumentation gar nichts anderes vorliegen als eine Rechtfertigung des Egoismus, der nach Maßgabe der Möglichkeiten »willkürlich Maßstäbe festlegt«. In anderen Worten: Leakey bietet eine Argumentation, die den Sophisten Thrasymachos, den Platon im ersten Buch von *Der Staat* mit Sokrates in einen Disput geraten läßt, höchst erfreuen würde, denn jegliche Bezugnahme auf d a s Gute, sei es nun in Form des Versuches Epikurs, "Vertrag" zu transzendieren, sei es in Form der Darwinschen Nennung von "innerer Mahner" und "Richtschnur", sei es in Form der christlichen "Seligpreisung-Dekalog"-Konstruktion und so weiter, ist hinweggedacht, im Lichte einer rationalistischen Wissenschaft.

Leakey unterläuft dies - so sei im Sinne des *Theages*-Problems festgestellt! -, da er in seiner Konzentration auf die werdeweltliche Ebene, wie sie als im Sinne Darwins motiviert (vgl. oben) verstanden werden soll, das Person-sein vollständig aus seinem Blickfeld verliert und demgemäß keine Möglichkeit hat, zu Universalität des Person-sein vorzudringen. Er unterläßt es hierbei, "Gleichgültigkeit" gegenüber den anderen, wie sie Darwin zur Schau stellt, hervorzukehren und spricht auch gar nicht - anders als Haeckel - von Kontraselektion, doch geschieht all dies unter dem Mantel von »willkürlich festlegen«! Wovon hiermit bei Leakey die Rede ist, das ist ein vollständiges Mißverstehen der Bedeutung von Selektion, insofern diese, wie sie im Horizont der materialen Repräsentation der genealogischen Ich-Kette von Bedeutung sein mag - vgl. unten -, keinesfalls als Aussage-Subjekt verstanden werden kann und somit als nichts, das das Um-sich-bemüht-sein des Ich, wie es in transzendentaler Differenz zu Begrenztem - worauf sich Selektion bezieht - zu verstehen ist. Leakey hätte also dazu vordringen müssen, "Selektion" als materiale Repräsentation von etwas zu verstehen, das sich aus dem ontologisch Begrenztes sein des Ich ergibt.

Dies gelingt Leakey aber nicht: Er sieht die zu leistende Aufgabe, eine pragmatische Verflechtung der beiden Bereiche des Bedenkens alleine insofern, als er die propositionale Vergegenwärtigung der Transzendentalität ausblendet, wiewohl immer wieder in *Spuren* Argumente auftreten, die als der schwache Versuch verstanden werden können, eine propositionale Vergegenwärtigung hiervon zu erzielen. Dieserart umgeht Leakey zwar das Problem, naturalistische Interpretationen der "Sündenfall"-Konstruktion maskieren zu müssen, wie dies beispielsweise bei Darwin der Fall ist - vgl. aber auch die Ausführungen zu Engels -, sowie Leakey auch keine "rachsüchtigen Paviane" etc. anführen muß, doch gelingt ihm all dies alleine insofern er "Sonderstellung des Menschen" vollständig verliert.

Inwieweit daher die Aussagen Leakeys zur Werdewelt Ausdruck seines pragmatischen Denkens sind, oder aber vernünftig zu beachtende Inhalte repräsentieren - wie dies beispielsweise auch für Darwins Werdewelt-Regeln zu bedenken ist -, wird erst in dem fünften Kapitel des vorliegenden Buches dargelegt werden können.

4.2 "Gegenwärtige" Anthropologie im Lichte materialistisch-dialektischer Intention - R. Feustel: *Abstammungsgeschichte des Menschen*[184]

Abschnitt 4.1 ist mit der Betrachtung einer allgemein evolutionsbiologischen Schrift begonnen worden. Für die Analyse der dialektisch konzipierten gegenwärtigen Anthropologie soll auf eine derartige allgemeine Betrachtung verzichtet werden, insbesondere da das vorliegende

[184] F Feustel 1990: *Abstammungsgeschichte des Menschen* - Jena (6. Auflage) (1. Auflage 1975); im weiteren Text mit *Geschichte* zitiert.

Buch selbst die dialektische Position einnimmt, aber auch, da Feustels Argumentation zu allgemeinen Aspekten dialektischen Wissenschaftsverständnisses Stellung bezieht.

4.2.1 Allgemeine Betrachtungen

Vorweg sei betont, daß die folgende Analyse von Feustels Buch in großem Ausmaß von Kritik bestimmt sein wird, jedoch dahingehend, aus der Kritik heraus jenes an Feustels Argumentation freilegen zu können, das im Lichte der Entdeckung Platons dazu beiträgt, die genesetheoretische Betrachtung des Menschen alleine im Sinne der ersten Schicht des philosophischen Horizonts gestalten zu können, also alleine gemäß Platons Intention argumentieren zu können.

Zunächst sei darauf geblickt, welcher Art Feustel die Anthropologie, insofern sie auf der Evolutionstheorie aufbaut, von der christlichen Schöpfungslehre abgrenzt:

> "Es ist geradezu kurios, wenn noch 1950 in der päpstlichen Enzyklika *Humani generis* die tierische Abstammung des Menschen in Frage gestellt wird, bestenfalls als Hypothese gelten darf. Denn es ist unübersehbar geworden, daß der Mensch »mit einer großen Reihe von Eigenschaften selbst den primitiven Organismen und frühen geologischen Zeiten verknüpft ist« (Grimm)[185]" (S.174).

> "Unter dem Druck objektiver Fakten hat schließlich selbst »das christliche Lehramt nichts dagegen einzuwenden, daß die Entwicklungstheorie nach dem augenblicklichen Stand der Naturwissenschaften und der Theologie von Fachleuten beider Gebiete zum Gegenstand der Forschung und naturwissenschaftlichen Diskussion gemacht wird«, aber »nur in Hinsicht« auf »leibliche Gestalt« des Menschen, wie 1959 Overhage[186] ausdrücklich hervorhob" (S.174).

Diese Aussagen zielen darauf ab, daß die christliche Lehre, wie Feustel mit Hübner[187] festhält, bestreitet, daß »der Mensch als ganzer von tierischen Vorfahren abgeleitet werden« (S.12) kann. Dem stehen also, wie Feustel ausführt, »objektive Fakten« entgegen, die - wohl unter anderem - zeigen, daß der Mensch »selbst [mit] den primitiven Organismen und frühen geologischen Zeiten verknüpft ist«. Diese, besagte »Verknüpfung« bedeutenden »Fakten« sind natürlich jene, die bereits aus der Analyse der Arbeiten Darwins, Haeckels, Leakeys und so fort bekannt sind, und somit also jene, die in den Positionen der genannten Forscher derart verstanden werden, daß der Sonderstellung des Menschen im Sinne der noetischen Dialektik nicht entsprochen wird bzw. der Evolution, wie gemäß Platon von ihr zu sprechen ist.

Hierin liegt zugleich: Den Menschen nicht »als Ganzes« von tierischen Vorfahren ableiten zu dürfen, muß gegenüber der christlichen Lehre in die Sprache der Platonischen Dialektik übersetzt werden, darlegend, daß das Ich als ein Eines nicht genesetheoretisch verstanden werden darf, sehr wohl aber im Lichte der mit "ein Eines sein" ausgesagten dialektischen Differenz im Horizont von Ich, also im Horizont der Werdewelt-Analyse. In anderen Worten: Das christliche »nur in Hinsicht auf die leibliche Gestalt« ist zu übersetzen in "nur in Hinblick auf die materiale Repräsentation von Ich als Person", wie dies in der christlichen Theologie angelegt ist, gemäß ihrer Trinitätslehre als einer "Hüterin auf dem Wege zur Dialektik". Hieran

---

185 H Grimm 1983: *Frühe Ausbildung der Handgeschicklichkeit im Urmenschenstadium (Homo erectus)?* - Das Altertum 29: 236-240

186 P Overhage 1959: *Zur Frage einer Evolution des menschlichen Gehirns während des Eiszeitalters - der beständige Aufbruch* - Festschrift Przywara 1.

187 J Hübner 1966: *Theologie und Entwicklungslehre* - München.

knüpft sogleich die Frage an, ob dieser Status auch Feustels Verweis auf »objektive Daten« zukommt, wobei die Berechtigung dieser Frage aus dem bisher zu Darwin, Haeckel und Engels Angeführten erwächst.

Feustel führt nun einige Versuche christlicher Denker an, die Historizität gemäß Darwins Lehre aufzugreifen:

> "Andererseits muß u.a. der Jesuit Overhage (1977)[188] zugeben, daß der Mensch »als leibseelisches Wesen aus einer Gruppe vorzeitlicher tierischer Primaten des Tertiärs ... durch kontinuierliche Evolution und Transformation« entstanden ist" (S.13).

> "Der Jesuit Coreth (1971)[189] kommt nicht umhin, die genetische Abstammung des Menschen von tierischen Lebensformen anzunehmen, doch bleibt für ihn, gemäß der dualistischen Auffassung vom Wesen des Menschen, »... der 'Geist' das ursprünglich formgebende, Wesen und Struktur des menschlichen Leibes bestimmende Prinzip«" (S.14-15)[190].

Feustel ist hier also nicht in der Lage, zum Beispiel Coreths "dualistisches Denken" als Ausdruck des Bemühens um Vergegenwärtigung der dialektischen Differenz zu verstehen, unabhängig davon, wie sehr dieses Bemühen gelungen sein mag.

Daher diskutiert Feustel Positionen wie jene von Overhage und Coreth ohne jeglicher Abgrenzung dieser Positionen von der Pearceschen Position:

> "[Pearce[191]:] Der Mensch der Altsteinzeit tauchte »gegen Ende des sechsten Zeitalter-Tages ... auf« und hat »die Erde 500 000 bzw. 2 Millionen Jahre bevölkert«. - Adam »wurde am Ende der letzten Eiszeit in einer randglazialen Umgebung erschaffen«; er lebte schon als Ackerbauer »im Neolithikum vor etwa 12 000 Jahren«. Die heutigen Menschen besitzen »keine bekannte fossile Verbindung mit irgendwelchen Urmenschen«, mit Neandertalern, Swanscombe-Mensch, Homo erectus" (S.14).

In *Theologie* führt der Autor des vorliegenden Textes unter anderem die Aussage von Papst Johannes Paul II. an, daß der Schöpfungsbericht auch als "in einer bestimmten geschichtlichen Realität" entstandenes Dokument zu verstehen ist, und demgemäß der heuristischen Textanalyse bedarf. Worauf Papst Johannes Paul II. hiermit hinweist ist, daß die Darstellung des Daß-Aussage-Bereichs auch im Gewand thematischer Begriffe bzw. Bilder dargebracht werden kann - auch wenn dies nicht das eigentlich zu Erbringende ist -. Die Exegese muß daher dahingehend kritisch sein, daß sie, abseits davon, das Fundament zur Disposition zu stellen, kontingent gültige Inhalte der Darstellungsweisen nicht als Ausdruck notwendig gültiger Aussagen mißversteht, da sie diese mit besagtem Fundament verwechselt.

Greift man dies auf, und verflicht man es mit den zuvor zitierten Aussagen zu Overhage und Coreth, so ist festzustellen, daß das Pearcesche Jonglieren bezüglich »Zeitalter-Tag« und so weiter zwar als Versuch verstanden werden kann, "Schöpfung" in ihrer werdeweltlichen Repräsentation vergegenwärtigen zu können, dies aber geradezu zu einem Naturalismus verkommt, insofern die fossilgeschichtliche Verknüpfung des Jetztmenschen mit anderen Lebewesen geleugnet wird, da dies - wider das Lehramt! - eine fideistische Interpretation bedeutet, besagtes »nur in Hinsicht auf die leibliche Gestalt« ausblendend. Der Pearcesche Naturalismus besteht somit darin, in der Naturbetrachtung die Sonderstellung des Menschen aufweisen

---

188 P Overhage 1977: *Die biologische Zukunft der Menschheit* - Frankfurt a.M.

189 E Coreth 1973: *Was ist der Mensch? Grundzüge einer philosophischen Anthropologie* - Innsbruck, Wien & München.

190 Hervorhebung durch den Autor

191 EKV Pearce 1974: *Wer war Adam?* - Wuppertal.

zu wollen. Pearce verkennt hierbei, "kontingent gültige Darstellungsweisen" gemäß dem Gehalt an dialektischem Denken im Schöpfungsbericht interpretieren zu müssen.

Ein hervorragendes Beispiel für einen derartigen Versuch ist die "Adam"-Konstruktion von Nikolaus von Kues - vgl. die Analyse hiervon in *Theologie* -, die, wiewohl abseits einer Evolutionstheorie und abseits bekannt gewordener Fossilfunde, um eine Thematisierung des "Anfangs der Menschheit" im Sinne der noetischen Dialektik und daher auch der beiden Ebenen von Person-sein entsprechend der dialektischen Differenz bemüht ist - wenn auch nicht uneingeschränkt -.

In anderen Worten: Das Pearcesche Jonglieren, das in dem - tatsächlich - »kuriosen« Versuch gipfelt, die Sonderstellung des Menschen im Sinne des Fehlens fossiler Zeugnisse für den Übergang des Jetztmenschen mit anderen Menschen - Neandertalern, *Homo erectus* etc. – verstehen zu wollen, ist Ausdruck eines plumpen Naturalismus, abseits der Intention des christlichen Lehramtes, sich Errungenschaften in einer Fachwissenschaft gegenüber adäquat zu öffnen.

Hierbei ist genau zu beachten, ob dieses Sich-öffnen im Sinne von "(christliche) Theologie als Hüterin auf dem Wege zur Dialektik" geschieht bzw. ob dies ausreichend geschieht - und insofern im Sinne der von Papst Johannes Paul II. geforderten kritischen Textanalyse -, der Akzeptanz der Ganzheitlichkeit der Werdewelt - wie sie zum Beispiel in dem Hinweis Darwins auf Historizität bedacht ist - gerecht werdend. D i e s i s t a b e r e i n d e u t i g d a v o n z u u n t e r s c h e i d e n, von der christlichen Lehre bzw. irgendeiner Position, die die transzendentalphilosophische Schwelle zu vergegenwärtigen in der Lage ist, zu verlangen, Errungenschaften auf dem Gebiet der Werdewelt-Analyse zur Modifikation von Sätzen zum Daß-Aussage-Bereich werden zu lassen. Zwar können fachwissenschaftliche Sätze aufzeigen, daß in einer Position die Vergegenwärtigung der transzendentalphilosophischen Schwelle auch mittels Aussagen zur Werdewelt geschieht -letztlich ist Darwins Kritik an einer fideistisch konzipierten Theologie ein Beispiel hierfür -, doch zielt Feustel gerade auf die Öffnung hiervon nicht ab, wenn er den Corethschen "Dualismus" anhand von Feststellungen zum übereinstimmenden Körperbau zwischen Menschen und Tieren kritisiert, da hiermit lediglich eine gradualistisch-genesetheoretische Alternative thematisiert sein kann.

Feustel hebt nun insbesondere die Positionen von Teilhard de Chardin und Thorpe, einem Verhaltensforscher, der sich explizit auf Thomas von Aquin und Augustinus beruft, hervor. Aus Thorpes Position greift Feustel den Satz heraus: »nicht fertige Geschöpfe schuf [Gott], sondern Potenzen, aus denen die Erde dann allmählich die Geschöpfe entstehen ließ«, im Sinne wovon übrigens auch Frauenknecht argumentiert, zu dem Feustel festhält:

> "Den heutigen christlich-theologischen Standpunkt bringt Frauenknecht (1978)[192] vielleicht am klarsten zum Ausdruck, wenn er schreibt: »Die schöpferische Tat Gottes beruhte primär auf der Erschaffung von Vorbedingungen und Anlagen; im Rahmen von deren Möglichkeiten konnte dann die weitere Entwicklung vor sich gehen«. Der Mensch ist »Geschöpf und Zufallsprodukt im Rahmen der von Gott geschaffenen Naturgesetze«" (S.17).

Feustel sieht hierin eine Widerspiegelung davon, daß »der ernsthafte Naturforscher in seinem Streben, die Welt richtig zu erkennen, sich auf die Positionen des dialektischen Materialismus begeben oder sich ihnen zumindest nähern muß« (S.16):

> "Die These: »Gott ganz in allen« (hervorgehoben von Teilhard de Chardin) klingt wohl »durchaus orthodox und christlich«, doch lassen beide Autoren [Teilhard de

---

192 H Frauenknecht 1978: *Dem Menschen auf der Spur - Zum Dialog zwischen Naturwissenschaft und Glauben über das Werden des Menschen* - Wiesbaden.

> Chardin[193] und Thorpe[194]] trotz ihrer »mystischen Gewißheit« Gott in der Evolution keine reale, notwendige Existenz und Effektivität" (S.16).

Diese Bezugnahme auf den dialektischen Materialismus hat Feustel zuvor schon in Zusammenhang mit Teilhard de Chardin angeführt: »Teilhards Weltbild enthält idealistische, aber auch zu materialistischer Dialektik tendierende Züge. Er versucht, Unvereinbares zu vereinbaren« (S.15).

Auf den defizitären Charakter der Feustelschen Verknüpfung von "Vereinigung der Gegensätze" und "Dialektik" wird noch zurückzukommen sein. Zunächst gilt es hervorzuheben, daß Feustels Kritik an »mystische Gewißheit«, der als Ideal »rein wissenschaftlich, rational, praktisch« (S.17) gegenüber gestellt wird, eben jener Engelsschen Bezugnahme auf »Erfahrung - Industrie« erwächst, die dem Verzicht-üben-müssen des Ich gar nicht gerecht wird - vgl. oben -. Zudem entspricht Feustels Aussage von der fehlenden »realen, notwendigen Existenz und Effektivität« jenem Denken, das gleichsam nach einer "Wohnung transzendentaler Wesen" - vgl. oben - sucht. Wenn daher Feustel schreibt: »Die Welt zerfällt weder in eine diesseitige und jenseitige Wirklichkeit noch entstand sie durch einen fiktiven Schöpfer, einen transzendentalen Geist. Die Welt ist eine Einheit in ihrer objektiven Materialität; alle Veränderungen und Entwicklungen erfolgen gemäß der der Materie eigenen Bewegungsformen - und sie ist prinzipiell erkennbar« (S.17), so liegt hierin eben jenes Mißverständnis, "Transzendentalität" als »extramundan« - um es mit Haeckel zu formulieren - mißzuverstehen, abseits der Thematisierung davon, daß im Versuch der Vergegenwärtigung der Transzendentalität - wider die Intention! - Äußerlichkeit auftreten kann, wie sie also tatsächlich zu kritisieren ist, ganz genauso wie der Versuch, auf die Thematisierung der Transzendentalität zu verzichten.

Im Lichte hiervon sieht Feustel also die Verweise von Frauenknecht, Teilhard de Chardin und Thorpe auf die "Erde" bzw. "Naturgesetze" als "inhaltslose" Anführungen der Transzendentalität, in Folge auf Lamarck und - insbesondere - auf Darwin zu sprechen kommend:

> "Lamarcks richtige Auffassungen setzten sich jedoch gegen die herrschende Theorie der »Konstanz der Arten«, gegen die Autorität Cuviers, nicht durch. Er konnte außerdem mit der irrigen Annahme, daß sich individuell erworbene Eigenschaften unmittelbar vererben, nicht den Evolutionsmechanismus hinreichend erklären. Das vollbrachte erst Darwin, durch den der Entwicklungsgedanke allgemein Eingang in die Biologie fand. | ... Die Ursachen der Variabilität konnte er freilich noch nicht erkennen; dies war erst möglich durch die Mutationstheorie nach Wiederentdeckung der Mendelschen Gesetze. Indem aber Darwin die Wechselbeziehungen zwischen Vererbung und Anpassung der Organismen an die Umwelt aufzeigte, lieferte er einen »bedeutenden Beitrag zur Ausarbeitung des dialektischen Verhältnisses von Notwendigkeit und Zufälligkeit im biologischen Entwicklungsprozeß« (Löther & Schellhorn, 1964)[195]" (S.18-19).

Feustel geht hier sehr oberflächlich mit "Entwicklungsgedanke" um, insofern er Darwins Verflechtung mit der Physikotheologie - vgl. oben - nicht beachtet. Primär ist diese "Oberflächlichkeit" in Relation zur Dialektik zu beachten: Feustel reflektiert auf sie im Sinne von "Verflechtung von Entgegengesetztem" - dies ist bereits für Engels festzustellen gewesen -, ge-

---

193 P Teilhard de Chardin 1966: *Der Mensch im Kosmos* - Berlin; P Teilhard de Chardin 1981: *Die Entstehung des Menschen* - München.

194 WH Thorpe 1969: *Der Mensch in der Evolution - Naturwissenschaft und Religion* – München.

195 R Löther & M Schellhorn 1964: *Die Bedeutung der Abstammungslehre für die Herausbildung eines wissenschaftlichen Weltbildes* - Beiträge zur Abstammungslehre, 1:7-24.

nauerhin bezüglich Notwendigkeit und Zufall. Gerade diese beiden Begriffe vergegenwärtigt Darwin aber gar nicht auf befriedigende Weise - vgl. oben -. Zugleich ist zu beachten, daß die Intention, Dialektik zu vergegenwärtigen, indem man abseits der Vergegenwärtigung des Subjektes der anfänglichen Daß-Aussage auf Verflechtung reflektiert, ein Verfehlen der Dialektik bedeutet, lediglich ein Verfügen über quasi-dialektische Konstruktionen ergebend; wie in *Theologie* dargestellt, weist auch die christliche Position, insofern sie um Dialektik bemüht ist, derartige quasi-dialektische Konstruktionen auf!

Die Interpretation der Leistung Darwins als einer solchen im Rahmen dialektischer Bemühungen entbehrt daher der Grundlage: Ohne der Vergegenwärtigung des Subjektes der anfänglichen Daß-Aussage und des Subjektes der Eines-Formel - bzw. der Intention hierzu -, läßt sich nicht, auch nicht im Horizont der Vergegenwärtigung von Gegensätzlichem, von Dialektik sprechen. Im Lichte hiervon ist auch Feustels Verweis auf eine Korrektur der Darwinschen Position durch Marx und Engels zu verstehen:

> "Die fundamentale weltanschauliche Bedeutung de Darwinismus hatten Marx und Engels sofort erkannt. Sie sahen aber darüber hinaus auch dessen naturalistische Einseitigkeit, und sie hoben diese auf, indem sie die praktische, produktive gesellschaftliche Tätigkeit und die qualitativ neuen gesellschaftlichen Beziehungen als zweite Erscheinungsform der materiellen Basis, als entscheidende Wirkursache und Bedingung der Menschheitsentwicklung, einbezogen" (S.21).
>
> "Und sie [Marx und Engels] zeigten die wesentlichen Unterschiede zu den Tierpopulationen auf: »Man kann die Menschen durch das Bewußtsein, durch Religion, durch was man sonst will, von den Tieren unterscheiden. Sie selbst fangen an, sich von den Tieren zu unterscheiden, sobald sie anfangen, ihre Lebensmittel *zu produzieren*, ein Schritt, der durch ihre körperliche Organisation bedingt ist«. ... Es handelt sich immer um »Produktion auf einer bestimmten gesellschaftlichen Entwicklungsstufe«, um Produktion durch gesellschaftliche Individuen" (S.21).

Im Anschluß zitiert Feustel von Marx den Satz: »Wenn der Mensch von Natur gesellschaftlich ist, so entwickelt er seine wahre Natur erst in der Gesellschaft«. Feustel verweist hier also auf die Bedeutung von Gesellschaft, in Zusammenhang mit Arbeit bzw. Produktion, als einem Eines im Horizont von "Sonderstellung des Menschen" - "Inhomogenität" im Sinne der Darwinschen Konstruktion -. Der hierin liegende Verweis auf Historizität, wie er »Produktion« im Lichte von »körperliche Organisation« betrachtet, erhält daher »Gesellschaft« - wie sie in dem Satz von Marx erneut in einer pseudo-dialektischen Verflechtung-Konstruktion auftritt! - und »gesellschaftliche Entwicklungsstufe« dahingehend als ein herbeiargumentiertes Eines, als Historizität nicht bloß fernab der Erinnerung an die Hegelsche Dialektik - wie sie bei Engels zu beobachten war - bzw. einer Erinnerung an die theologische Basis - wie sie bei Darwin zu beobachten war - auftritt, sondern in einer Weise die unmittelbare Nähe zu den von Leakey angeführten "Primaten-Schachspielern" - vgl. oben -, aus denen sich der Mensch entwickelt haben soll, impliziert. Dies gilt zumindest insofern, als das Verfehlen einer explizit gestalteten Dialektik dasjenige nicht zurückweisen läßt, das bei Leakey eine uneingeschränkte Beachtung auf die Gradienten-Konstruktion provoziert. Die Bedeutung der Position von Marx und Engels liegt aber gerade in dem Versuch, dialektisch eine derartige Zurückweisung zu erbringen. Besagt dies, daß Feustels Argumentation - angesichts moderner fachwissenschaftlicher Ergebnisse - das Anliegen von Marx und Engels nur noch dem Namen nach in sich trägt, tatsächlich aber eine Näherung an die Position Leakeys darstellt?

Angesichts hiervon sei zunächst aus *Geschichte* gelesen:

> "Die biologistische These von Tinbergen (1972)[196]: »Der Mensch ist doch ein Tier«, reduziert dagegen das Menschsein auf Tierisches, zerstört jenes. Der Mensch ist nicht ein »nackter Affe«, sondern ein gesellschaftliches, kulturelles, vernunftbegabtes, nach selbst gesetzten Regeln agierendes Wesen. Bei der Menschwerdung des Affen war »der Gesellschaftstrieb einer der wesentlichsten Hebel« (Engels)" (S.21-22).

> "Die Menschen sind stets eine Einheit von Natürlichem und Gesellschaftlichem; sie sind das Produkt der *Anthroposoziogenese*. Ihr Wesen ist »kein dem einzelnen Individuum einwohnendes Abstraktum. In seiner Wirklichkeit ist es das ensemble der gesellschaftlichen Verhältnisse« (Marx). Die Menschen prägen sich in dem Maße als komplexe Persönlichkeiten, wie sie bereit und fähig sind zu lernen, das Niveau der Arbeitsteilung, Kooperation und Bildung anzuheben und wie sie die zwischenmenschlichen Beziehungen regeln (Löther 1974, Straass 1976)[197]" (S.22).

Feustel ist hier also mit Engels und Marx darum bemüht, den Menschen nicht als ein weiteres Tier verstehen zu müssen, wobei aber, um die Sonderstellung des Menschen nicht aus einem Abstraktum "Mensch" ableiten zu müssen - diese Konstruktion ist bereits in der Analyse der Position Engels angetroffen worden! -, auf eben jene "Gesesellschaft"-Konstruktion des historischen Materialismus verwiesen wird, deren thematisch-methodisch unreduzierte Begründbarkeit z u m i n d e s t als problembehaftet zu bezeichnen ist. Die Aussage im Sinne von Löther und Straass verdeutlicht dies dahingehend, daß »zwischenmenschlich« im Lichte von »Arbeitsteilung, Kooperation und Bildung« verstanden wird - Konstruktionen, die in der Steigerungsform verwendet werden, obgleich derartiges für die Konstitutiva des Ich-sein nicht möglich sein kann! -, somit also derart, daß "zwischenmenschlich" auf solches bezogen wird, das sich auch alleine auf die Güterverrechnung beziehen läßt, dann nämlich, wenn es, wie bei Engels der Fall, in Differenz zu dem Feuerbachschen Versuch verstanden wird, das die Güterverrechnung Bezeichnende auf etwas zu diesem Transzendentalen zu beziehen. Insofern dies bei Feustel im Sinne von Engels und Marx zutrifft, ist seine Aussage bezüglich »Einheit von Natürlichem und Gesellschaftlichem« dualistisch im Sinne des weitgehenden Verfehlens der Dialektik, bzw. seine Aussage bezüglich der »selbstgesetzten Regeln« eben deshalb ein defizitärer Versuch, das Ich als autonomes - da Gegründetes - Eines verstehen zu können. Hierin liegt zugleich, »selbstgesetzte Regeln« auch im Vergleich mit Leakeys »willkürlich festgesetzt« sehen zu müssen, worauf sogleich zurückzukommen sein wird.

Zunächst seien im Lichte hiervon Feststellungen Feustels zu Darwins "Auslese"- bzw. "Kampf ums Dasein"-Konstruktion betrachtet:

> "*Selektion* (natürliche Auslese) erfolgt im sogenannten »Kampf ums Dasein«, der nicht selten mißverstanden und von den »Sozialdarwinisten« demagogisch mißbraucht wird. Dieser von Darwin nur im übetragenen Sinn gebrauchte »Kampf ums Dasein« »bedeutet nicht notwendigerweise Streit, Kriegführung, Blutvergießen ...« (Dobzhansky 1965)[198]. Der »Kampf« besteht lediglich in einer besseren oder schlechteren Angepaßtheit, in unterschiedlich starker Fortpflanzung der Träger unter-

---

[196] N Tinbergen 1972: *Instinktlehre, vergleichende Verhaltensforschung angeborenen Verhaltens* - Berlin & Hamburg.
[197] R Löther 1974: *Biologie und Weltanschauung* - Leipzig, Jena & Berlin; G Straass 1976: *Sozialanthropologie* - Jena.
[198] Th Dobzhansky 1965: *Dynamik der menschlichen Evolution* - Hamburg & Berlin.

schiedlicher genetischer Strukturen, damit größerer oder geringerer Existenzfähigkeit und Entfaltung in einem gegebenen Milieu" (S.24-25).

Angesichts hiervon sei daran erinnert, daß die hierzu führende Darlegung auch dazu dient, nachzusehen, inwieweit Feustel tatsächlich im Sinne von Engels und Marx argumentiert, oder aber dahingehend Gedankengut der nicht-dialektisch argumentierenden Anthropologie und Evolutionsbiologie einfließen läßt, um dieserart die Defizite im dialektischen Denken Engels' und Marx' kompensieren zu können. Hieran ist explizit zu denken, da Feustel Darwins »Kampf ums Dasein« alleine als »im übertragenen Sinne gemeint« auffaßt, ausblendend, daß Darwin hier eine nicht-propositionale Konstruktion als propositional sein sollende Konstruktion mißversteht! Von Bedeutung ist dies, da die Möglichkeit besteht, daß Feustel die "Kampf ums Dasein"-Konstruktion dahingehend nicht im Sinne von Engels und Marx auf die Tiere konzentriert, daß die aufgrund dieser Konzentration bei diesen provozierten Probleme bezüglich der Darlegung der Sonderstellung von "Ich" bzw. "Mensch" keine Lösung im Sinne der Vergegenwärtigung davon erfahren, daß »Kampf ums Dasein« insgesamt die Werdewelt bezeichnet, wie sie mit der materialen Repräsentation von Lebewesen-sein zu verknüpfen ist, also in dialektischer Differenz zu Lebewesen-sein an sich steht. Es darf somit nicht unterlaufen, das Person-sein des Ich genesetheoretisch aus einem "primär Werdeweltliches-sein" der Tiere abzuleiten - wie dies besagte Konzentration von Marx und Engels impliziert -, dieserart "Sonderstellung" bedenken wollend. Das ist: Die Tiere als primär von »Kampf ums Dasein« bestimmt zu sehen, als Basis für die genesetheoretisch zu verstehende Ausbildung von »Gesellschaft«, »Arbeit« und so weiter, wie sie das "um willen von etwas" transzendieren sollen, ist eine logisch unhaltbare Konstruktion, da wider die Ganzheitlichkeit der Werdewelt. Sie anzunehmen darf aber ebensowenig unterlaufen, wie zu übersehen, daß Darwins "innerer Mahner"- und "Richtschnur"-Konstruktion ein unzulänglicher Ansatz dafür ist, Lebewesen-sein als Universale für Tier und Mensch verstehen zu können. Diese Unzulänglichkeit wird daher nicht durch eine naturalistische Darstellung der Darwinschen Konstruktionen behoben, wie die Analyse der Position Leakeys zeigt.

Im Lichte hiervon ist somit aber obige Feststellung zur Ähnlichkeit von Feustels »selbstbestimmt« und Leakeys »willkürlich festgelegt« zu verstehen: »Selbstbestimmt« nicht als eine pragmatische Konstruktion entsprechend Leakeys Aussage zu erhalten, setzt voraus, sie gemäß dem Eigenständiges-sein des Ich entsprechend dessen Gegründetes-sein verstehen zu können, wofür, relational zur Argumentation von Engels und Marx, Voraussetzung ist, das in deren Position enthaltene Maß an Darlegung wider die Dialektik zu eliminieren, was also durch keine Betonung der Genesetheorie gelingen kann, da diese nur in analoge Nähe zur Position Leakeys führt. Die Möglichkeit, daß eben diese analoge Nähe für Feustels Position anzunehmen ist, gilt es daher explizit zu beachten.

Insofern ist von Interesse, daß Feustel nun "Kampf ums Dasein" als Basis von Orthoselektion darlegt, die Entstehung komplizierter Strukturen - als Beispiel wird das Auge gewählt (wie schon von Darwin!) - erklärend. Hierbei soll gelten: Aus dem Zusammenwirken von »unzähligen« Mikromutationen und Ausleseprozessen »im Laufe riesiger Zeiträume« entstand jeweils ein Stadium »harmonischer Genstrukturen [als] Ausgangsbasis für verschiedene, divergierende Entwicklungswege« (S.25). Aus biologischer Sicht irritiert an dieser Aussage, daß ausgerechnet eine Terminologie im Sinne des Darwinschen Gradualismus mit Orthoselektion verknüpft wird, also eine Terminologie, die das Eines-Sein von Organismen und Taxa hintanhält, mit einer solchen, die auf das Gegenteil hiervon abzielt - vgl. Kapitel 5 und *Grundlegung* - verknüpft wird. Entscheidend ist hieran, daß Darwins Verweis auf "kleine Änderungsschritte" - »Mikromutationen« - Ausdruck seiner Mißachtung der differentiellen Unendlichkeit der Werdewelt ist, wohingegen die "Ortheselektion"-Konstruktion zumindest die Möglichkeit eröffnet, dies überkommen zu können, da der evolutive Wandel nicht ausschließlich opportunistisch verstanden wird, sondern im Lichte einer Betrachtung von Organismizität, mit der eine Thematisierung von Person-sein verflochten sein kann und insofern eine unreduzierte Beachtung der Begründungsproblematik.

Im Lichte hiervon sei nun aus *Geschichte* gelesen:

> "Der evolutionäre Fortschritt vollzieht sich in einem offenen kybernetischen Rückkopplungssystem. Auch ohne einen »Schöpferplan« bemühen zu müssen, ist das jeweilige Ergebnis insofern ein notwendiges und nicht ein vorwiegend zufälliges, wie der Molekularbiologe Monod glaubt. Und selbstverständlich unterliegt auch heute noch die Menschheit - selbst unter hochzivilisierten Bedingungen - der natürlichen Auslese wie allen anderen Evolutionsfaktoren" (S.25).

Diese Aussage ist in mehrfacher Hinsicht interessant: Zunächst fällt auf, daß Feustel, wie schon Engels, Darwins "Gesetz der Korrelation" nicht als ausreichend ansieht, wobei Feustel auf »offene kybernetische Rückkoppelungssysteme« abzielt, womit zwar Engels "Rückkoppelung"-Konstruktion grundsätzlich thematisiert ist, derart jedoch, daß Feustel "Kampf ums Dasein" bzw. "natürliche Auslese" zu einem Universale erklärt, wie dies bei Engels nicht der Fall ist: Engels "Klassenkampf"-Konstruktion ist, wie gezeigt, keine "Kampf ums Dasein"-Konstruktion im Darwinschen Sinn, unabhängig von der Frage nach der Leistungsfähigkeit des Gesetzes der Korrelation und daraus sich ergebenden Notwendigkeiten seiner Verbesserung. Das ist: Wenn Feustel hier von »vorwiegend notwendig« spricht, so mit der Intention der Darlegbarkeit einer materialistischen Analyse im Sinne der Abwehr von "Schöpfungsplan". Hierauf zielt natürlich auch Engels ab, jedoch gemäß seiner Konzentration auf die materiale Basis, der die Eines "Arbeit" und "Geschichte" in Anlehnung an Hegel gegenübergestellt sind. Wo aber ist bei Feustel diese "Anlehnung"? Nicht an Hegel und seine Dialektik wird man bei Feustels "Rückkoppelung"-Konstruktion erinnert, sondern an Mahner & Bunges abstrakte "Ding"-Ontologie, womit zunächst angedeutet sein soll, daß Feustels Argumentation hier als eine ins Abstrakte transformierte Dialektik entgegentritt, im Sinne einer Bezugnahme auf die allgemeine Begriffpyramide, aufgrund des Verfehlens der anfänglichen Daß-Aussage.

Sogleich ist hierbei an Feustels obige Feststellung zu erinnern, daß der Mensch kein »nackter Affe« ist. Wie aber soll dies angesichts des nun Analysierten genauerhin zu verstehen sein? Zur Beantwortung dieser Frage sei zusätzlich aus *Geschichte* in die Untersuchung aufgenommen:

> "Das Werden der Menschheit und ihr allseitiger, also auch kultureller und geistiger Fortschritt vollzieht sich in dem engvermaschten Gefüge von körperlicher Entwicklung, praktischer gesellschaftlicher Tätigkeit und Bewußtsein. Durch die Arbeit, Denken, Sprache und durch die sozial-ökonomischen Beziehungen befreien sich die Menschen vom Zwang der rein biotischen Evolution und regeln zunehmend ihr materielles Sein selbst durch bewußte Anwendung der Gesetzmäßigkeiten von Natur und Gesellschaft" (S.173).

Diese Aussage ist im Lichte der zuvor bei Feustel angetroffenen "Selbständigkeit des Menschen"-Konstruktion zu sehen, zwei Bereiche vereinend: der Bereich "Gesellschaft" - so Feustel - erwächst im Sinne dialektischer Bewegung aus dem Bereich "Natur", ohne diesen vollständig zu substituieren. Tatsächlich läßt sich dies als v e r z e r r t e Vergegenwärtigung des im Sinne der ersten Schicht des philosophischen Horizonts - also gemäß der von Platon grundgelegten noetischen Dialektik - Auszusagenden verstehen: Das Ich, als ein gegründetes ontologisches Eines, ist ebenso "Person" wie "entfaltete Person", vergleicht man es mit den unentfaltet Person seienden Tieren, Pflanzen und so fort - vgl. Kapitel 5 und *Theologie* -.

Das Problem mit der Feustelschen Darstellung erwächst aus der Feustelschen Unterlassung der Nennung der anfänglichen Daß-Aussage, letztlich bedingend, daß "dialektische Bewegung" nur der Intention nach bedacht sein kann, da der Gehalt der Argumentation tatsächlich aus einem Denken erwächst, das das Gesamt der Evolution, wie sie auch den Menschen umfaßt, nicht aus der Vergegenwärtigung von Aussagesubjekten zu verstehen versucht, sondern diese durch den Bezug auf die biologische Evolution gerade ausblendet. Das ist: Die Eigenständigkeit des Ich, insofern von ihr gemäß der noetischen Dialektik zu sprechen ist, wird von Feustel als »Befreiung« vom »Zwang der rein biologischen Evolution« verstanden, das »regeln« und »bewußte Anwendung« in Feustels Aussage ergebend. Die Crux an dieser Argumentation besteht darin, daß Feustel hierbei das Ich in all seinen Aspekten thematisiert, als »engvermaschtes Gefüge« der körperlichen, kulturellen und geistigen Aspekte, womit das Ich in einer Ganzheit entgegentritt, die es abseits der Beachtung der Inversion der Betrachtungsrichtung und also abseits der Betrachtung von "Sonderstellung des Ich" mit einem genesetheoretisch konzipierten "Vorfahren" verknüpft, was alleine bedeuten kann, daß, wird hieran die Dialektik angelegt, diese nicht im Horizont der Aussagesubjekte bzw. unthematische-Begriffe bedacht wird, sondern in einem naturalistisch konzipierten Horizont, dessen Analyse primär der fachwissenschaftlichen Werdewelt-Analyse anvertraut wird, mit der die Dialektik gemäß den Kompetenzbereichen des Bedenkens aber nicht verbunden werden darf, wobei also der Verweis auf die Kybernetik - also der Verweis auf die allgemeine Begriffpyramide! - der Maskierung des vorliegenden Naturalismus dient. In diesem Sinne verliert Feustel aber die Möglichkeit, Dialektik tatsächlich aufgreifen zu können, bzw. verliert er sie in dem Maße, wie er sich, analog zu Mahner & Bunge bzw. Leakey, der allgemeinen Begriffpyramide und einer fachwissenschaftlichen Betonung der Genesetheorie anvertraut.

Angesichts hiervon sei nun aus *Geschichte* gelesen:

> "Die psychische Leistungsfähigkeit der Tiere hat sich wie ihr Körper phylogenetisch entwickelt; sie erwarben »fortschreitend größere Potenzen für das Lernen und für das Lösen von Problemen wachsender Komplexität« (Harlow 1958)[199], für umfassende und tiefgründige Widerspiegelung der objektiven Realität, und das führte bis zur Herausbildung des Bewußtseins. Ebenso betont die Anthropologin Schwidetzky (1959)[200], daß der menschliche Geist nicht schlagartig da war, sondern sich Schritt für Schritt in engem Zusammenhang mit der Entwicklung des Leibes entfaltete - und wir müssen hinzusetzen: sich erst in Wechselwirkung mit der Arbeit und dem gesellschaftlichen Leben schnell entwickelte" (S.176).

> "Insofern, und nur in dieser Beziehung, haftet der Herausbildung des menschlichen Geistes ein Moment des Diskontinuierlichen an. Der Geist fuhr nicht wie ein Blitz in die Materie, kam nicht vom Himmel. | ... | Der Mensch ist körperlich *und* geistig aus dem Tierreich erwachsen! Der Übergang vom Tier zum Menschen ist ein ununterbrochener, allerdings kontinuierlich-diskontinuierlich verlaufender Prozeß vielfältiger - körperlicher, kultureller und psychischer - quantitativer und qualitativer Veränderungen" (S.176)[201].

Wie zuvor bezüglich Darwin, wird nun in Zusammenhang mit einer Aussage der Anthropologin Schwidetzky der Verweis auf die Bedeutung von "Arbeit" einer Betrachtung der materialen Basis von Lebewesen-sein hinzugestellt, zu dem Ergebnis gelangend, daß der

---

[199] HF Harlow 1958: *The evolution of learning* - In: A Roe & GG Simpson (eds.): *Behaviour and Evolution* - New Haven.

[200] I Schwidetzky 1959: *Das Menschenbild in der Biologie* - Stuttgart.

[201] Hervorhebung durch den Autor

Prozeß der Menschwerdung ein »kontinuierlich-diskontinuierlicher Prozeß« ist. Dieses Argument, wie es also als Ausdruck der Sonderstellung des Menschen konzipiert ist, abseits einer pragmatischen Inhomogenität-Konstruktion - wozu auch die Mißachtung der Sonderstellung gehört - , tritt somit im Rahmen einer Gleichsetzung von Körper und psychische Leistung auf - »die psychische Leistungsfähigkeit der Tiere hat sich wie ihr Körper phylogenetisch entwickelt« -, wobei im Zentrum des hiermit Bezeichneten »wachsende Komplexität« steht, wie sie bedacht wird, insofern die auftretende Verflechtung des Sonderstellung Besagenden mit die materiale Ebene Bezeichnendem pragmatisch auf die Güterverrechnungsebene beschränkt wird, entsprechend der notwendig ausgebliebenen sein müssenden propositionalen Thematisierung der Transzendentalität.

Feustel übersieht hier also, daß von der "Raupe" - wie Feuerbach von ihr berichtet (vgl. oben) -, die ihre Futterpflanze kennt, nicht zu dem Ich gemäß seiner Sonderstellung gefunden wird, sondern lediglich, läßt man der Raupe im Rahmen der Phylogenie immer "komplexere" Probleme lösen, zu Leakeys "schachspielenden Primaten", von denen somit auch Feustel berichtet.

Im Sinne hiervon ist nun besagtes "kontinuierlich-diskontinuierlich"-Argument Feustels zu verstehen, das alleine im Lichte davon Dialektik thematisiert, daß aus der Verflechtung von Gegensätzlichkeit versucht wird, "Neues" einbringen zu können, ohne hierbei einen Dualismus zu provozieren: »Der Geist fuhr nicht wie ein Blitz in die Materie«. Damit blendet Feustel aber vollständig aus, daß sich "Verflechtung von Gegensätzlichkeit" nicht notwendig als thematisch-methodisch unreduzierte Thematisierung der Dialektik erweisen muß, sondern nur dann, wenn dieses Motiv im Sinne der analytischen Entfaltung der anfänglichen Daß-Aussage bzw. des Subjektes der Eines-Formel aufgewendet wird - vgl. oben und *Untersuchungen* -. Hiervon berichtet Feustel aber nicht, sondern führt jenes, das die Sonderstellung des Menschen bedeuten soll - Arbeit und Geschichte -, auf die dargestellte Weise ein: Diese wird dem Entontologisieren-müssen, der Bedachtnahme auf "im Gespräch sein mit sich", bzw. insgesamt der Sonderstellung des Menschen, aber nicht gerecht.

Da Feustels Thematisierung des Gegensatz-Motives somit primär im Lichte seiner Bezugnahme auf die Kybernetik zu verstehen ist, bleibt die Frage aufrecht, inwieweit Feustel Engels Position aushöhlt, denn während Engels "in Erinnerung an Hegels Dialektik" eine genesetheoretische Vorgeschichte für jenes Eines konzipiert, das im Lichte von "Arbeit" und "Geschichte", die Sonderstellung des Menschen bedeutet, insofern es das richtunggebende Kriterium "natürliche Zuchtwahl" - zumindest der Intention nach - auf die materiale Basis zu jenem Eines beschränkt, ist gerade diese Beschränkung bei Feustel kaum noch auszumachen.

Zur weiteren Verdeutlichung der somit immer konkreter im Raum stehenden Akzentverschiebung im Rahmen einer Hintanhaltung der Hegelschen Dialektik, sei folgende Feststellung Feustels hinzugezogen:

> "Hatten die ältesten Menschenformen schon ein »voll«entwickeltes Gehirn, oder hat das menschliche Hirn seine jetzige Organisationshöhe erst im Laufe der phylogenetischen und kulturellen Progression erreicht? Overhage (1969)[202] glaubt an eine vollmenschliche »geistige Gleichwertigkeit« schon der frühesten werkzeugherstellenden Menschen und läßt den Gedanken aufkommen, daß hier das vollendete Werk eines weit vorausschauenden Schöpfergottes vorliegt" (S.177).

Feustel übersieht hier, daß Overhages Aussage auch als Versuch der Thematisierung der Universalität des Person-sein zu verstehen ist und insofern notwendig aufzugreifen ist, obgleich

[202] P Overhage 1969: *Menschenformen im Eiszeitalter* - Frankfurt a.M.

sie in die Sprache der noetischen Dialektik bzw. der ersten Schicht des philosophischen Horizonts zu transformieren ist, wozu eine Entgrenzung der in »vorausschauender Schöpfergott« liegenden Mediator-Konstruktion gehört - vgl. *Theologie* -. Feustel nimmt aber nicht diese Transformation bzw. Entgrenzung vor, sondern insistiert auf seine genesetheoretische Konstruktion gemäß seiner herbeiargumentierend-dialektischen Konzeption im Sinne von »kontinuierlich-diskontinuierlich«.

Weiters sei aus *Geschichte* hervorgehoben:

> "Das Denken ist als Funktion des Gehirns die höchste Bewegungsform der Materie, ein spezifischer Prozeß der Widerspiegelung der Wirklichkeit. Zunächst ist es »die Tätigkeit der Aufgabenlösung« (Rubinstein 1961)[203] und wird beim Menschen vor allem »durch die Kombination von Begriffen« (durch Urteile) vollzogen (Bunak 1966)[204]. ... | Je umfassender, genauer und tiefgründiger ein Lebewesen die Realität gedanklich reproduziert, das für seine Existenz Wesentliche, Typische der Wirklichkeit in seinem psychischen Abbild konzentriert und danach Handlungsmuster schafft, desto komplexere Probleme kann es erfassen und auch meistern" (S.184).

Das Begründungsproblem - zum Beispiel bezüglich der Festlegung von »Typische der Wirklichkeit« - wird hier auf defizitäre Weise mittels einem ausschließlich nicht-propositionalen »widerspiegeln« gelöst, ganz im Sinne davon, daß sich die Gesamtkonstruktion auf "Komplexität" im Lichte von Güterverrechnung konzentriert, abgestimmt auf die Leistungsfähigkeit der "kontinuierlich-diskontinuierlich"-Konstruktion bezüglich der Vergegenwärtigung der dialektischen Differenz innerhalb von Person: Wiederum gilt daher, daß Feustel lediglich "schachspielende" Primaten aus "Feuerbachs" Raupen ableiten kann.

Im Sinne hiervon ist es auch zu verstehen, wenn Feustel wieder auf sein "Befreiung von Zwängen"-Motiv zurückkommt:

> "Höhere Primaten können sich demnach zukünftige Umweltverhältnisse vorstellen, vorausplanen und so handeln, wie es für sie am vorteilhaftesten sein wird. Allerdings ist das »Zukunftdenken« eng an die Gegenwart gebunden; erst der Mensch ist imstande, in die fernere Zukunft zu denken, sich von dieser konkreten Vorstellungen zu bilden und im Hinblick auf diese Zukunft Problemlösungen zu erarbeiten, für welche in der Gegenwart noch gar keine unmittelbare Notwendigkeit besteht" (S.187).

Angesichts hiervon ist man natürlich sofort an Engels' Betonung von »Planung« erinnert, wie sie das latente Chaos bei den Tieren erübrigt, wiewohl gemäß der "Sündenfall"-Konstruktion. Auch Feustel wird hieran denken, da er ja analog zu Engels auf Arbeit und Geschichte reflektiert, doch bleibt, daß Feustel hier - als dialektischer Materialist! - insofern einen Fehlschluß begeht, als er meint, in der Emanzipation von der Gegenwart jenes erzielen zu können, das eigentlich die Emanzipation von der Werdewelt im Sinne der Vergegenwärtigung der Transzendentalität bedeuten muß, gemäß der Befreiung von Verflechtungen in Güterverrechnung, wie Platon hiervon spricht - vgl. *Lehre* -. Es überrascht daher nicht, wenn Feustel auch bezüglich der Lernfähigkeit - Komplexität! - von "diskontinuierlich-kontinuierlich" spricht: »Die Lernfähigkeit steigert sich kontinuierlich-diskontinuierlich von den Nichtprimaten zu den Primaten, von den Affen bis zum Menschen« (S.189).

---

[203] S Rubinstein 1961: *Das Denken und die Wege zu seiner Erforschung* - Berlin.

[204] VV Bunak 1966: *Sprache und Intellekt, Stufen ihrer Entwicklung in der Anthropogenese* - Moskva (russ.).

Ebenso überrascht nicht, wenn Feustel nun darauf insistiert, hier keine mechanistische Position zu vertreten:

> "Denken (und Bewußtsein) ist mehr als physiologischer Hirnmechanismus, obwohl es auf immer zahlreicher und komplizierter werdenden Assoziationen beruht. Es geht stets von irgendwelchen Antrieben aus, wenn auch die »äußeren Ursachen nur über die inneren Bedingungen wirken«. »Der psychische Effekt jeder äußeren Einwirkung auf die Persönlichkeit ist durch ihre Entwicklungsgeschichte bedingt« (Rubinstein 1961)[205]" (S.189).

Der Verweis auf »Entwicklungsgeschichte« soll also bezeichnen, daß keine mechanistische Theorie vorliegt. Zugleich ist zu beachten: Feustels wiederholte Verweise auf die zunehmende Komplexität und die Emanzipation von dem "Hier und Jetzt" sind, insofern sie dialektisch motiviert sind, hierbei aber besagte Abkehr von Hegel im Sinne des Verlustes der Thematisierung der anfänglichen Daß-Aussage bzw. dem Subjekt der Eines-Formel auftritt, in Parallelität zu Leakeys »Nur der Sprache war es möglich, die Gefängnismauern der unmittelbaren Erfahrung zu durchbrechen, in die jedes andere Geschöpf eingesperrt ist, und uns in die unendliche Freiheit von Raum und Zeit zu entlassen« zu verstehen. Diese Parallelität ist auch dahingehend zu begreifen, daß sich Feustels »mehr als Physiologie« hierzu analogen Aussagen bei Forel gemäß dessen Monismus nähert, der ebenfalls von einem Verzicht auf Vergegenwärtigung des Subjektes der Eines-Formel geprägt ist - vgl. oben -.

Feustel wendet sich nun der Sprache zu. Zunächst wird sogleich evident, daß Feustel gar nicht an "im Gespräch sein mit sich" denkt, Sprache alleine im Horizont werdeweltlicher Informationsverarbeitung betrachtend:

> "»Sprache ist allgemein zu definieren als der Besitz eines begrenzten Vorrates an sinnlich wahrnehmbaren Zeichen, die abgewandelt und verschieden verknüpft werden können, um einen Artgenossen unterschiedliche Dinge mitzuteilen und diesen dadurch zu beeinflussen« (Herre 1979)[206]. | Der Prozeß der Menschwerdung und des gesamten sozial-ökonomischen Fortschritts ist eng verbunden mit dem Fortschreiten der Kommunikation, insbesondere mit der Herausbildung der menschlichen Sprache. Durch die wachende Fähigkeit, Erfahrungen, Ideen, Abstraktion zu übertragen, vervielfachen sich die Potenzen, sich die Natur anzueignen, sie zu nutzen" (S.192).

Dies entspricht natürlich uneingeschränkt jenem, das bereits bezüglich Darwin, Haeckel und Leakey zu kritisieren war.

Zum Bewußtsein, bzw. Ichbewußtsein ist in *Geschichte* zu lesen:

> "Der Erkundungstrieb als immanenter Forschungsimpuls bildet eine wesentliche Bedingung der Entstehung, vor allem aber auch der Weiterentwicklung der Produktivkräfte und damit der Gesellschaft insgesamt. | Beobachten und spontanes und sogar schon bewußtes Nachahmen der Mitglieder ihrer Gemeinschaft sowie adäquates reagieren auf deren individuelles psychosoziales Verhalten ist bei Schimpansen und Menschen am höchsten entwickelt. Schon jene haben Vorstellungen von Beziehungen. In denen auch Anfänge eines »Ich-Bewußtseins« enthalten sind" (S.194)[207].

---

[205] Siehe Fußnote 232.

[206] W Herre 1979: *Bemerkungen zur Evolution von "Sprachen" bei Säugetieren* - Zeitschrift für zoologische Evolutionsforschung 17: 151-173.

[207] Hervorhebung durch den Autor

Dies sind natürlich wieder Leakeys "schachspielende Primaten", wie sie lediglich höher entwickelte "Feuerbachsche Raupen" sind.

Zudem verweist Feustel auf die bekannten Versuche mit der Schimpansin "Washoe":

> "Im Laufe mehrerer Jahre erlernte Washoe über 160 differente Zeichen. Schon bald erweiterte sie deren ursprüngliche Bedeutung und kombinierte selbständig die Gesten für einzelne Begriffe zu komplexen Aussagen, so zum Beispiel »open« + »food« + »drink« zur Aufforderung, den Kühlschrank zu öffnen. ... Die Schimpansin gebrauchte auch richtig, »I, me« und »you«. Dies deutet an, daß schon Schimpansen ein »Ichbewußtsein« haben können, nicht erst der Mensch" (S.199).

Selbstverständlich verwendet Feustel auch in diesem Zusammenhang das "kontinuierlich-diskontinuierlich"-Motiv:

> "Der Übergang von jener, durch welche schon das soziale Leben koordiniert und reguliert wurde, zur menschlichen Verständigung war freilich ein diskontinuierlicher Prozeß, in welchem mit bewußter gesellschaftlicher Tätigkeit und gesellschaftlicher Tätigkeit und gesellschaftlichen Verhältnissen Arbeitsteilung und Kooperation die alte Qualität in eine neue umschlug" (S.199-200).

Angesichts hiervon sei zitiert:

> "Vor allem die Jungen sind am ehesten bereit zu experimentieren, z.B. unbekannte Substanzen auf ihre Eßbarkeit zu prüfen. Durch dieses Probieren erweitern sie im positiven Fall die Nahrungsressourcen des Trupps und erhöhen damit die allgemeinen Überlebenschancen. Im negativsten Fall stirbt das Junge. Für die Population ist dieser Verlust leichter zu ersetzen als ein älteres, erfahrenes, schon fortpflanzungsfähiges Individuum" (S.195-196).

Dies stellt natürlich sogleich die *Theages*-Problematik in den Raum, wobei festzuhalten ist, daß "Rechtsfähigkeit des Ich als Person" hier keine thematisch-methodisch unreduzierte Vergegenwärtigung erfährt. Es zeigt sich stattdessen jener Naturalismus, von dem bei Feustel zu sprechen ist, da ihm Arbeit, Gesellschaft etc. nicht propositionale Eines im Sinne der noetischen Dialektik sind.

Angesichts hiervon verweist Feustel nun darauf, daß es für die Menschwerdung entscheidend war, daß die »Hordentradition« - als dem Regulativ der Verhaltensweisen in der Gruppe - »nicht so erstarrte, wie es unter rein natürlichen Bedingungen bei allen heutigen Affenarten in der Regel der Fall ist« (S.196). Stattdessen wurden neue, von Individuen gemachte und für die Gruppe nützliche Erfahrungen in die "Tradition" aufgenommen und »zudem die Erfahrungen von Angehörigen anderer Gruppen und Trupps angeeignet« (S.196). Dies wurde durch ein »offenes Sozialsystem«, »häufige Kontakte« und »wechselnde Zusammensetzung der sozialen (beim Menschen sozial-ökonomischen) Einheiten ermöglicht und gefördert« (S.196), wie auch eine Weitergabe an die nächste Generation erfolgt ist.

Im Lichte hiervon verweist Feustel nun auf einen wesentlichen Unterschied zwischen den Affenmenschen und den Menschenaffen: Anders als die Affenmenschen stagnieren die Menschenaffen weitestgehend in ihrer Weiterentwicklung der "Hordentradition", was auf einen Mangel an Intelligenz und Geschicklichkeit zurückzuführen sein soll, wie auch darauf, daß komplizierte Tätigkeiten, »wie es beispielsweise Werkzeuggebrauch und -herstellung sind« (S.196), »höhere psychische Anstrengungen erfordern«, die aber »gern gemieden [werden], wenn sie nicht unbedingt notwendig sind«. Gerade diese Notwendigkeit sieht Feustel aber bezüglich den in den Urwäldern lebenden Menschenaffen nicht gegeben: es existiert kein Druck

»zur Ausschöpfung intellektueller Reserven, zu höherer geistiger und praktischer Leistung« (S.196):

> "Erst im Laufe vieler Tausender Generationen hat sich unter dem Druck der Anpassung spezifischer Lebensweisen an die Umwelt im Prozeß von Mutation, Gen-Rekombinationen und Selektionen das durchschnittlich dreimal so große Gehirn des Menschen mit seinem komplexen Netzwerk neuraler Leitungsbahnen und entsprechend hoher Leistungsfähigkeit entwickelt" (S.196-197).

Mit dieser Argumentation bietet Feustel aber lediglich ein "Alles ist möglich": Einerseits können sich Schimpansen zwar um das Öffnen eines Kühlschranks bemühen - vgl. oben -, andererseits stagniert ihre Entwicklung sie aber, da ihnen ihre Umwelt keine Anreize für Weiterentwicklung bietet. Beachtet man, daß die Menschenaffen nicht erst seit dem Auftreten des Menschen am Rückzug sind, ist dies schwer nachvollziehbar.

Zudem ist Feustels Verzicht darauf zu beachten, das Paradox "gezeigte Leistung im Freiland - gezeigte Leistung in Gefangenschaft", wie es in der Argumentation von Leakey an wesentlicher Stelle auftritt, gemäß Leakeys "Egoismus"-Konstruktion aufzulösen. Hierin spiegelt sich jedoch keine grundsätzliche Emanzipation von dem Leakeyschen Naturalismus wider, da Feustel seinerseits die von Leakey als Paradox bedachte Differenz im Leistungsvermögen auf werdeweltliche Gegebenheiten - zum Beispiel die Lebensbedingungen im Urwald - zurückführt, ohne jeglicher Ermöglichung davon, in diese Überlegungen die Beachtung von "Inversion der Betrachtungsrichtung" einfließen zu lassen. Der Verweis auf die Lebensbedingungen im Urwald ist in diesem Sinn Ausdruck einer "Alles ist möglich"-Argumentation, wie sie auch bei Darwin festzustellen war, nicht bloß in Relation zu dem Unvermögen der Menschenaffen, sondern auch für die Erklärung davon, warum sich die Affenmenschen von den Menschenaffen hierin unterscheiden.

In dem Abschnitt *Bewußtsein* schreibt Feustel:

> "Bereits Tiere sind zu psychischer Tätigkeit, mache sogar zur ideellen Widerspiegelung ihrer Umwelt und selbst ihres individuellen Seins fähig. Sie können ein inneres Modell ihrer Außenwelt schaffen, nach dem sie sich bei ihren Handlungen orientieren, und haben insofern Anfänge, noch wenig differenzierte Formen von Bewußtsein. | Aus diesen Vorstufen bei Tieren entwickelte sich »allmählich unter dem Antrieb der beginnenden Arbeitstätigkeit innerhalb sich herausbildender gesellschaftlicher Beziehungen, der gemeinschaftlichen Anfertigung und Anwendung von Werkzeugen«, das menschliche Bewußtsein. Als Entwicklungsprodukt von Natur und Gesellschaft, als Widerspiegelung insbesondere des gesellschaftlichen Seins (Kosnig 1974)[208], ist es nicht nur dem Grade, sondern der Art nach qualitativ verschieden von den tierischen Vorformen. Es »hat von Anbeginn gesellschaftlichen Charakter« (s.a. Schlette 1979)[209]! In einem integrierenden Zusammenhang mit dem jeweiligen gesellschaftlichen Bewußtsein steht das individuelle; beide sind freilich niemals kongruent, sondern befinden sich in einem dialektischen Verhältnis von Einheit und Widersprüchlichkeit" (S.203-204).

Hieran ist sogleich hervorzuheben, daß also auch Feustel, ebenso wie Darwin, Haeckel und Leakey zuletzt auf Bewußtsein zu sprechen kommt, womit also Übereinstimmung in der

---

208 A Kosnig 1974: *Die Grundlage der Philosophie* - Berlin.

209 F Schlette 1979: *Archäologische Quellen zu den Bewußtseinsformen der urgeschichtlichen Menschen* - In: J Preuss (Hrsg.): *Von der archaäologischen Quelle zur historischen Aussage* - Halle & Berlin.

Anordnung der Argumente vorliegt, wobei, um hieran zu erinnern, die "Anordnung"-Konstruktion bei Darwin, Haeckel und Leakey Ausdruck ihres pragmatischen Vorgehens ist. Die Parallelität zwischen den Positionen der genannten Autoren und Feustel, von der insbesondere im Hinblick auf Leakey bereits zu berichten war, findet hier also ihre Fortsetzung und ist somit auch entscheidend für das nun aus *Geschichte* Gelesene. Feustels Verweis auf »inneres Modell« ist nämlich unmittelbar mit Leakeys "innere Augen"-Konstruktion in Beziehung zu setzen, auch insofern diese Konstruktionen etwas bezeichnen, dessen Auftreten genesetheoretisch zu verstehen sein soll, im Sinne von »Vorstufen bei Tieren«. Die Tiere werden somit aber zu Quasi-Personen, da ihre Anführung in der Argumentation unter Mißachtung von "Inversion der Betrachtungsrichtung" konzipiert ist. Feustels Versuch, im Lichte hiervon nun doch die Sonderstellung von Menschen einzuflechten, aufbauend auf Engels und Marx, mißrät hierbei zur reinen Intention: »Von Anbeginn an gesellschaftlichen Charakter« und daher »nicht nur dem Grade nach, sondern der Art nach qualitativ verschieden von den tierischen Vorformen« bezieht sich also alleine auf "Neues" im Lichte der Feustelschen Bezugnahme auf Kybernetik, bzw. seine "kontinuierlich-diskontinuierlich"-Argumentation. "Neues" wird somit nicht im Lichte der differentiellen Unendlichkeit der Werdewelt-Analyse gemäß der noetischen Dialektik verstanden, womit also wieder jene defizitäre "von Anfang an"-Konstruktion vorliegt, die Feustel zuvor schon den Versuch Overhages hat zurückweisen lassen, die Universalität des Person-sein aufzugreifen.

Das ist: Indem Feustel von »Entwicklungsprodukt von Natur und Gesellschaft« berichtet und zugleich von einem »dialektischen Verhältnis von Einheit und Widersprüchlichkeit«, ohne hierbei Dialektik im Horizont der Vergegenwärtigung der anfänglichen Daß-Aussage zu bedenken, wird die Bezugnahme auf Dialektik dahingehend inhaltsleer, wie sie einer Bezugnahme auf die allgemeine Begriffpyramide bedarf - vgl. oben: Thematisierung der Kybernetik -, womit jene Parallele zu Mahner & Bunge bzw. Leakey gegeben ist, aus der heraus die Verflechtung von »Natur« und »Gesellschaft« in einem genesetheoretischen Kontext zur naturalistischen Ausblendung von "Inversion der Betrachtungsrichtung" und "Sonderstellung des Ich" wird.

Wenn daher Feustel von »integrierender Zusammenhang« berichtet, so entspricht dies dahingehend dem Leakeyschen "evolutionären Paket", als sich das Bemühen um eine analytische Darstellungsweise aus der Konzentration auf die Kombination von "Bezugnahme auf die allgemeine Begriffpyramide" und "Werdewelt-Analyse" ergibt. Leakeys Entgrenzung des Darwinschen Paketes, wie es aufgrund seines Gehaltes an theologischer Argumentation, "Analytik" auch im Lichte der Vergegenwärtigung der Transzendentalität aufweist, diese Entgrenzung also findet somit bei Feustel dahingehend die Entsprechung, als die Argumentation von Engels und Marx, wie sie "Arbeit", "Evolution" und so weiter angesichts der Hegelschen Dialektik zu einem "Paket" schnürt, modifiziert; die in ihrer Bezugnahme auf Hegel bei Marx und Engels gegebene Thematisierung der Transzendentalität wird bei Feustel also zurückgedrängt bzw. durch seine Bedachtnahme auf die allgemeine Begriffpyramide substituiert.

4.2.2 Feustels Vergegenwärtigung der Dialektik; "Sündenfall"- und "Über-Ich"-Konstruktion bei Feustel

In diesem Abschnitt soll speziell Feustels Vergegenwärtigung der Dialektik betrachtet werden, wobei in Zusammenhang hiermit insbesondere auf die auftretende "Sündenfall"- und "Über-Ich"-Konstruktion Feustels zu achten sein wird.

Die dementsprechende Untersuchung bezieht sich auf Kapitel 8 - *Stadien der Anthroposoziogenese* - von *Geschichte*, in dem der Autor einen Abriß der Entwicklung von den »Affenmenschen« (»subhumane Ära«) bis zum »Jetztmenschen« bzw. bis zur Entwicklung der Gentilgesellschaft gibt[210].

An Feustels Ausführungen zu den Affenmenschen interessiert insbesondere, daß die biotischen Grundlagen der Soziabilitäten in der Mutter-Kind- und in Geschwisterbeziehungen gesehen werden, obgleich die »individuelle Unterstützung jedoch keineswegs [als] auf die "Verwandtschaft" beschränkt« (S.223) verstanden wird:

> "Wenn in jenen Zeiten - wie noch heute bei Schimpansen - Nahrung an ein anderes Individuum abgegeben wurde, so spielte dabei offenbar das Bedürfnis nach freundschaftlicher Kontaktpflege, sozialen Wechselbeziehungen, eine nicht zu unterschätzende Rolle (Kano 1980[211])" (S.222).

Feustel fügt hierzu an:

> "Uneigennützige Hilfestellung und Anleitung bei relativ schwierigen Aktionen war bei dem Schimpansen »Rock« zu beobachten. Solche altruistischen Handlungsweisen und die zugrunde liegende soziale Einstellung bildeten zweifellos einen wesentlichen Faktor bei der Herausbildung der Menschengesellschaft und der humanen Moral" (S.223).

Insbesondere angesichts dieses weitreichenden Vergleiches ist zu beachten, daß Feustel in den Zitaten Begriffe wie »Bedürfnis nach freundschaftlicher ...« und »altruistische Handlungsweisen« in einem Kontext verwendet, der zumindest nicht sogleich einsehen läßt, ob »freundschaftlich - altruistisch« zum Beispiel im Sinne der Unterscheidung Epikurs - bzw. der Epikureischen Intention gemäß - von "Freundschaft - Vertrag" (vgl. oben) gemeint ist, ob also beide Begriffe das zu "um willen von etwas" Transzendentale bezeichnen sollen, oder aber zumindest »Altruismus« im Sinne von Haeckels "Altruismus" gemäß »goldene Regel« defizitär, da das zu "um willen von etwas" Transzendentale nicht propositional bedenken lassend, konzipiert ist. Diese Uneindeutigkeit erwächst daraus, daß Feustels Ausführungen zu den Affenmenschen den Anfang einer genesetheoretisch konzipierten Darlegung bedeuten, insofern Feustels Bezugnahme auf die Dialektik bzw. die anfängliche Daß-Aussage in den Kapitel 8 vorangehenden Ausführungen in *Geschichte* defizitär konzipiert ist.

Angesichts hiervon interessiert, daß Feustel im Anschluß an das soeben Betrachtete davon berichtet, daß die Hierarchie in Tieraffen-Gemeinschaften straffer organisiert ist als in jenen von Menschenaffen:

> "Oft ist die Rangordnung nichts anderes als Rollenverteilung, hierdurch werden die differenten physischen und psychischen Potenzen der Gruppen optimal für die Gemeinschaft genutzt" (S.224).

Im Vergleich hierzu führt Feustel bezüglich der Affenmenschen an:

> "Für die offenen Landschaften stärker gefährdeter Hominiden war eine mehr oder weniger straffe Leitung lebensnotwendig" (S.225).

Feustel ergänzt dies, festhaltend, daß bei den Vertretern der subhumanen Ära die »Leitungsfunktion« eines Trupps primär nicht dem physisch stärksten Individuum zufiel, sondern die »Intelligenz und Alterserfahrung, seine Fähigkeit, (vorausschauend) die jeweilige Situation

---

210 Feustel unterscheidet hierbei folgende Stadien: Affenmenschen - Tier-Mensch-Übergangsphase (Jagd-Revolution) - Urmenschen (Archäolithikum) - Frühmenschen (Altpaläolithikum) - Altmenschen (Mittelpaläolithikum) - Jetztmenschen (Jungpaläolithikum).

211 T Kano 1980: *Social Behavior of wild Pygmy Chimpanzees (Pan Pansicus) of Wamba - A priliminary Report* - Journal of Human Evolution, 9/4: 243-260.

richtig einzuschätzen, eine entsprechende richtige Taktik zu entwickeln und die gesamte Gruppe anzuregen, seiner Taktik zu folgen« (S.225) entscheidend war. Hieran schließt an:

> "Unter diesen Aspekten ist auch der Vorrang von dominierenden Tieren beim Aneignen von Nahrung zu werten. Diese überleben dadurch Hungerperioden besser als tieferrangige. Solch ein Verhalten mindert die Gefahr, daß die gesamte Gruppe stirbt, und fördert die Fortpflanzung der Individuen mit größter physischer und intellektueller Fitness" (S.225).

Diese Darstellung ist einsichtig und zunächst hinreichend, soweit sie das Am-Werke-sein von Individuen bezeichnet: Sie zeigt diese Individuen in einer destruierenden, zugleich aber auch "Überleben ermöglichenden" Umwelt, bzw. eine Strategie dafür, hiermit umzugehen. Diese Darstellung ist aber weder hinreichend noch einsichtig, wenn sie als zum Verständnis von Personen seienden Individuen führen könnend verstanden werden soll, wie dies aber im Raum steht, aufgrund Feustels obiger Aussage zur »Herausbildung der Menschengesellschaft«. Das Element der Transzendierung von "um willen von etwas" erweist sich nun nämlich als nicht thematisiert, aufgrund der alleinigen Konzentration auf die Güterverrechnung. Das ist: Was es bedeutet, daß die an sich einheitliche genealogische-Ich-Kette auf dem Niveau der Werdewelt-Analyse Veränderlichkeit zeigt, wird hier insofern nicht bedacht, als die genealogische Ich-Kette nicht vergegenwärtigt wird, so daß eine propositionale Thematisierung dessen, wie jene Individuen zu verstehen sind, die nicht als Menschen zu bezeichnen sind, ausbleibt; die Aussage, daß »freundschaftlich« und »Altruismus« »wesentliche Faktoren« für die Ausbildung der Moral sind, wird daher inhaltslos, bzw. tritt auf, daß jenes, aus dem heraus das Person-sein des Ich verstanden werden können soll, das Person-sein gar nicht erfaßt, auch nicht gemäß einem "Vorstadium" oder sonst dergleichen. Dies spiegelt sich auch darin wider, daß das "Hauptaugenmerk" auf der Gruppe liegt, auf deren Überleben das Wirken der Individuen abgestimmt ist, gemäß einer mehr oder weniger straffen Hierarchie, die unter anderem weniger leistungsfähige Individuen in Krisenzeiten opfert. Im Lichte dieses Pragmatismus muß natürlich uneinsichtig sein, was es in Zusammenhang mit diesen Individuen mit »freundschaftlich« und altruistisch»« auf sich haben soll, außer einer Gruppendienlichkeit, hinter der die Dignität des Individuum-sein zurücktritt. - Eben diese Kritik war zuvor schon bezüglich Holloway anzuführen, insofern Leakey von dessen »intuitiver Überzeugung« berichtet, daß Sprache aus einem Kontext des Sozialverhaltens und der Kognition entstanden ist, »der im wesentlichen von Kooperation statt von Aggression geprägt war«.

Damit ist freilich nicht gesagt, daß im Horizont der Werdewelt-Analyse die Menschen aus Individuen abzuleiten sind, die lediglich anatomisch "anders" als Menschen aussehen, ansonst aber über deren moralisches Potential verfügen. Die Kritik zielt darauf ab, daß die Feustelschen Darlegungen derart sind, daß besagtes Potential überhaupt nicht thematisiert ist, auch nicht im Sinne seiner Ableitbarkeit, so daß die zitierte Feustelsche Bezugnahme auf "Moral", "Freundschaft" und so fort herbeiargumentiert sein muß, bzw. zwei Ebenen des Verhaltens herbeiargumentiert - eine solche gemäß Güterverrechnung (zum Beispiel: die fittesten Individuen überleben Krisen) und eine solche gemäß der Beachtung der Dignität des Individuum- bzw. Person-seins (zum Beispiel: "Freundschaft") -, so wie dies zum Beispiel auch bei Epikur der Fall ist, dessen Position nicht frei von Herbeiargumentation ist, da sie abseits der Beachtung der noetischen Dialektik - obgleich auch abseits jener der Genesetheorie! - konzipiert ist.

Feustel kommt nun auf die »Tier-Mensch-Übergangsphase« im Pliozän zu sprechen. Zu dieser erfährt man sogleich:

> "Die Affenmenschen wandelten sich zu Menschen, indem sie sich als »Werkzeugmacher« und gesellschaftliche Wesen durch bewußte, produktive Arbeit endgültig

vom Tierreich absonderten. Allerdings bestimmten die biotischen Gesetzmäßigkeiten noch lange Zeit weitgehend ihr Leben - und auch heute sind sie wirksam" (S.225).

Feustel zitiert in diesem Zusammenhang auch Yakimov:

"The point of discontinuity in human evolution marked by transition from systematic use of natural objects ... to the making of tools of a fixed configuration is of special importance" (S.226)[212].

Mit großem Nachdruck wird also auf die Bedeutung der Arbeit für die Menschwerdung hingewiesen, obgleich sofort zu lesen ist: »Obwohl bereits bei Tieren Keimformen der Arbeit vorkommen« (S.227). Hierher gehört auch: »so bleibt im Hinblick auf die offenbar auf den Menschen beschränkte Herstellung von Werkzeugen zur Werkzeugherstellung die - Benjamin Franklin zugeschriebene und von Karl Marx übernommene - Definition voll berechtigt: "The man is a toolmaking animal"« (S.231). Wenige Zeilen später ist zu lesen: »Wenn die Affenmenschen ein solches Stadium erreichten, so liegt dem keineswegs tierhafte, "instinktive Arbeit", sondern bereits bewußte Tätigkeit zugrunde« (S.231). Obgleich also "Arbeit" ganz entscheidend zur Unterscheidung von Tier und Mensch herangezogen wird, wird auch bezüglich dieses Eines eine "Keimhaftigkeit" ausgesagt, gleichsam eine Brücke zwischen beiden Gruppen eröffnend. Damit aber unterbleibt eine adäquate Vergegenwärtigung der Sonderstellung des Menschen.

Insofern ist nun zu fragen, was es genauerhin in der Feustelschen Ableitung mit "Arbeit" auf sich hat, bzw. mit »Werkzeugmacher«. Die Werkzeuge, von denen Feustel hier spricht, stehen mit der Jagd in Zusammenhang, die ihrerseits von zentraler Bedeutung für die Menschwerdung ist, weshalb Feustel auch von der »Jagd-Revolution« spricht:

"Die Potenzen zum Jagen sind schon bei (Steppen)schimpansen und Pavianen deutlich zu erkennen und für die Vorfahren der Menschen vorauszusetzen. Unter dem Druck der Umweltbedingungen in Savannen und Steppen wurden diese Potenzen zu einem existenzbestimmenden Faktor" (S.227).

Weiters schreibt Feustel:

"Das organisierte, soziale Jagdverhalten der (Affen-)Menschen wird viel Ähnlichkeit mit demjenigen der Paviane und vor allem der Wölfe gehabt haben. Mit der Jagd und in Wechselwirkung mit der Entwicklung von Jagdinstrumenten erschlossen sich unsere fernen Vorfahren eine noch offene ökologische Nische" (S.227).

Zudem gehört hierher Feustels Argument, wonach unsere »fernen Vorfahren« aufgrund der Verwertung von Fleischnahrung weniger Zeit für die Nahrungsbeschaffung aufwenden mußten, wodurch sie »mehr Zeit [hatten], ihr Denken auf andere Dinge als auf die Ernährung zu richten, ihrer forschenden Neugier nachzugehen, Instrumente herzustellen, neue zu erfinden, sozialen Kontakten mit anderen Gruppe nachzugehen ...« (S.229).

Wovon Feustel hier also berichtet ist, daß unter dem Einfluß von Umweltbedingungen ein Verhalten, das in Ansätzen auch von anderen Tieren - Schimpansen, Pavianen und Wölfen - gezeigt wird, zu Weiterentwicklung kam, wodurch eine neue ökologische Nische besetzt werden konnte.

Was aber verbindet Feustel genauerhin hiermit:

"Weil kummulierte Quantitäten in eine neue Qualität umschlugen, spricht man von Jagd-Revolution. ... »Die Entstehung des Menschen und der Gesellschaft war ... ein

---

212 Yakimov in RJ Tuttle 1975: *Socioecology and Psychology of Primates* - Paris.

> dialektischer Umschlag der biologischen Qualität in eine andere, nämlich in die gesellschaftliche Qualität« (Okladinkow & Boriskowski 1957)[213]" (S.227).

Weiters:

> "Tradieren von Erfahrung und Herausbilden von Traditionen sind so lebensnotwendig für den Menschen, daß man der These, »der Mensch ist der Schöpfer seiner Kultur«, mit Fug und Recht die Antithese zuordnen darf: Mit der Kultur entsteht der Mensch" (S.229).

Diese Feststellungen lassen sich nicht aus den vorangegangenen Aussagen zur Entwicklung der Jagd ableiten. Das ist: Feustel beschreibt eine biotische Weiterentwicklung, wie sie zur Besetzung einer neuen ökologischen Nische führt und leitet hieraus den »dialektischen Umschlag« von "biologisch" zu "gesellschaftlich" ab, den Beginn der Menschheit festlegend. Weshalb aber wird hier überhaupt "dialektisch" verwendet; Feustel könnte es hier auch bei seiner Bezugnahme auf die Kybernetik - bzw. eine solche auf die Systemtheorie und dergleichen - belassen; Dialektik bezeichnet einen analytisch-notwendigen Wandel bzw. Entfaltung und somit niemals einen Wandel, der sich aufgrund werdeweltlicher Aktualität – Umweltbedingungen in der Savanne - vollzieht. Wieso, so ist weiteres zu fragen, spricht Feustel von "Umschlag zur Gesellschaft": Der angeführte Umschlag bezeichnet weiter nichts als eine - wenn auch letztlich extreme - Weiterentwicklung, die insofern zwar neue Qualitäten erbringen kann, jedoch gar nicht zu dem führt, das eigentlich zu erklären wäre, nämlich die Vergegenwärtigung der Sonderstellung des Menschen, also sein Person-sein und das Bedenken hiervon im Horizont seines Um-sich-bemüht-sein. Nicht hiervon berichtet Feustel, sondern von der planmäßigen Herstellung von Geräten im Rahmen jener Ressourcennutzung, die sich schon auf dem Niveau der subhumanen Ära nur auf herbeiargumentierende Weise als mit "zwei Ebenen des Am-Werke-sein" verflechtbar erwiesen hat. Wenn daher Feustel im Lichte der Weiterentwicklung der planmäßigen Arbeit und der Kooperation, die die neue Lebensweise bedeutet, mit Hollitscher[214] von einer »Revolution der Zusammenarbeit« spricht, im Sinne des Beginns der Gesellschaft - bzw. der angeführten These und Antithese bezüglich "Entstehung der Kultur und jener der Menschheit" -, so bewegt sich Feustels Darlegung im Horizont der Herbeiargumentation.

Feustel ist hier offensichtlich darum bemüht, den Menschen aus dem Tierreich ableiten zu können, wobei die biologische Argumentation in eine nicht-biologische überleiten lassen soll, ohne hierbei eine idealistische Argumentation zu ergeben. Im Licht hiervon sei gelesen:

> "Andererseits ist viel »Menschliches« bei nichthumanen Primaten schon keimhaft vorhanden. Entsprechend sind die Übergänge fließend, scheinbar mehr quantitativ als qualitativ. Die Menschen unterscheiden sich aber von allen Tieren grundsätzlich durch ihre umfassendere, weit höhere körperliche, psychische, technische, ökonomische, soziale Strukturiertheit. Der »Stellenwert« der einzelnen Elemente und Faktoren ändert sich in der Tier-Mensch-Übergangsphase, und dadurch ist »in an evolutionary sense the whole human pattern new« (Washburn et al.[215]). In der qualitativ neuartigen Einheit »Mensch« ist das Biotische noch vorhanden und auch wirkend,

---

213 AP Okladinkow. & PI Boriskowski 1957: *Über Zeit und Bedingungen der Entstehung der menschlichen Gesellschaft* - Sowjetwissenschaft, Gesellschaftswissenschaftliche Beiträge 5: 576-589.

214 WC Hollitscher 1971: *Tierisches und Menschliches* - Wien.

215 S Washurn, PC Jay & JB Lancaster 1968: *Field studies of Old world Monkeys and Apes* - In: S Washburn. & PC Jay (eds.): *Perspectives on Human Evolution*, Vol. 1, New York.

> bestimmend werden jedoch die Lebensweise, die Arbeit und damit die Produktionsverhältnisse" (S.229-230).

An dieser Aussage ist die Ablehnung davon zu beachten, daß sich die Menschen primär quantitativ von den Tieren unterscheiden, im Anschluß hieran aber sogleich die Unterschiedlichkeit gemäß »umfassendere ... weit höhere« etc. angegeben wird! Dies tritt auf, da Feustel die "planvolle Arbeit" letztlich aus seiner "Befreiung von natürlichen Zwängen" entsprechend der Vergegenwärtigung der objektiven Naturgesetze festlegt, wie er dies daraus ableitet, daß der Mensch "mehr Zeit zum Nachdenken" erlangte, da er sich von Fleisch zu ernähren begann. Dieserart blendet Feustel dasjenige konsequent aus, das tatsächlich gemäß "Sonderstellung" das Anders-sein des Menschen gegenüber den Tieren ausmacht, abseits quantitativer Unterschiede, nämlich das Bedenken der unthematische-Begriffe. Feustel blendet dies aus, da er nicht zu der anfänglichen Daß-Aussage und dem Subjekt der Eines-Formel vordringt, wie sie tatsächlich von Dialektik sprechen lassen, abseits davon ein »new human pattern« aussagen zu müssen, das man aus Sachzwängen des Lebens in der Savanne ableiten muß. Dringt man nämlich zur Dialektik vor, so bedarf es keiner Verflechtung von biologischen Faktoren mit solchen, die charakteristisch für "Mensch" sind, bzw. sein sollen, letztlich aber nicht das Person-sein zeigen, sondern ein Lebewesen, das aufgrund seines Zeitgewinns über die Naturgesetze nachdenken kann und hierbei eine unbegrenzte Kreativität erwirbt. Derartiges bezeichnet eben nicht die Transzendierung der Werdewelt-Analyse des Menschen, wie sie gemäß der tanszendentalphilosophischen Schwelle zu fordern ist, sondern eine weitere Abstraktion von der Aktualität (vgl. oben).

Im weiteren Verlauf seiner Ableitung - die Ur-, Früh-, Alt- und Jetztmenschen ergebend - zeigt Feustel, wie sich aus dem wie beschrieben gegebenen Anfang eine sukzessive Weiterentwicklung ergibt, deren Zentrum ist: »es entstanden somit sozialökonomische Verhältnisse, die Gesellschaft« (S.240). Zu dieser ist sogleich zu lesen:

> "Die Gesellschaft ist infolge der differenten objektiven Bedingungen und subjektiven Faktoren keineswegs ein homogenes, starres Gefüge, sondern ein gegliederter sozialer Organismus. Wie schon bei den Affen bestanden nebeneinander unterschiedliche zeitweilige Sozietäten, so Trupps von erwachsenen Männern, männlichen Jugendlichen, Frauen (mit oder ohne Kinder) und gemischte Trupps" (S.240).

Hierher gehört auch:

> "Toleranz, relativ schwach ausgeprägte Rangordnung und vielfältige Paarungsmöglichkeiten sind nicht nur wesentliche Faktoren gesellschaftlichen Lebens, sondern erleichtern auch allseitige Aneignung fremder Erfahrungen" (S.240).

Wenn Feustel hier von »sozialer Organismus« spricht, so spiegelt dies jene Konzentration auf eine "Über-Ich"-Konstruktion wider, die bereits für Feustels Ausführungen zur subhumanen Ära festzustellen war, im Gewand der Konzentration auf die Gruppe: fortgesetzt tritt das Individuum gegenüber diesem "Über-Ich" in den Hintergrund, so daß der Vergegenwärtigung des Person-sein, das sich in dialektischer Differenz zu das Eines zeigt, nicht aber zu einer Gruppe von Werdewelt-Ich, nicht uneingeschränkt entsprochen sein kann.

Für ein genaueres Verstehen der Feustelschen "Über-Ich"-Konstruktion - wozu zum Beispiel gehört, es klar abzutrennen von semantisch ähnlich lautenden Konstruktionen Royers (vgl. oben) abzugrenzen! - ist zu beachten: Wie zitiert, hält Feustel fest, daß mit der Entwicklung der Gesellschaft die Funktion der Leitung eines Trupps nach Intelligenz, Erfahrung etc. zugeordnet wird; erst mit dem Auftreten gesellschaftlicher Klassen kommt es hier zu einer Entwicklung, die als Fehlentwicklung zu bezeichnen ist. Im Sinne der dieserart festgelegten Vernünftigkeit ist auch der soeben zitierte Verweis auf »Toleranz« zu verstehen, wozu auch gehört, daß sich im Rahmen der Ausbildung der Gesellschaft *home bases* entwickeln, wozu wiederum gehört:

> "Die Kindersterblichkeit sank, auch Kranke und Alte hatten bessere Lebenschancen, das Durchschnittsalter stieg, der Fundus an Kenntnissen und die gesamte Lebenstüchtigkeit wuchsen. Eine weitere Folge war, daß sich die jeweiligen Populationen vergrößerten und sich die sozialen Bindungen zu ökonomischen erweiterten, verstärkten sowie emotional vertieften" (S.243).

Dies kann man im Sinne einer "beste aller Welten"-Kosntruktion verstehen, wobei die Aussage bezüglich der »Kranken und Alten« als Versuch der Etablierung davon verstanden werden kann, die Universalität des Person-sein aufzugreifen. Tatsächlich ist diese Konstruktion aber gemäß dem biologisch ausgerichteten »new human pattern« konzipiert. Das ist: »Toleranz«, »emotional vertiefen« und so fort sind fortgesetzt mit jenem Manko der Herbeiargumentation behaftet, das bereits am Anfang der Feustelschen Ableitung bezüglich »freundschaftlich« und »Altruismus« festzuhalten war.

Der Versuch der Transzendierung von "um willen von etwas" mißlingt Feustel also in dem Maße, wie Dialektik von ihm defizitär-naturalistisch eingebracht worden ist. Hierbei ist explizit zu beachten, daß Feustel, da er die Beziehungen der Gruppenindividuen aus Umweltbedingungen - also Aktualitäten - ableitet, keine derartige Transzendierung erreichen kann, so daß - aus eben den selben Gründen wie bei Darwin ! - nicht zur Vergegenwärtigung der Universalität des Person-sein vorgedrungen werden kann, sondern lediglich eine Erweiterung auf "mehr" Gruppenmitglieder, als potentiellen Erfahrungsträgern, wobei die Kranken- und Altenfürsorge gleichsam der Akt einer Toleranz - im Unterschied zur Anerkennung des Person-sein - darstellen kann.

Wie bei Darwin, so ist dies freilich auch bei Feustel nicht bloß Ausdruck einer Laune! Beide Autoren verweisen hierauf, da sie um Vergegenwärtigung von Universalität des Person-sein bemüht sind. Beiden ist es hierbei aber nicht möglich diese Universalität propositional anzusprechen - und demgemäß ein Fehlverhalten gemäß der Rechtsfähigkeit eines ich zu bedenken -. Gerade im Lichte hiervon zeigt sich aber der Unterschied zwischen Darwins und Feustels Position - letztere insofern sie auf Engels und Marx aufbaut -. Indem nämlich Feustel auf Arbeit insistiert, als dem eigentlich differenzierenden Merkmal gegenüber den Tieren, fügt er jenes ein, das sich, obgleich aus biotischen Notwendigkeiten erwachsen, diesen gegenüber abstrakt verstehen läßt, das Am-Werke-sein der betreffenden Individuen als eine Ganzheit verstehen lassend. "Arbeit" soll also das transzendieren von "um willen von etwas" transzendieren lassen, derart, daß die Vernunftgeleitetheit - abseits einer partikuklären Güterverrechnung - die Konstruktion der Gruppenstruktur ergibt.

Daher auch verweist Feustel auf ein "Über-Ich", da er hierdurch zwar - nicht im Rahmen der Terminologie von Feustel! - Leakeys "schachspielende Individuen" hat, gemäß seiner Ausrichtung auf die Umwelt-Aktualität, diese "Schachspieler" aber im Lichte des Gruppenwohles verstehen kann, sie also primär nicht im Lichte der Egoismus-Altruismus-Problematik betrachten muß. Die Intention Feustels ist somit einsichtig: der Verweis auf das "Über-Ich" soll die Verankerung des Ich in der genealogischen Ich-Kette bedenken lassen, im Lichte der dialektischen Differenz bzw. der damit ausgesagten Differenz zu den nicht-menschlichen Lebewesen. Damit bleibt aber, daß Feustel hierauf unter Ausblendung von "Ich bin" bzw. der entgrenzten Eines-Formel Platons abzielt und daher zu der Verflechtung "Mensch schafft Kultur und umgekehrt" greifen muß, wie auch zu der Ableitung der Gesellschaft - genealogische Ich-Kette - aus biotischen Faktoren, die sodann mit dem Motiv der dialektischen Differenz verflochten werden müssen.

5 Darlegungen zur Evolutionsbiologie und christlichen Philosophie im Lichte der Etablierung eines adäquaten Zuganges zur evolutionstheoretischen Betrachtung des Ich

Dieses Kapitel faßt evolutionsbiologisches Denken und christlich theologisches - sowie philosophisches - Denken - insofern von letzterem gemäß den Ausführungen von Papst Johannes Paul II in *Fides et ratio* zu sprechen ist - zusammen. Dies geschieht im Sinne jenes "freundschaftlichen Verhältnisses", von dem in 1.4 die Rede ist, und demgemäß sich die noetische Dialektik - wie sie von Platon grundgelegt ist - an beide Positionen wenden muß, um uneingeschränkt zu sich finden zu können. Das ist: Beide Positionen - adäquat verstanden - weisen ihren eigenen Kompetenzbereich auf, der jeweils, wiewohl von der noetischen Dialektik grundgelegt, von ihr nicht an sich abgedeckt werden kann. Für die christliche Philosophie und Theologie ist diesbezüglich Grundsätzliches bereits in *Theologie* dargelegt worden, so daß es in vorliegendem Buch vor allem darauf ankommen wird zu zeigen, daß christliches Denken keinesfalls im Gegensatz zu evolutionsbiologischem Denken verstanden werden darf. Die folgenden Darlegungen zur Evolutionsbiologie dienen primär dem Aufweis davon, daß diese, wird sie abseits pragmatischer Voreingenommenheiten verstanden, wesentlich auf die noetische Dialektik verweist. Das Grundsätzliche hierzu ist in *Grundlegung* und *Überlegungen* dargestellt worden, so daß in diesem Buch insbesondere jene Entwicklung während der letzten Jahrzehnte innerhalb der Evolutionsbiologie thematisiert werden soll, die Evolutionsbiologie-intern in Richtung einer Zurückweisung besagter Voreingenommenheiten verweist, "Evolution" als philosophischen Begriff erkennen lassend. Die diesbezüglich zu führende Argumentation ergänzt somit die bisherigen allgemeinen Ausführungen zur Evolution bzw. zur Evolution in Zusammenhang mit "Mensch".

5.1 Die gegenwärtige Evolutionsbiologie in ihrem Verhältnis zur noetischen Dialektik: "Evolution" als philosophischer Begriff

Die dominierende Evolutionstheorie des 20. Jahrhunderts ist die Synthetische Evolutionstheorie, zu deren hervorragendsten Konstrukteuren George G. Simpson, Ernst Mayr und Theodosius Dobzhansky gehören. Der wesentliche Unterschied der Synthetischen Evolutionstheorie zur Position Darwins besteht in dem elaborierten populationsgenetischen Denken, dem die Funktion zukommt, den opportunistischen Gehalt der Darwinschen Konstruktion letztlich nicht auf theologisches Denken rückführen zu müssen, um, so die Intention, ein begründungstheoretisch tragfähiges Fundament zu erhalten - wie bei Darwin der Fall -, sondern auf etwas, das aufgrund seines Gehaltes an mathematischen Vorschriften einem gesetzeswissenschaftlichen Ideal - soweit möglich - entsprechen lassen bzw. zumindest die Beiziehung transzendentaler Eines erübrigen soll. Hiermit verflochten ist die konsequente Ablehnung intraorganismischer, richtunggebender Evolutionsfaktoren in der Synthetischen Evolutionstheorie, insofern sie in der Annahme besagter Faktoren notwendig ein Zugeständnis an ein Ideen-haftes Denken sieht: Die Annahme von intraorganismischen Faktoren als Ausdruck davon, daß die Evolution nicht nur in Begriffen verstanden wird, die sich aus dem Zusammenspiel von Lebewesen und Umwelt ergeben, sondern aus etwas, das hierzu eine transzendentale Differenz besagt.

In 4.1.1 ist die Kritik von Mahner & Bunge an der Synthetischen Evolutionstheorie dargelegt worden, an die hiermit erinnert sei, wobei insbesondere folgende Aussage dieser Autoren hervorzuheben ist:

> "Während manche Autoren, zu denen wir uns zählen, zur Vereinheitlichung dieses Systems [von Theorien zur Evolution] auf die Entwicklungsbiologie setzen, vertrauen andere in die vereinheitlichende Potenz der Thermodynamik, der statistischen Mechanik oder der Informationstheorie (Prigogine 1973, Brooks & Wiley 1988, Brooks et al. 1989[216]). Wir halten diese physikalischen Ansätze für steril, und zwar aus folgenden Gründen. Aufgrund der Tatsache, daß die Thermodynamik und statistische Mechanik offener Systeme für alle offenen Systeme gilt, sind diese beiden Theorien viel zu allgemein, um irgend etwas Interessantes für die Biologie auszusagen. ... Deshalb ist alles allgemeine Gerede über Thermodynamik und Evolution (...) irrelevant" (S.338).

In der Einleitung zur Analyse der Position von Mahner & Bunge ist auf die Nahebeziehung des vorliegenden Buches zu dieser Position, insofern sie innerhalb der Evolutionsbiologie Stellung bezieht, hingewiesen worden. Die Basis hierfür ergibt sich aus dem Verweis auf die Bedeutung der Entwicklungsbiologie in dem vorangegangenen Zitat aus *Biologie*, wiewohl nicht auch aus Mahner & Bunges Stellungnahme gegen (zum Beispiel) Brooks, Wiley und Prigogine.

Das ist: Die immer umfangreichere Beachtung der ontogenetischen Entwicklungsprozesse während der letzten Jahrzehnte in der Evolutionsbiologie bedeutet eine Abkehr davon, die Ordnung ergebenden Mechanismen des evolutiven Wandels alleine populationsgenetisch verstehen zu wollen. Hiermit geht aber nicht notwendig eine Beachtung des Transzendieren-müssens von Aussagen zur Werdewelt einher, wie sie bereits in der Synthetischen Evolutionstheorie aufgrund ihres populationsgenetischen Denkens lediglich defizitär bedacht wird. Das Problem der Evolutionstheorie, zunächst über kein geltungstheoretisch sicheres Fundament – abseits von opportunistischen Erklärungen - zu verfügen, kann somit mit dem *developmental turn* lediglich in die Entwicklungsbiologie und ihre Aussagen zur Werdewelt verschoben sein[217].

Demgegenüber stellt die Position von Mahner & Bunge den notwendigen Versuch dar, nicht in diese Falle zu geraten - das Problem also lediglich zu verschieben -, wiewohl auf nicht uneingeschränkt adäquate Weise - vgl. 4.1.1 -. Hierzu Analoges gilt für die von Mahner & Bunge kritisch angeführten Positionen, so daß sie hier insofern zunächst allgemein als Alternativen zu Mahner & Bunges Position verstanden werden können.

Aus noetisch-dialektischer Sicht ist zu dem *developmental turn* in der Evolutionsbiologie, wie er auch eine Betonung - gegenüber der Synthetischen Evolutionstheorie - der Organismizität impliziert, festzustellen, daß er die Möglichkeit einer Annäherung an transzendentalphilosophisches Denken in sich trägt. Zur Vergegenwärtigung hiervon gilt es zunächst zu beachten, was es grundsätzlich mit Ontogenese und Phylogenese aus noetisch-dialektischer

---

[216] DR Brooks, J Collier, B Maurer, JDH Smith & EO Wiley 1989: Entropy and Information in Evolving Biological Systems - *Biol. Phil.* 4: 407-432; DR Brooks & EO Wiley 1988: *Evolution as Entropy* - Chicago; Prigogine I 1973: Can Thermodynamics Explain Biological Order? - *Imp. Sci. Soc.* 23: 159-179.

[217] Vgl. hierzu auch: W Senz (im Druck): *Über die Evolutionsbiologie* - Tagung. In diesem Aufsatz wird der angeführte *developmental turn* genauer dargelegt, wie auch sein Verhältnis zur Transzendentalphilosophie; die in vorliegendem Buch verwendete Terminologie bezüglich "Ich", "Mensch", "Lebewesen", "Organismus" orientiert sich ebenfalls an diesem Aufsatz.

Sicht auf sich hat, wobei einleitend die Zusammenschau dieser beiden Phänomene bei Darwin in Erinnerung gerufen sei.

Das Ich, wie es das Subjekt der anfänglichen Daß-Aussage - "Ich bin" - ist, ist begrifflich als ein Eines der unthematische-Begriffpyramide zu verstehen und insofern als nicht an sich Selbstand repräsentierend, wiewohl in dialektischer Differenz - gemäß der Eines-Formel Platons - zu dem an sich Selbstand Repräsentierenden. Im Sinne hiervon ist "Ich" in transzendentaler Differenz zu werdeweltlicher Veränderlichkeit bzw. Begrenztheit in der Zeit zu verstehen, womit zugleich aber ausgedrückt ist, daß das Ich nicht in dem Sinne Alles ist, wie es e i n Eines der unthematische-Begriffpyramide - also des Nicht-nur-es-an-sich-Sein von d a s Eines - ist. Hiermit ist also das "ontologisch-Begrenztes-Sein" des Ich angesprochen, das als ein Sich-entfalten zu verstehen ist, wobei es dieses Sich-entfalten ist, das im Horizont der materialen Repräsentation von Ich - gemäß der in Ich liegenden dialektischen Differenz - als Ontogenese entgegentritt, wie sie somit also notwendig auszusagen ist.

Das ist: Als ontologisch Begrenztes ist das Ich - wiewohl es das Subjekt der anfänglichen Daß-Aussage ist - nicht Alles, auch nicht im Horizont des zu dem Gründenden in dialektischer Differenz Anderen. Insofern ist das Ich also Begrenztes, wobei das die Begrenztheit Bezeichnende auf der Ebene der materialen Repräsentation von Ich durch Zeugung bzw. Geburt und Tod repräsentiert ist. Das Ich als Person weist die mit Zeugung bzw. Geburt und Tod thematisierte Genese - Ontogenese - nicht auf, sondern diese ist materiale Repräsentation eines Eines des Person-sein, das sich analytisch aus der Universalität von "im Gespräch sein mit sich" ergibt, wie es mit Person-sein zu verbinden ist, wobei also das sich analytisch hieraus Ergebende besagtes Sich-entfalten bedeutet. In anderen Worten: Das Sich-entfalten bzw. "Zu-sich-kommen" des Ich im Horizont von "im Gespräch sein mit sich" ergibt sich analytisch notwendig aus dem universal auszusagenden Person-sein als ein Eines-sein, da das Ich ansonst in seinem "an sich sein" nicht universal im Sinne eines ontologischen Eines wäre, sondern "universal" im Sinne eines weiteren d a s Eines, was unmöglich ist. Hierbei ist explizit zu beachten: Das Ich darf nicht an sich als Zu-sich-kommendes verstanden werden, sondern an sich als "Person-Seiendes", wobei analytisch in diesem Person-sein das Zu-sich-kommen liegt, gemäß einem differentiellen "universal Person-sein", wovon also zu sprechen ist, da das Ich gemäß seiner Universalität Daß-Aussagen formuliert, also von einem differentiellen Verzicht-üben-müssen zu sprechen ist.

Wie in der Einleitung ausgeführt - vgl. zudem *Privatheit* - ist das Ich notwendig als Teil der genealogischen Ich-Kette auszusagen, die ebenfalls in begrifflicher Hinsicht als ein Eines der unthematische-Begriffpyramide zu verstehen ist bzw. ebenfalls als ein ontologisch Begrenztes - wie es also analytisch aus "Ich" abzuleiten ist! - und für das daher wiederum Sich-entfalten anzunehmen ist. Konsequenterweise muß somit auch die materiale Repräsentation dieses Sich-entfaltens ausgesagt werden. Dies geschieht mittels dem Begriff "Phylogenese".

Gegenüber den Ausführungen in der Einleitung sind nun folgende Präzisierungen bezüglich "Phylogenese", "Ich-Kette" etc. vorzunehmen: Das Sich-entfalten bezüglich ontogenetisch-Eines-sein sei als "Konkretisierung" bezeichnet, wie sie also bezüglich "Ich" und "genealogische Ich Kette" auszusagen ist. In beiden Fällen ist "Konkretisierung" im Lichte von dialektische Differenz und daher von "materiale Basis" besagter Eines zu verstehen, die also, wie angeführt, mit Ontogenese und Phylogenese zu bezeichnen sind. Bezüglich "Ich" sei hierbei das zu diesem Eines im Lichte von materiale Repräsentation Auszusagende als "ein Mensch" bezeichnet, wie er also Ontogenese zeigt, sowie die materiale Repräsentation von "genealogische Ich-Kette" als "Menschheit". Im Horizont von "genealogische Ich-Kette" fehlt jeglicher Gradient im Sinne von Universalität des Person, wiewohl gemäß "Konkretisierung" diese Universalität ein Zu-sich-kommen bezüglich "im Gespräch sein mit sich" impliziert, so daß "Ich" als "entfaltet Person-sein" zu verstehen ist, in Abgrenzung von "unentfaltet-Person-sein", wobei das dieserart gegebene Gesamt als "genealogische Kette" bezeichnet sei und deren Eines als "Lebewesen". Für die materiale Repräsentation der genannten Eines seien die Begriffe "Organismus" für "Lebewesen" und "Tiere", "Pflanzen" und so weiter für Bereiche der "unentfaltet Person seienden Lebewesen". Die Konkretisierung bezüglich "genealogische Ich-Kette" - "genealogische Kette" ergebend - sei als "Evolution" bezeichnet und ihre materiale Repräsentation als Phylogenese wobei die phylogenetischen Mechanismen jenes darstellen das - in etwa - traditionell von der Evolutionsbiologie erforscht wird.

Streng genommen ist der Begriff "Evolutionsbiologie" somit zurückzuweisen, da die Biologie, als die Werdewelt analysierende Fachwissenschaft, keine philosophische Kompetenz besitzt, "Evolution" aber - insofern es einen Begriff der unthematische-Begriffpyramide darstellt - im Horizont philosophischer Reflexionen zu bedenken ist. Zugleich zeigen die gebrachten Ausführungen die zuvor angemerkte Näherung der Evolutionsbiologie - gemäß ihrem *developmental turn* - an ein philosophisch begründetes Denken. Der *developmental turn* thematisiert nämlich einerseits das Verhältnis von Ontogenese und Phylogenese und argumentiert insofern gemäß dem analytischen Verhältnis dessen, wovon Ontogenese und Phylogenese materiale Repräsentation sind[218], das analytische Verhältnis der Konkretisierung bezüglich "Ich" und "genealogische Ich-Kette" setzt also dementsprechend die materialen Repräsentationen hiervon miteinander in Beziehung, und erbringt andererseits - in Abkehr von dem populationsgenetischen Denken - eine Vergegenwärtigung der Organismizität, entsprechend dem philosophisch begründeten Beachten-müssen des Person-sein - wiewohl gemäß "unentfaltet Person-sein" - der Tiere, Pflanzen und so weiter.

Von besonderer Bedeutung ist das Ausgeführte für die Darlegung von "Neues", wie es bei Mahner & Bunge lediglich in Form ihres Emergentismus - relational zu ihrer "Ding"-Ontologie - dargestellt wird. Dieser Emergentismus braucht nicht zurückgewiesen zu werden, sondern muß in die Sprache der noetischen Dialektik transformiert werden. Das ist: "Neues" ist für die materiale Repräsentation von "evolutive Konkretisierung" auszusagen, insofern es Widerspiegelung des Anfang- nicht aber Daß-haben der Werdewelt ist, somit also davon, daß jegliches Sich-Auseinandersetzen eines Lebewesens mit einer Umwelt, wie es konstitutiv für Organismizität ist, differentielle Autonomie bzw. Autonomie als Gegründetes bedeutet, womit gilt: Die einzelnen Ausprägungsformen von Lebewesen im Horizont der evolutiven Konkretisierung umschließen in ihrer materialen Repräsentation in dem Sinne Neues, wie Lebewesen-sein autonom Gegründetes-sein bedeutet. "Neues" tritt daher in der Phylogenese aus eben jenem Grunde auf, aus dem es in der Werdewelt-Analyse des Ich auftritt - vgl. *Privatheit* und *Überlegungen* für den selbstorganisierenden Charakter der Werdewelt-Analyse -.

Hieran ist sogleich zweierlei zu spezifizieren: Erstens impliziert das soeben Ausgesagte keine naiv-naturalistische Erkenntnistheorie, da es nicht aus der Analyse der Phylogenese auf das Bedenken des Ich schließt, sondern das "im Gespräch sein mit sich" des Ich als Grundlage einer analytisch-dialektischen Entfaltung wählt und hierbei für den Horizont der materialen Repräsentation von Person-sein eben jenen Gradienten veranschlagt, wie er für die materiale Repräsentation des Eines der unthematische-Begriffpyramide "evolutive Konkretisierung" auszusagen ist.

Zweitens ergibt sich aus dem Dargelegten jene Möglichkeit einer Bezugnahme auf die Thermodynamik, wie sie die von Mahner & Bunge kritisierten Autoren vertreten, wiewohl auch deren Bezugnahme auf Thermodynamik bzw. dissipative Prozesse zur Generierung neuer Ordnungsmuster in die hier gebrachte noetisch-dialektische Sprache transformiert wer-

---

218 Der developmental turn in der Evolutionsbiologie bedeutet daher genau dann nicht bloß eine Problemverschiebung, wenn er sein Bedenken von Ontogenese und Phylogenese entsprechend deren materiale Repräsentanten-sein versteht.

den muß - vgl. hierzu *Phylogenese*, *Grundlegung* und *Zur Evolutionsbiologie*[219] -, parallel zur Transformation des Mahner & Bungeschen Emergentismus.

5.2 Christliche Philosophie in ihrem Verhältnis zur philosophischen "Evolution"-Konstruktion - diskutiert anhand von Aussagen von Thomas von Aquin

In seiner Enzyklika *Humanis generis* versteht Papst Pius VI die Aussage vom evolutiven Ursprung des Menschen als beachtenswerten Diskussionsbeitrag, vorausgesetzt, er wird auf die körperliche Ebene des Menschen begrenzt dargelegt. Eine vergleichbar differenzierte Haltung, wiewohl im Detail unterschiedlich, nimmt Wallace ein - vgl. oben -, wie auch Darwins Versuch, das Beachten werdeweltlicher Veränderlichkeit im Sinne von Historizität mit theologischem Denken zu kombinieren bzw. besagtes Beachten im Lichte der Einbringung des "Dekalog-Seligpreisung"-Konstruktes zu betreiben, direkte Verbindungslinien zu der Aussage von Papst Pius VI bietet. Tatsächlich weist die Literatur zahlreiche weitere mehrere Versuche auf, theologisches mit evolutionsbiologischem Denken zu kombinieren.

Diesen Versuchen ist gleich, daß sie nicht aus der noetischen Dialektik, also gemäß der Intention Platons, argumentieren, so daß sie dieser gemäß zu transformieren sind. Für die Feststellung von Papst Pius VI bedeutet dies, daß besagte Eingrenzung nicht auf die "körperliche Ebene" zu geschehen hat, sondern auf die materiale Ebene von Person-sein, wohingegen das Person-sein an sich im Sinne von Papst Pius VI nicht phylogenetisch verstanden werden darf bzw. abseits eines Gradienten zu verstehen ist, wie dies mit "Konkretisierung" von "genealogische Ich-Kette" ausgesagt ist.

Worin die somit nötige Transformationsleistung bestehen muß, genauerhin um eine Verflechtung theologischen und evolutionsbiologischen Denkens gemäß Darwin ohne den in dessen Position liegenden Verzerrungen zu erhalten, soll nun skizziert werden, um willen davon, in der Darlegung von Person-sein im Lichte der - philosophisch konzipierten! – Evolutionstheorie in dem Maße auch theologisches Gedankengut aufbieten zu können, wie es gegeben sein muß, da der christlichen Theologie im Horizont von "nicht an sich diskursivem Bedenken" notwendig Autorität zuzuordnen ist (vgl. *Theologie*) - so wie der biologischen Phylogenie auf ihrem Gebiet! -. Die nachfolgenden kritischen Ausführungen sind daher im Sinne jener "Freundschaft"-Konstruktion zu verstehen, die am Beginn von Kapitel 5 in Erinnerung gerufen worden ist, beziehen sich also darauf, daß christlich-theologisches Denken - sowie das Bedenken im Sinne der mit diesem verbundenen Philosophie - in die Sprache der noetischen Dialektik transformierbar ist.

Die folgende Abhandlung orientiert sich an Ausführungen von Thomas von Aquin in *De veritate* (*Quaestio I*)[220], und somit an einem Theologen und Philosophen, der der Dialektik Platons weitgehend abweisend gegenübersteht - vgl. hierzu auch *Theologie* -. Trotzdem, so wird zu zeigen sein, eignet sich das Werk des Aquinaten vorzüglich für die hier vorzunehmende Darstellung. Hierbei wird zunächst darzustellen sein, in welcher Form Thomas die Dialektik implizit anspricht - "implizit" gemäß Universalität des Person-sein verstanden! -, ohne sie explizit zu vergegenwärtigen. Die Darstellung hiervon wird Stellen in der Position des Aqui-

---

[219] Vgl. Fußnote 245

[220] Thomas von Aquin: *Von der Wahrheit - De veritate* (*Quaestio I*) - Ausgewählt, übersetzt und herausgegeben von A Zimmermann; Lateinisch-deutsch; Hamburg, 1986.

naten verdeutlichen, die, philosophisch - nicht also theologisch! - verstanden, der Einflechtung noetisch-dialektischen Denkens bedürfen - worin zugleich die Bedeutung des philosophischen Evolutionskonstruktes zu tragen kommen wird -, um erzielen zu können, Thomas' Aussagen entsprechend ihrer Parallelität zur Dialektik bedenken zu können, also abseits jener Bezugnahme auf die zweite Schicht des philosophischen Horizonts, die ihm unterläuft. Hierbei wird insbesondere zu verdeutlichen sein, daß die Position von Thomas von Aquin Raum für diese Einflechtung noetisch-dialektischen Denkens bereit hält, wiewohl sie selbst diese Möglichkeit nicht nutzt.

Im ersten Artikel von *De veritate* beantwortet Thomas die Frage "Was ist Wahrheit?". Hierbei hebt Thomas zunächst damit an, daß Wahres und Seiendes anscheinend einander entsprechen, ohne daß sie dasselbe sein können, da "Wahres ist Seiendes" ansonst lediglich eine zu verwerfende Tautologie wäre. Wie aber ist die Übereinstimmung von Wahres und Seiendes zu verstehen, ohne daß hierbei eine Tautologie ausgesagt wird? Hierzu thematisiert Thomas zunächst:

> "Wie es bei beweisbaren Sätzen ein Zurückführen auf gewisse durch sich dem Verstand bekannte Prinzipien geben muß, so auch bei jeder Erforschung dessen, was etwas ist. Sonst verliefe man sich in beiden Bereichen ins Unbegrenzte, und so verlören Wissenschaft und Erkenntnis der Dinge sich völlig" (S.5).

Dasjenige, das dieserart als notwendig Aussagbares thematisiert wird, ist für Thomas das Seiende, "wie es der Verstand zuerst als das ihm Bekannteste begreift (S.5), und in das er alles Begriffene auflöst, wie Thomas in Anlehnung an Avicenna festhält. Alle anderen Begriffe des Verstandes sind demgemäß "Hinzufügung" zu dem des Seienden, wobei sogleich betont wird:

> "Zu »Seiendes« kann jedoch nicht etwas hinzugefügt werden wie ein außerhalb seiner liegender Gehalt, so wie etwa eine Artbestimmung zur Gattung oder ein Akzidens zu seinem Träger hinzukommt; denn jedwede Wirklichkeit ist wesenhaft Seiendes" (S.5).

Daher auch, so Thomas, verweist Aristoteles darauf, daß "Seiendes" keine Gattung ist. Nicht dieserart also ist "Hinzufügung" zu verstehen, sondern im Sinne einer Bezeichnung von Seinsweisen, die durch "Seiendes" nicht ausgedrückt ist.

An diesem Beginn der Argumentation Thomas' sind sogleich zwei Aussagen hervorzukehren, die Notwendigkeit beanspruchen können, wiewohl sie die in ihnen liegende Notwendigkeit nicht konsequent darbieten. Hierbei handelt es sich einerseits um die Abwehr einer unendlichen Hinterfragung und andererseits um die Annahme eines apriorischen, diskursiven Zuganges des Ich zur ontologischen Ebene. Gemäß der noetischen Dialektik Platons verweisen beide Aussagen auf das Aussagen-können des Subjektes der Eines-Formel, wie es konstitutiv für das Ich-sein ist, wiewohl gemäß einem ganzheitlich verzerrt konzipiert sein könnenden Bedenken dieses Subjekt nicht notwendig von einem Ich diskursiv vergegenwärtigt sein muß. Um eine propositionale Vergegenwärtigung der Eines-Formel ist Thomas von Aquin in seinen Ausführungen aber nicht bemüht, da er in einer Weise auf "Seiendes" reflektiert, die dieses nicht als ein Subjekt begreift, dessen Hinterfragung zu dem Subjekt der anfänglichen Daß-Aussage - "Ich" - führt, weshalb dieses letztlich ungenannt bleibt. Das ist: Die Freilegung der Eines-Formel geschieht um willen des Verstehen-könnens der Gleichheit von Sein und Bedenken, so daß nicht vorliegen kann, daß das Subjekt, um dessen Verstehen willen die Hinterfragung auftritt, zugleich jenes ist, aus dem heraus die Beantwortung der Frage aufgenommen wird.

Vergegenwärtigt Thomas dieses Argument also auch nicht, so treten bei ihm doch wesentliche Parallelen zum Bedenken gemäß der Eines-Formel auf, da er um Vermeidung von

Äußerlichkeit bemüht ist, dahingehend daß "Seinsweise" kein weiteres "Seiendes" ist, ohne deshalb an sich anderes als jenes zu sein - »jedwede Wirklichkeit ist Seiendes«! -, womit von einem Vorliegen von Seiendes in zwei modalen Ebenen zu sprechen ist, entsprechend den beiden modalen Ebenen im Sinne der Eines-Formel. In anderen Worten: Thomas von Aquin ist um Vergegenwärtigung dieser beiden Ebenen bemüht, obschon ungeachtet der Vergegenwärtigung jenes Subjektes, das dies uneingeschränkt thematisch-methodisch unreduziert erlaubt.

Thomas entfaltet nun "Seinsweisen", wobei eine quasi-analytische Argumentation auftritt, insofern zunächst "besondere Seinsweise" und "allgemeine, jedwedem Seienden zukommende Seinsweise" unterschieden wird, wobei letztere differenziert wird in "jedem Seienden an sich zukommend" und "jedem Seienden in dessen Hinordnung auf ein anderes". Bezüglich "jedem Seienden in sich genommen" wird zwischen "bejahend" und "verneinend" unterschieden; bezüglich bejahend wird "der Name »Wesen« bzw. »Ding« beigelegt", wie es die "Washeit" eines Seienden ausdrückt"; bezüglich "verneinend" wird ihm "der Name »Eines« beigelegt". Gemäß "Seiendes in dessen Hinordnung auf ein anderes" wird unterschieden zwischen: "gemäß der Teilung des einen vom anderen", was ausgedrückt wird durch "Etwas (aliud quid)", und "gemäß der Übereinstimmung eines Seienden mit einem anderen", insofern etwas angenommen wird, "das mit jedem Seienden übereinstimmen kann": "Dies aber ist die Seele". Für die Seele wird die Erkenntnis- und die Treibekraft angenommen, wobei gelten soll: Das Übereinstimmen eines Seienden mit dem Streben "drückt das Wort »Gutes« aus" - das Gute ist, wonach alles strebt, hält Thomas von Aquin mit Aristoteles fest -, wohingegen sich die Treibekraft auf das übereinstimmen eines Seienden mit dem Verstand bezieht, "ausgedrückt durch das Wort »Wahres«".

Thomas kommt somit auf "Seele", "Gutes" und "Wahres" aus seiner Parallelisierung des noetisch-dialektischen Denkens und der in diesem liegenden Eines-Formel zu sprechen. Dies impliziert notwendig, daß alle drei Begriffe nicht uneingeschränkt thematisch-methodisch unreduziert bedacht sein können, da sie abseits dem Eines-sein des Ich in dialektischer Differenz zu dem Gründenden dargelegt sind. Hierin liegt: Besagte drei Begriffe thematisieren "Personsein", "Autonomie des Ich" und "um sich bemüht sein müssen", repräsentieren diese aber nicht als thematisch-methodisch unreduziert bedachte Eines der unthematische-Begriffpyramide.

Komplementär hierzu gilt: Die Hintanhaltung einer uneingeschränkten Vergegenwärtigung des Eines-sein des Ich als ein ontologisch Begrenztes geschieht bei Thomas von Aquin theologisch konzipiert, so daß die gebrachte Kritik an seinen Ausführungen strikt im Lichte der in *Theologie* der christlichen Theologie zugeordneten Autorität zu verstehen ist. Insofern sind also Thomas' Ausführungen als Ausdruck eines nicht-an-sich-diskursiven Denkens notwendig zu akzeptieren, doch trägt dies zugleich das Aufzeigen-müssen davon in sich, seine Ausführungen in die Sprache der noetischen Dialektik transformieren zu müssen, letztlich auch um willen des Thomasischen Denkens selbst. Das ist: Thomas' theologische Argumentation ist auch im Lichte der Superiorität der Diskursivität zu akzeptieren, da diese kein Alles-sein des an sich diskursiven Denkens bedeutet, sondern analytisch ein nicht an sich diskursives Denken umfaßt, worauf also Thomas' Aussagen zu beziehen sind. Besagte Akzeptanz beinhaltet aber, daß das nicht an sich diskursive Denken seinen Status und somit das an sich diskursive Denken vergegenwärtigt, da es, unterbleibt dies, notwendig dort als pragmatisch-fideistisches Denken entgegentritt, wo es den Versuch unternimmt, sich selbst an die Stelle des an sich diskursiven Denkens zu setzen.

Im Lichte hiervon seien folgende Aussagen von Thomas von Aquin betrachtet: "Das erste Verhältnis des Seienden zum Verstand ist, daß Seiendes und Verstand zusammenstimmen, diese Zusammenstimmung wird Angleichung genannt"; "Hierin (in der Angleichung) vollendet sich der Sinngehalt von Wahres. Dies ist es was Wahres zu Seiendes hinzufügt"; "die

Seiendheit eines Dinges geht dem Sinngehalt von Wahrheit voraus". Diese Aussagen sind also, wiewohl sie im Horizont der Theologie zu akzeptieren sind, in die erste Schicht des philosophischen Horizonts bzw. die noetische Dialektik zu transformieren, da sie die Eines-Formel nicht propositional beinhalten. Insofern nämlich Thomas' Aussagen diese Formel parallelisieren, führen sie mit »Zusammenstimmen - Angleichung« ein Konstrukt zur Vermeidung einer Tautologie in der Anführung von "Seiendes" und "Wahres" an, das die transzendentalphilosophische Schwelle, wie sie gemäß der dialektischen Differenz die beiden - an sich von Thomas thematisierten - modalen Ebenen verknüpft, partiell nivelliert, dahingehend daß »Zusammenstimmen - Angleichung« eine Bezugnahme auf das Gründende bedeutet, die das Ich nicht entsprechend seinem Autonomes-sein vergegenwärtigen läßt, so wie dies bezüglich Thomas' "Gutes"- und "Wahres"-Konstrukt auszusagen war.

Der zweite Artikel in *De veritatis* verdeutlicht dies wie folgt:

> "Etwas von vielen Dingen gemäß einer Ordnung Ausgesagtes muß nicht dem zugesprochen werden, das sich wie eine Ursache zu den anderen verhält, sondern demjenigen, in welchem in erster Linie der Sinngehalt jenes Allgemeinen vollständig enthalten ist. ... Deshalb muß "Wahres", da es gemäß einer Ordnung von mehreren ausgesagt wird, von jenem zuerst ausgesagt werden, in dem sich in erster Linie der vollständige Sinngehalt von Wahrheit befindet" (S.15).

> "Nun liegt aber die Vollendung jeder Bewegung oder Tätigkeit in deren Endziel. ... Die Bewegung der Erkenntniskraft endet in deren Seele, denn das Erkannte muß im Erkennenden entsprechend der Art des Erkennenden sein. Die Bewegung der Strebekraft jedoch endet in einem Ding. Daher behauptet Aristoteles einen gewissen Kreislauf in den Tätigkeiten der Seele. Ein Ding außerhalb der Seele bewegt den Verstand, das erkannte Ding wiederum bewegt das Strebevermögen, das Strebevermögen ist darauf aus, zu dem Ding zu gelangen, von dem die Bewegung ihren Ausgang nahm" (S.15).

Das Motiv des Kreislaufes, von dem Thomas hier in Zusammenhang mit der Position Aristoteles' spricht, ist für diese in *Vergleich* als Element der Aristotelischen Argumentation abseits der ersten Schicht des philosophischen Horizonts dargelegt worden, die Anfangproblematik unterschätzend: Aristoteles' Anführung seines Kreislauf-Motives, von "subalterner Raum" und so fort, sind Ausdruck des Verfehlens der Eines der *Ion*schen Begriffpyramiden, wobei aber die Maskierung hiervon im Lichte des philosophischen Horizonts erfolgt, weswegen Aristoteles keine vor-philosophisch herbeiargumentierten letztbegründenden Eines akzeptiert.

Thomas von Aquin übernimmt bezüglich dem Kreislauf-Motiv die Vorgehensweise Aristoteles' bzw. übernimmt er sie als diskursive Ausgestaltung seines nicht-an-sich-diskursiven theologischen Denkens, wobei er das Kreislauf-Motiv wie folgt genauerhin mit dem Angleichung-Motiv verknüpft: Im Lichte der Betonung der Unterschiedlichkeit von praktischem und theoretischem Verstand - jener "verursacht Dinge und ist daher ihr Maß", dieser "empfängt von den Dingen, ist daher von ihnen bewegt, die Dinge bilden sein Maß" - führt Thomas aus:

> "Woraus offenkundig ist, daß die Dinge der Natur, von denen unser Verstand das Wissen hernimmt, sein Maß bilden, wie es im 10. Buch der *Metaphysik* [Aristoteles'] heißt. Sie sind aber ihrerseits vom göttlichen Verstand, in dem alles so ist wie alle Kunstwerke im Verstand des Künstlers, gemessen" (S.17).

Daher, so Thomas weiter, ist der göttliche Verstand "maßgebend aber nicht gemessen", die Dinge der Natur "maßgebend und gemessen" und unser Verstand "gemessen und maßgebend für die künstlichen Dinge, nicht maßgebend für die Dinge der Natur". Die Dinge der Natur, wie sie also zwischen den beiden Verstandesvermögen stehen, werden hierbei "gemäß der Angleichung an beide »wahr« genannt" (S.17). Die Angleichung an den göttlichen Verstand versteht Thomas im Sinne der Erfüllung dessen, das durch den göttlichen Verstand für ein Ding "bestimmt" ist, weswegen er auch mit Avicenna festhält: "Die Wahrheit jedweden Dinges ist die Eigenart seines Seins, welche ihm dauerhaft eignet" (S.17). Diese Aussage, wie sie auf »dauerhaft« reflektiert, bedeutet eine Transzendierung der Faktizität im Lichte der vorangegangen von Thomas dargelegten primären Wahrnehmung der Washeit.

Im Sinne hiervon ist jenes Fundament für die angeführte Zirkularität zu verstehen, das einen Regreß ins Unendliche vermeiden soll, wie dies also auch gemäß Thomas zu fordern ist. Das ist: Thomas' Differenzierung von "Wahr" bezüglich göttlicher Verstand, Dinge der Natur und unserem Verstand ergibt eine Differenzierung von "wahr" entsprechend: "»wahr« wird also zuerst vom wahren Verstand gesagt, in zweiter Linie von dem diesem angeglichenen Ding" (S.19). In dieser Differenzierung liegt eine Verzerrung von Person-sein, da "wahr", wie es im Horizont von "Angleichung an den menschlichen Verstand" ein Vermögen der Dinge impliziert "eine wahre Einschätzung seiner zu bewirken", abseits der Autonomie des Ich verstanden wird, dahingehend, daß Apriorizität im Bedenken nicht im Lichte der Paradigmata vergegenwärtigt wird. Das Person-sein wird also ungeachtet hiervon verstanden, da besagte Differenzierung im Sinne einer Verzerrung der dialektischen Differenz von Eines als Gründendes und Eines als Ich auftritt, so wie dies bereits zu Beginn der Analyse der Ausführungen von Thomas von Aquin festzuhalten war.

Wenn Thomas von Aquin daher schreibt "Was in etwas ist, richtet sich nach dem, worin es ist, nur dann, wenn es selbst aus dessen Prinzipien verursacht ist" und hieraus ableitet "Wahrheit richtet sich, wie sie in der Seele verursacht ist, nicht nach der Einschätzung durch die Seele, sondern nach dem Wirklichsein der Dinge", so ist dies in dem dargelegten Sinne Mißachtung der Autonomie des Ich, wie es in seinem Bedenken über Paradigmata verfügt, ist zugleich aber im Sinne der Autorität christlich-theologischen Denkens, wie sie in *Theologie* dargelegt ist, notwendig anzuerkennen.

Angesichts hiervon sei nun auf Artikel 5 von *De veritatis* geblickt, der sich der Frage zuwendet: "Ist irgendeine andere Wahrheit außer der ersten Wahrheit ewig"? Diesem Artikel sei zunächst die in ihm enthaltene Stellungnahme zu "Ewigkeit" entnommen, wie sie in Zusammenhang mit der oben gegebenen Aussage von Avicenna »Die Wahrheit jedweden Dinges ist die Eigenart seines Seins, welche ihm dauerhaft eignet« von Interesse ist.

> "Darum[221] wird dies »wahr« genannt von der Wahrheit her, die nur im Verstand ist, auch wenn es das entsprechende Ding selbst nicht gibt; in ähnlicher Weise konnte auch der göttliche Verstand sich von Ewigkeit her dem angleichen, was nicht von Ewigkeit her war, sondern in der Zeit erschaffen wurde, und so kann das, was in der Zeit ist, »von ewig her wahr« genannt werden von der ewigen Wahrheit her. Fassen

---

221 Thomas meint hiermit:

> "Weil nun die Wahrheit, die im Verstand ist, in den Dingen selbst ihr Maß hat, folgt daß nicht nur die Wahrheit eines Dinges, sondern auch die Wahrheit des Verstandes oder der Aussage, die Verstandenes bezeichnet, von der ersten Wahrheit her benannt werden. Diese Angleichung oder Maßentsprechung des Verstandes und des Dinges erfordert aber nicht, daß jedes der beiden Beziehungsglieder wirklich ist. Unser Verstand nämlich kann jetzt solchem angeglichen sein, das erst in Zukunft sein wird, jetzt aber nicht ist. Sonst wäre der Satz »Der Antichrist wird geboren werden« nicht wahr" (S.35).

> wir also Wahrheit auf als die dem geschaffenen Wahren innewohnende, die wir in den Dingen und im geschaffenen Verstand antreffen, dann ist die Wahrheit so genommen nicht ewig, weder die der Dinge noch die der Aussagen; denn weder die Dinge selbst noch die Verstandesvermögen, denen diese Wahrheiten innewohnen, sind von Ewigkeit her. Wird aber die Wahrheit des geschaffenen Wahren als das aufgefaßt, wodurch wie durch ein äußeres Maß, welches die erste Wahrheit ist, alles »wahr« genannt wird, so ist die Wahrheit sowohl der Dinge wie der Aussagen wie der Verstandesvermögen ewig" (S.35).

Hier zeigt sich ganz explizit, daß Thomas' Versuch der Transzendierung der Faktizität im Horizont des dem Ich möglichen Bedenken im Lichte der Thomas möglichen Vergegenwärtigung der dialektischen Differenz geschieht, also insofern in Parallelität zur noetischen Dialektik, als die Eines-Formel abseits der Thematisierung ihres Subjektes, also des Subjektes der anfänglichen Daß-Aussage, erfolgt. Das ist: Für die Dinge bzw. - wie gemäß der noetischen Dialektik auszusagen ist - für die ontologisch Begrenzten läßt sich die Transzendierung der Faktizität, also die Ewigkeit der Wahrheit bzw. Avicennas "Dauerhaftigkeit", nicht an sich aussagen, sondern insofern diese in modaler Differenz zu dem Gründenden - Gottes Verstand - sind, also, wie entsprechend der noetischen Dialektik und ihrer dialektischen Differenz festzuhalten ist, dieser in nicht an sich seiender Form sind.

Im Lichte hiervon sei aus Artikel 5 weiters gelesen:

> "Diese erste Wahrheit nun kann nur eine einzige in bezug auf alles sein. Wahrheit in unserem Verstand unterscheidet sich nämlich nur zweifach: Erstens wegen der Verschiedenheit der erkannten Dinge, von denen er verschiedene Erkenntnisse besitzt, welche verschiedene Wahrheiten in der Seele zur Folge haben. Zweitens aus der unterschiedlichen Weise des Verstehendes. Der Lauf des Sokrates ist nämlich etwas Einheitliches, die Seele aber, welche zusammensetzend und trennend die Zeit mitversteht, wie es [bei Aristoteles] im 3. Buch *Von der Seele* heißt, versteht den Lauf des Sokrates in verschiedener Weise, als gegenwärtigen, vergangenen und zukünftigen, und sie bildet demgemäß verschiedene Erkenntnisse, in denen verschiedene Wahrheiten anzutreffen sind. Keine der beiden angeführten Weisen von Verschiedenheit lassen sich aber im göttlichen Erkennen antreffen. Er (Gott) besitzt nämlich nicht verschiedene Erkenntnisse von den verschiedenen Dingen, sondern erkennt alles in einer einzigen Erkenntnis; denn er erkennt alles durch ein einziges, nämlich seine Wesenheit, "nicht auf ein Ding nach dem anderen sein erkennen richtend", wie Dionysius im Buch *Von den göttlichen Namen* sagt" (S.37).

Thomas von Aquin berichtet hier also von Erkenntnisvermögen des Ich, wie sie bei Gott nicht zu finden sind, berichtet also von Vermögen, die das Ich-sein in Differenz zu dem Gründenden darlegen. Genauerhin berichtet Thomas hiervon aber abseits von "differentielles Verzicht-üben-müssen" und dem dementsprechend auszusagenden Aussagen-können der Daß-Aussagen gemäß der zu Person-sein des Ich gehörenden Autonomie. Dies ergibt sich schon aus der strikten Trennung, wie sie mit »keine der beiden angeführten Weisen von Verschiedenheit lassen sich aber im göttlichen Erkennen antreffen« gegeben ist. Diese "strikte Trennung" ist aber entsprechend Thomas' Differenzierung bezüglich "wahr" zu verstehen, wie sie Ausdruck der insgesamt bei Thomas vorliegenden Parallelisierung der Eines-Formel ist und also »Angleichung« als Kompensation dafür aufwendet, das Auftreten von Paradigmata im menschlichen Bedenken nicht vergegenwärtigen zu können.

Hiermit ist hinreichend skizziert, worin Thomas' Argumentation eine Verzerrung der ersten Schicht des philosophischen Horizonts darstellt, wiewohl im Sinne einer theologischen Argumentation, die als solche notwendig Zustimmung finden muß, da sie den Verweis auf die erste Schicht in sich trägt. Zwei Aussagen des Aquinaten, eine aus Artikel 3, eine aus Artikel 9, verdeutlichen insbesondere, worin diese Verweisfunktion begründet ist und verdeutlichen daher zudem, wo in Thomas' Position die philosophische Evolutionstheorie gemäß dieser Verweisfunktion einzuarbeiten ist.

Zunächst zu besagter Argumentation in Artikel 3, der sich mit der Frage beschäftigt: "Gibt es Wahrheit nur im trennenden und zusammensetzenden Verstand"? Thomas führt hierzu aus:

> "Wie Wahres sich eher im Verstand als in den Dingen findet, so findet es sich auch eher im Akt des zusammensetzenden und trennenden Verstandes als in dem Akt, durch den der Verstand die Washeit der Dinge erfaßt. De Sinngehalt des Wahren besteht nämlich in der Angleichung eines Dinges und des Verstandes; ein und dasselbe ist aber nicht sich selbst angeglichen, sondern Gleichheit gibt es nur bei irgendwie Verschiedenem" (S.21).

Hieraus leitet Thomas von Aquin ab:

> "Deshalb findet sich der Sinngehalt von Wahrheit im verstand erstmalig da, wo der Verstand erstmalig anfängt, etwas ihm Eigenes zu haben, was das Ding außerhalb der Seele nicht hat, was diesem jedoch entspricht, und zwar derart, daß zwischen ihnen eine Angleichung bemerkt werden kann" (S.21).

In Folge ist zu lesen:

> "Insoweit der Verstand nun die Washeit der dinge erfaßt, besitzt er aber nur eine Ähnlichkeit mit dem außerhalb der Seele existierende Ding, wie auch ein Sinnesvermögen, sofern ein Bild des sinnfälligen Gegenstandes aufnimmt. Sobald der Verstand aber anhebt, über das erfaßte Ding zu urteilen, ist dieses Urteil des Verstandes etwas ihm eigenes, das nicht im Ding außerhalb zu finden ist. Wenn das Urteil nun dem, was außerhalb im Ding ist, angeglichen ist, heißt es »wahr«" (S.21-23).

Im Zentrum dieser Argumentation steht »ihm [gemeint ist der menschliche Verstand] Eigenes«, das nun also in Relation zu den Dingen der Natur ausgesagt wird, wohingegen zuvor eine "ihm Eigenes"-Konstruktion aufgetreten ist in Relation zur Vernunft Gottes, wie sie die menschlichen Weisen des Verstehens nicht kennt.

Erneut unterläßt Thomas aber die Vergegenwärtigung des differentiellen Verzicht-übenmüssen und dem damit verbundenen Aussagen-können der Daß-Aussagen, es bei der Thematisierung davon belassend, bezüglich "Angleichung" eine naive Abbildtheorie vermeiden zu müssen. Wiewohl also "Angleichung" Übereinstimmung voraussetzt, darf "Angleichung" nicht zwischen zwei an sich einander Gleichen angenommen werden, genauso wie zuvor von Thomas vermieden worden ist, "Wahrheit" und "Seiendes" in einer Tautologie bedeutenden Zusammenfügung zu vereinen. Im Sinne hiervon argumentiert Thomas nun gemäß seiner Konstruktion, derzufolge es den Dingen inhärent ist, "Wahres" in der menschlichen Vernunft induzieren zu können, ohne daß zum verstehen hiervon die Eines der *Ion*schen Teilpyramiden bedacht werden bräuchten, entsprechend seinem Verständnis von Person-sein.

Die Folge hiervon ist, daß Thomas von Aquin Konstruktionen wie jener von der Pertizipierbarkeit der Washeit bedarf, um die oben angeführte "Zirkularität"-Konstruktion nicht Alles sein lassen zu müssen, was einen unendlichen Regreß provozieren würde, ohne zugleich zu jenem vorzudringen, das diesen unendlichen Regreß thematisch-methodisch unreduziert entsprechend einem uneingeschränkten diskursiven Vordringen zum Bereich der Notwendigkeit abwenden läßt. Dieserart wählt Thomas mit »Urteil« einen Anfang für die Vergegenwärtigung von "Wahres", demgemäß zwar das Ich als Eines verstanden werden kann - "ihm Eigenes"-Konstruktion -, jedoch abseits der Darlegung dieses Eines-sein gemäß der Eines-

Formel, da dasjenige, das die Aussagen zu dem Eines-sein ergibt, zwar aus einer Differenz zu den Dingen und auch zu Gott (vgl. oben) konzipiert ist, hierbei aber lediglich eine Thematisierung der dialektischen Differenz erreicht wird, wie sie von Anfang an in der Argumentation des Aquinaten gegeben ist. Hierin liegt also, daß Thomas Differenz alleine - wiewohl christlich-theologisch konzipiert! - im Horizont der Vermeidung einer Tautologie bedenkt, anstatt in ihr ein Element einer propositionalen Thematisierung des Bereichs der Notwendigkeit zu sehen.

Daher auch muß er erneut zu einer Differenzierung innerhalb von Wahrheit greifen, die nicht jene gemäß den *Ion*schen Teilpyramiden ist, "Wahrheit" einmal entsprechend der analytischen Entfaltung der unthematische-Begriffpyramide und sodann gemäß der selbstorganisierenden Vorgehensweise bezüglich der thematische-Begriffpyramide differenzierend. Hierher gehört:

> "Wenn auch die Erfassung der Washeit die erste Tätigkeit des Verstandes ist, so hat er durch sie jedoch nicht etwas ihm Eigenes, welches der Sache angeglichen sein kann, und daher liegt in ihr nicht Wahrheit im eigentlichen Sinn" (S.25).

Sogleich sei hierzu aus dem vierten Artikel hinzugefügt:

> "Wahrheit ist also im göttlichen Verstand in erster Linie und im eigentlichen Sinne. Im menschlichen Verstand jedoch ist sie im eigentlichen Sinne, aber nur in zweiter Linie. In den Dingen aber ist sie uneigentlich und in zweiter Linie, weil nur aufgrund der Rücksicht auf eine der beiden Verstandeswahrheiten" (S.27).

Diese Unterscheidung von »im eigentlichen Sinn« gemäß »erster« und »zweiter Linie« besagt zwar das Aussagen eines Eines in zwei modalen Formen und greift somit etwas auf, das entsprechend der noetischen Dialektik Platons notwendig auszusagen ist, jedoch, anders als Platon dies in seiner Eines-Formel darlegt, abseits dem Versuch, das Subjekt dessen diskursiv freizulegen, das tatsächlich als in zwei modalen Formen auftretend ausgesagt werden kann, weswegen Thomas »Erfassung der Washeit« »als der ersten Tätigkeit des Verstandes« bedarf, wie sie aber nicht »Wahrheit im eigentlichen Sinn« bedeuten soll.

Im Lichte hiervon sei nun, bevor also die mit der Argumentation in Artikel 3 gegebenen Möglichkeiten der Einflechtung des philosophischen Evolutionskonstruktes dargelegt seien, die Argumentation in Artikel 9 - er geht der Frage nach: "Gibt es Wahrheit im Sinnenvermögen?"- beleuchtet.

Zunächst hält Thomas von Aquin in Artikel 9 fest, daß es Wahrheit im Verstand und im Sinnesvermögen gibt, "jedoch nicht in derselben Weise" (S.63). Im Verstand nämlich, so Thomas, gibt es sie als dem Verstandesakt folgende und zudem als durch den Verstand erkannte, wohingegen sie im Sinnesvermögen zwar auch als dem Akt folgende auftritt, jedoch nicht als von diesem Erkannte:

> "Sie wird aber vom Verstand erkannt, insofern der Verstand sich über seinen Akt zurückbeugt, und zwar nicht nur, insofern er seinen Akt erkennt, sondern auch insofern er dessen Verhältnis zum Ding erkennt. Dies allerdings kann nur erkannt werden, wenn die Natur des Aktes selbst erkannt wird, welche wiederum nur erkannt werden kann, wenn die Natur des tätigen Prinzips, welches der Verstand selbst ist, erkannt wird. In dessen Natur liegt es, den Dingen gleichförmig zu werden" (S.65).

Den Grund dafür, wieso diese "Zurückbeugung" nur im Verstand auftritt, sieht Thomas darin, daß die geistigen Substanzen, "also jenes, was im Reich des Seienden am vollkommensten ist" (S.65), in einer vollständigen Rückkehr zu ihrer Wesenheit zurückkehren, also zwar im Erkennen "gewissermaßen aus sich heraus[gehen]" (S.65), hierbei aber - im Erkennen des Erkennens - zu sich zurückkehren: "Diese Rückkehr aber wird vollständig, insofern sie ihre eigene Wesenheit erkennen" (S.65). Demgegenüber hebt ein Sinnenvermögen - "das ja einer geistigen Substanz nähersteht als alles übrige" (S.65) - zwar zur Rückkehr an, denn es erkennt neben dem erkannten Gegenstand auch, daß es wahrnimmt, doch "ist seine Rückkehr nicht vollständig, weil kein Sinnesvermögen seine Wesenheit erkennt" (S.67). Zur Verdeutlichung hiervon führt Thomas mit Avicenna aus:

> "Avicenna führt dafür folgende Begründung an: Ein Sinnesvermögen erkennt etwas nur mittels eines körperlichen Organs. Es ist aber nicht möglich, daß ein körperliches Organ zwischen ein Sinnesvermögen und dieses selbst fällt. Nichtsinnenhafte Vermögen aber kehren in keiner Weise zu sich selbst zurück, weil sie nicht erkennen, daß sie tätig sind. So erkennt das Feuer nicht, daß es wärmt" (S.67).

Versucht man nun die angeführten Ausführungen aus Artikel 9 zu interpretieren, so erregt sofort der Begriff "Rückbeugung" Interesse, vor allem da er auch bei dem christlichen Philosophen und Theologen Nikolaus von Kues und dessen d i a l e k t i s c h e n Überlegungen von Bedeutung ist. In Anlehnung an Avicebron hält Cusanus in *De beryllo*[222] fest:

> "Avicebron sagt im Buch der Quelle des Lebens, daß die mannigfache Rückwendung des Seienden die Verschiedenheit der Seienden verursache, da eine Rückwendung zum Seienden das Leben hinzufügt, zwei Rückwendungen die Vernunft. Wie das im Rätselbild erfaßt werden kann, magst du dir in folgender Weise vorstellen[223]" (n.18).

In *Theologie* wird diese Stelle aus *De beryllo* diskutiert, darlegend, daß Cusanus - angesichts einer Modifikation der Avicebronschen Argumentation - "Rückwendung" im Sinne der dialektischen Entfaltung versteht, wiewohl abseits einer Argumentation alleine gemäß der Intention Platons, also alleine gemäß der noetischen Dialektik im Lichte der ersten Schicht des philosophischen Horizonts.

Bei Thomas von Aquin tritt das "Rückwendung"-Motiv aber abseits einer dialektischen Argumentation auf bzw. im Sinne der bei Thomas gegebenen Parallelisierung des dialektischen Denkens, wobei die Annahme dieser Parallelität durch die bei Thomas und Nikolaus einheitlich gegebene Verwendung von "Rückwendung" eine Untermauerung erfährt.

Genauerhin ist bezüglich den Ausführungen des Aquinaten zu beachten, daß sie "Rückwendung" im Sinne von "zu sich zurückkehren" verstehen, das also bei der "vollkommensten geistigen Substanz" gegeben sein soll, wie sie sich demjenigen zuwendet, das diese Vollkommenheit nicht besitzt bzw. in der Zuwendung das eben dieserart gestaltete Sinnesvermögen aufgreift. Diese Unvollkommenheit wird auf die Verflechtung mit Materialem - den Sinnesorganen - rückgeführt, so daß sogleich die Frage im Raum steht, wieso Thomas "Verstand" nicht explizit in Hinblick auf "Denkleistung des Gehirnes" - also Materialem – diskutiert, hierin Probleme für seine vollkommene "Rückwendung"-Konstruktion sehend. Tatsächlich erwachsen hier Thomas' Position Probleme, jedoch nicht derart, daß seine theologisch-philosophische Argumentation einer naturalistischen - gehirnphysiologischen – Argumentation weichen müßte, als der Ermöglichung der Lösung besagter Probleme, denn wie sollte eine fachwissenschaftliche Argumentation das zu ihr Transzendentale, wie es Thomas von Aquin thematisiert, darstellen können.

Tatsächlich ist Thomas' Argumentation fortgesetzt zu akzeptieren, indem sie als im theologischen Horizont verwurzelt angesehen wird. Insofern gilt es zu fragen, inwieweit Thomas'

---

222 Zitiert nach: Nikolaus von Kues: *De beryllo / Über den Beryll* - Neu übersetzt, eingeleitet und mit Anmerkungen herausgegeben von K Bormann, Hamburg, 1987, Lateinisch-deutsch.

223 Das von Cusanus zur Verdeutlichung angeführte *aenigma* ist das des Winkels.

Argumentation eine nicht an sich diskursive Darstellung ist, die der Transformation in eine an sich diskursive Darstellung bedarf, insofern diese zum Garanten dafür wird, daß Thomas' Darlegung nicht mit einer solchen verwechselt wird und daher thematisch-methodisch reduktionistisch konzipiert ist.

Im Sinne besagter Transformation ist Thomas' "Rückwendung" im Horizont des "vollkommensten geistigen Wesens" zunächst - die Theologie nicht notwendig verlassend! (vgl. *Theologie* und *Untersuchungen*) - als Thematisierung von "im Gespräch sein mit sich" zu verstehen, wie es entsprechend der noetischen Dialektik das Ich im Lichte seiner beiden modalen Ebenen gemäß der dialektischen Differenz zeigt bzw. gemäß dieser, wie sie an sich für d a s Eines entsprechend seinen Ebenen das Gründende und Ich (als e i n Eines) auszusagen ist und analytisch entfaltet innerhalb von Ich auftritt. Insofern nämlich ist das Um-sich-bemühtsein des Ich ein Sich-nach-außen-wenden um seiner selbst willen, worin also die "Rückwendung" gegeben ist, wobei das Ich notwendig - entsprechend der in ihm liegenden dialektischen Differenz - als über eine materiale Basis Verfügendes "im Gespräch mit sich" ist, worin sich Thomas' Verweis auf »Sinnenakt« manifestiert. Dies inkludiert aber: Thomas' "Vollommen"-Skala, wie sie aus seinen Differenzierungen bezüglich "wahr", seiner "Zirkularität"-Argumentation, seiner defizitären Vergegenwärtigung des Aussagen-könnens von Daß-Aussagen usw. erwächst (vgl. oben), ist noetisch-dialektisch umzuinterpretieren, Thomas' "Stufung" in "dialektische Differenz" modifizierend.

Dies eröffnet nicht nur, "Sinnenakt" im Horizont von "materiale Basis" gemäß der noetischen Dialektik verstehen zu können, ohne daß der Verweis auf die Gehirnfunktion zum Problem wird, es erlaubt auch Sinnenleistung und so fort abseits dem Thomasischen Versuches der Vermeidung einer naiven Abbildtheorie unter Thematisierung der differentiellen Unendlichkeit der Werdewelt bzw. des Bereichs des epistemologisch Begrenzten verstehen zu können und somit insgesamt dem Person-sein des Ich entsprechen zu können. In anderen Worten: Thomas' "ihm [dem menschlichen Verstand] Eigenes [Urteil]"-Konstruktion und seine "Rückwendung"-Konstruktion erweisen sich als ebenso notwendig Auszusagendes wie notwendig zu Transformierendes, wobei sämtliches, das bei Thomas lediglich nicht an sich diskursiv Bedachtes ist - das also wenn dies nicht als solches erkannt wird, zum Problem werden kann -, durch die Einflechtung der noetischen Dialektik im Lichte an sich diskursiver Argumentation entgegentritt. Hierbei sind insbesondere Thomas' "Angleichung"-Motiv, wie es in Zusammenhang mit "Form in den Dingen" und "Vergegenwärtigung der Washeit" als Basis der Apriorizität des Bedenkens steht, und seine, einen Gradienten bedeutende, "Vollkommen"-Konstruktion jenes sind, das in der Transformation abgelegt wird.

Gerade zur Verdeutlichung der Bedeutung besagter Transformation erweist sich die philosophische Evolutionskonstruktion bzw. die dialektische Konkretisierung als von zentraler Bedeutung, genauerhin in Zusammenhang mit Thomas' Ausführungen zur Beziehung zwischen der Unendlichkeit und der werdeweltlichen Begrenztheit. Indem nämlich Thomas, wenn er die Geschaffenheit des Begrenzten darstellen möchte, um einen Bezug zu dem Gründenden gemäß der Beachtung der transzendentalphilosophischen Schwelle bemüht seiend, teilweise nicht-propositional argumentiert - vgl. oben -, unterläuft ihm eine nicht hinreichende Vergegenwärtigung von Begrenztes. Das ist: Er bedenkt Begrenztes nicht hinreichend als Eines, da er "Anfang", wie er gegeben sein muß - vgl. oben -, lediglich in Gott festlegen kann, gar nicht aber, auch nicht in dialektischer Verschiedenheit zum Gründenden, im Begrenzten. "Anfang im Begrenzten" impliziert aber, Begrenztes gemäß "differentielle Notwendigkeit" verstehen zu müssen, bzw. "ontologisch Begrenztes" gemäß den Eines der unthematische-Begriffpyramide und insofern als analytisch zu Entfaltende im Sinne von "sich-entfalten" - vgl. 5.1 -. Schlußendlich ist es somit die philosophische Evolutionskonstruktion, wie sie diese Entfaltbarkeit ausdrückt, die es zu beachten gilt, um Person-sein adäquat thematisieren zu können, bzw. das von Thomas gemäß "ihm Eigenes" und "Rückwendung" Angesprochene alleine im Sinne der ersten Schicht des philosophischen Horizonts bedenken zu können.

Hierin liegt: "Ihm Eigenes" kann im Lichte von "Konkretisierung" bezüglich dem Eines "Ich" derart auf einen Anfang bezogen werden, abseits von jeglichem naturalistischen - zum Beispiel entwicklungspsychologischen - Begründungsversuch, ohne diesen, wie es bei Thomas der Fall ist, rein nicht-propositional mit "Pertizipierung der Washeit" angeben zu brauchen. Beachtet man dies, so legt man zugleich "Rückwendung" uneingeschränkt entsprechend "im Gespräch sein mit sich" frei, so wie dies bei Thomas intentioniert ist, gemäß Autorität der theologischen Denkweise, wie sie Fundament seines Denkens ist.

Thomas' »Rückwendung« wird also im Lichte des noetisch-dialektischen Konstruktes "Konkretisierung" bzw. "Sich-entfalten", aufbauend auf dem in »Rückwendung« gegebenen nicht an sich diskursiven, theologischen Gehalt entsprechend "im Gespräch sein mit sich", dahingehend modifiziert, daß Thomas' Versuch zu einer an sich diskursiven Argumentation dem entspricht, das in seiner Position an thematisch-methodisch unreduziertem Denken enthalten ist; in anderen Worten: »Rückwendung« erfährt insofern eine Modifikation, als es zwar nicht wider noetisch-dialektisches Denken konzipiert ist, sein bezug zu diesem aber in besagter Parallelität verbleibt.

In Folge löst sich mit der Thematisierung von Konkretisierung im Horizont des Eines "genealogische Ich-Kette" die von Thomas zum Beispiel in *Summa contra gentiles* II 76-78 und *S. th.* I q79 a.4 & 5 diskutierte Frage nach der numerischen Einheit des intellectus agens noetisch-dialektisch auf. Thomas kommt bezüglich dem genannten Problem zu der Lösung, daß Gott als intellectus agens separatus jener höhere Intellekt ist, von dem die Seele des Menschen die Kraft zu denken erhält, so wie dies nötig ist anzunehmen, da das Ich nicht vernünftig als das Gründende verstanden werden kann. Gott ist hierbei, so Thomas, mit der menschlichen Seele verbunden, so daß der tätige Intellekt des Menschen etwas von dessen Seele ist und keine Substanz, getrennt von dieser. Thomas leitet hieraus die Vielheit der tätigen Intellekte ab, entsprechend der Vielheit der menschlichen Seelen, bedenkend, daß eine numerisch Eine seiende Kraft nicht in mehreren Substanzen sein kann. Somit aber unterscheidet Thomas intellectus agens separatus und die intellectus agentes im Sinne einer Teilhabe, die keine stufenweise Verknüpfung kennt. Woran Thomas hiermit denkt, das läßt sich auch – gemäß Universalität des Person-sein betrachtet - als Ausdruck der Vermeidung der Nivellierung der transzendentalphilosophischen Schwelle verstehen, wie sie zum Beispiel bei Platon – insofern seine Position nicht alleine gemäß Platons Entdeckung konzipiert ist! - in Form der "geschaffene Götter"-Konstruktion in *Timaios* gegeben ist - vgl. *Lehre* für eine Analyse hiervon -. Thomas ist hier also um eine strikte Differenzierung bemüht, wie sie auch gemäß der dialektischen Differenz zwischen dem Ich als einem Gegründeten und dem Gründenden auszusagen ist. Als christlicher Philosoph ist Thomas aber hierum bemüht, wiewohl er auf Mediator-Konstruktionen natürlich nicht verzichten kann, diese aber zu jenen Konstruktionen gehören, die - analog Platons "geschaffene Götter" - eine Nivellierung der transzendentalphilosophischen Schwelle bzw. eine Verzerrung der dialektischen Differenz bedeuten.

Erneut zeigt sich also Thomas' Bemühen um ein Bedenken gemäß der noetischen Dialektik, ohne dies an sich diskursiv konsequent erbringen zu können. Wiederum ist es das philosophisch-evolutionstheoretische Denken, das Thomas' Position in ein solches an sich diskursives Denken transformieren läßt, indem nämlich Thomas' "intellectus agentes" gemäß "genealogische Ich-Kette" zu dem Gründenden - "intellectus agens separatus" - in Beziehung gesetzt werden, wobei die analytische Entfaltbarkeit des Eines "genealogische Ich-Kette" gemäß Konkretisierung jenes ergibt, das keine naturalistische oder sonst herbeiargumentierende Betrachtung des Anfangsproblems bedeutet.

Entscheidend ist, daß Thomas' Position gleichsam in dem Sinne jene Plätze für besagte Transformation darbietet, wie sie in christlich-theologischem Denken gemäß der ihm zukommenden Autorität gegeben sind. Entsprechend dieser Autorität ist die Transformation unentfaltet in dem christlich-theologischen Denken enthalten, so daß es erst die Nicht-Beachtung dieses Vorliegens ist, die theologisches Denken zu pragmatischem Denken werden läßt. Gegen ein solches Denken ist aus noetisch-dialektischer Sicht anzutreten, wie auch – komplementär hierzu - gegen jeglichen Versuch, das theologische Denken naturalistisch transformieren zu wollen, bzw. eine Kombination von christlichem und evolutionstheoretischem herbeiführen zu wollen, das die Autorität des theologischen Denkens unterwandert.

-

Die Ausführungen in 5.1 und 5.2 sollen verdeutlicht haben, daß theologisches und evolutionstheoretisches Denken keine Gegensätze sind, vorausgesetzt, das evolutionstheoretische Denken wird als philosophische Leistung verstanden, kombiniert mit den entsprechenden fachwissenschaftlichen Leistungen und das theologische Denken wird als nicht an sich diskursives Denken verstanden kombiniert mit an sich diskursiven Aussagen, die nicht wider dieses nicht an sich diskursive Fundament konzipiert sind.

Im Lichte hiervon versteht sich von selbst, daß eine Analyse des Ich im Lichte der Evolutionstheorie problemlos theologische Aussagen aufgreifen kann, wiewohl dies dahingehend zu geschehen hat, daß der Intention Darwins, Theologie darf zu keiner Mißachtung werdeweltlicher Historizität führen, entsprochen werden kann. Genauerhin liegt hierin die Notwendigkeit der Transformation Darwinischen Denkens in die noetische Dialektik Platons. In anderen Worten: Die gebrachten Ausführungen belegen, daß eine evolutionstheoretische Analyse des Ich noetisch-dialektisch zu konzipieren ist, wobei eine adäquat konzipierte Theologie und Phylogenese hilfreich sein können, da sie insofern zur Vergegenwärtigung von Argumenten hilfreich sein können, als sie mit der noetischen Dialektik vereinbar sind. Die noetisch-dialektische Argumentation können sie deshalb aber nicht ersetzen.

6 Conclusio

Die biologische Evolutionstheorie zu vergegenwärtigen ist keine Selbstverständlichkeit, ebenso wie die Vergegenwärtigung zum Beispiel der Kugelgestalt der Erde oder der Unhaltbarkeit des geozentrischen Weltbildes. Die entsprechenden Ansichten haben sich erst im Laufe fachwissenschaftlicher Leistungen etabliert, nicht zuletzt gegen manche philosophische und theologische Vorbehalte. Die entsprechenden fachwissenschaftlichen Leistungen werden von ihren Proponenten als solche gegen ein Denken verstanden, das den Menschen auf inadäquate Weise in den Mittelpunkt der Natur stellt: „Mensch als Krone der Schöpfung", „Wohnort des Menschen (die Erde) als Mittelpunkt des Universums". Die Überwindung solchen Denkens – auch als „kopernikanische Wende(n)" deklariert – ist also auch im Sinne einer Rückführung der Ansichten über die Bedeutung des Menschen auf ein rechtes Maß konzipiert. Hierin liegt zugleich aber eine Betonung der Autonomie des Menschen, insofern in besagter Rückführung eine Hintanhaltung der Beachtung der Ausgerichtetheit de Menschen auf das Transzendentale liegt bzw. das hiermit Thematisierte in den Menschen selbst projiziert wird.

Gerade im Lichte der Beachtung der Evolutionstheorie scheint es naheliegend, diesen Prozeß als evolutiven Prozeß zu verstehen, demgemäß sich der Mensch selektionistisch von den ursprünglichen Fesseln mythologischen Denkens löst, die Möglichkeiten eines rationalen Denkens entwickelnd und zugleich nutzend. Insofern also soll sich der Mensch nicht länger als (zum Beispiel) von Haifischen abstammend – wie noch bei Anaximandros zu finden – verstehen, sondern als das Ergebnis einer Evolution, die sich rational – weitgehend mathematisch – verstehen läßt.

Tatsächlich kann nicht daran gezweifelt werden, daß die gegenwärtige Evolutionstheorie unvergleichlich mehr Möglichkeiten der Naturbeobachtung und -interpretation hat als zum Beispiel Anaximandros gegeben waren. Es gilt aber genau zu beachten, was hiermit tatsächlich ausgesagt ist, denn mehr Daten und Möglichkeiten der Datenerhebung benutzen zu können als zu einem beliebigen vorangegangenen Zeitpunkt, bedeutet nicht notwendig, diese auch adäquat bedenken zu können bzw. notwendig das in einer vorangegangenen Position enthaltene Potential an thematisch-methodisch unreduziertem Denken angesichts der neuen Möglichkeiten beizubehalten. Liegt nämlich vor, daß Werdewelt-Regeln neu erkannt werden, so bedeutet dies nicht zugleich, daß sie auch als Werdewelt-Regeln verstanden werden. Ihr Erkennen kann gerade dazu dienen, sie nicht als solche zu verstehen, sondern das Verstehen hiervon auszublenden. Eben dies ist bei Darwin und seiner Entdeckung solcher Regeln der Fall - vgl. oben -.

Genauerhin: Bei Darwin ist dies der Fall in Auseinandersetzung mit theologischem Denken, das von Darwin zwar an sich genutzt wird, jedoch auf dieses unterwandernde Weise. Dies gilt, obschon das theologische Denken, wie die Konsultierung der Position von Thomas von Aquin gezeigt hat, Raum für eine thematisch-methodisch unreduzierte Beachtung der Evolutionstheorie läßt, wiewohl im Lichte eines nicht-an-sich diskursiven Denkens. Es beläßt also Raum dafür, Defizite in der Naturbeobachtung - als Ergebnis einer Mißachtung bestimmter Werdewelt-Regeln – einzuarbeiten, wovon die festgehaltene Aussage von Papst Pius VI zur Bedeutung der Evolutionstheorie hinlänglich Zeugnis ablegt. Mit Papst Johannes Paul II ist zudem festzuhalten, daß besagte Einflechtung evolutionstheoretischen Denkens Teil jener heuristischen Analyse des offenbarten Textes ist, dessen Sinnhaftigkeit zuvor thematisiert worden ist -vgl. zudem *Theologie* -. Keinesfalls kann hiermit aber verbunden sein, worauf die hier angesprochenen Enzykliken ebenfalls verweisen, die Evolutionstheorie, wie sie naturalistisch-fachwissenschaftlich verstanden wird, zu einem Aussagesystem werden lassen zu dürfen, das die Vergegenwärtigung der Transzendentalia ausblendet. Gegen diese Entwicklung, wie sie – so sollte gezeigt worden sein – in der Evolutionsbiologie vorliegt, muß theologisches und philosophisches Denken auftreten, eine Nivellierung der transzendentalphilosophischen Schwelle abwehrend.

Am Rande sei bemerkt, daß analoge Verhältnisse zur Entwicklung in der Biologie auch in der Kosmologie zu beobachten sind. Einen kurzen Abriß hiervon hat der Autor in *Theoriendynamik* gegeben. Da ist: Das 2-Schichten-Modell des Universums von Ptolemäus ist aus empirischer Sicht ebenso unhaltbar, wie es – zum Beispiel in Form des Epizykels, Ausgleichskreises und Exzenters – der Hilfskonstruktionen bedarf, die es, aufgrund „neuer" Beobachtungen und Beobachtungsmöglichkeiten hinfällig sein lassen. Wie in *Theoriendynamik* auch gezeigt, ist das 2-Schichten-Modell von Ptolemäus aber auch Ausdruck der Vergegenwärtigung der transzendentalphilosophischen Schwelle, wobei die äußere „Schicht" den Bereich der Notwendigkeit repräsentiert, die innere „Schicht" jenen der Kontingenz. Wiewohl dieser Versuch der Vergegenwärtigung von Ptolemäus keinesfalls uneingeschränkt thematisch-methodisch unreduziert ist, ist die in ihm liegende Intention notwendig zu akzeptieren. Gerade hiervon kann aber in der an Ptolemäus anschließenden Theoriendynamik nicht die Rede sein: Die Intention von Ptolemäus ist sukzessive unterwandert worden, da Möglichkeiten der Datenerhebung und Freilegung von Werdewelt-Regeln mit einer Ausblendung der Vergegenwärtigung der Transzendentalität einher gegangen sind.

Selbiges gilt also auch für die Entwicklung innerhalb der Evolutionstheorie, wie sie – wiewohl dies ungenau ist – mit Darwin ihren Anfang nimmt. Im Rahmen der Darwinschen Vergegenwärtigung jener Werdewelt-Regeln, die ihn seine Evolutionstheorie haben formulieren lassen, übersieht Darwin, die Sonderstellung des Ich gemäß „Inversion der Betrachtungsrichtung" vergegenwärtigen zu müssen, bzw. gelingt ihm dies alleine mittels einer „Anfang innerhalb der Evolution"-Konstruktion, die einerseits die bei Darwin gegebene theologische Basis unterwandert und andererseits Zusatzkonstruktionen provoziert, die an die Zusatzkonstruktionen in dem 2-Schichten-Modell von Ptolemäus erinnern, bzw. die gleiche Funktion erfüllen, nämlich die Defizite in der Thematisierung des Bereichs der Notwendigkeit ausblenden zu können. Der Versuch, diese Thematisierung an sich leisten zu können, ist aber durch die gesamte Entwicklung der Evolutionstheorie zu erkennen, sowohl in den dialektischen und in den nicht-dialektischen Positionen dieser Theorie. Zunächst führt dies zu ausgesprochen janusköpfigen Positionen, die zwar ebenso wie Darwin um eine Beibehaltung transzendentaler Argumentation bemüht sind, in dieses Unterfangen aber bereits eine stärkere Beachtung naturwissenschaftlichen Denkens einflechten. In dem vorliegenden Text ist dies anhand der Position von Haeckel und seiner eigentümlichem Naturreligion und der Position von Engels und seiner kritischen Orientierung an Hegel und Feuerbach dargestellt worden. In der weiteren Entwicklung nimmt das naturwissenschaftliche Denken die eindeutig dominierende Stellung ein, besagte Janusköpfigkeit überwindend, so daß – anstatt eine thematisch-methodisch unreduzierte Position zu erhalten – letztlich der Versuch der Thematisierung der Transzendentalia nur noch dem Namen nach vorliegt; vgl. zum Beispiel Mahner & Bunges „Metaphysik"-Begriff.

Wiewohl dies eine regressive Entwicklung innerhalb der Theoriendynamik bedeutet – vgl. *Theoriendynamik* für analoge Beispiele in der Philosophia perennis -, ist es keine außerhalb den Möglichkeiten der Universalität des Person-sein, worin die Bedingung dafür liegt, auch aus Positionen, die an sich die Transzendentalität kaum noch bezeichnen können, eben hierzu zu finden – vgl. oben zur Bedeutung des *developmental turn* in der Evolutionsbiologie -.

Was es also zu beachten gilt ist: Die Evolutionstheorie ist notwendig ganzheitlich auf das Ich anzulegen, nicht bloß auf den körperlichen Bereich, ohne daß sich dies gegen besagte Aussage von Papst Pius VI wenden ließe, das „Evolution" als philosophischer Begriff – vgl. oben – das „ontologisch Eines-sein" des Ich bezeichnet, also entsprechend der dialektischen Konkretisierung von „Ich". Ebenso bezeichnet die biologisch festlegbare Stammesgeschichte – Phylogenie – das Ich als Ganzheitliches, jedoch die materiale Repräsentation von Ich an sich meinend, insofern hiervon entsprechend der dialektischen Differenz innerhalb von Ich zu sprechen ist: Alleine hierauf beziehen sich die von Darwin entdeckten und hernach in der „Evolutionstheorie" weiter entwickelten Werdewelt-Regeln!

Daher auch trägt die biologische Evolutionstheorie – sprachlich richtig: die Phylogenese – nichts zum Verstehen des Um-sich-bemüht-sein des Ich bei, da dieses relational zu dem Person-sein, wie es eine Invariante bzw. ein Universale besagt, zu verstehen ist. Das Ich muß sich zwar, will es sich thematisch-methodisch unreduziert verstehen, auch im Lichte von Konkretisierung bedenken, doch folgt hieraus nichts für seine Handlungsanweisungen, deren Letztbegründung ebenfalls in Transzendenz zu kontingenter Gültigkeit steht, entsprechend Platons Unterscheidung von Gut (Güter) und das Gute. Lediglich insofern das Um-sich-bemüht-sein niemals faktisch getrennt von dem Am-Werke-sein verstanden werden darf, und die Beachtung der Phylogenese – sowie der Ontogenese – wesentlich für die Werdewelt-Analyse ist, kommt der Evolution Bedeutung für das richtige Bedenken der Phylo- und Ontogense bei.

Am Rande sei hier angemerkt, daß von evolutionsbiologischer Seite regelmäßig gegenüber der Philosophie der Vorwurf erhoben wird, sie würde nur von dem entwickelten Kulturmenschen sprechen und daher die Evolution nicht adäquat würdigen können – vgl. zum Beispiel den dementsprechenden Vorwurf von Lorenz gegenüber Kant in *Kants Apriori im Lichte der modernen Biologie* -. Dieser Vorwurf ist natürlich zurückzuweisen, denn nicht alleine von einem werdeweltlichen Ausschnitt berichtet die Philosophie, sondern von besagtem Universale „Person-sein". Die Möglichkeit einer partiell thematisch-methodisch reduzierten Vergegenwärtigung hiervon ist hierbei natürlich gegeben, muß aber, soll die Kritik tragfähig sein, als solche angesprochen werden, was die adäquate Vergegenwärtigung der philosophischen Position voraussetzt.

7 Anhang

7.1 Begriffserläuterungen

Wie in der Einleitung angemerkt, ist das vorliegende Buch nicht uneingeschränkt eigenständig, baut also unmittelbar auf vorangegangenen Arbeiten des Autors auf, so daß, um willen der Vermeidung von Wiederholungen, bestimmte Argumentationsfiguren nicht "nochmals" dargelegt werden. Zur leichteren Lesbarkeit des vorliegenden Buches sollen in diesem Abschnitt zumindest jene Begriffe, die der Autor in besagten vorangegangenen Arbeiten neu in die Literatur eingebracht hat, sowie in der Literatur etablierte Begriffe, die deutlich abweichend von ihrer bisherigen Definition verwendet werden - zum Beispiel: *beste aller Welten* - kurz erläutert werden.

Der Grund für die Einbringung neuer Begriffe liegt in der Intention des Autors, durch die konsequente Ausformulierung des Platonischen Denkens - wie es der Autor versteht -, einen eigenständigen Entwurf philosophischen Denkens zu entwickeln, wobei dieser Eigenständigkeit durch die Verwendung neuer bzw. "eigener" Begriffe Ausdruck verliehen werden soll.

Am-Werke-sein, Um-sich-bemüht-sein: Das Ich ist als ontologisches Eines in dialektischer Differenz zu d a s Eines bzw. dem Gründenden zu verstehen, wobei diese dialektische Differenz innerhalb von Ich in entfalteter Form ebenfalls auftritt, das Ich an sich und die materiale Basis von Ich unterscheiden lassend. Insofern das Ich an sich d a s Eines in zu seinem An-sich-sein modal verschiedener Form ist, ist es Agierendes, was als Um-sich-bemüht-sein bezeichnet sei, zum Ausdruck bringend, daß die Aufgabe des Ich ein sich-entsprechen ist, als Widerspiegelung des Sich-entsprechen von d a s Eines . Hierin liegt zugleich, daß dem Ich an sich kein kontingentes Gut das Gute sein kann, also kein kontingentes Gut Letztrechtfertigung irgendeiner Handlungsanweisung sein kann. Gemäß der im Ich seienden dialektischen Differenz muß das Um-sich-bemüht-sein auch im Horizont der materialen Basis des Ich vertreten sein, wobei im Horizont hiervon der Umgang mit kontingenten Gütern auftritt. Dieser Umgang wird als das Am-Werke-sein des Ich bezeichnet.

anfängliche Daß-Aussage: siehe *Daß-Aussage, Warum-Aussage, anfängliche Daß-Aussage, d i e Daß-Aussage*:

atomistische Beendigung einer Begründung: Eine Begründungskaskade, die auf ein Eines rückgeführt wird, das weder der (►) unthematische-Begriffpyramide noch dem (►) Interface zwischen den beiden *Ion*schen Teilpyramiden angehört, ist ein herbeiargumentiertes Eines und in diesem Sinne ein solches einer "atomistischen Beendigung einer Begründung".

Begriffpyramiden: siehe *Ionsche Teilpyramiden, Begriffpyramiden, Subjekt seiende begriffliche Eines*

Bereich der Notwendigkeit, Zugänge des Ich zum Bereich der Notwendigkeit: Bereich der Notwendigkeit bezeichnet in epistemologischer Hinsicht den Bereich der (►) Daß-Aussagen, in ontologischer Hinsicht den Bereich des An-sich-Selbstand-Repräsentierende (Gründendes). Gemäß dem (►) differentiellen Verzicht-üben-müssen kann das Ich den Bereich der Notwendigkeit vergegenwärtigen, wobei das Ich die Notwendigkeit auch in Form der (►) Paradigmata, wie sie das (►) Interface zwischen den *Ion*schen Teilpyramiden bedeuten, bedenken kann.

beste aller Welten: Das Ich ist notwendig Person bzw. ist das Person-sein des Ich nichts, das das Ich erlernen müßte. Als Person ist das Ich notwendig in der Lage, seinem (►) Um-sich-bemüht-sein entsprechen zu können, unabhängig von werdeweltlichen Beeinträchtigungen bzw. Beeinträchtigungen seiner materialen Basis; dies wird als "beste aller Welten" bezeichnet.

Daß-Aussage, Warum-Aussage, anfängliche Daß-Aussage, die Daß-Aussage: Das Ich, als ein ontologisch Begrenztes, bedenkt epistemologisch Begrenztes und notwendig gültige Aussagen. Letztere stehen in transzendentaler Differenz zu den, die (►) Werdewelt bezeichnenden kontingent gültigen Aussagen. Diese kontingent gültigen Aussagen sind die Warum-Aussagen (vgl. zudem ► Entontologisieren-müssen). Sie bilden eine Ganzheit, die also in transzendentaler Differenz zu den an sich Notwendigkeit bezeichneten Aussagen stehen, bei denen es sich um die Daß-Aussagen handelt. Das Ich verfügt a priori über die Daß-Aussagen, insofern es sein Person-sein nicht erlernen braucht. Das Ich vergegenwärtigt die Daß-Aussagen aber nicht notwendig, sondern muß zu diesen erst diskursiv vordringen, wobei ihm zunächst "Ich bin" als "anfängliche Daß-Aussage" aufleuchtet, von der aus es das gesamte System der Daß-Aussagen ableiten kann. Zunächst muß es hierzu zu der Daß-Aussage vordringen, von der zu sprechen ist, insofern das Ich - also das Subjekt der anfänglichen Daß-Aussage - sich nicht als das Gründende erweist, sodaß zu diesem diskursiv vorgedrungen werden muß: Die Daß-Aussage ist dementsprechend die Aussage von das Eines, wie es, insofern es ist, nicht nur in an sich seiender Form ist (vgl. ► entgrenzte Eines-Formel).

die Daß-Aussage: siehe *Daß-Aussage, Warum-Aussage, anfängliche Daß-Aussage, die Daß-Aussage*

differentielles Verzicht-üben-müssen: siehe *Verzicht-üben-müssen, differentielles Verzicht-üben-müssen*

Differenzierung von Notwendigkeit in Daß und Anfang: Das Ich bedenkt gemäß der dialektischen Differenz Notwendigkeit in zwei formen, einerseits Notwendigkeit an sich, dies ist mit "Daß" bezeichnet, und in nicht an sich seiender Form, dies ist mit "Anfang" bezeichnet. Daher also bedenkt das Ich gemäß den (⇒) *Ion*schen Teilpyramiden, bzw. einerseits die (►) Daß-Aussagen und andererseits mit den (⇒) Warum-Aussagen solche Aussagen, die zwar in keinem ihrer Aspekte an sich Notwendigkeit repräsentieren, von der Notwendigkeit aber auch nicht kategorisch abgetrennt sind; sie bezeichnen Notwendigkeit - gemäß "Anfang" in nicht an sich seiender Form (vgl. ► Interface).

entgrenzte Eines-Formel: Im Zentrum der Philosophie Platons steht die Eines-Formel (vgl. *Parmenides*), davon berichtend, daß das Gründende, das Eines, ist und insofern es ist, notwendig nicht nur an sich ist, sondern entsprechend der dialektischen Differenz zugleich in zu sich modal verschiedener Form, das Begrenzte bedeutend. Indem Platon nicht nur entsprechend seiner Entdeckung - der noetischen Dialektik - argumentiert, auch nicht in *Parmenides*, vergegenwärtigt er das Eines nicht uneingeschränkt, so daß es gegenüber der Platonischen Argumentation freigelegt werden muß, womit die "entgrenzte Eines-Formel erzielt wird.

Entontologisieren-müssen: Die (►) Warum-Aussagen, wie sie die (►) Werdewelt bezeichnen, bilden insgesamt eine an sich des Selbstandes entbehrende Ganzheit, bzw. eine solche, die sich aus dem Gegründetes-sein des Ich ergibt. Das ist: Als Gegründetes ist das Ich nicht in der Lage, das So-sein des Sein zu erkennen, wiewohl es entsprechend dem (▸) differentiellen Verzicht-üben-müssen auch diskursiven Zugang zu dem Sein hat. Die Warum-Aussagen sind hierbei entontologisiert zu verstehen, insofern sie in keinem ihrer Aspekte Letztrechtfertigung erlauben.

erste und *zweite Schicht des philosophischen Horizonts*: siehe *philosophischer Horizont, vorphilosophischer Horizont, erste* und *zweite Schicht des philosophischen Horizonts*

erweiterte genealogische Ich-Kette: siehe *genealogische Ich-Kette, erweiterte genealogische Ich-Kette*

genealogische Ich-Kette, erweiterte genealogische Ich-Kette: Das Ich erweist sich notwendig als ein Eines einer genealogischen Kette von Ichs, wie von dieser zu sprechen ist, da ein Ich zwar als Person transzendental zu zeitlicher Begrenztheit steht, zugleich aber nicht Alles sein kann, wie dies alleine für d a s Eines zutrifft, so daß es verknüpft mit anderen Eines seienden Ich zu bedenken ist. Der genealogische Charakter der Ich-Kette ergibt sich hierbei aus dem Paradigma "Zeugung", das als Repräsentation eines Eines der (▸) unthematische-Begriffpyramide zu verstehen ist. "Genealogische Ich-Kette" ist ein Eines der unthematische-Begriffpyramide, und insofern ein analytisch zu entfaltender Begriff. Im Rahmen dieser Entfaltung wird nicht auf weitere Ichs getroffen, wie auch nicht auf Nicht-Ich seiende Etwas, sondern auf noch nicht entfaltet Person-seiende Etwas. Diese, in Zusammenschau mit den Ichs, ergeben die "erweiterte genealogische Ich-Kette".

Gorgiassche Inhomogenität: siehe *Kratylossche Differenzierung* und *Gorgiassche Inhomogenität*

Interface zwischen den Begriffpyramiden: siehe *Paradigmata, Interface zwischen den Begriffpyramiden*

Ionsche Teilpyramiden, Begriffpyramiden, Subjekt seiende begriffliche Eines: Das Ich, als ontologisch begrenztes, bedenkt gemäß den *Ion*schen Teilpyramiden bzw. – Begriffpyramiden, worunter die Begriffpyramiden der (▸) Daß- und der Warum-Aussagen zu verstehen sind, namentlich die unthematische- und die thematische-Begriffpyramide. Lediglich die Daß-Aussagen enthalten Aussage-Subjekte, da alleine sie letztrechtfertigend sind, wohingegen die Subjekte der Warum-Aussagen alleine über das (▸) Interface zwischen den beiden Begriffpyramiden - die (▸) Paradigmata - letztrechtfertigbar sind.

Kompetenzbereiche des Bedenkens: Die Kompetenzbereiche des Bedenkens ergeben sich aus dem Bedenken der (▸)*Ion*schen Teilpyramiden; der Kompetenzbereich gemäß den (▸)Daß-Aussagen bezeichnet das Bedenken des (▸)Bereichs der Notwendigkeit, jener gemäß den (▸)Warum-Aussagen bezeichnet den Bereich der Analyse der (▸) Werdewelt.

Kratylossche Differenzierung und *Gorgiassche Inhomogenität*: In beiden Fällen handelt es sich um herbeiargumentierte Versuche der Beachtung der transzendentalphilosophischen Schwelle bzw. der dialektischen Differenz, aus der Einsicht heraus diese vergegenwärtigen zu müssen. "Kratylossche Differenzierung" und "Gorgiassche Inhomogenität" sind daher auch mit (▸)atomistischen Beendigungen der Begründung verflochten.

Paradigmata, Interface zwischen den Begriffpyramiden: Die Analyse der (▸)Werdewelt bzw. der Bereich der (▸)Warum-Aussagen weist an sich nicht Notwendigkeit auf, sondern Notwendigkeit gemäß (▸)Anfang-haben. Das ist: Die Eines der unthematische-Begriffpyramide verweisen nicht linear auf solche der thematische-Begriffpyramide, sondern auf solche, mit der thematische-Begriffpyramide verflochtene Eines, die ein Interface zwischen beiden Pyramiden darstellen und die es gemäß dem differentiellen Charakter von

Notwendigkeit geben muß, da beide Begriffpyramiden nicht in Getrenntheit voneinander zu denken sind, sondern als gemäß der dialektischen Differenz miteinander verflochten. Das Interface zwischen beiden Begriffpyramiden bilden die Paradigmata

philosophischer Horizont, *vor-philosophischer Horizont*, *erste* und *zweite Schicht des philosophischen Horizonts*: Als "philosophischer Horizont" wird jenes Bedenken bezeichnet, dem die Vergegenwärtigung der transzendentalphilosophischen Schwelle, also die Einsicht in die (►) beiden Kompetenzbereiche des Bedenkens gegeben ist. Fehlt dies, so liegt der "vor-philosophische Horizont" des Bedenkens vor. Die "erste Schicht des philosophischen Horizonts" liegt vor, wenn alleine gemäß besagter Einsicht bedacht wird, die "zweite Schicht des philosophischen Horizonts", wenn zwar besagte Einsicht vorliegt, jedoch nicht alleine ihr bedacht werden kann. Insofern liegt in der "zweiten Schicht" und dem "vor-philosophischen Horizont" (►) atomistische Begründung, (►)Gorgiassche Inhomogenität und (►) Kratylossche Differenzierung vor.

Subjekt seiende begriffliche Eines: siehe *Ionsche Teilpyramiden*, *Begriffpyramiden*, *Subjekt seiende begriffliche Eines*

Um-sich-bemüht-sein: siehe *Am-Werke-sein*, *Um-sich-bemüht-sein*

Verzicht-üben-müssen, *differentielles Verzicht-üben-müssen*: Das Ich als Gegründetes muß in dem Sinne in seinem Bedenken Verzicht üben, wie es nicht das Gründende bzw. ein weiteres das Gründende ist. Das Ich kann daher das Sein nicht uneingeschränkt gemäß seinem So-Sein nach einsehen. Insofern es aber das Gründende in dialektischer Differenz zu sich ist, ist das Verzicht-üben-müssen differentiell zu verstehen. Das ist: Das Ich ist zur Setzung uneingeschränkt notwendiger Aussagen befähigt, gemäß seinem das Gründende bzw. d a s Eines in nicht an sich seiender Form sein, worin liegt, daß das Ich nicht Anderes als das Gründende bzw. d a s Eines ist.

vor-philosophischer Horizont: siehe *philosophischer Horizont*, *vor-philosophischer Horizont*, *erste* und *zweite Schicht des philosophischen Horizonts*

Warum-Aussage: siehe *Daß-Aussage*, *Warum-Aussage*, *anfängliche Daß-Aussage*, *d i e Daß-Aussage*

Werdewelt: Die "Werdewelt" ist das Gesamt des mittels den Subjekten der Warum-Aussagen Bezeichneten.

zentripedale und *zentrifugale Argumente*: "Zentripedale Argumente" führen zur Vergegenwärtigung der (►) entgrenzten Eines-Formel als (►) d e r Daß-Aussage, "zentrifugale Argumente" führen hiervon weg.

Zugänge des Ich zum Bereich der Notwendigkeit: siehe: *Bereich der Notwendigkeit*, *Zugänge des Ich zum Bereich der Notwendigkeit.*

7.2 Personenregister

FSC
www.fsc.org
MIX
Papier | Fördert gute Waldnutzung
FSC® C083411

Kolibri 360 GmbH
Ferdinand-Jühlke-Straße 7
99095 Erfurt, Deutschland
produktsicherheit@kolibri360.de

Druck:
CPI Druckdienstleistungen GmbH
im Auftrag der
Kolibri 360 GmbH
Ferdinand-Jühlke-Str. 7
99095 Erfurt